Die Bergwerksmaschinen.

Eine Sammlung von Handbüchern für Betriebsbeamte.

Unter Mitwirkung zahlreicher Fachgenossen

herausgegeben von

Dipl.-Ing. Hans Bansen,
Berg-Ingenieur, ord. Lehrer an der Oberschlesischen Bergschule
zu Tarnowitz.

Fünfter Band.

Die Wasserhaltungsmaschinen.

Berlin.
Verlag von Julius Springer.
1916.

Die Wasserhaltungsmaschinen.

Von

Dipl.-Ing. Karl Teiwes.

Mit 362 Textfiguren.

Berlin.
Verlag von Julius Springer.
1916.

ISBN-13:978-3-642-88981-3 e-ISBN-13:978-3-642-90836-1
DOI: 10.1007/978-3-642-90836-1

Softcover reprint of the hardcover 1st edition 1916

Vorwort.

Die Entwickelungslinien des Grubenbetriebes und seiner Wasserhaltung sind seit den Anfängen des Bergbaues unlösbar miteinander verwebt.

Der Grubenbetrieb ist daher der Untergrund, auf dem das Bild der Wasserhaltung zu zeichnen war.

Die Linien der Pumpe und ihres Antriebes sind dabei sowohl gesondert als auch in ihrer Vereinigung als Wasserhaltungsmaschine zu verfolgen. In dieser Verbindung treten mit wachsender Teufe alle Schwierigkeiten der Kraftübertragung auf, und wir erfahren ihre Wandlung vom alten Gestängetrieb über den Druckwasser- und Dampftrieb zum elektrischen Trieb.

Die Wandlung des Triebes war von der der Pumpe begleitet, die von der den alten stoßenden Trieben angepaßten Kolbenpumpe zur drehenden Kreiselpumpe übersprang.

Dieser geschichtlichen Entwickelung war soweit zu folgen, daß der heutige Stand — ein buntes Nebeneinander der Formen — überschaut werden kann.

Der elektrische Trieb beherrscht die heutige Wasserhaltung. Seine Störbarkeit durch Wasser und Schlagwetter erfordert einen besonderen berg- und maschinentechnischen Schutz untertägiger Motoren und mahnt uns, der gegenseitigen Bedingtheit von Maschinenbetrieb und Grubenbetrieb bewußt zu bleiben.

Dies Buch versucht, das weite Gebiet der Wasserhaltung, überreich an Gestaltungen und Beziehungen, geschlossen darzustellen und durch straffe Gliederung Raum zum Aufzeigen der berg- und maschinentechnischen Grundlagen, zur Darstellung der hieraus erwachsenen Formen sowie einen Standpunkt zu gewinnen zur Einsicht der Bedingungen des Betriebes und zur Bildung eines Urteiles.

Tarnowitz, im August 1916.

Dipl.-Ing. **Karl Teiwes.**

Dankenswerte Unterstützung des Buches

haben durch Überlassung von Druckschriften, Vorlagen, Bildstöcken und Mitteilungen geleistet:

Otto Schwade & Co., Deutsche Automatpumpenfabrik, Erfurt.
Allgemeine Elektrizitäts-Ges., Berlin.
Siemens-Schuckertwerke, Berlin.
Gebr. Sulzer, Winterthur, Schweiz u. Ludwigshafen a. Rh.
Weise & Monski, Pumpen- und Maschinenfabrik, Halle.
Gebr. Körting, Akt.-Ges., Körtingsdorf b. Hannover.
Ehrhardt & Sehmer, Maschinenfabrik Schleifmühle b. Saarbrücken.
vorm. Klein, Schanzlin & Becker, Maschinen- und Armaturenfabrik, Frankenthal, Pfalz.
Hydraulik-Ges., Hydraulische Maschinen und Apparate, Duisburg.
Aschersiebener Maschinenfabrik, Akt.-Ges., vorm. W. Schmidt, Aschersleben.
Haniel & Lueg, Maschinenfabrik, Düsseldorf.
Skodawerke, Akt.-Ges., Pilsen.
C. Henry Hall, Nachfolger Carl Eichler, Maschinenfabrik, Fürstenwalde.
Akt.-Ges. Isselburger Hütte, Isselburg, Niederrhein.
Linke-Hofmann-Werke, Akt.-Ges., Breslau.
A. Borsig, Tegel.
Ges. für Hochdruckrohrleitungen, Berlin.
C. H. Jaeger & Co., Leipzig-Plagwitz.

Inhaltsangabe.

Erster Teil: **Wirtschaftliche Verhältnisse.**

Zweiter Teil: **Bergtechnische Verhältnisse.**

Dritter Teil: **Maßnahmen zur Entlastung der Wasserhaltung.**

Neunter Teil: **Die Abteufwasserhaltungen.**

Zehnter Teil: **Die Wasserhaltung im Haushalt und Betrieb der Grube.**

Erster Teil.

Wirtschaftliche Verhältnisse.

A. Die Bedeutung der Wasserhaltung.

1. Die geschichtliche Bedeutung der Wasserhaltung.

Die Bedeutung der Wasserhaltung für den Bergbau kann nicht überschätzt werden.

Das Wasser war zu allen Zeiten der Feind des Bergmannes, der manchen Grubenbau verlassen mußte, weil er des Wassers nicht Herr werden konnte, das seine unterirdische Arbeitsstätte bedrohte.

Man kann ohne Übertreibung sagen: Die Geschichte des älteren Bergbaues ist die Geschichte seiner Wasserhaltung.

Der ältere Bergbau hatte zur Wasserwältigung nur unzulängliche Mittel. Wohl ist die Pumpe ein dem Menschen seit alters vertrautes Werkzeug, doch genügte sie in der überlieferten Form nur bescheidenen Ansprüchen an Druckhöhe, so daß schon bei Teufen, die uns heute unerheblich erscheinen, viele einander zuhebende Pumpen zur Wasserwältigung im Schachte übereinander aufgestellt werden mußten.

Dazu fehlte es an einer geeigneten Triebkraft.

Und so geriet der Bergmann schon bei geringen Teufen in große Not.

Dennoch überwand der ältere Bergbau auf seine Art die Schwierigkeit der Wasserwältigung.

Die ältesten Bergbaue bewegten sich über der Talsohle eines gebirgigen Geländes, da die Lagerstätten von dem Gehänge aus leicht durch flache Stollen aufgefunden, untersucht und erschlossen werden konnten. Wurden später Lagerstätten auch durch senkrechte Schächte von der Hochfläche aus erschlossen, so blieb ihr Abbau doch in der Nähe der Gehänge, die zu ihrer ersten Auffindung geführt hatten.

War bei den Stollengruben die Abführung der über der Stollensohle zusitzenden Wasser von selbst gegeben, so nutzten auch die durch Schächte erschlossenen Gruben die Möglichkeit, ihre Wasser ohne Hebung abzuführen, indem sie von ihren Bauen aus oft lange, schwierige und teuere Stollen fallend nach dem Gehänge führten. Erstaunliche technische Leistungen sind auf diesem Gebiete von den älteren Bergleuten mit unzulänglichen Mitteln ausgeführt worden.

Der Abbau der über der Talsohle anstehenden Mineralien zwang den Bergmann, unter die Stollensohle vorzudringen. Diese Tiefbaue ließen die Wassersnot wieder neu erstehen, die bisher durch die Lösungsstollen niedergehalten war. Die Pumpe mußte wieder arbeiten, um das Tiefenwasser auf die Stollensohle zu heben. Dabei wurde mit vorschreitender Tiefe die Pumpe verbessert und zu größeren Druckhöhen befähigt.

Dieser Fortschritt der Pumpe mußte jedoch ohne Erfolg für das Ganze bleiben, solange es an einer ausreichenden und billigen Triebkraft fehlte. Wir, die wir heute die aufgespeicherte Kraft der Kohle nutzen und sie in geeigneten Formen als Dampf- oder als elektrische Kraft zum Antriebe unserer Pumpen zwingen, wir Heutigen verstehen die Not des älteren Bergbaues nicht mehr.

Der ältere Bergmann hatte zum Antriebe seiner Pumpen nur die Kraft des Menschen, der Tiere und des Wassers. Bei größeren Fördermengen erwiesen sich diese Kräfte als unzureichend, unzuverlässig und teuer, und wenn auch durch Aufsummung einzelner Kräfte die nötige Stärke erreicht werden konnte, so wurde dabei der Betrieb verwickelt, schwerfällig und unwirtschaftlich.

Bei genügender Wasserkraft konnte wohl versucht werden, in größere Tiefen vorzudringen. Doch trat hierbei eine neue Schwierigkeit hervor. Die ober Tage stehende Antriebsmaschine mußte ihre Kraft durch lange Gestänge auf die im Schachttiefsten stehende Pumpe übertragen. Die technischen Kämpfe um diesen Antrieb erfüllen die Geschichte der Gestängewasserhaltung.

Die Bemühungen, den Gestängetrieb größeren Teufen anzupassen, erhielten einen kräftigen Anstoß durch die Erfindung der Dampfmaschine, die, aus der Wassersnot des Bergbaues geboren, in seinem Dienste zur heutigen Vollkommenheit heranreifte. Jetzt konnten allerorten, wo Holz oder Kohle vorhanden war, die Schätze der Erde durch Tiefbaue gewonnen werden.

Die Erschöpfung der oberen Lagerstätten führte den Bergmann in größere Tiefen. Das stetig länger und schwerer werdende Gestänge der Wasserhaltung kam hierbei an die Grenze seiner Fähigkeit, über die keine technische Vervollkommnung hinweghelfen konnte.

Der bedrohte Bestand des Bergbaues war gerettet, als die maschinentechnische Entwicklung den Übergang von der Gestängewasserhaltung zur unterirdischen Dampfwasserhaltung vollzog. Anfangs bekämpft, später geschätzt und allgemein eingeführt, schien sie die unbegrenzte Tiefenentwicklung des Bergbaues zu sichern.

Die Wärme des Dampfes, bei aller Schätzung der Vorzüge des unterirdischen Antriebes nur widerwillig ertragen, belästigte den Betrieb im Schachte bei vorschreitender Teufe immer mehr, und die mit der Teufe wachsenden Schwierigkeiten der Dampfniederschlagung ließen erwarten, daß von bestimmter Teufe ab die unterirdische Dampfwasserhaltung den Dienst versagen würde.

Hier jedoch half die fortschreitende maschinentechnische Entwicklung früher, als der tote Punkt in der Entwicklung der Dampfwasserhaltung erreicht war. Die hydraulische Wasserhaltung erschien eine Zeitlang berufen, das Erbe der Dampfwasserhaltung anzutreten; ihr schwerfälliger Betrieb wurde jedoch bald durch den elektrischen Antrieb verdrängt, nachdem der Vorzug dieser schmiegsamen Kraft erkannt und die Scheu vor ihrer Anwendung in der Grube überwunden war.

Die vor etwa einem Jahrzehnt eingeführte elektrische Wasserhaltung erscheint in der Tat geeignet, der Schwierigkeit jeder Teufe Herr zu werden, und sie ist auf dem Marsche, sich das Ganze der Wasserhaltung zu erobern.

Technische Schwierigkeiten der Wasserhaltung gibt es heute nicht mehr. Doch kann die elektrische Wasserhaltung dem Vorwurfe nicht entgehen, daß sie noch weniger als andere unterirdische Wasserhaltungen unter Wasser zu arbeiten und eine ersoffene Grube wieder frei zu pumpen vermag.

Und doch ist dieser Mangel mehr ein Schönheitsfehler, da wir Mittel haben (Abschn. X B 3), die Wasserhaltungsmaschine mit ausreichender Sicherheit vor der Überflutung zu schützen, so daß wirklich mit der elektrischen Wasserhaltung die Entwicklung der Bergwerkswasserhaltung zu einem Punkte gelangt ist, der von dem erstrebten Ziele nur um eine kurze Spanne entfernt bleibt.

2. Die heutige Bedeutung der Wasserhaltung.

Die Erkenntnis der technischen Leistungsfähigkeit neuerer Wasserhaltungen darf nicht zur Unterschätzung der Bedeutung des Wassers und der Wasserhaltung für den gesamten Haushalt und Betrieb eines Bergbaues verführen.

Sind die einem Tiefbaue zufließenden Wassermengen gering, so ist die Wasserhaltung in jedem Sinne von geringer Bedeutung. Fließen einem in geringer Tiefe große oder einem in großer Tiefe umgehenden Bergbaue mittlere Wassermengen zu, so nimmt die Wasserwältigung technisch und wirtschaftlich einen überwiegenden Einfluß. Die Wasserhebung kostet immer Geld, und die Anlage- sowie die Betriebskosten wachsen mit dem Produkte Wassergewicht mal Förderhöhe.

Hierzu kommen die Belästigungen des Abbaubetriebes durch das Wasser und die Schäden eines Wasserdurchbruches, der die Belegschaft gefährdet und durch länger dauernde Betriebsunterbrechung und Kosten für die Sümpfung und Wiederaufwältigung der durch den Einbruch beschädigten Grubenbaue den Betrieb auf lange Zeit erträgnislos gestalten kann.

Die Wasserverhältnisse der verschiedenen Bergbaue sind sehr verschieden. Die oben im Beispiele angenommenen Verhältnisse mögen einigermaßen als kennzeichnend für tiefe und wenig tiefe Gruben gelten, wobei aber je nach den geologischen und anderen Verhältnissen häufige und starke Abweichungen sich ergeben. Vgl. Abschn. II A 2.

Die wirtschaftliche Bedeutung der Wasserhebung für die einzelne Grube erkennt man aus dem Verhältnis der Wasser- zur Mineralförderung in Verbindung mit der Förderhöhe und dem Verkaufswert des gewonnenen Minerals. Hochwertiges Fördergut erträgt größere Wassermengen auch bei größerer Teufe, während minderwertiges Gut größere Wassermengen nur bei geringer Förderhöhe erträgt. Größere Wasserzuflüsse können den Betrieb sonst abbauwürdiger Lagerstätten unwirtschaftlich machen. Ein lehrreiches Beispiel hierzu bietet die Erzgrube Marienberg im Aachener Bezirk. Diese baut im Kohlenkalk des Eifelkalkzuges. Sie mußte den Betrieb einstellen, als die Wasserhaltungskosten den Betrieb im Vergleich zum Erzvorkommen nicht mehr lohnten. Die Stadt Aachen beutete später den Wasserreichtum dieses Kalkzuges zur Wassergewinnung aus, indem sie unter Benutzung früherer Grubenbaue, teilweise durch Auffahrung neuer Querschläge, große Zuflüsse vorzüglichen Quellwassers gewann und verwertete. Die Gewerkschaft der Grube Marienberg nahm hierauf den Grubenbetrieb wieder auf, da diese Wasserhebung ihre Wasserhaltung entsprechend entlastete.

Dies Beispiel gibt einen Hinweis, wie unter Umständen zunächst ungünstig scheinende Wasserverhältnisse mit Vorteil ausgenutzt werden können (vgl. Abschn. I B).

Gruben, die größere Wasserzuflüsse und Wasserdurchbrüche zu gewärtigen haben, müssen nicht nur ihre Wasserhaltungseinrichtungen hiernach ordnen, sondern auch ihren ganzen Abbau- und Ausbaubetrieb darauf richten, Wasserzuflüsse möglichst abzuhalten und Wasserdurchbrüche zu verhindern. In diesen Fällen durchdringt die Wasserhaltungsfrage den ganzen Gruben- und Maschinenbetrieb. Vgl. Abschn. II A 3 und B.

Auch dann, wenn keine dringende Gefahr durch das Wasser besteht, empfiehlt es sich in vielen Fällen, durch Abhaltung der Wasserzuflüsse von der Grube die Wasserhaltung zu entlasten, also die Hebungskosten zu verringern. Vgl. Abschn. III A.

Die hebungslose Abführung des Wassers durch Stollen wird bei vorhandener Gelegenheit in Aussicht zu nehmen sein. Abschn. III B.

Auch bei geringeren Wasserzuflüssen hat der ganze Grubenbetrieb auf die Entfernung des Wassers Rücksicht zu nehmen, indem er so zu gestalten ist, daß die Grubenwasser an geeigneten Stellen, meist am Schachte, gesammelt und gehoben werden. Wasser von übler Beschaffenheit kann dem Betriebe manche Erschwerung bereiten (Abschn. II C). Sehr unangenehm sind stark schwankende Zuflüsse. Sie erfordern besondere Sicherheitsmaßnahmen und immer erhöhte Kosten.

Der Abbau mit Spülversatz bringt eine neue Farbe in das bisher schon bunte Bild der Wasserhaltung, indem hier vermehrte und stark verunreinigte Wasser zu heben sind.

Bei ausgedehnten Grubenbauen mit vielen Bausohlen entstehen verwickelte Verhältnisse der Wasserhebung, und es bedarf Voraussicht und Sorgfalt in der Planung, um einen wirtschaftlich und technisch günstigen Betrieb zu erzielen. Die Wahl der Wasserhaltungsart und der ganzen Ordnung erfordert die volle Kenntnis der einschlägigen berg- und maschinentechnischen Entwicklung. Vgl. Abschn. X.

Die Wasserentziehung durch die Wasserhaltung macht den Bergbau ersatzpflichtig, so daß auch die Kenntnis der rechtlichen Verhältnisse erwünscht ist. Folg. Abschnitt.

So eröffnet sich unserem Blicke eine Fülle wichtiger Beziehungen, die in diesem Buche einzeln behandelt werden sollen.

3. Die rechtlichen Beziehungen der Wasserhaltung.

Zutreffende Gesetze. Spätere Betrachtungen (Abschn. II A u. B) werden erkennen lassen, welche weitgehenden Änderungen durch den Bergbaubetrieb in den Wasserverhältnissen der Oberfläche und der oberen Erdschichten geschehen können, die als Wasserentziehung im einen, als Wasserzuführung im anderen Falle Entschädigungsansprüche oder Klagen auf Wiederherstellung oder auf Unterlassung nach sich ziehen.

Der Bergmann muß daher die geltenden gesetzlichen Bestimmungen über diese Punkte kennen. Hier sind maßgebend für Preußen das allgemeine Berggesetz vom 24. Juni 1865 und das Preußische Wassergesetz vom 7. Juli 1913.

Es seien im folgenden die einschlägigen Bestimmungen nach einem Aufsatze des Kgl. Bergwerksdirektors Thielmann (Braunkohle, 1913, 380) angeführt.

Durch das Preußische Wassergesetz werden die Bestimmungen des Allgemeinen Landrechts und die von 79 Sondergesetzen aufgehoben. Dagegen bleiben nach § 396 des WG. unberührt die Vorschriften des ABG. sowie die Bestimmungen über Solquellen.

Über Wasserentziehung. ABG. § 54: Der Bergwerkseigentümer ist danach berechtigt, alle Vorrichtungen unter und über Tage zu treffen, die zur Aufsuchung und Gewinnung des ihm verliehenen Minerals erforderlich sind. Er ist befugt, fremden Grundstücken Wasser zu entziehen und auch oberirdische Wasserläufe durch Senkung des Wasserspiegels zum Nachteil anderer zu beeinflussen, ohne daß gegen ihn auf Unterlassung geklagt oder polizeilich eingeschritten werden kann. Dafür ist der Bergwerkseigentümer nach §§ 148 und 152 verpflichtet, allen durch den Bergwerksbetrieb auch ohne ein vertretbares Verschulden verursachten Schaden vollständig zu ersetzen.

Über Wasserhebung und -nutzung. Der Bergwerkseigentümer ist danach berechtigt, das Grubenwasser zu Tage zu heben. Dagegen hatte er bisher nach dem ABG. keine Rechte auf die Benutzung des über Tage ausfließenden Wassers. Das neue WG. gibt dem Eigentümer des Grundstückes, auf welchem das Wasser zu Tage tritt, das Recht auf Benutzung dieses Wassers; demnach auch dem Bergwerksbesitzer, wenn er Besitzer des Grundstückes ist. Dagegen darf er ebensowenig wie ein anderer Besitzer den Ablauf des abfließenden Wassers künstlich so verändern, daß die tiefer liegenden Grundstücke belästigt werden (§ 197 WG.).

Über Wasserabführung. Über die Abführung von Grubenwassern nach Wasserläufen und die Überführung der Wasser über fremde Grundstücke gelten § 54 in Verbindung mit §§ 64, 135—147 ABG. sowie §§ 40, 46 des WG. Bisher war die Zuleitung von Wasser in Wasserläufe gestattet, wenn diese ein „an sich zulässiges Maß" nicht überschritt. Dieses zulässige Maß ist jetzt nach dem neuen WG. zu bestimmen. Nach dem WG. gibt es Wasserläufe 1. Ordnung (im Besitze des Staates) und solche 2. und 3. Ordnung (im Besitze der Anlieger). § 25 WG.: „Es ist jedem gestattet, wenn andere hierdurch nicht benachteiligt werden, in die natürlichen Wasserläufe Wasser sowie die in der Haushaltung und Wirtschaft entstandenen Abwasser einzuleiten." Als Wirtschaften gelten dabei nur kleingewerbliche Betriebe. Das Einleiten von Grubenwasser gehört daher nicht zum Gemeingebrauch. Ist der Bergwerksbesitzer Anlieger eines Wasserlaufes 2. oder 3. Ordnung, so darf er nach § 41 WG. Wasser einleiten, wenn dadurch 1. zum Nachteile anderer weder die Vorflut verändert noch das Wasser verunreinigt wird; 2. der Wasserstand nicht derart verändert wird, daß andere in der Ausübung ihrer Rechte am Wasserlaufe beeinträchtigt oder fremde Grundstücke beschädigt werden.

Danach würden Einsprüche gegen das Einleiten von Grubenwasser zu erwarten und das Einleiten durch Handhabung eines Streitverfahrens zu erzwingen sein:

1. wenn der Bergwerksbesitzer Abwasser in die Flüsse 1. Ordnung einleitet, gegenüber dem widersprechenden Staate;
2. wenn der Bergwerksbesitzer Abwasser in die Flüsse 2. und 3. Ordnung einleitet, gegenüber den widersprechenden Anliegern;
3. wenn der anliegende Bergwerksbesitzer Abwasser einleitet, durch welche die erwähnten Nachteile entstehen, gegenüber den widersprechenden Anliegern.

Das Recht der Einleitung kann erzwungen werden:

1. durch das berggesetzliche Enteignungsverfahren nach dem ABG.,
2. durch die Verleihung nach dem WG.

Während des schwebenden Verfahrens darf der Uferanlieger vom Bergwerksbesitzer nicht Maßregeln verlangen, die zur Einstellung des Betriebes führen würden (Entscheiduug des RG. vom 19. Juni 1897, Ztsch. f. Bergrecht, Bd. 38, S. 467).

Das Enteignungsverfahren ist durch die §§ 135—147 ABG. geregelt. Die zuständige Behörde ist das Oberbergamt und der Bezirksausschuß. Es können alle Grundstücke enteignet werden, die der Bergbaubetrieb notwendig erfordert. Der Besitz der Grundstücke braucht dabei nicht an den Bergwerksbesitzer überzugehen. Die Enteignung betrifft ohne weiteres das Bedürfnis der Wasserabführung über fremde Grundstücke. Durch die Rechtsprechung ist sie auch auf die Einleitung des Wassers in Flüsse ausgedehnt worden.

Die Verleihung geschieht durch den Bezirksausschuß. Sie kann dauernd oder auf Zeit erteilt werden. Ist von der beabsichtigten Benutzung eine Verunreinigung des Wasserlaufes zu erwarten, so darf die Verleihung nur unter Vorbehalt erhöhter Anforderungen in bezug auf Reinigung der Abwasser erteilt werden (§ 47). Aus Rücksicht auf das öffentliche Wohl kann die Verleihung versagt werden; auch wenn durch die Verleihung die Rechte eines anderen beeinträchtigt werden. Ein Entgelt für die Verleihung ist nicht zu entrichten. Über den Antrag auf Verleihung beschließt der Bezirksausschuß. Dabei ist die zustehende Behörde im Verfahren zu hören. Das Verleihungsverfahren ist im Gesetze genau geregelt (§ 64). Die Verleihung wird in einer Verleihungsurkunde verbrieft (§ 79). Das verliehene Recht ist im Rechtswege verfolgbar. Durch die Verleihung Geschädigte können nicht auf Unterlassung, sondern nur auf Fernhaltung der Schädigungen oder auf Entschädigung klagen. Rücksichten auf das öffentliche Wohl können die Rückgängigmachung zur Folge haben.

Ordnungsvorschriften enthält § 23, welcher besagt, daß derjenige, welcher Wasser in die Wasserläufe einleiten will, dies vorher der Wasserpolizei anzuzeigen hat, außer wenn das Recht der Einleitung durch Verleihung erworben wurde, oder ein Recht vor dem Inkrafttreten des Gesetzes bereits bestanden hat, oder drittens die Einleitung von der zuständigen Polizeibehörde zugelassen worden ist.

B. Wasserhaltung und Wasserversorgung.

1. Die Wasserwirtschaft einer Grube.

Die Gruben haben selbst einen erheblichen Bedarf an Wasser, der je nach seiner Verwendung als Gebrauchs- oder als Trinkwasser verschiedene Ansprüche an die Eigenschaft des Wassers stellt.

Der Größe nach wird die Wasserhebung einer Steinkohlengrube häufig den Bedarf übersteigen, der Beschaffenheit nach jedoch selten allen Ansprüchen genügen. Als Trinkwasser kann das Grubenwasser nur in seltenen Fällen verwendet werden. Die Gruben geben dann, gegebenenfalls nach erfolgter Enteisenung, das Wasser für Trink- und Badezwecke an den Grubenbedarf und an ihre Arbeitersiedelungen oder an durch Wasserentziehung Geschädigte ab. In einzelnen Fällen wird das Grubenwasser zur Wasserversorgung an Fremde verkauft.

Der Bedarf an Gebrauchswasser für verschiedene Zwecke ist groß. Früher war ein großer Bedarf an Speisewasser vorhanden, der aber auf vielen Gruben dem sauren Grubenwasser nicht entnommen werden konnte, da selbst bei Entsäuerung des Wassers durch chemische Zusätze sich starke Schäden an den Kesseln einstellten. Das Speisewasser mußte daher gegen Entgelt einer fremden Reinwasserleitung entnommen werden. Heute scheint dieser Bedarf kleiner geworden zu sein, da an Stelle des Auspuffbetriebes der Dampfmaschinen der Niederschlagsbetrieb mit Rückgewinnung des Speisewassers getreten ist, der nur kleine Mengen Reinwassers als Zusatz für Wasserverluste erfordert. Dafür ist aber ein sehr großer Bedarf an Kühlwasser getreten. Die Kühlwassermenge für Turbinenkondensation beträgt bei der nötigen Verwendung rückgekühlten Wassers etwa 50 cbm je t Dampf. Solche Mengen Kühlwassers können als Frischwasser überhaupt nicht beschafft werden. Das Kühlwasser wird daher rückgekühlt und dauernd im Kreislaufe verwendet. Die Kühlung geschieht durch Verdunstung eines Teiles des Wassers. Rechnen wir die Verdunstung mit 2 v. H. der zu kühlenden Menge, so ergibt sich ein Kühlwasserverlust gleich der Speisewassermenge. Das Zusatzwasser muß Reinwasser sein, da sonst Schäden in den Kondensatoren auftreten. Es hat sich daher der Bedarf an Reinwasser für den Dampfkraftbetrieb nicht geändert.

Die Wasser des Spülversatzes werden ebenfalls im Kreislaufe benutzt. In Oberschlesien wird etwa ein Fünftel der Steinkohlenförderung durch Spülversatz gewonnen. Dem mag etwa ein Wasserbedarf von 15 Mill. cbm im Jahre entsprechen. Rechnen wir als Beispiel die eigentliche Grubenwassermenge mit 1 cbm/t Kohle, $\frac{1}{3}$ der Gewinnung mit Spülversatz und 3 cbm Wasser je t Versatz, dann reicht das Grubenwasser gerade für den Spülversatz aus. Meist werden die Verhältnisse freilich so liegen, daß die Menge des Grubenwassers den Bedarf an Spülwasser erheblich überwiegt. Dennoch wird häufig, bei dem großen sonstigen Verbrauch der Grube, eine Rückgewinnung des Spülwassers durch Klärung der Abwasser sich empfehlen, zumal diese Klärung auch aus berg- und maschinentechnischen und rechtlichen Gründen erforderlich wird. Vgl. Abschn. II C. Bei Zahlenangaben über die Menge des gehobenen Grubenwassers beachte man, daß ein merklicher Teil dieser Hebung dem Spülwasserkreislauf angehören kann. In einzelnen Fällen reicht das Grubenwasser für den Spülbedarf nicht aus. Die Trifailer Kohlenwerke, Trifail, Steiermark, mußten zur Beschaffung des für den Abbau ihrer Braunkohlen benötigten Spülwassers zwei Kreiselpumpen am benachbarten Flusse aufstellen.

In den Aufbereitungsanstalten für Erze und Kohlen werden erhebliche Wassermengen gebraucht. Da aber das Abwasser vor dem Einleiten in die Wasserläufe doch geklärt werden muß, so wird auch hier das geklärte Wasser in den Kreislauf zurückgegeben und es sind nur die allerdings beträchtlichen Verluste durch Frischwasser zu ersetzen.

So sehr auch die Wasserverhältnisse der einzelnen Gruben in Hebung und Verbrauch verschieden sind, so kann im Mittel etwa gesagt werden: Die Gruben heben mehr Wasser, als sie verbrauchen. Ihren Bedarf an Trink- und Reinwasser müssen sie meist aus fremden Leitungen decken, in einzelnen Fällen können sie Trinkwasser abgeben. Ihren Bedarf an Brauchwasser können sie decken und einen Überschuß an fremde Verbraucher oder in die Wasserläufe abgeben.

Der Bergbau entzieht der Nachbarschaft Wasser, das er ihr trotz seines Überschusses an Wasser nur ersetzen kann, soweit es als Brauchwasser dient, während er für Trinkwasser oder andere Schäden haftbar bleibt. Für das von ihm über die Wasserentziehung hinaus an die Öffentlichkeit abgegebene Wasser wird ihm keine Entschädigung zuteil.

2. Die Wasserwirtschaft des oberschlesischen Industriegebietes.

Die als Grundwasser vorhandenen Wassermengen sind als Brauchwasser für Ortschaften, Landwirtschaft und Gewerbe von größter Wichtigkeit. Die dichte Besiedelung in Industriebezirken und der steigende Wasserverbrauch der Industrien selber zeitigen in solchen Bezirken einen Wassermangel, der in Bergbaubezirken infolge der Grundwasserentziehung durch den Bergbau zu einer Wassernot werden kann.

Zwar schafft der Bergmann das Wasser wieder zu Tage, aber an anderen Stellen und in einer meist für den Genuß ungeeigneten Beschaffenheit. Jeder durch Wasserentziehung Geschädigte versucht, Entschädigungen von dem nächsten Bergbaubetriebe zu erlangen.

Der Bergbau muß daher Änderungen in der natürlichen Wasserführung tunlichst vermeiden. Die hierzu tauglichen Mittel zielen dahin, die Tage- und Grundwasser vom Eintritt in die Grubenbaue abzuhalten. Vgl. Abschn. III.

Im folgenden sei die Wasserwirtschaft eines scharf begrenzten Industriegebietes, des oberschlesischen, mitgeteilt. Die Aufstellung läßt erkennen, daß in diesem Bezirk von den Gruben mehr Wasser zu Tage gefördert wird, als der Verbrauch des gesamten Industriebezirkes beträgt, so daß den Flußläufen im ganzen nicht Wasser entzogen, sondern zugeführt wird. Zur Erklärung dieser Verhältnisse schließen sich Mitteilungen über die geologischen Verhältnisse des Untergrundes an. Im nächsten Absatze schließlich findet sich eine kurze Geschichte der oberschlesischen Wasserversorgung in ihrem Zusammenhange mit dem Bergbau und eine Aufzählung der Wasserversorgungsanlagen aus Grubenbetrieben.

Über den gesamten Wasserbedarf und die Wasserhebung im engeren oberschlesischen Industriebezirk seien nach den Angaben von Dr. Geisenheimer für das Jahr 1908 folgende der Übersichtlichkeit wegen derb abgerundete Zahlen mitgeteilt:

Es führten dem Verbrauche zu

die angeführten Wasserwerke	15 Mill. cbm
die Wasserhaltungen der Gruben	60 „ „
die Hebewerke aus Teichen, Brunnen, Flüssen .	60 „ „
	135 Mill. cbm

Der Verbrauch betrug

für Trink- und Haushaltungswasser	10 Mill. cbm
für Industriebedürfnisse	125 „ „
	135 Mill. cbm,

das sind rund 10 v. H. Trink- und 90 v. H. Industriewasser. Das Trinkwasser wurde zum größten Teile von den Wasserwerken geliefert mit 7,5 Mill. cbm, d. i. 50 v. H. ihrer Lieferung, während das Grubenwasser zum allergrößten Teil für industrielle Zwecke Verwendung fand; das gleiche gilt für die Hebung aus Flüssen usw.

Die Gruben hoben im ganzen 150 Mill. cbm, von denen sie demnach 40 v. H. (= 60 Mill.) einer industriellen Verwendung zuführten, während 60 v. H. (= 90 Mill.) in die Wasserläufe des Bezirkes abgeführt wurden. Von diesen wird ein großer Teil in der angegebenen Hebung (60 Mill. cbm) aus Flußläufen der Industrie wieder zugeführt.

An diese Ergebnisse anschließend seien die geologischen Verhältnisse erörtert, die nachweisen, daß Oberschlesien in absehbarer Zeit seinen Wasserbedarf reichlich decken kann. Es braucht seine Reichtümer nur auszubeuten.

(Nach Dr. Michael.) In den Triasschichten Oberschlesiens sind erhebliche Wasserzuflüsse vorhanden, die auf weit verzweigten Spaltensystemen fließen. Für das Zuflußgebiet der oberschlesischen Wasserwerke werden eine ganze Reihe von Spalten in das Niederschlagsgebiet gezogen, die nach den heutigen Abflußbedingungen nicht in dasselbe hineingehören. Daher werden sehr große Gebiete ausgenutzt, deren Wasservorrat sich ständig erneuert. Die Spalten hängen miteinander zusammen und treten irgendwo, wenn auch in großer Entfernung, mit den atmosphärischen Niederschlägen in Verbindung. Bis jetzt hat sich mit jedem tieferen Aufschluß eine Zunahme der Wasserzuflüsse herausgestellt. Zu einer annähernden Schätzung boten die von den Gruben der Spaltengebiete der Beuthener Gegend gehobenen Wassermengen einige Anhaltspunkte. Der wiederholt durchgeführte Vergleich derselben ergab einmal die Unabhängigkeit der tieferen Spaltenwasser von den atmosphärischen Niederschlägen, andererseits eine gehobene Menge, welche das 3—5 fache der nach den Niederschlägen zu erwartenden war. Das Einzugsgebiet der Wasserwerke ist also etwa 5 mal so groß als die in Rechnung gezogene Fläche der Beuthener Mulde.

Die im vorhergehenden erwähnten Wasserwerke beziehen ihr Wasser alle aus diesem Spaltengebiet. Ein großes zentrales Wasserwerk wird im nördlichen Malapanegebiet errichtet werden, in welchem die gleichen geologischen Verhältnisse des Untergrundes vorliegen wie im Triasgebiet des engeren Industriebezirkes.

3. Wasserversorgung aus Grubenbetrieben.

Die Wasserversorgung Oberschlesiens geschah bis zu Beginn des 19. Jahrhunderts nur durch Brunnen. Schon um die Mitte des 18. Jahrhunderts machte sich Wassermangel bemerkbar und wurde auf den Bergbau zurückgeführt. Die Klagen sind seitdem nicht wieder verstummt.

Mit fortschreitendem Bergbaue wird das Versiegen weiterer Brunnen beobachtet.

Diese Vorgänge spielten sich im wesentlichen in der Beuthen-Scharleyer Erzmulde ab, deren Zinkbergwerke in geringer Tiefe im wasserführenden Dolomit bauen, sowie im Gebiete des staatlichen Bleierzbergbaues um Tarnowitz. Mit dem Vorschreiten des fiskalischen Steinkohlenbergbaues um Königshütte traten auch in diesem Gebiete die gleichen Erscheinungen auf.

Die Bergwerksbesitzer sträubten sich gegen die Anerkennung ihrer Pflicht zur Entschädigung, gewährten eine solche aber in manchen Fällen freiwillig durch Anlegung von Wasserleitungen und Abgabe von Grubenwasser.

Am wenigsten konnte sich der Bergfiskus seinen Verpflichtungen entziehen. Im Jahre 1790 war der Wassermangel in der Stadt Tarnowitz sehr fühlbar. 1797 legte der Bergfiskus auf Beschwerde der Stadt eine eiserne Rohrleitung von einem seiner Wasserhaltungsschächte nach der Stadt, durch die diese mit Wasser versorgt wurde. 1835 entledigte sich der Fiskus seiner Verpflichtungen gegenüber der Stadt, indem er ihr einen Wasserhaltungsschacht samt Maschine und 24 000 M. in baar überließ, wogegen die Stadt auf jedes weitere Recht auf Wasserlieferung verzichtete. Dieser Schacht dient noch heute der Wasserversorgung von Tarnowitz, nachdem die alten Gestängemaschinen durch neue untertägige Maschinen ersetzt worden sind.

Um seinen Verpflichtungen gegen Königshütte und einige andere Gemeinden nachkommen zu können, sowie um für seine Betriebe auf der Königsgrube, deren saures Wasser, wenn auch entsäuert, doch schlechtes Kesselspeisewasser abgab, das nötige Gebrauchswasser zu erlangen, entschloß sich der Bergfiskus zum Baue des Wasserwerkes am Adolfschachte bei Tarnowitz und des von Zawada bei Peiskretscham.

Der Adolfschacht steht auf dem Tiefen Friedrichsstollen, der die Wasser der fiskalischen Friedrichsgrube abführt. Das reichlich vorhandene Stollenwasser sollte gehoben und zur Wasserversorgung verwandt werden. Das Wasser, das aus den damals noch betriebenen Grubenbauen stammte, erwies sich jedoch nicht immer frei von organischen Beimengungen. Es wurde daher auf seine Hebung verzichtet und durch eine Reihe von Bohrlöchern Wasser aus größerer Tiefe erschlossen und den etwa auf der Höhe der Stollensohle (etwa 50 m unter Tage) aufgestellten Maschinen zugeführt (1885). Dem wachsenden Bedarfe entsprechend wurde das Werk stufenweise vergrößert. 1902 wurde ein tieferer Maschinenraum erstellt, dessen Pumpen aus dem neuen Bohrloch 1902 saugen und den Hauptpumpen zuheben. Durch dieses Absaugen des Wassers auf tieferer Sohle wird ein größerer Wasserzufluß durch das Bohrloch erreicht, da das Wasser aus dem Gebirge mit entsprechender Druckhöhe zufließen kann.

Der Betrieb der Pumpen im Adolfschacht geschieht durch Dampf. Bei unterirdischen Wasserhaltungen muß der Abdampf niedergeschlagen werden. Es geschieht dies meist durch Einspritzung, wobei das zu hebende Wasser als Kühlwasser dient. Für die Zwecke einer Wasserversorgung wäre diese Art nicht angängig, da der Abdampf das Wasser verunreinigen und zum Trinkwasser unbrauchbar machen würde. Im erwähnten Beispiel liegen die Verhältnisse günstig, da zur Kühlung das abfließende Stollenwasser verwandt wird. Ein Oberflächenkondensator ist in den Abfluß des Stollens eingebettet. Es mußte auch in diesem Falle Oberflächenniederschlagung gewählt werden, um Verunreinigung des Stollenwassers zu vermeiden, das nach seinem Ausfluß aus dem Stollenmundloch als das Flüßchen Drama abfließt und für den Gebrauch der anliegenden Siedelungen nicht entwertet werden darf.

In den Bohrlöchern bei Zawada steigt das Wasser bis nahe an die Erdoberfläche und wird durch Pumpen nach Gleiwitz gedrückt.

Neben diesen fiskalischen Wasserwerken, die einen Teil des Wassers als Entschädigung für Wasserentziehung unentgeltlich abgeben, den anderen gegen die Selbstkosten verkaufen (8—6 Pf./cbm), besteht noch das Wasserwerk des Landkreises Kattowitz auf der Rosaliegrube. Es erhält sein Wasser aus den aufgelassenen Bauen der früheren Grube. Die Pumpen bestehen aus der alten Wasserhaltungsgestängemaschine und einer neueren, ebenfalls als Gestängemaschine gebauten Pumpenanlage (1910).

Diese letzte Maschine wird im Abschnitte VIII A 5 vorgeführt werden.

Lehrreich ist noch ferner die Verwertung der im Adolfschachte der Donnersmarckhüttengrube bei Mikultschütz angeschlagenen Wasserquellen zur Trinkwasserversorgung (1906). Die Quellen, die dem Schachtabteufen außerordentliche Hindernisse bereiteten (Abschn. IX C 4), befinden sich bei 70 und 119 m Tiefe. Die Wasser der 70-m-Teufe werden durch eine 400 mm weite Rohrleitung nach der 119-m-Sohle geleitet und mit deren Wassern vereinigt. Auf der 119-m-Sohle befindet sich ein Ventilring, das ist ein Tübbingring, welcher Ventile besitzt, durch die die im Gebirge fließenden Wasser in den Schacht eintreten. Ferner ist daselbst ein Sammelring eingebaut, welcher das aus den Ventilen strömende Wasser aufnimmt. Alle Wasser fließen dann durch eine Rohrleitung von 325 mm Weite nach der Wasserhaltung der 282-m-Sohle. Diese besteht aus drei elektrisch betriebenen Kreiselpumpen von je 6,5 cbm/min Leistung. Das Wasser wird in einen Wasserturm von 80 cbm Raum geführt.

Das Wasser findet Verwendung für den Ort Mikultschütz. Ein Teil wird in die fiskalischen Leitungen übergeführt. Der Bergfiskus hat sich durch Vertrag diesen Teil des Wassers gesichert.

Die genannten Wasserwerke lieferten 1912 zusammen 20 Mill. cbm.

4. Die Eignung des Grubenwassers zum Trinkwasser.

Die Enteisenung des Wassers. Das gehobene Grubenwasser muß häufig als Trink- oder Nutzwasser verwendet werden.

Organische Stoffe, die es hierzu ungeeignet machen würden, enthält das Grubenwasser meistens nicht. Doch werden einige Typhusepidemien in Orten, die mit Grubenwasser versorgt werden, auf dieses Wasser zurückgeführt. Hierüber vergleiche man den letzten Absatz.

Ist das Wasser auf eine der im Abschnitte II C erwähnten Arten verunreinigt, so ist es zum Gebrauchswasser nicht mehr geeignet.

Das aus dem Steinkohlengebirge stammende Wasser ist aber öfters brauchbar. Eine gelegentliche Beimengung von Eisen kann durch Enteisenung entfernt werden.

Eisenhaltiges Wasser schmeckt tintenartig und verursacht schon bei einem Gehalt von 1 mg Eisen im Liter Flecken in der Wäsche. Rohrleitungen und Behälter werden häufig durch Ablagerung von Eisenschlamm versetzt. Das Eisen findet sich meist als Oxydul, und zwar als Oxydulbikarbonat, seltner als Oxydulsulfat oder als organisch saures Oxydul.

Die Abscheidung des häufigen Oxydulbikarbonats gelingt am leichtesten. Das Wasser ist bei der Entnahme meist völlig klar. Sobald es aber mit Luft in Berührung kommt, wird es trübe, bläulich und bei längerem Stehen scheidet sich schließlich alles Eisen als braunes Oxydhydrat aus. Bei Wasser mit höherem Gehalt an Kohlensäure geht die Ausscheidung langsamer vor sich. An die Eisenabscheidung hat sich die Trennung des abgeschiedenen Eisens vom Wasser durch Filtern des Wassers anzuschließen.

Der Vorgang der Enteisenung ist danach einfach. Das Wasser wird fein verteilt in einen Luftstrom geleitet, damit die erforderliche Oxydation des Eisens erfolgen kann.

Fig. 1 zeigt oben in einem Wasserturm den Reinwasserbehälter, dem das gereinigte aus den Filtern kommende und sich im unteren Behälter sammelnde Wasser durch eine Pumpe zugedrückt wird. Das Rohwasser kommt durch ein unteres Rohr an, steigt durch seinen Druck bis zur Höhe der Rieseler auf, rieselt hier über Koksstücke herab, während ihm Luft entgegenströmt, und fließt dann durch die Filter nach dem unteren Behälter.

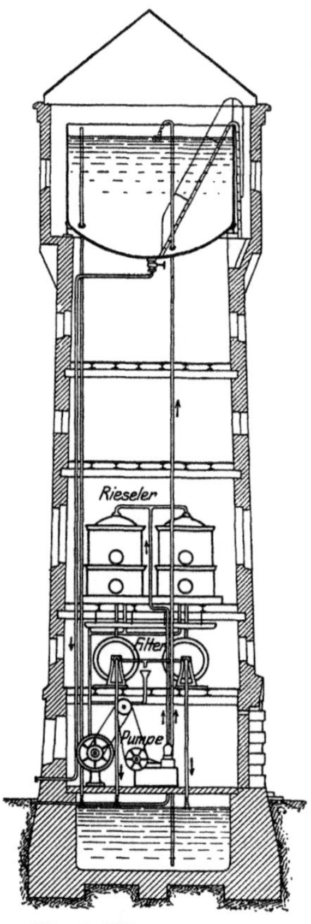

Fig. 1. Wasserturm mit Enteisenungsanlage. (K. & E.)

Die gesundheitliche Eignung des Grubenwassers zum Trinkwasser. Bei Errichtung des Wasserwerkes am Adolfschachte bei Tarnowitz verzichtete man auf die Hebung des Stollenwassers aus den seinerzeit noch betriebenen Bleigruben, deren Entwässerung der Tiefe Friedrichstollen bildet, weil man eine Infektion des Wassers durch seine Berührung mit Menschen fürchtete.

Dasselbe Bedenken muß gegen jedes Wasser erhoben werden, das durch Menschen verunreinigt werden kann. Die Wasserführung des Wasserwerkes Rosaliegrube tritt bei Przemsahochwasser mit diesem in Berührung. Eine Infektion ist aber nicht zu fürchten, da das Przemsawasser, ehe es sich mit dem untertägigen Wasser vermengt, eine ausreichende Filterung in den überlagernden Erdschichten erfährt. Das aus aufgelassenen Bleigruben stammende Wasser der Stadt Tarnowitz ist völlig einwandfrei.

Die Stadt Beuthen bezog früher Trinkwasser aus einer aufgelassenen Sohle der Steinkohlengrube Karsten-Zentrum. 1897 herrschte in der Stadt eine Typhusepidemie mit 1344 Erkrankungen. Sie wurde auf das Grubenwasser zurückgeführt. Heute wird das Wasser nur noch als Gebrauchswasser verwendet.

Die Stadt Altwasser in Niederschlesien bezieht Wasser aus alten aufgelassenen über der Talsohle liegenden Steinkohlengruben. Der früher der Wasserlösung dienende Stollen wurde abgedämmt. Das Sammelgebiet dieser unterirdischen Behälter erstreckt sich auf die Fläche der ehemaligen Grubenbaue. Sie haben noch Verbindung mit der Außenwelt durch alte Schächte. Diese sind später zugeworfen oder abgedeckt worden. Die Schächte können das Tagewasser einlassen, das dem Behälter dann ohne jede Filterung zufließt. Dieses Oberflächenwasser kann vielfach verschmutzt sein, wenn menschliche Wohnstätten, Wiesen und Gartenland in der Nähe sind.

Im Jahre 1909 trat in Altwasser eine Typhusepidemie mit 659 Erkrankungen und 79 Todesfällen auf.

Es dürfte daher sich empfehlen, daß eine Gemeinde, die auf Grubenwasser angewiesen ist, das gesamte oberirdische Gelände über dem Sammelgebiet erwirbt und es zwecks dauernder Reinhaltung von den schädlichen Einflüssen menschlicher Niederlassungen aufforstet (nach Dr. med. Hanauer, Österr. Zeitschr. f. B. u. HW. 1913, Nr. 35).

Zweiter Teil.

Bergtechnische Verhältnisse.

A. Die Wasserverhältnisse im allgemeinen.

1. Die einflußnehmenden Verhältnisse im allgemeinen.

Die Wasserführung des Gebirges hängt von mehreren Einflüssen ab. Diese sind

1. die atmosphärischen Niederschläge,
2. die Oberflächengestaltung des Geländes,
3. die Beschaffenheit und Gestaltung der Erdschichten.

Von diesen Umständen hängen des weiteren die einer Grube zufließenden Wassermengen ab. Es wird sich jedoch zeigen, daß diese Zuflüsse nicht allein durch die Beschaffenheit der die betreffenden Grubenfelder überlagernden Schichten gegeben sind, sondern in einzelnen Fällen Wasserzuflüsse vorhanden sind, die aus fernen unbekannten Niederschlagsgebieten zuströmen. Ferner sind die Zuflüsse abhängig nicht nur von der ursprünglichen Gebirgsbeschaffenheit, sondern von derjenigen Gestaltung, die sich durch den Abbau der Lagerstätten ergibt. Es ist gegebenenfalls Sache des Abbauplanes, Störungen günstiger Gebirgsverhältnisse zu vermeiden.

Einen ständigen Kreislauf vollführt alles fließende Wasser. An den Oberflächen der Seen und Meere verdunstend, kommt es an anderen Stellen als atmosphärischer Niederschlag in fester oder flüssiger Form wieder zur Erde zurück, um alsbald oder nach eintretender Schneeschmelze dem Gefälle des Geländes folgend durch die Wasserläufe wieder dem großen Sammelbehälter des Meeres zuzufließen. Doch nur ein Teil der Niederschläge unterliegt diesem einfachen Laufe. Ein anderer Teil verdunstet an der Erdoberfläche oder wird von den Pflanzen aufgenommen und mittelbar als Wasserdampf wieder abgegeben. Ein dritter kleiner Teil dringt in größere Tiefen der Erde ein. Er bildet das Grundwasser und fließt als Grundwasserstrom den Flußläufen zu, auf unbekannten Wegen seinen Kreislauf vollendend.

Das Grundwasser dringt in die Grubenbaue ein und muß durch die Wasserhaltung entfernt werden. Der Bergbau wirkt ändernd auf die Grundwasserströme ein, indem er dem natürlichen Strome Wasser entzieht und unter Aufwendung von Kosten dem Zweigstrome eine Bahn anweisen muß, auf der er einem Flußlaufe zufließen kann. Auch das Grubenwasser unterliegt dem allgemeinen Kreislaufe, und für alle Schädigungen, die durch Störung des ursprünglichen Laufes entstehen, hat der Bergbau aufzukommen.

Alles Grundwasser der Erde stammt in letzter Linie aus den Niederschlägen. Man nimmt an, daß etwa $\frac{1}{3}$ der Niederschläge den Grundwasserströmen zufließt.

Die atmosphärischen Niederschläge sind je nach der Verschiedenheit der maßgebenden Verhältnisse sehr verschieden. So beträgt die jährliche Regenhöhe im norddeutschen Flachland 70—80 cm, in den im Windschutze der Gebirge gelegenen Landstrichen 40—60 cm, in einzelnen Gebirgen 100—200 cm, in Kamerun 1000 cm.

Das Verhältnis des abfließenden zu dem einsickernden Wasser hängt von der Oberflächengestaltung und der Aufsaugefähigkeit des Bodens und der Pflanzen ab. In gebirgigem Gelände fließen die Niederschläge rasch nach den Tälern ab. Sind Wälder mit Moosdecke oder sonstigem aufsaugenden Pflanzenbestande vorhanden, so wird das Wasser zurückgehalten und fließt nur langsam ab. Es wird bei entsprechender Bodenbeschaffenheit mehr Wasser versickern.

Für die Aufsaugefähigkeit verschiedener Gesteine und Bodenarten werden folgende Angaben gemacht (Wasserinhalt in l je cbm Gestein):

Feste Gesteine (Granit, Gneis, Porphyr, Marmor)	0,5—10 l/cbm
Kalkstein, Dolomit	200 ,,
Sandstein	250 ,,
Sand und Kies	400 ,,
Erde, erdige Braunkohle	500 ,,

Die *Abgabefähigkeit* ist bei den verschiedenen Gesteinen verschieden. Am leichtesten geben das Wasser ab Sand und Kies, am wenigsten leicht Ton und Schieferton, wobei sie aber erhebliche Wassermengen aufzunehmen vermögen.

Ferner sammelt sich Wasser in den Spalten und Höhlen der Gesteinsschichten an. Sind diese Spalten offen, so wird ein rascher Abfluß dieses Wassers eintreten; sind sie als feine Risse vorhanden, so wird das aufgenommene Wasser langsamer abfließen.

Diese Eigenschaften des Gebirges sind für die *Wasserhaltung* von großer Bedeutung, da durch Zwischenlagerung solcher aufsaugenden ausgleichenden Schichten die Schwankungen der Niederschlagsmengen in den der Grube zufließenden Wassern mehr oder weniger ausgeglichen werden, so daß die Wasserhaltung mit gleichbleibenden Zuflüssen rechnen kann und vor unliebsamen Überraschungen geschützt ist. Bei fehlendem natürlichem Ausgleiche ist auf andere künstliche Weise für einen Ausgleich zu sorgen. Sind in den oberen Sohlen alte, mit Bergen versetzte Baue vorhanden, so wirken ihre Hohlräume in ähnlicher Weise ausgleichend auf die Zuflüsse der tieferen Sohlen.

Die *geologischen Verhältnisse des Deckgebirges* sind von erheblichem Einflusse auf die der Grube zugehenden Wassermengen. Das die Lagerstätten überlagernde Gebirge setzt sich aus wechselnden Schichten zusammen, deren hier wesentliche Eigenschaften durch den Unterschied: wasserdurchlässig und wassertragend gekennzeichnet sind.

Die Erfahrung lehrt, daß wassertragende und wasserdurchlässige Schichten in bunter Folge miteinander abwechseln. Die *wassertragenden* Schichten sind trocken, die *wasserdurchlässigen*, soweit sie im Gebiete des Grundwassers liegen, sind wasserführend. Feste, aber klüftige Gesteine sind den wasserdurchlässigen Schichten gleichzuachten. Geschichtete Gesteine sind häufig wasserreich und in aufeinanderfolgenden Schichten in der Wasserführung verschieden.

Unter wassertragenden Schichten werden häufig wasserführende Schichten angetroffen. Dies erklärt sich aus zwei verschiedenen Ursachen: erstens können die wassertragenden Schichten in ihrem Zusammenhange gestört sein, etwa durch die Verschiebungen, die die Erdrinde im Laufe der Zeit durchgemacht hat, oder durch vulkanische Gesteinsdurchbrüche, die aus dem Erdinnern kommend die überlagernden Schichten durchbrochen und miteinander verbunden haben; zweitens können sich diese Schichten bis weit außerhalb des betrachteten Gebietes erstrecken und dort mit Wasserzuflüssen in Verbindung stehen.

Zu den *wasserdurchlässigen* Schichten gehören Kies, Sand, Sandsteine, klüftige Konglomerate und Kalksteine, zu den *wassertragenden* Lehm, Mergel, Ton, tonige Schiefer und andere tonige Gesteine.

Viele Gruben sind völlig trocken, obwohl im Deckgebirge über wassertragenden Schichten große Wassermengen vorhanden sind. Andrerseits können tiefere Schichten mehr Wasser als die oberen führen, wobei das Wasser unter höherem Drucke stehen kann, als der Tiefe unter der Erdoberfläche entspricht, wenn diese Schichten mit entfernten höher gelegenen Wasserzuflüssen in Verbindung stehen. Im allgemeinen wird den Gruben das Wasser aus den hangenden Schichten zufließen; doch kommt es oft genug vor, daß es aus dem klüftigen Liegenden in die Grubenbaue eindringt.

Je nachdem die geschilderten Verhältnisse verschieden sind, weisen die einzelnen Gruben sehr verschiedene Wasserzugänge auf. Im allgemeinen wird man die Wasserzugänge einer neu zu erschließenden Grube nach den bekannten Verhältnissen der Nachbargruben abschätzen können. Doch kommt es öfters vor, daß infolge der Störungen im Gebirge die Verhältnisse so verschieden sind, daß eine Grube fast trocken ist, während die Nachbargrube mit großen Wasserzugängen zu kämpfen hat.

Die einem Bergbaue zusetzenden Wasser können auch noch unterschieden werden als Tages- und Grundwasser. Unter Tageswasser wird dabei das Wasser verstanden, das auf bekannten kurzen Wegen der Grube zuströmt und den Schwankungen der Niederschläge unterworfen ist. Unter Grundwasser wird das Wasser verstanden, das auf unbekannten weiten Wegen unter Durchlaufen ausgleichender Schichten den Bauen in gleichmäßigem Jahresmittel zuströmt. Das Tageswasser wird besonders den oberen Bauen bei fehlenden wassertragenden Schichten zuströmen, oder wenn die Lagerstätten zu Tage ausstreichen und so ohne schützende Überdeckung das Tageswasser einlassen, oder auch den unteren Bauen, wenn das Deckgebirge durch ältere verbrochene Grubenbaue in seiner Lagerung gestört und wasserdurchlässig geworden ist.

Im ganzen ist noch zu bemerken, daß durch den Grubenbau die natürliche Lagerung der Schichten mannigfache Störungen erfährt, wodurch auch die Wasserverhältnisse geändert werden, wohl meistens in ungünstigem Sinne.

2. Die geologischen und die Wasserverhältnisse wichtiger Bergbaugebiete.

Nach diesen allgemeinen Schilderungen seien die besonderen Wasserverhältnisse einzelner Bergbaubezirke nach neueren Veröffentlichungen angeführt.

Mansfelder Kupferschieferbergbau. In manchen Fällen stößt der Bergbau auf große Wasseransammlungen im Nebengestein seiner Lagerstätten. Es sind dann größere Hohlräume vorhanden, die durch Auslaugungen und Auswaschungen entstanden sind. Solche Höhlenzüge sind z. B. im Hangenden (Zechstein) des Mansfelder Kupferschieferflözes angetroffen worden und haben diesem Bergbau viel Wasser zugeführt. In den Jahren 1892—1894 waren die Wasserzuflüsse besonders groß, etwa 80 cbm/min durchschnittlich. Diese großen Zuflüsse wurden nachweislich darauf zurückgeführt, daß die angehauenen Schlottenzüge mit einem oberirdischen Wasserbecken, dem Salzigen See bei Oberröblingen, 14 km von den Grubenbauen entfernt, in Verbindung standen. Der See wurde von der Gesellschaft durch Enteignung erworben und die Wasser (55 Mill. cbm) in die Grubenbaue abgeleitet und durch Pumpen auf die Höhe des vorhandenen Schlüsselstollens gehoben und durch diesen der Saale zugeführt (1895). Der See ist heute trocken und durch einen Ringkanal vor Wasserzufluß geschützt. Das Wasser wurde nicht unmittelbar der Saale zugeführt, sondern auf dem Umwege durch die Grube und den Stollen, um den Schwierigkeiten der Wasserführung über fremdes Gelände zu entgehen. Vgl. III A 2.

Erzbergbau im Aachener Bezirk (Beispiel: Grube Diepenlinchen). Die geneigte Tagesoberfläche läßt das Wasser rasch abfließen, vermindert das den Gruben zugeführte Wasser und macht sie trotz Fehlens eines schützenden Deckgebirges von der Witterung unabhängiger, da auch das stark zerklüftete Kalkgebirge einen unterirdischen Ausgleichsbehälter bildet. Die stärksten Wasserzuflüsse sind nicht zur Zeit der Schneeschmelze, sondern im Juni—Juli vorhanden, 8,5—10 cbm/min. Die geringen Schwankungen ermöglichen einen kleinen Sumpfraum trotz großer Wasserzuflüsse. Hierzu kommt noch die ausgleichende Wirkung des Gebirges zwischen der alten und der neuen Sumpfsohle, deren Kluftraum, beim Aufschluß der tieferen Sohle entwässert, einen natürlichen Sumpfraum darstellt. Beim jedesmaligen Auffahren einer neuen Sumpfsohle sind dabei freilich große Wassermengen zu heben. Auf der Grube Altenberg waren beim Auffahren der 175-m-Sohle 30 cbm/min zu heben. Bei dem klüftigen Gebirge ziehen sich alle Wasser nach dem tiefsten Punkte, und ein Abfangen der Wasser auf höheren Sohlen ist unmöglich.

Es werden täglich (1910) gehoben: 200 t Erz und 13 000 t Wasser, also Wasser zu Förderung wie 65 : 1.

Aachener Steinkohlenbergbau. Die Wassermengen sind sehr verschieden. Während einzelne Gruben nahezu trocken sind, gehören andere zu den wasserreichsten Gruben Deutschlands. Es lassen sich 3 örtlich und geologisch getrennte Gruppen unterscheiden, von denen je ein Vertreter angeführt sei.

I	Zeche Rheinpreußen, Niederrhein	6 cbm/min	W : K =	1 : 1
II	Grube Gouley, Wurmrevier	5 „	„ =	7 : 1
III	Grube Eschweiler Reserve, Inderevier . . .	18 „	„ =	37 : 1

Bei der ersten Gruppe ist das Steinkohlengebirge von jüngerem Deckgebirge mit wassertragenden Schichten überlagert. Bei der zweiten Gruppe ist solche Überlagerung nur zum Teil vorhanden. In weiten Flächen dagegen ist es nur durch eine wenig mächtige Erdschicht von der Oberfläche geschieden; vielfach tritt es sogar unmittelbar zu Tage aus. Hier fließen der Grube große Wassermengen zu, denen der Weg noch durch alte Grubenbaue erleichtert wird.

Die Grube der dritten Gruppe baut auf der Steinkohlenmulde des Indereviers. Diese liegt unterhalb des Talbodens des Inde- und Omerbaches, die von flachen Höhenrücken paläozoischen Alters begrenzt werden. Das Steinkohlengebirge ist von tertiären Schichten überdeckt, die aber ohne wassertragende Schichten sind. Die Tageswasser können daher ungehindert bis zum Steinkohlengebirge niedersetzen. Dessen Oberfläche ist geneigt, und die Wasser könnten daher wohl an ihr niedergleitend abfließen, wenn sich nicht im östlichen Teile der Mulde das Steinkohlengebirge wieder bis dicht unter die Tagesoberfläche erheben würde. Diese Gestaltung bildet einen natürlichen Damm, der das Wasser der westlichen Indemulde wie in einem Staubecken zurückhält. Da das Nebengestein infolge starker Faltung und Aufrichtung klüftig ist, so findet das Grundwasser genügend Eingänge in die Grubenbaue.

Die besprochene Grube besitzt gewaltige Wasserhaltungsmaschinen und hat sich durch Aufteilung seiner Felder in einzelne durch Sicherheitsdämme gegeneinander abschließbare Abteile und durch Aufstellung sehr großer Maschinen zu schützen gesucht. Sie kann bei 18 cbm/min durchschnittlichen Zuflüssen 70 cbm/min auf 380 m heben.

Steinkohlenbergbau Waldenburg-Neurode. Der Art des Mittelgebirgslandes entsprechend sind die Niederschläge an sich sehr reichlich; die häufig sehr steile Oberfläche läßt jedoch die Niederschläge in kurzer Zeit auf die Talsohle gelangen.

Ein Deckgebirge fehlt gänzlich. so daß die Tageswasser den Grubenbauen ungehindert zufließen können und sich die Schwankungen der Niederschläge alsbald in der Grube zeigen. Das Steinkohlengebirge ist durch vulkanische Durchbrüche gestört und die Schichten stellenweise steil aufgerichtet. Die steil stehenden Schichtflächen und Störungen bieten den Tageswassern einen bequemen Weg zu den Grubenbauen. Die steile Lagerung in Verbindung mit der Sprödigkeit der Sandsteine und Konglomerate hat die weitere nachteilige Folge, daß sich selbst bei sorgfältigem Versatz die Einwirkung des Bergbaues auf die Erdoberfläche nicht in einem gleichmäßigen Senken zeigt, sondern daß ein stufenweises Abreißen des Deckgebirges eintritt. Die hierdurch entstehenden Risse bieten dem Wasser neue Wege zu den Grubenbauen. Hierzu kommt noch, daß die alten Baue, die sich nur am Ausgehenden der Flöze bewegten, hier und da noch nicht völlig wieder verschlossen sind und den Tageswassern ebenfalls einen Zugang zu den Bauen darbieten.

Die Wassermengen sind schwankend. Auf den Gruben, die infolge der geschilderten Verhältnisse den Tageswassern leichten Zutritt gewähren, schwanken die Wasser mit der Jahreszeit beträchtlich. Auf anderen Bergwerken, auf denen infolge flacher Ablagerung und Aufsaugung der Niederschläge durch den Bergeversatz der oberen Teufen die Tageswasser erst allmählich in die Baue gelangen, ist der Unterschied der Zuflüsse gering. Durchschnittlich 4 cbm/t Kohle. Schwankend in den Grenzen 3—10 cbm/t.

Die Gruben mit hohen Wasserzuflüssen haben dabei ein im Verhältnis zur Förderung großes Niederschlagsgebiet.

Über erfolgte Wassereinbrüche und Abwehrmaßregeln vergleiche man Abschn. III A 4.

Steinkohlenbergbau Oberschlesiens (1913). Das Steinkohlengebirge Oberschlesiens geht an vereinzelten Punkten innerhalb des Zentralrevieres zu Tage aus. Sonst bilden mit Ausnahme des Nordens und des Südens des Gebietes Diluvialschichten seine Bedeckung.

Im Norden wird es von Triasschichten, namentlich Muschelkalk, überlagert, im Süden von tertiären Schichten, meistens Tonen. Das Steinkohlengebirge ist, soweit es nicht von Sprüngen gestört ist, verhältnismäßig am wenigsten wasserdurchlässig. Muschelkalk und Diluvium sind stark wasserführend, unterscheiden sich aber in ihrem Verhalten dadurch, daß das Wasser im Muschelkalk unter starkem Drucke steht, daher sehr schnell abgehoben wird, während die Reibung in den diluvialen Sanden ein sehr langsames Abtrocknen zur Folge hat, namentlich da, wo unmittelbar über dem Steinkohlengebirge Lettenschichten lagern, die die durch den Abbau entstehenden Risse schließen. Am günstigsten stehen daher im Zentralrevier die Gruben in bezug auf Wasserhaltung da, in deren Feld das Steinkohlengebirge zu Tage ausgeht. Allerdings wird der Vorteil mit vorschreitendem Abbau geringer, weil dann durch die im Gefolge des Bruchbaues eintretenden Risse die Wasser in die Grubenbaue eindringen. Die Gruben, deren Feld von diluvialen Schichten überdeckt ist, haben starke, aber im allgemeinen regelmäßige Wasserzuflüsse, weil die Sande ausgleichend wirken.

Die Wasserverhältnisse der unter einer Überdeckung von Muschelkalk bauenden Gruben werden dadurch günstig beeinflußt, daß die Tonschichten der darunterliegenden Buntsandsteinformation die Wasser des Muschelkalkes abschließen; gehen sie aber mit fortschreitendem Abbau zu Bruche, dann sind große und plötzliche Wasserdurchbrüche die Folge. Da nun das Steinkohlengebirge nur an wenig Stellen zu Tage tritt, so sind die Gruben meist reich an Wasserzuflüssen. Besonders gilt dies vom Norden des Zentralrevieres, während im Süden tertiäre Tone die Tageswasser abschließen.

Die Wassermengen schwanken auf einzelnen Gruben zwischen 0,3 und 16 cbm/min. Das Verhältnis W : K mag im Mittel etwa sein 5 : 1.

Westfälischer Steinkohlenbergbau. Das westfälische Steinkohlengebirge kann trotz aller Faltungen als eine von Süden nach Norden einfallende südwestnordöstlich streichende Schicht angesehen werden, die in einer etwa durch die Stadt Dortmund gehenden gleichstreichenden Linie zu Tage austritt, wobei der südlich gelegene Teil entsprechend eben abgetragen ist, während der nördliche Teil unter einer Mergelüberdeckung liegt, deren südliche Grenze auf einer durch Dortmund gehenden westöstlichen Geraden liegt, und die sich nach Norden allmählich und gleichmäßig verdickt. Die Mergeldecke besteht unten aus Grünsand, der im westlichen Teile des Gebietes milde und wassertragend, im östlichen Teile fest und klüftig ist. Darüber folgt weißer Mergel, der stark zerklüftet und wasserführend ist. Als obere Schicht folgt der Emscher Mergel, der infolge milder, zäher Beschaffenheit meist wasserfrei ist und als wassertragend angesehen werden kann.

Die weiter darüberliegenden Schichten kommen hier nicht mehr in Frage.

Die Wasserverhältnisse der Gruben sind demnach je nach ihrer Lage verschieden. Sie sind infolgedessen in 3 Gruppen eingeteilt. Die erste Gruppe liegt südlich der Mergelüberdeckung, muß also dieser schützenden Decke entbehren, und ihre Lagerstätten gehen zu Tage aus. Die zweite Gruppe enthält die Gruben, die zum Teil von Mergel, und die dritte Gruppe diejenigen, die ganz von Mergel überdeckt sind. Die Wassermengen waren cbm/t Kohle

Gruppe	I	II	III
1885	8,4	6,9	3,0
1899	7,8	4,4	2,0

Die Zahlen geben die Mittelwerte der einzelnen Gruppen an. Besonders bei der ersten Gruppe weisen aber einzelne Gruben wesentlich höhere Zuflüsse auf (z. B. Zeche Courl 45 cbm/t). Bei den Gruben der ersten Gruppe bestehen zudem bedeutende Schwankungen nach den einzelnen Monaten. Die Versuche, die Schwankungen der Zuflüsse mit den Schwankungen der Niederschläge in unmittelbare Verbindung zu bringen, sind jedoch fehlgeschlagen (1885). Es kommen in dieser Richtung mancherlei Gesichtspunkte zusammen, so daß der Zusammenhang verwischt wird.

Aus der Gegenüberstellung der Zahlen der Jahre 1885 und 1899 ist eine Besserung der Verhältnisse zu erkennen, die sich aus dem gesteigerten Betrieb und aus den zur Wasserabhaltung getroffenen Maßnahmen erklärt. Die unter dem Mergel bauenden Gruben konnten von solchen Abschlußarbeiten, wie etwa wasserdichtem Schachtausbau, mehr gewinnen als die mit den Tageswassern in Verbindung stehenden Gruben, bei denen solche Maßnahmen mehr oder weniger wirkungslos bleiben müssen.

Der größte Gesamtwasserzufluß betrug für Zeche Gneisenau 14 cbm/min.

Braunkohlenbergbau. Der Braunkohlenbergbau hat es häufig in den die Flöze überlagernden Schichten mit milden, lockeren und rolligen Ablagerungen, als Sand, Kies und Tonschichten zu tun. Diese wasserreiche Deckschicht ist oft von so geringer Mächtigkeit, daß die geworfenen Brüche sich bis zur Erdoberfläche fortsetzen, so daß es hier schwer wird, trotz vorhandener wassertragender Schichten, die Wasser von den Grubenbauen fernzuhalten. Daher findet hier häufig eine gegenteilige Behandlung der Wasserhaltungsfrage statt, die im Abschnitt II B besprochen werden soll. Ein Beispiel besonderer Lagerungsverhältnisse bietet die Viktoria-Zeche bei Osseg, Nordböhmen. Das Liegende der Braunkohlenflöze wird von klüftigen, wasserführenden Kreideschichten gebildet, die zwischen Dux und Teplitz ausstreichen. Im Liegenden dieser Schichten findet sich Porphyr, der bei Teplitz mehrfach zu Tage tritt und von Spaltensystemen durchzogen ist, die Wasser unter artesischem Drucke führen und, wie das Folgende lehrt, mit den Quellspalten der Teplitzer Thermen zusammenhängen. Das Braunkohlenflöz ist von seinem Liegenden durch wassertragende Letten getrennt. Es treten jedoch Verwerfungsspalten auf, durch die diese trennende Schicht erheblich geschwächt wird. Daher finden Wassereinbrüche vom Liegenden her in die Grubenbaue statt. Ein heftiger Einbruch fand im Jahre 1879 im Döllingerschachte auf 156 m Seehöhe statt, indem plötzlich in eine im Flöz getriebene Strecke so große Wassermengen eindrangen, daß die Grube sowie auch die Nachbarwerke unter Wasser gerieten. 64 Stunden nach dem Wassereinbruche versiegten die Teplitzer Thermalquellen, die etwa 10 km entfernt aus einer Porphyrspalte bei 203 m Seehöhe zu Tage traten.

Durch Sümpfen der Grube und Verdämmen der Einbruchsstelle gelang es, die Teplitzer Quellen wieder zum Fließen und die Grube in Betrieb zu bringen. Hierüber und über zwei weitere Wassereinbrüche und ihre Beseitigung vergleiche man Treptow, Bergbaukunde, 4. Aufl., S. 381.

Salzbergbau. Die Salzlager sind immer von einer wassertragenden, wenn auch dünnen Schicht (Salzton) überdeckt und von den wasserreichen oberen Schichten getrennt; wo eine solche Schicht über einer vorhandenen Salzlagerstätte sich nicht abgesetzt hätte, wäre die durch den Grundwasserstrom berührte Lagerstätte allmählich ausgelaugt worden. In den Lagerstätten findet sich daher kein fließendes Wasser, und es ist Sache des Abbaues, ein Zerreißen des Deckgebirges und Einströmen von Wasser tunlichst zu verhüten. Der Schachtausbau geschieht wasserdicht, so daß im allgemeinen wenig Wasser zu heben ist. Beim Abbau wurden gelegentlich mit Salzlauge angefüllte Hohlräume angefahren und Laugenausflüsse bis 100 000 cbm im ganzen beobachtet. Diese Laugenausflüsse verschwinden aber nach Entleeren der Hohlräume. Es handelt sich also nicht um fließendes, sondern um eingeschlossenes Wasser von beschränkter Menge.

Ausländische Bezirke. Die englischen Gruben haben meist günstige Wasserverhältnisse. Einzelne Gruben haben gar keine Einrichtungen zur Wasserhebung.

Die französischen Gruben haben im allgemeinen nur geringe Wassermengen (0,5 cbm/t im Mittel, schwankend von 0,05—0,7). Die Wasserhebung geschieht zum Teil mit der Fördermaschine nach Ende der Schicht.

3. Der Einfluß der Wasserverhältnisse auf die Abbauplanung.

Die verschiedene Stellung der einzelnen Bergbaubetriebe. Die verschiedene Stellung der einzelnen Bergbaubetriebe gegenüber dem Wasser sei nach den voraufgegangenen Mitteilungen nochmals kurz zusammengefaßt (nach Heise-Herbst, Bergbaukunde):

Der Erzbergmann sowie der Steinkohlenbergmann wird das Bestreben haben, sich Wasserzuflüsse soviel wie möglich fernzuhalten, um seine Selbstkosten zu verringern. Bei tragendem Deckgebirge sucht er deshalb durch geeigneten Abbau darauf hinzuwirken, daß das Hangende sich ohne Bruch senkt. Ferner wird ein wasserdichter Ausbau der Schächte nötig und von Nutzen sein, um nicht durch den Schacht die Wasser der oberen wasserführenden Schichten in die Grube zu ziehen. Bei durchlässigem Deckgebirge sind beide Maßnahmen wirkungslos, und der Abbau kann nach anderen Gesichtspunkten geordnet werden. Gelingt die Absicht, die wassertragenden Schichten durch den Abbau vor dem Zerreißen zu bewahren, nicht ganz, so kann doch ein wesentlicher Vorteil durch ihre Schonung erzielt werden.

Der Erzbergbau auf Gängen nimmt eine besondere Stellung ein. Da die Gänge ganz unregelmäßig als steile Spalten das Gebirge durchsetzen, können sie unter einem Deckgebirge nicht aufgefunden werden, weshalb der Gangerzbergbau im allgemeinen der schützenden Wirkung eines Deckgebirges entraten muß. Da in der Ebene, die meist durch angeschwemmtes Geröll bedeckt ist, solche verhüllenden Deckschichten in der Regel vorhanden sind, beschränkt sich der Gangerzbergbau vorzugsweise auf gebirgige Gegenden. In diesen bietet sich dann die Möglichkeit der Wasserabführung durch Stollen. Ihre früher überwiegende Bedeutung ist auch heute noch nicht ganz verschwunden. Hierüber sei in dem Abschn. III B noch einiges gesagt.

Der Salzbergmann muß für völliges Fernhalten der Wasser aufs äußerste besorgt sein. Ergießt sich ein zunächst auch schwacher Grundwasserstrom in die Abbaue, so kann durch die allmähliche Erweiterung der Zuführwege infolge Auslaugung ein völliges Erliegen des Bergbaues eintreten. Bei der Empfindlichkeit insbesondere der Kalisalze gegen Wasser ist Kalibergbau ohne ein schützendes Deckgebirge nicht denkbar. Dieses in seinem Zusammenhange zu erhalten, ist deshalb das erste Bestreben des Salzbergmannes. Man erreicht dies durch Stehenlassen von Salz in der Firste und von Sicherheitspfeilern, in Verbindung mit vollem Versatz. Glücklicherweise bietet sich infolge des im Verhältnis zum Bedarf außerordentlich großen Reichtums der Kalisalzlager die Möglichkeit, durch Anstehenlassen der nötigen Sicherheitspfeiler den gewünschten Zweck zu erreichen, ohne daß die beträchtlichen Abbauverluste den Salzbergbau unwirtschaftlich machen.

Hiermit in scheinbarem Widerspruch steht das Einlassen von Süßwasser in die Lagerstätten, das in einem besonderen, „Sinkwerkbau" genannten Verfahren stattfindet, um das Salz auszulaugen und so einfach und billig den Abbau und die Förderung des Salzes aus sonst unbauwürdigen Lagerstätten zu ermöglichen. Die gebildete Lauge wird durch Pumpen gehoben, doch gehören diese Pumpen hier mehr in das Gebiet der Förderung als das der Wasserhaltung. Dies Einlassen des Wassers ist unbedenklich, da es in abgemessenen und beherrschbaren Mengen zugeführt wird. (Man vgl. Höfers Taschenbuch für Bergmänner, 3. Aufl., S. 315, und ausführlicher Fürer, F. A., Salzbergbau und Salinenkunde, 1900, M. 36.)

Neuerdings werden Kalilager auch mit Spülversatz an Stelle des Handversatzes abgebaut. Der Spülversatz bietet den Vorteil geringerer Zusammendrückbarkeit und ermöglicht reineren Abbau. Als Spülwasser wird dabei nicht das unzulässige Süßwasser, sondern eine geeignete Lauge gewählt, die das Kalisalz nicht auslaugt.

Für den Braunkohlenbergmann ist die Wasserfrage eine ganz andere als für die bisher erwähnten Betriebe. Da der deutsche Braunkohlentiefbau lockere wasserreiche Schichten über sich hat, deren ungestörten Zusammenhang er trotz wassertragender Schichten nicht aufrecht erhalten kann, sondern nach dem Abbau hereinbrechen lassen muß, arbeitet er mit Absicht auf eine baldige Abtrocknung des Hangenden vor dem Abbaue hin. Die dazu dienlichen Maßnahmen werden im Abschn. II B behandelt.

Oberwerks- und Unterwerksbau. Geschieht der Abbau von einer Bausohle aus nach oben, so liegt ein Oberwerksbau, geht er nach unten, ein Unterwerksbau vor.

Die ältere und auch heute vorwiegende Abbauart geschieht als Oberwerksbau, indem man von Querschlägen und Grundstrecken aus im Flöze sich aufwärts einen Weg bahnt. Dabei werden die gewonnenen Kohlen und Berge nach unten geworfen und auf den erwähnten Strecken dem Schachte zugeführt. Das Wasser fließt ebenfalls nach unten und gelangt durch die zu diesem Zwecke nach dem Schachte fallend aufgefahrenen Strecken zu einem Sammelbehälter in der Nähe des Schachtes, dem Sumpfe, aus dem es durch die Pumpen angesaugt und durch den Schacht zu Tage gedrückt wird.

Dieser Betrieb erfordert keine Kraftzuführung nach den Abbauen. Er war so lange der vorwiegende, als solche Kraftzufuhr mit schweren Nachteilen behaftet war. Die Verwendung der Druckluft verbot sich wegen ihrer Unwirtschaftlichkeit, die des Dampfes wegen der nachteiligen Erwärmung der Grubenbaue.

Dieser Oberwerksbau erfordert nun, daß die Abstände der einzelnen Abbausohlen voneinander klein genommen werden, etwa 30—50 m seigerer Höhe, da die einzelnen Bremsberglängen nicht zu groß gewählt werden können. Es sind daher für die zwischen den Sohlen anstehende beschränkte Mineralmenge hohe Kosten für Ausrichtungsstrecken, Querschläge, Füllörter usw. aufzuwenden, und das Bedürfnis, die Sohlenabstände zu vergrößern, ist unter Umständen zwingend.

Diese Vergrößerung der Abstände wird durch den Unterwerksbau möglich, da alsdann von einer Sohle aus nach oben und nach unten abgebaut werden kann. Vereinigter Ober- und Unterwerksbau gestattet, viele Arbeitspunkte zu belegen, also die Förderung einer Sohle zeitlich zu steigern, die nötige Zeitdauer ihrer Offenhaltung zu verringern, was bei druckhaftem Gebirge erforderlich ist. Der Unterwerksbau erfordert aber das Heraufziehen der gewonnenen Kohle und der fallenden Berge sowie des Wassers. Nach Einführung des unterirdischen elektrischen Antriebes bietet die Kraftleitung nach den Abbauen hin keine Schwierigkeiten mehr, und Haspel und Pumpen können im Felde nach Bedarf verteilt werden.

Die Kohlenförderung geschieht meist so: Aus den Abbauen wird sie auf die nächst tiefere Teilsohle niedergebremst, auf dieser zu einem blinden Schachte gefahren und in ihm auf die Fördersohle gehoben. Das Wasser sammelt sich ebenfalls im Tiefsten der Teilsohle und wird von einem hier erstellten Sumpfe aus durch eine Pumpe der Wasserseige der Fördersohle zugeführt.

Wir fassen daher zusammen, daß durch die Fortschritte im Maschinenwesen bezüglich Förderung und Wasserhaltung der starre Zwang zum Oberwerksbau gefallen ist und durch vereinigten Ober- und Unterwerksbau eine wirtschaftlichere Bemessung der Sohlenabstände ermöglicht wird. Bei großen Wasserzuflüssen kann es sich als wirtschaftlicher erweisen, das Baufeld vom Schachte aus zu unterfahren und das Wasser der Hauptwasserhaltung zuzuführen.

Man vergleiche hierzu den Aufsatz: Westermann: Wirtschaftlichkeit und Zweckmäßigkeit des Unterwerksbaues und des Oberwerksbaues im rheinisch-westfälischen Steinkohlenbergbau in Glückauf 1912, Nr. 16 und 17 und den folgenden Abschnitt.

4. Die Wasserhaltung im Unterwerksbau.

(Nach Dr. Westermann in Glückauf 1912 S. 590.)

Ist das Gebirge nicht wasserführend, sondern stammen die Wasser aus dem über der Fördersohle liegenden Oberwerksbaue, so sucht man ihr Eindringen in den Unterwerksbau tunlichst zu verhindern durch Überführung der Wasser in Holzgeflutern oder durch Stehenlassen eines Sicherheitspfeilers unterhalb der Grundstrecke

Sind die Zuflüsse gering, so ladet man die Wasser mit dem Fördergut weg. Ein mit Stückkohlen beladener Wagen faßt noch 200 l, so daß man bei 8 Wagen Förderleistung in der Schicht, 1,6 cbm wegladen kann, d. h. Wasserzuflüsse von 3—4 l/min, wenn die Belegung in drei Dritteln geschieht. Nach Sonn- und Feiertagen würden sich bei 4 l/min Zufluß im Abbau 5,7 cbm Wasser ansammeln, die vor Beginn der Förderung zu beseitigen sind. Bei ergiebigerer Kohlenförderung vor Ort können entsprechend höhere Zuflüsse weggeführt werden, bis etwa 10 l/min. Darüber hinaus muß man zwischendurch Wasserwagen fördern oder Pumpen aufstellen.

Als Wasserhaltung kommen in Frage, Wasserstrahlpumpen, Duplexluftpumpen und elektrisch betriebene Kreiselpumpen.

Die Wasserstrahlpumpen sind einfach und billig. Sie erfreuen sich jedoch nur geringer Beliebtheit. Sie haben einen geringen Wirkungsgrad, der durch die bei Stillständen kaum zu vermeidenden Verschlämmungen der Düsen noch weiter herabgemindert wird. Sie weisen daher, wenn als Betriebswasser teueres Leitungswasser aus der Berieselungsleitung gewählt werden muß, hohe Betriebskosten auf.

Mit Luft aus der meist vorhandenen Preßluftleitung betriebene schwungradlose Duplexpumpen sind am verbreitetsten, obgleich der Kraftverbrauch der Duplexpumpen wesentlich höher ist, als der der Elektromotoren. Letztere eignen sich hier aber nur zum Betriebe von Kreiselpumpen, deren Wirkungsgrad für die hier in Betracht kommenden ganz geringen Liefermengen aber erheblich schlechter als der der Kolbenpumpen ist. Es ergeben sich erfahrungsgemäß als Kraftkosten für eine PS-Stunde bei Duplexluftpumpe 4—7 Pfg., bei elektrischer Kreiselpumpe 6—9 Pfg., für eine Hauptwasserhaltung 2—3 Pfg.

Dazu kommen andere Vorteile der Duplexpumpe. Sie kann ohne Fundament aufgestellt werden und bedarf keines geschützten Raumes, während der Elektromotor eines Fundamentes und eines ausgemauerten ihn vor der Nässe des Unterwerksbaues schützenden Raumes bedarf. Auch bringt man in Schlagwettergruben selbst dem geeignet gekapselten Elektromotor wenig Vertrauen entgegen.

Man erkennt aus den Kostenzahlen, daß schon mäßige Wassermengen den Unterwerksbau stark mit Wasserhaltungskosten belasten. Man wird daher möglichst bestrebt sein, dort, wo Unterwerksbau sonst Vorteile verspricht, gelösten Unterwerksbau zu wählen, d. h. die Baue selbst als Unterwerksbau betreiben, die Wasser aber durch ein Gesenke nach einer vorhandenen tieferen Sohle ableiten und dort durch die Hauptwasserhaltung heben.

B. Die Besonderheiten der Wasserverhältnisse im Braunkohlenbergbau.

1. Vorherige Entwässerung oder Abbau mit Schonung des Hangenden?

Die besonderen geologischen Verhältnisse des Braunkohlenbergbaues (Abschn. II A 2 u. 3) machen eine besondere Behandlung der Wasserhaltung erforderlich, die im folgenden als „planmäßige Entwässerung“ erörtert werden soll und den Hauptinhalt dieses Abschnittes ausmacht. Da sich hierin nahezu die Wasserhaltungsfrage im Braunkohlenbergbau erschöpft, seien hier einleitend diejenigen Wasserhaltungseinrichtungen besprochen, in denen sich dieser Bergbau von anderen nicht unterscheidet, so daß diese Abschnitte im Zusammenhange die Wasserhaltung im Braunkohlenbergbau umgrenzen.

Bei Entscheidung über die Behandlung der Wasserhaltungsfrage ist die Vorfrage zu erledigen, ob die meist übliche Entwässerung des Baufeldes vor dem Abbaue möglich und rätlich ist.

Unter Entwässerung versteht man das Abziehen des Wassers unter Zurückhaltung des das Wasser führenden Gebirges. Der Zustand des wasserreichen lockeren Gebirges kann sehr verschieden sein.

Grobkörnige Sandschichten geben das Wasser leicht ab und sind selbst leicht zurückzuhalten. Von einem Entwässerungsschachte aus kann eine Kreisfläche von vielen Kilometern Halbmesser entwässert werden.

Feinkörniger Sand ($^1/_5$ mm Korn) hingegen nur bis zu einem Halbmesser von 100 m. Der Sand kann dabei nur durch feinmaschige Filter zurückgehalten werden.

Sehr feinkörnige, tonige Massen lassen sich nach den bisherigen Erfahrungen überhaupt nicht entwässern. Die festen Bestandteile gehen auch durch feine Filter hindurch. Ist durch wiederholte Versuche festgestellt worden, daß Wasserabzapfung an keiner Stelle möglich ist, so ist von der Entwässerung Abstand zu nehmen und dafür der ganze Abbau auf Zurückhaltung des Wassers von den Bauen einzurichten.

Die planmäßige Entwässerung hat den Zweck, durch Abtrocknung des Gebirges den nachfolgenden Abbau gefahrlos und bequem zu gestalten. Sie hat nur dann Sinn, wenn die Entwässerung während des nachfolgenden Abbaues erhalten bleibt. Haben also die abzutrocknenden Schichten dauernde Wasserzuflüsse, und liegen die Verhältnisse für ein Abhalten der Wasser von den Bauen nicht allzu ungünstig, so ist ebenfalls von der Entwässerung abzusehen und die Wasserhaltung während des Abbaues wie gewöhnlich zu gestalten und Wasserzuflüsse durch Schonung des Hangenden oder, wenn die Zuflüsse aus dem Liegenden zu erwarten sind, des Liegenden abzuhalten. Bei der schlechten Beschaffenheit des Gebirges kann dies nur durch Anstehenlassen von Kohle im Hangenden oder Liegenden (Anbau von Kohlenbänken etwa zu 1,5 m), also unter starken Abbauverlusten geschehen. Auch bleibt dabei die stete Gefahr der Wasser- oder, noch schlimmer, der Schwimmsanddurchbrüche bestehen. Ausgedehntere Grubenbaue werden dabei günstigerweise in einzelne Abteilungen durch Einbau von Dammtüren geteilt, so daß diese bei Wassereinbruch in einer Abteilung von den anderen Abteilungen abgesperrt und deren Weiterbetrieb sichergestellt werden kann. Die Einrichtung ist dabei so zu treffen, daß das Wasser aus den abgesperrten Teilen gefiltert abgezogen werden kann, und daß die Dämme dem Einbruch genügenden Widerstand bieten. Ferner ist in Rücksicht auf die Möglichkeit solcher Vorkommnisse für eine leistungsfähige und zuverlässige Wasserhaltung Sorge zu tragen. Auch die Wasserhaltungsmaschine ist durch Dammtüren vor der Überflutung zu schützen und durch entsprechende Sumpfstrecken eine Klärung des Wassers zu erstreben.

Bei alledem bleibt der Betrieb ungünstig, indem alle Strecken der Grube sorgfältig hergestellt und stark ausgebaut werden müssen.

Wegen der meist geringen Tiefe der Baue ist es zweckmäßig, die Tageswasser, wie Regengüsse, Flußläufe, Teiche, vom Eindringen in die Baue abzuhalten. Darüber einiges im Zusammenhange mit ähnlichen Bestrebungen zum Rückhalten der Wasser im Abschn. III A 2.

Ein Bergeversatz kommt für Braunkohlengruben im allgemeinen wegen Mangels eigener Berge und der Kosten des Beschaffens fremder Berge nicht in Frage. Neuerdings wird Spülversatz auf manchen Braunkohlengruben angewandt, der eine gute, sichere Ausfüllung der ausgekohlten Räume ergibt. Hierbei wird eine genügende Schonung des Hangenden erreicht.

Die erwähnten Sicherheitseinrichtungen können im übrigen auch bei Grubenbetrieben anderer Art von Vorteil sein.

Tagebaue von geringer Tiefe können, wenn eine ausreichende Vorflut in der Nähe vorhanden ist, durch einen Heber entwässert werden. Über den Heber vgl. Abschn. III C.

Bei geeigneter Gestaltung des Geländes kann die Wasserentziehung und Wasserabführung auch ohne Wasserhebung durch Stollen stattfinden (Abschn. III B).

Ein zweiter Gesichtspunkt darf nicht übersehen werden. Die Entwässerung hat eine Wasserentziehung im Umkreise des Grubenfeldes und darüber hinaus zur Folge, die zu Entschädigungsansprüchen der Betroffenen führt (Abschn. I A 3). Ist zu erwarten, daß während der Entwässerung Wasser aus größerem Umkreise zufließt, so würden sich sowohl die Kosten der Entwässerung wie die der Entschädigungen hochstellen, und es könnte eine andere Wasserhaltung und Abbauart wirtschaftlicher sein.

Bei der Besprechung der einzelnen Entwässerungsarten wird bei der Beurteilung Wert darauf zu legen sein, ob die gewählte Art die Wasserführung des Nachbargebietes schont.

2. Die planmäßige Entwässerung vor der Aufschließung.

Die planmäßige Entwässerung vor dem Abbau kann betreffen:
1. das Hangende,
2. das Liegende.

Sie kann geschehen:
1. vor dem Abteufen durch Filterbohrlöcher und besondere Pumpvorrichtungen;
2. während des Abteufens durch die Abteufwasserhaltung;
3. während der Vorrichtung;
4. nach der Vorrichtung durch planmäßige Anzapfung, durch Abziehen in die Grube und Heben durch die Wasserhaltung.

Die Abzapfung des Wassers, die Trennung des Wassers vom Gebirge, hat der Hebung des Wassers vorauszugehen.

Diese Zapfung kann nur dadurch geschehen, daß man dem Wasser nach Durchlaufen eines Filters Gelegenheit gibt, sich an tiefen Punkten zu sammeln, von denen es gelegentlich durch Stollen oder Heber, meist durch Hebung mittels Pumpen entfernt wird. Die Schaffung solcher Sammel- und Hebepunkte kann nun auf die in der Übersicht angeführten Arten geschehen.

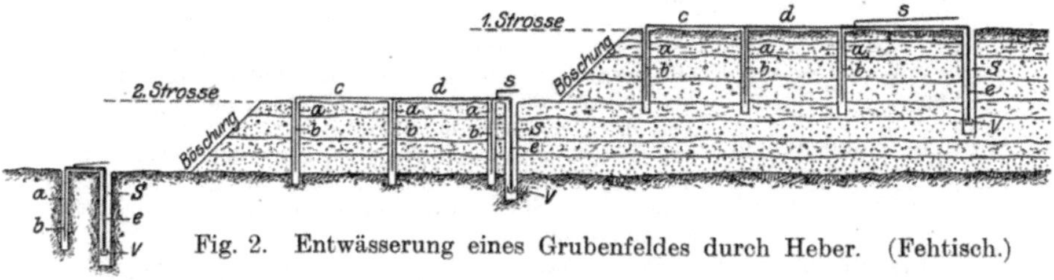

Fig. 2. Entwässerung eines Grubenfeldes durch Heber. (Fehtisch.)

Die Entwässerung durch Filterbohrlöcher für Tagebaue besitzt zwei Arten. Im ersten Falle dienen die Bohrlöcher nur als Zapfstellen und werden mit einem gemeinsamen Sammelbrunnen durch Heber verbunden und durch eine Pumpe gehoben; im zweiten Falle dienen sie als Sammel- und Hubbrunnen und das Wasser wird aus jedem einzelnen Bohrloch durch eine geeignete Pumpe, als welche die als Mammutpumpe bekannte Druckluftpumpe gewählt wurde, gehoben.

Die gemeinsame Hebung im Sammelbrunnen (Fig. 2) erfordert eine Verbindung der einzelnen Entwässerungsbohrlöcher a untereinander. Es ist das Kennzeichnende der Entwässerung vor dem Schachtabteufen und dem Vorrichten, daß diese Bohrlöcher über Tage miteinander verbunden werden. Dies geschieht durch Heberleitungen c d, die die einzelnen Saugrohe b mit dem Sammelbrunnen S verbinden. Nachdem der Heber mit Hilfe einer Entlüftungsvorrichtung mit Wasser gefüllt und in Betrieb gesetzt wurde, fließt das Wasser dauernd von den höheren Wasserspiegel der Bohrlöcher nach dem tiefer zu haltenden Wasserspiegel des Sammel- und Pumpenbrunnens S. Im Sammelbrunnen ist eine entsprechend angetriebene Pumpe aufgestellt, die durch Abpumpen des Wassers den Unterwasserspiegel S entsprechend tief unter dem Oberwasserspiegel b zu halten hat.

Die erforderliche Entlüftung der Heberrohre beim Anlassen und die Nachentlüftung s im laufenden Betriebe kann für alle in den Sammelbrunnen mündenden Heberrohre in der Nähe des Sammelbrunnens gemeinsam geschehen. Die Luftpumpe ist daher in dessen Nähe aufzustellen.

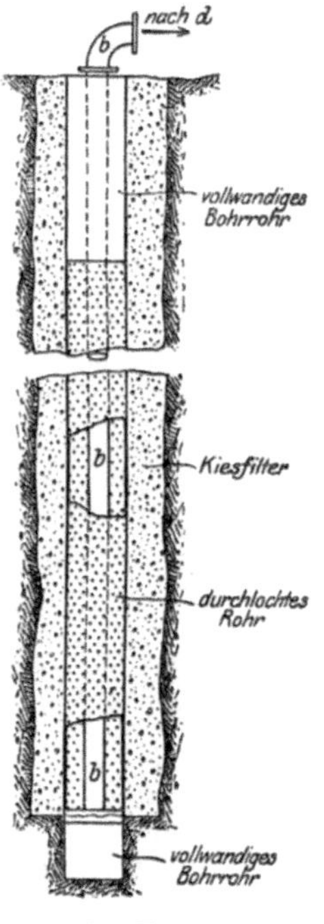

Fig. 3. Filterbrunnen zur Entwässerung durch Heber, Fig. 2. (Fehtisch.)

Die Leistung der Heber hängt von Durchmesser und Länge und vom Unterschiede der Wasserspiegel, dem Arbeitsgefälle des Hebers, ab. Man hat es also durch Regelung der Leistung der Pumpe im Sammelbrunnen in der Hand, die Entwässerung zu regeln. Um die Abhängigkeit der einzelnen Heber voneinander bzw. vom Sammelbrunnen aufzuheben, können Drosselvorrichtungen in die einzelnen Heber eingebaut werden. Man kann alsdann die Leistung einzelner Bohrlöcher vermindern, wenn dies, etwa an der Grenze des Baufeldes oder zur Sicherung der Filterwirkung erwünscht sein sollte.

In die Bohrlöcher ist ein gelochtes Filterrohr (Fig. 3) eingebracht und der Zwischenraum zwischen Filter und Heberrohr mit grobem Kies ausgefüllt, so daß das Wasser genügend gereinigt dem Sammelbrunnen zufließt.

An Zahlenangaben standen zur Verfüguug (Salzmann in Braunkohle 1911, S. 651; Fehtisch in Stein- u. Braunkohle 1913): Zahl der Bohrlöcher 12—40; Entfernung der Bohrlöcher 10—50 m (je nach der Durchlässigkeit der Schichten), im Mittel 25 m; Durchmesser des Sammelbrunnens 60 cm für 4 Abfallrohre und 80 cm für 5 Abfallrohre; Filterbohrloch 25 cm, die einzelnen Heberrohre 13 cm; ein Bohrloch ergibt durchschnittlich 1,5 l/sec Wasser.

24 Bohrlöcher im Abstande von 25 m decken eine Fläche von 15 000 qm und können bei 9 m Tiefe des Oberwasserspiegels über dem Heberscheitel eine Kohlenmenge von 200 000 cbm in 2 Monaten entwässern. Die Zeit der Entwässerung ist dabei je nach der Beschaffenheit des zu entwässernden Gebirges verschieden und ist desto größer, je langsamer das Gebirge das Wasser herausgibt. Sie wird desto geringer, je enger die Bohrlöcher stehen.

Die erreichbare Entwässerungstiefe kann bei obertägig verlegter Heberleitung 9 m nicht überschreiten, da das Wasser im Hebersteigrohr nicht höher aufsteigen kann. Eine größere Tiefe der Entwässerung kann erreicht werden, wenn die Heberrohre in entsprechend tiefen Gräben unter die Erdoberfläche versenkt werden. Die Versenkung der Rohre empfiehlt sich auch, wenn sie dadurch vor Beschädigungen, im Winter vor dem Einfrieren geschützt sind.

Wegen der beschränkten Tiefenwirkung werden die meisten Lagerstätten bei diesem Verfahren in aufeinanderfolgenden Strossen abzubauen sein. Ist die Entwässerung in der ersten Strosse, etwa im Deckgebirge des Tagebaues, erfolgt, und schreitet der Abraum vor, so ist es zweckmäßig, vor der Gewinnung in der zweiten Strosse eine zweite Entwässerungsanlage vorzubereiten, desgleichen später in den folgenden Strossen.

Die zur Entwässerung nötigen Einrichtungen können mehrfach wieder verwendet werden.

Eine Beurteilung der Besonderheit dieser Entwässerung wird am Ende dieses Abschnittes durch Vergleich mit anderen Vorrichtungen gegeben werden. Eine bergbauliche Anwendung hat diese Art bisher noch nicht gefunden. Filterbrunnen mit Heberleitungen werden aber bei Wassergewinnungsanlagen in großem Umfange verwendet.

Entwässern der einzelnen Filterbrunnen durch Mammutpumpen. Der Hebersammelbrunnen hat den Nachteil, daß die auf einmal zu entwässernde Tiefe 8—9 m nicht überschreiten kann. Deshalb wird von A. Hauff, Charlottenburg, (Braunkohle 1911, S. 821) vorgeschlagen, jedes einzelne Bohrloch für sich durch eine Mammutpumpe zu entwässern, da hierbei beliebige Tiefen erreicht werden können. Eine Mammutpumpenanlage nach A. Borsig, Tegel, zeigt Fig. 4 (das Nähere: Abschn. VII C 2). In ein Bohrloch ist ein Rohr eingelassen. Diesem Rohre wird durch eine engere Leitung Druckluft in einem unteren Querschnitte zugeführt. Das Wasserrohr muß bei dieser Pumpe um ein gewisses Stück unter den Wasserspiegel eintauchen, so daß die Filterbohrlöcher hier tiefer zu erstellen sind, als die zu entwässernde Tiefe beträgt.

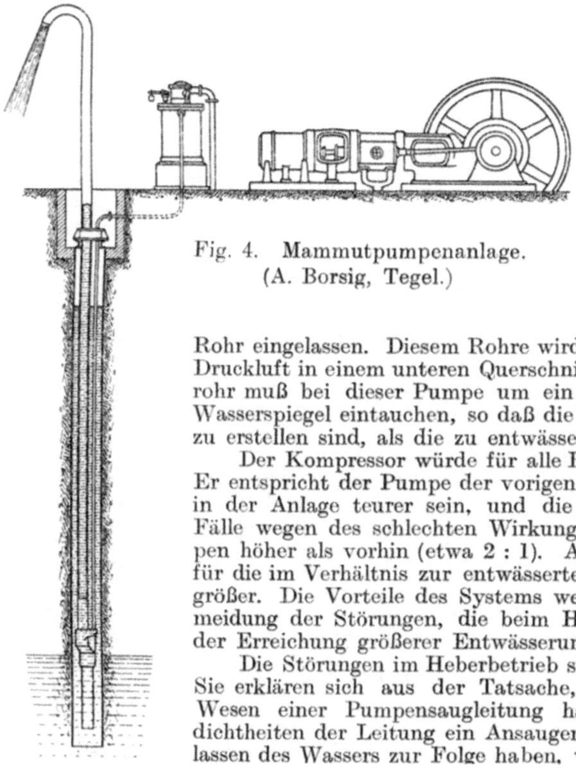

Fig. 4. Mammutpumpenanlage. (A. Borsig, Tegel.)

Der Kompressor würde für alle Bohrlöcher gemeinsam sein. Er entspricht der Pumpe der vorigen Anordnung. Er wird aber in der Anlage teurer sein, und die Kraftkosten sind auf alle Fälle wegen des schlechten Wirkungsgrades der Mammutpumpen höher als vorhin (etwa 2 : 1). Auch sind die Anlagekosten für die im Verhältnis zur entwässerten Tiefe tieferen Bohrlöcher größer. Die Vorteile des Systems werden gefunden in der Vermeidung der Störungen, die beim Heber möglich sind, und in der Erreichung größerer Entwässerungstiefen.

Die Störungen im Heberbetrieb sind tatsächlich eingetreten. Sie erklären sich aus der Tatsache, daß die Heberleitung das Wesen einer Pumpensaugleitung hat, daß also etwaige Undichtheiten der Leitung ein Ansaugen von Luft und ein Fallenlassen des Wassers zur Folge haben, worauf der Heber durch die Tätigkeit der Luftpumpe wieder in Betrieb gesetzt werden muß. Auch ist die Heberleitung mit gleichmäßigem Gefälle zu verlegen, wodurch höhere Kosten für die Verlegung bedingt sind. Die Druckluftleitung beim Mammutpumpenbetrieb ist dagegen eine enge Leitung, die eine beliebige, dem Gelände nachgehende Verlegung gestattet. Ihre Undichtheit ergibt einen Kraftverlust, aber keine Störung des Betriebes. Die Mammutpumpe saugt allen sich im Bohrlochtiefsten ansammelnden Schlamm ab, während beim Heber leicht eine Verschlämmung der Einflußöffnung stattfinden kann. Die Mammutpumpe ist gegen schlechte Beschaffenheit des Wassers völlig unempfindlich, während der Betrieb der Pumpe im Sammelbrunnen durch schlecht gereinigtes Wasser wohl Störungen ausgesetzt sein kann.

3. Die Entwässerung während und nach der Vorrichtung.

Die Entwässerung im Schachtabteufen. Die im Schachttiefsten entstehende Sammelstelle für das im Gebirge zusitzende Wasser gibt Gelegenheit, das Gebirge durch Pumparbeit zu entwässern.

In schwierigen Fällen muß das Abteufen der Schwimmsandschichten mittels des Gefrierverfahrens geschehen. Hierbei ist eine Entwässerung nicht möglich.

Das Wesentliche beim Abteufen im Schwimmsand besteht darin, daß, da die bloßgelegten Wände des lockeren Gebirges sofort einbrechen, die Verkleidung der späteren Schachtstöße ihrem Bloßlegen, also dem eigentlichen Abteufen vorausgehen muß. Dabei muß überall ein Eindringen des Schwimmsandes vermieden werden, da man erstens beim Pumpen des sandigen Wassers Schwierigkeiten bekommt, und da zweitens hinter den Schachtstößen Hohlräume entstehen können, die bei dem hohen Druck, dem diese Stöße ausgesetzt sind, zum Zusammensturz des Ganzen führen können. Da der feine Schwimmsand auch durch feine Fugen der Schachtauskleidung in den Schacht eintritt, so muß die Abtrocknung des Gebirges stattgefunden haben, ehe die Schachtverkleidung bloßgelegt wird. Daher geht dem Weiterausheben der Sohle immer der Entwässerungssumpf voraus, der in irgendeiner Weise als Filter ausgebildet ist, um den Sand zurückzuhalten. Ist das Gebirge sehr schwimmend, so muß auch die jeweilige Schachtsohle sowie die Sohle des Entwässerungssumpfes gegen Einbruch des Schwimmsandes verwahrt werden. Dies geschieht durch Vertäfelung und, wenn nötig, noch durch Unterlegen einer filternden Strohschicht zwischen Vertäfelung und Sohle. (Das Verwiepen der Sohle.)

Die Wasserhaltung geschieht vom Sumpfe aus, bei der geringen in Frage stehenden Teufe einfacherweise durch den wenig empfindlichen Pulsometer (s. Abschn. VII B).

Geeignete Abteufarten sind das Senkschachtverfahren und die Getriebezimmerung. Erforderlich ist in allen Fällen, daß genügend langsam vorgegangen und die geschilderte Vorsicht bei der Arbeit auf der Sohle beobachtet wird.

Für genauere Belehrung über die Getriebearbeit und das Verwiepen der Schachtsohle sei auf das Buch verwiesen: H. Bansen, Der Grubenausbau II. Aufl., S. 164—183, Verlag Springer, Berlin, wo sich eine zusammenfassende Behandlung findet.

Eine Abänderung des Verfahrens, die unter vollständiger Abtrocknung des Gebirges ein sicheres Abteufen gewähren soll, ist von Peinert angegeben worden. Man vgl. Braunkohle 1907, Nr. 52: Das Durchteufen und Entwässern lockerer, wasserführender Schichten mittels weiter Bohrlöcher und darauf niedergebrachter Schächte. Ferner Bansen S. 162.

Das Entwässern während der Vorrichtung unter Tage. Das Entwässern während der Vorrichtung setzt das Vorhandensein eines Schachtes voraus. Von diesem aus werden Strecken aufgefahren. Bei querschlägiger Richtung zur Erreichung geneigter Lagerstätten sind dem Stoß voraus Filterrohre ins Gebirge zu treiben. Auch von einem vorhandenen Tagebaue aus kann der noch anstehende Kohlenstoß in dieser Weise entwässert werden; oder wenn vom Tagebau zum Tiefbau übergegangen werden muß, wird von der vorläufigen Sohle aus ein Schacht abgeteuft und von dessen Tiefstem aus entwässert. Dieses Entwässern kann nur gelingen, wenn sich keine wassertragende Schicht über der Kohle befindet.

Das Entwässern durch Entwässerungsbrüche. Nach der Vorrichtung werden in dem zunächst abzubauenden Felde in größerer Entfernung voneinander Brüche ausgekohlt und ausgeraubt. Durch das später erfolgende Hereinbrechen des Hangenden wird dem Wasser ein Abfluß nach dem Bruche verschafft. Je fester die in der Firste des Bruches angebaute Kohle ist, desto größer müssen die Brüche erstellt werden, um ein Hereinbrechen zu erzielen, desto größer wird aber auch die Gefahr, das beim Hereinbrechen der Massen die Schutzdämme, die den Bruch von den übrigen Bauen abschließen, zertrümmert werden und der ganze Bau gefährdet wird. Gelingt die Arbeit, so werden die dem Bruche zufließenden Wasser unter Zurückhaltung des Gebirges dem Deckgebirge entzogen. Der Erfolg ist aber ungewiß, da die wassertragende Schicht so in den Bruch sich einlagern kann, daß eine Zäpfung des Wassers nicht stattfindet. Bei der hier naheliegenden Gefahr der Wassereinbrüche ist die Wasserhaltung sehr reichlich zu bemessen, ein ausgedehnter Sumpf herzustellen und der Maschinenraum durch Verdämmung zu schützen.

Das Entwässern hangender Schichten durch Anbohren nach der Vorrichtung. Das Entwässern hangender Schichten geschieht von diesen Vorrichtungsstrecken aus, indem man Überbrechen durch die wassertragende Schicht bis in die wasserführenden Schichten herstellt. Diese Arbeit ist gefährlich, da das unter Druck stehende Wasser oder der Schwimmsand in die Strecke hereinbrechen und sie verschlämmen kann. Vor Herstellung der Entwässerungsüberbrechen wird der Streckenausbau in der Nachbarschaft verstärkt und Sicherheitsdämme in der Nähe errichtet.

Ungefährlicher ist das Hochbohren in die wasserführende Schicht und rasches Einbringen von Filterröhren. Das Filterrohr kann nur in kurzen Längen eingebracht werden. Es wird durch Anstückeln verlängert. Es sind Gasrohre von 35 mm Durchm., die je nach der Korngröße des Sandes mit 3—5-mm-Löchern im Abstande von 40 mm versehen sind. Das erste oberste Rohr trägt eine Spitze. Die in der Kohle und im festen Gestein stehenden unteren Rohre erhalten keine Lochung.

Das Entwässern liegender Schichten. Von den Vorrichtungsstrecken aus werden Löcher nach unten gebohrt und Filterrohre eingebracht. Man führt die Rohre so hoch, daß das Wasser am oberen Ende eben ausfließt, in der Absicht, durch den langsamen Abfluß klares Wasser zu erhalten. Ist der Wasserdruck zu groß, so werden die Rohrmündungen erhöht. Ist ein Überbrechen in der Nähe, so werden die Rohre so hoch geführt, wie der Wasserdruck es ermöglicht, in der Absicht, den Wasserdruck so weit wie möglich auszunutzen und langsamen klaren Wasserfluß zu erzielen.

Bei Pumpenstillständen werden die Entwässerungsrohre durch Holzspunde verschlossen.

Die Entwässerung liegender Schichten geht im allgemeinen langsam vor sich, ist aber dafür auch ungefährlicher.

Entwässerung durch besondere Entwässerungsschächte nach der Vorrichtung. Die erwähnten Entwässerungsarten sind nur möglich, wenn die zu entwässernde Schicht in mäßiger Höhe über dem Kohlenflöz liegt. Im anderen Falle ist sie durch Filterröhren von unten her nicht zu erreichen; desgleichen lassen sich sehr mächtige Schwimmsandschichten (50 bis 60 m) auf diese Weise nicht entwässern.

Eine unmittelbare Wasserhebung im Entwässerungsschachte, wie sie beim Abteufen erwähnt wurde, ist meist mit Schwierigkeiten verbunden. Deshalb stößt man von über Tage her Bohrlöcher bis auf die Vorrichtungsstrecken, die, in geeigneter Weise als Filter ausgebaut, eine Entwässerung des Gebirges und Abführung des Wassers nach den Grubenbauen

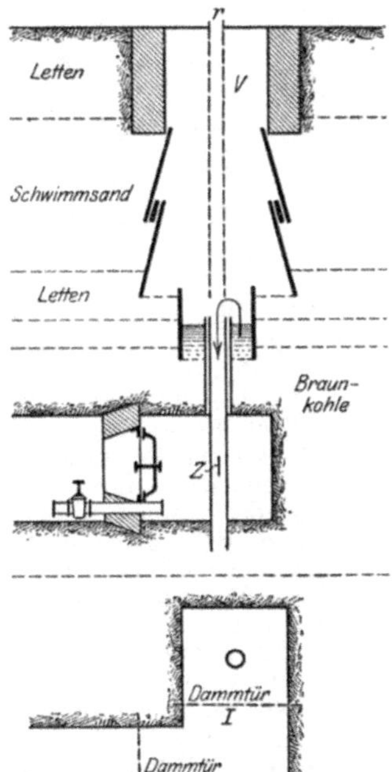

Fig. 5. Entwässerungsschacht der Emerangrube, Bilin. (Treptow.)

ermöglichen, wo es der entsprechend zu bemessenden Wasserhaltung zugeführt wird.

Eine besondere Ausbildung hat dies Verfahren auf der Emerangrube bei Bilin, Nordwestböhmen, gefunden, Fig. 5. In Abständen von 200—300 m werden Bohrlöcher bis auf die Kohle niedergebracht und verrohrt, dann wird mit einem kleineren Durchmesser bis nahe an das Liegende der Kohle gebohrt, dann das Bohrloch bis etwas über die Kohle mit Ton verfüllt und ein engeres Rohr durch das weitere bis ins Liegende der Kohle eingebracht. Die Tonfüllung zwischen den beiden Röhren und zwischen Kohle und Rohr soll das Durchdrücken des Schwimmsandes zwischen Entwässerungsrohr und Kohle verhüten.

Die Verrohrung wird nun von einer im Flöz bereits vorhandenen Hauptstrecke aus mit einer Strecke von kleinen Abmessungen angefahren, doch so, daß der Zugang zur Verrohrung einen rechten Winkel bildet. In diesen Zugang werden zwei Dammtüren eingebaut. Sie sollen beim späteren Entwässern zur Rettung der Belegschaft bei einem etwaigen Einbruch dienen. Der der Verrohrung nähere Damm I erhält schwächere Abmessungen und eine die Flucht erleichternde große Türöffnung. Der weitere Damm II ist besonders stark hergestellt und mit einer kleineren, eben noch fahrbaren Öffnung versehen, Fig. 6.

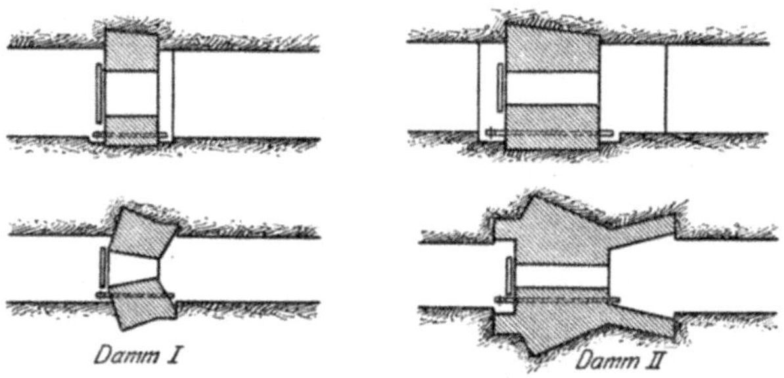

Fig. 6. Sicherheitstüren zum Entwässerungsschacht, Fig. 5.
(A. Zeese.)

Die Dämme sind am Fuße mit eingebauten Abflußrohren versehen, deren Schieber ein beliebiges Ablassen des Wassers nach der Wasserhaltung hin gestatten. Bei Maschinenstillständen, die zwecks Auswechslung verschlissener Teile häufig notwendig werden, werden die Schieber geschlossen.

Nach Herstellung der Dämme wird mit dem Bohrloch als Achse von Tage her ein kleiner Entwässerungsschacht in Getriebezimmerung in der früher beschriebenen Weise niedergebracht. Die äußere Verrohrung wird dabei, wenn möglich, gezogen, sonst beim Weiterteufen stückweise abgehauen und ausgebaut. Das innere Rohr wird auf der jeweiligen Sohle abgehauen und das im Vorgesümpfe sich sammelnde Wasser durch einen kleinen Heber in das Entwässerungsrohr eingeleitet. Das Wasser fließt durch das innere Rohr und einen Schlitz Z, der in sein unteres Ende eingehauen wurde, nach der Entwässerungsstrecke. Die Sohle des Entwässerungsschachtes ist zu vertäfeln. Das Vorgesümpfe geht der Sohle bis 0,5 m voraus. Ist diese Tiefe abgetrocknet, so wird die Sohle um gleich viel tiefer gelegt und von neuem entwässert.

In einem Falle wurden durch ein Bohrloch 300 000 cbm Wasser in 9 Monaten abgezogen und dadurch der Wasserspiegel um 12 m gesenkt.

C. Beschaffenheit und Aufbereitung des Grubenwassers.

1. Chemische Beimengungen.

Das Wasser ist das allgemeinste Lösungsmittel für feste, flüssige und gasförmige Körper. Die Löslichkeit ist für verschiedene Körper sehr verschieden und nimmt meist mit steigender Temperatur zu; eine Ausnahme machen Lithium und Gips.

Im Wasser ist immer Luft gelöst, desgleichen Kohlensäure. Das über die Humusschichten der Erdoberfläche rieselnde Wasser hat Gelegenheit, weitere Kohlensäure aufzulösen.

Das kohlensäurehaltige Wasser ist dann befähigt, Kalzium- und Magnesiumkarbonat aufzulösen, die im reinen Wasser nahezu unlöslich sind; es entstehen die löslichen Bikarbonate

$$CaCO_3 + H_2O + CO_2 = CaH_2\,(CO_3)_2$$

Wird solches hartes Wasser zum Sieden erhitzt oder gut durchlüftet so scheidet sich die Kohlensäure wieder ab und der unlösliche einfachkohlensaure Kalk fällt aus. Es muß verhütet werden, daß diese Ausfällung innerhalb der Pumpen und Rohrleitungen geschieht. Es werden sonst die vom Wasser benetzten Teile mit einer Kruste überzogen und die Rohrleitungen verengt.

In den langen Zuleitungen hat das harte Grubenwasser meist genügend Gelegenheit, den Kalk abzusetzen. Wird hartes Wasser durch eine unterirdische Dampfwasserhaltung gehoben, so kommt es bei großer Teufe hoch erwärmt in die Pumpen und Rohrleitungen, da der arbeitende Dampf in dem zu hebenden Wasser niedergeschlagen werden muß. Es sind dann die erwähnten Ansätze nicht zu vermeiden.

In diesem seltenen Falle kann die Aufbereitung des Wassers dadurch geschehen, daß man das Wasser bei seinem Eintritt in den Sumpf über Reisigbündel fallen läßt. Es kommt dann in feiner Verteilung in Berührung mit Luft, scheidet die Kohlensäure aus, und der jetzt unlösliche Kalk überzieht die Reiser wie bei einem Gradierwerk.

Der chemische Vorgang ist umgekehrt wie bei der Lösung:

$$CaH_2\,(CO_3)_2 = CaCO_3 + H_2O + CO_2$$

Man kann eine Ausfällung des Kalkes auch chemisch durch Zusatz von Kalkmilch erzwingen. Da derselbe Zusatz auch zur Entsäuerung saurer Wasser dient, sei seine chemische Natur an Hand der Herstellung der Kalkmilch aus gebranntem Kalk und dessen Herstellung aus Kalkstein dargestellt.

Beim Brennen des Kalksteins $CaCO_3$ entweicht Kohlensäure CO_2, und Kalziumoxyd CaO ist das Ergebnis:

$$CaCO_3 = CaO + CO_2$$

Beim Löschen des gebrannten Kalkes durch entsprechenden Wasserzusatz entsteht Kalkmilch:

$$CaO + H_2O = Ca\,(HO)_2$$

Die Kalkmilch stellt sich als Base dar, deren ausgedehnte technische Verwendung auf ihrer Billigkeit beruht. Ihre Verwendung zur Ausfällung von Kalk beruht auf der sauren Natur des Bikarbonates $CaH_2\,(CO_3)_2$, auch doppeltkohlensaurer Kalk oder auch saurer kohlensaurer Kalk genannt, nach der Formel:

$$CaH_2\,(CO_3)_2 + Ca\,(HO)_2 = 2\,CaCO_3 + 2\,H_2O$$

Die saure und die basische Natur der Bestandteile heben sich gegenseitig auf, und der unlösliche Kalk $CaCO_3$ fällt aus.

Enthält das Grubenwasser Gips $CaSO_4$, so kommt es bei gesättigter Lösung auch zu Ausscheidung an den Eisenteilen.

Ein lehrreiches Beispiel allerdings ungünstigster Wasserbeschaffenheit liefert das Salzwerk Leopoldshall. Die Pumpen haben Salzsole zu heben, die noch durch Schlamm und Sand verunreinigt ist. Fig. 7 zeigt den Steinansatz an Saugkörben und Ventilen. Die Verengungen in der Steigeleitung führten (1898) bei einer Druckhöhe von 360 m zu einem Druck in der Pumpe von 69 atm. Hiergegen hilft ein Ausbohren der Rohrleitung.

Der Kohle und anderen nutzbaren Mineralien ist häufig Schwefelkies FeS_2 beigemengt. Sauerstoffhaltiges Wasser bewirkt dann das Entstehen von Schwefelsäure und schwefelsaurem Eisen nach der Formel:

$$2\,FeS_2 + 2\,H_2O + 7\,O_2 = 2\,FeSO_4 + 2\,H_2SO_4$$

Fig. 7. Saugkorb mit Steinansatz. (Riedler.)

Bei Gegenwart von Kochsalz NaCl und freier Schwefelsäure entsteht auch Salzsäure HCl — $H_2SO_4 + 2\,NaCl = Na_2SO_4 + 2\,HCl$.

Die weite Verbreitung des Schwefelkieses erklärt das häufige Auftreten von freier Säure in dem aus den Abbauen stammenden Wasser. Freie Säure ist sehr schädlich, da sie die Eisenteile unter Bildung von löslichem schwefelsauren Eisen anfrißt:

$$Fe + O + H_2SO_4 = FeSO_4 + H_2O$$

Auf dem Ostfeld der Königsgrube (Oberschlesien), sind die Wasser von der geschilderten Beschaffenheit ($\sim$ 0,1 g/l). Man versuchte die Rohre durch Verkupfern, Verzinnen und Verzinken zu schützen. Nach 8 Monaten war der Metallüberzug verschwunden und das Gußeisen bis auf 3 mm angegriffen. Gußeiserne Kolben mußten nach kurzer Betriebszeit ausgewechselt werden. Sie wurden später aus Bronze hergestellt. Die Pumpenrohre wurden mit Zement überzogen.

Bei schwächer saurem Wasser werden sich die genannten Hilfsmittel empfehlen; für stark saures eine Entsäuerung mit Hilfe von Kalkmilch nach der Formel:

$$H_2SO_4 + Ca\,(HO)_2 = CaSO_4 + 2\,H_2O$$

Zu diesem Mittel griff die Königsgrube.

Die Entsäuerung geschieht im Querschlag, 100 m vor dem Schachtsumpf. Im Stoß des Querschlages ist eine Nische ausgehauen, in der ein vom Grubenwasser durchflossener Mischbehälter untergebracht ist. In diesen werden die Klumpen des gelöschten Kalkes eingebracht und durch eine Rührkrücke verteilt und aufgelöst. Die Schlämme bleibt im Wasser schwebend, wird durch die Pumpen mit zu Tage gehoben und ober Tage in ausgedehnten Klärteichen abgeschieden. Die abgeschiedene Schlämme wird durch einen Heber (Abschn. III C) nach einem benachbarten Schachte abgelassen und durch Leitungen alten Grubenbauen zugeführt. Der Betrieb mit dem Heber hatte den Vorteil gegenüber dem vorher üblichen Auspumpen mittels Kettenpumpen, daß erheblich an Arbeitslöhnen (jährlich gegen 5000 M) gespart wurde.

Das gereinigte Wasser wird einem Flutgraben zugeführt.

Auf dem Erzbergwerk Neu-Diepenbrock III bei Selbeck fließen auf dem Südmittel Süßwasser zu, aus dem Nordmittel 10 cbm/min Salzwasser. Aus diesem scheidet sich Schwerspat $BaSO_4$ ab, und zwar täglich 1500 kg. Er ist sehr feinkörnig und setzt sich infolge seines großen spezifischen Gewichtes (s = 4,5) überall in Strecken, Sümpfen und Rohrleitungen ab.

Die gleiche Schwerspatausfällung wie auf Neu-Diepenbrock wurde beobachtet auf den Zechen Gladbeck, Graf Moltke, König Ludwig, de Wendel, Ewald. Die Grubenwasser, die aus verschiedenen Abteilungen herstammen, sind verschieden. Die einen enthalten gelöste Bariumsalze, etwa $BaCl_2$, die anderen freie Schwefelsäure. Nach ihrem Zusammenfluß bildet sich der unlösliche Schwerspat

$$BaCl_2 + H_2SO_4 = 2\,HCl + BaSO_4$$

Dieser setzte sich in den Abfallrohren, Gefludern, Maschinen und Leitungen ab und machte dauernde Nachbesserungen und Auswechseln erforderlich. In einem Falle hat sich ein Rohr von 15 cm in 6 Monaten auf 3 cm Durchmesser verengt. Auf einzelnen Gruben konnten die verschiedenen Zuflüsse nicht getrennt aufgefangen und am Vereinigen gehindert werden.

Auf den Möllerschächten werden heute die verschiedenen Zuflüsse möglichst getrennt aufgefangen und abgeführt. Dadurch wird erreicht, daß in den Abfallrohren sich weniger Ansätze bilden und die Niederschläge erst nach der Vereinigung der Wasser im Sumpf erfolgen. Die Abfallrohre sind dünnwandige Blechrohre, welche zwecks Reinigung mit Holzkeulen abgeklopft werden. Hierbei springen die Ansätze ab.

Die Wasserhaltung geschieht durch Kolben- und Kreiselpumpen. Bei den Kolbenpumpen sind bis jetzt keine schädlichen Ansätze bemerkt worden, während die Kreiselpumpen nach etwa 200 Betriebsstunden auseinandergenommen und von den Ansätzen befreit werden müssen.

Alkalische Wasser sind sehr selten, z. B. im Falkenauer Braunkohlenrevier, Nordböhmen. Sie zerstören gußeiserne Pumpenteile sehr schnell. Schutz geschieht durch Vernickelung der benetzten Pumpenteile und durch Zementanstrich der Rohre.

Die Enteisenung von Grubenwasser, das zum Trinken verwendet werden soll, ist in Abschn. I B 3 beschrieben worden.

2. Der Einfluß des Spülgutes auf die Beschaffenheit der Spültrübe.

Der Spülversatz gewinnt für den gesamten Bergbau immer größere Bedeutung. Da das Spülwasser durch die Wasserhaltungsmaschinen gehoben werden muß, hat sich die Wasserhaltung hierauf einzurichten. Die Menge des Spülwassers im Verhältnis zur damit gewonnenen Kohle ist von großer Bedeutung. Sie beträgt je nach den Verhältnissen 1—3 cbm Wasser je t Kohle. Für wasserarme Gruben bedeutet daher die Einführung des Spülversatzes eine erhebliche Vermehrung der Wasserhaltungsmaschinen. Doch ist zu beachten, daß eine Grube meist nur einzelne Flöze oder gar nur einzelne Feldesteile mit Spülversatz abbaut, so daß für wasserreiche Gruben die Vermehrung des zu hebenden Wassers unbedeutend ist.

Die Vermehrung der Wasserhaltungsmaschinen ist insofern von Vorteil, als dadurch eine Aushilfe für vermehrte Zuflüsse aus den Abbauen gegeben ist.

Wird nicht in allen Schichten gespült, dann ist der Zufluß der Spülwasser ungleichmäßig, und es bedarf einer ausgleichenden Sumpfanlage, um die Maschinen gleichmäßig oder gar unabhängig von den Zuflüssen belasten zu können.

Bei Einführung des Spülversatzes traf man zunächst keine Fürsorge für eine Klärung des sehr schmutzigen Abwassers und verwandte Kreiselpumpen zu seiner Hebung, in der Meinung, daß diese keine schleifenden Dichtungen besitzende Pumpe zum Heben des trüben Wassers geeignet sei. Es zeigte sich aber ein ganz bedeutender Verschleiß der inneren Teile, die in kurzen Zeiträumen ausgewechselt werden mußten. In einem Falle hat man die Kreiselpumpen gegen Kolbenpumpen ausgewechselt, obgleich man für diese verzwickte Sonderformen wählen mußte, um sie in den für die Kreiselpumpen bestimmten kleinen Maschinenstuben unterbringen zu können. Für die Ventile der Kolbenpumpen ist das schmutzige Wasser auch nicht sonderlich vorteilhaft, aber diese Kolbenpumpen haben im erwähnten Falle den schwierigen Betriebsbedingungen wesentlich besser entsprochen als die Kreiselpumpen.

Heute wird eine sorgfältige Klärung des Spülwassers allgemein vorgenommen und Nachteile an den Pumpen treten in sehr vermindertem Maße auf. Für die Spülversatzwasserhaltung werden jetzt wohl meist Kreiselpumpen verwendet.

Zur Sicherung des Spülbetriebes ist ein entsprechender Wasservorrat vonnöten. Ihn ober Tage zu beschaffen, erfordert die Erstellung besonderer Vorratsbehälter. Die oberen Grubenbaue bieten gelegentlich die Möglichkeit der Wasseraufsammlung. Auf der Zeche Consolidation sind solche Räume auf der vierten und dritten Sohle vorhanden, die miteinander in Verbindung stehen und einen Fassungsraum von 150 cbm besitzen. Die Spülwasser werden von hier aus den Spültrichtern der 3. und 4. Sohle zugeführt und sammeln sich nach ihrer Verwendung in den Abbauen in der auf der 6. Sohle vorhandenen Hauptsumpfstrecke, wo sie mit den eigentlichen Grubenwassern zusammenfließen. Von hier wird das Wasser nach der Klärung durch Pumpen wieder den Behältern zugeführt.

Die Benutzung unterirdischer Behälter in Verbindung mit unterirdischer Aufstellung der Spültrichter bringt den wirtschaftlichen Vorteil, daß das Spülwasser einen Kreislauf mit nur geringer Hubhöhe macht, wodurch an Hebungskosten gespart wird.

Das Spülgut. Das geeignetste Spülversatzgut ist Sand. Er greift zwar die Spülleitungen mechanisch an, ist aber leicht mit Wasser zu mischen, läuft gut und verlangt wenig Wasser. Die Menge des je cbm Spülgutes zuzusetzenden Wassers ist wegen der nötigen Rückhebung von entscheidender wirtschaftlicher Bedeutung. Der Sand setzt sich im verspülten Abbau gut ab, so daß durch den Filterdamm fast reines Wasser abfließt, das einer weiteren Reinigung nicht bedarf oder mit geringer Mühe gereinigt werden kann.

Die gute Klärung im Abbau oder in einer besonderen Kläranlage ist eine zweite wirtschaftlich und technisch wichtige Eigenschaft eines geeigneten Versatzgutes. Lösche, Asche und Waschberge erfordern viel Wasser, damit sie in den wagerechten Rohrsträngen der Spülleitung gut fließen. Das Wasser laugt ihre säurebildenden Bestandteile aus und bildet Schwefelsäure (Abschn. II C 1). Da bei geringer Menge eigentlichen Grubenwassers, z. B. 1 cbm/t Kohle, das Spülwasser, z. B. 3 cbm/t Kohle, zu $^2/_3$ immer wieder in den Spülwasserkreislauf zurückgegeben werden muß und nur zu $1/_3$ durch das frische Grubenwasser ersetzt werden kann, so reichert sich der Säuregehalt an, so daß die Spülwasser die Pumpen nicht nur mechanisch, sondern auch chemisch angreifen.

Die Waschberge enthalten weiche kohlige Teile, die im Spülstrome fein zerrieben werden, wodurch schwer zu klärende Abwässer entstehen. Lehm und Ton schonen die Rohrleitungen, bilden aber schwer zu klärende Abwässer, die ausgedehnte Kläranlagen erfordern.

Ein gewisser Tonzusatz zu Sand oder Asche erweist sich für den Bestand der Leitungen günstig.

Die Menge des Wassers zum Spülgut ist sehr verschieden. Ein Verhältnis von 1 : 1 ist äußerst günstig, doch wächst die Wassermenge unter ungünstigen Verhältnissen bis 4 : 1. Die Wassermenge hängt außer von der Beschaffenheit des Spülgutes noch von der Anordnung der Spülleitung ab. Folgt bei dieser auf eine senkrechte Strecke eine im Verhältnis zu deren Höhe lange wagerechte Strecke von geringem Falle, dann muß zur Erreichung des nötigen störungsfreien Flusses viel Wasser zugesetzt werden.

Das Spülgut gelangt in die ausgekohlten Räume, die durch einen Filterdamm gegen den offenen Raum abgeschlossen sind. Es setzt sich nieder, während das Wasser durch den Filterdamm abfließt und mehr oder weniger des feiner verteilten Spülgutes entführt.

Diese Spültrübe wurde anfangs durch die Wasserseigen dem Pumpensumpfe zugeführt. Die Mißstände der Verschlämmung der Wasserseige und des raschen Verschleißes der Pumpen nötigten zu einer sorgfältigen Klärung der Spültrübe, bevor sie der Wasserseige übergeben wird.

Die Größe der erforderlichen Kläranlagen hängt von der Menge des zu klärenden Wassers, der Menge der darin enthaltenen Entführung und von ihrer Beschaffenheit ab. Es ist anzustreben, die Menge der Entführung je cbm Spülgut möglichst klein zu halten.

Die Spültrübe führt je nach der Art des Spülgutes und der Beschaffenheit des Filterdammes einen bestimmten v. H.-Satz ihrer Menge als Schlamm mit sich. Die Art des Spülgutes wird meist ohne Wahl gegeben sein. Es ist daher die erste Aufgabe, den Filterdamm richtig zu erstellen, so daß nicht schlecht geklärtes Wasser abläuft. Neben der Beschaffenheit des Filterdammes ist seine Flächengröße von besonderem Einflusse, indem die Menge der Entführung mit der Fläche wächst. Man sucht daher die Fläche des Filterdammes zu beschränken. Ferner ist die Höhe des Dammes bzw. des Abbauraumes von Bedeutung, indem bei größerer Höhe die Trübe unter größerem Drucke durchgefiltert wird und infolge der größeren Durchflußgeschwindigkeit eine größere Entführung stattfindet. Es ist daher auch das Abbauverfahren von Einfluß. Das Mischungsverhältnis Wasser zu Spülgut ist ferner für die Menge der Entführung maßgebend, denn je mehr Wasser angewendet und abgeführt werden muß, desto größer ist die Menge der Entführung. Freilich ist es im allgemeinen nicht möglich, auf das Mischungsverhältnis einen Einfluß auszuüben, da es durch die Art des Spülgutes und die Anordnung der Rohrleitung gegeben ist. Man erkennt aber auch hier den Vorteil eines Spülgutes geringen Wasserbedarfes.

Den Einfluß des Mischungsverhältnisses auf die Menge der Entführung zeigt ein Beispiel. Die Art des Spülgutes und des Filterdammes bedinge 10 v. H. Entführung, Spülgut und Rohrleitung ein Mischungsverhältnis Mischung : Spülgut = 2 : 1; entführte Raummenge = 10 v. H. des eingespülten Gemisches = 20 v. H. des Spülgutes. Müßte, etwa wegen der Rohrleitung, das Mischungsverhältnis auf 3 : 1 erhöht werden, dann wäre die Entführung = 10 v. H. des Gemisches = 30 v. H. des Spülgutes. Im ersten Falle sind 20 v. H. der ausgekohlten Räume, im zweiten Falle 30 v. H. in oder außer der Kläranlage zu beschaffen, um den verschleppten Schlamm unterzubringen, und größere Räume, um ihn abzuscheiden. Man ersieht die großen Umständlichkeiten, die mit großer Entführung verbunden sind. Die Entführung wird meist zum Versetzen besonderer für den Abbau mit Spülversatz vorgesehener Abbaue benutzt, gelangt also noch zu der ihr gemäßen Verwendung. Wird sie nicht in dieser Weise benutzt, sondern etwa nur, um sie aus dem Wege zu schaffen, in den alten Mann anderer nicht mit Spülversatz abgebauter Felder verstürzt, dann ist sie auch als Verlust an Spülgut aufzufassen.

Es seien 500 cbm täglich zu verschlämmen. Mischung : Spülgut = 2 : 1. 10 v. H. Entführung = 20 v. H. des Versatzes, daher ist 25 v. H. mehr Versatzgut aufzugeben, im ganzen 625 cbm, davon 125 Entführung. Eine Klärstrecke von 100 m Länge und 10 qm Querschnitt würde in 8 Tagen gefüllt sein. Hiernach sind die Bestrebungen, die Menge der Entführung zu verringern, zu würdigen.

Die Entführung kann unter günstigen Umständen (Sand, geringe Abbauhöhe, geringe Filterfläche) auf 2 v. H. des eingespülten Gutes zurückgehen, bei ungünstigen Verhältnissen (toniges Gut, große Raumhöhe und Filterfläche) bis auf 20 v. H. der Versatzes steigen.

3. Die Klärung der Spültrübe im allgemeinen.

Die Klärung des Spülwassers geschieht meist unter Tage zur Schonung der Pumpen. An die untertägige Klärung schließt sich nötigenfalls eine obertägige Nachklärung zur Vermeidung einer Verschlämmung der Vorflut an.

Die Klärung geschieht bisher immer rein mechanisch durch Absetzen des Schlammes aus dem stehenden oder langsam fließenden Wasser. Neuerdings wird eine Unterstützung der mechanischen Reinigung durch chemische Zusätze vorgeschlagen.

Torf, Braunkohle und verschiedene Salze werden zu Brei verrührt und dem Wasser zugesetzt. Es bildet sich im Wasser ein flockiger Niederschlag, der beim Setzen die schwebenden Bestandteile mitreißt und so klärend wirkt.

Auch Zusatz von Kalkmilch bewirkt eine Ausflockung der schwebenden Stoffe.

Die Verfahren sind bisher noch nicht zur technischen Anwendung gekommen. (Nach Dr. H. Fleißner, Pribram: Studien zur Klärung von Aufbereitungswässern. Oest. Z. f. B. u. HW. 1913, S. 531.)

Die Berginspektion Lautenthal (Harz) setzt der Abgangstrübe aus der Aufbereitung vor dem Einlauf in die Klärteiche eine 7grädige Chlormagnesiumlösung zu, und zwar 1 l auf 30 cbm Trübe. Der Gehalt in festen Bestandteilen ging dadurch von 0,35 g auf 0,14 g im l geklärter Trübe zurück.

Auf der Dreifaltigkeitsgrube, Polnisch-Ostrau, fand man (1904), daß bei Zusatz von Koksstaub die Ausscheidung des Tones aus dem Abwasser erleichtert wird.

Die Arten der mechanischen Klärung sind je nach der Beschaffenheit der Trübe verschieden. Sie beginnt am Filterdamm des Abbaues und endet in einer besonderen Kläranlage. Sie umfaßt die eigentliche Klärung und die Beseitigung des abgesetzten Schlammes, während das geklärte Wasser gehoben und dem Kreislaufe von neuem zugeführt wird.

Das Entscheidende soll kurz besprochen werden.

Die Klärung trüben Wassers geschieht bei genügender Verlangsamung seines Laufes oder am besten bei völliger Ruhe. Man unterscheidet daher

Laufklärung und
Standklärung.

Im Abbaue tritt neben diesen Wirkungen noch die

Filterklärung

im Filterdamme auf. Die Filterklärung hat sich nur bei grobem Schlamme bewährt. Bei feinem Schlamme verlegt sich der Filter in kurzer Zeit. Für die Klärung der Abwasser kommen daher nur die ersten Klärarten zur Anwendung.

Die Geschwindigkeit bei Laufklärung darf nicht größer als 0,08 m/sec sein. Der Schlamm setzt sich zunächst in der Nähe des Einlaufes ab, bei allmählicher Verringerung dieses Querschnittes weiterhin in der Strecke.

Zwischen Lauf- und Standklärung ist kein wesentlicher Unterschied. Wichtiger ist die Tatsache, ob die Klärung immer in den gleichen Räumen geschieht, wobei dann eine Ausräumung des abgesetzten Schlammes auf die Klärdauer folgen muß und daher meist 2 Kläranlagen nebeneinander bestehen müssen, oder ob die Klärung nach Verfüllung der Kläranlage und Belassung des Schlammes in ihr in neu erstellten Räumen geschieht. Im ersten Falle werden genügende Hohlräume meist querschlägig im festen Gestein erstellt und sorgfältig ausgebaut, da sie von langer Dauer sein sollen. Die Räumung des Schlammes bereitete anfangs große Schwierigkeiten und Kosten, geschieht aber heute sicher und billig durch Maschinen. Die Nachteile dieser Kläranlagen bestehen also nicht mehr, und sie können heute wohl in Wettbewerb treten mit den Kläranlagen in stetig wechselnden Räumen, die einer Ausräumung des Schlammes nicht bedürfen. Die Kläranlagen mit stetig wechselnden Räumen lassen sich nur dann durchführen, wenn die Klärräume in der Kohle erstellt werden, so daß die Herstellung der Räume keine besonderen Kosten macht, da sie mit Kohlegewinnung einhergeht. Die mitgeteilten Zahlen ergeben, daß viele Klärstrecken zu erstellen sind, so daß sie wohlgeordnet und in Übereinstimmung mit dem eigentlichen Spülversatzabbau hergestellt werden müssen. Diese Klärstrecken werden meist streichend, gelegentlich schwebend parallellaufend hergestellt. Sie stellen einen Abbau mit Abwasserspülersatz dar, der notwendig wegen der weitgehenden Rücksichten auf die schwierige Klärung entsprechend teurer kommen muß als der rein nach bergwirtschaftlichen Gründen geleitete eigentliche Abbau.

Die beiden Klärarten seien durch ihr Wesen treffende Namen im folgenden vorgeführt als

Kammerklärung, bleibende Räume, wechselnde auszuräumende Schlämme.
Streckenklärung, wechselnde Räume im Abbau, bleibende Schlämme.

Beide können als Lauf- oder Standklärung durchgeführt werden. Im folgenden seien einige Ausführungsarten dargestellt.

4. Die Arten der mechanischen Klärung.

Die Vorklärung im Filterdamm. Durch eine Zuleitung r_1 (Fig. 8) wird das Spülgut dem abgebauten Hohlraume zugeführt. Der Hohlraum wird auf 5 Seiten durch den Versatz der Nachbarräume und durch das noch nicht abgebaute Mineral

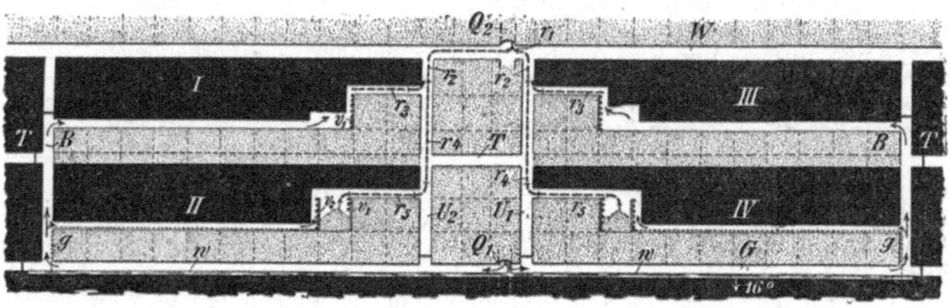

Fig. 8. Abbau mit Spülversatz. (Heise-Herbst.)

gebildet. Eine sechste Wand wird durch einen Filterdamm v gebildet. Der Damm hält das Spülgut zurück und läßt das Wasser nach der unteren Wasserseige und dem Querschlag Q_1 abfließen. Der Filterdamm ist ein Schwartendamm, dessen Zwischenfugen durch geeignete Dichtungsstoffe abgedichtet werden. In dem Damme sind in verschiedener Höhe Abflußöffnungen für das Wasser gelassen. Solange die Trübe das unterste Loch noch nicht erreicht hat, kann das Wasser nur durch den Filterdamm abfließen. Beim Überschreiten des Loches muß dieses verschlossen werden. Das Einspülen geschieht so lange, bis der Bodensatz etwa bis zum untersten Loche gestiegen ist. Dann wird das überstehende trübe Wasser durch das Loch abgelassen und nach Verschluß des Loches weiter gespült.

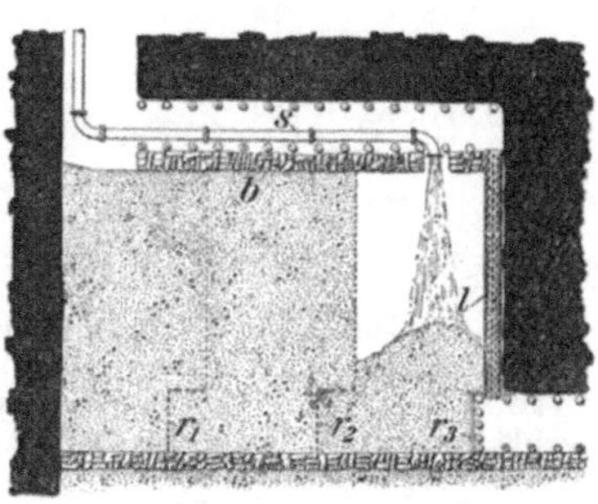

Fig. 9. Gelochte Blechlutte als Abbaufilter. (Heise-Herbst.)

In Fig. 9 ist in der unteren Strecke ein dichter Streckendamm r erstellt. Der Abfluß des Wassers geschieht durch eine im Abbau stehende gelochte Rohrlutte l, die das Versatzgut zurückhält. Das Wasser fließt durch die untere Strecke ab. Das aus solchen Filtern abfließende Wasser ist immer sehr trübe.

Fig. 10 läßt das Bestreben erkennen, die Trübe im Abbau besser zu klären. Der Abbau ist durch einen dichten Streckendamm d von der unteren Strecke abgeschlossen. Ein Abflußrohr a verbindet den Abbau mit dem Abfluß. Das Abflußrohr wird im Abbau dem Wachsen des Wasserspiegels entsprechend von 1 auf 2 und 3 erhöht, so daß das Wasser über dem Bodensatze abfließen kann. Das Wasser, das jeweils die Ausflußöffnung erreicht, hat vorher eine Zeitlang ruhig gestanden und sich geklärt.

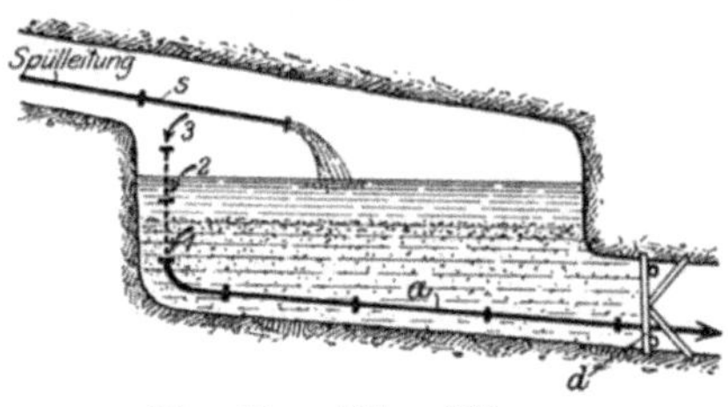

Fig. 10. Abbauklärung.

In der Fig. 8 nahm der Filterdamm die ganze Höhe des Abbauraumes ein. Alsdann tritt viel ungeklärtes Wasser hindurch. In den beiden folgenden Fig. 9 und 10 wird nur ein Teil der Abbaufläche durch einen Damm abgeschlossen, der größere Teil durch die anstehende Kohlenwand. Bei gebrächer Kohle läßt sich der Kohlenstoß als Abschlußwand nicht benutzen und breitflächige verlustbringende Dämme sind nicht zu vermeiden.

An Stelle der Schwartendämme werden heute meist Verschläge verwandt, deren Undichtheiten durch Sackleinen abgedichtet werden. In einzelnen Fällen hat man die Filterdämme aus gelochten Blechen oder aus Drahtgeflecht erstellt. Die Trübe der Filterdämme wird der Kläranlage zugeführt. Bei vorhandenen Bergen werden die unteren Abteilungen eines geneigten Abbaufeldes von Hand mit den Bergen versetzt und die Abwässer der darüberliegenden mit Spülversatz gewonnenen Abteilungen durch diesen Bergeversatz geleitet, der der Trübe als Filter dient.

Die Nachklärung der Abwasser.

Die Kammerklärung. In Fig. 11 werde das zwischen der oberen und unteren Grundstrecke liegende Feld durch Spülversatz abgebaut. Am Fuße des Abbaufeldes sind zwei Klärkammern a und b hergestellt. Die Kammern sind durch den Damm 3, der an der Firste eine Verbindung mit Kammer b freiläßt, voneinander

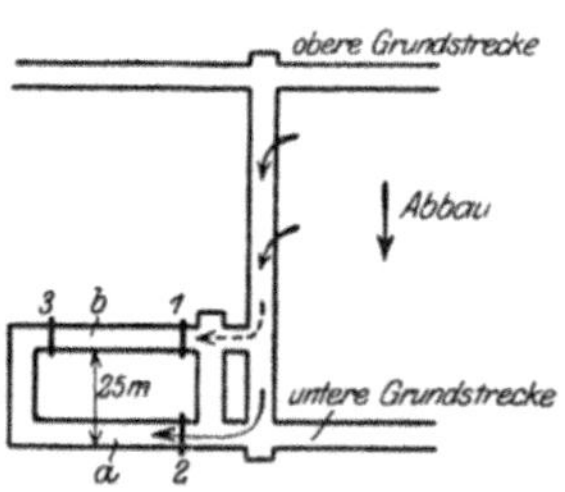

Fig. 11. Klärkammeranlage.

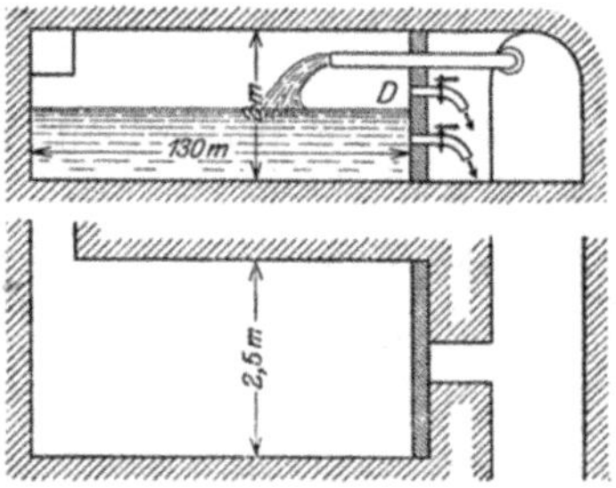

Fig. 12. Klärkammer der Fig. 11.

getrennt. Durch die Dämme 1 und 2 können die Sümpfe mit dem Abwasserzufluß in Verbindung gesetzt oder von ihm getrennt werden. Die Klärung geschieht als Standklärung. Der eine Sumpf dient zur Klärung, während der andere geschlämmt wird. Das Schlämmen wird vorgenommen, sobald der Sumpf bis zur Hälfte zugesetzt ist.

Fig. 12 zeigt die Einrichtung und die Abmessungen der Kammern. Die Trübe wird unter der Decke zugeführt. Die Kammer ist durch einen dichten Bretterdamm D mit Wasserabzapfhähnen abgeschlossen. Beim Füllen entweicht die Luft nach der Nachbarkammer. Nachdem die Trübe einer Schicht eingespült ist und nach einigen Stunden eine Klärung stattgefunden hat, werden die Hähne der Reihe nach von oben nach unten geöffnet, bis das geklärte Wasser abgelassen ist. Jede Kammer nimmt die Schlämme zweier Schichten auf. Das Wasser bleibt während je einer Schicht in Ruhe, da erst in jeder zweiten Schicht geschlämmt wird. Soll in jeder Schicht geschlämmt werden, dann muß die Anlage verdoppelt werden. Alle 6 Wochen werden 300 cbm Schlamm ausgeschlagen. Die Reinigungskosten betrugen 0,18 M/t Kohle (1907). Für die heute übliche maschinelle Schlammausräumung ist diese Zahl nicht maßgebend.

Zum Vergleich sei auch eine Kammerlaufklärung erläutert.

Die Trübe durchläuft, Fig. 13, von beiden Seiten kommend, die langgestreckte Klärkammer und fließt in der Mitte geklärt ab. Die Durchflußgeschwindigkeit wird so gering eingestellt, daß eine genügende Klärung stattfinden kann. Die übrige Gestaltung der Anlage bezweckt eine leichte Entschlämmung und wird im Abschnitt II C 5 behandelt werden.

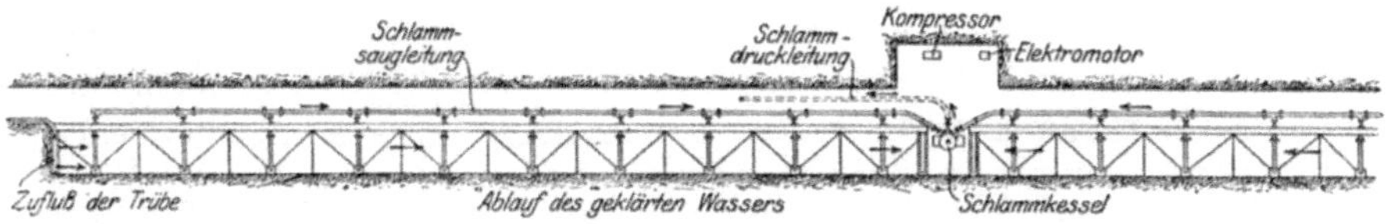

Fig. 13. Laufklärung mit Mammutbagger.

Die Streckenklärung. Streckenstandklärung. Der Klärstrecke s, Fig. 14, wird das Wasser mit genügendem Gefälle zugeführt; d ist ein dichter Damm mit Abzapfrohren wie in Fig. 11. Durch b wird das geklärte Wasser abgelassen. Der Klärvorgang ist der gleiche wie bei der Kammerstandklärung. Es besteht hier die Absicht, die Strecke vollständig vollzuschlämmen. Es ist aber nicht möglich, wagerechte Strecken bis an die Firste zu füllen. Auch leidet gegen Ende der Benutzung die Klärung, da bei abnehmendem Durchflußquerschnitte die Geschwindigkeit des abgezapften Wassers zunimmt.

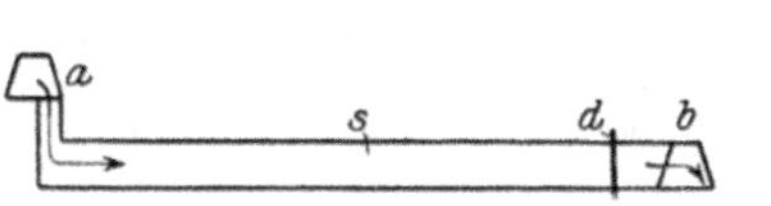

Fig. 14. Streckenstandklärung. (Aufriß.)

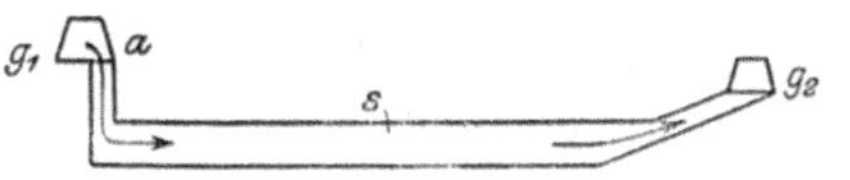

Fig. 15. Klärstrecke mit Aufbruch.

Streckenlaufklärung. Das Wasser durchfließt langsam die Klärstrecke, Fig. 15, und einen kleinen Aufbruch und geht durch die Strecke g_2 ab. Gegen Ende der Benutzungsdauer klärt sich das Wasser in der Strecke nicht mehr genügend; aber es steigt im Aufbruch empor und klärt sich dort, wenn der Querschnitt genügend ist.

Klärstreckensystem über der unteren Grundstrecke. Im unteren Teile des Flözes ist eine Reihe paralleler streichender Strecken 1, 2, 3 ..., Fig. 16 aufgefahren. Zunächst wird Strecke 1 benutzt und die übrigen Strecken durch Dämme abgesperrt. Die Trübe wird bei a_1 zugeführt und das klare Wasser bei b_1 abgeführt. Die Klärung geschieht als Laufklärung. Fließt bei b_1 trübes Wasser ab, so wird Strecke 2 in Betrieb genommen, ihr die größte Wassermenge und der oberen Strecke 1 nur so geringe Mengen zugeführt, daß es in der zum größten Teil gefüllten Strecke so langsam fließt, daß es bei b_1 geklärt austritt. Ein guter Firstenschluß ist bei wagerechter Strecke schwer zu erreichen.

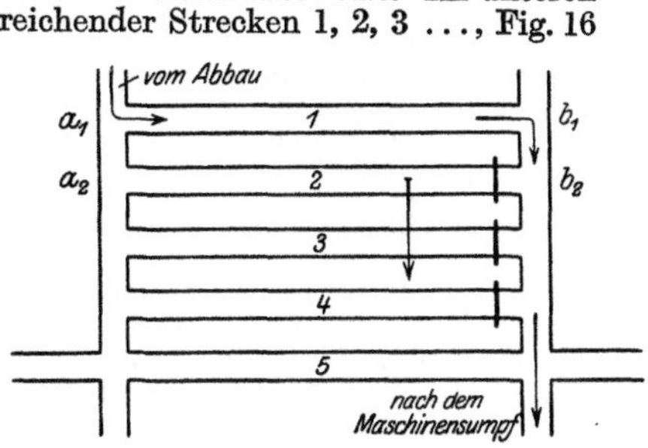

Fig. 16. Streckenstandklärung. (Grundriß.)

Die übrigen Strecken werden der Reihe nach in Betrieb genommen. Die Wasserverteilung geschieht durch Lutten und Schieber.

Die Pfeiler zwischen den Strecken (je nach der Festigkeit der Kohle 5 m und mehr) werden später, wenn die Strecken fest geworden sind, ausgekohlt und als neue Klärstreckenreihe benutzt, so daß nur wenige Kohle verloren geht.

Zur Erreichung eines guten Firstenschlusses werden die Strecken nicht wagerecht geführt, sondern wie in Fig. 15 mit einem Aufbruche versehen. Fig. 15 ist dann ein Aufriß zum Grundriß Fig. 16.

Klärstreckenreihe unter der unteren Grundstrecke. Die Trübe, Fig. 17, wird durch die Einfallende a der Klärstrecke k zugeführt, durchläuft diese und steigt durch die Einfallende b wieder auf die Grundstrecke zurück, von wo aus das geklärte Wasser zum Maschinensumpfe fließt. Das Wasser muß dabei von a aus mit soviel Gefälle zugeführt werden, daß es langsam durchfließen kann. Auch kann ein Heber zur Ableitung nach einem tieferen Maschinensumpf angewandt werden. Die Klärung geschieht hier nach Fig. 15 mit aufsteigendem Abfluß, so daß guter Firstenschluß erreicht werden kann. Ist k zugeschlämmt, dann werden die höheren Strecken k_1, k_2 der Reihe nach in Betrieb genommen.

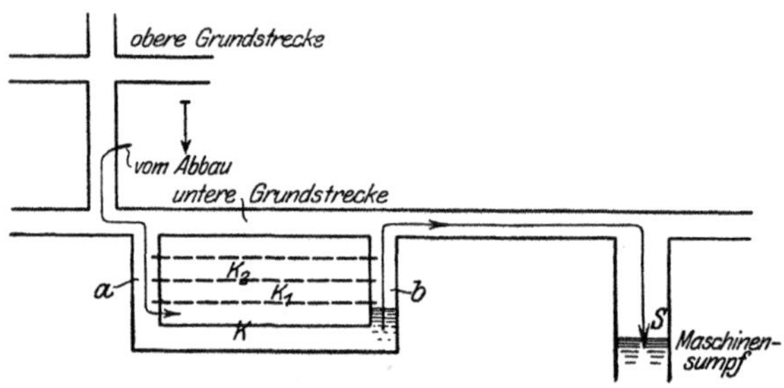

Fig. 17. Streckenklärung unter der Grundstrecke.

Die Klärung in Klärstrecken ist schlechter als die Kammerstandklärung, und dem Wegfall der hohen Schlämmungskosten stehen die höheren Ausbesserungskosten der Maschinen gegenüber.

Für zwei benachbarte Gruben im Saargebiet mit sonst gleichen Verhältnissen wird folgender Vergleich zwischen der Kammerstandklärung nach Fig. 12 und der Streckenlaufklärung nach Fig. 17 mitgeteilt (Glückauf 1907, S. 753):

Ausbesserungskosten der Wasserhaltung vor der Einführung des Spülversatzes	=	350 M	jährlich
Ausbesserungskosten der Wasserhaltung nach der Einführung des Spülversatzes			
bei Kammerklärung	=	3000 M	„
bei Streckenklärung	=	11000 M	„

Dies ergibt 8000 M zugunsten der Kammerklärung, oder 0,24 M/t Kohle, der 0,18 M/t Kohle für das Schlämmen gegenüberstehen, so daß sich hiernach die Kammerklärung günstiger stellt. Bei dieser Rechnung sind aber nicht berücksichtigt, die Zinsungs- und Tilgungskosten der Sumpfstrecken und die Mehrkosten der Kohlengewinnung durch Klärstrecken gegenüber dem regelrechten Abbau; ferner ist zu beachten, daß heute die Schlämmung maschinell mit geringeren Kosten geschieht.

Die Pfeilerklärung. Der Abbau einer Bauabteilung mit Klärstrecken entfernt sich ziemlich weit von dem gebräuchlichen Abbaue. Auch ist die Laufklärung in Klärstrecken unvollkommen. Man ist daher in Oberschlesien und in Waldenburg zu einem Pfeilerabbau mit Klärtrübe übergegangen, bei welchem der Abbau in fast unveränderter Weise in eigentlichen Abbaufeldern und die Klärung des Abwassers in vollkommener Weise als Standklärung in besonderen Baufeldern geschieht.

Die Figur 18—20 zeigen eine solche Anlage in Felde des Bahnschachtes, Waldenburg. Das Klärsystem liegt unterhalb der Spülversatzbaue, jedoch einige Meter über der Grundstrecke, um ein Entleeren der Klärpfeiler vom Wasser zu erleichtern. Die Einteilung eines Feldesteiles für Klärzwecke zeigt Fig. 18. Das Wasser kommt von oben (strichpunktierte Linie) und wird auf die betriebenen Pfeiler verteilt; eine Heberleitung (gestrichelte Linie) führt das geklärte Wasser über das Ansteigen des Flözes hinweg durch den Bremsberg im Klärfeld abwärts und durch den Bremsberg im unter liegenden Flözteil nach der Grundstrecke. Es sind immer mehrere Pfeiler im Betriebe (3, 4), einer im Auffahren (5). Pfeiler 1 und 2 sind bereits zugespült. Die Gewinnung der Pfeiler geschieht von der unteren Abbaustrecke aus im Aufhauen, Fig. 19, die einen Schnitt durch die Linie AB der Fig. 18 gibt.

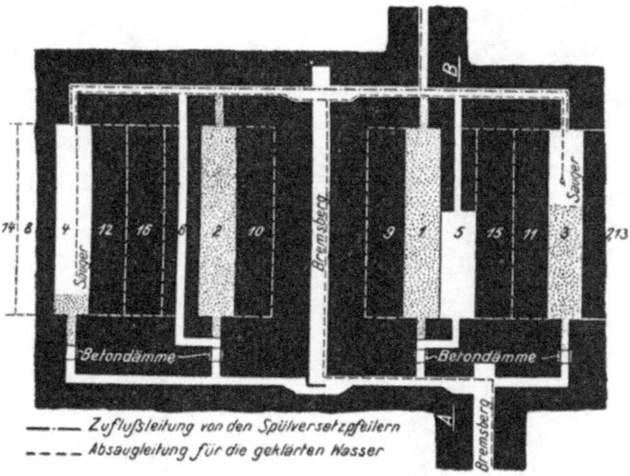

Fig. 18. Schwebende Klärpfeiler. (Glückauf 1913, K. Meyer.)

Die in Klärbetrieb genommenen Pfeiler (1, 2, 3, 4) sind durch dichte Dämme gegen die unteren Strecken abgeschlossen. Große Schwierigkeit bereitete anfangs der untere Abschluß der Klärpfeiler. Alle Versuche mit senkrechten Beton- oder Holzdämmen schlugen fehl. Jetzt wird unmittelbar nach dem Auffahren der unteren Zufuhrstrecken zu den Pfeilern ein 3 m langes Stück derselben in Betonschalung von 20—30 cm Stärke gesetzt, noch ehe der Gebirgsdruck Zeit hat, die Kohle zu zerklüften, Fig. 20. Gegen diesen Rahmen wird dann von oben ein Bohlendamm angelehnt. Von einer solchen Zufuhrstrecke aus werden drei bis vier Pfeiler gelöst und aufgefahren.

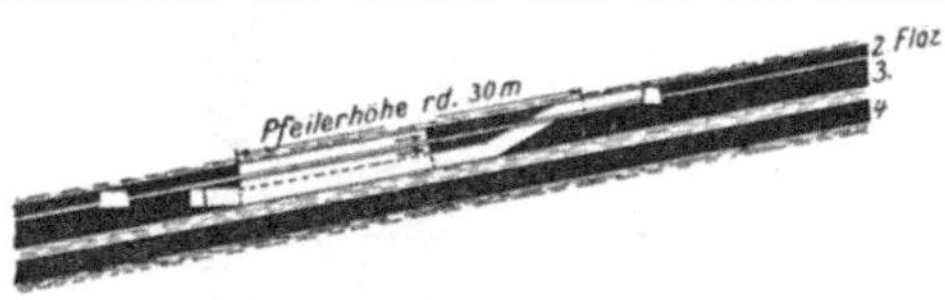

Fig. 19. Schnitt A B nach Fig. 18.
Fig. 19. Schnitt A B nach Fig. 18.

Die geklärten Wasser werden nicht, wie sonst üblich, unter dem Damme durch Rohrleitungen abgelassen, sondern durch die obere Zufuhrstrecke und die Bremsberge mittels eines Hebers abgeleitet, Fig. 20 und 21. Beim Höhersteigen des Versatzes wird der Heber allmählich verkürzt, also ausgebaut. Er bleibt nicht wie bei unten liegenden Röhren (Fig. 10) im Versatze liegen, wo er verloren geht. Ferner können Störungen durch Verstopfungen sofort beseitigt werden, während eingeschlämmte Rohre unzugänglich sind. An das Ende des Hebers ist ein Saugkorb mit Schwimmer befestigt, so daß der Heber immer nur gut geklärtes Wasser saugt. Die Heberleitung wird vor der Inbetriebsetzung mit Wasser aus der Spritzleitung gefüllt.

Das 8—10 Stunden gestandene Wasser ist vollständig geklärt. Die Pfeiler haben einen Fassungsraum von 700 cbm und werden ständig bewettert und täglich befahren. Ein zugeschlämmter Pfeiler bleibt 6 Monate unberührt. Alsdann wird ein Nachbarpfeiler aufgefahren.

Über die Kosten wird mitgeteilt (Glückauf 1913, S. 1395):

An Anlagemehrkosten der 16 Klärpfeiler gegenüber den Kosten eines üblichen Abbaues = 15 000 M; dafür können ungefähr 16 × 650 = 10 000 cbm Schlamm

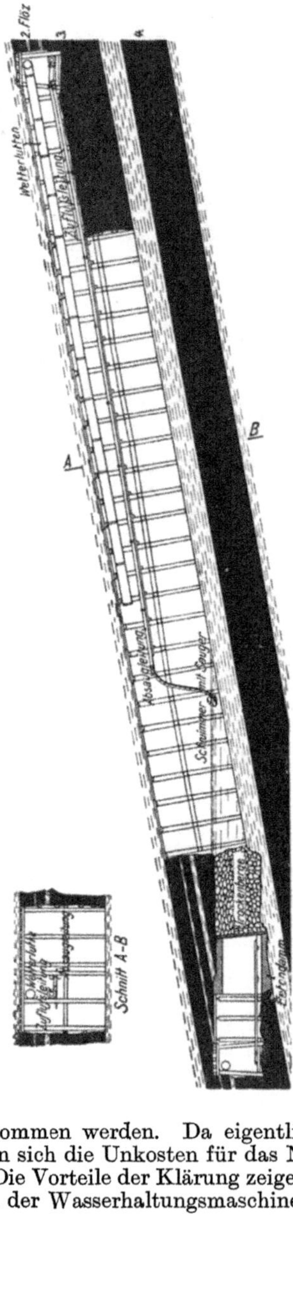

Fig. 20. Schnitt durch einen Klärpfeiler der Fig. 18.

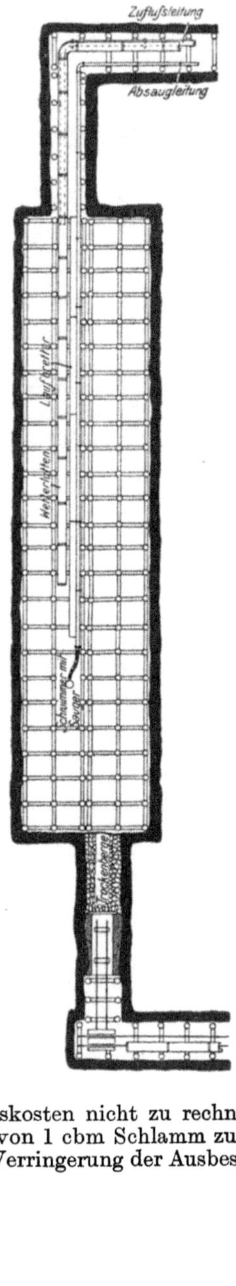

Fig. 21. Grundriß zum Klärpfeiler der Fig. 20.

aufgenommen werden. Da eigentliche Bedienungskosten nicht zu rechnen sind, ergeben sich die Unkosten für das Niederschlagen von 1 cbm Schlamm zu 1,50 M.

Die Vorteile der Klärung zeigen sich in einer Verringerung der Ausbesserungskosten der Wasserhaltungsmaschine.

Diese betrugen 1911—8000 M vor der Inbetriebnahme der Kläranlage
1912—3200 M nach der Inbetriebnahme der Kläranlage

bei gleicher Menge Spülgut (~ 80 000 cbm jährlich); Ersparnis 4800 M für 80 000 · 0,08 = 6400 cbm Schlamm (8 v. H. Entführung angenommen); je cbm Schlamm = 0,75 M gegen 1,50 M Kosten für die Unterbringung des Schlammes in den Klärpfeilern. (Die Quelle rechnet eine Ersparnis an Ausbesserungskosten von 1,40 M/cbm Schlamm aus.)

Die Vorteile der Klärung werden in der Ersparnis an Kosten für das Ausschlämmen der Wasserseigen gefunden, die mit 1,50 bis 2 M je cbm Schlamm anzusetzen sind. Ferner erübrigt sich die sonst nötige Anlage von Klärteichen über Tage. Der Grubenbetrieb erfährt durch den Fortfall der Schlämmungen im Querschlage Erleichterungen.

Das Beispiel des Bahnschachtes Waldenburg zeigt schwebende Pfeiler über der Grundstrecke. Daraus ergab sich die Schwierigkeit in der Herstellung der unteren Dämme und die Leichtigkeit der Wasserabführung nach der Grund-

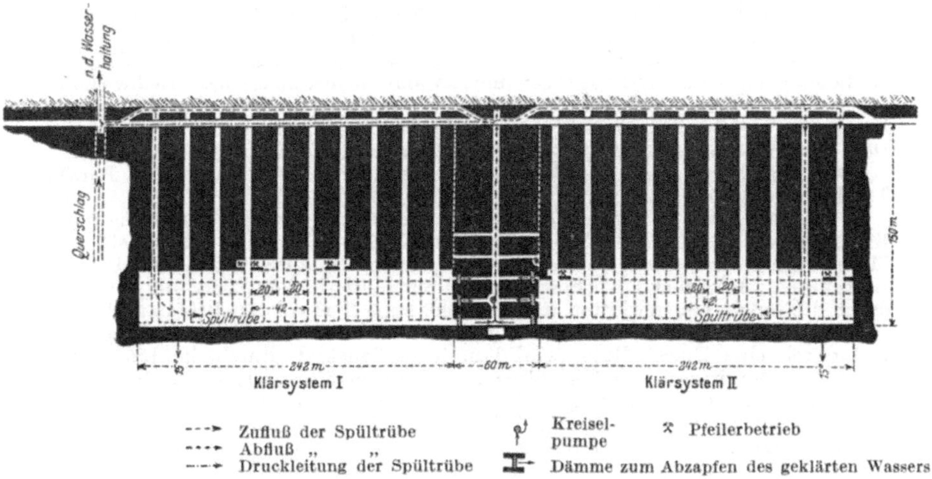

Fig. 21 a. Streichender Klärpfeiler. (Maxgrube O.-Schl.)

strecke. Im Gegensatz dazu findet auf der Maxgrube (Nord-Kattowitz) die Klärung unter der Grundstrecke in streichenden Pfeilern statt, Fig. 21 a. Als Vorteil ergibt sich leichtere Herstellung der Dämme, als Nachteil die Hebung des Wassers durch Pumpen. Das Flöz ist 6 m mächtig; das Hangende bildet fester Sandstein. Ein Sicherheitspfeiler teilt den Unterwerksbau in zwei abwechselnd benutzte Felder. Die Baufelder sind schwebend vorgerichtet und werden von diesen Schwebenden aus in streichenden Streifen abgebaut. Die Förderung wird durch kleine Haspel auf die Grundstrecke hochgezogen. Die Spültrübe wird den Klärpfeilern der beiden Felder wechselweise zugeführt. Die Klärpfeiler sind durch schmale Durchhiebe mit der Wasserhaltungsschwebenden im Sicherheitspfeiler verbunden. In diesen Durchhieben stehen Abzapfdämme aus Beton (ähnlich Fig. 12). Das geklärte Wasser wird in der nächsten Schicht der Kreiselpumpe in der Wasserhaltungsschwebenden zugeführt, die es zur Fördersohle hebt.

Der Betrieb der Anlage erscheint einfacher und billiger als der der Bahnschachtanlage.

5. Die Entschlämmung der Kläranlagen.

Die maschinelle Entschlämmung im allgemeinen. Das Ausschlagen der Klärteiche durch Handarbeit ist sehr teuer, etwa 2 M/cbm; zudem ist es lästig, verschmutzt die Strecken, belästigt den Betrieb und erfordert bei Teichen viel Zeit, so daß entsprechende Ersatzanlagen vorgesehen werden müssen.

Die Schlämmung durch Maschinen hat sich in der Form des Absaugens des Klärschlammes eingeführt. Er wird hierbei geschlämmt, ehe der Schlamm fest geworden ist. Eine maschinelle Ausräumung festen Schlammes würde wohl auf große Schwierigkeiten stoßen. Das Ansaugen des Klärschlammes durch Pumpen begegnet aber auch großen Schwierigkeiten, da die Pumpen durch den schlammigen Brei sehr rasch zerstört werden. Auf den Eisenerzgruben Bülten-Adenstedt der Akt.-Ges. Iselder Hütte (Goslar) werden die tonigen Schlämme 1 cbm/min durch eine dreistufige Kreiselpumpe auf 60 m Höhe gehoben. Alle sich abnutzenden Teile wie Lauf- und Leiträder sind aus Gußeisen hergestellt, so daß ihre Auswechselung nicht kostspielig ist, vgl. Abschn. VII E.

In der gleich zu beschreibenden Einrichtung zum Absaugen und Fortdrücken der Schlämme, Mammut-Bagger genannt, kommt die ihre Saug- und Druckwirkung unter Vermittelung von Luft ausübende Pumpe mit dem Schlamm in keine Berührung, wodurch auch jede Abnutzung der Arbeitsmaschine verhütet wird. Der Mammut-Bagger beruht auf dem bekannten Grundsatz des Druckluftbebers. Er wird in einer Anordnung von Schubert, Beuthen, von A. Borsig, Tegel, ausgeführt.

Der Mammut-Bagger, Fig. 13. In den trichterförmigen Vertiefungen des Klärbeckens hat sich der Schlamm abgesetzt. Von dem Tiefsten der Sammelstellen führen Rohre nach einem Luftbehälter, der seinerseits durch ein Rohr mit einer Luftpumpe verbunden ist. Soll geschlämmt werden, dann wird der Behälter durch die Luftpumpe entlüftet, und die Schlämme fließt in den Behälter. Ist der Kessel genügend gefüllt, dann wird er von der Schlammsaugleitung abgesperrt, und durch eine Umschaltung wird ihm jetzt Druckluft durch die Luftpumpe zugeführt. Durch die untere Abflußleitung, die jetzt zu öffnen ist, wird die Schlämme nach dem Orte ihrer zukünftigen Lagerung gedrückt. Es sind in den Schlammleitungen selbsttätig wirkende Abschlüsse vorhanden. Sie arbeiten bei jedem Entleeren einmal. Sie sind wegen ihres geringen Gebrauches der Abnutzung verhältnismäßig wenig unterworfen, während die dauernd arbeitenden Ventile der Luftpumpe vom Schlamme nicht berührt werden. Es muß sorgfältig vermieden werden, daß Schlamm bis in den Kompressor steigen kann. Zu dem Zwecke wird die vom Kessel nach dem Kompressor gehende Luftsaugleitung in einem 10 m hohen Bogen geführt. Der Schlamm vermag dann nicht in diesem Heberrohre bis zur Kehre aufzusteigen. Ist, wie bei untertägig angeordneten Baggern, über dem Kessel der nötige Raum nicht vorhanden, dann wird im Kessel ein Schwimmer angebracht, der mit dem Schlamme aufsteigend das Luftsaugerohr verschließt, wenn eine bestimmte Höhe des Schlammspiegels erreicht ist.

Mit Mammut-Baggern sind bedeutende Druckleistungen erzielt worden, so daß die Abschiebung des Schlammes nach beliebigen Orten geschehen kann. Die Anlage arbeitet einfach und sicher. Die Schlämmung geschieht in einem Bruchteil der Zeit, die zur Handschlämmung erforderlich ist. Die nötige Bedienungsmannschaft wird ebenfalls auf einen kleinen Bruchteil vermindert. Die Kläranlagen werden nur kurze Zeit dem Klärbetriebe entzogen, so daß Ersatzanlagen entfallen. Man kommt etwa mit $^1/_3$ der Klärfläche aus. Dies alles ergibt einen erheblichen wirtschaftlichen Vorteil für die Mammut-Baggerei. Die Vorteile werden dann besonders erheblich, wenn die Schlämme auf weite Wege und ansteigend zu fördern ist.

Eine große untertägige Anlage zeigt Fig. 22 (Gotthardschacht, Orzegow, Oberschlesien). Die Klärung der Spültrübe geschieht in 4 parallelen Strecken, deren längste 450 m lang ist. Der vom Wasser erfüllte Querschnitt jeder Strecke beträgt etwa 15 qm. Das Wasser wird auf die arbeitenden Strecken verteilt.

Es wird in den einzelnen Strecken so langsam aufgegeben, daß am Überlauf klares Wasser abfließt. Sobald trübes Wasser abfließt, wird die Wasserzuführung abgesperrt und geschlämmt. Es sind hier 3 Saugekessel vorhanden, die in der Weise abwechselnd betrieben werden, daß in einem angesaugt, in einen anderen entleert, im

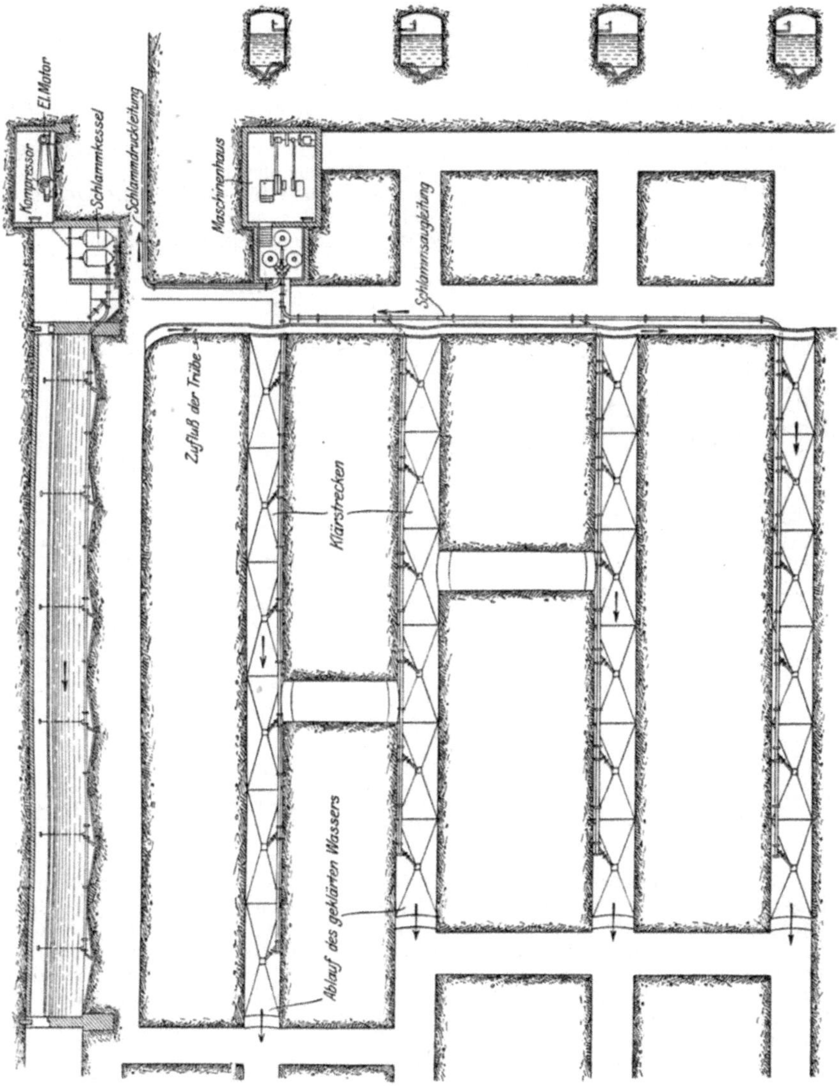

Fig. 22. Laufklärung mit Mammutbaggerei. Gotthardschacht, Orzegow, O.-Schl. (A. Borsig, Tegel.)

dritten die Druckluft der vorhergehenden Entleerung vom Kompressor abgesaugt und dem zweiten drückenden Kessel zugeführt wird. Es sind dementsprechend auch 2 Luftmaschinen vorhanden, eine Luftpumpe, die aus dem ersten Kessel die Luft absaugt und ins Freie drückt, und ein Kompressor, der aus dem dritten Kessel saugt und nach dem zweiten drückt. Ist der dritte Kessel bis auf 1 atm entleert, dann wird er auf die Luftpumpe umgeschaltet, die die eigentliche Entlüftung besorgt. Diese Dreikesselanlage gestattet ein ununterbrochenes Arbeiten und eine Ersparnis an Druckluft, da der Druck der Abluft nicht verloren geht, sondern beim nächsten Drücken wieder mit verwandt wird. Der Kompressor hat dann beim Fortdrücken des Schlammes nur die eigentliche Fortschubarbeit neu zu leisten, nicht aber wie beim Einkessel auch die Verdichtungsarbeit.

Die beschriebene Anlage leistet in 10 Stunden 200—250 cbm Schlamm auf 855 m wagerechte und 55 m senkrechte Entfernung. Sie erfordert dabei im Mittel 40 PS. Die Schlämme wird in alte Baue verstürzt.

Für die Bedienung der Anlage ist 1 Mann für den maschinellen Teil und 2 Mann für den Klärteil erforderlich.

Die Leistung einer ähnlichen Anlage auf Hedwigwunschgrube, Oberschlesien, ist 2000 m wagerechte Entfernung und 62 m Förderhöhe.

Die Vorteile der Mammut-Bagger hat man auch für die Wasserseigen der Querschläge ausgenutzt. Ein fahrbarer Mammut-Bagger mit elektrischem Antriebe kann im Querschlage entlang der Wasserseige verschoben werden.

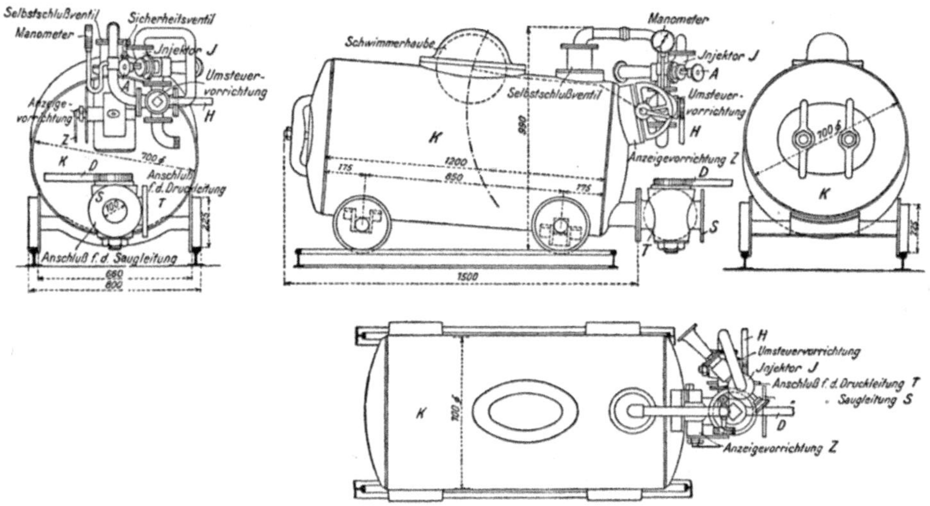

Fig. 23. Fahrbarer Saug- und Druckbagger für Anschluß an eine Druckluftleitung. (Preuß. Z.)

Fahrbarer Bagger, an ein Druckluftnetz angeschlossen. Fig. 23 stellt einen fahrbaren Saugbagger für die Sumpfstrecken der Wasserhaltung der Grube König (Saarrevier) dar. Er ist nicht mit einem eigenen Luftpresser ausgerüstet, sondern zum Anschluß an eine Druckluftleitung bestimmt, die in der zu schlämmenden Strecke verlegt ist. Die Druckluftleitung wird an den Ejektor J angeschlossen und der Kessel K durch die Saugwirkung der Strahlpumpe von Luft entleert und dadurch der Schlamm angesaugt. Hiernach wird umgeschaltet und die Druckluft auf den Kesselinhalt einwirken gelassen, so daß der Schlamm durch die Druckleitung ausfließt. Er wird in einen etwa 5 m höher auf der Fördersohle stehenden Förderwagen entleert.

Die Schlammsaugleitung besteht aus einem biegsamen Schlauch, so daß von jeder Stellung des Baggers aus eine bestimmte Streckenlänge entschlämmt werden kann, wenn auch noch Verlängerungsrohre in die Saugeleitung eingebaut werden. Im weiteren Verlaufe wird die Stellung des Baggers verändert, indem er an den nächsten Anschlußstutzen der Druckluftleitung angeschlossen wird.

D. Der Weg des Wassers in der Grube.

1. Die Wasserführung unter Tage.

Aus den Hunderten von Gängen, die der Bergmann zur Gewinnung der Erze oder Kohle in das Gebirge treibt, entquellen in bald schwächeren, bald stärkeren Strahlen die Wasser und fließen durch Strecken und Querschläge dem Lösungsstollen oder dem Schachtsumpfe zu, von wo aus sie durch die Kraft der Maschinen durch den Schacht zu Tage gehoben werden. Daher werden alle Strecken vom Schachte aus mit einem geringen Ansteigen ins Feld geführt und auch hier der Abbau meist so geleitet, daß die Wasser selbsttätig nach dieser Strecke abfließen. Die selbsttätige Sammlung des Wassers und seine gemeinsame Hebung durch große Maschinen ist zugleich betriebstechnisch und wirtschaftlich vorteilhaft. Das Aufstellen im Felde zerstreuter Maschinen war früher kaum möglich und wird auch jetzt noch gerne vermieden. Doch finden wir heute vielfach solche Maschinen, da mit ihrer Hilfe der Abbauplan freier gestaltet werden kann als unter dem früheren Zwange des schwebenden Verhiebes.

Das Ansteigen der Strecken ist ähnlich wie bei den Stollen (Abschn. III B) zu beurteilen. Die Querschläge dienen der Förderung und müssen ihr Ansteigen nach deren Bedürfnis bestimmen. Geschieht die volle Förderung im wesentlichen aus dem Felde nach dem Schachte, dann etwa 1 : 200; wenn häufig Berge vom Schachte ins Feld zu fahren sind: 1 : 500, selbst 1 : 1000. Je geringer das Ansteigen, desto größer muß der Querschnitt des Wasserabflusses sein. Fig. 24 zeigt einen Querschlag mit mittlerer Wasserseige.

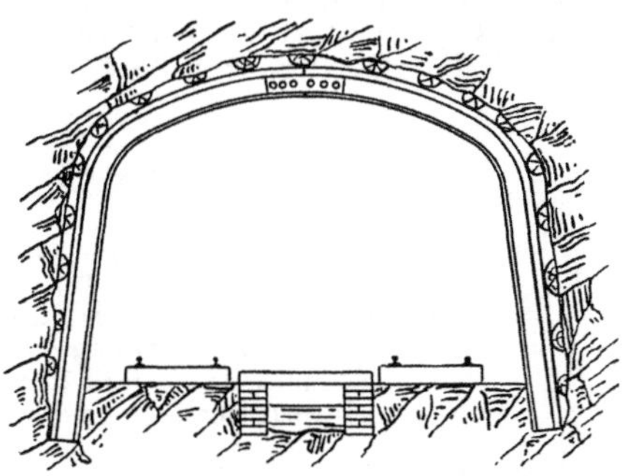

Fig. 24. Querschnitt eines Querschlages mit mittlerer Wasserseige. (Heise-Herbst.)

Um den Absatz der Sinkstoffe in der Wasserseige zu verhüten, deren Entfernung große Kosten verursacht, soll die Wassergeschwindigkeit sein

bei leichtem Schlamm $v > 0{,}25$ m/sec, das Gefälle 1 : 200,
bei Sand . . . . . . $v > 0{,}5$ m/sec, das Gefälle 1 : 100.

Die Rücksichtnahme auf die Bedürfnisse der Förderung läßt diese großen Steigungen häufig nicht zu, so daß sich das Verschlämmen der Wasserseigen dann nicht verhindern läßt. Sind gar die schlammigen Spülversatzwasser durch den Querschlag zu führen, dann werden unerträgliche Verhältnisse geschaffen. Die Handreinigung der Röschen wird heute vorteilhaft durch maschinelle Arbeit (Abschnitt II C 5) ersetzt.

Weiterhin sucht man Abhilfe zu schaffen durch Klärung der Spülwasser im Felde (Abschn. II C 3 und 4), ehe sie der Wasserseige übergeben werden. Man hat dann den Vorteil, den Schlammabsatz örtlich sammeln und einen ortsfesten Bagger verwenden zu können.

Große Wassergeschwindigkeit wird also im allgemeinen nicht angewandt. Sie könnte bei unfester Beschaffenheit der Sohle diese angreifen und eine Befestigung der Sohle erforderlich machen.

Folgende Aufstellung gibt (nach Hütte, 21. Auflage, I, S. 314) diejenigen Geschwindigkeiten an, welche in Rücksicht auf die Beschaffenheit der Sohle nicht überschritten werden sollen (v_o = Geschwindigkeit an der Oberfläche, v_u an der Sohle, v_m im mittleren Durchfluß. Geschwindigkeit in m/sec.

Beschaffenheit der Sohle	v_o	v_u	v_m
Schlammige Erde	0,15	0,08	0,12
Feiner Sand	0,20	0,10	0,16
Lehm, fetter Ton	0,30	0,16	0,25
Fester Flußsand	0,60	0,31	0,50
Kiesiger Boden	1,22	0,7	1,00
Grobsteiniger Boden	1,52	0,94	1,25
Gemisch von Schieferstücken	2,22	1,49	1,80
Lagerhafte Gebirgsarten	2,75	1,82	2,30
Harte Felsarten	4,27	3,14	3,50

Der Vergleich der Zahlen zeigt, daß eine Befestigung der Sohle für die Querschläge kaum, für Grundstrecken selten nötig sein wird. Anders ist es, wenn die Sohle durchlässig ist und das Verfallen des Wassers nach der tieferen Sohle verhütet werden soll.

Die Berechnung der dem gegebenen Gefälle entsprechenden Wassergeschwindigkeit ist erforderlich in Rücksicht auf die Angriffsgefahr für die Sohle und auf die Bestimmung des zur Abführung der zusetzenden Wasser nötigen Querschnittes der Wasserseige.

Hierfür gilt allgemein die Formel von Bazin (1897):

$$v = \frac{87}{1 + c\sqrt{u : F}} \cdot \sqrt{i \cdot \frac{F}{u}} \quad \text{m/sec}$$

worin bedeutet:

u = benetzter Umfang des Querschnittes in m.
F = Durchflußquerschnitt in qm.
i = Senkung des Wasserspiegels für 1 m Länge in m, also das Gefälle des Wasserspiegels. Soll die Wassergeschwindigkeit auf der ganzen Länge gleich bleiben, so muß das Gefälle der Sohle dem Gefälle des Spiegels gleich sein.
c = ein Zahlenwert, der je nach der Beschaffenheit der Wände verschieden ist,

und zwar:

für gehobeltes Holz, Zement . . . . $c = 0,06$
„ Bruchsteine . . . . $= 0,47$
„ Erde, glatte Wände . . . . $= 0,85$
„ Geröll . . . . $= 1,75$

Bei der Rechnung ist am besten so vorzugehen, daß für einen bestimmten angenommenen Querschnitt und Gefälle v berechnet und der Querschnitt so lange verändert wird, bis sich die gewünschte Geschwindigkeit ergibt.

Die angegebenen Zahlen und Verhältnisse sind auch für die obertägige Weiterleitung des gehobenen Wassers von Wichtigkeit.

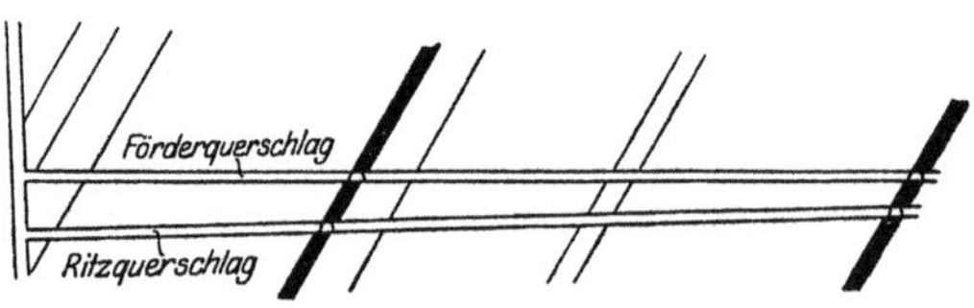

Fig. 25. Förder- und Ritzquerschlag. (K. Kegel.)

Sind große ungeklärte Wassermengen abzuführen, so stehen die Bedürfnisse des Förderquerschlages und des Sumpfquerschlages in unvereinbarem Gegensatze, so daß es rätlich erscheinen kann, für beide Zwecke gesonderte, ihren Bedürfnissen angepaßte Querschläge zu erstellen (nach Kegel, Bergmännische Wasserwirtschaft).

Fig. 25 zeigt einen Förderquerschlag, der ganz nach Bedarf söhlig oder mit geringem Ansteigen aufgefahren ist, und in 2—4 m Abstand darunter den Sumpfquerschlag mit starkem Ansteigen. Die Wasser werden diesem Ritzquerschlag unter Meidung des Förderquerschlages zugeführt. Die Fördersohle bleibt völlig trocken, was ihren Betrieb leichter und angenehmer gestaltet. Der Ritzquerschlag bildet gleichzeitig ein Sammelbecken für das Wasser, das in Notfällen das von der Wasserhaltungsmaschine nicht bewältigte Wasser einige Zeit aufnehmen kann. Da häufig sehr inhaltreiche Sumpfanlagen zur Sicherung der Wasserhaltung angelegt werden, wird es öfters nützlich sein, sie als Ritzquerschlag zu gestalten.

Bei lockerer Sohle, wie z. B. in Braunkohlengruben, wird die Wasserseige entweder an den Seitenwänden oder allseitig durch Holzbohlen befestigt. Auch Ausmauerung der Sohle durch ein Sohlengewölbe oder sonstige geeignete Art findet statt. Die der maschinellen Förderung dienenden Hauptquerschläge werden öfters in völlig geschlossenem Mauer-, Beton- oder Eisenbetonausbau hergestellt.

Fig. 26 zeigt einen offenen Ausbau in Eisenbeton, bei dem die seitliche Wasserseige mit in den Betonausbau eingeschlossen ist. (Zeche Ver. Rheinelbe Alma, Bonifacius, Ruhr.)

Die Wasserseige wird meist mit Brettern abgedeckt, gelegentlich auch durch ein gemauertes Gewölbe.

Das aus dem Abbau kommende Wasser ist meist so unrein, daß es für obertägige Gebrauchszwecke nicht verwendbar ist. Werden reine Wasserquellen angefahren, und ist ein Bedarf an Gebrauchswasser vorhanden, so werden die Quellen gefaßt und das Wasser getrennt, gegebenenfalls in geschlossenen Tonröhren, einer besonderen Pumpe zugeführt.

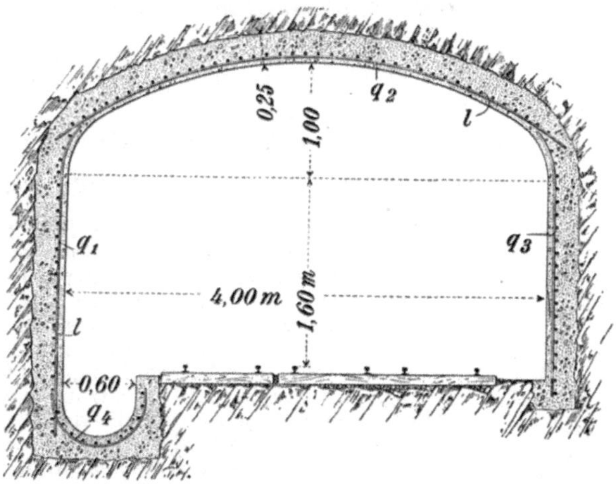

Fig. 26. Querschlag in Eisenbeton und mit seitlicher Wasserseige. (Heise-Herbst.)

Die gleiche Sorgfalt wird erforderlich sein, wenn ein verwertbares Sol- oder Mineralwasser angefahren wird.

Heiße Wasser sind unangenehm für den Betrieb, da sie die Grubenluft erwärmen und mit Wasserdampf sättigen. Sie sind daher nötigenfalls in geschlossenen Rohrleitungen abzuführen.

Zur Sicherung des Schachtes und des Maschinenraumes wird in dem Querschlage in der Nähe des Schachtes oder an sonst geeigneter Stelle eine Sicherheitsdammtür eingebaut, Fig. 27, die für gewöhnlich offen, den Förderverkehr durchläßt, bei Wasserandrang geschlossen, das Wasser im Felde zurückhält. Das Wasser fließt in einem Rohre durch oder um den Damm herum. Im Notfalle wird

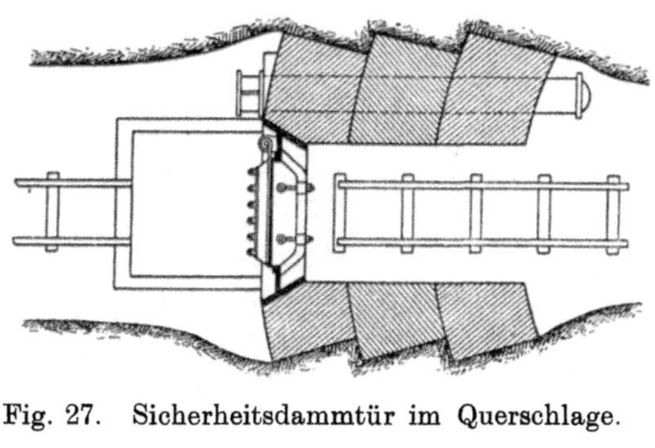
Fig. 27. Sicherheitsdammtür im Querschlage.

dieses Rohr durch einen Schieber abgesperrt und das Wasser zwecks Sümpfung der ersoffenen Grube in beherrschbarer Menge der Wasserhaltungsmaschine zugeführt. Ist ein besonderer Sumpfquerschlag vorhanden, so entfällt die Umführung am Sicherheitsdamm. Der Sumpfquerschlag ist dann gegen den Maschinensumpf abgeschlossen und nur durch ein verschließbares Rohr mit ihm verbunden. Durch dieses geschieht alsdann die Sümpfung des Wassers.

Vor dem Schachte wird das Wasser durch eine Sumpfanlage aufgenommen. Der Sumpf dient als Ausgleich zwischen Wasserzufluß und -entnahme. Hier ist ihm auch Gelegenheit zu einer gewissen Klärung gegeben. Es empfiehlt sich die Anlage zweier Klärstrecken, die abwechselnd dem Klär- und Reinigungsvorgange dienen.

Die Wasserseigen im Querschlag oder diese Klärstrecken geben auch Gelegenheit zur chemischen Reinigung des Wassers.

2. Die Wasserführung im Schachte und ober Tage.

Von der Sammelstelle am Schachte aus wird das Wasser durch Pumpen zu Tage gedrückt. Fig. 28 zeigt eine alte Gestängepumpe, die das Wasser aus einem Behälter neben dem Schachte aussaugt und durch eine Rohrleitung im Schachte hochdrückt. Sie drückt das Wasser nicht in einem Zuge bis oben, sondern nur bis zur nächst höheren Schachtpumpe, deren mehrere übereinander im Schachte verteilt sind. Die höhere Pumpe übernimmt die weitere Beförderung. Fig. 29 stellt im Gegensatz hierzu eine unterirdische Wasserhaltungsmaschine dar, die das Wasser in einem Zuge nach oben drückt. Die Druck- oder Steigeleitung ist im Schachte eingebaut. Sie ist nach Querschnitt, Wandstärke und Baustoff den Mengen- und

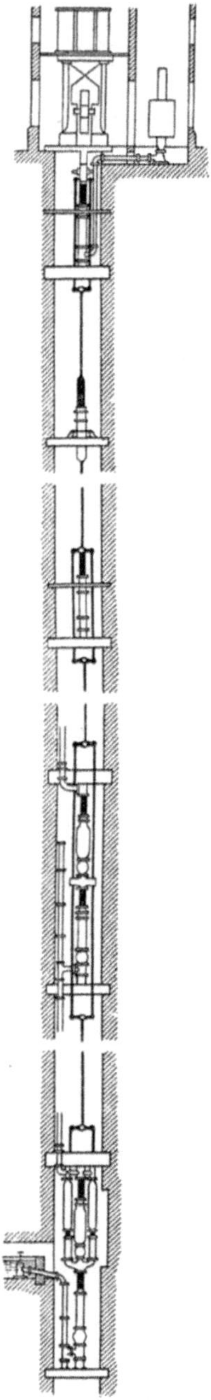

Fig. 28. Gestängepumpen im Schachte. (Riedler.)

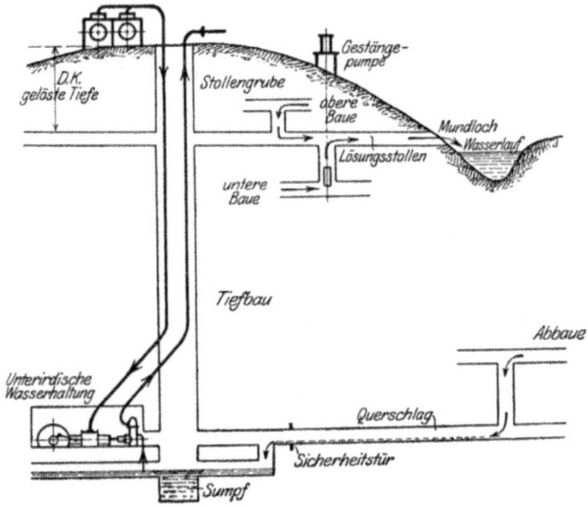

Fig. 29. Die Entwicklung der Wasserhaltung. Stollen, Gestängepumpe, unterirdische Wasserhaltung.

Druckverhältnissen entsprechend zu wählen und mit einer Reihe Einrichtungen auszustatten, die einen leichten Einbau, Beaufsichtigung und Nachbesserung gestatten. Abschnitt VIII B 3.

Ist auf einer oberen Sohle ein zu Tage mündender Stollen vorhanden, dann wird das Wasser nicht bis zur Tagesoberfläche gehoben, sondern nur bis auf die Stollensohle.

Bei den älteren Stollengruben tritt das Wasser ohne Hebung durch den zu Tage mündenden Stollen aus. Vgl. Abschnitt III B.

Im Schachte findet eine Wasserbewegung auch abwärts statt. Es geschieht dies, wenn die Wasser höherer Sohlen nicht dort, sondern gemeinsam mit den Wassern einer unteren Sohle auf dieser gehoben werden sollen. Sie werden dann auf der oberen Sohle genau so gesammelt und behandelt wie die Wasser der unteren Sohle und durch eine Rohrleitung dieser zugeführt. Es liegt dann die Möglichkeit vor, das Gefälle des Wassers auszunutzen. Hierüber vergleiche man den Abschnitt X A 2 und 4. Liegt nicht die Absicht oder Möglichkeit hierzu vor, dann erübrigen sich auf der oberen Sohle Maßnahmen, das Wasser vor dem Verfall nach tieferen Sohlen zu bewahren.

Ferner sickern im nicht völlig wasserdichten Schachte immer Wasser aus dem Gebirge durch, die den Schachtsumpf erfüllen und, wenn nötig, dem Maschinensumpfe durch einfache Überleitung oder durch eine kleine Zubringerpumpe zuzuführen sind. In undichten Schächten kann es nützlich sein, die in den oberen Teilen durchdringenden Wasser in dieser Höhe durch Traufrinnen abzufangen und einer oberen Wasserhaltungssohle zuzuführen. Auch sei hier an die Möglichkeit einer nachträglichen Dichtung des Schachtes durch das Zementierverfahren erinnert (Abschnitt III A 3).

Bei ungünstiger Lage der Schachtmündung kann es geschehen, daß bei Hochwasser das Wasser durch diese Mündung in den Schacht und auf dem Wege durch den Querschlag in die Baue eindringt, vgl. Abschn. III A 1.

Über Tage gießt die Druckleitung seitlich aus. Der Ausguß muß so hoch gelegen sein, daß das Wasser mit natürlichem Gefälle nach der Vorflut abfließen kann. Es wird daher ein Gefluter, Kanal oder dergleichen anzulegen sein, insbesondere bei durchlässigem Boden, damit das Wasser nicht wieder nach unten versickert. Der Abfluß wird häufig über fremdes Gebiet zu führen sein. Die Erlaubnis hierzu kann durch ein Enteignungsverfahren erzwungen werden. Hierüber sowie über das Recht zur Benutzung öffentlicher Wasserläufe zur Abführung der Grubenwasser vergleiche man die rechtlichen Ausführungen im Abschnitte I A 3.

Die obertägige Ableitung des Wassers kann erhebliche Schwierigkeiten machen, wenn die Oberfläche etwa infolge Bruchbaues sehr gestört ist. Die Herstellung des gleichmäßig fallenden Gefluters macht dann merkbare Kosten. Auch die Beschaffenheit des Grubenwassers kann Schwierigkeiten bereiten, wenn es mechanisch oder chemisch so verunreinigt ist, daß Nachteile für die Allgemeinheit oder die Privatbesitzer durch das Einleiten des Grubenwassers in die Vorflut entstehen.

Schlamm und Sand führendes Wasser verschlämmt die Wasserläufe, so daß sich das Wasser in das benachbarte Gelände ergießt. Das Wasser des Spülversatzes, das unter Tage bereits eine Klärung in Rücksicht auf die Pumpen durchgemacht hat, wird daher bei Bedarf ober Tage einer weiteren Klärung von feiner Schlämme in besonderen Kläranlagen unterzogen. Diese beruhen auf demselben Grundsatz wie die in Abschn. II C 3 beschriebene untertägige Kläranlage.

Übler sind chemisch verunreinigte Wasser. Sie können praktisch meist nur durch genügende Verdünnung unschädlich gemacht werden. Sie können daher nicht kleineren benachbarten Wasserläufen übergeben werden, sondern sind durch entsprechende Führungen nach einem fließenden Gewässer zu leiten, dessen Wasserführung auch in der trockenen Jahreszeit ausreicht, eine genügende Verdünnung zu bewirken. Dies wird häufig mit großen Kosten verbunden sein. Die Mansfeldische Kupferschieferbauende Gewerkschaft führt ihre stark salzhaltigen Wasser unter Umgehung kleinerer Wasserläufe durch den in Abschnitt III B 3 erwähnten 31 km langen Schlüsselstollen zur Saale ab. Sie entgeht hierdurch allen Beanstandungen, denen sie bei obertägiger Abführung ausgesetzt wäre.

Dritter Teil.

Maßnahmen zur Entlastung der Wasserhaltung.

A. Die Abhaltung des Wassers von den Grubenbauen.

1. Die Abhaltung des Wassers durch Abbau mit Schonung des Hangenden.

Die Rücksicht auf Schonung des Hangenden tritt im Steinsalzbergbau am ausgesprochensten auf (Abschnitt II A 3). Demnach wird gewählt: Kammerbau, wobei durch Stehenlassen von starken Sicherheitspfeilern und durch sorgfältigen Versatz der gebildeten Hohlräume ein Hereinbrechen des Hangenden vermieden wird.

In ähnlicher Weise wird im Mansfeldischen Kupferschieferbergbau das Hereinbrechen des wasserreichen Hangenden vermieden.

Im Steinkohlenbergbau liegen die Verhältnisse günstiger, so daß hier Abbauarten gewählt werden können, die eine reinere Gewinnung der Lagerstätten ergeben. Doch wird auch hier das Stehenlassen von Sicherheitspfeilern erforderlich, wenn die Abbaue wasserreichen Schichten nahekommen.

Es müssen dann unverritzte Sicherheitspfeiler von genügender Stärke zwischen diesen Teilen stehen bleiben, die auch durch Vorrichtungsbaue nicht durchörtert werden dürfen, oder doch nur unter Anwendung entsprechender Sicherheitsmaßnahmen. Im Ruhrbezirk muß z. B. unter der wasserreichen Mergelüberdeckung ein Sicherheitspfeiler von 20 m seigerer Höhe des Steinkohlengebirges stehen bleiben, welcher Teil der Gewinnung gänzlich entzogen ist. Fig. 30 zeigt einen solchen Sicherheitspfeiler über der nötigen Wettersohle. Wäre das Deckgebirge wasserfrei, oder bestünde es in seinem unteren Teile aus wassertragenden Schichten genügender Höhe, so könnten die in westfälischen Schlagwettergruben zwecks aufsteigender Wetterführung immer nötigen besonderen oberhalb sämtlicher Abbaupunkte angesetzten Wettersohlen unmittelbar unter dem Deckgebirge aufgefahren und Abbauverluste vermieden werden. Ist die Höhenlage der nördlichen Wettersohle durch das Deckgebirge gegeben, so kann durch Höherlegung der südlichen Wettersohle der Abbauverlust etwas vermindert werden.

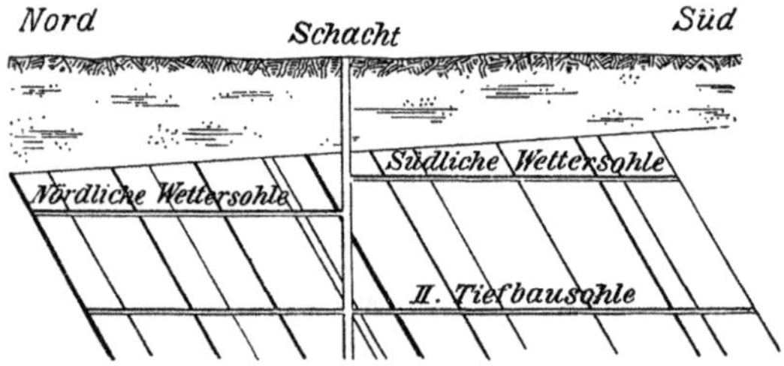

Fig. 30. Sicherheitspfeiler über der Wettersohle. (Heise-Herbst.)

Im übrigen wird auch aus anderen wichtigen Gründen im Steinkohlenbergbau eine Störung des Hangenden möglichst vermieden durch Anwendung des Abbaues mit Bergeversatz, wenn solche Versatzberge im eigenen Betriebe genügend vorhanden oder leicht von über Tage zu beschaffen sind.

Durch Bergeversatz kann eine völlige Schonung des Hangenden nicht erreicht werden, da der Versatz mehr oder weniger zusammengedrückt wird. Die Nachsackung kann unter ungünstigen Umständen bis 50 v. H. der Höhe betragen.

In dem Spülversatz ist eine Abbauart ausgebildet worden, die eine Senkung des Hangenden von weniger als 10 v. H. der ausgekohlten Höhe ermöglicht.

Für die Wahl des Spülversatzabbaues sind meist andere Gründe als die Rücksicht auf die Wasserführung der hangenden Schichten maßgebend. Es seien angedeutet: reinerer Abbau, Verhütung von Grubenbränden, Erhöhung der Häuerleistung, Verringerung der Gefahren und Kosten des Gebirgsdruckes.

Man vergleiche Abschnitt II C 2—5 über die Einrichtung des Verfahrens, die ungünstige Wirkung auf die Pumpen und die nötige Klärung der Spülwasser.

Die Wirkung des Versatzes reicht so weit wie der Versatz. Grenzt an ein mit Versatz abgebautes Feld eins ohne Versatz an, dann zerreißt das Deckgebirge an der Feldesgrenze, und dem Tageswasser kann sich ein Zugang öffnen.

Bei steil gelagerten Flözen erstreckt sich das Nachsinken des Gebirges auf einen beschränkten Umkreis und wird daher bei an sich gleicher Größe ungünstiger wirken, als wenn sich die Senkung auf weitere Gebiete verteilt.

2. Die Abhaltung des Wassers durch obertägige Maßnahmen.

Wenn auch nach dem heutigen Stande des Maschinenbaues die Wasserhaltung das Wasser der Tiefbaue mit erträglichen Kosten zu Tage hebt, so ist doch aus wirtschaftlichen Gründen darauf zu sinnen, die Wasser möglichst von den Grubenbauen abzuhalten, um die beträchtlichen Hebungskosten zu verringern.

Die in dem Abschnitte II A 2 angeführten Zahlen über zu hebendes Mineral und zu hebendes Wasser lassen die außerordentliche Bedeutung der Maßnahmen zur Abhaltung des Wassers von den Grubenbauen erkennen.

In dem Abschnitt III A 1 wurden einige dahin gehende Maßnahmen besprochen, soweit sie das Ganze der Abbauplanung betreffen und durch schwerwiegende bergtechnische Verhältnisse bedingt werden. Hier sollen im wesentlichen Maßnahmen besprochen werden, die sich jedem einzelnen der erwähnten Abbaupläne unterordnen und für alle etwa gleichartige Bedeutung und Ausführung besitzen.

Sie lassen sich trennen in Vorrichtungen zum Abhalten der Wasser

1. über Tage,
2. im Schachte,
3. in den unterirdischen Bauen.

Die Abhaltung des Oberflächenwassers. Hochwasserfreie Lage der Grubenöffnungen. Bei Hochwasser kann es kommen, daß die Schacht- oder Stollenmündungen unter Wasser geraten und das Wasser durch diese Löcher unmittelbar in die Grube läuft. Deshalb ist es nötig, solche Öffnungen hochwasserfrei zu legen. Bei Schächten geschieht dies durch entsprechende Hochziehung des wasserdichten Ausbaues.

In dieser Beziehung ungünstige Verhältnisse weisen Schächte auf, die in Flußtälern oder in wasserdurchflossenen Mulden liegen, z. B. die Schächte in der Nähe von Zwickau (Sa.), im Tale der Zwickauer Mulde. Diese Schächte mußten wegen des Muldenhochwassers bis 11 m über Geländehöhe erhöht werden, desgleichen alle Tagesanlagen um das gleiche Stück (Z. d. V. d. Ing. 1895, S. 372).

Im Jahre 1897 (30. und 31. Juli) ersoff eine große Menge sächsischer Braunkohlen-, Steinkohlen- und Silberbergwerke, da infolge wolkenbruchartigen Regenwetters die Flüsse und Bäche ausuferten und durch Tagesbrüche, in einzelnen Fällen über die Schachtmündungen, in die Grubenbaue eindrangen. Man vergleiche die lehrreichen Schilderungen des Umfanges der beispiellosen Störung im Jahrbuch für Berg-, Hütten- und Salinenwesen im Sächsischen Staate 1898, S. 30, 40, 60, 71.

Ähnliche Vorfälle sind auch aus der Geschichte anderer Gebiete bekannt. Im Waldenburg-Neuroder Gebiet: 1897 trat der Lässigbach infolge eines Wolkenbruches aus seinen Ufern und ergoß sich durch Tagesbrüche in die Baue der Carl-Georg-Victorgrube; die zweite und dritte Sohle gerieten unter Wasser und hiermit die einzige Wasserhaltungsmaschine. Die Sümpfung geschah im Egmontschachte mit Wasserkasten durch die Fördermaschine und im Mayrauschachte durch Pulsometer und Abteufpumpen innerhalb zweier Monate. Im Jahre 1910 brachen auf der Rubengrube bei Neurode Hochwasser durch einen alten Schacht ein. Solche alten Grubenbaue sind mehrfach vorhanden, überdeckt und ihrer Lage nach nicht bekannt. Sie bilden in den erwähnten Fällen einen bequemen Zugang für das Wasser. Die zweite Sohle samt der Wasserhaltungsmaschine geriet unter Wasser. Das Sümpfen geschah durch 3 Abteufpumpen. In demselben Jahr geriet die dritte Sohle der Rudolphgrube, Neurode, infolge starker Niederschläge unter Wasser; Sümpfung durch Wasserkasten innerhalb $1\frac{1}{2}$ Monaten. Vergleiche die geologischen Verhältnisse im Abschn. II A 2.

Die Abhaltung des Oberflächenwassers bei Braunkohlengruben. Das Eindringen der Tageswasser wird durch die Veränderungen, die der Bergbau an der Tagesoberfläche schafft, begünstigt. Senkungen der Oberfläche bieten dem Wasser Gelegenheit zur Ansammlung und Tagesbrüche zum Eindringen in die Baue. Besonders im Braunkohlenbergbau zeigen sich diese Erscheinungen. Abhilfe geschieht je nach den Verhältnissen auf verschiedene Weise. Auf der Grube Friedrich-Anna wurden die von den Höhen kommenden Wasser durch einen Graben abgefangen und durch ein auf Böcken verlagertes Gefluder über die Mulde des Bruchfeldes einem natürlichen Wasserlaufe zugeführt; in anderen Fällen wurden die Wasser durch Gräben um das Bruchfeld herumgeleitet. Liegen im Bruchfelde Teiche, oder führen fließende Gewässer hindurch, so sind die Teiche im allgemeinen zu entwässern und die Wasserläufe entweder zu verlegen, so daß sie um das Bruchfeld laufen, oder durch Dämme zu sichern, wenn die Flußsohle als wasserundurchlässig erachtet werden kann. Das Entwässern der Teiche erfordert eine besondere Pumpenanlage. Weil eine solche besondere Anlagekosten erfordert, wurde in einem Falle das Teichwasser durch einen Heber der Grube zugeführt und von der Grubenwasserhaltung so hoch gehoben, daß es der Vorflut zufließen konnte. Es sei auch an die Austrocknung des Salzigen Sees erinnert (Abschnitt II A 2).

Auch hier wurde das Wasser in die Grube geleitet und auf eine Stollensohle gehoben, durch welchen Stollen es der Saale zufloß. Um Wasserzuflüsse von dem jetzt trockenen Seegebiet zurückzuhalten, wurde ein Ringkanal von 7 km Länge erbaut, der gleichzeitig den umliegenden Ortschaften Trinkwasser zuführt. Ferner mußte ein Wasserwerk erbaut werden, um den anliegenden Ortschaften weiteres Trinkwasser zu liefern.

Ein besonderes lehrreiches Beispiel der Sicherung gegen obertägige Wassereinbrüche bieten die im Kommerner Seegebiet bei Brüx in Böhmen bauenden Braunkohlengruben.

Der frühere, jetzt trockene, Kommerner See hatte eine Ausdehnung von 25 qkm. Das Gebiet wird von dem Bielafluß und von kleinen Bächen durchflossen. Durch Regulierung der Biela 1832 wurde das Seegebiet trocken gelegt. Die unter dem Rasen anstehenden Schichten sind Humus, gelbe Erde, Moor und Seeschlamm, Sand, Schotter, im ganzen etwa 4 m wasserführende Schichten, darunter tertiärer grauer Letten von einer Mächtigkeit bis 150 m. Die darunterliegenden Braunkohlenflöze werden je nach der Mächtigkeit durch Pfeilerbruchbau oder durch Kammerbruchbau abgebaut.

Beim Pfeilerbruchbau (2—4 m Mächtigkeit) entstehen ober Tage nur Senkungen, beim Kammerbruchbau (10 m Mächtigkeit) je nach der Höhe der überlagernden Schicht, bei bis 90 m Überlagerung Pingen, Tagesbrüche, bei größeren Überlagerungen nur Senkungen der Oberfläche.

Diese Brüche und Senkungen füllen sich bald mit Wasser infolge der Wasserführung der erwähnten oberen Schichten. Die Senkungen sind ungefährlich, da von ihnen aus ein Wassereinbruch in die Grube nicht zu befürchten ist. Die Pingen erreichen eine Tiefe bis 10 m. Zwischen den Pingen bleiben Wände bestehen, entsprechend den Sicherheitspfeilern des Kammerbaues. Ist eine Pinge mit Wasser gefüllt, so übt dieses gegen eine etwa leere Nachbarpinge einen entsprechenden Wasserdruck aus, der die Scheidewand zu durchbrechen strebt. Entsteht also beim weiteren Verlaufe des Abbaues neben einer wassergefüllten Pinge eine neue, so besteht die Gefahr, daß das gesammelte Wasser in diese neue Pinge durchbricht, und wenn der Bruch bis zur Grube durchsetzt, daß plötzlich große Wassermassen in die Baue gelangen.

Abhilfe gegen diese Schäden geschieht durch Auspumpen der wasserführenden Pingen. Zu dem Ende werden mehrere Pingen durch tiefe Gräben (bis 5 m tief) miteinander verbunden und aus einer geeignet gelegenen tiefen Pinge das Wasser durch eine elektrisch angetriebene Kreiselpumpe ausgepumpt und durch Rohre und offene Gefluder dem in der Nähe vorbeifließenden Wasserlaufe zugeführt. Die Pumpe wird seitlich von der betreffenden Pinge über einem etwa 1,5 m tieferen Schachte aufgestellt, der durch eine entsprechend tiefe Leitung mit der Pinge verbunden ist. Die Pumpen leisten je nach der Größe der zu entwässernden Pingen 0,5 bis 10 cbm/min.

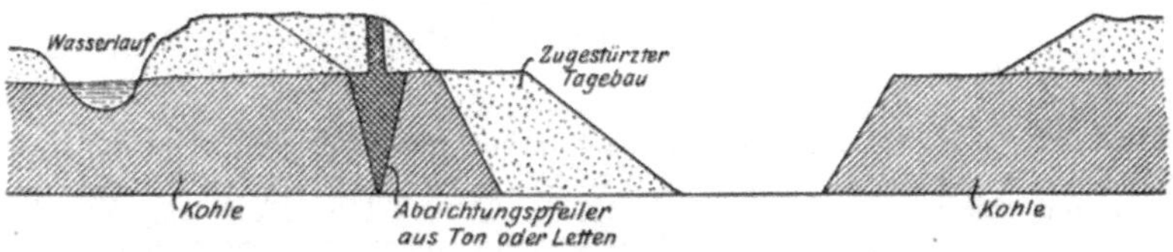

Fig. 31. Abhaltung des Oberflächenwassers von einem Tagebaue. (Braunkohle 1913, Fr. Müller.)

Gegen die alljährlich wiederkehrenden Hochwasser wird das Abbaugelände durch Schutzdämme gesichert. Diese werden auf unverritztem Gebiete angelegt, so daß sie durch die Abbauwirkungen nicht beschädigt werden können. Gewöhnlich führt man die Dämme entlang der Abbaugrenze auf ungesenktem Gebiete, auf Sicherheitspfeilern von Wegen, Wasserläufen und der Eisenbahn. Um das Durchsickern von Wasser unter dem Rasen zu verhüten, wird in die durchlässigen Schichten zuweilen ein Lettenkern eingelassen (0,5 m stark). Auf diesen Kern wird dann der eigentliche Damm aufgesetzt. (Dammbreite: Krone 2 m, Böschung auf der Wasserseite 20°, auf der inneren Seite 45°.) Gegen Beschädigung durch Wellenschlag ist der Damm allseitig mit Rasenstücken belegt. Die Dammkrone liegt 1,5 m über dem höchsten Wasserstand.

Bei Hochwasser werden die Dämme ununterbrochen durch Wächter begangen, damit undichte Stellen durch Verpfählungen rechtzeitig abgedichtet werden können.

Ferner ist darauf zu achten, daß die Dämme nicht durch Mäuse beschädigt werden können. (Nach Stein- und Braunkohle 1910, Nr. 17.)

Die Umleitung eines Wasserlaufes um das Baufeld herum wird nicht immer genügen, das Wasser zurückzuhalten.

Fig. 31 zeigt einen Wasserlauf, dessen Wasser mit dem durchlässigen Kohlenflöz in Berührung steht. Ein Abdichtungspfeiler aus Ton oder Letten ist im Flöz hergestellt worden, der bis auf die wassertragende Schicht hinabreicht. Hinter diesem Dichtungspfeiler ist ein Sicherheitspfeiler im Flöz belassen worden, der die nötige Festigkeit ergibt. Der im Tagebau gewonnene Abraum wird zur weiteren Erhöhung der Festigkeit gegen den Sicherheitspfeiler verstürzt.

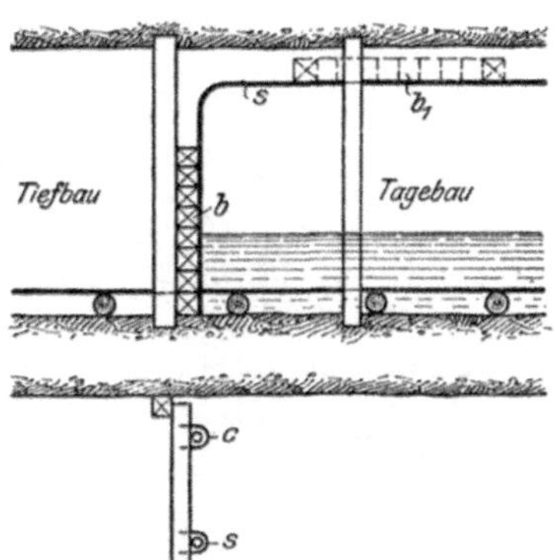

Fig. 32. Abhaltung des Oberflächenwassers von einem Tiefbaue. (Preuß. Z.)

Wasser kann einem Grubenbau auch über den Umweg durch benachbarte Baue, mit denen er durchschlägig ist, zufließen.

Es sei auf eine Verdämmung zwischen einem Tagebau und einem daran anschließenden Tiefbau aufmerksam gemacht, die, im Bedarfsfalle leicht hergestellt, das Eindringen der Tageswasser in den Tiefbau verhindert, Fig. 32, Grube Anna Antonie bei Wildschütz, Naumburg. Der Damm wird aus Kanthölzern b zusammengesetzt. Diese sind mit Ösen c an den Schienen s verschiebbar befestigt. Diese Schienen sind oben umgebogen und laufen dann der Firste parallel. Für gewöhnlich liegen die Balken in der Lage b_1 auf dem oberen Teil der Schienen und werden im Bedarfsfalle rasch in die Sperrlage b gebracht.

3. Die Abhaltung des Wassers durch Maßnahmen im Schachte.

Das im Schachte zufließende Wasser muß durch die Wasserhaltung gehoben werden. In wasserreichem Gebirge ist daher wasserdichter Schachtausbau erforderlich, um dieses Wasser zurückzuhalten. Als solcher kann dienen: Mauerung, Beton und eiserner Ausbau. In größeren Teufen läßt Mauerung Wasser, das unter entsprechendem Druck steht, hindurch, das gleiche gilt, wenn auch in anderem Maße, vom Beton. Völlig dichten Ausbau bei hohem Wasserdruck gewährt nur die eiserne Schachtauskleidung.

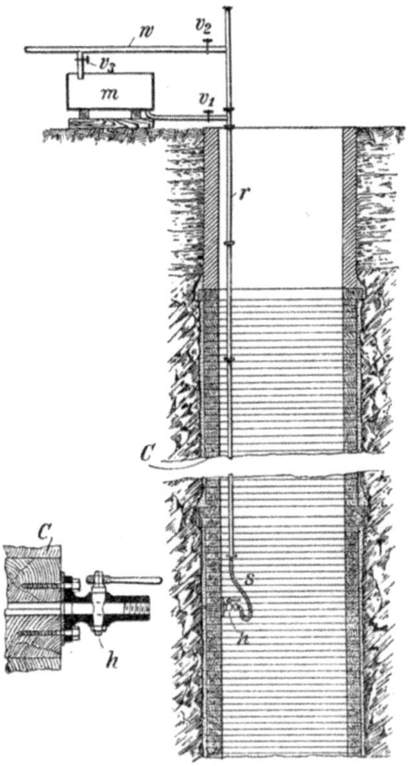

Fig. 33. Portiersches Zementierverfahren. (Heise-Herbst.)

Bei nicht wasserdichten Ausbau hat sich öfters das Bedürfnis ergeben, den Ausbau nachträglich zu dichten. Dies ist durch Einspritzen von flüssigem Zementbrei hinter die Schachtauskleidung gelungen. Es hat sich hier ein besonderes Verfahren, Zementierverfahren genannt, herausgebildet. Dies fand dann später auch Anwendung beim Abteufen neuer Schächte, um während des Abteufens aufgeschlossene oder erwartete Wasseradern durch Zementeinspritzung abzuschließen und so das Abteufen leichter und ungefährlicher zu machen.

Für beide Verfahren sei ein Beispiel gegeben. Fig. 33 zeigt die ursprüngliche von Portier gegebene Ausführung zum Abdichten einer undichten hölzernen Schachtauskleidung. Die Schachtwand wird an zahlreichen Stellen angebohrt. Jede Bohrung wird mit einem Hochdruckhahn h verschlossen, an den ein biegsamer Schlauch s und die Zementzuleitung r angeschlossen ist. Die Zementmilch wird über Tage in einem Bottich m bereitet und fließt dem Bohrloch durch ihr natürliches Gefälle zu. w ist eine Frischwasserleitung, die je nach Schaltung dem Bottich oder der Abfalleitung Frischwasser zuführen kann. Man beginnt mit dem Zementieren am unteren Teile der Schachtauskleidung und läßt so viel Zementbrei einfließen, als möglich ist. Stockt der Fluß, so fährt man an anderer Stelle der Auskleidung mit der Arbeit fort, nachdem vorher das Zuflußrohr durch eine Spülung mit frischem Wasser gereinigt worden ist. Gewöhnlich arbeitet man gleichzeitig an zwei gegenüberliegenden Stellen.

Die Verwendung des Verfahrens beim Schachtabteufen zeigen die Fig. 34 und 35. Die Fig. 34 zeigt die Zementieren einer offenliegenden Kluft und ist ohne Beschreibung verständlich. Fig. 35 hingegen zeigt das Zementieren noch nicht erschlossener Klüfte, deren Abschluß das weitere trockene Abteufen ermöglichen soll. Zu dem Zwecke wird auf der Sohle vorgebohrt, um die erwarteten Klüfte festzustellen. Sobald man hierdurch Wasser erschließt, treibt man mit Hanf dichtend umwickelte Rohre z ein, die oben einen Hahn h besitzen und durch die Leitungen s, r an das Zementgefäß anschließen.

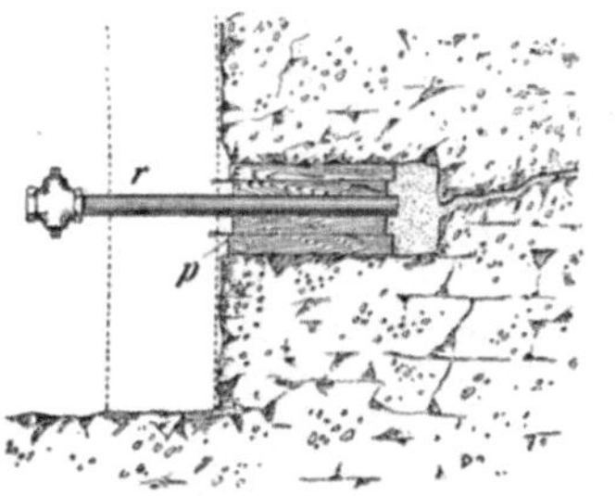

Fig. 34. Versteinerung einer aufgeschlossenen Kluft im Schachte. (Heise-Herbst.)

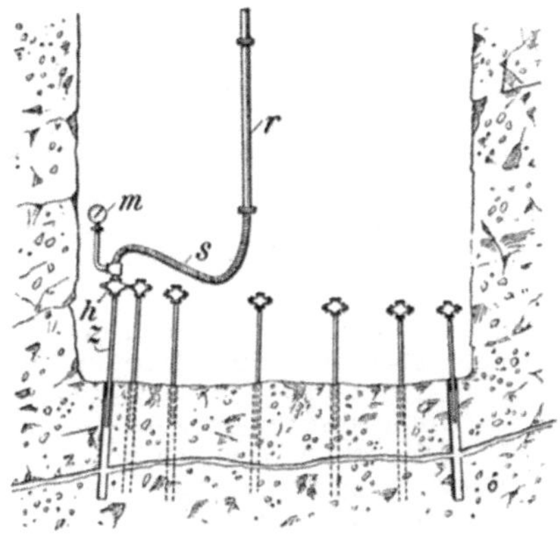

Fig. 35. Versteinerung einer unaufgeschlossenen Kluft. (Heise-Herbst.)

Die hier beschriebenen Arbeiten hatten Erfolg.

Der Kgl. Georgschacht zu Zauckerode (Sa.) wurde (1904) auf ähnliche Weise bis 240 m ohne Wasserhaltung niedergebracht. Vgl. das Abteufen der Westfalenschächte, Glückauf 1911, Nr. 21.

Der Druck, mit dem der Zementbrei in das Gebirge gepreßt wird, braucht zu Beginn der Arbeit, solange der Brei leicht aufgenommen wird, nur gering zu sein, muß aber in jedem Falle den im Gebirge vorhandenen Wasserdruck übersteigen. Je mehr der Widerstand durch Bildung von Zementniederschlägen im Gebirge wächst, und je enger die auszufüllenden Hohlräume sind, desto höher muß der angewandte Druck werden. Genügt der natürliche Druck nicht, so muß mit einer Pumpe nachgedrückt werden (Abschnitt VII E).

Es ist wichtig, das Einspülen in ununterbrochener Folge zu beenden, damit sich in Rohrleitung und Gebirge keine Stopfen bilden.

Zur weiteren Belehrung über dieses anwendungsreiche Verfahren sei auf die im Schriftenverzeichnis angeführten Stellen verwiesen.

Das Versteinen wird auch für untertägige sonstige Grubenbaue angewandt. Darüber einiges im folgenden Abschnitte.

4. Die Abhaltung des Wassers durch untertägige Maßnahmen.

Wasserabschluß durch Zementieren. Die untertägigen Baue lassen ebenfalls Wasser durch Spalten und Klüfte eintreten. Es werden daher hier nötigenfalls die gleichen Vorkehrungen getroffen wie im Schachte. Wasserdichter

Ausbau von Strecken ist sehr selten. Das Abschließen von Klüften durch Versteinen wird häufiger geübt werden können. In einzelnen Fällen sind Klüfte auch durch Pikotieren verschlossen worden. Dies besteht im Eintreiben von Holzkeilen.

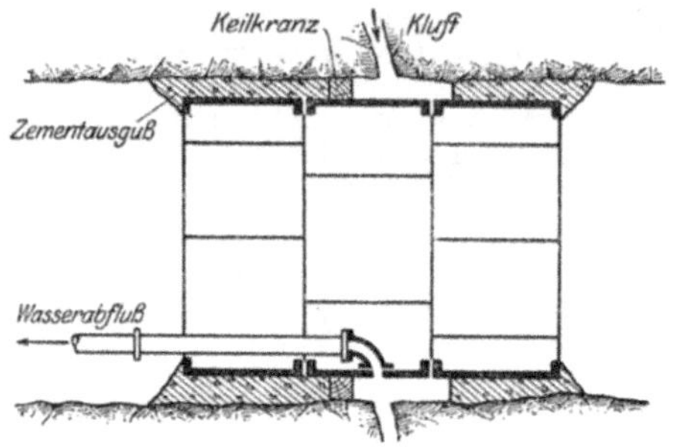

Fig. 36. Wasserdichter Streckenausbau. (Haniel & Lueg, Düsseldorf.)

Fig. 36 zeigt einen wasserdichten Streckenausbau zum Abschließen einer wasserreichen Kluft. Die Kluft befindet sich in der Mitte des Ausbaues. Die Wasserabführung während des Einbaues geschah nach links, der Einbau daher von rechts her zunächst ohne Belästigung durch das Wasser. Beim Erreichen der Kluft wurde der rechte Ausbau hintergossen. Der nächste Ring enthält unten ein Rohr, durch das das Wasser während des weitergehenden Ausbaues abgeführt wurde. Die Kluft wurde durch einen Holzring zwischen Eisen und Gebirge so weit abgeschlossen, daß das Einbauen der linken Tübbings geschehen konnte. Alsdann Hintergießen des linken Teiles und nach Erhärten des Zementes Ausbau der Rohrleitung und Verstopfen der Mündung.

Unterirdische im Gestein angesetzte Maschinenräume können gleichfalls Abschließungsarbeiten nötig machen. Aus Gründen der Sicherstellung des Wasserhaltungsbetriebes müssen dessen Maschinenstuben wasserdichte Auskleidung bekommen. Ein lehrreiches Beispiel bietet die 1897 erstellte Maschinenkammer auf Grube Schmalgraf (Bezirk Düren). Beim Aushauen des Raumes wurden über 100 Quellen und Wasserfäden angehauen. Diese wurden durch 20 bis 40 mm weite Rohre gefaßt und die Wasser zum Schachtsumpf geleitet. Hierauf wurde der Raum (Fig. 37) ausbetoniert. Nach der Erhärtung des Betons schnitt man die Rohre hart an der Mauer ab und dichtete sie durch Zementeinspritzung ab.

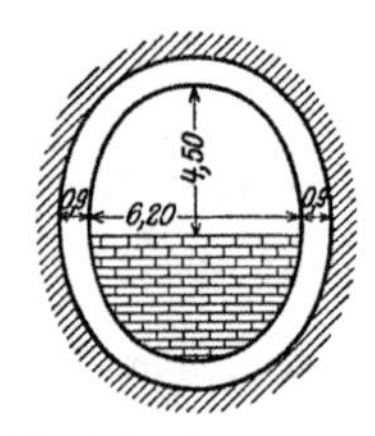

Fig. 37. Querschnitt der Maschinenkammer auf der Grube Schmalgraf.

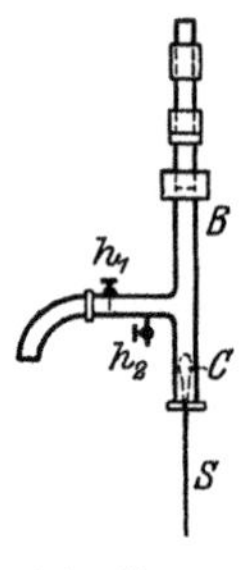

Fig. 38. Zementieren der Klüfte der Maschinenkammer Schmalgraf.

Ein Windkessel wurde mit Luft von 3 atm gefüllt und in einem zweiten Behälter der Zementbrei zuberei tet. Der Windkessel konnte durch einen Gummischlauch mit dem Zementbehälter und dieser durch einen zweiten Schlauch mit dem Zementeinspritzrohr, Fig. 38, verbunden werden. An diesem Rohr befanden sich zwei Hähne h_1 und h_2 und in dem Längsrohr ein beweglicher Eisenstab, an dessen oberem Ende ein Holzpfropfen C befestigt war. Dieser Stab war stopfbüchsenartig in dem Rohr geführt, so daß er, ohne Zementbrei auszulassen, in dem Rohre hin und her bewegt werden konnte. Sollte nun zementiert werden, so wurde der Hahn h_1, durch den bisher das Kluftwasser abfloß, geschlossen, der Speiseschlauch an den seitlichen unteren Stutzen h_2 angeschlossen, Druck auf den Zement aufgelassen und der Zement durch den geöffneten Hahn in das eingemauerte Rohr eingepreßt. Nahm das Rohr keinen Zementbrei mehr auf, so wurde der Dichtungsstopfen durch Verschieben der Eisenstange S in die Öffnung des abzuschließenden Mauerrohres gebracht und mit Hammerschlägen festgeschlagen. Alsdann wurde nach Absperrung des Luftdruckes das Einspritzrohr B vom Mauerrohr abgeschraubt.

Auf diese Weise wurden sämtliche Quellen vollkommen abgedichtet. Bei dem Verfahren wurden 4400 kg Zement verbraucht.

Verdämmungen. Um Wassereinbrüche aus einer Nachbargrube zu vermeiden, muß gegen diese ein genügend starker Sicherheitspfeiler belassen werden. Bei durchschlägigen Gruben ist eine sichere leicht für den Notfall herstellbare Verdämmung vorzusehen. Solche Durchschläge zwischen Nachbargruben sind nötig, wenn diese Gruben eine gemeinsame Wasserhaltung, die manche Vorteile hat, durchführen wollen. Im Kalibergbau sind solche Durchschläge erforderlich geworden, als durch gesetzliche Bestimmungen für jede Grube in Rücksicht auf die Sicherheit der Belegschaft zwei fahrbare Verbindungswege zwischen den Grubenbauen und der Tagesoberfläche gefordert wurden. Gruben mit nur einem Schachte sahen sich daher gezwungen, mit einer Nachbargrube durchschlägig zu werden, wodurch für die beiden Gruben als Ganzes der gesetzlichen Bestimmung genügt wurde.

Die Erstellung einer sicheren Dammtür ist hierbei unbedingtes Erfordernis. Soll eine solche Tür ihren Zweck erfüllen, so muß sie bei einem etwaigen Wasserdurchbruch einen unbedingt dichten Abschluß der Verbindungsstrecke ermöglichen, und selbst wenn der eine Bau längere Zeit unter Wasser stehen sollte, das Durchdringen von Wasser in den

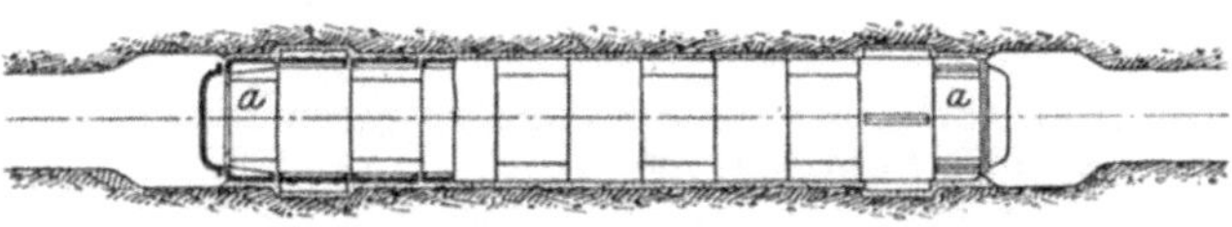

Fig. 39. Doppelte Sicherheitsdammtür in Tübbingswiderlager für Salzbergwerke. (Haniel & Lueg, Düsseldorf.)

anderen Bau verhindern. In größeren Teufen sind hohe Wasserdrücke von den Dammtüren aufzunehmen, so daß die Verwendung von Stahlguß nötig wird. Je größer die Türfläche ist, desto schwerer ist die nötige Bruchfestigkeit zu erreichen. Daher empfiehlt es sich, an Stelle zweiflügeliger Türen zwei einflügelige in parallelen Strecken geringeren Querschnittes anzuordnen. Dies ist jedenfalls dann rätlich, wenn wie im Kalibergbau ein Wassereinbruch die ganze Anlage zu zerstören droht. Die Dichtung der Türen auf ihren Rahmen geschieht durch ihre Anpressung infolge des Wasserdruckes. Wenn eine solche Dammtüranlage in einem Verbindungsquerschlage nach beiden Seiten schützend wirken soll, so ist auf jeder Seite eine Tür einzubauen. Fig. 39 zeigt eine einflügelige, zweiseitige Dammtür aus Stahlguß nach einer Ausführung von Haniel & Lueg.

Das Widerlager dieser Türen wird durch einen eisernen Ausbau der Strecke zwischen den Türen gebildet. Dieser Ausbau ist durch eine Zementhintergießung fest und wasserdicht mit dem Gebirge verbunden. Billiger, aber weniger sicher ist der Einbau der Türrahmen in ein gemauertes Widerlager. Fig. 40 zeigt eine solche Ausführung nach Patent Riemer mit vierfacher Türanlage. Durch das Hintereinanderschalten je zweier Türen wird zunächst eine größere Sicherheit erzielt. Die Strecke zwischen den beiden Mitteltüren soll nun

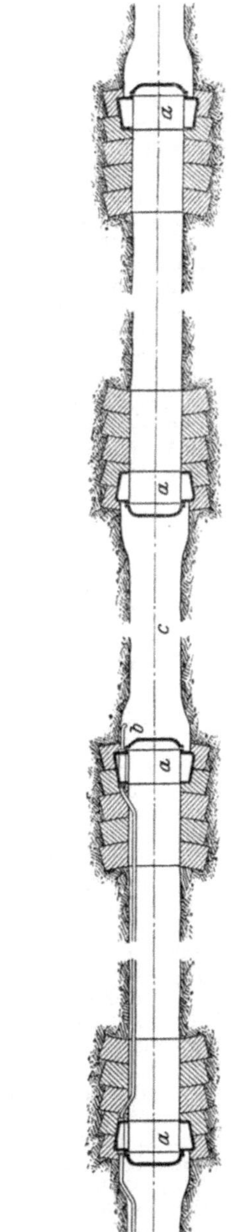

Fig. 40. Vierfache Sicherheitsdammtür für Salzbergwerke mit Schutz gegen Hinterspülen nach Riemer. (Haniel & Lueg, Düsseldorf.)

im Ernstfalle durch eine Rohrleitung b von über Tage her mit einer gesättigten Lösung derjenigen Salze angefüllt und unter Druck gehalten werden, die an der Wassereinbruchseite anstehen. Hierdurch soll ein Hinterspülen der Widerlager unmöglich gemacht werden. Würde ein solches bei einer Anordnung nach der vorigen Figur stattfinden, so würde dies zu einer völligen Zerstörung des Schutzes durch Auflösung des Gebirges führen.

Ein anderer, eine gewisse Ähnlichkeit mit dem erwähnten aufweisender Vorschlag, die Verbindungsstreckendämme zweier durchschlägiger Salzbergwerke gegen Hinterspülen zu sichern, ist von A. Goebler, Salzdetfurth, gemacht worden (DRP. 239992, 1911.) In Fig. 41 sind c, c die beiden Streckendämme. Der Teil der Verbindungsstrecke b, in dem die Dammtüren liegen, ist höher gelegt als die Anschlußstrecken a. Zwei Rohre e verbinden den Zwischenraum zwischen den Türen mit den Anschlußstrecken. In dem Zwischenraum steht ein elektrisch zu betreibender Kompressor. Geht in der einen Grube Wasser auf, so wird die Tür dieser Seite geschlossen, die Druckleitung des Kompressors an das Rohr e dieser Seite angeschlossen und durch den Kompressor Luft hinter die Tür gepreßt. Der Druck soll so bemessen werden, daß das Wasser nicht bis zur Höhe der Dammtür aufsteigen kann, so daß diese und ihr Widerlager vor der Bespülung durch salzlösendes Wasser bewahrt bleiben. Der Wasserstand kann durch eine elektrische Kontaktvorrichtung f angezeigt werden.

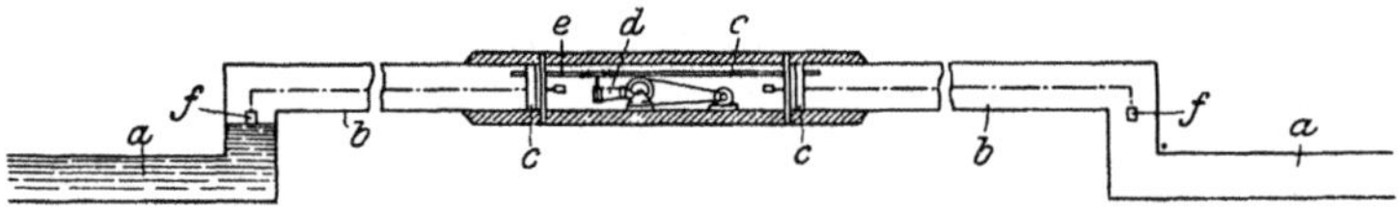

Fig. 41. Sicherung der Dammtüren ersoffener Kaligruben gegen Hinterspülung nach Goebler.

An dieser Stelle sei an die früher (Abschnitt II B 3) erwähnte Abdämmung einzelner Teile eines Grubenfeldes gegeneinander erinnert, die beim Ersaufen eines Teiles den Betrieb der anderen sicherstellen soll. Ferner werden die wasserdicht ausgebauten Maschinenstuben durch Sicherheitsdammtüren gegen die Grubenbaue abschließbar gemacht, um den Weiterbetrieb der Wasserhaltung nach Wassereinbruch zwecks Sümpfung der Baue zu sichern.

So reichte in einem Falle bei Vermehrung der Wasserzuflüsse die vorhandene Wasserhaltung nicht aus. Man stellte daher zur Zurückhaltung der Wasser eines Bauteiles auf der 359-m-Sohle einen Abschlußdamm her, der dieses ganze Feld vorläufig unter Wasser setzte, bis die neue Wasserhaltung beschafft war (Glückauf 1908, 1595).

Reichlich wasserbringende Feldesteile, die so weit abgebaut sind, daß ihr Weiterbetrieb im Hinblick auf die Kosten der Wasserhebung dieses Teiles keinen wirtschaftlichen Nutzen mehr gewährt, werden durch Mauerdämme von den übrigen Baufeldern dauernd abgesperrt.

Hier sei noch eine eigenartige Abschließung einer beim Aufschluß stark wasserbringenden tieferen Sohle gegen die höhere Bausohle mitgeteilt (nach Z. f. B. u. HW. i. Pr. St. 1901, 465). Auf der Steinkohlengrube Lens, Nordfrankreich, wurde (1882) von der 213-m-Sohle aus durch einen Blindschacht die 300-m-Sohle erschlossen. Die liegenden Gebirgsschichten bringen den französischen Gruben mehr Wasser als das Deckgebirge. Als die 300-m-Sohle den liegenden Kohlenkalk anfuhr, wurde eine Quelle von 20 cbm/min erschlossen. Man verzichtete auf eine Hebung des Wassers und entschloß sich zu einem Versuche, die tiefere Sohle von der oberen durch einen Damm oder Pfropfen im Tiefsten des Blindschachtes abzuschließen. Das Wasser stieg im Blindschachte hoch und die Baue der 213-m-Sohle gerieten unter Wasser. Durchschlägige Nachbargruben konnten nur durch Schließen der Sicherheitsdammtüren gerettet werden.

Da die Baue ersoffen waren, konnten die Arbeiten nur von ober Tage aus vorgenommen werden, Fig. 42. Man bestimmte nach den Grubenrissen die Stelle über Tage, unter der der Blindschacht angesetzt war. Von hier aus wurde ein Bohrloch bis zum Gesenk niedergebracht und dicht verrohrt, um Wasserbewegungen zwischen verschiedenen wasserführenden Schichten und damit Störungen der Betonierung zu vermeiden. Nun mußte auf der Sohle des Schachtes Raum für die Betonierung geschaffen werden. Dies geschah in Ermangelung anderer Mittel durch Hereinschießen mit Dynamit. Hierauf wurden nacheinander Lagen verschiedener der Abdichtung förderlicher Stoffe eingebracht: guter, plastischer Ton, reiner Portlandzement, Zementbeton, Flußsand, gewaschener Kies und endlich eine Schicht mageren Betons, zusammen 20 m hoch. Bei der einige Monate später erfolgten Sümpfung erwies sich der Pfropfen vollkommen dicht.

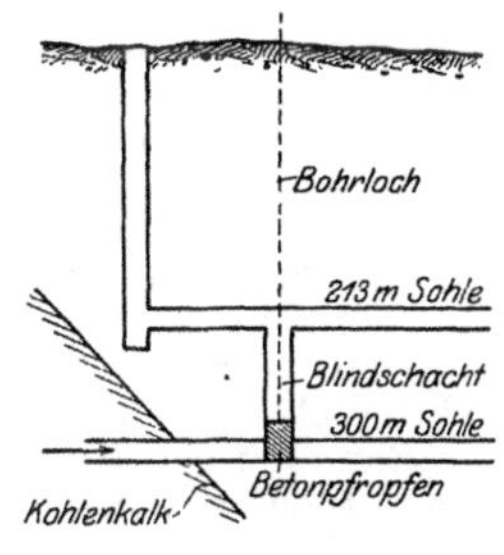

Fig. 42. Abdämmung zweier Sohlen gegeneinander.

B. Die Abführung des Wassers durch Stollen.

1. Gesichtspunkte für die Anlage eines Stollens.

Stollen nennt man bergmännische Baue, die von einem Talgehänge aus mit geringem Ansteigen in das Gebirge getrieben sind. Die Tagesöffnung heißt Mundloch, Fig. 29, die seitlichen Verbindungsstrecken mit den einzelnen Lagerstätten Flügelörter. Der Querschnitt pflegt zu sein: hoch 2,5, breit 1,6 bis 2,3 m, je nach der Bestimmung des Stollens.

Der Zweck des Stollens ist meist, das Wasser zu lösen. Daneben dient er der Untersuchung und Ausrichtung der Lagerstätte, der Fahrung, Förderung und Wetterführung. Für den deutschen Bergbau dient der Stollen nur noch selten der Aufschließung der Lagerstätte. Der jüngere Bergbau des lothringischen Minettereviers jedoch bedient sich des Stollens zu diesem Zwecke.

Ein weiterer wichtiger Zweck ist die Ausnutzung des Gefällewassers, indem der Stollen für Tagewasser oder Wasser höherer Sohlen ein Gefälle schafft oder ein vorhandenes Gefälle vergrößert. Dies ist namentlich für den Erzbergbau wichtig, wenn die Stollen in großer Tiefe einkommen, und bei denen Ersparnis an Brennstoff meist eine dringende Forderung ist. Ein treffendes Beispiel hierzu bietet die Wasserwirtschaft am Harz.

Für die Anlage eines Stollens ist wichtig die Wahl des Ansatzpunktes, der Richtung und des Ansteigens. Für das Werturteil ist maßgebend: Erreichung ungehinderten Wasserabflusses im Stollen und nach der Vorflut hin, Einbringung einer großen Abbauhöhe und das Ganze bei geringer Länge des Stollens bzw. mit geringen Kosten. Die einzelnen Forderungen stehen einander entgegen. Der tiefste ist im allgemeinen der längste und teuerste. Ob er oder ein höherer zu treiben ist, richtet sich danach, ob seine Anlagekosten durch den erwarteten Gewinn aus dem Abbaue sich bezahlt machen. Die geschichtliche Entwicklung ging überall dahin, daß zuerst die höheren Stollen gebaut wurden und erst später, als die Baue sich erweitert und die Betriebe sich lebhafter gestaltet hatten, die Kosten der tieferen Stollen sich verzinsen konnten.

Der Ansatzpunkt ist danach zu wählen. Beim tiefsten Stollen ist das Mundloch hochwasserfrei, sonst nahe der Talsohle anzusetzen, wenn nicht eine ungünstige Gebirgsbeschaffenheit eine andere Wahl wegen der Herstellungskosten erfordert.

Das Ansteigen soll unter Wahrung des sicheren Wasserabflusses gering gewählt werden, besonders in flachem Gelände, damit nicht bei dem notwendig langen Stollen zuviel an Abbauhöhe durch das Ansteigen verloren gehe. Größeres Ansteigen läßt infolge der größeren Wassergeschwindigkeit bei Stollen, die nur der Wasserlösung dienen, geringere Querschnitte und Kosten zu. Kleines Ansteigen ergibt größere Abbauhöhe; man beachte hierbei, daß einzelne Stollen eine Länge bis 50 km besitzen. Die Steigungen sind bei älteren Stollen 1 : 500, bei neueren 1 : 1000 bis 1 : 3000. Die Neigung hat auch Rücksicht auf die Beschaffenheit des Wassers zu nehmen. Schlammiges Wasser erfordert größere Neigung oder kostspielige Arbeiten für das Schlämmen des Stollens.

Die Richtung des Stollens geht meist querschlägig. Selten ist es möglich, den Stollen in der Lagerstätte zu treiben. Für die Wahl des Ansatzpunktes und der ganzen Linie ist das Bestreben maßgebend, durch festes Gestein zu kommen, wodurch Anlage- und Unterhaltungskosten niedriger werden. Auch ist auf die zum Baue nötigen Hilfsschächte zu achten, daß diese in ein Gebirge kommen, das hrem Abteufen wenig Schwierigkeit bereitet.

2. Geschichtliches über Stollenbetrieb.

Wegen der schwierigen Kraftbeschaffung für die Wasserpumpen konnte der ältere Bergbau sich als Tiefbau kaum entwickeln. Wo wertvolle Erze zum Tiefbau anreizten, wurden Eifer und Geschick auf die Vervollkommnung der Pumpwerke und Beschaffung der Triebkräfte verwandt. Bei der unentwickelten Technik der Herstellung nahmen diese Maschinen uns heute sonderbar anmutende Formen an. Die Pumpen waren aus Holz gefertigt, ihr Kolben schlecht gedichtet, so daß sie wohl Wasser auf etwa 4 bis 5 m ansaugen konnten, es aber nicht rätlich schien, sie merklich drücken zu lassen. Gingen die Tiefbaue in „größere" Tiefen von etwa 20 m, so mußten schon 4 bis 5 solcher „Saugsätze" einander zuhebend im Schachte übereinander aufgestellt werden. Der Antrieb der stehenden Pumpen geschah durch ein Gestänge aus Holz, das mit einen Schwengel durch Menschen oder mit Hilfe von Kunstkreuzen durch den Krummzapfen von Wasserrädern oder durch das Räderwerk von Pferdegöpeln angetrieben wurde. Die Schwerfälligkeit des ganzen Werkes wurde durch die fast ausschließliche Verwendung des Holzes noch erhöht. Entsprechend der Bedeutung und dem Umfange dieser Pumpwerke ist die alte Bezeichnung „Wasserkunst" treffend gewählt und kennzeichnet den Stolz und die Liebe, mit denen der alte Bergmann den Beruf und seine Hilfsmittel umfaßte.

Bei dieser Sachlage ist es erklärlich, daß der ältere Bergbau im wesentlichen auf Stollengruben beschränkt blieb. Die Stollen waren ein natürliches Mittel, die Grubenwasser ohne Maschine und Arbeit aus der Grube abzuführen. Erst als die tiefsten Stollen die Talsohle erreichten und die Baue sich unter die Stollen hinabzogen, begannen die Schwierigkeiten der Wasserhebung von neuem, wobei den Wasserkünsten die Aufgabe ward, die Tiefenwasser auf die Stollensohle zu heben. Durch Wasser-, später durch Dampfkraft angetriebene Gestängepumpen leisteten diese Arbeit. Mit dem Unterschreiten der Stollensohle ward die Bedeutung der Stollen nicht vermindert, denn sie erleichterten die Wasserhebung bedeutend, indem so nicht bis zur Tagesfläche zu heben war. Diese Bedeutung der Stollen blieb durch die Jahrhunderte bestehen und besteht zum Teil noch heute. Noch in jüngster Zeit sind Wasserlösungsstollen mit großen Kosten angelegt worden.

Der Stollenbetrieb kommt vorwiegend für solche Gebiete in Betracht, deren Lagerstätten in erreichbaren Entfernungen in größerer Höhe über der Sohle von Tälern liegen, so daß die Wasser leicht abgeführt und durch die tieferen Stollen große Tiefen der Lagerstätten gelöst werden konnten.

Aber auch in flacherem Gelände, wo die Stollen lang getrieben werden müssen, um die erforderliche Tiefe einzubringen, also darauf gerichtete Unternehmungen ebenso kostspielig wie weitausschauend waren, sind viele solcher Stollen mit Erfolg und Nutzen gebaut worden.

In der ältesten Zeit genügte eine geringe Tiefe den Baubedürfnissen. Mit vorschreitendem Abbau der gelösten Tiefe mußten tiefere Stollen getrieben werden. Dies war bei der wachsenden Länge der tieferen Stollen immer ein gewaltiges Unternehmen, das nur durch die dringende Not und die erwarteten Vorteile zustande kam.

Der Bau von Stollen erfordert große Mittel, und die Vorteile des Stollens kommen einem großen Kreis von Bergwerken zugute. Unternehmungslustige und Beteiligte treten zu Genossenschaften zusammen, um das Werk auszuführen. Diese Genossenschaften hatten sich häufig der besonderen Gunst und Unterstützung der Landesfürsten zu erfreuen. Sie erhielten eine Beleihung auf die anzulegenden Baue und von der Förderung der trockengelegten Gruben einen festgelegten Teil (etwa $^1/_9$ derselben). Auch während des oft jahrzehntelangen Baues der Stollen mußten dem Stöllner Abgaben entrichtet werden. Solche Stollen hießen wohl Erbstollen. Wenn ein tieferer Stollen getrieben wurde, der ihm die Wasser abnahm und neue Lagerstätten erschloß, so enterbte er den oberen Stollen und erlangte seine Rechte. Alle dergleichen Rechte wurden in Preußen im Jahre 1865 durch das Allgemeine Berggesetz aufgehoben.

Im Laufe der Zeit sind in manchem Bergbaubezirke viele Stollen untereinander angelegt worden, der Not gehorchend, der Not gebietend. Manche dieser Stollen sind Unternehmungen, die es an Großzügigkeit, Geschick und Zähigkeit mit jedem unserer heutigen Bergbaubetriebe aufnehmen.

3. Aufzählung bemerkenswerter Stollenanlagen.

Im Oberharz sind von etwa 1550 bis 1864 9 Stollen untereinander angelegt worden. Der letzte ist der Ernstaugustst ollen, 400 m unter Tage, 20 km lang, $2^3/_4 \times 1^3/_4$ Querschnitt, bei Gittelde zu Tage tretend. Er wurde 1851 begonnen und 1864 beendet, die letzten Flügelörter erst 1891. Im ganzen beträgt die Länge aller Stollen und Verbindungsstrecken etwa 78 km; die Kosten betrugen 1 710 000 M. Schon vor Beendigung des Stollenbaues wurde 220 m unter der neuen Stollensohle die „Tiefste Wasserstrecke“ in Angriff genommen. Sie verbindet in dieser Tiefe die Hauptgruben des Clausthal-Zellerfelder Zuges miteinander und soll ihre Wasser abziehen und sammeln. Sie dient zugleich als Lösungs- und Sumpfquerschlag. Wassersäulenmaschinen heben die Wasser der Tiefsten Wasserstrecke auf die Sohle des Ernstauguststollens. Heute sind einzelne Tiefbaue bereits etwa 250 m unter der Sohle der „Tiefsten Wasserstrecke“, 470 m unter dem Stollen und 870 m unter Tage angelangt.

Es ist beachtenswert, daß sich ganz ähnliche betriebsgeschichtliche Entwicklungen in weit auseinanderliegenden Bergbaubezirken vollzogen haben. So wurde bei Tarnowitz, Oberschlesien, der erste Stollen zur Lösung der Bleierzbergwerke fast zur selben Zeit gebaut wie der erste Harzer Stollen, etwa um 1550, und der letzte der 5 Stollen, der Tiefe Friedrichsstollen, 1821 bis 1834 errichtet. Er bringt am fiskalischen Adolfschacht 56 m Teufe ein und hat eine Länge von 5 km, dazu 10 km Flügelörter.

Der Bleierzbergbau ist inzwischen erloschen, doch nicht der Nutzen dieser Stollen. Mit einem der Stollen, dem Gotthelfstollen, sind ausgedehnte, mächtige und reine Eisenerzlagerungen westlich und nordwestlich der Stadt Tarnowitz abgetrocknet und einer lohnenden Ausbeutung zugänglich gemacht worden.

Im Freiberger Erzrevier, dessen Betrieb kürzlich erloschen ist, ist der tiefste Stollen der Rotschönberger Stollen (1842 bis 1875), dessen Mundloch zwischen Freiberg und Meißen im Triebischtale liegt. Er liegt 150 m unter dem nächst höheren Stollen und bringt 280 m Teufe ein. Seine Länge beträgt 14 km, mit Flügelörtern 50 km; Kosten = 6 000 000 M.

Ein beachtenswertes bergmännisches Unternehmen ist der Sutro-Stollen in Nevada, Nordamerika. Er ist 6,1 km lang und dient zur Lösung des wegen seines großen Erzreichtums berühmten Comstock-Reviers, 1869 bis 1878. Das Comstock-Revier liegt 1920 m über dem Meer, der Stollen in etwa 500 m Teufe. Die einzelnen Tiefbaue reichen aber bereits 200 bis 400 m unter die Stollensohle.

Der Mansfelder Kupferschieferbergbau ist durch einen oberen Stollen, den Froschmühlenstollen bei Eisleben, durch den tieferen Zabenstätter Stollen im Hettstetter Revier und durch den tiefsten (180 m), den Schlüsselstollen, gelöst. Der Schlüsselstollen ist 31 km lang und wurde in 77 Jahren mit einem Kostenaufwand von 3,5 Millionen Mark erbaut. Er führt noch heute die gesamten Wasser der sich unter seiner Sohle bewegenden Tiefbaue ab, die sonst bis zu Tage gehoben werden müßten. Man erinnere sich aus Abschnitt II A 2 an die großen Wassermengen des Mansfelder Bergbaues. Die Verringerung der Wasserhebungskosten kann danach (nach Herbst) auf 200 000 Mark jährlich geschätzt werden, das wären etwa 6 v. H. der Anlagekosten. Gegenüber der heutigen Wirtschaftlichkeit der Wasserhebung würde in diesem Falle ein Stollen nur aus Gründen der Wasserabführung nicht mehr in Frage kommen.

Für den Steinkohlenbergbau ist die Bedeutung der Stollen geringer gewesen, und heute jedenfalls sehr gering.

In Oberschlesien haben Stollen nie eine besondere Rolle gespielt. Die Erhebungen sind zu niedrig. Zu nennen ist der 14 km lange Hauptschlüsselstollen (1799) zwischen Königshütte und Zabrze. Er sollte nach dem Plane Redens die Baue der Königin Luise-Grube lösen und zugleich der Förderung dienen, indem er an den Klodnitzkanal anschloß, der die Grube mit der Oder verbinden sollte. Es war dies ein großzügiger Plan, vor den Zeiten der Eisenbahnen Oberschlesien an den großen Verkehr anzuschließen.

In Kohlengruben werden dem Stollen häufig schlammige Wasser zugeführt, die bei der geringen Neigung der Stollen zu einem Verschlämmen führen. Dies zeigte sich bei dem Hauptschlüsselstollen, so daß man sich entschloß, den Stollen im oberen Teile abzuwerfen und ihn nur im unteren Teile zur Abführung der durchsickernden Tagewasser zu belassen. Ein Stollen im Kohlenfeld erfordert das Stehenlassen von Sicherheitspfeilern, bedingt also erhebliche Abbauverluste, die heute gegenüber der billigen Wasserhebung durch Maschinenkräfte im allgemeinen nicht mehr gerechtfertigt sind.

Der Saarbrücker, Waldenburg-Neuroder und der westfälische Bergbau ziehen noch einigen Nutzen aus ihren alten Stollen, denen die angeschlossenen Gruben ihre Tiefenwasser zuheben.

Das Braunkohlenbecken von Fuveau, 20 km nördlich von Marseille, leidet unter starken Wasserzuflüssen, welche durch das klüftige Gebirge eindringen und nach starken Regengüssen solchen Umfang annehmen, daß schon Zuflüsse bis 150 cbm/min beobachtet worden sein sollen.

Bei einer Leistungsfähigkeit von 33 cbm/min der Wasserhaltung ist die Grube wiederholt ersoffen. Ein 1840 angelegter Stollen löste 46 m Höhe. 1890—1905 wurde ein tiefer Stollen getrieben. Er löst 270 m Teufe und besitzt eine Länge von 15 km. Er verbindet das Revier mit der Küste. Dem Baue stellten sich große Schwierigkeiten entgegen. Er wurde vom Meere aus begonnen und später durch 3 Hilfsschächte erschlossen (vergl. Glückauf 1905, S. 34).

C. Die Abführung des Wassers durch Heber.

1. Die Wirkungsweise des Hebers.

Die Wirkung des Hebers ist in großen Zügen vielen bekannt. Der Heber wird im täglichen Leben häufig verwandt. Im Bergbaubetriebe wird er mehr angewandt, als allgemein bekannt ist, da sein anspruchsloses Äußere ihn der Aufmerksamkeit entzieht.

Der Heber führt seinen Namen nicht mit vollem Recht, da er nicht imstande ist, Wasser zu heben, also von einer niederen Höhe auf eine größere zu bringen. Er läßt im Gegenteil das Wasser von einem höheren nach einem niederen Punkte fallen. Hierbei führt sein Weg über Hindernisse steigend hinweg.

Der Heber verrichtet seinen Dienst bei guter Verfassung still und zuverlässig; bei schlechter Behandlung aber streikt er. Seine Eigenheiten sind bekannt, aber nicht immer erkannt. Lehrreich ist hier eine Mitteilung einer Fachzeitschrift über einen Heber im Clausthaler Bergbau (1882): „Der Heber entsprach im allgemeinen seinem Zwecke. Aber einige „seltsame“ Erscheinungen sind dabei doch vorgekommen, welche Erwähnung verdienen ... Die Leistung der „Maschine“ blieb sich nicht gleich, sondern wurde nach und nach schwächer, und nach 4 bis

5 Stunden hörte der Heber auf zu laufen. Dann war er nur wieder in Tätigkeit zu bringen, wenn man die Luftpumpe eine Zeitlang wirken ließ. Diese Erscheinungen traten so regelmäßig auf, daß sich zuletzt der Betrieb ganz danach einrichtete ... Noch interessanter war der Umstand, daß einzelne Röhren durch den äußeren Luftdruck zusammengepreßt wurden ..."

Im folgenden sei daher eine Beschreibung der Wirkungsweise des Hebers gegeben und im Anschluß daran einige Beispiele seiner Verwendung im Bergbaue.

Der Heber besteht, Fig. 43, aus einer gebogenen Röhre r mit ungleich langen Schenkeln. Der kürzere Schenkel taucht in den Oberwasser- OW, der längere in den Unterwasserspiegel UW ein. Die Krümmung k führt über das Hindernis h hinweg, welches eine unmittelbar fallende Verbindung des oberen mit dem unteren Wasserspiegel verhindert. Die unmittelbare Verbindung würde eine Durchstechung des Dammes h oder des Bodens b nötig machen. Der Heber ist überall da am Platze, wo eine solche Durchstechung in Rücksicht auf den Betrieb oder die Kosten nicht zulässig und die Umgehung des Hindernisses durch einen Heber möglich und billiger ist. Die nachfolgende Betrachtung wird zeigen, daß der Heber nicht imstande ist, jedes Hindernis zu nehmen, sondern daß er auf Steighöhen unter 10 m beschränkt ist.

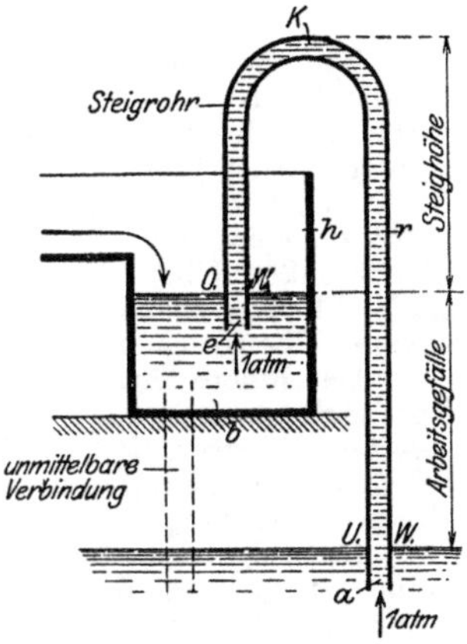

Fig. 43. Die Wirkung des Hebers.

Der Heber kann die Wasserförderung nur aufnehmen und unterhalten, wenn er ganz mit Wasser gefüllt ist. Öffnen wir alsdann die untere Austrittsöffnung a, so beginnt das Wasser aus dem oberen Gefäß in das untere abzufließen. Betrachten wir die auf das Wasser im Heber wirkenden Kräfte, so sehen wir zunächst, daß auf den Querschnitt der Ein- und Ausflußöffnung der Luftdruck in je gleicher Stärke und entgegengesetzter Richtung wirkt, an der Wasserbewegung daher nicht beteiligt ist. Die Wassergewichte in den einzelnen Schenkeln sind dagegen entsprechend der eigentlichen Fallhöhe verschieden und für die Bewegung verantwortlich zu machen. Man denke sich an Stelle der Wassersäule eine Kette innerhalb des Hebers. Sie wird infolge des Übergewichts der rechten Seite nach dort abfallen und die Kette im linken steigenden Schenkel nachziehen. So ist auch die Wirksamkeit des Hebers zu erklären. Hierbei ist der Unterschied zu beachten, daß die Kette ihr Übergewicht durch Zugspannungen auf den steigenden Schenkel überträgt, während das Wasser als zusammenhangslose Masse Zugspannungen nicht übertragen kann. Über diese Schwierigkeit hilft uns der vorhin als für den Ablauf selbst nicht wirksam erkannte Luftdruck hinweg. Infolge des Luftdruckes auf die beiden Röhrenenden wird die Wassersäule im Heber zusammengepreßt und gewinnt einen inneren Zusammenhang von einer Größe von 1 kg/qcm. Sie wirkt dann ganz wie eine Kette, deren Querschnitt eine Bruchfestigkeit von 1 kg/qcm besitzt. Wie weit diese Festigkeit im Heber in Anspruch genommen wird, hängt von der Steighöhe ab, da das Gewicht des Wassers im Steigrohr „gezogen" werden muß. Übersteigt diese Höhe 10 m, dann beträgt der aufzuwendende Zug mehr als 1 kg/qcm und die Wasserkette zerreißt. Wegen der Bewegungshindernisse kann die Steighöhe 10 m nicht erreichen. Die Grenze der Wirksamkeit liegt sehr ververschieden, je nach der Größe der Bewegungshindernisse. In der Anwendung sind die Fallrohre meistens lang, so daß merkliche Bewegungswiderstände zu überwinden sind. Ferner ist ein Teil der Spannung auf die Beschleunigung des angesaugten Wassers zu verwenden. Eine Vergrößerung des Arbeitsgefälles kann zur Vergrößerung der Steighöhe nichts beitragen. Sie bewirkt nur eine Vergrößerung der Durchflußmenge eines gegebenen Querschnittes, wobei aber gleichzeitig eine Verminderung der möglichen Steighöhe eintritt, da die erhöhten Bewegungs- und Massenwiderstände im Steigrohr einen größeren Teil der verfügbaren Spannung in Anspruch nehmen. Ist das Gefälle größer, als zur verlangten Förderung nötig ist, dann muß es abgedrosselt werden.

Die Kraftverhältnisse am Heber können rechnerisch verfolgt werden. Diese Rechnungen nehmen Bezug auf die Reibungs-, Wirbelungs- und Massenwiderstände und sind daher mit Beiwerten behaftet, deren Zahlenwerte ungewiß sind. Über diese Rechnung kann nachgelesen werden: Weißbach, Ingenieurmechanik III 2, S. 973; ferner Hartmann-Knoke-Berg, Die Pumpen, 3. Aufl., S. 503, Springer, Berlin 1906; v. Hauer, Wasserhaltungsmaschinen, 1879, S. 768.

2. Die Steighöhe und der Betrieb des Hebers.

Die Beanspruchung des Heberrohres geschieht auf äußeren Druck, der die Rohre flachzudrücken strebt. Würden wir, vom Unterwasserspiegel her durch a in das Fallrohr eintretend, im Fallrohr nach dem Scheitel k aufsteigen, so würden wir je 1 m Ansteigen eine Verminderung des inneren Wasserdruckes um 0,1 atm feststellen. Im Querschnitt a ist der innere Druck am größten und gleich dem äußeren Druck der Atmosphäre, im Scheitel k am kleinsten. Hier ist der äußere Überdruck am größten und ein Zusammenklappen nicht genügend starker Rohre zu befürchten. Die Beanspruchung ist an sich gering, aber als äußerer Überdruck ungünstig. Sie kann 1 kg/qcm nicht übersteigen.

Der innere Unterdruck im Heber läßt Luft durch die Undichtheiten der Rohrverbindungen eintreten. Die Luft im Heber wirkt schädlich auf die Festigkeit der „Wasserkette“ und vermindert die mögliche Steighöhe oder führt gar zu einem Versagen, indem die Wassersäule zerreißt. Es ist zur Vermeidung dieses Übels größte Sorgfalt auf gute Dichtheit des Heberrohres zu verwenden.

Die folgenden Figuren sollen das Zerreißen der Wassersäule bei zu großer Steighöhe und bei Luftansammlung im Scheitel des Heberrohres erklären. In Fig. 44 ist dargestellt, daß die Steighöhe größer als 10 m ist. Alsdann kann die Wasserkette nicht mehr den kurzen Schenkel nachziehen, da die Zugfestigkeit der Kette von 1 kg/qcm überschritten ist. Wäre der Heber ursprünglich ganz mit Wasser gefüllt gewesen, dann würde beim Öffnen von a die Wasserkette im Scheitel k sofort zerreißen und die Wassersäulen in beiden Schenkeln abfallen. Im mittleren Teile bildet sich ein luftleerer Raum aus, und in den beiden Schenkeln bleibt je eine Wassersäule von 10 m über dem betreffenden Wasserspiegel stehen, da der Luftdruck auf a und e imstande ist, gegenüber der Luftleere diese Wassersäule zu tragen. Eine Förderung ist hierbei nicht möglich.

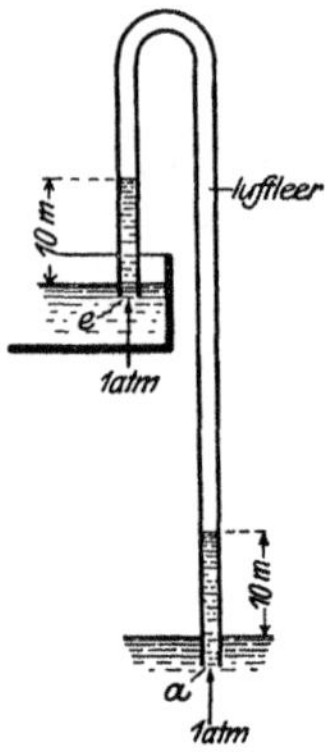

Fig. 44. Wirkungslose Heberanordnung.

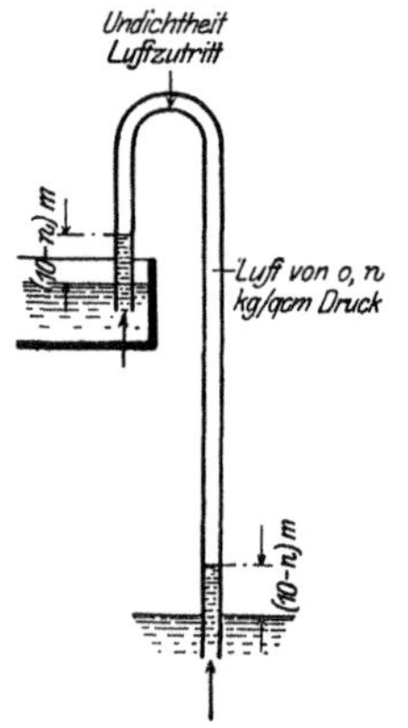

Fig. 45. Vereitelung der Heberwirkung durch Luft im Heberrohr.

Lassen wir nun etwa im Scheitel etwas Luft zutreten (Fig. 45), bis sich der Druck über den Wassersäulen auf 0,n kg/qcm erhöht hat, dann sinken die Wassersäulen bis auf eine Höhe von (10—n) m zurück.

In diesen Beispielen ist angenommen worden, daß die Wassersäulen langsam zurücksinken. Eintretendenfalls würden die Säulen rasch sinken und infolge ihrer Massenwirkung in schwingende Bewegung geraten.

Wir erkennen, daß Luft im Heberrohr schädlich wirkt, da ihre Spannung die Festigkeit der Wasserkette vermindert, so daß diese bei Überschreiten bestimmter Grenzen zerreißt.

Bei Steighöhen unter 10 m zerreißt die Wassersäule, wenn genügend Luft in das Rohr eintritt. Nun zeigt die Erfahrung, daß auch bei völliger Dichtheit des Rohres sich Luft im Laufe des Betriebes im Heberscheitel ansammelt und die Wassersäule sprengt. Dies erklärt sich dahin, daß sich in den höheren Teilen des Heberrohres die in jedem Wasser enthaltene Luft infolge des geringeren inneren Druckes dieser Teile aus dem Wasser abscheidet und ansammelt. Hierbei steigt die Menge und ihr Druck allmählich und könnte die Größe einer Atmosphäre annehmen, wenn nicht vorher ein Zerreißen der Wassersäule stattfände. Der Luftdruck im Scheitel kann bis zu dieser Höhe anwachsen, da die Luft im Wasser unter dem Druck von 1 Atmosphäre steht.

Zur Erreichung großer Steighöhen ist erforderlich: gute Dichtheit der Rohre und möglichst geringe Bewegungswiderstände: also kleine Rohrlängen, Vermeidung von Krümmungen und kleine Wassergeschwindigkeit, also geringe Ausnutzung des Rohrquerschnittes.

Enthält das Wasser Gase gelöst, die meist in viel größerer Menge als Luft aufgenommen werden, dann vermindert sich die mögliche Steighöhe entsprechend.

Ist das Wasser warm, dann bildet sich in den höheren Teilen des Steigrohres Wasserdampf, dessen Druck ebenfalls die Steighöhe verringert, und zwar desto mehr, je höher die Temperatur ist.

Die gleichen Verhältnisse wie in den Schenkeln des Hebers bestehen in der Saugleitung einer Pumpe.

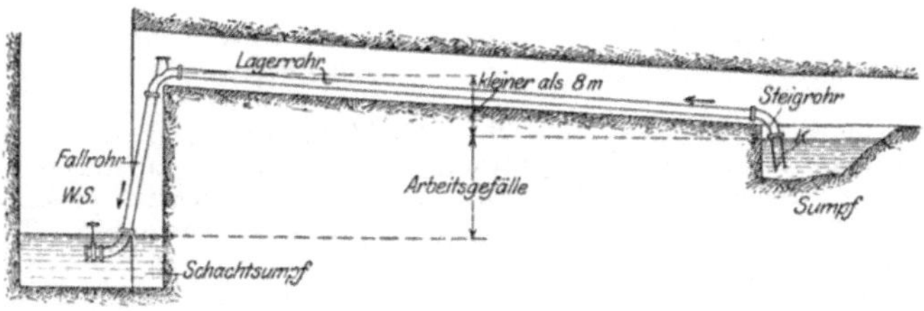

Fig. 46. Anwendung des Hebers zur Entwässerung eines Sumpfes.

Fig. 46 zeigt die Verwendung eines Hebers. Da zur Einleitung des Betriebes der ganze Heber mit Wasser gefüllt werden muß, so ist am Ende des Fallrohres ein Schieber W S angebracht und am Ende des Steigerohres eine Rückschlagklappe K. Durch den Stutzen L am Scheitel kann der Heber mit Wasser gefüllt werden. Dabei dient L gleichzeitig zur Abführung der verdrängten Luft. Hiernach kann nach Schließen von L und Öffnen von W S die Förderung aufgenommen und durch W S geregelt werden.

Der mittlere Teil des Hebers, das Lagerrohr, soll nicht wagerecht, sondern etwas ansteigend, oder auch fallend, geführt werden. Die sich aus dem Wasser abscheidende Luft kann sich dann an einem bestimmten Punkte, dem höchsten, ansammeln; in unserem Bilde bei L. Zur dauernden Aufrechterhaltung des Betriebes muß die in L angesammelte Luft von Zeit zu Zeit entfernt werden, ehe sie die Tätigkeit des Hebers unterbricht.

Die Entfernung der Luft aus dem Heberscheitel kann auf verschiedene Weise geschehen. Es ist zu beachten, daß die Luft im Heber gegenüber der äußeren Luft einen Unterdruck besitzt. Zum Auspumpen der Luft kann eine kleine Luftpumpe am Heberscheitel dienen. Diese Pumpe kann dann auch das Anlassen der Anlage leisten, indem sie zu Beginn die Luft aus dem Rohre absaugt. An Stelle einer Kolbenluftpumpe kann zweckmäßig eine Strahlpumpe gewählt werden, wenn ein geeignetes Druckmittel in der Nähe ist. Um die dauernde Bedienung der Entlüftung zu vermeiden, kann sie auch selbsttätig gemacht werden. Fig. 47 deutet eine solche Einrichtung schematisch an.

Am Heberscheitel ist ein Sammelgefäß angeordnet. Ein Schwimmer S folgt dem Wasserstand. Er hält bei hohem Wasserstand das Ventil V geschlossen. Sinkt der Wasserspiegel durch Luftabscheidung, dann öffnet das Ventil V den Druckwassereintritt, und die Strahlpumpe saugt die Luft ab, so daß das Wasser wieder steigt und das Ventil wieder abschließt. Man kann auch nach Anlassen des Hebers den Druckwasserzufluß so weit drosseln und dauernd bestehen lassen, daß ständig die Luft oder eine geringe Menge Wasser abgesaugt wird.

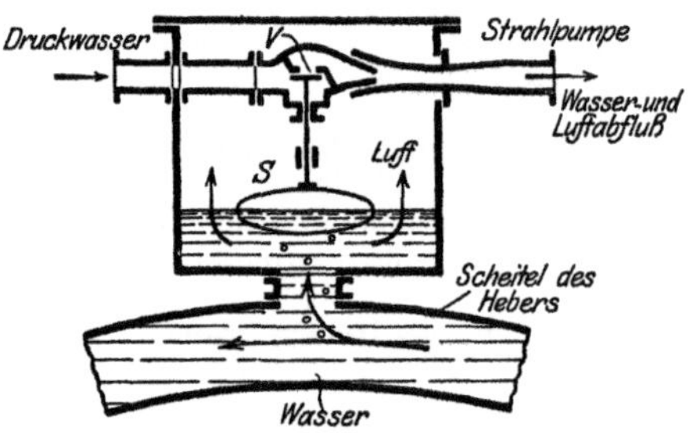

Fig. 47. Entlüftung des Heberscheitels durch eine Strahlpumpe.

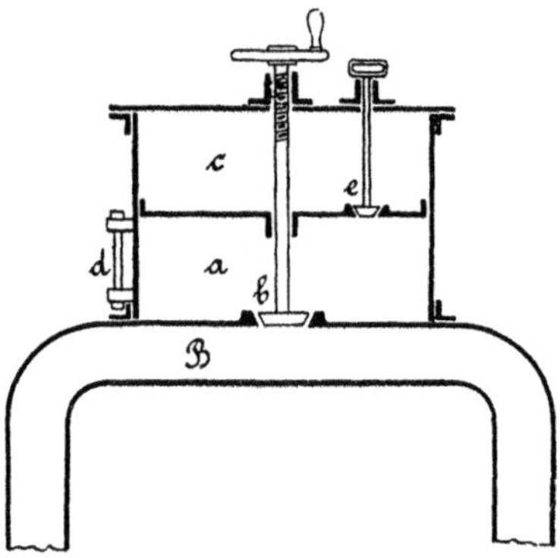

Fig. 48. Entlüftung des Hebers durch eine Luftschleuse. (Hartm. Kn. B.)

Eine von Hand bediente einfache Vorrichtung zeigt Fig. 48. Das Ventil b im Heberscheitel ist gewöhnlich geöffnet, so daß sich die aufsteigende Luft in der Kammer a abscheidet. Soll sie entfernt werden, so wird b geschlossen und das Ventil e geöffnet und durch den Raum c Wasser eingegossen. Dieses fällt nach a und verdrängt die Luft nach außen. Hierauf werden die Ventile wieder umgestellt, und der Vorgang beginnt von neuem. Ein Wasserstandsglas d zeigt den Wasserstand an. Die Vorrichtung kann als Luftschleuse bezeichnet werden.

Nicht immer findet eine Luftabscheidung im Heberscheitel statt. Ist die Steighöhe gering und die Fallhöhe genügend, so daß eine große Durchflußgeschwindigkeit eintritt, dann werden die Luftblasen vom Wasser mitgerissen. Dagegen stehen die Verhältnisse bei großer Steighöhe ungünstig, weil hier erstens nur eine geringe Wassergeschwindigkeit gewählt werden darf und zweitens die Luftansammlung besonders schädlich wirkt.

Zum Schlusse sei noch darauf aufmerksam gemacht, daß der Wasserspiegel im Sumpfe O W nie unter die Eintrittsöffnung e sinken darf, wenn ein Abschnappen und erneutes Anlassen vermieden werden soll. Bei ständig entlüfteten Hebern ist dies ohne Bedeutung, da alsdann beim Entblößen der Öffnung so lange Luft gesaugt wird, bis der Oberwasserspiegel wieder gestiegen ist.

3. Anwendungsbeispiele des Hebers.

Fig. 49 stellt die Entwässerung eines Dachschieferbruches bei St. Goar dar (1855). Vom Stollen aus werden Abhauen in der Lagerstätte getrieben, die durch den Heber und den Stollen entwässert werden. Die Röhren hatten 75 bis 100 mm Durchmesser.

Der Vorteil des Hebers für ähnliche Betriebe liegt in den geringen Anlagekosten und der anspruchslosen Bewartung. Ohne Heber müßte das Wasser durch Handpumpen aus der Senkung bis auf den Stollen gehoben werden; dies erfordert dauernde Beschäftigung von einigen Arbeitern.

Fig. 50 versinnbildlicht als Schulbeispiel zwei verschiedene im Bergbau vorkommende Anwendungen. Eine Hauptmulde I soll durch den unteren Querschlag u gelöst werden. Beim Ausrichten findet sich, daß der Querschlag die Mulde nicht, wie erwartet, im Tiefsten, sondern 7 m darüber schneidet. Den Teil II der Mulde durch einen neuen Querschlag zu lösen, ist nicht lohnend, sondern der Verhieb muß im Abhauen von u aus geschehen. Zu dem Zwecke wird das Tiefste durch eine geneigte Strecke vorgerichtet und der so geschaffene Sumpf durch einen Heber mit dem tiefer liegenden Schachtsumpfe verbunden (Freie Vogel und Unverhofft, Bochum 1855).

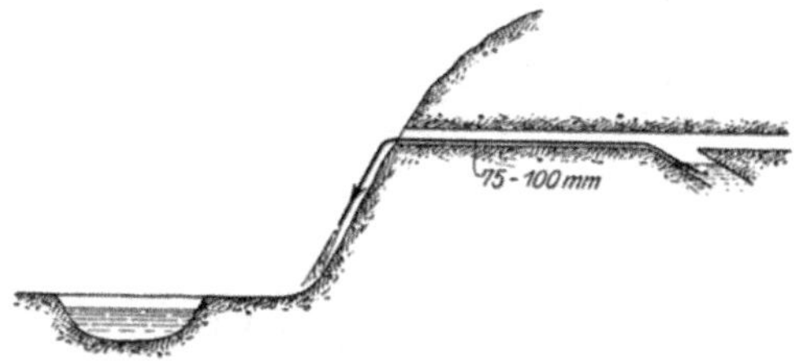

Fig. 49. Entwässerung eines Schieferbruches durch Heber.

Unter der Tagesoberfläche (Fig. 50) befindet sich eine flache Spezialmulde III, die praktisch nur durch Abhauen zu gewinnen ist. Sie wird in ähnlicher Weise, wie eben geschildert, durch einen Heber nach dem abfallenden Gelände entwässert. Ein Heberrohr leistete unter den beigefügten Verhältnissen 0,18 cbm/min (Braunkohlengrube Marie bei Heldenstedt, Eisleben 1887). Das Wasser war durch Ton und Braunkohle derartig verunreinigt, daß es durch Handpumpen nicht hätte gehoben werden können.

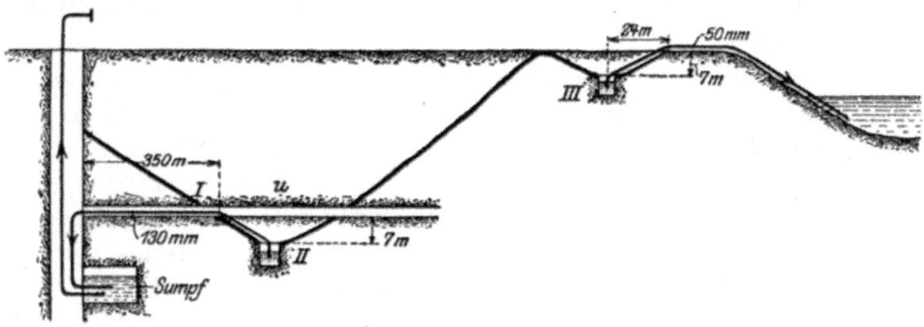

Fig. 50. Entwässerung von Mulden durch Heber.

Fig. 51 weist ein Beispiel aus dem Clausthaler Bergbau auf (Schreiberfeldschacht 1890). Im Schachte I befand sich eine Gestängewasserhaltung. Das Füllort des Schachtes II wurde dadurch entwässert, daß eine Heberleitung von hier durch den Querschlag nach dem tieferen Sumpfe des Schachtes I gelegt wurde.

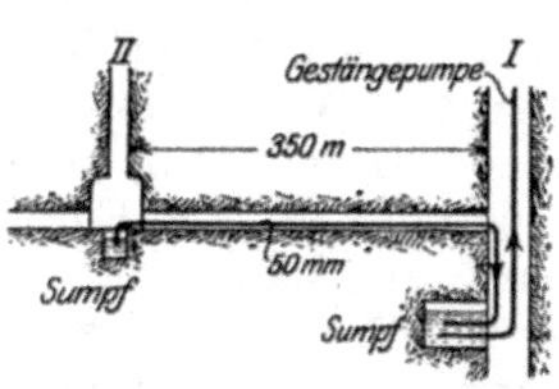

Fig. 51. Entwässerung eines Schachtsumpfes durch Heber.

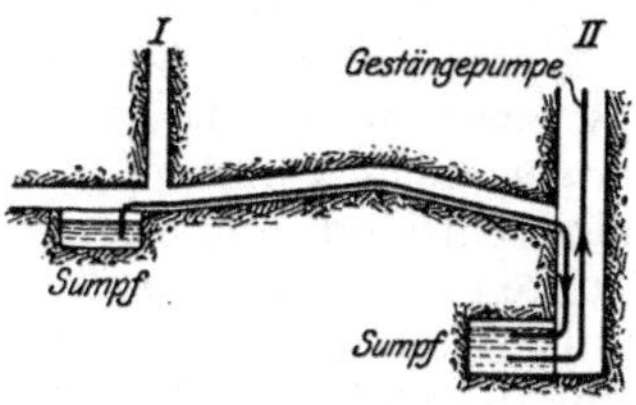

Fig. 52. Entwässerung eines Schachtsumpfes durch Heber.

Fig. 52 zeigt ein Beispiel aus dem Aachener Erzbergbau (Grube Diepenlinchen 1860). Über der Sumpfsohle des Schachtes I ging noch Abbau um, als die Wasserhaltungsmaschine dieses Schachtes versagte. Die Wasser wurden mittels eines Hebers durch eine ansteigende Verbindungsstrecke nach dem tieferen Sumpfe des Schachtes II geleitet und von dessen Wasserhaltungsmaschine mitgehoben.

Ein Heber auf Zeche ver. Sälzer & Neuack leistete 0,1 cbm/min bei 90 m Länge, 3 m Steighöhe und 40 mm Durchmesser.

Eine neuere Anwendung des Hebers zum Abführen von Wasser aus einem Klärpfeiler ist im Abschnitt II C 4 angeführt.

Vierter Teil.

Allgemeine maschinentechnische Verhältnisse.

A. Die Wasserhebung im allgemeinen.

1. Die Hebung kleiner Wassermengen.

Die Wasserhaltung der Bergwerke knüpft geschichtlich an alle Mittel der Wasserhebung an, die seit alters der Wasserversorgung des Menschen dienen.

Die Wasserhebung kann am einfachsten durch Schöpfen geschehen. Ein Handeimer von 10 l Inhalt kann von einem Arbeiter in der Minute etwa 15 mal gefüllt und auf 1,2 m Höhe gehoben werden.

Erfolgreicher ist die Arbeit mit der Wurfschaufel.

Zur Überwindung größerer Förderhöhen muß der Eimer durch Seil oder Kette mit einem Windwerk gehoben werden. Das Wasserziehen mit dem Haspel geschieht bei wenig Wasser führenden Gruben in geringer Tiefe sowie sonst in der Grube, wo geringe Wa ermengen aus geringen Tiefen, Blindschächten und einfallenden Strecken, gehoben werden müssen. Zur Erleichterung des Wasserziehens aus Strecken werden besondere Förderwagen verwendet, die sich beim Eintauchen in den Sumpf durch ein Bodenventil selbst füllen, während die Ausschüttung durch zwangsweises Öffnen des Ventils geschieht. An Stelle des Handantriebes tritt bei größerer Leistung Kraftantrieb. Die Hebung durch Haspel wird auch im Schachte für größte Teufen angewandt, wenn die geringe Wassermenge eine Wasserhaltung durch Pumpen nicht verlohnt. An Stelle des Eimers treten dann Tonnen mit Bodenventil oder besondere Wasserkasten, oder an die Förderschale ist unten ein Wasserkasten mit Bodenventil angebaut.

Die Hebung der gefüllten Kasten besorgt die Fördermaschine, die hierdurch in die Reihe der Wasserhaltungsmaschinen einrückt. Auf den wasserarmen nordfranzösischen Gruben geschieht die Sümpfung des Schachtwassers am Ende jeder Schicht oder gar der Woche.

Neben dieser regelrechten Wasserhaltung wirkt die Fördermaschine als Aushilfe bei vermehrten Wasserzuflüssen oder im Notfalle zur

Sümpfung einer ersoffenen Grube. Alsdann muß sie aus wechselnder Teufe ziehen. Damit der Betrieb, wie erwünscht, zweitrümmig geschehe, müssen Trommelmaschinen verwandt werden, die, wenn ohne Unterseil, ein Umlegen auf verschiedene Teufen gestatten. Bei Treibscheiben ist ein Umlegen meist nicht möglich. Man hat dort, wo man die Möglichkeit des Wasserziehens mit der normal als Treibscheibenmaschine arbeitenden Fördermaschine vorsehen wollte, neben den Treibscheiben Bobinen auf der Achse vorgesehen, die im Bedarfsfalle mit Flachseilen belegt werden.

Im Schachtabteufen werden geringe Wassermengen immer mit dem Kübel gehoben. Für größere Mengen wird eine besondere Ausbildung des Verfahrens, das „Tomsonsche Wasserziehverfahren", angewandt, Absch. IX B 3.

2. Die Wasserhaltung mit Kolbenpumpen.

Die erwähnten Hubarten werden nur in Sonderfällen verwandt. Eine wirtschaftliche Förderung großer Mengen auf große Höhen gebraucht die ausgesprochenen Arbeitsmaschinen für Wasserhebung, die altbekannten Kolbenpumpen und die jüngst herangereiften Kreiselpumpen. Die Brunnenpumpe ergab das unmittelbare Vorbild für die gleichartige Aufgabe der Wasserhebung aus Schächten. Die unfreie Benutzung des Vorbildes zeitigte bei vorschreitender Teufe alle die Unzuträglichkeiten der Gestängewasserhaltungen, die erst spät und nach heftigem Kampfe zur heutigen Form der unterirdischen Wasserhaltung führten. Die unterirdische Wasserhaltung hat ihre Vorzüge bewährt, so daß man heute bei Wasserversorgungen aus größerer Tiefe die durch die Bergwerkswasserhaltung geschaffenen Vorbilder nachahmt.

Im Pumpenrohr der Brunenpumpe, Fig. 53, bewegt sich dicht der Ventilkolben K. Das Saugrohr SR schließt durch das Saugventil SV an die Pumpe an. Das Druckventil KV sitzt als Kolbenventil auf dem durchbrochenen Kolben. Über dem Kolben schließt der zum Ausguß A führende Hubraum an. Die Ventile verschließen ihre Sitzöffnungen einem abfallenden Wasserstrome und lassen einen aufsteigenden Strom ungehindert durch. Der Schwengel S bewegt den Kolben. Der steigende Kolben schließt das Druckventil und hebt das auf ihm lastende Wasser zum Ausguß hinaus. Gleichzeitig folgt das Brunnenwasser dem Kolben durch das Saugrohr nach, wobei es das Saugventil hebt. Der fallende Kolben öffnet das Druckventil, und die rückfallende Wassersäule schließt das Saugventil. Der weiter sinkende Kolben bewegt sich leicht durch das stehende Wasser, wobei eine Umlagerung des

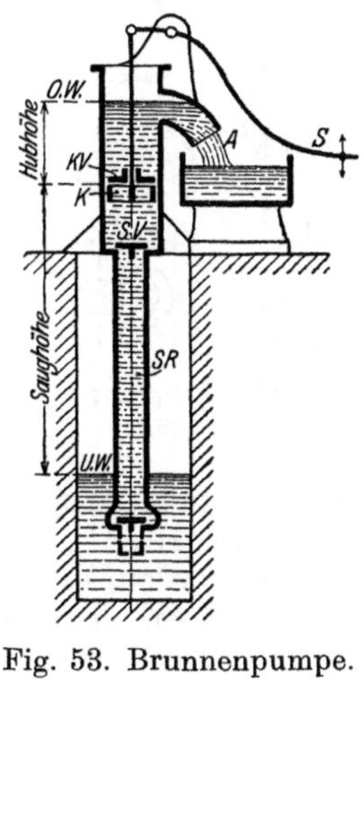

Fig. 53. Brunnenpumpe.

Wassers geschieht, das von der Unterseite des Kolbens auf die Oberseite tritt. Der Kolbenniedergang fördert nicht, bereitet aber alles zur nächsten Hebung vor. Die Förderung geschieht beim Aufgange als Ansaugen unter dem Kolben und als Heben oder Drücken über dem Kolben.

Die Förderhöhe teilt sich hiernach in die Saughöhe und die Hub- oder Druckhöhe. Bei den Brunnenpumpen wählte man die Hubhöhe sehr klein, indem der Ausguß kurz über dem Kolben angesetzt wurde. Die Wasserhebung geschah im wesentlichen durch das Saugen. Nun lehrte die Erfahrung mit den Pumpen, daß das Wasser nur bis zu einer Höhe von höchstens 10 m angesaugt wird. Bei größerer Förderhöhe muß die Pumpe tiefer aufgestellt und die Hubsäule über dem Kolben verlängert werden. Der Vergrößerung der Hubhöhe scheint nichts im Wege zu stehen. Und doch scheute man sich, den Pumpen größere Hubhöhen zuzumuten und baute bei Bedarf mehrere Pumpen, mit zulässiger Saug- und geringer Hubhöhe übereinander im Schachte ein und ließ jede höhere Pumpe aus dem Trog der unteren ansaugen. Erst allmählich wagte man eine Erhöhung der Hubsäule, um durch Ersatz der niederen oder Saugsätze durch die hohen oder Hubsätze die Anlagen im Schachte zu vereinfachen.

Fig. 54 zeigt eine Hubpumpe. Die Hubsäule über dem Kolben ist vergrößert. Die Kolbenstange läuft in der Steigeleitung, ist daher der Bewartung unzugänglich. Das Steigerohr T ist oben verschlossen, A der seitliche Ausguß. Gestänge und Kolben sowie das Saugventil können nach oben von Tage her herausgezogen werden, also auch dann, wenn die Pumpe unter Wasser steht. Der geringen Zugänglichkeit bei der betriebsmäßigen Bewartung steht eine Zugänglichkeit lebenswichtiger Teile in dem gefürchteten Sonderfalle des Ersaufens gegenüber.

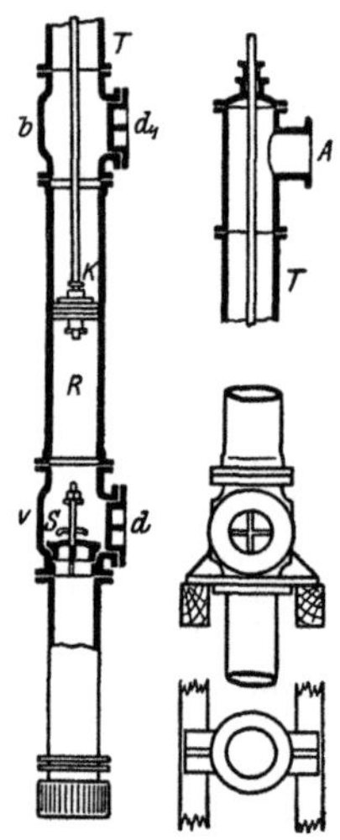

Fig. 54. Hubpumpe. (Brunne.)

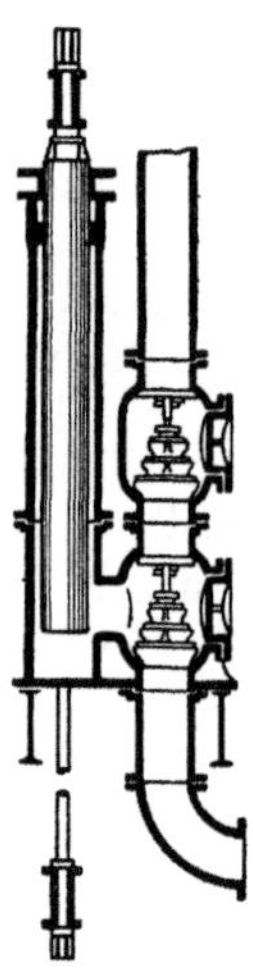
Fig. 55. Druckpumpe. (Brunne.)

Unter Druckpumpen versteht man eine später entwickelte Form mit einem anders gearteten Kolben. Der Kolben der Brunnenpumpe wird als Scheibenkolben, der der Druckpumpe als Tauchkolben bezeichnet. Die Form der Pumpe, Fig. 55, ist eine andere geworden, die Wirkung etwa dieselbe geblieben. Der geschlossene Tauchkolben saugt beim Aufgange Wasser durch das Saugventil an und stößt es beim Abgange durch das Druckventil in die Steigeleitung aus.

Das Druckventil hat seinen Sitz im ruhenden Pumpenkörper. Der lange Tauchkolben schließt an seiner Eintrittsstelle in den Zylinder dichtend an diese sonst weitere Röhre an. Druckpumpen wurden mit Druckhöhen von 30—130 m gebaut. Größere Förderhöhen erforderten mehrere Sätze, deren Kolben gemeinsam von einem durch den ganzen Schacht gehenden Gestänge angetrieben wurden. Über durchbrochene Tauchkolben mit Kolbenventil vgl. Abschnitt V C 2 und 3.

Der Antrieb der Pumpen geschieht bei ganz geringen Leistungen durch Menschen, dann durch Tiere; für größere Leistungen bedarf es der verschiedenen in der Natur aufgespeicherten Kräfte, die der Bergmann auch je nach Vorrat und Bedarf in seinen Dienst zu stellen verstand.

Fig. 28, S. 48, zeigte eine Reihe Pumpensätze im Schachte, deren Gestänge durch eine über dem Schachte aufgestellte Dampfmaschine angetrieben wird. Das Gestänge und die über die Schachttiefe zerstreuten, in ihrer Arbeit aufeinander angewiesenen Pumpen schafften bei großer Teufe Beschwerden, die nur durch einen Wechsel der Antriebsart beseitigt werden konnten.

So löste denn die unterirdische Wasserhaltung die Gestängewasserhaltung ab (Fig. 29, S. 48). Man stellte die Antriebsdampfmaschine mit der Pumpe eng vereint unter Tage auf und führte ihr den Kraftträger Dampf durch den Schacht in einer Rohrleitung zu. Das Bild ist ein ganz anderes geworden. An Stelle des langen im nassen Schachte gehenden Gestänges und mehrerer großer langhübiger Pumpen sehen wir eine liegende rasch laufende kleine Pumpe mit ihrer Dampfmaschine in einem reinlichen Raume. Die Pumpe hebt das Wasser in einem Zuge zu Tage. Die Furcht vor der großen Druckhöhe ist mit eins verschwunden. Die Schäden des warmen Dampfes im Schachte sowie die Furcht vor Störung des Antriebes bei Überflutung führten zur hydraulischen Wasserhaltung, die dann durch die elektrische abgelöst wurde, obgleich dieser die Unstörbarkeit der hydraulischen nicht eignet.

Genauere Behandlung der Kolbenpumpen: Abschnitt V.

3. Die Wasserhaltung mit Kreiselpumpen.

Neben die Kolbenpumpe trat vor etwa 20 Jahren eine Pumpe ganz anderer Art, die Kreiselpumpe, Fig. 56. Schon lange bekannt kam sie wegen einiger Eigenheiten für Bergwerkswasserhaltungen nicht in Frage. Sie hatte einen schlechten Wirkungsgrad, geringe Druckhöhe und verlangte eine den bekannten Antriebsmaschinen nicht eigene hohe Drehzahl. Neuere Ausführungen der Pumpe und des Antriebes beseitigten diese Mängel so weit, daß die Vorzüge der neuen Art einen erfolgreichen Wettbewerb mit der älteren Schwester gestatten.

Die Kreiselpumpe besteht aus einem drehenden Schaufelrade R und einem ruhenden Gehäuse G. Das Laufrad R wird durch die Welle W rasch gedreht. Den Antrieb leistet ein Elektromotor oder eine Dampfturbine. Das Gehäuse ist durch das Saugrohr S und den Druckstutzen D mit der Förderleitung verbunden. Das Laufrad besteht aus zwei Stirnseiten, zwischen denen die Laufschaufeln Durchflußkanäle für das Wasser bilden. Das Wasser tritt aus dem Saugrohre durch den Saugmund E des Rades in die Laufkanäle R ein, durchströmt das Rad von innen nach außen und tritt am äußeren Kreis A in den Sammelkanal K des Gehäuses über, der es nach dem Druckstutzen D führt. Das laufende Rad schließt in der Saugöffnung E und in der Drucköffnung A dicht an das ruhende Gehäuse an. Die Dichtung wird nicht durch ein Aufeinandergleiten der Flächen bewirkt, sondern nur durch saubere Bearbeitung der gegeneinander bewegten Teile, wobei der Saugspalt s und der Druckspalt d von geringer Größe sind.

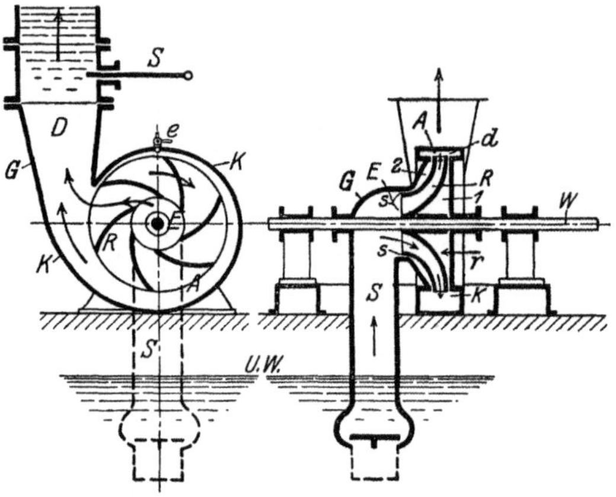

Fig. 56. Schema einer einstufigen Kreiselpumpe ohne Leitrad.

Die Wirkungsweise der Kreiselpumpe erscheint einfach. Einer genaueren Betrachtung jedoch erschließen sich große Schwierigkeiten. (Abschnitt VI A.)

Das Laufrad überträgt durch die Schaufeln seine tangentiale Geschwindigkeit auf das im Rade vorhandene Wasser. Hierbei entgleitet das Wasser den Schaufeln durch eine mit dem Worte Fliehkraft belegte Wirkung, tritt mit erhöhtem Druck und großer tangentialer Geschwindigkeit in den Sammelkanal ein und strömt, die Wasser der anderen Schaufelkanäle mit aufnehmend, kreisend nach dem Druckstutzen. Der Druckstutzen erweitert sich nach außen und verleitet so das Wasser zu einer Verlangsamung. Hierdurch erfährt es, das mit Unterdruck in das Laufrad ein- und mit Überdruck austrat, eine weitere Druckerhöhung und kann einen entsprechenden Druck der Steigeleitung überwinden.

Der Abfluß des Wassers nach der Druckleitung hat ein Nachfließen des Saugwassers zur Folge.

Bei der Kreiselpumpe durchfließt das Wasser stetig Leitungen und Pumpe. Bei der Kolbenpumpe finden wir im scharfen Gegensatze hierzu eine absetzende Bewegung der Wassersäulen. Die Schaufel der Kreiselpumpe arbeitet in einem Raume, der stetig mit Saug- und Druckleitung verbunden ist. Das Spiel der Ventile der Kolbenpumpen hingegen trennt und verbindet in stetem Wechsel den Pumpenraum und die Leitungen. Der Kolben verdrängt das Wasser aus einem durch die Kolbenbewegung verkleinerten Raume, und der Druck des Kolbens pflanzt sich unmittelbar durch die Wassersäule fort. Am Ende seiner Bewegung findet sich der Kolben auch am Ende seiner Wirkungsfähigkeit. Er muß die gedrückte Wassersäule stehen lassen, wo sie gerade steht. Das sich schließende Druckventil übernimmt es, die Wassersäule am Rückfall zu verhindern, während der zurückkehrende Kolben durch das Saugventil in den erweiterten Raum der Pumpe Wasser einsaugt und so beim nächsten Vorhube in der Lage ist, nach Schluß des Saugventils durch die zwischengeschaltete Wasserscheibe des Pumpenraumes hindurch erneut auf die vorhin stehen gebliebene Drucksäule einzuwirken.

Stellen sich dem Wege der Drucksäule Hindernisse entgegen, so kann der Kolben bei genügendem Antriebe das Hindernis überwinden. Hierbei können in den Leitungen unbegrenzte Drücke auftreten, die die Leitung oder die Pumpe zerstören.

Bei der stetig durchströmten Kreiselpumpe drückt wohl auch die Schaufel auf das vorbeiströmende Wasser, das aber nur unter begrenzten Druck gerät, da es der Schaufel nur seinen Massenwiderstand entgegensetzt. Die Druckwirkung des Rades erteilt dem Wasser eine Beschleunigung in tangentialer Richtung. Die Strömungsenergie des Wassers wird erst hinter dem Laufrade im Gehäuse in Druckenergie umgewandelt. Diese mittelbare Druckerzeugung erklärt den schlechteren Wirkungsgrad der Kreiselpumpen. Der erzeugte Druck ist von der erteilten Geschwindigkeit, also von der Umfangsgeschwindigkeit des Laufrades abhängig und durch sie begrenzt. Dies schützt die Pumpe und die Rohrleitungen bei Störung des Durchflusses vor Zerstörung. Die Wasserlieferung der Kreiselpumpe ist je nach der sich einstellenden Strömungsgeschwindigkeit im Laufrade verschieden und von der Drehzahl nur mittelbar abhängig, während bei der Kolbenpumpe je Hub eine abgemessene Menge gefördert wird, die Förderung also der Drehzahl proportional ist. Die Fördermenge der Kreiselpumpe wird durch Einschieben des Drosselschiebers S verringert.

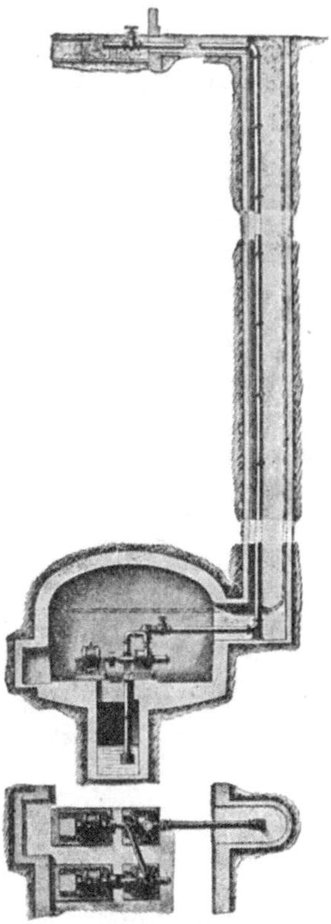

Fig. 57. Elektrische unterirdische Wasserhaltung mit Kreiselpumpe. (Gebr. Sulzer.)

Die stetige und rasche Durchströmung der Kreiselpumpe ergibt eine große Lieferung im Verhältnis zum aufgewandten Raume. Wie die Schwierigkeiten der geringen Förderhöhe überwunden wurden, zeigt der Abschn. VI C 3. Die Entwicklung der Hochdruckkreiselpumpe geschah durch Gebr. Sulzer, Winterthur. Fig. 57 zeigt eine Wasserhaltung der Genannten für 7 cbm/min auf 224 m mit elektrischem Antriebe. Ein Vergleich mit den Bildern der Fig. 28 und 29, S. 48, läßt uns die große Vereinfachung und Raumbeschränkung gegenüber dem Vorangegangenen erschauen.

Die genaueren Betrachtungen über Kreiselpumpen: Abschn. VI.

B. Berechnungen und Messungen.

1. Die Wasserlieferung der Pumpen.

Die Wasserlieferung einer Kolbenpumpe läßt sich aus ihren Abmessungen und der Hub- bzw. Drehzahl berechnen. Es sei D = Kolbendurchmesser in m, d = Kolbenstangendurchmesser in m, s der Kolbenhub in m, n = Zahl der Umdrehungen bzw. Doppelhübe/min, Q die Lieferung in cbm/min, Fig. 58,

$$Q_l = \frac{D^2 \pi}{4} \cdot s \cdot n \quad \text{für die linke Seite}$$

und

$$Q_r = \frac{(D^2 - d^2)\, \pi}{4} \cdot s \cdot n \quad \text{für die rechte Seite,}$$

denn je Doppelhub wird eine dem Hubraume des Kolbens entsprechende Wassermenge durch Ansaugen und Drücken gefördert.

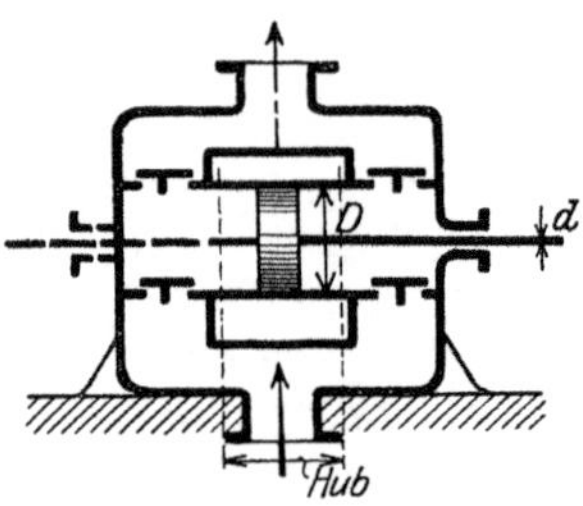

Fig. 58. Schema einer Scheibenkolbenpumpe.

Bei geringen Förderhöhen ist die Kolbenfläche im Verhältnis zur Querschnittsfläche der Kolbenstange und somit der Unterschied der Lieferung der linken und rechten Seite sehr gering, für große Druckhöhen jedoch, wie bei unseren Wasserhaltungen, muß der Kolbendurchmesser im Verhältnis zum Hub und zum dicken Kolbenstangendurchmesser verhältnismäßig gering werden. Alsdann ist der Unterschied der Lieferungen wohl zu beachten, sowie der Unterschied in der Kraftwirkung des nach rechts und des nach links gehenden Druckhubes. Man läßt alsdann wohl auch eine Kolbenstange nach links heraustreten, um die wirksamen Kolbenflächen gleichgroß zu erhalten.

Die geschilderte Pumpe ist doppeltwirkend. Ihre Gesamtlieferung Q ist $Q = Q_l + Q_r = \frac{(D^2 - 0{,}5\, d^2) \cdot \pi}{2} \cdot s \cdot n$ oder, wenn d vernachlässigt werden kann, $Q = \frac{D^2 \cdot \pi}{2} \cdot s \cdot n$.

Die in Fig. 59 dargestellte Tauchkolbenpumpe hat nur eine wirksame Kolbenfläche; sie ist einfachwirkend. Ihre Lieferung ist gleich der für Q_l aufgestellten. Wird sie in der Weise der Fig. 58 links behandelt, dann ist ihre Lieferung wie für Q_r aufgestellt wurde.

Die Tauchkolbenpumpe geht aus der Scheibenkolbenpumpe hervor, wenn deren Kolbenstange d gleich dem Kolben D gemacht wird. Es verschwindet alsdann die Lieferung der rechten Seite, die in der Luft bleibt, völlig. Es ist hieraus ersichtlich, daß eine Tauchkolbenpumpe nie doppeltwirkend sein kann. Wegen der Nützlichkeit der doppelten Wirkung zur Erzielung möglichster Gleichmäßigkeit in Wasserlieferung und Energieverbrauch muß man daher die Tauchkolbenpumpen, die wegen später zu erörternder praktischer Vorzüge den Scheibenkolbenpumpen allermeist vorgezogen werden, in der Ausführung als Doppelpumpe mit versetzter Wirkung der wirksamen Kolbenflächen verwenden. Man nennt sie dann häufig doppeltwirkend, weil sie das gleiche Ergebnis wie die doppeltwirkenden Scheibenkolbenpumpen aufweisen. Sie sollen im folgenden immer als Doppelpumpen bezeichnet werden. Ihre Lieferung ist $Q = Q_l + Q_r$.

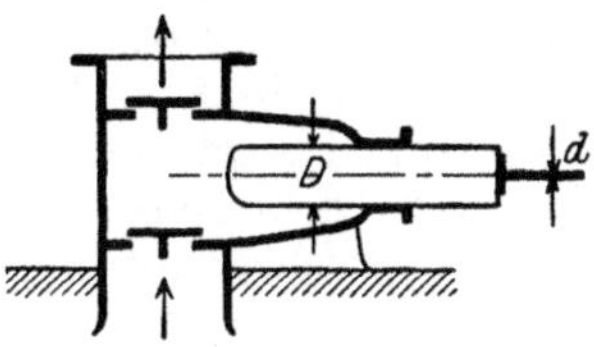

Fig. 59. Schema einer Tauchkolbenpumpe.

Die Aufstellung der Gleichung nimmt an, daß keinerlei Lieferungsverluste auftreten. Lieferungsverluste erfolgen durch die Undichtheit der Stopfbüchsen und Kolben und durch eine merkwürdige Erscheinung an der Ventilbewegung, die später als Schlußverspätung genauer erörtert werden wird (Abschnitt V A 2). Auch die Undichtheit der Ventile bringt Lieferungsverluste, da sie schon gefördertes Wasser aus dem Druckraum in den Pumpenraum während des Saughubes und aus dem Pumpenraum in den Saugraum während des Druckhubes zurückfließen läßt. Diese Verluste hängen von dem Zustande der beteiligten Glieder und von der Druckhöhe ab. Sie finden ihren Ausdruck in dem Lieferungsgrad, das ist das Verhältnis der wirklichen Förderung zur errechneten. Dieser Lieferungsgrad φ ergibt sich nach der Erfahrung im Mittel etwa

$\varphi = 0{,}85-0{,}9$ für kleine,
$\varphi = 0{,}90-0{,}95$ für gute und
$\varphi = 0{,}95-0{,}98$ für große und beste Ausführungen.

Die wirkliche Förderung Q_w ist daher

$$Q_w = \varphi \cdot Q.$$

Bei langen Leitungen kommen noch Lieferungsverluste durch die Undichtheiten der Leitung hinzu. Durch undichte Saugleitungen wird Luft angesaugt, durch undichte Druckleitungen Wasser ausgestoßen.

Die Wasserlieferung einer Kreiselpumpe ist nicht so einfach aus den gegebenen Abmessungen und der Drehzahl zu finden. Da das Wasser stetig durch die Kreiselpumpen hindurchfließt, ist kein unmittelbarer Zusammenhang zwischen der Wasserlieferung, der Drehzahl und den Durchflußquerschnitten innerhalb der Pumpe gegeben. Die Umdrehzahl erweist sich nahezu als einflußlos. Maßgebend für die Lieferung ist nur der Durchflußquerschnitt an irgendeiner Stelle und die sich hier zeigende Durchflußgeschwindigkeit. Die Abmessungen sind durch die Pumpe gegeben; daher erhebt sich notwendig die Frage nach den Einflüssen, die die Größe der jeweiligen, erfahrungsgemäß durch den Drosselschieber verschieden einstellbaren Durchflußgeschwindigkeit bedingen. Die Stellung des Drosselschiebers ist offenbar von großem Einfluß, etwa wie bei einer aus einem Hochbehälter gespeisten Leitung die Durchflußmenge durch die Stellung eines Regelschiebers bedingt wird. Bei einer solchen Leitung würde aber offenbar noch eine Hauptrolle spielen das Druckgefälle, unter dem das Wasser die Leitung durchströmt, und drittens Länge und Querschnitt der ganzen durchströmten Rohrleitung, da hiervon der Druckverlust abhängt, der sich mit dem Fließen des Wassers einstellt.

Bei der Kreiselpumpe erzeugt das Laufrad den Förderdruck oder das Arbeitsgefälle. Die Rohrleitung wird vertreten durch die Saug- und Druckleitung und den Wasserlauf in der Pumpe selbst. Der Drosselschieber ist eine unentbehrliche Ausrüstung der Druckleitung.

Eine Förderung kann nur dann eintreten, wenn der im Druckstutzen hinter dem Laufrade vorhandene Druck größer ist als die Förderhöhe des Wassers in der Steigeleitung. Der Unterschied beider ist das Arbeitsgefälle des vorigen Beispiels, das zur Stromerzeugung verwendet werden kann. Es wird sich eine Förderleistung einstellen, bei welcher sich die gesamten Druckverluste mit dem Arbeitsgefälle das Gleichgewicht halten. Bei geöffnetem Drosselschieber wird sich die Höchstleistung einstellen. Durch den Schieber kann die Leistung beliebig herabgemindert werden. Die Leitungswiderstände der Steigeleitung und der Pumpe sowie des Drosselschiebers sind also von maßgebendem Einfluß. Zunächst ist aber die Kenntnis des Arbeitsgefälles, des Pumpenüberdruckes über die Steighöhe erforderlich. Diese ist wieder abhängig vom Pumpendruck. Es ist daher zu fragen: Wovon hängt der Pumpendruck (Druck nach der Umwandlung der Geschwindigkeit in Druck) ab? Dieser ist nach der Erfahrung von mancherlei Umständen abhängig, im wesentlichen von der Form der Schaufeln und der Umfangsgeschwindigkeit des Laufrades, also bei gegebenem Rade von der Drehzahl. Da der Pumpendruck erst im Druckkanal gemessen werden kann, wird nicht der eigentliche innere Pumpendruck gemessen, sondern der um die eigenen inneren Druckverluste bis zur Meßstelle verminderte Druck. Er ist daher selbst von der Durchflußmenge abhängig, die wir durch seine Kenntnis erst ermitteln wollen. Dies erschwert den Überblick über die Erscheinungen. Aber auch der erforderliche Pumpenüberdruck (Pumpendruck weniger Steigehöhe) ist von der zu ermittelnden Durchflußmenge abhängig, da ja die äußeren Druckverluste ebenfalls noch vom Pumpendruck zu überwinden sind.

Die Aufgabe der Ermittlung der Wasserlieferung kann daher rechnerisch überhaupt nicht durchgeführt werden. Sie kann nur gelöst werden an Hand von Schaulinien, die an der laufenden Pumpe abgenommen wurden, und die den erzeugten Pumpendruck in Abhängigkeit von der Durchflußmenge als Ergebnis durchgeführter Messungen enthalten. Andere Schaulinien können, rechnerisch oder durch Versuche ermittelt, den Zusammenhang zwischen der Durchflußmenge und dem dadurch erzeugten Druckverbrauch der Rohrleitung anzeigen. Der Vergleich der beiden Linien zeigt, was unter diesen Umständen von der Pumpe zu erwarten ist. Demnach kann die Leistung einer Kreiselpumpe nur an Hand der gemessenen bekannten Leistung der gleichen Pumpe erkannt werden. Die erwähnten Linien werden dann noch dazu benutzt werden können, die Leistungsänderungen einer Kreiselpumpe zu ermitteln, wenn gewisse Änderungen an der Pumpe oder ihrem Gange vorgenommen werden.

Das Nähere wird später nach genauerer Betrachtung der Arbeitsvorgänge in der Kreiselpumpe erörtert werden (Abschnitt VI B 6).

2. Der Energiebedarf der Wasserhebung.

Der Energiebedarf im allgemeinen. Dieser ist abhängig von der in der Zeiteinheit zu hebenden Wassermenge bzw. deren Gewicht, der gesamten sich aus Saug- und Druckhöhe zusammensetzenden Förderhöhe und den an den verschiedenen Stellen auftretenden schädlichen Kraft- und Mengeverlusten.

Es sei Q cbm/min die gemessene Wasserlieferung, Hm die Förderhöhe vom Saugwasserspiegel bis zum Ausguß, dann ist die wirkliche (effektive) Leistung L_e in PS

$$L_e = \frac{1000 \cdot Q \cdot H}{60 \cdot 75} = 0{,}23\ Q \cdot H \ \text{PS}$$

unter der Voraussetzung, daß das spezifische Gewicht des Wassers gleich 1 ist. Dieses träfe nur für reines Wasser von 4^0 C zu.

Wärmeres Wasser ist spezifisch leichter; die Abnahme beträgt für 1^0 $^4/_{10000}$, ist also praktisch belanglos.

Enthält das Wasser feste Stoffe gelöst, so ist sein spezifisches Gewicht größer, ebenso wenn schwebende Schmutzteile mitzuheben sind. Da das Grubenwasser fast immer verunreinigt ist, muß sein spezifisches Gewicht γ zur Ermittlung des Kraftbedarfs festgestellt werden. Es kann bei gesättigter Sole bis 1,2 steigen. Unter Berücksichtigung des spezifischen Gewichts wird

$$L_e = 0{,}23 \cdot \gamma \cdot Q \cdot H \ \text{PS}.$$

Der Wirkungsgrad der Kolbenpumpen. Die Verluste innerhalb der Kolbenpumpe gründen sich auf die Durchflußwiderstände in den Ventilen, auf die Mengenverluste durch Undichtheit und die mechanischen Reibungsverluste. Sie lassen sich einzeln schwer ermitteln und werden in dem Begriffe des mechanischen Wirkungsgrades zusammengefaßt. Dieser ist das Verhältnis der Nutzarbeit L_e zu der dazu verbrauchten Arbeit (indizierten) L_i; also $\eta = \frac{L_e}{L_i}$ oder $L_i = \frac{L_e}{\eta}$. Der Wirkungsgrad η ist hier ein etwas unklarer Begriff. Er nimmt Bezug auf die Größe der Leistung und wird als ihr Bruchteil angegeben, also der Leistung proportional gesetzt. Nun ist erfahrungsgemäß der Wirkungsgrad selbst von der Größe der Leistung in geringem Maße abhängig und wächst im allgemeinen mit der Leistung, da nicht alle Verluste proportional der Leistung, sondern einzelne nahezu gleichbleibend sind oder doch schwächer als der Leistung proportional wachsen. Bei Kolbenpumpen sind z. B. bei gegebener Wassermenge die Druckverluste in den Ventilen von der Förderhöhe unabhängig, während die Verluste durch Undichtheit sowie durch mechanische Reibung etwa proportional der Druckhöhe sich ändern werden. Es wird daher für Pumpen gleicher Lieferung der auf die Kraftleistung bezogene Wirkungsgrad je nach der Druckhöhe, welche die Leistung, also die Höhe der Bezugszahl bestimmt, verschieden sein. Pumpen für sehr kleine Druckhöhen werden einen kleineren, solche für große Druckhöhen einen etwas größeren mechanischen Wirkungsgrad aufweisen. Für größere Druckhöhen verschwindet der Verlust in den Ventilen fast völlig gegenüber den proportional der Druckhöhe, also der Leistung, wachsenden Verlusten. Von einer gewissen nicht großen Druckhöhe ab werden also die Gesamtverluste proportional der Leistung wachsen, der Wirkungsgrad also gleichbleiben. Bei gleichbleibender Förderhöhe und wechselnder Wasserlieferung wächst der Wirkungsgrad mit wachsender Lieferung, da die mechanischen Verluste infolge der bei größeren Abmessungen sorgfältigeren Herstellung und Wartung verhältnismäßig abnehmen. Auch nehmen wohl die Strömungsverluste etwas ab, da das Verhältnis der hierbei beteiligten benetzten Oberflächen zur Wassermenge günstiger wird. Rechnen wir hier noch die Verschiedenheiten in der mechanischen Ausführung der Pumpen hinzu, so wird es erklärlich, daß sich feste Zahlen für den Wirkungsgrad nicht gut angeben lassen, und daß hierüber veröffentlichte Zahlen meist nicht erkennen lassen, wie diese Zahlen zu werten sind, und ob sie auf vorliegende zu beurteilende Fälle übertragen werden dürfen.

Für die großen Kolbenpumpen unserer Wasserhaltungen von über 0,5 cbm/min Lieferung und über 100 PS Leistung kann gesetzt werden

$$\eta_p = 0{,}90-0{,}95$$

Bei dem unmittelbaren Dampfantrieb der unterirdischen Dampfwasserhaltungen kann für die ganze Maschine einschließlich Dampfmaschine gesetzt werden

$$\eta_g = 0{,}80-0{,}85.$$

Hierin sind die verhältnismäßig geringen Verluste in der Steigeleitung mit einbegriffen. Für elektrischen Antrieb ist es üblich, den

Wirkungsgrad des langsam laufenden Motors der Kolbenpumpe gesondert anzugeben. Er ist etwa

$$\eta_m = 0{,}90—0{,}92.$$

Für die rasch laufenden Motoren der Kreiselpumpen findet man die Zahl

$$\eta_m = 0{,}95.$$

Die Wirkungsgrade rasch laufender Motoren erweisen sich danach größer als die langsam laufender. Der Grund liegt in dem geringeren Ankerdurchmesser der rasch laufenden Drehstrommotoren, der in Verbindung mit der im ganzen steiferen Form solcher Motoren einen kleineren Luftspalt zwischen Anker und Gehäuse anzuordnen erlaubt. Die im Gehäuse kreisenden, die Verluste zum Teil bedingenden Magnetisierungsströme, die die Induktionsströme im laufenden, durch den Luftspalt getrennten Anker erzeugen müssen, erweisen sich dem Luftspalt etwa proportional. Bei kleinerem Luftspalt werden daher die elektrischen Verluste geringer. Für unterirdische elektrisch angetriebene Kolbenpumpen ergeben sich demnach für den unterirdischen Satz

$$\eta_u = 0{,}80—0{,}85.$$

Eine neue Wasserhaltung (1914) der Isselburger Hütte für die Kgl. Berginspektion 2, Gladbeck ergab: $\eta_m = 0{,}92$, $\eta_p = 0{,}98$, $\eta_u = 0{,}90$ bei $Q = 6$ cbm/min auf $H = 730$ m.

Der Wirkungsgrad eines Schachtkabels kann mit $\eta = 0{,}98—0{,}99$ angenommen werden; der der obertägigen Dynamo $\eta = 0{,}92$ und der der sie antreibenden Kolbendampfmaschine $\eta = 0{,}90$. Der gesamte Wirkungsgrad einer älteren elektrischen Wasserhaltungsanlage mit Kolbenpumpen und Kolbendampfmaschinen in dem Kraftwerk ist alsdann

$$\eta_g = \sim 0{,}65 \text{ bis } 0{,}70$$

Für neuere Anlagen mit Anschluß an ein großes durch Dampfturbinen betriebenes Kraftwerk wird der Wirkungsgrad der obertägigen Anlage entsprechend höher. Ein Gesamtwirkungsgrad wird hier im allgemeinen nicht angegeben. Die Wasserhaltung bezieht ihren Strom aus dem Kraftwerk und bezahlt ihm denselben nach KWst. Über die sich ergebende Wirtschaftlichkeit vgl. Abschnitt X A 1.

Der Wirkungsgrad der Kreiselpumpen. Der Wirkungsgrad der Kreiselpumpen erweist sich merklich geringer als der guter Kolbenpumpen. Die Kreiselpumpe wird in Massenerzeugung hergestellt, und ihr Wirkungsgrad dürfte neuerdings gleich sein, einerlei, woher die Pumpe bezogen ist. Bei Kolbenpumpen jedoch können sich größere Unterschiede je nach der Güte der Einzelherstellung ergeben.

Die Kraftverluste in der Kreiselpumpe ergeben sich als Reibungsverluste in den Lagern und insbesondere als Druckverluste infolge der Strömung des Wassers im Laufrad und Leitrad und infolge des Übertritts aus dem Saugraum in das Laufrad und aus dem Laufrad in das Gehäuse und ferner durch die Reibung der Schaufel an dem zwischen Schaufel und Gehäuse stehenden bzw. fließenden Wasser. Ferner treten Kraftverluste durch Mengenverluste auf, indem ein Teil des aus dem Laufrade austretenden, also geförderten Wassers sich infolge seines Überdruckes gegenüber der Saugöffnung des Laufrades vom Druckspalt aus entlang der Gehäusewand nach dem Saugspalt und durch diesen nach der Saugöffnung begibt. Die Größe der verschiedenen Verluste ist einzeln schwer zu bestimmen. Der ausführenden Technik ist es gelungen, die Gesamtverluste allmählich zu verringern, so daß der gesamte Wirkungsgrad der Kreiselpumpe seit etwa 1900 von $\eta = 0{,}65$ auf $\eta = 0{,}80$ gestiegen ist.

Spätere Betrachtungen werden zeigen, daß der Wirkungsgrad der Kreiselpumpen sich im Laufe des Betriebes merklich ändern, und zwar verschlechtern kann. Dies ist im wesentlichen durch Abnutzung infolge unreinen Wassers oder durch Steinansatz an den Schaufeln begründet.

Die Änderung der Schaufelform durch Abnutzung oder Ansatz verändert die inneren Strömungswiderstände. Dies gilt sowohl für die Laufschaufeln als auch für die später näher zu betrachtenden Leitschaufeln. Ferner findet eine Abnutzung am Saug- und am Druckspalt zwischen Laufrad und Gehäuse statt. Diese Abnutzung vermehrt den Rücklauf des geförderten Wassers, also die Verluste.

Dann ist zu beachten: die Regelung der Kreiselpumpe geschieht durch Drosselung eines Teiles des Arbeitsgefälles mit Hilfe des zu diesem Zweck vorgesehenen Regelschiebers. Zur Ermöglichung der Regelung nach aufwärts, wie solche wegen der Möglichkeit des Nachlassens der Wirkung vorgesehen werden muß, wird das Arbeitsgefälle immer größer gemacht, als es der eigentliche Aufwand für die Überwindung des äußeren Widerstandes erfordert, und der jeweilige Überschuß abgedrosselt. Wenn sich die ausführende Fabrik auch bemüht, für die vorliegende Förderhöhe und -menge und die durch die Periodenzahl des Grubennetzes gegebene Drehzahl des Motors eine Pumpe zu liefern, deren Druckhöhe die Förderhöhe nur um den Betrag der Strömungswiderstände übertrifft, so kann dies nicht empfohlen werden, sondern es muß immer ein entsprechender, für gewöhnlich abzudrosselnder Überschuß an Druckhöhe als Nachschub für Notfälle vorgesehen werden. Man rechne daher im Betriebe nur mit einem Wirkungsgrade von $\eta = 0{,}75$. Der Wirkungsgrad der Kreiselpumpe ist daher praktisch um 15 bis 20 v. H. niedriger als der guter Kolbenpumpen; dafür ist der Wirkungsgrad der rasch laufenden Elektromotoren um etwa 5 v. H. größer als der der langsam laufenden der Kolbenpumpen, so daß die Überlegenheit des ganzen unterirdischen Satzes sich auf 10 bis 15 v. H. beläuft.

Demnach $\eta_u = 0{,}65$—$0{,}75$.

Bisher wurden nur die Verluste innerhalb der Pumpe beachtet. Für den gesamten Wirkungsgrad kommen auch noch die Mengen- und Druckverluste in der Wasserleitung in Betracht. Die Mengenverluste sind vernachlässigbar gering. Die Druckverluste sind für eigentliche Wassersorgungen für den Kraftbedarf ausschlaggebend, für die Wasserhaltung aber sehr gering, siehe folgenden Abschnitt.

3. Der Energieverlust in Rohrleitungen.

Der Druckverlust in der Rohrleitung erweist sich der Länge der Leitung einfach, ihrem Durchmesser umgekehrt proportional. Die Geschwindigkeit nimmt erhöhten Einfluß, indem die Verluste ihrem Quadrate proportional sind.

Daß der Druckverlust in kg/qcm oder in m Wassersäule ausgedrückt dem Leitungsdurchmesser umgekehrt proportional ist, erklärt sich dahin, daß bei gleicher Geschwindigkeit die geförderte Wassermenge proportional dem Quadrate des Durchmessers wächst, während die für die Verluste verantwortliche Oberfläche dem Durchmesser nur einfach proportional ist. Der bei größerem Durchmesser an sich größere Widerstand in kg bezieht sich daher auf eine quadratisch größere Wasser- und Energiemenge, so daß der auf die gleiche Geschwindigkeit bezogene Verlust wegen der quadratisch größeren Bezugszahl sich als dem Durchmesser umgekehrt proportional erweist. Es ergibt sich daher der in m Wassersäule umgerechnete Druckverlust des geraden Rohres — $h_l = \frac{f \cdot l \cdot v^2}{d}$ m, worin bedeutet: f die Erfahrungszahl, l die Länge der Leitung in m, v die Wassergeschwindigkeit in m/sec und d der Rohrdurchmesser in m.

Die Zahl f hängt in erster Linie von der Beschaffenheit der inneren Rohrwand ab, dann aber auch in geringem Grade von der Wassergeschwindigkeit. Für neue Rohre und die für Wasserhaltungen in Frage kommenden Geschwindigkeiten kann gesetzt werden: f = 0,013.

Für längere Zeit betriebene Leitungen muß ein Mehrfaches dieses Betrages (3- bis 4faches) gerechnet werden.

Für jeden Krümmer oder entsprechenden Widerstand können 10 m, für Ventile und Klappen je 20 m Rohrlänge den geraden Längen zugesetzt werden.

Die Wassergeschwindigkeit in der Steigeleitung wird meist mit 1 m/sec gewählt, die Rohrdurchmesser für mittlere Verhältnisse bis 500 mm.

Wir stellen für eine Leitung von 100 m Länge folgende kleine Tafel zusammen:

bei	d = 100 mm	200	300	400	500	Zustand
v = 1 m/sec, l = 100 m } h_l =	1,3 m	0,65	0,4	0,3	0,25	neu
	4 m	2	1,2	1,0	0,75	alt

Nehmen wir den Durchmesser von 400 als einen durchschnittlichen an, so können wir sagen: Der Druckverlust einer betriebenen Wasserleitung beträgt in m Wassersäule etwa 1 v. H. der Leitungslänge; z. B. Teufe 500 m, 6 Krümmer (= 60 m), 1 Rückschlagventil (= 20 m) und 120 m gerader Rohrleitung über Tage = 700 m Gesamtlänge. Der Druckverlust daher h = 7 m Wassersäule.

Die Leitungsverluste sind hiernach bei Wasserhaltungsmaschinen gegenüber der Förderhöhe verschwindend, so daß sie bei den veröffentlichten Versuchen meist nicht gesondert angegeben, sondern der Pumpe zugeschlagen in deren gesamtem Wirkungsgrade eingeschlossen sind. Sie machen aber immerhin gegen 1 v. H. der Leistung aus und können, wenn höhere Leitungsgeschwindigkeiten gewählt werden, doch beträchtlicher in die Wage fallen; z. B. bei $v = 2$ m/sec würden sie im besagten Falle 5 v. H. der Leistung ausmachen.

Bei Betrieb mit Kreiselpumpen ergibt sich die Notwendigkeit einer genauen Berücksichtigung dieser Verluste insofern, als bei ihrer Nichtbeachtung bei Berechnung der von der Kreiselpumpe zu erzeugenden Druckhöhe sich im Betrieb eine unliebsame Verminderung der Fördermenge zeigen wird.

4. Die Wassermessung.

Die Energiemessungen. Bei der Untersuchung einer Wasserhaltung bezüglich ihrer Wirtschaftlichkeit muß eine Reihe von Messungen vorgenommen werden, und zwar muß einerseits der Kraftverbrauch, andererseits die Förderleistung festgestellt werden. Die im vorigen Abschnitte mitgeteilten Zahlen sind Untersuchungen entnommen, die im Jahre 1903 von beteiligter Seite auf westfälischen Bergwerken vorgenommen worden sind. Diese Versuche wurden veröffentlicht von Baum-Hoffmann in Glückauf 1904 Nr. 34 bis 38, 49, 51 und 52 und Z. d. Ing. 1904, 1829; 1905, 1957, 1984.

Über die Messung des Kraftverbrauchs kann hier nichts mitgeteilt werden, da diese Messungen je nach der Art des Antriebes sehr verschieden sind und sich immer umständlich gestalten. Sie können auch nur von solchen vorgenommen werden, die mit dergleichen Messungen vertraut sind. Im übrigen ist es zur Beurteilung des Wertes der Versuchsergebnisse rätlich, sich über die Vornahme solcher Messungen in etwas zu unterrichten. Es sei daher auf die oben angegebene Veröffentlichung hingewiesen.

Die Wassermessung. Die Wassermessung kann auf verschiedene Weise ausgeführt werden. In der Z. d. Ing. 1904, S. 1831 ist ein Zellenradwassermesser von Siemens & Halske beschrieben, in Glückauf 1903, S. 580 ein Dreiplungerwassermesser nach Prött. Diese erwiesen sich für das schmutzige Grubenwasser unbrauchbar. Dagegen zeigten ein Wassermesser mittels Düse und ein Überfallgerinne ihre Brauchbarkeit. Fig. 60 zeigt einen Düsenwassermesser nach Sulzer. Durch den inneren Trichter wird das Wasser dem Meßgefäß zugeführt. Durch übereinanderliegende Öffnungen im inneren Mantel gelangt es aus dem inneren Rohr in den äußeren ringförmigen Raum und steigt bis zu einem bestimmten Stande auf. In diesem Ringraume sind Siebe zur Beruhigung des Wassers vorhanden. Dies ist nötig, damit die Druckhöhe, unter der das Wasser jeweils aus dem Boden des Gefäßes durch die dortigen Düsen ausströmt, richtig abgelesen werden kann. Diese Druckhöhe und die Größe des Düsenquerschnittes bestimmen die durchfließende Wassermenge. Der Düsenquerschnitt ist bekannt, ebenso durch Eichung der Zusammenhang zwischen der Druckhöhe und der Durchflußmenge. Es sind eine größere Anzahl Düsen im Boden angebracht, die beliebig benutzt oder abgedeckt werden können. Hierdurch kann der Messer veränderlichen Wassermengen von 30 cbm bis 0,3 cbm/min angepaßt werden. Man wählt die Zahl der Düsen so, daß sich die zum Durchdrükken erforderliche Druckhöhe innerhalb einer Höchst- und Niedrigststellung hält. Die Messung beschränkt sich auf die Ablesung der Druckhöhe. Die Wassermenge wird danach auf Meßkurven abgelesen, welche für die verschiedene Anzahl freier Meßöffnungen durch Eichung festgelegt wurde. Die Vorrichtung arbeitet mit einem Fehler von ± 1,5 v. H.

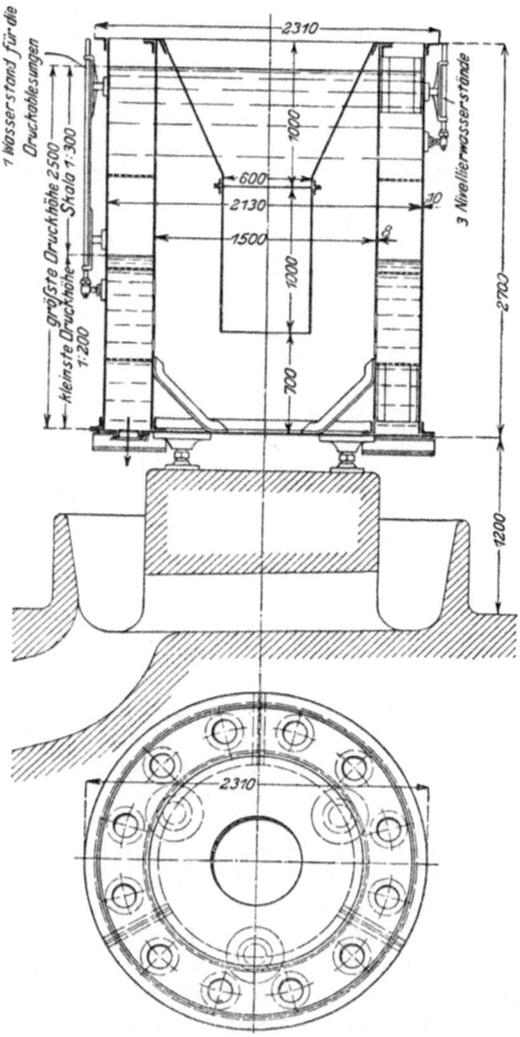

Fig. 60. Düsenwassermesser nach Sulzer. (Baum-Hoffmann.)

Fig. 61 (S. 84) zeigt ein Überfallgerinne. Das Wasser strömt der Rinne von links her zu. Am rechten Ende wird der Durchfluß durch eine Stauwand von $^2/_3$ der Kastenhöhe gehemmt. Das Wasser staut sich auf und fließt mit einem entsprechenden Gefälle über die Stauwand hinweg. Je mehr Wasser gefördert wird, desto größer wird der Stau. Die Stauhöhe gibt daher ein Maß für die Durchflußmenge ab. Sie wird am seitlich angebrachten Wasserstandsglase abgelesen.

Der Zusammenhang zwischen der Stauhöhe und der Durchflußmenge wird durch eine Formel von Freese angegeben.

$$Q = 60\,(0{,}41\,h + 0{,}0014)\,b\,\sqrt{2\,g\,h}\left[1 + 0{,}55\left(\frac{h}{h+t}\right)^2\right]\ \text{cbm/min.}$$

Hierin bedeutet h die Überfallhöhe in m, b die Kanalbreite in m, t die Kanaltiefe unter der Schneide in m, $g = 9{,}81\ \text{m/sec}^2$. Die Genauigkeit der Messung betrug bei dem gezeichneten Apparat etwa $\pm$ 1 v. H. Der Apparat wird aber einen so großen Meßbereich wie der Sulzersche Düsenapparat nicht zulassen.

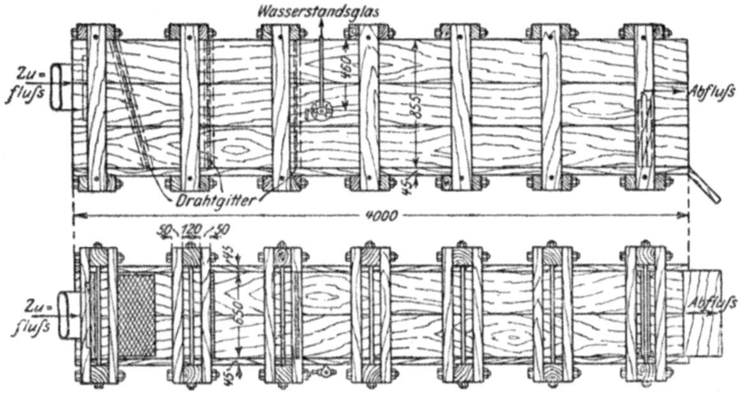

Fig. 61. Wassermessung durch ein Überfallgerinne. (Baum-Hoffmann.)

Die genauesten Messungen ergeben sich durch genügend große geeichte Behälter, die den Ausguß der Pumpe für mehrere Stunden aufnehmen können. Mit Hilfe solcher Behälter kann auch eine Eichung der Kolbenpumpen vorgenommen werden, indem man die betreffenden Pumpen auf die Behälter arbeiten läßt, während der Versuchsdauer die Anzahl der Umdrehungen oder der Doppelhübe der Pumpe mißt und aus dem Vergleich mit dem meßbaren Zufluß des Behälters die Lieferung der Pumpe je Umdrehung feststellt. Solange die Pumpe im gleichen Zustande bleibt, kann für in der Nähe der untersuchten Drehzahlen liegende Drehzahlen die Lieferung der Drehzahl proportional gesetzt werden. Für Kreiselpumpen ist diese Art nicht brauchbar, da deren Lieferung mit der Drehzahl nicht proportional geht.

Neuerdings wird von Siemens & Halske A.-G. ein in die durchströmte Rohrleitung eingebauter einfacher Wassermesser für große Wassermengen geliefert. Dieser „Woltmannmesser" ist eine Ausgestaltung der „Venturiröhre" und beruht auf einem von den bisher erwähnten verschiedenen Grundsatz. Fig. 62 zeigt die Venturiröhre. Sie besteht aus zwei mit ihren spitzen Enden zusammenstoßenden kegelförmigen Rohrschüssen und wird in der Pfeilrichtung von dem zu messenden Wasser durchströmt. Am Einlauf und an der Einschnürung ist je ein Druckmesser in Form einer offenen Wasserstandsröhre angeschlossen. Diese zeigen, daß an der Einschnürung ein geringerer Druck herrscht als am Einlauf. Dies erklärt sich aus der durch die kegelige Düse bewirkten Umwandlung der Energieformen. Am Einlauf hat das Wasser eine kleinere Geschwindigkeit und einen höheren Druck, an der Einschnürung eine größere Geschwindigkeit und einen kleineren Druck. Der Energieinhalt ändert von F_1 nach F_2 seine Größe nicht. Es setzt sich in beiden Formen (F_1 und F_2) aus dem Spanndrucke und der Stromdrucke zusammen. Der Spanndruck h ist derjenige, mit dem das Wasser auf die Rohrwand drückt, und der Stromdruck stellt denjenigen Druck dar, der erforderlich war, um dem Wasser die entsprechende Geschwindigkeit v zu erteilen. Nach

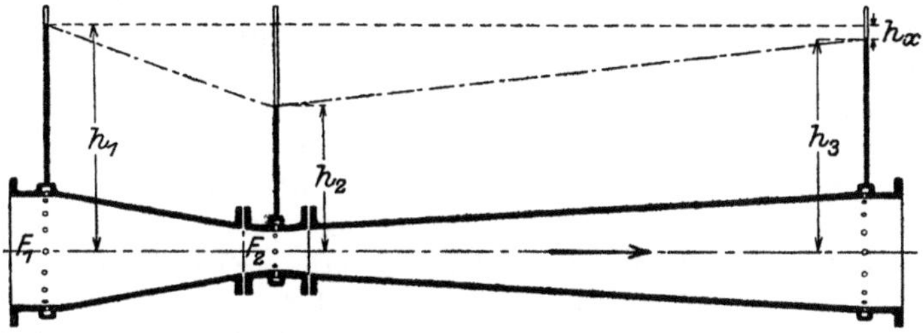

Fig. 62. Wassermessung mit Venturiröhre. (Siemens & Halske.)

den Gesetzen der Mechanik ist zur Erzeugung einer Geschwindigkeit von v m/sec erforderlich eine Druckhöhe von $\frac{v^2}{2g}$ m Wassersäule. Die Energieinhalte sind daher in den einzelnen Querschnitten proportional den Werten $h_1 + \frac{v_1^2}{2g}$ und $h_2 + \frac{v_2^2}{2g}$, da diese Werte in beiden Querschnitten an die gleichen minutlichen Wassermengen gebunden sind. h_1 und h_2 sind die durch Druckmesser ablesbaren Spanndrucke, v_1 ist unbekannt und soll gemessen werden, und v_2 endlich ist nach Maßgabe der gegebenen Querschnitte ein bestimmter Teil von v_1

$$v_2 = v_1 \frac{F_1}{F_2}.$$

Es ist demnach

$$h_1 + \frac{v_1^2}{2g} = h_2 + \frac{v_2^2}{2g}$$

oder
$$h_1 - h_2 = \frac{v_2^2 - v_1^2}{2g} = \frac{v_1^2}{2g}\left(\left(\frac{F_1}{F_2}\right)^2 - 1\right)$$

und zuletzt
$$v_1 = \sqrt{\frac{(h_1 - h_2)\,2g}{\left(\frac{F_1}{F_2}\right)^2 - 1}} \text{ m/sec.}$$

$g = 9{,}81$ m/sec². In der Formel für v_1 sind nach Ablesung von $h_1 - h_2$ alle Größen bekannt. $h_1 - h_2$ kann unmittelbar durch einen Differentialdruckmesser abgelesen, und der betreffende Skalenstrich mit dem Rechnungsergebnis $Q = v_1 \cdot F_1$ cbm/sec beschrieben werden, so daß die jeweils durchfließenden Wassermengen jederzeit abgelesen werden können. Die Skala des Messers wird durch Eichung festgestellt. Es zeigen sich Schwankungen von 1 v. H. in der Lieferung an.

Der Woltmannmesser ist ein Durchflußmesser, die vorhergenannten sind Ausflußmesser.

C. Die Führung des Wassers in Rohrleitungen.

1. Die Pumpe als Teil der Rohrleitung.

Die Wirkungsweise der eigentlichen Pumpen, insbesondere der Kolbenpumpen, erscheint einfach und ist allgemein bekannt. Kommt es gelegentlich vor, daß eine Pumpe versagt, so ist es jedoch nicht leicht festzustellen, worauf dieses Versagen beruht, wenn man nicht mit einigen Eigentümlichkeiten der Maschine vertraut ist.

Mit der Pumpe in enger Verbindung stehen die Rohrleitungen zum Ansaugen und Fortdrücken des Wassers. Der eigentliche Pumpenraum selbst ist nur ein Teil der Leitung, der neben seiner besonderen Ausgestaltung als derjenige Teil, in dem die bewegende Kraft auf das Wasser übertragen wird, sich den allgemeinen Gesetzen der Wasserleitung anpassen muß, wenn Störungen im Gange vermieden werden sollen.

Die Störungen im Pumpengange können bei unrichtiger Anordnung des Pumpenraumes und durch unrichtige Anordnung der außerhalb der Pumpe liegenden Leitungen verursacht werden. Es ist daher eine eingehendere Betrachtung der Vorgänge und Verhältnisse der Leitungen nötig. Im folgenden werden die Leitungen unter dem Gesichtspunkte betrachtet, daß sie ein wesentlicher Bestandteil der Pumpe sind.

Über die bauliche Ausgestaltung der Leitungen und ihr Verhältnis zu den Grubenbauen wird im Abschnitte VIII B 3 gehandelt werden.

Die Fig. 63 zeigt je eine Kolben- und eine Kreiselpumpe

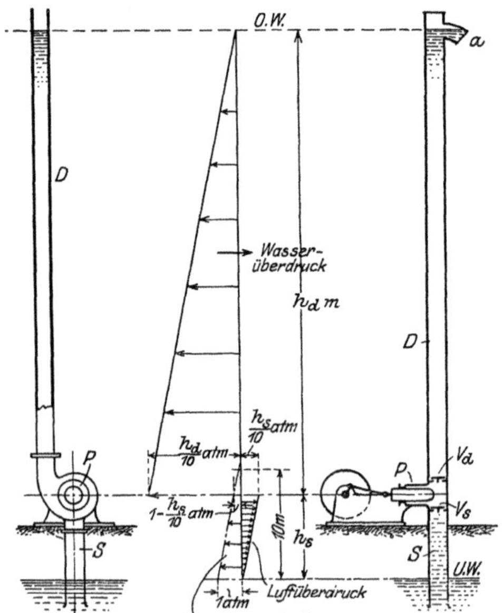

Fig. 63. Bild der Druckverhältnisse in einer Pumpenleitung.

inmitten der Saug- und Druckleitung. Die zu erörternden Verhältnisse gelten, abgesehen von den Massenwirkungen, in fast gleicher Weise für Kolben- wie für Kreiselpumpen. Die Erörterungen sollen aber an die leichter verständlichen Verhältnisse der Kolbenpumpe anknüpfen und unter Angabe der Abweichungen auf die Kreiselpumpe übertragen werden.

2. Die Druckverhältnisse der Rohrleitung.

In der Druckleitung. Das Wasser strömt aus der Saugleitung S durch die Pumpe P zur Druckleitung D. Die Verhältnisse der Druckleitung sind übersichtlicher und sollen zuerst besprochen werden.

Die Druckwassersäule h_d m wird vom Druckventil V_d getragen, auf dem das ganze Gewicht dieser Wassersäule ruht. Bei der Kreiselpumpe ist solch Ventil nicht vorhanden, und das Druckrohr steht in dauernder Verbindung mit dem Pumpenraum, von dem aus stetig der Förderdruck auf das stetig fließende Wasser ausgeübt wird, während bei der Kolbenpumpe die Druckwassersäule bei geschlossenem Druckventil ruht und nur bei geöffnetem Druckventil während des Druckhubes des Kolbens den nötigen Förderdruck erhält und sich im Takte des Kolbenganges bewegt. Die nicht gleichmäßige Bewegung der Wassersäulen der Kolbenpumpen hat viele Übelstände im Gefolge, so daß man durch verschiedene Mittel eine gleichmäßige Bewegung der Säulen trotz der ungleichmäßigen Förderung durch den Kolben anstrebt (Abschnitt IV C 5 u. 6 und V C 3).

Der Druck auf das geschlossene Druckventil ergibt sich aus der Höhe der ruhenden Drucksäule. Es ist in atm. ausgedrückt $p_d = \frac{h_d\,m}{10}$, da je 10 m Wassersäule ein Gewicht von 1 kg/qcm auf die Grundfläche ausüben. Derselbe Druck wird auf die seitliche Rohrwand übertragen. Bei bewegter Wassersäule, wo Beschleunigungen geleistet und Strömungswiderstände überwunden werden, ist der Druck entsprechend größer. Für Wasserhaltungen ist diese Druckerhöhung durch Strömungswiderstände gering (Abschnitt IV B 3). Die Beschleunigungsdrücke werden klein gehalten durch das Mittel einer gleichmäßigen Strömung hinter dem Druckventil. Bei der gezeichneten Einkolbenpumpe ist dies nicht genügend zu erreichen.

Aus dieser Beanspruchung des Druckrohrs auf äußeren Druck ist die Wandstärke des Rohres zu berechnen (Abschnitt VII B 3).

Nach oben zu nimmt der Wasserdruck auf die Rohrwandung für je 10 m Höhe um 1 atm ab, wobei im Ausfluß a Überdruck und Beanspruchung sich gleich null ergibt. Es können die Wandstärken demgemäß nach oben verringert werden, was bei Wasserhaltungen wegen des doppelten Vorteils der Gewichts- und Kostenersparnis auch immer geschieht.

Zeichnen wir die Drücke in atm. senkrecht zur Rohrachse auf, so erhalten wir eine gerade Schaulinie, die uns den der Höhe unter dem oberen Wasserspiegel proportionalen Wasserdruck zeigt. Er ist als Überdruck gegen die äußere Atmosphäre dargestellt. Der absolute Wasserdruck beträgt an jeder Stelle 1 atm mehr. Für alle Kraft-, Festigkeits- und Dichtigkeitsverhältnisse des Druckrohres kommt der Überdruck in Rechnung.

Die Beanspruchung des Druckventiles während des Saughubes ist um den Unterdruck im Pumpenraume größer.

In dem Pumpenraum. Der Druck im Pumpenraum einer Kolbenpunpe ist verschieden, je nachdem dieser Raum mit dem Druckraum oder mit dem Saugraum verbunden ist. Während des Druckhubes steht er unter dem Druck der Drucksäule und ist entsprechend in seiner Festigkeit auf inneren Überdruck zu berechnen. Während des Saughubes gerät er unter den Druck des Saugraumes, der sich, wie die gleich folgende Betrachtung des Saugrohres zeigen wird, als ein Unterdruck gegenüber dem äußeren Luftdrucke erweist. Dieser Unterdruck kann die Größe einer atm. nicht überschreiten, ist also an sich gegen die Beanspruchung während des Druckhubes gering, ist aber insofern schädlich, als er die Spannungen im Pumpenkörper zu einem Wechsel zwischen Zug und Druck zwingt. Diesem Wechsel entsprechen Dehnungen im Baustoff, die nach der Erfahrung ungünstig auf den Bestand einwirken und an den Stellen hoher Spannungen allmählich zum Bruche führen können. Der wechselnde Druck ist auch bei den Dichtungen zu beachten, die so gewählt werden müssen, daß sie nach beiden Richtungen hin abdichten.

Bei der Kreiselpumpe liegen die Verhältnisse im Pumpenraume günstiger. Hier tritt kein Wechsel des Druckes und der Beanspruchung auf. Jeder Punkt des Pumpenraumes bleibt während des Betriebes unter gleichem Druck. Der Druck ist von Ort zu Ort verschieden, da im Pumpenraum sich der Übergang von der Saugspannung des Wassers zur Druckspannung vollzieht. Beim Eintritt in das Laufrad hat das Wasser seine geringste Spannung, gewinnt im Laufrade allmählich an Druck und Geschwindigkeit, während im Gehäuse die Geschwindigkeit sich verlangsamt und der Druck sich weiter erhöht. Beim Eintritt in das Druckrohr hat das Wasser seinen höchsten Druck erreicht. Also Ergebnis: örtlich verschiedene, zeitlich gleichbleibende Drücke. An der Saugseite ist die das Gehäuse durchdringende Welle immer gegen das Eindringen von Luft, an der rückwärtigen Seite immer gegen Ausfließen von Wasser zu dichten. Auf der rückwärtigen Seite herrscht der Druck des Druckspaltes. Auf der vorderen Seite herrscht dieser Druck auch bis zum Saugspalte hin. Dieser trennt den Druckraum von dem Saugraume. Es ist hier an den durch diese Druckunterschiede bewirkten inneren Wasserumlauf vom Druckspalt nach dem Saugspalt zu erinnern. Im übrigen ist der Druck im vorderen Gehäuseraum nicht überall gleich, sondern er muß sich in der Nähe des Saugspaltes verringern, da der Saugspalt keinen dichten Abschluß der Räume verschiedenen Druckes bildet, sondern eine infolge ihres geringen Durchflußquerschnittes stark drosselnde Verbindung.

Es findet ein steter Wasserdurchfluß unter einem Spannungsabfalle gleich dem Spannungsunterschied der verschiedenen Räume statt.

Die zeichnerische Darstellung der Drücke bezieht sich auf die Kolbenpumpe. Sie zeigt den durch die Pumpwirkung verursachten Drucksprung. Für die Kreiselpumpe kann die Darstellung des Druckanstieges in der Pumpe nicht bezüglich der Höhe, sondern nur bezüglich des Wasserweges in der Pumpe dargestellt werden. Bei ihr ist kein Drucksprung, sondern ein auf kurzem Wege erfolgender Übergang der Spannungen vorhanden.

In der Saugleitung. Das Saugrohr einer Pumpe sehen wir mit Wasser gefüllt, ohne daß die Wassersäule von einem Ventile oder einem Kolben getragen würde. Ihr Gewicht wird offenbar von dem Wasserspiegel gestützt, in dem sich die Saugsäule auf den Unterwasserspiegel U W aufsetzt. Auf diesen Wasserquerschnitt wirken zwei verschiedene Kräfte ein, erstens von oben das Gewicht der Saugsäule h_s und zweitens von unten der durch die Wassermasse übertragene Druck der Luft von 1 kg/qcm. Dieser Druck kommt hier tragend zur Wirkung, solange auf die Saugwassersäule h_s kein Gas- oder Dampfdruck von oben einwirkt. Die Tatsache des Luftdruckes ist uns heute vertraut. Man wurde zum ersten Male (1643) auf sie aufmerksam, als eine Pumpe, die mehr als 10 m über dem Unterwasserspiegel aufgestellt war, das Wasser nur bis zu einer Höhe von 10 m im Saugrohr ansaugen konnte. Wir können den Versuch wiederholen, indem wir unsere Pumpe langsam in die Höhe ziehen. Das Wasser wird hierbei dem Saugventil bis zu einer Höhe $h_s = 10$ m folgen, bei weiterem Höherziehen aber stehenbleiben und einen luftleeren Raum zwischen sich und dem Saugventil lassen. Dies lehrt, daß die äußere Luft gegenüber dem luftleeren Raume einen Druck ausübt, der einer Wassersäule von 10 m (genauer 10,33 m) das Gleichgewicht hält. Danach errechnet sich der Luftdruck zu 1 kg/qcm (genauer 1,033 kg/qcm, bzw. schwankend nach dem Stande des Barometers). Ob sich über der Wassersäule ein wirklich luftleerer Raum bilden, und ob die Wassersäule genau bis 10 m aufsteigen kann, soll in Abschnitt IV C 7 erörtert werden.

Der Druck des Wassers im Saugrohr in der Höhe des Unterwasserspiegels ist gleich 1 kg/qcm. Er nimmt nach oben hin ab, wie in jeder steigenden Leitung, und zwar je m Höhe um 0,1 kg/qcm. Bei 10 m Saughöhe würde er gleich null sein. Dieser innere Wasserdruck ist hier als absoluter Druck gerechnet. Von außen wirkt auf die Rohrwand in allen Höhen ein Luftdruck von 1 kg/qcm. Das Saugrohr ist daher nur auf einen geringen äußeren Luftüberdruck beansprucht, der, im Unterwasserspiegel mit null beginnend, je nach der Saughöhe bis auf 1 kg/qcm anwachsen kann.

Der innere Wasserdruck nimmt der Höhe nach ab und beträgt unter dem Saugventil, bzw. auf den Kolben $1 - \frac{h_s}{10}$ atm. Da der Tauchkolben der Fig. 63 beim Ansaugen dem Drucke der äußeren

Luft auf seiner äußeren Kolbenfläche ausgesetzt ist, beträgt die nötige Kolbentriebkraft während des Ansaugens $1 - \left(1 - \frac{h_s}{10}\right)$ kg/qcm Kolbenfläche $= \frac{h_s}{10}$ kg/qcm, entspricht also der Saughöhe. Beim Druckhube beträgt die nötige Kolbenkraft $\frac{h_d}{10}$ kg/qcm, da der äußere Luftdruck auf die äußere Kolbenfläche und den Oberwasserspiegel in gleicher Größe und entgegengesetzter Richtung wirkt und sich für die Arbeitsleistung aufhebt. Die ganze Kolbenkraft für Saug- und Druckhub auf einen Hub vereinigt gedacht beträgt daher

$$\frac{h_d}{10} + \frac{h_s}{10} = \frac{\text{Förderhöhe}}{10} \text{ kg/qcm.}$$

3. Die Dichtigkeitsverhältnisse der Rohrleitung.

Bezüglich der Festigkeit macht die Saugleitung keine Schwierigkeit. Auf ihre Dichtheit muß aber entsprechend Wert gelegt werden, da sie wegen ihres Unterdruckes Luft ansaugen will. Das Luftsaugen erweist sich schädlich für den Gang der Pumpe (Abschnitt IV C 4).

Für die Kreiselpumpe liegen die Verhältnisse der Saugleitung ganz gleich. Am Eintritt in das Laufrad herrscht gewöhnlich die geringste Wasserspannung, da im Laufrad alsbald die Drucksteigerung beginnt. Auch für die Kreiselpumpe ist ein Luftgehalt des Wassers schädlich, daher auch hier dichte Saugleitung Bedingung. (Abschnitt VI D 1).

Die Dichtheit der Leitungen kann durch undichten Guß beeinträchtigt werden. Gelegenheit zur Undichtheit ist vor allem an den Stoßstellen der Rohre gegeben. Die Flanschdichtungen sind sorgfältig herzustellen und zu überwachen. Man lege diese Leitungen daher zugänglich an. Bei allen Leitungen mit Unterdruck kann eine Undichtheit leicht durch Ableuchten mit einer offenen Flamme erkannt werden; die Flamme wird bei Undichtheit nach dem Rohre hingezogen.

Hier sei an die Heberleitung erinnert (Abschnitt III C). Die beiden Schenkel stehen unter den gleichen Druckverhältnissen wie eine Saugleitung, und unbedingte Dichtheit ist wünschenswert.

Der Pumpenraum bietet gleichfalls Gelegenheit zum Luftsaugen, da er bei allen Pumpen durch eine bewegte Stange oder Welle durchbrochen ist. Die Stopfbüchsendichtung muß daher dauernd in gutem Zustande erhalten werden. Bei Kreiselpumpen ist es üblich, die Stopfbüchse auf der Saugseite mit einem Wassermantel zu umgeben. Dieser wirkt abdichtend, da bei Undichtheit das Wasser in die Pumpe getrieben wird. Hierdurch wird das Eindringen der schädlichen Luft vermieden; andererseits ist eine vorhandene Abdichtung gegen Wasser wirksamer als gegen Luft. Gegen Luft ist erfahrungsgemäß sehr schwer abzudichten. Auch die Stopfbüchsen der Kolbenpumpen werden gelegentlich durch einen Wassermantel geschützt.

Die Druckleitung ist ebenfalls gut abzudichten, damit bei den hohen Wasserdrücken keine großen Wasser- und Kraftverluste auftreten. Außerdem ist das aus der Steigeleitung austretende Wasser sehr schädlich, da es den Schachtbetrieb unangenehm gestaltet.

Die Stopfbüchsen des Pumpenraumes müssen auch gegen diesen nach außen wirkenden Druck abdichten. Bei Kreiselpumpen kommt hier die Druckstopfbüchse auf der dem Wassereinlauf entgegengesetzten Seite in Frage. Bei diesen Pumpen tritt die bisher nicht erwähnte Nötigung auf, die Radwelle gegen einseitige Längsschübe zu sichern. Hierzu werden Mittel verwandt, die als Ausgleichskolben, die unter Wasserdruck stehen, wirken. Diese bieten gleichfalls eine Quelle der Undichtheit und der Wasserverluste (Abschnitt VI. C. 4).

4. Die Führung lufthaltigen Wassers.

In der Saugleitung. In dem von einer Pumpe oder einem Heber angesaugten Wasser ist immer Luft von atm. Spannung oder auch Kohlensäure und andere Gase gelöst. Da nun in den höheren Teilen der Saugleitung ein geringerer Druck herrscht, scheidet die Luft oder das Gas aus dem Wasser aus und steigt wegen ihres geringeren spezifischen Gewichtes im Wasser in die Höhe und trennt sich von ihm, wenn die Gestaltung der Rohrleitung hierzu Gelegenheit gibt. Steigt die Rohrleitung geradlinig an, so ist eine Gelegenheit zur Ansammlung der ausgeschiedenen Luftblasen nicht gegeben, sondern diese steigen mit dem Wasser, gegebenenfalls etwas geschwinder als das Wasser bis zum höchsten Punkt der Rohrleitung auf. Wird dieser durch den Pumpenraum gebildet, so fließt die Luft in diesen über. Eine solche Führung der Saugleitung erweist sich als die richtige und in den meisten Fällen mögliche.

Anders bei der Saugleitung eines Hebers, Fig. 46, S. 65. Hier wendet sich die Saugleitung nach erfolgtem Ansteigen bis zum Scheitel wieder abwärts. Die Luft des Wassers bleibt hängen, wenn sie nicht etwa durch einen starken Wasserstrom entgegen ihrem Auftriebe mit abwärts gerissen wird. Die abgeschiedene Luft hat anfangs die geringe Spannung, die der Sammelstelle als höchster Teil der Leitung zukommt. Da die Luft von unten mit höherer Spannung ankommt, kann die Luftansammlung unter Spannungserhöhung zunehmen. Die Spannungserhöhung und Querschnittsverminderung läßt die aufsteigende Wassersäule allmählich langsamer laufen, die abwärtsgehende schneller. Die abwärtsgehende Strömung füllt ihren Querschnitt dabei nicht mehr aus und schafft sich so bei gleicher Wasserführung wie im Lagerrohr erhöhten Druckverlust, so daß der zusammenhängende Wasserfluß noch eine Zeitlang aufrecht erhalten bleibt. Endlich bleibt die aufsteigende Säule stehen und die absteigende fällt auf eine Höhe herunter, wie sie dem Drucke im Luftraume entspricht.

Die Förderung ist somit unterbrochen und kann nur durch Entlüften des Heberscheitels wieder aufgenommen werden.

In dem Saugrohre einer *Kolbenpumpe* fließt das Wasser auch bei ausgleichenden Einbauten nicht so gleichmäßig wie im Heberrohr. Es kann alsdann bei einem Leitungsknicke eintreten, daß der Luftpfropfen vom schwankenden Wasserstrome plötzlich mitgerissen wird, wobei zweierlei Überstände auftreten. Erstens gerät eine größere Menge Luft plötzlich in den Pumpenraum. Sie stört hier. Zweitens schlägt nach Mitreißen des Luftpfropfens die nachstürzende, vom Gegendrucke befreite Wassersäule hart an die Rohrwandung an. Dieser Wasserschlag, der sich regelmäßig wiederholen würde, ist an sich unangenehm und kann zur Zerstörung der Leitung führen. Die dauernden Erschütterungen der Leitung würden zudem der Dichtheit der Leitung wenig förderlich sein.

Es ist daher als Regel für die Führung irgendeiner Saugleitung aufzustellen: *Die Saugleitung soll stetig steigend zur Pumpe führen.*

Auch längere *wagerechte Rohrteile* können bei langsamem Strome Hängenbleiben der Luft verschulden.

Bei *Rohrverzweigungen* können bei Achtlosigkeit Luftsäcke gebildet werden. Sollen z. B., Figur 64, von einem weiteren Hauptsaugrohr S engere Stichleitungen nach mehreren Pumpen führen, so würde bei der (ausgezogenen) Anordnung f bei L im Hauptrohre ein großer Luftsack entstehen, der, wenn auch nicht ein Versagen der Pumpe, doch Störungen des Ganges verursachen wird, sobald immer der Wasserspiegel bis zur Einmündung des seitlichen Rohres gesunken ist, indem dann plötzlich große Luftmassen in die Pumpe eingesogen werden. Dies wird vermieden durch die richtige (gestrichelte) Führung r der Stichleitung, welche vom höchsten Punkte des Saugrohres nach der Pumpe führt.

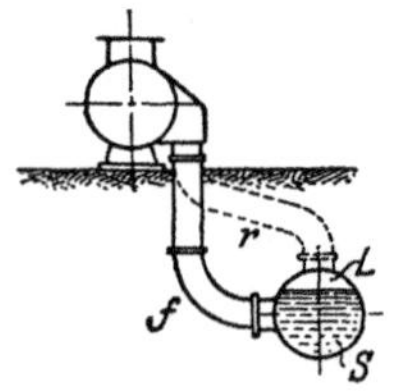

Fig. 64. Falsche und richtige Abzweigung einer Wasserleitung.

Auch bei *Leitungsübergängen* ist Gelegenheit zur Bildung von Luftsäcken gegeben. Wird die engere Fortsetzung wie Fig. 65 geführt, was zunächst dem Symmetriebedürfnis entspricht und als das Richtige erscheint, so bildet sich bei L ein Luftsack, der bei der Ausbildung Fig. 66 vermieden ist.

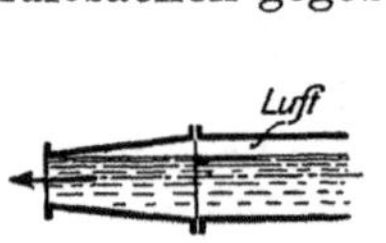

Fig. 65. Falscher Übergang einer Wasserleitung.

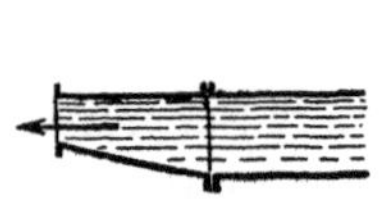
Fig. 66. Richtiger Übergang einer Wasserleitung.

Im Pumpenraum. Die beste Führung einer Saugleitung besteht bei den Pumpen unmittelbar über dem Schachtsumpfe, Fig. 67. Die Luft gelangt mit dem Wasser in den Pumpenraum und nimmt den obersten Raum L ein. Von hier aus kann sie aber im gezeichneten Falle nicht entweichen, sondern bleibt dauernd vorhanden. Sie bringt hier folgende Störungen hervor: Sie vermindert die Lieferung der Pumpe, denn der von der Luft eingenommene Raum kann nicht mit Wasser erfüllt werden. Bei allmählicher Vermehrung der Luftansammlung kann dieser Lieferverlust bedeutend werden. Beim Druckhube wird die Luft zusammengepreßt; der Kolben geht dabei anfangs mit geringem Widerstande nieder, wird also durch die mit gleichbleibender Größe gegebene Triebkraft gefährlich beschleunigt. Bei den Schachtpumpen kann dies eine große Gefahr bedeuten, da deren Kolben meist nicht zwangläufig geführt und im Hube begrenzt werden. Ferner wird das Druckventil bei Erreichung des erforderlichen Druckes, was in einer Mittellage des Kolbens geschieht, mit großer Geschwindigkeit und daher mit Stoß aufgeschlagen und die Drucksäule in der Steigeleitung ebenfalls mit Stoßwirkung angetrieben. Bei normalen Pumpen mit Kurbeltrieb und Windkessel treten die Erscheinungen nicht so gefahrdrohend wie bei der betrachteten Schachtpumpe auf.

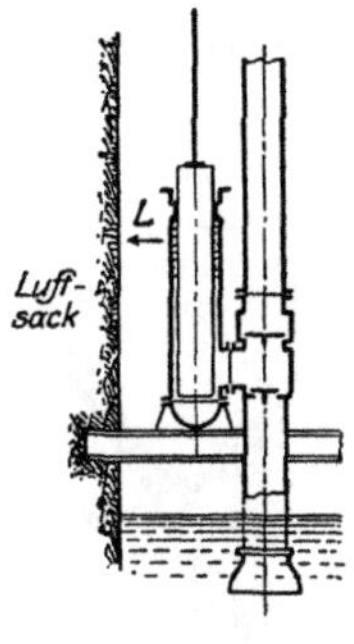

Fig. 67. Schachtpumpe mit Luftsack.

Die Wirkung der Lieferungsverminderung erkennt man auch bei Betrachtung des Ansaugevorganges. Zieht der Kolben zum Ansaugen aus, so dehnt sich die Druckluft im Luftsacke wieder aus. Ein Ansaugen erfolgt erst, nachdem die Entspannung dieser schädlichen Luft bis auf den zum Ansaugen erforderlichen gesunken ist. Der Beginn des Ansaugens findet desto später statt, je größer der Luftsack, und je höher gespannt sein Luftinhalt, also je größer die Druckhöhe ist. Man ersieht hieraus, welche große Lieferungsverminderung durch den Luftsack bedingt sein kann. Nach dem verspäteten Ansaugen findet nun nicht etwa ein Auffüllen des Pumpenraumes mit Wasser statt, sondern der lufterfüllte Raum bleibt wasserleer, da eine Auffüllung eine Erhöhung des Luftdruckes und Abschluß der Saugwirkung bedingen würde.

In einem späteren Abschnitte (V D 5) soll nochmals auf die Frage des Luftsackes in der Pumpe zurückgekommen werden, im Anschluß an vereinzelte Bestrebungen, absichtlich Luftsäcke wegen ihrer vermeintlicher Vorteile zu schaffen.

Hier soll die Vermeidung unbeabsichtigter Luftsäcke erörtert werden. Zunächst ist zu bemerken, daß die Fig. 67 eine unbrauchbare Pumpenform darstellt, wenn nicht eine Abführung der Luft ermöglicht werden kann. Diese Form war als Schachtpumpe sehr beliebt. Die Luft wurde mit jedem Druckhube selbsttätig entfernt, indem am obersten Punkte des Pumpenraumes, Fig. 68, ein kleines Druckventil v_d angeordnet war, das durch eine steigende Leitung die Luft nach der Druckleitung entließ. Die Abführung der Luft geschah sicher, da dieses kleine Ventil sich leicht öffnete. Dies Ventil ist ein dem Druckventil parallel geschaltetes Ventil an richtiger Stelle.

In Fig. 69 ist das Druckventil richtig an die höchste Stelle des Pumpenraumes gesetzt, das Nebenventil entbehrlich. Die Luft wird immer vor dem Wasser entfernt.

In Fig. 70 können sich an den Stellen L und L_1 unbeabsichtigte Luftsäcke bilden, aber leicht durch die richtige gestrichelte Gestaltung des Kolbens und des Deckels vermieden werden.

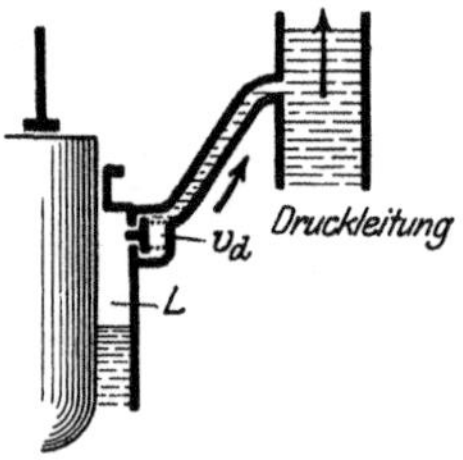

Fig. 68. Entlüftung des Luftsackes einer Schachtpumpe.

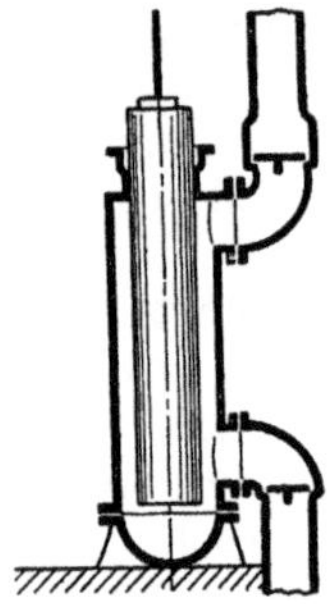

Fig. 69. Form einer Schachtpumpe zur Vermeidung eines Luftsackes.

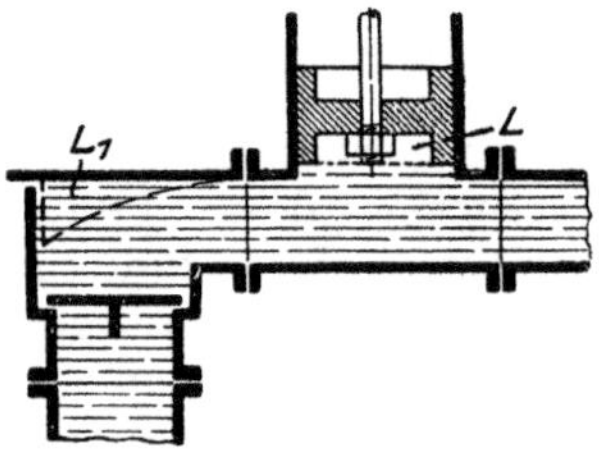

Fig. 70. Pumpe mit unbeabsichtigten Luftsäcken.

Wir merken daher als Regel für den Bau des Pumpenkörpers: Der Pumpenkörper ist so zu bauen, daß das Wasser in ihm stetig steigend bis zum im höchsten Punkte sitzenden Druckventil geführt wird.

In der Druckleitung. Die aus dem Pumpenraum entfernte Luft gelangt in die Druckleitung. Sie hat auch hier in den höheren Teilen wegen des abnehmenden Wasserdruckes das Bestreben, sich abzuscheiden und anzusammeln, wenn ihr hierzu infolge von Knicken in der Rohrleitung Gelegenheit geboten ist. Es bilden sich dann Luftpfropfen in der Leitung, die die Wassersäule in einzelne Teile trennt. Die Gleichmäßigkeit der Wasserströmung wird gestört, da die einzelnen Wassersäulen verschiedene Geschwindigkeiten annehmen, sich voneinander entfernen und wieder aufeinander prallen. Die hierdurch bedingten Wasserschläge können zur Zerstörung der Leitung führen. Daher auch hier: Die Druckleitung soll mit gleichmäßiger Steigung geführt werden.

5. Die Massenwirkungen in der Rohrleitung.

Die Beschleunigungsdrücke. Bisher wurde stillschweigend ein mehr oder weniger stetiges Fließen des Wassers in den Leitungen vorausgesetzt. Dies trifft für die Heberleitung und für die Leitungen einer Kreiselpumpe zu. Bei der Kolbenpumpe ist dagegen der ungleichmäßige Fluß des Wassers hervorzuheben, wie er durch die absetzende Saug- und Druckwirkung des stoßend bewegten Kolbens bedingt ist. Für eine Tauchkolbenpumpe, Fig. 59 würde sich die in Fig. 71 gezeigte Darstellung der Wasserbewegung in Saugrohr und Druckrohr ergeben; die Geschwindigkeiten im Saugrohr sind nach unten, die im Druckrohr nach oben senkrecht zum Kolbenwege aufgetragen. Es ist dabei angenommen, daß der Kolben von einer Welle mit gleichbleibender Winkelgeschwindigkeit angetrieben wird. Diese stoßweise Lieferung und Entnahme dürfte an sich für manche Zwecke unzulässig und eine gleichmäßige Förderung anzustreben sein. Hier soll aber im wesentlichen die ungünstige Massenwirkung auf die Leitung und auf die Arbeit der Pumpe hervorgehoben werden. Wir knüpfen an die Fig. 63 an und betrachten zunächst das Wasser in der Druckleitung. Bei jedem Druckhub muß die große Wassermasse der Steigeleitung vom Ruhezustande aus auf die durch den Gang des Kolbens geforderte Geschwindigkeit gebracht, das heißt beschleunigt werden. Hierzu sind erhebliche Kräfte vom Kolben auf die Wassermasse zu übertragen. Diese Kräfte können von einer laufenden, mit schwerem Schwungrade ausgerüsteten Maschine wohl geleistet werden, indem das Schwungrad zu Hubbeginn unter Verlangsamung seiner Geschwindigkeit die nötige Energie abgibt, die es zu günstigerer Zeit in sich aufgespeichert hat. Das Kraftverhältnis liegt dann so: die Wassermasse setzt der Beschleunigung einen großen, ihrer Masse und der durch die Kolbenbewegung bedingten Beschleunigung proportionalen Widerstand entgegen, die Maschine mit Schwungrad überwindet diesen Widerstand, aber alle die bei der Übertragung dieser Kraftwirkung vom Schwungrade bis zur Drucksäule beteiligten Glieder sind der leidende Teil, indem sie so gewaltiger Beanspruchung bezüglich ihrer Festigkeit ausgesetzt sind, daß sie ganz ungewöhnlicher Abmessungen der tragenden Querschnitte bedürfen. Bei dieser Übertragung sind beteiligt und gefährdet: die Speichen des Schwungrades, das ganze Kurbelgetriebe, der Kolben, der Pumpenraum und die unteren Teile der Druckleitung. Späteren Berechnungen vorgreifend, die im Abschnitt V D 2 bei Gelegenheit der genaueren Betrachtung der Bewegungs- und Beschleunigungsverhältnisse des Kurbeltriebes gegeben werden sollen, seien hier einige Zahlen ohne Nachweis angeführt.

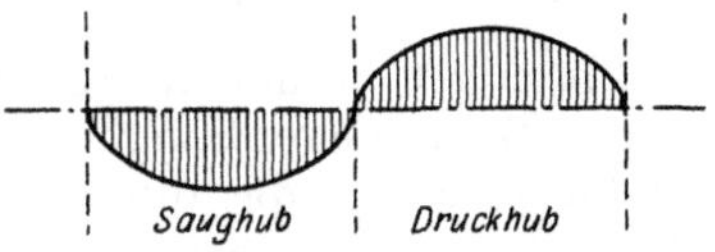

Fig. 71. Wasserlieferung einer einfach wirkenden Pumpe.

Eine normale unterirdische Wasserhaltungsmaschine besitzt Hub 1 m, Drehzahl 60/min, eine mittlere Kolbengeschwindigkeit von 2 m/sec und eine Beschleunigung am Hubbeginn von $\sim$ 20 m/sec². Diese Beschleunigung muß der Saugwasser- sowie der Druckwassersäule erteilt werden. Zu einer Beschleunigung von 10 m/sec² ist erfahrungsgemäß eine Kraft nötig, die gleich dem Gewichte der zu beschleunigenden Masse ist. Für 20 m/sec² also eine Kraft gleich dem doppelten Gewicht. Wäre der Querschnitt von Saug- und Druckleitung gleich dem Kolbenquerschnitt, also die Beschleunigungen in diesen Leitungen gleich der

Kolbenbeschleunigung, so wäre bei senkrechten Leitungen beim Saugen und Drücken ein Anfangsdruck auszuüben, der um das Zweifache den Gewichtsdruck der Wassersäulen übertrifft.

Für die Druckwirkung kann dieses wohl unter entsprechender dreifacher Bemessung aller tragenden Querschnitte geleistet werden, bleibt aber auf alle Fälle eine ungünstige Erscheinung. Für die Saugwirkung liegt die Sache noch ungünstiger. Der Luftdruck von 10 m Wassersäule könnte hier, abgesehen von allen anderen unvermeidlichen Kraftverlusten, nur eine Wassersäule von $\frac{10}{3} \cong 3$ m beschleunigen, womit die Saughöhe auf wesentlich unter 3 m beschränkt würde. Bei größerer Saughöhe, auch bei jeder wagerechten Verlängerung der Saugleitung, die die zu beschleunigende Wassermenge vermehrt, würde das Saugwasser dem Kolben nicht folgen können, sondern erst im zweiten Hubteil, wenn der Kolben durch das Getriebe zwangsweise verzögert wird, wieder mit einem Stoße auf den Kolben aufstoßen.

Die Höhe der senkrechten Druckleitung kommt für diese Verhältnisse zunächst nicht in Betracht, da sich mit ihrer Höhe sowohl der Gewichtsdruck als auch der Massendruck proportional ändert, ihr angegebenes Verhältnis also das gleiche bleibt. Enthält die Druckleitung wagerechte Teile, so kommt deren Wasserfüllung wohl bei der Berechnung des Beschleunigungsdruckes, aber nicht bei der des Gewichtsdruckes in Frage.

Bei Pumpen mit höherer Drehzahl erweist sich die Kolbenbeschleunigung noch größer. Man kann aus dieser Betrachtung die weitgehende ungünstige Bedeutung des stoßenden Antriebes erkennen.

Die Massenwirkungen können gemildert werden, wenn man den Rohrleitungen größere Querschnitte als dem Kolben gibt, wodurch zwar die zu beschleunigende Masse proportional vermehrt, die Geschwindigkeit und Beschleunigung dafür in gleichem Maße vermindert wird. Bei doppeltem Querschnitt etwa bewegt sich die Wassersäule in der Leitung so, als würde sie von einem Kolben von doppeltem Querschnitte, halbem Hube und gleicher Drehzahl angetrieben. Unter diesen Umständen ist (Abschnitt V D 2) die Kolbenbeschleunigung $^1/_2$ so groß wie vorher, und da Rohrleitung und Kolben jetzt wieder gleichen Querschnitt haben, ist das Verhältnis des Massendruckes am Kolben zum Gewichtsdruck an gleicher Stelle wieder proportional der Beschleunigung, also $\frac{1}{2}$ so groß wie im vorigen Falle.

Wir erkennen daher, daß der Einfluß der Massenbeschleunigung umgekehrt proportional dem Leitungsquerschnitt ist. Die Beschleunigungsdrücke durch Vergrößerung des Rohrquerschnittes herabzusetzen, ist freilich ein teures Auskunftsmittel. Es erübrigt sich auch, da wir in den Windkesseln ein wirksameres und billigeres Abhilfsmittel haben.

Für die zwischen Windkessel und Pumpe pendelnden Wassermassen aber empfehlen sich kurze Längen und weite Querschnitte, um den nötigen Beschleunigungsdruck auf das geringste Maß zu bringen.

Die Massenstöße. Die Massenwirkung hat aber noch weit unangenehmere Folgen.

Jede Ventilbewegung leidet an dem unvermeidlichen Fehler der Schluß- und Öffnungsverspätung (späterer Abschnitt V A 2). Hierdurch wird bedingt, daß die Wassersäulen erst nach Umkehr des Kolbens zu einer Zeit vom Kolben erfaßt werden, wo dieser bereits eine endliche Geschwindigkeit erreicht hat. Er schlägt also immer auf die Wassersäule auf. Die Wirkung dieses Stoßes ist abhängig von der Stoßgeschwindigkeit, der Größe der aufeinanderstoßenden Massen und ihrer Dehnsamkeit. Ohne stoßmildernde Einflüsse würde auch bei geringer Stoßgeschwindigkeit und kleinen Massen eine zum Bruche der beteiligten Körper führende Stoßkraft entstehen. Stoßmildernd wirkt die Dehnsamkeit der Gestänge, des Pumpenkörpers und des lufthaltigen Wassers.

Immerhin ist darauf zu achten, die Faktoren der Stoßkraft, das sind die Massen und ihre Stoßgeschwindigkeit, klein zu halten. Für diese Stoßkraft ist die Höhe der Drucksäule maßgebend, weil hiervon die stoßende Wassermasse abhängig ist. Ohne die ausgleichende Wirkung der Windkessel, die eine künstliche Dehnsamkeit in die Massen hineinbringen, wäre der übliche Betrieb von Kurbelpumpen auch bei geringen Druckhöhen unmöglich.

Eine geringe Stoßgeschwindigkeit muß durch geeigneten, die Schlußverspätung beschränkenden Bau der Ventile (Abschnitt V B 2) erreicht werden.

Der Beschleunigung am Hubbeginn entspricht eine gleiche Verzögerung des Kolbens am Hubende. Wird diese größer als die Verzögerung, die ein in die Höhe geworfener Körper durch die Erdanziehung mit 10 m/sec^2 erfährt, und dies ist in unserem Beispiel mit $b = 20$ m/sec^2 der Fall, so trennt sich die Wassersäule, gegen die Kolbenbewegung voreilend, von der Kolbenfläche. Sie fällt dann, nachdem ihre Bewegungsenergie durch die Hub- und Reibungsarbeit aufgezehrt ist, zurück und zertrümmert durch ihren Massenstoß die den Stoß auffangenden Teile, in erster Linie das Druckventil und seine Umgebung. Dies würde also in unserem Beispiel einer „langsam laufenden" Pumpe ohne weiteres eintreten. Soll ein Rückfall vermieden werden, so muß die Drehzahl auf etwa $n = 40$/min erniedrigt werden. Auch kleine Überschreitungen dürften schon bei mäßigen Druckhöhen zum Bruche führen.

Eine Vergrößerung des Leitungsquerschnittes wirkt auch hier mildernd, obgleich die Masse vergrößert wird, da die Stoßwirkung dem Quadrate der Endgeschwindigkeit proportional ist. Wird also der Querschnitt verdoppelt, die Masse verdoppelt, die Stoßgeschwindigkeit halbiert, so bleibt die Massenwirkung wegen des quadratischen Einflusses der Geschwindigkeit auch halbiert.

Nach diesen Betrachtungen sind ausgleichende Windkessel für Kurbelpumpen auch bei geringen Druckhöhen unentbehrlich.

Hiermit scheint die Tatsache in Widerspruch zu stehen, daß man Gestängepumpen mit Druckhöhen bis 150 m ohne Windkessel 100 Jahre hindurch ohne diese Nachteile betrieben hat.

Die Lösung des Rätsels liegt in der anderen Tatsache, daß diese Pumpen zum größten Teile keine Kurbelpumpen, sondern kurbellose Pumpen (Abschnitt V A 3) und ihre Hubzahl und Kolbenbeschleunigung entsprechend gering waren; etwa $b = 0{,}5-2{,}0$ m/sec^2.

Es werden später (Abschnitt V D) Bestrebungen geschildert werden, Kurbelpumpen mit erhöhter Drehzahl laufen zu lassen. Es ist ersichtlich, daß die im nächsten Abschnitt zu schildernden Mittel, die Massenwirkungen zu mildern, unerläßliche Vorbedingung für einen Schnellauf sind.

Bei Kreiselpumpen sind alle diese Beschwerden unbekannt, da das Wasser in gleichmäßigem Flusse alle Leitungsteile durchfließt.

6. Die Windkessel.

Beschränkung der Massenwirkungen durch gleichmäßige Förderung. Dem Übel der Massenstöße kann nur begegnet werden, wenn es gelingt, der Hauptwassermasse in der Saug- und in der Druckleitung eine gleichmäßige Strömung zu erteilen, so daß nicht immer wieder bei jedem Hube die ganze Wassermasse beschleunigt und verzögert werden muß.

Hierzu scheint in erster Linie eine günstigere Verteilung der Förderwirkung dienen zu können, wie sie durch eine doppeltwirkende Pumpe gegeben ist. In Fig. 58 wird bei jedem einzelnen Kolbenhube gesaugt und gedrückt. Die Förderung geschieht dabei nach dem Schema der Fig. 72. Man sieht aber, daß hierdurch wohl eine günstigere Ausnutzung der Anlage, nicht aber eine Änderung der Strömungsverhältnisse erzielt werden kann. Die Förderung geschieht genau so absetzend, nur daß sich in die Lücken der Förderung des ersten Hubes der zweite Nutzhub einschiebt.

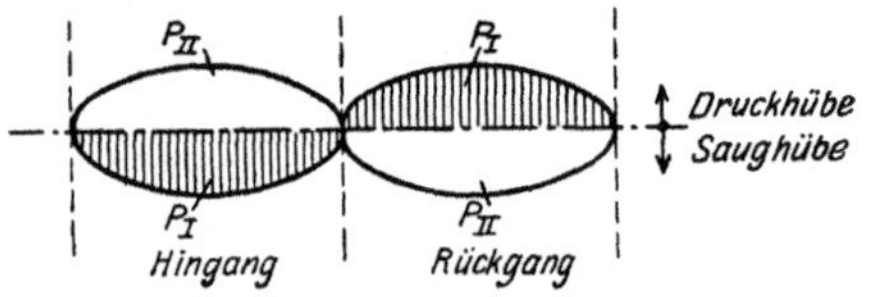

Fig. 72. Wasserlieferung einer doppeltwirkenden Pumpe.

Immerhin bietet diese Anordnung bezüglich der Gleichmäßigkeit der Ausflußmenge und der Kraftwirkung so bedeutende Vorteile, daß bei fast allen Pumpen eine solche oder ähnliche Wirkung angestrebt wird, auch bei Tauchkolbenpumpen durch mehrfache Anordnung der Kolben.

Eine Besserung der Strömungsverhältnisse kann erzielt werden, wenn man mehrfache Förderhübe anordnet und sie so gegeneinander versetzt, daß ihre Wirkungen sich zeitlich überdecken, z. B. wenn man zwei Doppelkolben in ihrem Gange um 90° gegeneinander versetzt; oder indem man drei um 120° versetzte einfache Wirkungen auf die

Leitung einwirken läßt. Die hier üblichen Anordnungen bilden den Gegenstand des Abschnittes V C 3.

Einbau von Förderspeichern. Wirksamer erweist sich der Einbau von Förderspeichern in die Rohrleitungen, die durch ihre Speicherung bewirken, daß die Pumpe stoßweise Wasser entnimmt oder liefert, während in den Außenleitungen ein mehr gleichmäßiger Zu- und Abfluß stattfindet. Diese Speicher sind bei Kolbenpumpen seit langem unter dem Namen Windkessel bekannt.

Es werden hierbei eingebaut ein Saugwindkessel an der Einmündungsstelle der Saugleitung in die Pumpe und ein Druckwindkessel beim Übergang der Pumpe in die Druckleitung. Die Speicherfähigkeit der Windkessel beruht auf ihrem Luftinhalte, der eine Veränderung des Wasserinhalts ohne große Druckschwankungen gestattet. Nur ganz selten sind die Ausgleicher nach dem Grundsatze der Kolbenraumspeicher mit Federbelastung gebaut (Fig. 73). Die Ein-

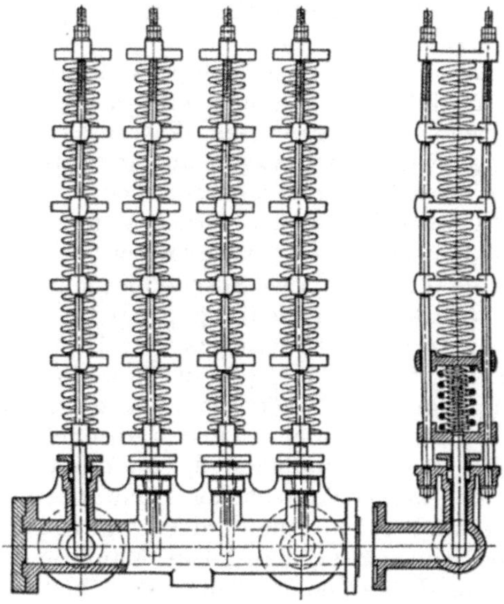

Fig. 73. Federbelasteter Akkumulator anstelle eines Windkessels. (Z. d. Ing. 1892, S. 432.)

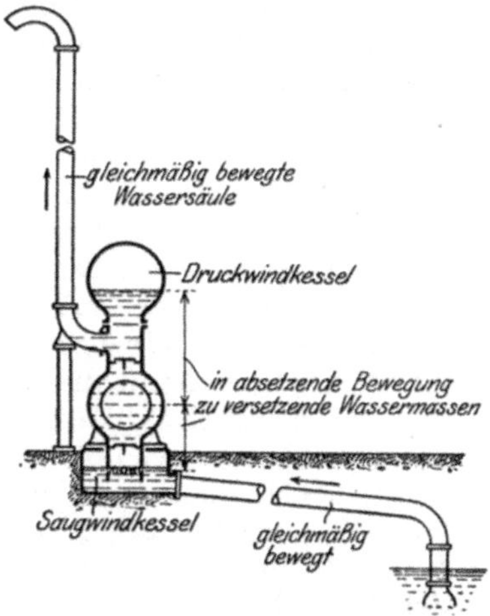

Fig. 74. Nachweis der Notwendigkeit der Windkessel.

richtung befindet sich an einer Wasserhaltungsmaschine auf Schacht Leopold I. bei Louvière für eine Teufe von 576 m. Der Speicherraum besteht aus einer Reihe von Zylindern, deren Kolben durch Federn belastet sind. Durch Zusammendrückung der Federn können die hochgehenden Kolben Wasser aufspeichern. Als Vorteil dieser Art wird angegeben, daß hier keine Bewartung wie bei Windkesseln nötig sei. Der Hub beträgt 40 mm; die Dichtung der Stopfbüchsen erfolgt durch Hanfzöpfe. Es muß fraglich bleiben, ob die Bewartung mehrerer Hochdruckstopfbüchsen bequemer ist als die eines Windkessels.

Die Windkessel (Fig. 74) sind in nächste Nähe des Pumpenraumes zu setzen, so daß ihre ausgleichende Wirkung einem möglichst großen Teil der Leitung zugute kommt. Sie bilden baulich meist einen Teil des Pumpenkörpers. Vom Pumpenraume aus führt ein kurzer Saugstutzen nach dem Wasserraume des Saugwindkessels; ein kurzes Rohrstück führt das Druckwasser nach dem Druckwindkessel. Der obere Teil der Windkessel ist mit Luft entsprechender Spannung angefüllt; in ihre Wasserräume münden die Rohrleitungen. Die kurzen Wassersäulen zwischen Pumpenraum und Windkesseln müssen die absetzende Bewegung des Kolbens mitmachen, da die beteiligten Massen aber gering sind, ist auch ihre schädliche Wirkung bezüglich Stoß und Arbeitsverbrauch gering. Diese absetzend zu bewegenden Säulen müssen so kurz wie möglich gehalten werden. Dies kann durch geeignete bauliche Ausbildung des Windkessels und seine Lage zum Pumpenraume erreicht werden. Besonders für rasch laufenden Pumpen ist dies erforderlich. Darüber einiges im Abschnitt V D 3.

Bei Wasserentnahme durch den Saughub der Pumpe sinkt der Wasserspiegel, und die Luft verliert durch Ausdehnung an Spannung, bei Wasserlieferung in den Druckwindkessel steigt sein Wasserspiegel und der Luftdruck. Strömt dem Saugwindkessel Wasser aus der Saugleitung zu, dann erhöht sich sein Druck wieder, während beim Abströmen von Wasser aus dem Druckwindkessel sein Druck sich vermindert. Der Druck in den Windkesseln schwankt daher um einen Mittelwert hin und her. Der Fluß des Wassers in den Anschlußleitungen geschieht durch den Überdruck in der Bewegungsrichtung des Wassers. Der Saugwindkessel muß daher unter einem Unterdruck, der Druckwindkessel unter einem Überdruck stehen. Die Größe der jeweiligen Überdrücke bestimmt die Beschleunigung und Verzögerung, also die Geschwindigkeitsschwankung in den Leitungen. Wir haben in den Anschlußleitungen keine gleichbleibende Wassergeschwindigkeiten, sondern ein den Druckschwankungen in den Windkesseln entsprechendes Schwanken. Je größer der Luftinhalt der Kessel im Vergleich zur Fördermenge eines Hubes ist, desto geringer werden die Schwankungen ausfallen. Man wählt den Luftinhalt etwa 10—20mal dem Hubraume des Kolbens. Alsdann sind die Geschwindigkeitsschwankungen in den Leitungen ungefährlich.

Die eingangs erwähnten Bestrebungen, eine größere Gleichmäßigkeit der Förderung durch eine doppeltwirkende Pumpe zu erzielen, werden erst durch die Windkessel fruchtbar für eine gleichmäßige Wasserströmung in den Leitungen. Wird während jedes einzelnen Hubes Wasser in den Windkessel gefördert, dann wird die Zahl der Schwankungen vergrößert, ihre Größe aber vermindert.

Wir finden daher immer beide Mittel im Verein angewandt.

Der Einbau von Windkesseln ist um so nötiger, je größer die Kolbenbeschleunigung ist und je länger die Anschlußleitungen sind. Der Einbau von Windkesseln ermöglicht eine größere Saughöhe, indem die treibende Kraft des Luftdruckes nicht so sehr zur Beschleunigung großer Wassermassen verbraucht wird.

Die Bedienung der Windkessel. Die Wirksamkeit der Windkessel hängt von der Größe ihres Luftinhaltes ab.

Die Luft im Saugwindkessel steht unter dem geringen Drucke, der diesem höchsten Punkte der Saugleitung zukommt. Der Saugwindkessel ist ein im höchsten Punkte der Saugleitung absichtlich eingeschalteter Luftsack von großem Raume. In ihm sammelt sich alle aus dem Saugwasser abgeschiedene Luft an. Der Druck erhöht sich allmählich, und der Wasserspiegel sinkt, bis er die untere Begrenzung des Saugrohres erreicht. Beim nächsten Saughube wird dann das Saugrohr bloßgelegt, und die Pumpe saugt eine große Menge Luft an, was zu den im Abschnitt IV C 4 geschilderten Störungen in Pumpe und Leitung führt. Um das plötzliche Absaugen großer Luftmengen zu vermeiden, sind im Saugrohre oberhalb des unteren Randes kleine Löcher vorhanden, durch die die Pumpe, wenn der Wasserspiegel bis hier gesunken ist, die Luft in kleinen unschädlichen Mengen absaugt. Der Wasserspiegel hält sich dann dauernd in der Nähe dieser Löcher.

Die unschädliche Absaugung der überschüssigen Luft des Saugwindkessels geschieht selbsttätig. Manchmal ist auch ein Wasserstandsglas zur Beobachtung des Saugwasserspiegels angebracht und eine Strahlpumpe, durch die nach Bedarf die Luft aus dem Saugwindkessel abgesaugt wird. Zum Betriebe dieses Saugers kann bei Dampfantrieb Dampf, bei anderer Betriebskraft Druckwasser aus der Steigeleitung verwendet werden.

Aus dem Druckwindkessel verschwindet die Luft stetig, da sie unter höherem Drucke mit dem Wasser in Berührung steht. Sie löst sich im Wasser und wird auch mechanisch durch das strömende und wirbelnde Wasser mitgerissen. Die ihm aus dem Saugwindkessel durch die Pumpe zugeführte Luft ist erfahrungsgemäß nicht imstande, diesen Verlust zu ersetzen.

Es muß daher Luftzufuhr zum Druckwindkessel stattfinden.

Bei einzelnen Pumpen mit nicht zu hohem Drucke geschieht diese Zufuhr auf einfache Weise durch Schnüffelventile, Fig. 75. Ein Schnüffelventil ist ein kleines, sich nach dem Pumpenraum öffnendes Ventil, das eine Verbindungsöffnung zwischen Pumpenraum und Außenluft überdeckt. Während des Saughubes läßt es Luft in den Pumpenraum einströmen, die durch den Druckhub in den Druckwindkessel ausgestoßen wird. Der Hub des Schnüffelventiles kann dem Bedarfe entsprechend eingestellt, auch das Ventil ganz festgestellt werden. Das Schnüffelventil ist ein kleines, dem Saugventil parallel geschaltetes Luftsaugeventil.

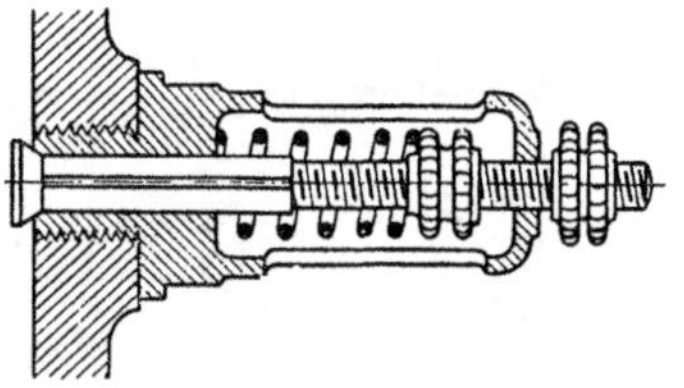

Fig. 75. Schnüffelventil mit einstellbarem Hube. (Hartm. Kn. B.)

Das Luftsaugen kann auch durch die unter Unterdruck stehende Saugleitung oder den Saugwindkessel geschehen. Es wird an einem dieser Teile ein einstellbares, nach der Außenluft führendes Ventil angesetzt, das die Luft in stetigem Strome dem Saugwasser beimengt.

Bei größeren Pumpen und hohen Drücken ergibt das Schnüffeln einen unruhigen Gang; auch bleibt es wirkungslos, da ein beträchtlicher Teil der Luft vom Wasser verschluckt wird und im Druckwindkessel nicht zur Ausscheidung gelangt. Das Schnüffeln beeinträchtigt auch die Saughöhe.

Einen handgesteuerten Apparat zum Einlassen von Druckluft in den Druckwindkessel von Ehrhardt & Sehmer, G. m. b. H., Schleifmühle, zeigt Fig. 76. Der Schleusenwindkessel S kann aus der Druckleitung durch F mit Wasser gefüllt werden. Wird dies Wasser durch A abgelassen, wobei F geschlossen und das nach außen mündende Luftventil B offen ist, dann füllt sich der Kessel mit atmosphärischer Luft. Hierauf wird A und B geschlossen, F geöffnet und durch Einfluß von Druckwasser die Luft auf eine Pressung gebracht, die höher ist als die Luftpressung im Windkessel, da der Schleusenwindkessel tiefer liegt als der Wasserspiegel im Druckwindkessel. Wird alsdann L geöffnet, so strömt die Druckluft nach den Windhauben über, und Wasser fließt aus der Druckleitung nach, bis der Schleusenwindkessel mit Wasser gefüllt ist. Alsdann wird L verschlossen und der Vorgang nach Bedarf wiederholt.

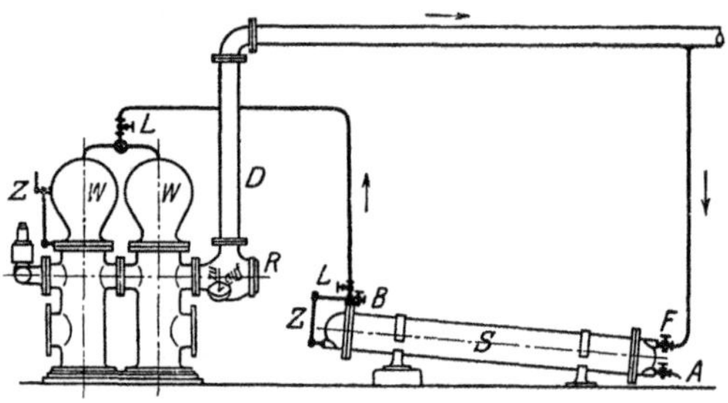

Fig. 76. Luftschleuse zum Belüften des Druckwindkessels. (Ehrhardt & Sehmer.)

Durch den Luftfüller, Fig. 77, wird eine vom Wasser gesonderte Abführung der durch den Pumpenkolben angesaugten und fortgedrückten Luft bewirkt. Sie kann daher vom Wasser nur in geringer Menge verschluckt werden und kommt sicher im Windkessel zur Wirkung. Der Füller hat ein Saugventil b und ein Druckventil c nach dem Windkessel. Er wird mit dem unteren Stutzen auf den Pumpenraum gesetzt. Wird durch die Öffnung des Hahnes der Füller mit dem Pumpenraume verbunden, dann wird während des Saughubes Luft durch b angesaugt und während des Druckhubes durch c ausgestoßen. Die Kraftvermittelung geschieht durch das in das Ge-

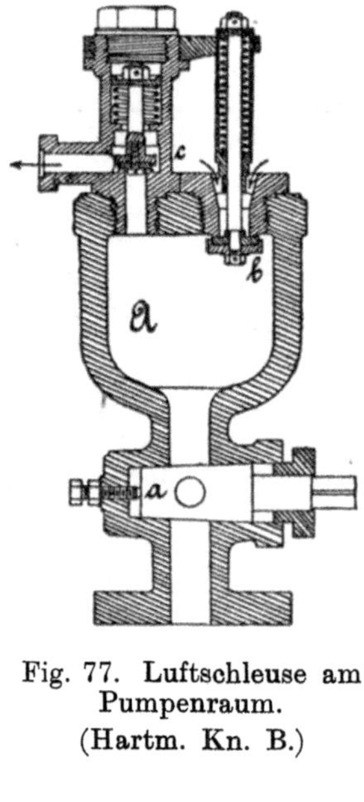

Fig. 77. Luftschleuse am Pumpenraum. (Hartm. Kn. B.)

fäß A übertretende Pumpenwasser. — Daß die Luft genügende Pressung erhält, um mit Sicherheit in den Windkessel überzutreten, hat seinen Grund darin, daß der auf die zu fördernde Luft einwirkende Wasserdruck größer ist als der Druck im Windkessel, da der Wasserspiegel im Windkessel höher liegt als der Luftfüller.

Um eine völlige Trennung zwischen Wasser und Luft zu erreichen, ordnet die Akt.-Ges. Gebr. Körting in Linden-Hannover einen besonderen, vom Pumpenwasser betätigten Kolben an, der Wasser und Luft trennt und auf der Wasserseite eine größere Druckfläche besitzt als auf der Luftseite, Fig. 78, DRP. 244 589, 1912. Durch die einstellbare Öffnung a empfängt die größere Seite des Stufenkolbens e die Saug- oder Druckspannung des Pumpenraumes, so daß er sich im Takte des Kolbenhubes bewegt. Seine kleinere Seite läuft in einem Zylinder, dessen Deckel ein Luftsaug- und Druckventil enthält. Durch die Bewegung des Luftkolbens wird Luft angesaugt und in den Windkessel gedrückt. Infolge der Verschiedenheit der Druckflächen des Stufenkolbens kann der nötige Luftdruck mit Sicherheit erreicht werden. Nach dem Ringraume f durchtretendes Wasser fließt durch g ab. Die durch die Ringfläche bewirkte Luftbewegung wirkt dämpfend auf den Kompressorkolben.

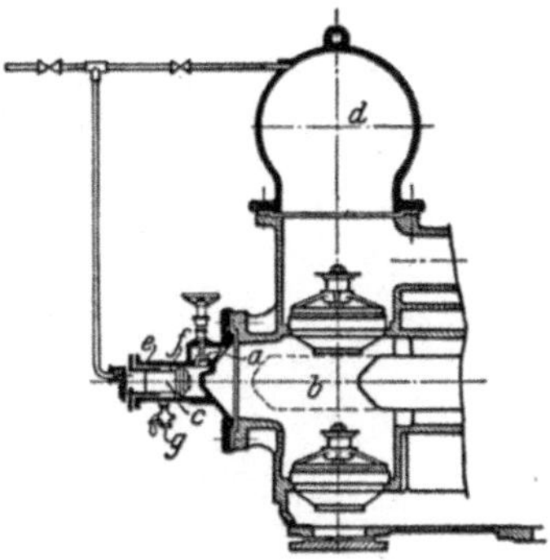

Fig. 78. Belüftung des Druckwindkessels nach Gebr. Körting.

Die vorbeschriebenen Belüftungsarten eignen sich nur für mäßige Förderhöhen. Für große Förderhöhen, wie bei Wasserhaltungsmaschinen, ist es nötig, die Druckluft durch einen gesonderten Luftpresser zu erzeugen. Dieser Luftpresser kann von der Pumpe mit angetrieben werden. Er unterscheidet sich dann nicht wesentlich, außer etwa durch zweistufige Arbeitsweise, von den beschriebenen Arten, indem seine Wirkung nur während des Ganges der Pumpe zur Verfügung steht. Der handgesteuerte Schleusenfüller kann auch vor dem Betriebe der Pumpe in Tätigkeit treten, wenn Druckwasser in der Druckleitung vorhanden ist.

Bei Pumpen mit großer Druckhöhe ist es nötig, vor dem Ingangsetzen für genügende Luft im Druckwindkessel zu sorgen. Dies gilt besonders für rasch laufende Pumpen mit großer Kolbenbeschleunigung. Wenn die Pumpe ganz langsam in Betrieb gesetzt werden und eine genügende Zeit mit geringer Drehzahl laufen könnte, wäre eine Auffüllung durch die Pumpe selbst denkbar. Die elektrisch angetriebenen Pumpen laufen aber sehr rasch auf ihre normale Drehzahl hinauf.

Es ist daher ein durch eine unabhängige Kraftmaschine angetriebener Luftpresser zu empfehlen, der für hohe Drücke zwei- bis dreistufig ausgeführt werden muß und meist elektrisch angetrieben wird.

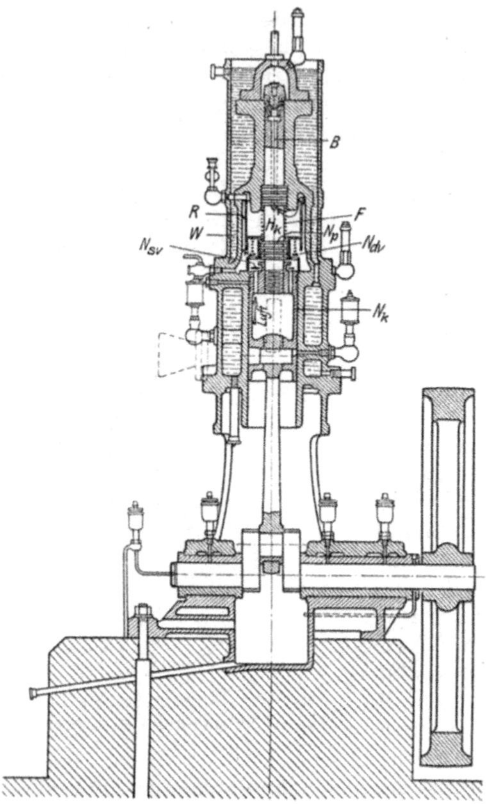

Fig. 79. Zweistufiger Luftpresser zur Belüftung der Druckwindkessel. (Ehrhardt & Sehmer.)

Fig. 79 zeigt einen Schnitt durch einen zweistufigen Luftpresser (Ehrhardt & Sehmer).

Beim Niedergang des Niederdruckkolbens N_k tritt die angesaugte Luft durch die Höhlung des unten offenen Kolbens und durch das auf dem Kolben sitzende Niederdrucksaugventil N_{sv} in den Niederdruckzylinder ein und wird beim Kolbenaufgang durch das Druckventil N_{dv}. und den durch den Wassermantel W gekühlten Ringraum R nach der Bohrung B im Hochdruckkolben H_k übergeführt. Von hier aus gelangt die Luft in ähnlicher Weise durch die dem Hochdruckkolben sitzenden Saugventile und durch die im Zylinderdeckel befindlichen Druckventile nach der Druckleitung. Der Hochdruckkolben bildet eine stangenartige Verlängerung des Niederdruckkolbens. Er durchdringt die Sitzfläche des Niederdruckdruckventils und wird hier durch die Packung N_p abgedichtet.

7. Die erreichbare Saughöhe.

Der äußere Luftdruck hält einer ruhenden Wassersäule von 10 m Höhe das Gleichgewicht. Dabei wirken auf den Querschnitt im Unterwasserspiegel von oben das Wassergewicht mit 1 kg/qcm, von unten der Luftdruck mit 1 kg/qcm. Im Betriebe treten andere Kräfte und Widerstände hinzu. Ist im Scheitel der Saugleitung Luft vom Drucke 0,n atm enthalten — durch Undichtheit und Abscheidung — so wirkt ihr Druck mit dem Wassergewichte in gleicher Richtung, und die ruhend getragene Wassersäule beträgt: 10 — n m.

Bei heißem Wasser bildet sich im Scheitel oder zwischen Pumpenkolben und Saugsäule Wasserdampf von einem der Temperatur des Wassers entsprechenden Drucke, z. B. bei 65° von 0,25 atm, alsdann ruhende Saughöhe nur 10 — 2,5 = 7,5 m.

Die bewegte Saugwassersäule erleidet Druckverluste, deren Größe nach Erfahrungswerten aus der Gestaltung der Leitung und der Wassergeschwindigkeit errechnet werden kann. Um diese Größe muß die Saughöhe vermindert werden, um die bewegende Kraft zu schaffen. Das Wasser ruht im Unterwasser und muß auf die Geschwindigkeit des Saugwassers beschleunigt werden. Der hierzu nötige Druck kann nach der Größe der Beschleunigung berechnet werden. Er muß ebenfalls durch Verkürzung der Saughöhe gewonnen werden. Die wirklich erreichbare Saughöhe ist daher immer wesentlich kleiner als 10 m und je nach den Umständen sehr verschieden. Für gewöhnliche Verhältnisse nimmt man 8 m als größte Saughöhe an. Unter Berücksichtigung der Wassertemperatur läßt sich aus Fig. 80 die praktische Saughöhe ablesen (nach Weise & Monski, Halle).

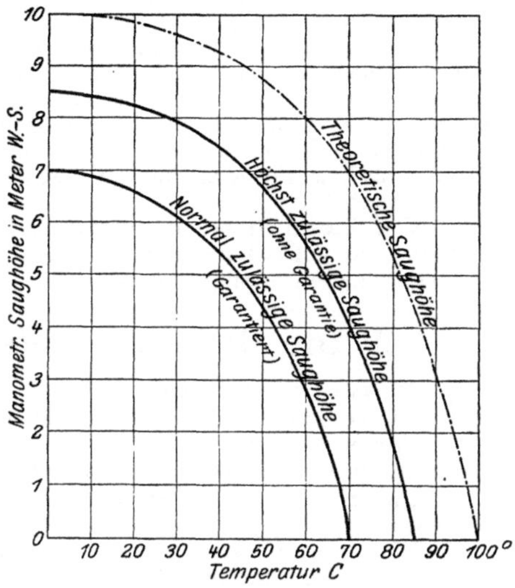

Fig. 80. Erreichbare Saughöhe beim Ansaugen heißen Wassers. (Weise & Monski.)

Zur Vergrößerung der Saughöhe müssen alle die erwähnten Verluste an Saughöhe vermindert werden durch Dichtheit aller Teile, gute kurze Führung der Saugleitung, kaltes Wasser, geringe Sauggwassergeschwindigkeit und geringe Beschleunigung durch Einbau genügender Windkessel.

D. Die Ordnungen der Maschinen zur Wasserhaltung.

1. Die Bedeutung der Ordnungen.

Die Arbeitsmaschinen zur Wasserhebung lassen sich nach den verschiedensten Gesichtspunkten einteilen. Die einzelnen Ordnungen kreuzen sich dabei derart, daß jede Unterart einer Gruppe für sich wieder eine Teilung nach den anderen Ordnungen vornehmen kann. Ähnliches gilt für die Aufstellungen der Antriebsmaschinen, bei denen, da die Antriebsmaschine sich der Art der Arbeitsmaschine anzupassen strebt, ähnliche Ordnungen auftreten wie bei den Arbeitsmaschinen. Bei dem Zusammenarbeiten der Antriebsmaschine mit der Arbeitsmaschine treten zu den bis dahin aufgezeigten Gesichtspunkten noch neue hinzu, indem ungleichartige Antriebs- und Arbeitsmaschinen zusammentreten können, und da als neues Glied die Kraftübertragung von der Antriebsmaschine auf die Arbeitsmaschine hinzutritt. Ferner tritt hier der Verwendungszweck der Wasserhaltung schärfer hervor, so daß sich neue Einteilungsgründe für die Ordnungen ergeben. Eine gewisse Schwierigkeit bereiten auch diejenigen Sonderformen, die eine räumlich sehr enge Zusammenfassung einer Antriebs- und Arbeitsmaschine darstellen, da hier eine Sonderung der Anteile erkannt werden muß, um die Formen richtig einzureihen. Der Zweck dieser ordnenden Zusammenstellung ist der, einen Überblick über die Eigenart der einzelnen Formen zu geben, der nur durch den zusammenstellenden Vergleich gewonnen werden kann. Ein tieferes Verständnis der einzelnen Form kann nie durch ihre abgesonderte Betrachtung, sondern nur durch Erkenntnis ihrer Stellung zum Ganzen erreicht werden, da nur dieses Bestreben der Einreihung zwingt, das Wesen der Form zu ergründen. Bei der späteren Besprechung der einzelnen Gruppen ergibt sich wieder eine außerordentliche Fülle einzelner Formen, über die ebenfalls nur eine Ordnung Herrschaft erlangen kann.

Von diesem Standpunkte aus mögen die folgenden Aufstellungen gewertet werden. Ihr volles Verständnis freilich kann erst durch die folgende Betrachtung der Einzelheiten erlangt werden.

2. Die Ordnungen der Arbeitsmaschinen.

Es lassen sich trennen nach der Arbeitsweise:

1. Absetzend arbeitende; Kübel und Windwerk, Kolbenpumpe und ihre Sonderformen.
2. Stetig arbeitende; Kreiselpumpe, Strahlpumpe, Auftriebsförderung.

Dieser Unterschied ist abgründig. Er findet sich bei den Antriebsmaschinen wieder.

Die absetzend arbeitenden Maschinen sind alle verwickelt in ihrem Aufbau und können selbsttätiger oder gesteuerter Schaltungen nicht entbehren. Die absetzende Bewegung ihrer massigen Glieder führt zu Stoßwirkungen, die größere Betriebsgeschwindigkeiten nicht erreichen lassen. Der Reichtum ihrer bewegten, der Abnutzung unterliegenden, der Bewartung bedürfenden Glieder verringert ihren Wert in dem Urteil des Betriebsbeamten. Sie werden geduldet, wenn ihre Wirtschaftlichkeit höher ist als die der wettbewerbenden Formen; sie werden verschwinden, wenn ihre höhere Wirtschaftlichkeit nicht mehr unangezweifelt ist.

Die stetig arbeitenden Maschinen sind, einmal in Betrieb gesetzt, frei von jeder Massenwirkung und arbeiten daher zum Teil mit außerordentlich hoher Betriebsgeschwindigkeit. Ihr Bau ist einfach und fast frei von Teilen, die dem Verschleiße ausgesetzt sind und der Bewartung bedürfen. Ihre Anlagekosten sind wesentlich geringer, doch ihre Wirtschaftlichkeit wegen ihres geringeren Wirkungsgrades meist geringer, manchmal sehr gering. Ihre besonderen Eigenschaften machen sie in einzelnen Fällen allein brauchbar. Sie erfreuen sich großer Wertschätzung und sind auf dem Wege, die Formen der ersten Gruppe zu verdrängen.

Nach der Bauform:

1. Kolbenpumpen } gängige Formen der Wasserhebung mit mechanisch
2. Kreiselpumpen } eingeleitetem Antriebe.
3. Strahlpumpen } für Sonderzwecke, mit unmittelbarem Antriebe durch Druckwasser.
4. Auftriebspumpen (Mammutpumpe) } für Sonderzwecke, mit unmittelbarem Antriebe durch Druckluft.

Sonderformen der Kolbenpumpe:

1. Dampfdruckpumpe oder Pulsometer; enge eigenartige Verbindung einer nach Art der Kolbenpumpe wirkenden Pumpe mit ihrem Dampfantriebe.
2. Luftdruckpumpe; ähnlich wie 1, mit Antrieb durch Druckluft.

Die planmäßige Behandlung der vielgestaltigen Kolbenpumpe erfolgt später (Abschnitt V C, D u. VII A); desgleichen die der Kreiselpumpe (Abschn. VI C), die im übrigen in ihren verschiedenen Ausführungen kaum Formunterschiede im äußeren und inneren Aufbau aufweist.

Strahlpumpe und Auftriebspumpe sind einfachster Art. VII C und D.

3. Die Ordnungen der Antriebsmaschinen.

Nach der Arbeitsweise:

1. Absetzend arbeitende; alle Kolbenmaschinen, wie Dampfmaschinen, Gasmaschinen, hydraulische Maschinen.
2. Stetig arbeitende; Dampfturbinen, Wasserturbinen, Elektromotoren.

Die Kolbenantriebsmaschinen eignen sich zum natürlichen Antrieb der Kolbenpumpen. Sie weisen zwangsweise Steuerung des Kraftmittels auf und sind im übrigen wie alle Kolbenmaschinen zu werten.

Die Dampfturbinen sind ausgezeichnet durch hohe Umdrehzahlen, so daß sie sich nur für den Antrieb der Kreiselpumpen eignen. Die Elektromotoren zeichnen sich ebenfalls durch hohe Umdrehzahlen aus, und zu ihnen paßt als Arbeitsmaschine die Kreiselpumpe. Ihre Vorzüge für Wasserhaltungen liegen auf dem Gebiete der Energieübertragung, in welcher Beziehung sie allen anderen Antriebsmaschinen überlegen sind.

Sie werden auch zum Antriebe der Kolbenpumpen verwendet. Alsdann muß ihre Drehzahl entsprechend niedrig gewählt und ihre Drehbewegung durch einen Kurbeltrieb in die nötige absetzende Bewegung umgewandelt werden. Ihre Verwendung geschieht in diesem Falle, um die Vorzüge der elektrischen Energieübertragung mit der höheren Wirtschaftlichkeit der Kolbenpumpe zu vereinigen. Um die für Elektromotoren vorteilhafte hohe Drehzahl zu erlangen, hat man sich lebhaft bemüht, Kolbenpumpen mit großer Hubzahl zu bauen.

Nach dem Energiemittel:

1. Antrieb durch Dampf; Kolbendampfmaschine und die Sonderform Pulsometer; Dampfturbinen.
2. Antrieb durch Druckluft; Druckluftmaschinen, unmittelbare Einwirkung der Druckluft auf das Wasser, Auftriebspumpe; Luftstrahlpumpe.
3. Antrieb durch Druckwasser; hydraulische Kolbenmaschinen, Wasserstrahlpumpen.
4. Antrieb durch Elektrizität; Elektromotoren.

Der Antrieb durch Dampf umfaßt die größten Gegensätze der Wasserhaltung, indem die Antriebsmaschine ober Tage oder unter Tage aufgestellt werden kann. Im ersteren Falle ergibt sich die ältere Gestängewasserhaltung, im zweiten Falle die unterirdische Dampfwasserhaltung. Als Aushilfe für vorhandene Kolbendampfmaschinen sind in mehreren Fällen Dampfturbinen mit Kreiselpumpen eingebaut worden, wodurch ein noch größerer Gegensatz im Gebiete des Dampfantriebes gegeben ist.

Die übrigen Energiemittel sind alle nur für unterirdischen Antrieb verwendet worden, da sie der vorteilhaften unterirdischen Verwendung keine Schwierigkeiten bereiten. Druckluft ist unwirtschaftlich, Druckwasser beschwerlich. Sie haben dem Dampfe nie großen Abtrag getan. Die Elektrizität verdrängt den Dampf, der mehrfache Nachteile in der Grube besitzt.

Nach der Art des Energieflusses im Schachte:

1. Durch mechanische absetzende Bewegung. Gestängewasserhaltung.
2. Durch gleichmäßigen Fluß des massigen Wassers. Hydraulische Wasserhaltung.
3. Durch gleichmäßigen Fluß des massearmen Dampfes, Luft. Dampfwasserhaltung.
4. Durch gleichmäßigen Fluß der masselosen Elektrizität. Elektrische Wasserhaltung.

Der ungünstigste Antrieb ist zweifellos der durch die absetzende Bewegung massiger Gestänge, durch dessen Nachteile der Vorteil, die empfindliche Antriebsmaschine ober Tage außer Gefahr des Ersaufens aufstellen zu können, teuer erkauft wird. Neuerdings ist es durch die Kreiselpumpe möglich geworden, bei Teufen bis 20 m einen obertägigen Antrieb durch eine drehende, von Massenwirkungen freie Welle auf die untertägige Arbeitsmaschine zu übertragen.

Die Vorteile der übrigen Energieformen gründen sich auf ihre gleichmäßigere Kraftströmung und ihre geringere Masse. Das Druckwasser ist noch mit großer Masse behaftet, die aber durch die angestrebte gleichmäßige Strömung unschädlich wird. Die durch Kraftwasser angetriebenen Kolbenmaschinen arbeiten stoßend; es muß daher ein gleichmäßiger Kraftwasserfluß durch Nebeneinanderarbeiten mehrerer Maschinen mit versetzter Wirkungszeit erreicht werden.

Dampf und Luft sind ohne weiteres praktisch masselos und die absetzende Arbeit ihrer untertägigen Verbraucher ohne Nachteile.

Der Elektromotor bedingt einen völlig gleichmäßigen Fluß des ohnedies masselosen Energieträgers.

Der angestrebte gleichmäßige Kraftfluß ist nur im Beharrungszustande der Arbeitsübertragung vorhanden. Beim Anlassen und Abstellen der Leistung treten vorübergehende Störungen auf, die durch geeignete Maßnahmen auf ein unschädliches Maß herabgedrückt werden müssen. Die Störungen zeigen sich an den Maschinen selbst und in der Kraftleitung. Sie sind bei den verschiedenen Energieformen verschiedener Art, aber überall, auch bei der elektrischen Energie vorhanden. Sie werden später bei den einzelnen Energieformen behandelt werden.

4. Die Ordnungen der Wasserhaltungen.

Nach der Verwendung.

1. Ständige Hauptwasserhaltung, zur Hebung des ständig zufließenden und im Sumpfe gesammelten Grubenwassers.
2. Spülwasserhaltung, zur Hebung des Kreislaufwassers des Spülversatzes; nur während des Einspülens tätig; meist mit der Hauptwasserhaltung vereinigt.
3. Nebenwasserhaltung, zur Hebung im Felde verstreuter Wassersammlungen aus Tiefen, die nicht mit dem Schachte durchschlägig sind.
4. Sicherheitswasserhaltung, zur Ergänzung oder zum Ersatze der Hauptwasserhaltung in Notfällen. Alte in Aushilfe stehende Gestängewasserhaltungen, Fördermaschine mit Kübeln.
5. Abteufwasserhaltung, nur zur Zeit des Abteufens tätig.

Die ständige Hauptwasserhaltung bildet den Hauptgegenstand vorliegender Arbeit. Sie hat eine lange und ehrenvolle Entwicklung bis zu den heutigen Formen durchgemacht. Die Spülwasserhaltung trat erst am Ende der Entwicklung der Wasserhaltungen auf und zeigt, wenn sie von der Hauptwasserhaltung gesondert auftritt, deren neueste Formen. Sie bietet nur Besonderes in der nötigen Aufbereitung des Spülwassers, ehe es den Pumpen zugeführt wird (Abschnitt II C 3 und 4). Die Nebenwasserhaltungen waren immer untergeordnet, und ihre Besonderheit liegt in der Wahl der Energieform, die sich zur Leitung in langen Strecken eignen muß. Mechanische Energieform und Dampf sind dabei so gut wie ausgeschlossen, Druckluft möglich, aber unwirtschaftlich, Elektrizität im allgemeinen einwandfrei und neuerdings mehrfach angewandt.

Sicherheitswasserhaltungen sind selten vorhanden; man wird sie nur dort finden, wo Wassereinbrüche nicht durch bergtechnische Maßnahmen mit Sicherheit vermieden werden können, vgl. Abschnitt X A 3.

Die Abteufwasserhaltungen fallen wegen ihrer besonderen Aufgabe und der dieser angepaßten Formen gänzlich aus dem Rahmen der heutigen Formen der ständigen und fest eingebauten Wasserhaltungen heraus. Das war nicht immer so. Das Abteufen der Schächte geht dem unterirdischen Abbaubetriebe voraus und bedarf einer leistungsfähigen Wasserhaltung, die nach Fertigstellung des Schachtes imstande ist, die ganze oder einen Teil der Grubenwasserhaltung zu übernehmen. So war die Abteufpumpe in ihrer Gestaltung als Gestängepumpe der Vorgänger und das Vorbild der Wasserhaltung überhaupt. Heute hat der unterirdische Antrieb und insbesondere der elektrische zu einer vollständigen Trennung der Formen und Verwendungen für die Zwecke des Abteufens und der Grubenwasserhaltung geführt. Abschnitt IX gibt das Nötigste über Abteufwasserhaltung.

Nach dem Grade der Sicherheit.

1. Durch Hochwasser nicht störbare; mit oberirdischem Antriebe (Gestängepumpen, Welle, Fördermaschine), mit unterirdischem hydraulischen Antriebe.
2. Durch Hochwasser störbare; alle unterirdischen Antriebe, mit Ausnahme des hydraulischen; der Antrieb durch Druckluft kommt für große Wasserhaltungen nicht in Frage.

Die erwähnten Unterschiede sind tiefgehend. Die Praxis hat sich vorwiegend für unterirdischen Dampf- und neuerdings für elektrischen Antrieb entschieden. Beide Antriebe sind durch Hochwasser störbar. Man nimmt diesen schweren Nachteil ihrer sonstigen Vorzüge wegen in Kauf und sucht die Maschinenräume vor der Überflutung zu schützen, so daß der Nachteil der Störbarkeit nicht wirksam wird (Abschnitt X B 3).

Die im vorigen Absatz erwähnten Sicherheitswasserhaltungen verdienen diesen Namen nur, wenn sie der Gruppe der nicht störbaren Anordnungen zugehören.

Nach der Aufstellung des Antriebes.

1. Obertägige oder Gestängewasserhaltungen, meist mit Dampf-, seltener hydraulischem Antriebe.
2. Unterirdische Wasserhaltungen, mit Dampf-, Druckwasser- oder elektrischem Antriebe.

Nach der Energieform:

1. Gestängewasserhaltung.
2. Dampfwasserhaltung.
3. Hydraulische Wasserhaltung.
4. Elektrische Wasserhaltung.

Unter Dampfwasserhaltung versteht man durchweg die unterirdischen Dampfwasserhaltungen, während die oberirdischen Dampfwasserhaltungen als Gestängewasserhaltungen bezeichnet werden. Der Unterschied der Arten ist im gleichlautenden Abschnitte der Antriebsmaschinen erörtert worden.

Fünfter Teil.

Die Kolbenpumpen.

A. Das Ventilspiel der Kolbenpumpen.

1. Ventil und Kolbenpumpe.

Die Ventile haben die Aufgabe, den Pumpenraum abwechselnd mit einem der Räume, Saug- oder Druckraum, zu verbinden unter gleichzeitigem Abschluß von dem anderen.

Die Bewegung der Ventile geschieht meist selbsttätig durch die wechselnden Spannungen im Arbeitsraume, die je nach der Hubrichtung des Kolbens größer als die Spannung im Druckrohr — Druckhub — oder kleiner als die Spannung im Saugrohr — Saughub — sind.

Die Ventile werden durch den vordringenden Wasserstrom, der durch jene Druckwechsel bedingt ist, geöffnet, durch Feder- und Gewichtskraft beim Nachlassen des Stromes dem Sitze wieder genähert und durch die rückfallende Wassersäule gänzlich geschlossen. Dieser Schluß erfolgt häufig mit einem gefahrdrohenden Schlage.

Das Saugventil öffnet sich nach dem Pumpeninnern, das Druckventil nach außen.

Die Bewegung des Pumpenkolbens bewirkt die besagten Druckänderungen im Pumpenraume und dadurch die Bewegung von Wasser und Ventil. Diese Druckänderungen können aber nur eintreten, wenn eines der Ventile bereits geschlossen ist. So ist etwa die Druckwirkung beim Vorhub des Kolbens erst möglich, nachdem sich das Saugventil am Ende des Saughubes oder zu Anfang des Druckhubes geschlossen hat. Das Saugventil soll aber bis Ende des Saughubes das Saugwasser durchlassen. Sein Schluß zu Ende des Saughubes ist also unmöglich. Es schließt sich bei Kurbelpumpen nach der Erfahrung mit Stoß im ersten Teile des Druckhubes. Erst nach Schluß des Saugventiles kann der zur Öffnung des Druckventiles führende Überdruck im Pumpenraume erzeugt werden.

Die Öffnung des einen Ventiles ist also durch den vorherigen Schluß des anderen bedingt. Hingegen geschieht der Schluß der Ventile unabhängig voneinander.

Die Sachlage ist hiernach verwickelt: Das Spiel der Ventile ist voneinander abhängig; ihr Öffnen und ihr Schluß ist von den Druckänderungen im Pumpenraume und den äußeren Belastungskräften abhängig, während diese Druckänderungen ihrerseits auf der Ventilbewegung beruhen, so daß eine gegenseitige Abhängigkeit besteht, die es bis heute unmöglich gemacht hat, das freie Ventilspiel zu leiten, während die Versuche, es zwangsweise zu beherrschen, gescheitert sind (Abschn. V B 5).

Obgleich die Pumpe eine uralte Maschine ist, hat man erst in jüngster Zeit klare Anschauungen über die Bewegung der freigängigen Pumpenventile der Kurbelpumpen gewonnen und ihre Ursache erkannt. Besondere Verdienste haben sich hier erworben: Westphal, Z. Ver. deutsch. Ing. 1893, S. 381, und nach ihm O. H. Mueller jun. in seinem Buche: „Das Pumpenventil" (Leipzig b. A. Felix 1900).

Das Verständnis für die Ventilbewegung wird durch die Erscheinung der „Verdrängerwirkung" des Ventiles erschlossen, die von Westphal zuerst bemerkt wurde. Sie läßt erkennen, daß die in der Praxis trotz aller Verbesserungsbemühungen beobachteten ungünstigen Abweichungen der wirklichen Ventilbewegung von einer angestrebten Bewegung eben das ureigene Wesen der Ventilbewegung ausmachen und durch geeignete Maßnahmen wohl vermindert, aber nicht beseitigt werden können. Auch läßt sie die richtigen Wege zu diesem Ziele erkennen.

Der nächste Abschnitt 2 behandelt die als möglich gedachte ideale Ventilbewegung, die Verdrängerwirkung des Ventiles und ihre schädlichen Folgen bei der Kolbenpumpe mit Kurbeltrieb. Die Ventilbewegung der kurbellosen Pumpen erweist sich anders und günstiger. Die Anwendung kurbelloser Pumpen bleibt heute hinter der der Kurbelpumpen wesentlich zurück. Immerhin finden sie Anwendung als Dampfpumpen unter dem Namen: Duplexpumpen und als hydraulische Wasserhaltungsmaschinen. Die alten Gestängewasserhaltungsmaschinen waren vorwiegend schwungradlos. Abschnitt V A 3 bringt daher eine kurze Betrachtung der Ventilbewegung solcher Pumpen. Über gesteuerte Ventile vgl. Abschn. V B 5.

Die Ventile sind der wichtigste Teil der Kolbenpumpe. Ihr Spiel ermöglicht erst die Arbeit der Pumpe. Ihre Lage und Größe bestimmen die Form des Pumpenkörpers. Sie sind der empfindlichste Teil der Pumpe und bedürfen einer sorgfältigen Überwachung und öfteren

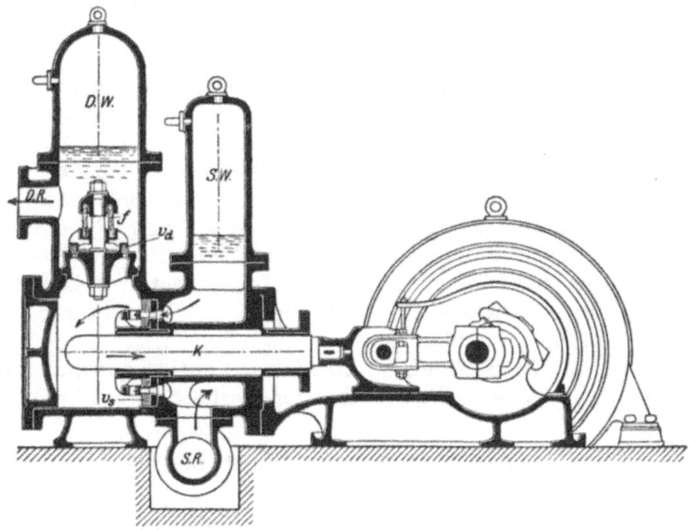

Fig. 81. Pumpe mit stehendem Druck- und hängendem Saugventil.

Nacharbeitens bzw. Erneuerns. Sie sind daher zugänglich einzubauen und leicht auswechselbar zu gestalten. Auf besondere Zugänglichkeit ist zu achten, wenn häufigere Störungen in den Ventilen zu erwarten sind. Dies ist der Fall bei unreinem Wasser, dessen feste Körper sich im Ventilspalt festklemmen und den Schluß verhindern können. Scharfkörniger Sand schleift die Dichtungsflächen von Sitz und Ventil aus, insbesondere bei rasch laufenden Pumpen, bei denen eine hohe Wassergeschwindigkeit im Ventilspalt zugelassen werden muß. Säurehaltige Wasser greifen die Dichtungsflächen chemisch an. Salzhaltige Wasser setzen Krusten am Ventil ab, wodurch Gewicht und Masse schädlich erhöht, der Durchgangsspalt vermindert und der Dichtungszustand verschlechtert wird (vgl. Fig. 7).

Die verschiedenen Einbaumöglichkeiten zeigen die Figuren des Abschnittes V C 2. Das Ventil stellt in seiner Grundform einen Deckel dar, der die Verbindungsöffnung zweier Räume, den Ventilsitz, überdeckt, beim Aufsitzen die Räume voneinander abschließt, bei Entfernung vom Sitze sie miteinander verbindet. Seine Bewegung ist senkrecht zur Sitzfläche gerichtet. Sie erfolgt meist selbsttätig im Takte der Kolbenhübe, deren Bewegung der Wasserdruck auf das Ventil überträgt. In einigen Fällen werden die Ventile auch vom bewegten Gestänge aus mechanisch gesteuert (Abschn. V B 5). Der Sitz des Ventiles liegt meist in wagerechter Ebene, die Ventilbewegung geschieht dann in lotrechter Linie. Dies zeigt das Druckventil v_d der Fig. 81. Die Schlußbewegung geschieht durch die Kraft einer Belastungsfeder und durch das Gewicht des Ventiles. Letzteres soll, wie später gezeigt wird, möglichst gering gehalten werden. Die gleiche Anordnung gilt meist auch für das Saugventil. In Fig. 81 aber ist für das Saugventil v_s eine andere Sitz- und Bewegungsrichtung gewählt worden: der Sitz befindet sich in lotrechter Ebene, die Bewegung geschieht in wagerechter Linie. Als Schlußkraft dient eine Belastungsfeder; das eigene Gewicht des Ventiles ist für die Schlußbewegung ausgeschaltet. Seine Massenwirkung bleibt unverändert bestehen. Man bezeichnet solche Ventile wohl als hängende Ventile. Sie entstammen der später (Abschn. V B 5) beschriebenen Riedler-Expreßpumpe, bei welcher diese Anordnung zur Ermöglichung eines Zwangsschlusses durch den Kolben nötig ist. Im gezeigten Beispiel ist dieser Zwangsschluß fortgelassen, womit auch die Berechtigung der Anordnung hinfällig geworden ist.

Wegen des überragenden Einflusses des Ventiles auf Bau und Betrieb der Kolbenpumpen seien die betreffenden Verhältnisse näher besprochen.

2. Die Ventilbewegung der Kurbelpumpen.

In Fig. 82 ist eine Pumpe mit Kurbeltrieb bei Beginn des Druckhubes dargestellt. Es sei die Annahme gemacht: der Pumpenraum ist ganz mit Wasser gefüllt und beide Ventile sind geschlossen. Es ist darauf aufmerksam zu machen, daß im Betriebe diese letzte Bedingung nicht erfüllt ist und sein kann, sondern daß das Saugventil zu Beginn des Druckhubes noch etwas geöffnet ist.

Man hielt nun lange folgende günstige Ventilbewegung für möglich und unter der gemachten Voraussetzung für eintretend; nur wollte es nicht gelingen, ein zu Beginn des Druckhubes geschlossenes Saugventil zu erreichen.

Geht der Kolben nach links, so muß sich sofort und ohne Stoß das Druckventil öffnen, so daß das vom Kolben verdrängte Wasser durch den Ventilspalt in den Druckraum übertritt. Gegen Mitte des Kolbenhubes nimmt die Kolbengeschwindigkeit zu. Nehmen wir an, daß die Antriebskurbel sich mit gleichbleibender Winkelgeschwindigkeit dreht, so werden dem Kolben Geschwindigkeiten aufgezwungen, die durch einen über dem Kolbenhube aufgetragenen Halbkreis zur Darstellung gebracht werden können.

Das Ventil sei mit einer langen Feder belastet, deren Spannung durch den geringen Ventilhub wenig verändert und daher im folgenden als gleichbleibend angenommen wird. Das unter dem Ventilteller vorhandene Wasser wird von oben durch die Feder, von unten durch das Wasser des Pumpenraumes gedrückt und so unter dem Einfluß dieser gleichen Kräfte mit einer dieser Pressung entsprechenden Geschwindigkeit durch den Spalt gefördert. Diese Spaltgeschwindigkeit ist der Pressung proportional, also bei langer gleichspannender Feder während aller Ventilstellungen nahezu gleich. Mit vorschreitendem Kolbenhube hebt sich offenbar das Druckventil mehr in die Höhe, wegen der wachsenden Pressung auf seine Unterfläche, entsprechend einer geringen Zunahme der Federspannung. Dabei ist seine Erhebung der jeweiligen Kolbengeschwindigkeit nahezu proportional, da, wie angenommen, die Spaltgeschwindigkeit nahezu die gleiche bleibt; die Kolbengeschwindigkeit erzwingt eine proportionale Hubhöhe, bei welcher diese gleichbleibende Spaltgeschwindigkeit eintritt. Wir nehmen hierbei immer an, daß alles vom Kolben verdrängte Wasser sofort durch den Ventilspalt nach außen tritt, eine Annahme, in welcher der grundlegende Irrtum dieser Betrachtungsweise liegt.

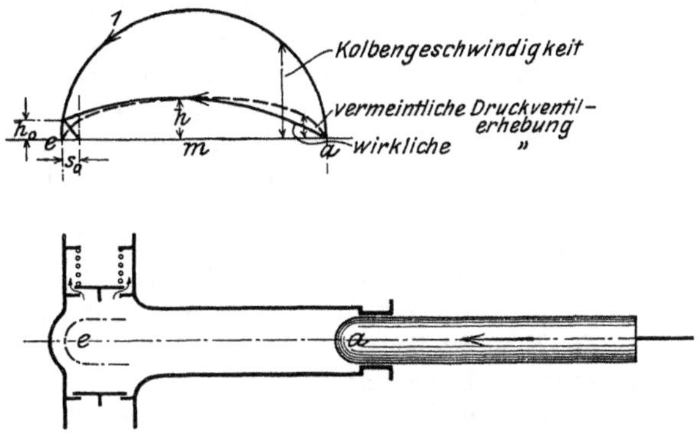

Fig. 82. Vermeintliche und wirkliche Bewegung des Druckventiles einer Kurbelpumpe.

Die vermeintlichen der Kolbengeschwindigkeit proportionalen Ventilerhebungen sind in der gestrichelten Schaulinie dargestellt. Danach muß sich das Ventil gegen Hubende mit abnehmender Kolbengeschwindigkeit in gleicher Weise seinem Sitze wieder nähern, wie es sich im ersten Teile des Druckhubes erhoben hat. Am Ende des Kolbenhubes wäre es dann wieder auf seinem Sitze sanft oder mit nur geringem Schlage angelangt.

Die Erfahrung verleugnet das geschilderte Verhalten der Ventile und stellt fest, daß alle Ventile am Schluß des Kolbenhubes noch eine meßbare Entfernung vom Sitze haben und im nächsten Hube mit einem Schlage schließen.

Der Grund der Abweichung ist: Die Annahme, daß alles vom Kolben verdrängte Wasser alsbald durch den Ventilspalt gedrängt und also aus dem Pumpenraum verdrängt werde und sich infolgedessen eine der Kolbengeschwindigkeit proportionale Ventilerhebungslinie ergebe, ist falsch.

Die wirkliche Bewegung des Ventils geschieht anfangs langsamer als der idealen Erhebungslinie entspricht, da die vom Kolben verdrängte Wassermenge zum Teil unter dem sich hebenden Ventilteller Platz findet und nur der Rest durch den Ventilspalt ausgestoßen, also gefördert wird. Die Ventilerhebung ist demnach nicht der ganzen vom Kolben verdrängten Wassermasse proportional, sondern nur dem Reste: Verdrängung weniger Aufspeicherung. Die Wasserförderung bleibt in der ersten Hubhälfte hinter der Kolbenverdrängung zurück, der Ventilhub hinter dem idealen. In der zweiten Hubhälfte senkt sich das Ventil. Dabei muß es das im ersten Hubteile aufgespeicherte Wasser durch den Ventilspalt nach dem Druckraume hin verdrängen. Da die Wasserverdrängung des Kolbens im zweiten Hubteile die gleiche ist wie auf den entsprechenden Stellungen im ersten Hubteile, dieses Wasser bei sinkendem Ventile also durch den Spalt ohne Rest gefördert werden muß mehr der Verdrängung durch das sinkende Ventil, so muß der Spaltdurchfluß in jeder Kolbenstellung des zweiten Hubteiles größer sein als im ersten Hubteil. Dementsprechend ist der Ventilhub im zweiten Hubteil jeweils größer, als der idealen Ventilerhebungslinie entspricht. Das Ventil kann daher am Ende des Druckhubes nicht auf seinem Sitze angelangt sein, sondern befindet sich noch ein Stück h_0 von ihm entfernt.

In Fig. 82 ist dieser Verlauf der Ventilerhebungslinie durch die ausgezogene Linie dargestellt.

Geht nun der Kolben nach rechts zurück, so saugt er einen Teil des unter dem Ventilteller sitzenden Wassers h_0 rasch ab, während ein anderer Teil noch weiter durch den sich immer mehr verengenden Ventilspalt nach dem Druckraume überströmt. Es findet kein Rückströmen aus dem Druckraume statt, doch senkt sich mit dem Ventile die über ihm stehende Druckwassersäule, da durch den Spalt weniger Wasser in den Druckraum übertritt, als durch das fallende Ventil nach unten abgesaugt wird. Das Ventil senkt sich mit wachsender Geschwindigkeit entsprechend der wachsenden Geschwindigkeit des absaugenden Kolbens und kommt mit seiner größten Geschwindigkeit auf dem Sitze an. Die Ventilschlußgeschwindigkeit ist proportional der zur Zeit des Schlusses vorhandenen Geschwindigkeit des absaugenden Kolbens.

Mit dem Ventile senkt sich die über seinem Teller stehende Drucksäule, die im Augenblick des Ventilschlusses eine Geschwindigkeit proportional der des fallenden Ventiles besitzt. Ein Ventilschlag ist unvermeidlich.

Infolge der Schlußverspätung des Druckventiles öffnet sich das Saugventil ebenfalls verspätet. Da das Wasser im Pumpenraume schon eine endliche Geschwindigkeit besitzt, kann das Saugventil sich nicht entsprechend der Kolbengeschwindigkeit bewegen, sondern bleibt etwas hinter ihr zurück, so daß sich das Wasser des Pumpenraumes vom Kolben trennt. Nach Öffnung des Saugventiles stürzt das Saugwasser in den Pumpenraum ein und schlägt mit dem Wasser im Pumpenraume zusammen. Dieser Wasserschlag ist eine unmittelbare Folge der Öffnungsverspätung des Saugventiles.

Die weitere Bewegung des Saugventiles erfolgt dann etwa, wie oben für das Druckventil geschildert wurde. Es ist am Ende des Saughubes nach offen und schließt sich im Anfange des Druckhubes mit einem Schlag. Das alsdann verspätet erfolgende Öffnen des Druckventiles geschieht ebenfalls mit einem Schlage, da es von dem schon in Bewegung befindlichen Kolben plötzlich beeinflußt wird.

Das wirkliche Ventilspiel läßt sich danach durch Fig. 83 darstellen: Das Druckventil öffnet sich verspätet nach Hubwechsel im Punkte 2, steigt allmählich, sinkt wieder, ist am Ende des Druckhubes noch offen und schließt nach Kolbenumkehr verspätet im Saughube Punkt 1; hierauf öffnet sich das Saugventil und macht die entsprechende Bewegung, wobei es ebenfalls erst nach Kolbenumkehr verspätet im Druckhube Punkt 2 schließt, womit der Ring der Abhängigkeiten geschlossen zum Ausgangspunkt zurückgelangt ist.

Fig. 83. Zusammenhang zwischen Saug- und Druckventilbewegung.

Der Ventilschlag ist eine allbekannte Erscheinung bei Kolbenpumpen. Seine Erklärung ist in den Erläuterungen über die Schlußverspätung und desgl. die Öffnungsverspätung der Ventile gegeben. Der Ventilschlag ist keine einheitliche Erscheinung. Beim Schluß des Saug- und des Druckventiles tritt er etwa in gleicher Weise als Stoß aufschlagender Massen, beim Öffnen des Druckventiles als Widerstand der zu beschleunigenden Massen, beim Öffnen des Saugventiles als Wasserschlag innerhalb des Pumpenraumes auf.

Die Größe des Ventilschlages hängt von zwei Umständen zugleich ab. In erster Linie von der Schlußgeschwindigkeit des aufschlagenden Ventiles, dann von der Masse der mitbewegten Gewichte, als Ventilgewicht und Gewicht der über dem Ventil stehenden Wassersäule. Zu seiner Verringerung ist eine Verringerung dieser beiden Größen anzustreben. Ihn zu vermeiden, ist unmöglich.

Die Ventilschlußgeschwindigkeit ist wieder von verschiedenen Ursachen abhängig. Erstens von der Größe der Ventilerhebung im Totpunkte des Kolbens und zweitens von der Kolbengeschwindigkeit im Augenblick des Ventilschlusses. Der Wegpunkt 1 oder 2, Fig. 83, auf dem der Schluß erfolgt, ist durch die Größe der Totpunkterhebung h_0 Fig. 82, gegeben, die Kolbengeschwindigkeit in diesem Punkte von dem Hube und der Drehzahl der Kurbel. Es ist demnach anzustreben: geringe Totpunkterhebung h_0 und kleine Kolbengeschwindigkeit. Letztere steht mit der Forderung des elektrischen Antriebes in Widerspruch. Es ist immer nur möglich: langer Hub bei geringer Drehzahl oder große Drehzahl mit kurzem Hube.

Die Totpunkterhebung h_0 ist von der Speicherfähigkeit des Ventiltellers abhängig. Diese muß so klein als möglich gemacht werden. Hierzu können zwei Mittel dienen. Erstens die Ventilfläche, zweitens den Ventilhub im Verhältnis zur durchtretenden Menge möglichst klein zu machen, denn aus diesen beiden Faktoren setzt sich der Speicherraum des gehobenen Ventiles zusammen. Betrachten wir ein gewöhnliches Tellerventil, so erkennen wir, daß mit einer kleinen Ventilfläche eine kleine Spaltlänge und somit, besonders in Verbindung mit kleinem Ventilhube, ein kleiner Spaltquerschnitt, also eine große Durchflußgeschwindigkeit verbunden ist. Da eine solche Verluste bedingt, auch zum Verschleiße der Ränder bei unreinem Wasser führt, so soll im Abschnitte V B nach Ventilformen Ausschau gehalten werden, die einen genügenden Umfang bei kleiner Ventilfläche ergeben. Da aber die Flächenwirkung eines selbsttätigen Ventiles nie verschwinden darf — sie verschwinden zu lassen, ist an sich möglich —, damit nicht die die Selbsttätigkeit bedingenden Druckflächen entfallen, auf die die Druckschwankungen des Pumpenraumes bewegend einwirken, so muß zur Erzielung einer besonders kleinen Speicherfähigkeit, wie sie für rasch laufende Pumpen erforderlich ist, der Ventilhub möglichst gering gewählt werden. Ein bestimmter Ventilhub wird durch entsprechende Federbelastung erreicht.

Die Verhältnisse werden offenbar desto ungünstiger, je rascher die Pumpe läuft. Die Ventilverhältnisse hierbei sollen im Abschnitte V B 5 in Verbindung mit den sonstigen in Betracht kommenden Fragen erörtert werden.

Was die Minderung der mitbewegten stoßenden Massen anbetrifft, so ist zu erkennen: Die Masse des Ventiles wird durch die Rücksicht auf die Festigkeit bestimmt und fällt für Pumpen mit hohem Druck nicht gering aus. Die sich mit dem Ventile bewegenden Wassermassen werden durch den Einbau der Windkessel (Abschn. IV C 6) klein gehalten. Ohne Windkessel würde das Druckventil einer Wasserhaltungsmaschine beim ersten Schluß zertrümmert werden.

Beim Windkessel Fig. 74 ist die rückfallende Drucksäule von der Fläche des Druckventiles bis zum Wasserspiegel im Windkessel zu rechnen. Sie ist also gegen Fig. 63 recht klein geworden und kann durch richtigen Bau und Anordnung der Ventile sowie des Windkessels auf einen Geringstwert gebracht werden. Darüber noch einiges im Abschn. V D 3.

Zur Vermeidung der Schläge sind also zu beachten: Die Bau- und Einbauart der Ventile, die Bauart des Pumpenkörpers und der Windkessel, die Abmessungen und Drehzahl des Getriebes.

3. Die Ventilbewegung der kurbellosen Pumpen.

Die Hubpausen der kurbellosen Maschinen. Schwungradlose Pumpen kommen als einachsige oder als zweiachsige Pumpen mit doppelter Anordnung aller Teile vor. Die bevorzugte Anordnung als parallele Doppelpumpe — Duplexpumpe genannt — ist durch die Art der Kraftsteuerung bedingt, die sich hier wesentlich anders gestaltet als bei Maschinen mit Kurbeltrieb. Bei diesen Doppelpumpen wird die Steuerbewegung der einen Kraftmaschine von der Kolbenbewegung der anderen Seite abhängig gemacht (Abschn. VII A 1). Ein großer Unterschied zeigt sich in der Nähe der Kolbenendlagen. Die Kolbenbewegung unterliegt nicht dem Zwange eines Schwungrades und des Kurbeltriebes, sondern geschieht unter dem freien Spiel der auf die Kolben wirkenden treibenden Dampf- und gegentreibenden Wasserkräfte. Nun bedingt die Eigenart der erwähnten Steuerung, daß am Hubende des Dampfkolbens dem ihn in der nächsten Hubrichtung treibenden Dampfe noch kein Zutritt zur Kolbenfläche gestattet ist, da erst der steuernde, im Hube verspätete Nachbarkolben sich seinem Ende nähern muß, um diesen Dampfeintritt zu öffnen. Der erste Kolben bleibt also eine Zeitlang am Hubende liegen, bis er sich von neuem in Gang setzt. Diese Erscheinung wird als „Hubpause“ bezeichnet.

Später ist es gelungen, auch einachsige Stoßpumpen — Simplexpumpen — zu bauen, bei welchen die Steuerung, die bei den Duplexpumpen durch den Nachbarkolben geschieht, durch einen besonderen, sonst keine Arbeit leistenden Steuerkolben, der seinerseits von Nachbarkolben gesteuert wird, geschieht.

Diese Simplexpumpen weisen den gleichen mit Hubpausen arbeitenden Gang auf. Vgl. VII A 1.

Einen parallelen Entwickelungsgang finden wir bei den schwungradlosen Pumpen der hydraulischen Wasserhaltung, nur daß hier Druckwasser an Stelle des Dampfes tritt. Vgl. S. 341.

Die alten Gestängewasserhaltungen waren meist einachsig und schwungradlos. Hier hat die Steuerung der Maschine eine ganz besondere Entwickelung genommen, die zwar manche Parallele mit der obigen Entwickelung aufweist, sich aber doch auch wesentlich unterscheidet, indem sie einen großen Wert auf die Einstellbarkeit der erwähnten Hubpausen legte (Abschn. VIII A 3 u. 6).

Die Ventilbewegung der Pumpen mit Hubpausen. Das hier Wesentliche der kurbellosen Pumpen liegt in den Hubpausen der Kolbenbewegung. Fig. 84 zeigt das Kolbenspiel einer Duplexpumpe in seinem zeitlichen Verlaufe. Die Kolbenhübe der Gegenseiten überdecken sich um $^1/_4$ Hub, die Hubpausen jeder Seite betragen $1/2$ Hub oder 0,15 sec. Die Kolben machen 67 Doppelhübe/min.

Die Öffnungsbewegung der Ventile geschieht etwa, wie bei den Kurbelpumpen geschildert. Auch hier bleibt im ersten Hubteile die Ventilerhebung kleiner, als der Wasserverdrängung des Kolbens entspricht; im zweiten Teile bleibt sie ebenfalls dauernd höher, als der Kolbenverdrängung entspricht, und am Hubende ist das Ventil noch geöffnet. Während bei den Kurbelpumpen jetzt der Kolben sofort zurückkehrt und das offene Ventil mit Schlag schließt, tritt hier die Hubpause des Kolbens ein. Es wird zunächst kein Wasser unter dem Ventil abgesaugt, sondern das Ventil kann sich unter dem Einfluß seiner Belastung im stehenden Wasser schließen. Diese Schlußbewegung nimmt einen gänzlich anderen Verlauf an als die bei Kurbelpumpen. Die Wasserverdrängung geschieht nur durch den sich verengenden Spalt, nicht nach dem Pumpenraume hin. Da auch hier die Spaltgeschwindigkeit immer annähernd gleich bleibt, muß die Verdrängergeschwindigkeit des Ventiltellers bei Annäherung an den Sitz, also mit engerem Durchflußquerschnitt immer kleiner werden, und das Ventil setzt, bei genügend langer Hubpause, geräuschlos auf.

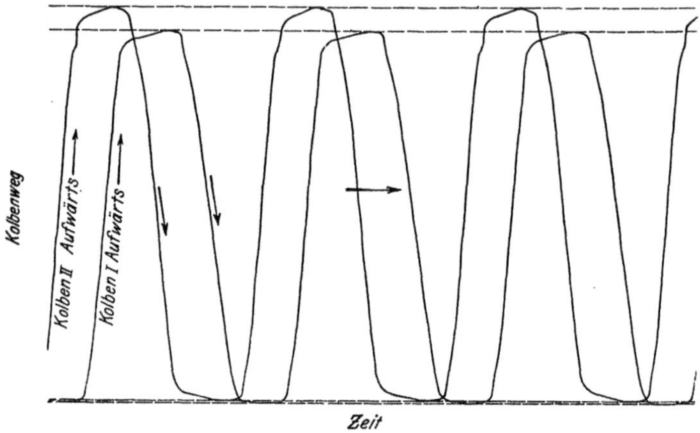

Fig. 84. Versetzung der Kolbenspiele einer Duplexpumpe. (Hartm. Kn. Berg.)

Die Größe der praktisch auftretenden Hubpausen reicht zum geräuschlosen Schluß eines richtig gebauten und belasteten Ventiles aus. Die günstige Wirkungsweise der Hubpausen hat neuerdings einige Versuche gezeitigt, die anerkannten Schwierigkeiten im Gange rasch laufender Kurbelpumpen durch Einführung künstlicher Hubpausen zu beseitigen (vgl. Abschn. V D 5). Bei den Gestängewasserhaltungen ging man später zur Erzielung besserer Wirkung von den schwungradlosen zu Maschinen mit Schwungrad und Kurbeltrieb über. Hiermit beginnen für diese Maschinen die Schwierigkeiten an allen Enden, auch in der Bewegung der großen und massigen Pumpenventile. Dieser Vorgang zeigt eine völlige Verkennung der Ursachen der den älteren Maschinen anhaftenden Nachteile.

4. Die Einteilung der Wasserschaltungen.

Nach der Bewegungsrichtung.

a) Bewegung in der Richtung des Wasserstromes:
Ventile: α) Drehventile oder Klappen.
β) Hubventile.

b) Bewegung senkrecht zur Richtung des Wasserstromes:
Schieber.

Nach den bewegenden Kräften.

a) Freigängige Ventile:
α) mit Gewichtsbelastung,
β) mit Federbelastung.

b) Gesteuerte Schaltungen:
 α) gesteuerte Ventile,
 β) gesteuerte Schieber.

Klappen werden selten, Hubventile überwiegend gebraucht. Schieber werden nur als Ausnahmefall verwendet. Sie werden im Buche nicht behandelt.

Freigängige Ventile sind überwiegend in Gebrauch, gesteuerte Ventile heute so gut wie ungebräuchlich. Der selten angewandte Schieber ist immer gesteuert.

Freigängige Ventile werden durch den Wasserdruck geöffnet und durch eine Belastung geschlossen. Die Belastung geschieht durch Gewichte oder gespannte Federn. Die Gewichtsventile sind veraltet, seit die Steigerung der Betriebsgeschwindigkeit ihre durch die Massenwirkungen bedingten Nachteile kund tat. Die Gewichtsbelastung erscheint insofern besser als die Federbelastung, als sie nie versagen kann. Sie war bei geringer Hubzahl möglich und bei kurbellosen Pumpen mit Hubpausen angebracht. Sie ergab sich bei den langsam laufenden Gestängeschachtpumpen von selbst, da die riesigen Ventile ein großes Gewicht hatten.

Federbelastete Ventile sollen so leicht wie möglich sein. Dies gelingt besonders bei weitgehender Aufteilung des notwendigen Spaltumfanges. Man unterscheidet dann wohl noch erstens massige Ventile und zweitens masselose Ventile. Die Gewichtsventile gehören zu den massigen, einige federbelastete Ventile zu den masselosen.

Ventile mit Federbelastung sind für Pumpen mit Kurbeltrieb die allein möglichen und auch bei Pumpen ohne Kurbeltrieb die üblichen.

Nach der Lage der Sitzfläche.

a) Mit wagerechter Sitzfläche, übliche Anordnung.
b) Mit senkrechter oder schräger Sitzfläche, wenig gebräuchlich. Mit senkrechter Fläche (hängende Ventile) Fig. 81 und 106; mit schräger Sitzfläche Fig. 101. Diese abweichenden Anordnungen werden entweder mit Rücksicht auf eine Steuerung des Ventiles (Riedler) oder mit Rücksicht auf die Wasserführung innerhalb der Pumpe gewählt.
c) Mit im Pumpenkörper fester Sitzfläche; die meisten Ventile.
d) Mit Sitzfläche im bewegten Kolben. Das älteste Beispiel hierzu ist das Kolbenventil der Brunnenpumpe S. 69 und Fig. 93 S. 127 und einiger Schachtpumpen. Bei rasch laufenden Pumpen gewinnt diese Anordnung eine gewisse Bedeutung, da dieses Ventil durch seine Massenwirkung eine Art Selbststeuerung erfährt (Abschnitt V B 5).

Nach der Gestalt der Sitzfläche.

a) Mit ebener Sitzfläche. Fig. 85--88.
b) Mit schräg gegen die Ventilfläche geneigter Sitzfläche, Kegelventil. Fig. 97.

Ebene Sitzflächen werden wegen der leichteren Bearbeitung und Nacharbeitung meist vorgezogen; doch kommen auch viele kegelförmige Sitzflächen vor. Letztere sollen einen besseren Wasserdurchgang gestatten. Dies ist aber zweifelhaft. Kegelventile müssen höher gehoben werden, um den gleichen Spalt in der Flußrichtung zu ergeben. Sie werden also mehr zum Schlagen neigen.

c) Mit Sitzflächen in verschiedenen Ebenen. Fig. 89.

Bei aufgeteilten Ventilflächen, wie bei Ringventilen (Fig. 88) und Gruppenventilen (Fig. 86), liegt die Möglichkeit vor, die einzelnen Ringe in verschiedener Höhenlage übereinander anzuordnen (Pyramiden- und Etagenventile). Man spart dann an Grundfläche, was an Höhe zugegeben wird. Diese Anordnung ergibt kleinere Durchmesser der Räume, in denen die Ventile untergebracht sind, und wird wohl im allgemeinen etwas billiger. Sie ergibt aber eine höhere Wassersäule über dem Ventil, läßt also einen größeren Ventilschlag erwarten.

Beim Ringventil ergibt sich noch die Möglichkeit, die innere und äußere Sitzfläche eines Ringes in verschiedener Höhe anzuordnen. Man kommt dann zu den von den Dampfmaschinen her bekannten Glocken- und Rohrventilen (Fig. 89). Diese fallen aber massig aus und haben hier keine Vorteile, die ihre Nachteile aufwiegen könnten. Sie sind von den Gestängewasserhaltungen her bekannt (Fig. 91). Sie gehen auch unter dem Namen: Doppelsitzventile.

Nach der Art der Dichtung.

a) Mit metallischer Dichtung.
b) Mit nachgiebiger Dichtung.
c) Mit metallischen Sitzflächen und nachgiebiger Dichtung.

Diese Unterschiede werden im Abschnitte V B 3 besprochen werden.

Nach der Art der Führung.

a) Mit Rippenführung.
b) Mit Bolzenführung.
c) Mit Stiftführung.

Diese Unterschiede sind rein baulicher Art. Sie werden an Hand von Beispielen im Abschnitt V B 4 erörtert werden.

Nach der Art der Aufteilung der Sitzfläche.

Diese Einteilung ist neben der an erster Stelle gegebenen die wichtigste und im Verein mit der dritten Einteilung für die äußere Form ausschlaggebend. Große ungeteilte Tellerventile haben sich als untauglich erwiesen wegen ihrer großen Speicherfähigkeit und schlechten Raumausnutzung.

a) Ungeteilte Ventile: Teller- und Kegelventile.
b) Geteilte Ventile:
   α) Ringventile; einfache, mehrfache, Etagenventile.
   β) Gruppenventile:
      1. Aus vielen kleinen Tellerventilen.
      2. Aus mehreren Ringventilen.

B. Die Bauformen der Ventile.

1. Die einflußnehmenden Verhältnisse.

Einfluß nehmen alle Umstände, die den Gang der Ventile und der Pumpe stören oder fördern, dazu Rücksichten auf die Wirtschaftlichkeit der Herstellung und des Betriebes, sowie auf sicheren Betrieb. Es ist also hier an alles das zu erinnern, was über die Aufgabe und Wirkungsweise der Ventile in den Abschn. V A 1 u. 2 gesagt wurde. Auch ist an die gegenseitige Beeinflussung von Ventil und Pumpenkörper zu denken.

Es seien daher die Anforderungen an die Ventile schlagwortartig hier wiederholt und es werde geprüft, wie weit sich die einzelnen Anforderungen erfüllen lassen oder sich gegenseitig widersprechen.

Die Ventile sollen zur Verminderung der Lieferungsverluste im geschlossenen Zustande gut abdichten. Dies ist durch geeignete Bearbeitung und Nacharbeitung und entsprechenden Stoff der Dichtungsflächen erreichbar. Günstig wäre ein kleiner Spaltumfang, der aber zu einer großen Hubhöhe und dadurch zu Ventilschlag führen würde.

In Rücksicht auf Vermeidung des Ventilschlages ist ein möglichst großer Spaltumfang bei kleiner Hubhöhe zu wählen.

Zur Vermeidung von Kraftverlusten im Ventil soll die Spaltgeschwindigkeit des Wassers möglichst gering sein. Das führt bei geringer Hubhöhe des Ventiles zu großem Spaltumfange.

Bei rasch laufenden Pumpen ist ein großer Spaltumfang allein nicht ausreichend, den Ventilschlag zu vermeiden. Hier muß die Speicherfähigkeit der Ventilfläche möglichst vermindert werden. Bei wachsendem Spaltumfange wächst bei gleichbleibender Hubhöhe die Speicherfähigkeit im allgemeinen proportional dem Spaltumfange. Ein Erfolg kann nur bei gegebenem Spaltumfange durch abnehmende Hubhöhe des Ventiles erreicht werden.

Dies führt bei rasch laufenden Pumpen zu einer Erhöhung der Spaltgeschwindigkeit, also zu einer Vergrößerung der Kraftverluste im Ventil.

Die Speicherfähigkeit eines Ventiles soll möglichst klein gemacht werden. Sie hängt von dem Verhältnis der Ventilfläche zum Ventilumfange ab. Dieses Verhältnis ist durch geeignete Aufteilung der Ventilfläche, das heißt durch Einbau von viel Spaltlänge in eine gegebene Fläche hinein, auf einen kleinen Wert zu bringen.

Diese Bestrebungen sind ausschlaggebend für die Formung der Ventile und das in dieser Beziehung Erreichte maßgebend für das Werturteil. Sie bilden den Gegenstand des nächsten Abschnittes.

Dieses Bestreben läuft mit dem rein praktischen parallel, eine gegebene Fläche für den Wasserdurchfluß im Ventil möglichst auszunutzen. Die Praxis hat diesen richtigen Weg schon zu Zeiten beschritten, als die tiefere Bedeutung dieser Bestrebungen noch nicht erkannt war.

2. Die Aufteilung der Ventilfläche.

Einem Vergleiche der verschiedenen Ventilformen dienen die Figuren 85—90. Fig. 85 und 90 sind Ventile für die gleiche Wassermenge, Fig. 86—89 Ventile für die siebenfache Menge. Die Figuren sind im gleichen Maßstabe gezeichnet und die entscheidenden Durchflußverhältnisse sind für alle gleich.

Das Tellerventil (Fig. 85 und 87) hat eine Fläche $F = \frac{\pi D^2}{4}$ und einen Spaltumfang $U = \pi D$. Das ausschlaggebende Verhältnis $\frac{F}{U} = \frac{D}{4}$ ist proportional dem äußeren Durchmesser; es wird bei großem Durchmesser ungünstig groß, während es bei kleinem Durchmesser den praktischen Anforderungen genügt. Es wird also ein kleines Tellerventil bei gleicher Hubhöhe, Spaltgeschwindigkeit und Kolbengeschwindigkeit praktisch stoßfrei, ein großes stoßend arbeiten. Man wird daher für die n-fache Wassermenge des kleinen Ventiles nicht ein großes Ventil von dem n-fachen Durchmesser, sondern n kleine Ventile wählen.

Das Gruppenventil (Fig. 86) besteht aus einer Zusammenstellung von 7 einfachen kleinen Tellerventilen der Fig. 85; — der Raumbedarf des Gruppenventiles ist wesentlich kleiner als der eines großen Teller-

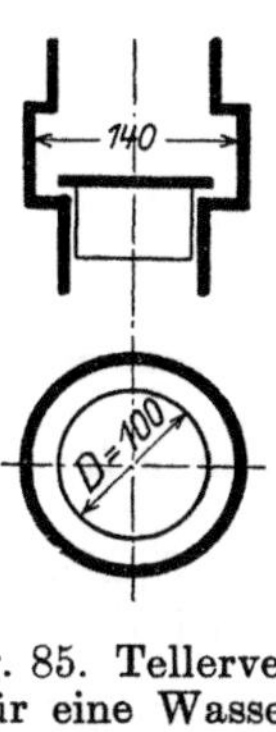

Fig. 85. Tellerventil für eine Wassermenge 1.

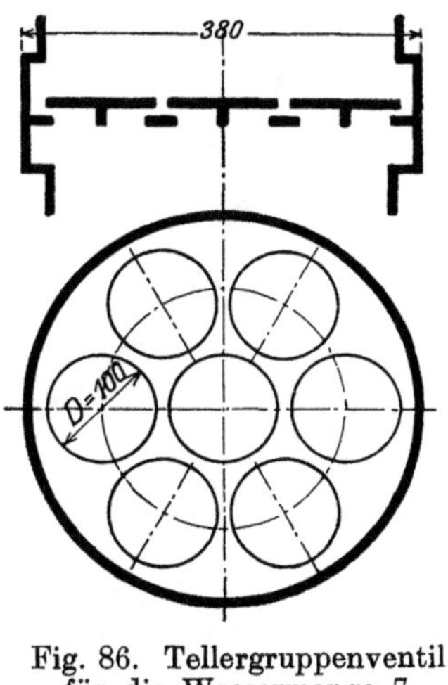

Fig. 86. Tellergruppenventil für die Wassermenge 7.

ventiles gleichen Spaltumfanges, Fig. 87. Das große Tellerventil ist völlig unbrauchbar.

Das Ringventil (Fig. 88) bietet durch Ausschneiden eines Teiles der Ventilfläche die Möglichkeit, die Ventilfläche zu verkleinern unter

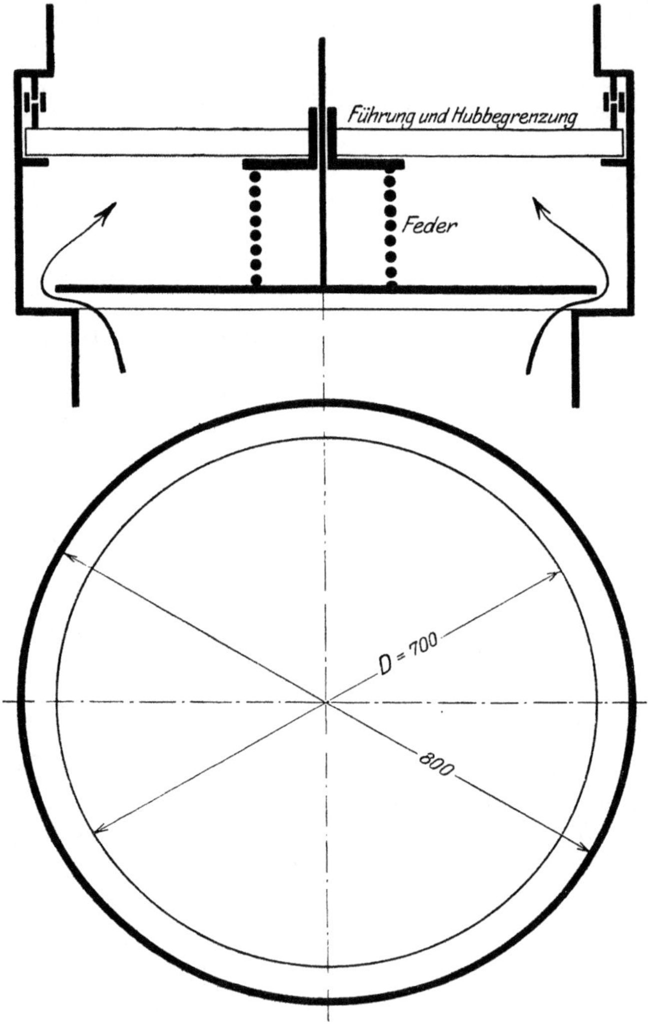

Fig. 87. Einzeltellerventil für die Wassermenge 7.

gleichzeitiger Vergrößerung des Spaltumfanges. Dem Ausschneiden der Ventilfläche entspricht dabei der Anbau einer inneren zweiten Sitzfläche. Es wird für den inneren Ring $F = \frac{\pi (D^2 - d^2)}{4}$, $U = \pi (D + d)$

und $\frac{F}{U} = \frac{1}{4}(D - d)$. Das entscheidende Verhältnis wird proportional $D - d$, kann also durch Wahl von d weitgehend verkleinert werden. Die Fig. 88 zeigt ein zweiringiges, dem Tellerventile (Fig. 87) im Spaltumfang und Sitzquerschnitt gleichwertiges Ventil. Bei allen Figuren ist der Ventilkasten so groß gewählt, daß das um die Ventilflächen herumstreichende Wasser zwischen diesen Flächen den gleichen Querschnitt findet wie im Sitze des kleinen Tellerventiles bzw. das 7-fache davon bei den Ventilen für die 7-fache Wassermenge.

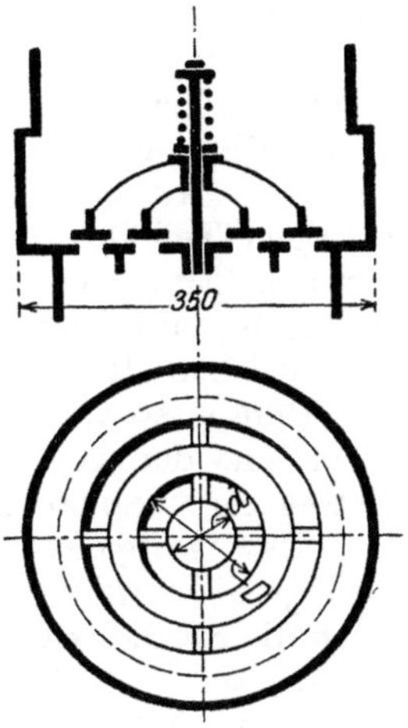

Fig. 88. Zweiringiges Ringventil für die Wassermenge 7.

Die Ringventile werden für größere Wassermengen mit vielen Ringen ausgeführt. Die Gruppenventile werden durch entsprechende Vermehrung der Zahl gebildet. An Stelle des kleinen Tellerventiles tritt für sehr große Wassermengen auch als Einheit ein kleines Ringventil, etwa nach Fig. 99.

Ein Vergleich zwischen Gruppenteller- und mehrringigem Ringventil ergibt bezüglich der Ausnutzung des Ventilkastenquerschnittes einen geringen Vorteil des Ringventiles. Bezüglich der eigentlichen Ventilwirkung $\frac{F}{U}$ sind sie nach den gewählten Zahlenwerten gleichwertig. Die günstigere Ausnutzung des Ventilkastens darf aber nicht allein nach der Grundrißgestaltung beurteilt, sondern die Höhenentwickelung muß mit berücksichtigt werden. Hier zeigt sich das Ringventil ungünstiger, dessen mittlere Führung viel Höhe beansprucht. Hiermit wird die Länge des Ventilkastens größer und, was schlimmer ist, die Länge der schlagenden Wassersäule über dem Ventile bis zum Wasserspiegel im Windkessel.

Über den Wert der beiden Anordnungen gehen die Meinungen auseinander. In England und Amerika sind die Gruppenventile, in Deutschland die mehrspaltigen Ringventile vorherrschend. Beide Formen nehmen für sich den Vorteil größerer Einfachheit in Form und Herstellung in Anspruch. Dem verwickelten Baue des Ringventiles steht die große Zahl der Einzelventile der Ventilgruppe gegenüber. Die Gruppenventile eignen sich für Massenherstellung, da alle Ventilgrößen durch Zusammenstellung einer entsprechenden Zahl Einzelventile hergestellt werden können. Die Ersatzhaltung wird beim Gruppenventil bequemer und billiger, da nur wenige kleine Ventile für alle Pumpen bereitzuhalten sind, auch wenn die Pumpen von verschiedener Größe und Bauart sind. Bei Ringventilen besitzt meist jede Pumpe ein Ventilindividuum, das nur für sie paßt, und für jedes dieser Ventile muß ein gesonderter Ersatz bereitgehalten werden.

Das Einzelventil der Ventilgruppe läßt sich leichter handhaben und daher ein- und ausbauen. Zur Zugänglichkeit genügt ein Handloch von nicht zu großen Abmessungen über dem Ventile, während Ringventile durch die Handlöcher wohl einer Besichtigung und oberflächlichen Untersuchung zugänglich sind, bei Ausbesserung aber nach oben aus dem Pumpenkörper herausgehoben werden müssen. Die später beschriebenen (Abschn. V C 2) Einbauarten zwecks Zugänglichmachung der Ventile beziehen sich alle in erster Linie auf große Ringventile.

Das Gruppenventil hat den Vorteil, daß eine Störung nur einen mäßigen Teil des ganzen Ventiles betrifft, so daß sie nicht zum sofortigen Einstellen dieses Betriebes zwingt, sondern daß die Ausbesserung auf gelegenere Stunde verschoben werden kann. Beim einheitlichen Ringventil wird eine Störung im Ventil den Betrieb der Pumpe sofort lahmlegen. Beim mehrringigen Ventil kann dieser Übelstand dadurch gemildert werden, daß die einzelnen Ringe in ihrer Bewegung unabhängig gemacht werden.

Das Gruppenventil hat den unbestrittenen Vorteil der geringeren bewegten Ventilmasse. Diese Masse erscheint zudem geteilt, damit auch die Stoßwirkung. Aber hier ist zu beachten, daß, wenn die Ventile nacheinander schließen, das zuletzt schließende Ventil mit desto stärkerem Schlage zugeworfen wird, da die ganze Schlußabsaugung des Kolbens auf dieses eine Ventil einwirkt, es also mit vermehrter Geschwindigkeit auf den Sitz niederzieht.

Das mehrringige Ringventil eignet sich für große Wassermengen. Die späteren Figuren 95 und 96 zeigen einige Ausführungen.

Das Pyramiden- und das Etagenventil sind meist Ausgestaltungen des mehrringigen Ringventiles mit übereinander angeordneten Ringen zur Ersparnis an Grundfläche. Der Vorteil ist scheinbar, die Ventilwirkung wird wegen der größeren schlagenden Wassersäule schlechter. Die Fig. 92 zeigt eine Ausführung. Gelegentlich werden auch die Gruppenventile etagenförmig angeordnet, Fig. 94.

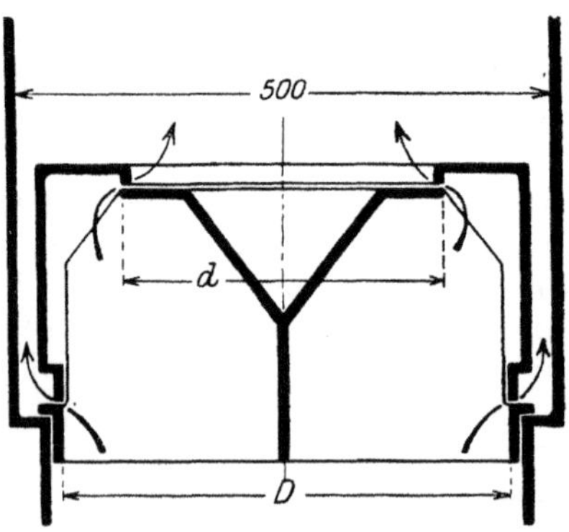

Fig. 89. Glockenventil für die Wassermenge 7.

Das Glockenventil (Fig. 89) ist ein einringiges Ringventil, dessen innerer Sitz in die Höhe gezogen ist; dementsprechend ist das Ventil selbst gestaltet. Bei Dampfventilen dient diese Form dazu, den inneren Durchmesser d zwecks möglichster Entlastung der Ventilfläche vom Dampfdruck annähernd gleich dem äußeren Durchmesser D zu machen. Für Pumpenventile ist dies nicht zulässig, da mit der Druckfläche die Selbsttätigkeit des Ventiles verschwindet und das

Ventil nur durch vollständige Steuerung der Öffnungs- und Schlußbewegung arbeitsfähig gemacht werden könnte. Eine solche vollständige Steuerung bietet neben der Ungunst der verwickelten, zu Störungen führenden Anordnung die stete Gefahr, daß Wasserschläge oder gar Zerstörungen auftreten, wenn die Steuerung nicht genau erfolgt. Wird z. B. das Druckventil vor Ende des Druckhubes durch die Steuerung geschlossen, so muß ein Bruch erfolgen, da dem weiter gepreßten Wasser kein Ausweg offen steht.

Das Glockenventil wurde wohl in der Absicht gebaut, eine günstigere Wasserführung zu erzielen. Es ist aber nicht ersichtlich, daß dieser Zweck erreicht worden wäre. Die Glocke fällt massig aus. Das Ventil wurde nur als Gewichtsventil benutzt; dabei war das Gewicht nicht nachteilig, sondern notwendig. Für die federbelasteten Ventile der Kurbelpumpen ist es völlig unbrauchbar. Die Fig. 91 zeigt das Glockenventil einer älteren Schachtpumpe.

Das Klappenventil (Fig. 90) ist eine Abform des Hubventiles. Die Ventilklappe K dreht sich um die zum Sitze parallele Drehachse a. Während die Hubventile in Rücksicht auf die Herstellung stets mit kreisförmigem Spalte hergestellt werden, findet man für die Klappen meist rechteckige Grundform; der Kreis wird gewählt, wenn die Klappe als Kolbenventil (Fig. 101) verwendet wird. Die Klappe wird heute wenig verwendet. Sie hat neuerdings durch Gutermuth eine erneute Anwendung für rasch laufende Pumpen gefunden (vgl. Hartmann-Knoke-Berg, III. Aufl., S. 268).

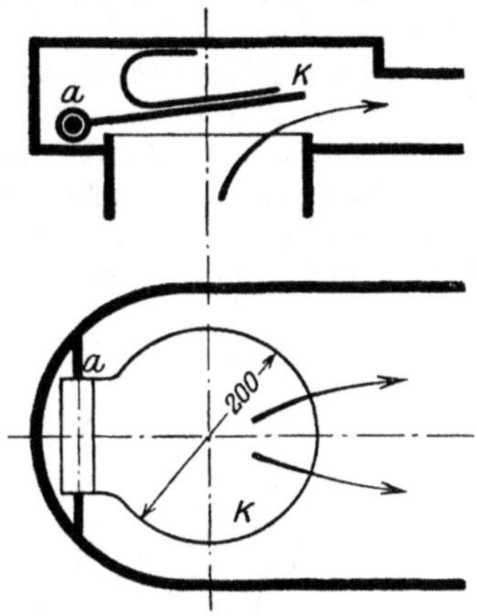

Fig. 90. Klappenventil für die Wassermenge 1.

Die Klappe kann bei geeigneter Anordnung des Abflusses vor dem Hubventil den Vorteil der besseren Wasserführung voraus haben, da sie das Wasser im wesentlichen nur nach einer Seite abführt, während beim Hubventil die Abführung nach allen Seiten erfolgt, die Wasserstrahlen also wieder zu einem einheitlichen Strahle gesammelt, dabei also hinter dem Spalte wieder abgelenkt werden müssen. Im übrigen täuscht das Aufrißbild der Klappe eine günstigere Wirkung vor, als sie tatsächlich besteht. Man betrachte hierzu den Grundriß, der zeigt, daß die seitlichen Wasserstrahlen doch abgelenkt werden müssen. Der geringe Vorteil der Wasserführung ist durch den Verlust des Spaltquerschnittes an der Achse erkauft. Eine Klappe wird daher bei gleicher Aufteilung wie ein Hubventil eine größere Speicherwirkung je Wasserlieferung zeigen, indem die Gesamtfläche oder der mittlere Hub größer gewählt werden muß. Die eigentliche Ventilwirkung ist demnach schlechter als beim Hubventil.

Die Gutermuthklappe bildet ein schmales Rechteck, dessen Längsseite der Achse parallel ist. Hier ist die Wasserführung freilich günstig, da die nahezu ganze Wasserförderung durch den einen Längsspalt geschieht und die seitlichen kurzen Spalten kaum in Betracht kommen. Dafür geht aber auch vom gesamten Spaltumfange nahezu die Hälfte verloren, und die Speicherwirkung ist doppelt so groß wie bei einem gleichgestalteten Hubventil. Wenn mit der Gutermuthklappe bei rasch laufenden Pumpen gute Erfolge erzielt worden sind, so beruht dies auf der weitgehenden Aufteilung des Ventiles und der dadurch ermöglichten Masselosigkeit des Ventiles. Für Wasserhaltungen kommen diese Ventile, die auf metallische Dichtungsflächen angewiesen sind, wenn sie nicht den erwähnten Vorteil der Masselosigkeit aufgeben wollen, bei der meist schlechten Wasserbeschaffenheit nicht in Frage.

3. Ausführungsbeispiele der Ventile.

Im folgenden seien Ausführungsbeispiele zu den vorigen Erläuterungen zwanglos aneinandergereiht und dabei einige Bemerkungen über das Äußerliche des Aufbaues als Ergänzung hinzugefügt.

Gewichtsventile werden nur wegen ihrer geschichtlichen Bedeutung für die Gestängewasserhaltung, der die Beispiele entlehnt sind, erwähnt. Die Fig. 91 zeigt das Glockenventil einer Schachtpumpe im Pumpenkörper. (Ungefährer Maßstab 1 : 65.) Der Durchmesser der Glocke beträgt bis 1 m, die Höhe bis 0,5 m. Man schätze danach das Gewicht der Glocke ab.

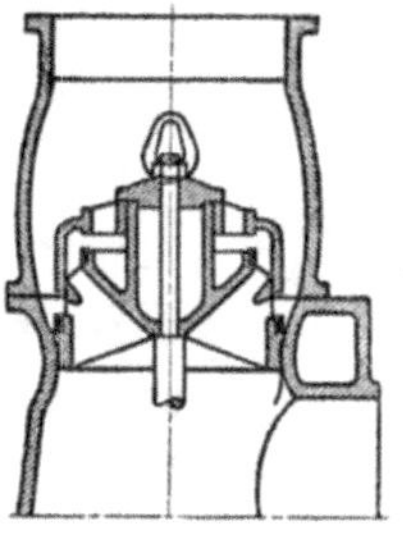

Fig. 91. Glockenventil einer Schachtpumpe.

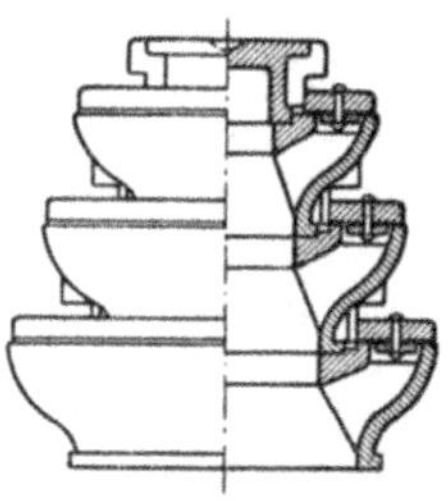

Fig. 92. Pyramidenringventil einer Schachtpumpe. (Brunne.)

Fig. 92 stellt ein Pyramidenringventil dar. Die einzelnen Gewichtsringe sind unabhängig voneinander beweglich. Die Dichtung geschieht durch zwischen die Sitzflächen gelegte Lederscheiben, die Führung durch Rippen. Der ganze Ventilkörper ist aus einzelnen Stufen zusammengesetzt. Die Unterfläche des Körpers setzt sich auf einen Ansatzring in der Pumpe auf. Auf die obere Kappe wird durch einen gegen den Pumpenkörper verstrebten Bolzen ein Druck ausgeübt, der das Ganze zusammenhält.

Fig. 93 ist ein Ventilkolben mit Glockenventil. Der Ventilsitz ist als Kolben ausgebildet und wird vom Gestänge im Pumpenstiefel bewegt. Die Ventildichtung geschieht durch zwischengelegte Lederscheiben, die Kolbendichtung durch Lederstulpe.

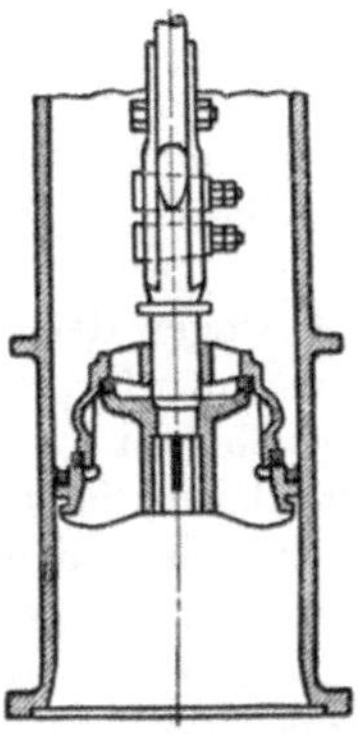

Fig. 93. Durchbrochener Scheibenkolben mit Glockenventil einer Schachtpumpe.

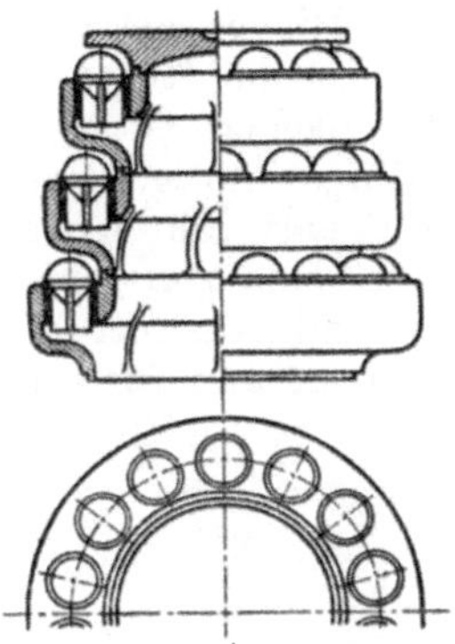

Fig. 94. Pyramidengruppenventil. (Brunne.)

Gewichtsventile kleinerer Abmessungen wurden anfangs auch für die untertägigen Pumpen verwendet.

Fig. 94 zeigt ein Gruppenventil mit pyramidenförmigem Aufbau der einzelnen Gruppen.

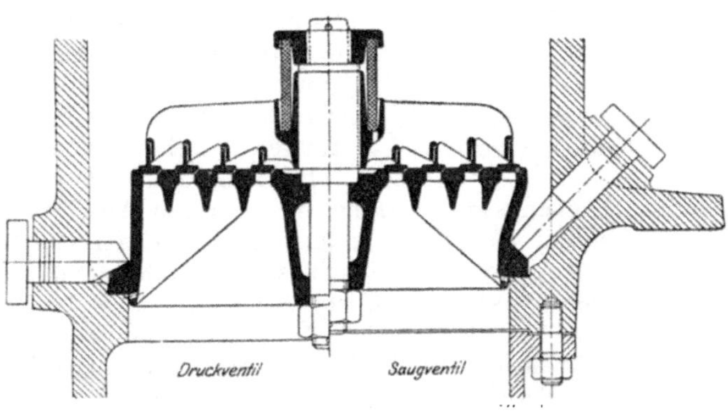

Fig. 95. Vierringiges Ventil für reines Wasser. (Ehrhardt & Sehmer.)

Federbelastete Ventile. Fig. 95 zeigt ein vierringiges Ringventil für reines Wasser (nach Ehrhardt & Sehmer, Schleifmühle). Es wird für kleinere und mittlere Wassermengen verwendet, während die Firma für große Mengen Gruppenventile vorzieht. Die einzelnen Ringe stoßen gegen eine Rippe, die die Führung des Ventiles um einen mittleren Bolzen bewirkt, der im Ventilsitz befestigt ist.

Die Belastung durch eine Rohrgummifeder wird durch diese Rippe auf die einzelnen Ventilringe übertragen. Die Ventilringe sind mit der Rippe nicht aus einem Stück, aber in ihrer Bewegung miteinander verbunden. Wird einer der Ringe am Schließen gehindert, so überträgt sich dieses Hindernis auf alle übrigen; dagegen würde ein Hängenbleiben eines Ringes beim Öffnen das Öffnen der anderen Ringe nicht behindern. Um die Ringe in ihrer Bewegung voneinander völlig unabhängig zu machen, ist eine besondere Führung und Belastung jedes einzelnen Ringes nötig, was zu einer umständlichen und wenig zugänglichen Bauart führen würde.

Die Ringe sind von dem Überbau getrennt, wegen der erleichterten Herstellung und Auswechselung, die sich nur auf die Ringe zu erstrecken braucht und für die Ringe einzeln geschehen kann.

Der Ventilsitz ist ebenfalls aus ähnlichen Gründen nicht im Stoffe des Pumpenkörpers gebildet, sondern als gesonderter Körper in die Pumpe eingesetzt. Er besteht aus einzelnen ringförmigen Rippen, die durch strahlenförmige Rippen miteinander und dem äußeren Zylinder verbunden sind.

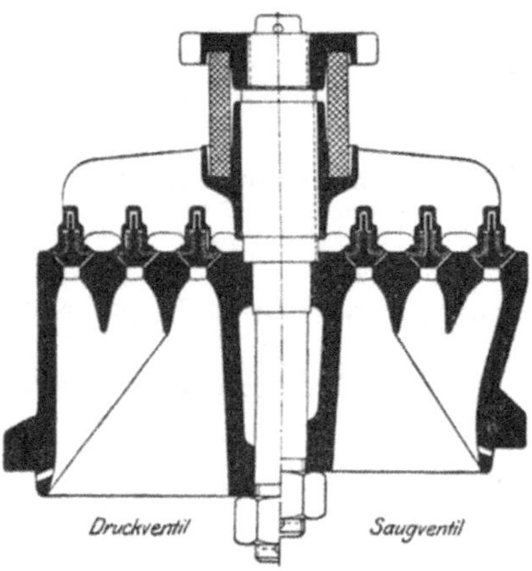

Fig. 96. Dreiringiges Ventil für sandiges Wasser. (Ehrhardt & Sehmer.)

Die metallischen Dichtungsflächen eignen das Ventil nur für reines Wasser.

Fig. 96 stellt ein ähnlich gebautes Ventil der gleichen Firma dar, dessen besondere Lederabdichtung es auch für unreines Wasser eignet. Es ist das für Wasserhaltungen gegebene Ventil. Die Beschreibung dieser als Fernisventil bezeichneten Dichtungsweise erfolgt im nächsten Abschnitt.

Fig. 97 endlich ist eine Ausführung des Fernisventiles der Isselburgerhütte, die dieses Ventil seit 35 Jahren mit bestem Erfolge für unreines Wasser ausführt.

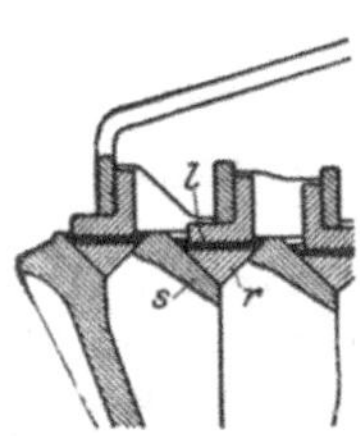

Fig. 97. Fernisventil. (Isselburger Hütte.)

Fig. 98 zeigt den Zusammenbau eines Fernisventiles nach Ausführung von Haniel & Lueg, Düsseldorf.

Fig. 99 gibt ein von Ehrhardt & Sehmer für Gruppenanordnung verwendetes Einzelventil. Es ist ein zweistöckiges Ringventil. Die Belastung geschieht durch einzelne Gummirohrfedern über den Ringen. Die einfachen Ringe führen sich an Rippen des Sitzkörpers. Die Übereinanderstellung der Ringe nutzt die Grundfläche gut aus, ohne bei den geringen Abmessungen des Einzelventiles die Nachteile der älteren Etagenventile bezüglich der Höhenentwickelung zu teilen. Das Ventil eignet sich daher in Gruppenanordnung für große Wassermengen.

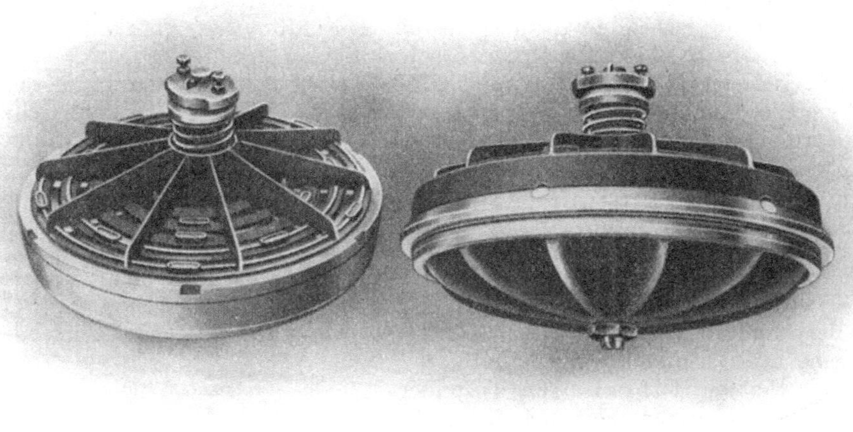

Fig. 98. Fernis-Ringventil. (Haniel & Lueg.)

Zum Schlusse sei noch ein eigenartig gestaltetes Ventil, Lippenventil, vorgeführt.

Fig. 100 stellt ein Lippenventil, H. B.-Ventil genannt, dar. Je ein Lippenventil besteht aus 2 Ventilringen, die lippenartig aufeinanderliegen. Sie liegen über dem Ventilsitz, der den Durchflußquerschnitt freiläßt. Die Ventile werden durch ringförmige Gummiringe seitlich

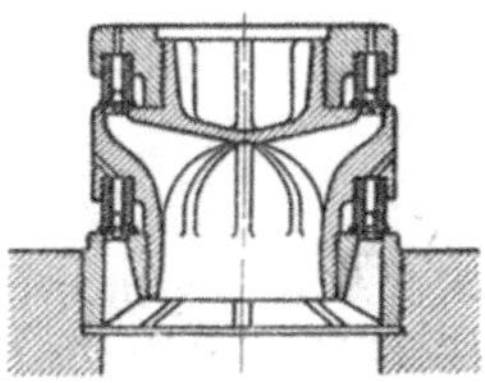

Fig. 99. Einzelgruppe aus einem Gruppenventil. (Ehrhardt & Sehmer.)

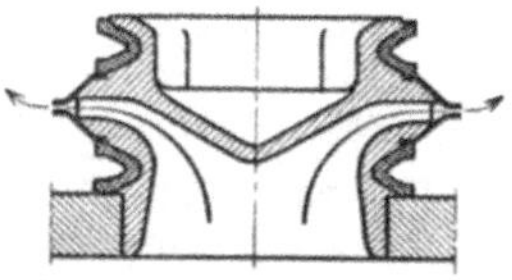

Fig. 100. Lippenventil. (Maschinenbauanstalt Balcke.)

am Sitz gehalten. Diese Berührung bildet Führung und Belastung des Ventiles. Der Wasserstrom treibt die Ventilringe seitlich auseinander. Er geht ohne Ablenkung durch den Ventilspalt hindurch. Dies wird als besonderer Vorteil des H. B.-Ventiles betrachtet. Zur Erreichung des nötigen Spaltumfanges werden viele Ventile auf einen zylindrischen Ventilkörper übereinander gebaut. Die Abführung des Wassers geschieht dann parallel zu diesem Körper, d. h. alle Wasserstrahlen werden nach Austritt aus dem Ventil um 90⁰ umgelenkt. Die

Wasserführung ist also um nichts besser als in gewöhnlichen Ventilen. Der Schluß geschieht durch die Federkraft der Gummiringe. Die Dichtung ist metallisch. Die Speicherfähigkeit ist groß. Es stellt ein Ringventil mit einer im Verhältnis zum Spaltumfange großen Fläche dar, da je bewegtem Ringe nur ein Durchflußspalt vorhanden ist. Wenn das H. B.-Ventil trotzdem ohne Schlag arbeitet, so liegt dies wie bei der Gutermuthklappe an der praktischen Masselosigkeit des Ventiles, die bei gewöhnlicher Anordnung in gleichem Grade erreicht werden kann.

4. Bauliche Einzelheiten der Ventile.

Die Führung der Ventile soll die erforderliche Hubbewegung des Ventiles sicherstellen. Fig. 101 zeigt die Führung einer Ventilklappe einer Schachtpumpe, die durch die Drehachse gegeben ist. Bei der Gummiklappe der Fig. 102 tritt an Stelle der geraden Drehachse eine kreisförmige Biegungskante.

Bei den Hubventilen, besonders bei den massigen, also bei den mehrfachen Ringventilen, soll sich das Ventil parallel zur Sitzfläche bewegen, damit das Ventil nicht mit einer Kante auf

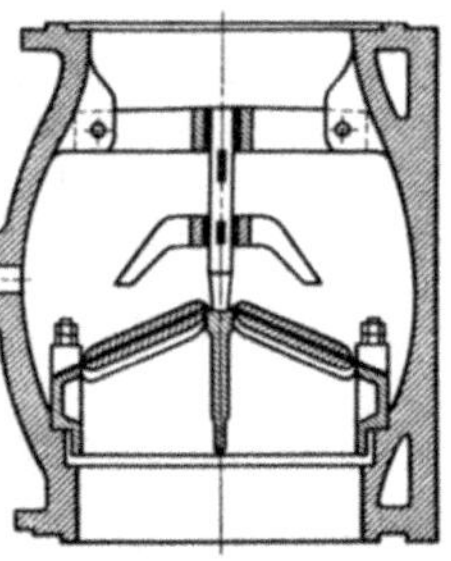

Fig. 101. Ventilklappe einer Schachtpumpe.

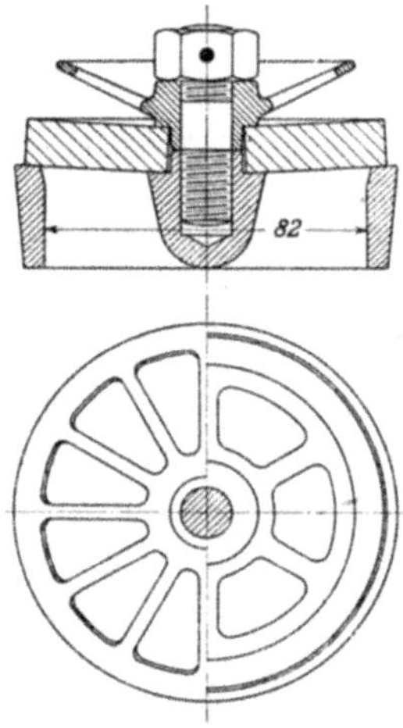

Fig. 102. Gummiklappe einer Kondensatorluftpumpe. (Hartm. Kn. B.)

den Sitz aufstoße, sich und den Sitz verletzend. Die Führung geschieht fast immer dadurch, daß Ventil und Sitz bzw. Pumpenkörper mit prismatischen Hohl- und Vollkörpern, deren Längsachse senkrecht zum Sitze steht, ineinandergreifen. Die Ausführung ist sehr verschieden, indem diese Führung oberhalb oder unterhalb des Tellers, in der Nähe der Ventilachse oder am Ventilumfange durchgeführt werden kann, und je nach der rein äußerlichen Gestaltung der Führung. Fig. 85 zeigt eine untere Rippenführung, Fig. 87 eine obere Bolzenführung und Fig. 88 eine obere Stiftführung. Die Stiftführung ist die üblichste. Bei der Bolzenführung trägt das Ventil den beweglichen Vollkörper, und der Hohlkörper muß auf umständliche Weise gegen den Pumpenkörper festgelegt werden. Bei der Stiftführung ist der Vollkörper in einfachster Weise am Sitze fest und der bewegliche Hohlkörper am Ventile. Der Querschnitt der Führungskörper ist meist kreisrund, manchmal mit Ausschnitten versehen, damit nicht so leicht ein Hängenbleiben des Ventiles durch Schmutz eintrete, der sich zwischen die Gleitflächen der Führung setzt. Je sorgfältiger die Führung hergestellt ist, ein desto öfteres Hängenbleiben wird sie bei schmutzigem Wasser verschulden. Von diesem Standpunkte aus ist es vorzuziehen, die Führung mit Spielraum zu bauen und die sichere Führung durch genügende Länge der Führungskörper zu erreichen.

Zur Umgehung der Schwierigkeiten solcher Gleitführungen hat man in einigen Fällen die Gleitführung durch Lenkerführungen ersetzt. Sie bestehen aus besonders gestalteten Blattfedern, deren eines Ende am Ventilteller und deren anderes Ende an einem festen Punkte befestigt ist. Diese Federn sind in der Richtung des Ventilhubes biegsam, in anderen Richtungen steif, so daß sie nur die Hubbewegung des Ventiles gestatten. (Ein Beispiel ist zu finden in Hartmann, K. B., III. Aufl., S. 255.)

Die richtige Führung wird durch seitlich auf das Ventil treffende Wasserströme erschwert, die entstehen, wenn das Wasser kurz über dem Ventilspalt durch einen seitlichen Stutzen abgeführt wird, Fig. 103. Der einseitige Wasserdruck schleißt die Führung aus, so daß schließlich die Übelstände eintreten, die durch die Führung vermieden werden sollen. Abhilfe geschieht durch richtigen Einbau des Ventiles außerhalb des Bereiches des seitlichen Stromes.

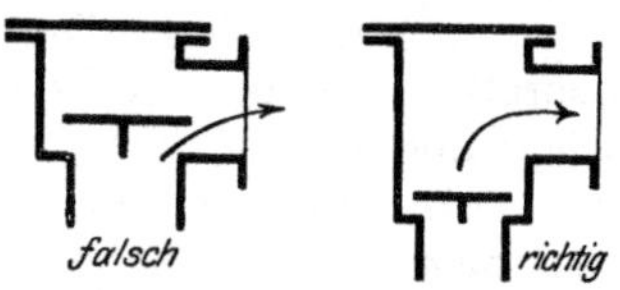

Fig. 103. Seitlicher Strömungsdruck auf das Ventil.

Die Belastung des Ventiltellers geschieht durch federnde Gebilde. Hierzu werden entweder Schrauben- oder Spiralfedern aus Stahl- oder Bronzedraht verwendet, oder Gummirohrfedern, wie in der Fig. 97. Die Größe der Belastung ist einstellbar durch Niederschrauben der ihr Widerlager bildenden Mutter. Diese Mutter findet ihr Bolzengewinde in dem Führungsstifte.

Die Sitzfläche des Ventiles wird so schmal wie möglich gemacht, damit zur Eröffnung des Tellers kein zu großer Überdruck in der Hubrichtung nötig ist. Die Größe der nötigen Fläche richtet sich nach dem Stoffe der Druckflächen. Der Druck in den Flächen kann gewählt werden für Bronze 200 kg/qcm, Rotguß 150 kg/qcm, Gußeisen 80 kg/qcm.

Die Sitzfläche soll sich immer in bestem Zustande befinden, wenn sie, wie oft, gleichzeitig als Dichtungsfläche dient.

Die Befestigung und Abdichtung des Ventilsitzes geschieht auf verschiedene Weise. Der Sitz wird aus einem geeigneten Stoff gebildet und dichtend in den Pumpenkörper eingesetzt. Die Befestigung geschieht am besten durch Druckbolzen, die, von außen her die Wand durchdringend, eingebracht werden; Fig. 95. Diese Bolzen werden durch Schrauben, die an den Flanschen angreifen, gegen den Sitz angepreßt. Sie müssen selbst gegen den Wasserdruck abgedichtet werden. Sie bestehen daher aus zwei Teilen, die eine nachgiebige, sich gegen die Wand legende Zwischenlage erhalten.

Die Abdichtung des Sitzes gegen den Pumpenkörper geschieht ebenfalls durch zwischen die Flächen gelegten nachgiebigen Stoff oder nach einer bei den Rohrflanschendichtungen (Abschn. VIII B 3) zu besprechenden Art.

Bei den kleinen Ausführungen der Einzelventile einer Ventilgruppe wird der Einzelsitz mittels Gewindes in eine Ventilplatte eingeschraubt, die ihrerseits, wie beim Ventilsitz geschildert, in den Pumpenkörper eingesetzt wird.

Die Dichtung der Ventile kann auf verschiedene Weise erfolgen:

Nachgiebige Dichtung erscheint als das Einfachste und Beste. Die Figuren 91 und 101 zeigen, wie zwischen die metallischen Sitz- und Druckflächen nachgiebige Mittel, wie Leder, Gummi, Hartgummi, gelegt sind. Das Dichtungsmittel wird durch den Tellerdruck gepreßt und bewirkt eine gute Abdichtung auch bei beschädigten Dichtungsflächen. Die nachgiebige Dichtung erweist sich schätzenswert für unreines Wasser, dessen schleifende Wirkung die Flächen von Sitz und Ventil beschädigt. Leder erweist sich bei kaltem Wasser als dauerhaft, für warmes Wasser ist Gummi vorzuziehen.

Der Druck, mit dem der Dichtungsstoff in der immer schmalen Sitzfläche gepreßt wird, ist bei größerer Druckhöhe so bedeutend, daß er bald zerstört wird. Es eignet sich diese Dichtungsart daher nicht für Wasserhaltungen, bei denen sie sonst angebracht wäre. Hart gummi läßt höhere Drücke zu als Leder.

Gelegentlich wird der ganze Ventilteller aus Gummi gemacht. Fig. 102 zeigte eine Gummiklappe, wie sie bei Kondensatorpumpen und bei Pulsometern, deren Druckhöhe selten über 30 m gewählt wird, angewandt werden. Sie haben neben dem Vorzug der guten Abdichtung, die sie besonders für die Kondensatorpumpen geeignet macht, den des schlagfreien Ganges.

Bei höheren Drücken muß metallische Dichtung gewählt werden. Die Dichtheit dieser Flächen hängt von ihrem guten Zustande ab. Für sandhaltiges Wasser und hohe Drücke fand sich in dem Fernisventil vor 35 Jahren eine geeignete Dichtungsart, bei welcher der Druck durch metallische Dichtungsflächen aufgenommen, die Abdichtung durch die nachgiebige Abdeckung des Spaltes erreicht wird, Fig. 96 und 97. Der eigentliche metallische Ventilring r legt sich auf den Sitz s auf und überträgt den Tellerdruck. Der Sitz braucht nicht abzudichten, ja er ist absichtlich mit Nuten versehen, die ihn undicht machen. Über dem Metallring r liegt ein Lederring l, der durch den federbelasteten Ringfänger gegen den Metallring gepreßt wird. Dieser Lederstreifen überdeckt den Spalt und wird durch den Wasserüberdruck von oben dichtend gegen Sitz und Ventilring angelegt. Der Wasserdruck, der vom Ventilring aufgenommen wird, wirkt auch auf den Lederstreifen, schadet diesem aber nicht, da er sich auf eine große Druckfläche verteilt. Im metallischen Spalt kommt dagegen der ganze Ventildruck auf eine kleine Fläche.

5. Die Ventile der schnellaufenden Pumpen.

Der Einfluß erhöhter Kolbengeschwindigkeit auf die Ventile. Der elektrische Antrieb unterirdischer Wasserhaltungsmaschinen gab vor etwa 15 Jahren einen kräftigen Anstoß zu den Bestrebungen, die Drehzahlen der Kurbelpumpen zu steigern. Lassen wir eine gegebene Pumpe mit wachsenden Drehzahlen laufen, so wächst die Kolbengeschwindigkeit und somit die Ventilerhebung proportional, da nach früherer Betrachtung die Spaltgeschwindigkeit bei ungeänderter Belastung immer ungeändert bleibt. Der größere Ventilhub führt ohne weiteres zu einer größeren Schlußverspätung und hierdurch und im Zusammenhange mit der an sich gewachsenen Kolbengeschwindigkeit zu einer quadratisch vergrößerten Schlußgeschwindigkeit, die für den Ventilschlag bestimmend ist. Bei der doppelten Drehzahl wird also die sonst in allem ungeänderte Pumpe den vierfachen Ventilschlag aufweisen.

Zur Ermöglichung größerer Drehzahlen stehen in Rücksicht auf das Ventilspiel mehrere Wege offen. Die Bestrebungen können in zwei Gruppen geteilt werden. Die erste Gruppe umfaßt die Bemühungen, die Schlußgeschwindigkeit der Ventile, die zweite diejenigen, die zum Schlage gelangenden Massen zu verkleinern. Die erste Gruppe wendet sich zum Teil an das Ventil selbst, zum Teil hat sie wesentlichen Einfluß auf die Gesamtgestaltung der Pumpe genommen. Die zweite Gruppe wendet sich ebenfalls, wenn auch nur in einzelnen Ausführungen, an das Ventil, um dieses möglichst masselos zu gestalten, zum größeren Teile aber an die Gestaltung der Pumpe (Abschn. VII 3). Hier sollen einige das Ventil unmittelbar berührende Versuche erwähnt werden.

Will man die Kolbengeschwindigkeit durch Steigerung der Drehzahl erhöhen, so müssen Veränderungen am Ventil vorgenommen werden. Als Beispiel sei eine Verdoppelung der Drehzahl angenommen. Das ergibt nach Obigem einen doppelten Ventilhub und eine vierfache Ventilschlußgeschwindigkeit. Zur Erzielung der Ausgangsverhältnisse sei zunächst die Ventilzahl, also der Spaltumfang verdoppelt. Dann verteilt sich bei doppelter Drehzahl die doppelte Wassermenge auf je 2 Ventile, so daß die Durchflußverhältnisse die gleichen bleiben wie früher. Der Ventilhub wird also der gleiche bleiben, die Speicherfähigkeit des Gesamtventiles ist aber die doppelte geworden; demnach wird nach Kolbenumkehr das Absaugen erst nach dem doppelten Kolbenwege und bei der vierfachen Kolbengeschwindigkeit erfolgen. Dabei bezieht sich diese Absaugegeschwindigkeit auf je 2 Ventile, so daß die Schlußgeschwindigkeit die doppelte wie im Ausgangsbeispiel ist. Wir erkennen hieraus, daß bei Verdoppelung der Drehzahl der Spaltumfang nicht verdoppelt, sondern vervierfacht werden muß, um die gleiche Ventilschlußgeschwindigkeit zu erreichen. Dabei ist die schlagende Ventilmasse vierfach.

Man erwartet von einer „schnell laufenden" Pumpe, daß sie bei gleichen Abmessungen eine entsprechende Lieferungsvermehrung zeigt. Dies ist, wie wir sehen, nicht zu erreichen, sondern um mit gleichem Kolbenhub und -querschnitt durch verdoppelte Drehzahl das Doppelte leisten zu können, müssen die entscheidenden Teile, die Ventile und die Räume zu ihrer Unterbringung auf das Vierfache gesteigert werden. Die doppelte Drehzahl bringt also dem Verhältnis Leistung : aufgewandten Mitteln bezüglich der eigentlichen Pumpe kaum Vorteile. Die Vorteile liegen nur auf der Antriebseite, da ein raschlaufender Elektromotor billiger ist als ein langsamlaufender.

Ein anderer Weg, das Ventilspiel bei erhöhter Kolbengeschwindigkeit zu beherrschen, ist, die Spaltgeschwindigkeit des ursprünglichen Ventiles durch Vergrößerung der Belastung proportional der Kolbengeschwindigkeit zu erhöhen. Dann bleibt die Ventilerhebung die gleiche, die Speicherwirkung desgleichen; der Ventilschluß erfolgt bei der gleichen Kolbenlage und doppelter Kolbengeschwindigkeit. Die Schlußgeschwindigkeit ist also die doppelte wie früher. Soll sie die gleiche bleiben wie im Ausgangsbeispiel, so muß die Spaltgeschwindigkeit nicht auf das Doppelte, sondern auf das Vierfache erhöht werden. Es zeigt sich also auch hier eine mit der Drehzahl quadratisch wachsende Verschlechterung der Verhältnisse. Mit der Vergrößerung der Spaltgeschwindigkeit wachsen die Ventilwiderstände erheblich. Für Pumpen mit geringer Druckhöhe ergeben sich dann schlechte Wirkungsgrade. Ferner ist an die nachteilige Wirkung der großen Spaltgeschwindigkeit bei unreinem Wasser zu erinnern. Bei unreinem Wasser soll nach der Erfahrung die Spaltgeschwindigkeit nicht über 4 m/sec genommen werden, während bei reinem Wasser bis 10 m/sec bei großer Förderhöhe gegangen werden kann, ohne dem Wirkungsgrad merklich zu beeinträchtigen.

Man ersieht, daß der Steigerung der Kolbengeschwindigkeit erhebliche Schwierigkeiten entgegenstehen. Die Praxis hat denn auch einen anderen Weg, höhere Drehzahlen zu erreichen, eingeschlagen, indem sie diese durch proportionale Verkleinerung des Kolbenhubes ohne Erhöhung der Kolbengeschwindigkeit durchführte.

Die Gründe für dieses Verfahren liegen nicht allein auf dem Gebiete der Ventile, sondern, vielleicht sogar zum größeren Teile, auf dem der schädlichen Massenwirkungen im Kurbelgetriebe selbst, die bei Erhöhung der Drehzahl zu gefährlichen Stößen in Pumpe und Getriebe führen. Diese Verhältnisse finden im Abschnitte V D 2 u. 4 S. 163 ihre Erörterung.

Durch äußeres Gestänge gesteuerte Ventile. Nachdem die Erfahrung gezeigt hatte, daß mit freigängigen Ventilen höhere Drehzahlen nicht erreicht werden konnten, versuchte man, die Schlußbewegung der Ventile durch eine Steuerung zu erzwingen.

Der Gedanke der gesteuerten Ventile wurde um 1880 von Riedler gefaßt und in zahlreichen Ausführungen verwirklicht. Die Bestrebungen richteten sich um diese Zeit weniger auf eine Erhöhung der Drehzahl als auf eine Vereinfachung der mehrfach aufgeteilten Ventile mit großem Spaltumfange. Die Praxis war auf Grund ihrer Erfahrung zu Ventilen mit großem Spaltumfange, wie mehrringige Ringventile oder stückreiche Gruppenventile, gekommen, um den Ventilhub und den Ventilschlag klein zu erhalten. Dem großen Spaltumfange wurde nun der Vorwurf gemacht, daß er zu großen Lieferungsverlusten durch die jedem Ventile anhaftende Undichtheit führe. Diese Verhältnisse glaubte man verbessern zu können durch Zulassung eines großen Ventilhubes unter Verringerung des Spaltumfanges. Dem stand der erfahrungsgemäße Ventilschlag entgegen, dessen Ursache in der Tatsache der Schlußverspätung an sich richtig erkannt war. Nicht erkannt war die Ursache der Schlußverspätung, deren Kenntnis uns heute dazu führt, wenn ein Bedürfnis nach Verkleinerung des Spaltumfanges dringend ist, dies durch Erhöhung der Spaltgeschwindigkeit bei ungeändertem kleinen Ventilhube zu erreichen.

Zur Bekämpfung der Schlußverspätung eines Ventiles mit großem Hube sollte dieses gegen Ende des Kolbenhubes zwangsweise dem Sitze bis auf eine kleine, einen stoßfreien selbsttätigen Schluß verbürgende Entfernung genähert werden.

Dies geschah durch irgendein von den bewegten Teilen der Pumpe angetriebenes Gestänge.

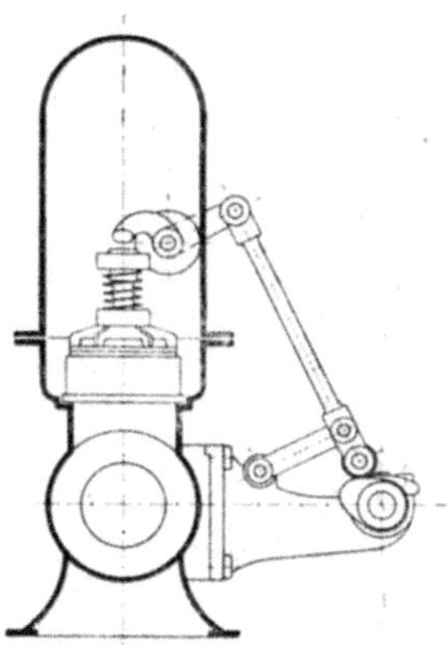

Fig. 104. Gesteuertes Druckventil. (Riedler.)

Fig. 104 zeigt die Steuerung eines Druckventiles. Die Steuerbewegung wird von einer der Maschinenachse parallelen Steuerwelle abgeleitet, ähnlich wie bei den Steuerventilen der Dampfmaschinen. Die Steuerbewegung ist so gestaltet, daß sie gegen Ende des Kolbenhubes das bis dahin bis an seiner Hubgrenze anliegende und nur durch sein Eigengewicht belastete Ventil erfaßt und bis in die Nähe des Sitzes niederdrückt. Alsdann geht die Steuerbewegung zurück, und das Ventil schließt sich durch sein eigenes Gewicht mit einer durch seine Ventilerhebung im Hubwechsel gegebenen Schlußverspätung. Zur Vermeidung von Stößen beim Auftreffen des Steuergestänges wird ein elastisches Glied zwischengeschaltet. Es muß vermieden werden, das Ventil vor Hubende völlig zu schließen. Bei Zwischenschaltung der Feder kann dies auch bei falscher Steuereinstellung nicht gelingen, da bei zu großer Annäherung an den Sitz infolge der eintretenden großen Spaltgeschwindigkeit sich dem Niedergehen des Ventiles ein erhöhter Widerstand entgegenstellt, der zu einer größeren Zusammendrückung der Feder führt. Immerhin ist eine solche falsche Steuereinstellung schädlich genug, da sie hohen Wasserdruck erzeugt, der schädlich auf Pumpenraum und Gestänge wirken kann.

Das Steuergestänge verläßt das Ventil zeitig genug, so daß es sich beim nächsten wirkenden Hube durch Belastung ungehindert heben kann. Hierin liegt ein Vorteil der gesteuerten Ventile, der insbesondere für das Saugventil von Wert sein kann.

Werden die für den Ventilschluß angestrebten Vorteile erreicht? Das unbelastete Ventil hebt sich bis an seine Hubgrenze und bleibt hier liegen, bis es gegen Kolbenhubende vom Steuergestänge erfaßt wird. Bei federbelastetem Ventile beginnt die Senkung nach Hubmitte, und es steht dem Vorgange des Senkens etwa ein halber Hub zur Verfügung. Bei den gesteuerten unbelasteten Ventilen wird diese schöne Gelegenheit, das Ventil zu senken, versäumt. Wegen der Verdrängerwirkung des Ventiles kann diese Versäumnis gegen Hubende nicht nachgeholt werden, wenn gefährliche Pumpendrücke vermieden werden sollen. Die Ventilerhebung im Hubwechsel erweist sich bei gesteuerten Ventilen nicht kleiner als bei richtig angeordneten freigängigen Ventilen, und der selbsttätig erfolgende Schluß geschieht nach denselben Gesetzen und mit dem gleichen Schlage.

Wird das gesteuerte Ventil mit dem gleichen Spaltumfange ausgeführt wie das selbsttätige, dann wird der infolge des höheren Hubes etwas verringerte Kraftverlust im Ventile durch die höheren Kosten der Pumpe und der Instandhaltung und die zusätzlichen Reibungsverluste in den Gleitflächen der Steuerung teuer erkauft.

Wird die ursprüngliche Absicht der Spaltumfangsverkleinerung bei großem Hube ausgeführt, dann bleibt der Ventilwiderstand der gleiche wie bei einem entsprechenden freigängigen Ventile mit großem Spaltumfange und kleinem Hube, und die Vorteile des an sich kleineren Ventiles werden durch die Nachteile der Steuerung überwogen.

Es ist nirgends ein Vorteil der gesteuerten Ventile ersichtlich. Sie sind auch allgemach wieder verschwunden. Der Betriebsbeamte wird sie selten sehr geschätzt haben. Man betrachte die Fig. 105, um sich von der äußeren Wirrnis einer Pumpe mit gesteuerten Ventilen zu überzeugen.

Gesteuertes Saugventil der Riedlerexpreßpumpe. Der einfachere Weg, einen rascheren Gang zu erzielen, ist in der Verringerung der Speicherwirkung infolge richtiger Bauart des Ventiles und starker Belastung gegeben.

Die starke Belastung erschwert aber das Öffnen der Ventile. Dies ist für das Druckventil ohne Belang, da hier durch den Kolben die nötigen Kräfte im Druckhub jederzeit übertragen werden können. Anders beim Saugventil, das nur durch den Überschuß des Luftdruckes über die Saughöhe, Leitungs- und Ventilwiderstände geöffnet werden kann. Schwere Federn verbieten sich also hier um so mehr, als die erwähnten Gegenkräfte an Größe zunehmen. Dem Saugventil kann am besten geholfen werden durch unmittelbare Aufstellung der Pumpe über dem Wasserspiegel, so daß Saughöhe und Saugwiderstände möglichst gering werden und die Federkraft verstärkt werden kann. Auch ist dafür zu sorgen, daß die absetzend zu bewegende Saugwassersäule möglichst klein sei. Dies ist beim Bau des Pumpenkörpers zu beachten. Im übrigen muß der Spaltumfang für das Saugventil möglichst groß gemacht werden, um durch Kleinhaltung des Ventilhubes mit der möglichen Federkraft einen rechtzeitigen Ventilschluß zu erzielen.

Fig. 105. Wasserhaltungsmaschine mit gesteuerten Ventilen. (Riedler.)

Für das Saugventil liegt der Gedanke des zwangsweisen Ventilschlusses besonders nahe, um ein leichtes Öffnen des unbelasteten Saugventiles zu erreichen. Hierdurch ergibt sich bei mäßigen Drehzahlen der Vorteil einer großen Saugfähigkeit oder bei geringer Saughöhe der Vorteil einer höheren Drehzahl. Hier hat die Steuerung nicht den Zweck, kleine Ventile bei großem Hube zu ermöglichen, sondern die mangelnde Schlußkraft bei sonst richtig gebauten Ventilen zu ersetzen.

In diesem Sinne hat eine Steuerung des Saugventiles Aussicht auf Erfolg. Es sei im folgenden die hierher gehörige Bauart der Riedlerschen „Expreßpumpe" mit schwerbelasteten selbsttätigen Druckventilen und unbelastetem zwangsweise geschlossenen Saugventile besprochen.

Mit dieser Art, Fig. 106, ist es auf baulich einfache Weise gelungen, jedes Steuergestänge zu vermeiden, indem der Kolben am Ende des Saughubes das Saugventil s auf seinen Sitz schleudert. Hierzu war eine besondere Lage des Saugventiles notwendig. Zunächst mußte es mit dem Kolben gleichachsig und hängend angeordnet werden, damit seine Bewegungsrichtung der Kolbenbewegung parallel werde. Seine nach innen gerichtete Öffnungsbewegung (1) ist umgekehrt gerichtet wie die Kolbenbewegung (2) im Saughube, so daß der Kolben p am Ende des Saughubes (3) durch einen Fängerkopf K das offene Saugventil fassen und auf seinen Sitz schleudern kann. Die Lage des Saugventiles ist dabei so gewählt, daß der Fänger am Ende des Saughubes noch ein kleines Stück vom aufsitzenden Ventil entfernt bleibt. Das Ventil bewegt sich durch seine Schwungkraft bis auf den Sitz und schließt sich mit geringer Schlußverspätung im Druckhub.

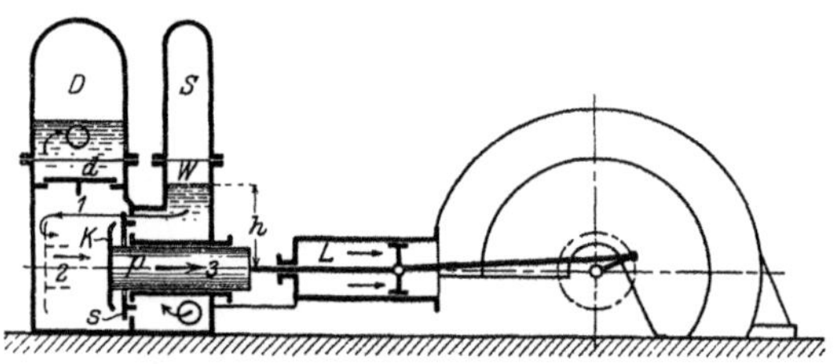

Fig. 106. Riedler-Expreßpumpe.

Die Riedlerexpreßpumpe wird mit etwa 200 Umdrehungen in der Minute betrieben und läßt noch wesentlich höhere Zahlen erreichen. Diese Erfolge werden aber nicht durch die wirkungsvolle Steuerung des Saugventiles allein erreicht. Der Kolbenhub ist entsprechend der Drehzahlvergrößerung verkleinert, so daß die Kolbengeschwindigkeit diejenige normal laufender langhubiger Pumpen unterschreitet. Ferner ist die nötige Sorgfalt auf das hochbeanspruchte Getriebe verwendet.

Als wesentlich für diese Expreßpumpe wird vielfach die Lage des Saugwindkessels S hervorgehoben. Sie ergibt sich mit Notwendigkeit aus der Anordnung des Saugventiles. Ihr Vorteil sei: nahe Lage zur Pumpe, so daß die beim Saughub zu beschleunigende Wassermasse gering sei. Ein Blick auf den Pfeil 1, der den Weg und die Länge der Saugwassersäule anzeigt, lehrt, daß das Gegenteil der Fall ist. Ferner stehe das Wasser mit einer Druckhöhe h über dem Saugventil, dessen Öffnen erleichternd. Der Druck auf das Saugventil ist von der Höhenlage des Saugwasserspiegels W unabhängig und nur durch die Höhenlage des Ventiles über dem Unterwasserspiegel, das ist durch die Saughöhe, gegeben. Um so höher W liegt, um so viel geringer wird der Druck im Saugwindkessel.

Der Ventilfängerkopf K läuft dem Saugwasser entgegen. Die

Bewegung der Saugwassersäule kann wohl als ungünstiger denn bei jeder anderen Pumpe angesehen werden. Sie ist aber durch die Steuerung bedingt.

Die Erfolge der Expreßpumpen veranlaßten einige große Firmen, ihren verfehlten Pumpenkörper unter Weglassung der ihn bedingenden und rechtfertigenden Steuerung des unbelasteten Saugventiles bei Anwendung federbelasteter Ventile nachzubauen, Fig. 81.

Das hängende Ventil ist wegen der nötigen Führung seines Gewichtes ungünstiger als das gewöhnliche stehende Ventil, wäre aber in der Anordnung der Fig. 133 wegen der Vorteile für die Verringerung der Saugwassersäule zu verteidigen. Die Expreßpumpen scheinen heute verschwunden zu sein. Vgl. eine Ausführung Fig. 127.

Die Selbststeuerung der Kolbenventile. Fig. 93 zeigt die Kolbendruckventile einer Scheibenkolbenpumpe.

Die betreffenden Ventile nehmen an den Bewegungen und den Geschwindigkeitsänderungen des Kolbens teil und sind daher Massenwirkungen ausgesetzt. Diese Massenwirkungen sind für das Arbeiten der Ventile günstig, indem sie auf rechtzeitigen Schluß und Öffnung der Ventile hinwirken. Sie sind bei großer Hubzahl groß und wegen der hier vorhandenen Schwierigkeit des rechtzeitigen Ventilschlusses erwünscht.

Am unteren Ende des Kolbenhubes drängen die der Verzögerung durch die Kräfte am Getriebe nicht unterworfenen geöffneten Ventilteller gegen den verzögerten Kolben vor und wirken auf ihren Schluß hin. Nach Kolbenumkehr wirkt die aufwärtsgehende Beschleunigung des Kolbens im gleichen Sinne auf raschen Schluß der noch nicht gänzlich geschlossenen Ventile hin. Die Schlußverspätung und der Ventilschlag werden daher gering ausfallen. Beim Beginne des Abwärtsganges sind die Ventile zu öffnen. Ihre gegen den beschleunigten Kolben zurückbleibende Masse wirkt im Sinne dieser Eröffnung.

Da die richtige Öffnung schwerbelasteter, der richtige Schluß leicht belasteter Saugventile insbesondere Schwierigkeiten macht, empfiehlt sich die Anordnung besonders für das Saugventil. Sie ist als Naßluftpumpe mit großer Hubzahl häufig ausgeführt worden und arbeitet zur Zufriedenheit. Eine Kondensatorpumpe muß aus einem Raume geringer Spannung, also unter den ungünstigsten Umständen ansaugen. Daher die hier zu findende Beliebtheit der Kolbensaugventile.

Für eigentliche Wasserpumpen ist die Anordnung wohl kaum wegen der Nachteile des Scheibenkolbens verwandt worden.

Die Kolbenventile lassen sich auch in Tauchkolben einbauen und somit für schmutziges Wasser brauchbar machen. Darüber berichtet der Abschn. V C 3.

Diese Formen zeigen den Nachteil einer verdoppelten Stopfbüchsenzahl gegenüber Pumpen mit festen Ventilen. Sie wurden aus Gründen des guten Wasserflusses und der äußerlich einfachen Bauart als Gestängeschachtpumpen vielfach verwendet. Die Selbststeuerung kam bei diesen meist mit Hubpausen und mit geringer Hubzahl arbeitenden Pumpen nicht in Betracht.

Neuerdings ist das Saugkolbenventil für stehende hydraulisch angetriebene unterirdische Wasserhaltungsmaschinen wieder in Rücksicht auf ihre Selbststeuerung und ihre gute Wasserführung verwendet worden. Darüber die Abschn. V C 3 u. VIII D 3.

Bei den Pumpen mit Scheibenventilkolben bemerken wir, daß sie den Vorteil der Scheibenkolbenpumpen, die doppelte Lieferwirkung, nicht ausnutzen können. Der Vorteil der Selbststeuerung der Kolbenventile ist demnach in allen Fällen teuer erkauft.

C. Die Bauformen der Kolbenpumpen.

1. Verschiedene äußere Gestaltungen.

Die einflußnehmenden Verhältnisse. Die Überschriften der folgenden Abschnitte deuten die unterschiedswirkenden Einflüsse an, die zu entsprechender Gestaltung und Benennung geführt haben.

Die Wirkung der Lagenanordnung (liegend oder stehend) ist in die Augen fallend, aber doch mehr äußerer Art. Die Frage nach der Kolbenform (Scheiben- oder Tauchkolben) geht in das Innere der Wirkungen (doppelt- oder einfachwirkend, Betriebsverhalten). Die feste oder bewegliche Anordnung der Pumpen greift sowohl in die ganze äußere Gestaltung als auch in die wichtige Frage des Antriebes ein. Der Unterschied: kurbellose oder Kurbelpumpe wird ebenfalls durch die Frage des Antriebes und durch die Form der Bewegung beherrscht.

Ein weiterer Abschnitt behandelt die Bauformen der einzelnen Tauchkolbenpumpen, wie sie im wesentlichen durch die Rücksicht auf die Zugänglichkeit der Ventile und die Wasserführung in der Pumpe bedingt sind. Der Einfluß der Form und Bewegungsart der Wasserschaltorgane, gekennzeichnet durch die Namen: freigängige oder gesteuerte Ventile, ist in den vorigen Abschnitten durch Beispiele belegt worden. Die Formen der Doppelpumpen, der Differentialpumpen und der mehrkurbeligen Pumpen werden durch die Rücksicht beherrscht, mehrere einfachwirkende Tauchkolbenpumpen zu einer gleichmäßigen Wirkung zusammenzustellen, wobei die Fragen des Antriebes, der Zugänglichkeit und der leichten Bewachung mit gestaltend eingreifen.

Die Sonderformen der stehenden Schachtpumpen werden mit im Abschn. V C 3, in dessen Zusammenhang sie hineingehören, behandelt werden. Mit dieser Ausnahme befassen sich die Erörterungen im wesentlichen mit liegenden Tauchkolbenpumpen. Die späteren Abschnitte über die verschiedenen Wasserhaltungsarten werden Gelegenheit geben, einige Ergänzungen zur Frage der äußeren und inneren Gestaltung im Zusammenhange mit dem Betriebe nachzutragen.

Stehende und liegende Pumpen. Wie alle Kolbenmaschinen, so können auch die Kolbenpumpen mit wagerecht oder senkrecht arbeitendem Kolben gebaut werden. Vorteile und Nachteile sind etwa die gleichen wie bei anderen Kolbenmaschinen auch. Die stehende Anordnung hat einen geringen Raumbedarf im Grundriß, einen größeren in der Höhe; bei den liegenden Maschinen ist es umgekehrt. Die Kolben der stehenden Maschinen sind dem Verschleiße weniger ausgesetzt als die der liegenden. Bei sandhaltigem Wasser erweisen sich Anordnungen nach Fig. 55 bezüglich des Verschleißes besonders günstig, da der von oben eintauchende Tauchkolben vom Sande kaum belästigt werden kann. Die Bedienung stehender Pumpen erweist sich bei größeren Abmessungen als äußerst beschwerlich.

Stehende Pumpen werden heute besonders für kleine Leistungen gebaut. Als Wasserhaltungsmaschinen finden wir sie als riesige Schachtpumpen für große Wassermengen, weil hier die Form des Aufstellungsraumes und die Weise des Antriebes diese Art bedingen. Ferner finden sie sich neuerdings in vereinzelten Ausführungen als hydraulische Wasserhaltungen. Die liegende Maschine ist als die normale Wasserhaltungsmaschine anzusehen.

Die Abteufpumpen (Abschn. IX) sind als Schachtpumpen immer stehende Pumpen. Sie erfahren als bewegliche Pumpen eine besondere Ausbildung.

Die stehenden Pumpen sind nicht eine einfache Aufrichtung liegender Formen. Die Ventile werden alle meist mit senkrechter Hubbewegung eingebaut, also bei stehenden und liegenden Formen in gleicher Weise. Aber auch wenn die Ventile bei stehenden Pumpen mit wagerechter Hubbewegung eingebaut werden, ergeben sich andere Pumpenformen, da die Windkessel für stehende Pumpen die gleiche Anordnung erhalten müssen wie für liegende Pumpen.

Kurbellose und Kurbelpumpen. Die Kolbenpumpe bedarf zur Verrichtung ihrer Arbeit einer stoßenden Bewegung. Geschieht ihr Antrieb durch eine rundlaufende Maschine, so muß zur Umwandlung der drehenden in eine stoßende Bewegung ein Kurbelgetriebe eingeschaltet werden. Alle elektrisch betriebenen Kolbenpumpen sind daher Kurbelpumpen (Fig. 107). Aber auch bei Antrieb durch eine Kolbendampfmaschine, deren stoßende Bewegung unmittelbar auf den Pumpenkolben übertragen wird, finden wir meist ein Kurbelgetriebe in Anwendung, dem hier die Aufgabe zukommt, die stoßende Bewegung zwecks Antriebes des als Kraftausgleicher dienenden Schwungrades in eine drehende umzuwandeln.

Die Anwendung eines Schwungrades macht die Maschine räumlich ausgedehnter und in der Anlage teuerer. Sie rechtfertigt sich aus dem Bestreben, die Dampfmaschine zwecks sparsamen Dampfverbrauches mit weitgehender Dampfdehnung arbeiten zu lassen, was ohne Energieausgleich durch Schwungmassen nicht möglich ist.

Die schwungradlosen Dampfpumpen haben später versucht,

durch andere ihrem Betriebe angepaßte Energieausgleicher ebenfalls Dampfdehnung zu ermöglichen.

Das äußere Bild einer als Wasserhaltungsmaschine verwendeten Duplexpumpe zeigt Fig. 108. Vorne sind die Naßluftpumpen der Dampfniederschlagung, in der Mitte Nieder- und Hochdruckdampfzylinder und hinten Doppelplungerpumpen zu sehen. Die Maschine besteht aus 2 parallelen Seiten.

Fig. 107. Elektrisch angetriebene Kolbenpumpe. (Siemens-Schuckert.)

Im Gegensatz dazu ist Fig. 109 eine Dampfwasserhaltung mit Kurbeltrieb und Schwungrad. Abgesehen vom Kurbeltrieb ist die Anlage etwa die gleiche wie in voriger Figur. Die Maschine besitzt zwei gleiche parallele Seiten. Auf jeder Seite Hoch- und Niederdruckdampfzylinder, Doppelplungerpumpe und Luftpumpenkondensator.

Die kurbellosen Dampfpumpen nach Fig. 108 sind häufig als unterirdische Dampfwasserhaltung ausgeführt worden, besonders in der Zeit der Einführung der unterirdischen Dampfwasserhaltung. Die Schwungraddampfpumpen sind die übliche Form der Dampfwasserhaltung und die in Fig. 109 gezeigte Anordnung als Zwillingstandemmaschine wird für große Leistungen ausgeführt.

Fig. 108. Dampfwasserhaltung mit Duplexpumpen. (Weise & Monski.)

Bei Antrieb durch Druckwasser ergibt sich ebenfalls eine stoßende Arbeitsbewegung, die meist ohne Hilfsdrehung und Schwungrad bleibt. Bei dehnsamen Triebmitteln erweist sich der Zwang des Schwung-

Fig. 109. Wasserhaltung mit Zwillingstandemmaschine. (Haniel & Lueg.)

Fig. 110. Senkbare Duplexpumpe. (Otto Schwade & Co.)

rades hilfreich, bei Wasser kann er für den Bestand des Ganzen gefährlich werden.

Feste und bewegliche Pumpen. Die meisten Pumpen werden fest aufgestellt. Nur wenn eine stete Verlegung des Saugwasserspiegels, wie beim Abteufen, stattfindet, muß die Pumpe wegen ihrer beschränkten Saughöhe dem Wasserspiegel folgen. Bei den Gestängeabteufpumpen folgte bloß die Pumpe nach. Die Dampfmaschine blieb ortsfest und übertrug ihre Kraft durch das verlängerte Gestänge. Die neueren Abteufpumpen bilden in Antrieb und Pumpe eine geschlossene senkbare Einheit.

Das Äußere solcher Senkpumpen weicht dann erheblich von dem ortsfester Pumpen ab. Fig. 110 zeigt eine Duplexsenkpumpe. Der Wegfall des Kurbeltriebes macht diese Pumpen besonders zu Senkpumpen geeignet. Dampfsenkpumpen sind wohl nie mit Schwungrad ausgeführt worden.

Bei elektrischem Antrieb von Senkkolbenpumpen, Fig. 326 u. 327, läßt sich das Kurbelgetriebe nicht umgehen. Wegen der Notwendigkeit, einen kleinen, raschlaufenden Motor zu verwenden, muß auch noch ein Rädervorgelege eingebaut werden. Die Anordnung erscheint in Form und Betrieb verwickelter als die der Dampfsenkpumpe.

Beim Abteufen von schräg liegenden Schächten oder Strecken erfährt die Senkpumpe wieder eine entsprechende Ausbildung. Sie wird auf ein fahrbares Gestell gesetzt (Fig. 185). Im übrigen sind die Arbeitsbedingungen etwa die gleichen wie bei senkrechten Senkpumpen.

2. Verschiedene innere Gestaltungen.

Pumpen mit Scheiben- und mit Tauchkolben. Der Scheibenkolben, Fig. 58, wirkt beim Kolbenrechtsgang mit seiner linken Fläche saugend im linken Pumpenraume, mit seiner rechten Fläche drückend im rechten Raume. Der Kolben trennt die beiden Räume, doch erweitert sich der Saugraum auf Kosten des Druckraumes: die Räume gehen stetig in einander über. Beim Linksgange finden die umgekehrten Vorgänge statt. Einer vollen Kurbeldrehung entsprechen daher zwei volle Förderwirkungen: die Pumpe ist doppelt saugend und drückend. Man nennt sie daher: doppeltwirkend.

Der Kolben trennt Räume verschiedenen Druckes. Er muß daher in jeder Lage dichtend an die Wand des Zylinders anschließen. Der Zylinder ist gut ausgedreht und der Scheibenkolben mit einer Lederstulpdichtung versehen. Diese Dichtung liegt im Innern des Zylinders. Sie ist daher der Beobachtung entzogen, von außen nicht nachstellbar und erst nach Auseinandernehmen der Pumpe zugänglich.

Es kann daher ein schlechter, Förder- und Energieverluste bedingender Zustand der Dichtung längere Zeit unbeobachtet bestehen. Die erwähnten Verluste werden um so größer, je größer der Druckunterschied, also die Förderhöhe ist. Pumpen mit Scheibenkolben eignen sich daher nicht für große Druckhöhen.

Bei sandigem Wasser setzt sich der Sand im unteren Teil des Zylinders, also auf der Kolbengleitfläche an. Dies führt zu einem raschen Verschleiß der Gleitflächen, also zu Undichtheiten. Die Scheibenkolbenpumpe eignet sich auch nicht für schmutziges Wasser. Damit ist ihre Verwendung für die meisten Pumpzwecke ausgeschlossen und auf enge Gebiete beschränkt.

Der Scheibenkolben ist der ursprüngliche Pumpenkolben und herrscht heute noch auf dem Gebiete seiner Entstehung. Bei der stehenden Hubpumpe, Fig. 54, sind die Verhältnisse für ihn günstiger; die Druckhöhe ist meist gering und die senkrechte Gleitfläche hat unter dem Sande weniger zu leiden. In der Anordnung als Ventilkolben ergibt er eine dem Aufstellungsorte im Brunnen angepaßte einfache Pumpenform. Als unterster Saugsatz der Gestängewasserhaltung bewährte die Brunnenpumpe ein Jahrhundert lang ihre Brauchbarkeit.

In diesen ihr ureigenstes Gebiet bildenden Anwendungen verzichtet die Scheibenkolbenpumpe auf die in ihr liegende Möglichkeit der doppelten Wirkung.

Die Tauchkolbenpumpe, Fig. 55, ist von Haus aus einfachwirkend. Beim Kolbenaufgang saugt die untere Kolbenfläche, beim Niedergang drückt sie aus. Die zweite Kolbenfläche arbeitet in der Luft und ist für die Förderleistung verloren. Der Tauchkolben muß dort, wo er in den Pumpenraum eindringt, wo sich also zwei Räume verschiedenen Druckes scheiden, dichtend an seine Führung anschließen. Der Kolben ist zylindrisch gestaltet, und die Führung am Pumpenkörper trägt die Dichtung. Die Dichtungsstelle steht fest und ist von der Luftseite aus zugänglich, da der nur in einer Ausführung vorhandene Pumpenraum eben nicht gegen einen zweiten Pumpenraum, sondern gegen die Außenluft abzudichten hat.

Die Dichtung kann daher von außen beobachtet und imstande gehalten werden. Es verlohnt sich hier, die Dichtung nachstellbar einzurichten.

Auch gegen sandiges Wasser verhält sich der Tauchkolben günstiger. Dies läßt die Fig. 59 einer liegenden Tauchkolbenpumpe erkennen. Der Tauchkolben schließt nur in der Stopfbüchse an den Pumpenkörper an; im übrigen gleitet er frei durch den Pumpenraum hindurch. In seiner Endlage tritt der Kolben nie in die Stopfbüchsenführung hinein. In dieser kann sich daher kein Sand ansetzen. Sand, der sich allenfalls auf der Scheitellinie des Tauchkolbens absetzt, wird von dem Grundring der Stopfbüchse leicht abgestreift.

Diese Vorteile verschaffen dem Tauchkolben die überwiegende Anwendung im Pumpenbau und die ausschließliche in der heutigen Wasserhaltung.

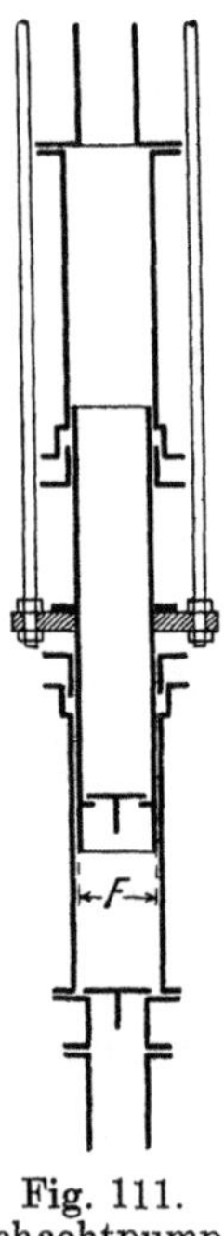

Fig. 111. Schachtpumpe mit Ventiltauchkolben. (Hartm. K. B.)

Seine Vorteile sind unlösbar an den *Nachteil* der *einseitigen* Wirkung gebunden.

Pumpen mit Ventilkolben. Die meisten Pumpen besitzen Ventile, deren Sitz im Pumpenkörper fest ist.

Die älteste Pumpe, die *Brunnenpumpe*, Fig. 53, zeigt ein *Kolbendruckventil*. Den Sitz des Druckventils bildet der bewegliche durchbrochene Scheibenkolben. Dies ergibt eine einfache äußere Form, die nur als Röhre erscheint. Alle Teile sind konzentrisch um die Rohrachse angeordnet. Die Wasserführung in der Pumpe ist dementsprechend gut und von keiner anderen Pumpenform erreicht. Nachteilig ist die Verwendung des Scheibenkolbens und die schwere Zugänglichkeit der Ventile. Für Schachtpumpen, die unter Wasser geraten können, hat freilich die Art der Zugänglichkeit erhebliche Vorteile vor anderen Bauarten, indem Kolben und Kolbenventil sowie das mit Öse versehene Saugventil durch die Pumpenröhre nach oben gezogen werden können, während bei seitlich angeordneten Ventilen diese unter Wasser überhaupt nicht mehr zugänglich sind. Diese veraltete Pumpenform wurde daher als unterster Saugsatz der Gestängewasserhaltung gebührend geschätzt.

Der *Scheibenventilkolben* kann die dem Scheibenkolben sonst eigne doppelte Wirkung nicht erreichen. Die doppelte Wirkung wird durch die Bauform der Scheibenkolbendifferentialpumpe erreicht, die freilich den Vorteil der erwähnten Zugänglichkeit wieder aufgibt.

Erscheint daher hier der Scheibenkolben als solcher nutzlos, so liegt der Gedanke nahe, seine Nachteile durch Anwendung eines *Ventiltauchkolbens* zu umgehen. Dies führt zur Fig. 111 mit *durch-*

brochenem Tauchkolben. Der durchbrochene Tauchkolben hat die Gestalt einer Röhre und trägt das Druckventil. Er wird durch ein Gestänge bewegt. Die Wirkung ist die gleiche wie bei der Brunnnenpumpe. Der Tauchkolben muß gegen den Pumpenkörper und gegen das Druckrohr abdichten. Es treten zwei Dichtungsstellen auf, wie bei jeder Tauchkolbenpumpe, die eine Scheibenkolbenpumpe gleichwertig ersetzt. Wird der Rohrkolben entsprechend lang gemacht, so kann es als Gestänge der Schachtpumpe dienen. Die obere Stopfbüchse kommt dann über Tage in den Ausgußstutzen und ein kurzes Gestänge verbindet das Rohrgestänge mit dem Dampfkolben.

Aus dieser Form ist unter Einfügung der Differentialwirkung die Rittingerpumpe (Fig. 120) abgeleitet, die viel zur Wasserhaltung benutzt worden ist.

Diese Pumpen sind einfach. Die Benutzung des Druckrohres als Gestänge ist der Dichtheit nicht förderlich.

Bisher trug der Kolben das Druckventil. Ordnet man das feste Ventil statt im unteren im oberen Raume an, dann wirkt es als Druckventil und das Kolbenventil wird Saugventil, Fig. 121 und 122.

Die Abdichtung der Gleitflächen. Die Dichtung eines Tauchkolbens kann auf zwei verschiedene Arten geschehen, die unter dem Namen Manschette oder Stulpe und Stopfbüchse bekannt sind.

Eine Stulpdichtung zeigt Fig. 112. Zwischen Pumpenkörper und Kolben ist ein Ringraum ausgespart. In diesen werden Lederstulpen und passende Formstücke abwechselnd eingelegt. Ein vorgeschraubter Deckel verschließt den Raum und sichert die Lage der eingelegten Stücke. Der Deckel dient aber nicht dazu, die Einlagen zusammenzupressen. Sie sind einer solchen Zusammenpressung auch nicht fähig. Zur Erklärung der Wirkung nehmen wir an, das rechts liegende Pumpeninnere sei gegen inneren Überdruck abzudichten. Das Pumpenwasser tritt in die Lücke zwischen den Formstücken und den Stulpen ein und treibt die Stulpflügel auseinander, den einen gegen den Pumpenkörper, den anderen gegen den Tauchkolben pressend und so Außen- und Innenraum gegeneinander abschließend.

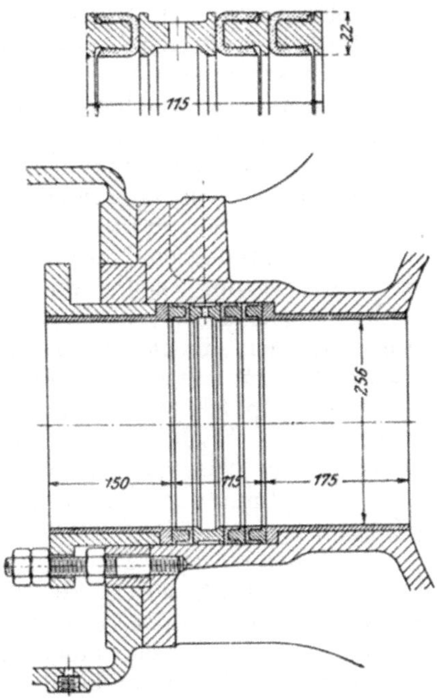

Fig. 112. Stulpdichtung für Tauchkolben. (Hartm. Kn. B.)

Gegen den inneren Druck wirken die beiden Stulpen, die ihre offene Seite dem Innenraum zukehren. Diese sind bezüglich der Dichtung hintereinander geschaltet. Gegen den äußeren Luftüberdruck beim Saughube wirkt die äußere Stulpe, die ihre offene Seite der äußeren Luft zuwendet.

Die Stopfbüchsen der Pumpen unterscheiden sich kaum von den Packungen der Dampfmaschinen. Als Packungsstoff wird gefetteter Hanf eingelegt und durch das Einschrauben des Deckels zusammengepreßt. Es legt sich dann dichtend an Pumpenkörper und Kolben an. Beim Nachlassen der Wirkung infolge Verschleißes wird die Brille erneut angezogen. In anderen Ausführungen wird eine besondere Schmierung vorgesehen. In Fig. 112 ist zwischen die Stulpen ein Schmierring aus Bronze eingelagert, dem von außen Öl zugeführt wird. Er gibt das Öl durch eine Bohrung an den Kolben weiter. Bei Stopfbüchsenpackungen geschieht die Schmierung auf gleiche Weise, indem zwischen die Hanfpackung ein Schmierring eingelegt wird.

Es gibt viele verschiedene Ausführungen dieser beiden Dichtungsarten, ohne daß grundlegende Unterschiede eine besondere Erwähnung nötig machten. Die Stopfbüchsendichtung wird auch zum Abdichten der Kolbenstangen angewandt, während die Stulpdichtung auf die größeren Durchmesser der Tauchkolben beschränkt bleiben muß.

Die Stopfbüchsendichtung scheint mehr in Anwendung zu sein als die Stulpdichtung, wohl weil sie sich sowohl für kleinere wie für größere Durchmesser, für warmes wie für kaltes, für reines wie für saures Wasser eignet, während das Leder der Stulpdichtung für warmes und für saueres Wasser schlecht geeignet ist.

Die Stulpdichtung zeigt die Eigenschaft der Selbsttätigkeit. Sie bedarf keiner Nachdichtung und wird immer proportional dem abzudichtenden Wasserdruck angepreßt. Sie dichtet gleich gut ab, solange die Abnutzung der Stulpen noch nicht bis zu ihrer Verletzung geführt hat.

Die einfachen Tauchkolbenpumpen. Die Formen werden durch die Wertung bedingt, die man der Zugänglichkeit der Ventile und der Wasserführung innerhalb der Pumpe beilegt.

Die Notwendigkeit einer besonderen Zugänglichkeit wird bei schmutzigem Wasser vorhanden sein, dessen Sandgehalt die Ventile verschleißt und dessen größere Verunreinigungen eine Behinderung des Ventilspieles verschulden können. Bei reinem Wasser wird die Forderung einer guten Wasserführung in den Vordergrund gerückt werden können.

Um die Ventile oder sonstige lebenswichtige Teile der Pumpe zugänglich zu machen, ist außer einer richtigen Gestaltung der Pumpe ein Kran über der Maschinenanlage nötig, damit die freigelegten Teile ohne Mühe herausgehoben und verfahren werden können.

In Fig. 113 ist auf größte Zugänglichkeit Bedacht genommen. Zu dem Zwecke sind Saug- und Druckventil seitlich aus der Pumpenachse versetzt, so daß über ihnen ein freier Hubraum bleibt, der nach

Abnahme eines Verschlußdeckels die Ventile hochzuziehen gestattet. Der unter dem Saugventil sitzende Saugwindkessel behindert seine Zugänglichkeit nicht, der über dem Druckventil stehende Druckwindkessel hingegen muß seitlich aus der Achse des Druckventils versetzt werden, damit das Druckventil leicht zugänglich bleibt.

Fig. 113. Pumpe mit seitlichen Ventilen.

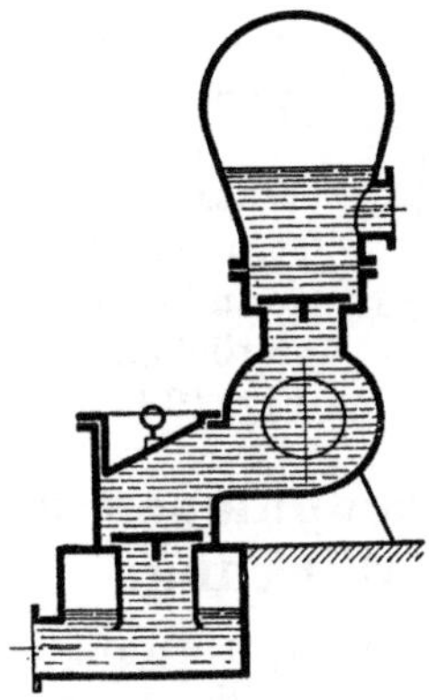

Fig. 114. Pumpe mit seitlichem Saug- und mittlerem Druckventil.

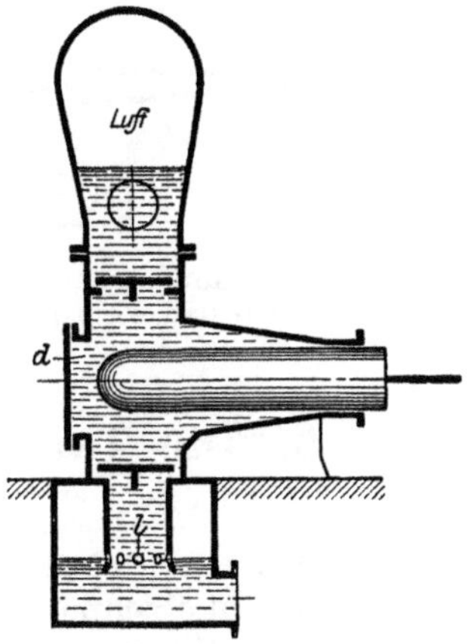

Fig. 115. Pumpe mit mittleren Ventilen.

Die leichte Zugänglichkeit des Druckventils ist in Fig. 114 zugunsten einer einfacheren Gestaltung aufgegeben worden. Das Ventil ist erst nach Abnahme des Druckwindkessels zugänglich. Für das Saugventil ist die gute Zugänglichkeit beibehalten worden. Diese Bauform war bei den älteren unterirdischen Wasserhaltungen sehr verbreitet. Man kann aus der großen Sorgfalt, die auf die Zugänglichkeit des Saugventils verwendet wurde, schließen, daß man diesem mehr Störungen zutraute als dem Druckventil.

Die einfachste Pumpengestaltung ergibt sich bei Verzicht auf die bequeme Zugänglichkeit beider Ventile, indem diese und die Windkessel in einer senkrechten durch die Pumpenmitte gehenden Achse angeordnet werden, Fig. 115. Diese Bauart ist heute für Wasserhaltungen üblich. Die Zugänglichkeit wird durch einen Kran gegeben, der den Druckwindkessel leicht abzuheben gestattet.

Man ersieht, daß die Wasserführung bei den Formen mit guter Zugänglichkeit der Ventile schlecht ist, und daß sie mit der einfacheren Gestaltung des Pumpenkörpers besser wird. Für die älteren langsam laufenden Pumpen war eine gute Wasserführung nicht so unerläßliche Bedingung wie für die heutigen schnellaufenden Pumpen.

Die gute Zugänglichkeit der Ventile wurde durch seitliche Herausrückung aus der Mittelachse des Kolbens erreicht. Die Verrückung der Ventile und des Druckwindkessels gegeneinander kann auch längs der Achse des Kolbens geschehen, Fig. 116. Bei den Figuren 115 u. 116 muß der Kolben ganz zurückgezogen werden, um das Saugventil freizulegen. Dies gibt einen Fingerzeig zur Beurteilung der Zugänglichkeit der Ventile, die in der Pumpenachse sitzen. Bei hintereinander angeordneten Pumpen kann eine durchgehende Kolbenstange zentral sitzende Ventile in der Zugänglichkeit beeinträchtigen.

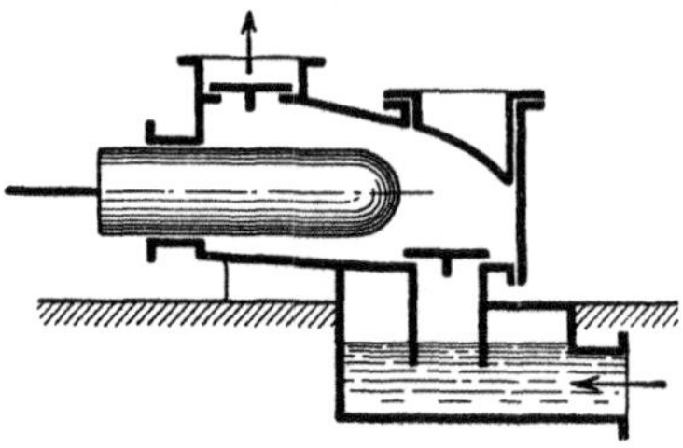

Fig. 116. Pumpe mit längsverschobenen Ventilen.

Bei fast allen Ventilen muß das Wasser über dem Ventil seitlich abströmen. Der Pumpenkörper ist dabei so zu formen, daß das Ventil von diesem seitlichen Strome nicht getroffen wird, Fig. 103.

3. Die Tauchkolbenpumpen mit mehrfacher Wirkung.

Die einkurbeligen Doppelpumpen. Die einfache Wirkung der Tauchkolbenpumpe ist nachteilig wegen der Ungleichmäßigkeit der Wasserlieferung und des Energieverbrauchs. Die Antriebsmaschinen sind alle vorteilhaft nur mit doppelter Wirkung zu bauen. Bei Dampfmaschinen könnte eine einfache Kraftwirkung durch unvollkommene Ausnutzung ihrer Wirkungsmöglichkeit erreicht und sie so, wenn auch unwirtschaftlich, dem ungleichmäßigen Bedarf der Pumpe angepaßt werden. Bei Elektromotoren ist eine einseitige Kraftwirkung überhaupt nicht zu erzielen, und es muß hier eine Anpassung an die stetige Wirkung des Motors von seiten der Pumpe geschehen. Liegt eine genügende Anpassung von Energiebedarf und Energielieferung nicht vor, dann muß der Kraftausgleich durch ein schweres Schwungrad geschehen, um störende Ungleichmäßigkeiten des Ganges zu vermeiden.

Bei Antrieb durch eine einzylindrische Dampfmaschine gelingt die Anpassung der Pumpe an den Antrieb durch Hintereinandersetzung zweier vom gleichen Gestänge getriebener einfacher Pumpen, deren Kolben in ihren Wirkungen um einen Kolbenhub oder 180⁰ versetzt sind.

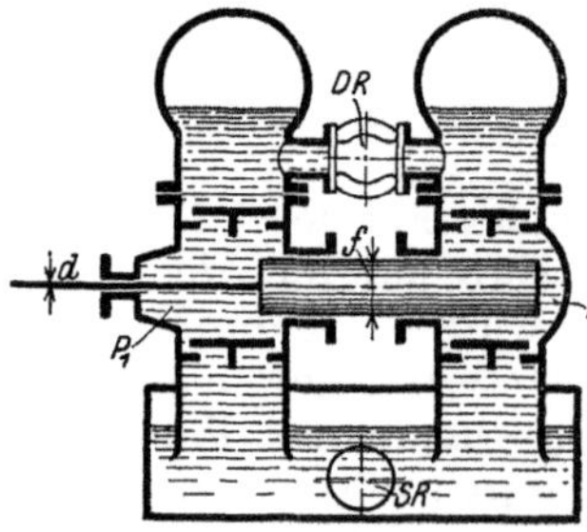

Fig. 117. Doppelpumpe mit durchgehendem Gestänge.

Eine Doppelpumpe mit durchgehendem Gestänge zeigt Fig. 117. Ein genügend langer Tauchkolben taucht mit dem einen Ende in den rechten Pumpenraum P_2, mit dem anderen in den linken Pumpenraum P_1. Die Wirkungsstärke der vorderen Pumpe ist durch die Kolbenstange verringert. Das Saugventil der vorderen Pumpe kann erst nach Entfernung der Stange und des Kolbens herausgenommen werden. — Es sind zwei vollständige Pumpen mit 4 Ventilen vorhanden. Jeder Hub hat eine Saug- und eine Druckwirkung.

Eine Doppelpumpe mit Umführungsgestänge, Fig. 118, wendet zwei getrennte, durch das Umführungsgestänge außerhalb der Pumpenräume verbundene Kolben an, die von entgegengesetzten Seiten in die Pumpenräume eintauchen. Durch diese Anordnung wird die Stopfbüchse für die Kolbenstange der vorigen Figur erspart. Bei hohen Wasserdrücken sind Stopfbüchsen wegen der erforderlichen sorgfältigen Bedienung immer unbeliebt. Das Wegfallen der inneren Kolbenstange macht auch das Saugventil der vorderen Pumpe zugänglicher. Sie ist die verbreitetste Form der Kolbenwasserhaltung und wird sowohl als einkurbelige Maschine wie auch als zweikurbelige Maschine mit parallelen gleichen Maschinenseiten, für Dampfbetrieb sowohl wie für elektrischen Antrieb gebaut.

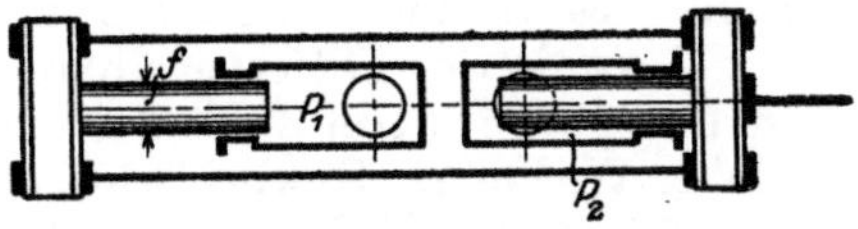

Fig. 118. Doppelpumpe mit Umführungsgestänge. (Grundriß.)

Die Differentialpumpen. Die Doppelpumpen sind eine Zusammenstellung zweier vollständig gleichartigen und gegebenenfalls unabhängig voneinander betreibbarer Pumpen.

Die Differentialpumpe, Fig. 119, will eine wesentliche Vereinfachung bei annähernd gleicher Wirkung geben. Sie besteht aus einer vollständigen Pumpe P, in der ein großer Kolben F arbeitet, und aus einem ventillosen Hilfspumpenraume H, der mit dem Druckwindkessel verbunden ist und in dem ein Stufenkolben F—f arbeitet.

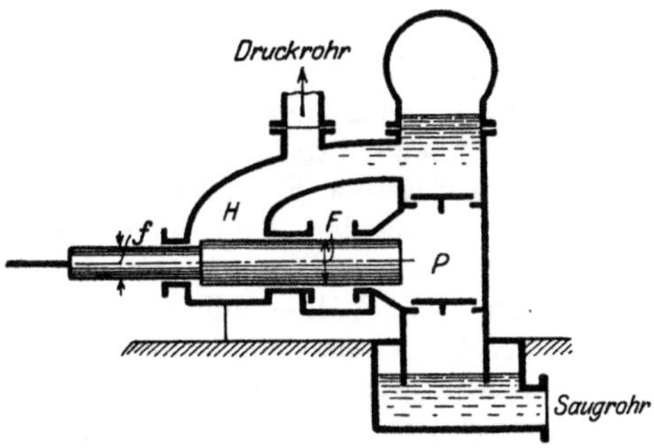

Fig. 119. Differentialpumpe mit durchgehendem Gestänge.

Die Wirkungsweise ist: Beim Linkshub saugt der große Kolben F die gesamte Wassermenge aus dem Saugwindkessel durch das Saugventil an, während auf der linken Seite der entgegengesetzt gerichtete Stufenkolben F—f eine entsprechende Wassermenge aus dem Hilfsraume durch das Druckrohr ausstößt.

Beim Rechtshub wird die ganze angesaugte Wassermenge der Hauptpumpe durch den Kolben F und das Druckventil in den Druckraum ausgestoßen. Diese Menge kommt aber nur zum Teil durch das Druckrohr zum Ausfluß, da der Stufenkolben beim Rechtshub eine ihm entsprechende Wassermenge von dieser Förderung des großen Kolbens ansaugt und in dem Hilfsraume aufspeichert, damit der nächste Saughub des großen Kolbens von einem Druckhube des Stufenkolbens und Wasserförderung begleitet sein kann.

Es wird hiernach Wasserlieferung in das Druckrohr und Arbeitsaufwand auf Hin- und Rückhub in ähnlicher Weise wie bei Doppelpumpen verteilt. Die Verteilung findet nur für die Druckwirkung statt. Die Saugwirkung bleibt einfach und auf den Linkshub beschränkt.

Bei großer Förderhöhe kann die Saugarbeit außer Ansatz gelassen werden. Es ergibt sich dann eine gleiche Verteilung der Arbeit auf Hin- und Rückhub, wenn die Fläche des großen Kolbens gleich der doppelten Ringfläche des Stufenkolbens ist, also $F = 2(F - f)$ oder $f = \frac{1}{2}F$.

Der Vorteil der Differentialpumpe gegenüber der Doppelpumpe wird in der geringeren Zahl der Ventile gefunden: zwei gegen vier bei gleicher Wirkung. Hierbei wird aber vergessen, daß diese beiden Ventile auf je einem Hube dieselbe Wassermenge zu bewältigen haben wie die 4 Ventile der Doppelpumpe auf Hin- und Rückhub. Das heißt die Ventile der Differentialpumpe sind doppelt so groß oder in doppelter Anzahl zu verwenden. Die Verminderung der Ventilzahl ist also nur scheinbar.

Die vielverwendete Differentialpumpe hat demnach keinen Vorteil vor der Doppelpumpe, dagegen einige Nachteile:

Die Doppelpumpe gleicher Leistung hat 2 Kolben f und die Kolbenstange d abzudichten, die Differentialpumpe zweimal den Kolben F und den Kolben f, was für die Stopfbüchsendichtung bei hohem Druck jedenfalls ungünstiger ist. Ferner ist die schlechte Wasserführung in dem Verbindungsrohre H zu beachten. Zudem läßt die Differentialpumpe den Vorteil der Doppelpumpe vermissen, der durch die Verteilung der Arbeit auf 2 selbständige Pumpen bedingt ist, daß nämlich der halbe Betrieb nötigenfalls auch mal mit einer der Pumpen geleistet werden kann. Auf keinen Fall kann ihre Anwendung für einkurbelige Maschinen empfohlen werden. Es wird angegeben, die Differentialpumpe sei in der Herstellung billiger als die Doppelpumpe.

In zwei Fällen bietet die Differentialpumpe Vorteile vor der Doppelpumpe, nämlich erstens bei Anwendung gesteuerter Ventile. Die Steuerungsgetriebe brauchen dann an der Pumpe nur einmal vorhanden zu sein. Die Steuerungsgetriebe sind immer unliebsame Zugaben, die man soweit wie möglich in der Zahl zu verringern sucht. Zweitens bei stehenden Pumpen. Bei stehenden Doppelpumpen wird die Verbindung der Rohrleitungen mit den in verschiedener Höhe sitzenden entsprechenden Ventilen umständlich, die Differentialpumpe also einfacher, Fig. 326.

Die Differentialpumpe kann auch mit Umführungsgestänge ausgeführt werden zwecks Vermeidung einer Stopfbüchse; die Fig. 121 u. 122 zeigen dies, allerdings in Verbindung mit anderen Besonderheiten.

Die Rittingerpumpe, Fig. 120, ist eine stehende Differentialpumpe und entsteht aus der Fig. 111 durch Hinzufügung der Differentialwirkung. Dies wird dadurch erreicht, daß an den Rohrkolben F der Stufenkolben F—f oben angebaut wird. Beim Kolbenniedergange strömt die Wassermenge F in den Raum C_2, der durch seinen Auszug aus R die Menge f davon aufspeichert, den Rest ins Druckrohr entläßt. Beim Kolbenaufgang verkleinert sich C_2 um f und die aufgespeicherte Menge wird ins Druckrohr gefördert.

Diese Pumpe kann ebenfalls mit Rohrgestänge ausgerüstet werden, indem die obere Stopfbüchse im Ausguß angeordnet wird. Sie wurde unter der Bezeichnung Rittinger- oder Perspektiv-Pumpe viel als Gestängewasserhaltung verwendet.

Die Fig. 121 stellt das Schema einer stehenden unterirdischen Pumpe mit Saugventiltauchkolben und Differentialdruckwirkung dar. In das feststehende Druckrohr DR taucht von oben her der Differentialkolben f_d ein, der mit dem Hauptkolben F durch ein Umführungsgestänge gemeinsam bewegt wird. In der Figur sind die miteinander bewegten Teile stark, die feststehenden Teile, soweit sie nicht geschnitten

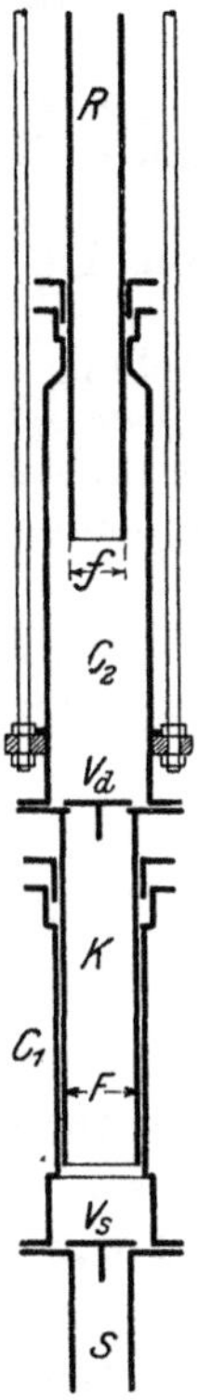

Fig. 120. Rittingerpumpe. (Hart. K. B.)

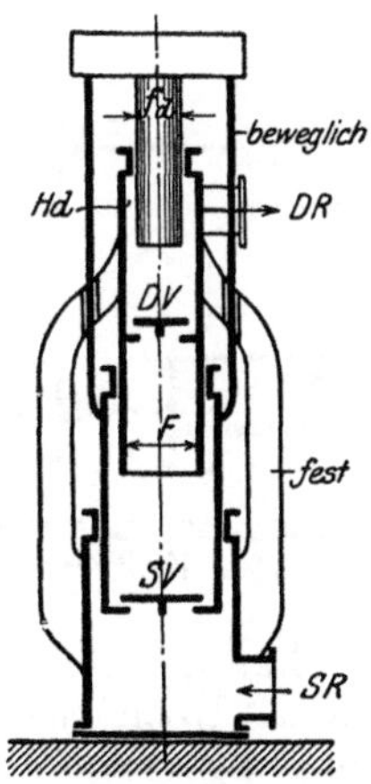

Fig. 121. Stehende Pumpe mit Saugventiltauchkolben und Differentialdruckwirkung.

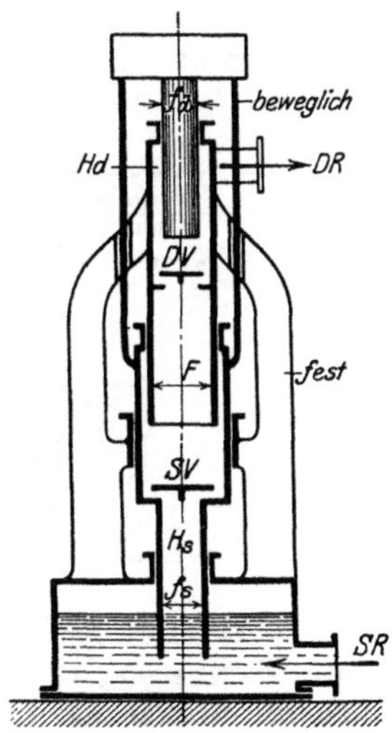

Fig. 122. Stehende Pumpe mit Saugventiltauchkolben, Differentialsaug- und Druckwirkung.

sind, schwächer ausgezogen. Die Absicht dieser Anordnung ist auf Ausnutzung der Selbststeuerung des Kolbensaugventils SV gerichtet.

Alle bisherigen Anordnungen von Differentialpumpen zeigten einfache Saug- und Differentialdruckwirkung. Die Saugsäule dieser Pumpen zeigt also unvermindert die ungünstige absetzende Bewegung der einfachen Wirkung. Zur Abhilfe ist in Fig. 122 auch der Saughub mit Differentialwirkung ausgestattet. Dies wird erreicht, indem auch auf der Saugseite ein hohler Ventiltauchkolben f_s angesetzt ist, der durch eine Stopfbüchse gegen den Saugraum abschließt. Die Differentialdruckwirkung ist die gleiche wie in der vorigen Figur. Die Differentialsaugwirkung erklärt sich: beim Aufgange saugt der Saugkolben f_s eine Menge f_s aus der Saugleitung an, die noch nicht in den Pumpenraum P tritt, sondern im Hilfsraum H_s unter dem Saugventil aufgespeichert wird. Beim Kolbenniedergang tritt eine dem Kolben F entsprechende Wassermenge durch das Saugventil SV in den Pumpenraum; davon stammt die Menge f_s aus dem Hilfsraum H_s, der Rest $F-f_s$ wird aus der Saugleitung angesaugt.

In dieser Pumpe ist die Differentialwirkung für Saug- und Druckwirkung folgerichtig durchgeführt bei Verwendung eines hohlen Saugventilkolbens mit Selbststeuerwirkung.

Eine Ausführung der Fig. 121 zeigt Fig. 265 und 266, eine der Fig. 122 die Fig. 267 und 268.

Mehrkurbelige Pumpen. Eine Nebeneinanderstellung von Einzelpumpen ergibt sich ungezwungen, wenn die Antriebsmaschine parallele Maschinenseiten aufweist oder der Antrieb von einer drehenden Welle ausgeht. Letzterer Fall trifft für elektrische, ersterer häufig für Dampfantrieb zu.

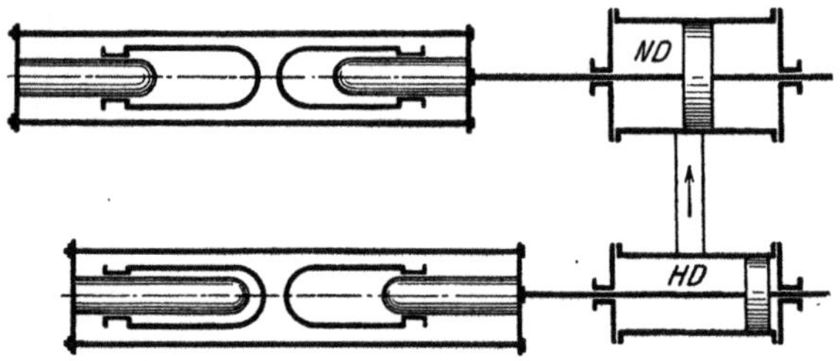

Fig. 123. Durch Verbunddampfmaschine angetriebene Doppelpumpen mit um $^1/_2$ Hub versetzter Kolbenbewegung.

Bei Dampfmaschinen findet häufig eine Teilung des Zylinders in zwei Zwillingszylinder oder in einen Hochdruck- und in einen Niederdruckzylinder statt, die parallel aufgestellt mit um 90° versetzten Kurbeln arbeiten. Alsdann weisen die vom verlängerten Gestänge aus angetriebenen Pumpenkolben die gleiche Versetzung auf, Fig. 123. Als Pumpen werden dabei entweder Doppel- oder auch Differentialpumpen gewählt. Einfachwirkende Pumpen zu nehmen ist nicht rätlich, da diese bei 90° Versetzung der Wirkungszeiten keine genügend gleichmäßige Förderung ergeben. Eine Versetzung von 180° bei einfachwirkenden Pumpen hätte den Fördererfolg einer Doppelpumpe, aber den Nachteil teuerer Anordnung (zwei Kurbelgetriebe). Die Anwendung von Doppelpumpen bringt keine Erhöhung der Gleichmäßigkeit. Die Versetzung von 180° hat aber doch den Vorteil, daß die Massenwirkungen der Gestänge ausgeglichen werden können, was für raschlaufende Pumpen von Wert ist.

Die Versetzung von Doppelpumpen um 90° hat den Vorteil, eine gleichmäßige Förderung und ein gleichmäßigeres Drehmoment als mit einkurbeliger Doppelpumpe zu erzielen.

Drillingspumpen. Geschieht der Antrieb durch eine drehende Welle, dann ist ein gleichmäßiges Drehmoment erwünscht. Dies wird durch die dreikurbelige Pumpe mit um 120° versetzten Kurbeln erreicht, Fig. 124. Als Pumpe wird dabei durchweg die einfache Tauchkolbenpumpe verwendet. Diese ergibt bei dreifacher Anordnung eine hohe Gleichmäßigkeit. An Stelle der einfachen Pumpen können selbstverständlich auch Doppelpumpen treten, wodurch die Gleichmäßigkeit entsprechend erhöht wird. Drillingspumpen haben den Nachteil eines verwickelten Getriebes mit mindestens zwei Kurbelkröpfungen, einer Stirnkurbel und 3 Lagern, die kaum dauernd gleichmäßig belastet werden können.

Drillingspumpen werden insbesondere bei raschlaufenden elektrisch angetriebenen Pumpen verwendet. Sie müssen verwendet werden, wenn die Eigenart der Pumpe nur eine einfache Wirkung zuläßt.

Drillingspumpen erhalten infolge der Verwendung einer gekröpften Welle immer eine enge Stellung der Zylinderachsen zueinander.

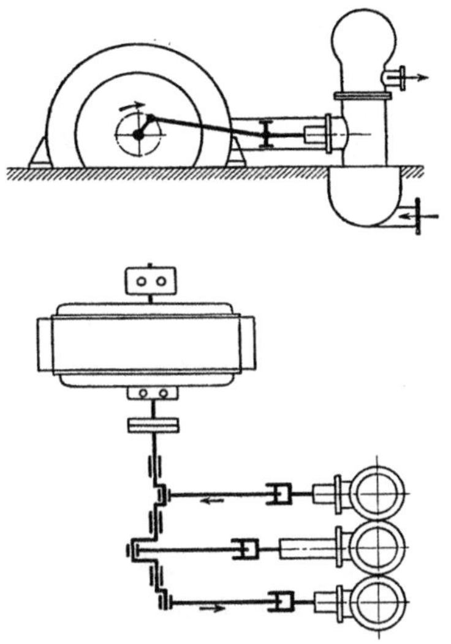

Fig. 124. Elektrisch angetriebene Drillingspumpe.

Bei Zweikurbelmaschinen ist es üblich, die Zylindermittellinien weit auseinanderzurücken. Die Pumpen und Antriebsmaschinen werden zugänglich und die Kurbeln werden als einfach herzustellende Stirnkurbeln ausgeführt.

Zugunsten einer Raumersparnis können die Pumpen eng aneinandergestellt werden, Fig. 105. Die Maschinen werden schlechter zugänglich und eine gekröpfte, dreifach gelagerte Welle ist nicht zu umgehen.

4. Ausgeführte Kolbenpumpen.

Langsamlaufende langhübige Dampfpumpe, Fig. 125, für die Pumpstation Haltern des Wasserwerks für das nördliche westfälische Kohlenrevier Gelsenkirchen. Der Antrieb geschieht durch eine zweikurbelige Dampfmaschine mit dreifacher Dampfdehnung und 4 Dampfzylindern, von denen je zwei in Tandemanordnung und mit einer Doppelpumpe unmittelbar gekuppelt an einer Kurbel hängen. Zahlen: $n =$ bis 55/min, Hub $= 1500$ mm, $c = 2{,}75$ m/sec, $Q = 45$ cbm/min (für 4 Kolben), $H = 90$ m, $L = 850$ PS. Das 7 ringige Ventil wiegt 770 kg.

Erbauer: Ascherslebener Maschinenbau-A.-G.

Langsamlaufende langhübige elektrisch angetriebene Pumpe, Fig. 126. Zahlen: $n = 60$/min, $s = 1000$ mm, $c = 2{,}0$ m/sec,

Q = 5,5 cbm/min, H = 450 m, L = 650 PS. Differentialpumpen in Zwillingsanordnung.

Zugunsten der Pumpe geringe Drehzahl des Motors. Daher dieser sehr groß. Die mittleren Stopfbüchsen sind mit einem Wassermantel versehen, damit keine Verringerung der Saughöhe durch Lufteintritt stattfindet.

Erbauer (1902): Haniel & Lueg, Düsseldorf.

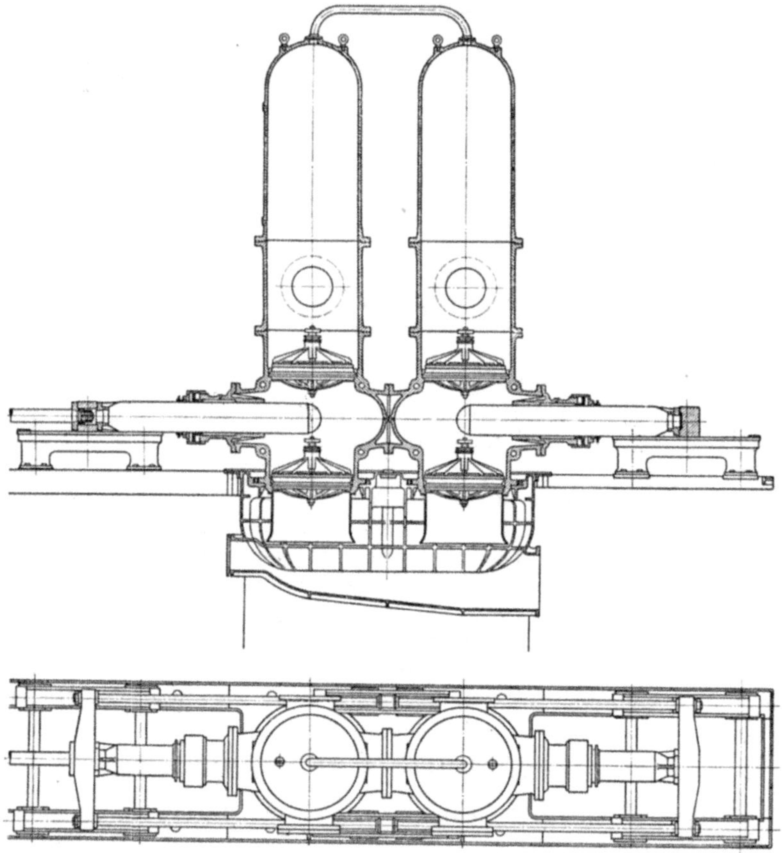

Fig. 125. Doppelpumpe mit Umführungsgestänge. (Ascherslebener Machinenbau-Akt.-Ges.)

S c h n e l l e r l a u f e n d e m i t t e l h ü b i g e e l e k t r i s c h a n g e t r i e b e n e P u m p e. Spätere Fig. 138. Erbauer: Ehrhardt & Sehmer, Schleifmühle. Zahlen: n = 150/min, s = 400 mm, c = 2,00 m/sec, H = 760 m, Q = 2 cbm/min, L = 400 PS. Man vergleiche Fig. 126 unter Berücksichtigung der etwas verschiedenen Maßstäbe. Die Verkleinerung des Elektromotors erscheint nicht der Drehzahlerhöhung entsprechend. Hierbei ist zu berücksichtigen, daß der Motor der Fig. 126 für 25 Perioden des Drehstromes, der der Fig. 138 für 50 Perioden gebaut ist. Daraus ergibt sich zugunsten des ersten Motors eine Verkleinerung seiner

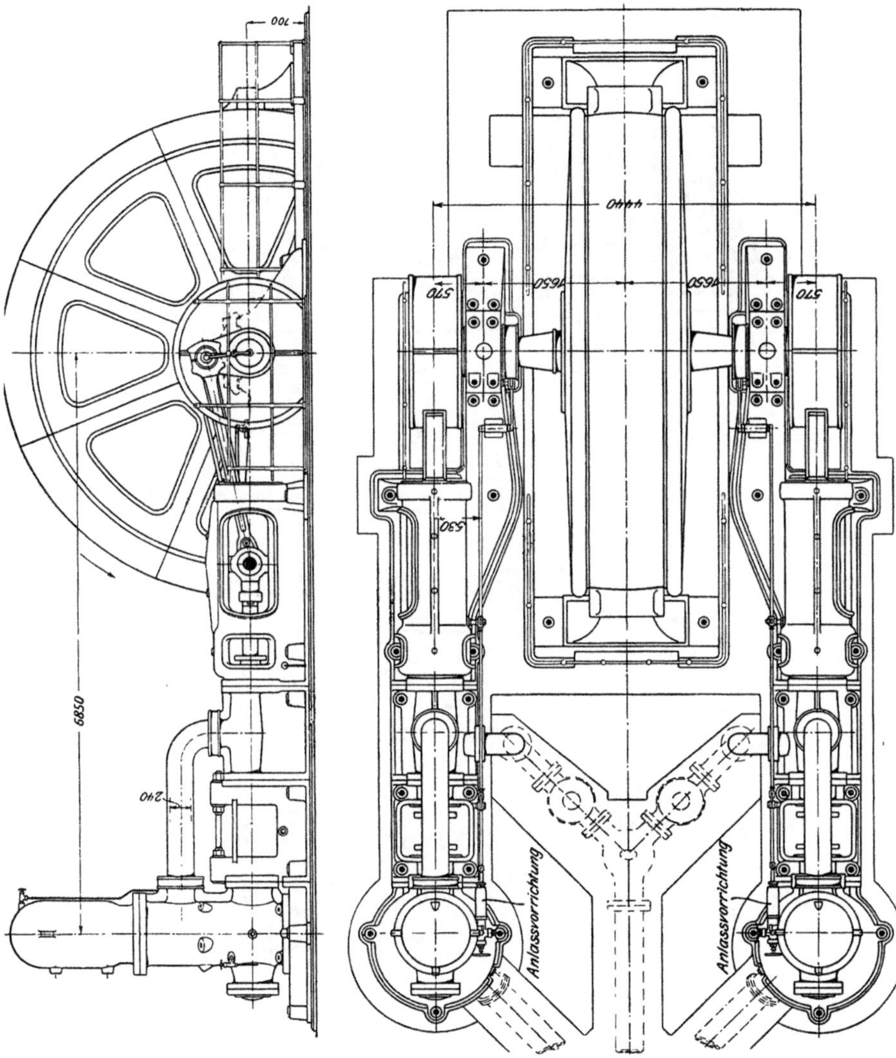

Fig. 126. Langsamlaufende elektrisch angetriebene Differentialpumpe. (Haniel & Lueg.)

Abmessungen gegenüber der üblichen Periodenzahl von 50 im Verhältnis von 1 : 2.

Riedler-Expreßpumpe, Fig. 127. (Raschlaufende kurzhübige Pumpe.) Zahlen: n = 200/min; s = 250 mm, c = 1,65 m/sec,

Q = 2,5 cbm/min, H = 600 m, L = 400 PS. Erbauer: Gutehoffnungshütte, Oberhausen. Zwei einfach wirkende Pumpen, an zweikurbeliger Welle

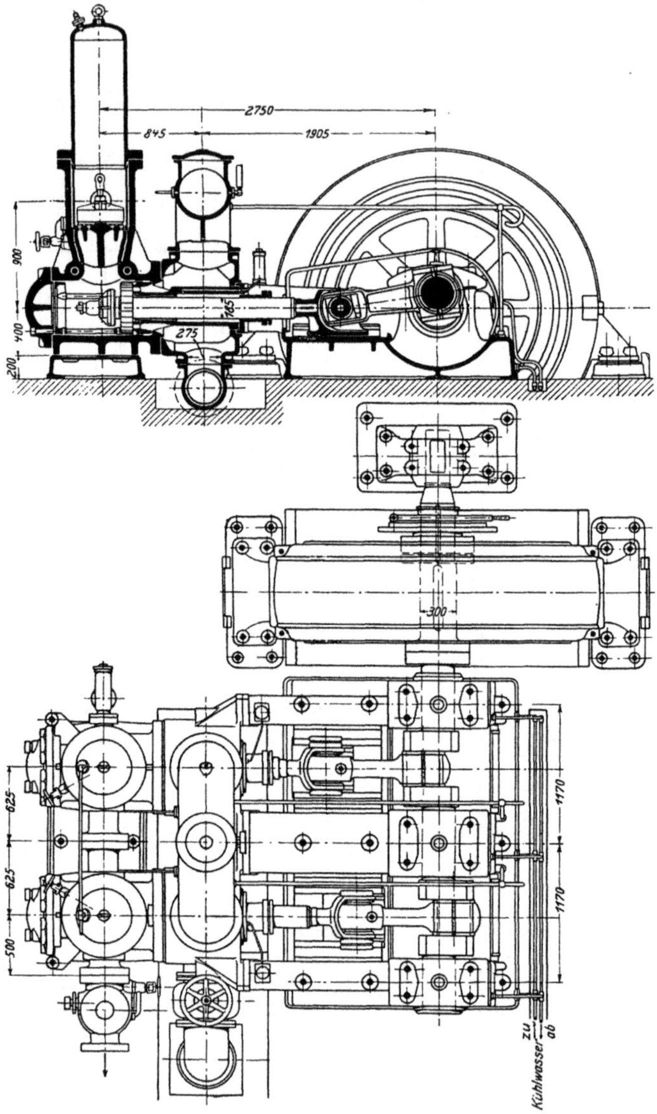

Fig. 127. Elektrisch angetriebene Riedler-Expreßpumpe.

mit 180° Versetzung. 180° erforderlich zur Ausgleichung der einfachen Wirkung. Gleichzeitig wird ein Massenausgleich insofern erzielt, als jeweils zwei gleiche Massen von der Welle aus nach verschiedenen

Seiten zu beschleunigen sind. Die Massenrückdrücke heben sich im Gestänge auf und sind nicht wie bei anderer Anordnung vom Gestell aufzunehmen, wodurch Erschütterungen im Gestell und Verreibung der Wellenlager vermieden werden.

Man beachte das starke, durch die Beschleunigung der hohen Drehzahl erforderliche starke Triebwerk. Enge Aneinanderstellung zur Raumersparnis. Man vergleiche unter Berücksichtigung der verschiedenen Maßstäbe die Größe der Motoren mit Fig. 126. Es zeigt sich eine der Drehzahl entsprechende Verkleinerung des Durchmessers. Die Periodenzahl für beide Motoren ist gleich. Über Anordnung des Saugventiles vgl. Fig. 106.

Raschlaufende Drillingspumpe (kurzhübig), Fig. 128. Erbauer: Schäfer & Langen, Krefeld. Zahlen: n = 270/min, s =

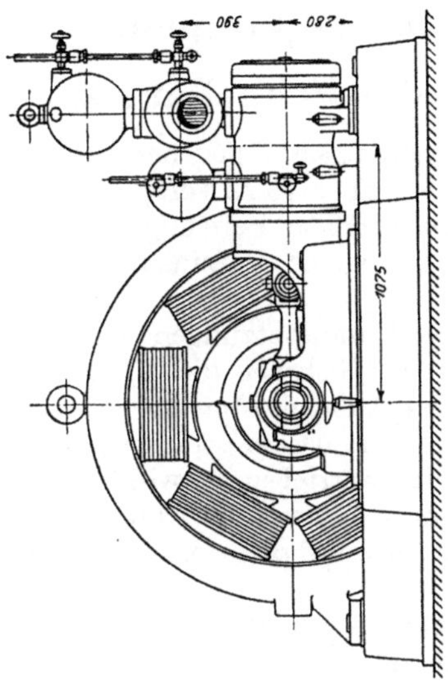

Fig. 128. Durch Gleichstrommotor angetriebene Drillingspumpe.

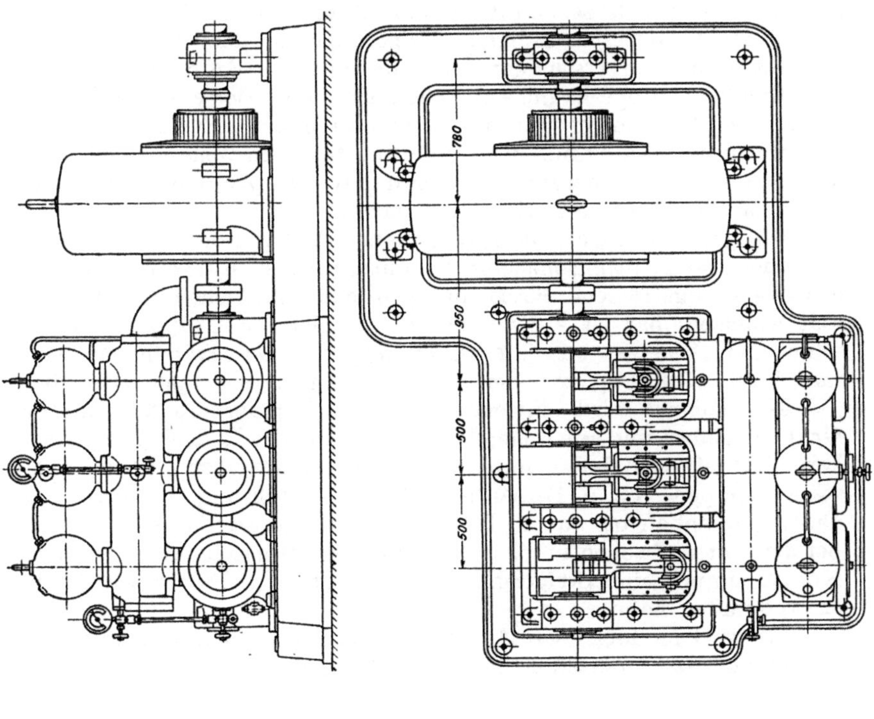

165 mm, c = 1,5 m/sec, Q = 1,1 cbm/min, H = 350 m, L = 100 PS. Dreifach gekröpfte Welle in 4 Lagern. Beliebte Bauart für elektrisch angetriebene Schnelläufer. Antrieb durch Gleichstrommotor.

D. Die schnellaufenden Kolbenpumpen.

1. Die Vorteile und Grenzen des Schnellaufes.

Die Erhöhung der Betriebsgeschwindigkeit gegebener Maschinen scheint ganz allgemein wirtschaftliche Vorteile zu versprechen, indem mit den gleichen Anlagekosten eine erhöhte Leistung erzielt wird, demnach die Betriebskosten wegen geringerer Verzinsung und Tilgung je Leistungseinheit geringer werden.

Dieser einleuchtende Schluß enthält drei Voraussetzungen: daß es innerhalb der verschiedenen Maschinenarten möglich sei, die Betriebsgeschwindigkeit ohne merkliche Erhöhung der Anlagekosten durch veränderte, den neuen Bedingungen angepaßte Bauart zu steigern; daß zweitens der Energieverbrauch bei gesteigerter Betriebsgeschwindigkeit je Leistungseinheit der gleiche bleibe, und daß drittens die Abnutzung der Maschinen sich unabhängig von der Geschwindigkeit proportional der Leistung erweise.

Die Erfahrung lehrt, daß diese Voraussetzungen falsch sind. Man kann wohl annehmen, daß die fortschreitende Technik die einzelnen Maschinenarten jederzeit an die Grenze ihrer Leistungsfähigkeit bringt, so daß merkliche Geschwindigkeitssteigerungen bei derselben Maschinenart ausgeschlossen erscheinen und umwälzende Erfindungen in der betreffenden Gruppe kaum wahrscheinlich sind. Der eintretende Fortschritt beruht weniger auf der Fortbildung der einzelnen Gruppen, sondern in der Erkenntnis der Ursachen, die einen weiteren Fortschritt nicht zulassen, und Übergang zu einer anderen Gruppe, deren Verhältnisse einem raschen Laufe günstiger erscheinen.

Die geschichtliche Entwicklung lehrt, daß zwischen den Gruppen Gestängewasserhaltungsmaschinen, unterirdische Kolbenpumpen und elektrisch angetriebene Kreiselpumpen eine wachsende Geschwindigkeit wahrnehmbar ist. Es handelt sich hier um Gruppen sehr verschiedenen Wesens, und die Steigerung der Geschwindigkeit wurde nur durch Übergang von der einen zur anderen Gruppe ermöglicht.

Der Kenner wird einwenden, daß auch innerhalb der einzelnen Gruppen selbst eine aufsteigende Entwicklung der Betriebsgeschwindigkeit stattgefunden habe, indem die alten unmittelbar wirkenden Gestängepumpen von 5 Hüben/min durch Einführung der rotierenden Gestängepumpen bis auf 20 Hübe/min gebracht worden seien, und daß bei den unterirdischen unmittelbar durch Kraftmaschine angetriebenen Kolbenpumpen eine Steigerung der Drehzahl von 50/min auf 200/min stattgefunden habe.

Es wird im folgenden Abschnitte gezeigt werden, daß mit diesen Erhöhungen der Drehzahlen keine Erhöhung der Kolbengeschwindigkeit verbunden war, und daß bei der Eigenart der Kolbenmaschinen trotz Verminderung des Kolbenhubes keine Erniedrigung der Anlagekosten je Leistungseinheit durch Drehzahlenerhöhung möglich erscheint.

Die Notwendigkeit, Kolbenmaschinen mit größeren als bis dahin üblichen Drehzahlen zu betreiben, trat vor etwa 15 Jahren durch die Einführung des elektrischen Antriebes auf. Die Elektromotoren werden erfahrungsgemäß bis zu gewissen Grenzen desto billiger je Leistungseinheit, mit je größerer Drehzahl sie laufen. Eine passende Drehzahl für Elektromotoren ist 1500—3000/min. Wenn man heute Kolbenpumpen mit etwa 150 Drehungen laufen läßt, obgleich man den Nachteil raschdrehender Pumpen erkannt hat, so geschieht dies lediglich zu Nutzen des teueren Elektromotors.

Eine wirkliche Anpassung der Drehzahlen des Motors und der Pumpe brachte erst die Kreiselpumpe, die wohl mit $n = 1500—3000$/min laufen kann. Mit der Kreiselpumpe wurde in der Erhöhung der Drehzahl gegenüber der Kolbenpumpe ein viel gewaltigerer Schritt getan als beim Übergang von der Gestängewasserhaltung zur unterirdischen Kolbenmaschine.

Mit der Kreiselpumpe hat man die bis dahin übliche Gruppe der Kolbenpumpe verlassen und ist zu einer anders gearteten Maschine übergegangen. Man erkennt, daß die Kreiselpumpe mit dem Elektromotor und der Dampfturbine in die große Gruppe der Turbomaschinen gehört, die bei aller Verschiedenheit ihrer Bauart und ihrer Zwecke, doch die hier wichtige Gleichheit der gleichmäßig drehenden Bewegung aller Teile, des gleichmäßigen Energieflusses und des Fehlens jeder Schaltvorrichtung besitzen.

Die Kolbenmaschinen dagegen zeigen eine stoßende Bewegung ihrer Glieder, absetzend bewegten Energiefluß und Schaltungen für den absetzenden Energiefluß.

Das Wesentliche jeder Maschine ist in dieser Art des Energieflusses begründet. Dieser ist daher einer Betrachtung dahin zu unterziehen, wieweit eine Erhöhung der Durchflußgeschwindigkeit der Energie, bzw. des fließenden Faktors der Energie, in den einzelnen Gruppen möglich und günstig erscheint. Eine Leistungserhöhung gegebener Abmessungen kann nur durch Erhöhung der Geschwindigkeit des Energieflusses erzielt werden.

Als einfachster, bei allen Maschinenanlagen vertretener Fall sei zunächst der gleichmäßige Energiefluß einer Rohrleitung untersucht. Durch eine Kraft- oder Druckwasserleitung sollen Q cbm/sec Wasser geführt werden; der Querschnitt, also die bei gegebener Leitungslänge entscheidende Abmessung, sei F qm, die Wassergeschwindigkeit v m/sec; dann ist $Q = F \cdot v$ cbm/sec. Die Wasserführung ist von Energieverlusten begleitet, die mit v quadratisch wachsen; die Anlagekosten wachsen mit F. Kleine Energieverluste bedingen also große Anlagekosten und umgekehrt. Es kann daher nach Maßgabe aller Verhältnisse ein F und v gefunden werden, bei denen der Betrieb der Anlage am wirtschaftlichsten ist. Bei einer so berechneten Anlage kann durch

Erhöhung der Betriebsgeschwindigkeit v, also durch rascheren Lauf, wirtschaftlich nichts gebessert und die Anlagekosten nicht besser ausgenutzt werden. Jede Erhöhung des betreffenden v bringt eine Erhöhung der Betriebskosten je Leistungseinheit.

Die Betrachtungen dieses einfachen Beispieles können auf jede Maschinenanlage unter Berücksichtigung der betreffenden Verhältnisse übertragen und festgestellt werden: Für jede Energieumsetzung besteht eine bestimmte, je nach den Formen der Umsetzung verschiedene, Geschwindigkeit des strömenden Faktors, die das günstigste wirtschaftliche Ergebnis bedingt. Eine Steigerung der betreffenden Geschwindigkeit über dieses Maß hinaus ergibt erhöhte Betriebskosten für die Leistungseinheit.

Für den Elektromotor sei die Betrachtung wiederholt. Es sei ein gleichbleibend erregter Gleichstrommotor vorausgesetzt wegen der Übersichtlichkeit seiner Bedingungen. Seine Leistung beträgt $L = E \cdot J$ Watt. J ist hier der strömende Faktor der Enerige, der stark auf die Abmessungen des Motors einwirkt, und der bei gegebener Erregung der Last proportional, also durch diese gegeben ist. Die zugeführte Spannung E bedingt die Drehzahl des Motors. Wird diese Spannung bei gleichbleibender Last, also Stromstärke J, erhöht, so erhöht sich proportional die Drehzahl und die Leistung L der gleichgebliebenen Maschine. Hier ist also tatsächlich eine erhöhte Leistung mit der Drehzahlerhöhung verbunden. Man beachte aber, daß diese erhöhte Leistung keine Erhöhung des fließenden Faktors der elektrischen Energie (J) bedingt, sondern dieser vielmehr gleichbleibt. Bezüglich dieses Faktors findet keine Erhöhung der „Betriebsgeschwindigkeit“ statt. Dieses Beispiel darf daher keineswegs auf solche Maschinen übertragen werden, bei denen mit Erhöhung der mechanischen Geschwindigkeit eine erhöhte Leistung durch erhöhte Flußgeschwindigkeit geschieht (Kolbenmaschinen). Dieser Erhöhung sind eben immer enge Grenzen gesetzt. Ob bei dem Elektromotor diese rein elektrische Leistungserhöhung gegebener Abmessungen wirtschaftlich ist, ist eine andere Frage. Mit Erhöhung der Spannung E wachsen die Kosten des Motors wegen der nötigen besseren Isolation. Die erhöhte Leistung zeigt sich im mechanischen Teil durch eine erhöhte Lastgeschwindigkeit, wobei noch zu prüfen ist, ob diese wirtschaftlich möglich ist, da sie offenbar auch allerhand die Anlagekosten erhöhende Umänderungen erfordert.

Auch der Elektromotor selbst kann aus mechanischen Gründen gewisse Drehzahlen nicht überschreiten, ohne wieder an Wirtschaftlichkeit wegen erhöhter Anlagekosten einzubüßen.

Bei Kreiselpumpen steht die Durchflußmenge nur in losem Zusammenhange mit der Drehzahl. Erhöhen wir die Drehzahl einer gegebenen Kreiselpumpe, so erhöht sich der erzeugte Druck, wenn die Fördermenge gleich gehalten wird. Die große mechanische Betriebsgeschwindigkeit der Pumpe bedingt also keine an sich große Durchflußgeschwindigkeit, und die Vergrößerung der Leistung durch Drehzahlerhöhung geschieht durch Erhöhung des Druckes, also des nichtfließenden Faktors.

Es kann daher zusammengefaßt werden: Die große mechanisch mögliche Drehzahl der Turbomaschinen erreicht eine große Leistung je Anlagekosten nicht durch einen großen fließenden Faktor der Energie, sondern durch einen großen Druckfaktor derselben. Auch dabei erreicht die Drehzahl einen oberen wirtschaftlichen Wert, der nicht ohne Nachteile überschritten werden kann.

Bei Kolbenmaschinen aber ist mit der Erhöhung der Drehzahl einer Maschine von gegebenen Abmessungen eine Erhöhung der Leistung mit gleichbleibendem Druckfaktor und wachsender Durchflußmenge verbunden, so daß eine Kolbenmaschine, deren Betrieb für eine gegebene Durchflußmenge günstig gestaltet ist, eine Drehzahl- und Leistungserhöhung überhaupt nicht verträgt. Die wegen des elektrischen Antriebes erwünschte Drehzahlerhöhung kann daher nicht bei gleichbleibenden Abmessungen, sondern nur unter Verringerung der entscheidenden Abmessung des Kolbenhubes bei Gleicherhaltung der Kolbengeschwindigkeit, also der Leistung, geschehen. Der Abschnitt V. B. 5: Die Ventile der schnellaufenden Pumpen S. 133—140 zeigte, daß diese Verringerung des Kolbenhubes keine Verringerung der Anlagekosten zeitigt, sondern daß andere entscheidende Abmessungen, wie die Ventile, vergrößert werden müssen.

Die folgenden Abschnitte werden sich wesentlich mit den Massenstößen in schnellaufenden Kolbenpumpen befassen.

Wenn hier die Frage des Schnelläufers vom allgemeinen Standpunkte aus behandelt und die Turbomaschinen mit in den Kreis der Betrachtungen gezogen wurden, so geschah dies in Rücksicht auf die Tatsache, daß alle diese Maschinen in den Dienst der Wasserhaltung gestellt wurden, ihre diesbezügliche Eigenschaft also überhaupt hierher gehört; weil ein Verständnis für die Schwierigkeiten des Begriffs Schnellauf der Kolbenmaschine ohne solchen Vergleich nicht zu erlangen ist, und weil die Erfolge der Turbomaschinen bezüglich des Schnellaufes immer die geheime Grundlage der Bemühungen um den Schnellauf der Kolbenmaschinen gewesen sind. Es mußte daher gezeigt werden, daß Turbomaschine und Kolbenmaschine überhaupt nicht zusammengehören, sondern eine naturwidrige Kupplung darstellen, bei welcher die Natur der einen oder der anderen Maschine vergewaltigt werden muß.

2. Die Schwierigkeiten der Drehzahlerhöhung der Kolbenpumpen.

Die Dampfpumpen wurden und werden vorteilhaft mit großem Hube und geringer Drehzahl betrieben. Eine solche einigermaßen richtig gebaute Pumpe bietet keine Schwierigkeiten im Betriebe.

Besonderen Zwang, Kolbenpumpen mit hoher Drehzahl laufen zu lassen, ergab der elektrische Antrieb der unterirdischen Wasserhaltungen, der aus anderen Gründen dem Dampfantriebe vorgezogen wurde.

Elektromotoren können und müssen, wenn sie halbwegs wirtschaftlich in den Anlagekosten sein sollen, mit großer Drehzahl laufen, viel rascher als man jemals hoffen konnte Kolbenpumpen laufen zu lassen. Daher baute man anfänglich raschlaufende Motoren mit langsamlaufenden Kolbenpumpen unter Zwischenschaltung großer Übersetzungen zusammen. Dies ist aber nachteilig für den Kraftverbrauch, erschwert die Bedienung, erhöht den Verschleiß und verringert die Sicherheit des Betriebes, ohne eine entsprechende Verringerung der Anlagekosten wegen der Kosten für die Vorgelege zu erreichen. Das Bestreben mußte daher immer auf unmittelbaren Antrieb raschlaufender Pumpen gerichtet bleiben.

Es ist auch gelungen, die Drehzahl der Kolbenpumpen bis auf 300/min zu steigern, doch ist man wegen der sich einstellenden Nachteile wieder bis auf etwa 150/min heruntergegangen. Für elektrischen Antrieb kann heute etwa 125/min als üblich gelten. Es muß dies wohl als die Drehzahl bezeichnet werden, deren Überschreitung wirtschaftliche Ergebnisse nicht mehr zeitigt.

Vergleicht man die Abmessungen langsamlaufender Pumpen mit denen schnellaufender, so findet man, daß in den einzelnen Gruppen der Kolbenhub mit der Drehzahl abnimmt, so daß die mittlere Kolben geschwindigkeit c m/sec keine Ändernng erfährt. In die folgende Aufstellung ist auch die Beschleunigung b m/sec² zu Hubbeginn hinzugefügt, von der später eingehender gehandelt werden soll. Z. B.:

I. Gestängemaschinen.

1. Unmittelbar wirkende Gestängewasserhaltung, langsamlaufend, langhübig.

   Hub $s = 4$ m; Drehzahl bzw. hier Hubzahl $n = 5$/min; mittlere Kolbengeschwindigkeit $c = 0{,}65$ m/sec; Anfangsbeschleunigung $b \sim 0{,}5$ m/sec².

2. Gestängewasserhaltung mit Hilfsdrehung, schnelllaufend, kurzhübig.

   $s = 1{,}0$ m; $n = 20$/min; $c = 0{,}65$ m/sec; $b = 2$ m/sec².

II. Unmittelbar angetriebene unterirdische Wasserhaltungen.

3. Normale Dampfpumpe, langhübig, langsamlaufend.

   $s = 1{,}0$ m; $n = 60$/min; $c = 2{,}0$ m/sec; $b \sim 20$ m/sec².

4. Elektrisch angetriebene Kolbenpumpe, schnelllaufend, kurzhübig.

   $s = 0{,}20$ m; $n = 300$/min; $c = 2{,}0$ m/sec; $b \sim 100$ m/sec².

Für die unmittelbar wirkende Gestängewasserhaltung besteht der Begriff einer bestimmten Geschwindigkeit und Beschleunigung nicht in dem Sinne einer durch Kolbenhub und Hubzahl eindeutig festgelegten Größe. Sie wurden oben so berechnet, als würde ihre Bewegung durch ein Kurbelgetriebe geregelt. Für die Kurbelbewegung gelten die Formeln

$$c = \frac{2 \cdot s \cdot n}{60} \text{ und } b = \frac{2\,v^2}{s},$$

worin v die Geschwindigkeit des Kurbelzapfens beträgt

$$v = \frac{\pi \cdot s \cdot n}{60}.$$

Die Beispiele sind so gewählt, daß das Produkt n · s in jeder Hauptgruppe und damit die mittlere Kolbengeschwindigkeit c gleichbleibt. Die innerhalb einer Hauptgruppe als raschlaufend bezeichneten Maschinen weisen also keine größere Geschwindigkeit auf als die als langsamlaufend bezeichneten. Dabei ist noch zu bemerken, daß die hier angeführten Drehzahlen von 20/min bzw. von 300/min wohl nie im Dauerbetrieb erreicht worden sind. Sie müssen für die betreffende Gruppe als außergewöhnlich gelten.

Wir tun daher besser, nicht zwischen langsam- und schnellaufenden, sondern zwischen Pumpen mit geringer und mit großer Drehzahl zu unterscheiden.

Die Schwierigkeiten, die einen wirklichen Schnellauf der Kolbenpumpen nicht zulassen, sind in dem ganzen Arbeitsgange, insbesondere in der absetzenden Bewegung ihrer Massen begründet.

Diese Massen ergeben Stöße. Sie sind gesondert zu betrachten, als Massen, die mit dem Kurbeltriebe zwangläufig verbunden sind, und als Massen, die freie Bewegungen gegen die Kolbenbewegung machen können. Ferner macht die Ventilbewegung die im Abschnitte V A 2 u. B 5 bereits geschilderten Schwierigkeiten, die man durch allerhand Sonderbauarten der Pumpe glaubte beseitigen zu können.

Zum Verständnis des Folgenden ist eine Erörterung der *Bewegung, Geschwindigkeit und Beschleunigung* im Kurbeltrieb erforderlich, Fig. 129.

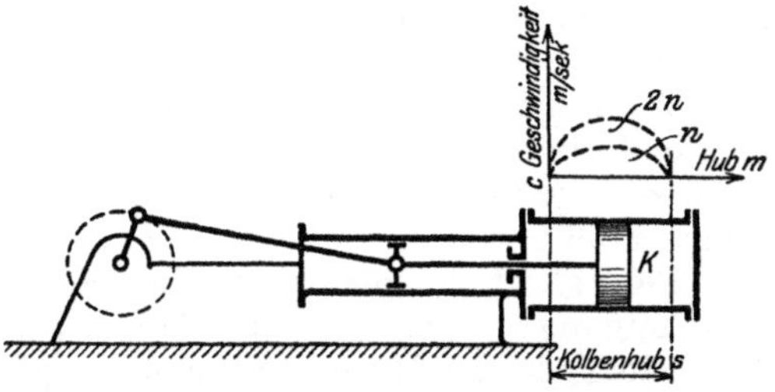

Fig. 129. Darstellung der Kolbengeschwindigkeit auf der Kolbenweglinie.

Kurbel und Welle drehen sich mit gleichbleibender Winkelgeschwindigkeit und treiben den Kolben K stoßend an. Über dem Kolbenhube sind die jeweiligen Kolbengeschwindigkeiten als Senkrechte aufgetragen für die Drehzahlen n und 2 n. Im ersten Hubteil muß der Kolben beschleunigt, im zweiten verzögert werden. Beschleunigung und Verzögerung sind im Hubwechsel am größten, da hier der steilste Teil der Geschwindigkeitslinie liegt. Man erkennt, daß die Beschleunigung bei der Drehzahl 2 n größer sein muß als bei n. Das Ansteigen der Geschwindigkeitslinien gibt aber keinen genügenden Vergleich der verschiedenen Beschleunigungen, da sie auf den Hub bezogen sind, der in beiden Fällen in verschiedener Zeit, bei 2 n in der Hälfte der Zeit durchlaufen wird. Daher sind in Fig. 130 u. 131 die Geschwindigkeiten auf die Zeit bezogen. Diese Linien weisen infolgedessen ein anderes Wesen auf. Die Geschwindigkeiten sind senkrecht zur Zeitgeraden aufgetragen. In Fig. 130 sind Pumpen mit dem gleichen Hube s und den Drehzahlen n und 2 n miteinander verglichen. Bei 2 n sind die entsprechenden Geschwindigkeiten doppelt so groß wie bei n, die Zeiten ½ so groß. Das Geschwindigkeitswachstum in der Zeit, das heißt die Beschleunigung in m/sec², ist daher bei s und 2 n viermal so groß wie bei s und n: die Beschleunigungen wachsen bei gleichem Hube mit dem Quadrate der Drehzahl.

Mit den Beschleunigungen wachsen die nötigen beschleunigenden Kräfte, die Abnutzungen im Getriebe, und bei Spielräumen die Stöße im Getriebe bei Druck- und Anlagewechsel.

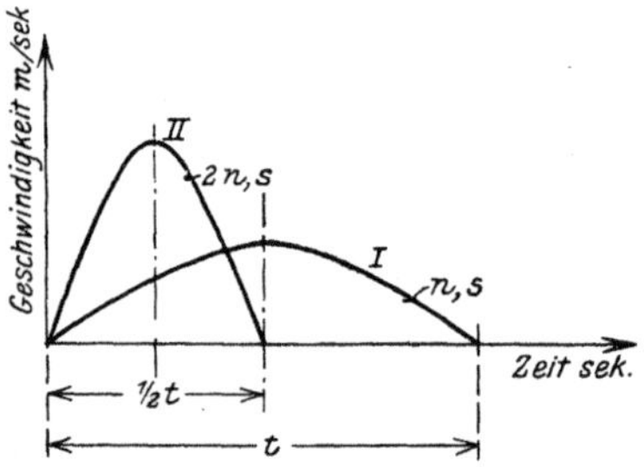

Fig. 130. Darstellung der Kolbengeschwindigkeit auf der Zeitlinie.

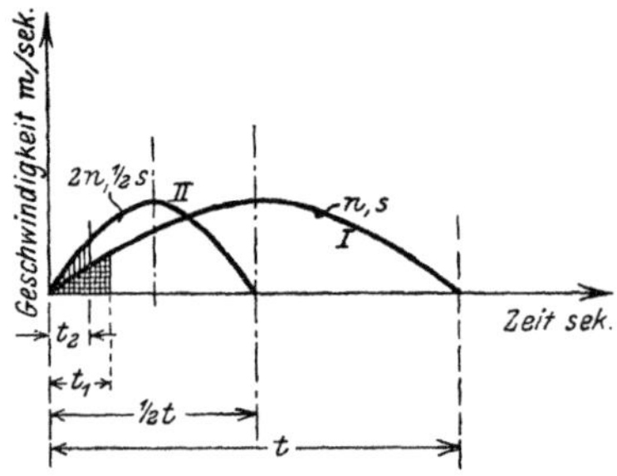

Fig. 131. Darstellung der Kolbengeschwindigkeit auf der Zeitlinie.

In Fig. 131 sind Pumpen mit der gleichen Kolbengeschwindigkeit c, den Drehzahlen n und 2 n und den Hüben s und $^1/_2$ s verglichen.

Wird mit Erhöhung der Drehzahl der Hub proportional verkleinert, so bleibt die Kolbengeschwindigkeit wohl die gleiche, die Beschleunigung aber wird größer, da der Geschwindigkeitsanstieg in kürzerer Zeit erfolgen muß.

Bei gleichbleibender Kolbengeschwindigkeit wächst die Beschleunigung proportional der Drehzahl. Man ersieht daher, daß der Verkleinerung des Hubes hier eine Vergrößerung der wirkenden Kräfte entspricht, deren Beherrschung einen vermehrten Aufwand an Anlagekosten verursacht.

Die gleichen Ergebnisse hätten wir aus der im Eingange erwähnten Formel für die Kolbenbeschleunigung ableiten können ($b = \frac{2\,v^2}{s}$); auch zeigen sie sich in den ausgerechneten Zahlen. Man vergleiche die entsprechenden Zahlen 1 und 2, desgleichen 3 und 4, bei denen die Kolbengeschwindigkeit, und die Zahlen 2 und 3, bei denen der Kolbenhub gleichgeblieben ist.

Die Drehzahl der rotierenden Gestängewasserhaltung und ihr Beschleunigungsdruck erscheint gegenüber den neueren Pumpen gering. Dennoch gehörten Gestängebrüche bei diesen Maschinen zur Tagesordnung; die zu beschleunigenden Massen dieser Anordnung waren eben sehr groß. Der Fortschritt in der Erreichung höherer Drehzahlen geschah durch die Aufgabe des Gestänges bei Übergang zur unterirdisch aufgestellten Antriebsmaschine.

3. Der Einfluß der Massen.

Der Einfluß der freien Massen. Massige Ventile sind zu meiden. Durch Einbau von Windkesseln sucht man die an der absetzenden Kolbenbewegung teilnehmenden Wassermassen so klein wie möglich zu machen, damit bei hoher Drehzahl die vom Kurbelgetriebe zu übertragenden Beschleunigungs- und Verzögerungskräfte nicht zu groß werden; denn die Größe der Beschleunigung ist durch die Drehzahl und den Hub festgelegt.

Besondere Beachtung verdient in dieser Hinsicht die Anordnung des Saugwindkessels, da zur Beschleunigung der Saugwassersäule nur ein Teil der Kraft des äußeren Luftdruckes zur Verfügung steht. Reicht dieser nicht dazu aus, die anzusaugende Wassersäule nach Maßgabe der Kolbenbewegung zu beschleunigen, dann trennt sich der voraneilende Kolben vom Saugwasser und trifft erst gegen Hubende, wo er verzögert wird, mit der im Schwunge befindlichen Wassermasse mit Stoß zusammen.

Zur Erreichung einer hohen Drehzahl ist daher nötig: kleine Saugwassersäule vom Kolben bis zum Wasserspiegel im Saugwindkessel gemessen; geringe Saughöhe zur Schonung der treibenden Kraft und geringe Druckverluste in der gesamten Saugleitung, damit der Druck im Saugwindkessel möglichst hoch sei; ferner ist auf gute Dichtheit des Pumpenraumes zu achten, damit der Druck im Saugwindkessel auch möglichst vollständig als Überdruck geltend werde. Der Querschnitt der absetzend bewegten Wassermasse ist reichlich zu bemessen, da alsdann der Beschleunigungsdruck trotz vergrößerter Masse entsprechend verkleinert wird, wie dies im Abschnitt IV C 5 dargelegt wurde.

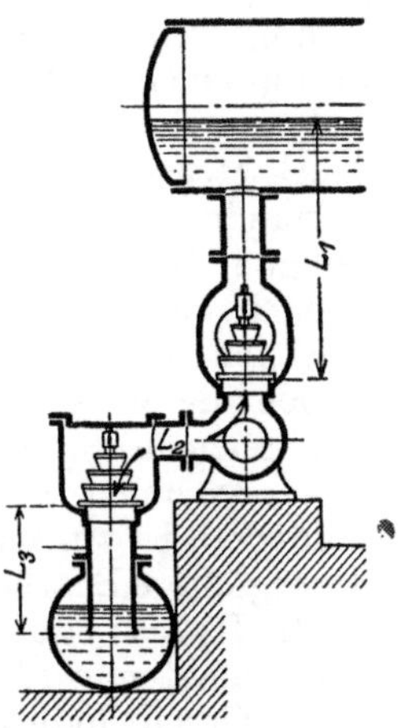

Fig. 132. Pumpe mit großen absetzend bewegten Wassersäulen. (O. H. Mueller.)

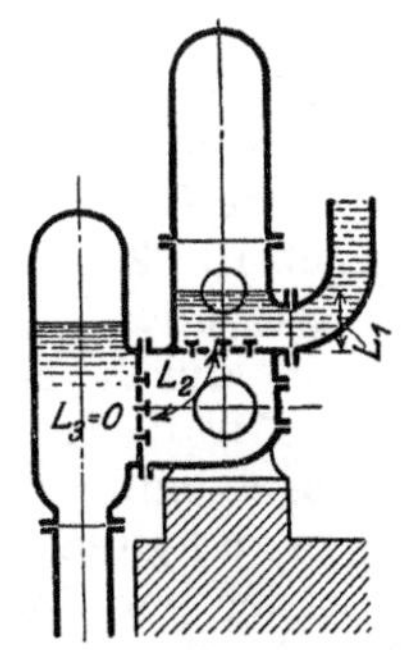

Fig. 133. Pumpe mit kleinen absetzend bewegten Wassersäulen. (O. H. Mueller.)

Daß diese Forderung nicht immer genügend beachtet wird, zeigt Fig. 132 eine früher häufige Ausführung. Die Saugwasserlänge L_3 sowohl wie die Druckwassersäule L_1, als auch die Wasserlänge L_2 zwischen den Ventilen sind unnötig groß. Als Gegenbeispiel diene Fig. 133, bei der diese Längen auf ein Mindestmaß beschränkt sind. Der Erfolg ist erreicht durch Heranrückung der Windkessel an den Pumpenraum und durch Verwendung der wenig Raum in der Höhe verlangenden kleinen Ventile der Gruppenanordnung. Die Etagenventile der vorigen Figur dagegen erfordern viel Höhenraum. Dabei stehen sie noch zu hoch im Bereich der seitlichen Wasserströmung. Wird das Saugventil, wie erforderlich tiefer gesetzt, so vergrößert sich die Länge L_2 noch mehr.

Die Massen des Kurbeltriebes. Als einfachsten Fall denken wir uns eine durch Elektromotor unmittelbar angetriebene Doppelpumpe, deren Triebwerk bis zum Kreuzkopf, also bis zum Angriff an der geradlinig bewegten Kolbenstange in Fig. 134 dargestellt ist.

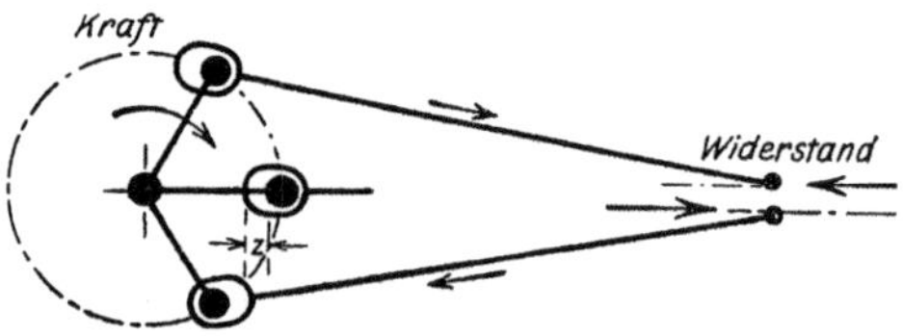

Fig. 134. Spielräume im Kurbelgetriebe.

Die Kraftwirkung an der Welle ist stetig. Stöße können erst da auftreten, wo diese stetige Bewegung in die unstetige der Schubstange übergeht, das ist an der Berührungsstelle von Kurbelzapfen und Schubstange, ferner am Kreuzkopf.

Beim Rechtsgange des Kolbens wird das Gestänge von der Kurbel gestoßen, beim Linksgange gezogen. Im ersten Falle liegt der Kurbelzapfen an der inneren Stangenschale, im letzteren an der äußeren an. Dieser Anlagewechsel bedingt einen Stoß im Getriebe, wenn die Massen von Gestänge und Kurbel, die sich bei dem immer vorhandenen Spielraume z zur Zeit des Druckwechsels trennen, nach Durchlaufen dieses Spielraumes wieder aufeinandertreffen. Der Stoß wird desto heftiger, je größer die daran beteiligten Massen sind und mit je größerer Endgeschwindigkeit diese Massen aufeinandertreffen.

Die Größe der Gestängemassen ist durch die Festigkeitsverhältnisse gegeben. Zu ihnen ist noch die Masse der vom Kolben in Bewegung zu setzenden Wassermasse hinzuzurechnen, deren Größe im allgemeinen kaum durch besondere Maßnahmen verringert werden kann.

Für die Stoßgeschwindigkeit ist zunächst die Größe des Spielraumes maßgebend. Er ist durch sorgfältige Bearbeitung und Wartung möglichst klein zu halten. Dann ist die Relativgeschwindigkeit entscheidend, mit der der Spielraum durchlaufen wird. Unter Relativgeschwindigkeit ist der Unterschied der Geschwindigkeiten des Kurbelzapfens und der Stange zu verstehen, wenn beide Teile, unter der Einwirkung treibender Kräfte stehend, selbständige Bewegungen ausführen. Sie ist also abhängig von den auf die getrennten Teile einwirkenden Kräften Diese sind daher einer Betrachtung zu unterziehen.

In unserem Beispiel ist angenommen, daß der Kolben im Hubwechsel liegen bleibe, da keine nach links treibenden Kräfte auf ihn einwirken. Der Kurbelzapfen eilt voran, bis er nach Durcheilung des Spielraumes das Gestänge mitreißt. Die Stoßgeschwindigkeit ist dabei von der Umfangsgeschwindigkeit der Kurbel abhängig. Sie ist bei gegebenem Kolbenhube der Drehzahl proportional. Es stellen sich also auch von hier aus der Erhöhung der Kolbengeschwindigkeit Schwierigkeiten in den Weg.

Wie stellt sich nun die Stoßgeschwindigkeit bei Erhöhung der Drehzahl unter Beibehaltung der Kolbengeschwindigkeit, also Verkleinerung des Hubes? Es könnte hier scheinen, daß die Stoßgeschwindigkeit dann die gleiche bliebe. Nehmen wir an, daß die absolute Größe des Spielraumes in zwei Ausführungen die gleiche ist, dann ist die relative Größe bei Verkleinerung des Kolbenhubes offenbar größer, damit auch bei an sich gleicher Kolbengeschwindigkeit die Stoßgeschwindigkeit. Oder: Bei doppelter Drehzahl aber halbem Hube ist die Beschleunigung des Kurbelzapfens nach Früherem doppelt so groß. Der gleiche Spielraum wird daher mit größerer Beschleunigung, das ist in kürzerer Zeit, also mit größerer Geschwindigkeit durcheilt; daher größerer Stoß.

Die Fig. 131 läßt dies deutlicher erkennen. Nehmen wir an, der Stoß erfolge im Falle I zur Zeit t_1. Dann stellt nach einem Satze aus der Mechanik das quergestrichene Dreieck die Größe des Spielraumes z dar;

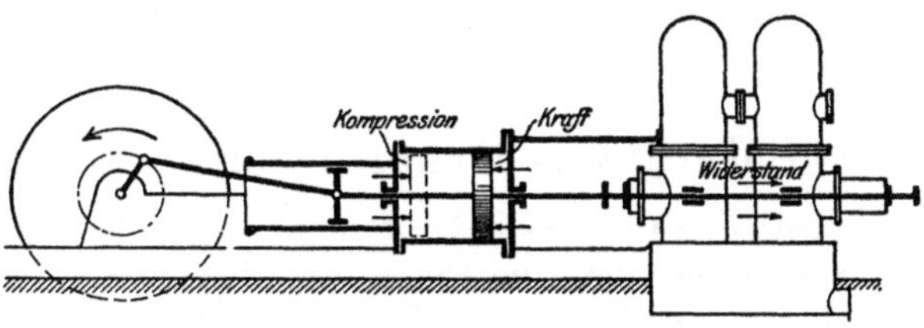

Fig. 135. Zur Erklärung der Stöße im Gestänge einer Dampfpumpe.

im Falle II erfolge der Stoß zur Zeit t_2, dann ist das hochgestrichene Dreieck ebenfalls dieser Spielraum, der nach unserer Annahme in beiden Fällen gleichgroß ist. Die beiden Dreiecke sind demnach flächengleich, und da die Steigung des Dreiecks II etwa doppelt so groß ist wie die des Dreiecks I, so ist die Stoßgeschwindigkeit II kleiner, die Zeitdauer des Durchlaufens von II größer als die von I.

Ergebnis: Bei Gleicherhaltung der Kolbengeschwindigkeit wächst der Getriebestoß mit der Drehzahl.

Der hier angenommene Druckwechsel im Hubwechsel ist der ungünstigste Fall. Er trifft für elektrisch angetriebene Pumpen zu.

Für elektrisch betriebene Pumpen mit hoher Drehzahl ergibt sich daher die Forderung: Beste Ausführung des Triebwerkes, Verkleinerung des Kolbenhubes, wenn möglich Verkleinerung der stoßenden Massen.

Gehen Triebkräfte vom stoßenden Gestänge aus, wie bei den Dampfpumpen und wie bei einigen Sonderbauarten der elektrisch angetriebenen Pumpen, dann sind die Verhältnisse des Druckwechsels anders. In Fig. 135 liegen Dampfkolben und Pumpenkolben hintereinander. Bei Hubbeginn ist der Dampfdruck auf den Kolben hoch.

Er hat den Pumpendruck und den Beschleunigungsdruck der Massen zu leisten. Nach Eintritt der Drehung sinkt der Dampfdruck, gleichzeitig nehmen die nötigen Beschleunigungsdrücke ab, so daß zunächst noch Kraft zur Überwindung des Pumpenwiderstandes bleibt. Von der Hubmitte ab aber will das vom Kurbelgetriebe verzögerte Gestänge gegen die Kurbel voreilen; es unterstützt den sinkenden Dampfdruck. Gegen Hubende tritt auf der Gegenseite des Dampfkolbens die Dampfpressung auf, die das Gestänge zurückhält, so daß jetzt die vom Schwungrade getriebene Kurbel voreilt und es vor dem Hubende zum Anlagewechsel des Kurbelzapfens kommt. Wenn die den Kolben gegen Hubende verzögernden Kräfte anfänglich klein sind, und dafür ist durch richtige Gestaltung des Dampfdiagrammes zu sorgen, so wird der Spielraum in größerer Zeit und mit geringer Relativgeschwindigkeit, also mit geringer Stoßwirkung durchlaufen.

Die Stöße würden heftiger sein, wenn bei mangelnder Dampfpressung und großer Füllung auf der rechten Seite das Kolbengestänge bis Hubende die Führung behält und der Anlagewechsel im Hubwechsel sich einstellt, wenn der volle Dampfdruck auf die linke Kolbenseite einwirkend das Gestänge rasch nach rechts dem Kurbelzapfen vorauswirft.

Ergebnis: Die Stoßwirkung kann bei Dampfpumpen durch die Form des Dampfdiagrammes günstig gestaltet werden.

4. Die Vermeidung des Druckwechsels im Gestänge.

In Erkenntnis der Ursachen der Getriebestöße bei elektrisch betriebenen Kolbenpumpen ist eine Reihe von Bauarten entstanden, die diese Stöße durch Vermeidung des Druckwechsels vermeiden wollen.

Dies wird möglich, wenn während des Rückhubes des Kolbens Fremdkräfte auf ihn einwirken, so daß der Rückhub nicht durch die Kraft der Kurbel, sondern durch die Fremdkraft geschieht, die ihrerseits durch das Gestänge noch einen Druck in der Bewegungsrichtung auf die Kurbel ausübt. Alsdann wird ein Anlagewechsel und der damit verbundene Stoß vermieden. Hierzu eignet sich nur der Saughub einer einfachwirkenden Pumpe, damit die Fremdkraft keine zu großen Werte anzunehmen braucht. Dann handelt es sich um die Beschaffung dieser Fremdkraft, worin sich die Bauarten etwas voneinander unterscheiden. Diese Fremdkraft muß für jeden Rückhub zur Verfügung stehen; sie wird durch Kraftaufspeicherung während des Druckhubes beschafft. Die Kraftwirkung ist dann freilich einseitiger als je.

Es liegen hier zwei Versuche vor, einer von Riedler und einer von Bergmans. Eine andere Ausführung, von Schwidtal, will nicht auf die doppelte Wirkung verzichten, läßt daher den Druckwechsel zu, sucht ihn aber günstiger zu gestalten. Die erstere Ausführung wurde gelegentlich der ersten Ausführung der Riedlerschen Expreßpumpe angewandt, bildet aber nicht ihren wesentlichen Bestandteil und wurde alsbald wieder zugunsten einer doppelten Wirkung aufgegeben. Die beiden anderen Ausführungen wollen neben dem günstigen Einfluß auf das Gestänge einen gleichen auf den Gang der Ventile ausüben. Darüber Abschnitt V D 5.

Bei der Riedlerschen Anordnung, Fig. 106, war der Kreuzkopf als Kolben, die Führung als hinten geschlossener Luftzylinder ausgebildet. Beim Linkshub des Kolbens (Druckhub) wird die Luft in dem Luftzylinder zusammengepreßt. Sie bewirkt alsdann durch ihren Druck nach Hubwechsel den Rechtshub (Saughub) des Gestänges. Ein Anlagewechsel wird vermieden.

Um die Nachteile der notwendig einfachen Pumpwirkung bzw. Kraftwirkung zu vermeiden, wurde die Pumpe als Drillingspumpe nach Fig. 124 ausgeführt.

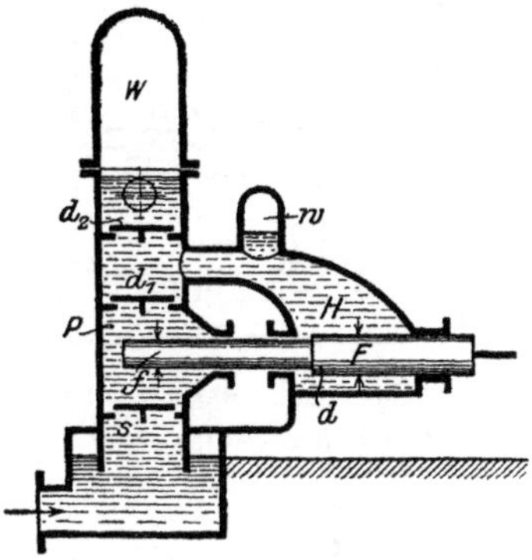

Fig. 136. Bergmans-Pumpe. (Linke-Hofmann-Werke.)

Die Pumpe von Bergmans erreicht die Kraftaufspeicherung durch einen in einem Hilfsraum arbeitenden Stufenkolben bzw. besonderen kleinen Kolben, Fig.136. Sie gleicht äußerlich einer Differentialpumpe und kann wie diese mit durchgehendem sowie mit Umführungsgestänge gebaut werden. Der Stufenkolben d wirkt aber umgekehrt wie der Stufenkolben einer Differentialpumpe auf den Hilfsraum H, nämlich während des Druckhubes drückend und während des Saughubes saugend. Der Hilfsraum ist von dem Pumpenraum durch das Druckventil d_1, vom eigentlichen Druckraum durch ein zweites Druckventil d_2 geschieden. Innerhalb dieses so abgegrenzten Raumes H befindet sich ein Luftsack, der kleine Windkessel w. Die Saugwirkung erfolgt in der Hauptpumpe P in gewohnter Weise durch das Saug ventil s. Der Stufenkolben d preßt beim Linkshub (Druckhub) die Luft des Zwischenwindkessels w zusammen und speichert dadurch die Energie auf, die beim Rechtshub die Bewegung des Gestänges ohne Anlagewechsel gestattet. Die Wasserförderung ist genau wie bei der Differentialpumpe durch den Kolben der Hauptpumpe, hier durch f, gegeben, während der Stufenkolben nur eine zeitliche Verschiebung bewirkt. Die Wirkung und Mittel sind die gleichen wie bei der Riedlerschen Anordnung, nämlich ein Hilfskolben und ein Hilfszylinder mit Luftinhalt. Das zweite Druckventil d_2 ist für die hier geschilderte Wirkung nicht erforderlich. Es soll auf den guten Gang des Ventils d_1 hinwirken (Abschnitt V D 5). Ohne d_2 würde der Hauptwindkessel W die hier geschilderte Rolle des Nebenwindkessels w übernehmen.

Auch diese Bergmanspumpe wurde ursprünglich als Drillingspumpe gebaut, jetzt aber immer als Zwillingspumpe.

Bei der Pumpe von Schwidtal, Altwasser i. Schles., Fig. 137, wird nicht ein völliges Vermeiden des Druckwechsels angestrebt. Sie wird immer mit doppelter Wirkung ausgeführt und ist auf diese angewiesen. Auch hier findet eine Energieaufspeicherung, und zwar während des Endhubes statt, die während des nächsten Hubbeginnes treibend auf das Gestänge einwirkt. Die Aufspeicherung geschieht durch den doppelt wirkenden Luftscheibenkolben k, der aber nicht zwangläufig vom Gestänge, sondern durch Vermittlung des Pumpenwassers und der kleinen Treibkolben 1 und 2 von den Hauptkolben I und II angetrieben wird. Das Getriebe ist zwischen den beiden Pumpen angeordnet. Die Hauptkolben und die kleinen Hilfskolben ragen in die Pumpenräume hinein. Die Hauptkolben sind durch Umführungsgestänge miteinander verbunden.

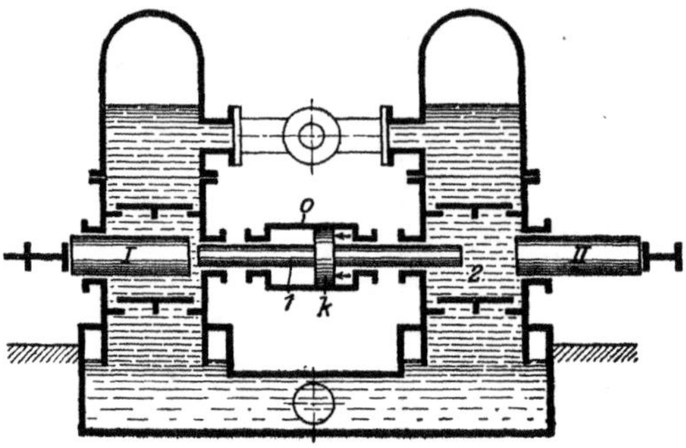

Fig. 137. Schwidtal-Pumpe. (Carlshütte, Altwasser i. Schles.)

Die Kolben sind in der rechten Totlage dargestellt. Im Hilfszylinder befindet sich rechts vom Kolben k Druckluft, die während des abgelaufenen Hubes erzeugt wurde. Diese Luft drückt die Hilfskolben nach links. Dadurch wird im linken Pumpenraume die Druckspannung, im rechten Raume die Saugspannung noch solange aufrecht erhalten, als die Verdrängerwirkung der großen Kolben durch die entgegengesetzte der kleinen Kolben aufgehoben wird. Diese Wirkung ist hauptsächlich zum Nutzen der Ventilbewegung erstrebt (Abschnitt V D 5). Ferner soll sie bewirken, daß das Gestänge durch die Hilfskraft nach Hubwechsel nach der entgegengesetzten Richtung gedrängt, der Druck- und Anlagewechsel im Hubwechsel vermieden und auf einen späteren günstigeren Zeitpunkt verlegt werde. Das Gestänge bleibt also im Hubwechsel nicht liegen, sondern folgt dem voraneilenden Kurbelzapfen. Es kann ihn aber nicht dauernd aus eigener Kraft begleiten, sondern muß bald hinter ihm zurückbleiben, da die aufgespeicherte Energie des Luftzylinders verzehrt wird und gegen Hubende eine erneute Aufspeicherung auf der Rückseite durch die jetzt von der Kurbel bewegten Stangen stattfindet. Inzwischen hat der Anlagewechsel im Gestänge stattgefunden.

Der Anlagewechsel ist vom Hubwechsel weg in den neuen Hub hinein verschoben. Infolge der eigenen Vorwärtsbewegung des Gestänges eilt der Kurbelzapfen der Schubstange mit geringerer Relativgeschwindigkeit vor, so daß die Stoßgeschwindigkeit nach Überbrückung des Spielraumes kleiner als bei liegenbleibendem Gestänge zu werden verspricht.

5. Die Beeinflussung des Ventilspieles durch Luftsäcke.

Der Absch. V. B. 5: Die Ventile der schnellaufenden Pumpen S. 133 behandelt die gesteuerten Ventile. Auf den Einfluß der Luft in der Pumpe ist gelegentlich der Bestrebungen, unbeabsichtigte Luftsäcke durch geeigneten Bau des Pumpenkörpers zu vermeiden, hingewiesen worden (Abschnitt IV C 4). Ihre Nachteile wurden in der Verminderung der Pumpenlieferung und in der Möglichkeit von Stoßwirkungen gefunden.

Über die Wirkung der Luft in der Pumpe sind die Meinungen verschieden. Einige ordnen absichtlich Luftsäcke an, in der Erwartung, hierdurch einen „weicheren", das heißt stoßfreieren Gang zu erhalten. Die Hoffnung, durch die Luft einen stoßfreien Gang zu erzielen, wirkt verführerisch. Das allmähliche Anwachsen der Druckspannung nach Kolbenumkehr verspricht ein stoßfreies Öffnen des Druckventils. Andererseits ist zu bedenken, daß die Eröffnung der Ventile verspätet, also bei größerer Kolbengeschwindigkeit geschieht. Das Wasser hat also das Bestreben, das Druckventil mit dieser Geschwindigkeit aufzuschlagen. Günstige und ungünstige Wirkungen stehen sich gegenüber, und es wird auf verschiedene Umstände, wie Größe der Luftmengen und Höhe des Pumpendruckes ankommen, welche Wirkung überwiegt.

Hier seien die Ansichten zweier erfahrener Fachmänner wiedergegeben. O. H. Mueller jr. sagt in seinem Buche: „Das Pumpenventil" S. 76: „Luft ist von jeder Pumpe fernzuhalten". Riedler in „Schnellbetrieb, Wasserhaltung" S. 60: „Jede Pumpe, die mit Luftfüllung arbeitet, gilt mit Recht als mangelhaft, weil das Druckventil sich verspätet öffnet."

Die Luft kann dauernd als Luftsack in der Pumpe vorhanden sein, so daß sich die geschilderte Leistungsverminderung einstellt, oder als Schnüffelluft abwechselnd angesaugt und beim nächsten Druckhube ausgestoßen werden. Eine Lieferungsverminderung tritt dabei in gleicher Weise ein.

Über die Wirkung der Schnüffelventile sagt O. H. Mueller S. 76: „Die Schnüffelventile haben eine große Bedeutung für den Pumpenbetrieb erlangt und erweisen sich in vielen Fällen als das einzig wirksame Heilmittel gegen das Schlagen. Vielleicht die Hälfte aller großen Pumpen mit Kurbeltrieb ist mit solchen ausgerüstet und kann ihrer nicht entraten; ihre Unentbehrlichkeit ist aber in allen Fällen das sichere Zeichen einer verfehlten Bauart der Pumpe. Auf die Bewegung der Wassermassen übt das Schnüffeln einen sehr wohltätigen Einfluß aus. Das Eindringen von Luft vermittelt einen sanften Eintritt des Wassers in die Pumpe; ihr Vorhandensein bietet während der Endverzögerung und beim Zusammenschluß der Saugsäule einen Puffer. Nach Umkehr des Kolbens bewirkt die Luftpressung eine allmähliche Drucksteigerung und — aber nur bei geringen Drücken — einen sanften Antrieb der Drucksäule. Endlich wird durch die eingesaugte Luft der Druckwindkessel stets wirksam erhalten. Bei hohen Drücken kann jedoch erfahrungsgemäß das Schnüffeln nur in geringem Maße angewandt werden, weil durch die lange dauernde Luftpressung das Öffnen des Druckventils und die Ingangsetzung der Drucksäule bei so großer Kolbengeschwindigkeit erfolgt, daß heftige Stöße erzeugt werden, denen gegenüber das Luftkissen keine Wirksamkeit hat."

Absichtlich benutzen Luft in der Pumpe die Bauarten von Bergmans, Fig. 136, Schwidtal, Fig. 137.

Die Bauart von Bergmans übt keinen Einfluß auf das Saugventil aus, das am ehesten einer Nachhilfe bedarf. Sie wendet sich nur an die Druckventile d_1 und d_2 der Fig. 136. Die Kolben stehen am linken Hubende.

Wir denken uns zunächst die Kolben im rechten Hubende. Der Druck im Hilfsraume H ist durch die Saugarbeit des Stufenkolbens gesunken und hat am Ende des Saughubes einen Kleinstwert erreicht. Beim nächsten Druckhub drücken beide Kolben in den Hilfsraum, der Hauptkolben f nach Öffnung des Druckventils d_1. Das Druckventil d_2 bleibt so lange geschlossen, bis der Druck im Hilfsraume auf den Förderdruck gestiegen ist. Von dieser Bauart werden folgende Vorteile erwartet: Das Druckventil d_1 öffne sich stoßfrei, da es beim Hubbeginn nur gering belastet sei. Das Druckventil d_2 öffne sich ebenfalls stoßfrei, da der Druck unter dem Ventil infolge des Windkessels w allmählich anwachse. Der Schluß des Ventils d_2 steht unter dem Einfluß der Windhaube w und hat Aussicht, mit einem geringeren Stoß als üblich zu geschehen, da die Wasserabsaugung nach Kolbenumkehr mehr aus der Windhaube erfolgt. Das Ventil d_1 schließt sich wie jedes andere Druckventil.

Die Bergmanspumpen, Erbauerin: Linke-Hofmann-Werke, Breslau, sind vielfach als Wasserhaltungsmaschinen zu finden. Ihre Drehzahl beträgt bei großen Ausführungen etwa 125/min.

Hier sei auch das Ventilspiel der Schwidtalpumpe, Fig. 137, erörtert. Nach dem Hubwechsel heben sich im Pumpenraum die Verdrängerwirkungen von Haupt- und Hilfskolben eine Zeitlang auf, so daß weder Wasser ausgedrückt noch angesaugt wird. Es tritt also bezüglich der Wasserförderung und des Ventilspiels eine Hubpause auf, deren günstige Wirkung bei kurbellosen Pumpen im Abschnitt V A 3 hervorgehoben wurde. Die Ventile senken sich im stehenden Wasser und gelangen lautlos auf ihren Sitz, falls ihr Schluß vor Wiederaufnahme der Förderwirkung der Kolben erfolgt. Der lautlose Ventilschluß im stehenden Wasser erfordert eine bestimmte Zeit. Ist ein Ventil bei Wiederaufnahme der Förderung noch nicht geschlossen, dann wird das Restwasser unter seiner Fläche von dem jetzt rasch bewegten Kolben abgesaugt und der Schluß erfolgt mit einer Geschwindigkeit, die größer ist als sie ohne die Vorrichtung sein würde, da eine größere Schlußverspätung vorliegt. Es liegt selbstverständlich in der Absicht der Bauart, den Ventilschluß vor Aufnahme der Wasserförderung zu erreichen.

Die Bauart ist häufig als Wasserhaltungsmaschine anzutreffen.

6. Rückblick auf die Bauarten der schnelllaufenden Pumpen.

Überblicken wir die verschiedenen Bestrebungen, der Schwierigkeiten im Baue der Pumpen für hohe Drehzahlen Herr zu werden, so erkennen wir:

Verführerisch locken zwei Seitenpfade nach rechts und links von der breiten Straße der üblichen Bauart ab:

1. Luftsäcke in- und außerhalb der Pumpe;
2. Steuerung der widerspenstigen Ventile, insbesondere des empfindlichen Saugventils.

Abgesehen von der Frage, ob der angestrebte Zweck in den einzelnen Bauarten erreicht worden ist, müssen die Mittel zum Zwecke doch in allen Fällen als eine erhebliche Belastung der Bauarten bezüglich des Kostenaufwandes und des laufenden Betriebes erachtet werden. Man erinnere sich der zusätzlichen Gestänge, Kolben, Windkessel und Ventile gegenüber der üblichen Ausführung.

Als Endziel muß wohl immer erstrebt werden: Schluß und Öffnung der Ventile im Hubwechsel oder, da dies nicht erreichbar ist, in seiner Nähe. Alsdann ist die größte Aussicht auf stoßfreies, mit geringer Geschwindigkeit geschehendes Öffnen und Schließen der Ventile vorhanden. Hierbei kommt man zur Ablehnung der Luft in der Pumpe. Der Zweck wird durch Ventile von großem Spaltumfange, kleiner Verdrängerfläche und großer Spaltgeschwindigkeit, also kleiner Speicherwirkung erreicht.

Die mit wachsender Drehzahl auftretenden Gestängestöße werden durch kurzen Hub, beste Bearbeitung und Schmierung und sorgfältige Formung der Pumpe bezüglich Verminderung der mit dem Gestänge verbundenen Wassersäulen und bequeme Wasserwege bekämpft.

Durch diese Mittel ist es möglich, eine genügende Drehzahlerhöhung (bis 150/min) zu erreichen. Im übrigen ist zu beachten, daß der Schnellbetrieb der Pumpen nie als Selbstzweck betrachtet werden darf, sondern nur in Rücksicht auf den elektromotorischen Antrieb für das Ganze Vorteile verspricht. Bei unmittelbarem Dampfantrieb ist nichts durch Erhöhung der Drehzahl zu gewinnen, da Pumpe und Antriebsmaschinen in gleicher Weise unter der hohen Drehzahl leiden.

Zum Schlusse sei als Beweis für die Entbehrlichkeit besonderer Bauarten für schnellen Lauf von den heute herrschenden üblichen Ausführungen eine von Ehrhardt & Sehmer, Schleifmühle, vorgeführt, Fig. 138. Sie hat einen Hub von 400 mm, eine Drehzahl von 150/min; die Doppelpumpe hat Umführungsgestänge. Man beachte die im Verhältnis zum Kolbenquerschnitt großen Ventile, die günstigen Wasserwege, das starke und in den gleitenden Teilen mit großer Berührungsfläche ausgeführte Triebwerk. Für reichliche Schmierung ist wie nötig gesorgt: die Kurbeln und vorderen Lenkstangenköpfe laufen in abnehmbaren Blechkasten, die das verbrauchte Schmieröl auffangen, worauf es durch Ölpumpen wieder angesaugt und den Hauptlagern und Gelenken zugeführt wird.

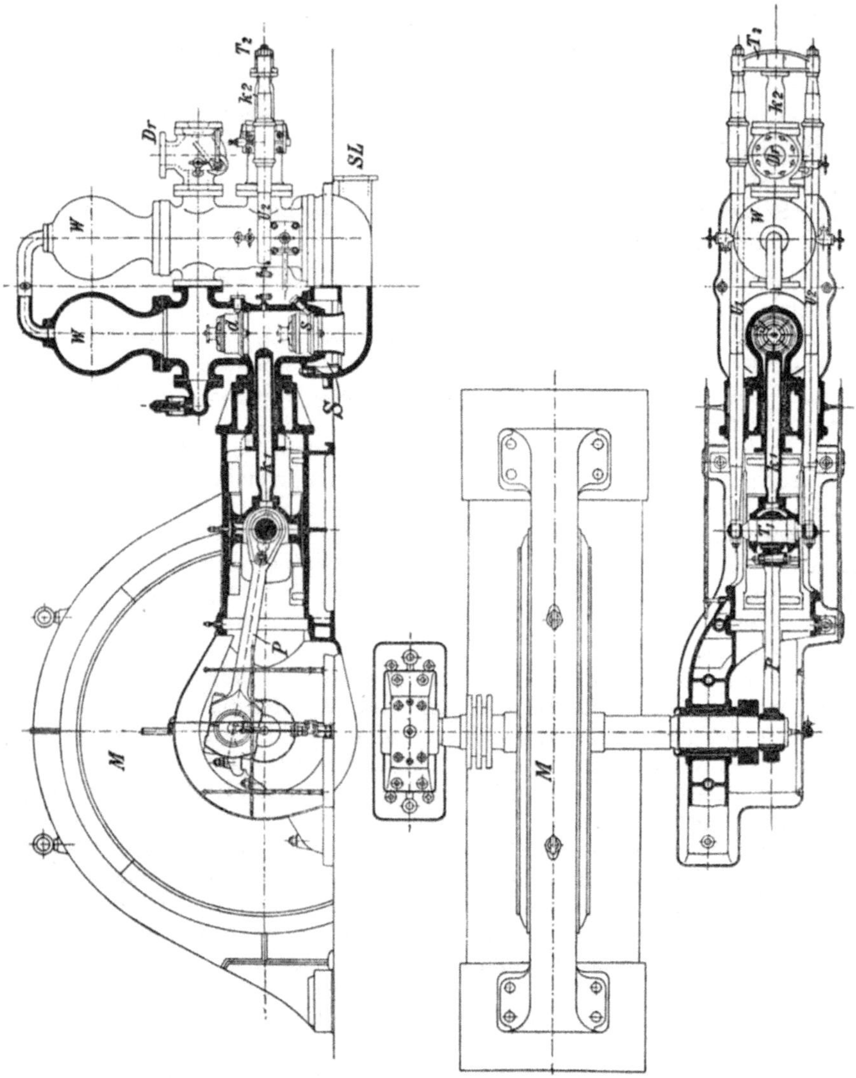

Fig. 138. Schnellaufende Pumpe üblicher Bauart. (Ehrhardt & Sehmer.)

Die Förderung beträgt 1,5 cbm/min auf 500 Höhe. Für größere Mengen werden zwei Doppelpumpen in Zwillingsanordnung mit um 90⁰ versetzten Kurbeln angewandt.

E. Der Betrieb der Kolbenpumpen.

1. Die besonderen Betriebsausrüstungen der Kolbenpumpen.

Zum Abhalten der Fremdkörper ist in der Saugleitung ein Saugkorb anzubringen. Meist ist ein Fußventil (Fig. 53) zur Ermöglichung des Auffüllens der Saugleitung vorhanden. Das Fußventil ist kein unbedingtes Erfordernis. Die Auffüllung kann auch durch die Saugwirkung einer unter dem Saugventil angreifenden Strahlpumpe geschehen. Diese Strahlpumpe wird bei Dampfantrieb durch Dampf, bei anderem Antriebe durch Preßwasser aus der Steigeleitung oder durch die Druckluft eines besonderen Luftpressers betrieben. Das Auffüllen der Saugleitung geschieht zum Anlassen der Pumpe, ist aber hierzu bei geeigneter Anlaßart und nicht zu großer Saughöhe nicht unerläßlich. Das Fußventil wird besser weggelassen, da es zu Störungen führen kann und unzugänglich gelagert ist. Bei Auffüllen aus der Steigeleitung kann die Saugleitung mit Fußventil unter schädlichen Druck geraten. Daher wird häufig ein Sicherheitsventil am Saugwindkessel vorgesehen.

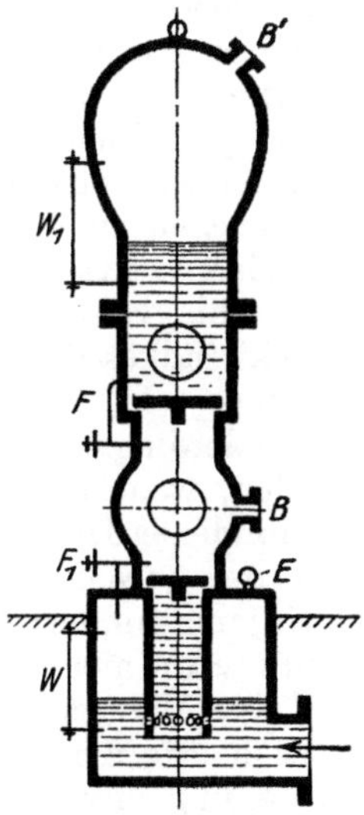

Fig. 139. Besondere Ausrüstungen der Pumpe.

An der Pumpe (Fig. 139) sind allerhand Vorrichtungen zur Auffüllung des Pumpenraumes angebracht. Diese sind: eine durch ein Niederschraubventil absperrbare Umführungsleitung F vom Druckraume um das Druckventil herum nach dem Pumpenraume. Zur Abführung der vom Wasser verdrängten Luft wird am höchsten Punkte des Pumpenraumes ein Entlüftungshahn angebracht. Zur Auffüllung der mit Fußventil versehenen Saugleitung ist eine weitere Umführung F_1 vom Pumpenraum um das Saugventil herum nach dem Saugraume vorgesehen. Alsdann ist am höchsten Punkte der Saugleitung ebenfalls ein Entlüftungshahn anzubringen. Er ist nicht zu entbehren, da ohne ihn die Luft im Saugrohre nicht entfernt werden kann. Wird die Luft nicht entfernt, so sammelt sie sich im Saugwindkessel und muß durch die Pumpe angesaugt und entfernt werden. In diesem Falle wäre das Auffüllen der Saugleitung zwecklos gewesen, da es nur den Zweck hat, der Pumpe das Ansaugen dieser Luft zu ersparen, da dieses Ansaugen von der Pumpe selten geleistet werden kann, auch den Vorgang des Anlassens in unerwünschter Weise auf viele Hübe verlängert. Die Entlüftung des Pumpenraumes könnte wohl entfallen, da die Luftansammlung im Pumpenraum, wenn dieser im übrigen von der Druckleitung aus gefüllt wurde, mit dem nächsten Druckhube durch das Druckventil entfernt wird.

Die erwähnten Umläufe können, wenn sie genügenden Querschnitt besitzen, auch dazu dienen, die Wasserlieferung einer laufenden Pumpe aufzuheben, indem bei geöffnetem Umlaufe das Wasser zwischen den zwei durch den Umlauf verbundenen Räumen hin und her pendelt, aber nicht gefördert wird. Ein solcher Betrieb ist zum belastungsfreien Anlassen elektrisch angetriebener Pumpen erwünscht, auch zur zeitweisen Aufhebung der Förderung bei weiterlaufender Maschine. Am besten eignet sich hierzu eine Verbindung zwischen Pumpen- und Saugraum. Im nächsten Abschnitt werden noch weitere dem Anlassen dienende Maßnahmen und Vorrichtungen erörtert werden.

Hinter dem Druckwindkessel ist noch ein Rückschlagventil vorhanden, damit bei Stillständen der Pumpe oder Ablassen ihres Wassers der Inhalt der Steigeleitung sich nicht durch die Pumpe entleere. An Stelle des Rückschlagventils wird gelegentlich ein Schieber verwendet, weil er besser dicht halte. Ein während des Ganges der Pumpe irrtümlich geschlossener Schieber führt zu einer Zerstörung. Der Schieber ist daher grundsätzlich auszuschließen. Wird das Rückschlagventil mit einer Lederdichtung wie das Fernisventil versehen, so genügt es allen Ansprüchen an Dichtheit.

Ehrhardt & Sehmer bauen auch vor dem Druckwindkessel ein Rückschlagventil ein, damit beim Entleeren der Pumpe die Luft im Druckwindkessel zurückbleibt und das nächste Anlassen dadurch erleichtert wird.

Allerdings kann ein Schieber in der Druckleitung nicht entbehrt werden, wenn eine Pumpe wahlweise an die eine oder die andere zweier vorhandener Druckleitungen angeschlossen werden soll. Sie muß dann von der jeweils nicht betriebenen Leitung durch einen den Abfluß nach jener hindernden Schieber abgeschlossen werden. Ein Rückschlagventil kann hier nicht helfen, da es nur den Rückfluß verhindern kann.

Die Wichtigkeit der Windkessel für den ungestörten Pumpenbetrieb erfordert entsprechende Einrichtungen zur Überwachung und Bedienung ihrer Arbeit. Am Druckwindkessel ist immer ein Wasserstandsglas W_1 zur Erkennung des Luftinhalts, seltener der wünschenswerte Druckmesser angebracht. Zur Belüftung des Druckwindkessels ist ein Schnüffelventil am Pumpenraum bei B oder besondere äußere Belüftungsvorrichtungen vorgesehen. Alsdann wird die Druckluft durch eine Leitung B' dem Windkessel zugeführt. Man findet am Druckwindkessel gelegentlich ein Sicherheitsventil; zu welchem Zwecke ist nicht ersichtlich.

Am Saugwindkessel ist selten ein Wasserstandglas W vorhanden, da hier die selbsttätige Erhaltung des Wasserstandes gesicherter erscheint. Außer den Löchern im Saugrohr zum Absaugen der überschüssigen Luft findet man bei Dampfpumpen gelegentlich ein Entlüftungsrohr, das nach dem Kondensator oder einer Strahlpumpe führt und durch das die Luft nach Bedarf abgesaugt werden kann.

2. Das Anlassen der Kolbenpumpen.

Das Anlassen einer Kolbenpumpe ist umständlich. Der Vorgang ist je nach den Einrichtungen und dem Betriebsfalle verschieden. Es unterliegen dabei dem Anlassen die eigentliche Kolbenpumpe, die Antriebsmaschine und die Rohrleitung.

Hier soll im wesentlichen die Pumpe betrachtet werden, die Antriebmaschine nur, soweit es für die Pumpe nötig ist. Im laufenden Betriebe sind die Pumpe und die Leitung mit Wasser, die Windkessel mit Luft entsprechender Spannung gefüllt. Beim Anlassen einer Pumpe nach kurzem Stillstande sind diese Verhältnisse unverändert, und das Anlassen hat im wesentlichen Rücksicht auf die Antriebsmaschine und auf die nötige Beschleunigung der Massen zu nehmen. Hier kommen insbesondere die großen Wassermassen der Steigeleitung in Betracht. Diese müssen allmählich beschleunigt werden. Die Kolbenpumpe liefert eine ihrer Geschwindigkeit entsprechende Wassermenge in die Druckleitung bzw. in den Druckwindkessel. Ist dieser, wie angenommen, noch mit Druckluft gefüllt, dann wird sich die Drucksäule hinter dem Windkessel allmählich in Gang setzen, da der Windkessel die Förderung aufspeichert.

Schwieriger liegt der Fall, wenn keine Luft im Windkessel vorhanden, die Steigeleitung aber mit Wasser gefüllt ist. Dann muß vor dem Anlassen der Pumpe der Windkessel mit Luft von genügendem Druck angefüllt werden, worauf der Betriebsfall dem erwähnten gleich geworden ist. Dieses Auffüllen vor dem Anlassen setzt eine von der Pumpe unabhängige Drucklufterzeugung- oder bezug voraus. Ist eine solche nicht vorhanden, so muß das Wasser aus der Druckleitung abgelassen werden, damit die zu beschleunigenden Massen entfallen. Nach dem Anlassen ist dann darauf zu achten, daß sich mit dem Steigen der Wassersäule in der Druckleitung der Windkessel durch die Tätigkeit der Belüftungseinrichtung genügend mit Luft fülle.

Bisher war angenommen, daß Pumpe und Saugleitung mit Wasser gefüllt seien, so daß sofort beim Gange der Maschine die Wasserförderung aufgenommen wird. Nach längerem Stillstande oder nach einer Ausbesserung wird aber der Pumpen- und Saugraum wasserfrei sein. Eine trockenlaufende Pumpe gleicht einem Luftpresser mit großem schädlichen Raume. Am Ende des Druckhubes ist hierbei die erreichte Luftpressung allermeist viel zu gering, als daß sie das durch die Druckwassersäule belastete Druckventil öffnen könnte. Die Luft bleibt in der Pumpe und dehnt sich beim Saughube wieder auf die Anfangsspannung aus. Eine Entlüftung der Saugleitung und ein Ansaugen von Wasser ist ausgeschlossen.

Das trockene Ansaugen wäre nur denkbar, wenn das Druckventil nicht belastet, der schädliche Raum nicht zu groß und die Saughöhe gering wäre. Alsdann wäre eine genügende Entlüftung der Saugleitung durch die Luftpumpenwirkung der Kolbenpumpe möglich. Es müßte daher entweder das Wasser aus der Steigeleitung abgelassen werden, oder ein schwach belastetes ins Freie öffnende Hilfsdruckventil vorhanden sein, das während des Anlassens betrieben wird. Das trockene Ansaugen wird immer mißlich sein.

Das nasse Ansaugen wird daher meist geübt. Zu dem Zwecke wird Pumpen- und Saugraum aus der Steigeleitung mit Wasser gefüllt und dann nach dem Verfahren des ersten Beispiels weitergearbeitet. Ein Auffüllen der Saugleitung ist bei kurzer Saugleitung nicht nötig. Die mit Wasser gefüllte Pumpe arbeitet wie ein nasser Luftpresser ohne schädlichen Raum und kann eine genügende Luftleere und das Ansaugen des Wassers bewirken. Bei langer Saugleitung und großer Saughöhe wird hingegen das Auffüllen nötig sein, um mit Sicherheit ansaugen zu können oder um die Zeit des Leerlaufs zu verkürzen. Bei langer gefüllter Saugleitung wird es auch ratsam sein, für Luft im Saugwindkessel vor dem Anlassen der Pumpe zu sorgen, um Wasserschläge zu vermeiden. Die Verhältnisse liegen dann ähnlich wie in der Druckleitung. Diese Belüftung des Saugwindkessels kann leicht geleistet werden, indem man durch den Lufthahn am Saugwindkessel vorsichtig Luft ein- und durch einen vorgesehenen Hahn entsprechend Wasser aus dem Saugwindkessel abläßt. Bei der kurzen Saugleitung der Wasserhaltungsmaschinen ist eine solche Vorsicht nicht nötig.

Die bisherigen Arten des Anlassens setzten immer Wasser in der Druckleitung voraus. Beim ersten Anlassen ist diese Voraussetzung nicht erfüllt. Es ist daher nötig, hier Wasser durch eine Öffnung über dem Druckventil bei geöffnetem Druckventil in den Pumpenraum einzugießen und in ähnlicher Weise in die Saugleitung, wenn diese aufgefüllt werden soll und eine Strahlpumpe nicht betrieben werden kann.

Das Stillsetzen einer Kolbenpumpe geschieht einfacher, indem man sie langsam auslaufen läßt. Die bewegten Massen kommen hierbei wegen der Wirksamkeit der Windkessel stoßfrei zur Ruhe.

Die bisherigen Betrachtungen erstreckten sich im wesentlichen auf die Pumpe. Mit der Pumpe muß auch die Antriebsmaschine angelassen werden. Der Antrieb kann sein: eine Kolbendampfmaschine oder ein Elektromotor. In beiden Fällen ist es immer erwünscht, häufig erfordert, die Antriebsmaschine ohne Belastung anzulassen (Abschnitt VIII E 2), d. h. die Maschine bei leerlaufender, also keine Arbeit leistender Pumpe auf ihre Drehzahl zu bringen und dann erst die Aufnahme der Förderung durch die Pumpe zu bewirken. Auch hier kann der Vorgang verschieden sein. Die Rücksicht auf die Leitung, also die Behandlung der Windkessel, hat erhöhte Bedeutung, da die Einschaltung der Förderung hier mit voller Geschwindigkeit geschieht. Die Vorbereitungen in dieser Beziehung sind also die gleichen. Nachdem die Pumpe mit Wasser aufgefüllt ist, bleibt einer der dann reichlich bemessenen Umläufe offen. Die Antriebsmaschine wird angelassen und hat nur die geringe Leerlaufarbeit der umlaufenden Wassermenge zu leisten. Die Förderung wird dadurch aufgenommen, daß der Umlauf allmählich geschlossen wird. Das Wasser geht dann nicht mehr durch den Umlauf, sondern wird durch das Druckventil gefördert und eine entsprechende Menge angesaugt.

Bei Doppelpumpen kann man den arbeitsfreien Umlauf zwischen den beiden Pumpen einrichten.

Eine andere Art des belastungsfreien Anlassens ist: Der etwaige Wasserinhalt der Pumpe wird abgelassen, die Saugleitung aber bis an das Saugventil gefüllt erhalten. Dann wird die Maschine in Gang gesetzt. Die Pumpe läuft trocken und ohne Last. Nach Erreichung der nötigen Drehzahl wird durch den oberen Umlauf Wasser in den Pumpenraum bei laufender Maschine eingelassen. Die Luft des Pumpenraumes sammelt sich unter dem Druckventil und wird bei bestimmter Füllung des Pumpenraumes durch das Druckventil ausgestoßen. Alsbald wird der Umlauf, der zur Füllung diente, geschlossen und die regelrechte Förderung aufgenommen.

Ist die Antriebsmaschine schwer in Gang zu bringen, oder ist ein besonders belastungsfreies Anlassen erwünscht, so kann man das Druckwasser der Steigeleitung im Sinne des Anlassens treibend auf die Pumpenkolben einwirken lassen. Es kann dies durch geschickte Handsteuerung der erwähnten Umläufe geschehen, indem diese wechselweise so bewegt werden, daß das Druckwasser aus dem Druckraume während des Saughubes treibend in den Pumpenraum einströmt und während des Druckhubes durch den unteren Umlauf durch die Saugleitung abfließt.

Zu solchem hydraulischen Anlassen einer elektrisch angetriebenen Kolbenpumpe verwandten Haniel & Lueg eine beim Anlassen einzurückende besondere zwangläufige Steuerung.

Man vergleiche: Hartmann-Knoke-Berg, 3. Aufl., S. 326, Fig. 368.

Zum Schlusse soll nochmals darauf hingewiesen werden, daß vor dem Anlassen einer Kolbenpumpe ein etwa geschlossener Schieber in der Druckleitung geöffnet werden muß, weil sonst ein Bruch erfolgt.

3. Die Bewartung der Kolbenpumpen.

Dem umständlichen Anlassen einer Kolbenpumpe entspricht auch die Notwendigkeit einer sorgfältigen Bewartung des laufenden Betriebes. Dabei sind die den Gang des Betriebes veranschaulichenden Anzeigen zu beobachten, um für den richtigen Betriebszustand sorgen und Abweichungen erkennen und beseitigen zu können.

Wasserstandsgläser, Druckmesser und Stopfbüchsen müssen überwacht werden. Die Stopfbüchsen können bei hohem Drucke Schwierigkeiten bereiten. Sie sind in gutem Zustande zu erhalten, desgleichen der Kolben, so daß eine gute Dichtung ohne zu scharfes Anziehen der Packung erreicht wird. Die Hanfzöpfe sind gut zu schmieren. Die Packung muß rechtzeitig erneuert werden.

Lederstulpen sind unbequem auszuwechseln, da sie aus einem ungeteilten Ringe bestehen. Sie halten dafür lange Zeit dicht, ohne daß eine Nachhilfe erforderlich ist. Vor ihrem Einbauen sind sie gut mit warmem Leinöl zu tränken, wodurch ihre Lebensdauer wesentlich erhöht wird. Die Kolben bleiben glatt und die Abdichtung ist bis zur völligen Verreibung der Flächen gut.

Bei Stopfbüchsenpackungen wird der Kolben mit der Zeit riefig. Er ist dann zu erneuern.

Die richtige Arbeit der Ventile leidet durch die Abnutzung der Dichtungsflächen. Undichte Ventile geben sich durch ein zischendes Geräusch zu erkennen. Es ist hierauf zu achten, damit eine rechtzeitige Nachbesserung geschieht. Wird eine vorhandene Undichtheit nicht beseitigt, so erfolgt bei sandhaltigem Wasser durch die schleifende Wirkung des Rücklaufwassers eine rasche Zerstörung. Lederstulpen sind zu erneuern und verschlissene Dichtungsflächen nachzuarbeiten. Auch auf etwaige Undichtheiten zwischen Ventilsitz und Pumpenkörper ist zu achten, da ein weitgehender Verschleiß am Pumpenkörper schwierig wieder zu ersetzen ist. Beim Wiedereinsetzen der Ventile ist auf richtige Einstellung des Ventilhubes durch die Belastungsfeder zu achten. Zu großer Ventilhub ergibt Ventilschlag, zu kleiner eine schädliche Drosselung.

Entsprechende Aufmerksamkeit ist dem Triebwerke zu widmen, dessen Gleitflächen sorgfältig zu schmieren und bei eingetretenem Verschleiß zur Vermeidung von Stößen genau nachzustellen sind. Beim Arbeiten an der Pumpe muß häufig das Triebwerk gedreht werden Daher wird das Schwungrad der Dampfmaschinen und der Läufer des Elektromotors mit einem Zahnkranz versehen, damit diese Drehung durch das vorgesehene Schaltwerk geleistet werden kann.

Eine Änderung der Fördermenge läßt sich bei Dampfantrieb unschwer durch Änderung der Drehzahl erreichen.

Liegt die Drehzahl unveränderlich fest und soll eine Änderung der Fördermenge für lange Zeit bestehen, so kann man sich durch Änderung des Hubes bei verstellbarem Kurbelarme, besser durch Austausch des Kolbens gegen einen von anderem Querschnitte helfen. Dies läßt sich bei Tauchkolbenpumpen unschwer erreichen, wenn die Stopfbüchse als austauschbarer Teil eingerichtet ist. Von dieser Möglichkeit wird bei Wasserhaltungen häufig Gebrauch gemacht. Zu Beginn eines Abbaues ist die Wassermenge gering, und mit wachsender Ausdehnung des Abbaufeldes ist ein größerer Wasserzufluß zu erwarten. Alsdann werden die Kolben gegen größere ausgetauscht.

Ist der mittlere Wasserzufluß gleichbleibend, aber zeitlich schwankend, so wirkt die Sumpfanlage ausgleichend und die reichlich bemessenen Pumpen werden nur zeitweise betrieben.

Infolge des gleichbleibenden Widerstandes der Pumpen neigen diese im allgemeinen nicht zum Durchgehen. Bei Dampfantrieb wird dies aber eintreten, wenn irgendeine Störung durch Bruch der Saug- oder der Druckleitung eintritt. Die entlastete Maschine wird ihren Gang beschleunigen. Daher werden Dampfkolbenpumpen häufig mit einem als Leistungsregler ausgebildeten Fliehkraftregler ausgestattet, der ein gefährliches Anwachsen der Drehzahl verhindert.

Sechster Teil.

Die Kreiselpumpen.

A. Die Lehre der Kreiselpumpen.

1. Die Umwandlung der Energieformen.

Die bereits (Abschn. IV A 3) gegebene allgemeine Beschreibung der Wirkungsweise der Kreiselpumpe, Fig. 56, läßt erkennen, daß beim Lauf des Wassers durch die Pumpe und die Leitungen Umsetzung von Gefälleenergie in Strömungsenergie und umgekehrt stattfindet.

Die endgültige Wirkung der Kreiselpumpe zeigt sich in einer Vermehrung der Gefälleenergie des geförderten Wassers, indem die Wassermenge Q kg/sec aus dem Unterwasserspiegel auf eine Höhe h m gehoben wird. Eine Nachrechnung der hierzu verbrauchten Leistung ergibt, daß nach dieser eine größere Förderhöhe H von der Pumpe hätte erwartet werden können, wenn die Leistung ohne Verluste geschehen wäre. Es ist Energie verloren gegangen.

Die Verluste erstrecken sich auf die Leitungen und auf die eigentliche Pumpe. Sie setzen sich aus Reibungs- und Wirbelungs- und aus Mengeverlusten zusammen. Sie pflegen in v. H. der wirklich erreichten Förderhöhe angegeben zu werden.

Der Überdruck der Atmosphäre gegen den Saugmund der Pumpe fördert das Wasser in das Saugrohr hinein und erteilt ihm die nötige Geschwindigkeit v_s des Saugrohres. Im Laufrade erfährt das Wasser eine Druckvermehrung durch die Wirkung der Fliehkraft, die aber bei manchen Pumpen nicht voll zur Geltung kommt, da ein Teil dieses Druckgefälles gleich im Laufrade zur Vermehrung der Durchflußgeschwindigkeit verwandt wird. Hinter dem Laufrade wird dann die immer große Austrittsgeschwindigkeit im Leitrade durch Führung in sich erweiternden Querschnitten verlangsamt und das Wasser unter Druck gebracht. Das Wasser fließt dann in der Druckleitung mit geringer Geschwindigkeit seinem Bestimmungsorte zu. Die in dem fließenden Wasser noch steckende Energie kann nicht ausgenutzt werden. Mit ihr geht ein kleiner Teil der gesammten Energie bzw. ein Teil der von der Pumpe erzeugten Druckhöhe verloren.

Es ist nötig, zwecks genauerer rechnerischer Verfolgung dieser Vorgänge, den Zusammenhang zwischen Strömungs- und Gefällenergie kennenzulernen.

Fällt ein Gewicht um die Höhe h m senkrecht herunter, so erreicht es in beschleunigter Bewegung in der Zeit t sec den niederen Ort mit einer Endgeschwindigkeit v m/sec. Ist g m/sec² die Erdbeschleunigung, so ist die Endgeschwindigkeit $v = gt$ m/sec und der in t sec dabei zurückgelegte Weg

$$h = \frac{1}{2} g t^2 = \frac{1}{2} g \cdot \frac{v^2}{g^2} = \frac{1}{2} \frac{v^2}{g} \text{ m}.$$

Die bei h m Fallhöhe erreichte Endgeschwindigkeit v ist daher $v = \sqrt{2\,gh}$. Hat umgekehrt ein Körper die Geschwindigkeit v m/sec, dann kann er bis zur Höhe von h m aufsteigen, bis seine Geschwindigkeit aufgezehrt ist. Die Steighöhe berechnet sich dabei mit h $h = \frac{1}{2} \cdot \frac{v^2}{g}$ m.

Das gleiche gilt für eine bewegte Wassersäule. Man nennt den Wert $h = \frac{1}{2} \cdot \frac{v^2}{g}$ die Geschwindigkeitshöhe, das heißt also die Höhe, um die die Flüssigkeit infolge ihrer Geschwindigkeit v m/sec aufsteigen kann. Es ist dies auch der Druck, den sie, in sich erweiternder Rohrleitung bis zum Stillstand geführt, auf eine der Strömung entgegenstehende Druckfläche ausüben kann. Da 10 m Wassersäule einen Druck von 1 kg/qcm auf die Bodenfläche ausüben, kann die Geschwindigkeitshöhe h auch geschrieben werden als Flüssigkeitsdruck $p = \frac{1}{10} h = \frac{1}{20\,g} \cdot v^2$ kg/qcm. Soll eine solche Strömungsenergie v in Gefälleenergie h oder p umgewandelt werden, so muß die erforderliche Erweiterung der Rohrleitung genügend allmählich geschehen, so daß die Strömung den erweiterten Querschnitt auch geschlossen ausfüllt.

Diese Umwandlung von Strömungsenergie in Gefälleenergie geschieht nicht verlustlos. Die Verluste sind um so größer, je größer die umzusetzende Geschwindigkeit ist. Für den Leitapparat der Kreiselpumpen ist mit 10—20 v. H. Verlust zu rechnen. Die Umwandlung von Gefälleenergie in Strömungsenergie geschieht dagegen erfahrungsgemäß mit geringen Verlusten.

Bei solchen Umsetzungen ist es nicht möglich, die Strömungsenergie v vollständig bis zum Werte $v = 0$ umzuwandeln, da der verbrauchte Energieträger mit irgendeiner Geschwindigkeit v abströmen muß. Es sei v_a die Anfangs-, v_e die Endgeschwindigkeit. Alsdann ist die erzeugbare Geschwindigkeitshöhe $h_{ae} = \frac{1}{2\,g} \cdot (v_a^2 - v_e^2)$ m Flüssigkeitssäule. Zur guten Ausnutzung wird man v_e so klein machen, daß das sich aus der Ausnutzung und den Anlagekosten zusammensetzende wirtschaftliche Ergebnis günstig wird.

Der Energieinhalt A eines mit der Geschwindigkeit v m/sec fließenden kg Wassers ist danach $A = \frac{1}{2\,g} \cdot v^2 \cdot 1$ mkg. Die von v_a bis v_e zu gewinnende Energiemenge $A_{a\,e} = \frac{1}{2\,g} (v_a^2 - v_e^2)$ mkg. Geschieht der Umsatz mit der Geschwindigkeit Q kg/sec, dann ist die entsprechende Leistung

$$L_{a\,e} = \frac{Q}{2\,g \cdot 75} \cdot (v_a^2 - v_e^2) \text{ PS.}$$

2. Die Pressung durch Fliehkraft.

Es soll zunächst gezeigt werden, daß die Pressung einer in einem Gefäß eingeschlossenen, im Kreise geschleuderten Wassermenge in jedem Punkte nur von der Umfangsgeschwindigkeit u m/sec dieses Punktes, nicht aber von der Gestalt des Gefäßes in irgendeiner Weise abhängig ist.

Alsdann soll für eine radialgestellte zylindrische Röhre der Pressungsunterschied zwischen der inneren und äußeren Stirnfläche unter Benutzung der im vorigen Abschnitt entwickelten Gleichung für die Energieumsetzung ermittelt werden.

Wird ein Körper im Kreise herumgeschleudert, so wird er beim Bruche des haltenden Fadens in der Bahnberührenden weiterfliegen und sich dabei vom Kreismittelpunkt in beschleunigter Bewegung entfernen. Solange der Faden hält, wirkt dieser Drang, sich von der Bahn in radialer Richtung nach außen zu entfernen, als Fadenspannung. Diese Erscheinung wird durch die Annahme einer F l i e h k r a f t erklärt.

Bei der Kreiselpumpe unterliegt der Wasserinhalt des Laufrades der Fliehkraft und übt dabei einen entsprechenden Druck auf etwaige Verschlüsse, z. B. den Drosselschieber in der Druckleitung, oder das Wasser der Druckleitung bzw. des Leitrades aus.

Die Fliehkraft irgendeines Wasserteilchens m des Gefäßes, Fig. 140, ist radial nach außen gerichtet. Sie wirkt auf die nach außen liegenden Wasserteilchen ein, deren Pressung hierdurch vermehrt wird. Die Pressung des Wasserteilchens m selbst wird durch die weiter nach innen liegenden Teilchen bedingt. Die Pressung durch Fliehkraft wird daher bei r_e gleich null sein, radial nach außen zunehmen und bei r_a den größten Wert erreichen.

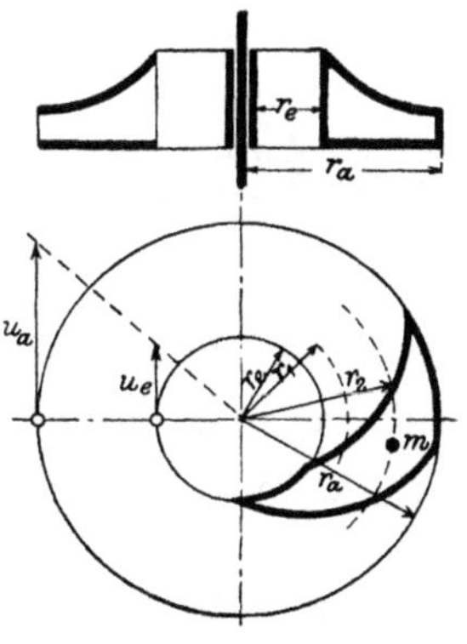

Fig. 140. Die Wirkung der Fliehkraft im Laufrade.

Da alle Fliehkräfte der einzelnen Wasserteilchen nur radial nach außen wirken, so können Pressungsunterschiede im Wasser nur in radialer Richtung auftreten. Tangentiale und axiale Pressungsunterschiede infolge Fliehkraft sind ausgeschlossen.

Legen wir daher in beliebigem Abstande r von der Drehachse einen zylindrischen Mantelschnitt, so ist die Pressung auf diesem Mantel überall gleich, einerlei wie Gefäß und Schaufeln gestaltet sind.

Daher kann der Pressungsunterschied zwischen den Mantelschnitten r_a und r_e an einer einfachen Gefäßform mit Gültigkeit für jede beliebige Gefäßform ermittelt werden.

In Fig. 141 ist eine radialgestellte zylindrische Röhre mit offenen Enden dargestellt. Sie tauche mit ihrem inneren Ende E, dem Saugmund, in einen Wasserspiegel ein und schließe am äußeren Ende A, dem Druckspalt, an eine Steigeleitung an. EA sei der sich drehende Teil. Es bleibe außer Betracht, wie das Wasser aus den festen Teilen in das drehende Rohr ein- und austritt. Zwecks Ermittelung der Steigerung der Wasserpressung denken wir uns das Rohr an beiden Enden verschlossen. Die drehende Wassermasse übt auf den äußeren Verschluß einen größeren Druck aus als auf den inneren. Die Fliehkraft eines Gewichtes G kg in der Entfernung r m vom Drehpunkt mit der Winkelgeschwindigkeit ω m/sek ist nach der Mechanik $C = \frac{G}{g} \cdot r\,\omega^2$ kg. Wir denken uns die Rohrlänge $r_a - r_e$ in eine große Zahl n gleicher Teile geteilt. Jeder Teil hat das gleiche Gewicht $\frac{1}{n}$ G. Ihre r wachsen von innen nach außen von r_e bis r_a in n gleichen Stufen $\frac{r_a - r_e}{n}$. Die Gesamtfliehkraft setzt sich dann aus n Teilen

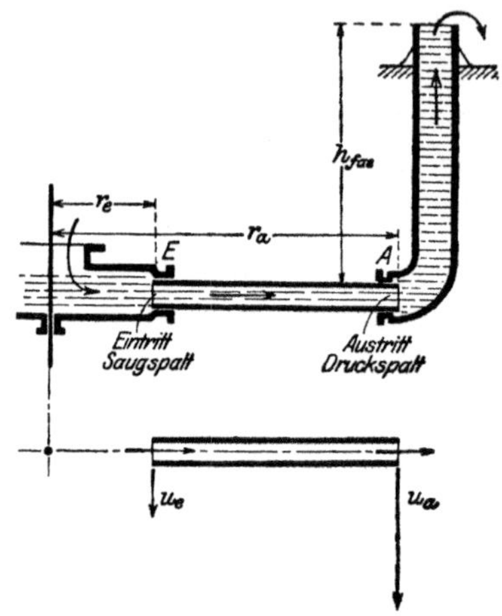

Fig. 141. Zur Berechnung der durch Fliehkraft erzeugten Druckhöhe.

von der Form $\frac{1}{n} \frac{G}{g} \cdot \omega^2 \cdot r$ zusammen, die alle den Faktor $\frac{1 \cdot G \cdot \omega^2}{n \cdot g}$ gemeinsam und die r wie geschildert verschieden haben. Die Fliehkraft ist demnach gleich $\frac{1}{n} \frac{G \cdot \omega^2}{g}$ mal der Summe der r. Die r sind um den mittleren Halbmesser $\frac{r_a + r_e}{2}$ symmetrisch angeordnet. Je zwei symmetrisch liegende ergänzen sich zu $r_a + r_e$, daher ihre Summe: $\frac{n \cdot (r_a + r_e)}{2}$. Die Fliehkraft C wird: $C = \frac{1 \cdot G \cdot \omega^2 \cdot n \cdot (r_a + r_e)}{2 \cdot n \cdot g}$ $= \frac{G \cdot \omega^2 (r_a + r_e)}{2g}$ kg. Nun ist $G = 0{,}1 \cdot f \cdot (r_a - r_e)$ kg, wenn f der Rohrquerschnitt in qcm und $r_a - r_e$ die Länge in m ist. Demnach wird $C = \frac{0{,}1 f \cdot \omega^2 \cdot (r_a + r_e)(r_a - r_e)}{2g}$ kg $= \frac{0{,}1 \cdot f \cdot \omega^2 \cdot (r_a^2 - r_e^2)}{2g}$ $= \frac{0{,}1 f \cdot (u_a^2 - u_e^2)}{2g}$ kg oder, wenn wir mit f teilen, wird die Fliehkraft in kg/qcm ausgedrückt und mit 10 multipliziert in mWS. Daher: Pressung durch Fliehkraft $h_{fae} = \frac{u_a^2 - u_e^2}{2g}$ mWS.

Im folgenden Abschnitte werden die Fliehkraft überlagernde Einflüsse erörtert werden. Zum Schlusse wird durch Summierung der einzelnen Wirkungen die ganze von der Pumpe geleistete Druckhöhe und Arbeit erkannt werden. Im vorliegenden Abschnitt handelt es sich nur um die reine Fliehkraftwirkung.

Die Fliehkraft leistet keine Arbeit in der Pumpe. Sie ist eine Begleiterscheinung der Massenträgheit. Die Arbeit wird durch die Beschleunigungsdrücke des Rades auf das Wasser geleistet.

Die Maschinenleistung wird nun durch die Menge Q kg des je sec geförderten Wassers bestimmt. Es ergibt sich alsdann

$$L_{fae} = Q \cdot \frac{u_a^2 - u_e^2}{2g} \text{ mkg/sec} = Q \cdot \frac{u_a^2 - u_e^2}{2g \cdot 75} \text{ PS.}$$

Wodurch die Menge Q des geförderten Wassers und somit die Zahl der PS bedingt ist, ist eine andere Frage. Nach dem obigen Zusammenhange ist keine bestimmte Menge gegeben. Die Fördermenge hängt auch von außerhalb der eigentlichen Pumpe liegenden Verhältnissen ab, die durch spätere Erörterungen klargelegt werden sollen. An sich wäre jede Fördermenge auf die Höhe h_f möglich. Es ist aber ersichtlich, daß bei gegebenem Querschnitte des Laufrades und der Druckleitung je nach der geförderten Wassermenge wechselnde Verluste auftreten, die die nutzbare Förderhöhe h_n verringern, so daß die Fördermenge, wenn $h_n < h_f$ gewählt wird, abhängen muß von dem gewählten Unterschiede $h_f - h_n$, der die Druckverluste in der Leitung zu decken hat. Eine Regelung der Durchflußmenge kann durch Regelung der Leitungswiderstände durch einen Drosselschieber geschehen.

3. Die Strömung in der Kreiselpumpe.

Je nach dem Querschnitte f_l qm des Laufradkanales und der durch den Drosselschieber eingeregelten Fördermenge Q cbm/sec stellt sich eine bestimmte Durchflußgeschwindigkeit w m/sec im Laufkanal ein mit $w = \frac{Q}{f_l}$ m/sec. Mit dieser Geschwindigkeit w fließt das Wasser durch den betreffenden Kanalquerschnitt und an der Schaufelwand entlang. Sie wird „relative Geschwindigkeit" genannt, da sie die Geschwindigkeit des Wassers gegenüber der selbstbewegten Röhre darstellt. Von ihr wird unterschieden die „absolute Geschwindigkeit c" als diejenige Geschwindigkeit, die dem strömenden Wasser gegenüber dem ruhenden Gehäuse zukommt. In den Zu- und Abflußkanälen des ruhenden Gehäuses tritt uns unmittelbar beobachtbar die „absolute Geschwindigkeit" entgegen. Ist f_g der Querschnitt eines Gehäusekanales an beliebiger Stelle, dann besteht der Zusammenhang $c = \frac{Q}{f_g}$ m/sec. Im Laufrade wird für einen sich mit dem Laufrade bewegenden Beobachter die relative Geschwindigkeit w erkennbar. Der Ausdruck relative Geschwindigkeit rechtfertigt sich aus der Tatsache, daß diese Geschwindigkeit sowohl durch die Eigengeschwindigkeit des Wassers, die vorhin als absolute Geschwindigkeit bezeichnet wurde, sowie durch die Eigengeschwindigkeit u des Rades gegen das Gehäuse bedingt ist. Diese Geschwindigkeit u des Laufrades gegen das Gehäuse wird für jeden seiner Punkte durch seine Umfangsgeschwindigkeit u, die sich aus der Drehzahl und dem Halbmesser ergibt, angegeben. Man stoße sich nicht an die Ausdrücke absolute und relative Geschwindigkeit, denn jede Geschwindigkeit eines Körpers ist ein relativer Begriff, indem er den Bewegungszustand eines Körpers gegen einen anderen als ruhend gedachten Körper kennzeichnet. An dem Begriffe Geschwindigkeit sind immer zwei Körper beteiligt, und man halte sich, unabhängig von der einmal gewählten Bezeichnung, immer vor Augen, welche je zwei der drei hier zu betrachtenden Körper: Gehäuse G, Wasser W, Laufrad R durch den betreffenden Ausdruck miteinander verglichen werden sollen. Demnach wäre, wenn die Geschwindigkeiten mit v, die Bezugskörper durch Anhänge bezeichnet werden sollen, zu schreiben: $c = v_{WG}$; $w = v_{WR}$ und $u = v_{RG}$. Jeder dritte Begriff ist durch je zwei der anderen gegeben. Der ruhend gedachte Körper ist immer an letzter Stelle geschrieben.

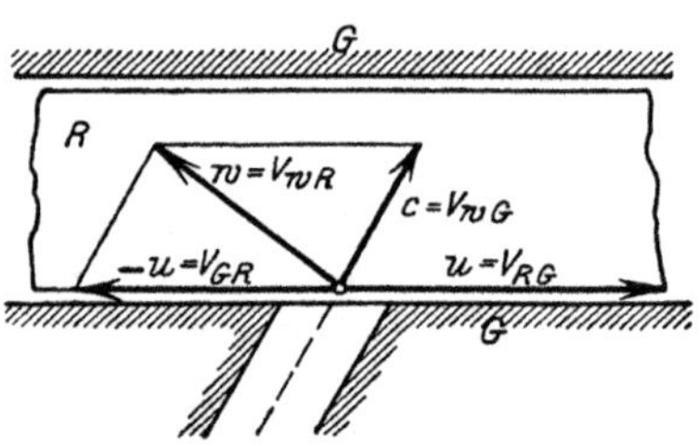

Fig. 142. Zusammensetzung zweier Geschwindigkeiten.

Dies sei durch Beispiele erläutert.

In Fig. 142 sei G das feststehende Gehäuse, in dem eine Wassergeschwindigkeit c m/sec durch Beobachtung festgestellt wurde. R sei das Laufrad, dessen Geschwindigkeit u m/sec ebenfalls nach Größe und Richtung bekannt sei. Die relative Geschwindigkeit w im Laufrade ergibt sich durch die Betrachtung: Sie setzt sich aus den Geschwindigkeiten c und u zusammen, die als Seitengeschwindigkeiten in der Mittelgeschwindigkeit w unverändert erhalten bleiben. Zur richtigen Zusammensetzung denke man sich das Rad ruhend und dafür das Gehäuse mit der Geschwindigkeit $-u = -v_{RG} = v_{GR}$, das heißt in entgegengesetztem Sinne bewegt. Hierdurch wird der relative Bewegungszustand zwischen den Körpern G und R nicht verändert, wir gewinnen aber den Vorteil, daß wir die Anteile erkennen, aus denen sich die Mittelgeschwindigkeit $w = v_{WR}$ zusammensetzt, mit der das jetzt ruhend gedachte Rad R vom Wasser W durchströmt wird. Es setzen sich also zur Mittelgeschwindigkeit $w = v_{WR}$ zusammen $c = v_{WG}$ und $-u = v_{GR}$. w ergibt sich daher als Ecklinie eines Parallelogrammes mit den Seiten c und $-u$.

Bei dieser Darstellung waren c und u gegeben, w gesucht.

Im folgenden sei eine zweite Darstellung gegeben, bei der u und w als durch Beobachtung gegeben, c als gesucht gedacht sind. Diese letztere Art ist in den Schriften üblich und soll daher auch später bei der genaueren Betrachtung der Vorgänge angewandt werden.

$c = v_{WG}$, Fig. 143, setzt sich aus der Wassergeschwindigkeit $w = v_{WR}$ und der Radgeschwindigkeit $u = v_{RG}$ zusammen, da sich in ihr diese beiden Geschwindigkeiten vereinigen. c ist die Ecklinie eines Parallelogrammes, dessen Seiten w und u sind. Man ersieht aus den Figuren, daß der rechnerische Zusammenhang zwischen den 3 Größen c, u, w derselbe geblieben ist, wie dies auch nach den geschehenen Begriffserklärungen selbstverständlich war.

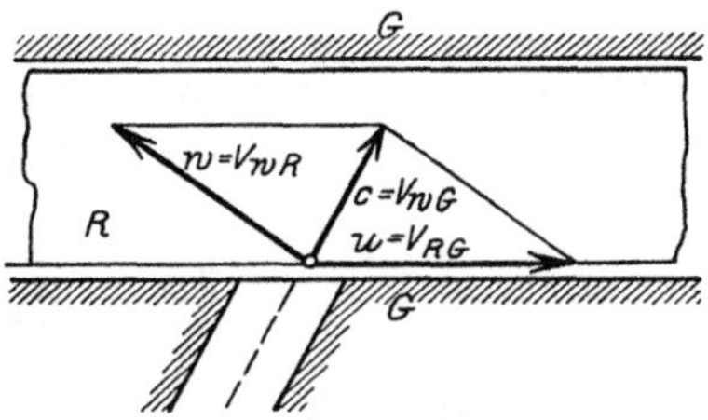

Fig. 143. Zusammensetzung zweier Geschwindigkeiten.

Im ersten Falle erscheint der Gehäusekanal nach Richtung und Querschnittsgröße bei bekannten Q und u gegeben und Richtung sowie Querschnittsgröße des Radkanales danach ermittelt. Im zweiten Falle sind Richtung und Querschnitt des Radkanales gegeben und danach Richtung und Querschnitt des Gehäusekanales ermittelt.

Es wäre drittens noch denkbar, c und w als durch eine vorhandene Pumpe und zu fördernde Menge gegeben zu betrachten und danach die Umfangsgeschwindigkeit u zu ermitteln, die erforderlich ist, diese Werte nach Größe und Richtung zu verwirklichen.

Es sind später diese Verhältnisse für den Wasserübertritt vom Gehäuse in das Laufrad und für seinen Übertritt aus dem Laufrad in das Gehäuse zu betrachten. Der erste Vorgang heiße der Eintritt, der zweite der Austritt. Es kommen hier als Geschwindigkeiten in Frage c, u und w für Ein- und Austritt, also c_e, u_e, w_e, w_a, u_a, c_a, deren Abhängigkeiten dieselben sind, wie oben angegeben wurde. Damit ein stoß-, also verlustfreier Wasserfluß entstehe, sind die Leit- und Laufräder unter Berücksichtigung der Abhängigkeiten entsprechend zu bemessen und zu gestalten.

Die im folgenden Abschnitt durchgeführten allgemeinen, mit den Werten c_e bis c_a arbeitenden Rechnungen zur Bestimmung der von der Pumpe geleisteten Druckhöhe setzen solche stoßfreien Übertritte sowie sonstige reibungsfreie Wasserströmung voraus.

4. Die Pressung durch Strömung.

Die Strömung im Laufrad. Beim Durchfluß des Wassers durch das Laufrad kann gleichbleibende oder veränderliche Geschwindigkeit w herrschen, je nachdem die Kanalquerschnitte f sich auf dem Wege von innen f_e nach außen f_a ändern.

Bei den üblichen Schaufelformen nimmt die Schaufelweite, das ist der senkrechte Abstand zweier Schaufeln, beträchtlich zu. Die axiale Tiefe der Kanäle nimmt aber infolge Verengung der Radwände nach außen meist beträchtlich ab. Je nach den gewählten Verhältnissen kann sich dabei ein gleichbleibender, nach außen zu- oder abnehmender Strömungsquerschnitt ergeben, demnach, da alle Qnerschnitte von der gleichen Wassermenge durchströmt werden, ein gleichbleibendes, ein ab- oder ein zunehmendes w.

Zunächst sei angenommen: $w_a = w_e$, also gleichbleibende relative Wassergeschwindigkeit. Dann üben die Strömungsverhältnisse keinen Einfluß auf die Pressungsverhältnisse aus, und der Pressungsunterschied zwischen Druck- und Saugspalt ergibt sich durch die Fliehkraftwirkung mit

$$h_{fae} = \frac{1}{2g} \cdot (u_a^2 - u_e^2) \text{ m}$$

und die vom Rade geleistete Arbeit je kg Wasser

$$A_{fae} = 1 \cdot \frac{u_a^2 - u_e^2}{2g} \text{ mkg},$$

wie im Abschnitt VI A 2 nachgewiesen wurde.

Verändert sich jedoch die Wassergeschwindigkeit im Laufkanale von w_e auf w_a, dann findet gleichzeitig eine Pressungsänderung in der im Abschnitt VI A 1 gegebenen Größe statt, da das Wasser eine Energieumformung erleidet. Wird etwa $w_a > w_e$, dann wird ein Teil der Gefälleenergie in Strömungsenergie umgewandelt; wird $w_a < w_e$, dann wird ein Teil der vorhandenen Strömungsenergie in Gefälleenergie verwandelt. Im ersten Falle ergibt sich eine Verminderung, im zweiten Falle eine Vermehrung des durch die erwähnte Fliehkraftwirkung erzeugten Pressungsunterschiedes h_f. Die durch diese Umwandlungen bedingte Pressungsänderung h_{wae} berechnet sich nach Früherem:

$$h_{wae} = \frac{w_e^2 - w_a^2}{2g} \text{ m}.$$

die entsprechende Energieänderung für jedes kg Wasser:

$$A_{wae} = 1 \cdot \frac{w_e^2 - w_a^2}{2g} \text{ mkg}.$$

Je nach dem Vorzeichen ist diese Änderung ein Zuwachs oder eine Minderung der erzeugten Druckhöhe und der dafür vom Rade aufgewandten Arbeit.

Bei einem Wasser fördernden Laufrade ergibt sich daher der Pressungsunterschied h_{ae} zwischen Druck- und Saugspalt und die hierfür vom Rade je kg Wasser zu leisten Arbeit A_{ae}:

$$h_{ae} = h_{fae} + h_{wae} = \frac{u_a^2 - u_e^2}{2g} + \frac{w_e^2 - w_a^2}{2g} \text{ m}$$

$$A_{ae} = A_{fae} + A_{wae} = 1 \cdot \left(\frac{u_a^2 - u_2^2}{2g} + \frac{w_e^2 - w_a^2}{2g}\right) \text{ mkg}.$$

Hierin ist u_a immer größer als u_e, dagegen $w_a \gtrless w_e$, wenn wohl auch meist $w_a < w_e$.

Es sei nochmals darauf hingewiesen, daß h_{ae} nur den Pressungsunterschied $h_a - h_e$ zwischen Druck- und Saugspalt bedeutet. Die absoluten Pressungen ergeben sich unter Berücksichtigung der Höhenlage h_s des Saugmundes über dem Saugwasserspiegel mit: $h_e = 10 - h_s$ und $h_a = h_e + h_{ae}$. Dabei sind Reibungsverluste nicht berücksichtigt. Liegt der Saugmund um h_s unter dem Unterwasserspiegel, dann ist $h_e = 10 + h_s$. —

Die Strömung im Gehäuse. Das geförderte Wasser durchfließt das Gehäuse an zwei verschiedenen Stellen: am Eintritt vor dem Laufrade und am Austritt aus dem Laufrade. Seine Durchflußgeschwindigkeiten c_e und c_a sind durch die Wassermengen und die Durchflußquerschnitte gegeben, oder bei gewünschten c_e und c_a sind die Querschnitte nach der Wassermenge zu berechnen. Auf den Zusammenhang zwischen c, u und w, Abschnitt VI A 3, sei verwiesen sowie auf die Notwendigkeit, die Schaufelwinkel mit diesen Größen in Übereinstimmung zu bringen, um stoßfreie Übertritte zu erhalten.

Die Austrittsgeschwindigkeit c_a des Wassers ist immer größer als die Eintrittsgeschwindigkeit c_e. Daher besitzt das Wasser hinter dem Laufrade eine größere Strömungsenergie als vor dem Laufrade. Der Unterschied beträgt

$$A_{cae} = 1 \cdot \frac{c_a^2 - c_e^2}{2g} \text{ mkg für 1 kg Wasser.}$$

Er ist dem Wasser ebenfalls durch die Arbeit des Rades mitgeteilt worden.

Wird dieser Energiezuwachs durch weitgehende Verringerung der Austrittsgeschwindigkeit c_a im Druckraume oder in einem besonderen Leitrade mit sich erweiternden Kanälen in Gefälleenergie umgewandelt, dann wird zwischen dem Ende des Leitrades oder Anfang der Druckleitung d und dem Saugspalt e ein Pressungsunterschied infolge dieser Umwandlung entstehen von

$$h_{cde} = \frac{c_a^2 - c_e^2}{2g} \text{ m.}$$

Die Umsetzung kann freilich nicht vollständig, sondern nur bis zur Geschwindigkeit v_d im Druckrohre geschehen. Wird diese mit 1 m/sec bemessen, so ist der Verlust an Druckhöhe $h_v \cong \frac{1}{20}$ m, also bei Wasserhaltungen gegen die übrigen Widerstände verschwindend.

5. Die Hauptgleichung der Druckhöhe und die Wirkungsgrade.

Die gesamte von dem Laufrade erzeugte Druckhöhe H setzt sich daher aus verschiedenen Teilen zusammen.

Der erste Teil ist die Druckhöhe h_f infolge seiner Fliehkraftwirkung innerhalb des Laufrades

1. $$h_{fae} = \frac{u_a^2 - u_e^2}{2g} \text{ m.}$$

Sie kommt nicht in der angegebenen Größe zur Geltung, wenn durch die besondere Gestaltung der Laufkanäle eine Umwandlung der Energieformen innerhalb des Laufrades stattfindet. Alsdann tritt die Umwandlungshöhe h_{wae} hinzu, die eine Mehrung oder eine Minderung bedeuten kann.

2. $$h_{wae} = \frac{w_e^2 - w_a^2}{2g} \text{ m.}$$

Wir haben dann drittens noch die Umwandlungspressung hinter dem Laufrade

3. $$h_{cde} = \frac{c_a^2 - c_e^2}{2g} \text{ m.}$$

Die gesamte erzeugte Druckhöhe H ist demnach:

4. $$H = h_{fae} + h_{wae} + h_{cde} = \frac{u_a^2 - u_e^2}{2g} + \frac{w_e^2 - w_a^2}{2g} + \frac{c_a^2 - c_e^2}{2g}$$

Sie stellt dar den Pressungsunterschied zwischen dem Fuße der Druckleitung und dem Saugspalt. Sie hat zu überwinden die Förderdruckhöhe h_d vom Saugspalt bis zum Ausguß und den Atmophärendruck von 10 m WS. Da die absolute Pressung im Saugspalt gleich $10 - h_s$ m ist, worin h_s = Saughöhe bis zum Saugspalt bedeutet, so ergibt sich die absolute Druckhöhe am Fuße der Druckleitung h_d aus $h_d + 10 = 10 - h_s + H$ oder $H = h_s + h_d$. Die erzeugte Druckhöhe bestreitet also die Saughöhe h_s und die Druckhöhe h_d oder die gesamte Förderhöhe H vom Saugwasser- bis zum Druckwasserspiegel.

Die berechnete Druckhöhe H kann in Wirklichkeit wegen der innerhalb der Pumpe auftretenden Verluste nicht geleistet werden.

Die Verluste sind Drosselverluste durch die Reibung des Wassers an den Kanalwänden und Stoß- und Wirbelungsverluste an den Übertrittsstellen und an den Stellen starken Richtungswechsels. Die Größe dieser Verluste kann mangels Unterlagen im einzelnen durch Rechnung nicht bestimmt werden. Sie können nur im ganzen durch Versuche an der fertigen Pumpe ermittelt werden. Für Neuausführungen müssen sie an Hand der Erfahrung an ähnlichen Formen geschätzt werden. Zur Ermittlung der Verluste wird der Druck durch Druckmesser am Saugspalt und hinter dem Leitrade abgelesen und aus ihrem Unterschiede $h_d - h_e$ die nutzbare Druckhöhe h gefunden. Das Verhältnis $\eta_{mp} = \frac{h}{H}$ nennt man den manometrischen Wirkungsgrad der Pumpe. Er schließt die hydraulischen Verluste innerhalb der Pumpe ein. h ist dann die für die Überwindung der gesamten Förderwiderstände vom Saugwasserspiegel bis Druckwasserspiegel verfügbare Druckhöhe ausschließlich der Widerstände in der Pumpe selbst. Will man die Nebenwiderstände der Förderleitung einschließen, so hat man die Gefällehöhe h_g ($h_g < h$) zu messen oder zu rechnen und erhält dann den manometrischen Wirkungsgrad der Förderung mit

$$\eta_{mf} = \frac{h_g}{H}.$$

Diese Wirkungsgrade werden im allgemeinen nicht bekanntgegeben. Sie können aber aus dem Vergleich der später zu erörternden Pumpenkennlinie, die die Höhe h aufgezeichnet enthält, mit der theoretischen Höhe ermittelt werden. Sind auch die Leitungskennlinien ermittelt, so kann auch h_g erkannt werden (Abschnitt VI B 1 und 2). Diese Kennlinien werden für die einzelnen Pumpen bekanntgegeben. Man fordere sie beim Kaufe einer Pumpe. Man hat in ihnen dann einen durch keine Rechnung erreichbaren Überblick über die Verhältnisse seiner Pumpe.

Wichtiger für den Käufer ist der Arbeitswirkungsgrad der Pumpe, das ist das Verhältnis der nutzbar geleisteten Arbeit zu der vom Antriebe auf die Pumpenwelle übertragenen Arbeit.

An diesem Arbeitswirkungsgrad ist der manometrische Wirkungsgrad wesentlich beteiligt. Daneben wirken verkleinernd auf diesen Arbeitswirkungsgrad ein: die Reibungswiderstände, die das Laufrad an dem ruhenden Wasser der Gehäusewände erfährt, und die Lieferungsverluste durch den inneren Wasserumlauf vom Druckspalt zum Saugspalt und sonstige Undichtheiten. Der Lieferungsverlust kann auf 5 v. H. geschätzt werden. Unter Berücksichtigung noch dieser beiden Verluste spricht man von dem hydraulischen Wirkungsgrade. Schließlich treten noch Arbeitsverluste durch die Reibung fester Körper in Lagern, Stopfbüchsen, Entlastungskolben und etwaigen sonstigen Gleitflächen hinzu. Die alleinige Berücksichtigung dieser mechanischen Verluste ergibt den mechanischen Wirkungsgrad. Werden alle diese Verluste berücksichtigt, so ergibt sich der Begriff des Arbeits- oder gesamten Wirkungsgrades. Da die obigen Verluste im einzelnen nicht bestimmbar sind, kann der gesamte Wirkungsgrad nur durch Versuche unter Messung der geleisteten Wasser- und verbrauchten mechanischen Arbeit gefunden werden. Beträgt N_w die Nutzleitung in wirklich gehobenem Wasser auf die eigentliche Förderhöhe, N die an die Welle abgegebene Arbeit, so ist

$$\eta_g = \frac{N_w}{N} = 0{,}65 — 0{,}75 — 0{,}85$$

je nach der Größe, Druckhöhe und dem Bau der Pumpe. Für die Verhältnisse der Wasserhaltungen ist

$$\eta_g = 0{,}75.$$

Dieser Wirkungsgrad ist allein entscheidend. Der Begriff des manometrischen Wirkungsgrades hängt von der Richtigkeit der theoretischen Druckhöhe ab, steht also auf schwachen Füßen.

6. Die Strömung zwischen Gehäuse und Laufrad.

Das Wasser tritt im Saugmunde E in das Laufrad ein, am Druckspalt A in das Gehäuse zurück. Das Gehäuse hinter dem Druckspalt ist meist, bei Hochdruckpumpen immer, mit Leiträdern versehen. Das Gehäuse am Saugspalt weist selten Leitschaufeln auf.

Die hier in Frage kommenden Größen c, w, u, absolute, relative Wassergeschwindigkeit und Umfangsgeschwindigkeit sind ihrer Bedeutung und ihrem Zusammenhange nach bereits im Abschnitt VI A 3 erläutert worden. Hier soll ihr Zusammenhang mit den Schaufelwinkeln des Leit- und Laufrades erörtert werden.

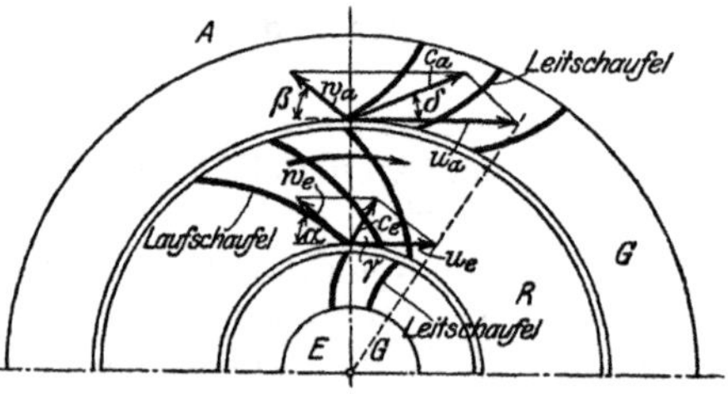

Fig. 144. Zusammenhang zwischen den Geschwindigkeiten und den verschiedenen Schaufelungen.

Die in Fig. 144 in ihren hier entscheidenden Teilen gegebene Kreiselpumpe zeigt Leitschaufeln am Wasserein- und austritt.

Die durch den Leitradquerschnitt und die durchströmende Wassermenge nach Größe und Richtung gegebene absolute Geschwindigkeit c_e erscheint als die Mittelgeschwindigkeit der durch den Querschnitt des Laufradkanals nach Größe und Richtung gegebenen relativen Wassergeschwindigkeit w_e und der Umfangsgeschwindigkeit u_e des inneren Kreises.

Es ergibt sich im vorliegenden Falle, daß die gewählte Umfangsgeschwindigkeit u_e mit c_e und w_e ein Parallelogramm bildet, worin w_e parallel der mit dem Winkel α endigenden Laufschaufel ist. Das in das Laufrad eintretende Wasser durchfließt also das ruhend gedachte Laufrad in der Richtung w_e; es streift an der Schaufel vorbei, ohne eine Einwirkung auszuüben oder zu empfangen. Das Wasser tritt **stoßfrei** in das Laufrad über. Die **Bedingung** des stoßfreien Eintritts ist also richtiges Zusammenstimmen von c_e, w_e und u_e.

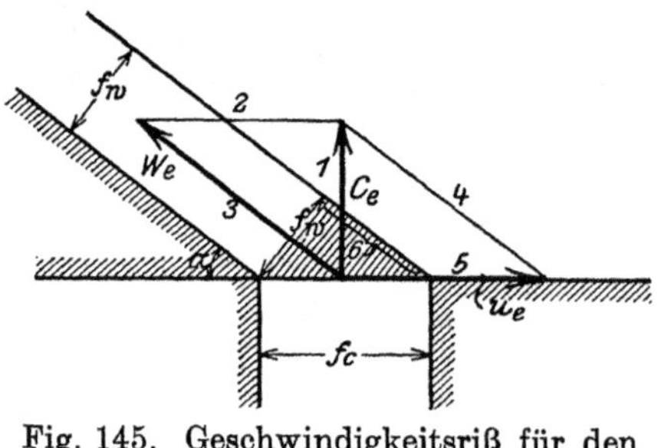

Fig. 145. Geschwindigkeitsriß für den Wassereintritt.

Das richtige Zusammenstimmen ist hier kein Zufall, sondern die dritte Größe ist nach zwei gegebenen dazu passend bestimmt worden.

Man stelle sich die Aufgabe: Gegeben die durch den Drosselschieber eingeregelte Q cbm/sec betragende Förderung durch den betrachteten Kanal, Fig. 145, dessen Querschnitt durch seine Breite f_c gekennzeichnet sei, und dessen Richtung hier senkrecht zum Umfang angenommen wurde. Daraus durch Rechnung zu ermitteln, also bekannt, c_e. Dei Querschnitt der vorhandenen, unter α anschließenden, an der Übertrittsstelle gleiche axiale Tiefe besitzenden Laufschaufel ist durch f_w gekennzeichnet. Soll also dasselbe Wasser durch f_w in der Richtung der Schaufelendigung einfließen, so muß es eine Geschwindigkeit w_e besitzen, die sich ergibt aus dem Verhältnis

$$c_e : w_e = f_w : f_c,$$

da die Geschwindigkeiten den Querschnitten umgekehrt proportional sind. Ziehen wir 2 parallel zur Tangente durch den Endpunkt von c_e bis zum Schnitte mit der durch den Anfangspunkt von c_e zur Schaufelendigung gelegten Parallelen, so erhalten wir zwei rechtwinklige Dreiecke c_e 2 3 und das gestrichene Dreieck f_w 6 f_c, die einander ähnlich sind. Daher $c_e : 3 = f_w : f_c$; das heißt die Seite 3 ist gleich dem durch obige Rechnung bestimmten w_e. w_e kann also durch den Vorgang 1 2 3 zeichnerisch gefunden werden, wenn c_e bekannt ist. Damit nun das Wasser in dieser für den stoßfreien Eintritt erforderlichen Größe und Richtung auch fließe, ist die durch 4 || 3 ausgeschnittene Umfangsgeschwindigkeit 5 oder u_e auszuführen. Für jede andere Umfangsgeschwindigkeit kann diese Pumpe diese Wassermenge nicht stoßfrei, also nicht mit höchstem Wirkungsgrade fördern. Sind von vornherein festgelegt c_e und u_e, dann wird leicht der Winkel α gefunden, unter dem die Schaufel endigen muß, oder wenn die Schaufel, also α und f_w, und die Wassermenge, also w_e, nach Richtung und Größe, desgleichen u_e gegeben ist, dann kann c_e nach Größe und Richtung und mit Q zusammen der Schaufelwinkel für das Leitrad gefunden werden.

Die meisten Pumpen werden ohne Leitschaufeln am Eintritt ausgeführt, so daß für solche die Eintrittsrichtung c_e senkrecht auf dem Umfange steht. Wählt man Leitschaufeln, die wie in Fig. 144 gestaltet sind, dann wird c_e bei gleicher Wassermenge wegen des kleineren Querschnitts im Leitkanal größer und im Sinne der Raddrehung vorgeneigt, während w_e nach Größe und Richtung bei gegebenem α bestehen bleibt. Die zum stoßfreien Eintritt nötige Umfangsgeschwindigkeit u_e wird dann größer als bei senkechtem Eintritt. Eine solche Gestaltung könnte bei sehr großer durch den Antriebsmotor gegebener Umdrehzahl erforderlich sein.

Die Verhältnisse werden bei jeder Pumpe so gewählt, daß die vorgeschriebene Fördermenge bei der gegebenen Drehzahl stoßfreie Diagramme ergibt, so daß die Förderung mit gutem Wirkungsgrade gehoben wird.

Aus den Diagrammen soll noch die rechnerische Beziehung zwischen den Größen c, u, w und dem Schaufelwinkel α für stoßfreien Eintritt entwickelt werden. Die Fig. 144 ergibt:

$$w_e^2 = u_e^2 + c_e^2 - 2\, u_e\, c_e \cdot \cos\gamma,$$

worin γ den zwischen c_e und u_e liegenden Winkel bedeutet.

Für den radialen Eintritt der Fig. 145 geht diese Beziehung in die einfachere über.

$$w_e^2 = u_e^2 + c_e^2.$$

Die Schaufel erscheint auch im weiteren Verlaufe nach außen gegen die Umdrehrichtung zurückgebogen. Sie soll „rückgekrümmte" Schaufel heißen.

Die Verhältnisse am Austritt sind durch den Schaufelwinkel β, die Umfangsgeschwindigkeit u_a und die Querschnittsgröße des Laufkanals gegeben. Nach letzterer berechnet sich die relative Geschwindigkeit w_a am Austritt.

u_a sei durch Umdrehzahl und Halbmesser festgelegt, β durch Wahl und w_a durch den Querschnitt. Dann ergibt sich leicht c_a als Mittelgeschwindigkeit zu u_a und w_a, Fig. 144. Damit das Wasser stoßfrei in das Leitrad eintrete, ist die Leitradschaufelendigung in der durch das Diagramm gefundenen Richtung c_a anzusetzen. Durch eine ähnliche Betrachtung wie in Fig. 145 ergibt sich alsdann, daß der Strömungsquerschnitt der Leitschaufel so groß ist, wie er zur Entwicklung von c_a nötig ist.

Die Größe von c_a berechnet sich aus der Beziehung

$$w_a^2 = u_a^2 + c_a^2 - 2\,u_a\,c_a \cdot \cos\delta,$$

worin δ den zwischen u_a und c_a eingeschlossenen Winkel bedeutet.

Der weitere Verlauf der Leitschaufel richtet sich nach der Größe der zu erzielenden Umsetzung sowie nach der Abströmrichtung des Druckwassers. In der Figur ist angenommen, daß das Wasser über den Rand des Leitrades hinweg nach der Saugöffnung des nächsten Rades strömen soll. Die Schaufeln biegen daher unter entsprechender Erweiterung des Querschnitts allmählich radial um und münden senkrecht auf den äußeren Umfang.

7. Der Vergleich der Schaufelformen.

Die Laufschaufeln sind alle am Eintritt im Sinne der Drehung zurückgebogen, damit der Wasserübertritt stoßfrei erfolge. Der Wasserzulauf geschieht meist radial.

Der weitere Verlauf der Schaufeln und insbesondere ihre Endigung kann sehr verschieden sein, Fig. 146 bis 148.

Diese Räder laufen linkssinnig. Sie werden bezeichnet als:

Fig. 146 rückwärtsgekrümmte Schaufel,
Fig. 147 radial endigende Schaufel,
Fig. 148 vorwärtsgekrümmte Schaufel.

Die Kanäle zeigen eine von innen nach außen zunehmende Weite und meist eine von innen nach außen abnehmende axiale Tiefe, wobei die Verhältnisse meist so gewählt sind, daß ein geringes Wachstum des Strömungsquerschnitts nach außen, also eine Abnahme von w_e auf w_a, demnach eine geringe Pressungszunahme gegenüber der reinen Fliehkraftwirkung statthat.

Zum besseren Vergleich der Wirkungsweise der verschiedenen Schaufelformen seien folgende Annahmen gemacht: Die Schaufeln sollen sich nur durch die Schaufelendigung unterscheiden. Gleich seien dagegen alle sonstigen geometrischen Verhältnisse, die Wassermenge, stoßfreier Ein- und Austritt, der Spaltüberdruck und die Drehzahl.

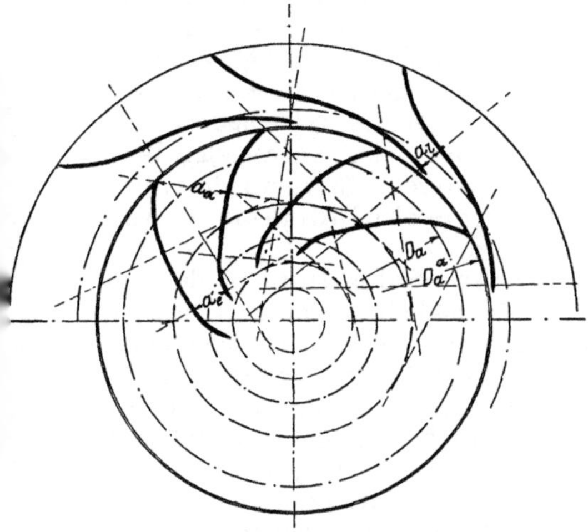

Fig. 146. Rückgekrümmte Laufschaufeln. (Neumann.)

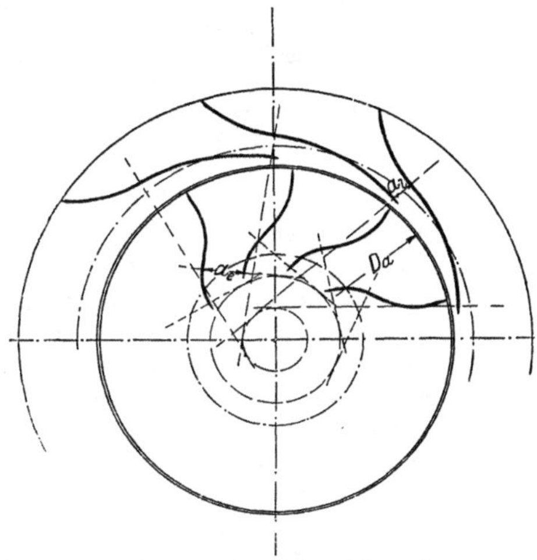

Fig. 147. Radial endigende Laufschaufeln.

Wir schreiben die Formel für die Druckhöhe H in der Form

$$2\,g\,H = u_a^2 - u_e^2 + w_e^2 - w_a^2 + c_a^2 - c_e^2.$$

Unter der gemachten Voraussetzung unterscheiden sich die Schaufelformen nur durch den Schaufelwinkel β, also durch die Größe c_a, alle anderen Größen sind gleich. Es kann daher geschrieben werden

$$2\,g\,H = \text{const} + c_a^2.$$

In Fig. 149 ist ein Austrittsdiagramm zum Nachweise der von β abhängenden Veränder chkeit der Größe c_a gegeben.

Dieses Rad läuft rechtssinnig.

c_a erscheint als die dritte Seite eines Dreiecks aus u_a, w_a und dem eingeschlossenen Winkel β. Hiervon ändert sich bei den verschiedenen

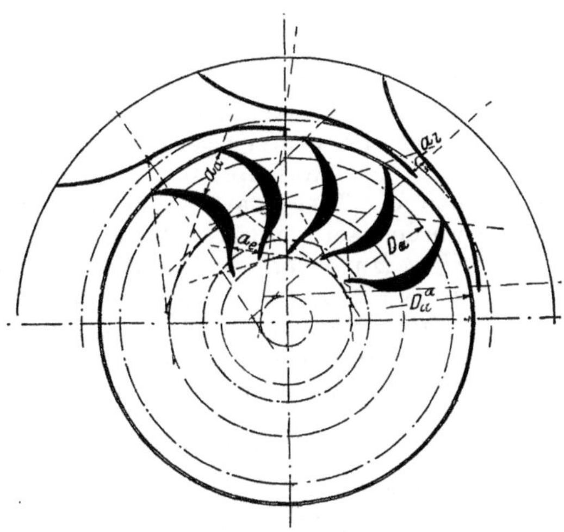

Fig. 148. Vorwärtsgekrümmte Laufschaufeln.

Schaufelformen nur der Winkel β, indem er von der rückwärtsgekrümmten Schaufel stetig bis zu dem stumpfen Winkel der vorwärtsgekrümmten Schaufel anwächst. Wir schlagen daher um den Endpunkt 5 von u_a einen Kreis mit w_a und wählen verschiedene Winkel β, so daß sich über der Grundlinie 45 Dreiecke mit den Spitzen 1, 2, 3 ergeben. Die Seiten 41, 42, 43 sind dann die verschiedenen c_a, die einem wachsenden Winkel β zugehören. Wir erkennen ohne weiteres: Mit wachsender Vorkrümmung nimmt die Austrittsgeschwindigkeit c_a und damit die erzeugte Druckhöhe H zu.

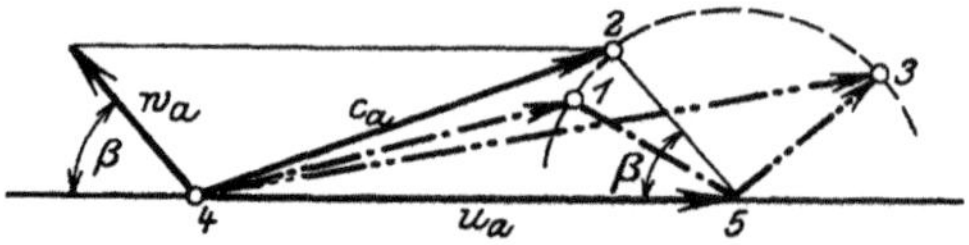

Fig. 149. Geschwindigkeitsriß für den Wasseraustritt.

Demnach könnte sich eine natürliche Scheidung in der Anwendung je nach der zu erzeugenden Druckhöhe ergeben. Dies geschieht auch in gewissen Grenzen, indem den niederen Drücken stark rückgekrümmte, höheren Drücken weniger stark rückgekrümmte Schaufeln zukommen. Doch schritt die Entwicklung zwecks Erreichung hoher Drücke nicht zur vorwärtsgekrümmten Schaufel vor, sondern die Entwicklung bricht etwa mit der radial endigenden Schaufel ab, und höhere Drücke werden durch Stufenschaltung erreicht.

Das Bestreben, in einem Rade mit der Druckerzeugung möglichst hoch zu gehen, besteht in Rücksicht auf Verringerung der Anlagekosten durchaus. Aber der Weg der vorgekrümmten Schaufel hat sich als nicht gangbar erwiesen, wenigstens nicht für die üblichen Drehzahlen des elektrischen Antriebes. Für geringe Drehzahlen sind vorgekrümmte Schaufeln brauchbar oder erforderlich. Es muß hier überhaupt eingeschaltet werden, daß der Begriff vor- oder rückgekrümmte Schaufel kein rein geometrischer Begriff ist, sondern daß er vom Begriffe der gleichzeitigen Umdrehzahl nicht getrennt werden kann, indem die Wirkung der Krümmung auf die Austrittsgeschwindigkeit c_a wesentlich durch die Umfangsgeschwindigkeit mit bestimmt ist.

Das Entscheidende ist eben die erzielte Austrittsgeschwindigkeit c_a. Diese darf, wenn ein wirtschaftlicher Wirkungsgrad erreicht werden soll, gewisse Werte nicht überschreiten, weil sonst zu große Umsetzungsverluste im Leitrade auftreten. Hiermit verbieten sich für große Drehzahlen vorgekrümmte Schaufeln und allgemein ein in einem Rade erzeugter hoher Druck.

Nun läßt sich der in einem Rade erzielbare Druck auch noch auf anderem Wege steigern, wie die Formel für die Druckhöhe zeigt, nämlich durch Steigerung des Anteiles $\frac{u_a^2 - u_e^2}{2\,g}$ der Fliehkraftwirkung. Dies kann durch Steigerung der Umdrehzahl geschehen. Um dabei c_a nicht zu groß zu erhalten, muß die Schaufel am Austritt stark zurückgebogen, gegebenenfalls $w_a > w_e$ gewählt werden. Auch auf diesem Wege ist nicht viel zu erreichen. Von der Größe der Fliehkraftwirkung hängt im wesentlichen der Spaltüberdruck zwischen Druck- und Saugspalt ab. Dieser darf bestimmte Werte nicht überschreiten, weil sonst der innere Wasserkreislauf zu groß und der Wirkungsgrad verringert wird. Man ersieht hieraus, daß zur Erreichung eines guten Wirkungsgrades ein Ausgleich zwischen Spaltdruck und Austrittsgeschwindigkeit getroffen werden muß. Die endgültige Entscheidung über die auszuführenden Radverhältnisse kann nach unserer heutigen geringen Kenntnis der Größe der inneren Verluste und ihrer Abhängigkeit von den gewählten Formen nicht durch Rechnung, sondern nur durch Versuche getroffen werden, zumal für die praktische Brauchbarkeit einer Pumpe auch der ganze Verlauf der Kennlinien entscheidend ist.

Die Größe des Spaltdruckes beträgt:

$$h_{ae} = h_{fae} + h_{wae} = \frac{u_a^2 - u_e^2}{2g} + \frac{w_e^2 - w_a^2}{2g} \text{ m.}$$

Für die verglichenen Räder ist der Spaltdruck nach der gemachten Voraussetzung gleich, damit wegen der Gleichheit der geometrischen Verhältnisse auch der Spaltverlust. Für verschiedene Verhältnisse ergibt sich bei gleichem Spaltdruck der Spaltverlust desto größer, je länger der Gesamtumfang der Dichtungsspalten und je größer ihre Breite, also der gesamte Spaltquerschnitt ist. Durch allerhand „Entlastungsvorrichtungen“ wird die Länge der Dichtungsspalten wesentlich vergrößert (Abschnitt VI C 2); es sind daher solche Entlastungen vorzuziehen, bei denen bei gleichem Spaltüberdruck der gesamte Dichtungsspalt möglichst klein wird.

Der Spaltüberdruck kann bei gegebenem u_a, u_e noch durch das zweite Glied der Formel beeinflußt werden. Wählt man $w_a > w_e$, dann verringert sich der Spaltüberdruck. Eine Vergrößerung von w_a wirkt aber wieder auf die Austrittsgeschwindigkeit c_a ein, und zwar wird bei vorgekrümmter Schaufel c_a immer größer, während bei rückgekrümmter Schaufel bei bestimmtem Schaufelwinkel mit wachsender w_a eine Abnahme von c_a verbunden sein kann.

Bei vorgekrümmter Schaufel liegt an sich die Möglichkeit vor, den Spaltüberdruck gleich null zu machen; es geschieht dies für den Wert von w_a, der sich berechnet aus

$$w_e^2 - w_a^2 = u_e^2 - u_a^2,$$

da hierbei $h_{ae} = 0$ wird. Alsdann wird c_a aber meist unbrauchbar groß. Für praktische Verhältnisse wird immer ein merklicher Spaltüberdruck zugelassen werden müssen, z. B. für 30 m Druckhöhe etwa 15 m. Wird der gerechnete Wert für rückwärtsgekrümmte Schaufeln ausgeführt, dann wird c_a desto kleiner, je weiter die Rückkrümmung gewählt ist. Dabei ist ein Rückkrümmung möglich, bei welcher $c_a = c_e$ wird. Da nach Voraussetzung $h_{ae} = 0$, so wird $H = 0$ und durch diese Schaufelform keine Einwirkung auf das Wasser ausgeübt, da weder ein vermehrter Druck noch eine vermehrte Geschwindigkeit am Austritt gegenüber dem Zustande am Eintritt erzielt worden ist. Diese Schaufelform heißt die „neutrale" Schaufel. Sie ist die andere Grenzform einer Schaufel ohne Spaltdruck und völlig unbrauchbar.

Es darf hervorgehoben werden: Innerhalb gewisser Grenzen kann jedes Rad mit jedem Spaltdruck ausgeführt werden. Bei vorgekrümmten Schaufeln wird mit seiner Verminderung keine merkliche Veränderung der Gesamtdruckhöhe verbunden sein, da sich die vergrößerte Geschwindigkeit w_a in der Ausflußgeschwindigkeit c_a wiederfindet und im Leitrad in Druck verwandelt werden kann, allerdings mit stärkeren Verlusten. Bei allmählichem Rückgang der Vorwärtskrümmung vermindert sich die gesamte Druckhöhe, da w_a nur zum Teil in c_a wiedererscheint, aber der Wirkungsgrad wird wegen des kleineren c_a besser. Bei großen Rückwärtskrümmungen wird c_a sehr klein, damit die vom Rade erzeugte Druckhöhe und die durch das Rad umgesetzte Energiemenge, so daß trotz verbesserten Wirkungsgrades infolge des kleinen c_a der gesamte Wirkungsgrad wieder schlechter wird, da die unvermeidlichen und nur in verhältnismäßig engen Grenzen zurückgegangenen Verluste sich auf eine kleinere Energiemenge beziehen, der Wirkungsgradalso schlecht wird, wie die Grenzform der neutralen Schaufel zeigt, deren Wirkungsgrad gleich null ist.

8. Die Kreiselpumpe bei wechselnder Fördermenge.

Die Fördermenge einer Kreiselpumpe kann durch den Drosselschieber eingestellt werden.

Eine Messung des vor dem Drosselschieber herrschenden Druckes ergibt, daß der von der Pumpe erzeugte Druck sich mit der Fördermenge ändert. Die theoretische Formel ergibt die Druckhöhe für stoßfreien Wasserübertritt. Bei Veränderung der Fördermenge ändern sich alle Geschwindigkeiten der Formel, außer u_a, u_e, die bei gleichgehaltener Drehzahl gleich bleiben. Diese Veränderung der Werte der Hauptgleichung läßt eine Änderung der erzeugten Druckhöhe mit der Wassermenge vermuten.

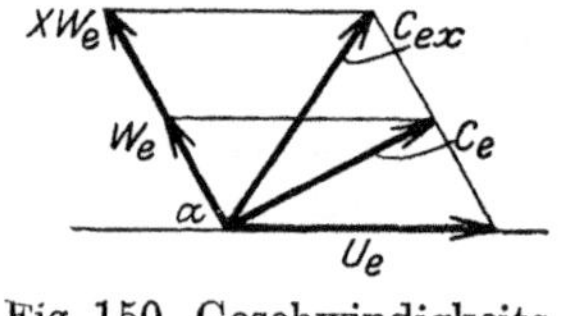

Fig. 150. Geschwindigkeitsriß für stoßenden Wassereintritt.

Ändert sich die Fördermenge von Q, der stoßfreien Menge, auf $x \cdot Q$, dann ändern sich die relativen Geschwindigkeiten w_{ex} und w_{ax}, da ihre Querschnitte dieselben bleiben, proportional mit x; demnach $w_{ex} = x w_e$ und $w_{ax} = x w_a$. Die absoluten Geschwindigkeiten c_{ex}, c_{ax} müssen sich ebenfalls ändern. Die Fig. 150 zeigt, in welcher Weise bei verändertem w und gleichem u, c_x sich ändert. Es ist danach:

$$c_{ex}^2 = x^2 w_e^2 + u_e^2 - 2 x w_e u_e \cos\alpha$$

und entsprechend

$$c_{ax}^2 = x^2 w_a^2 + u_a^2 - 2 x w_a u_a \cos\beta,$$

wo β der α entsprechende Winkel aus äußeren Schaufelenden ist.

Die Hauptgleichung war

$$2\,g\,H = u_a^2 - u_e^2 + w_e^2 - w_a^2 + c_a^2 - c_e^2,$$

für $x \cdot Q$ wird sie

$$2\,g\,H_x = u_a^2 - u_e^2 + x^2\,(w_e^2 - w_a^2) + x^2\,(w_a^2 - w_e^2) + u_a^2 - u_e^2 - 2\,x\,(w_a\,u_a \cos\beta + w_e\,u_e \cos\alpha)$$

$$2\,g\,H_x = 2\,(u_a^2 - u_e^2) - 2\,x\,(w_a\,u_a \cos\beta + w_e\,u_e \cos\alpha) = \text{const} - 2\,x\,(k_1 \cdot \cos\beta + k_2),$$

worin k_1 und k_2 konstante Zahlen bedeuten.

Hierin ist x mit der Wassermenge, β mit der Schaufelform veränderlich. Für jede gewählte Form ist β eine Konstante.

Es ergibt sich daher, daß die Pumpendruckhöhe derselben Pumpe mit der Wassermenge geradlinig veränderlich ist. Je nach dem Vorzeichen des Faktors von x bedingt diese Veränderlichkeit mit wachsender Fördermenge eine Abnahme oder eine Zunahme von H. Ist $k_1 \cdot \cos\beta < k_2$, so erfolgt mit wachsendem x eine Zunahme, ist $k_1 \cdot \cos\beta = - k_2$, dann bleibt der Druck für alle Mengen gleich, ist $k_1 \cdot \cos\beta > k_2$, dann erfolgt mit wachsendem x eine Abnahme des Drucks.

Für verschiedene Schaufelendigungen und sonst gleichbleibende Verhältnisse sind k_1 und k_2 konstante Werte; es verändert sich nur $\cos\beta$. Lassen wir das kleine β der rückgekrümmten Schaufel allmählich bis zum großen β der vorgekrümmten Schaufel wachsen, dann durchläuft $\cos\beta$ die Werte 1 über null bis -1. Da $w_a \cdot u_a$ allermeist größer als $w_e \cdot u_e$ und α vom Rechten nicht sehr erheblich abweicht, so ist für kleine β $k_1 \cdot \cos\beta > k_2$, so daß für solche rückgekrümmten Schaufeln die Druckhöhe mit wachsender Förderung abnimmt. Mit wachsendem β kommen wir an einen Punkt, wo $k_1 \cdot \cos\beta = - k_2$ wird. Das ergäbe einen Winkel $\cos\beta = - \dfrac{u_e\,w_e \cdot \cos\alpha}{u_a\,w_a}$ oder für ein Zahlenbeispiel: $w_e = w_a$, $u_a = 2\,u_e$, $\alpha = 23^0$ wird $\cos\beta = - \tfrac{1}{2} \cdot 0{,}92 = - 0{,}46$, $\beta = 120^0$.

Für diesen Schaufelwinkel würde gleichbleibender Druck für alle Fördermengen eintreten. Der „Gleichdruckwinkel" hängt ganz von der Gestaltung der Verhältnisse ab und kann sehr verschieden sein. Die übliche Lehre, die weitergehende, aber nicht zulässige Vereinfachungen macht, findet für den Gleichdruckwinkel unabhängig von der übrigen Schaufelgestaltung $\beta = 90^0$.

Wächst β über den Gleichdruckwinkel, dann wächst der Pumpendruck mit wachsender Fördermenge.

Das „lehrmäßige" Verhalten der verschiedenen Schaufeln ist in Fig. 151 angedeutet.

Auf einem Achsenkreuz H-Q sind als Grundlinien die Wassermengen x. Q, auf den Höhen die zugehörigen Druckhöhen aufgetragen.

Es ergeben sich die drei gezeichneten Höhenlinien. Für $x = 0$ ergibt die zuletzt benutzte Formel $H_x = \frac{u_a^2 - u_e^2}{g}$, was offenbar ganz falsch ist, da nach der Hauptgleichung für die Fördermenge null sich ergibt,

$$H = \frac{u_a^2 - u_e^2}{2g},$$

was auch der Wirklichkeit entspricht. Verfolgt man die Ableitung von H_x, so erkennt man, daß diese Formel für $x = 0$ keine Bedeutung mehr hat. Das läßt auch darauf schließen, daß sie für kleine Werte von x keinen Sinn hat. Daher sind die Linien für kleine sowohl wie für große x gestrichelt gezeichnet. Nur in der Nähe von $x = 1$, also in der stoßfreien Wassermenge, hat die lehrmäßige Formel Gültigkeit, wenn man von den Verlusten absieht. Aber auch mit Berücksichtigung der Verluste muß die Formel in dieser Nähe das Wesen der Linien genügend wiedergeben, da die Verluste in der Nähe der stoßfreien Menge sich nur wenig ändern werden.

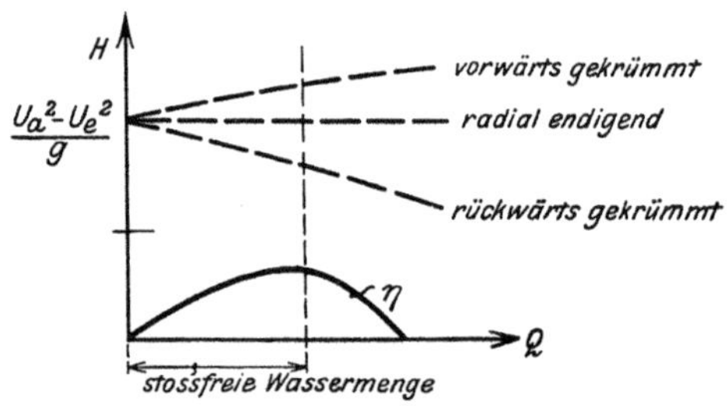

Fig. 151. Die lehrmäßigen Kennlinien.

Die wirklichen Q-H-Linien, Fig. 153, weichen von diesen lehrmäßigen Linien gründlich ab, mit Ausnahme des Stückes in der Nähe der stoßfreien Menge. Es ist vor allem Wert auf die Erkenntnis zu legen, daß eine fallende Q-H-Linie keine mit wachsender Fördermenge wachsenden Verluste andeutet, sondern daß schon die lehrmäßige, verlustfreie Q-H-Linie für die üblichen rückgekrümmten Schaufeln diesen Abfall der Linie zeigt, der ein Ergebnis der Änderung der Geschwindigkeitsverhältnisse ist. Zeichnen wir über der Q-Achse die gemessenen Wirkungsgrade auf, so zeigt sich, daß der der stoßfreien Menge entsprechende höchste Wirkungsgrad auf dem abfallenden Zweige der Q-H-Linie liegt.

9. Die Kreiselpumpe bei wechselnder Drehzahl.

Mit der Drehzahl ändert sich die bei einer bestimmten Wassermenge erzeugte Druckhöhe. Es ist aus der Hauptgleichung ersichtlich, daß die Werte u_a, u_e der Drehzahl proportional sind, die übrigen Werte bei gleichbleibender Wassermenge aber gleichbleiben; allerdings ändern die Werte ihre Stellung gegeneinander und die Verluste werden größer. Es kann die lehrmäßige Druckhöhe H_{yn} für die Drehzahl y n, wenn H_n die Druckhöhe für die stoßfreie Drehzahl n ist, etwa geschrieben werden

$$H_{yn} = H_n + \text{const}\, y^2.$$

Die Druckänderungen sind also bei gleichbleibender Fördermenge dem Quadrate der Drehzahländerungen proportional.

Die Formel gilt zunächst für die bei n stoßfreie Fördermenge Q. Ist für die Drehzahl n die Drucklinie für verschiedene Wassermengen durch Versuche festgelegt, so läßt sich schätzen, daß für eine zweite Drehzahl y n die obige Formel auch annähernd für die übrigen Wassermengen gilt, wenn man für H_n den jeweiligen Wert aus der bekannten Drucklinie für n entnimmt. Für diese zweite Versuchsreihe ist y ein Festwert. Die zweite Drucklinie y n wird daher der ersten im Höhenabstande const y^2 nahezu parallel gehen.

Die Versuche bestätigen diese Vermutung.

Es muß nun hier die Frage auftreten, wie ändert sich Druckhöhe und Fördermenge, wenn die Drehzahl verändert wird, alle übrigen Verhältnisse aber ungeändert bleiben. Die Fördermenge wird bei Beginn der Änderung wegen der Massenwirkung zunächst ungeändert bleiben, die Drehzahländerung wird also von einer ihrem Quadrate entsprechenden Druckänderung begleitet sein. Diese Druckänderung hat dann eine Änderung der Fördermenge zur Folge, indem ein Überdruck eine Erhöhung, ein Unterdruck eine Verminderung der Fördermenge einstellt. Mit dieser Fördermenge ändert sich aber wieder der erzeugte Druck, der je nach der Gestalt der Drucklinie im betrachteten Gebiete mit wachsender Fördermenge wachsen oder sinken, oder mit fallender Fördermenge fallen oder sinken kann. Steigt der erzeugte Druck mit wachsender Menge, wie es bei den kleinen Liefermengen eintritt, dann bringt eine Drehzahlerhöhung eine zunächst unbegrenzte Steigerung der Lieferung, die erst bei sehr großen Lieferungen infolge des nach der Drucklinie hiermit abnehmenden erzeugten Druckes zum Stillstand kommt. Wie die Sache sich gestaltet, hängt von der Gestalt der Drucklinien und von der mit der Veränderung der Fördermenge parallel gehenden Veränderung der äußeren Druckverluste ab.

Das Verhalten bei Drehzahländerungen soll daher später im Abschnitt VI B 4 näher an Hand der Drucklinien verfolgt werden. Es ist ersichtlich: Einfluß nimmt die Gestalt der Drucklinien und die Gestalt der Linien, die die äußeren Widerstandsveränderungen angeben. Ob es erwünscht ist, mit einer bestimmten Drehzahländerung eine kleinere oder eine größere Änderung der Fördermenge zu verbinden, hängt von den Besonderheiten des einzelnen Betriebes ab. Kann die Drehzahl der Antriebsmaschine sicher festgehalten und in bestimmten Grenzen eingeregelt werden, dann wäre eine große Veränderlichkeit der Fördermenge nicht von Schaden, und kleine eingestellte Drehzahländerungen könnten zur Regelung der Fördermenge dienen.

Ist es aber nicht möglich, eine ganz bestimmte Drehzahl einzustellen und selbsttätige Schwankungen der Drehzahl zu verhüten, dann ist es erwünscht, daß eine bestimmte Drehzahländerung möglichst geringe Lieferungsänderung bedingt.

Für die Zwecke der Wasserhaltungen sind selbsttätige Lieferungsänderungen überhaupt nicht erwünscht. Besonders sind ungewollte

Lieferungssteigerungen schädlich, da sie den Antriebselektromotor überlasten und durch zu große Erwärmung schädigen können.

Andererseits sind Drehzahlschwankungen bei Drehstromantrieb nicht ganz zu vermeiden.

B. Das Betriebsverhalten der Kreiselpumpen.

1. Die Q-H-Linie der Kreiselpumpe.

Das wirkliche Verhalten der Kreiselpumpe bezüglich des Zusammenhanges zwischen Umdrehzahl, Fördermenge und erzeugter Druckhöhe läßt sich nur auf dem Versuchsstande ermitteln. Die Versuche werden so vorgenommen, daß bei gleichbleibender Drehzahl die Fördermenge durch Handhabung eines Drosselschiebers S, Fig. 152,

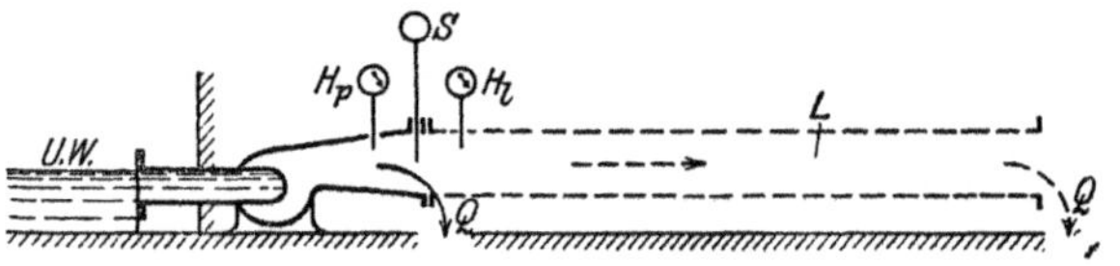

Fig. 152. Versuch zur Ermittelung der Q-H-Kennlinie.

von null an wachsend eingestellt und zu jeder Schieberstellung die Fördermenge Q und der Wasserdruck H am Druckmesser H_p vor dem Drosselschieber durch geeignete Messung festgestellt wird. Die jeweils zusammengehörigen Werte von Q und H werden zur Gewinnung der Q-H-Kennlinie auf den Schenkeln eines Achsenkreuzes, Fig. 153, aufgetragen. Der Verlauf dieser Kennlinie zeigt dann deutlich die Abhängigkeit des von der Pumpe erzeugten Druckes von der Fördermenge.

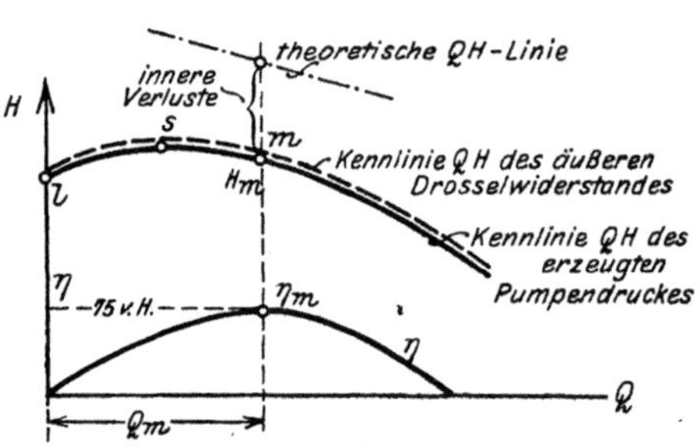

Fig. 153. Pumpenkennlinie und Wirkungsgrad.

Der äußere Gegendruck bzw. Druckabfall wird durch die willkürliche Drosselung im jeweiligen Drosselquerschnitt erzeugt. Die Kennlinie des äußeren Widerstandes ist durch die punktierte Linie angedeutet. Sie fällt für unseren Versuch mit der Q-H-Linie der Pumpe zusammen. Der äußere Widerstand verändert sich in der angegebenen Weise mit der Förderung. Die Art der Veränderung ist hier durch w i l l k ü r l i c h e Verstellung des Drosselschiebers gegeben. Die Linie des äußeren Widerstandes sei die Q-H-Linie der Leitung genannt. Im Abschnitt VI B 2 werden die verschiedenen Kennlinien des äußeren Widerstandes, wie sie sich je nach der Art des Förderwiderstandes ergeben, behandelt werden.

Die Kennlinien der Kreiselpumpen sind je nach den Schaufelformen verschieden. Im folgenden werden Kennlinien gezeigt, die wohl alle von rückgekrümmten Schaufeln stammen. Sie zeigen das Gemeinsame, daß der erzeugte Druck mit wachsender Fördermenge zunächst zunimmt, bei einer bestimmten Menge einen Höchstwert erreicht und dann mit wachsender Menge stetig abnimmt. Die Linien verlaufen dabei mehr oder weniger flach, mehr oder weniger gleichmäßig. Es wird zu erörtern sein (Abschntit VI B 4), welche Gestaltungen für die einzelnen Betriebsverhältnisse vorteilhaft erscheinen.

Auf der Q-Achse sind noch die zu jeder Wassermenge gehörigen und gemessenen Wirkungsgrade η aufgezeichnet. Es ergibt sich danach, daß der Punkt m des höchsten Wirkungsgrades auf dem absteigenden Aste der Q-H-Linie liegt. Dies soll uns zur Erklärung der Gestalt der Q-H-Linie, wenigstens für die Strecke in der Nähe von m, überleiten. Die früher (Abschnitt VI A 5 und 8) gegebene lehrmäßige Formel läßt für die rückgekrümmte Schaufel die mit wachsender Menge abfallende obere Q-H-Linie erwarten, so daß sich unter Berücksichtigung der Verluste die Druckhöhe H_m ergeben mag. Bei vermehrter Wassermenge sinkt der Pumpendruck. Die lehrmäßige Drucklinie, die ohne Berücksichtigung der Verluste aufgestellt ist, zeigt das gleiche Verhalten, so daß also der Abfall der tatsächlichen Drucklinie nicht auf vermehrte Verluste in der Pumpe, wie man zunächst geneigt ist anzunehmen, sondern auf die Arbeitsverhältnisse der rückgekrümmten Schaufel zurückzuführen ist. Dies wird durch den Verlauf der Linie des Wirkungsgrades bestätigt, die in der Nähe der stoßfreien Wassermenge Q_m nur einen geringen Abfall zeigt. Bei größerer Abweichung treten vermehrte Verluste auf. Es zeigt sich dies daran, daß die Q-H-Linie gegen die lehrmäßige schärfer abfällt, und daß die Wirkungsgradlinie ebenfalls schärfer abfällt.

Bei kleineren Wassermengen steigt der Druck von m bis zum Scheitel s. Dieses Ansteigen bedeutet keine Verringerung der Verluste, sondern ist durch die lehrmäßige Kennlinie erklärt. Der Wirkungsgrad von m bis s sinkt vielmehr mit der Drucksteigerung, erst langsam, dann rascher. Die Abweichung der Drucklinie zwischen s und l von der lehrmäßigen erklärt sich aus den rasch wachsenden Verlusten, wie sie durch das Sinken der Wirkungsgradlinie angedeutet sind, und aus der früher erwähnten Unzulässigkeit, die lehrmäßige Formel weiter als über die engere Nachbarschaft des stoßfreien Punktes m auszudehnen.

Wir behalten daher als Ergebnis die gezeichnete QH-Linie und die Tatsache, daß der Punkt m des höchsten Wirkungsgrades auf dem abfallenden Aste der Kennlinie liegt, und daß gewisse Abweichungen von dieser günstigen Liefermenge noch einen guten Wirkungsgrad ergeben, so daß in Wirklichkeit nicht die starre Gebundenheit an eine ganz bestimmte Liefermenge und Druckhöhe besteht, wie es zunächst erscheinen mag, auch wenn ein guter Wirkungsgrad bei gegebener Umlaufszahl eingehalten werden soll.

Immerhin ist aber zu erkennen, daß die erwähnte gegenseitige

Gebundenheit von Fördermenge und Förderhöhe bei fester Umdrehzahl noch drückend genug ist und dazu nötigt, für vorliegende Verhältnisse eine Pumpe geeigneter Beschaffenheit auszuwählen, und daß nicht jede Pumpe für jedes Verhältnis paßt.

Zur Erforschung des Verhaltens bei anderen Drehzahlen, wird eine Reihe von Parallelversuchen mit verschiedenen Drehzahlen gemacht. Das Ergebnis sind Kennlinien, die der vorhandenen in gewissem Abstande nahezu parallel verlaufen, d. h. die Linien haben an allen Punkten nahe gleichen Höhenabstand. Zu jeder Kennlinie gehört dann wieder eine besondere Linie des Wirkungsgrades. Macht man eine größere Reihe von Versuchen mit niederen und dann wachsenden Drehzahlen, dann ergibt sich, daß die Wirkungsgrade bis zu einer bestimmten Drehzahl wachsen und alsdann wieder abnehmen. Für jede Drehzahl ergibt sich eine stoßfreie Wassermenge, der der höchste Wirkungsgrad dieser Drehzahl zugehört. In Fig. 154 sind die Punkte m des höchsten Wirkungsgrades der verschiedenen Q-H-Linien durch eine starke Linie miteinander verbunden. Diese hat eine parabelähnliche Gestalt, die vom Nullpunkt des Achsenkreuzes ausgeht. Rechts und links vom höchsten Wirkungsgrade lassen sich Punkte geringeren aber gleichen Wirkungsgrades finden. Die Punkte gleichen Wirkungsgrades auf allen Kennlinien sind durch dünne Linien miteinander verbunden, die ellipsenähnliche Gestalt haben.

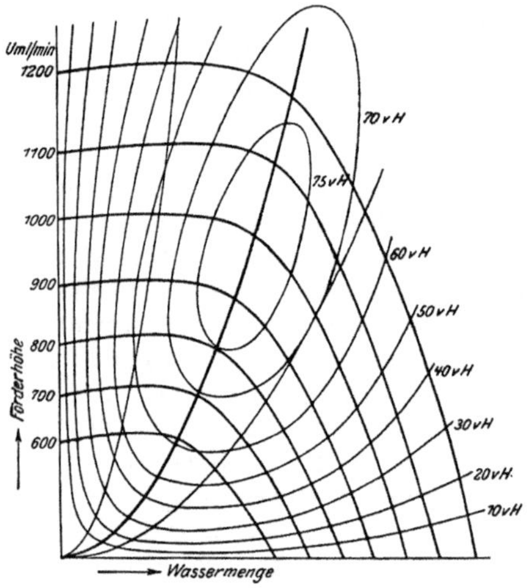

Fig. 154. Kennlinien und Wirkungsgrade bei verschiedenen Drehzahlen. (Dr. Kux.)

2. Die Q-H-Linie der Leitung.

Der dem erzeugten Pumpendruck gegenübertretende äußere Widerstand ist je nach den vorliegenden Betriebsverhältnissen der Größe und Gestalt nach sehr verschieden. Es sind zwei äußere Grenzfälle möglich, als deren Vereinigung sich die meisten Fälle der Praxis darstellen.

Reine Druckhöhenbelastung, meist statische Belastung genannt, liegt vor, wenn die Pumpe in die Leitung einer Preßwasserakkumulatoranlage zu drücken hat und der Gewichtsakkumulator nahe der Pumpe steht. Der äußere Widerstand ist dann durch das Akkumulatorgewicht gegeben und für alle Wasserlieferungen gleich, da die geringen Verluste von der Pumpe bis zum Akkumulator unberücksichtigt bleiben können. Der äußere Druck verändert sich also nicht mit der Liefermenge und die den Zusammenhang zwischen dem nötigen Förderdruck und der Fördermenge darstellende Q-H-Linie ist eine zur Q-Achse parallele Gerade I, Fig. 155.

Reiner Drosselwiderstand liegt vor, wenn die Pumpe in eine lange wagerechte Rohrleitung L, Fig. 152, fördert.

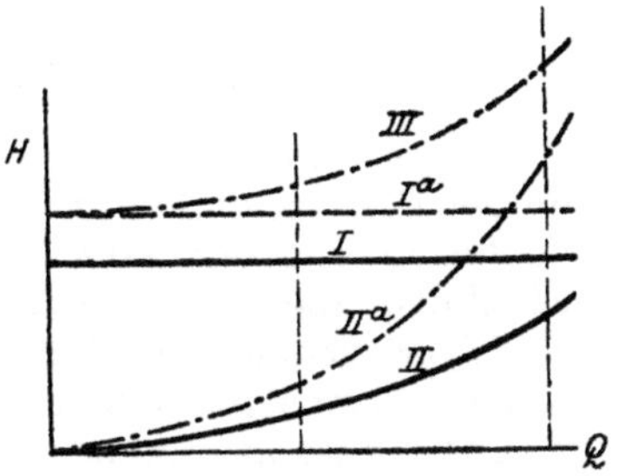

Fig. 155. Die Q-H-Linie der Leitung.

Der Strömungswiderstand einer solchen Leitung ist von ihren Abmessungen nach Länge und Durchmesser abhängig und wächst nach der Erfahrung mit dem Quadrate der Durchflußgeschwindigkeit, also dem Quadrate der Durchflußmenge. Die Formel und Zahlenwerte sind im Abschnitt IV B 3 gegeben. Hier kommt es im wesentlichen auf seine quadratische Abhängigkeit von der Fördermenge an, wonach also bei zweifacher Fördermenge der vierfache Druckverlust zu überwinden ist. Der Druckverlust für eine gegebene Leitung kann nach der Formel berechnet oder durch eine Versuchsreihe ähnlich der Kennlinie des erzeugten Pumpendruckes, Fig. 152, in seiner Abhängigkeit von der Fördermenge bestimmt und aufgezeichnet werden. Zu diesem Versuche denke man sich die Leitung L an den Pumpenstutzen angeschlossen und den Versuch wiederholt. Dabei messe man hinter dem Drosselschieber S am Druckmesser H_l den jeweiligen Druck, der die Fördermenge Q durch die Leitung L hindurchtreibt. Durch Handhabung des Drosselschiebers können wieder die verschiedenen Fördermengen eingestellt werden. Zu jeder Fördermenge Q den dazu nötigen Leitungsdruck H aufgetragen, ergibt die Q-H-Linie II einer gegebenen Leitung 1, Fig. 155.

Diese Drücke sind einerseits der Druckabfall in der Leitung beim Durchströmen der entsprechenden Wassermengen, andererseits der zu dieser Leistung aufzuwendende Förderdruck. Liegt eine andere Leitung 2 mit anderen Größenverhältnissen vor, dann ergibt sich auch eine andere Q-H-Linie IIa. In den vorliegenden Beispielen wurde der Leitungswiderstand absichtlich groß gewählt. Es ist Sache der Rechnung, den Leitungswiderstand so zu wählen, daß die sich aus der Verzinsung und Tilgung der Anlagekosten und den Kraftkosten zusammensetzenden Betriebskosten gering werden.

In der Anwendung ist der äußere Widerstand fast immer die Hintereinanderschaltung einer zu überwindenden Förderhöhe und der Druckverluste in der hierzu erforderlichen Rohrleitung. Bei Wasserhaltungen überwiegt nach Früherem die Förderhöhe den Druckverlust ganz bedeutend, der bei der üblichen Wassergeschwindigkeit von 1 m/sec nur wenige v. H der Förderhöhe ausmacht. Bei der Förderhöhe Ia und einem dem der Leitung II als gleich angenommenen Leitungswiderstande würde sich die Q-H-Linie des äußeren Druckes einer Wasserhaltung nach der Linie III gestalten; denn es ist ersichtlich, daß, wenn eine Wassermenge Q die beiden Drücke hintereinander überwindet, der Gesamtdruck sich als die Summe der Einzeldrücke ergibt.

3. Die Fördermenge im Spiel der Kräfte.

Im ersten Beispiel (Akkumulatordruck) ist der äußere Druck von der Fördermenge fast unabhängig, im zweiten (Leitungswiderstand) mit derselben gesetzmäßig veränderlich. Da der erzeugte Pumpendruck gleichfalls, aber in anderer Form, mit der Fördermenge veränderlich ist, so ist ersichtlich, daß für eine beliebige verlangte Fördermenge Q_1 im allgemeinen der hierbei von der Pumpe erzeugte Druck H_p ein anderer ist als der bei dieser Förderung auftretende äußere Gegendruck bzw. die verlangte Druckhöhe H_l. Man erkennt die eintretenden Verhältnisse, wenn man die Werte H_p und H_l über der gleichen Q-Achse aufträgt, Fig. 156. Für eine Fördermenge Q_1 zeigt sich hierbei ein Überschuß h des treibenden Pumpendruckes, der durch entsprechende Einstellung des Drosselschiebers in der Druckleitung leicht aufgezehrt werden kann. Alsdann ist die Fördermenge Q_1 lieferbar, da durch die willkürlich hinzugefügte Drosselhöhe h der gesamte äußere Gegendruck H_{l+h} auf die Größe des Pumpendrucks H_p gebracht worden ist.

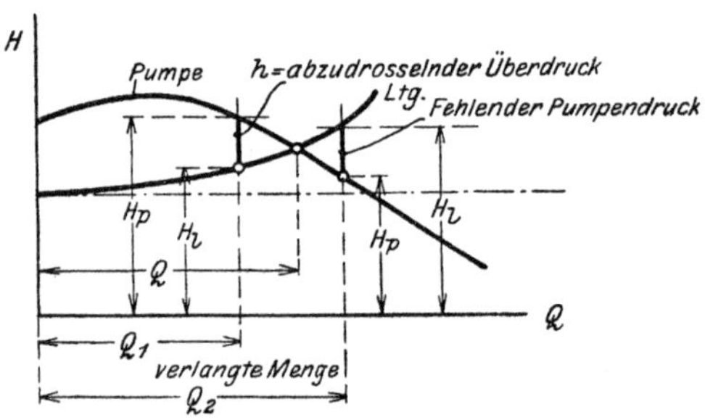

Fig. 156. Die Einregelung der Fördermenge.

Wir erkennen hieraus, daß neben der gesetzmäßigen Gestaltung des äußeren Druckverbrauches noch eine willkürliche Beeinflussung durch den Drosselschieber möglich und in Praxis nicht zu umgehen ist, um die zu einer gewünschten Fördermenge nötige Anpassung des gesamten äußeren Gegendruckes an den Pumpendruck zu erreichen. Soll eine stetige Förderung eintreten, so muß immer der äußere gesamte Gegendruck gleich dem Pumpendruck sein.

Für die Fördermenge Q_2 dagegen ergibt sich ein geringerer Pumpendruck, als der Leitungsdruck ist. Wenn diese Förderung eintreten sollte, so müßte der fehlende treibende Druck durch andere Mittel ersetzt werden, indem etwa das Wasser der Saugöffnung der Pumpe mit diesem Druck aus einer oberen Sohle zufließt. Hat die Kreiselpumpe anzusaugen, dann kann sie diese Fördermenge Q_2 nicht erreichen. Öffnen wir bei einer Förderung Q_1 den Schieber allmählich weiter, dann nimmt die Fördermenge zu, der Pumpendruck ab, der äußere Druck zu, bis bei der Fördermenge Q bei ganz geöffnetem Schieber der Pumpendruck gleich dem äußeren Druck geworden ist. Eine größere Fördermenge kann nicht erreicht werden.

Es ergibt sich daher die höchste Fördermenge einer Kreiselpumpe, wenn man die Linie des Pumpendruckes mit der des Leitungsdruckes zum Schnitt bringt. Diese Fördermenge kann durch den Drosselschieber verkleinert werden. Die Abdrosselung bedeutet einen Energieverlust; daher ist darauf zu achten, daß Pumpendruck und äußerer Druck für die gewünschte Fördermenge möglichst übereinstimmen, sowie daß diese Fördermenge ohne zusätzlichen Drosselverlust, also mit hohem Wirkungsgrade gehoben wird.

Völlig gleich darf freilich der Pumpendruck in vielen Fällen dem Leitungsdrucke nicht gemacht werden, sondern es muß ein betriebsmäßig abzudrosselnder Überdruck vorhanden sein, damit für den Fall im Laufe des Betriebes eintretender Erhöhung des äußeren Widerstandes, etwa durch Steinansatz in der Druckleitung, oder für den Fall eines eintretenden Abfalles des Pumpendruckes, etwa durch Verschleiß innerhalb der Pumpe oder durch Verminderung der Drehzahl, die bisher abgedrosselte Hilfsdruckhöhe durch Freigabe der Drosselung der Förderung nutzbar gemacht werden kann. Eine Regelung durch Änderung der Drehzahl ist meist nicht möglich.

Für einen anderen äußeren Widerstand ergibt die gleiche Pumpe eine andere Fördermenge. Hat also ein Irrtum in der Berechnung des äußeren Widerstandes stattgefunden, so wird die beabsichtigte Förderung entweder nicht erreicht, oder es muß gedrosselt werden, um eine Mehrförderung zu vermeiden. Eine Mehrförderung ist in Rücksicht auf den Antriebsmotor, der hierbei überlastet wird, nicht erwünscht. Es ist daher bei der Anlage einer Kreiselpumpe auf genaue Vorherbestimmung des äußeren Widerstandes bei der gewünschten Förderung zu achten, damit die hierfür gelieferte Pumpe auch die Leistung ergibt.

Man erkennt aus dieser Betrachtung gewisse Nachteile der Kreiselpumpe gegenüber der Kolbenpumpe, die bei gegebenen Abmessungen und bestimmter Drehzahl eine danach bestimmte feste Fördermenge gegen jeden äußeren Widerstand fördert, sobald der Antrieb die nötigen Kräfte hierzu hergibt.

Das Anlassen einer Kreiselpumpe geschieht bei geschlossenem Druckschieber. Dieser wird nach Erreichung ihrer Drehzahl allmählich geöffnet, und die Förderung geschieht mit wachsender Lieferung, bis die Fördermenge Q erreicht ist. Der Überschuß des Pumpendrucks über den äußeren Druck wird dabei jeweils durch den Drosselschieber abgedrosselt, bis die Lieferung Q bei offenem Schieber erreicht ist oder eine kleinere Menge bei entsprechender Drosselung.

Das Anlassen setzt also einen anfänglichen Überschuß des Pumpendrucks über den äußeren Druck voraus, der z. T. zur Beschleunigung der Drucksäule verwendet wird. Ein allmähliches Öffnen des Schiebers ist zu empfehlen, damit die Drucksäule ohne Stoß in Gang kommt. Windkessel sind in der Leitung einer Kreiselpumpe nicht vorhanden, weil nicht erforderlich.

Die Einregelung einer bestimmten Menge und somit Belastung des Elektromotors geschieht durch den Drosselschieber. Maßgebend ist hierfür die Stromaufnahme des Motors, die eine bestimmte Grenze nicht überschreiten darf. Daher ist dessen Strommesser zu Rate zu ziehen.

Nachdem die richtige Drehzahl der Pumpe erreicht ist, darf mit dem Öffnen des Drosselschiebers nicht mehr gezögert werden, damit sich das Wasser in der Pumpe nicht zu sehr erhitze.

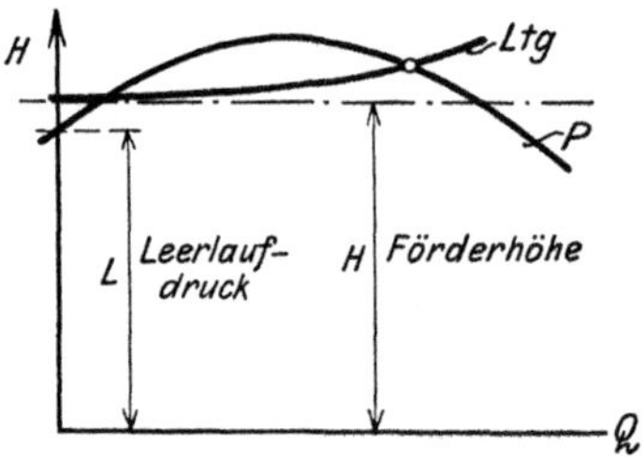

Fig. 157. Leerlaufdruck geringer als die Förderhöhe.

Ist die Förderhöhe H größer als der Leerlaufsdruck L der Pumpe bei geschlossenem Drosselschieber, Fig. 157, dann ist die Pumpe nicht imstande, die Förderung aufzunehmen und das Rückschlagventil in der Druckleitung zu öffnen. Durch Erhöhung der Drehzahl könnte hier nachgeholfen werden, doch ist sie meist unmöglich. Solche Verhältnisse sind zu vermeiden. Sie können im allgemeinen nur auftreten, wenn die Q-H-Linie der Pumpe zunächst stark ansteigt. Sind diese ungünstigen Verhältnisse aber einmal vorhanden, dann kann das Anlassen dadurch ermöglicht werden, daß man zwischen Pumpe und Drosselschieber ein stellbares Auslaßventil anordnet, das beim Anlassen vorübergehend geöffnet wird. Die Pumpe nimmt dann eine Förderung durch diesen Auslaß auf, wobei ihr erzeugter Druck mit der Fördermenge ansteigt. Ist durch allmähliches Öffnen des Auslasses ein Pumpendruck erreicht, der die Aufnahme der Förderung in die Druckleitung gestattet, dann wird der Drosselschieber allmählich geöffnet und der Hilfsauslaß geschlossen.

Flach verlaufende Q-H-Linien der Pumpe sind in dieser Beziehung günstiger.

4. Die Anpassung der Kreiselpumpe an den Betrieb.

Der genauere Verlauf der Q-H-Linie der Pumpe ist von Wichtigkeit für die verschiedenen Betriebsverhältnisse und Anforderungen. Zeigt der Betrieb gleichbleibende Verhältnisse bezüglich Wassermenge und äußeren Widerstandes, dann ist der Verlauf der Kennlinie ohne Bedeutung. Schwankt, wie bei Akkumulatorenanlagen, die benötigte Wassermenge, während der äußere Druck gleichbleibt, dann ist eine im absteigenden Aste flach verlaufende Kennlinie erwünscht, damit durch geringe Drehzahlenänderungen, wie sie bei verschiedenen Antrieben möglich sind und hier gewählt werden müssen, eine starke Änderung der Fördermenge erzielt wird. Die Linie der neuen Drehzahl n_1 ist dem Quadrate der Drehzahländerung entsprechend in der Richtung der Höhen H verschoben. Bei flach verlaufenden Linien, Fig. 158, schneidet daher eine Höhenlinie, also eine Parallele zur Q-Achse, stark veränderliche Wassermengen Q und Q_1 aus den Kennlinien n und n_1 aus. Diese Gestaltung wäre dagegen verfehlt, wenn unerwünschte Drehzahländerungen möglich sind, die Fördermenge aber gleichbleibend sein soll. Dieser Fall trifft etwa für die Wasserhaltung zu, deren Motor durch Drehzahlerhöhung dann bedenklich überlastet oder deren Lieferung durch Drehzahlerniedrigung stark vermindert werden würde.

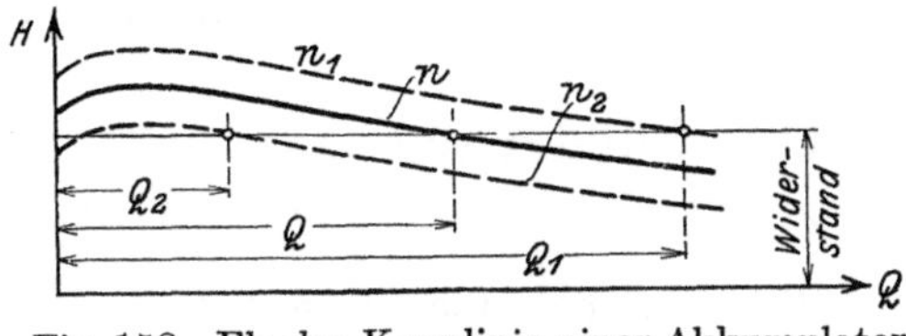

Fig. 158. Flache Kennlinie einer Akkumulatorpumpe.

Für letzteren Fall wäre daher ein starker Abfall der Kennlinie der Pumpe am Platze; man erinnere sich daran, daß dieser Abfall der Kennlinie nicht die Folge der Verluste, also nicht von einem schlechten Wirkungsgrad begleitet zu sein braucht.

Fig. 159 zeigt den Fall. Es ist dabei angenommen, daß die Kennlinie n_1 in beiden Fällen den gleichen Höhenabstand von der Kennlinie n hat. Die reine Förderhöhe schneidet hier Wassermengen Q und Q_1 von geringerem Unterschied aus. Sind Leitungswiderstände L_1 oder L_2 zu überwinden, dann vermindert sich die Veränderlichkeit der mit der Drehzahländerung einhergehenden Lieferungsänderung noch mehr, je größer der Leitungswiderstand ist, je steiler also die Kennlinie des äußeren Druckes ansteigt, weil solche steile Linien mehr senkrecht gegen die Schaar der Pumpenkennlinien schneiden.

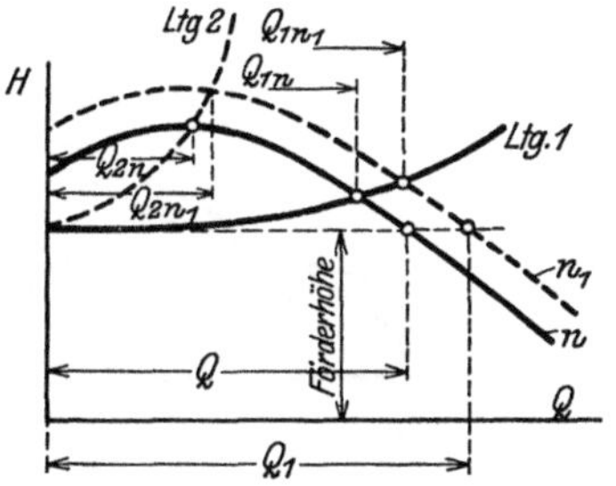

Fig. 159. Kennlinie mit steilem Abfall.

Für die Zahl, um wieviel v. H. sich die Fördermenge bei einer Drehzahländerung von 1 v. H. ändert, ist daher nicht allein die Form der Pumpenkennlinie, sondern in gleichem Maße die des äußeren Widerstandes verantwortlich. Für steil verlaufende Widerstandslinien, also bei überwiegendem Drosselwiderstand, sind die Lieferschwankungen geringer, für flach verlaufende Widerstandslinien stärker, desgleichen für steil verlaufende Pumpenkennlinien geringer als für flach verlaufende.

Für die älteren Kreiselpumpen mit steileren Schaufeln und flacherer Kennlinie betrug die Lieferungsschwankung bei Wasserhaltungen 10 v. H., bei neueren Pumpen mit rückwärtsgekrümmten Schaufeln und steilerer Kennlinie etwa 5 v. H. für 1 v. H. Drehzahlschwankung.

Bei Betrachtung und Vergleichung von Kennlinien vergesse man nicht, daß die Neigung einer Kennlinie außer von dieser auch von den gewählten Maßstäben für Höhe H und Wassermengen Q abhängt, so daß nur solche Kennlinien miteinander verglichen werden dürfen, für die das Verhältnis der Maßstäbe Q/H gleich ist. Die Bemerkung gilt für die Pumpen sowohl wie für die Leitungskennlinien.

Ferner sei nochmals daran erinnert, daß die einzelne Kennlinie wenig besagt, sondern daß es auf das Zusammenarbeiten von Pumpen- und Leitungskennlinie ankommt.

5. Die Förderung auf dem absteigenden Aste der Kennlinie.

Bisher wurde eine Wasserlieferung auf dem absteigenden Aste der Kennlinie angenommen und daher die Bedeutung der Gestaltung dieses Teils erörtert. In Wirklichkeit arbeiten auch alle Kreiselpumpen auf diesem absteigenden Aste. Ein Blick auf die Linie des Wirkungsgrades η läßt erkennen, daß auch an dieser Stelle der höchste Wirkungsgrad liegt, daß also die Pumpen für eine solche Lieferung auf dem absteigenden Aste gebaut sind. Dies hat seine guten Gründe.

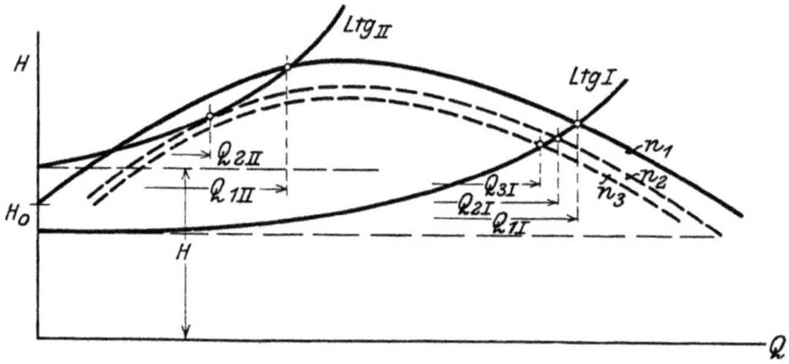

Fig. 160. Die Förderung auf dem absteigenden Aste der Kennlinie.

In Fig. 160 arbeitet die Leitung I mit der Menge Q_{1I} auf dem absteigenden, die Leitung II mit der Menge Q_{1II} auf dem ansteigenden Ast der Kennlinie n_1. Im ersten Falle erscheinen die Abmessungen und Kosten der Pumpe besser ausgenutzt. Es fragt sich aber doch, ob nicht dieselbe Pumpe, wenn etwa vorhanden, für die zweite Leitung mit der Menge Q_{1II} verwendet werden kann. Zur Beantwortung dieser Frage ist zu untersuchen, wie sich beide Betriebsweisen bei Drehzahländerungen verhalten. Wir nehmen zunächst eine Drehzahlverminderung nach der Kennlinie n_2 an. Bei Betrieb I ist eine erträgliche Lieferverminderung von Q_{1I} auf Q_{2I} die Folge. Für den Betrieb II ergibt sich eine wesentlich größere Leistungsverminderung von Q_{1II} auf Q_{2II}. Eine nähere Betrachtung ergibt, daß die Verhältnisse auf dem ansteigenden Aste umgekehrt liegen wie auf dem absteigenden, indem auf dem ansteigenden Aste sowohl steile Pumpen, wie auch steile Widerstandslinien starke Lieferungsschwankungen bedingen. Sinkt die Drehzahl noch um ein geringes auf n_3, dann ist der Betrieb II überhaupt nicht mehr imstande zu fördern, da der Pumpendruck geringer ist als der nötige Förderdruck. Beim Unterschreiten der Drehzahl n_2 schließt sich das Rückschlagventil in der Druckleitung: die Pumpe liefert kein Wasser mehr. Sie „fällt" oder „schnappt" ab. Der Betrieb I dagegen geht auch bei n_3, wenn auch mit geringer Leistungsverminderung auf Q_{3I}, weiter.

Der Betrieb II ist also praktisch unbrauchbar. Ein solcher Betrieb kann nur für stark steigende Widerstandslinien II eintreten. Es liegt also für Wasserhaltungen, die ja schwach steigende Widerstandslinien aufweisen, kaum eine Möglichkeit für den Betrieb II vor. Ein Betrieb II ist nur dann möglich, wenn die Förderhöhe H den Pumpenleerdruck H_0 übersteigt, wobei die früher (Abschnitt VI B 3) geschilderten Schwierigkeiten des Anlassens entstehen.

Wir finden daher immer als durch die natürlichen Verhältnisse gegeben und wegen des Betriebsverhaltens nötig ein Arbeiten auf dem absteigenden Aste der Pumpenkennlinie.

6. Das Schalten der Kreiselpumpen und der Leitungen.

Bisher wurde immer der Fall betrachtet, daß eine einzelne Pumpe auf einen bekannten als Einheit betrachteten Widerstand arbeitet. In der Praxis kommen aber häufige Fälle vor, daß eine Zahl von Pumpen in gemeinsamer Arbeit stehen, sowie der andere Fall, daß eine Pumpe auf einen Widerstand arbeitet, der als Ganzes unbekannt ist, aber sich aus bekannten Teilen zusammensetzt.

Es ist daher zu untersuchen, wie sich dann die Verhältnisse gestalten, insbesondere, welche Fördermengen zu erwarten sind.

Die Pumpendrücke und der äußere Druckverbrauch sind ihrer Natur nach gleich, ihre Q-H-Kennlinien nach den Umständen verschieden. Die Art und die Wirkung bei Zusammenschaltungen ist daher auch grundsätzlich gleich und soll gemeinsam betrachtet werden.

An Schaltungsweisen können dabei vorkommen: 1. die Hintereinanderschaltung, 2. die Parallelschaltung.

Die Hintereinanderschaltung von Pumpendrücken kommt bei jeder Hochdruckkreiselpumpe vor. Die durch ein Rad erzeugbare Druckhöhe ist aus den früher erörterten Gründen (Abschnitt VI A 6) auf etwa 75 m beschränkt, so daß größere Druckhöhen nur durch Hintereinanderschalten mehrerer Räder erzielt werden können. Eine Hintereinanderschaltung der Pumpen liegt vor, wenn derselbe Wasserstrom nacheinander die verschiedenen Pumpen durchläuft, also in jeder eine entsprechende Drucksteigerung erfährt. Hierbei mehren sich die Druckhöhen der einzelnen Räder oder Pumpen. Wir erhalten daher die Q-H-Kennlinie der Pumpenschaltung, wenn wir senkrecht zur Wassermenge Q die Summe der Einzeldrücke auftragen.

Für die äußeren Gegendrücke gilt das gleiche. Sie sind hintereinandergeschaltet, wenn der gleiche Wasserstrom alle Widerstände nacheinander überwinden muß. Die Einzeldrücke sind daher zu summen und senkrecht über der Wassermenge Q aufzutragen. Der Fall der Hintereinanderschaltung von Widerständen ist eigentlich für jede Leitung gegeben, indem sowohl ihre Förderhöhen als auch ihre Drosselwiderstände von m zu m hintereinander auftreten. Er ist praktisch gegeben, wenn die Leitung sich aus verschieden gestalteten Teilen zusammensetzt, deren Förder- und Drosselhöhen einzeln zu ermitteln und zu summen sind.

Der Fall der Hintereinanderschaltung ist einfach und übersichtlich. Er wurde hier nur erwähnt wegen seines Gegensatzes zur Parallelschaltung.

Parallelschaltung von Pumpen kommt häufig vor, da die Liefermenge einer einzelnen Pumpe praktischerweise bestimmte Grenzen nicht überschreiten soll, wenigstens für Wasserhaltungsmaschinen, die auf leichte Bewegungsmöglichkeit, also auf Beschränkung in den Abmesssungen und Gewichten sehen müssen. Hier verteilt man daher große Fördermengen auf parallel arbeitende Pumpen.

Eine Parallelschaltung liegt vor, wenn die gesamte Fördermenge vor den Pumpen in Teilströme zerlegt wird, die nach Durchlaufen der Pumpen wieder zusammen- und dem äußeren Widerstand entgegengeführt werden. Es ergeben sich daher für parallel geschaltete Pumpen gleiche Wasserdrücke hinter der Pumpe, während die Wassermengen der einzelnen Pumpen verschieden sein können.

Die Widerstände sind in gleicher Weise parallel geschaltet, wenn die Fördermenge vor den Widerständen in Teilströme aufgelöst wird. Für solche parallelen Widerstände ist der treibende Druck und somit der einzelne äußere Druckverbrauch gleich, während die Durchflußmengen sich verschieden und so einstellen, daß eben der Druckverbrauch der einzelnen parallelen Widerstände gleich wird.

Wir erhalten daher beim Vergleich zwischen Hintereinander- und Parallelschaltung: Bei der Hintereinanderschaltung sind für jede Fördermenge die Einzelgegendrücke oder die Pumpendrücke zu ermitteln und ihre Summe über dieser Fördermenge aufzutragen. Bei der Parallelschaltung sind für jeden Pumpendruck oder jeden Gegendruck die Einzelfördermengen der parallelen Pumpen oder Leitungen zu ermitteln und ihre Summe senkrecht zu diesen Drücken aufzutragen. Die Grundlage der ersten Darstellung bildet die Q-Achse, die der letzten die H-Achse.

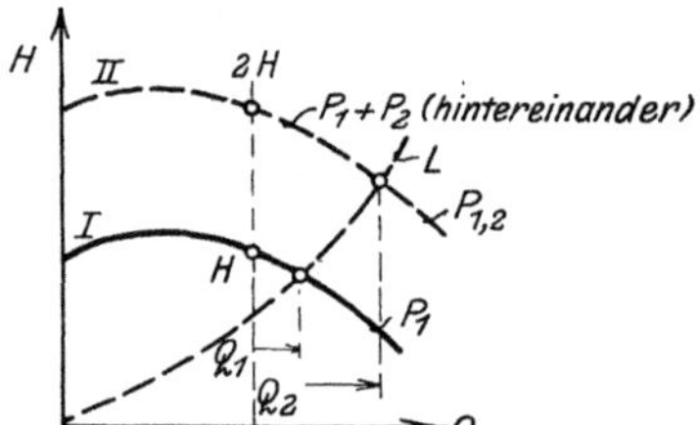

Fig. 161. Kennlinie zweier hintereinandergeschalteter Pumpen.

Einige Beispiele mögen dies erläutern.

In Fig. 161 ist I die Kennlinie einer Kreiselpumpe, II mit $2\,H_I = H_{II}$ die zweier hintereinandergeschalteter gleicher Pumpen. Durch Schnitt mit der Widerstandslinie L ergeben sich die Wassermengen Q_1 und Q_2, je nachdem eine oder 2 hintereinandergeschaltete Pumpen auf die gleiche Leitung arbeiten. Werden verschieden gestaltete Kennlinien hintereinandergeschaltet, so sind über jedem Q die einzelnen Höhen zu summen.

Fig. 162 stellt die Hintereinanderschaltung zweier Gegendrücke dar, nämlich der Förderhöhe F und des Drosseldruckes der durchflossenen Leitung L. Von dieser Darstellung wurde schon früher Gebrauch gemacht. Den Gesamtgegendruck gibt die obere Linie $L_g = L + F$. Der Schnitt mit der Pumpenkennlinie P, die auf diesen Widerstand arbeitet, ergibt die Fördermenge Q_w einer Wasserhaltung, während die Schnitte mit den Einzelwiderständen F und L die Fördermengen Q_F und Q_L ergeben, die geliefert würden, wenn die Pumpe nur auf den einen oder den anderen dieser Einzelwiderstände arbeiten würde.

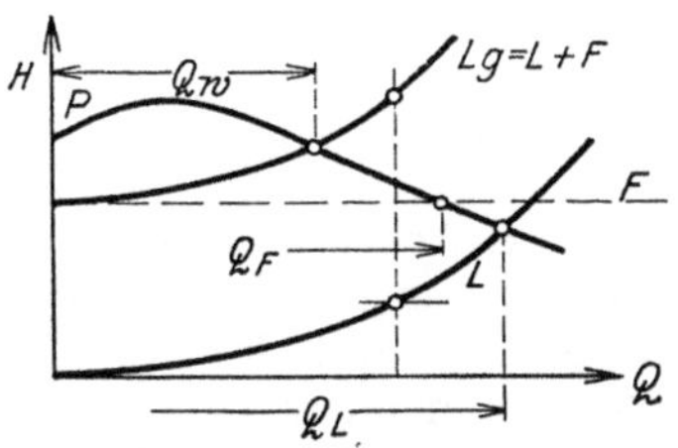

Fig. 162. Förderhöhe und Leitungsdruck hintereinandergeschaltet.

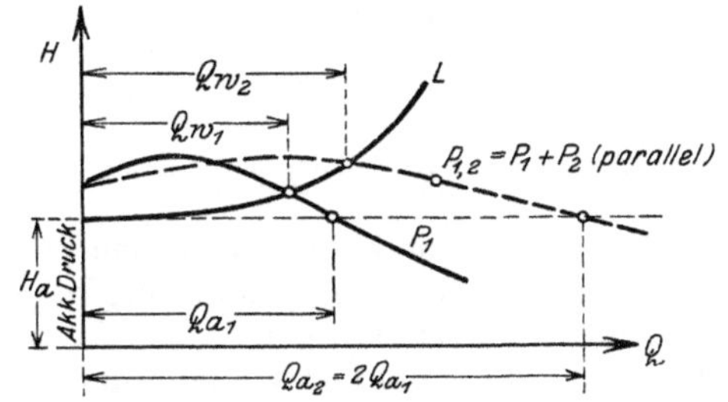

Fig. 163. Parallelschaltung zweier gleicher Pumpen.

In Fig. 163 ist die Parallelschaltung von Pumpen dargestellt. P_1 sei die Kennlinie der einzelnen Pumpe. Für jeden Leitungsdruck H_a liefern die beiden parallelen Pumpen zusammen die doppelte Menge, also $Q_{a\,2} = 2\,Q_{a\,1}$. Die Linie $P_{1,2}$ entsteht daher, wenn auf jeder Parallelen zur Q-Achse die Fördermenge Q der Linie P_1 verdoppelt wird. Für einen der Q-Achse parallelen Gegendruck, z. B. Akkumulatorleitung, ist die Fördermenge der parallelgeschalteten Pumpen daher die Summe der Einzellieferungen, die bei gleichem Gegendruck vorhanden sein würden; $Q_{a\,2} = 2\,Q_{a\,1}$. Kommt noch ein Drosseldruck L hinzu, so werden geliefert: von der Einzelpumpe Q_{w1}, von den zwei parallelen Pumpen $Q_{w\,2}$, wobei $Q_{w\,2} < 2\,Q_{w\,1}$ ist.

Es wird also bei Wasserhaltungen durch Parallelschalten von Pumpen nicht die Summe, sondern weniger als die Summe der Einzelfördermengen erhalten. Sind die Kennlinien der parallelen Pumpen ungleich, so sind die zu jeder Druckhöhe gehörigen Einzelwassermengen zur neuen Kennlinie zusammenzusetzen.

Ist die Motorleistung für das Parallelschalten, also die Lieferung Q_{w2}, somit für die einzelne Pumpe $\frac{Q_{w\,2}}{2}$ berechnet, so steigt beim Abschalten der einen Pumpe die Leistung der weiterarbeitenden auf den größeren Wert $Q_{w\,1}$, wobei eine Überlastung des Motors stattfinden kann. Es muß in diesem Falle gedrosselt werden, um die alte Motorleistung beizubehalten.

Erforderlich ist hier noch die Betrachtung des Falles, daß eine der parallelen Pumpen eine Kolbenpumpe ist, Fig. 164. Die Kolbenpumpe liefert bei jedem äußeren Druck eine gleiche Fördermenge

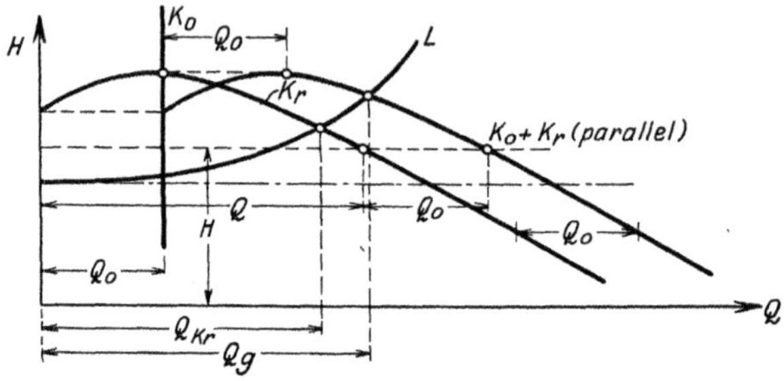

Fig. 164. Parallelschaltung einer Kolben- und einer Kreiselpumpe.

Q_0. Ihre Kennlinie K_0 ist daher eine Parallele zur H-Achse. Die Gesamtlieferung für jede Förderhöhe ergibt sich wieder als die Summe der Einzelförderungen $Q_0 + Q$. Der Leitungsdruck L ergibt die gesamte Menge Q_g, die kleiner ist als die Summe der Einzelmengen $Q_{k\,r} + Q_{K0}$. —

Zum Schlusse sei der Fall parallel geschalteter Widerstände erwähnt, ein Fall, welcher praktisch selten vorkommen wird, Fig. 165.

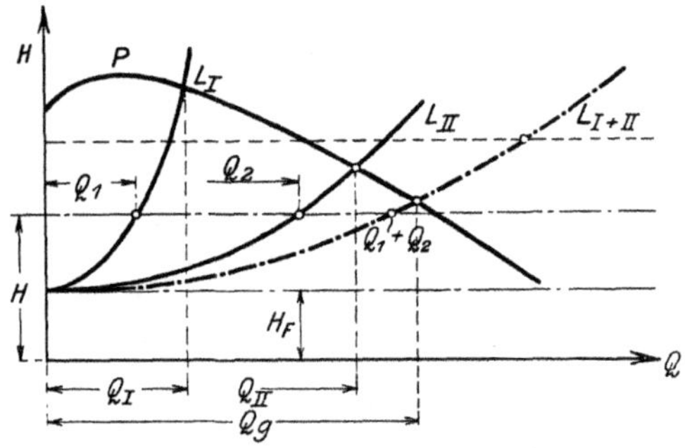

Fig. 165. Parallel geschaltete Leitungen hinter der gleichen Förderhöhe.

Eine Pumpe P fördere auf die gleiche Förderhöhe H_F durch eine engere Leitung I und eine weitere II. Bei einem beliebigen Pumpendruck H liefert die erste Leitung Q_1 die zweite Leitung Q_2 Wasser, die Gesamtleitung $L_{I,\,II}$, also die Summe $Q_1 + Q_2$. In gleicher Weise werden für alle Höhen die Wassermengen der einzelnen Leitungen addiert. Die Pumpe P liefert dann Q_g in beide Leitungen, Q_I, wenn nur Leitung I, Q_{II}, wenn nur Leitung II im Betrieb ist. Dabei ist $Q_g < Q_I + Q_{II}$.

Sind Pumpen und Leitungen teilweise parallel und hintereinander geschaltet, so lassen sich durch widerholte Anwendung der Verfahren für Pumpe und Leitung ihre gesamten Kennlinien zeichnen und durch ihren Schnitt die Fördermenge feststellen.

Die hier zeichnerisch gelösten Aufgaben entziehen sich einer rechnerischen Behandlung.

7. Kennlinien ausgeführter Kreiselpumpen.

In den vorigen Abschnitten wurden Schulbeispiele der Kennlinien und ihre Bedeutung für die verschiedenen Betriebsverhältnisse vorgeführt. Dabei mußten einzelne Wesenszüge zu ihrer Kennzeichnung übertrieben und auf zahlenmäßig richtige Darstellung verzichtet werden. Daher seien im folgenden einige Kennlinien ausgeführter Pumpen verschiedener Herkunft mitgeteilt.

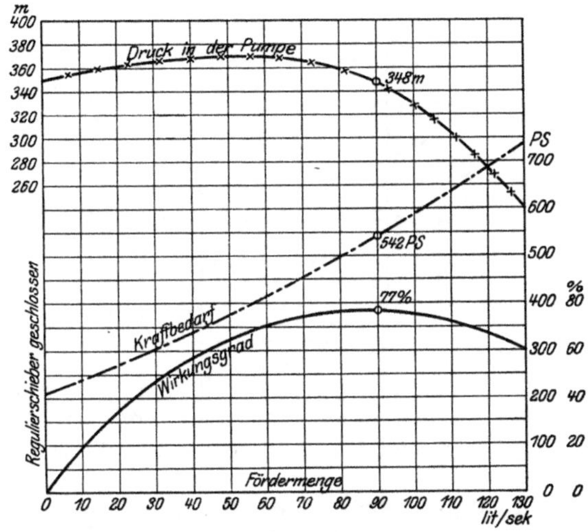

Fig. 166. Die Betriebslinien einer Sulzerpumpe. (Gebr. Sulzer.)

Fig. 166 ist eine Pumpe von Gebr. Sulzer, Winterthur. Die Drehzahl beträgt 1500/min. Die Linie erscheint im absteigenden Aste steil. Sie wird sich für Betriebsfälle eignen, wo eine Gleichhaltung der Wassermenge erwünscht ist.

Fig. 167 zeigt eine Pumpe von Hilpert-Nürnberg. Die Q-H-Linie fällt sehr steil ab. Der Punkt des höchsten Wirkungsgrades liegt tief auf dem absteigenden Ast. Die Linie des Wirkungsgrades fällt vom höchsten Punkte aus rasch ab. Die Pumpe wird sich also nicht für wechselnde Fördermengen eignen. Arbeiten 2 Pumpen parallel, so

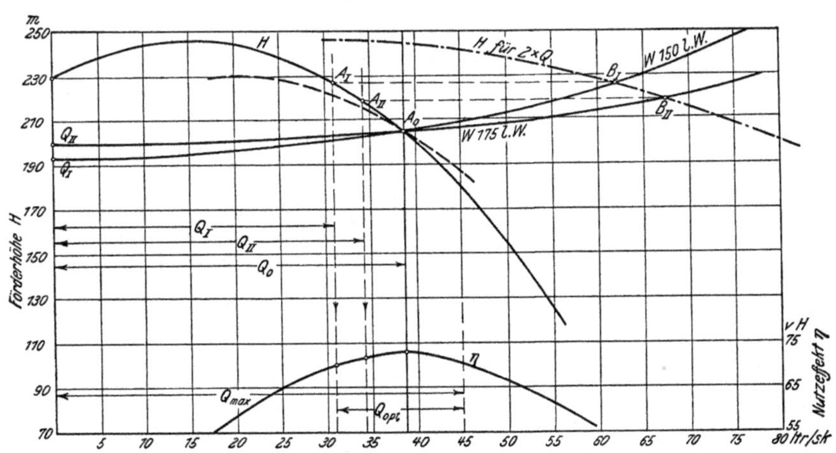

Fig. 167. Kennlinien einer Pumpe von Hilpert, Nürnberg. (Z. d. Ing. 1911.)

ergibt die gestrichelte Linie die Kennlinie der Parallelschaltung. Die Gesamtlieferung ist B_I, die Lieferung der einzelnen Pumpe dabei A_1 mit schlechtem Wirkungsgrad und A_0 die Lieferung des Einzel-

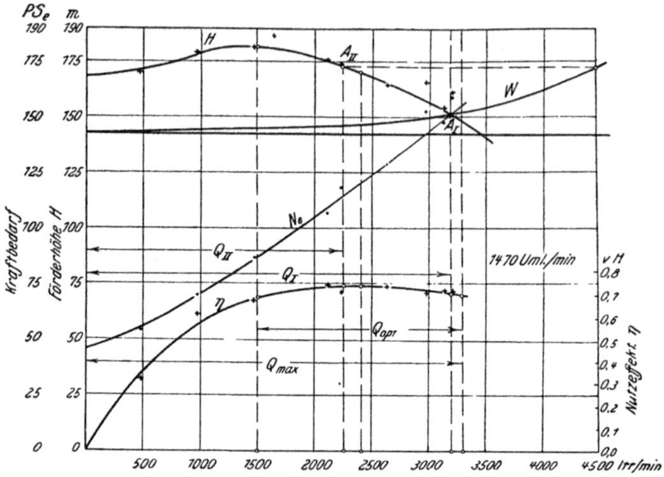

Fig. 168. Kennlinien einer Pumpe von Weise & Monski, Halle. (Z. d. Ing. 1911.)

schaltung. Dies wäre ungünstig, wenn die Pumpen meist parallel laufen sollen. In diesem Falle wären Pumpen zu wählen, die bei A_I den höchsten oder doch einen diesem nahen Wirkungsgrad haben, während der Wirkungsgrad für die Einzelschaltung A_0 kleiner sein könnte. Im allgemeinen dürfte zu sagen sein, daß für Pumpen, die abwechselnd in Einzel- oder in Parallelschaltung arbeiten sollen, sich Wirkungsgradlinien mit flachem Scheitel empfehlen. Eine solche Gestaltung zeigt Fig. 168, Weise & Monski, Halle.

Die Einzelschaltung liefert A_I mit gutem Wirkungsgrad, die Parallelschaltung $2 \times A_{II}$ mit höchstem Wirkungsgrade.

Fig. 169 zeigt die Kennlinien einer Pumpe von C. H. Jaeger & Co., Leipzig.

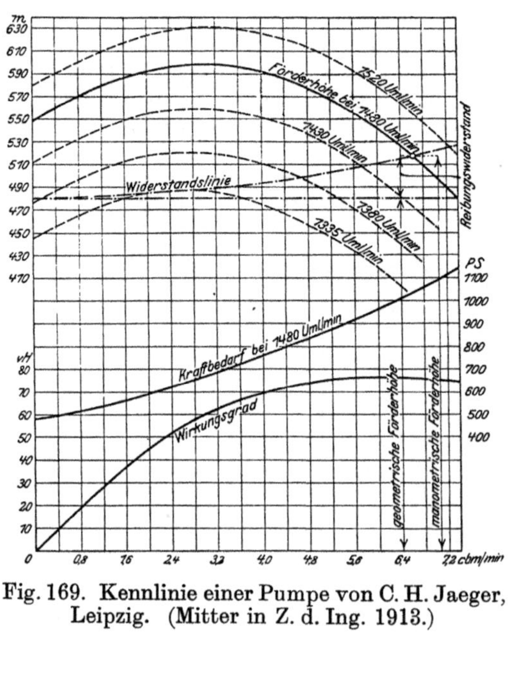

Fig. 169. Kennlinie einer Pumpe von C. H. Jaeger, Leipzig. (Mitter in Z. d. Ing. 1913.)

Es sind die Kennlinien für verschiedene Drehzahlen gegeben, und die eingezeichnete Linie des äußeren Widerstandes läßt die Veränderungen der Wassermenge mit der Drehzahl erkennen. Die Linie des Wirkungsgrades zeigt den günstigen flachen Scheitel. Die wechselnden Wassermengen der verschiedenen Drehzahlen werden also mit gutem Wirkungsgrade gehoben.

Zum Schlusse sei noch in Fig. 170 ein Bild (Jaeger) gegeben, in welchem Druckhöhe, Kraftbedarf, Wirkungsgrad und Fördermenge in Abhängigkiet von der Drehzahl dargestellt sind. Dieser Versuch geschieht in der Weise, daß die Pumpe nur durch den Drosselschieber hinter dem Druckstutzen, also nur durch Drosseldrucke belastet ist. Der Drosselschieber behält während des Versuches die gleiche Stellung bei, und zwar diejenige, die bei n = 1480/min den höchsten Wirkungsgrad von 77 v. H. und eine Förderhöhe von 560 m ergibt.

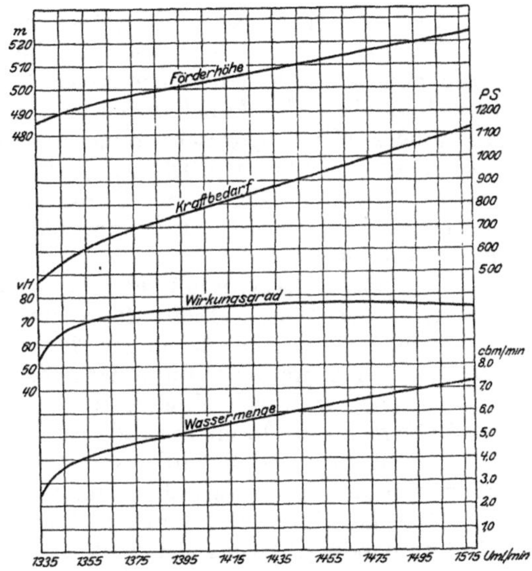

Fig. 170. Fördermengen und Druckhöhen einer Jaeger-Pumpe bei verschiedenen Drehzahlen. (Mitter in Z. d. Ing. 1913.)

Bei wachsender Drehzahl zeigt sich ein proportionales Wachsen der Durchflußmenge. Es tritt daher keine Änderung in der Gestalt der Geschwindigkeitsrisse auf, da sich die Umfangsgeschwindigkeit und die Wassergeschwindigkeiten in gleichem Maße ändern. Daher ist mit der Veränderung der Drehzahl keine merkliche Änderung der Verluste, also des Wirkungsgrades zu erwarten. Die Linie des Wirkungsgrades zeigt denn auch diese Eigenschaft. Der Pumpendruck nimmt bei rückwärtsgekrümmten Schaufeln nach früheren lehrmäßigen Betrachtungen (Abschnitt VI A 9) proportional der Durchflußmenge ab und wächst proportional mit dem Quadrate der Drehzahl. Er wird in unserem Falle also proportional dem Quadrate der Drehzahl zunehmen und einfach proportional der Drehzahl abnehmen. Es ist daher ein einfaches Wachsen mit der Drehzahl zu erwarten, wie es der Versuch ergibt. Desgleichen wächst dann der Kraftbedarf proportional der Drehzahl.

C. Die Bauformen der Kreiselpumpen.

1. Ein- und mehrstufige Kreiselpumpen.

Der in einem Rade mit gutem Wirkungsgrad erzeugbare Druck beträgt etwa 75 m. Die Gründe für die Beschränkung der erzeugbaren Druckhöhe sind in den lehrmäßigen Erörterungen angegeben. Es ist an sich möglich, den Druck durch Anwendung vorgekrümmter Schaufeln und größerer Umfangsgeschwindigkeiten erheblich zu steigern. Man muß aber dann Einbuße an Wirkungsgrad mit in den Kauf nehmen. Bis zu einem gewissen Grade ist der Wirkungsgrad am günstigsten, je kleiner die Druckstufe gewählt wird. Man hat in einzelnen Fällen Druckhöhen bis 150 m gewählt.

Für höhere Drücke müssen mehrere Räder hintereinandergeschaltet werden. Das Wasser fließt dann hinter dem ersten Rad durch entsprechende Umführungsleitungen der Saugöffnung des nächsten Rades zu. In jeder Stufe findet dann der gleiche Arbeitsvorgang statt, nämlich Druckerhöhung durch Fliehkraft und Geschwindigkeitserhöhung, die hinter dem Laufrade im Leitrade durch Geschwindigkeitsverminderung in Druck umgewandelt wird. Das Wasser fließt daher jeder folgenden Stufe mit der Anfangsgeschwindigkeit, aber erhöhtem Drucke zu.

Oberflächlicher Betrachtung könnte scheinen, daß durch diese Hintereinanderschaltung der Stufen der Wirkungsgrad erheblich sinken müßte, etwa wie in dem Rädergetriebe eines mehrfachen Vorgeleges. Man beachte aber, daß in einem solchen Vorgelege die gesamte Energie von einem Rade zum anderen wandert, überall an den Gleitflächen einen der gesamten Energie proportionalen Verlust erfährt, so daß der Verlust der Zahl der Vorgelege etwa proportional ist. Bei den Kreiselpumpen ist die Energiewanderung eine gänzlich andere. In jedem Rade wird nur ein Teil der Energie umgesetzt mit einem dieser Druckstufe eigentümlichen Wirkungsgrade. In allen Stufen geht der gleiche Teil der umgesetzten Teilenergie verloren. Summen wir zum Schlusse alle Teilenergien und alle Teilverluste, so muß sich dasselbe Verhältnis wie im Einzelrade ergeben. Der Wirkungsgrad einer mehrstufigen Pumpe ist daher gleich dem der einzelnen Stufe. Ja es ergibt die Erfahrung ein gewisses Wachstum des Wirkungsgrades mit der Stufenzahl. Dies erklärt sich dahin, daß die Lager- und Stopfbüchsenreibung offenbar langsamer als die Stufenzahl wächst, und daß der Verluste bringende Lufteintritt an der Saugstopfbüchse sich bei größerer Stufenzahl auf eine größere Leistung verteilt.

Fig. 56 zeigte die Skizze einer einstufigen Pumpe.

Der Spiralkanal K der Fig. 56 erweitert sich allmählich, in dem Maße er das Wasser der einzelnen Schaufeln aufzunehmen hat. Die Energieumsetzung findet im kegeligen Druckstutzen statt.

Für größere Wassermengen wendet man Schaufeln mit zweiseitigem Wassereinlauf an, Fig. 171.

In Fig. 171 sehen wir eine einstufige Pumpe, deren Laufrad von einem Leitrade D umgeben ist. In diesem wird das Wasser, das aus dem Laufrade mit großer Geschwindigkeit austritt, verlangsamt durch Führung in sich erweiternden Kanälen. Es tritt alsdann mit geringer Geschwindigkeit und erhöhtem Druck in den ringförmigen Kanal A ein, in dem es zu dem in der Mittelachse angeordnetem Druckstutzen fließt. Der Leitapparat hat die Aufgabe, die Energieumsetzung mit geringeren Verlusten zu leisten, als ein Kegelstutzen es vermag, in dem wegen mangelnder Wasserführung verlustbringende Wirbel nicht zu vermeiden sind.

Alle mehrstufigen Pumpen bedienen sich eines Leitrades.

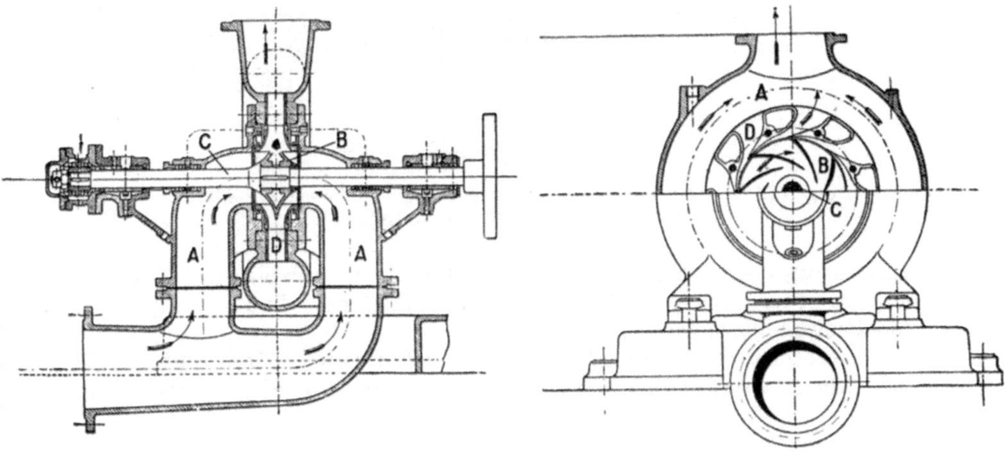

Fig. 171. Einstufige Pumpe mit doppeltem Einlaufe von A. Borsig, Tegel. (Neumann.)

Die mehrstufigen Pumpen haben sich heute alle Anwendungsgebiete, auch die der größten Druckhöhen von 100 bis 200 atm erobert. Sie werden bis 7 Stufen etwa in einem Gehäuse vereinigt. Bei größerer Stufenzahl werden diese in mehreren Gehäusen untergebracht und durch Leitungen miteinander verbunden. Eine zu große Stufenzahl ist wegen der Durchbiegung der dann langen Welle unzulässig.

Fig. 172 zeigt eine dreistufige Pumpe von Maffei-Schwartzkopff. Das Wasser durchfließt das Laufrad, das Leitrad und wird dann durch Kanäle im festen Gehäuse dem nächsten Laufrade zugeführt. Die Laufräder schließen an der Saugöffnung mit sehr geringem Spielraum ($^1/_{10}$ mm) an das hier ausgebüchste Gehäuse an. Beim Verschleiß dieser Dichtung tritt ein entsprechender Lieferverlust durch Umlaufswasser vom Druckspalt nach dem Saugspalt ein. Nach eingetretenem Verschleiß müssen diese Dichtungen erneuert werden, indem das Laufrad neu abgedreht, die Büchse im Gehäuse erneuert und passend ausgedreht wird. Am Druckspalt ist ein größerer Spielraum zwischen Laufrad und Gehäuse vorhanden, damit nicht leicht eine Zerstörung der Schaufelenden durch die vom Wasser mitgeführten Fremdkörper eintreten kann. Die Pumpe ist, damit sie leicht auseinandergenommen werden kann, aus einzelnen Teilen zusammengesetzt. Sie ist mit allerhand

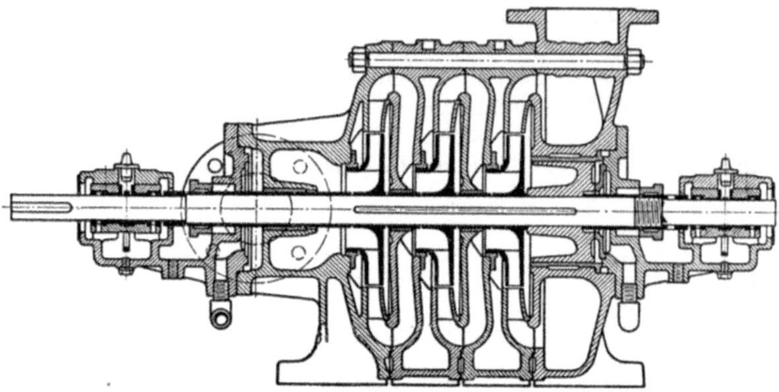

Fig. 172. Dreistufige Pumpe mit geteiltem Gehäuse der Maffei-Schwartzkopff-Werke. (Z. d. Ing. 1914.)

Ausrüstungen versehen: Entlüftungshähnen, Wasserablässen, Wassereinfülltrichter, Wasserzufluß zur Saugstopfbüchse, Druckstopfbüchse und Ringschmierlagern.

Äußerliche Unterschiede treten in der Bauart des Gehäuses auf. Alle Kreiselpumpen bedürfen der Zugänglichkeit der inneren

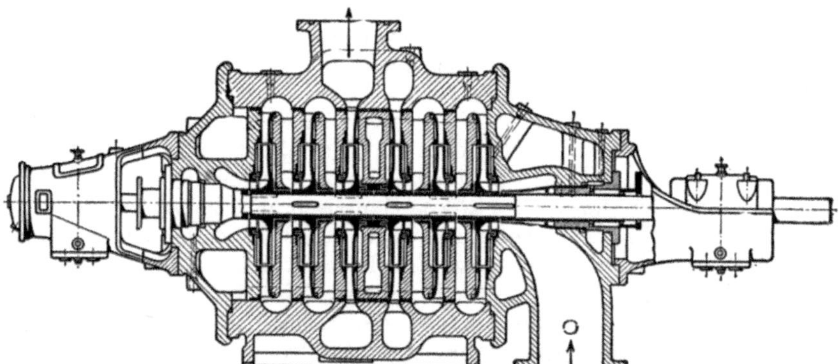

Fig. 173. Pumpe mit geteiltem Gehäuse von Weise & Monski.

Teile, um Nachbesserungen und Reinigung vornehmen zu können. In Fig. 172 ist daher eine Teilung senkrecht zur Achse in einzelne Ringe vorgenommen, zwischen denen die Laufräder eingelagert sind. Die Teile werden durch Schraubenbolzen zusammengehalten.

Vorbildlich für die Gehäuseteilung waren die Ausführungen der Firma C. H. Jaeger, Leipzig. Die Vorzüge dieser Bauart werden in der erleichterten Auseinandernahme der Teile erblickt. Die Verfechter

Fig. 174. Pumpe mit quergeteiltem Gehäuse von Klein, Schanzlin & Becker, Frankenthal.

des ungeteilten Gehäuses, Fig. 173, behaupten dagegen ein genaueres und leichteres Zusammenpassen der Teile beim Wiederzusammenbau. Dem ungeteilten Gehäuse wird vorgeworfen, daß die Teile in ihm ein-

Fig. 175. Pumpe mit ungeteiltem Gehäuse von Weise & Monski, Halle. (Z. d. Ing. 1911.)

rosten und dann schwer auszubauen seien. Zur Erleichterung des Ausbauens werden Abdrückschrauben verwandt.

Die in das Gehäuse einzusetzenden Teile werden mit einem Bronzering umgeben, so daß Anrostungen am Gehäuse vermieden werden. Vor dem Ausbau kann man auch Petroleum durch besondere Löcher einspritzen, worauf der Ausbau leicht geschieht. Bei diesem ungeteilten Gehäuse ist der Druckstutzen am Gehäuse angebracht. Der Saugstutzen sitzt auf der Seite, nach welcher der Motor angekuppelt wird. Die andere Stirnseite ist frei, und der Pumpeneinbau kann nach dieser Seite hin ausgebaut werden, ohne einen Rohranschluß zu lösen. Bei geteiltem Gehäuse ist es nicht möglich, einen Rohranschluß an festbleibende Teile zu machen. Daher müssen die Rohranschlüsse beim Auseinandernehmen der Pumpe gelöst werden. Nach dem Zusammenbau muß die Pumpe mit geteiltem Gehäuse wieder ausgerichtet werden. Die Dichtung am Saugspalt ist falzartig ausgebildet.

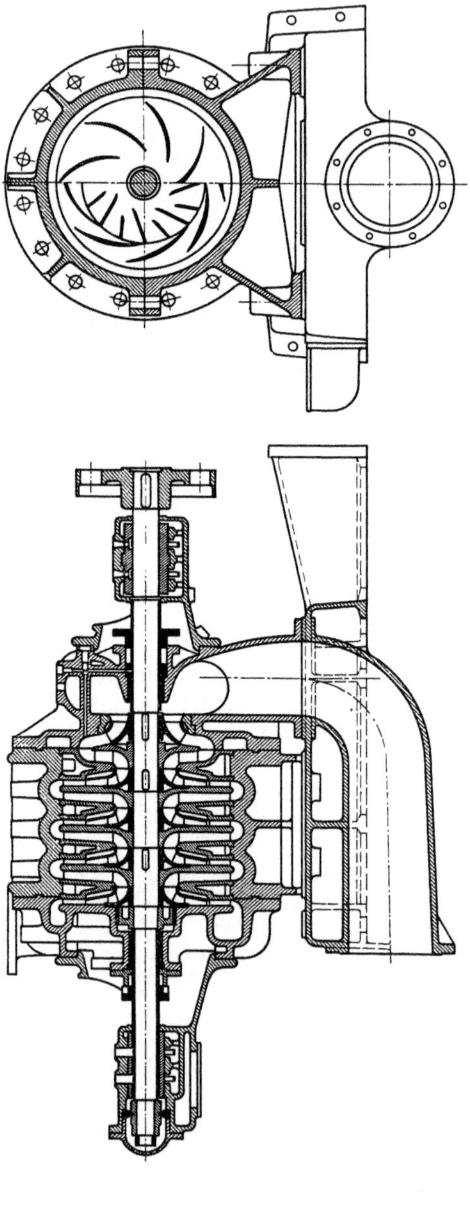

Fig. 176. Rateau-Pumpe mit längsgeteiltem Gehäuse der Skoda-Werke, Akt.-Ges., Pilsen. Ausgleich des Längsschubes durch Gegenkolben. Am Wassereintritt Helikoidenrad.

U n g e t e i l t e Gehäuse bauen: Weise & Monski, Halle; Maffei-Schwartzkopff-Werke, Berlin. Q u e r g e t e i l t e Gehäuse bauen: C. H. Jaeger, Leipzig-Plagwitz; Isselburger Hütte; Ehrhardt & Sehmer, Schleifmühle, Maffei-Schwartzkopffwerke. Vom u n g e t e i l t e n zum q u e r g e t e i l t e n Gehäuse sind ü b e r g e g a n g e n: Klein, Schanzlin & Becker; Sulzer. Ein längsgeteiltes Gehäuse bauen nach Rateau: Skodawerke, Pilsen. Fig. 174 zeigt den Zusammenbau des quergeteilten Gehäuses (Klein, Sch. & B.), Fig. 175 den der Pumpe mit ungeteiltem Gehäuse (W. & M.), Fig. 176 läßt das längsgeteilte Gehäuse einer Rateaupumpe (Skoda) erkennen. Die linke Seite zeigt ein Kugelspurlager.

Die Baustoffe der Kreiselpumpen sind für das Gehäuse Gußeisen, für sehr hohe Drücke Stahlguß; die Welle ist aus Nickelstahl. An den Stopfbüchsen ist sie mit einer Bronzekappe überzogen. An der Druckstopfbüchse findet ein starker Verschleiß infolge Durchtretens des selten völlig reinen Wassers statt. Nach eingetretenem Verschleiß wird die Bronzekappe durch eine neue ersetzt. Die Raddichtungsstellen sind mit Bronze ausgebüchst. Die Laufräder sind meist, die Leiträder immer aus Bronze hergestellt. Die Leiträder werden in das Gehäuse eingesetzt. In der Fig. 176 ist das erste Laufrad anders gestaltet als die folgenden. Es besitzt einen größeren Eintrittsquerschnitt, größere Breite und geringere radiale Länge als die übrigen Laufräder. Es wird als Helikoidenrad bezeichnet und als Schraubenrad oder auch als Schleuderrad mit schraubenförmig gekrümmten Schaufeln ausgebildet. Es saugt das Wasser mit geringer Geschwindigkeit im Saugmund an, bringt es auf etwas Druck und Geschwindigkeit, worauf es dem nächsten Laufrad, dessen Durchflußquerschnitte geringer sind, mit entsprechender Geschwindigkeit zuströmt. Der Zweck ist der, eine genügende Saughöhe bei dampfturbinenbetriebenen Kreiselpumpen mit sehr hoher Drehzahl zu erreichen. Dies könnte bei den kleinen Durchflußquerschnitten der eigentlichen Laufräder nicht erreicht werden, da diese einen großen Druckhöhenverlust im Saugmunde erfordern würden. Die kleinen Eintrittsquerschnitte der Laufräder sind durch die hohen Drehzahlen bedingt, die eine bestimmte Relativgeschwindigkeit in den Schaufeln erfordern, um mit der großen Umfangsgeschwindigkeit zusammen brauchbare Geschwindigkeitsdiagramme am Radaustritt zu ergeben.

Die meisten Kreiselpumpen haben n = 1500/min und leisten über 3 cbm/min. Für kleinere Wassermengen auf große Höhen war bisher die Kreiselpumpe nicht geeignet. Die Drosselverluste in den engen Kanälen waren für die Leistung zu groß. Neuerdings haben C. H. Jaeger & Co. Pumpen für Q = 2 cbm/min auf H = 1000 m mit n = 3000/min geliefert. Die hohe Drehzahl ergibt kleinere Laufräder, geringere Verluste in den Laufrädern, größere Übertrittsverluste und billigere Motoren. Der Wirkungsgrad erwies sich unerwartet hoch, η = 74 v. H. Hiernach können auch kleine Wassermengen auf große Höhen durch Kreiselpumpen wirtschaftlich gehoben werden.

2. Die Ausgleichung des Längsschubes.

Das Laufrad, Fig. 56, schließt durch den Saugspalt s und den Druckspalt d an das Pumpengehäus G an. Das Pumpengehäuse umschließt das Laufrad und bildet mit ihm zwei Kammern 1 und 2. Diese Kammern stehen durch den Druckspalt mit dem Druckraume, die Kammer 2 durch den Saugspalt mit dem Saugraume in Verbindung. Im Druckspalt herrscht ein höherer Druck als im Saugspalt. Infolgedessen haben wir zunächst die Erscheinung eines inneren Wasserumlaufes vom Druckspalt durch die Kammer 2 nach dem Saugraume.

Die Wasserdrücke in den Räumen 1 und 2 können etwa als gleichgroß angenommen werden. Wäre die Dichtung am Saugspalt in schlechtem Zustande, dann würde allerdings der Wasserdruck in Kammer 2 unter den Druck in Kammer 1 sinken. Der Wasserdruck wirkt auf die Radflächen ein. Die Radflächen sind der Größe nach verschieden, und zwar ist die hintere Radfläche um die Fläche der Saugöffnung größer als die vordere. Der nach der Saugöffnung gerichtete Raddruck ist daher größer als der nach der Druckstopfbüchse zu gerichtete. Es entsteht ein dem Spaltüberdruck und dem Unterschiede der Radflächen proportionaler Längsschub nach der Saugöffnung zu. Dieser Längsschub wurde bei einstufigen Pumpen wenig beachtet, führte aber bei mehrstufigen Pumpen zu Betriebsstörungen, die auf Mittel sinnen ließen, den Längsschub sicher aufzunehmen, ihn durch Gegenkräfte auszugleichen oder ihn zu beseitigen.

Die Aufnahme des Längsschubes durch genügend bemessene Kammlager ist bei der Größe der in Hochdruckpumpen herrschenden Kräfte aussichtslos. Die Ausgleichung durch Gegenkräfte kommt immer mehr in Aufnahme. Die Beseitigung des Längsschubes erscheint als der richtige Weg, der bald beschritten wurde. Die hierzu dienlichen Mittel sind sehr verbreitet. Es wird sich aber zeigen, daß auf eine sichere Beseitigung nicht gerechnet werden kann.

Es seien daher zunächst die Mittel zur Beseitigung des Längsschubes, dann die zu seiner Ausgleichung durch Fremdkräfte erörtert.

Zur Beseitigung des Längsschubes stehen zwei Wege offen; erstens Beseitigung des Spaltüberdruckes, zweitens Beseitigung des Größenunterschiedes der Raddruckflächen. Der erste Weg ist nicht gangbar. Er würde erfordern, die Drucksteigerung des Wassers im Laufrade durch entsprechende Querschnittsverengung am Austritte völlig in Geschwindigkeit umzuwandeln, worauf diese Geschwindigkeit im Leitrade wieder in Druck umzuwandeln wäre. Große Verluste wären die Folge. Dagegen kann der Unterschied der Radböden sehr wohl beseitigt werden, Fig. 177. Zu dem Zwecke schließt der hintere Radboden mit einem Flansche dichtend an das entsprechend geformte Gehäuse a an, so daß, wenn der Durchmesser dieses Anschlusses gleich dem der Saugöffnung gemacht und der so gebildete Raum e durch die Bohrung c mit dem Saugraume verbunden wird, die hintere Druckfläche des Rades um die Fläche der Saugöffnung verkleinert, die Druckflächen also einander gleich geworden sind.

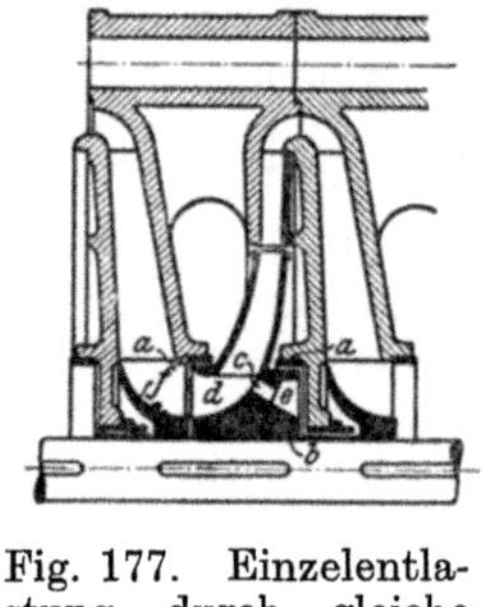

Fig. 177. Einzelentlastung durch gleiche Radböden nach Jaeger. (Z. d. Ing. 1913.)

Diese heute allgemein angewandte Entlastung erfordert aber einen zweiten Saugspalt a auf der rechten Seite, so daß die Lieferungsverluste durch den inneren Umlauf größer werden und mehr der Abnutzung unterworfene Teile entstehen.

Bei der vorigen Betrachtung der Längskräfte wurde der Strömungsdruck des eintretenden Saugwassers auf den inneren Radboden nicht berücksichtigt. Er wirkt dem vorhin erwähnten und ihn überwiegenden Längsschub entgegen. Um ihn auszugleichen, ist das Laufrad mit einem Einlauf f versehen, der den entgegengesetzten Strömungsdruck erfährt.

Die Verkleinerung der hinteren Raddruckfläche kann auch am äußeren Umfang des Rades geschehen. Eine solche Ausführung nach Rateau zeigt die Fig. 176. Vom hinteren Radboden ist am äußeren Rande ein Stück fortgelassen. Der restliche Radboden muß dann dichtend an das Gehäuse in gleicher Weise wie in Fig. 177 anschließen. Diese Art wird heute nicht mehr ausgeführt. Sie hat den Nachteil, daß der Radboden im Gebiete der Laufschaufeln fehlt, was sicher nicht der Wasserströmung zum Vorteil gereicht. Ferner ist der Umfang des zusätzlichen Saugspaltes größer, dementsprechend die Spaltverluste.

Diese Ausgleichung kann nicht als dauernd vollkommen angesehen werden. Nutzen sich die Dichtungsringe ungleich ab, so stellen sich verschiedene Drücke in der vorderen und in der hinteren Kammer ein, die trotz der Gleichheit der Radflächen einen einseitigen Längsschub ergeben. Daher wird meist noch ein Kammlager oder Kugelspurlager neben dieser Entlastungsvorrichtung angewandt. —

Es läge hier noch die Möglichkeit vor, die Entlastung einer Reihe von Rädern durch ein Rad, etwa das letzte der Stufenreihe, vorzunehmen und die übrigen Stufen ohne Entlastung zu lassen. Die Flächenverminderung dieses einen Rades müßte dann gleich sein der Summe der Flächenverminderungen der Einzelräder. Der hier nur einmal nötige zusätzliche Saugspalt würde dann freilich größer werden als der Einzelspalt, aber er würde nur die Wurzel aus der Summe der Einzelspaltlängen sein, da bei Vergrößerung einer Kreisfläche der Flächeninhalt mit dem Quadrate, der Umfang aber nur einfach mit dem Durchmesser wächst. Die zusätzlichen Spaltverluste würden dabei im gleichen Verhältnis verringert, vorausgesetzt, daß die Weite des Spaltes nicht wegen des größeren Durchmessers vergrößert werden müßte. Die Abnutzung wäre an sich nicht kleiner als an den Einzeldichtungen; es bestände aber der Vorteil, daß sie sich auf eine Stelle beschränkte, so daß die nötige Nachbesserung bequemer wäre.

Eine andere Art, das Auftreten des Längsschubes zu verhindern, besteht in der Anordnung doppelseitig saugender Laufräder, Fig. 171. Für Einzelräder ist dies eine natürliche und weitverbreitete Art. Sie eignet sich aber nicht für hintereinander geschaltete Räder, da hierbei die ganze Pumpe umständlicher und länger wird. Diese Entlastung war die erste, die Sulzer, Winterthur, bei der ihm zu verdankenden Entwicklung der Hochdruckkreiselpumpen anwandte. Fig. 178

zeigt diese jetzt zugunsten der vorerwähnten Jaegerschen Ausgleichung verlassene Bauart.

Aufeinanderfolgende Stufen sind mit dem Rücken gegeneinander gesetzt, so daß ihre Saugseiten sich entgegenstehen. Durch Umführkanäle im Gehäuse wird das Wasser der ersten Stufe dem Saugmund der zweiten zugeführt. Nun steht zwar das zweite Rad unter anderem Druck als das erste, aber die Druckunterschiede auf die Radböden sind die gleichen, so daß die gleiche Entlastung wie beim zweiseitig saugenden Rade eintritt. Zusätzliche Saugspalte, ihre Verluste und Betriebsunbequemlichkeiten sind vermieden, aber dafür ist die Bauart verwickelt, die Wasserführung schlecht, und es erscheint praktisch unvorteilhaft, zwei verschiedenartige Lauf- und Leiträder vorrätig halten zu müssen.

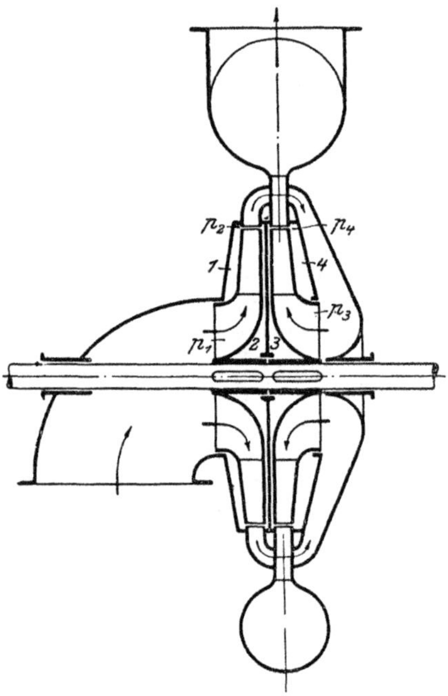

Fig. 178. Entlastung durch Gegenstellung der Räder bei einer alten Sulzer-Pumpe. (Neumann.)

Die grundsätzlich gleiche Art der Entlastung wird von Weise & Monski, Fig. 173, angewandt. Der Unterschied besteht darin, daß nicht je zwei Einzelräder auf diese Weise entlastet werden, sondern daß die gesamte Radzahl in 2 Hälften geteilt, davon die eine Hälfte mit nach links, die andere mit nach rechts gerichtetem Saugmunde ausgeführt wird. Die Wasserführung wird dadurch wesentlich verbessert. Sie geschieht in jeder Gruppe auf gewöhnliche Weise, während die beiden Gruppen durch eine Umführung im Gehäuse miteinander verbunden sind. Der Druckstutzen sitzt bei dieser Art in der Mitte des Gehäuses. Auf der rechten Seite befindet sich die Saugstopfbüchse, auf der linken Seite eine Druckstopfbüchse, die aber hier nur gegen den halben Pumpendruck abzudichten hat. Dies wird als Vorzug der Art hervorgehoben. Man beachte aber, daß in der Mitte des Gehäuses die letzte Druckstufe an die dritte Druckstufe der rechten Seite grenzt, zwischen welchen Räumen auch die Hälfte des ganzen Druckunterschiedes herrscht, und daß diese Räume ebenfalls von der Welle durchsetzt und an dieser Stelle gegeneinander abgedichtet werden. Es ist hier auch eine Dichtungsstelle vorhanden, und zwar eine unzugängliche Innendichtung, die deswegen nicht als Stopfbüchse ausgebildet werden kann. An Stelle einer Hochdruckdichtung sind also hier zwei Dichtungen gegen halben Druck hintereinandergeschaltet.

Die letzte Gruppe bedient sich zum Ausgleiche der Entlastungskolben oder der Entlastungsscheiben. Sie kommen im wesentlichen in 2 Ausbildungen vor, in einer mit fest eingestelltem Entlastungsdruck und in einer mit sich selbsttätig dem Längsschube entsprechend einregelndem Entlastungsdrucke.

Fig. 176 zeigt einen Entlastungskolben mit fest eingestellter Wirkung (Skoda, Pilsen). Er ist an die letzte Druckstufe angebaut. Die einzelnen Druckstufen sind auf die Rateausche Art so entlastet, daß ein nach rechts gerichteter Radschub übrigbleibt und dem nach links gerichteten Schub des auf der Achse sitzenden Entlastungskolbens entgegenarbeitet. Der Entlastungskolben steht auf der rechten Seite unter dem vollen Pumpendruck, auf der linken Seite unter dem Saugdrucke, da diese Seite mit dem Saugraume durch eine (nicht gezeichnete) Leitung verbunden ist. Die Kolbenfläche ist so bemessen, daß der volle Kolbenrechtsschub größer ist als der Linksschub der Räder. In das die linke Kolbenseite mit dem Saugraume verbindende Rohr ist nun ein Drosselventil eingeschaltet. Von der Hochdruckseite strömt immer Wasser durch die Undichtheiten des Kolbens nach der Saugseite und durch die Zwischenleitung nach dem Saugraume ab. Der Druck auf der Saugseite des Entlastungskolbens kann durch das erwähnte Drosselventil in beliebiger Höhe eingestellt werden, damit auch der Linksschub des Entlastungskolbens.

Der Zweck der ganzen Anordnung ist diese Regelbarkeit des Entlastungsschubes, der so eingestellt werden soll, daß eine völlige Entlastung stattfindet. Ändern sich die Druckverhältnisse in der Pumpe durch Abnutzung der Dichtungen am Saugspalt oder der Dichtung am Entlastungskolben, so kann durch erneute Einstellung wieder eine völlige Entlastung erzielt werden. Hinter dem Entlastungskolben schließt sich die Druckstopfbüchse an, die aber nach vorigem nur gegen geringen Druck abzudichten hat. Die ganze Wirkung der Entlastung ist auf den Wasserdurchfluß eingestellt, also mit Wasserverlusten verbunden. Der Wegfall einer Hochdruckstopfbüchse und damit Vermeidung ihrer Wasserverluste kann daher nicht als vorhanden anerkannt werden.

Diese Entlastung regelt sich nicht selbst ein. Eine Regelung geschieht bei dem Kolben der Maffei-Schwartzkopffwerke, Fig. 172. Der Entlastungskolben steht mit seiner rechten Seite unter dem vollen Pumpendruck und erzeugt einen größeren Rechtsschub, als der Linksschub der nicht entlasteten Räder beträgt, wenn seine rechte Seite unter einer bestimmten niederen Spannung, der Saugspannung oder der Atmosphäre steht. Der Druck auf die rechte Kolbenseite wird geregelt durch Drosselung des auf dieser Seite fließenden Abwassers. Das Druckwasser strömt durch die Undichtheit des Entlastungskolbens und einen regelbaren Drosselspalt nach einem unteren Abflußrohr ins Freie oder in den Saugraum zurück. Der Drosselspalt wird durch die mit dem Kolben verbundene Drosselscheibe und das Gehäuse gebildet und durch die infolge unausgeglichener Längskräfte auftretenden Verschiebungen der Welle derart gesteuert, daß bei Rechtsschub der Spalt verengt, also ein größerer Gegendruck auf die rechte Kolbenseite und eine endliche Begrenzung des Schubes durch Herstellung des Gleichgewichts zwischen den Schubkräften eintritt.

Die Wirkungsweise des Entlastungskolbens kann auch durch die einfachere Gestaltung des Entlastungskörpers als Scheibe geschehen, die dann gleichzeitig noch zur Steuerung des Regelspalts verwendet werden kann, Fig. 179 (Jaeger). Der Schub der nicht entlasteten Räder sei nach links gerichtet. Die Entlastungsscheibe empfängt den Druck der letzten Druckstufe und kann einen Höchstdruck erzeugen, der den Räderschub überwiegt. Der Entlastungsschub wird durch die selbsttätige Einstellung des Regelspaltes infolge des Wellenschubes eingestellt, indem hierdurch verschiedene Drücke auf die Vor- und Rückseite der Scheibe eingestellt werden. Das Wasser fließt vom Druckraume her durch den Regelspalt nach der Saugseite ab. Ein zu großer Rechtsschub erweitert den Regelspalt und vermindert dadurch den Druckunterschied auf die Scheibenflächen. Die Wirkungsweise ist grundsätzlich die gleiche wie bei dem selbstregelnden Entlastungskolben.

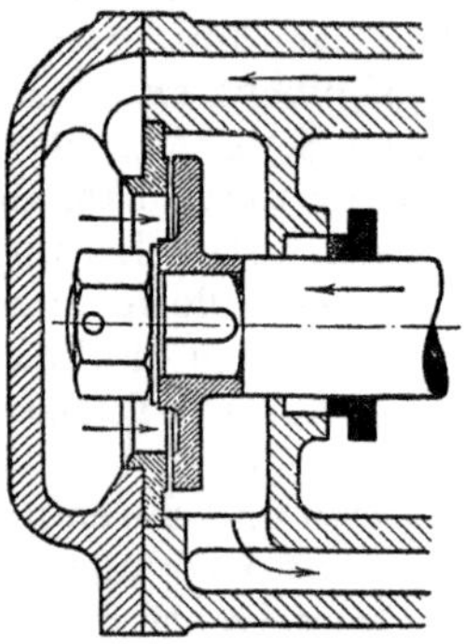

Fig. 179. Entlastung durch Gegenscheibe nach Jaeger. (Mitter in Z. d. Ing. 1913.)

Sind die einzelnen Räder nach irgendeiner Art entlastet, so kommt es darauf an, noch eine selbsttätige Nachregelung für den Fall der Druckschwankungen anzubringen. Hierbei kann der auszugleichende Räderschub sowohl nach der einen wie nach der anderen Seite gehen, so daß die Entlastungsscheibe doppelseitig wirken muß.

Eine solche Scheibe findet man in Zeitschr. d. Ing. 1913, S. 1009, Fig. 11 und Neumann, Zentrif., 2. Aufl., S. 152.

Alle regelbaren Entlastungen ergeben einen Wasserverlust. Die neuere Entwicklung scheint der Anwendung solcher Vorrichtungen zuzustreben. Doch dürften sie nur für reines Wasser zu empfehlen sein. Wegen des großen Druckunterschiedes auf beiden Seiten der Entlastungsfläche stellt sich eine große Wassergeschwindigkeit in dem Regelspalt ein, so daß bei unreinem Wasser ein starker Verschleiß dieser Stellen zu erwarten steht. Bei den Einzelentlastungen ist dies günstiger, da hier am Einzelrad nur geringe Druckunterschiede auftreten, somit Geschwindigkeit und Verschleiß kleiner werden. Die Nachbesserung wird daher erst nach längerer Zeit erforderlich werden, sich dann aber auf alle Dichtungen erstrecken. Die besondere Entlastungsscheibe ist zugänglicher als die Einzelentlastungen.

Für sehr schmutziges Wasser, wie beim Schachtabteufen, werden die Einzelentlastungen vorgezogen.

Es kann auch daran gedacht werden, der Entlastung gereinigtes Wasser zuzuführen. Es ist dann in die Zuleitung nach der Entlastung ein Filter einzubauen.

D. Der Betrieb der Kreiselpumpen.

1. Betriebsausrüstungen und Betriebsfragen.

Neben der eigentlichen Pumpe sind eine Reihe von Betriebseinrichtungen zum Anlassen, Stillsetzen und Regeln des Betriebes sowie zum Fernhalten der erwarteten Störungen erforderlich.

Fremdkörper sind in der Kreiselpumpe so schädlich wie in der Kolbenpumpe. Sie sind daher am Eintritt in die Pumpe durch einen Saugkorb zu verhindern. Der Saugkorb wird gewöhnlich am Ende der Saugleitung angebracht. Ist der Saugkorb verschmutzt, so treten vermehrte Widerstände auf, die zu einer Verminderung der Fördermenge führen. Der Saugkorb ist daher zeitig zu reinigen. Das ist bei einem am Ende der Saugleitung unter Wasser sitzenden Saugkorb umständlich, daher ist zu empfehlen, den Saugkorb über Wasser aufzustellen, Fig. 180, so daß er bequem zugänglich ist. Es empfiehlt sich unter Umständen, 2 Saugkörbe nebeneinander zu ordnen, die durch einen Schieber nach Wahl in die Saugleitung eingeschaltet werden können. Der zweite Seiher kann dann ohne jede Unterbrechung des Betriebes herausgenommen und gereinigt werden. Bei der ersten Kreiselpumpe, die 1900 von Gebr. Sulzer im Erzbergwerk Horcajo (Spanien) als Wasserhaltungsmaschine verwendet wurde, wurden zwei Saugkörbe hintereinandergeschaltet, einer am Fuße der Saugleitung und einer über dem Saugwasserspiegel. Diese Wasserhaltung arbeitete zunächst ohne Sumpfstrecken, so daß der Pumpe ungeklärtes Wasser zufloß. Zur Feststellung vorschreitender Verstopfung ist ein Druckmesser hinter dem Saugkorbe angebracht, nach dessen Angaben die Reinigung erfolgt. Diese war wöchentlich einmal nötig, bis nach Herstellung genügender Sumpfstrecken die Reinigung erst nach 2 bis 3 Wochen nötig wurde. Der Erfolg dieser sorgfältigen Klärung des Saugwassers zeigt sich darin, daß nach 10 Jahren eine Verminderung des ursprünglichen Wirkungsgrades von 76 v. H. nicht festgestellt werden konnte.

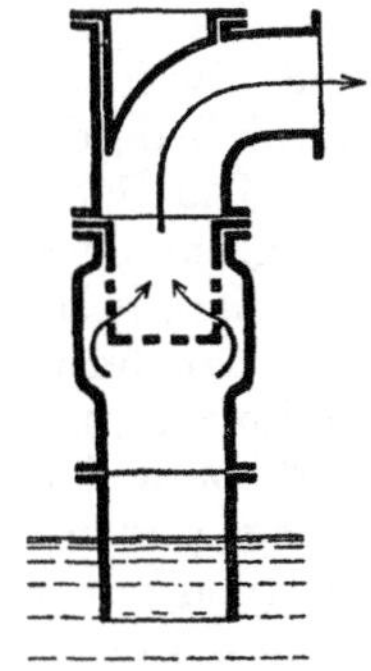

Fig. 180. Saugkorb oberhalb des Saugwasserspiegels.

Bei verlegtem Saugkorbe wachsen die Widerstände in der Saugleitung und die Fördermenge nimmt ab.

Es muß hier angeführt werden, daß für Kolbenpumpen unreines Wasser nicht in gleichem Maße schädlich ist. Eine Verminderung der Fördermenge kann nicht eintreten, solange der Luftdruck größer bleibt als die gesamten Saugwiderstände.

Die Saugkörbe können nicht allen Schmutz von der Pumpe fernhalten. Das Innere der Pumpe und die Räder verschmutzen. Sie sind daher in bestimmten Zeiträumen (im erwähnten Beispiel alle 2 bis

3 Monate) zu reinigen. Es ist daher an die schon besprochene notwendige gute Zugänglichkeit des Innern bzw. an die Möglichkeit, die Pumpe zu zerlegen, zu erinnern. Nach dem Reinigen sind die Räder einzufetten.

Auf Zeche Johann Deimelsburg (Werden) hatte man (1911) mit Schlammansatz in einer Kreiselpumpe zu kämpfen. Man half sich erfolgreich so: Nach dem Stillsetzen der Pumpe wird das im Pumpenkörper stehende Wasser abgelassen und klares Wasser eingefüllt. Diesem wird $1\frac{1}{2}$—2 l Schmieröl zugesetzt (Abfallöl) und dann die Pumpe einige Minuten im toten Wasser arbeiten gelassen. Die Ölwassermischung bleibt dann bis zum nächsten Betrieb in der Pumpe. Seit dieser Behandlungsweise hat die Steinbildung aufgehört und der Verschleiß ist sehr gering.

An der Druckstopfbüchse ruft schlammiges Wasser einen raschen Verschleiß hervor, so daß diese öfters ausgewechselt werden muß (in Horcajo alle 2—3 Monate). Die Stopfbüchsen und inneren Dichtungsstellen werden durch das Wasser geschmiert und gekühlt. Fehlt dieses Wasser, dann laufen alle Gleitflächen in kurzer Zeit heiß, die Dichtungen verreiben sich, Büchsen können ausschmelzen, die Achse sich verbiegen und Zwischenwände reißen. Vor dem Trockenlaufen soll daher durch Tafeln an der Maschine gewarnt werden.

Die Schmierung der Lager erfordert wenig Bedienung, da meist Ringschmierlager vorgesehen sind. Die Stopfbüchsen werden mit Fettschmiere geschmiert.

Saugleitung und Saugstopfbüchse müssen gut dichten. Tritt Luft in die Pumpe ein, so verringert sich das umgeschleuderte Wassergewicht und somit der von der Pumpe erzeugte Druck; hiermit auch die Liefermenge und der Wirkungsgrad. Aus diesem Grunde arbeiten auch Kreiselpumpen mit großer Saughöhe ungünstig, weil die im Wasser enthaltene Luft bei dem dann geringen Druck in der Pumpe einen großen Raum einnimmt, das spezifische Gewicht des Pumpeninhaltes also gering wird.

Wir erkennen also, daß Luft auch in der Kreiselpumpe, und zwar in noch stärkerem Maße als in der Kolbenpumpe, wenn auch aus anderen Gründen, schädlich wirkt.

Für die Leitungen von und nach der Pumpe gelten dieselben Grundsätze wie bei Kolbenpumpen, mit der einen Ausnahme, daß sich Windkessel wegen des gleichmäßigen Flusses erübrigen. In Rücksicht auf die umständliche dauernde Bedienung der Windkessel muß dies als eine große Betriebsannehmlichkeit betrachtet werden.

Der Regelung der Kreiselpumpe ist noch einige Aufmerksamkeit zu schenken. Eine Regelung kann nach verschiedenen Seiten hin notwendig erscheinen. Erstens kann verlangt werden, daß die Arbeitsweise der Pumpe bezüglich Förderhöhe und Fördermenge bei Eintritt äußerer Störungen, wie veränderter Drehzahl oder veränderter Leitungswiderstände unverändert bleibe. Dies ist bei der Kreiselpumpe nicht der Fall, und hierin ist sie der Kolbenpumpe unterlegen. Verminderte Drehzahl und erhöhte Leitungswiderstände vermindern die Fördermenge bei gleichbleibender Förderhöhe ganz erheblich, und eine Abhilfe ist nur möglich, wenn gewöhnlicherweise mit Abdrosselung eines Teiles des erzeugten Druckes durch den Drosselschieber gefördert wird, so daß die alte Lieferung durch Aufhebung der Drosselung wiederhergestellt werden kann. Das ganze ist aber, wenn man nicht dauernd mit großen Drosselverlusten arbeiten will, bei der großen Veränderlichkeit der Menge mit den erwähnten äußeren Änderungen, nur in engen Grenzen möglich.

Soll zweitens bei sonst gleichbleibenden anderen Verhältnissen die Fördermenge geändert werden, so kann dies auch wieder nur durch den Drosselschieber, im Sinne einer Vermehrung nur dann geschehen, wenn betriebsmäßig mit Drosselung gearbeitet wird.

Wir erkennen also im Drosselschieber die notwendigste Ausrüstung einer Kreiselpumpe.

Wird das Arbeiten mit dem Drosselschieber nicht beliebt, dann kann nur durch Änderung der Drehzahl geregelt werden. Die hierzu nötigen umständlichen und außergewöhnlichen Anordnungen gehören aber nicht zur Pumpe, sondern zu ihrem Antriebe.

Zum dritten ist noch die Frage einer Regelung der Förderhöhe zu erörtern. Hier verhält sich die Kreiselpumpe äußerst ungünstig Der Weg der Drehzahländerung ist meist praktisch ausgeschlossen, wäre auch keine einwandfreie Lösung, da bei höheren Drehzahlen mit der Förderhöhe auch die zur Erreichung des günstigsten Wirkungsgrades erforderliche Fördermenge wächst, während diese in der praktischen Anwendung, wo wechselnde Förderhöhen vorkommen, z. B. bei Abteufpumpen, von der Förderhöhe unabhängig gegeben ist. Hier kann nur das ausgedehnte Arbeiten mit dem Drosselschieber helfen. Damit aber das wirtschaftliche Ergebnis nicht allzu ungünstig werde, wird hierbei die erzeugte Förderhöhe stufenweise durch Zuschalten von Rädern erhöht und nur innerhalb der einzelnen Stufen von etwa 50—75 m mit dem Drosselschieber die Anpassung an die stetig wachsende Förderhöhe des Abteufens bewirkt. Zu dieser stufenweisen Schaltung werden sich insbesondere die zerlegbaren Bauformen eignen.

Schließlich ist noch einer Änderung der Fördermenge bei gleichbleibender Förderhöhe zu gedenken, wie sie im Wasserhaltungsbetriebe vorkommt. Eine Änderung der Drehzahl ist ebenso wie im vorigen Beispiel untunlich und auch wenig zweckmäßig, da mit der wachsenden Fördermenge eine wachsende Druckerzeugung einhergeht, wenn wirtschaftlich gearbeitet werden soll. Kleine Mengenänderungen sind zudem nicht erforderlich, da fast alle Wasserhaltungen mit den großen Wasserspeichern der Sumpfstrecken arbeiten, und die normale Förderung der Pumpen ein Mehrfaches der normalen Zuflüsse ausmacht, die Anpassung an wechselnde Wasserzuflüsse also durch die verschiedene Zeit der Betriebsdauer der Pumpen geschehen kann. Sollen darüber hinausgehende Lieferungsänderungen geschehen, so kann dies durch Parallelschalten der meist ausreichend vorgesehenen Ersatzpumpen geschehen.

Für diesen Fall sind dann die nötigen Schaltvorrichtungen in den Leitungen vorzusehen.

Außer dem Drosselschieber ist in der Druckleitung noch ein Rückschlagventil vorgesehen, das ein Rückfließen des Druckwassers durch die Pumpe verhindert, wenn diese durch Abfall ihrer Drehzahl etwa nicht mehr imstande wäre, den nötigen Förderdruck zu erzeugen.

Die zum ersten Anlassen einer Pumpe erforderlichen Ausrüstungen sollen im nächsten Abschnitte besprochen werden.

2. Das Anlassen der Kreiselpumpen.

Nach dem vorigen Abschnitte muß es streng vermieden werden, die Pumpe trocken laufen zu lassen. Daher muß vor dem Anlassen für eine Füllung der Pumpe und des Saugrohres gesorgt werden. Zu diesem Zwecke befindet sich am Fuße der Saugleitung ein Fußventil, am höchsten Punkte der Pumpe ein Eingußtrichter und an allen höheren Punkten einer mehrstufigen Pumpe ein Entlüftungshahn zum Abführen der beim Auffüllen zu verdrängenden Luft.

Ist in der Druckleitung Wasser vorhanden, so kann dieses durch eine vorgesehene Umleitung aus dem Druckrohr nach dem Pumpenraum übergeführt werden. Da hierbei aber die Möglichkeit vorliegt, daß die durch das Fußventil geschlossene Saugleitung unter den Druck der Steigeleitung gerät, auf den sie nicht berechnet und der ihrer Dichtheit schädlich ist, hat das Auffüllen mit der nötigen Vorsicht zu geschehen, indem bei vorschreitender Füllung die Umleitung stark gedrosselt wird und die Entlüftungshähne so lange geöffnet bleiben, bis die Umführungsleitung ganz geschlossen ist. Alsdann könnte noch durch ein undichtes Rückschlag- und Drosselventil der Saugraum unter Druck geraten. Dem kann ein kleines Sicherheitsventil in der Saugleitung abhelfen.

Das Auffüllen der Pumpe kann aber auch ohne Fußventil und Umführung geschehen, wenn dicht unterhalb des Drosselschiebers eine Wasserstrahlpumpe angeschlossen wird, die ihr Druckwasser aus der Druckleitung erhält. Das erste Auffüllen muß auch hier durch Fülltrichter und Fußventil geschehen, wenn ein fremdes Druckmittel für die Strahlpumpe nicht zur Hand ist.

Nach längerem Stillstand ist die Wasserfüllung der Pumpe verringert. Die Pumpe ist dann nicht imstande, den zur Förderung nötigen Druck zu erzeugen. Daher ist zum erneuten Anlassen ein Nachfüllen der Pumpe nötig.

Eine trocken laufende Kreiselpumpe ist nicht imstande anzusaugen, da sie, selbst bei Auswurf ins Freie, infolge des geringen spezifischen Gewichtes der Luft keine genügende Luftverdünnung im Saugrohr erzeugen kann.

Im Anschluß an die Vorrichtungen zum Auffüllen der Pumpe sei an die Vorrichtungen zum Wasserablassen erinnert. Das Ablassen des Wassers wird beim Nachsehen der Pumpe nötig und bei Stillsetzen solcher Pumpen, die dem Froste ausgesetzt sind. Der gefrierende Wasserinhalt sprengt die Pumpe.

Nach der Füllung der Pumpe geschieht bei geschlossenem Druckschieber das Anlassen der Antriebsmaschine. Diese läuft also mit geringer

Last an, was für alle Antriebsmaschinen angenehm, für den meist verwendeten elektrischen Antrieb nötig ist. Der Arbeitsbedarf während des Leerlaufes ist allerdings ziemlich hoch, etwa 30—40 v. H. der vollen Leistung. Eine Pumpe soll daher nicht lange leer laufen, damit keine zu starke Erwärmung und deren Schaden eintritt.

Hat die Antriebsmaschine die erforderliche Drehzahl erreicht, so wird der Drosselschieber langsam geöffnet, wodurch die Förderung aufgenommen und die Druckwassersäule allmählich in Gang gesetzt wird. Der Strommesser des Motors läßt bequem die Stellung des Drosselschiebers erkennen, bei welcher richtige Förderung und Belastung vorhanden ist. Soll ein hoher Wirkungsgrad erreicht werden, dann müssen die Verhältnisse so gewählt sein, daß bei dieser Belastung der Drosselschieber nur noch wenig drosselt. Die Verhältnisse auf ganz geöffneten Drosselschieber einzurichten, dürfte in den meisten Fällen nicht rätlich sein.

E. Vergleich der Kolbenpumpe und der Kreiselpumpe im Wasserhaltungsbetriebe.

Ein besonderer Abschnitt über die Bewährung der Kolbenpumpe im Wasserhaltungsbetriebe konnte nicht geschrieben werden, da die Kolbenpumpe mit dem Bergbau sich entwickelt und ihrerseits den Bergbau ermöglicht hat, nach der geschichtlichen Entwicklung also ein lebendes Glied desselben ist, dessen Arbeit so notwendig und selbstverständlich ist, daß die Frage nach Bewährung gar nicht auftauchen konnte.

Nachdem die Kreiselpumpe im Verein mit dem elektrischen Antriebe in diesen ererbten Besitzstand der Kolbenpumpe eingedrungen ist, tritt sofort die Frage nach ihrer „Bewährung" auf, wobei als Maßstab des Wertes die altbewährte Kolbenpumpe dient. Andererseits schafft jetzt das Dasein der Kreiselpumpe auch einen Maßstab für die Beurteilung der Kolbenpumpe.

Die folgenden Ausführungen werden daher in vielen Punkten einen Vergleich der beiden Pumpenarten darstellen, durch den die Eigenschaften beider richtig erkannt und ihre Verwendungsgebiete gegeneinander abgegrenzt werden können.

Das wirtschaftliche Ergebnis setzt sich aus verschiedenen Einflüssen zusammen. Der höhere Wirkungsgrad liegt auf Seiten der Kolbenpumpe. Er beträgt bei elektrischem Antrieb 10—15 v. H. mehr als der der Kreiselpumpe. Bei Dampfantrieb ist der Wirkungsgrad der Kolbenmaschinen entschieden höher als der der Turbomaschinen, da zu dem höheren Wirkungsgrad der Kolbenpumpe für die vorliegenden Maschinengrößen und Arbeitsbedingungen auch der Dampfverbrauch der Kolbendampfmaschine kleiner sein wird als der der Dampfturbine.

Die Anlagekosten nehmen einen entsprechenden Einfluß auf die Wirtschaftlichkeit. Die Kosten der Kreiselpumpen einschließlich

Motor dürften etwa für die in Betracht kommenden Verhältnisse $\frac{1}{3}$ derjenigen von Kolbenpumpen sein.

In den Fig. 345—348 sind die verschiedenen Wasserhaltungen bezüglich ihres Raumbedarfs einander bildlich gegenübergestellt.

In Fällen von Platzmangel oder hoher Gestehungskosten des Maschinenraumes, wie bei unterirdischen Wasserhaltungen, bedeutet der geringere Raumbedarf eine weitere Erniedrigung der Anlagekosten zugunsten der Kreiselpumpe. Hierbei ist noch zu berücksichtigen die Größe des auszuschießenden Raumes, der nicht nur durch die Verringerung der Grundfläche, sondern auch durch Verringerung der Höhe geringer wird. Die Kreiselpumpen bedürfen wegen mangelnder Massenwirkungen keines schweren Fundaments, das die Kolbenpumpen nicht entbehren können. Die Kreiselpumpe kann mit ihrer Fundamentplatte auf eine flache Eisenbetonschicht aufgesetzt werden. Dagegen müssen für das tiefgehende Fundament der Kolbenpumpe entsprechende Räume ausgeschossen werden. Gegen Erdbewegungen verhält sich die kürzer bauende, eine geschlossene Einheit bildende Kreiselpumpe günstiger als die langgestreckte Kolbenpumpe. Zudem ist die Kreiselpumpe durch eine nachgiebige Kupplung mit ihrem Antriebe verbunden.

In gebrächem Gebirge kann die Frage der Maschinenstube allein den Ausschlag zugunsten der Kreiselpumpe geben.

Kraftverbrauch und Anlagekosten wirken in verschiedener Weise zum Ergebnis zusammen, je nach der Höhe der Stromkosten und der Benutzungsdauer der Anlage.

Je geringer die Stromkosten je kWstunde, und je kürzer die tägliche Betriebszeit der Wasserhaltung ist, desto günstiger stellt sich das Ganze für die Kreiselpumpe, bei hohen Stromkosten und langer Benutzungsdauer erweist sich die Kolbenpumpe als wirtschaftlicher (X A 1).

Im Grubenbetrieb werden die Verhältnisse häufig zugunsten der Kreiselpumpe liegen, da die Wasserhaltung trotz ausgedehnter Sumpfstreckenanlagen meist noch mit weitgehendem Ersatze ausgerüstet wird, so daß es bei der geringen Benutzungsdauer der einzelnen Sätze ratsam ist, die Anlagekosten, die dauernd verzinst und getilgt werden müssen, gering zu halten. Andererseits sind auch die Gestehungskosten der kWstunde gering, da das Grubenkraftwerk die schlecht absetzbare geringwertige Kohle zum eigenen Bedarf verfeuert. Es werden Kosten von 1,5—3 Pf. KWst. für Grubenkraftwerke angegeben. Nach Heidebroek (Z. d. Ver. deutsch. Ing. 1907) ist die Kreiselpumpe wirtschaftlich der Kolbenpumpe überlegen bei Strompreisen unter 4 Pf./kWst.

Ihrem ganzen Wesen nach eignet sich die Kreiselpumpe zur Ersatzpumpe. In Fällen, wo die Kolbenpumpe wirtschaftlicher ist als die Kreiselpumpe, kann es sich immer noch empfehlen, als Aushilfe Kreiselpumpen zu wählen. Andererseits dürfte auszusprechen sein, daß, im Falle die wirtschaftlichen Vorteile der Kolbenpumpe nicht merklich groß sind, es sich im Hinblick auf die Vorteile einer einheitlichen Anlage empfehlen wird, durchweg Kreiselpumpen zu wählen. Die Aushilfspumpen müssen zur Sicherung ihrer Betriebsbereitschaft abwechselnd mit den Hauptpumpen betrieben werden, so daß sich auch aus diesem Grunde Einheitlichkeit empfiehlt.

Zu den Betriebskosten liefern noch Anteile: die Ausgaben für Schmierung, Bewartung und Ausbesserung. Diese Kosten sind für die Kreiselpumpe geringer als für die Kolbenpumpe. Für kleinere Einheiten wird der Vorzug der geringen Wartungskosten nicht bestehen, da man eine so wichtige Maschine wie die Wasserhaltung nicht ohne Aufsicht wird laufen lassen, obgleich die geringe Wartungsbedürftigkeit der Kreiselpumpe dies ermöglicht. Für zerstreut aufgestellte Nebenwasserhaltungen hingegen, deren Einzelbedeutung für das Ganze gering ist, wird sich die elektrisch angetriebene Kreiselpumpe besonders eignen, da ein Mann die Beaufsichtigung mehrerer solcher Einheiten übernehmen kann.

Die Ausgaben für Ausbesserungen sind bei reinem Wasser für die Kreiselpumpe sehr gering und geringer als für die Kolbenpumpe, deren viele unter Druck arbeitende Gleitflächen auf alle Fälle verschleißen. Bei sandhaltigem Wasser liegen die Verhältnisse etwas anders. Sandhaltiges Wasser ist für Kreisel- und Kolbenpumpe schädlich, für wen am meisten, ist eine umstrittene Frage. Es herrscht vielfach die Meinung, die Kreiselpumpe könne, da sie keine Ventile habe, eher mit Fremdkörpern fertig werden. Dies ist nicht der Fall. Man betrachte sich darauf hin die engen gewundenen Kanäle in Lauf- und Leitrad, die der Fremdkörper durchströmen muß. Bei der Kolbenpumpe hat der Körper nur das Saug- und das Druckventil zu durchlaufen und kann dort stecken bleiben. Darauf ist die Arbeit der Pumpe behindert, aber es tritt keine Zerstörung auf, so daß der Betrieb bald wieder flott gemacht werden kann. Bei einer Kreiselpumpe kann der Fremdkörper, zwischen Lauf- und Leitrad eingeklemmt, eine weitgehende Zerstörung der Schaufeln bewirken. Im übrigen können und sollen größere Fremdkörper durch einen Saugkorb ausgehalten werden.

Anders steht es mit feinkörnigem Sande, der nicht zurückgehalten werden kann. Er bewirkt in der Kolbenpumpe einen Verschleiß der Ventile, die dann öfters zu erneuern sind; in der Kreiselpumpe sind alle die vielen Dichtungsringe dem Verschleiße ausgesetzt, die zwischen den Räumen verschiedenen Druckes abzudichten haben. Es kommen in Frage die Abdichtungen am Saugspalt, am Entlastungsraum, zwischen den einzelnen Stufen, die Druckstopfbüchse und die etwaige Entlastungsscheibe oder -kolben. Bei hohen Drücken sind dies doch eine große Menge einzelner dem Verschleiße durch das Schmutzwasser unterworfener Teile. Die Teile sind allerdings einfach in ihrer Art und können infolge der Zerlegbarkeit der Pumpe leicht ausgewechselt werden.

Diese Wirkung des Schmutzwassers in der Kreiselpumpe hat man wohl anfänglich unterschätzt. Dagegen hatten andere eine große Besorgnis bezüglich Abnutzung der Leit- und Laufschaufeln, die von dem sandigen Wasser schnell durchflossen werden. Diese Besorgnis hat sich als unbegründet erwiesen. Freilich stellt sich die Abnutzung ungeheuer, wenn das Wasser große Mengen scharfkantigen Sandes enthält, wie dies anfänglich bezüglich des Spülversatzwassers der Fall war und vielfach bei dem Wasser des Abteufbetriebes ist. Es kann in solchen Fällen die Notwendigkeit der Auswechslung der Räder nach wenig Tagen Betriebszeit eintreten. Man hat daher auf einer Grube nach Einführung des Spülversatzes die Kreiselpumpen, mit denen man das schmutzige Wasser vorteilhaft zu heben hoffte, auf Grund der schlimmen Erfahrungen gegen Kolbenpumpen ausgewechselt, deren Betrieb sich unter den erwähnten Umständen erträglicher gestaltete. Heute hat man eingesehen, daß eine sorgfältig durchgeführte Klärung der Spülwasser nicht nur in Rücksicht auf die Pumpen, sondern auch auf den Betrieb der Wasserseigen von Vorteil ist. Die erwähnte Mindereignung der Kreiselpumpe hat danach für den Wasserhaltungsbetrieb auch bei Spülversatz keine Bedeutung mehr. Für den Betrieb der Abteufpumpen ist heute die Kreiselpumpe die vorherrschende Form, obgleich hier eine Klärung des Wassers ausgeschlossen ist und die schwierige Anpassung an wechselnde Förderhöhe zunächst zurückschreckt. Sie verdankt diese Verwendung ihrer sonstigen vorzüglichen Anpassung an diesen Sonderbetrieb.

Bezüglich der Abnutzung der Schaufeln bei einigermaßen wirkungsvoller Wasserklärung sei auf das Beispiel Horcajo hingewiesen, wo nach 10jährigem Betriebe den Wirkungsgrad beeinträchtigende Abnutzungen nicht festgestellt werden konnten. Gleichzeitig sei aber auch an die rasche Abnutzung der Dichtungsstellen erinnert.

Die unerwartete geringe Abnutzung der Schaufeln erklärt sich ungezwungen, wenn wir uns erinnern, daß bei einer einen guten Wirkungsgrad aufweisenden Kreiselpumpe stoßender Wasserein- und -austritt vermieden ist, daß ferner das Wasser in Leit- und Laufrad in stetiger, nicht plötzlicher Richtungsänderung geführt wird, so daß das schmutzige Wasser keine Gelegenheit hat, verschleißend zu wirken. Dagegen muß der Verschleiß bedeutend werden, wenn die Kreiselpumpe mit anderer als der günstigsten Wassermenge arbeitet. Dann hört eben der stoßfreie Wasserein- und -austritt auf. Hier haben wir als Beispiel die Abteufpumpe, die immer einen raschen Verschleiß der Schaufeln aufweist. Im übrigen wird es günstig sein, wenn die Wassergeschwindigkeit in den Kanälen des Lauf- und Leitrades nicht zu groß wird. Daher sind Kreiselpumpen mit sehr hohen Drehzahlen ($n = 3000$/min), die immer im Interesse einer mäßigen Austrittsgeschwindigkeit große relative Wassergeschwindigkeit ausführen müssen, für sandiges Wasser nicht geeignet. Ein rascherer Verschleiß der Schaufeln muß die Folge sein.

Der Verschmutzung des Pumpeninnern muß durch öftere Reinigung entgegengearbeitet werden. Steinansatz ist äußerst lästig.

Der ganze Betrieb der Kreiselpumpe stellt sich einfach. Er ist geräuschlos und frei von Erschütterungen. Das Anlassen und Abstellen ist wesentlich einfacher als bei der Kolbenpumpe. Ihre Betriebsbereitschaft dürfte daher etwas höher bewertet werden als die der Kolbenpumpe, doch ist dies für den gewöhnlichen Wasserhaltungsbetrieb ohne Bedeutung, für das Abteufen aber wohl.

Wichtiger als die erwähnten Umstände noch ist die erforderliche Anpassungsfähigkeit einer Pumpe an die besonderen Verhältnisse des Grubenbetriebes. Der geringere Raumbedarf der Kreiselpumpen ist nicht nur für die Aufstellung unter Tage von Bedeutung, sondern auch für die Bewegung der einzubauenden Sätze durch Schächte und Strecken. Die geringeren Gewichte und die Zerlegbarkeit der Kreiselpumpen erhöhen die Eignung der Kreiselpumpe für den Grubenbetrieb. Die Kreiselpumpe überschreitet auch bei sehr großen Teufen handliche Gewichte nicht, da die nötige Stufenzahl dann auf mehrere einzelne Gehäuse verteilt wird (bis 7 Räder in einem Gehäuse).

Das geringere Gewicht, der erschütterungsfreie Gang und der bei senkrechter Anordnung der Radwelle geringe Raumbedarf im Grundriß machen die elektrisch angetriebene Kreiselpumpe zur wirtschaftlichen Abteufpumpe, obgleich ihr Wirkungsgrad in diesem Betriebe sehr gering sein muß. Kein Beispiel zeigt deutlicher, wie wenig unter Umständen der Wirkungsgrad einer Maschine für das wirtschaftliche Gesamtergebnis zu bedeuten hat.

Das geringe Wartungsbedürfnis läßt die Kreiselpumpe gegenüber den oft schwierigen äußeren Betriebsbedingungen der Grube, wie z B. bei im Felde zerstreuten Pumpen, als der Kolbenpumpe bezüglich Anpassungsfähigkeit überlegen erscheinen. Zerstreuter Betrieb läßt sich nur durch die elektrisch betriebene Kreiselpumpe vorteilhaft leisten.

Daneben eignet sich aber auch gerade die Kreiselpumpe für eine Zusammenlegung des Wasserhaltungsbetriebes, die manche Vorteile bringt, indem das Wasser höherer Sohlen ohne weiteres durch Rohrleitungen dem Eintrittsstutzen der auf einer untere Sohle aufgestellten Kreiselpumpe zugeführt und so die Fallhöhe ausgenutzt wird bzw. die zu leistende Förderhöhe auf die wirkliche Förderhöhe der oberen Sohle beschränkt bleibt. Es können dann die verschiedensten Betriebe auf der untersten Sohle vereinigt werden. Die Kolbenpumpe bietet an sich diese Möglichkeit auch. Es ist aber aus gutem Grunde von dieser Möglichkeit selten Gebrauch gemacht worden. Die ungleichmäßige Förderung im Abfallrohr erfordert vor der unteren Pumpe die Aufstellung eines Druckwindkessels, der einer umständlichen Bewartung bedarf.

Bezüglich der Anpassungsfähigkeit und ihrer Mittel ist für die Kreiselpumpe das Nötige im Abschnitt VI D 1 gesagt worden. Danach ist die Kreiselpumpe geeignet, den einfachen Betriebsanforderungen des Wasserhaltungsbetriebes zu genügen. Diese Anforderungen gehen im allgemeinen auf gleichbleibende Wassermenge und gleichbleibende Förderhöhen. Bezüglich Regelung der Wassermenge steht die Kolbendampfpumpe und die Dampfturbopumpe den elektrisch angetriebenen Pumpen voran. Diese Regelbarkeit ist mehr eine Frage des Antriebes als der Pumpe. Bei dem elektrischen Antrieb mit starrer Drehzahl dagegen ist die Kreiselpumpe der Kolbenpumpe in der Regelung der Wassermenge entschieden überlegen, da dies bei ihr mit Hilfe des Drosselschiebers ohne merkliche Verluste in genügendem Maße geschehen kann, während die Kolbenpumpe keine Regelung der Fördermenge zuläßt. Soll die Fördermenge in sehr weiten Grenzen geregelt werden, so muß ein in der Drehzahl in weiten Grenzen regelbarer Antrieb gewählt werden. Alsdann ist aber die Kolbenpumpe der Kreiselpumpe entschieden überlegen.

In der Regelung der Förderhöhe überragt die Kolbenpumpe die Kreiselpumpe bedeutend, indem dieselbe Pumpe jeden Druck bei gleichbleibender Wassermenge zu überwinden imstande ist, wenn die Antriebsmaschine die nötigen Kräfte hergibt. Hier kann die Kreiselpumpe nicht mit, wenn man nicht zu dem umständlichen Mittel der Veränderung der Stufenzahl schreiten will, wie bei der Abteufpumpe. Eine Kreiselpumpe kann daher ohne Änderung nur auf der Sohle arbeiten, für die sie bestimmt ist, während eine Kolbenpumpe innerhalb der durch ihre Festigkeit gegebenen Grenzen auf beliebigen Sohlen arbeiten kann. Sie besitzt also eine weitgehende Freizügigkeit, die der Kreiselpumpe ohne weiteres nicht eignet. Die beliebige Druckerzeugung der Kolbenpumpen ist dann ein Nachteil, wenn eine vorübergehende Störung, etwa ein versehentlich geschlossener Schieber in der Druckleitung, hohen Widerstand schafft. Alsdann muß ein Bruch in Pumpe oder Leitung eintreten.

Mit schwankenden Drehzahlen wird die Kolbenpumpe besser fertig als die Kreiselpumpe, ohne daß dies für die Verwendung im Wasserhaltungsbetriebe störend wäre, wenn entsprechende Kennlinien der Pumpe angewandt werden.

Es gibt einen Fall der Verwendung, für den Kreiselpumpen ausgeschlossen sind. Bei Hebung von Sole steigen die Leitungswiderstände durch Verengung der Leitung infolge Steinansatzes bedeutend, in einem erwähnten Falle auf das Doppelte der Förderhöhe. Die Kolbenpumpe tat dabei unter erhöhtem Kraftaufwand ihre Arbeit zuverlässig weiter. Eine Kreiselpumpe hätte hier nach verhältnismäßig kurzer Betriebsdauer versagt, einen Ausbau der Rohrleitung oder einen Umbau der Pumpe verlangt.

Wir können daraus folgern, daß für besonders schwierige Betriebsbedingungen die Kolbenpumpe als die zuverlässigere Maschine zu gelten hat.

Für den Wasserhaltungsbetrieb hat die Kreiselpumpe so viele Vorteile für sich, daß der Betriebsbeamte sie auch dann vorziehen wird, wenn eine Rechnung die größere Wirtschaftlichkeit einer Kolbenpumpe ergeben würde.

Zur Entfaltung ihrer guten Eigenschaften ist aber unbedingt erforderlich, daß die Kreiselpumpe dem vorliegenden Betriebe angepaßt sei. Man kann eine Wasserhaltungsmaschine nicht vom Lager kaufen, sondern sie muß für jeden Fall nach den vorliegenden Angaben ausgewählt werden. Förderhöhe und Fördermenge, Leitungswiderstände, Drehzahl und Schwankungen der Drehzahl, Beschaffenheit des Wassers, Art und Umfang der erforderlichen Regelung, alle diese Verhältnisse müssen vorher sorgfältig ermittelt werden, damit eine den Betriebsbedingungen angepaßte, im Betriebe sichere und mit gutem wirtschaftlichen Erfolge arbeitende Wasserhaltung entsteht. Ferner erwarte man nicht, daß die in den Anlagekosten billigste Pumpe die wirtschaftlichste ist. Zur Erreichung einer guten Wirtschaftlichkeit bezüglich Kraftverbrauch und Lebensdauer sind beim Baue hochwertige, dem Betriebe angepaßte Baustoffe, Bauformen und sorgfältige Herstellung vonnöten. Auch in der Leitung des Betriebes nehme man Rücksicht auf die Eigentümlichkeiten der Kreiselpumpe, damit Überlastung und Beschädigung des Motors oder der Pumpe vermieden werden. Diese Bemerkung gilt insbesondere für den Betrieb parallelgeschalteter Kreiselpumpen.

Da die zwei Hauptgrößen: die Förderhöhe durch die Teufe und die Drehzahl durch den Drehstromantrieb gegeben sind, so müssen die Räder auf das genaueste berechnet und ausgeführt werden, damit die verlangte Fördermenge ohne Überlastung des Motors und mit nur geringer Nachhilfe durch den Drosselschieber mit gutem Wirkungsgrade gehoben werde. Die Kennlinie muß den Betriebsverhältnissen angepaßt sein.

Die im obigen gemachten Angaben beziehen sich auf mittlere Ausführungen für Wassermengen von etwa 3—5 cbm/min und Förderhöhen von einigen 100 m. Bei kleineren Wassermengen sinkt der Wirkungsgrad, und der Preis für die Leistungseinheit wird höher. Für sehr hohe Wasserdrücke verliert die Kreiselpumpe gegen die Kolbenpumpe wegen ihrer großen Stufenzahl. Ihre Anlagekosten wachsen etwa proportional der Förderhöhe, während die der Kolbenpumpe langsamer wachsen und in erster Linie durch die Fördermenge gegeben sind. Am ungünstigsten liegen die Verhältnisse für die Kreiselpumpe, wenn geringe Wassermengen auf sehr große Höhen zu heben sind, am günstigsten für große Wassermengen auf kleine Höhen.

Bei gleicher Förderhöhe arbeitet die Kreiselpumpe desto günstiger, je größer die Wassermenge ist. Kleine Wassermengen auf große Höhen werden am besten durch Kolbenpumpen, große auf geringe Höhen durch Kreiselpumpen gehoben.

Für Wassermengen unter 0,5 cbm/min sind Kreiselpumpen, für Wassermengen über 10 cbm/min Kolbenpumpen nicht zu empfehlen.

Kreiselpumpen als Wasserhaltungen sind bereits für Druckhöhen bis 1100 m ausgeführt worden.

Der Ansicht, daß mit wachsender Förderhöhe sich die Verhältnisse zugunsten der Kolbenpumpe verschieben, sind die im folgenden geschilderten Erfahrungen auf einer rheinisch-westfälischen Grube entgegenzuhalten (Glückauf 1915, S. 81 von M. Vahle).

Es wurden für eine größere Wasserlieferung und eine Teufe von 850 m bei 980 m Wasserdruck am Fuße der Steigeleitung Kolbenpumpen wegen ihres höheren Wirkungsgrades gewählt.

Im Betriebe traten u n e r w a r t e t e S c h w i e r i g k e i t e n auf.

D i e V e n t i l e waren schon nach Verlauf einiger Stunden so undicht, daß die Lieferung ganz erheblich sank. Nach 3tägigem Betriebe versagte die Pumpe ganz. Die Dichtungsringe der Fernisventile waren an vielen Stellen durchlöchert. Alle Verbesserungsversuche waren erfolglos. Die Ventile mußten alle 10 Stunden ausgewechselt werden.

Die Stopfbüchsen waren ebenfalls nicht dicht zu halten. Nach vielen Versuchen wurden Stopfbüchsenpackungen aus einer Reihe von Lederstulpen und Metallringen hergestellt, die einen längeren Betrieb der Pumpen erlaubten. Zu den häufig erforderten Ausbesserungen mußte ständig ein Arbeiter anwesend sein.

Die Ventilgehäuse machten dauernde Schwierigkeiten. Nach 4monatlichem Betriebe wurde plötzlich ein Ventilgehäuse undicht. Es zeigte sich zuerst in der Wand ein nadelfeines Loch, das sich nach 3 Tagen zu einem langen Risse erweiterte, so daß das Ventilgehäuse erneuert werden mußte. Später wurden noch 3 andere Gehäuse undicht, obgleich für sie Nickelstahl verwandt worden war. Die Brüche erfolgten jedesmal nach einer etwa 4monatlichen Betriebsdauer und immer in derselben Weise. Die Prüfung des Baustoffes ergab keine Fehler im Ventilgehäuse, ihre Bauart war gut. Als Grund der Brüche kann nur angenommen werden, daß der stete Wechsel zwischen hohen Druckspannungen des Druckhubes und den Zugspannungen des Saughubes Gefügeänderungen bewirkte. Da die Pumpe nur für 850 m Druckhöhe bestellt war, der Betriebsdruck aber 980 m war, so versuchte man vergeblich durch Anwendung von Nickelstahl und Vergrößerung der Wandstärke Abhilfe zu schaffen.

Man entschloß sich alsdann zu Kreiselpumpen.

Die Kreiselpumpen von Jaeger liefern 5 cbm/min, bei $n = 1450$/min. Der Wirkungsgrad ergab sich bei den Versuchen $\eta = 0{,}80$; $PS = 1700$. Diese Pumpen standen zur Zeit des Berichtes 3 Jahre im Betriebe und haben sich ausgezeichnet bewährt. Ausbesserungsarbeiten waren nur in geringem Umfange nötig und nur dann, wenn die abdichtenden Teile infolge Verschleißes erneuert werden mußten, etwa alle 9 Monate, bei 24stündigem Betriebe. Es wurden dann alle Dichtungen der 24stufigen Pumpe ausgewechselt.

Die Wasserbeschaffenheit war verhältnismäßig gut. Es war frei von groben Verunreinigungen, aber nicht besser als Grubenwasser im allgemeinen.

Ein Sinken der Lieferung von 5 cbm/min auf 4,7 cbm trat ziemlich schnell ein, dann ein langsames auf 4 cbm. Alsdann wurden die Dichtungsringe ausgewechselt, selten auch die Lauf- und Leiträder.

Eine Messung und Aufschreibung der Wasserlieferung obertage wurde vorgesehen, um die augenblickliche und die vorhergehende Lieferung jederzeit feststellen zu können. Auch die Länge der Betriebspausen lassen sich aus der Meßschrift ersehen sowie etwaige Störungen in der Pumpe, die sich durch eine scharfe Verminderung der Lieferung anzeigen. Die Meßlinien verlaufen geneigt, so daß man eine ständige Abnahme der Leistung erkennt. Nach einer Betriebspause aber beginnt der Betrieb mit einer erhöhten Leistung. Der Grund liegt in den Schwankungen des Wasserspiegels im Sumpfe. Nach den Pausen steht das Wasser im Sumpfe hoch und die Lieferung der Pumpe ist dann wegen der geringen Saughöhe größer und nimmt mit fallendem Wasserspiegel ab. Man ersieht aus dieser Erfahrung, daß die Lieferung der Kreiselpumpe von jeder Veränderung der gesamten Förderhöhe merklich beeinflußt wird.

Siebenter Teil.

Die Sonderformen der Pumpen.

A. Die kurbellosen Dampfpumpen.

1. Die Steuerungen der kurbellosen Dampfpumpen.

Unter kurbellosen Maschinen sollen hier Kolbenmaschinen ohne Kurbelgetriebe, also mit nur hin- und hergehender Bewegung, als enge Verbindung und einfachste Form einer Kolbenantriebs- mit einer Kolbenarbeitsmaschine verstanden werden. In die Gruppe fallen einige Gestängepumpen, die hydraulischen Wasserhaltungen und die schwungradlosen Dampfpumpen, zu deren Antrieb im übrigen auch Druckluft verwendet werden kann.

Diese Maschinen zeichnen sich durch ihre gedrängte Bauart aus. Ihre Stärke und ihre Schwäche liegt in der rein stoßenden Bewegung. Diese ergibt einen erschütterungsfreien Gang der Maschine, so daß sie auch als Schachtpumpe bei mäßiger Lagerung arbeiten kann. Andererseits kann sie nennenswerte Dampfdehnung wegen des mangelnden Kraftausgleiches nicht anwenden. Werden besondere Ausgleicher verwandt, dann verliert die Maschine ihre Einfachheit und ihre Bewartung ist umständlicher als die einer Schwungradmaschine.

Bei Schwungradmaschinen wird die Steuerbewegung von der Schwungradwelle abgeleitet. Es kann dabei jede gewünschte Dampfverteilung erreicht werden. Bei den schwungradlosen Maschinen liegt die Frage der Steuerung gänzlich anders.

Man unterscheidet Simplex- und Duplexpumpen. Erstere bestehen nur aus einer Maschinenseite, letztere aus zwei parallelen miteinander zusammenarbeitenden Maschinenseiten. Demnach sind auch die Steuerungen voneinander verschieden.

Es sei zunächst die Steuerung einer Simplexpumpe erörtert. Wir haben eine geradlinige Bewegung der Kolbenstangen, von der die Umsteuerung der Dampfverteilung abgeleitet werden muß.

In Fig. 181 sei innere Dampfeinströmung E durch einen Muschelschieber S vorgesehen. Dieser ist aus seiner Mittellage nach links verschoben, so daß Dampf auf die linke Kolbenseite gelangt. Gegen Ende des Rechtshubes muß der Dampfkolben die Umsteuerung besorgen, indem er durch Anschläge a a den Schieber aus seiner linken Endlage in seine rechte Endlage befördert, worauf der Frischdampf rechts zuströmen und der Abdampf links abströmen könnte. Während der Rechtsbewegung des Schiebers wird aber der linke Frischdampfzutritt gedrosselt, dann abgesperrt, wodurch bei gleichbleibendem Pumpenwiderstand eine Verlangsamung oder ein Stillstand der Kolben eintreten kann, ehe die Umsteuerung vollendet ist. Es sei angenommen, daß der Schieber wohl den rechten Dampfeinlaß eröffnet habe, aber nicht mit vollem Querschnitt. Dann wird der Linkshub des Kolbens mit geringerer Geschwindigkeit geschehen wegen der Drosselwirkung des zu geringen Einströmquerschnittes. Die Folge muß sein, daß wegen der geringeren Schwungkraft der Kolben am linken Hubende die Umsteuerung noch unvollkommener geschieht als vorher am rechten Hubende, daß also der linke Dampfeinlaß noch unzureichender geöffnet wird. Die weitere Folge ist eine stete Verlangsamung des Kolbenganges und Verkleinerung des Hubes, bis überhaupt nicht mehr umgesteuert, der Gang also unterbrochen wird.

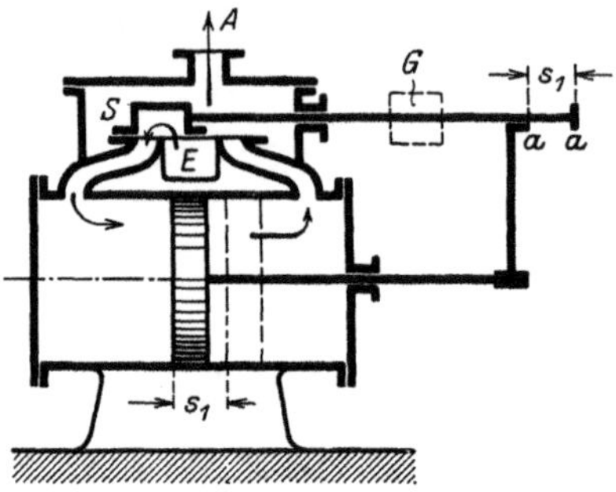

Fig. 181. Stoßsteuerung einer Simplexpumpe.

Diese Selbststeuerung durch die Kolbenstange ist daher nicht praktisch brauchbar. Sie könnte verbessert werden, wenn man auf der Schieberstange ein Gewicht G anbrächte, dessen Schwungkraft den Schieber auch dann weiter in seine Endlage treibt, wenn die Kolbenstange zu frühzeitig zum Stillstand kommt. Immerhin wäre auch dies Mittel unzuverlässig und durch einen Stoß im Steuergestänge erkauft.

Es kann uns aber zum richtigen Steuervorgang überleiten, indem wir erkennen: der Kolbenstangenanschlag muß eine Kraft auslösen, die ihrerseits die völlige Umsteuerung des Verteilschiebers ohne Rücksicht auf den weiteren Gang des Hauptkolbens vornimmt.

Dies zeigt Fig. 182. Der Hauptzylinder hat wieder innere Dampfeinströmung E, die Vorsteuerung s aber äußere Einströmung. Der Kolbenanschlag a verschiebt den Schieber s der Vorsteuerung nach rechts. Dieser Vorgang ändert zunächst nichts an der Stellung des Hauptschiebers S, hat also auch keine Dampfdrosselung im Hauptzylinder zur Folge. Dem weiteren Kolbengang stellen sich also während der Vorsteuerzeit keine Hindernisse entgegen, so daß der Vorsteuerschieber völlig umgesteuert wird. Alsdann wird der Vorsteuerkolben k nach rechts verschoben und durch ihn der Hauptschieber S. Diese Umsteuerung geschieht ebenfalls völlig, da sie von der Bewegung des Hauptkolbens unabhängig ist. Selbst wenn der Vorsteuerschieber s nur unvollkommen umgesteuert hätte, so daß dem Eintritt des linken Frischdampfes und dem Austritt des rechten Abdampfes im Vorsteuerzylinder nur geringe Querschnitte zur Verfügung ständen, so würde die Umsteuerung des Hauptschiebers S doch vollständig geschehen und sich nur zeitlich etwas verzögern. Der Vorzug dieser Anordnung ist also sichere völlige Umsteuerung und stets voller Hub des Arbeitskolbens.

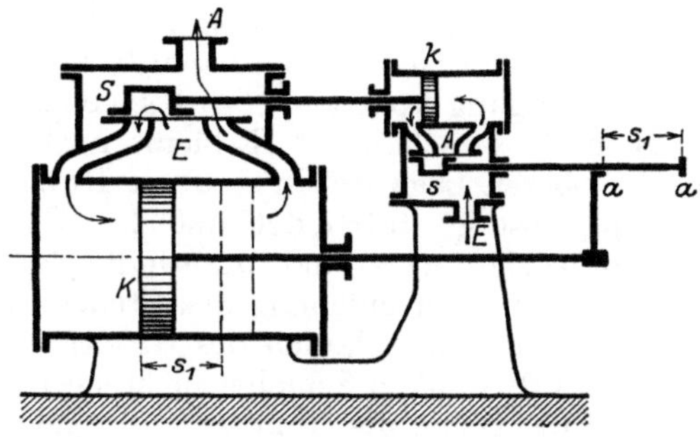

Fig. 182. Steuerung und Vorsteuerung einer Simplexpumpe.

Alle Simplexsteuerungen können auf dieses Schema zurückgeführt werden, so sehr sie auch äußerlich davon abzuweichen scheinen.

In den Ausführungen finden sich mannigfache scheinbare Vereinfachungen, indem einzelne Teile zu einem Körper zusammengezogen oder in die inneren Räume der Maschine hineinverlegt worden sind. Eine wirkliche Vereinfachung bezüglich der Zahl und Art der wirksamen Teile ist nirgends gelungen.

Für größere Wassermengen werden die Duplexpumpen angewandt. Diese besitzen zwei parallele und im Zusammenhange miteinander arbeitende Dampfzylinder, Fig. 183.

Die beiden Maschinenseiten steuern sich gegenseitig. Das Schema ist nach dem der Simplexpumpen ohne weiteres verständlich, wenn wir bedenken, daß bei diesen auch zwei Dampfkolben und zwei Schieber vorhanden sind. Die Simplexpumpen bestehen ebenfalls aus zwei parallelen Maschinenseiten, deren einer Kolben freilich keine andere Arbeit verrichtet als die der Umsteuerung.

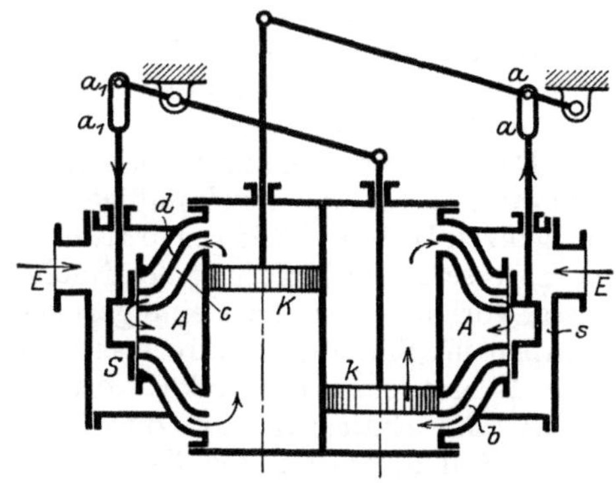

Fig. 183. Gegenseitige Steuerung einer Duplexpumpe.

Der Arbeitskolben K verschiebt durch einen Hebel und die Anschläge a den Vorsteuerschieber s, der Vorsteuerkolben k in gleicher Weise den Hauptsteuerschieber S.

Es ist die Stellung der Kolben gezeichnet, in der der aufwärtsgehende Kolben K sich dem Hubende nähert und der untere Kolben k, der bisher während des Aufganges des Kolbens K in seiner unteren Hubpause verharrte, sich gerade nach aufwärts in Bewegung gesetzt hat.

Die Bewegung von k wurde eingeleitet durch K, der nach Durchlaufen des Spielraumes a a den Schieber s etwas angehoben hat, so daß Dampf durch den Einströmkanal b unter k treten kann. Während K seinen Aufgang vollendet, wird s völlig im Sinne des Aufganges des Kolbens k verschoben. K bleibt nach Vollendung seines Aufganges in der oberen Lage stehen — obere Hubpause —, da im oberen Raume Dampfpressung stattfindet und bei Ruhelage des Kolbens sich die Dampfdrücke ober- und unterhalb des Kolbens das Gleichgewicht halten. Eine Verschiebung des Steuerschiebers S tritt zunächst nicht ein, bis nach Durchlaufen des Spielraumes a_1 a_1 der aufwärtsgehende Kolben k den linken Schieber umsteuert. Durch die Spielräume aa und a_1 a_1 ist die Dauer der Hubpausen festgelegt. Der Kolben K bleibt also, nachdem er in dem letzten Teile seines Aufhubes den rechten Schieber umgesteuert und dadurch die Hubpause des rechten Kolbens beendet hat, selbst in seiner oberen Endlage stehen, bis ihn der letzte Teil des Aufhubes von k durch Umsteuerung von S aus der Ruhe befreit.

In diesem Sinne geht das Spiel der Kolben und Schieber weiter.

Diese Arbeitsweise zeigt ein an einer Duplexpumpe abgenommenes Zeitwegdiagramm, Fig. 84. Die Kolbenwege wurden von den Kolben abgeleitet, die Papiertrommel dabei senkrecht zum Kolbenwege durch einen Elektromotor gleichförmig bewegt. Man ersieht, daß der vorauflaufende Kolben am Hubende wartet, bis der zweite Kolben den gleichen Hub vollendet hat, sich dann umgekehrt bewegt, während der zweite Kolben wartet.

Die günstige Wirkung dieser Hubpausen auf das Spiel der Ventile einer durch die Duplexpumpe angetriebenen Kolbenpumpe wurde im Abschnitt V A 3 erläutert.

Die Wasserbewegung in den Leitungen ist sehr gleichmäßig. Das Diagramm zeigt eine gleichmäßige Kolbengeschwindigkeit fast während des ganzen Hubes. Läßt gegen Hubende die Lieferung des einen Kolbens nach, so setzt die Lieferung des Nachbarkolbens ein. Sind keine Windkessel vorhanden, so tritt eine gegenseitige Beeinflussung der Nachbarpumpen im Sinne der Aufrechterhaltung der gleichmäßigen Strömung ein. Lahmt etwa der linke Kolben, dann tritt vor dem Pumpenkolben eine Entlastung auf durch das Voreilen der nicht verzögerten Wassersäulen, die auf die Kolben beider Seiten einwirkt, so daß der rechte Pumpenkolben dem Wasser folgen und beim Stillstand des linken Kolbens und mittlerweile entwickelter Dampfkraft auf den rechten Kolben die Wasserlieferung fortsetzen kann. Es werden bei dieser Betriebsweise die Massen des Leitungswassers zur Regelung herangezogen. Windkessel sind entbehrlich.

Einige nehmen Anstoß an den Gelenken der Steuerungen, die in staubigen Räumen und bei mangelhafter Bewartung zu einem Versagen führen können. Es werden daher einige „gelenklose“ Steuerungen gebaut.

In Hartmann-Knoke-Berg 3. Auflage, S. 374 findet sich Bild und Beschreibung einer gelenklosen Steuerung von Otto Schwade & Co., Erfurt. Wie weit die Vereinfachung der äußeren Steuerung getrieben werden kann, zeigt die Dr. Scholz-Pumpe, Fig. 184, der gleichen Firma. Sie eignet sich besonders zur Abteufsenkpumpe.

Fig. 184. Gelenklose Steuerung einer Dr. Scholz-Pumpe. (Otto Schwade & Co.)

Bei den Kurbelpumpen begrenzt die Kurbel den Kolbenhub. Bei Stoßmaschinen besteht die Gefahr, daß der Kolben am Hubende an den Deckel anstößt. Die Hubbegrenzung geschieht daher durch ein Dampfpolster, Fig. 183. Gegen Hubende strömt der Abdampf durch den Kanal c aus, während der Kanal d durch den Schieberlappen überdeckt ist. Hat der Kolben K den Kanal c überlaufen, dann preßt er den Restdampf, der durch den geschlossenen Kanal d nicht entweichen kann, zusammen und gelangt sanft zur Ruhe. Der Kanal d wird nicht ganz vom Kolben überlaufen. Nach Beendigung der Hubpause und Umsteuerung des Schiebers S strömt der Frischdampf durch d über den Kolben.

Die schwungradlosen Pumpen wurden 1883 von H. H. Hülsenberg in Freiberg i. S. und 1884 von C. H. Worthington in New York angegeben.

2. Der Dampfverbrauch und die Verwendung der Duplexpumpen.

Die angegebenen Steuerungen zeigen keine Dampfdehnung. Werden Schwungmassen im Gestänge angebracht, oder läßt man die geschilderte ausgleichende Wirkung der Wassersäulen eintreten, dann läßt sich eine entsprechende Dampfdehnung durch geeignete Steuerungen ausführen. Zur Erreichung weitgehender Dampfdehnung sind besondere Ausgleichsvorrichtungen ausgeführt worden. Es sei verwiesen auf die von Hülsenberg, Z. d. Ver. deutsch. Ing. 1885, S. 432, Fig. 39 und 40, auf die von Worthington, Hartmann-Knoke, 3. Aufl., S. 376 und 377, und die der Odessepumpenfabrik, H.-K., S. 379; Abbildung und Beschreibung der Expansionssteuerung von Odesse: H.-K., S. 372, 373.

Für Bergwerkspumpen kommen diese verwickelten Anordnungen nicht in Frage.

Der Dampfverbrauch der kurbellosen Pumpen ist groß.

Zu seiner Verminderung wird eine Art Stufendehnung in mehreren Zylindern angewandt, und zwar auf eine eigentümliche Art, die ziemlich große Füllungen in den einzelnen Zylindern ergibt, also keiner besonderen Steuerung und keines schwierigen Energieausgleiches bedarf. Der Ausgleich geschieht dabei durch die Gestängemassen.

Über den Dampfverbrauch der schwungradlosen Dampfpumpen seien einige Angaben nach O. H. Mueller, Direktor der Worthington-Pumpen Co., Berlin, gemacht.

Der Dampfverbrauch je PS_e und st ist je nach Größe und Bauart verschieden.

Mit Auspuff und Vollfüllung: Kleine, einfache, unverkleidete Pumpen 50 kg; bei 10 PS — 35 kg; mit zunehmender Größe geht der Dampfverbrauch herunter. Bei höherem Dampfdruck wird der Dampfverbrauch ebenfalls geringer. Mit Verbundwirkung und Dehnung 1 : 3, Auspuff: je nach Größe und Ausstattung 30—20 kg. Mit Kondensation und Dehnung 1 : 4. Niederdruckzylinder mit Dampfmantel: bis 50 PS — 25—15 kg. Überhitzter Dampf vermindert den Dampfverbrauch wesentlich, um 50—30 v. H. Dreizylindrige Maschinen ohne Ausgleicher, 1 : 10 Dehnung. Mit Kondensation. Von 25—250 PS Dampfverbrauch 15—8 kg bei gesättigtem und 11—7 kg bei überhitztem Dampf. Maschinen mit Ausgleichern und 1 : 25 Dehnung, 9—6,5 kg gesättigten und 8—5 kg überhitzten Dampf.

Wegen ihrer Einfachheit, geringen Raumbedarfs, geringeren Fundaments, geringerer Anlagekosten, geräuschlosen stoßfreien Ganges, der Regelfähigkeit ihrer Leistung, des geringen Wartungsbedürfnisses und des meist leicht zu beschaffenden Triebmittels Dampf finden die Simplex- und Duplexpumpen trotz ihres meist höheren Dampfverbrauches gegenüber Schwungradpumpen eine ausgedehnte Anwendung wegen des einen oder des anderen ihrer Vorzüge.

Für große Leistungen unter den üblichen Betriebsbedingungen kommt sie im allgemeinen nicht in Frage, doch könnte sie als billige Aushilfe für eine betriebene Dampfpumpe nützliche Verwendung finden.

Allgemein bekannt ist ihre Verwendung als Kesselspeisepumpe. Hierin dürfte wohl die beste öffentliche Anerkennung ihrer weitgehenden und bewährten Betriebssicherheit zu erblicken sein. Von den Schwungradpumpen herkommend, ist man leicht versucht, die Stoßpumpen als minderwertig und betriebsunsicher zu betrachten. Doch beachte man, daß kleinere Schwungradpumpen bei größeren Anlagekosten und kaum wesentlich geringerem Dampfverbrauch unter Umständen unwirtschaftlicher sind als Stoßpumpen. Bezüglich der Betriebssicherheit und Bequemlichkeit ist die Stoßpumpe der Schwungradpumpe überlegen. Man denke zunächst an das günstige Ventilspiel der Stoßpumpen (Abschnitt V A 3). Dann an die einfache Bewegung und Steuerung, die völlig sicher wirkt. Im Gestänge sind nur geringe Schwungwirkungen aufgespeichert, so daß Zwangswirkungen wie bei Schwungradpumpen nicht auftreten können. Stellen sich dem Kolbenwege Hindernisse entgegen, dann bleibt er einfach stehen, während das Schwungrad auch die größten Hindernisse, allerdings unter der Gefahr eines Bruches der beteiligten Glieder, nimmt. Die Brüche, die an der Schwungradpumpe oder der angeschlossenen Leitung zu befürchten sind, sind bei der Stoßpumpe ausgeschlossen.

Fig. 185. Duplexsenkpumpe für geneigte Strecke. (Otto Schwade & Co.)

Die Stoßpumpe kann auf eine beliebige kleinere Hubzahl als die Höchstzahl eingestellt werden. Diese Einstellung geschieht durch Dampfdrosselung. Sie kann sich dabei einem sehr schwankenden Bedarfe anpassen. Bei der Schwungradpumpe ist eine Abwärtsregelung in gleichem Maße nicht möglich, da sie wegen der Totlagen ihres Kurbeltriebes einer gewissen Geschwindigkeit bedarf, um diese Totlagen durch ihre Schwungradwirkung zu überwinden.

Es seien hier einige Ausführungsbeispiele angeführt.

Eine Verbundduplexpumpe läßt Fig. 108 erkennen. (Weise & Monski, Halle.) Die Pumpe hat Doppeltauchkolben mit Außenstopfbüchsen. Sie eignet sich für unterirdische Wasserhaltungen. Die Dampfniederschlagung ist am vorderen Ende zu sehen.

Die Verwendung der Duplexpumpe als Wasserhaltungsmaschine ergibt sich nach den einleitenden Betrachtungen. Diese Maschinen werden von den Erzeugern auf Lager gearbeitet und können bei plötzlichem Bedarf in kurzer Zeit angeliefert werden.

Für unterirdische Wasserhaltungen eignen sie sich noch aus dem Grunde, weil sie, unter Wasser geraten, ihren Dienst vielfach aufrecht erhalten konnten, während Schwungradpumpen in solchen Fällen meistens versagten. Bei einer Schwungradpumpe wird das sich bei Überschwemmung bildende Niederschlagswasser durch den Dampfkolben gegen Hubende zwangsweise durch die etwa vorhandenen kleinen Auslaßventile ausgedrückt. Hierbei kommt es zu einer die Maschine gefährdenden Kraftäußerung im Gestänge. Ein Bruch ist die regelmäßige Folge. Bei den Stoßpumpen kann sich der Kolben Zeit nehmen, das Niederschlagswasser gemächlich durch die dafür vorgesehenen Ventile auszudrücken. Duplexdampfpumpen sind in mehreren Fällen monatelang unter Wasser gelaufen.

Der erschütterungsfreie Gang der Duplexpumpen macht sie geeignet für bewegliche Pumpen. Man vgl. Fig. 110 einer Abteufpumpe.

Fig. 185 endlich gibt eine bewegliche Streckenpumpe zum Entwässern von einfallenden Strecken oder Schächten. Sie weist die gleiche Ausbildung wie die Abteufpumpe auf.

B. Die Pulsometer.

1. Die Beschreibung und Wirkung der Pulsometer.

Die Pulsometer sind eine Erfindung des C. H. Hall, New York, 1872. Sie wurden 1875 in Deutschland eingeführt und durch die Firma C. H. Hall Nachf. Carl Eichler, Berlin, weiter ausgebildet und verbreitet. Sie werden heute von mehreren Erzeugern gebaut.

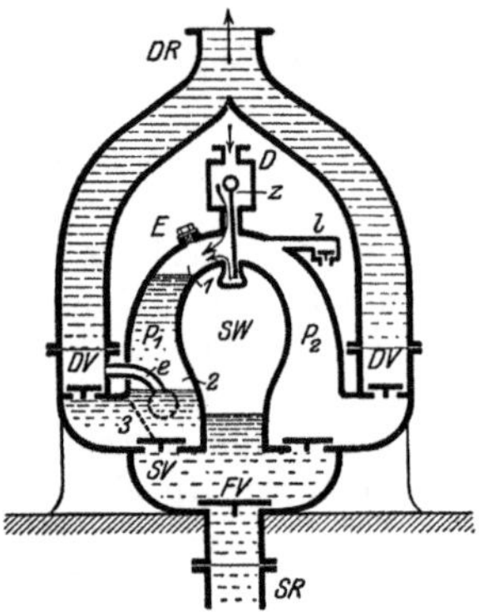

Fig. 186. Schema eines Pulsometers.

Fig. 186 gibt eine schematische Anordnung, die alles Entscheidende in einer Ebene zeigt, aber von den Ausführungen (Fig. 188) baulich abweicht.

Der Pulsometer stellt eine doppeltwirkende Dampfdruckpumpe ohne Kolben dar. Der Dampf berührt sich unmittelbar mit dem Förderwasser. Die Förderwirkung geschieht dabei wie bei Kolbenpumpen. Da die Druckfläche für Wasser und Dampf die gleiche ist, so ist die mögliche Druckhöhe durch den gegebenen Dampfdruck begrenzt. Zur Erreichung größerer Förderhöhen müssen mehrere Pulsometer hintereinander geschaltet werden (Fig. 189). Da sich Wasser und Dampf im gleichen Raume befinden, so muß ein starker Dampfverlust durch Dampfniederschlag stattfinden. Im übrigen ist die ganze Anlage einfach genug, um mannigfache Verwendung zu finden.

Entsprechend seiner Wirkung als Dampfpumpe besitzt der Pulsometer eine Dampfsteuerung in der Einlaßzunge Z, die ein nach beiden Pumpenseiten wirkendes Einlaßventil darstellt. Sie läßt den Dampf aus der Frischdampfleitung D abwechselnd in die Pumpenkammern P_1 und P_2 eintreten. Zum Austritt benutzt der Dampf die Druckventile D V, nachdem er am Ende des Druckhubes im Wasser niedergeschlagen ist. Das Wesen der Kolbenpumpe erkennen wir an den Saug- und Druckventilen S V und D V und dem Saugwindkessel S W. Ein Druckwindkessel kann noch hinter den Druckventilen eingeschaltet werden. F V ist ein Rückschlagventil in der Saugleitung S R, meist Fußventil genannt. Es hat den Zweck, ein Rückfallen des Inhaltes des Saugwindkessels zu verhüten. P_1 und P_2 sind die beiden Pumpenkammern. An ihren oberen Enden befinden sich Luftschnüffelventile l, die bei jedem Saughube eine kleine Menge Luft in den Pumpenraum einsaugen. Ihr Hub kann zwecks Regelung der Luftmenge eingestellt werden.

Der linke Pumpenraum befinde sich am Beginne des Druckhubes. Der Wasserspiegel sei 1, darüber befindet sich die eingeschnüffelte Luft und darüber der Frischdampf, der zuströmt, da die Zunge Z rechts anliegt. Der Dampf drückt das Wasser durch das Druckventil D V in die Steigeleitung. Die zwischen Dampf und Wasser eingelagerte Luftschicht vermindert den Wärmeaustausch zwischen Dampf und Wasser, verhütet also einen zu starken verlustbringenden Dampfniederschlag. Ein solcher rindet auch an den Wandungen des Pumpenraumes statt. Sinkt der Wasserspiegel unter die Linie 2, etwa bis 3, dann vermischt sich das Wasser mit dem Dampf, da infolge der Schwerewirkung des Wassers ein solcher schräger Wasserspiegel nicht bestehen kann.

Der nötige Niederschlag wird meist noch durch eine besondere Einspritzvorrichtung e, die aus dem Druckraum gespeist wird, befördert. Der Dampfniederschlag hat einen Druckabfall im Pumpenraum P_1 zur Folge, so daß sich das Druckventil schließt. Während des Druckhubes der linken Kammer fand der Saughub der rechten Kammer statt. Tritt in der linken Kammer der Niederschlag ein, so nähert sich der Saughub der rechten Kammer seinem Ende, und es findet infolge der lebendigen Kraft des aufsteigenden Saugwasserstromes eine Druckerhöhung der im oberen Teile vorhandenen bisher angesaugten Luft statt. Das Luftsaugventil schließt sich, und der Druck auf die rechte Fläche des Dampfventils Z erhöht sich. Es finden bei richtiger Einstellung des Saug- und Druckhubes die Spannungserniedrigung links infolge Niederschlags auf den zum Ansaugen nötigen Unterdruck und die Spannungserhöhung rechts über den bisher beim Ansaugen herrschenden Unterdruck gleichzeitig statt, so daß jetzt ein Überdruck von rechts nach links auf die Steuerklappe wirkt. Sie steuert um, sperrt den Frischdampf vom linken Raume ab und führt ihn dem rechten Raume zu. Daher kommt rechts die Saugsäule zur Ruhe, das Saugventil schließt sich, und das Wasser wird durch den Dampfdruck zur Druckleitung ausgestoßen. Auf der linken Seite hebt sich infolge des Unterdruckes das Saugventil, und Wasser tritt aus der Saugleitung in den linken Pumpenraum. Hierauf wiederholen sich die abwechselnden Spiele.

Der Dampfdruck muß erfahrungsgemäß 2 bis $2^1/_2$ atm höher sein als dem Gewicht der Drucksäule entspricht. Die Pumpe arbeitet auf einfachste Weise mit Niederschlagung. Fig. 187 zeigt ein an einem Pulsometer aufgenommenes Zeitdruckdiagramm. Es wurde durch Indizieren der Pumpenkammern gewonnen, wobei der Papierstreifen durch ein Uhrwerk gleichförmig gedreht wurde. Es zeigt sich nach der Umsteuerung im Punkte a ein Anstieg des Dampfdruckes durch die Dampfeinströmung. Der Anstieg geht nicht allzu rasch vor sich, was wohl auf den geringen Eintrittsquerschnitt und auf die Eintrittsniederschlagung zurückzuführen ist. Der den Wasserdruck übersteigende Dampfdruck dient zur Beschleunigung des Wassers. Nach $1/3$ der Zeit etwa sinkt der Dampfdruck, so daß der Eindruck einer Dampfdehnung erweckt wird. Das Sinken des Dampfdruckes bei offenem Einlaß dürfte auf Drosselung in der kleinen Eintrittsöffnung zurückzuführen sein, die in der Hubmitte nicht genügend Dampf zuführen kann.

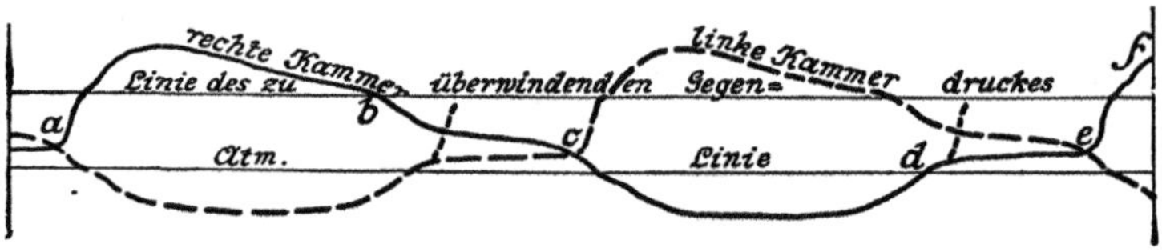

Fig. 187. Zeitdrucklinie eines Pulsometers von Gebr. Körting. (Hartm. Kn. B.)

Der Dampfdruck fällt gegen Hubende noch weiter, obgleich hier offenbar eine Verlangsamung der Wasserbewegung statthat. Gegen Ende wachsender Dampfniederschlag dürfte für dieses Sinken verantwortlich zu machen sein. Die gestrichelte untere Linie gibt die Druckverhältnisse der Nachbarkammer: die vorschreitende Niederschlagung, das Ansaugen und das gegen Ende erfolgende Anwachsen des Druckes. Im Punkte c erfolgt das Umsteuern der Dampfzunge und eine Umkehrung des Spieles.

Von einer eigentlichen Dampfdehnung kann nicht die Rede sein, dagegen zeigt der bei offenem Dampfeinlasse erfolgende Druckabfall in der Hubmitte starke Dampfniederschlagung, also Verluste, an. Dies ist auch gar nicht anders zu erwarten.

Fig. 188 zeigt den Pulsometer von C. Henry Hall Nachf. Carl Eichler, Berlin SW. Er bietet gegen die schematische Fig. 186 eine andere räumliche Anordnung der Teile. Es bedeutet a die Dampfsteuerung, b Saugventile, c Druckventile, d das Fußventil, C der Saugwindkessel, A der Pumpenraum, B der Druckraum und g die Luftschnüffelventile. h sind Löcher, die den Druckraum mit dem Pumpenraum verbinden, und die nach Sinken des Dampfdruckes unter den Steigrohrdruck eine Einspritzung vom Druckrohr nach dem Pumpenraum ergeben. Sie befördern gegen Ende des Druckhubes die erforderliche Niederschlagung. Durch Deckel hat man die Ventile zugänglich gemacht. Die Schrauben f an diesen Deckeln dienen zum gelegentlichen Auslassen des Wassers. Im höchsten Punkte des Pumpenraumes ist eine Entlüftungsschraube e angebracht, um ein Auffüllen der Kammern mit Wasser zu ermöglichen. Die Ventile sind aus Gummi. Sie sind am Rande und an der Einklemmstelle in Rücksicht auf die Haltbarkeit verstärkt, dazwischen wegen der nötigen Biegsamkeit dünner. Es können hier Gummiventile verwendet werden, da mit einem Pulsometer nur verhältnismäßig geringe Drücke bis etwa 40 m überwunden werden.

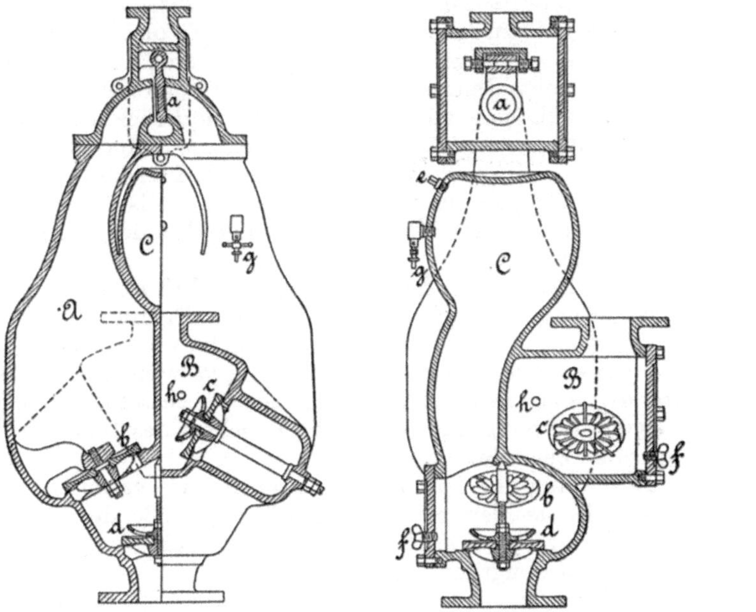

Fig. 188. Eichlerscher Pulsometer. (Hartm. Kn. B.)

Ferner bauen Pulsometer: Gebr. Körting, Hannover; Hausmann, Burg; Neuhaus, Berlin. Die Pulsometer werden für kleine Wassermengen bis aufwärts zu großen Mengen von 10 cbm/min und für Förderhöhen bis 50 m gebaut.

2. Der Betrieb und die Verwendung der Pulsometer.

Das Anlassen eines Pulsometers ist einfacher als das einer Kolbenpumpe, (V. E 2). Man kann auch hier ein trockenes und ein nasses Ansaugen unterscheiden. Das trockene Ansaugen kann bei geringer Saughöhe zum Ziele führen. Die Luftventile sind zu schließen. Dann wird das Dampfventil rasch geöffnet und wieder geschlossen. Der Dampf drückt die Luft der Pumpenkammer zum Druckventil aus, schlägt alsdann an den kalten Wandungen der Kammer nieder, und das Absaugen der Luft des Saugrohres beginnt. Der Vorgang muß wiederholt werden, bis Wasser angesaugt wird. Ist dies bemerkbar, dann muß das Dampfventil richtig eingestellt werden, und der Pulsometer nimmt den Betrieb auf. Ist es nach einigen Versuchen nicht gelungen, anzusaugen, so sind weitere Versuche zwecklos, da die Pumpenkammer heiß geworden ist und eine Luftleere nicht mehr erzeugen kann. Sicherer gelingt das nasse Ansaugen. Die Pumpenkammern werden durch das Loch der entfernten Füllschraube e, Fig. 188, mit Wasser gefüllt, wobei die Luft entweicht. Alsdann ist die Luftablaßschraube wieder einzusetzen und die Luftschnüffelventile sind zu schließen. Dann wird, wie oben geschildert, das Dampfventil rasch geöffnet und wieder geschlossen. Es wird dadurch Wasser ausgedrückt, Dampf niedergeschlagen und die Luft aus der Saugleitung allmählich abgesaugt und durch die Druckventile entfernt. Ist die Saugleitung angefüllt, dann werden die Luftventile geöffnet, ebenfalls das Dampfventil, und der regelrechte Betrieb beginnt. Sind Pulsometer und Saugleitung mit Wasser gefüllt, so ist nur das Dampfventil zu öffnen und seine Öffnung sowie der Hub der Luftventile auf guten Gang einzustellen.

Eine Regelung kann durch das Dampfeinlaßventil und die Luftventile geschehen. Je nach dem zugeführten Dampfdruck kann die Zahl der Spiele in gewissen Grenzen eingestellt werden. Das richtige Zusammenpassen der Spiele beider Kammern wird durch Regelung des Lufteintritts erreicht. Durch die Menge der zutretenden Luft kann die Bewegung der Saugsäule, durch die Regelung des Dampfdrucks die der Drucksäule beeinflußt werden.

Die Bedeutung der Luft ist eine doppelte: sie vermindert die unerwünschte Niederschlagung und dämpft die Stöße der Saugwassersäule im Pumpenraum. Der Saugwindkessel gewährleistet einen gleichmäßigen Fluß im Saugrohr.

Die Zahl der Spiele kann von 10—100/min wechseln. Sie wächst mit dem Dampfdruck und ist am größten bei geringer Saug- und Druckhöhe. Die Saughöhe wird zwar bis zu 8 m angegeben, daneben aber empfohlen, sie nicht über 2 m zu nehmen.

Der Pulsometer ist offenbar die einfachste Wasserhebeanlage. Er ist einfach und zu seinem Betriebe nur Dampf nötig. Er bedarf keiner festen Verlagerung, da keine merklichen Stöße bei seinem Betriebe auftreten. Er wurde daher auch häufig beim Abteufen als Senkpumpe verwendet.

Soll ein Pulsometer zuverlässig arbeiten, so ist seine Eigenart zu berücksichtigen. Die Aufstellung des Pulsometers hat senkrecht zu erfolgen. Sonst kann die Dampfsteuerung nicht wirken.

Es ist möglichst trockener Dampf zu verwenden. Beim Anlassen ist z. B. der Niederschlag der Zuleitung vor dem Pulsometer auszulassen, damit er nicht mit in den Pulsometer hineingelangt. Das heiße Wasser würde das Entstehen einer zum Ansaugen erforderlichen Luftleere verhindern. Eine kalte Dampfleitung ist zuvor anzuwärmen. Eine neue Dampfleitung ist vorher gründlich auszublasen Die Saugleitung muß gut dicht sein, damit keine die Luftleere schädigende Luft angesaugt wird. Die Luftsaugventile müssen demnach auch sehr sorgfältig auf den nötigen Durchlaß eingestellt werden. Das Saugrohr darf nie von Wasser entblößt werden; sonst schnappt der Pulsometer ab. Der Dampfüberdruck muß ein genügender sein. Die Steuerzunge muß in gutem Zustande sein, desgleichen ihre Sitze. Es muß darauf geachtet werden, daß die Einspritzlöcher nicht verstopft werden. Hartes Wasser setzt Kesselstein ab und macht eine öftere Reinigung nötig. Ventile und Dampfklappe bedürfen der Beaufsichtigung.

Der Dampfdruck vor dem Pulsometer soll höher sein, als dem Drucke der Fördersäule entspricht (nach C. H. Hall, Carl Eichler):

vor dem Pulsometer Überdruck über die Förderhöhe	1	1,5	3	4	5	6	8	atm
bei einer Förderhöhe von . . .	5	10	20	30	40	50	60	m

Die Dampfleitung ist so zu bemessen, daß dieser Überdruck bei dem zu erwartenden Dampfverbrauche auch richtig vor dem Pulsometer vorhanden ist. Geringerer Überdruck führt zu einer Verminderung der Leistung. Die Dampfleitung soll umhüllt sein, damit dem Pulsometer nur trockener Dampf zugeführt wird. Die Zuführung von heißem Wasser führt zu einer Verminderung der Saugfähigkeit. Die Wasserleitungen sollen möglichst geradlinig geführt sein, um wenig Widerstände zu bieten. Im anderen Falle ist der Dampfüberdruck zu erhöhen. Es ist von Wichtigkeit, auf diesen Punkt hinzuweisen, da eine Regelung des Pulsometers nur bei vorgesehener reichlicher Dampfdrosselung möglich wäre.

Die Saugleitung muß stetig ansteigend geführt sein, damit sich keine Luftsäcke bilden können. Beim Ansaugen dieser Luft würde der Pulsometer abschnappen, da er alsdann nicht die zum Wassersaugen nötige Luftleere erzeugen könnte. Mit Luft weiß ein Pulsometer nicht fertig zu werden.

Bei Bestellung eines Pulsometers ist es erforderlich, außer der zu fördernden Wassermenge Saughöhe, Druckhöhe, Länge, Querschnitt und Form der Leitungen, auch den vor dem Pulsometer vorhandenen Dampfdruck anzugeben, damit ein für diese Verhältnisse passendes Stück gewählt werden kann. Für größere Förderwiderstände ist eine größere Ausführung zu wählen, da die Fördermenge des gleichen Stückes mit der Förderhöhe abnimmt. So wird z. B. angegeben: für 5 m Höhe Leistung 5 cbm/min, für 60 m Höhe Leistung des gleichen Stückes 1 cbm/min. Mit steigender Temperatur des zu fördernden Wassers vermindert sich die Ansaugeleistung. Sehr heißes Wasser kann nicht gefördert werden.

Der Dampfverbrauch der Pulsometer ist ersichtlich sehr viel höher als der guter Kolbendampfpumpen. Er kann daher für die meisten Betriebsverhältnisse mit jener nicht in Wettbewerb treten. Jedoch empfiehlt er sich infolge seiner Billigkeit für vorübergehende Verwendung. Auch die Einfachheit seines Betriebes verschafft ihm entsprechende Anwendung. Die Bequemlichkeit seiner fundamentfreien Lagerung, geringer Raumbedarf und geringes Gewicht lassen ihn als Abteufpumpe sehr brauchbar erscheinen. Er wurde hierzu auch vielfach verwendet und dürfte auch heute noch in manchen Fällen geeignet sein. Ein Pulsometer kann im Bedarfsfalle rasch beschafft werden, da die Erzeuger ein entsprechendes Lager halten. Bei plötzlichem Wasserandrang wird daher der Pulsometer treffliche Dienste leisten können. Seine Verwendungsmöglichkeit ist freilich durch die geringe und in starker Abhängigkeit vom Dampfdrucke stehende Förderhöhe begrenzt. Das Hintereinanderschalten von Pulsometern zur Erhöhung der Druckhöhe findet im Notfalle statt, kann aber auch keine beliebigen Druckhöhen erzwingen, da der Betrieb der einzelnen voneinander abhängigen Pulsometer schwierig wird und überhaupt die Gesamtförderhöhe durch die Notwendigkeit, den Abdampf im Förderwasser zur Erzeugung der nötigen Saugspannung niederzuschlagen, beschränkt ist. Wegen des großen Dampfverbrauchs der Pulsometer wird die Grenze des in dieser Beziehung Erreichbaren weit enger sein als bei der unterirdischen Dampfwasserhaltung, die ebenfalls den verbrauchten Dampf im Förderwasser niederschlagen muß.

Die Pulsometer wurden früher auch zur ständigen Wasserhaltung in Schächten und Strecken häufig verwendet. Dafür einige ältere Beispiele.

Fig. 189 gibt ein schematisches Bild einer Schachtentwässerung durch zwei hintereinandergeschaltete Körtingsche Hochdruckpulsometer mit

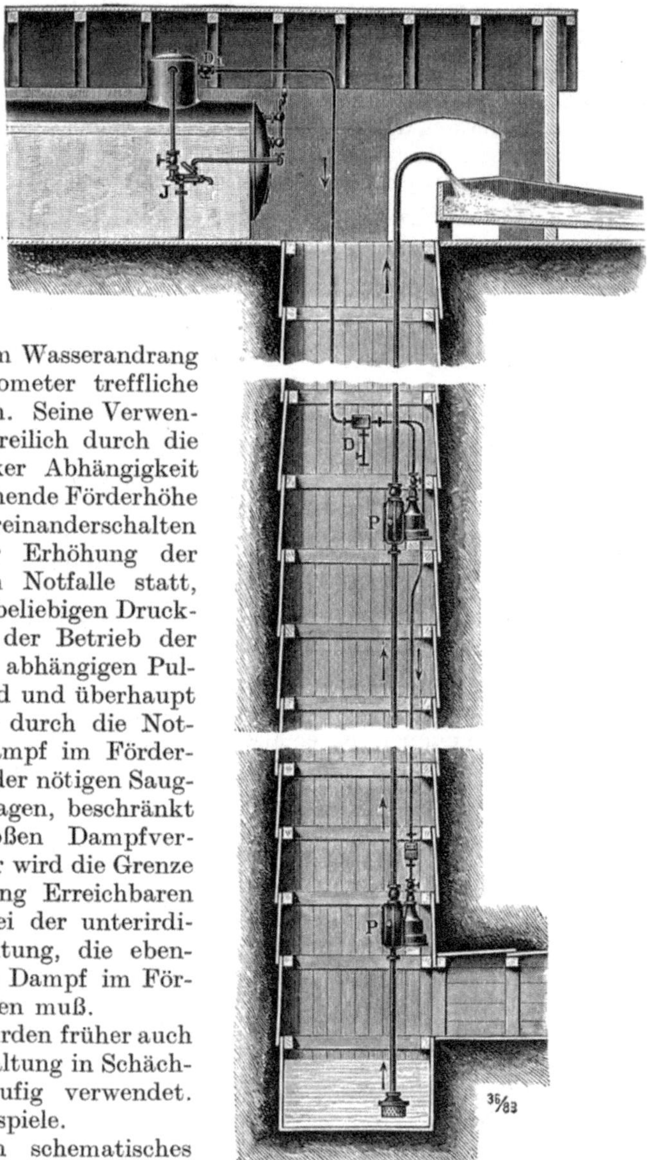

Fig. 189. Einbau zweier hintereinandergeschalteter Körtingscher Pulsometer.

zugehöriger Dampfkesselanlage. Die Pulsometer sind fest verlagert. Sie können auch frei an Ketten hängen.

In Fig. 190 wird die Sümpfung einer ersoffenen Grube (Schacht Prinz Wilhelm bei Frellstedt) durch verschiedene parallel- und hintereinandergeschaltete Pulsometer gezeigt. Die Pulsometer wurden von der Firma C. H. Hall Nachf. Carl Eichler innerhalb 3 Tagen angeliefert und die Sümpfung in 24 Tagen vollendet.

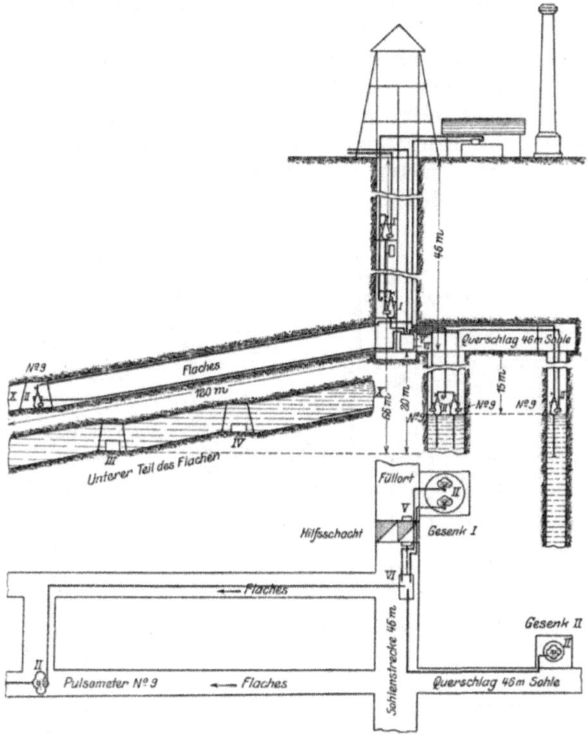

Fig. 190. Sümpfung einer ersoffenen Grube mit Eichlerschen Pulsometern.

Auf andere Verwendungsbeispiele sei hingewiesen: Die Abteufung des Max-Schachtes der Prager Eisenindustriegesellschaft in Kladno von A. Riedler: Z. d. Ver. deutsch. Ing. 1892, Heft 16. Die Abteufung des Bayer-Schachtes des westböhmischen Bergbauvereins in Pilsen von Dr. K. A. Weithofer: Österr. Z. f. B.- u. H.-W. 1896, S. 104.

C. Die Preßluftpumpen.

1. Die Preßluftschwimmerpumpe.

Preßluft kann zum Antrieb der Kolbenpumpen an Stelle des Dampfes dienen. Die Maschinen unterscheiden sich dann nicht von Dampfkolbenpumpen. Preßluft kann als Antriebskraft dann nötig werden, wenn die Erwärmung der Grubenräume durch den Dampf nicht zulässig ist, wie beim Betriebe entfernt stehender unterirdischer Pumpen, und wenn elektrische Kraft nicht, Druckluft dafür vorhanden ist. Der Betrieb mit Druckluft ist immer unwirtschaftlich, da wegen der Gefahr des Einfrierens des Auspuffrohres die Druckluftmaschinen nicht mit nennenswerter Luftdehnung betrieben werden können. Alsdann geht der größte Teil der zur Erzeugung der Druckluft aufgewandten Energie verloren. Die Einfachheit und Gefahrlosigkeit des Druckluftbetriebes wird jedoch immer in einzelnen Fällen, z. B. bei kleinen Leistungen zerstreut liegender Pumpen in Schlagwettergruben, diesen Betrieb als den gegebenen erscheinen lassen.

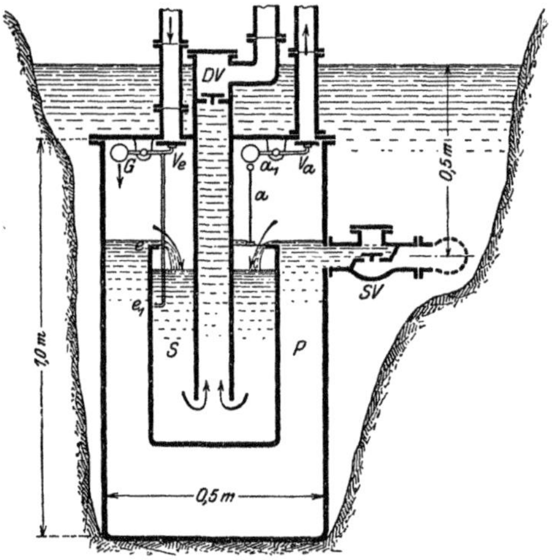

Fig. 191. Schema einer Preßluftschwimmerpumpe.

Größere Leistungen dürften hierfür praktisch nicht in Frage kommen, da alsdann besser Abbauarten zu wählen wären, die ein Sammeln des Wassers am Schachte und eine regelrechte Wasserhaltung ermöglichen.

Für den erwähnten Verwendungsfall ist eine möglichste Einfachheit der Anordnung erwünscht. Diese ist gegeben bei den nicht saugenden Druckluftschwimmerpumpen, Fig. 191. Die Pumpe P steht im Unterwasser. Sie ist wie eine Kolbenpumpe ausgerüstet mit einem selbsttätigen Saugventil S V und einem Druckventil DV. Die Druckluftsteuerung geschieht durch das Lufteinlaßventil V_e und Auslaßventil V_a. Diese werden durch Gegengewichte G geschlossen gehalten und durch die Bewegungen eines mit dem Wasserspiegel in der Pumpe beweglichen Schwimmers S gesteuert. In der gezeichneten Lage strömt Wasser durch das Saugventil S V unter seinem natürlichen Überdrucke in die Pumpe ein. Es läuft über den Rand des Schwimmers S und füllt diesen an. Er sinkt tiefer, bis er mit seinem Anschlag e an den entsprechenden Anschlag e_1 des Lufteinlaßventils anstößt und dieses Ventil öffnet. Das Einlaß- V_e sowie das Auslaßventil V_a waren bisher geschlossen. Nach dem Öffnen des Einlaßventils tritt Druckluft ein, das Saugventil S V wird geschlossen, das Druckventil D V geöffnet und das Wasser des Schwimmers sowie ein Teil des Behälterwassers durch das Steigerohr ausgestoßen. Der entleerte Schwimmer hebt sich wieder in dem umgebenden Wasser, das Drucklufteinlaßventil V_e schließt sich durch seine Belastung, und das Auslaßventil V_a wird durch den gehobenen Schwimmer beim Zusammenstoß der Anschläge a a_1 geöffnet, so daß die verbrauchte Druckluft ins Freie entweicht. Sinkt der Druck der Luft über dem Wasser bis auf den äußeren Luftdruck, dann öffnet sich, nachdem sich bereits vorher das Druckventil geschlossen hat, das Saugventil, und das Spiel beginnt von neuem.

In Fig. 191 sind gewichtsbelastete Ventile zur Luftsteuerung verwandt. An ihre Stelle treten besser Steuerhähne, die durch ein geeignetes Getriebe zwangläufig vom Schwimmer geöffnet und geschlossen werden.

Mit solchen Vorrichtungen wurden auf der Königsgrube (Königshütte O.-S.) Unterwerksbaue und Einfallende entwässert. Eine Vorrichtung mit den eingeschriebenen Abmessungen kostete 760 M. und leistete 0,35 cbm/min. Der Luftdruck muß gegenüber der Förderhöhe ein entsprechendes Übergewicht besitzen. Zu großer Luftdruck muß abgedrosselt werden. Der Luftverbrauch wird bei gegebenem Luftdrucke (5—8 Atm.) und geringer Druckhöhe ein sehr großer sein. Die Vorrichtungen bedürfen keiner Wartung.

Diese Pumpen können nicht ansaugen. Sie sind so aufzustellen, daß der Unterwasserspiegel mindestens ½ m über dem höchsten Wasserstand in der Pumpe steht.

Saugende Preßluftpumpen sind unter dem Namen Mammutbagger im Abschnitt II C 5 erörtert worden. Sie können nicht einfach an ein Druckluftnetz angeschlossen werden, sondern bedürfen zur Erzeugung der Saugspannung einer Sonderluftpumpe, die dann auch die zum Drücken nötige Druckluft liefert. Bei dem Mammutbagger kann freilich die Sonderpumpe umgangen und der Anschluß an ein vorhandenes Druckluftnetz ermöglicht werden, wenn man zur Entlüftung der Kessel eine Luftstrahlpumpe verwendet, wie in Fig. 23. Verzichtet man auf das Ansaugen, legt man also den Bagger entsprechend unter den Unterwasserspiegel, bei Spültrübe dann wohl wesentlich mehr als ½ m, dann kann auch die beschriebene einfache Vorrichtung zum Schlämmen von Klärbecken verwendet werden.

Auf Zeche Dorstfeld (1905) wird eine noch einfachere Verwendung der Druckluft geübt. Das Wasser wird durch Eimer in den Kessel eingefüllt. Alsdann wird die Öffnung verschlossen und durch einen Hahn Druckluft eingelassen und so das Wasser durch das Eintauchrohr hochgetrieben. Alsdann wird die Druckluft wieder ausgelassen und neues Wasser eingefüllt. Die Steigeleitung enthält ein Rückschlagventil. Der Betrieb hat sich bewährt, während bei den zuvor verwendeten Duplexdrucklutfpumpen häufige Störungen durch die Wasserventile eintraten.

2. Die Mammutpumpe.

Beschreibung und Wirkung. Die Mammutpumpen beruhen auf einer von den übrigen gänzlich verschiedenen Wirkung durch Auftrieb.

Fig. 192 zeigt das Wesentliche der Pumpe. Das Pumpenrohr A taucht um das Stück h_1 unter den Unterwasserspiegel ein. Die Förderhöhe beträgt h. Durch das Rohr B wird Preßluft vom Drucke p_1 in den Ringraum des Fußstückes C eingeführt. Vor der Druckluftzuführung steht der Wasserspiegel im Förderrohr auf der Höhe des äußeren Spiegels. Wird Druckluft zugeführt, dann steigt diese in Bläschen oder flachen kolbenartigen Schichten in dem Förderrohr in die Höhe. Die Dicke der Luftkolben wird nach oben zu infolge Dehnung größer. Das Wasser im Förderrohr steigt dabei auf, da es der Druckwirkung dieser sich dehnenden Kolben unterliegt. Die Luftkolben wirken drückend nach oben und nach unten. Nach unten bildet dieser Druck die Belastung für die tiefer liegenden Wasser- und Luftschichten, nach oben die bewegende Kraft. Der unterste Luftkolben findet den unteren Gegendruck für seine Kraftwirkung nach oben in dem Wasserdruck der Schicht in der Höhe C. Die Eintauchtiefe h_1 des Förderrohres hat die Aufgabe, diesen Widerlagsdruck für die arbeitende Druckluft zu schaffen. Nach oben zu im Förderrohr nimmt der Druck der Luft entsprechend der geringeren darüber lagernden Belastung ab. Sind die Verhältnisse richtig gewählt, so steigt das Wasser bis zum Ausguß in die Höhe und fließt aus. Die eintretende Fördermenge richtet sich nach der Höhe des zugeführten Luftüberdrucks über die Höhe der Gewichtsbelastung des Querschnitts im Fußstück, aus dem die mit wachsender Fördermenge quadratisch wachsenden Druckverluste gedeckt werden. Der Luftverbrauch je PS und st ist von den gegebenen Verhältnissen (Förderhöhe, Rohrquerschnitt) abhängig. Er wächst mit steigender Fördermenge, so daß der Wirkungsgrad der Energieumsetzung mit wachsender Fördermenge sinkt. Die Fördermenge wächst mit wachsendem Luftverbrauch zunächst stark an, fällt aber von einer bestimmten Menge an langsam wieder ab. Der vorteilhafteste Betrieb wird in der Nähe der höchsten Wassermenge liegen. Für kleinere Mengen ist der Wirkungsgrad zwar besser, die Ausnutzung der Anlagekosten jedoch geringer, und zwar rasch abfallend, so daß das beste wirtschaftliche Ergebnis in der Nähe der höchsten Fördermenge liegt.

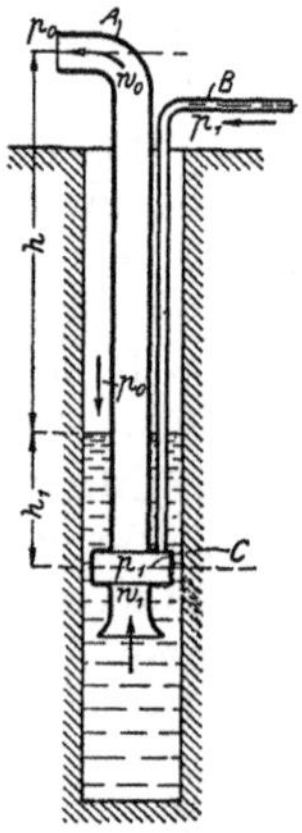

Fig. 192. Mammutpumpe mit seitlichem Luftrohr. (Z. d. Ing. 1909.)

Diese Angaben sind nach einer lehrreichen Untersuchung von H. Lorenz in Z. d. Ver. deutsch. Ing. 1909, S. 545 gemacht und stimmen mit den Untersuchungsergebnissen überein, die durch Prof. Josse an ausgeführten Anlagen gewonnen worden sind. (Josse: Druckluft-Wasserheber, Z. d. Ver. deutsch. Ing. 1898, S. 581.)

Im übrigen können für alle Fälle gültige Zahlenangaben nicht gemacht werden, da der Luftverbrauch von den verschiedenen Umständen, wie Förderhöhe, Rohrquerschnitt und Fördermenge, abhängig ist. Im Bedarfsfalle frage man bei einer erfahrenen Firma für die vorliegenden Verhältnisse an.

Im Fußstück C herrscht von unten die Pressung h_1 m WS, oben die Pressung des durch das Gewicht des Wasserluftgemisches im Förderrohre von der Höhe $h + h_1$, vermehrt um den Druckabfall. Je nach der Förderhöhe h ist danach die Eintauchtiefe h_1 so zu bemessen, daß diese Drücke einander gleich sind. Die Eintauchtiefe h_1 ist der Förderhöhe h nicht proportional. Bei kleinen Förderhöhen ist sie verhältnismäßig größer als bei großen Förderhöhen. Dies rührt daher, daß bei wachsender Förderhöhe das spezifische Gewicht des Wasserluftgemisches abnimmt.

Bei Förderhöhen bis 30 m mag die Eintauchtiefe etwa gleich der Förderhöhe sein.

Der zugeführte Luftdruck muß der Eintauchtiefe entsprechen.

Verwendung der Mammutpumpen. Die Mammutpumpen wurden vor etwa 20 Jahren von der Firma A. Borsig, Tegel eingeführt. Fig. 193 zeigt eine von Fig. 192 verschiedene Ausführungsform. Das Luftzuführrohr ist als Mantel um das Förderrohr gelegt. Der Raumbedarf der Anordnung wird dadurch geringer. Fig. 4 gibt eine Gesamtanlage mit Luftpresser.

Der Verwendungskreis der Mammutpumpe ist abgegrenzt durch die Eigenschaften: nötige Eintauchtiefe, großer Kraftverbrauch, etwa 2—3 mal so groß wie übliche Förderung, äußerste Einfachheit der Bauart und Anspruchslosigkeit bezüglich Raumes im Grundriß und somit geringste Anlagekosten für Pumpe und Schacht, das Fehlen beweglicher Teile, somit keine Bewartung der eigentlichen Pumpe nötig, äußerste Betriebssicherheit auch bei schlechtestem Wasser, da der über Tage stehende Luftpresser sehr betriebssicher, die eigentliche Pumpe aber unverwüstlich ist.

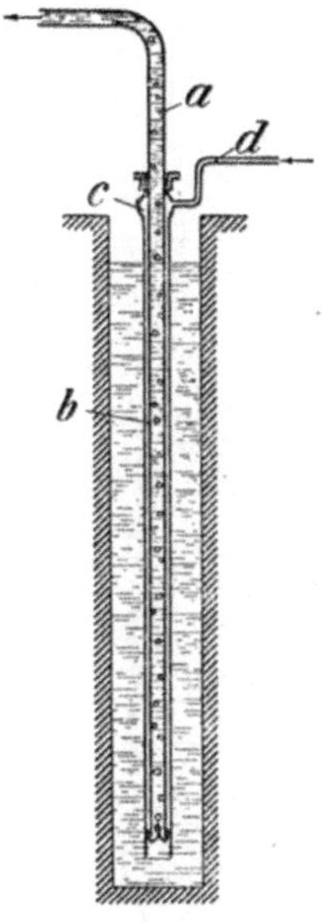

Fig. 193. Mammutpumpe mit äußerem Luftmantel. (Heise-Herbst.)

Die Mammutpumpe eignet sich daher für vorübergehende Verwendung sowie für besonders schwierige Betriebsbedingungen, denen gegenüber der erhöhte Kraftbedarf von untergeordneter Bedeutung ist, wenn ihrer Verwendung nicht die Forderung der Eintauchtiefe entgegensteht.

Aber auch für dauernde Förderung reinen Gebrauchswassers ist die Mammutpumpe mit wirtschaftlichem Erfolge verwandt worden. Dies erklärt sich dahin, daß die gesamten Anlagekosten einer Wasserversorgung mit Mammutpumpen gegenüber denen einer üblichen

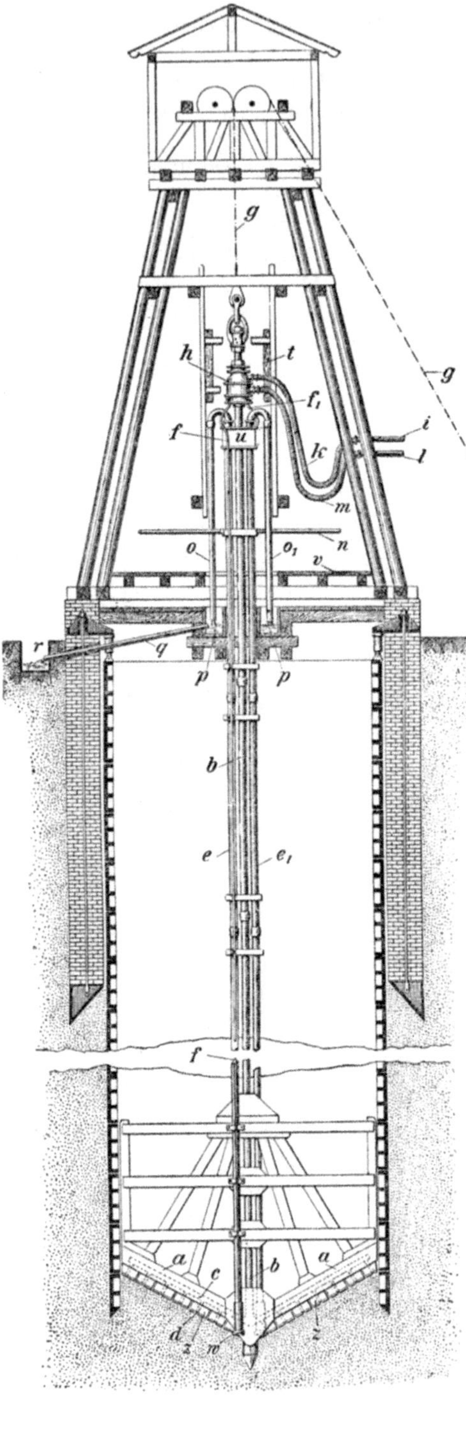

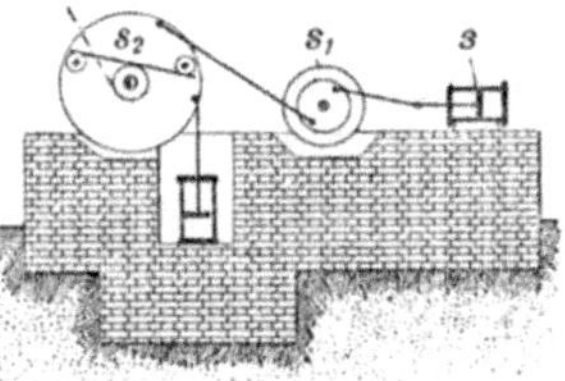

Fig. 194. Einrichtung zum Schachtabbohren nach Pattberg. Förderung des Bohrschmantes durch Mammutpumpen. (Heise-Herbst.)

Pumpenanlage so gering sind, daß trotz des wesentlich erhöhten Kraftverbrauchs das Endergebnis ein wirtschaftliches ist. Die Erniedrigung der Kosten ist erstens durch die Einfachheit der Pumpe selbst gegeben, zweitens durch die Möglichkeit, mit einem einfachen verrohrten Bohrloch auszukommen, gegenüber einem sonst nötigen Brunnenschacht von größerem Durchmesser und wesentlich erhöhten Herstellungskosten. Das Bohrloch ist um die Eintauchtiefe unter den Unterwasserspiegel zu führen.

Im Abschnitt II B 2 wurde auf die Möglichkeit einer Verwendung der Mammutpumpen zum **Entwässern von Braunkohlenfeldern** von der Erdoberfläche aus auf größere Tiefen als sie durch die Saugwirkung von Hebern erreichbar sind, hingewiesen.

Während des **Schachtabteufens** in einer zwischengelagerten Schwimmsandschicht könnte eine etwa wünschenswerte Entwässerung dieser Schicht (vgl. Abschnitt II

B 2) durch die Mammutpumpe geschehen. Zu dem Zwecke müßte in der unter dem Schwimmsand liegenden festen Schicht ein genügend weites Bohrloch für die Eintauchtiefe abgebohrt werden, was wohl durch die Schwimmsandschicht hindurch geschehen kann. Dann wäre das Förderrohr einzubringen und die Entwässerung vorzunehmen, nachdem noch ein Filterrohr um das Förderrohr unter dichtem Anschluß an die untere feste Sohle gelegt worden ist.

Eine eigenartige Anwendung findet die Mammutpumpe beim Schachtabbohren im toten Wasser, Fig. 194. Ist das Wasser beim Schachtabteufen nicht zu bewältigen, so läßt man es im Schacht aufgehen und bearbeitet die Sohle mit einem Schlagbohrer, der von Zeit zu Zeit umgesetzt wird. Der Schmant fließt in der Mitte zusammen und muß beseitigt werden, da er sonst den weiteren Fortgang des Bohrens hindert. Seine Beseitigung geschieht durch zwei Mammutpumpen e und e_1. Die Druckluft wird durch die dünnen Rohre f und f_1 den Förderrohren e und e_1 zugeführt. Da der Bohrer und die mit ihr verbundenen Rohre stoßend bewegt und umgesetzt werden, geschieht der Anschluß an die Druckluftleitung durch den biegsamen Schlauch l, der in das undrehbare Kopfstück h einmündet. Mit h ist ein unterer, um h drehbarer Teil verbunden, der mit dem Gestänge umgesetzt wird und die Druckluft an die Röhren f und f_1 weitergibt. Der Ausfluß erfolgt durch die gebogenen Röhren o, die in eine ringförmige Rinne ausgießen.

Für diesen Betrieb ist die Mammutpumpe wie eigens geschaffen. Die Eintauchtiefe ist von selbst gegeben, und die Eigenschaft, das Wasser an der tiefsten Stelle abzusaugen, ist hier von ausschlaggebender Bedeutung, da die Pumpe ja zur Entfernung des Schmantes, nicht zur Entwässerung dienen soll. Um die Meißelschneiden von dem Bohrschmante frei zu halten, wird durch den Schlauch m, das hohle Bohrgestänge b und die gelochten Rohre c der Meißelschneide Spülwasser zugeführt.

D. Die Strahlpumpen.

Strahlpumpen werden vielfach verwendet wegen ihrer außerordentlichen Einfachheit, die diejenigen der Mammutpumpen noch insofern übertrifft, als eine Eintauchtiefe nicht erforderlich ist, sodaß die Sohle von der über ihr aufgestellten Pumpe völlig entwässert werden kann.

Freilich sind die Strahlpumpen, besonders wenn sie mit Regelspindel ausgestattet sind, gegen unreines Betriebswasser wesentlich empfindlicher. Für reines Wasser können sie als ebenso unverwüstlich wie die Mammutpumpen angesehen werden.

Als Betriebskraft kann Dampf, Preßluft und Preßwasser verwendet werden. Fig. 195 zeigt eine Preßwasserstrahlpumpe von Gebr. Körting, Hannover. Das Preßwasser tritt durch a zu, durchströmt die durch eine Regelspindel b verengte Düse c und tritt mit großer Geschwindigkeit und geringem Druck in die umgebende ringförmige Düse über. Der Wasserstrahl reißt die Luft in der Umgebung mit, so daß durch das untere Rohr Luft und schließlich Wasser angesaugt wird. Die angesaugte Fördermenge mischt sich mit dem Wasserstrahl, und das Gemisch fließt mit verringerter Geschwindigkeit durch das Rohr d weiter, das sich im weiteren Verlauf stark erweitert, so daß die Strömungsenergie des Gemisches in die Gefälleenergie, die zum Heben des Wassers erforderlich ist, umgewandelt wird. Das Gemisch fließt dann mit entsprechendem Druck in das Förderrohr ein.

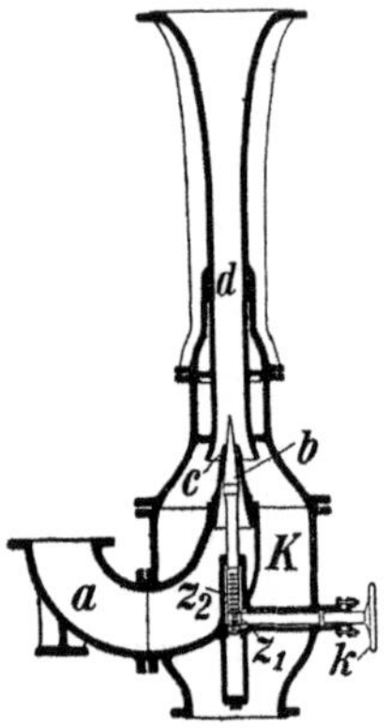

Fig. 195. Wasserstrahlpumpe nach Körting. (Heise-Herbst.)

Der Wirkungsgrad der Wasserstrahlpumpen ist sehr gering. Es wird etwa die 5- bis 10fache Antriebskraft wie für normale Pumparbeit erforderlich. Die Strahlpumpen werden sowohl für kleine als auch für große Wassermengen und Förderhöhen gebaut, wenn auch die Anwendung für kleinere Mengen und Höhen überwiegt.

Durch die Regelspindel kann die Menge des Kraftwassers und die Fördermenge eingestellt werden.

Der Unterschied gegen die Mammutpumpe besteht darin, daß das Triebmittel vor dem Ausströmen entspannt wird, so daß es mit großer Geschwindigkeit, aber geringem Druck mit dem zu fördernden Wasser in Berührung kommt. Die Strahlpumpe bedarf daher keiner Eintauchtiefe, sondern kann selbst bis 8 m ansaugen.

Der schlechte Wirkungsgrad schränkt die Verwendung der Strahlpumpe auf bestimmte Betriebsfälle ein. Für regelrechte Wasserförderung kommt sie im allgemeinen nicht in Frage.

Als Betriebswasser kann künstliches oder natürliches Preßwasser verwendet werden.

Im Bergbau findet sie Anwendung für gelegentliche Förderung von kleinen Wassermengen auf geringe Höhen, wie z. B. zum Entwässern von Einfallenden, wenn Preßwasser in der Nähe vorhanden ist.

Als Preßwasser wird häufig das Gefällewasser verwandt, das beim Herabfallen von höheren Sohlen gewonnen wird; gelegentlich auch das Wasser der Spritzwasserleitung. Die Verwendung der Strahlpumpe empfiehlt sich in solchen Fällen durch ihre große Einfachheit.

Häufige Anwendung finden Strahlpumpen beim Schachtabteufen. Auch hier ist die Einfachheit der Anlage entscheidend für die Verwendung. Die Mammutpumpe kommt für die eigentliche Abteufwasserhaltung (IX B, 1) wegen erforderlicher Eintauchtiefe nicht in Frage. Besonders gern wird die Strahlpumpe beim Weiterteufen von Schächten verwendet, um das Schachtwasser auf die Wasserhaltungssohle zu heben. Das Betriebswasser wird dann einfacherweise der Steigeleitung der Wasserhaltungsmaschine entnommen.

E. Pumpen für starkschlammiges Wasser.

Unreines Wasser ist keiner Pumpe von Nutzen. Für ständige Wasserhebung ist eine Klärung unreinen Wassers anzuraten. Kreiselpumpen haben sich nicht in dem Maße empfindlich erwiesen, als ursprünglich vermutet wurde. Leute, die nur Kreiselpumpen bauen, sind von der besseren Eignung der Kreiselpumpe überzeugt, während solche, die Kolben- und Kreiselpumpen bauen, angeben, daß in schwierigen Fällen die Kolbenpumpe vorzuziehen sei.

Auf den Eisenerzgruben Bülten-Adenstedt (Goslar) wurden die tonigen Schlämme der Klärstrecken bislang mit Schaufeln und Eimern von 10 Mann in Förderwagen gefüllt und weiterbefördert. Für diese Arbeit wird jetzt eine dreistufige Hochdruckkreiselpumpe für 1 cbm/min auf 60 m Höhe verwandt. Alle sich schnell abnutzenden Teile, wie Leit- und Laufräder, sind aus Gußeisen hergestellt und leicht auswechselbar angeordnet. Die Pumpe ist nach der Art der Fig. 173 gebaut, wobei die letzte Druckstufe in die Mitte des Gehäuses kommt und einer früheren Stufe benachbart ist. Es sind dann zwei Druckstopfbüchsen, eine gegen die Außenluft, eine gegen die Vorstufe mit einer Teilung des Dichtungsdrucks vorhanden. Durch diese Druckstopfbüchsen wird Klarwasser unter entsprechendem Druck entgegen der Richtung des etwa abfließenden Schmutzwassers geleitet, so daß die Stopfbüchsen von Schmutz frei bleiben. Ohne diese Vorrichtung würde wohl der Kampf mit der Druckstopfbüchse aussichtslos sein.

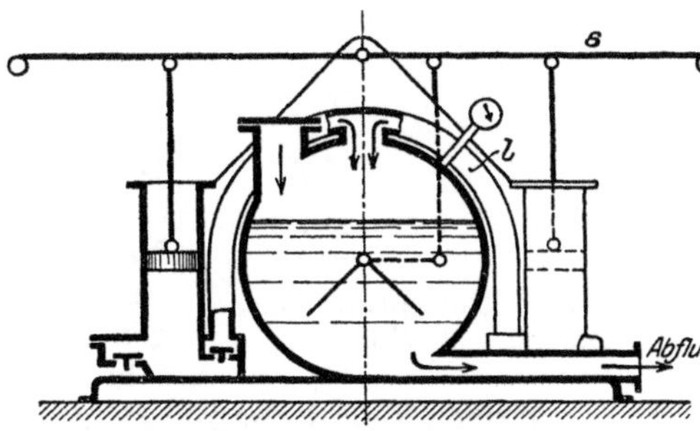

Fig. 196. Mörtelschlammpumpe.

In Fig. 196 ist eine Mörtelschlammpumpe zum Einpressen von Mörtel in Gesteinsfugen dargestellt (Erbauer E. Kohn & Co., Mähr.-Ostrau). Der Mörtel befindet sich in einem zylindrischen Kessel und wird durch Druckluft ausgepreßt. Die Druckluft wird durch eine zweizylindrische Luftpumpe mit einfach wirkenden Scheibenkolben erzeugt. Die Kolben werden durch einen zweiarmigen Schwengel angetrieben. Durch die Schwengelbewegung wird auch ein Rührwerk r bewegt. Die Druckluft gelangt durch die Leitungen l in den Behälter. Der Mörtel fließt durch das untere Abflußrohr ab. Der Behälter kann durch den seitlichen Stutzen gefüllt werden. Ein Druckmesser zeigt den Druck im Behälter an.

Die Vorrichtung erinnert an die Wirkungsweise der Mammutbagger. Sie verfolgt den gleichen Grundsatz, die eigentlichen Arbeitszylinder mit ihren empfindlichen Gleitflächen von dem schmutzigen

Fördergute frei zu halten. Der Mammutbagger wurde in Abschnitt II C 5 behandelt.

Beim Versteinen im Schachte kann die Schwierigkeit, den Zementbrei unter Druck zu bringen, durch Zuführung des Breies von über Tage aus, wobei es in der gefüllten Rohrleitung mit seinem Gewichtsdruck der auszufüllenden Spalte zuläuft, umgangen werden, Fig. 33.

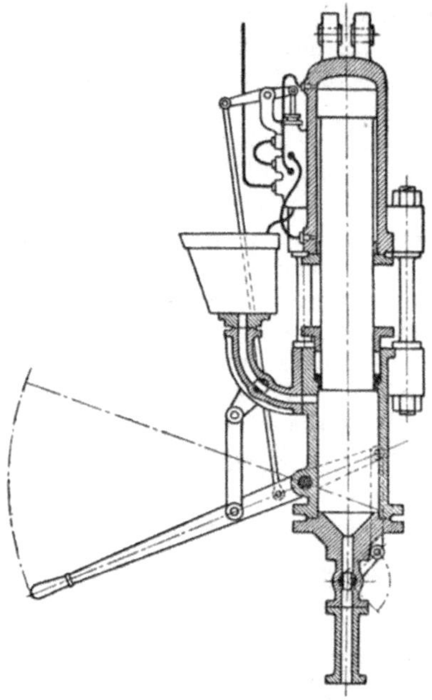

Fig. 197. Zementbreipreßpumpe. (Kalbheun.)

Fig. 197 zeigt eine Kolbenpreßpumpe für Zementbrei. Sie wird durch Druckwasser angetrieben. Der obere Zylinder ist der Treibzylinder, der untere die Preßpumpe. Der Treibzylinder ist mit Stufenkolben ausgestattet, zur Anpassung an den Druck- und Saughub der Pumpe. Das Preßwasser wird durch den oberen, im seitlichen Verteilkasten laufenden Kolbenschieber verteilt. Die Steuerbewegung erfolgt durch den Handhebel. Der gleiche Hebel steuert die Hähne der Pumpe derart, daß rechtzeitig der Zufluß des Breies aus dem seitlichen Trichter und der Abfluß durch das untere Rohr erfolgen kann. Damit eine ständige Zufuhr des Zementbreies stattfindet, ist die Presse in Zwillingsanordnung gebaut. Der Handhebel steuert dabei beide Seiten so, daß die Hübe gegeneinander versetzt sind. Näheres über das Verfahren: Jos. Kalbheun, Bergbau 1913, S. 513, Neuerungen auf dem Gebiete des Zementierverfahrens.

Auf der Zeche Prosper II u. III (Essen III) wird der Schlamm aus den Kläranlagen durch eine Schlammpumpe des Lieferers P. C. Winterhoff, Düsseldorf entfernt. Die Pumpe ist eine stehende zweizylindrige Kolbenpumpe mit Kugelventilen. Sie leistet bei 5 m Saughöhe, einer Saugleitung von 450 m Länge, einer Druckhöhe von 50 m und einer Druckleitung von 500 m Länge 18 cbm/st. Der Schlamm ist zähe und dickflüssig und enthält bis 40 v. H. Wasser. Die Entfernung von 375 cbm dauert 2 Tage und kostet 100 M. Der frühere Handbetrieb dauerte 4 Wochen und kostete allein für das Ausschlagen 1500 M.

Kreiselpumpen sind für diese Zwecke: Zementbrei unter hohem Druck zu fördern, nicht brauchbar.

Achter Teil.

Die ständigen Wasserhaltungen.

A. Die Gestängewasserhaltungen.

1. Die geschichtliche Entwicklung der Gestängemaschinen.

Die Brunnenpumpe mit Scheibenkolben (Fig. 53) paßt sich den Bedürfnissen einer Schaltwasserhaltung in Form und Antrieb vorzüglich an. Der Antrieb der tiefer stehenden Pumpe geschah durch die verlängerte Kolbenstange des über Tage stehenden Antriebs. Dies war bei den ersten Antrieben durch Menschen und Tierkraft erforderlich, die unter Tage schlechterdings nicht untergebracht werden konnten. Auch der bei wachsender Teufe wachsende Kraftbedarf konnte unter Verwendung etwa vorhandener Wasserkraft nur über Tage beschafft werden. Da die Pumpe aber wegen ihrer beschränkten Saughöhe immer unter Tage aufgestellt werden muß, wurden wachsende Gestängelängen erforderlich, und aus der Brunnenpumpe ward die Gestängewasserhaltung.

An einzelnen Orten wurden Tiefbaue schon frühzeitig mit Wasserrad und Gestängepumpe betrieben, so z. B. um 1550 das Silberbergwerk Joachimsthal, Böhmen. Doch blieb im allgemeinen der Bergwerksbetrieb auf reine Stollengruben beschränkt, bis der Abbau der über dem tiefsten Stollen vorhandenen Minerale zum Tiefbau zwang. Mittlerer Weile war auch die Newcomensche Feuermaschine (1705) durch Watt (1769) zu einer brauchbaren Dampfmaschine ausgebildet worden, so daß die Gestängewasserhaltung auch über die nötigen Antriebkräfte gebot.

Fig. 198 zeigt die Newcomensche atmosphärische Maschine. Der Dampfzylinder z war unmittelbar über dem Dampfkessel aufgestellt. Der geringe Dampfdruck hob den Dampfkolben K in die Höhe. Die dann folgende Einspritzung kalten Wassers schlug den Dampf nieder und erzeugte eine nutzbare Luftleere, so daß der äußere Luftdruck auf die obere Kolbenfläche den arbeitleistenden Niedergang des Kolbens bewirkte. Durch den Hebel b wurden dabei die Gestängegewichte der Pumpen gehoben, während der vorbeschriebene Aufgang des Kolbens

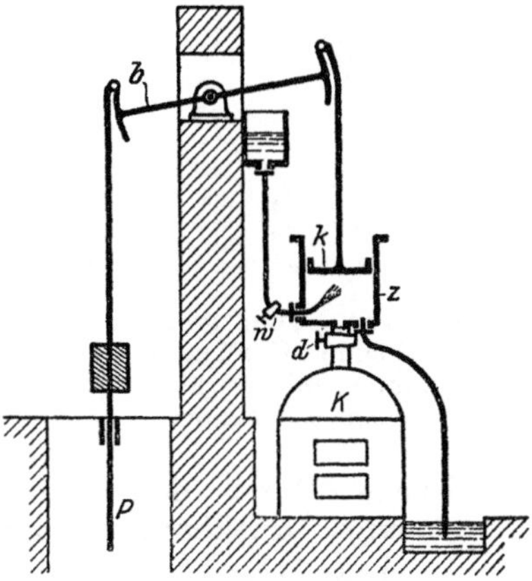

Fig. 198. Newcomensche atmosphärische Maschine.

ohne nutzbare Arbeitsleistung des Dampfkolbens geschah, indem die gehobenen Gewichte niedergingen und dabei das Wasser durch den Pumpenkolben in die Höhe drückten.

Die ganze Anordnung war durch die unmittelbare Verbindung von Dampfkessel und Dampfmaschine gegeben, die, neben dem Schachte aufgestellt, eines Hebels zur Übertragung der Bewegung auf das Schachtgestänge bedurfte. Sie war das Vorbild für die lange Zeit herrschenden Balanciergestängemaschinen. Sie bliebt auch bei Watt die gleiche, der aber den Arbeitsvorgang in der Dampfmaschine grundlegend verbesserte, indem er die Niederschlagung des Abdampfes aus dem Dampfzylinder heraus in einen besonderen Raum verlegte. Er erkannte mit Klarheit den großen Nachteil der Abkühlung der Eisenmassen des Arbeitszylinders, die zur heftigen Niederschlagung des nächsten Arbeitsdampfes, also zu großen Dampfverlusten führte. Die Wattschen Maschinen waren infolge ihres geringeren Dampfverbrauches befähigt, einen wirtschaftlichen Betrieb von Tiefbauen zu ermöglichen.

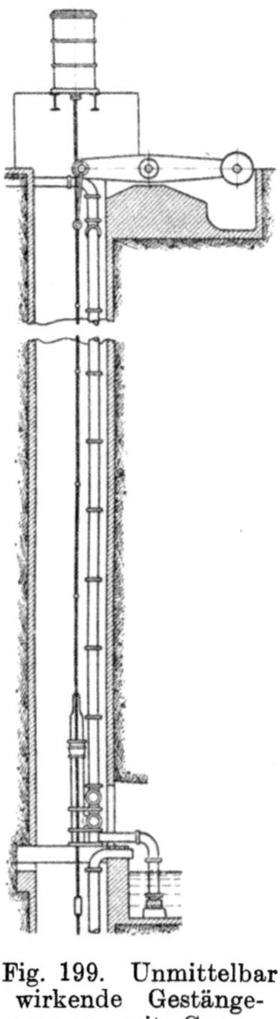

Fig. 199. Unmittelbar wirkende Gestängepumpe mit Gegengewicht. (Brunne.)

Sie waren als Cornwallmaschinen lange Zeit herrschend, bis man bei größeren Leistungen es bedenklich fand, als Zwischengliedes der Kraftübertragung sich des Balanciers zu bedienen. Durch Trennung des Kessels von der Maschine ward es möglich, den Dampfzylinder über dem Wasserhaltungsschachte aufzustellen und das Pumpengestänge unmittelbar durch den Dampfkolben zu bewegen (etwa 1850).

Fig. 199 zeigt eine solche unmittelbar wirkende Gestängemaschine. Das Gestänge treibt eine Tauchkolbenpumpe an, gabelt sich vor der Pumpe und treibt weiter unten stehende Pumpen an. Die einzelnen Pumpen heben einander zu.

Die beschriebenen Maschinen sind einfachwirkend. Der Dampfdruck wirkt auf die untere Kolbenseite, hebt dabei das Gestänge und saugt das Wasser an. Das Gestänge wird so schwer ausgeführt, daß es beim Niedergange, der durch Auslassen des Dampfes der unteren Kolbenseite geschieht, die Wassersäule in die Steigeleitung drückt. Durch diesen Betrieb wird die für die langen Gestänge ungünstige Druckbeanspruchung vermieden.

Zur besseren Ausnutzung der Maschinenabmessungen und des Gestänges ist man auch zu doppeltwirkenden Maschinen und Pumpen übergegangen (Watt 1781). Alsdann muß das Gestänge, auf Druck beansprucht, steifer ausgeführt und öfters im Schachte geführt werden. Äußerlich unterscheiden sich die doppeltwirkenden Maschinen nicht von den einfachwirkenden.

Diese Maschinen wurden ursprünglich nahezu mit Vollfüllung betrieben. Bei genügenden Gestängemassen ist die dampfsparende Dampfdehnung möglich (Watt 1778). Die Gestängemassen wirken dabei als Kraftausgleicher. Häufig wurden besondere Kraftausgleicher angeordnet. Sonst unterscheidet sich die Expansionsmaschine, solange die Dampfdehnung in einem Zylinder geschieht, nicht von der Volldruckmaschine.

Zugunsten eines geringeren Dampfverbrauches wurden die Maschinen meist mit Dampfniederschlagung ausgeführt. Zur Niederschlagung diente das gehobene Grubenwasser. Fig. 200 zeigt den Antrieb der Luftpumpe vom Balancier einer mittelbar wirkenden Maschine aus. Diese Figur zeigt auch die Geradeführung der Gestänge durch Wattsche Parallelogramme.

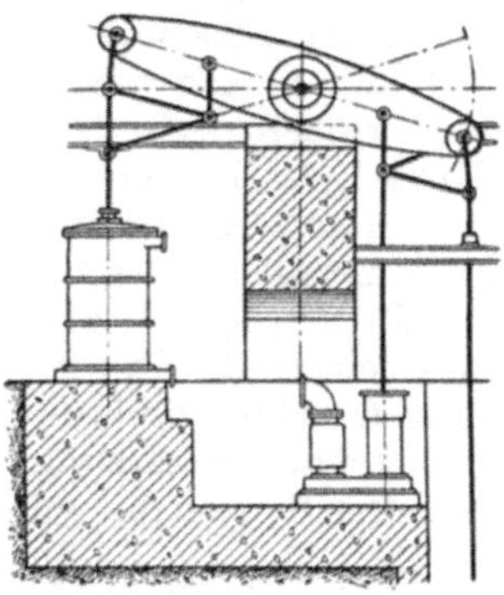

Fig. 200. Mittelbar wirkende Gestängemaschine. (Brunne.)

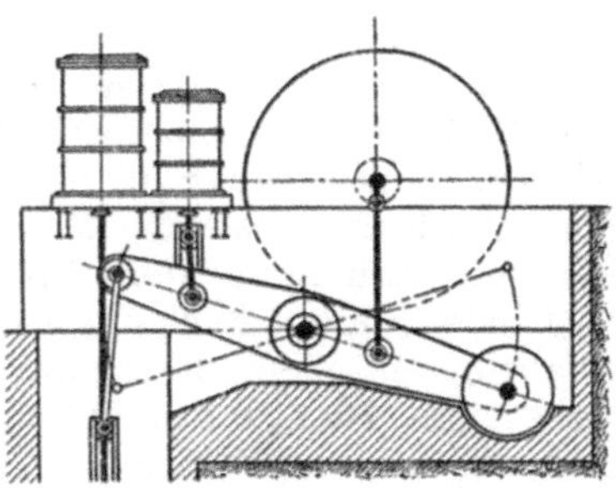

Fig. 201. Unmittelbar wirkende Gestängemaschine mit Hilfsdrehung und Verbundwirkung. (Brunne.)

Zur weiteren Verringerung des Dampfverbrauches sowie zur besseren Ausführung der gewünschten Gesamtdampfdehnung ging man schon sehr früh zu einer Art Stufendehnung in zwei verschieden großen Dampfzylindern über (1781 Hornblower bei einer einfachwirkenden und 1804 Woolf bei einer doppeltwirkenden Maschine). Diese zweizylindrigen Maschinen konnten aber lange Zeit gegen die einfacheren einzylindrigen nicht aufkommen, bis sie etwa 1850 durch die Ausführungen des Zivilingenieurs Kley, Bonn, unterstützt durch die Notwendigkeit, den Dampfverbrauch zu verringern, sich weiter verbreiteten. Die Bauarten der zweizylindrischen Maschinen sind sehr mannigfach.

Fig. 201 zeigt eine bisher nicht erwähnte Besonderheit. Die Kolbenstangen greifen an einem Balancier an, der ein Gegengewicht trägt und durch eine Schubstange und Kurbel ein Schwungrad dreht. Solche rotierenden Maschinen besitzen in dem Schwungrade einen Energieausgleicher, der weitgehende Dampfdehnung ermöglicht. Sie finden sich daher insbesondere bei zweizylindrigen Maschinen. Die Absichten der rotierenden Maschinen waren wohl noch weiter gehende. Die Hubmaschinen ohne Kurbelgetriebe besitzen keine zwangläufige Hubbegrenzung, sondern diese geschieht durch Dampfpressung, ähnlich wie bei den Duplexpumpen (Abschn. VII A 2), wobei die Dampfpressung durch den Gang der Steuerteile gegeben wird. Diese Hubbegrenzung erschien in Anbetracht der schweren Massen des Gestänges nicht sicher genug. Durch die rotierenden Maschinen glaubte man dem Übelstande abhelfen zu können, da diese eine zwangläufige Hubbegrenzung besitzen. Man übersah hierbei, daß es nicht rätlich ist, große Massen zu zwingen. Richteten die Hubmaschinen manches Unheil an durch das Durchschlagen des Gestänges, so waren bei den rotierenden Maschinen Brüche im Maschinengestänge, dem Rahmen oder der Auflagerung an der Tagesordnung. Die Hubmaschine war vielen Störungen ausgesetzt, aber die wahre Leidensgeschichte der Gestängemaschine begann erst mit der rotierenden Maschine.

Eine weitere Absicht der rotierenden Maschine mag wohl eine Erhöhung der Hubzahl gewesen sein. Man erinnere sich der Betrachtung über die Massenwirkungen im Kurbelgetriebe bei „raschlaufenden“ Kolbenmaschinen Abschn. V D 4. Diese zeigten, daß eine Steigerung der Drehzahl bei ungeänderten Abmessungen wegen der quadratisch zunehmenden Massenwirkungen nicht möglich ist, sondern daß mit Erhöhung der Drehzahl eine Verkleinerung des Hubes stattfinden muß. Auch die rotierende Gestängemaschine mußte diese Erfahrung machen. Es gelang ihr durch bedeutende Verkürzung des Hubes, eine Drehzahl bis 20/min zu erreichen. Der Betrieb mit solcher Drehzahl war dabei äußerst beängstigend.

Die bisher erwähnten Bauarten stellten stehende Antriebsmaschinen dar, entsprechend der Entwicklung aus der Newcomenschen Maschine. Stehende Maschinen dieser Größe sind schlecht zu bewarten. Sie erfordern über dem Schachte stehend schwere Traggerüste, neben dem Schachte stehend schwierige Verlagerung des riesigen Balanciers. Liegende Maschinen vermeiden diese Übelstände zum Teil. Die Fig. 202 zeigt eine solche mit einem Zylinder, mit Vorgelege- und mit Drehbewegung. Es scheint, daß liegende Maschinen immer als rotierende gebaut worden sind. Der Vorzug des Vorgeleges besteht in der Möglichkeit, die Antriebsmaschine mit größerer Hubzahl laufen zu lassen. Die Anlagekosten der kleineren Maschine stellen sich dann geringer. Ob aber gerade dieser massen- und stoßreiche Betrieb für

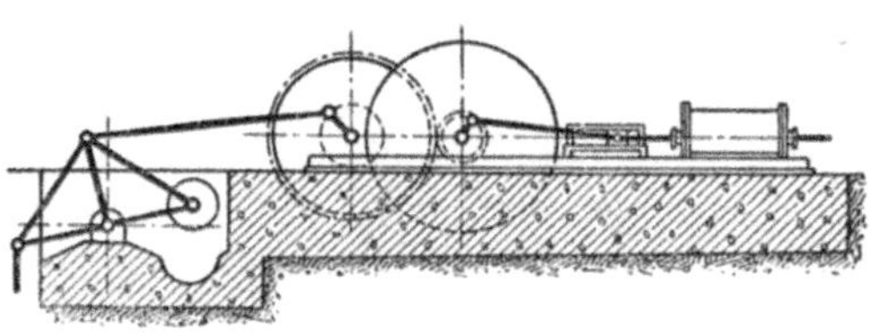

Fig. 202. Liegende Gestängemaschine mit Vorgelege und Kunstkreuz. (Brunne.)

Zahnräder günstig ist, muß füglich bezweifelt werden. Die Übertragung von der letzten Vorgelegewelle auf das Schachtgestänge geschieht durch Kurbel, Schubstange und Kunstkreuz. Das Kunstkreuz ist ein Winkelhebel von riesigen Abmessungen, der die wagerechte Bewegung des Antriebes in die senkrechte des Schachtgestänges umwandelt.

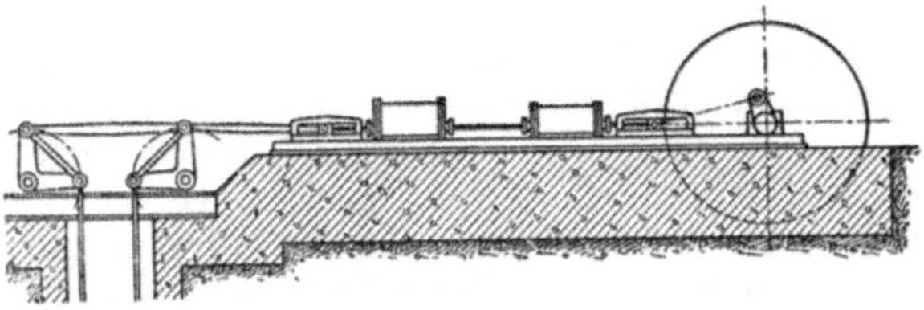

Fig. 203. Liegende doppeltwirkende Maschine. Verbundwirkung. (Brunne.)

Fig. 203 endlich zeigt eine zweizylindrige liegende doppeltwirkende Maschine ohne Vorgelege. Sie treibt durch zwei gegeneinander versetzt arbeitende Kunstkreuze zwei Schachtgestänge an. Ihre Bewegung ist so, daß das eine sich hebt, wenn das andere sich senkt. Am anderen Ende der Maschine ist ein Schwungrad angegliedert.

2. Die Dampfwirkung der Gestängemaschinen.

Der niedere Dampfdruck und die einfache Wirkung der Newcomenschen Kondensationsmaschine konnten auf die Dauer wirtschaftlich nicht befriedigen. Watts Erfindung des gesonderten Kühlraumes ist der größte Erfolg, der jemals im Dampfmaschinenbau errungen worden ist. Fortschreitende Maschinentechnik ermöglichte die Anwendung höherer Dampfspannungen, die wegen der Verringerung der Maschinenabmessungen und der besseren Wärmeausnutzung eine größere Wirtschaftlichkeit ergeben. Die Vorteile der höheren Dampfspannungen ließen wohl vorübergehend die Vorteile der Abdampfniederschlagung verkennen und ermunterten zu Auspuffbetrieb. Die angewandten höheren Dampfspannungen ließen bald den Wert einer arbeitleistenden Dampfdehnung in dem Dampfzylinder schätzen. Die Ausführung der Dampfdehnung erforderte besondere Dampfsteuerungen und schaffte neue Schwierigkeiten durch die notwendige Vermehrung der Massen. Die Ausführung der Dehnung als zweistufige in zwei getrennten Zylindern durch Hornblower reiht sich bezüglich wissenschaftlicher Erkenntnis und praktischen Erfolges der Tat Watts würdig an. Die Einführung doppeltwirkender Maschinen, im sonstigen Maschinenbau das technisch und wirtschaftlich Richtige, erwies sich gegenüber der Eigenart der Gestängemaschinen, deren Gestänge praktisch nur auf Zug beansprucht werden darf, als verfehlt; desgleichen und aus ähnlichen Gründen der sonst richtige Gedanke der rotierenden Maschine und der Hubzahlerhöhung.

Im folgenden sei die Dampfverteilung bei Gestängemaschinen geschildert. In Fig. 204 ist eine Auspuffmaschine gezeichnet. Der Triebdampf tritt durch das Einlaßventil e unter den Kolben. Das Auspuffrohr a ist mit dem Raume über dem einfachwirkenden Kolben verbunden, so daß dieser Raum mit Dampf von 1 atm erfüllt ist. Beim Kolbenaufgang wird dieser Dampf ausgestoßen. Beim Niedergang tritt der Abdampf durch das Auslaßventil a und das Überströmrohr Ü nach dem oberen Zylinderraum über. Die Einrichtung, den oberen sonst freien Zylinderraum mit Abdampf gefüllt zu halten, bezweckt, diesen Raum, der je nach dem Gange des Kolbens auch mit dem arbeitenden Frischdampf in Berührung tritt, warm zu halten, so daß eine verlustbringende starke Niederschlagung des unten eintretenden Arbeitsdampfes vermieden wird. Beim Niedergang werden die schweren Massen dadurch zur Ruhe gebracht, daß bei geeigneter Kolbenstellung das Auslaßventil a durch die Steuerung abgesperrt wird. Die Massen finden dann im abgesperrten Dampf ein Polster.

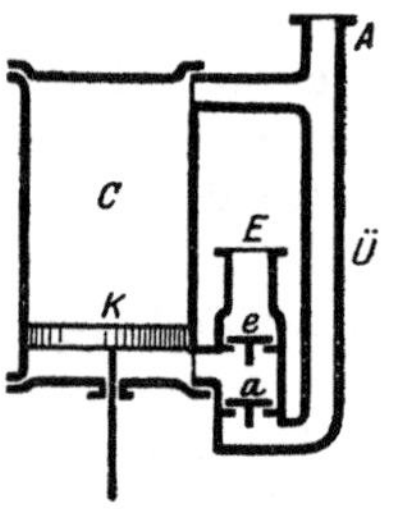

Fig. 204. Dampfwirkung einer Gestängemaschine mit Auspuff. (Brunne.)

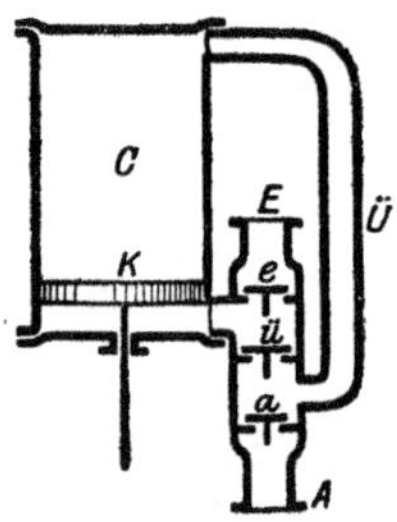

Fig. 205. Dampfwirkung einer Gestängemaschine mit Kondensation. (Brunne.)

Fig. 205 zeigt eine ähnliche Anordnung mit Niederschlagung. e ist wieder das Einlaß-, a das Auslaßventil, ü ein als Gleichgewichtsventil bezeichnetes Zwischenventil. Beim Kolbenniedergang ist nur ü geöffnet, und der entspannte Abdampf strömt durch das Überströmrohr Ü nach der oberen Kolbenseite. Dabei wird keine Dampfarbeit geleistet; der Niedergang erfolgt durch das Gestängegewicht. Gegen Ende des Niederganges wird ü geschlossen und die Massen durch Dampfpressung aufgehalten. Der Kolben bleibt dann infolge eines später zu beschreibenden Steuerungsvorganges eine Zeit in dieser Stellung, bis das eigentliche Auslaßventil a geöffnet wird. Es entsteht dann die Luftleere des Niederschlagsraumes über dem Kolben; darauf wird das Einlaßventile angehoben und der Kolben geht wieder in die Höhe. Die bemerkenswerte Einrichtung mit den 3 Ventilen bezweckt erstens, während der geschilderten Hubpause die niedere Temperatur der Luftleere von den oberen Zylinderwandungen fernzuhalten, so daß sie während dieser unter Umständen langen Hubpause nicht unnötig ausgekühlt werden und einen starken Eintrittsniederschlag hervorrufen, und zweitens am Ende des Kolbenniederganges nach Abschluß des Gleichgewichtsventiles ü nicht den niedergespannten Dampf der Luftleere, sondern den höher gespannten Enddruck der Dampfdehnung im Pressungsraume zu haben, so daß ein wirksames Aufhalten des niedergehenden Gestänges geschieht. Die dampfsparende Wirkung der Niederschlagung zeigt sich beim Kolbenaufgang, indem die Luftleere auf die obere Kolbenseite einwirkt.

In Fig. 206 ist eine einfachwirkende zweizylindrige Maschine mit Dampfdehnung gezeichnet. Die Zylinder liegen übereinander. Bei nebeneinanderliegenden Zylindern ist die Dampfverteilung die gleiche.

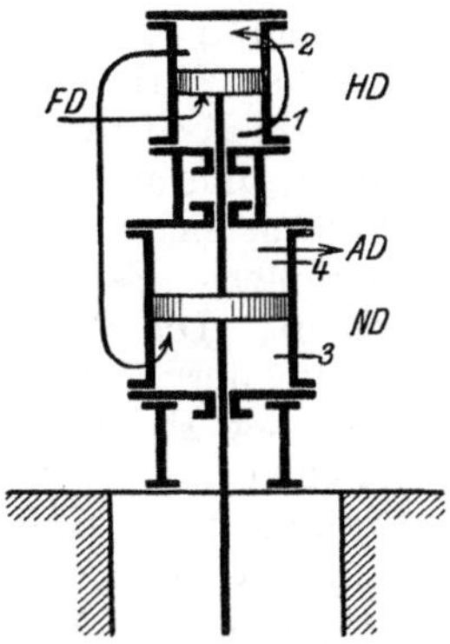

Fig. 206. Dampfwirkung einer zweistufigen Gestängemaschine.

Der Frischdampf tritt bei Kolbenaufgang in den unteren Raum des Hochdruckzylinders, etwa mit $1/2$ Füllung, entspannt auf einen mittleren Druck, strömt beim nächsten Niedergang ohne Arbeitleistung in den oberen Raum 2 desselben Zylinders, von hier beim nächsten Niedergang völlig entspannend und arbeitleistend in den unteren größeren Raum 3 des Niederdruckzylinders, beim nächsten Niedergang ohne Arbeitleistung in den oberen Raum 4 des Niederdruckzylinders und beim Aufgang nach der nächsten Hubpause durch das Auslaßventil in den Niederschlagsraum. Der Vorgang ist eine Vereinigung der stufenweisen Dehnung der Duplexpumpen und der in den vorigen Figuren geschilderten Dampfverteilung einer einfachwirkenden Maschine, beides zur Vermeidung der Dampfverluste durch Auskühlung der Zylinder, also des Eintrittsdampfniederschlages, sowie zur Erreichung eines genügenden Dampfpolsters.

3. Die Steuerungen der Gestängemaschinen.

Die äußere Steuerung der Maschinen ist bei der Hubmaschine gänzlich anders als bei den rotierenden Maschinen. Sie wird von einer durch das Gestänge bewegten Steuerstange abgeleitet. Sie hat in Aufgabe und Lösung Ähnlichkeit mit der Steuerung der Simplexdampfpumpen, Abschnitt VII A 2. Doch geht sie in ihrer Aufgabe noch über jene hinaus.

Es sei zunächst die erreichte Wirkung, später die angewandten Mittel geschildert. Alle Hubmaschinen bieten die Möglichkeit, die Hubzahl in weiten Grenzen nach unten zu regeln, also auch sich einem wechselnden Wasserzufluß bei durchlaufendem Betriebe anzupassen. Ist daher die Höchstleistung der Maschine dem größten Wasserzufluß angepaßt, dann können durch die Regelung der Hubzahl die Wasser jederzeit so gehoben werden, wie sie zufließen. In Rücksicht auf diese Möglichkeit verzichteten die Gestängewasserhaltungen auf ausgleichende große Sumpfanlagen. Dies wird heute als ein großer Fehler angesehen, denn damit verzichtet man auf die Möglichkeit, beim Versagen der Maschine die zufließenden Wasser ohne Störung des Abbaubetriebes bis zur Wiederflottmachung der Wasserhaltung unschädlich aufstauen zu können. Da andererseits häufige Schäden bei der Gestängemaschine auftreten, so sah man sich genötigt, die ungeheuren Kosten für eine Ersatzmaschine aufzuwenden.

Bei den Simplex- und Duplexpumpen wird die Einstellung der Hubzahl durch Drosselung des Frischdampfes erzielt. Die einzelnen Hübe verlaufen dann mit verschiedener Geschwindigkeit. Bei den ungeheuren Massen der Gestängemaschinen und der ihr eigentümlichen einfachen Wirkung spielen Massen und Gewichte eine ausschlaggebende Rolle im Kräftespiel und in der Kräftebeherrschung der Maschine. Die Massen sind auf einen bestimmten zeitlichen Hubverlauf berechnet und schließen sich nur hierbei mit den anderen Kräften zum Gleichgewicht zusammen. Es ist daher nötig, daß ein Hub zeitlich wie der andere verläuft. Die Regelung der Hubzahl darf daher nicht durch Veränderung der Hubdauer, sondern muß durch Veränderung der Zeitdauer der Hubpause geschehen. Durch eine eigentümliche Steuerung erreichen die Gestängemaschinen eine Regelung der Hubpausen zwischen zwei Kolbenhüben. Man unterscheidet dabei eine untere Hubpause zwischen Nieder- und Aufgang und eine obere Hubpause zwischen Auf- und Niedergang. Der Gang ist daher: Aufgang — obere regelbare Hubpause — Niedergang — untere regelbare Hubpause usf.

Man erinnere sich der Steuerung der Simplexpumpen (Abschn. VII A 1). Die zu beherrschende Bewegung des Hauptgestänges steuert gegen Hubende den Schieber einer Vorsteuerung um, dessen Vorsteuerkolben dann den Hauptschieber umsteuert. Dabei kann die Geschwindigkeit der Umsteuerung, also die Länge der Hubpause nicht beeinflußt werden. Bei den Gestängemaschinen wird daher die Hilfssteuermaschine mit einer regelbaren Bewegung ausgeführt. Sie besteht (Fig. 207), aus einem Gewicht q, das beim Kolbenaufgang durch das Gestänge gehoben wird. Sein Niedergang aber wird durch die bremsende Wirkung eines stellbaren Kataraktes K geregelt. Der Kataraktzylinder ist mit Öl gefüllt, und sein Scheibenkolben treibt das Öl durch einen Umlauf von der unteren nach der oberen Seite. In diesen Umlauf ist ein stellbarer Drosselhahn h eingeschaltet. Je enger die Durchflußöffnung dieses Hahnes eingestellt ist, desto langsamer geht das Gewicht q nieder. Der Aufgang des Kolbens geschieht ungehindert, indem der Umlauf hierbei durch das dann offene Rückschlagventil des Kolbens geschieht. Ein- und Auslaßventil sind mit je einer Kataraktsteuerung versehen, die unabhängig voneinander arbeiten und verschieden eingestellt werden können. Der Katarakt des Einlaßventiles, Fig. 207, regelt die untere, der des Auslaßventiles, Fig. 208, die obere Hubpause.

In Fig. 207 ist für das Einlaßventil der Augenblick nach dem Beginne des Gestängeniederganges dargestellt. Das Gestänge S hatte beim voraufgehenden Aufgange durch seinen Anschlag r und den Hebel o das Kataraktgewicht gehoben. Dann waren beide in den oberen Hubpause stehen geblieben. Durch die Tätigkeit der in Fig. 208 geschilderten Auslaßsteuerung trat nach der oberen Hubpause der Niedergang der gehobenen Gewichte ein. Der Niedergang des Hauptgestänges S erfolgte unter dem Einfluß der in der Maschine wirkenden Kräfte in vorgeschriebener Art. Das Hauptgestänge wird am Ende des Niederganges durch Dampfpressung aufgehalten. Das niedergehende Gewicht q folgt je nach der Drosselung im Katarakt langsamer nach. Die Zeitdauer seines Niederganges kann in weiten Grenzen beliebig eingestellt werden. Am Ende seines Niederganges öffnet es durch Anschlag n und Hebel i das Einlaßventil V_e. Hiermit ist die untere Hubpause, die von der Ankunft des Gestänges bis zur Öffnung des Einlaßventiles dauert, beendet, und der Kolben begibt sich wieder auf den Aufgang. Die untere Hubpause ist also durch die Einstellung des Kataraktes unabhängig von der Geschwindigkeit des Gestängeniederganges gegeben. Beim Aufgange des Gestänges wird das Kataraktgewicht wieder aufgezogen.

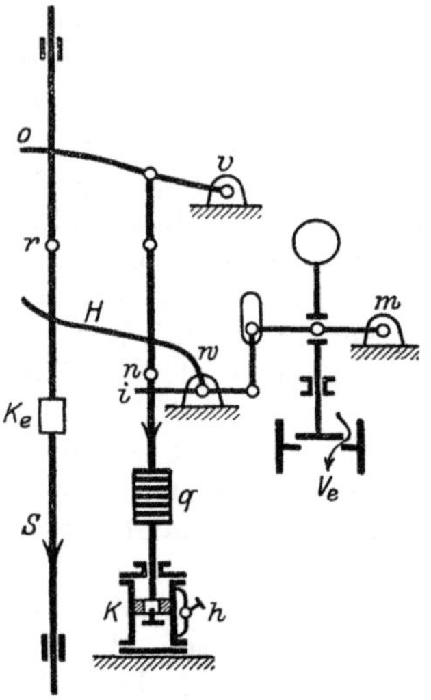

Fig. 207. Einlaßkataraktsteuerung. (Brunne.)

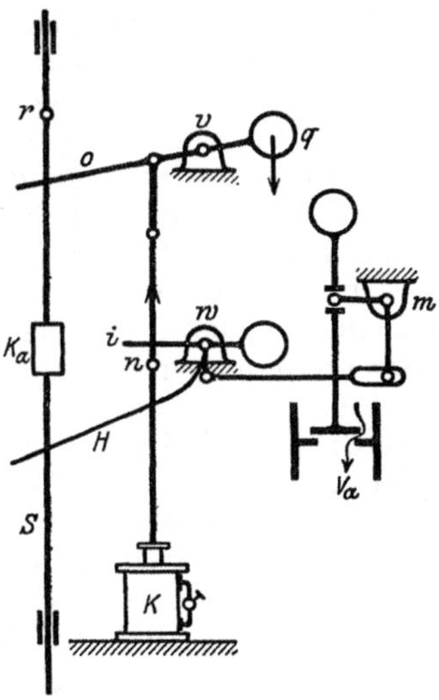

Fig. 208. Auslaßkataraktsteuerung. (Brunne.)

Das Einlaßventil wird durch den Anschlag k_e und den Hebel H bei einer bestimmten Hubstellung wieder geschlossen, wodurch eine bestimmte Füllung festgelegt ist.

Fig. 208 zeigt die entsprechenden Verhältnisse für das Auslaßventil und die Bestimmung der oberen Hubpause.

Das Gestänge S befindet sich nach Beendigung der unteren Hubpause auf dem Aufwärtsgange. Auf dem voraufgegangenen Niedergange hatte es durch r o das Gewicht q des Kataraktkolbens aufgezogen. Dieses bewegt sich nun abwärts, der Kataraktkolben parallel dem Hauptgestänge aufwärts. Das Hauptgestänge eilt aber vor, da der Kataraktkolben in seiner Bewegung verzögert wird.

Das Gestänge beendet seinen Aufgang und bleibt in der oberen Hubpause, bis das langsam nachfolgende Kataraktgestänge durch den

Anschlag n, i und den Winkelhebel w das Auslaßventil öffnet, worauf der Niedergang erfolgt. Der rechtzeitige Schluß des Auslaßventiles erfolgt während dieses Niederganges bei einer bestimmten Gestängestellung durch den Anschlag k_a und den Streichhebel H auf der Welle w.

Bei diesen Kataraktsteuerungen wird zwar die Hubpause gut eingeregelt, aber während des einzelnen Hubes kann sich die Maschinengeschwindigkeit frei entfalten und dabei eine gefahrbringende Größe annehmen. Starke Veränderung des Dampfdruckes und Gestängebruch rufen solche Gefahren hervor. Man ist daher auf den Gedanken gekommen, bei gefahrdrohendem Maschinengange selbsttätige Eingriffe in die Steuerung vornehmen zu lassen. Der Begriff und die Messung der gefährlichen Geschwindigkeit macht den Begriff und die Verwirklichung einer Vergleichsbewegung, die als Maß des Notwendigen zu gelten hat, erforderlich. Der Unterschied der Maschinenbewegung und der Vergleichsbewegung wird zum Eingriff in die Steuerung benutzt. Wir haben hier (1873) das Vorbild für die neueren Bestrebungen im Dampffördermaschinenbau, bei gefahrdrohendem Maschinengange durch einen „Steuerungsregler" Eingriffe in die Steuerung vornehmen zu lassen. Man vgl. hierzu Band III des Sammelwerkes, Schachtfördermaschinen, Abschn. V F und VI E.

Die betreffende Steuerung ist unter dem Namen Daveysche Differentialsteuerung bekannt. Sie ist sehr verwickelt, so daß hier nur auf eine Beschreibung verwiesen werden soll: Dinglers polyt. J. 1876, S. 4 und S. 156.

Die oben beschriebenen Steuerungen haben auch sonst noch viele Abänderungen erfahren. Die rotierenden Gestängemaschinen waren mit den üblichen Steuerungen versehen. Eine ganz besondere Steuerung wiesen die rotierenden Maschinen von Kley, Bonn, auf. Darüber einiges in Z. d. Ver. deutsch. Ing. 1879, in Peters, Über Wasserhaltungen, und Z. d. Ver. deutsch. Ing. 1898, Beschreibung einer Kleyschen Maschine, desgl. Z. d. Ver. deutsch. Ing. 1881, S. 479.

4. Das Kräftespiel der Gestängemaschinen.

Bei den Gestängemaschinen ist auf die mit den großen Gewichten verbundenen Massenkräfte zu achten. Die langen Gestänge lassen Druckbeanspruchung sehr ungünstig erscheinen. Daher der geschilderte einfachwirkende Betrieb mit schweren Gestängen, die durch die Dampfarbeit bei Aufgang gehoben werden, dabei keine nennenswerte Pumparbeit leisten. Diese wird erst auf dem Niedergange geleistet durch das Gewicht des Gestänges ohne Arbeit des Dampfes. Der Widerstand ist durch den Druckwiderstand des Pumpenkolbens gegeben. Das Gestänge muß also so schwer wie dieser Widerstand gemacht werden. Die Festigkeitsverhältnisse ergeben für eine bestimmte Gestängelänge einen bestimmten Querschnitt und bestimmtes Gewicht. Dieses kann nun im Vergleich mit dem durch den Widerstand geforderten zu leicht oder zu schwer sein. Im ersteren Falle ist leicht abzuhelfen, indem man das fehlende Gewicht in Form von Platten über dem Pumpenkolben anbringt. Ist dagegen das auszuführende Gestänge zu schwer, so muß das Übergewicht, das schädliche Beschleunigungen hervorrufen würde, durch ein entgegengesetzt laufendes Gegengewicht ausgeglichen werden. Die Fig. 199 und 201 zeigen solche Gegengewichte.

Die Kolbenkräfte der Dampfmaschine müssen imstande sein, das wirksame Gestängegewicht anzuheben.

Die Kolbengeschwindigkeit der Hubmaschinen ist ziemlich groß, v = 2 m/sec.

Es sind daher die Beschleunigungs- und Verzögerungskräfte der schweren Massen wohl zu beachten. Jede solche Maschine muß daher zu Anfang mit höherem Dampfdrucke arbeiten als zu Ende, also mit einer gewissen Dampfdehnung. Soll diese zwecks Dampfersparnis weitgehend sein, so müssen die bewegten Massen bedeutend vermehrt werden. Sie können bei den reinen Hubmaschinen nur im Gestänge untergebracht werden. Dann wird das Gewicht des Gestänges aber wieder für die Arbeitsleistung des Wasserdrückens zu schwer. Daher ist das Gewicht der zwecks Dampfdehnung unterzubringenden Masse zu teilen und zum einen Teil im Gestänge, zum anderen Teil im Gegengewicht unterzubringen. Die Gewichtswirkung dieser Teile ist dann aufgehoben, ihre Massenwirkung in gewünschter Weise vorhanden. Wegen der bei den meisten Maschinen ausgeführten Dampfdehnung finden wir daher schwere Gestänge, deren Arbeitsübergewicht durch ein Gegengewicht ausgeglichen ist.

Die Dampfdehnung mit ihren schweren Massen gefährdete die Sicherheit des Maschinenganges. Häufige Brüche waren die Folge, so daß man in vielen Fällen zu einer Verringerung der Dehnung schritt.

Um welche Massen es sich hier handelt, ergibt ein Beispiel: In einem Falle waren nötig 40 t Gewicht zum Drücken des Wassers. Ausgeführt waren im Gestänge 140 t, also durch ein Gegengewicht auszugleichen 100 t, so daß das Gesamtgewicht 240 t betrug, davon 200 t ausgeglichenes Gewicht, das heißt reine Masse zwecks Dampfdehnung. Die 40 t Arbeitsgewicht trugen selbstverständlich auch zur Masse bei.

Die rotierenden Maschinen, Fig. 201, legten die Massen in den rasch bewegten Schwungring ihrer Schwungräder.

Da die meisten Maschinen mit Dampfdehnung arbeiten, also mit überschüssigem Gestängegewicht, ist ein Ausgleich des Überschusses erforderlich. Der Ausgleich durch Gegengewicht und Balancier erfordert einen großen und schweren Balancier und viel Raum. Man hat sich daher bemüht, den nötigen Ausgleich auf andere Weise zu bewirken. Der Ausgleich durch bewegte Gewichte ist in Wirklichkeit ein Energieausgleich, indem beim Niedergang des Gestänges das Gegengewicht gehoben, die überschüssige Arbeitsleistung des niedergehenden Gestänges also im Gegengewicht aufgespeichert und für den nächsten Aufgang bereitgestellt wird. Solche Energiespeicherung läßt sich auch durch verschiedene andere Mittel erreichen.

Bei der hydraulischen Ausgleichung ist mit dem Gestänge ein

Ausgleichskolben, Fig. 209, verbunden, der beim Niedergang in einem Zylinder niedergeht und das Wasser des Zylinders nach einem zweiten Zylinder übertreibt, wobei es dort einen gewichtsbelasteten Kolben hebt. Es ist dies dem Wesen nach dieselbe Ausgleichung wie durch ein Gegengewicht, nur daß an Stelle eines mechanischen Hebels ein hydraulischer getreten ist. Räumlich erscheint diese Anordnung wohl geschickter, ob aber der Betrieb mit zwei stark beanspruchten Stopfbüchsen angenehmer ist als mit einem Balancier, ist doch sehr fraglich.

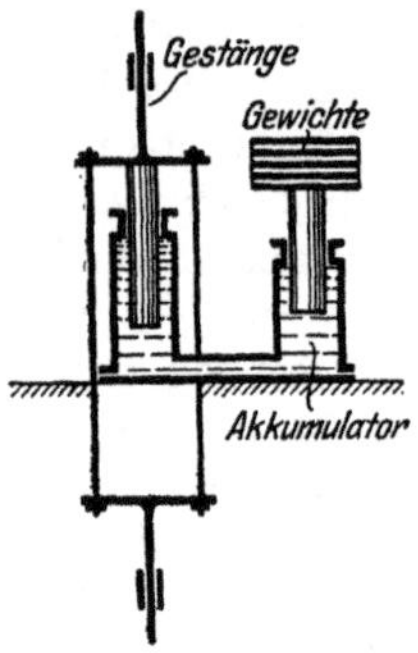

Fig. 209. Ausgleichen des Gestängegewichts durch einen Akkumulator.

Etwas anders erscheint der Fall, wenn an Stelle eines Gewichts- ein Luftakkumulator gewählt wird. Der Ausgleichskolben wirkt dann auf den Inhalt eines mit Druckluft gefüllten Kessels ein. Es entfällt dann eine Stopfbüchse und die Massenwirkung der Akkumulatorbelastung, die mit dem Gestänge doch nicht genügend zwangläufig verbunden erscheint. Dafür besteht aber der Nachteil eines wechselnden Gegendruckes im Windkessel und der weitere, stets für den gleichen Luftinhalt des Windkessels zu sorgen. An Stelle einer Belastung durch Luftdruck hat man auch solche mit Dampfdruck angewandt.

Man spricht auch noch von einer Ausgleichung des Gestängegewichts bei doppeltwirkenden Maschinen. Wirkt eine doppeltwirkende Maschine auf ein Pumpengestänge ein, das eine doppeltwirkende, also für Auf- und Niedergang Druckwirkung zeigende Pumpe treibt, dann kann doch Druckbeanspruchung vom Gestänge ferngehalten werden. Das Gestängegewicht wird so groß gewählt, als das zu hebende Wassergewicht es erfordert. Da aber die Arbeit der Maschine hier auf beide Hübe gleich verteilt werden soll, so ist das ganze erforderliche Gestängegewicht am obern Ende des Gestänges auszugleichen, wobei die erwähnten Arten angewandt werden können. Hier erscheint die Anordnung günstig, von einer Kraftmaschine aus 2 parallele mit 180° Versetzung arbeitende einfachwirkende Pumpen anzutreiben, Fig. 203, deren Gestängegewichte sich gegenseitig ausgleichen. Bei Bruch eines Gestänges ist es erforderlich, mit dem anderen Gestänge allein weiter arbeiten zu können. Daher wird in solchen Fällen für jede Pumpenseite ein hydraulischer Ausgleichskolben angeordnet, die aber auf den gleichen Gewichts- oder Luftakkumulator einwirken, sich in ihrer Wirkung gegenseitig aufheben, aber bei Gestängebruch in Tätigkeit treten.

5. Einzelheiten und Bilder der Gestängewasserhaltung.

Das Kennzeichen der Gestängewasserhaltung ist das große und schwere Gestänge. Damit sind geringe Hubzahlen verbunden, die wieder großen Hub und große Antriebskräfte erfordern. Daher ist alles an der Maschine groß und schwer: Hub bis 4 m, Dampfzylinder bis 3 m, Pumpe bis 1 m Durchmesser, Hubzahl bis 8/min; Rundgestänge bis 250 mm Durchmesser und 800 m Länge. Über die Gestänge und Gegengewichte vergleiche man den vorigen Abschnitt. Rotierende Maschinen mit n = 15/min und Schwungräder von 12 m Durchmesser. Diesen Zahlen entsprechen denn auch die Anlagekosten.

Die Pumpen sind stehende Schachtpumpen. Man vgl. die Figuren 28, 55, 111, 120. Als unterster Satz wurde meist die Saugpumpe angewandt, besonders beim Schachtabteufen, Fig. 323, Abschn. IX B. 2, da sie für Arbeiten unter Wasser geeignet ist.

Aus dem Saugsatz entwickelte sich durch Steigerung der Hubhöhe der Hubsatz. Die Scheibenkolben wurden vielfach durch Tauchkolben ersetzt, deren Dichtung zugänglich ist.

Man hat eine Druckhöhe von 130 m mit den Schachtpumpen nicht überschritten. Bei größeren Teufen wurden mehrere einander zuhebende Sätze im Schachte übereinander gestellt. Diese verwickelte Anordnung erklärt sich aus der Furcht, keine genügende Abdichtung gegen höhere Drücke erzielen zu können. Die Abdichtung des Scheibenkolbens ist immer schwierig, die der Tauchkolben günstiger, aber immer noch schwierig genug wegen des großen Durchmessers der Kolben der Schachtpumpen.

Die Festigkeit der großen gußeisernen Pumpenkörper machte bei höheren Drücken ebenfalls Schwierigkeit.

Die stufenweise Hebung des Wassers bot zudem den Vorteil, die Wasser aus verschiedenen Sohlen ohne Verfall heben zu können, indem man das Wasser der höheren Sohlen höher stehenden Pumpen zuführte, deren Abmessungen dementsprechend berechnet waren.

Andererseits ergab die Abhängigkeit der einzelnen Pumpen voneinander einen erschwerten Betrieb und machte allerhand Regelungen notwendig, um bei auf verschiedenen Sohlen veränderten Zuflüssen den gemeinsamen Betrieb aufrecht erhalten zu können. Da alle Pumpen an den gleichen Hub und die gleiche Hubzahl gebunden waren, so war eine Regelung ihrer Lieferung nur durch Auswechseln der Kolben oder durch Vorrichtungen, die im wesentlichen auf Rückfallenlassen schon geförderten Wassers beruhen, möglich.

Die einzelnen Pumpen hoben in der Weise einander zu, daß die untere Pumpe in einen kleinen Behälter ausgoß, aus dem die obere Pumpe ansaugte. Stimmten die Lieferungen nicht überein, so daß die obere Pumpe zeitweise Luft ansaugte, dann war die Gefahr eines Durchschlagens des Gestänges beim Druckhub gegeben.

Die Beaufsichtigung der im Schachte verteilten Pumpen war äußerst beschwerlich. Das gleiche gilt für die Bewartung aller im Schachte vorhandenen und sich wiederholenden Einbauten: wie Lager der Pumpen, Führungen, Fanglager der Gestänge und das Gestänge und seine Verbindungen selbst.

Auch alle Arbeiten sind beschwerlich, da alle Teile, Ventile, Deckel, Kolben und Gestänge, groß und schwer sind. Es ist ein entsprechendes Hebezeug über dem Schachte nötig, um die schweren Teile heben zu können.

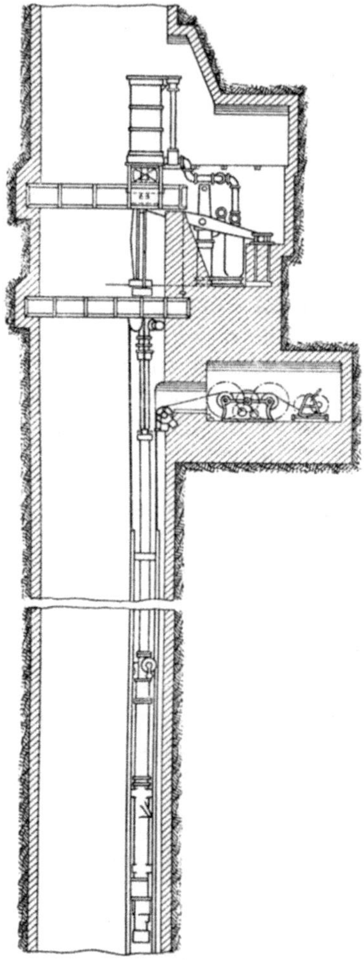

Fig. 210. Rittingersatz im Schachte zum Weiterteufen. (Haniel & Lueg.)

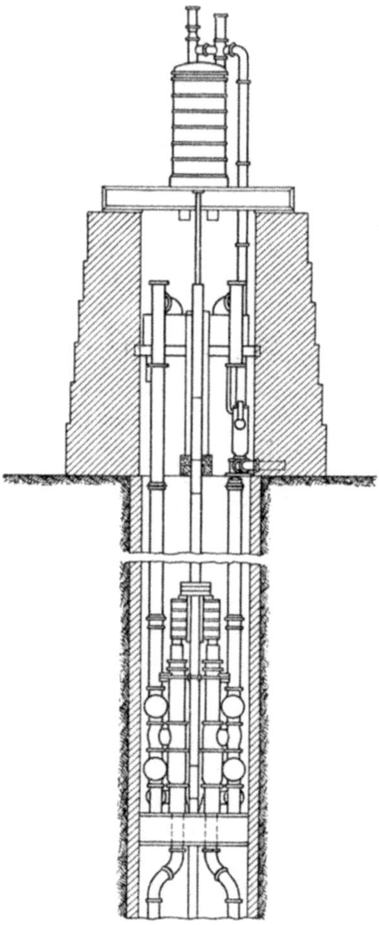

Fig. 211. Doppelter Drucksatz. (Haniel & Lueg.)

Die **Rohrleitungen** unterscheiden sich im allgemeinen, abgesehen von ihrer satzweisen Teilung, nicht von den anderer Wasserhaltungen. Sie bilden aber eine Besonderheit, wenn sie wie bei den Rittingerpumpen gleichzeitig als Gestänge zum Antrieb des Kolbens benutzt werden.

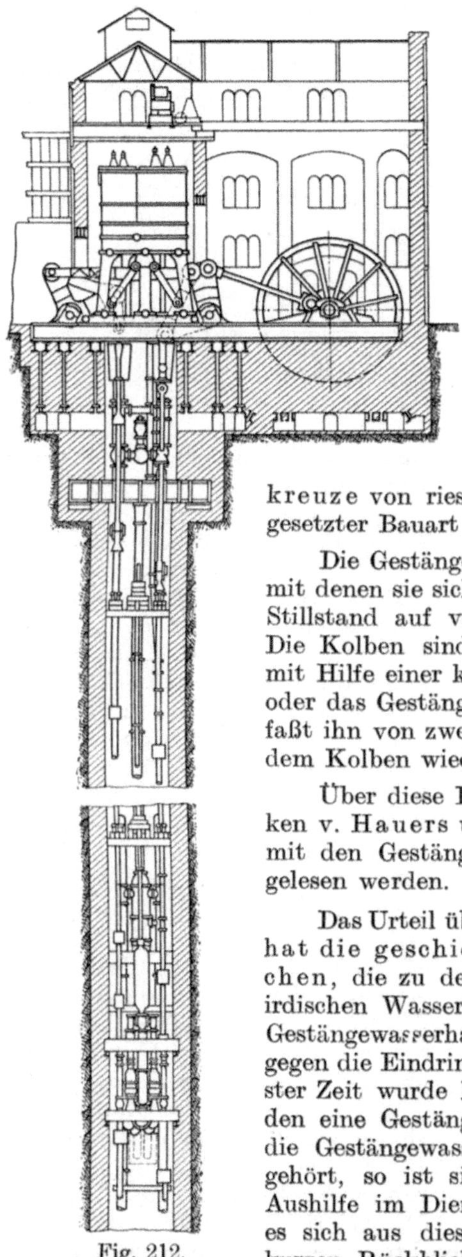

Fig. 212.
Woolfsche Gestängemaschine.
(Haniel & Lueg.)

Die Gestänge sind der beschwerlichste Teil und der wunde Punkt der Gestängewasserhaltungen. Sie wurden anfänglich aus Holz, später aus Schmiedeeisen hergestellt. Das ganze Gestänge setzt sich aus sehr vielen einzelnen Längen zusammen. Die Stoßstellen oder Gestängeschlösser machten viele Beschwerden und regten zu den verschiedensten Ausführungen an. Abwechselnd auf Zug und Druck beansprucht, werden sie unweigerlich bald locker. Im Anschluß an die Gestänge sei auch der Balanciers und der Kunstkreuze von riesigen Abmessungen und zusammengesetzter Bauart gedacht.

Die Gestänge sind mit Fangarmen ausgestattet, mit denen sie sich beim Durchschlagen sowie beim Stillstand auf vorgesehene Fanglager aufsetzen. Die Kolben sind am Gestänge entweder einseitig mit Hilfe einer konsolartigen Auskragung befestigt, oder das Gestänge gabelt sich vor dem Kolben, umfaßt ihn von zwei Seiten und vereinigt sich hinter dem Kolben wieder.

Über diese Dinge kann Genaueres in den Werken v. Hauers und Brunnes, die sich eingehend mit den Gestängewasserhaltungen befassen, nachgelesen werden.

Das Urteil über die Gestängewasserhaltung hat die geschichtliche Entwicklung gesprochen, die zu den verschiedenen Arten der unterirdischen Wasserhaltungen übergegangen ist. Die Gestängewasserhaltung hat sich aber lange tapfer gegen die Eindringlinge gewehrt und noch in jüngster Zeit wurde hier und da aus besonderen Gründen eine Gestängewasserhaltung eingebaut. Wenn die Gestängewasserhaltung auch zum alten Eisen gehört, so ist sie doch noch an vielen Orten zur Aushilfe im Dienste des Bergbaues tätig, so daß es sich aus diesem Grunde verlohnt, ihr diesen kurzen Rückblick zu widmen. In dem übernächsten Abschnitte wird in dem geschichtlichen Rückblick über die unterirdische Dampfwasserhaltung auf ihren Kampf mit der Gestängewasserhaltung und ihre Eigenart zurückzukommen sein.

Bilder. Es sei zunächst auf die Fig. 28 und 199 hingewiesen, von denen die erste das Gesamtbild einer Gestängewasserhaltung,

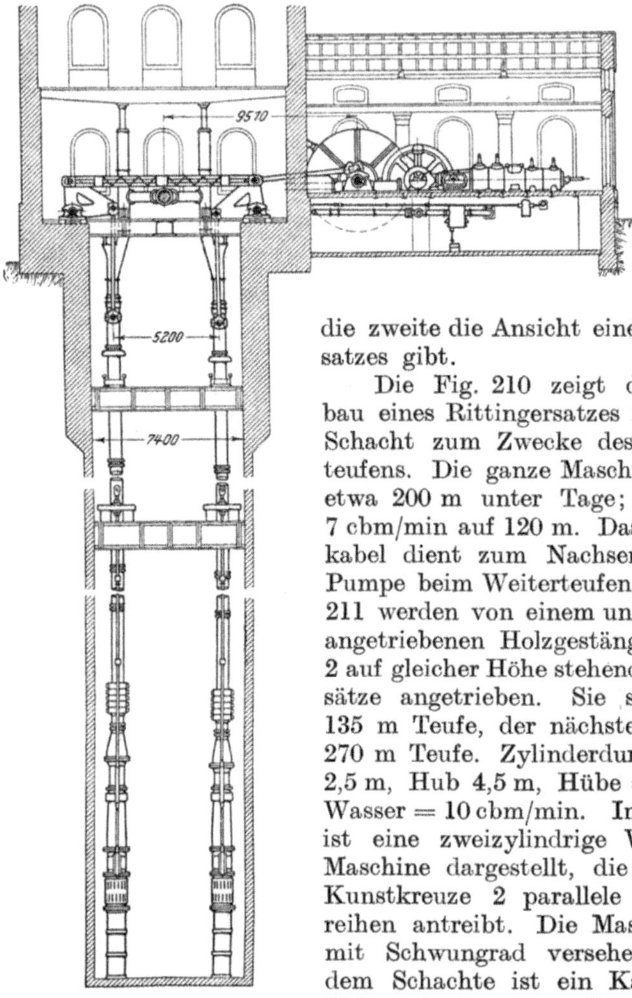

Fig. 213. Rittingersatz des Wasserwerkes Rosaliegrube. (Z. d. Ing. 1911.)

die zweite die Ansicht eines Drucksatzes gibt.

Die Fig. 210 zeigt den Einbau eines Rittingersatzes in einem Schacht zum Zwecke des Weiterteufens. Die ganze Maschine steht etwa 200 m unter Tage; sie hebt 7 cbm/min auf 120 m. Das Dampfkabel dient zum Nachsenken der Pumpe beim Weiterteufen. In Fig. 211 werden von einem unmittelbar angetriebenen Holzgestänge aus je 2 auf gleicher Höhe stehende Drucksätze angetrieben. Sie stehen in 135 m Teufe, der nächste Satz in 270 m Teufe. Zylinderdurchmesser 2,5 m, Hub 4,5 m, Hübe = 5/min; Wasser = 10 cbm/min. In Fig. 212 ist eine zweizylindrige Woolfsche Maschine dargestellt, die durch 2 Kunstkreuze 2 parallele Pumpenreihen antreibt. Die Maschine ist mit Schwungrad versehen. Über dem Schachte ist ein Kabel zum Heben der Pumpenteile zu sehen. Die Figuren 210—212 sind Ausführungen der Firma Haniel & Lueg, Düsseldorf. Sie lassen die weitgehende Inanspruchnahme des Schachtquerschnittes durch die Wasserhaltung erkennen.

Eine liegende doppeltwirkende rotierende Maschine zum Antriebe zweier Rittingersätze zeigt Fig. 213. Die Pumpen liefern zusammen bei 13,5 Hüben/min 18 cbm/min und bei 18 Hüben 24 cbm auf 55 m Höhe. Sie dienen der Wasserversorgung desLandkreises Kattowitz und wurden 1910 zur Erweiterung der vorhandenen Pumpenanlagen gleicher Bauart eingebaut.

Die Dampfmaschine ist eine liegende Tandemverbundmaschine (460/760 mm Durchmesser, 700 mm Hub, n = 80—100/min, Vorgelege 1 : 6). Dampfdruck 13 atm, 350°. Die Steuerung ist am Hochdruckzylinder eine zwangläufige Ventilsteuerung mit Achsenregler, der bei Gestängebruch ein Durchgehen der Maschine verhindern soll. Der Abdampf wird in einem Oberflächenkühler niedergeschlagen.

Für das Wasserwerk der Stadt Aachen (Abschn. I A 2) wurden 1907 drei ganz ähnliche Anlagen für ein Förderhöhe von 115 m eingebaut.

Die Gestängepumpen haben für die Zwecke der Wasserversorgung aus nicht zu großen Tiefen manche Vorzüge. Sie finden eine weitgehende Anwendung als Bohrlochpumpen. Hierunter werden Gestängepumpen kleinerer Abmessungen verstanden, die zum Zwecke der Wasserversorgung in Bohrlöchern arbeiten. Hier entfaltet die Gestängepumpe in der Form der Rittingerpumpe die Vorzüge ihrer Einfachheit. Sie kann in einem einfachen und billig zu erstellenden Bohrloch untergebracht werden, während eine unterirdische Anlage zu ihrer Unterbringung eines teueren Schachtes und entsprechender unterirdischer Räume bedarf.

6. Der Antrieb der Gestängepumpen durch Wassersäulenmaschinen.

Der Antrieb der Schachtpumpen durch Druckwasserkolbenmaschinen ist wesentlich älter als der durch Dampfmaschinen.

Geringere Gefälle konnten in Wasserädern ausgenutzt werden. Zur Ausnutzung mittlerer Gefälle, deren Größe die Herstellungsmöglichkeit eines Wasserades überschritt, ging man dazu über, das Gefällewasser über 2 bis 3 übereinanderhängende Wasserräder laufen zu lassen. Die Schwerfälligkeit dieses Betriebes ist ersichtlich. Große Gefälle konnten nur in Kolbenmaschinen nutzbar gemacht werden. Diese Maschinen heißen Wassersäulenmaschinen, da zu ihrem Betriebe der natürliche Wasserdruck eines Gefälles verwandt wurde.

Solche Gefälle standen in mancherlei Gestalt zur Verfügung; z. B. in gebirgiger Gegend als Wasserfall über Tage oder als Gefälle zwischen der Erdoberfläche und einem tiefer gelegenen Abflußstollen der Grube oder als Gefällewasser der von den höheren Sohlen auf die Stollensohle fallenden Wasser. Neuerdings kann auch das künstliche Gefälle der Steigeleitung der unterirdischen Wasserhaltungsmaschine zum Antriebe irgendeiner in der Grube benötigten Maschine in Frage kommen.

In der Absicht, den schädlichen Dampf aus der Grube zu verbannen, ging man später an manchen Stellen zur künstlichen obertägigen Erzeugung von Gefällewasser bzw. Druckwasser über, das zum Antriebe der unterirdischen Wasserhaltungen verwandt wurde. Diese Anordnung ist unter dem Namen hydraulische Wasserhaltung bekannt und wird besonders besprochen werden (Abschn. VII D). Die Wassersäulenmaschinen sind entweder reine Hubmaschinen, wie die schwungradlosen Dampfpumpen und die meisten Gestängewasserhaltungen, oder rotierende Maschinen, wie gewöhnliche Dampfmaschinen.

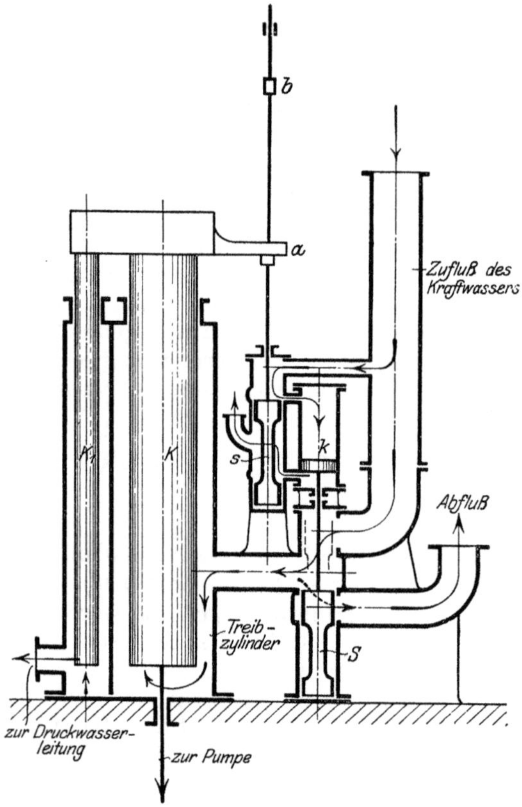

Fig. 214. Wassersäulenmaschine.

Die Steuerung der Hubmaschinen geschieht genau so wie die der schwungradlosen Dampfpumpen, über die im Abschn. VII A nachgelesen werden möge. Verschiebt der Treibkolben, Fig. 181, gegen Hubende den Steuerschieber bis in dessen Mittellage, so muß der Kolben stehen bleiben, da der Wasserabfluß der rechten Seite abgesperrt ist. Auf der linken Seite ist gleichzeitig das Triebwasser abgesperrt.

Es muß also auch hier eine Vorsteuerung, Fig. 182, angeordnet werden. Der Treibkolben K verschiebt den Vorsteuerschieber s völlig, so daß der Vorsteuerkolben umsteuert.

An Stelle der Flachschieber werden bei Wassersäulenmaschinen meist entlastete Kolbenschieber genommen, und wir erhalten eine Anordnung etwa wie in Fig. 214.

Der Treibkolben K befindet sich in seiner tiefsten Stellung. Er hat durch die Anschläge a den hohlen Vorsteuerkolbenschieber s nach abwärts bewegt, so daß der Vorsteuerkolben k sich ebenfalls nach abwärts bewegt und den Steuerschieber S nach unten verschoben hat. Das Kraftwasser tritt unter den Treibkolben K und bewegt ihn nach oben. Am oberen Hubende wird die Stange des Vorsteuerschiebers durch den Anschlag b nach oben geschoben, so daß der Vorsteuerkolben k ebenfalls nach oben geht, desgleichen der Steuerschieber S in die punktierte Lage. Das Wasser des Treibzylinders strömt dann unter der Muschel des Schiebers in den Abfluß, und der Kolben sinkt durch die ihn beschwerenden Gewichte. Durch Verstellen der Anschläge a, b kann der Hub des Kolbens, durch Drosselklappen in Zu- und Abfluß seine Geschwindigkeit, durch die Überdeckung des Steuerschiebers die Wirkung einer Hubpause eingestellt werden. Wenn die Umsteuerung rasch geschieht, muß wegen des unelastischen Wassers ein Stoß erfolgen, da die Massenwirkung der Gewichte nicht dehnsam aufgenommen werden kann. Um diesen Stoß zu vermeiden, werden die Steuerkanten der Schieber gezackt gestaltet, so daß der Abschluß auf größerem Wege unter Drosselung des während dieser Zeit stattfindenden Wasserflusses erfolgt.

Die ausgeführten Anlagen weisen gegen die Fig. 214 Verschiedenheiten auf, die aber nur die äußere Form der Steuerung betreffen. Die Steuerwirkung bleibt immer die gleiche.

Das Abwasserrohr wird bei stehenden Zylindern um mehr als die Zylinderhöhe aufwärts geführt, so daß die Pumpe immer mit Wasser gefüllt bleibt und sich keine schädlichen Luftsäcke bilden können.

Zur Vermeidung der Gestängestopfbüchse wird an Stelle des durchgehenden eine Umführungsgestänge verwendet.

Der eigentliche Gestängebetrieb ist genau wie bei der Gestängewasserhaltung zu beurteilen. Das Gestänge bedarf einer Berichtigung des ausgeführten Gewichtes durch Beschwerung oder durch Ausgleichung. Die Figur zeigt eine hydraulische Ausgleichung durch einen dem Hauptkolben K parallelen Entlastungskolben K_1. Der Zylinderraum des Ausgleichskolbens ist mit der Kraftleitung verbunden.

Gelegentlich sind auch rotierende Wassersäulenmaschinen gebaut worden. Vgl. eine Ausführung im Abschn. VIII D 2, S. 338.

Wassersäulenmaschinen können durch Drosselung des Kraftwassers geregelt werden. Dies bedeutet bei Minderleistung einen Kraftverlust. Um diesen zu vermeiden, hat Th. Mayer, Wien 1885, eine Wassersäulenmaschine mit einer Art Füllungsregelung ausgestattet. Der liegende Treibzylinder erhielt an den Enden windkesselartige Erweiterungen, der eine abgemessene Luftmenge enthielten. Sie gestatten eine kleinere als Vollfüllung, da nach Absperrung des Kraftwasserzuflusses die gepreßte Luft den Kolben weiter schiebt. Durch Veränderung des Zeitpunktes der Absperrung kann die Arbeitsleistung geregelt werden.

Über Wassersäulenmaschinen vgl. man Brunne, Wasserhaltung.

B. Die unterirdischen Wasserhaltungen im allgemeinen.

1. Die geschichtliche Entwicklung der unterirdischen Wasserhaltungen.

Unterirdische Dampfwasserhaltungen sind in vereinzelten Fällen schon frühzeitig verwendet worden, z. B. 1845 auf der Grube Lucy bei Blancy (Frankreich) in Verbindung mit unterirdischen Dampfkesseln für eine Teufe von 90 m, in ähnlicher Weise auf zwei weiteren französischen Gruben, 1860 in England auf der Cambots-Grube, Blyth, 1870 in Westfalen und Saarbrücken.

Der eigentliche Kampf mit der Gestängewasserhaltung setzt gegen 1880 ein. Daneben gehen auch einige Ausführungen von unterirdischen hydraulischen Wasserhaltungen, z. B. 1865 auf den Saargruben Von der Heydt, 1869 auf Sulzbach-Altenwald. Die elektrische Wasserhaltung tritt etwa 1895 auf (Zeche Friedlicher Nachbar).

Der Anstoß zum Ersatz der Gestängewasserhaltung durch unterirdische Wasserhaltungen scheint nicht durch die Erkenntnis der technischen Unzulänglichkeit der Gestängewasserhaltung bei wachsender Teufe, sondern durch die ungeheuren Anlagekosten dieser Maschinen in Zeiten wirtschaftlichen Niederganges gegeben worden zu sein. In vielen Fällen wurden die unterirdischen Maschinen in der Absicht eingebaut, sie bei Besserung der wirtschaftlichen Verhältnisse durch die „bewährten“ Gestängepumpen zu ersetzen.

So wird es verständlich, daß man für diese ersten unterirdischen Maschinen auf möglichste Verringerung der Anlagekosten Wert legte. Man nahm billigste, also schlechteste Maschinen ohne Dampfdehnung, häufig schwungradlose Pumpen. Die Rohrleitungen im Schachte wurden ohne Umhüllung und ohne nötige Ausrüstungen eingebaut.

Die „Erfahrungen“ mit dieser unterirdischen Dampfwasserhaltung konnten danach nur schlechte sein: Wärmebelästigung im Schachte und dem Maschinenraum, Faulen des Holzeinbaues, Störung der Wetterführung, viel Niederschlagswasser in den Leitungen und Wasserschläge in der Dampfmaschine, erschwerte Bedienung in schlecht beleuchteten und belüfteten Maschinenräumen, großer Dampfverbrauch. Und dann: die Furcht vor dem Ersaufen der Maschine, die unter Wasser als Dampfmaschine kaum laufen kann.

Der letzte Punkt war wohl der entscheidende. Er trifft außer die Dampf- noch die elektrische Wasserhaltung, während der Vorzug der hydraulischen Wasserhaltung im wesentlichen in ihrer Unstörbarkeit durch Wassereinbruch gefunden werden muß.

Diese Schwierigkeit hat nicht gehindert, daß die durch Wasser störbaren unterirdischen Wasserhaltungen heute die allein gebräuchlichen geworden und daß die „unstörbaren“ verschwunden sind. Es wird in anderem Zusammenhange (Abschn. X B 3) von der Sicherung des Wasserhaltungsbetriebes gegen aufgehende Wasser zu sprechen sein.

Diesen Mißständen gegenüber erschien die Gestängewasserhaltung vom technischen Standpunkte aus als bewährt im Grubenbetriebe. Daß der Bergmann einer Maschine anhängt, auf deren Betrieb der ganze übrige Grubenbetrieb beruht, ist verständlich. Aber der Vergleich mit der unterirdischen Dampfwasserhaltung geschah auf ungerechter Grundlage, indem eine in 100jährger Erfahrung ausgebildete Art mit einern neuen verglichen wurde, bei der bisher keine ernsten Anstrengungen gemacht worden waren, ihre Eigenart der Eigenart des Grubenbetriebes anzupassen und das ersichtlich Gute aus ihr herauszuholen. Man hielt an der Gestängewasserhaltung als dem Erstrebenswerten fest, obgleich man wegen ihrer offenbaren Mängel gezwungen war, sie zugunsten einer anderen Art zu verlassen.

Nach unserer, aus der heutigen Entwicklung zu raschlaufenden, kreisenden Maschinen ohne Massenwirkung geschöpfter Erkenntnis, erblicken wir in der Gestängemaschine eine Bauart, bei der sich alles vereinigt, was die Kosten erhöht und die Betriebssicherheit vermindert: große Kräfte und Massen, absetzende Bewegung, geringe Geschwindigkeit, große Abmessungen bis an die Grenze der Ausführbarkeit, weitläufige Bauart mit vielen voneinander abhängigen Gliedern, großer Raumbedarf im teuren Schachte und die allerschwierigste Bewartung. Aber alle Mißstände und Betriebsstörungen ließen an der „Betriebssicherheit" nicht irre werden, weil die Antriebsmaschine über Tage außer Bereich des aufgehenden Wassers sicher aufgestellt war.

Man übersah dabei, daß die geringen Anschaffungskosten der unterirdischen Maschinen es ermöglichen, die nötige Sicherheit durch Ersatzmaschinen und Sumpfanlagen zu schaffen. Die Gestängemaschine war entweder ohne Ersatz, was offenbar für den Betriebsbeamten eine sehr ungemütliche Sache war, oder es wurde eine Ersatzmaschine beschafft, so daß die ungeheueren Anlagekosten sich verdoppelten. Die Vergleiche über die Anlagekosten von Gestängemaschinen und unterirdischen Wasserhaltungen (X A 1) zeigen, daß deren Kosten etwa das Dreifache jener betrugen. Der Vergleich würde sich noch wesentlich ungünstiger für die Gestängemaschine gestalten, wenn der Anteil der Schachtkosten mit in Rechnung gezogen würde. Die unterirdischen Maschinen begnügen sich mit einer für andere Zwecke nicht verwendbaren Ecke des Schachtquerschnittes, während die Gestängemaschinen einen merklichen Teil des Querschnittes beanspruchen.

Die unterirdische Dampfwasserhaltung ging trotz aller Anfeindungen auf Grund des in ihr liegenden Fortschrittes ihren Weg. Man befaßte sich ernstlicher mit der Abstellung der ihr eigentümlichen Nachteile. Diese Maßnahmen liegen auch sonst in der Richtung technischen Fortschrittes: richtig bemessene, gut umhüllte Rohrleitungen, richtig angeordnete und bewartete Wasserabscheider, Eiseneinbau in dem Schachte, wenn möglich, Rücksichtnahme auf die Wetterführung, gute dampfsparende Maschinen mit großer Kolbengeschwindigkeit, vollständige Niederschlagung des Abdampfes. Die schwungradlose Pumpe ward durch die Maschine mit Dampfdehnung und Schwungrad, die einzylindrige Dampfdehnung durch die Stufendehnung in Verbundmaschinen ersetzt.

Die Dampfwasserhaltung ist siegreich durchgedrungen. Die Belästigung durch die Wärme im Schachte ist auf ein erträgliches Maß zurückgeführt, aber sie ist geblieben. Mit dem Dampf als Kraftquelle kann man wohl durch den Schacht gehen. Seine Anwendung im Grubenfelde aber ist wegen der Wärmebelästigung ausgeschlossen. Der fortschreitende Bedarf an Kraft in der Grube kann also nicht durch Dampf gedeckt werden. Druckluft ist ein teueres, wenn auch sonst bewährtes, in manchen Fällen unentbehrliches Mittel. Den Krafthunger stillen konnte nur die elektrische Energieform. Ihre Einführung in die Grube mußte erfolgen, sobald ihre Anwendungsformen sich dem Grubenbetriebe genügend angepaßt hatten.

Bei elektrischer Krafterzeugung im großen muß auch der Antrieb der Wasserhaltung ihr anheimfallen. Die elektrische Energie ist ein Kraftträger von bisher unübertroffenen Eigenschaften.

Der Antrieb der unterirdischen Wasserhaltung hätte bei wachsender Teufe auch ohnedies dem Elektromotor zufallen müssen, da die hydraulischen Wasserhaltungen zu umständlich sind und die Dampfwasserhaltungen wegen der Schwierigkeit der Dampfniederschlagung bestimmte Teufen nicht überschreiten können.

Die erste elektrische Wasserhaltung mag etwa 1895 eingebaut worden sein. Von 1900 ab beginnt sie die Dampfwasserhaltungen zu verdrängen, und sie ist heute die für Neuanlagen fast allein in Frage kommende Form.

2. Die Besonderheiten der unterirdischen Wasserhaltungen.

Die Besonderheiten der unterirdischen Wasserhaltungen sind im wesentlichen durch die Verschiedenheiten des Kraftträgers gegeben.

Ihr Einfluß erstreckt sich auf das Bild der Kraftleitung im Schachte und auf die Art und Anordnung der untertägigen Antriebsmaschinen, die wieder ihren Einfluß auf die Gestaltung der unterirdischen Pumpen ausüben.

Die Antriebsmaschine ist unter Tage in engster Verbindung mit der Pumpe aufgestellt. So vermeidet die unterirdische Wasserhaltung mit dem schweren Gestänge alle dessen Nachteile. An Stelle der absetzend bewegten schweren Massen im Schachte tritt der gleichmäßigere Kraftfluß des Wassers, des Dampfes oder der Elektrizität und an den Maschinen je nach ihrer Art die stoßende Bewegung der geringeren Massen üblicher Kolbenmaschinen oder die rein kreisende Bewegung der Turbomaschinen ohne schädliche Massenwirkung. Bei Verwendung der Turbomaschinen, durch Dampfturbine oder durch Elektromotoren angetriebene Kreiselpumpen, sind die Massenwirkungen am weitgehendsten beseitigt, wegen des völlig gleichmäßigen Kraft- und Arbeitsflusses an sich und des verwandten nahezu masselosen Kraftträgers. Auch bei Antrieb durch Kolbendampfmaschinen sind Massenwirkungen in der Dampfleitung praktisch nicht vorhanden, obgleich der Dampf in der Leitung entsprechend dem absetzenden Betrieb der Kolbenmaschine nicht gleichmäßig fließt. Für den Wasserfluß muß die Gleichmäßigkeit durch ausgleichende Windkessel erreicht werden.

Bei der hydraulischen Wasserhaltung mit dem schweren Kraftmittel des bewegten Wassers und der Verwendung der Kolbentriebmaschinen ist die Gleichmäßigkeit des Kraftflusses nicht ohne weiteres gegeben, zur Vermeidung von Massenwirkungen aber erforderlich. Es sind daher besondere Anordnungen nötig, um einen gleichmäßigen Kraftwasserfluß durch gleichmäßigen Verbrauch oder durch Ausgleiches zu erzielen.

Die verwendeten Kraftträger weisen dabei verschiedene Eigenschaften auf, die zu Störungen führen können, wenn sie nicht gehörig bei Ausgestaltung und Betrieb der Anlage berücksichtigt werden. Man denke an die Wärme des Dampfes, den hohen Druck des Preßwassers oder die Spannung der Elektrizität.

Die Aufstellung der Maschinen, die nicht mehr an das Schachtgestänge gebunden sind, geschieht in seitlich vom Schachte angeordneten, ausreichend bemessenen und gut erleuchteten Maschinenräumen. Die Bewartung wird übersichtlich, bequem und daher erfolgreicher. Die Maschinen sind vor dem schädlichen Einflusse der Schachtnässe geschützt. Sie werden als übliche Anordnungen mit guter Ausnutzung ihrer Abmessungen gebaut und bei größeren Leistungen in Gruppen aufgeteilt, so daß ein ausreichender Ersatz billig beschafft werden kann.

Vorteilhaft ist die Aufstellung von Pumpen, die auch die größten Teufen in einer Druckstufe überwinden, so daß sich die Aufstellung mehrerer hintereinandergeschalteter Schachtpumpen erübrigt. Die normallaufenden unterirdischen Pumpen erhalten kleinere Abmessungen als die langsamlaufenden Schachtpumpen gleicher Lieferung. Sie können vorteilhaft in Gruppen mäßiger Abmessungen aufgeteilt werden, so daß ihre Festigkeit und ihre Dichtigkeit nach dem heutigen Stande der Erzeugung keine Schwierigkeit macht.

Es tritt also hier eine Zusammenlegung des zerstreuten Betriebes der Gestängewasserhaltung auf einer unteren Sohle ein. Damit geht freilich die Möglichkeit verloren, die Wasser der höheren Sohlen ohne Verfall zu heben. Soll dies geschehen, dann muß auf den betreffenden Sohlen je eine Sonderwasserhaltung aufgestellt und auf die Vorteile der Zusammenlegung in Anlagekosten und Bewartung verzichtet werden. Ein anderer Ausweg ist, das Wasser unter Ausnutzung seines Gefälles der unteren Wasserhaltungssohle zuzuführen. Dazu sind unter Umständen wieder besondere Maschinen nötig.

Die hier angeschnittene Frage: Sammelbetrieb oder zerstreuter Betrieb unterirdischer Wasserhaltungen soll später (Abschn. X A 2) etwas näher erörtert werden. Eine Aufteilung großer Leistungen ist in verschiedener Rücksicht erwünscht; die Tatsache der billigeren Ersatzhaltung wurde schon erwähnt. Eine Aufteilung der einzelnen Maschinen muß aber auch erfolgen aus Rücksicht auf die Bewegungsfähigkeit der Maschine in Schacht und Strecken. Diese Aufteilung hat dabei nach zwei Richtungen hin Rücksicht zu nehmen, auf Vermeidung großer, für die Förderwege ungangbarer Abmessungen und zu großer, die Leistungsfähigkeit der Hebezeuge überschreitender Gewichte.

In den folgenden Abschnitten sollen die einzelnen unterirdischen Wasserhaltungen unter Hervorhebung ihrer Sonderheiten kurz geschildert werden. Über die Frage des Schutzes des unterirdischen Maschinenraumes vgl. Abschn. X B 3, über seine Anordnung und Herstellung Abschn. VIII F.

3. Die Förder- und Kraftleitungen im Schachte.

Die Wasserleitungen. Über die Führung der Wasserleitungen ist im Abschn. IV C das Nötige gesagt worden. Die Wassergeschwindigkeit in der Steigeleitung wird mit 1 bis 1,5 m/sec gewählt. Danach errechnet sich bei gegebener Wassermenge der Rohrdurchmesser. Der Druckhöhenverlust in den Schachtleitungen ist im Verhältnis zur Förderhöhe gering (Abschn. IV B 3). Doch ist zu beachten, daß er im Laufe der Zeit durch Veränderung der Rohroberfläche und insbesondere durch Verringerung des Querschnitts infolge Steinansatzes erheblich steigen kann, was gegebenenfalls zur Bevorzugung der Kolbenpumpen führen wird. Der Steinansatz ist insbesondere bei Dampfwasserhaltungen zu befürchten, deren Wasser durch die Dampfniederschlagung erwärmt wird. Eine Dampfturbinenwasserhaltung dürfte bei hartem Grubenwasser von diesem Standpunkt aus zu verwerfen sein.

Die Wandstärke der Rohre der Steigeleitung berechnet sich nach dem inneren Überdruck und der Zugfestigkeit des Baustoffes. Es gilt die Formel

$$s = \frac{1}{2} d_i \left[\sqrt{\frac{k_z + 0{,}4\, p_i}{k_z - 1{,}3\, p_i}} - 1 \right]$$

s = Wandstärke in mm; d_i = innerer Durchmesser in mm, p_i der innere Überdruck in kg/qcm; k_z die zulässige Zugspannung des Baustoffes, und zwar

Gußeisen . . . . $k_z = 200$ kg/qcm
Flußeisen . . . . $k_z = 400$ kg/qcm

Da der Wasserdruck der Steigeleitung von unten nach oben abnimmt, läßt man auch die Wandstärke der Rohre in Sätzen von 100 m abnehmen.

Als Baustoff für Steigeleitungen wurde lange Zeit nur Gußeisen verwendet, weil sich dieses nach der Erfahrung gegenüber der Einwirkung der Luft und des saueren Wassers widerstandsfähiger erwies als Schmiedeeisen. Nachdem aber Erfahrungen und Versuche gezeigt haben, daß außen und innen mit Goudron-Asphalt gestrichene und durch Umwicklung mit geteerter Jute geschützte schmiedeeiserne Rohre gleichfalls allen schädlichen Einwirkungen widerstehen, ist man zur allgemeinen Verwendung flußeiserner Rohre übergegangen.

Die schmiedeeisernen Rohre bieten gegenüber den gußeisernen wesentliche Vorteile. Sie können in doppelter Baulänge (6—8 m gegen 3—4 m) hergestellt werden, wodurch eine Ersparnis an der Zahl der lästigen Verbindungsstellen eintritt. Dieser Vorzug kann freilich nur ausgenutzt werden, wenn die Einrichtungen an der Schachthängebank das Einbringen so großer Längen gestatten. Die größere Festigkeit des Schmiedeeisens ergibt ein wesentlich geringeres Rohrgewicht, was in jedem Betracht nützlich ist: leichtere Handhabung beim Einbau (bei gleicher Länge), geringere Belastung der Stützlager und geringere Anlagekosten.

Die Leitung ist im Schachte auf Träger zu stützen, etwa alle 100 bis 150 m, und zwischen den Stützpunkten sind die Rohre gegen seitliches Ausbiegen durch Führungen zu schützen (alle 25 m). Das seitliche Ausbiegen ergibt zusätzliche Beanspruchungen in der Rohrwand und sperrt die Flanschen auseinander, bewirkt also Undichtheit. Bei warmem Wasser erleidet die Steigeleitung infolge von Temperaturunterschieden Dehnungen, die zu Klemmungen und Beschädigung führen, wenn sie nicht durch Ausgleichsvorrichtungen unschädlich gestaltet werden. Als solche werden Stopfbüchsen verwendet. Stopfbüchsen sind auch dann nötig, wenn kaltes Wasser zu fördern ist. Die Stopfbüchsen werden in Abständen von 100 bis 150 m angeordnet. Sie zerteilen die Rohrleitung, so daß auf die einzelnen Unterstützungen, die in den gleichen Abständen im Zusammenhange mit den Stopfbüchsen angeordnet werden, nur das Leitungsgewicht bis zur nächst oberen Stopfbüchse entfällt. Bei ungeteilter Rohrleitung wäre weder eine anfängliche noch insbesondere eine dauernde gleichmäßige Verteilung des Rohrgewichtes auf die vorgesehenen Träger zu erreichen. Auch erleichtern die Stopfbüchsen den Einbau der Rohre, da diese in den Stopfbüchsen etwas gegeneinander verschoben werden können. Die Stopfbüchsen bewahren auch die Leitung vor Beschädigung, wenn Bewegungen im Schachte eintreten, wie durch Einsenkungen, Ausbiegungen usf.

Bei eisernem Schachtausbau sind die Träger, wenn möglich, ohne Verbindung mit diesem Ausbau in den Gesteinsstößen zu verlagern, um die Bewegungen des Ausbaues von der Leitung fernzuhalten.

Die Anordnung einer schmiedeeisernen Schachtleitung zeigt Fig. 215, aus der die Baulängen und die Anordnung des Auflagers, der Stopfbüchse und der Führungen zu ersehen sind. Am Ende der senkrechten Schachtleitung ist diese durch einen Fußkrümmer aus Stahlguß auf ein festes Lager aufgesetzt. Das unterste Lager hat das Gewicht des nächsten Rohrabschnittes und das ganze Wassergewicht zu tragen.

Die Verbindung der einzelnen Rohrstücke geschieht durch Flanschen. Bei schmiedeeisernen Rohren werden die Flanschen entweder aufgewalzt, Fig. 216, oder es werden kurze Bunde aufgeschweißt, gegen die sich lose Flanschen stützen, Fig. 217.

Die Flanschdichtung geschieht durch zwischengelegte Dichtungsstoffe, die durch den Schraubenzug und das Gewicht der darüberstehenden Leitung zusammengepreßt werden. Für die unteren Rohre ist dieser Druck so groß, daß eine baldige Zerstörung des Dichtungsstoffes eintritt. Daher wird die Dichtung so in Eindrehungen der Flanschen gelagert, daß sie von den Flanschen nur mäßig oder nicht gedrückt wird. Für Wasser hat sich eine Dichtung aus Rundgummischnur bewährt, die in nach außen sich verengende keilförmige Nuten eingelegt wird, Fig. 216. Der Wasserdruck preßt den Ring nach außen in die Spitze und bewirkt eine selbsttätige Abdichtung. Für Dampfleitungen kann die Gummischnurdichtung nicht verwendet werden. Hier werden Ringe aus Klingerit, einer aus Asbest hergestellten Masse, verwendet, die zum Schutze gegen das Zerdrücken in Nuten der Flansche eingelegt werden. Das Einlegen in Nuten verhindert auch, daß die Ringe durch den Flüssigkeitsdruck zersprengt oder daß Teile des Dichtungsringes in das Rohrinnere hineingepreßt werden.

Eine Rohrstopfbüchse zur Aufnahme der Verschiebungen zeigt Fig. 218. Das untere Rohr wird auf eine feste Stütze gelagert, während das obere Rohr beweglich ist. Es ist an zwei Stellen geführt. Der untere Bund verhindert das völlige Herausziehen des oberen Rohres. Zum Schutze gegen Festrosten werden die Degenrohre aus Metall hergestellt.

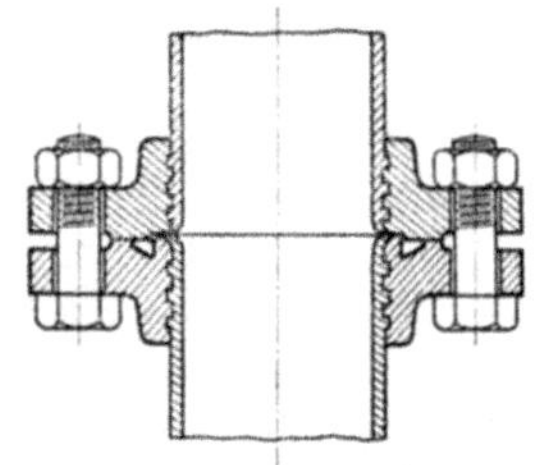

Fig. 216. Verbindung schmiedeeiserner Rohre durch aufgewalzte Flanschen. (Ges. f. Hochdruckrohrleitungen.)

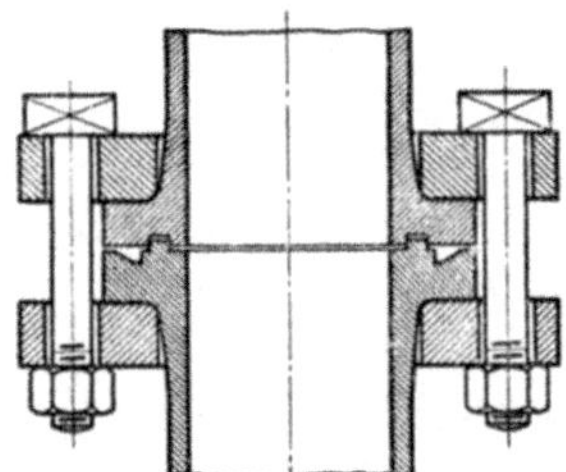

Fig. 217. Verbindung schmiedeeiserner Rohre durch aufgeschweißte Bunde und lose Flanschen. (Ges. f. Hochdruckrohrleitungen.)

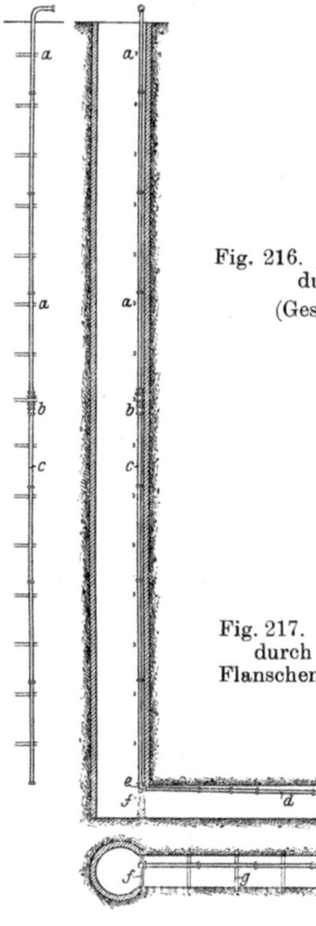
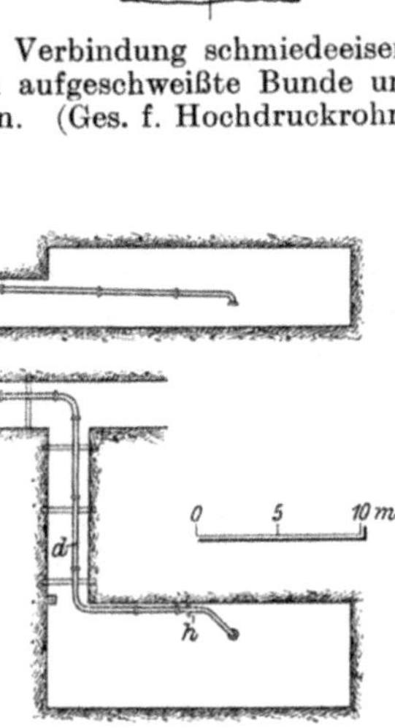

Fig. 215. Steigeleitung im Schachte.

Die Fig. 219 läßt die Auflagerung der Rohrleitung auf feste Stützen erkennen. Zu dem Zwecke ist ein besonders geformter Rohrteil eingebaut. Er ist mit der Stopfbüchse zu einem einheitlichen Körper verbunden. Die Rohre lagern entweder auf Balken oder auf Vorsprüngen auf.

Die Rohrführung kann verschieden gestaltet sein. Bei Fig. 220 werden die in verschiedenen Höhen liegenden Führungsrollen wechselständig gestellt, so daß das Rohr nach allen Seiten gesichert ist.

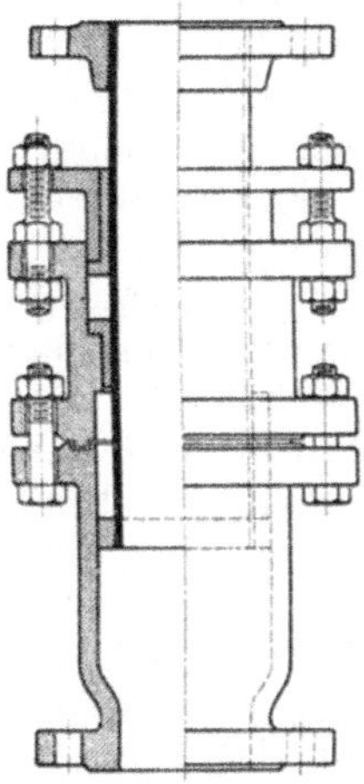

Fig. 218. Rohrstopfbüchse. (Ges. f. Hochdruckrohrleitungen.)

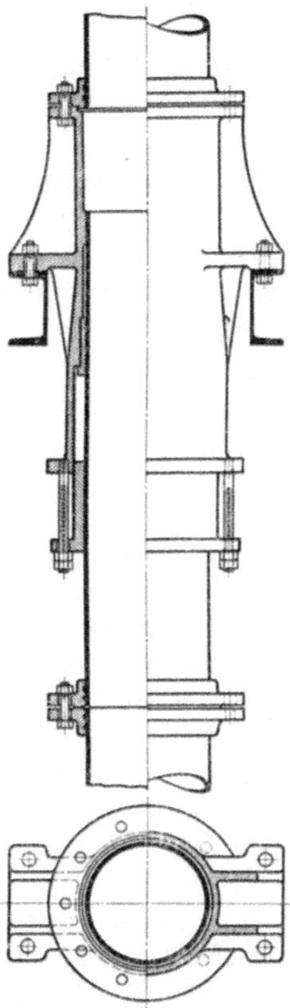

Fig. 219. Rohrstopfbüchse und Standrohr. (Ges. f. Hochdruckrohrleitungen.)

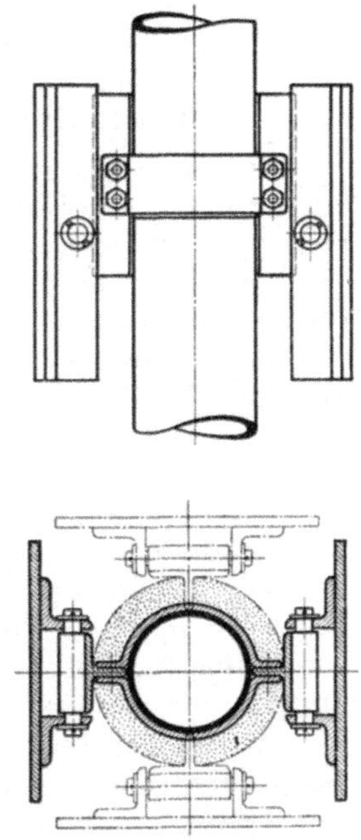

Fig. 220. Rohrführung. (Ges. f. Hochdruckrohrleitungen.)

Für die Druckwasserleitung der hydraulischen Wasserhaltung ist besonders zäher Stoff zu wählen wegen der von diesem Betriebe nicht mit Sicherheit fernzuhaltenden Stöße in der Kraftleitung.

Die Dampfleitung. Zur Bestimmung des Rohrdurchmessers einer Schachtdampfleitung ist die Kenntnis des je Zeiteinheit zu fördernden Dampfgewichtes und seines Druckes erforderlich. Wird alsdann die Größe der Dampfgeschwindigkeit auf Grund der Erfahrung gewählt, so ergibt sich Querschnitt und Durchmesser durch Rechnung. Die Dampfgeschwindigkeit kann gewählt werden v = 30—40 m/sec für gesättigten und 80—90 m/sec für überhitzten Dampf.

Der Spannungsabfall in der Leitung berechnet sich für gesättigten Dampf nach einer auf Grund von Versuchen von Gutermuth aufgestellten Formel mit

$$p = 0{,}0015\,\gamma \frac{l}{d} \cdot v^2 \text{ kg/qcm}$$

(γ = Gewicht eines cbm Dampf in kg, l Länge der Leitung in m, d Durchmesser in m, v = Dampfgeschwindigkeit in m/sec). Als Spannungsabfall findet man ½ bis 1 atm.

Auf die Wirtschaftlichkeit einer Dampfleitung sind 3 Umstände von Einfluß:

1. Die Anlagekosten.
2. Der Niederschlags- bzw. Wärmeverlust.
3. Der Spannungsverlust.

Niederschlagsverluste und Anlagekosten wachsen mit dem Rohrdurchmesser, die Spannungsverluste nehmen mit dem Rohrdurchmesser ab. Wegen der Nachteile der Dampfwärme im Schachte liegen die Vorteile mehr auf Seiten der kleinen Durchmesser, also der hohen Spannungsverluste.

Für Baustoff, Verbindung, Dichtung, Ausgleich der Längendehnung, Auflager und Führung gilt etwa das für die Steigeleitung Gesagte. Die Auflager werden in kürzeren Abständen von 50 bis 100 m gewählt. Auch werden mehr Ausgleichsvorrichtungen eingebaut.

Die Besonderheit der Dampfleitung liegt in der Wärmeausstrahlung, der Gefahr des Niederschlages und den Mitteln zur Abhilfe.

Der stündliche Niederschlag je qm nackter Rohroberfläche kann etwa für mittlere Verhältnisse mit 4 kg angesetzt werden. Durch sorgfältige Umhüllung geht der Verlust im Schachte bis auf 1,5 kg/qm/st zurück.

Zu möglichster Verringerung der Verluste ist nicht nur der Mantel der Rohre, sondern sind auch die Flanschen und sonstigen Formstücke der Leitung sorgfältig zu umhüllen. Die Umhüllung der Flanschen muß so geschehen, daß sie leicht zwecks Prüfung der Dichtheit abgenommen werden kann, andererseits muß vermieden werden, daß Feuchtigkeit zwischen Rohr und Hülle geraten kann. Die Hülle muß auf das sorgfältigste ausgeführt und dauernd im Stande gehalten werden. Die Feuchtigkeit der Schächte wirkt ungünstig auf die Hülle ein. Fig. 221 zeigt das Beispiel einer Rohr- und Flanschenumhüllung. Um das Rohr sind Halbschalen aus Kieselgur (45—60 mm stark) gelegt, die mit Längsrillen versehen sind, um eine ruhende Luftschicht als Schutzmittel um das Rohr zu erzielen. Von außen sind die Schalen zunächst von einem Drahtgeflecht, sodann von einem mit Lack überzogenen Metallmantel umgeben. Dieser Mantel greift über besonders angebrachte Schirme, welche die Flanschhülle vor Tropfwasser schützen. Die Rohre werden über Tage umhüllt und mittels Schellen eingehängt. Im Schachte werden die zweiteiligen Flanschkappen angebracht. (Rohrhülle von Reinhold & Co., Hannover.)

In nassen Schächten bereitet die Haltbarkeit der Hülle Schwierigkeiten. Auf der Grube Sophie bei Wolmirsleben (Halberstadt) wollte die Hülle nicht halten. Man schritt zu einer vollständigen Umhüllung der Dampfleitung durch einen Rohrmantel. Zwischen den beiden Leitungen, Fig. 222, wurde die Schutzmasse eingebracht. Der Rohrmantel ist ohne Stoß durch Zusammenschweißen der einzelnen Längen hergestellt worden. Die Rohre wurden über Tage geschweißt und allmählich gesenkt bis zur Erreichung der Schachtsohle. Die

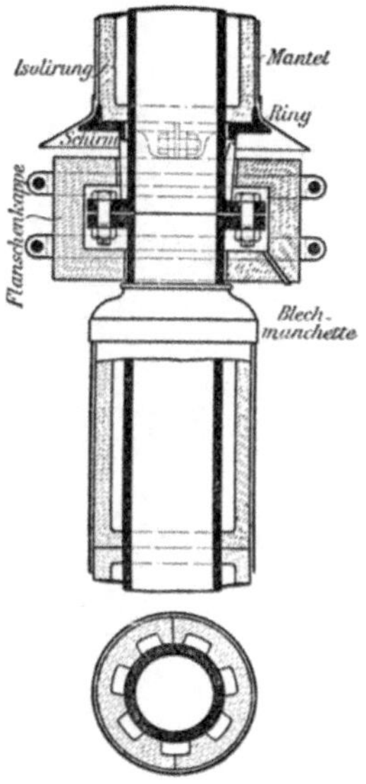

Fig. 221. Rohrumhüllung nach Reinhold & Co., Hannover. (Westfäl. Sammelwerk, IV.)

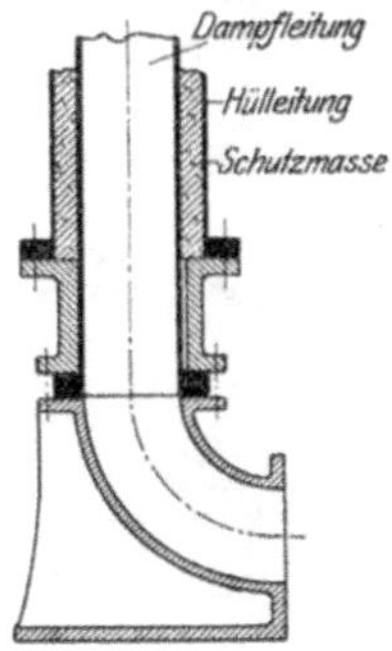

Fig. 222. Rohrumhüllung für einen nassen Schacht.

Stoßstellen der inneren Leitung können also zu Undichtheiten nicht mehr führen. Oben und unten geschah der Anschluß des Mantels an das Rohr durch besondere Formstücke und unter Abdichtung. Der Längenausgleich geschieht über Tage durch ein langes kupfernes S-Rohr.

Für die Abführung des unvermeidlichen Niederschlages vor der Maschine ist auf bekannte Weise gebührend zu sorgen.

Das elektrische Kabel. Über das Kabel ist Weniges, aber Gutes zu sagen.

Es begnügt sich mit dem geringsten Raume, hat keine Stoßstellen, keine nennenswerte Wärmeausstrahlung, keinen Niederschlag, ist biegsam.

Das Drehstromkabel besteht aus den drei Leitungen der Dreiphasenschaltung. Jede einzelne Leitung besteht zur Erzielung einer genügenden Biegsamkeit aus dünnen verseilten Kupferdrähten, Fig. 223. Über diese wird eine je nach dem Spannungsunterschiede zu bemessende

Hülle aus Papier gelegt. Die Zwischenräume sind mit geteerter Jute ausgefüllt. Hierüber kommt nochmals eine gemeinsame Papierhülle, darüber ein nahtloser Bleimantel, um das Eindringen der Feuchtigkeit in das Innere mit Sicherheit zu verhindern. Über diese Hülle werden unter Zwischenschaltung von Jute zwei Schutzmäntel aus spiralig gewickeltem Bandeisen gelegt, um das Innere vor mechanischer Verletzung zu bewahren. Zur Abhaltung von Feuchtigkeit müssen die Stellen, wo das Kabel zwecks Anschlusses an die Verbraucher zur Zugänglichmachung der Kupferleiter von der Umhüllung befreit werden muss, sehr sorgfältig durch Kabelendverschlüsse, die das Kabel dichtend abschließen und nur die Kupferleiter an einem Ende austreten lassen, gesichert werden, Fig. 224.

Schachtkabel müssen beim Einbau in den Schacht auf große Längen frei hängen. Sie sind also entsprechenden Zugspannungen ausgesetzt, die vom Kupfer nicht aufgenommen werden können. Deshalb geschieht die Bewehrung der Schachtkabel nicht durch Eisenband, sondern durch einen Mantel von Stahldrähten, die verseilt dem Kabel das äußere Ansehen eines Förderseiles verleihen.

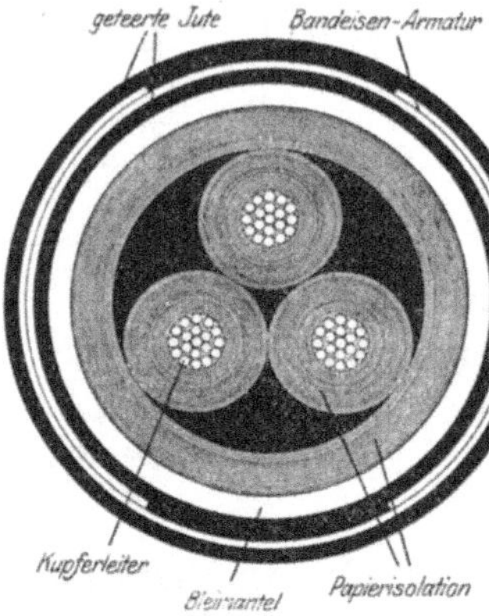

Fig. 223. Querschnitt eines Kabels. (AEG.)

Fig. 224. Kabelendverschluß. (AEG.)

Für Abteufkabel bestehen noch besondere Bedingungen. Es muß biegsamer als das Schachtkabel sein, damit die für das Nachlassen erforderliche Kabeltrommel handliche Abmessungen behält. Der Bleimantel wird daher weggelassen. Der Schutz der Kupferleiter gegen Feuchtigkeit wird dann an Stelle der sonst üblichen Papierhülle durch nahtlose Gummimäntel um die einzelnen Seelen erreicht, Fig. 225.

Die Befestigung im Schachte geschieht auf einfache Weise, Fig. 226. Hier sind aus besonderen Gründen (vgl. Fig. 269, Horcajo) mehrere Kabel nebeneinander gelegt. Sie werden mittels Schellen an einen Kabelträger angeklemmt. Die Flanschen der benachbarten Schellen sind in der Höhe gegeneinander versetzt, um mit geringer Breite des Trägers auszukommen. Das Einhängen der Kabel geschah im erwähnten Falle auf folgende Weise: Zur Senkung verwandt wurde ein Dampfkabel. Am Ende des Kabelseiles, Fig. 227, wurde eine Schelle 1 angehängt und das Schachtkabel an diese Schelle angeschlossen. Das Schachtkabel ist auf eine Kabeltrommel aufgewickelt, die zur Beherrschung ihrer Bewegung gebremst werden kann. Mit Hilfe von Dampfkabel und Wickelhaspel wurden Seil und Schachtkabel 30 m gesenkt, alsdann auf das Schachtkabel eine zweite Schelle 2 aufgeklemmt und diese Schelle durch Querhölzer unterstützt, so daß die Gewichte jetzt von der oberen Klemme ge-

Fig. 225. Abteufkabel. (AEG.)

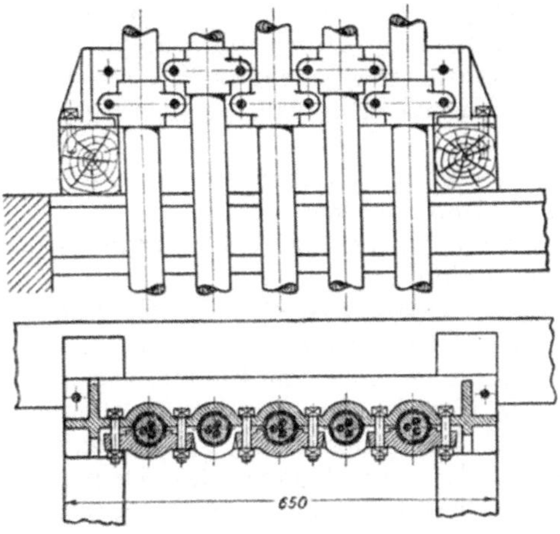

Fig. 226. Kabelträger im Schachte. (Dr. F. Heerwagen in Z. d. Ing. 1901.)

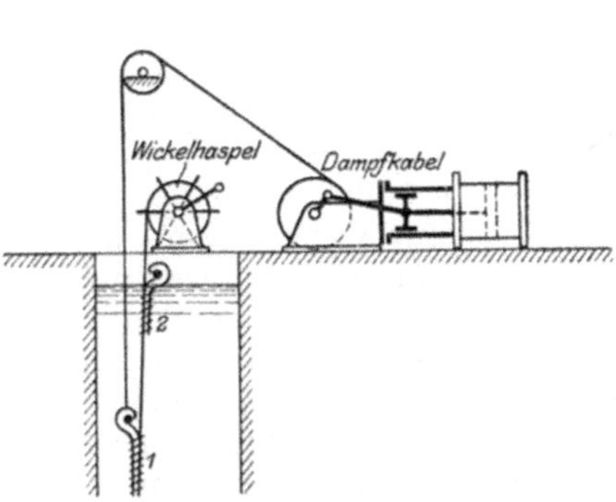

Fig. 227. Das Einlassen eines Schachtkabels.

halten werden. Alsdann wurde die untere Klemme 1 vom Kabel gelöst, das Seil und die Klemme durch die Dampfwinde wieder aufgezogen, Klemme 1 abgenommen und das Seil in Klemme 2 eingehängt, die Stützung der Klemme 2 gelöst und die Seile wieder um 30 m gesenkt usf.

C. Die unterirdischen Dampfwasserhaltungen.

1. Die Besonderheiten des Dampfes.

Der Dampf ist warm, die Dampfleitung strahlt Wärme aus, und der abgekühlte Dampf schlägt sich zum Teil als Wasser nieder. Die Wärmeausstrahlung im Schachte, somit die Größe der Belästigung und die der Dampfverluste, hängt von der Rohroberfläche, also bei gegebener Länge vom Durchmesser der Leitung ab. Die Verluste werden mit kleinerem Durchmesser kleiner. Mit abnehmendem Durchmesser aber wachsen die Druckverluste durch Drosselung. Der Querschnitt der Leitung ist also durch die Größe der zulässigen Drosselung und die Menge des zu fördernden Dampfes festgelegt.

Der Druckabfall in der Dampfleitung beträgt nach Guthermuth:

$$p = 0{,}0015\,\gamma \frac{l}{d} \cdot v^2 \text{ kg/qcm}$$

(γ = Gewicht eines cbm Dampf/kg, l Länge in m, d Durchmesser in m, v = Dampfgeschwindigkeit in m/sec).

Im allgemeinen wird sich bezüglich des wirtschaftlichen Ergebnisses eine enge Druckleitung mit großem Spannungsabfall vorteilhaft erweisen. Der Spannungsabfall bedeutet keinen großen Wärmeverlust. Er kann durch geringen Wärmeaufwand und höheren Druck im Dampfkessel ausgeglichen werden. Für eine Schachtleitung jedenfalls dürften alle Vorteile auf Seiten der engeren Leitung liegen: geringere Belästigung, Verluste und Gewichte.

Die Ausstrahlung muß durch eine gut ausgeführte und unterhaltene Umhüllung möglichst beschränkt werden.

Die ersten Dampfwasserhaltungen hatten den Fehler begangen: weite Rohrleitung bei mangelnder Umhüllung.

Zur Verringerung der Rohroberfläche ist es nötig, die Menge des zu fördernden Dampfes tunlichst klein zu halten. Dies ist auch sonst wirtschaftlich, denn es kann nur durch verringerten Dampfverbrauch der Maschine erreicht werden. Die Mittel hierzu sind: hohe Dampfspannung, weitgehende mehrstufige Dampfdehnung in Verbindung mit bester Steuerung, vollständige Niederschlagung des Dampfes. Heute würde hinzukommen: hoch überhitzter Dampf. Auch hier wurde bei den ersten Anlagen alles verfehlt.

Die Dampfleitung dehnt sich bei der Erwärmung aus. Bei fester Verlagerung ihrer Enden treten dann starke Längskräfte auf, die eine Beschädigung der Rohre oder der Lager verursachen. Daher sind in die Dampfleitung Ausgleichsvorrichtungen einzubauen.

Trotz aller Umhüllung bildet sich Niederschlagswasser in der Rohrleitung (1,50 kg/qm/st und mehr). Es gelangt mit dem Dampfe in den Zylinder der Kolbendampfmaschine. Die Steuerung verschließt gegen Hubende den Dampfauslaß zur Erzielung der stoßmildernden Dampfpressung. Befindet sich aber Wasser zwischen Kolben und Zylinderdeckel, dann stößt der Kolben auf dieses unausweichliche Hindernis, und ein Bruch in der Maschine ist die Folge bei Schwungradmaschinen. Daher muß das Wasser vor der Maschine durch einen geräumigen und mit einer selbsttätigen Ableitung versehenen Wasserabscheider abgefangen werden. Besonders beim Anlassen einer kalten Rohrleitung hat die Wasserabführung sorgfältig zu geschehen. Die Leitung ist bis zum Wasserabscheider unter Dampf zu setzen, der Dampf aber von der Maschine so lange fernzuhalten, bis die Rohrleitung auf die nötige Temperatur angewärmt und der gebildete Niederschlag entfernt ist. Auch innerhalb des Zylinders bildet sich durch die Wärmestrahlung der Zylinderwand Niederschlag, besonders beim Anlassen eines kalten Zylinders. Daher sind die Zylinder mit selbsttätigen oder von Hand zu bedienenden Entwässerungsvorrichtungen ausgestattet. Das Anlassen des Zylinders hat mit Vorsicht zu geschehen. Bei Antrieb durch eine Dampfturbine ist Wasser auch nicht günstig, da die mit großer Geschwindigkeit gegen die Schaufeln geschleuderten Wassertröpfchen eine Abnutzung der Schaufeln verursachen.

Auch die umhüllte Leitung erwärmt den Schacht. Der frühere empfindliche Holzeinbau ist heute durch widerstandsfähigere Stoffe ersetzt. Der Einfluß auf die Wetterbewegung im Schachte ist geblieben. Er ist günstig, wenn der Schacht ein ausziehender ist, sehr störend und durch einen entsprechend stärkeren Wetterzug auszugleichen, wenn er ein einziehender Schacht ist. Die Erwärmung der einziehenden Luft ruft ferner in der Grube Belästigung der Grubenarbeiter hervor, die unter der Erwärmung der Grubenluft leiden. Die Wasserhaltung kann nur dann in den ausziehenden Schacht gelegt werden, wenn Zwillingsschächte, d. h. zwei bis auf die tiefste Sohle gehende Schächte nebeneinander vorhanden sind, von denen der eine der einziehende, der andere der ausziehende Schacht ist. Vgl. VIII F 2.

Der Abdampf der unterirdischen Maschinen muß vernichtet werden, da man ihn in der Grube nirgends lassen kann. Anfänglich wählte man die einfache Saugrohrniederschlagung, die den Abdampf wohl beseitigt, aber keine nennenswerte Luftleere, also keine Dampfersparnis ergibt. Das Richtige und Übliche ist: vollständige Niederschlagung mit guter Luftleere. Zur vollständigen Niederschlagung gehört außer dem Mischraum noch mindestens eine Naßluftpumpe. Sie erhöht also den Raumbedarf, die Anlagekosten und das Bewartungsbedürfnis bzw. die Störungsmöglichkeit.

Je tiefer die Grube ist, desto mehr Dampf wird je kg gehobenen Wassers verbraucht. Das zu hebende Wasser reicht daher bei großen Teufen nicht mehr zur Niederschlagung des verbrauchten Dampfes aus, wodurch die mit Dampfwasserhaltung zu erreichende Teufe beschränkt ist. Es scheint, daß Dampfwasserhaltungen bis 600 m ausgeführt worden sind. Bei Anwendung dampfsparender Einrichtungen dürften Teufen bis 800 m erreichbar sein, etwa die Teufe, bis zu der in einzelnen Fällen Gestängewasserhaltungen verwandt worden sind.

Steinhaltiges Wasser setzt infolge der unvermeidlichen Erwärmung durch den niedergeschlagenen Dampf Kesselstein an allen berührten Wandungen ab.

Die Wasserhaltung ist meist nur einen Teil des Tages im Betriebe. Während der übrigen Zeit ist aber die Leitung unter Dampf zu halten, um den Nachteilen des häufigen Erkaltens und Anwärmens zu entgehen. Daher findet auch während dieser Zeit ein Dampfverbrauch statt, der den Dampfverbrauch der eigentlichen Leistung erhöht.

2. Die Steuerungen der unterirdischen Dampfmaschinen.

Unter einer unterirdischen Dampfwasserhaltung verstand man bisher durch Kolbendampfmaschine angetriebene Kolbenpumpen. Neuerdings sind als Ersatz für solche vorhandenen Dampfwasserhaltungen an einigen Stellen durch Dampfturbine angetriebene Kreiselpumpen eingebaut worden. Diese bieten wenig Gelegenheit zu Erörterungen infolge ihrer als Turbomaschinen großen äußeren Einfachheit und Einförmigkeit. Sie sollen in dem Abschnitte VIII C 7 erwähnt werden. —

Im vorliegenden Abschnitte dagegen sollen die Steuerungen der formenreichen Dampfkolbenwasserhaltungen behandelt werden.

Die älteren Dampfmaschinen arbeiteten mit geringem Dampfdrucke und einfacher Steuerung. Diese war meist eine durch Exzenter angetriebene Schiebersteuerung. Bei Übergang zu höheren Dampfspannungen reichte die einfache Schiebersteuerung zur Erzielung der nötigen Dampfdehnung nicht mehr aus und mußte durch die Doppelschiebersteuerung in der Form der Meyer- oder der Ridersteuerung ersetzt werden. Bei den Doppelschiebersteuerungen steuert der Grundschieber mit mäßiger Überlappung und Voreilung die Dampfverteilung mit Ausnahme des Abschlusses des Frischdampfes, der durch den Expansionsschieber mit großer Voreilung geschieht. Bei den großen Leistungen der Wasserhaltungsmaschinen fallen die Schieberflächen groß aus, so daß, wenigstens für die durch den Regler zu beeinflussenden Zylinder, zur Verringerung der Schieberreibung an Stelle der Flachschieber Kolbenschieber verwandt werden. An Stelle der erwähnten Schieber werden auch gelegentlich Schieber mit doppelter Eröffnung (Trickschieber), besonders bei den Niederdruckzylindern, zur Schaffung großer Durchflußquerschnitte bei mäßigem Schieberhube angewandt. Auch Drehschieber sind verwandt worden, gelegentlich mit Corlißausklinksteuerung am Hochdruckzylinder zur Erreichung einer guten Expansionssteuerung. In Fig. 228 ist ein Schnitt durch einen Dampfzylinder und Schieberkasten mit Doppelflachschiebersteuerung gelegt. Der Expansionsschieber dieser Meyersteuerung ist geteilt, und die Hälften können durch ein von außen drehbares Gewinde gegeneinander verstellt werden. Dieser Verstellung entspricht eine Änderung der Füllung also der Leistung der Maschine.

Die langen Dampfkanäle der ungeteilten Schiebersteuerung ergeben große schädliche Räume und Flächen, die insbesondere bei hoher Dehnung in einem Zylinder Dampfverluste durch Eintrittsniederschlag des Arbeitsdampfes veranlassen. Zur Verringerung dieser Nachteile werden auch geteilte Schieber, je einer für eine Kolbenseite, angewandt. Die verwandten Kolbenschieber bieten aber auch dann noch große schädliche Flächen.

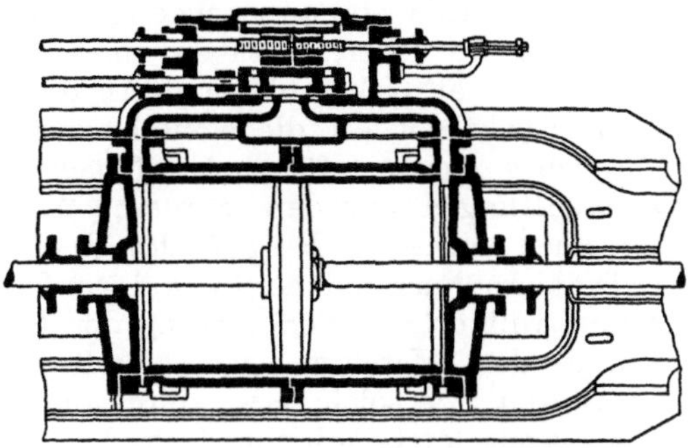

Fig. 228. Schnitt durch einen Dampfzylinder mit Doppelschiebersteuerung. (Westfäl. Sammelwerk IV.)

Für sehr hohe Drücke und weitgehende Dampfdehnung, wie sie zur Erzielung eines geringen Dampfverbrauches erforderlich sind, eignen sich Schiebersteuerungen nicht gut. Sie sind daher in manchen Fällen durch Ventilsteuerungen ersetzt worden. Fig. 229 zeigt eine Wasserhaltung, deren Zwillingsdampfzylinder mit vor dem Zylinder liegenden Ventilen, ähnlich wie bei älteren Fördermaschinen, ausgerüstet ist. Auch die äußere Steuerung ist dem Vorbilde der Fördermaschine entnommen. Sie besteht aus 2 Exzentern, die eine Goochsche Kulisse antreiben. Der stellbare Kulissenstein treibt durch

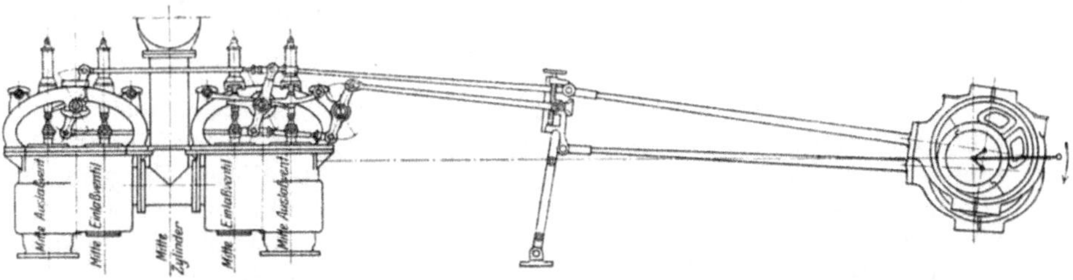

Fig. 229. Ventilsteuerung einer Dampfwasserhaltung. (Dubbel in Z. d. Ing. 1899.)

eine Stange die Winkelhebel an, die ihrerseits die Ventile bewegen (vgl. Z. d. Ing. 1899, S. 1914, Fig. 3 u. 4). Durch ein Handrad wird die Lage des Kulissensteins und somit die Füllung verändert. Gelegentlich kommen richtige Ventilsteuerungen wie bei obertägigen Maschinen vor.

Ventilsteuerungen sind nur vereinzelt angewandt worden. Die Verwendung der Schiebersteuerung bei den älteren Anlagen erklärt sich aus Sparsamkeitsrücksichten. Später stellte man sich auf den Standpunkt, daß für unterirdische, schlecht bewartete Maschinen die Schiebersteuerung aus Gründen der Sicherheit vorzuziehen sei. Dem steht aber entgegen, daß für eine so wichtige Maschine eine gute Bewartung sich von selbst empfiehlt, und daß die Ventilsteuerung an sich kaum mehr zu Störungen neigt als die für Wasserhaltungsmaschinen schweren und schwer beweglichen Schiebersteuerungen. Auch geschieht ja kein Unheil, wenn die Ventile einmal nachgesehen werden müßten. Bei Fördermaschinen, wo jedes Versagen eines Ventiles einen Unfall hervorrufen kann, hat bisher niemand Anstoß an den Ventilen genommen.

In Rücksicht auf die wünschenswerte Verringerung des Dampfverbrauches müssen für hohe Drücke Ventilsteuerungen auch für Wasserhaltungen gefordert werden. Auch gestattet die Ventilsteuerung einen leichteren Eingriff des Reglers.

Die Maschinen sind meist mit einem Fliehkraftregler ausgerüstet, um eine willkürliche Veränderung der Drehzahl, insbesondere ein den Bestand der Maschine gefährdendes Durchgehen bei Entlastung zu verhüten, wie solche etwa durch den Bruch der Druckleitung oder ein Versagen der Saugwirkung eintreten würde.

Soll die Lieferung geändert werden, so muß die Einstellung des Reglers eine Änderung erfahren. Dies geschieht durch Änderung der Muffenbelastung oder bei den für solche Regelungen besonders gebauten Leistungsreglern durch Änderung der Lage der Reglerkugeln zur Steuerung, bewirkt durch Längenänderung im Stellzeug.

Die Lieferungsänderung der Kolbenpumpe ist der Drehzahländerung proportional. Die Drehzahl der Kolbenmaschinen kann in weiten Grenzen geändert werden. In der Weite der Lieferänderung ist die Dampfkolbenpumpe allen anderen Pumpenanlagen bedeutend überlegen.

3. Die Anordnungen der unterirdischen Dampfwasserhaltung.

Auf die anfängliche Verwendung schwungradloser oder überhaupt billiger Pumpen zur Ermäßigung der Anlagekosten ist in der Einleitung hingewiesen worden, desgleichen auf das Verfehlte dieses Vorgehens. Hierbei muß aber doch auch auf die Vorzüge solcher Pumpen für manche Fälle hingewiesen werden, die eben in der Einfachheit, Billigkeit geringen Baulänge, schneller Lieferung und weiten Regelgrenzen bestehen.

Im übrigen mußte sich die Entwicklung der nicht mehr zu entbehrenden unterirdischen Dampfwasserhaltung in der Richtung dampfsparender Formen vollziehen. Es wird sich zeigen, daß dies eine fortschreitende Verwickelung der Bauart bedeutete, die gerade für unterirdische Maschinen vom Standpunkte des Raumbedarfes und der Bewartung bzw. der Betriebssicherheit aus nicht wünschenswert ist.

Neben der Frage der Dampfersparnis nehmen noch die besonderen Betriebsverhältnisse Einfluß auf die Gestaltung der Anordnungen, nämlich: Anpassung an wechselnde Wasserzuflüsse, soweit diese nicht durch Sumpfanlagen ausgeglichen werden können, und Ersatzhaltung gegenüber Schäden in der Anlage. Schließlich ist auch eine mehr äußerliche Rücksicht auf die Gebirgsbeschaffenheit zu nehmen, da diese auf die mögliche Form der Maschinenräume von entscheidendem Einflusse ist. Auch an das Fundament ist zu denken. Die unterirdische Dampfwasserhaltung, die aus Dampfzylinder, Pumpenzylinder und Luftpumpenzylinder besteht, baut sich sehr lange und bedarf eines guten Baugrundes, damit der Zusammenhang der einzelnen Bestandteile durch Erdbewegungen nicht gefährdet werde.

Die üblichen Dampfwasserhaltungen sind mit liegenden Schwungradmaschinen ausgerüstet. Sie haben langen Hub (bis 2 m) und laufen mit etwa 50 Umdrehungen/min. Erst später ist man in einzelnen Fällen, angeeifert durch die „raschlaufenden" elektrisch angetriebenen Kolbenpumpen, zu höheren Drehzahlen übergegangen. Hierbei geschah dann auch der Übergang von der liegenden zur stehenden Dampfmaschine. Die Pumpe blieb dabei liegend, da es nicht möglich ist, die ganze lange Maschinenachse aufrecht zu stellen. Über den Nutzen schnellaufender Pumpen lese man die Abschnitte V D 1, 2, 7 nach. Für elektrischen Antrieb ist eine Erhöhung der Drehzahl nötig und wird gegen Eintausch von Nachteilen durchgeführt. Für Dampfantrieb stehen den Nachteilen der Drehzahlerhöhung keine genügenden Vorteile gegenüber.

Die Dampfmaschinen werden ein- und mehrzylindrig, mit ein- oder mit mehrstufiger Dampfdehnung, mit einer oder zwei Kurbeln angeordnet. Nach letzter Anordnung unterscheidet man wohl auch zwischen ein- und zweiachsiger Anordnung der Maschine. Die vielzylindrigen sind sehr verwickelt. Neuerdings ist in der Gleichstromdampfmaschine eine Bauart der Kolbendampfmaschine gefunden worden, die bei einstufiger Dampfdehnung, also mit einem Zylinder, den gleich günstigen Dampfverbrauch erzielt wie die bisherigen Verbundmaschinen. Diese Gleichstromdampfmaschine würde sich, da sie auch gleichzeitig eine sehr einfache Steuerung hat, ganz besonders zum Antriebe unterirdischer Pumpen eignen.

Hier kann auch eine Betrachtung über den Ersatz des Dampfes durch Druckluft zum Antrieb untertägiger Pumpen eingefügt werden. Die Druckluft würde alle Übelstände der Dampfmaschine vermeiden, die aus der Dampfwärme und dem Dampfniederschlag entstehen. Die Ausnutzung der Druckluft kann aber nur mit einem Wirkungsgrade von etwa 20 v. H. geschehen. Für größere Leistungen ist Druckluft also unbrauchbar. Freilich würde eine Druckluftmaschine einfach und sicher arbeiten, ihren Dienst auch unter Wasser geraten nicht leicht versagen.

Die folgenden Skizzen über die Maschinenanordnungen sind meist ohne Luftpumpe gezeichnet. Diese kann verschieden angeordnet werden, S. 315.

Fig. 230 zeigt die einfachste Anordnung einer einzylindrigen Maschine. Die durchgehende Kolbenstange treibt das Umführungsgestänge einer Tauchkolbenpumpe an. Das Schwungrad ermöglicht die nötige Dampfdehnung.

Fig. 231 ist die für größere Leistungen übliche Zwillingsanordnung zweier einstufiger Dampfzylinder. Die Kurbeln sind um 90° versetzt. Die Doppelpumpen werden vom verlängerten Gestänge angetrieben. Der Vorteil der in der Anlage teueren Zwillingsmaschine gegenüber der gleich starken Einzylindermaschine besteht in der gleichmäßigeren Kraftwirkung und den kleineren Abmessungen und Gewichten der

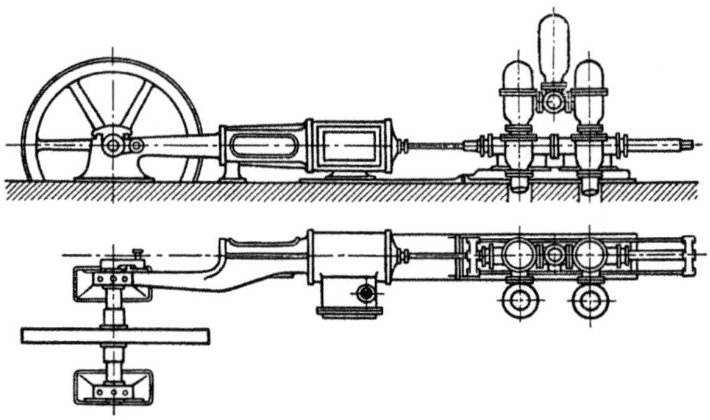

Fig. 230. Einzylinderdampfmaschine mit Doppelpumpe. (Brunne.)

Einzelteile und der Aufteilung der Gesamtleistung in zwei gegebenenfalls unabhängig voneinander betreibbare Hälften. Geschieht ein Schaden an einer der Maschinenseiten, so kann diese von ihrer Kurbel abgekuppelt und während der Nachbesserung der halbe Betrieb mit der anderen Seite aufrecht erhalten werden. Es ist dann zu hoffen, unter Mitwirkung des Ausgleichs durch die Sumpfanlage den Grubenbetrieb bis zur Wiederherstellung der vollen Leistung aufrecht erhalten zu können.

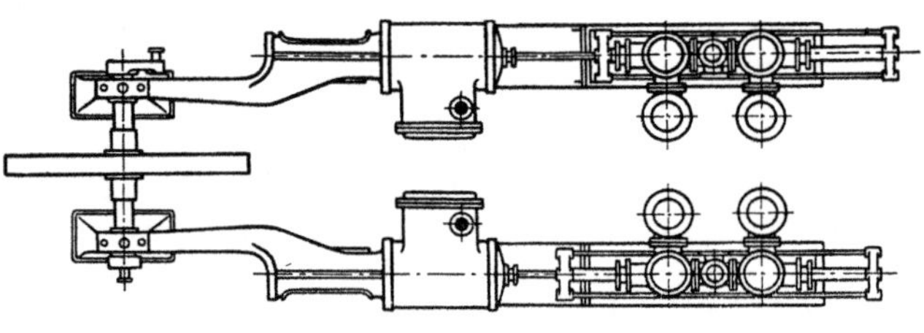

Fig. 231. Zwillingsmaschine mit Doppelpumpen. (Brunne.)

Die Frischdampfleitung teilt sich vor den Dampfzylindern. In jedem Abzweig ist ein Absperrventil einzubauen, um den geschilderten unabhängigen Betrieb der einzelnen Seiten zu ermöglichen.

Es sei auch an die Fig. 105 erinnert, eine zweikurbelige Maschine mit zwei eng aneinander stehenden Zylindern.

Die Fig. 232 zeigt in einer Verbundmaschine eine äußerlich ähnliche zweiachsige, zweizylindrige Anordnung. Es ist aber der grundlegende Unterschied vorhanden, daß der Dampf aus der Frischdampfleitung zunächst den kleineren Hochdruckzylinder, auf den halben Druck entspannend, durchläuft, alsdann durch das als Aufnehmer wirkende Überströmrohr zum größeren Niederdruckzylinder überströmt, in dem er sich auf den Druck der Luftleere ausdehnt. Von hier aus gelangt er in den hinter dem Niederdruckzylinder stehenden Kondensator. Der Vorteil der Stufendampfdehnung ist ein geringerer Dampfverbrauch. Bei der Besprechung der Dampfwirkung in den Zylindern der Gestängemaschinen (Abschn. VII A 2) wurde auf diesen Nutzen hingewiesen. Hier besteht nur der Unterschied, daß die Zylinder mit doppelter Triebwirkung versehen sind. Der Abdampf des Hochdruckzylinders strömt daher unmittelbar aus der arbeitenden Zylinderseite durch den Aufnehmer der arbeitenden Niederdruckseite zu.

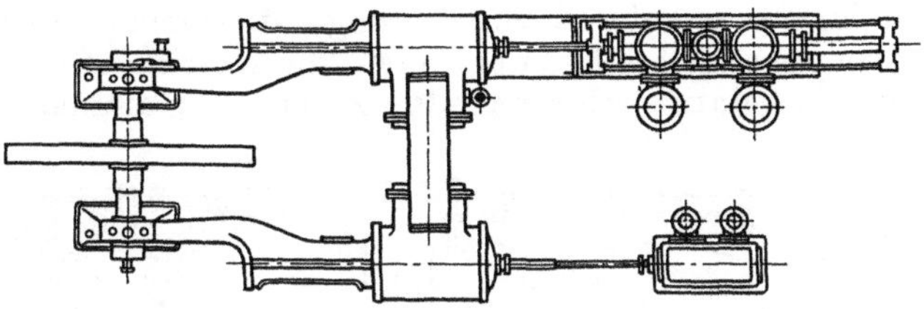

Fig. 232. Verbundmaschine mit Doppelpumpe und Luftpumpe. (Brunne.)

Die dampfsparende Wirkung der Verbundanordnung wird am Ende dieses Abschnittes erklärt werden.

Ein weiterer Vorteil der Stufendehnung ist der bei den kurbellosen Dampfpumpen erwähnte: Die einzelnen Zylinder arbeiten mit größerer Füllung wegen ihres geringeren Druckgefälles, wenn die gesamte Dehnung die gleiche ist wie im Einstufenzylinder. Die Kraftwirkung an der Welle ist daher gleichmäßiger und die Steuerung bequemer. Das letztere ist besonders für die meist mit Schiebersteuerung arbeitenden Wasserhaltungsmaschinen wichtig.

Ein für Wasserhaltungen besonders hervortretender Nachteil der Verbundanordnung besteht darin, daß die beiden Maschinenseiten in ihrer Dampfwirtschaft voneinander abhängig sind.

Das Anlassen einer Verbundmaschine ist immer schwieriger als das einer Zwillingsmaschine, deren beiden Zylindern Frischdampf zugeführt wird. Eine Zwillingsmaschine mit um 90° versetzten Kurbeln geht aus jeder Lage von selbst an, sobald die Dampfventile geöffnet werden. Das Anlassen der Verbundmaschine geschieht immer mit geringerer Kraft, da der Niederdruckzylinder zunächst wegen Dampfmangels nicht mitarbeitet. Steht die Kurbel des Hochdruckzylinders in der Totlage, dann muß die Maschine erst aus dieser Totlage herausgedreht werden, ehe sie anspringen kann. Das Andrehen ist bei einer großen Maschine schwierig. Es muß ein Schaltwerk oder eine besondere Anlaßmaschine vorgesehen werden. Oder man läßt durch ein besonderes

Ventil gedrosselten Dampf zum Aufnehmer, also zum arbeitbereiten Niederdruckzylinder strömen. Dann besteht aber die Gefahr, daß man einen zu hohen Druck einläßt, auf den der Niederdruckzylinder und sein Gestänge nicht eingerichtet ist. Ein Sicherheitsventil am Aufnehmer bietet dagegen nur geringe Sicherheit, da es zu wenig Dampf abführen kann. Die Gefahr wird umgangen, wenn man den Dampf dem Aufnehmer durch ein einstellbares Druckminderventil zuführt.

Ein weiterer Nachteil der gegenseitigen Abhängigkeit zeigt sich in dem Falle, daß eine der Seiten allein arbeiten muß. Bei Betrieb mit dem Hochdruckzylinder allein muß dessen hochgespannter Abdampf nutzlos entweichen, bei Betrieb mit dem Niederdruckzylinder muß diesem gedrosselter Dampf zugeführt werden. In diesem Falle würde das erwähnte Druckminderventil gute Dienste leisten. Der Einzelbetrieb ist unwirtschaftlich. Das hat nichts zu bedeuten für den Fall, daß er nur für die Zeit der Nachbesserung aufgenommen werden muß. Es wäre aber sehr nachteilig, wenn der Einzelbetrieb öfters, etwa zur Anpassung an stark schwankende Zuflüsse, stattfinden müßte.

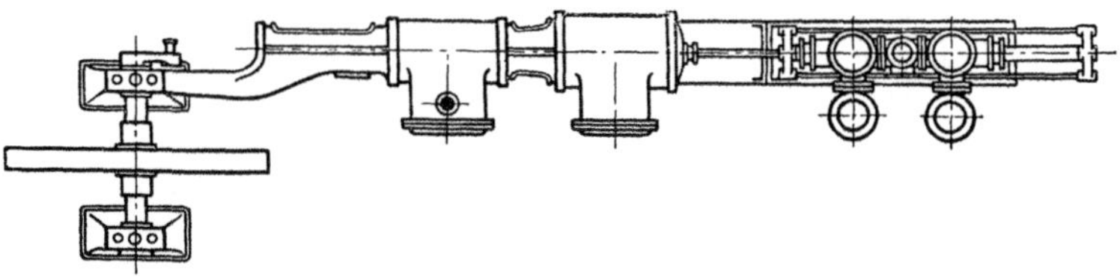

Fig. 233. Tandemmaschine mit Doppelpumpe. (Brunne.)

In einem besonderen Falle wäre der Einzelbetrieb unmöglich: wenn bei einer tiefen Grube das zu hebende Wasser gerade für die Niederschlagung des Abdampfes ausreichte. Bei Einzelbetrieb ist wegen der wesentlich schlechteren Dampfausnutzung der Dampfverbrauch je gehobenen Wassers größer als im regelrechten Verbundbetrieb. Die gehobene Wassermenge ereicht dann nicht mehr zur Niederschlagung des Abdampfes aus. Damit wird dieser Betrieb unmöglich.

Die Vorteile der Verbundanordnung sind bei Wasserhaltungsmaschinen durch schwere Betriebsnachteile erkauft, indem wichtige Vorteile der zweikurbeligen Maschine verloren gehen. Alsdann kann es vorteilhaft sein, auf die zweikurbelige Anordnung zu verzichten und die einkurbelige Anordnung einer Verbundmaschine, die Tandemmaschine, Fig. 233, zu wählen.

Die Tandemmaschine weist eine langgestreckte Form auf, so daß sie einen schmalen tunnelartigen Maschinenraum erfordert.

Dies ist günstig und nötig, wenn der Maschinenraum in gebrächem Gebirge anzulegen ist.

Die Anlagekosten der Tandemmaschine mögen etwa 30 v. H. niedriger sein als die einer zweikurbeligen Maschine.

Bei ganz großen Leistungen ist es möglich, die Vorteile der Zwillingsanordnung mit denen der Verbundanordnung zu vereinen. Dies geschieht in der Zwillingstandemmaschine, Fig. 234. Hier kann mit jeder Seite angefahren und in gleich günstiger Weise allein gearbeitet werden. Dafür fällt freilich die ganze Maschine schwerfällig und groß in Breite und Länge aus.

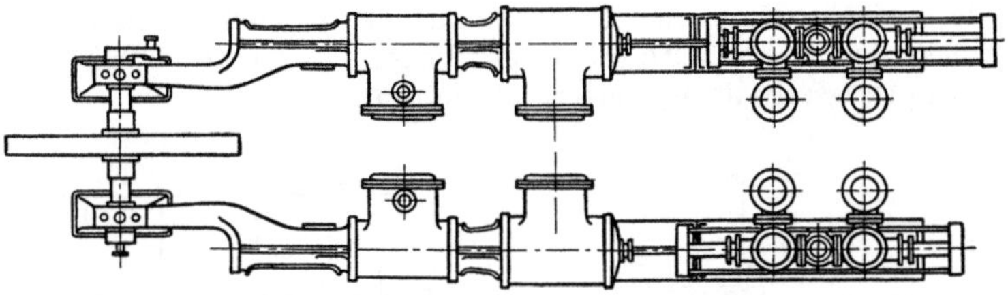

Fig. 234. Zwillingstandemmaschine mit Doppelpumpen. (Brunne.)

Unter dem Einflusse der elektrisch angetriebenen Kolbenpumpen hat man sich bemüht, Dampfkolbenpumpen mit höherer Drehzahl laufen zu lassen. Die Betrachtungen über die auftretenden Schwierigkeiten, die Drehzahl einer Kolbenpumpe zu steigern, lassen sich auch auf die Kolbendampfmaschine übertragen. Die Größe der Massenbeschleunigungen zwingt zur Verkürzung des Hubes. Die mittlere Geschwindigkeit kann nicht gesteigert, daher die Größe der Zylinderoberflächen im Verhältnis zur Dampfleistung nicht verkleinert werden, damit auch nicht die Dampfverluste durch Eintrittsniederschlag. Der Wechsel der Dampfgeschwindigkeiten ist größer, somit müssen die Steuerkanäle vergrößert werden, womit die schädlichen Flächen wachsen. Die zwangläufige Steuerung der Dampfmaschine macht freilich keine so rasch wachsenden Schwierigkeiten wie die Bewegung der Pumpenventile. Die Verkürzung der Baulänge raschlaufender Maschinen ermöglicht eine Hochstellung der Dampfmaschine, ohne den Maschinenraum, dessen Höhe durch die Schwungräder und die Druckwindkesel festgelegt ist, weiter erhöhen zu müssen. Alsdann ergibt diese Aufstellung eine beträchtliche Ersparnis an Grundfläche, was offenbar der treibende Grund für diese Aufstellung war, um die Dampfwasserhaltung in dieser Beziehung mit der elektrischen Kolbenwasserhaltung wettbewerbfähig zu machen. Die Fig. 235 zeigt eine stehende Verbundmaschine mit liegender Riedlerpumpe. Die Kolbenstangen wirken mit Kurbelversetzung auf eine wagerechte Welle ein, von deren Kröpfung der Pumpenkolben angetrieben wird. Die Anordnung ist also gegenüber einer gleichwertigen liegenden Maschine um einen Kurbeltrieb und 3 Lager reicher, was den Betrieb kaum angenehmer gestalten wird. Zum Antrieb der stehenden Luftpumpe ist zudem ein weiteres Triebwerk erforderlich. Die Anordnung so vieler Kurbeltriebe ermöglicht allerdings, diese und ihre Massenwirkungen gegeneinander zu versetzen. Die in den früheren Figuren gezeigte Hintereinanderstellung aller Massen dürfte eine höhere Drehzahl nicht erreichen lassen.

Die Entwickelung der Dampfwasserhaltung ist demnach zu einer argen Verwickelung gelangt. Demgemäß konnte es der elektrischen Wasserhaltung nicht schwer fallen, die Dampfwasserhaltung zurückzudrängen.

Die Gleichstromdampfmaschine führt die Dampfwasserhaltung auf die einfache Form der Fig. 230 zurück bei dem geringen Dampfverbrauch der verwickelteren Anordnungen. Sie trat zu spät auf, um die Dampfwasserhaltung retten zu können.

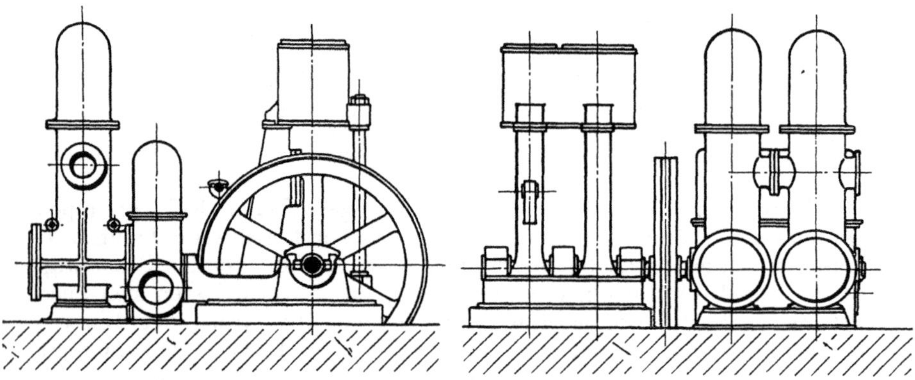

Fig. 235. Stehende Verbundmaschine mit liegender Riedlerpumpe. (Riedler.)

Die erwähnten verwickelten Anordnungen verfolgen alle das Ziel einer Verminderung des Dampfverbrauchs durch Beschränkung der eigentümlichen mit dem Namen Eintrittskondensation belegten Dampfverluste innerhalb des Dampfzylinders. Diese Verluste rühren von der Wärmespeicherfähigkeit der Zylinderwandungen her, die während der Füllungsdauer Wärme aus dem Frischdampfe aufnehmen und während der Auspuffdauer nutzlos an den ausströmenden Dampf wieder abgeben. Diese Tätigkeit der Wand wirkt daher etwa so, als strömte Wärme von der Frischdampfseite durch eine Undichtheit auf die Abdampfseite.

Der eintretende Frischdampf findet infolge des voraufgegangenen Auspuffes ausgekühlte Zylinderwandungen vor. Es schlägt daher soviel Dampf nieder, wie zur Anwärmung der Wand auf die Temperatur des Frischdampfes nötig ist. Auch während der Zeit der Dampfdehnung wird noch Dampf niedergeschlagen, da der gesättigte Dampf, ohne äußere Wärmezufuhr entspannend, die in äußere Arbeit umgewandelte Wärme durch Dampfniederschlag gewinnt. Während des Auslasses verdampft dieser Niederschlag unter dem niederen Druck dieser Zeit und entzieht der Zylinderwand die hierzu nötige Wärme, die nutzlos nach dem Kondensator abfließt. Der eintretende Frischdampf hat dann diese Verluste durch seine Eintrittskondensation zu ersetzen, und das Spiel beginnt von neuem. Zur Beschränkung dieser Verluste wurde die Mantelheizung, die Anwendung überhitzten Dampfes und die Stufendehnung erdacht.

Bei der Mantelheizung wird um den Dampfzylinder ein zweiter Zylinder gelegt und der Zwischenraum von Frischdampf durchströmt. Dieser gibt Wärme an den im Zylinder entspannenden Dampf ab, so daß zu Beginn des Auslasses weniger Niederschlag im Zylinder vorhanden ist und während der Auslaßdauer keine so starke Auskühlung der Wand durch Dampfbildung stattfindet. Der abströmende trockene Dampf selbst nimmt nicht viel Wärme aus der Wand auf, da der Wärmeübergang zwischen Wand und Dampf ein träger ist. Die geringere Auskühlung des Zylinders ergibt eine geringere Eintrittskondensation. Dem steht ein Dampfniederschlag in dem Heizmantel gegenüber. Dieser bedeutet aber keinen Verlust, denn diese Wärme wurde im Zylinder in Arbeit umgewandelt. Da dieser Niederschlag vom Zylinderinnern ferngehalten wird, kann er nicht zu den geschilderten Schäden führen.

Wir finden bei den meisten Dampfwasserhaltungen eine Heizung des Hochdruckzylinders, meist auch des Niederdruckzylinders.

Überhitzter Dampf ergibt eine Verringerung des Eintrittsniederschlages, da der geschilderte Wärmeverbrauch während der Dampfdehnung zum Teil aus der Überhitzungswärme gedeckt werden kann. Bei Beginn des Auspuffes ist daher weniger Niederschlag im Zylinder vorhanden, und es findet daher während des Auspuffes nur eine geringere Abführung von Wärme nach dem Kondensator statt.

Die Stufendehnung in zwei hintereinandergeschalteten Zylindern beschränkt gleichfalls die Eintrittskondensation.

Der Eintrittsniederschlag ist abhängig von dem Temperaturunterschied T zwischen Frischdampf und Abdampf und der Größe der am Wärmeaustausch beteiligten Zylinderoberfläche F, und zwar kann er etwa dem Produkte $T \cdot F$ proportional gesetzt werden. Es sind zu vergleichen: für gleiche Dampfdehnung und -menge: einstufige Dehnung in einem Zylinder von der Oberfläche F und dem Temperaturunterschied T mit der zweistufigen Dehnung in einem Hochdruckzylinder mit der kleineren Oberfläche F_h und dem Temperaturunterschied $\frac{T}{2}$ und danach in einem Niederdruckzylinder mit einer Oberfläche F gleich der des Einstufenzylinders und dem Temperaturunterschied $\frac{T}{2}$.

Die einstufige Dehnung hat Verluste proportional $T \cdot F$, die zweistufige solche proportional der Summe $\frac{T}{2} \cdot F_h + \frac{T}{2} \cdot F = T\left(\frac{F_h + F}{2}\right)$.

Da F_h wesentlich kleiner ist als F, so ist die Summe der Verluste in Hoch- und Niederdruckzylinder kleiner als der Verlust im Einstufenzylinder. Der Unterschied der Verluste ist der Gewinn durch die Stufendehnung. Man kann daher sagen: Durch die Stufendehnung wird das für den Niederschlag entscheidende Produkt aus Zylinderoberfläche mal Temperaturunterschied verringert.

Die Dampfersparnis durch Stufendehnung beträgt etwa 25 v. H.

Den Dampfzylindern soll nur trockener Dampf zugeführt werden. Nasser Dampf vermehrt die Verluste während der Auspuffdauer, da während dieser die Dampfnässe verdampft und die Wandung auskühlt. Alle Dampfleitungen sind sorgfältig zu umhüllen, und Wasser ist vor dem Dampfzylinder abzufangen. Die Abfangung des Wassers hat auch aus Gründen der Sicherheit zu geschehen.

4. Die Niederschlagung des unterirdischen Abdampfes.

Der Abdampf der unterirdischen Maschinen muß unbedingt aus der Grube beseitigt werden. In der Grube gibt es keine Räume, die dauernd Abdampf aufnehmen könnten, da keine Abführung der Wärme stattfindet.

Vorübergehend beim Anlassen einer Maschine oder auch bei Störung der Niederschlagung kann der Abdampf wohl eine Zeitlang in Grubenräumen aufgenommen werden, indem er an ihren Wandungen niederschlägt.

Man verwandte anfänglich die Saugrohrniederschlagung, die sich wegen ihrer Einfachheit als Ersatzniederschlagung empfiehlt. Später ging man zu der verwickelten Einrichtung einer vollständigen Niederschlagung über. Auf einer oberschlesischen Grubenanlage hat man den Abdampf von 1 atm der Wasserhaltungen einiger Schächte von etwa 400 Teufe durch weite gut umhüllte Abdampfleitungen wieder nach ober Tage geleitet, um ihn dort einer Abdampfverwertungsanlage durch Niederdruckdampfturbinen zuzuführen. Die Dampfleitungen konnten in ausziehende Schächte gelegt werden. Es ist eine Erleichterung des unterirdischen Dampfbetriebes, wenn die Niederschlagung nach ober Tage verlegt wird. Ob die sonst erreichbare bessere Ausnutzung des Abdampfes in einer Niederdruckturbine in diesem Falle gegenüber dem Niederschlag und Druckabfall in der 400 m langen Abdampfleitung noch besondere Vorteile verspricht, ist eine andere Frage. Die untertägige Anlage für die Dampfniederschlagung blieb nach Einbau der Abdampfleitung bestehen, um bei Störung der obertägigen Niederschlagung den Betrieb zu übernehmen. Bei Neuanlagen mit Abdampfableitung könnte als Sicherheit eine einfache Saugrohrniederschlagung vorgesehen werden.

Einen Saugrohrkondensator zeigt Fig. 236. Die Abdampfleitung mündet in das Saugrohr der Pumpe. Der Wasserfluß im Saugrohr saugt durch die düsenartige Gestaltung den Dampf an. Tritt in der Dampfmaschine bei längerem Stillstande eine Abkühlung und Niederschlagung des in der Abdampfleitung stehenden Dampfes ein, so kann der Druck in dieser Leitung unter den Druck des Saugrohres in der Einmündungsstelle fallen und das Wasser aus dem Saugrohr in das Abdampfrohr und in den Dampfzylinder eintreten. Das nächste Anlassen der Maschine ergäbe dann einen Wasserschlag. Daher muß das Abdampfrohr durch ein Rückschlagventil vom Saugrohr abgeschlossen werden, Fig. 237. Der Abdampf tritt durch den seitlichen Stutzen und 2 Ringkanäle in das Saugrohr ein, wenn die die Ringkanäle überdeckenden Ventile vom Saugwasserstrom gehoben sind. Beim Stillstand

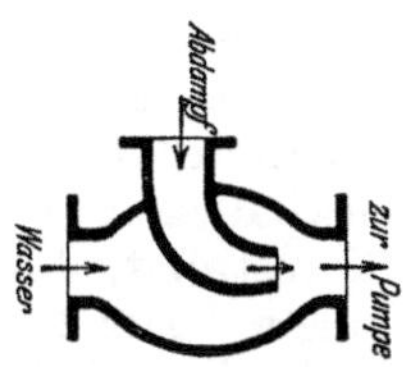

Fig. 236. Saugrohrkondensator.

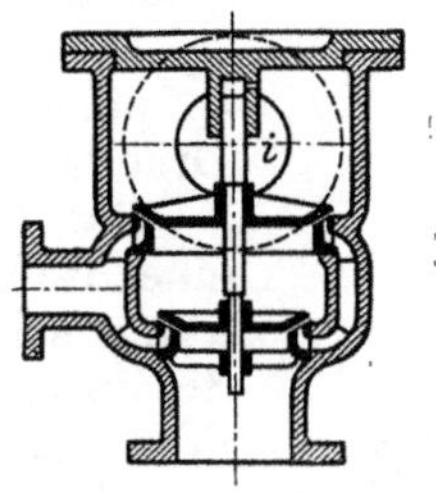

Fig. 237. Saugrohrkondensator mit Rückschlagventil. (Brunne.)

der Maschine senken sich die Ventile und schließen das Abdampfrohr gegen das Saugrohr ab. Die ganze Gestaltung dient auch dazu, Dampf und Wasser gut miteinander zu mischen. Der Abdampfstutzen ist in der Skizze kleiner als der Wasserstutzen. Dies führt bei größeren Dampfmengen, etwa bei größeren Teufen, dazu, daß, durch Drosselung im Abdampfrohr bewirkt, in der Dampfmaschine ein merklicher Überdruck gegenüber dem im Kondensator herrschenden Druck entsteht.

In Fig. 238 ist eine kleine einzylindrige Dampfpumpe mit einem in die Leitungen eingebautem Saugrohrkondensator zu sehen. Man erkennt die Einfachheit der Anordnung.

An der Einmündungsstelle des Abdampfrohres in das Saugrohr herrscht ein der Höhe

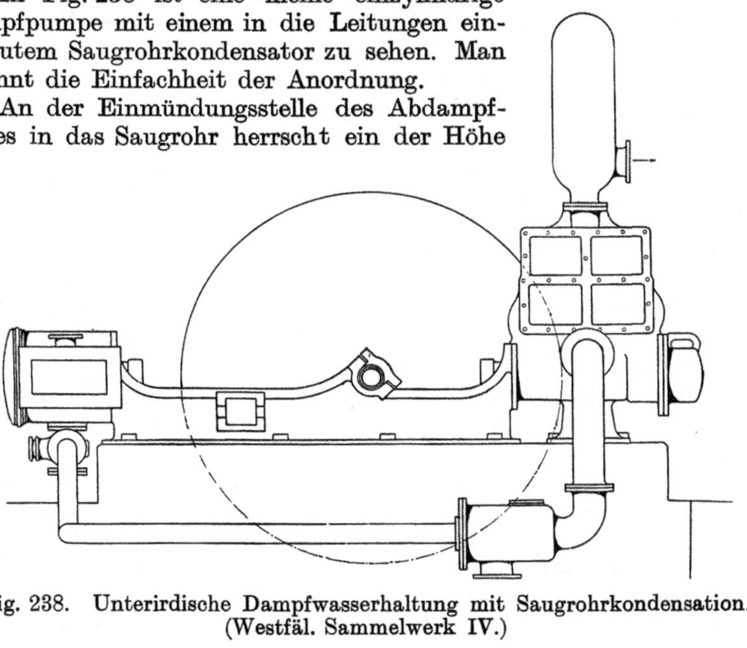

Fig. 238. Unterirdische Dampfwasserhaltung mit Saugrohrkondensation. (Westfäl. Sammelwerk IV.)

dieses Punktes über dem Saugwasserspiegel proportionaler Unterdruck. Dieser Unterdruck herrscht dann auch im Abdampfrohr. Da die Saughöhe der Wasserhaltungsmaschinen nicht groß gewählt wird, ist dieser Unterdruck gering. Durch die Saugrohrniederschlagung kann also keine wirtschaftlich hohe Luftleere entstehen. Sie dient mehr der Abdampfbeseitigung.

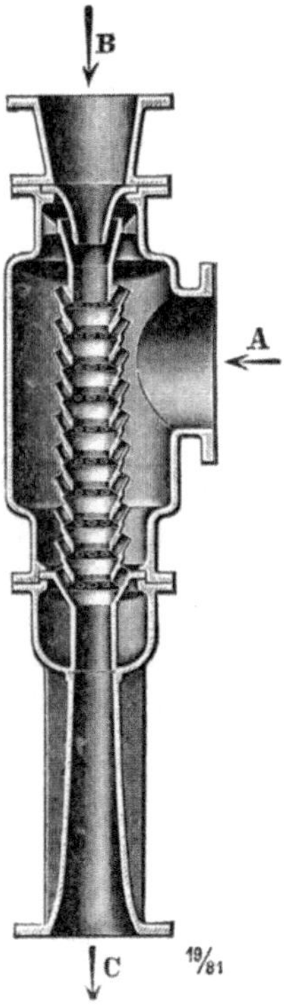

Fig. 239. Gefällekondensator. (Körting.)

Eine wirtschaftlich hohe Luftleere kann dagegen in einem Wasserstrahlkondensator, der mit Druckwasser betrieben wird, erreicht werden, Fig. 239.

Das Druckwasser fließt bei B zu, durchfließt eine Reihe parallel geschalteter Düsen und reißt durch seine große Geschwindigkeit den Abdampf, der durch den Stutzen A zuströmt, durch die seitlichen Löcher in sich hinein. Der Dampf schlägt im Wasser nieder. Das Gemisch fließt durch das sich erweiternde untere Rohr ab. Dieses Rohr verlangsamt das Gemisch, so daß seine Strömungsenergie in Gefälleenergie umgewandelt wird. Es strömt mit dem nötigen Druck bei C in die Atmosphäre. Da der arbeitende Wasserstrahl in den sich verengenden Strahldüsen seine Geschwindigkeit steigert, also seine Druckenergie in Strömungsenergie umsetzt, so kann bei richtiger Gestaltung der Düsen im Strahlrohr ein beliebiger Unterdruck des Wasserstrahles erreicht werden. Daher wird durch die Niederschlagung auch eine hohe Luftleere an der Mischstelle und im anschließenden Abdampfrohre erzielt.

Solche Strahlpumpen sind senkrecht aufzustellen. Das Gefälle des zufließenden Wassers muß mindestens 4 m betragen, und $^1/_2$ m muß für den Abfluß verbleiben. Gefällewasser ist in der Grube häufig vorhanden und kann auf diese Weise ausgenutzt werden. Freilich wird das Gefälle meistens höher sein und nicht genügend zur Ausnutzung kommen. Der Gefällekondensator ist eine andere Form der im Abschnitt VII D beschriebenen Wasserstrahlpumpe. Gebr. Körting stellen Wasserstrahlkondensatoren als Sondererzeugnis her.

Wasserstrahlkondensatoren werden wegen ihrer Einfachheit und Sicherheit bei unterirdischen Dampfturbowasserhaltungen verwendet (VIII C. 7).

Ein Kondensator ist eine einfache Sache. In einem Kessel wird der zuströmende Dampf mit fein verteiltem kalten Wasser gemischt, dadurch abgekühlt und niedergeschlagen. Der Dampf verschwindet und läßt den Raum mit gering gespanntem Dampfe erfüllt: es ist in dem Raume eine Luftleere entstanden. Der zufließende Dampf kann in der Dampfmaschine bis auf die Luftleere arbeitleistend entspannen, und das nötige Kühlwasser kann durch eine Saugleitung infolge des Unterdruckes im Mischraum diesem selbsttätig auf einige Meter Höhe zufließen.

Nun füllt sich der Niederschlagsraum allmählich mit dem Niederschlage und mit dem Einspritzwasser an. Dieses Wasser muß durch eine besondere Pumpe aus dem Niederschlagsraum abgesaugt und ins Freie gedrückt werden. Der Betrieb eines Kondensators stellt sich keineswegs einfach, sondern erfordert eine besondere unter den schwersten Bedingungen: Absaugen von heißem Wasser aus einer Luftleere, arbeitende Pumpe.

Diese Pumpe führt allgemein den Namen: Luftpumpe oder besser: Naßluftpumpe. Sie hat außer der Entfernung des Wassers die weitere Aufgabe, Luft aus dem Mischer abzusaugen. Durch das Einspritzwasser gelangt Luft in den Mischraum. Sie findet sich im Wasser gelöst und befreit sich von ihm unter der Luftleere des Mischers. Je mehr Wasser eingespritzt wird, desto größer ist die zu entfernende Luftmenge. Es ist daher nicht erwünscht, mehr Wasser, als zur Niederschlagung nötig ist, dem Mischer zuzuführen. Von einer gewissen Wassermenge ab kann die Luftleere im Einspritzkondensator durch Vermehrung der Wassermenge nur verschlechtert werden. Wegen dieser Erscheinung erreichen die Einspritzkondensatoren selten sehr hohe Luftleeren. Besser sind in dieser Beziehung die Oberflächenkondensatoren, deren Dampf mit dem Kühlwasser und seiner Luft nicht in Berührung kommt. Dafür bedarf die Oberflächenkondensation größerer Anlagen in Kosten und Raum und zum Betriebe zweier Pumpen: einer Kühlwasserpumpe zum Bewegen des Kühlwassers durch die Kühlröhren und einer Naßluftpumpe zum Absaugen des Niederschlags und der Luft. Denn auch aus dem Oberflächenkondensator muß Luft abgesaugt werden. Diese Luft rührt aus dem Dampfe selbst her bzw. aus dem verdampften Wasser und aus den Undichtheiten der Stopfbüchsen der Dampfmaschine und der Abdampfleitung, durch die Luft eintritt. Die aus dem Oberflächenkondensator abzuführende Luftmenge ist wesentlich geringer als die einem Einspritzkondensator entstammende Menge.

Die in Anlage und Betrieb einfachere Einspritzniederschlagung eignet sich für unterirdische Anlagen besser als die eine bessere Luftleere ergebende Oberflächenniederschlagung. In Amerika ist häufig Oberflächenniederschlagung ausgeführt worden, in Deutschland wohl nur Einspritzniederschlagung.

Oberflächenniederschlagung wird aber nötig, wenn das zu fördernde Wasser als Trinkwasser verwendet werden soll. Es darf dann nicht mit dem ölreichen Dampf gemischt werden. Eine solche Oberflächenniederschlagung ist z. B. bei der unterirdischen Dampfpumpenanlage des Adolphschachtes bei Tarnowitz der bergfiskalischen Wasserversorgungsanlage ausgeführt worden.

Bei Wasserhaltungen findet man entweder einen von der Naßluftpumpe gesonderten Mischer, aus dem diese Pumpe ansaugt, oder meist ist der Mischraum im Saugraume der Pumpe untergebracht. Den ersten Fall stellt Fig. 240 dar.

Der Zylinder der Luftpumpe ist schräg gestellt, und sein doppeltwirkender Scheibenkolben wird von der Maschinenwelle durch eine Kurbel angetrieben. Die unteren Ventile sind die Saug-, die oberen die Druckventile. Durch einen seitlichen Stutzen fließt das Gemisch dem unteren Saugraume zu und dringt durch die Saugventile in den Pumpenraum, beim Druckhub durch die Druckventile und fließt durch einen seitlichen Stutzen ab.

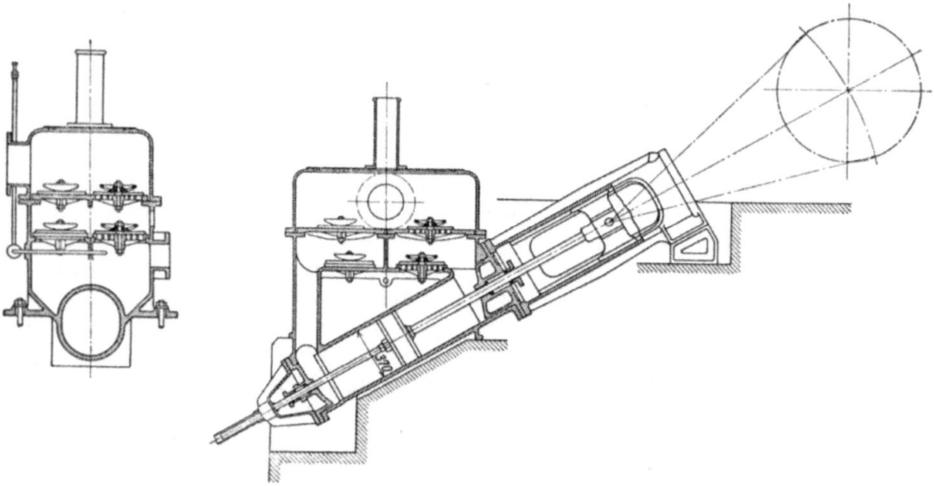

Fig. 240. Luftpumpenkondensator einer unterirdischen Dampfwasserhaltung. (Dubbel in Z. d. Ing. 1899.)

Eine solche Pumpe arbeitet wie ein nasser Luftpresser. Beim Druckhube wird zuerst die den oberen Teil des Pumpenraumes einnehmende Luft gefördert, bis das vom Kolben geschobene Wasser alle Luft ausgedrückt hat und selbst bis zu den im höchsten Punkte sitzenden Druckventilen gestiegen ist.

Der schädliche Raum der Pumpe ist also mit Wasser ausgefüllt, und es bleibt keine Luft aus dem Druckhub im Pumpenraume zurück. Diese restlose Entfernung der Luft aus dem Pumpenraume ist gerade hier besonders nötig, wo aus der Luftleere des Mischers angesaugt werden muß. Die Druckventile müssen daher an höchster Stelle des Pumpenraumes sitzen. Man lese den Abschnitt V D 5 nach. Die Stopfbüchse der Luftpumpe wird häufig wie die der Hauptpumpe mit einem Wasserbade umgeben, um das hier besonders schädliche Einsaugen von Luft zu verhindern.

Der Mischraum ist im gewählten Beispiel in das Saugrohr der Luftpumpe verlegt, indem der Niederdruckzylinder seinen Abdampf in das Saugrohr entläßt. Diese Anordnung ist nicht mit der Saugrohrniederschlagung zu verwechseln, bei welcher der Abdampf in das Saugrohr der Hauptpumpe einfließt.

Da der Mischer der unterirdischen Wasserhaltung als Einspritz wasser das Grubenwasser benutzen muß, ist der Scheibenkolben keine geeignete Kolbenform für die Luftpumpe. Jedenfalls muß bei seiner Benutzung in der Einspritzleitung ein Saugkorb angebracht sein. Auch dann, wenn die Luftpumpe das Wasser der Hauptpumpe unmittelbar zuhebt, muß ein Saugkorb in der Einspritzleitung sitzen.

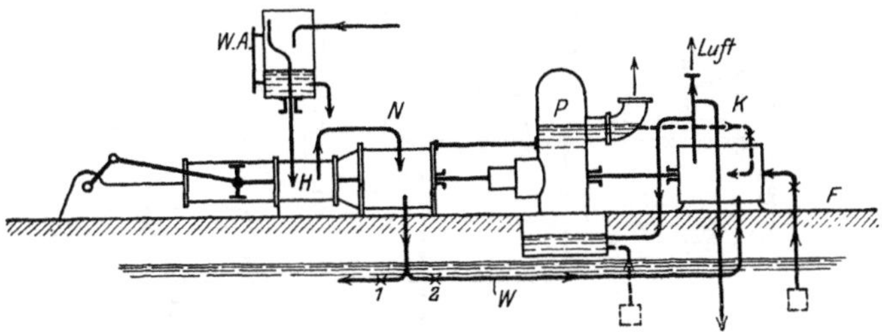

Fig. 241. Kondensator über Flur.

Für die Anordnung der Luftpumpe K kommen in Frage: Stellung zum dampfauslassenden Zylinder N, zur Pumpe P, zum Maschinenflur F und die Art des Antriebes, der von dieser Stellung abhängt.

Die üblichste Anordnung ist die der Fig. 241. Hier steht die Luftpumpe hinter der Wasserpumpe über Flur und wird vom verlängerten Gestänge angetrieben. Diese Anordnung erscheint als die einfachste. Die

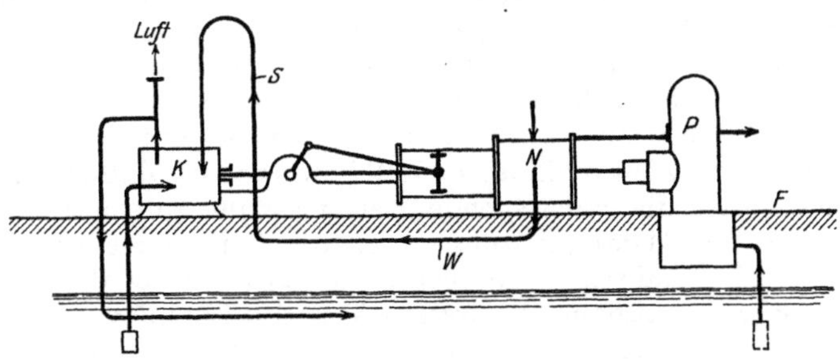

Fig. 242. Kondensator über Flur.

Baulänge der Maschine wird dabei groß. Die Anordnung der Fig. 242 läßt sie verkürzt erscheinen. Die Luftpumpe K ist hier jenseits der Welle gelegen und wird vom Kreuzkopf durch eine Kolbenstange angetrieben. Die Anordnung hat den Nachteil, daß das Kurbelgetriebe durch die vorgelagerte Kolbenstange unzugänglich wird. Diese beiden Anordnungen zeigten die Luftpumpe auf Flurhöhe F. In der nächsten Figur 243 sind einige Anordnungen unter Flur gelegener Kondensatoren gegeben. Von der aus der Pumpe heraustretenden Kolbenstange aus werden durch einen Doppelwinkelhebel 2 stehende einfachwirkende Luftpumpen angetrieben. Die Baulänge ist etwa die gleiche wie in Fig. 241. Sie kann verringert werden durch die gestrichelte Anordnung, bei welcher die liegende Luftpumpe vom Kreuzkopf aus durch Gestänge und geraden Hebel angetrieben wird. Diese Anordnung erfordert aber mehr Maschinenbreite, da der Kondensator der Zugänglichkeit wegen nicht unmittelbar unter, sondern seitlich neben der Maschine gelegen sein muß.

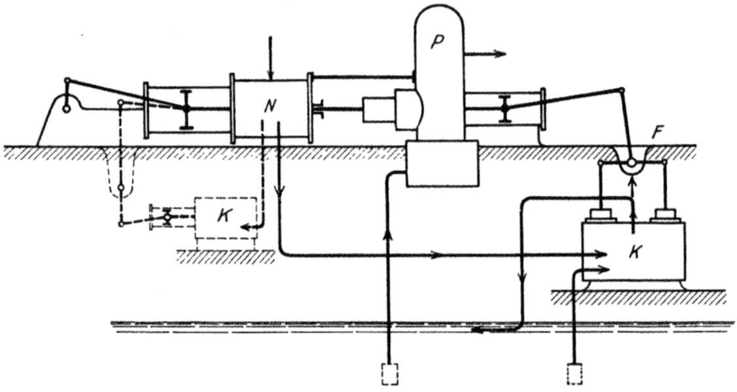

Fig. 243. Kondensator unter Flur.

Die Lagerung unter Flur macht den Kondensator schwerer zugänglich. Sie hat aber den Vorzug, daß die Abdampfleitung stetig fallend zum Mischer geführt werden kann. Der sich im Dampfzylinder in der Abdampfleitung bildende Niederschlag gelangt daher ohne Störung in den Mischer. Bei über Flur stehendem Kondensator bildet die Abdampfleitung einen großen Wassersack W, in dem sich der erwähnte Niederschlag ansammelt und durch Verstopfung der Leitung Störungen veranlaßt. Diese bestehen in Verschlechterung der Luftleere im Zylinder, bis der Überdruck im Zylinder so groß geworden ist, daß er den Wasserpfropfen durch die aufsteigende Leitung zum Kondensator drückt. Führt man die Abdampfleitung durch die Luft von oben her in den Mischer, so bleibt die Sache etwa die gleiche, da alsdann der untere Teil des Dampfzylinders den besagten Wassersack bildet und zu den Störungen, gegebenenfalls zu Wasserschlag in der Maschine führt. Bei oberer Anordnung des Mischers muß der Wassersack der Abdampfleitung entwässert werden. Das Entwässern einer Abdampfleitung ist nicht so einfach wie das einer Druckleitung, Fig. 244. Aus der Unterdruckleitung L fließt das Wasser in das Sammelgefäß G. Das Verbindungsrohr enthält einen Hahn 1, am Gefäß ist oben ein Lufthahn 2 und unten ein Wasserhahn 3. Wird am Handgriff H gezogen, dann schließt sich 1, 2 und 3 werden geöffnet, so daß Luft in

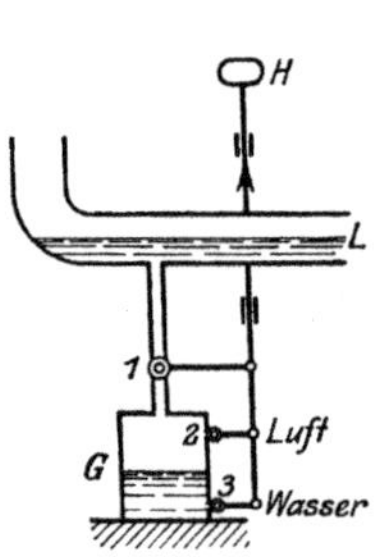

Fig. 244. Entwässerung einer Unterdruckleitung.

das Gefäß tritt und das Wasser durch den Hahn 3 infolge seiner Schwere ausfließt. Wird die Stange zurückbewegt, dann schließen sich wieder 3 und 2, und 1 öffnet sich. Die Luft im Gefäß wird durch die Abdampfleitung abgesaugt, und das Wasser aus der Leitung kann wieder in das Gefäß fallen. Diese Entwässerung kann auch selbsttätig gemacht werden. Im Gefäß ist dann ein Schwimmer vorhanden, der beim Aufsteigen im steigenden Wasser nacheinander erst den Hahn 1 schließt, darauf 2 und 3 öffnet und nach dem Entleeren den ursprünglichen Zustand wiederherstellt, indem er niedersinkt. Es ist darauf zu achten, daß der Hahn 1 immer geschlossen ist, wenn die Hähne 2 und 3 offen sind, damit keine äußere Luft in die Unterdruckleitung eindringt. Im übrigen muß die Abdampfleitung gut dicht sein. In Fig. 242 ist die Abdampfleitung vor dem Kondensator wieder hochgeführt und dann erst abwärts zum Kondensator. Diese heberartige Führung soll verhüten, daß bei Maschinenstillständen Wasser aus dem Sumpfe durch den Kondensator hindurch in den Niederdruckzylinder eingesaugt wird, was möglich ist, wenn der Restdampf des Niederdruckes während des Stillstandes durch Auskühlung der Zylinderwand niederschlägt und im Zylinder eine höhere Luftleere entsteht als im Kondensator, dessen Druck sich durch Wassereinsaugen bis auf den seiner Höhenlage über dem Saugwasserspiegel entsprechenden erhöht. Die hochgezogene Schleife S verhindert das Überfließen nach dem Dampfzylinder. —

Die Lage des Mischers ist günstig in der Nähe des Niederdruckzylinders, damit keine Drosselung der Luftleere geschehe. In dieser Beziehung sind die üblichen Anordnungen wenig günstig. Am besten ist die in Fig. 243 gestrichelte Anordnung.

Der Kondensator saugt immer aus dem Sumpfe an. Er drückt das Wasser entweder in den Sumpf zurück, Fig. 242, oder er läßt es der Saugleitung der Pumpe zufließen, Fig. 241. In beiden Fällen ist die Kondensatordruckleitung über den Ablaufpunkt nach oben verlängert und dort offen. Hier entweicht die Luft, während das Wasser durch die fallende Leitung abfließt. Das in den Sumpf fließende Wasser soll nicht in der Nähe der Kondensator- oder der Pumpensaugleitung einfließen, damit diese kaltes Wasser ansaugen können.

Im Falle die Luftpumpe der Hauptpumpe unmittelbar zudrückt, muß sie für eine größere Leistung bemessen sein als die Hauptpumpe, damit in dieser nie Wassermangel eintritt. Der Überschuß der Luftpumpenlieferung fließt durch eine Abfalleitung, die etwas höher vom Kondensatorstandrohr abzweigt, in den Sumpf zurück. Das Fördern in die Pumpensaugleitung hat den Vorteil, daß ein Rückfall des Wassers vermieden, also Arbeit gespart wird. Auch fließt das warme Wasser der Pumpe mit etwas Druck zu, so daß deren Ansaugen sicher geschieht. Es ist dies in Rücksicht auf die Saugventile der Hauptpumpe, die die Druckspannungen der Pumpe aushalten müssen, daher schwer ausfallen, ein Vorteil. Die Kondensatpumpe muß freilich das warme Wasser aus der Luftleere des Mischers ansaugen. Ihre Ventile, die keinem

Drucke ausgesetzt sind, sind leichte Gummiventile und für diese schwierige Arbeit besser geeignet.

Das Anlassen einer Kondensationsmaschine muß unter Umständen mit Auspuff geschehen. Zu diesem Zwecke ist ein Auspuffvorgesehen, der nach Umschaltung der Ventile 1 und 2 in Tätigkeit tritt, Fig. 241.

Für das Anlassen des Mischers kann eine Hilfseinspritzung nötig werden. Diese zweigt von der Druckleitung ab; gestrichelte Leitung Fig. 241.

Für den Fall, daß die Niederschlagung versagt, ist bei solchen Anlagen, bei denen die Luftpumpe der Hauptpumpe zuhebt, Fig. 241, eine Hilfssaugleitung von der Hauptpumpe nach dem Sumpfe vorgesehen, so daß die Pumpe aus dem Sumpfe ansaugen kann. Alsdann kann vorübergehend mit Auspuff in den Sumpf gearbeitet werden; besser ist es, eine Saugrohrmischung für diesen Zweck vorzusehen.

5. Der Betrieb der unterirdischen Kolbendampfwasserhaltung.

Der Betrieb der Kolbenpumpen, der laufende sowie das Anlassen, ist im Abschnitte V E, 2 und 3 geschildert worden.

Hier ist daher das die Dampfmaschine Betreffende nachzuholen. Es ist nochmals auf die Notwendigkeit eines Wasserabscheiders WA, Fig. 241, kurz vor den Dampfzylindern und seine sorgfältige Entleerung, am besten selbsttätig durch einen Wasserableiter, hinzuweisen. Die Tätigkeit des Wasserableiters muß beobachtet werden können. Daher sollte an jedem Wasserabscheider ein Wasserstandsglas vorhanden sein und vom Wärter beobachtet werden. Beim Anlassen einer kalten Dampfleitung ist der Wasserabscheider öfters von Hand zu entwässern.

Die Entwässerungshähne der Dampfzylinder sind während des Anwärmens der Maschine offen zu halten.

Das Anlassen einer Kondensationsmaschine wird durch die mangelnde Luftleere des luftgefüllten Mischers erschwert. Der selbsttätige Betrieb eines Mischkondensators beginnt erst, nachdem auf irgend eine Art eine Luftleere im Mischer erzeugt wurde. Das Anlassen kann nun so geschehen, daß vor dem eigentlichen Anlassen der Dampfmaschine der Mischraum entlüftet wird. Diese Entlüftung kann wieder leicht durch einen Dampf- oder einen Wasserstrahlsauger geschehen. Nach Herstellung der Luftleere wird der Einspritzhahn etwas geöffnet und die Maschine durch Öffnen des Dampfeinlaßventiles in Gang gesetzt. Der Dampf gelangt in den Mischer, und die Maschine arbeitet richtig. Alsdann ist noch die Einspritzmenge zu regeln.

Ist eine Entlüftung des Mischers nicht vorgesehen, dann kann man sich helfen, indem man die Maschine in Gang setzt und den Abdampf durch den Mischraum hindurch und einen besonderen Stutzen in den Sumpf auspuffen läßt. Der Dampf treibt die Luft aus dem Mischer aus. Ist dies geschehen, dann wird eine Hilfseinspritzung aus der

Steigeleitung geöffnet und das Auspuffventil geschlossen. Der Dampf wird niedergeschlagen, eine Luftleere entsteht, und die Haupteinspritzleitung wird geöffnet, die Hilfseinspritzung geschlossen. Während der Dauer dieses Vorganges läuft die Maschine mit Auspuff. Ist sie mit Regler versehen, so stellt dieser während des Anlassens eine große Füllung ein, so daß die nötigen Kräfte vorhanden sind. Hat die Maschine fest eingestellte Dampfdehnung, so muß während des Anlassens die Füllung von Hand vergrößert oder ohne Last angefahren werden. Das bequemste Anlassen gestattet die Zwillingsmaschine. Bei der Verbundmaschine treten die im Abschn. VIII C 3 geschilderten Schwierigkeiten auf. Sie werden daher am besten ohne Last angelassen. Die Zwillingstandemmaschine fährt mit geringerer Kraft an als die Zwillingsmaschine. Die Dreifachverbundmaschine verhält sich wie die Verbundmaschine.

Die laufende Bedienung der Dampfmaschine ist nicht schwierig. Es sind die Dichtungs- und Gleitflächen im Stande zu halten und zu schmieren. Ferner liegt den Wärtern ob die Bewartung der Nebenbetriebe, wie der Luftpresser, der Beleuchtung, des Wasserstandszeigers des Sumpfes. Es sind meist zwei Wärter für eine große Anlage vorhanden. Die Bereithaltung der größeren Ersatzmaschinen erfordert ebenfalls einen bis zwei Wärter.

6. Ausgeführte unterirdische Kolbendampfwasserhaltungen.

Eine Zwillingsmaschine zeigt Fig. 245. p = 6 atm, 340 m Teufe, 7 cbm/min, n = 45/min, D_d = 900 mm, Hub s = 1250, D_p = 224; 1895 für Porembaschacht IV, Ostfeld der Königin-Luise-Grube, Zabrze, gebaut von Kgl. Hütte, Gleiwitz. Der Ventilsteuerung dieser Maschine wurde im Abschn. VIII C 2 gedacht, S. 301. Die Luftpumpe hebt der Hauptpumpe zu. Diese kann aber auch unmittelbar aus dem Sumpf saugen.

Eine enggebaute, wenig Breite beanspruchende Zwillingsmaschine zeigt Fig. 246. Für Nelsonschacht III bei Osseg der Brüxer Kohlenbergbau-Ges. 1904, gebaut von Breitfeld, Danek & Co., Prag. D_d = 550, D_p = 182, s = 700, p = 6 atm, n = 100, 6 cbm/min, Teufe T = 250 m. Maßgebend für den gedrängten Zusammenbau war das druckhafte Gebirge, quellender Letten, in dem der Maschinenraum zu erstellen war. Daher mußte eine vollkommene Kreisform von kleinem Durchmesser gewählt werden. Für gemauerte Fundamente war im Querschnitt kein Raum, so daß die Maschine auf eiserne Roste gesetzt werden mußte. Maschinenraum D = 4,5 m i. L. Länge = 32 m.

Die Anlage ist als Aushilfe für plötzliche Wasserzuflüsse bestimmt. Es ist daher auf größte Betriebssicherheit- und bereitschaft Wert gelegt; daher Zwillingsanordnung. Beide Seiten sind mit allen Ausrüstungen versehen, um einen einseitigen Betrieb zu ermöglichen. Die Kondensatorluftpumpen sind so groß bemessen,

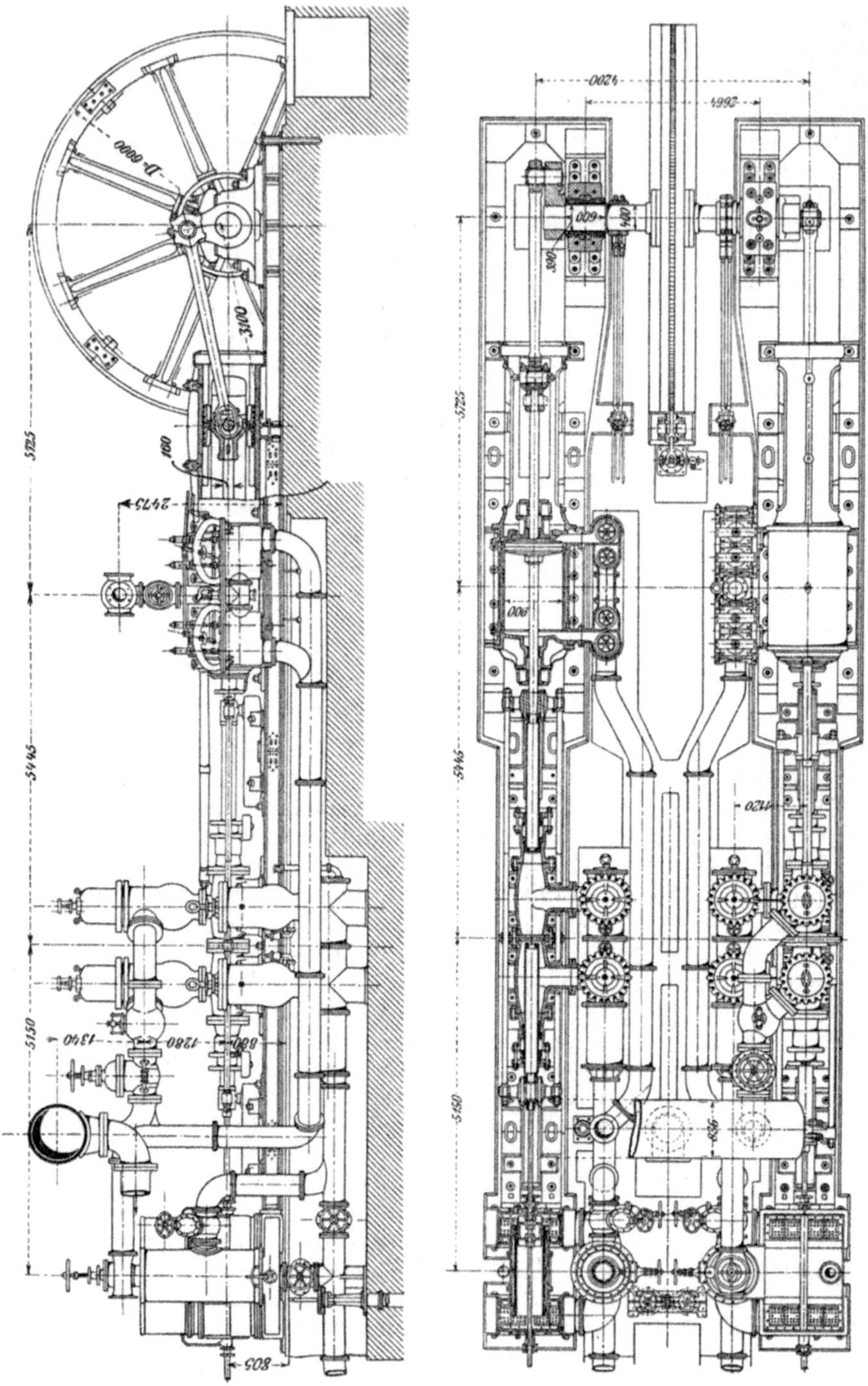

Fig. 245. Wasserhaltung mit Zwillingsdampfmaschine. (Dubbel in Z. d. Ing. 1899.)

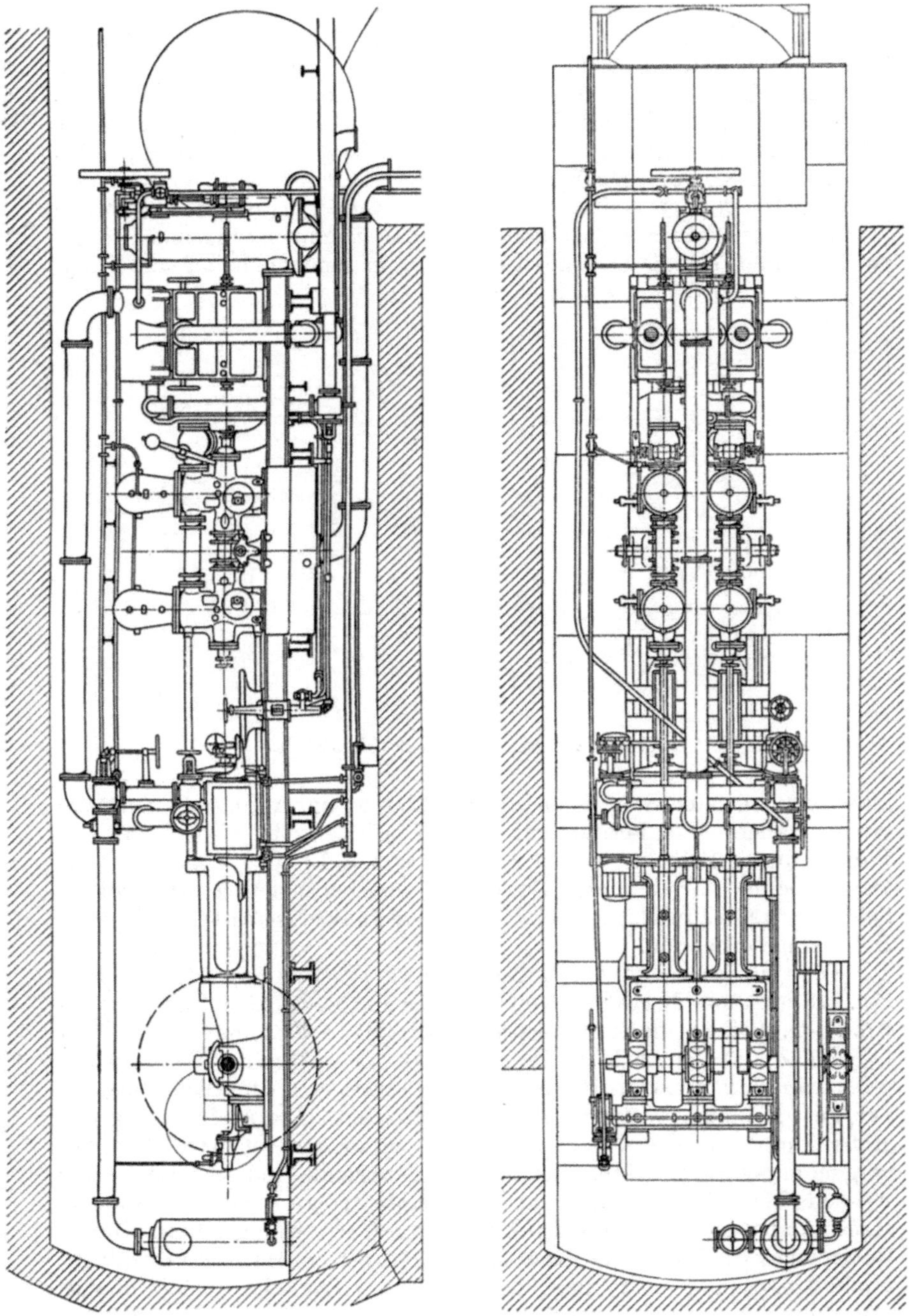

Fig. 246 a. Enggebaute Zwillingsmaschine von Breitfeld, Danek & Co. (Z. d. Ing. 1904.)

daß eine Luftpumpe den ganzen Dampf beider Seiten niederschlagen kann, so daß beim Schadhaftwerden einer Luftpumpe der Betrieb beider Seiten aufrecht erhalten werden kann. Man beachte die gut sichtbaren Leitungen, den Wasserabscheider und die Wasserableiter.

Eine ältere zweikurbelige Verbundmaschine der Isselburger Hütte zeigt Fig. 247; für Zeche Courl der Harpener Bergwerks-Akt.-Ges., 1897. n = 35/min, 8,5 cbm/min Wasser auf 230 m, Grundfläche der Kammer 30 · 8,5. Die Anlage besitzt alle Einrichtungen, um jede Maschinenseite getrennt betreiben zu können. Die Luftpumpen saugen das ganze zu fördernde Wasser an und drücken es in einen höheren unter der

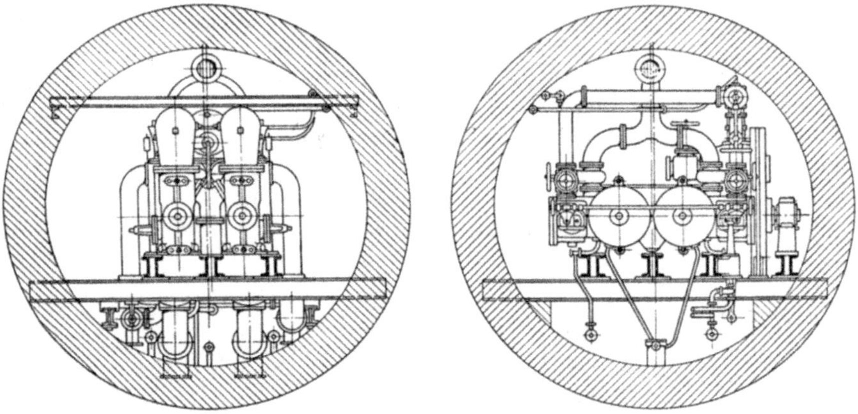

Fig. 246 b. Querschnitte zu Fig. 246 a.

Maschine liegenden Sumpf, so daß die Pumpen nur auf etwa 1 m anzusaugen haben. Bei Betrieb mit einer Maschinenseite wird die andere Pumpe durch Schieber von der gemeinsamen Leitung abgeschlossen. Damit beim Betrieb dieser Seite mit versehentlichen geschlossenem Schieber kein Bruch geschieht, sind Sicherheitsventile vor den Schiebern vorhanden.

Die langgestreckte Gestaltung einer Tandemanordnung läßt Fig. 248 erkennen, Karsten-Zentrum-Grube bei Beuthen O./S., gebaut von A.-G. Wilhelmshütte, Sprottau, 1899. 5 cbm/min auf 370 m. D_h = 650, D_n = 1070; D_p = 290, s = 1000; n = 60/min. Die Maschine gehört einer Gruppe von drei gleichen Maschinen an, die in einem tunnelartigen Maschinenraum untergebracht sind. Die Aufteilung der großen Leistung von etwa 18 cbm/min dieser wasserreichen Grube wurde vorgenommen, um kleinere, leichter zu bewegende und sicherer herzustellende Maschinen und kleinere Ersatzeinheiten zu erhalten. Tandemanordnung war wegen des druckhaften Gebirges geboten. Dieses Gebirge ließ die für eine so große Leistung sonst naheliegende Zwillingstandemanordnung nicht zu. Die Pumpen zeigen die ungewöhnliche Anordnung doppelter Ventile. Seitlich von der Achse liegen an jeder

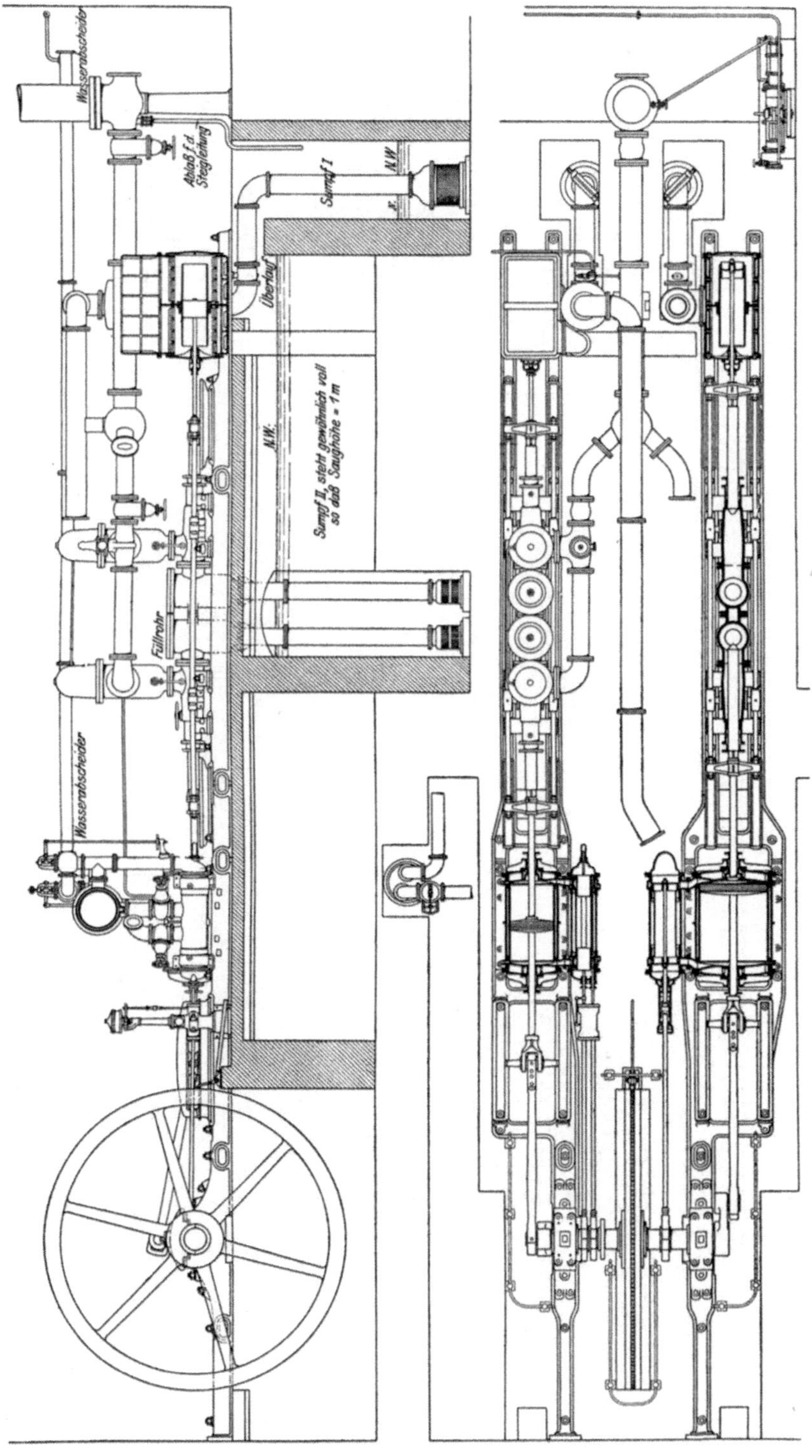

Fig. 247. Wasserhaltung mit Verbunddampfmaschine. (Westf. Sammelw. IV.)

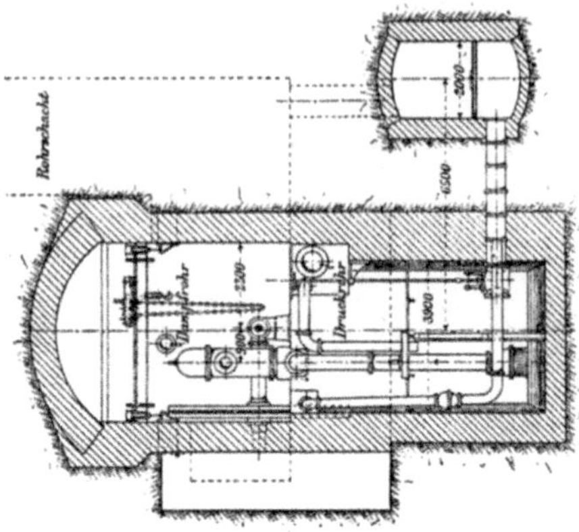

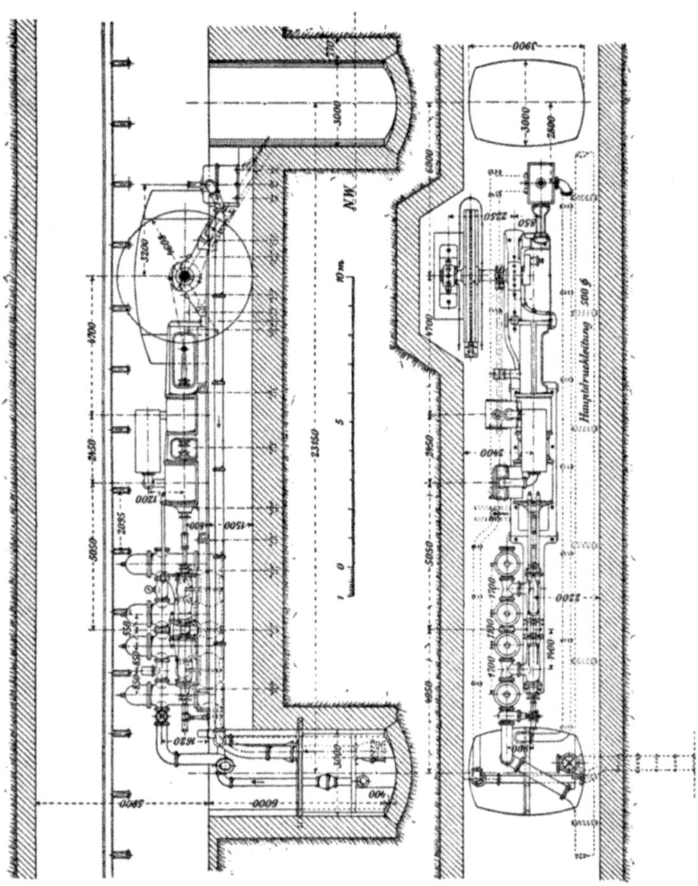

Fig. 248. Wasserhaltung mit Tandemdampfmaschine. (Dubbel in Z. d. Ing. 1899.)

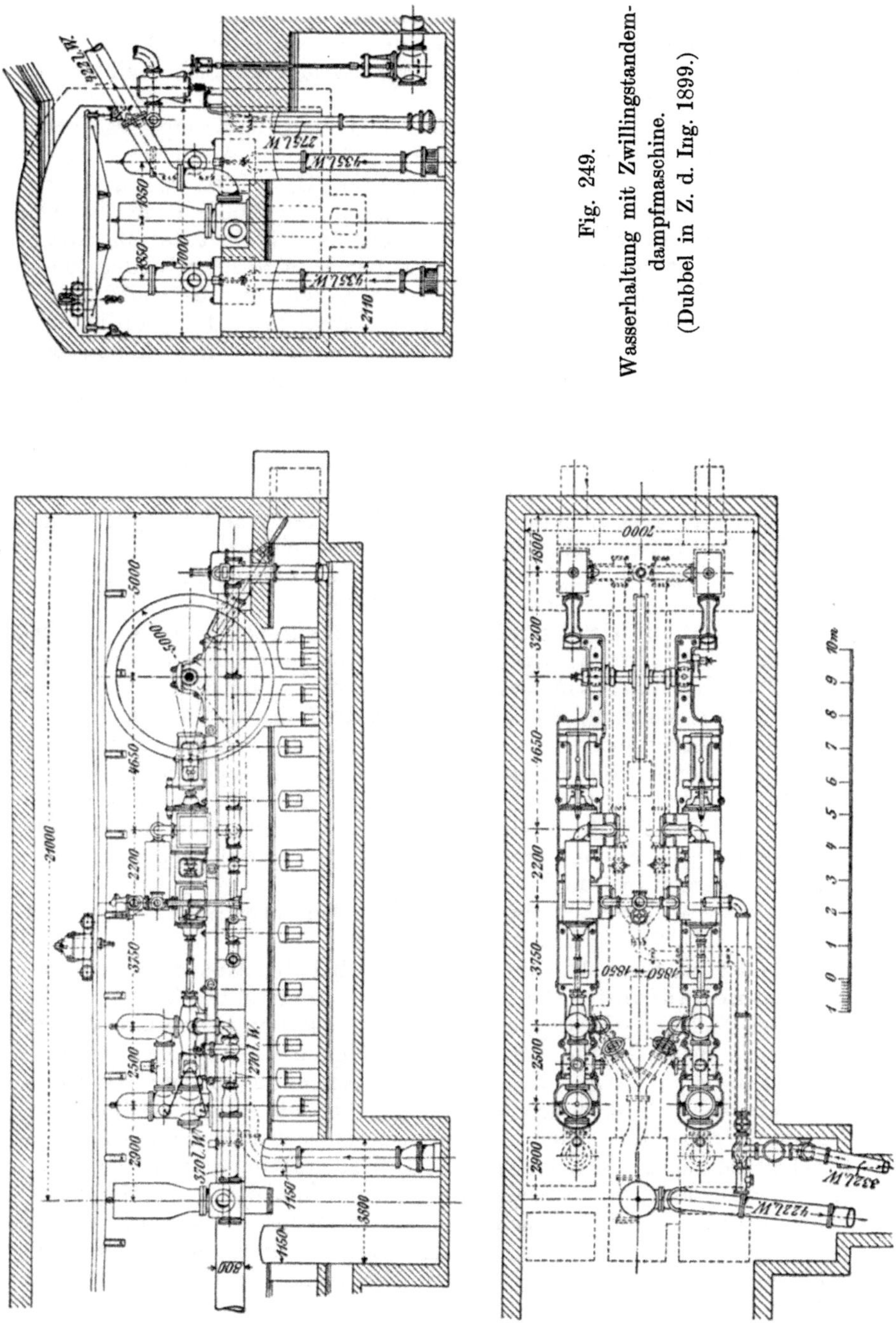

Fig. 249.
Wasserhaltung mit Zwillingstandemdampfmaschine.
(Dubbel in Z. d. Ing. 1899.)

Pumpenseite je zwei parallel geschaltete Saug- und Druckventile. Diese Zweiteilung der Ventile sollte den Zweck erfüllen, kleine Abmessungen der Pumpenräume und dadurch größere Sicherheit gegen Brüche zu erreichen.

Eine Zwillingstandemmaschine zeigt Fig. 249. Kronprinzschacht der Gieschegrube b. Schoppinitz O./S., gebaut von A.-G. Wilhelmshütte, Sprottau, 1899. $p = 6$ atm, $D_h = 650$; $D_n = 940$; $D_p = 285/200$. $s = 1000$; $n = 50$/min, 6 cbm/min auf 335 m. Die zufließende Wassermenge ist wesentlich geringer als die Leistungsfähigkeit der Maschine, so daß sie meist nur mit einer Seite betrieben wird. Der Niederdruckzylinder entläßt seinen Abdampf in die Saugleitung der Luftpumpe, Fig. 240, die jenseits des Schwungrades schräg liegend angeordnet ist. Die Luftpumpen gießen in den Sumpf aus. Das warme Wasser läuft durch einen gemauerten Kanal dem vorderen Maschinenbrunnen zu. Das Wasser fließt dem Maschinenbrunnen aus dem Streckensumpf durch eine Rohrleitung zu, die durch ein Ventil abgesperrt werden kann.

Äußerlich ähnlich ist die Dreifachverbundmaschine der Fig. 250. Zeche Gneisenau der Harpener Bergbaugesellschaft, gebaut von Haniel & Lueg, Düsseldorf. Diese größte aller Wasserhaltungen war 1902 auf der Düsseldorfer Ausstellung ausgestellt.

Eine große Zeichnung dieser Maschine findet sich Z. d. Ing. 1902, S. 1031.

Bei $n = 60$/min leistet sie 25 cbm/min auf 500 m bei 3600 PS. Sie hebt als Sammelwasserhaltung die Wasser mehrerer Gruben der Gesellschaft. Die Maschinenkammer hat eine Grundfläche von 37×9 m. Die Abmessungen der Maschine sind so riesig, daß der Rahmen, der Mitteldruck- und die Niederdruckzylinder geteilt werden mußten, um durch den Schacht zu können. Die Lager sind gegabelt, eine sonst nicht übliche Anordnung. Die Überleitung des Abdampfes in den Mischer zeigt die in Fig. 242 geschilderte Hochführung. Die Maschine war (1909) nicht voll beschäftigt. Es liefen nur 17 cbm/min zu, so daß kleinere Tauchkolben eingesetzt wurden.

Zu der Anlage gehören ausgedehnte Sumpfstrecken, die später (Abschn. VIII F) beschrieben werden sollen.

Als Schluß dieser Aufzählung sei in Fig. 251 eine Anlage mit stehenden schnellaufenden Dampfmaschinen vorgeführt. Grube Nothberg des Eschweiler Bergwerks-Vereins; $T = 490$ m, 4 cbm/min Wasser je Einheit, $n = 125$/min. Die Dampfmaschinen sind Dreifachverbundmaschinen, $p = 9$ atm. Zwischen den Wellen der beiden Einheiten kann eine Kupplung hergestellt werden, so daß im Bedarfsfalle jede Dampfmaschine mit jeder Pumpe zusammenarbeiten kann. Die gestrichelt gezeichnete Pumpe ist eine Drillingspumpe für 20 cbm/min. Sie ist bestimmt, im Notfalle diese Menge von der Wasserhaltungssohle (4. Sohle) auf die nächst höhere (3. Sohle) zu heben, wo drei Maschinen zu ihrer weiteren Hebung vorhanden sind. Die Niederdruckpumpe wird für den Bedarfsfall mit der Welle der Nachbarmaschine gekuppelt. Der Dampfverbrauch beträgt 6,7 kg je PS und st.

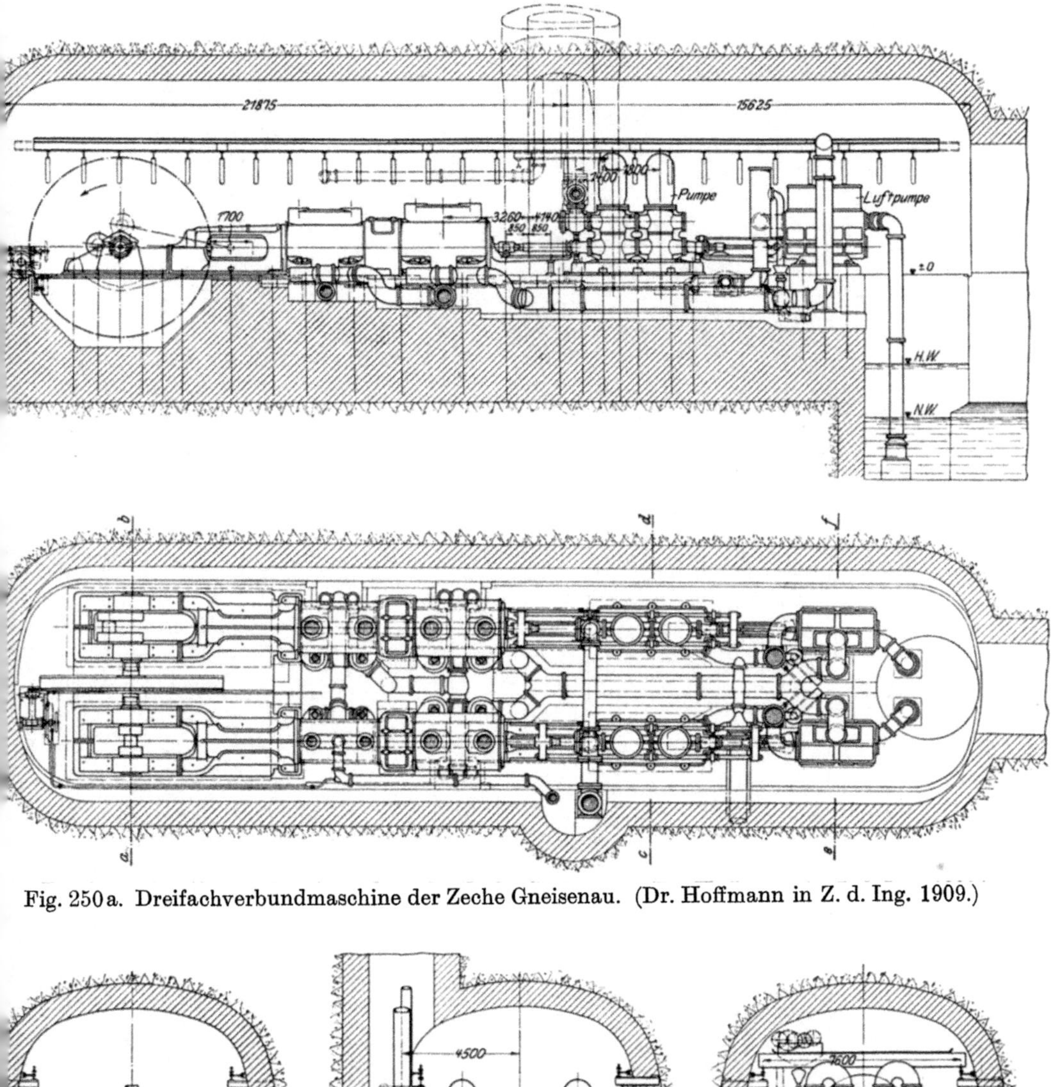

Fig. 250a. Dreifachverbundmaschine der Zeche Gneisenau. (Dr. Hoffmann in Z. d. Ing. 1909.)

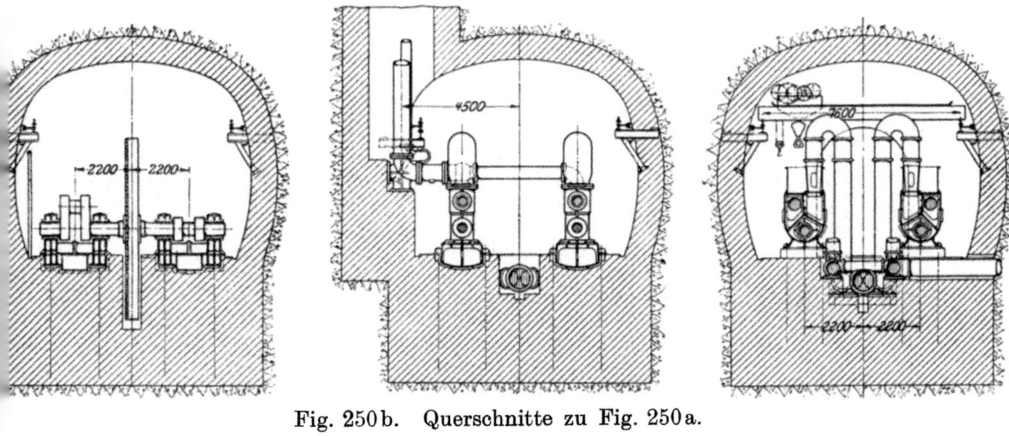

Fig. 250b. Querschnitte zu Fig. 250a.

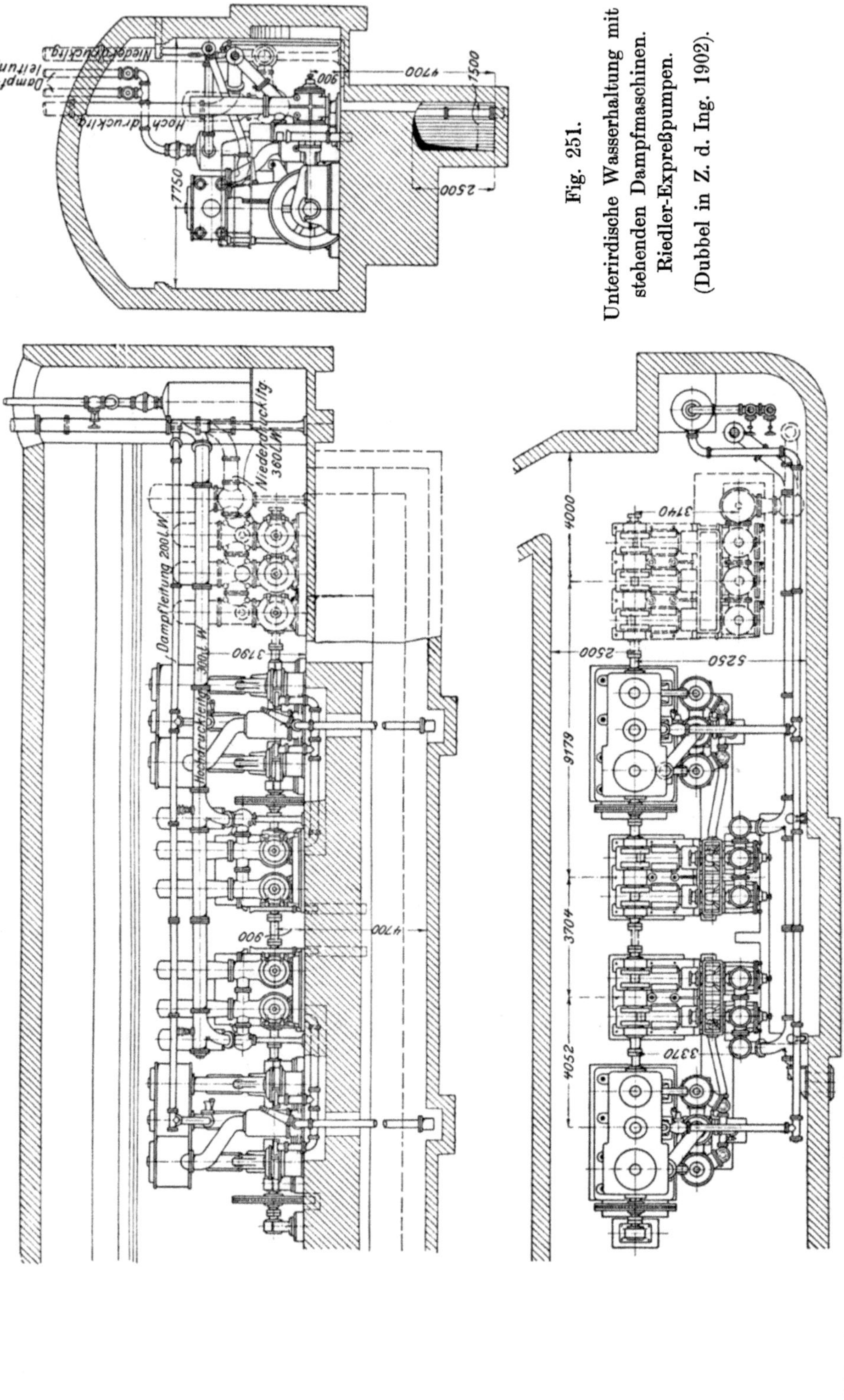

Fig. 251. Unterirdische Wasserhaltung mit stehenden Dampfmaschinen. Riedler-Expreßpumpen. (Dubbel in Z. d. Ing. 1902).

7. Ausgeführte unterirdische Dampfturbowasserhaltungen.

Die durch Dampfturbine angetriebene Kreiselpumpe hat einen geringen Raumbedarf. Sie dürfte bei genügender Größe wirtschaftliche Ergebnisse zeitigen, da die Anlagekosten für Maschine und Maschinenraum klein sind. Der geringere Wirkungsgrad der Kreiselpumpe gegenüber der Kolbenpumpe wird unter Umständen durch einen geringeren Dampfverbrauch der Dampfturbine ausgeglichen. Bei einfachster Anlage kann die Dampfturbine hohe Dampfdrücke ausnutzen. Für große Wasserwerke hat man die Dampfturbopumpe als vorteilhaft, mindestens als wettbewerbsfähig mit den Dampfkolbenpumpen gefunden.

Die Dampfturbopumpe hat vor der Elektroturbopumpe den großen Vorzug, daß erstens zu ihrem Betriebe nur die leichter zu beschaffende Energieform des Dampfes nötig und daß zweitens ihre Drehzahl, Leistung und Förderhöhe regelbar ist. Eine Dampfturbopumpe kann etwa um 5 v. H. in ihrer Drehzahl, also um 25 v. H. in Lieferung und Leistung geändert werden. Sie sichert sich hierdurch einen Teil des Vorzuges der Dampfkolbenpumpen von anderen Pumpenanlagen. Auch die Unabhängigkeit von dem verwickelten Getriebe eines Kraftwerkes muß ihr als Vorteil verbucht werden.

Wo also Dampfantrieb zulässig erscheint, sollte die Dampfturbowasserhaltung mit in den Wettbewerb gezogen werden.

In einigen Fällen sind Dampfturbopumpen an Stelle oder als Aushilfe für unterirdische Dampfkolbenwasserhaltungen eingebaut worden: So haben die Skodawerke, Pilsen, 3 Anlagen geliefert für: Witkowitzer Steinkohlengruben, Mährisch-Ostrau, Johannesschacht der Prager Eisenindustrie-Ges., Kladno, (1908) und für die Galizischen Montanwerke Akt.-Ges., Siersza, (1908) für Mengen von 2,5—6 cbm/min und Höhen von 105—500 m. Zwei der Anlagen werden heute als Hauptwasserhaltungen, die alten Kolbenmaschinen als Hilfsanlagen betrieben, da man diesen Betrieb als wirtschaftlicher erachtet.

Fig. 252 zeigt eine von der Isselburger Hütte für eine indische Kohlengrube gelieferte Anlage. Sie dient zum Ersatz einer unwirtschaftlich arbeitenden Dampfduplexpumpe. Die Gebirgsbeschaffenheit ließ den Einbau einer unterirdischen Wasserhaltung mit Schwungraddampfmaschinen nicht zu. Elektrische Energie war nicht vorhanden. Die Maschine nimmt eine Fläche von $3{,}5 \times 2$ m ein und leistet 3 cbm/min auf 130 m; $p = 10$ atm, 350^0; $PS = 130$; $n = 3000$/min. Auf der Welle der Turbine sitzen zwei Pumpen, die an eine gemeinsame Saugleitung angeschlossen sind. Die eine Pumpe fördert das Wasser in die Steigeleitung, die andere wirft eine entsprechende Wassermenge mit niederem Drucke in einen Wasserstrahlkondensator (Abschn. VIII C 4). Diese Mischeinrichtung ist bei genügender Luftleere einfach und betriebssicher.

Die Dampfturbine ist eine bewährte, betriebssichere und leicht zu bewartende Maschine. Ganz so einfach, wie sie von außen aussieht, ist sie freilich nicht. Sie ist mit einem Drosselregler zur Regelung der Drehzahl und mit einem Sicherheitsregler, der bei Überschreitung der zulässigen Drehzahl den Dampf ganz abstellt, und einer Öldruckpumpe, die das Öl in stetem Kreislaufe den Lagern zuführt, ausgerüstet.

Fig. 252. Unterirdische Dampfturbowasserhaltung der Isselburger Hütte. (Z. d. Ing. 1900.)

In Fig. 253 ist eine ähnliche Anlage für die Sosnowicer Gruben in Sosnowice, gebaut von den Maffei-Schwartzkopff-Werken, Berlin. 5 cbm/min auf 250 m, Höchstleistung 7 cbm/min; bis 550 PS; n = 2600/min. Hochdruckpumpe und Kühlwasserpumpe besitzen hier getrennte Saugleitungen. Der Strahlkondensator ist im Seitenriß zu sehen. Die Entlüftung der Pumpen beim Anlassen geschieht durch einen Dampfstrahlsauger auf einfachste Weise. Die Kühlwasserpumpe saugt die ganze zu fördernde Wassermenge an und drückt sie unter einem Druck von 6—8 m dem Mischer zu. Der Mischer ergibt eine Luftleere von 90 v. H. Eine Oberflächenniederschlagung würde in Verbindung mit entsprechenden Luftpumpen eine höhere Luftleere erzeugt haben, die von der Dampfturbine gut ausgenutzt werden könnte. Wegen der Einfachheit und der Raumbeschränkung wurde von der höchstmöglichen Dampfausnutzung abgesehen. Demnach wurde auch eine einfachere Turbine mit je zwei Druck- und zwei Geschwindigkeitsstufen (p = 4 bis 6 atm, 250°) verwendet. Die Turbine fährt unmittelbar mit

Niederschlagung an. Das hierzu nötige Kühlwasser liefert die Kühlwasserpumpe bereits nach wenigen Umläufen. Die Grundfläche des Maschinenraumes beträgt 5,4×8 m, die Anlagekosten ∼ 30000 M.

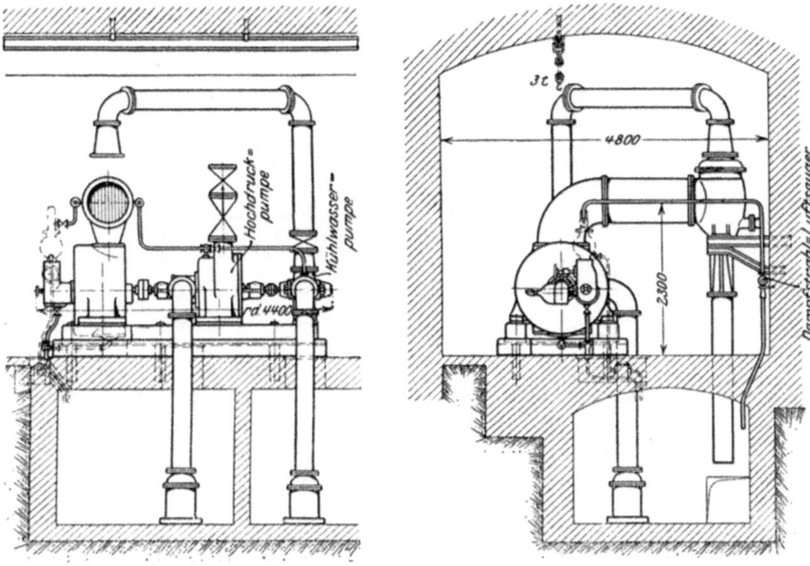

Fig. 253a. Dampfturbowasserhaltung der Maffei-Schwartzkopff-Werke. (Bruman in Z. d. Ing. 1913.)

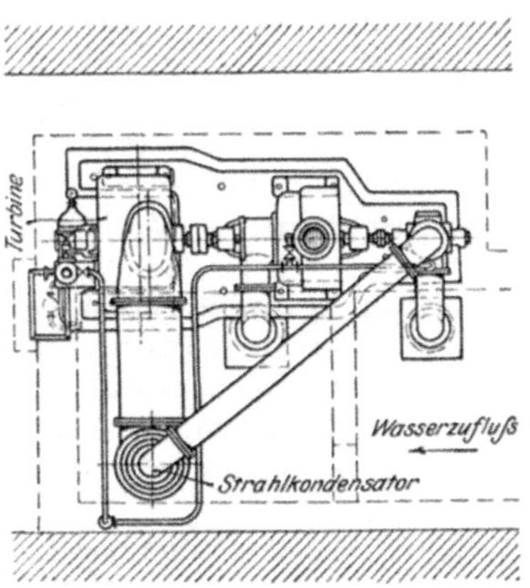

Fig. 253b. Grundriß zu Fig. 253a.

Eine Anlage mit Antrieb durch eine de Lavalturbine ist in Fig. 254 dargestellt; PS = 150, 3,6 cbm/min Wasser auf 150 m. Die de Lavalturbine entspannt den Dampf in einer Stufe und erreicht daher sehr hohe Drehzahlen. Hierdurch tritt für die Kreiselpumpe die starke Unbequemlichkeit auf, ihren Raddurchmesser sehr klein zu halten, so daß große Wassergeschwindigkeit im Saugmund der Räder zugelassen werden muß. Dies ist für das erste ansaugende Rad von großem Nachteile, indem der äußere zum Ansaugen zur Verfügung stehende Luftdruck nicht imstande ist, diese Geschwindigkeit zu erzeugen. Daher wird durch ein Schraubenradvorgelege eine Nebenwelle mit geringerer Geschwindigkeit angetrieben. Diese treibt das Rad einer Niederdruckpumpe, die jetzt das Wasser ansaugt und dem Laufrade der Hochdruckpumpe zuführt. Wir haben hier den gleichen Gedankengang wie beim Helikoidenrad der Skodawerke, Abschn. VI C 1, Fig. 176.

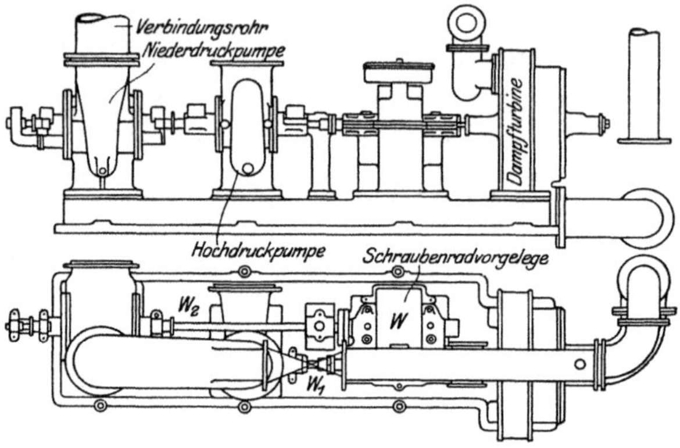

Fig. 254. Kreiselpumpe durch eine de Lavalturbine angetrieben. (Baum-Hoffmann.)

Die ganze Anordnung erscheint wenig lebensfähig. Es sind auch keine weiteren Ausführungen bekannt geworden.

D. Die hydraulischen Wasserhaltungen.

1. Die Besonderheiten des Druckwassers.

Die Schwierigkeiten der Gestängewasserhaltungen ließen nach einem Ersatze dieser schwerfälligen Kraftübertragung suchen. Die unterirdische Dampfwasserhaltung hat wesentliche Nachteile der Gestängewasserhaltung beseitigt, dafür aber andere Nachteile, die in der Wärmeausstrahlung und in der Niederschlagung des Dampfes ihren Grund haben, eingetauscht. Vor allem muß sie den Vorwurf dulden, daß sie nicht unter Wasser arbeiten kann.

Diese Nachteile sind bei der Kraftübertragung durch Preßwasser vermieden. Dafür aber kann das Wasser in seiner schweren Masse manche Nachteile der Gestängewasserhaltung infolge Massenwirkung und in seiner mangelnden Dehnsamkeit die Nachteile des Dampfniederschlages, die durch den Begriff Wasserschlag gedeckt werden, zurückbringen.

Der frühere Abschnitt VIII A 7 über Wassersäulenmaschinen zeigte die Möglichkeit, Gefällewasser zum Antrieb von Gestängepumpen nutzbar zu machen.

In diesen Fällen fließt das Druckwasser den Treibzylindern der Wassersäulenmaschine zu, die ihren Bedarf mit Hilfe einer Steuerung der Kraftleitung entnehmen. Durch Anordnung mehrerer Zylinder mit versetzter Wirkungszeit kann trotz des wechselnden Bedarfes des einzelnen Zylinders eine annähernd stetige Strömung des Kraftflusses in der gemeinsamen Zu- und Ableitung entstehen, und zerstörende Massenwirkungen können ferngehalten werden.

In einzelnen Fällen hat man einen dem Gestängebetrieb an Massenwirkungen ebenbürtigen Wassersäulenbetrieb angeordnet. Ober Tage waren durch eine Dampfmaschine angetriebene ventillose Pumpen, Fig. 255, aufgestellt, deren versetzt arbeitende Kolben K_1 und K_2 die Wassersäulen L_1 und L_2, welche die obertägigen Kolben mit den untertägigen Treibkolben K_3 und K_4 verbanden, in eine absetzende Bewegung brachten, die hierdurch auf die Treibkolben K_3 und K_4 übertragen wurde. Diese Treibkolben setzten eine Doppelpumpe P in Betrieb.

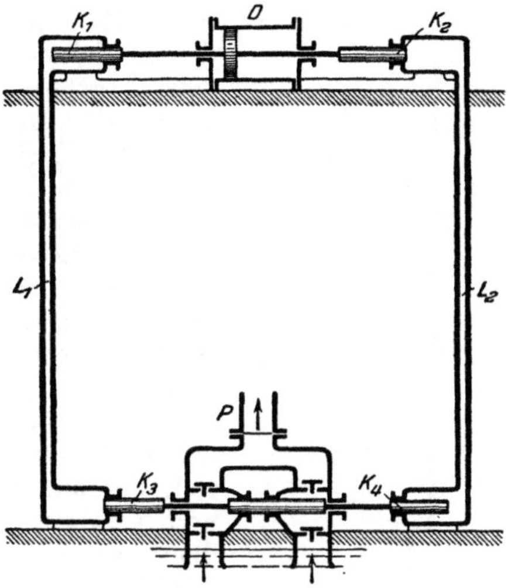

Fig. 255. Antrieb einer Wasserhaltung durch ein Wassersäulengestänge.

Man ersieht die Einfachheit der Anlage gegenüber einer eigentlichen hydraulischen Wasserhaltung, Fig. 257, deren ober- und untertägige Glieder der hydraulischen Übertragung mit schwierigen Schaltwerken arbeiten. Man erkennt aber auch den Nachteil, der in der Massenwirkung der absetzend bewegten schweren Wassersäulen besteht. Es liegt gewissermaßen ein Betrieb mit hydraulischem Gestänge vor, der schätzungsweise mehr Nachteile als Vorteile vor dem Betrieb mit starrem Gestänge hat.

Die eigentlichen hydraulischen Wasserhaltungen haben demgegenüber alle das Bestreben, einen gleichmäßigen Kraftfluß zu erreichen. Da dieser aber bei Kolbenarbeitsmaschinen nie völlig zu erreichen ist, so müssen noch Ausgleichsvorrichtungen in die Kraftleitung eingeschaltet werden. Man hat hierzu Druckwindkessel verwandt, deren Betrieb aber wegen der Nötigung, gleichen Luftinhalt aufrechtzuerhalten, beschwerlich ist.

Die Bestrebungen bei den hydraulischen Wasserhaltungen waren dann weiterhin auf Erhöhung des Wasserdruckes gerichtet, um die erforderliche Energie mit einer geringen Menge Wassers übertragen zu können. Die Vorteile des hohen Druckes (200—300 at) zeigen sich in den geringen Querschnittsabmessungen der Kraftleitung, der Preßpumpen und der Treibzylinder, die Nachteile aber in der schwierigen Abdichtung dieser Teile, insbesondere der Stopfbüchsen. Bei so hohen Wasserdrücken sind aber Windkessel in der Kraftleitung

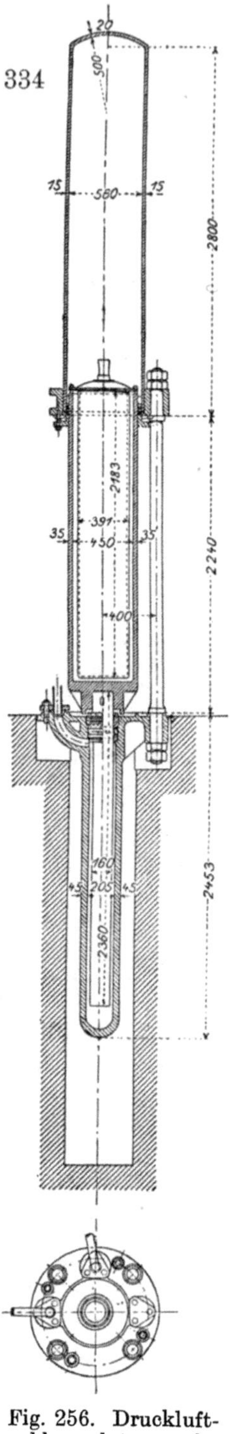

Fig. 256. Druckluftakkumulator nach Prött-Seelhoff. (Fröhlich in Z. d. Ing. 1900.)

untunlich, da deren Luft heftig vom Wasser verschluckt wird. Daher verwendet die Berliner Masch.-A.-G. vorm. L. *Schwartzkopff* an Stelle eines Windkessels einen besonderen *Ausgleicher*, Fig. 256. Er besteht aus einem Stufenkolben, dessen kleinerer Querschnitt vom Druckwasser und dessen größere Fläche von besonders erzeugter Druckluft von 50 atm beeinflußt wird. Der Vorteil ist: Luft und Wasser kommen nicht miteinander in Berührung, und wegen der zwischen Wasser- und Luftkolben bestehenden Übersetzung braucht nur ein geringerer Luftdruck angewandt zu werden. Auch hier ist eine Nachlieferung der verloren gegangenen Luft nötig. Zu dem Zwecke ist ein besonderer zweistufiger Dampfluftpresser vorhanden.

Der erwähnte Ausgleicher ist ober Tage hinter der Preßpumpe aufgestellt. Unter Tage befindet sich vor und hinter den Treibzylindern in der Zu- und Abwasserleitung je ein weiterer Ausgleicher, denen die Ersatzluft von ober Tage her zugeführt wird.

Die mit *natürlichem Wassergefälle* arbeitenden Wassersäulenmaschinen erleiden einen raschen *Verschleiß* der Steuerteile, die als Scheibenkolben wirken müssen und nicht durch Tauchkolben ersetzt werden können. Bei *künstlicher* Erzeugung des Druckwassers ist es möglich, mit *reinem* Wasser zu arbeiten, wenn man das Kraftwasser im *Kreislaufe* verwendet. Das Abwasser wurde bei den ersten Anlagen in den Sumpf oder in die Steigeleitung übergeführt. *Schwartzkopff* führte als erster das Abwasser durch eine Rückleitung nach ober Tage zur Preßpumpe zurück und setzte ihm Schmiermittel zur besseren Erhaltung der Maschinen zu.

Die hydraulischen Maschinen werden als *reine Hubmaschinen* oder als *rotierende* Maschinen ausgeführt. Die letzte Ausführung ist sehr bedenklich, weil sich das undehnsame Wasser kaum für einen Kolbenbetrieb mit Schwungrad eignet, da bei falscher Steuerung Brüche zu befürchten sind. Die reinen Hubmaschinen sind von diesen Bedenken frei und daher auch überwiegend angewandt worden.

Bei den reinen *Hubmaschinen* ist eine große Hubzahl nicht ausführbar, dafür aber kann

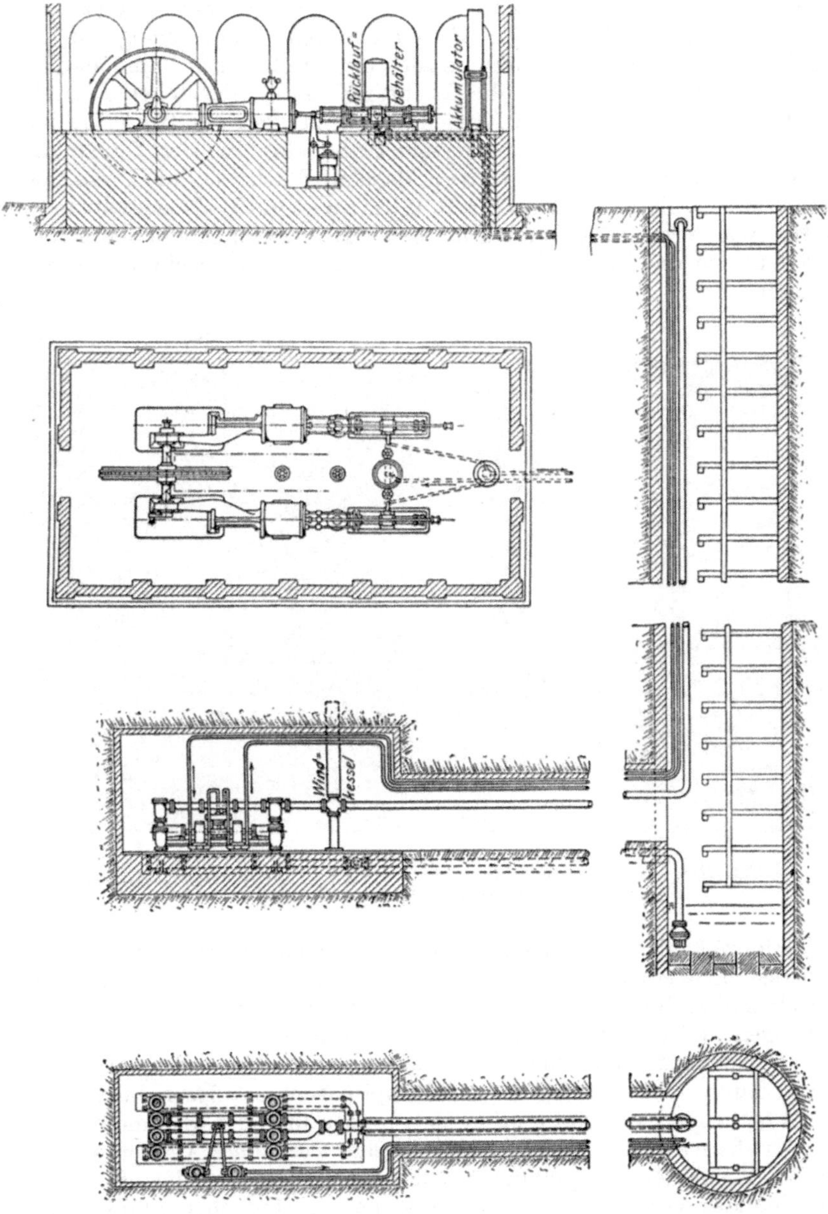

Fig. 257. Gesamtbild einer hydraulischen Wasserhaltung von L. Schwartzkopff.
(Fröhlich in Z. d. Ing. 1900.)

der Kolbenhub beliebig groß gewählt werden, da den Massen hier keine unbekömmliche Beschleunigung durch ein Schwungrad aufgezwungen wird. Der große Hub (etwa 0,8—2 m) ermöglicht, bei gegebener Leistung die Durchmesser der Treib- und Pumpenkolben klein zu halten, wodurch die Dichtung gegen den hohen Betriebsdruck erleichtert wird. Die Kolbengeschwindigkeit der Hubmaschinen ist etwa $^1/_3$—$^1/_2$ m/sec, je nach dem Hube, die Zahl der Doppelhübe etwa 8—25/min; die rotierenden Maschinen arbeiten mit Drehzahlen bis 60/min, verkürztem Hube (z. B. 0,8 m) und mit Kolbengeschwindigkeiten von etwa 1,5 m/sec. Die reinen Hubmaschinen bauen schmal und lang, so daß sie in streckenartigen Räumen untergebracht werden können.

Fig. 258. Obertägige Anlage einer hydraulischen Wasserhaltung von L. Schwartzkopff. (Wie 257.)

Fig. 257 zeigt die Gesamtanordnung einer hydraulischen Wasserhaltung nach einer Ausführung von Schwartzkopff. Sie setzt sich aus einer obertägigen Anlage zur Erzeugung des Preßwassers, den Schachtleitungen und der untertägigen Anlage zusammen.

Fig. 258 gibt das Bild einer obertägigen Anlage. Die Preßpumpe wird durch eine zweikurbelige Dampfmaschine angetrieben. Man beachte den Akkumulator, den Luftpresser und den Sammelbehälter. Die Preßpumpe, Fig. 259, erregt unsere besondere Aufmerksamkeit. Die Kolben der Doppelpumpe sind durch ein Umführungsgestänge miteinander verbunden. Die Pumpenkörper sind enge Stahlzylinder, an die ein Ventilkasten aus geschmiedetem Stahle angeschraubt ist. Die Ventile sind in kleine Einheiten geteilt, um kleine Hohlräume zu erhalten. Die Hohlräume sind durch Bohren hergestellt. Man ersieht das Bestreben, wegen des hohen Druckes (200—300 at) überall kleine Abmessungen und zylindrische Formen zu benutzen.

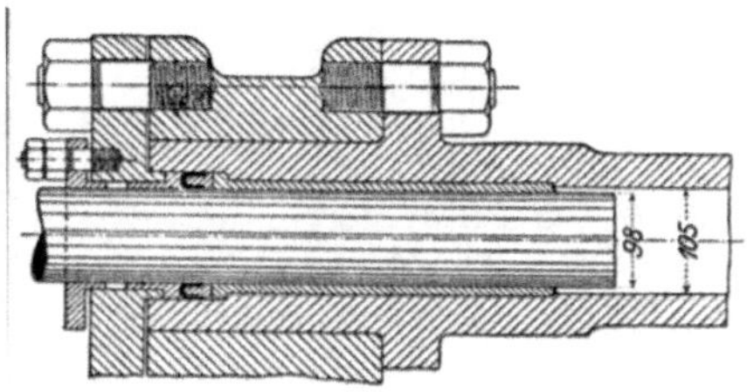

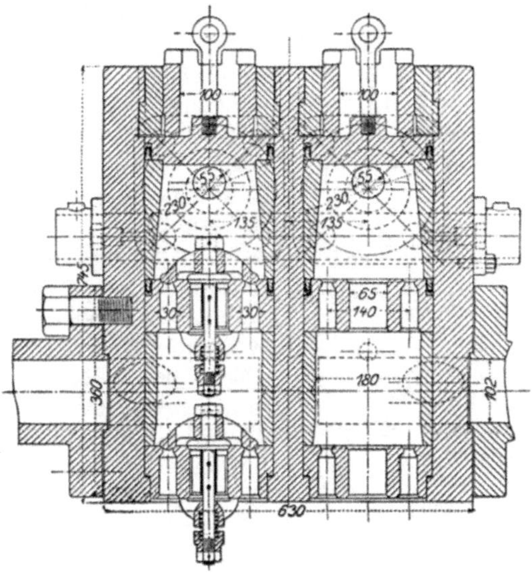

Fig. 259a. Preßpumpe.
(Wie Fig. 257.)

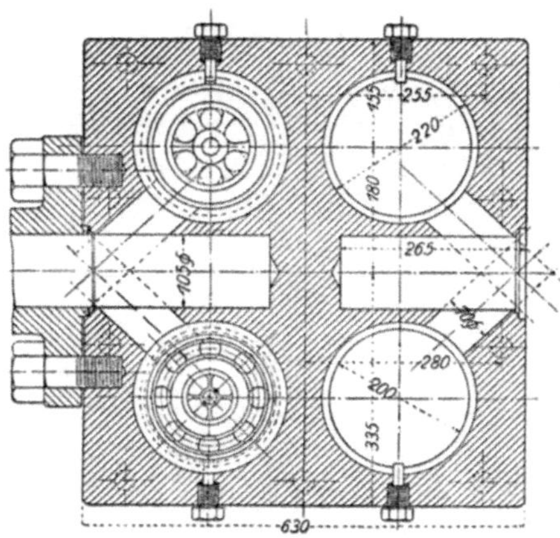

Fig. 259b.
Schnitt zu Fig. 259a.

2. Die unterirdischen Anlagen der hydraulischen Wasserhaltungen.

Hier sind für unsere Betrachtung nur die hydraulischen Maschinen von Belang. Die Kolbenpumpen weisen nichts Besonderes auf. Sie passen sich in ihrer äußeren Form den Triebmaschinen an: Die reinen Hubmaschinen treiben Pumpen von geringer Kolbenfläche und großem Hube an, die drehenden Maschinen sind mit Pumpen von größerem Querschnitte und geringerem Hube verbunden.

Zunächst sei eine drehende Maschine vorgeführt, später eine Reihe von Hubmaschinen.

Fig. 260 zeigt eine auf der Grube Bommerbänker Tiefbau, Witten, 1891 aufgestellte Anlage, erbaut von Schwartzkopff. Zur Erreichung eines gleichmäßigen Kraftflusses ist die Maschine als Drillingsmaschine mit 3 um 120^0 versetzten einfachwirkenden Treibkolben ausgerüstet Die Anordnung der Kolben ist eigenartig. Das Kraftwasser wird durch eine feststehende Röhre dem Innern des hohlen an das Kurbelgetriebe angeschlossenen Treibkolbens zugeführt. Der Treibkolben bewegt sich dichtend auf diesem Zuführungsrohr. Die Größe des Treibkolbens ist gleich dem äußeren Rohrquerschnitt. Das Zuführungsrohr ist der eigentliche, hier feststehende Kolben, der als Kolben wirkende Teil hier der bewegliche Treibzylinder. Dieser bewegliche Teil taucht in den Pumpenzylinder ein, dessen Tauchkolben er bildet. Die Größe des Tauchkolbens ist gleich dem äußeren Querschnitt des beweglichen Teiles. Die Schubstange des Kurbeltriebes

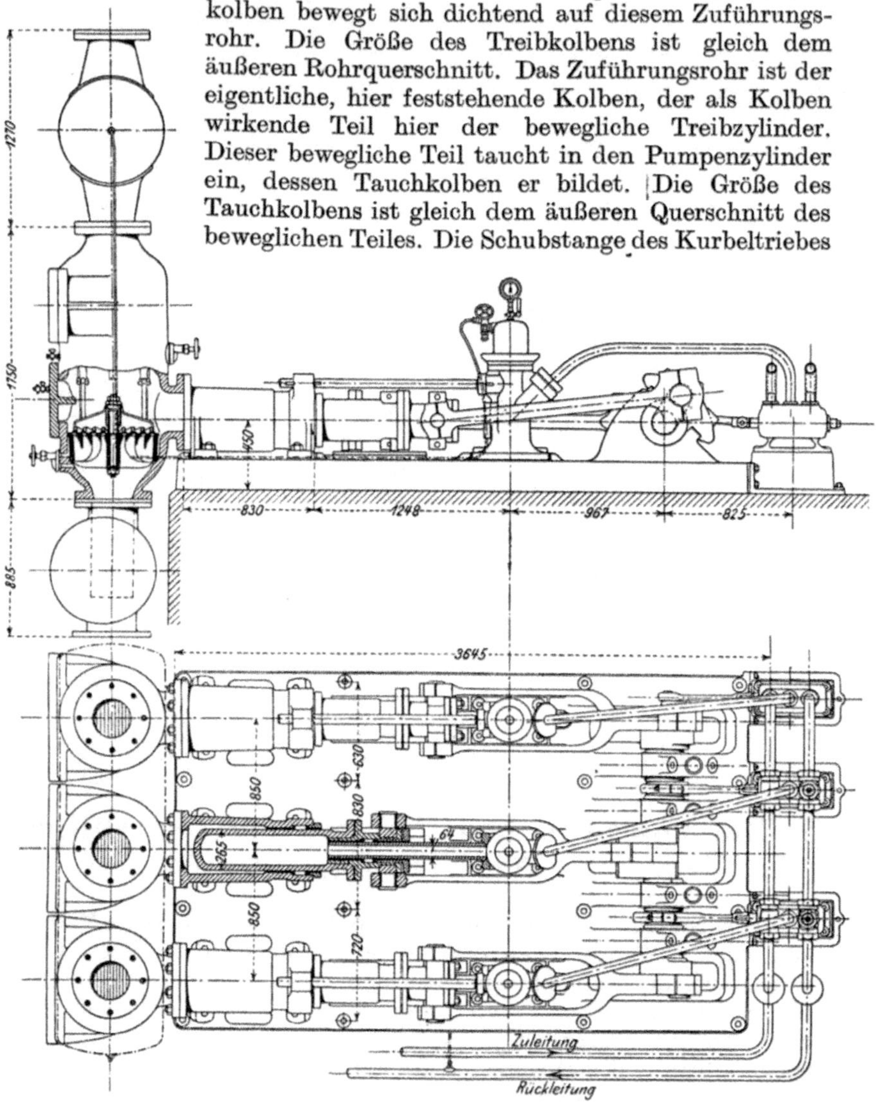

Fig. 260. Hydraulische Wasserhaltung mit drehender Drillingsmaschine von L. Schwartzkopff. (Wie Fig. 257.)

greift am beweglichen Kolben an, der sich am Zuführungszylinder führt. Diese Anordnung erreicht eine kurze Baulänge der Maschine.

Die Steuerung geschieht durch Kolbenschieber, die von der Welle durch Exzenter mit 90° Versetzung gegen die betreffende Kurbel angetrieben werden. Die Schieberkasten, Fig. 261, haben jenseits der Kurbelwelle Platz gefunden. In die Schieberkasten münden Zu- und Abfluß des Kraftwassers ein. Das mittlere Rohr stellt die Verbindung mit dem Treibzylinder her. Aus dem Ventilkasten fließt das Wasser zunächst nach einem kleinen Windkessel, der sich zwischen dem Treibzylinder und der Kurbelwelle befindet; von hier nach dem Triebzylinder. Der eingeschaltete Windkessel zwischen Schieberkasten und Treibzylinder erweist sich notwendig, um Brüche bei falscher Steuerung zu vermeiden. Schließt der Schieber den Wasserabfluß zu früh ab, ehe der Treibkolben seinen Hub ganz beendet hat, dann nimmt der Windkessel die vom Treibkolben, der seinerseits durch die Welle gedrängt wird, verdrängte Wassermenge auf. Der Betrieb des Windkessels ist schwierig.

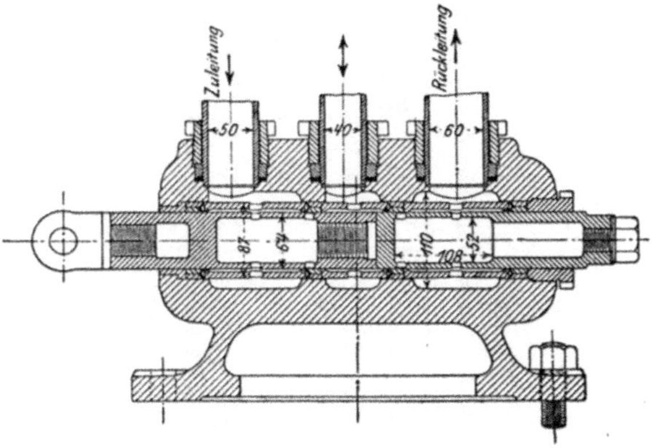

Fig. 261. Schieberkasten zu Fig. 260.

Die Drehzahl beträgt n = 65/min, soll aber bis 80/min gesteigert werden können. Hub = 400 mm. Wasser: 4,5 cbm/min auf 230 m Höhe.

Haniel & Lueg haben Drillingsmaschinen mit 800 mm Hub bei etwa gleicher Drehzahl (n = 60/min), also mit etwa der doppelten Kolbengeschwindigkeit ausgeführt.

Der Wirkungsgrad solcher Anlagen, von der Nutzleistung der Pumpe bis zur indizierten Leistung der Dampfmaschine gerechnet, beträgt etwa 70 v. H.

Eine Bewährung der Maschinen wird berichtet. Damit steht aber die Tatsache in Widerspruch, daß man von diesen drehenden Maschinen wieder zu reinen Hubmaschinen zurückgekehrt ist. Es mag wohl die Unbequemlichkeit der Betriebes der kleinen Sicherheitswindkessel innerhalb des Kraftflusses der Treibmaschine daran beteiligt sein.

Das undehnsame Wasser eignet sich eben nicht für drehende Kolbenmaschinen.

Bei den Hubmaschinen ist zunächst die Steuerung der Treibzylinder von Belang. Sie geschah in den ersten Ausführungen nach der Art der bei den Wassersäulenmaschinen (Abschn. VIII A 7) besprochenen Steuerungen; man vgl. Fig. 214. Wir haben also den **Steuerungsvorgang**: Hauptgestänge, Schieber der Vorsteuerung, Kolben der Vorsteuerung, Hauptsteuerung, Arbeitskolben.

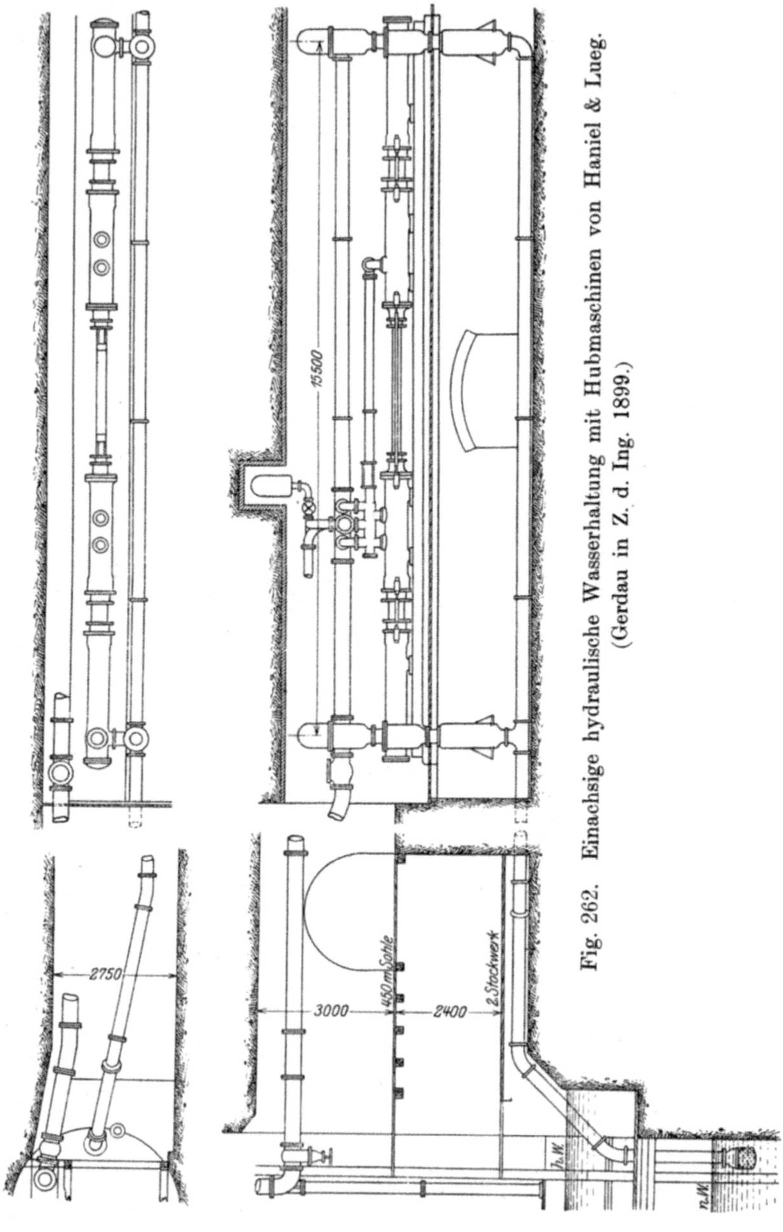

Fig. 262. Einachsige hydraulische Wasserhaltung mit Hubmaschinen von Haniel & Lueg. (Gerdau in Z. d. Ing. 1899.)

Bei den hydraulischen Maschinen hat man noch eine Verbesserung hinzugefügt: das Hauptgestänge wirkt durch einen Anschlag auf die Hauptsteuerung ein, wenn diese nicht schon vorher durch die Vorsteuerung verschoben wurde. Dies soll eine sichere Hubbegrenzung für den Arbeitskolben ergeben, auch wenn die Vorsteuerung versagen sollte.

Fig. 262 zeigt eine Ausführung von Haniel & Lueg für Zeche Rheinpreußen bei Homberg, 1886; Hub 2 m, n = 8/min. Sie zeichnet sich als einachsige Maschine durch ihre langgestreckte, schmale Form aus. Ihr Nachteil ist der ungleichmäßige Kraftfluß.

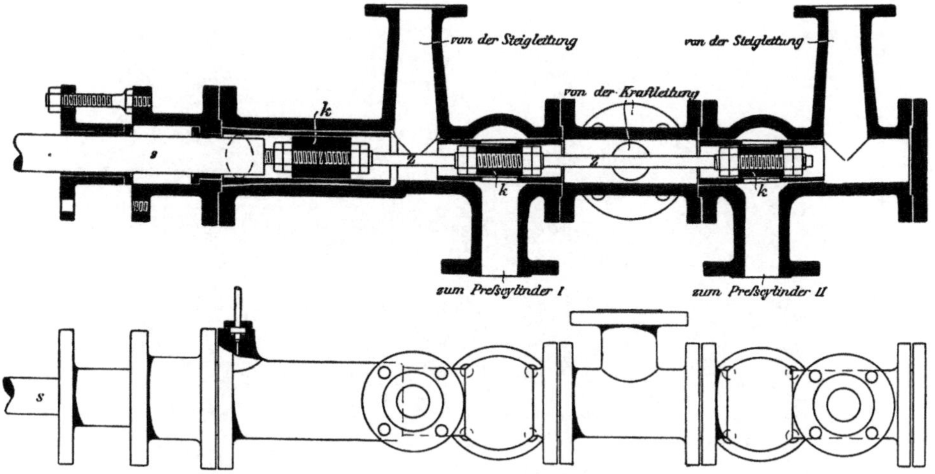

Fig. 263. Steuerung einer Wassersäulenmaschine nach Herbst. (Westfäl. Sammelwerk IV.)

In Westfalen sind einige Ausführungen solcher Maschinen unter der Bezeichnung System Herbst vorhanden. Sie weichen grundsätzlich in nichts von der beschriebenen Anordnung ab. Prof. Herbst, Bochum, hat sich um die Einführung dieser Maschinen bemüht. Fig. 263 zeigt die Hauptsteuerung einer Herbstschen Maschine. Der Vorsteuerschieber ist nicht mitgezeichnet. Das Schema ist das gleiche wie in Fig. 214. Die Steuerkolben k sind von Druck auf die Stirnseiten entlastet, da ihre inneren Stirnflächen unter dem Drucke der Kraftleitung, ihre äußeren unter dem der Steigeleitung stehen. Der Vorsteuerkolben k (links) steht mit seiner linken kleinen Fläche (Unterschied von k und s) abwechselnd unter dem Drucke der Kraftleitung und dem der Steigeleitung, je nach der Stellung des Vorsteuerkolbens, mit seiner rechten Fläche dauernd unter dem Drucke der Steigeleitung. Das Kraftabwasser sowie das Abwasser der Vorsteuerung wird in die Steigeleitung übergeführt.

Durch Verschieben des Vorsteuerschiebers durch das Gestänge

wird die linke Seite von k abwechselnd unter den Druck der Kraft- oder Abwasserleitung gesetzt und dadurch k nach rechts oder nach links geschoben, wodurch abwechselnd dem einen der Treibzylinder Kraftwasser zugeführt, vom anderen das Abwasser abgeführt wird.

Zur Erreichung eines gleichmäßigeren Kraftflusses ist man zur zweiachsigen Anordnung nach Art der Duplexpumpen, mit 2 parallelen miteinander in Art Versetzung arbeitenden Maschinenseiten übergegangen. Eine Maschinenseite steuert dann die andere. Man vergleiche hierzu die Schilderung der Arbeitsweise der in der Bewegung gleichartigen Duplexpumpe und das Diagramm der Bewegung in Fig. 84. Dies

Fig. 264. Hydraulische Wasserhaltung mit Hubmaschinen nach Kaselowsky-Prött. (Wie Fig. 257.)

zeigt, daß von einer Versetzung der Hübe, etwa wie bei einer mit 90° Versetzung arbeitenden Zweikurbelmaschine, nicht die Rede ist, sondern daß der eine Kolben immer in seiner Totlage wartet, bis der andere Kolben, der ihn umsteuert, etwa auch in der Totlage angekommen ist, so daß die Hübe etwa um 180°, also ohne Lieferungsausgleich gegeneinander versetzt sind. Die Doppelmaschine erreicht daher keinen besseren Kraftfluß als die einachsige Maschine. Dem sollen besondere Steuerungen abhelfen: Es sind hier 2 Steuerungen bekannt geworden: 1. von Kaselowsky-Prött, 2. von Haniel & Lueg. Die Beschreibung dieser Steuerungen würde mehr Raum einnehmen, als ihrer heutigen Bedeutung zukommt. Es sei daher auf die im Schriftverzeichnis angeführten Quellen verwiesen. Eine Anschauung der Kaselowsky-Pröttschen Maschine gibt Fig. 264 in einer Ausführung von Schwartzkopff; für Zeche Gottessegen 1895. Der Einbau einer solchen Maschine zeigte die Fig. 257.

Das Abwasser wird nach ober Tage zurückgeleitet. Man beachte die Ausgleicher in der Kraftwasserzu- und ableitung, die man trotz aller „Gleichmäßigkeit“ des Kraftflusses für nötig erachtete.

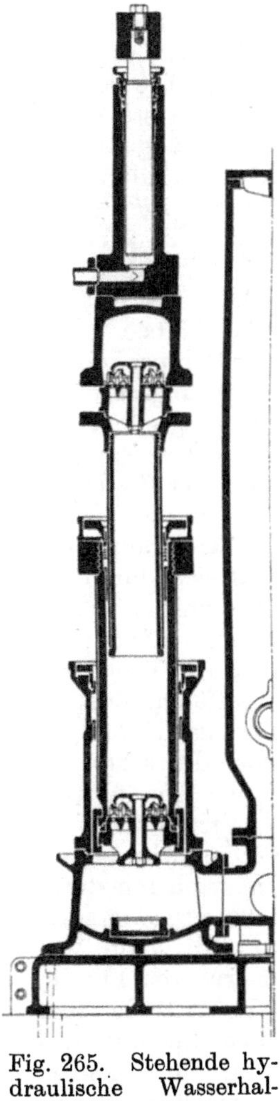

Fig. 265. Stehende hydraulische Wasserhaltungsmaschine von Schwartzkopff. Schnitt. (Baum-Hoffmann.)

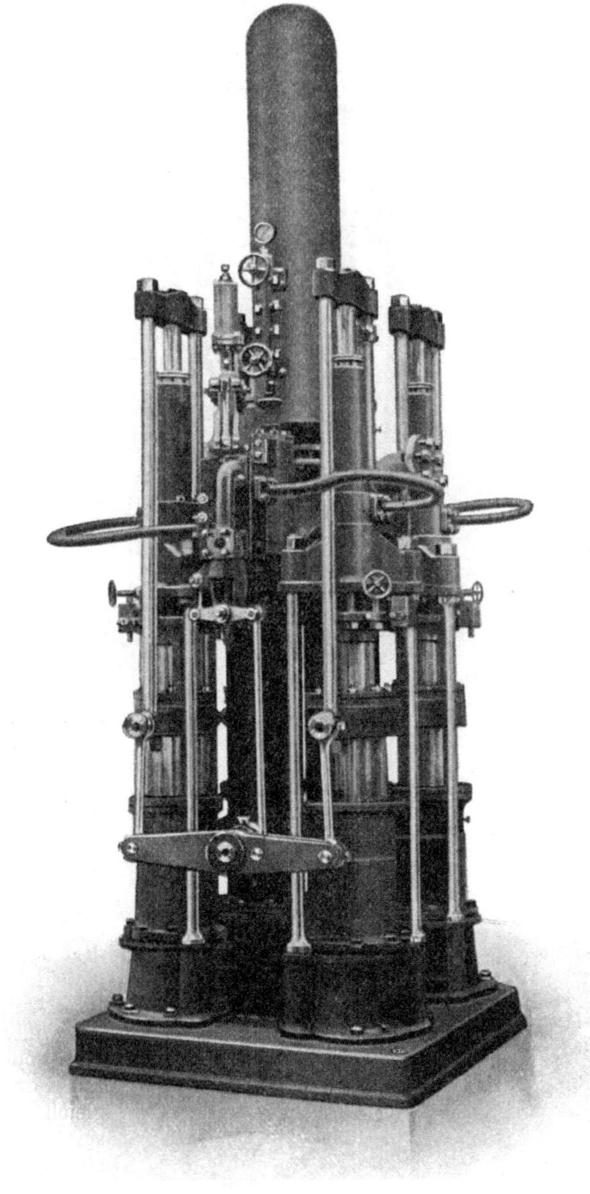

Fig. 266. Stehende hydraulische Wasserhaltungsmaschine der Hydraulik-Ges., Duisburg. Äußere Ansicht.

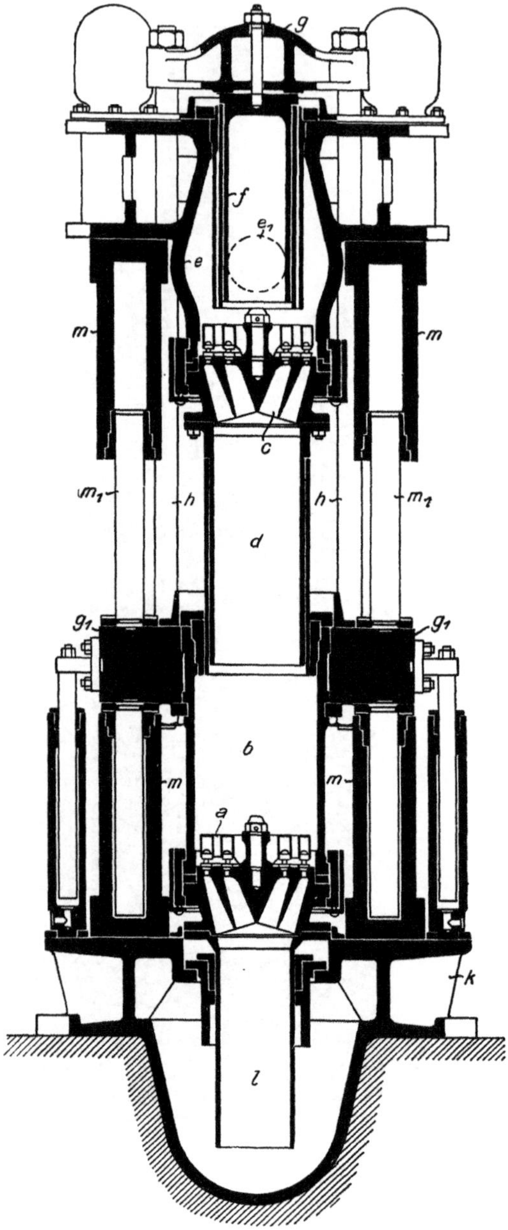

Fig. 267. Stehende hydraulische Wasserhaltungsmaschine der Hydraulik-Ges., Duisburg. Schnitt.

Die hydraulischen Maschinen haben noch eine weitere Ausbildung als stehende Anordnung erhalten.

Fig. 265 zeigt den Schnitt einer Ausführung von Schwartzkopff für Zeche Rhein-Elbe; 2 cbm/min auf 460 m; etwa 1900. Die Pumpe selbst ist im Abschnitt V C 3, Fig. 121, bereits besprochen worden. Sie ist danach eine stehende Pumpe mit Tauchventilkolben. Die Anordnung bezweckt: Selbststeuerung des Saugventiles, gedrängten Bau, günstiges Betriebsverhalten bei schmutzigem Wasser. Die Pumpe ist einfachwirkend. Es arbeiten daher stets 2 bis 4 Kolben miteinander, Fig. 266. Der Antrieb erfolgt durch Treibkolben in der Verlängerung der Pumpenkolben, die durch Umführungsgestänge am Ventilkolben angreifen.

Eine weitere Verbesserung erstrebt die Bauart der Hydraulik, G. m. b. H., Duisburg, Fig. 267. Das Verständnis der Pumpe erschließt sich durch die Fig. 122 des Abschnittes V C 3. Sie stellt danach dar: eine stehende Pumpe mit Tauchventilkolben mit Differentialdruck- und Differentialsaugwirkung. Die Absicht ist neben der schon für die vorige Figur angeführten: gleichmäßige Verteilung der Kraft- und Förderwirkung, die bei anderen Bauarten nur durch zwei- oder mehrachsige Anordnung erreicht wird. Zum Vergleich mit den früheren Figuren sei bemerkt: Es ist d der feststehende Hauptpumpenraum, e der Hilfsraum für die Druckwirkung, b der bewegliche Ventilkolben, l der Hilfskolben für die

Saugwirkung und f der gleichfalls bewegliche Hilfskolben für die Druckwirkung. Diese Kolben sind durch Umführungsgestänge untereinander und mit den Treibkolben verbunden. Der Antrieb der doppeltwirkenden Pumpe geschieht durch Doppeltreibkolben m_1, die in zweifacher Teilung symmetrisch zum Pumpenkolben angeordnet sind. Die im unteren Teile angeordneten kleinen dritten Kolben scheinen dem Gewichtsausgleich der Teile zu dienen. Die Steuerung geschieht offenbar wie bei allen hydraulischen Hubmaschinen durch Vorsteuerung und Hauptsteuerung, Fig. 268.

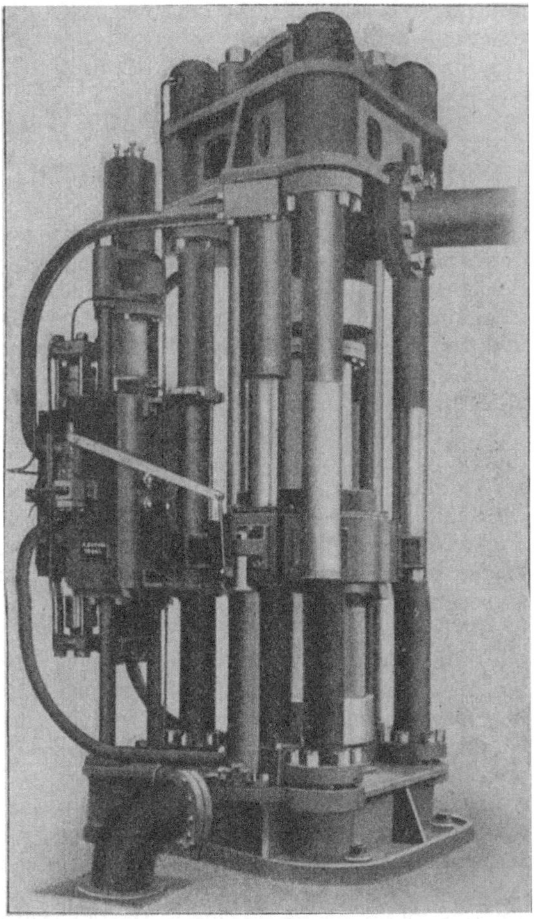

Fig. 268. Stehende hydraulische Wasserhaltungsmaschine der Hydraulik-Ges., Duisburg. Äußere Ansicht der Fig. 267.

Der gleichmäßige Kraftfluß, der durch die Bewegung der Treibkolben nicht gegeben ist — bei Kolbenumkehr müssen die Wassersäulen stillstehen — soll durch einen „Wasserbewegungsregler“, der im Bilde seitlich zu sehen ist, erreicht werden. Über diesen Regler war auch auf besondere Anfrage nichts zu erfahren. Es ist aus der geschilderten Bewegung der Treibkolben ersichtlich, daß er nur durch Speicherung wirksam sein kann, um den Wasserzu- und -abfluß während des Kolbenstillstandes aufzunehmen, daß er also für Zu- und Ableitung je einen Windkessel oder Akkumulator enthält. Dies wird auch durch die äußere Form bestätigt.

Diese Anordnung stellt sich tatsächlich als eine sehr gedrängte dar. Man vergleiche die Bilder Fig. 265 und 268. Die erste Leistung

2 cbm, die zweite Leistung 4 cbm, dabei ist ihr Raumbedarf noch etwas kleiner als der der ersten Anordnung. Der geräuschlose, stoßfreie Gang wird hervorgehoben. Bei aller Anerkennung für das Erreichte darf man aber gedrängte Bauart nicht mit Einfachheit verwechseln. Die Anordnung enthält alle Teile, die bei einer zweiseitigen Anordnung mit Doppelpumpen vorhanden sind.

E. Die elektrischen Wasserhaltungen.

1. Die Besonderheiten der elektrischen Energie.

Die Eigenart des Kraftmittels zeigt sich äußerlich in dem dünnen, biegsamen, leichten und leicht in jeder verlorenen Ecke des Schachtes einzubauenden Kabel. Das Kabel kann in einer einzigen Länge hergestellt werden und bedarf daher nicht vieler lästiger und der Wartung bedürftiger Verbindungen. Abzweige und Anschlüsse an die Maschinen geschehen in einfachster Weise, da diese im wesentlichen darin bestehen, Drähte miteinander in Oberflächenberührung zu bringen.

Die Einfachheit einer Schachtkabelanlage zeigt Fig. 269 (Horcajo, Spanien). Die Anlage ist an sich verwickelt, da in vielen Sohlen Pumpen aufgestellt und für jede ein besonderes Kabel von ober Tage zugeführt wird und ein Reservekabel für alle gemeinsam vorgesehen ist. Man denke sich zum Vergleich, die einzelnen Pumpen sollten in ähnlicher Weise durch gesonderte Dampfleitungen mit der nötigen Betriebskraft versorgt werden.

Wichtiger ist das Betriebsverhalten des stromdurchflossenen oder unter Spannung stehenden Kabels. Hierüber ist mehr Negatives als Positives zu sagen. Es vermeidet die Fehler anderer Energieleitungen: die Belästigung durch Wärme, die Verluste und die Gefahren des Niederschlags. Die Verluste im Kabel können mit 1—2 v. H. angenommen werden. Die Dampfleitung bringt Verluste auch während des Stillstandes der Maschinen, da sie zwecks Betriebsbereitschaft auch während des Stillstandes unter Dampf gehalten werden muß. Das Kabel hat merkliche Verluste nur während des Betriebes.

Das Kabel kann überall in der Grube verlegt werden und die Energie ohne große Verluste an entfernte Orte bringen. Es eignet sich daher vor allen anderen Übertragungen zum Antriebe im Felde zerstreuter Pumpen.

Für sehr tiefe Schächte ist der elektrische Antrieb der einzig mögliche wegen der Unmöglichkeit des Dampfniederschlags und der Beschwerden der hydraulischen Wasserhaltung.

Die Betriebssicherheit der elektrischen Übertragung kann der anderer Energieformen etwa gleichgesetzt werden, doch ist der zusammengesetzte Begriff Betriebssicherheit noch im einzelnen zu erörtern und zu erwägen, welche Maßnahmen zu treffen sind, um sie nach allen Richtungen hin zu gewährleisten.

Die elektrische Energieübertragung setzt sich aus 3 Teilen zusammen: den Erzeugern, der Leitung und den Motoren.

Die Betriebssicherheit der *Erzeuger* ist bei geeigneter Anordnung und Ersatzhaltung sehr groß, ebenso die der einfachen *Leitung*. Die Betriebssicherheit der *Motoren* hängt von ihrer Bauart ab. Sie kann im allgemeinen ebenfalls als groß angesehen werden. Der laufende Betrieb erfordert jedenfalls geringe Wartung.

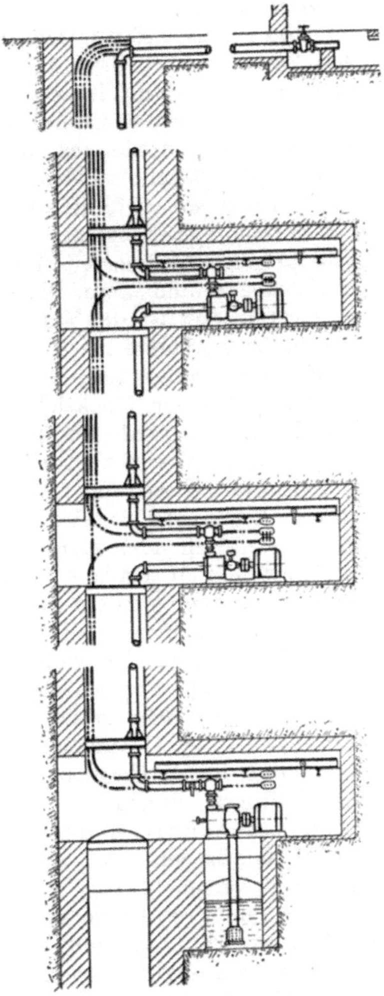

Fig. 269. Bild der Wasserhaltung Horcajo. (Heerwagen in Z. d. Ing. 1901.)

Allen 3 Teilen ist gemeinsam, daß sie unter Spannung stehen und vom Strom durchflossen werden. Im *laufenden Betriebe* gibt der gleichmäßige, masselose Energiefluß keine Veranlassung zu Störungen, da die Isolation der Betriebsspannung und die Querschnitte dem Betriebsstrome entsprechend auf geringe Erwärmung berechnet sind. Anders bei *Störungszuständen*, wie sie beim Zuschalten einer stromlosen oder Abschalten einer stromdurchflossenen Leitung vorübergehend auftreten. Die Stromkreise der Motoren und Dynamomaschinen sind induktive, d. h. sie enthalten eisengefüllte Stromspulen, die bei Veränderung der in ihnen fließenden Stromstärke starke Induktionswirkungen auf den eigenen oder benachbarte Stromkreise ausüben. Diese Wirkungen sind bedingt durch die die *Stromschwankungen* begleitenden Schwankungen der magnetischen Feldstärke und Umsetzung elektrischer Energie in magnetische und umgekehrt.

Wird ein stromdurchflossener induktiver Stromkreis plötzlich *unterbrochen*, dann wandelt sich die im Stromfeld der Spule aufgespeicherte magnetische Energie ebenso plötzlich in elektrische Energie zurück, die sich, da ihr keine Gelegenheit zur unschädlichen Auswirkung in einem geschlossenen Stromkreis gegeben ist, in dem unterbrochenen Stromkreise in der Form einer elektrischen Drucksteigerung zeigt, die zerstörende Wirkungen im Stromkreise ausüben kann. So können benachbarte, betriebsmäßig unschädliche Spannungsunterschiede aufweisende Stromwindungen der Maschinen durchschlagen werden. Diese Schäden sind wohl, angesichts der geringen Größe der zur Umsetzung gelangenden Energie, an sich nicht bedeutend, führen aber im laufenden Betriebe zur Vergrößerung, später zu Kurzschluß und Zerstörung.

Eine andere Störung zeigt sich in dem Unterbrechungsfunken. Beim Abschalten wächst die Strombelastung an der Unterbrechungsstelle rasch an und nimmt kurz vor der erreichten Unterbrechung einen so hohen Wert an, daß das Metall verdampft und die erhitzten Metalldämpfe im Unterbrechungsfunken eine stromleitende Überbrückung der Unterbrechungsstelle bilden. Der Unterbrechungsfunke ist insofern günstig, als er der erwähnten Umwandlungsenergie Gelegenheit gibt, sich in dem noch geschlossenen Kreise ohne allzu hohe Druckerzeugung zu betätigen. Andererseits führt der Lichtbogen zu einer Zerstörung des Schalters und kann Brände veranlassen.

Die Schalter werden als Ölschalter ausgebildet. Im Öl erlischt der Unterbrechungsfunke rasch. Auch werden die Schalter so eingerichtet, daß die Berührungsstellen rasch voneinander entfernt werden. Hierbei ist im wesentlichen Rücksicht auf den Schalter genommen, dabei aber die auf den abgeschalteten induktiven Stromkreis übersehen.

Der induktive Stromkreis wird am besten geschützt, wenn vor der Stromunterbrechung eine genügende Verminderung des fließenden Stromes herbeigeführt wird. Dies gelingt durch ein auf verschiedene Arten zu erreichendes allmähliches Stillsetzen der Motoren.

Wird eine ruhende Maschine an spannungsführende Teile angeschlossen, dann tritt ein starker, alle durchflossenen Teile gefährdender Strom auf, da der ruhende Anker der zugeführten elektrischen Energie noch keine aus der Umwandlung in mechanische Energie herrührende Gegenspannung entgegensetzen kann. Die elektrische Energie wirkt sich daher in einem großen den Stromkreis schädlich erwärmenden Strome aus. Bei laufendem, mechanische Arbeit leistenden Anker übernimmt dessen Gegenspannung die Rückdämmung des elektrischen Energieflusses auf eine ungefährliche Größe.

Das Zuschalten der Motoren muß daher unter den nötigen Vorsichtsmaßregeln, im allgemeinen unter Einschalten von Widerständen, geschehen.

Um die Stromkreise vor den schädlichen Folgen zu hoher Stromstärken zu schützen, sind, da sich die hohen Stromstärken nicht mit Sicherheit vermeiden lassen, Sicherheitsvorrichtungen eingebaut, die bei gefahrdrohender Stromstärke den betreffenden Stromkreis selbsttätig von der Stromquelle abschalten.

Wir erkennen, daß der elektrischen Kraftübertragung trotz der Masselosigkeit ihres Triebmittels bei Schaltvorgängen Wirkungen zukommen, die den Massewirkungen von Gestängen und den Wärmewirkungen von Dampf an Störungsmöglichkeit nicht nachstehen. Eine erhöhte Betriebssicherheit kann daher der elektrischen Übertragung nur unter genauester Berücksichtigung dieser ihrer Eigentümlichkeiten zugesprochen werden. Es wird bei der Besprechung der Motoren hierauf zurückzukommen sein.

Störungen im elektrischen Kreise können aber auch durch kosmische Einflüsse, denen ähnliche Erscheinungen bei anderen Kraftübertragungen nicht zur Seite stehen, hervorgerufen werden. Die atmosphärische Elektrizität kann durch Influenz in dem Leitungsnetze örtliche Ansammlungen von Elektrizität erzeugen, die bei Verschwinden der influenzierenden Ursache, etwa durch einen als Blitz erkenntlichen Ausgleich der atmosphärischen Elektrizität, sich in der Leitung verteilen, hierbei infolge eintretender elektrischer Schwingungen hohe Spannungsunterschiede zwischen benachbarten Windungen der Maschinen und Durchschläge hervorrufen, die ihrerseits dann zu Kurzschluß des Stromkreises und hierdurch zum Verbrennen der Isolation führen. Die Netze werden hiergegen durch allerhand Sicherheitsmaßregeln geschützt.

In einem Falle wird berichtet, daß die Wickelungen des Elektromotors einer unterirdischen Wasserhaltung durch Blitzschlag und Brand zerstört worden seien.

Die „hohe" Sicherheit, die der elektrischen Kraftübertragung angeblich zukommt, hat in der Zeit der Einführung der elektrischen Wasserhaltungen, als man an die hohen Preise elektrischer Anlagen noch nicht gewöhnt war, dazu geführt, auf Aushilfen in Kabel und unterirdischen Motoren zu verzichten. Heute wird wohl für das Kabel immer volle Aushilfe geschaffen, während für die Maschinenanlagen ebenfalls einfacher oder gar mehrfacher Ersatz vorhanden ist.

Die elektrische Kraftübertragung macht eine Umwandlung der ursprünglichen Energie notwendig; das gleiche ist der Fall, wenn Preßluft oder Preßwasser zur Kraftübertragung benutzt werden sollen. Die allgemeine Verwendbarkeit der elektrischen Energie zur Erzeugung von Kraft und Licht und die Bequemlichkeit ihrer Leitung und Verteilung macht sie dem Preßwasser überlegen, das ihr in manchem Falle an Wirtschaftlichkeit überlegen sein mag. Druckluft kommt wegen ihrer Unwirtschaftlichkeit überhaupt nicht in Frage. Es ist aber noch zu prüfen, welche Vorteile die mittelbare Kraftübertragung durch den elektrischen Strom vor der unmittelbaren durch Dampf besitzt. Hier läßt sich nicht leugnen, daß unmittelbarer Dampfantrieb trotz der Niederschlagsverluste in der Leitung, wenigstens bei langer Betriebsdauer, dem elektrischen Antriebe mit seiner zweifachen Umsetzung der Energie wirtschaftlich überlegen ist.

Der elektrische Antrieb erreicht die Wirtschaftlichkeit des unmittelbaren Dampfantriebes nur, wenn die Krafterzeugung in großen, gut ausgenutzten Kraftwerken billig geschieht und entsprechend hohe Spannungen zur Energieübertragung angewandt werden, damit diese mit geringen Kabelquerschnitten geschehen kann.

Da Gleichstrom nicht mit der nötigen hohen Spannung erzeugt werden kann, geschieht die Kraftübertragung nach unter Tage fast ausschließlich durch Drehstrom. Und es kann hier wohl vorwegnehmend gesagt werden, daß dem asynchronen Drehstrommotor eine hohe Betriebssicherheit eigen ist, wenn er für die Besonderheiten des untertägigen Betriebes richtig gebaut ist.

Die Besonderheiten dieses Betriebes müssen freilich beachtet werden. Bei den hohen Betriebsspannungen muß die Maschine vor Feuchtigkeit geschützt werden, damit keine Durchschläge in den Wickelungen erfolgen. Unter Wasser kann ein Elektromotor nicht arbeiten. Er ist in dieser Beziehung empfindlicher als jede andere Antriebsmaschine.

Will man daher eine hohe Betriebssicherheit der elektrischen Wasserhaltung erreichen, so schone man ihre Eigenheiten und bewahre sie vor Wasser.

In Schlagwetter kann ein Elektromotor nicht arbeiten, da an ihm Funken, die die Schlagwetter zünden würden, nicht mit Sicherheit vermieden werden können. Die Wasserhaltung kann aber wohl meist in einem schlagwetterfreien frischen Wetterstrom aufgestellt werden. (Vgl. Abschn. X B.)

2. Die Eigenschaften der Elektromotoren.

Gleichstrommotoren wurden nur bei älteren Anlagen und für kleine Leistungen verwendet. Die Gleichstromspannung kann wegen des bei Gleichstrommaschinen nötigen Kommutators nicht über etwa 500 V gewählt werden. Der Kommutator besteht aus vielen dünnen voneinander und der Achse isolierten Kupferscheiben, die mit Punkten der Ankerwickelung von verschiedener Spannung verbunden sind. Die Scheiben weisen daher Spannungsunterschiede gegeneinander auf, die im einzelnen, um Überschläge zwischen den Scheiben zu vermeiden, bestimmte Werte nicht übersteigen dürfen. Der Spannungsunterschied an den Bürsten setzt sich aus der Summe der Spannungsunterschiede der einzelnen Teile zusammen und kann daher einen bestimmten, für Fernübertragungen als niedrig zu bezeichnenden Wert nicht überschreiten. Der Kommutator bedarf einer sorgfältigen Pflege. Für untertägige Räume, wo Nässe nicht mit Sicherheit ferngehalten werden kann, wodurch die Überschlagsmöglichkeit zwischen den Kommutatorscheiben noch gesteigert wird, paßt der Gleichstrommotor überhaupt nicht recht.

Im übrigen hat er als Motor für den Pumpenbetrieb schätzenswerte Eigenschaften, die dem meist verwendeten Drehstrommotor abgehen. Er wird als Hauptstrommotor verwendet, dessen Felderregung durch den gleichen Strom geschieht, der, aus dem Netz entnommen, im Anker als Arbeitsstrom fließt. Jeder Elektromotor erhält beim Anlaufen trotz der vorgeschalteten, die Stromstärke vermindernden Anlaßwiderstände einen stärkeren Strom, als bei laufendem Anker und entwickelter Gegenspannung. Der Hauptstrommotor hat also beim Anlauf einen starken Anker- und starken Erregerstrom, so daß sein Anlaufmoment groß ist und die von ihm angetriebenen Pumpen unter Last anlaufen können.

Erhält der Motor seinen Strom von einer eigenen obertägigen Anlage, dann besitzt diese eine Hauptstromdynamo und wird mit der untertägigen Maschine gleichzeitig angelassen. Sie ist als Hauptstromdynamo imstande, auch bei den geringen Drehzahlen des Anlaufes infolge der Erregung durch den starken Anlaufstrom jederzeit eine Spannung zu erzeugen, die der starken Gegenspannung des Hauptstrommotors das Gleichgewicht hält. In diesem Falle sind Anlaßwiderstände beim Anlassen des Motors entbehrlich.

Hauptstrommotoren haben aber den Nachteil, daß sie bei Entlastung, etwa durch Bruch in der Pumpe, durchgehen, da der geringe Leerlaufstrom ein so geringes Feld erzeugt, daß die den Leerlaufstrom ergebende Ankergegenspannung erst bei sehr großer Ankerdrehzahl erreicht wird. Bei Verwendung solcher Motoren ist daher ein Regler vorzusehen, der bei Unterschreitung einer bestimmten Stromstärke den Schalter öffnet und die Maschine stromlos macht.

Wechselstrom ermöglicht infolge der einfachen Gestaltung der Erzeuger und Motoren, bei denen der Arbeitsstrom in ruhenden Windungen kreist und durch feste Klemmen in das Netz übergeführt wird, die unmittelbare Erzeugung derjenigen Spannungen, die für die wirtschaftliche Übertragung innerhalb des Grubengebietes erforderlich sind. Es werden angewandt 2—5000, meist 3000 V. Zur Verbindung einzelner Gruben untereinander oder zum Anschluß an fremde Kraftwerke kann der Wechselstrom durch ruhende Transformatoren mit gutem Wirkungsgrade auf beliebige Spannung gebracht werden.

Wegen der günstigen Eigenschaften des Dreiphasenstromes geschieht die Kraftverteilung fast allgemein durch dreiphasigen Wechselstrom.

Dreiphasiger Wechselstrom erfordert bei gleicher Spannung zwischen den Leitungen nur $^3/_4$ des Querschnittes einer Gleichstromleitung, obgleich die Drehstromleitung aus drei, die Gleichstromleitung aus zwei Leitern besteht; dazu die ausschlaggebenden Vorteile der verwendbaren höheren Spannungen. Die Bedeutung der höheren Spannung läßt folgende Betrachtung erkennen. Die zur Übertragung einer bestimmten Leistung nötige Stromstärke ist der Übertragungsspannung umgekehrt proportional. Die Verluste in der Leitung sind dem Quadrate der Stromstärke direkt, also dem Quadrate der Spannung indirekt proportional. Bei gleichen zugelassenen Verlusten ist daher der erforderliche Leiterquerschnitt dem Quadrate der Spannung umgekehrt proportional; d. h. z. B. bei doppelter Spannung benötigt man nur den vierten Teil an Leitungskupfer.

Der Drehstrommotor wird als Asynchronmotor verwandt, heute mit Schleifringanker und Anlaßwiderständen und Anschluß an das Grubennetz, bei den älteren Anlagen mit Kurzschlußanker und eigenem obertägigem Kraftwerke.

Der Drehstrommotor ist verblüffend einfach. Der ruhende Stator erhält eine Dreiphasenwicklung, die durch 3 Klemmen an die stromliefernde Leitung angeschlossen ist. Die Wirkung der in dieser Dreiphasenwicklung in einem bestimmten Augenblick vorhandenen Stromverteilung ist die Erzeugung eines Statorfeldes, wie es auch durch eine verteilte Gleichstromfeldwicklung erzeugt werden könnte. Die Wirkung des Wechsels der Stromverteilung infolge des den einzelnen Phasen zugeführten Wechselstromes ist, daß das geschilderte Bild der Stromverteilung im Stator mit einer der Periodenzahl des Wechselstromes proportionalen Geschwindigkeit umläuft. Wir haben daher im Stator ein mit unveränderlicher Drehzahl umlaufendes Feld, das Drehfeld, von dem alle weiteren Wirkungen ausgehen.

In diesem Felde befindet sich der Anker oder Rotor. Er trägt ebenfalls eine Dreiphasenwicklung, deren 3 freie Enden beim Kurzschlußanker innerhalb des Ankers, beim Schleifringanker durch Vermittlung von Schleifringen und Bürsten außerhalb des Ankers über schaltbare Anlaßwiderstände in einem Punkte verbunden sind.

Das Drehfeld des Motors schneidet durch die Leiter des Ankers mit einer Geschwindigkeit, die dem Unterschiede aus seiner Drehzahl und der Umlaufszahl des Ankers gleich und immer kleiner ist als die des Drehfeldes. Infolgedessen entsteht in dieser Dreiphasenwicklung des Rotors in gleicher Weise ein Dreiphasenstrom wie in dem Stator einer Drehstromdynamo, innerhalb dessen das Feld des Polrades durch die Antriebsmaschine gedreht wird. Die Wirkung der durch dieses Drehfeld erzeugten Induktionsströme des Rotors ist nun nach dem allgemeinen Induktionsgesetze die, daß ihre Kraftlinien die Bewegung der induzierenden Kraftlinien des Drehfeldes aufhalten wollen. Sie werden daher vom Drehfelde mitgenommen. Der Rotor dreht sich mit dem Drehfelde, aber mit etwas geringerer Geschwindigkeit, da nur durch diesen Schlupf die Induktion der zur Kraftübertragung erforderlichen Rotorströme möglich ist. Der Schlupf ist gering (1—3 v. H. der Umlaufszahl des Drehfeldes) und ist innerhalb dieser Grenzen der Belastung proportional.

Man beachte die Einfachheit des Kurzschlußankers, dessen laufender Teil in keiner mechanischer Verbindung mit dem Netze steht, dessen Drehzahl aber nahezu unveränderlich durch die Periodenzahl des Netzes gegeben ist. Diese starre Drehzahl ist als erheblicher Nachteil zu betrachten, da sie bei Kolbenpumpen eine Veränderung der Lieferung, bei Kreiselpumpen eine Veränderung der Druckhöhe ausschließt.

Hierzu tritt die Unannehmlichkeit einer unwillkürlichen Drehzahländerung. Wird das Kraftwerk stark belastet, so können seine Antriebsmaschinen nur unter einem, wenn auch geringem Drehzahlabfall sich auf die höhere Leistung einregeln. Hiermit ist eine entsprechende Verringerung der Periodenzahl des erzeugten Drehstromes und damit der Drehzahl des Drehfeldes der Motoren, also auch deren Anker verbunden. Diese Verringerung der Drehzahl ist für Kolbenpumpen belanglos, für Kreiselpumpen unter Umständen sehr störend. Es ist daher Aufgabe des Grubenkraftwerkes, stets Drehstrom gleicher Periodenzahl und Spannung zu liefern. Dieses kann durch entsprechende Einrichtungen und sorgfältig geleiteten Betrieb erreicht werden.

Der beschriebene Kurzschlußanker muß für den laufenden untertägigen Betrieb als sehr betriebssicher gelten. Er gestattet aber nicht, einen ruhenden Motor an das spannungführende Netz anzuschließen. Schaltet man bei ruhendem Anker den Statorstrom ein, so schneidet das Drehfeld mit großer Geschwindigkeit durch die Windungen des Ankers hindurch und erzeugt dort eine große Spannung und einen dementsprechenden Strom. Der Rotor kann hierbei als die Sekundärspule eines Transformators aufgefaßt werden, deren Primärspule die Statorwicklung ist. Durch den gleichen Regelvorgang wie beim Transformator entsteht in der Primärspule jederzeit ein dem Strome der Sekundärspule proportionaler Strom. Der starke Anlaufstrom des Rotors hat demnach einen starken Anlaufstrom im Stator zur Folge. Dabei tritt die zunächst widersinnig scheinende und nur durch genauere hier nicht durchführbare Betrachtungen zu erklärende Erscheinung zutage, daß trotz oder besser daß infolge der sehr hohen Ströme das Anlaufdrehmoment klein ist. Der Anker würde also selbst unbelastet langsam anlaufen, so daß dieser die hohen Ströme führende Zustand länger andauern und arge Störungen in Rotor, Stator, Leitungen und angeschlossenem Erzeuger hervorrufen würde. Bei wachsender Rotorgeschwindigkeit nehmen die Ströme infolge der verringerten Kraftlinienschnittgeschwindigkeit bis auf die ungefährliche, weil vorgesehene, Betriebsstromstärke ab.

Die Mittel zum gefahrlosen Anlassen eines Drehstrommotors sind verschieden. Es handelt sich immer darum, die Anlaufstromstärken zu vermindern. Hierzu kann dienlich sein: Verminderung der dem Stator zugeführten Spannung durch vorgeschaltete Widerstände oder durch Transformatoren (Anlaßtransformatoren), durch Einschalten von Widerständen in den Rotorstromkreis (Schleifringanker) und in einzelnen Fällen durch Zuführung veränderlicher während des Anlaufes stark verminderter Periodenzahl (eigenes Kraftwerk).

Alle diese Arten werden bei der Wasserhaltung je nach Umständen geübt. Sie sollen an geeigneter Stelle besprochen werden.

Hier seien nochmals die drei verschiedenen Gesamtanordnungen einer elektrischen Wasserhaltung hervorgehoben:

1. mit eigenem Erzeuger, mit frei wählbarer und regelbarer Periodenzahl und Motor mit Kurzschlußanker; VII E 4.
2. mit Anschluß an ein Grubennetz von 50 Perioden Drehstrom und Motoren mit Schleifringanker und Anlaßwiderständen oder (selten) mit Kurzschlußanker und Anlaßtransformator; VII E 5.
3. Abteufwasserhaltung mit Anschluß an ein 50-Periodennetz und Motoren mit Kurzschlußanker und Anlaßtransformator, da hier Schleifringanker für den im nassen Schachte arbeitenden Motor unerwünscht sind, IX C 3.

3. Die Besonderheiten der Motoren unterirdischer Pumpen.

Es seien nur die Drehstrommotoren betrachtet.

Maßgebend für das Äußere des Motors ist die gegebene Periodenzahl des Netzes im Verhältnis zur verlangten Drehzahl des Motors.

Die übliche Periodenzahl ist 50/sec. Sie wird bei einer zweipoligen Maschine bei einer Drehzahl von 3000/min, also 50/sec erreicht. Dementsprechend ist die Drehzahl des Drehfeldes eines hieran angeschlossenen zweipoligen Motors ebenfalls 3000/min und somit die Geschwindigkeit des Ankers etwa 2950/min, entsprechend dem sich einstellenden Schlupfe.

Die Verringerung der Drehzahl des Motors kann bei dieser Periodenzahl nur durch Vergrößerung der Zahl der Pole, die über den Umfang der Stators verteilt sind, erreicht werden, da das Drehfeld bei gleicher Periodenzahl immer innerhalb der gleichen Zeit von einem Pol bis zum nächsten gleichartigen Pol vorschreitet. Wird also der nächste gleichartige Pol nicht wie bei einem Polpaar nach einer Drehung von 360^0 erreicht, sondern bei p Polpaaren nach einer Drehung von $\frac{360^0}{p}$ dann wird eine Umdrehung nicht in $^1/_{50}$ sec, sondern erst in p/50 sec erreicht. Die Drehzahl des Ankers wird also nicht 3000/min, sondern $\frac{3000}{p}$/min.

Durch die Wahl der Zahl der Polpaare p kann also jede Drehzahl erhalten werden, die sich aus der Teilung von 3000 mit einer ganzen Zahl ergibt: etwa 1500, 1000, 750, 600 usf. Die Ankergeschwindigkeit ist um den Schlupf geringer. Die Unterbringung der erhöhten Polzahl erfordert entsprechenden Ankerumfang und -durchmesser. Langsamlaufende vielpolige Motoren werden daher groß, schnellaufende zweipolige Motoren klein im Durchmesser.

Nimmt man an, daß der Polabstand verschiedenpoliger Maschinen gleich gewählt ist, dann ist der Ankerumfang der Polzahl proportional und da die Drehzahl der Polzahl umgekehrt proportional ist, bleibt die Umfangsgeschwindigkeit des Ankers bei allen Drehzahlen und Durchmessern die gleiche. Bei gleicher Netzspannung und gleicher magnetischer Belastung im Statoreisen muß dann bei allen Maschinen die Gesamtlänge des aufgewandten wirksamen Kupfers etwa gleich sein. Ihre Unterbringung erfordert einen Zylindermantel von gleicher Oberfläche. Daher werden die langsamlaufenden Motoren von großem Durchmesser mit geringerer Breite, die schnellaufenden Motoren von kleinem Durchmesser mit großer Breite ausgeführt.

Immerhin fallen die Motoren von großem Durchmesser wesentlich teurer aus als die von kleinem Durchmesser. Sie haben für den untertägigen Betrieb den weiteren Nachteil, daß ihre Größe und ihr Gewicht Schwierigkeiten beim Einbau machen, und daß sie einen großen, meist teuren Maschinenraum beanspruchen. Die Wasserhaltungsmaschinen bedürfen nun je nach ihrer Art Motoren der allerverschiedensten Drehzahl.

Der Umbau einiger älterer Dampfkolbenpumpen mit n = 60/min für elektrischen Antrieb erforderte ganz ungewöhnlich große Abmessungen der Motoren. Bei Neubau elektrischer Wasserhaltungen war man von vornherein bestrebt, Pumpen höherer Drehzahl zu verwenden, z. B. n = 90/min. Die Motoren blieben immer noch lästig groß. Die weitere Entwicklung drängte dann naturgemäß zu den „raschlaufenden" Pumpen bis n = 250/min; heute ist man wieder auf n = 125/min (vgl. V II 2) zurückgegangen. Ein vorübergehend angewandtes Mittel war, einen raschlaufenden kleinen Motor mit einer langsamlaufenden Kolbenpumpe unter Zwischenschaltung einer Übersetzung anzutreiben. Die richtige raschlaufende zum Elektromotor passende Pumpe ward aber erst in der Kreiselpumpe gefunden, n = 1500 und 3000/min.

Die technische Entwicklung ging dahin: Beim Aufkommen der elektrischen Wasserhaltungen bauten die elektrischen Werkstätten nur Motoren mittlerer Drehzahl und Leistung, da bisher andere Bedürfnisse nicht aufgetreten waren. Sie konnte daher der elektrischen Wasserhaltung weder die sehr großen langsamlaufenden noch die kleinen sehr rasch laufenden Motoren zur Verfügung stellen. Aus dieser Zeit, in der auch der Maschinenbau nur langsamlaufende Kolbenpumpen herstellte, stammen die im allgemeinen als ungünstig zu betrachtenden Anlagen mit Zwischenübersetzungen. Elektro- und Maschinenbau paßten sich jedoch rasch den neuen Bedürfnissen an, indem der Maschinenbau rascher laufende Kolbenpumpen, die Elektrotechnik langsamlaufende Motoren, später für die inzwischen bewährten Kreiselpumpen rasch laufende Motoren herstellte.

Der Drang nach Schaffung langsamlaufender, aber nicht unmäßig großer Motoren führte noch zu Sonderanordnungen.

Zunächst sei der Doppelmotor von L. Schwartzkopff erwähnt (Zeche Hibernia 1905). Fig. 270 zeigt einen gewöhnlichen großen Motor im Schnitt. Der Netzstrom wird dem Stator durch 3. Klemmen zugeführt. Der große Umfang nimmt die große Zahl der Pole auf. Der in der Rotorwicklung durch den Schlupf induzierte Strom gelangt durch die drei Schleifringe nach den außerhalb des Motors aufgestellten schaltbaren Anlaßwiderständen, durch deren Einschaltung beim Anlassen die Anlaufstromstärken beherrscht werden. Beim Doppelmotor Fig. 271 ist nur die Hälfte $\frac{p}{2}$ der notwendigen Polpaare p auf dem Umfang von halber Größe untergebracht. Dieser Anker ist also zunächst bestrebt, mit der doppelten Drehzahl zu laufen wie der vorige Anker. Er läuft aber in Wirklichkeit mit der gleichen Drehzahl. Sein Anker hat also im Betriebe einen Schlupf gegen das Drehfeld von 50 v. H. Dabei entstehen starke Rotorspannungen, die aber infolge der weiteren Einrichtungen nicht zu einem höheren Rotorstrom führen, indem im laufenden Rotor an anderer Stelle erzeugte Gegenspannungen geeigneter Größe den erwähnten Spannungen entgegentreten. Die Windungen des Rotors greifen auf eine Verlängerung des normalen Rotors über. Dieser Verlängerung steht eine ruhende zweite Statorwicklung gegenüber, die durch 3 Klemmen an schaltbare Anlaßwiderstände angeschlossen ist. Der Dreiphasenstrom des Rotors von 50 v. H. Schlüpfung hat eine Periodenzahl von $\frac{50}{2}$. Er hat ein Drehfeld zur Folge, das in ihm mit $\frac{25}{2\,p}$/sec umläuft; also da es sich mit dem Rotor dreht, dessen Drehzahl selbst $\frac{25}{2\,p}$/sec ist so dreht es sich gegen den zweiten Stator mit $\frac{50}{2\,p}$/sec.

Dieser zweite Stator enthält wieder $\frac{p}{2}$ Polpaare, so daß in ihm ein induzierter Drehstrom von 50 Perioden entsteht, dessen Wirkung auf den Anker ein Drehmoment im Sinne der vorhandenen Drehung ist. Man beachte zum Verständnis dafür, daß von dem zweiten Stator ein treibendes Drehmoment auf den Rotor ausgeübt wird, daß der Drehstrom des zweiten Stators nicht durch die mechanische Drehung des Ankers, sondern durch transformatorische Wirkung, allerdings durch den laufenden Anker hindurch, von dem ersten Stator auf den zweiten übertragen wird, und daß die Drehrichtung dieses Statorfeldes dieselbe ist wie die des ersten Stators, daß sie also mit den gleichen Rotorströmen das gleiche Drehmoment ausübt. Dies zweite Statorfeld ist aber von entgegengesetzter Pfeilrichtung wie das erste. Es schneidet mit einem Schlupfe von 50 v. H. durch den Rotor hindurch, erzeugt also in ihm eine Spannung, die der vom ersten Stator erzeugten Spannung als Gegenspannung entgegentritt. Es entsteht also im Rotor trotz eines Schlupfes von 50 v. H., das heißt trotz der halben, der doppelten Polzahl des Einzelstators entsprechenden Drehzahl, nur der zur Erzeugung des Drehmomentes nötige Rotorstrom.

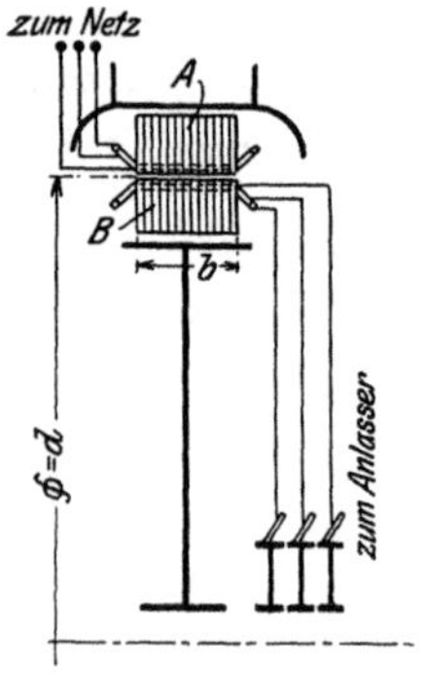

Fig. 270. Schema eines Drehstrommotors.

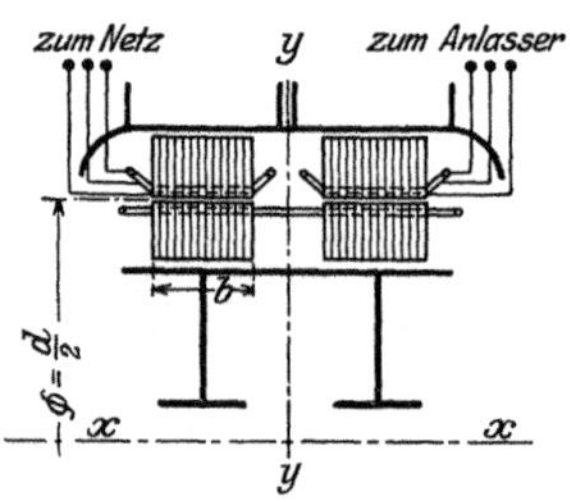

Fig. 271. Schema eines Drehstrommotors von L. Schwartzkopff.

Der Motor erhält also den halben Durchmesser, aber die doppelte Breite wie ein gewöhnlicher Motor gleicher Leistung unter sonst gleichen Verhältnissen. Damit sind einige Vorteile, wohl auch der geringerer Anlagekosten, verbunden. Beim Aufkommen des Motors wurde ihm auch noch der Vorteil des geringeren Luftspaltes zwischen Stator und Rotor zugeschrieben.

Eine Verringerung des Ankerdurchmessers ermöglicht die Ausführung eines geringeren **Luftspaltes** ohne Gefährdung der Betriebsicherheit und ohne die schwerfälligen Stützsterne für das große Gehäuse, wie sie die nächsten Figuren großer Motoren (Fig. 272 u. 273) aufweisen.

Der Rotor erhält seinen Strom durch Transformatorwirkung aus dem Stator. Die Transformierung beruht auf der Wirksamkeit des Magnetisierungsstromes der Primärspule. Dieser muß um so größer werden, je größer der Luftspalt ist, da ein größerer Luftspalt dem Kraftlinienfluß erhöhte Widerstände bietet, ein bestimmter Kraftlinienfluß bei gegebener Klemmenspannung und Periodenzahl aber vorhanden sein muß. Der Magnetisierungsstrom ist neben den arbeitübertragenden Strömen vorhanden. Er trägt nichts zur Arbeitsleistung bei, verzehrt aber durch seine Ohmschen Spannungsverluste Energie. Es ist daher das Bestreben verständlich, diesen Magnetisierungsstrom durch einen kleinen Luftspalt klein zu halten. Der Doppelmotor bietet hier aber trotz kleineren Luftspaltes keine Vorteile, da er zwei solche hintereinander geschaltete Luftspalte enthält. Im übrigen ist allgemein zu bemerken, daß man mit Rücksicht auf die Betriebssicherheit den Spalt nicht zu klein machen darf. Hat eine Abnutzung der Welle stattgefunden, wodurch der Rotor seine Lage gegenüber dem Stator ändert, dann muß die richtige Lage des Rotors zum Stator durch Nachstellung des Stators wiederhergestellt werden. Dies geschieht mit Hilfe von Unterlagsscheiben und horizontalen Stellschrauben an den Statorfüßen.

Das Anlassen des Doppelmotors geschieht nicht wie beim einfachenMotor durch Einschalten von Widerständen in den bewegten Rotorstromkreis, sondern durch Widerstände im ruhenden Stromkreise des zweiten Stators. Wird dessen Anlaufstrom durch eingeschaltete Widerstände verringert, so wirkt dies wie bei einem Transformator auf den Rotorstrom und durch diesen auf den ersten Stator-, also den Netzstrom im Sinne der Stromverminderung ein. Diese Art der Regelung kann unter Umständen als merklicher Vorteil gewertet werden. Der Rotor des Doppelmotors ist ein einfacher Kurzschlußanker. Bei Schleifringankern können an den Schleifringen Funken entstehen, so daß solche Motoren in Schlagwettergruben nicht verwandt werden können. Eine sichere Kapselung der laufenden Teile erscheint nicht praktisch durchführbar. Beim Doppelmotor entfallen diese Schleifriuge und ihre Nachteile. Die Schaltung der Widerstände selbst kann völlig nnter Öl geschehen, also ohne Gefahr für Schlagwetterorte.

Der Doppelmotor scheint keine merkliche Verbreitung für Wasserhaltungen gefunden zu haben. Seine Schlagwettersicherheit spielt für die Wasserhaltung keine Rolle, und seine elektrischen Eigenschaften sind weniger günstig als die einfacher Motoren.

Ein anderes Mittel, kleinere Motoren für geringe Drehzahl zu erhalten, wurde bei Wasserhaltungen mit eigenem Erzeuger in der Anwendung geringerer Periodenzahlen gefunden. Der im allgemeinen vorteilhaftere und heute wohl ausschließlich ausgeführte Anschluß an ein vorhandenes, der allgemeinen Kraft- und Lichtversorgung dienendes Grubennetz muß auf diese Möglichkeit verzichten, da sich für solche Netze die feste Periodenzahl von 50/sec eingeführt und bewährt hat.

Wird dem Motor eine Periodenzahl von $\frac{50}{x}$ zugeführt, dann läuft sein Drehfeld bei p Polpaaren mit $n = \frac{50}{x \cdot p}$/sec, dementsprechend auch sein Anker. Die Verminderung der Periodenzahl ist bei gegebener Drehzahl mit einer proportionalen Verminderung der Motorpolzahl, also des Motorankerdurchmessers verbunden. Die Anlagekosten des Motors werden sich dabei freilich nicht in gleichem Maße vermindern, da er bei gleichem Drehmoment die doppete Breite erhalten muß. Am Erzeuger werden bei niederer Periodenzahl höhere Aufwendungen zu machen sein.

Der eigene Erzeuger hat aber den unter Umständen sehr schätzbaren Vorteil, daß man durch nachträgliche Veränderung der erzeugten Periodenzahl die Drehzahl des Motors, wenn nötig, verändern kann.

Im folgenden seien einige Motorausführungen im Bilde vorgeführt. Bei Vergleichen beachte man die Drehzahl, die Periodenzahl, die Spannung sowie Durchmesser und Breite.

Es seien etwa folgende Verhältnisse erwähnt:

		Spannung Volt	Periodenzahl/sec	Drehzahl/min	Ankerdurchmesser mm	Ankerbreite mm
Sehr langsam	1	2000	25	60	5000	450
	2	—	20	70	3000	—
Langsam . .	3	3000	50	125	4000	500
	4	3000	40	140	2500	700
	5	—	15	175	1500	450
Schnell . . .	6	5000	50	1000	700	500

Fig. 272 zeigt einen großen Kurzschlußmotor (obiges Beispiel 1, Zeche Rheinpreußen, 1903). Der Stator ist in Rippenguß ausgeführt. An ihn setzen sich zwei seitliche Schilder mit Armsternen und Naben an, durch die das Gehäuse eine Versteifung und Stützung erfährt. Eine gute Stützung ist erforderlich, um mit einem kleinen Luftzwischenraum zwischen Anker und Stator auszukommen. Er beträgt aber immer noch auf jeder Seite 3,5 mm. Der Stator kann durch Preß-

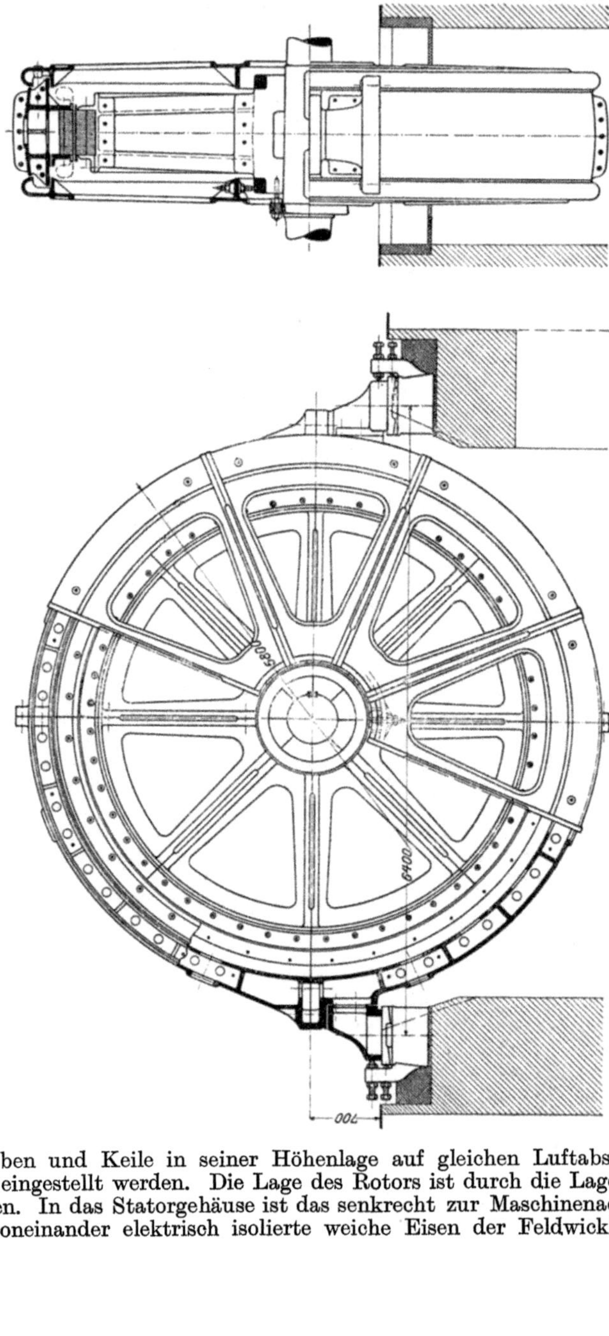

Fig. 272. Sehr langsam laufender Drehstrommotor mit Kurzschlußanker für verminderte Periodenzahl. (Dr. Hoffmann in Z. d. Ing. 1902.)

schrauben und Keile in seiner Höhenlage auf gleichen Luftabstand oben und unten eingestellt werden. Die Lage des Rotors ist durch die Lager der Maschine gegeben. In das Statorgehäuse ist das senkrecht zur Maschinenachse geblätterte und voneinander elektrisch isolierte weiche Eisen der Feldwicklung eingesetzt.

Die Feldwicklung liegt in Nuten dieses Eisens und schließt durch drei Klemmen an das Netz an. Das Gehäuse läßt der kühlenden Luft genügenden Zutritt zu dem Statoreisen. Der Rotor besteht aus einem auf der Welle festen gußeisernen Stern, auf dessen Umfange wieder das Feldeisen und die Rotorwicklung angebracht sind. Die Rotorwicklung ist in sich kurz geschlossen. Das Gewicht des Ständers beträgt 34000 kg, das des Rotors 28000 kg. Ständer und Läufer sind aus bekannten Gründen mehrfach unterteilt. In einigen Fällen sind die Gehäuse doppelwandig ausgeführt und mit Wasserkühlung ausgestattet worden.

Fig. 273. Langsamlaufender Drehstrommotor mit Schleifringanker für verminderte Periodenzahl. (Baum-Hoffmann.)

Einen großen Schleifringmotor (obiges Beispiel 2) zeigt Fig. 273, Theodorschacht, Kladno; 150 PS. Oben sind die Anschlußklemmen, auf der Achse die 3 Schleifringe ersichtlich. Der Luftspalt ist hier jederseits mit 1,75 mm, also für den Durchmesser von etwa 3 m sehr klein bemessen, so daß im Betriebe bei eintretender Durchbiegung des Gehäuses ein Anschleifen des Rotors zu befürchten ist. Daher ist auch hier eine starke Stützung des Gehäuses durch sternförmige Lagerschilder ausgeführt worden. Die Stützschilder werden nicht häufig ausgeführt. Die meisten großen Motoren sind wohl mit größerem Luftspalt ausgerüstet.

Einen langsamlaufenden, vom Standpunkte der Kolbenpumpe schnelllaufenden Motor zeigt Fig. 274, Beispiel 5, mit Schleifringanker, für Charlottegrube, Czernitz O.-S. Der geringe Durchmesser ist das Ergebnis der erhöhten Drehzahl

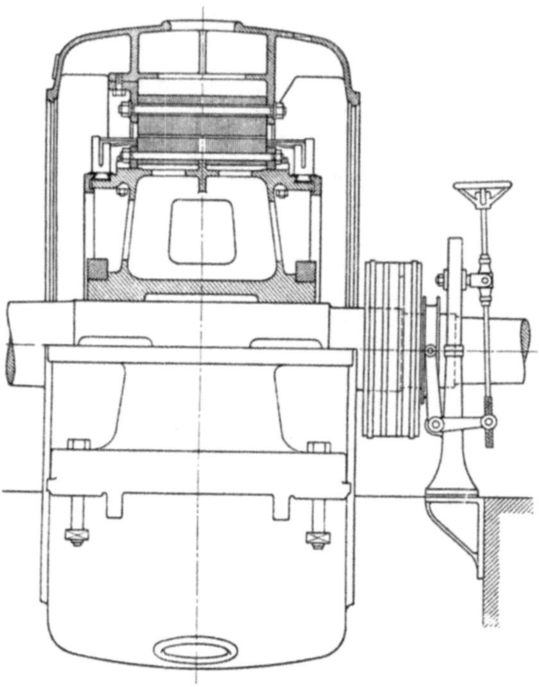

Fig. 274. Langsamlaufender Drehstrommotor für stark verminderte Periodenzahl. (Baum-Hoffmann.)

und der verminderten Periodenzahl. Die Köpfe der Rotorwicklung sind in einem falschen Kollektor befestigt, um sie gegen die Einwirkungen der Fliehkraft zu sichern. Die Enden der Rotorwicklung sind zu 3 Schleifringen auf der Achse geführt. Das Handrad betätigt die Kurzschluß- und Bürstenabhebevorrichtung. Eine auf der Welle verschiebliche und mit ihr drehbare Kupplungsmuffe bewirkt den Kurzschluß innerhalb der Schleifringe. Das Abheben der Bürsten nach dem Anlassen ist erwünscht, da solche von Wechselstrom durchflossenen Schleifringe im Betriebe starke Abnutzung zeigen.

Fig. 275 zeigt einen raschlaufenden Motor mit Kurzschlußanker, für Horcajo, Spanien, 1902. n = 900/min. Die Umfangsgeschwindigkeit beträgt etwa 50 m/sec. Der Stator unterscheidet sich im wesentlichen nur durch seine geringeren Abmessungen von dem vorhergehenden Beispiel.

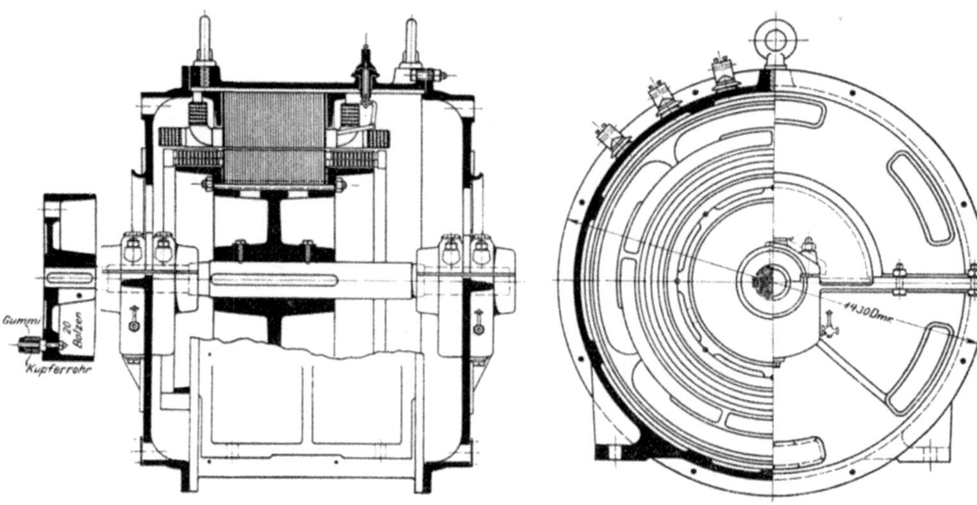

Fig. 275. Raschlaufender Drehstrommotor von Brown-Boveri & Cie. (Dr. Heerwagen in Z. d. Ing. 1901.)

Ein ähnlicher Motor mit Kurzschlußanker ist in Fig. 276 abgebildet, für Zeche Victor, Rauxel, 1905. 600 PS. V = 5000, n = 1035/min; Luftabstand 1,85 mm. Der Stator besteht aus 2 kräftigen seitlichen Schildern, zwischen denen das Feldeisen

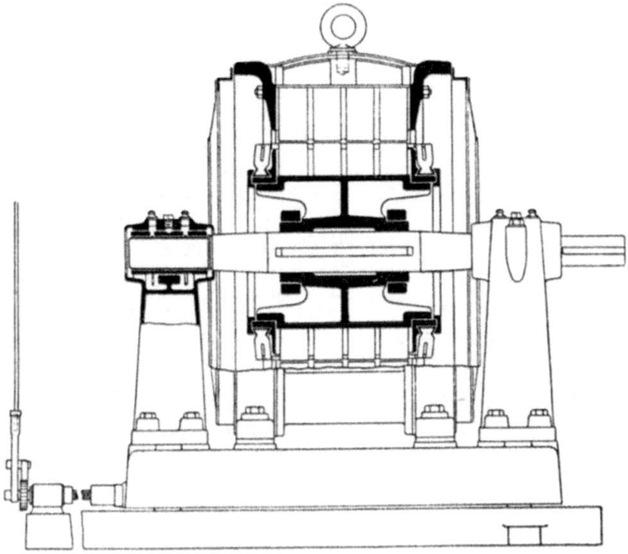

Fig. 276. Drehstrommotor mit reichlichen Luftschlitzen. (Baum-Hoffmann.)

eingesetzt ist. Der Mantel wird durch eine Blechabdeckung gebildet. Die Blechpakete im Stator und Rotor sind mit radialen Lüftungsschlitzen versehen. Der Motor ist gegen Tropfwasser schlecht geschützt im Gegensatz zum vorigen Motor, bei dem mehr auf Schutz gegen Wasser als auf gute Kühlung gesehen wurde.

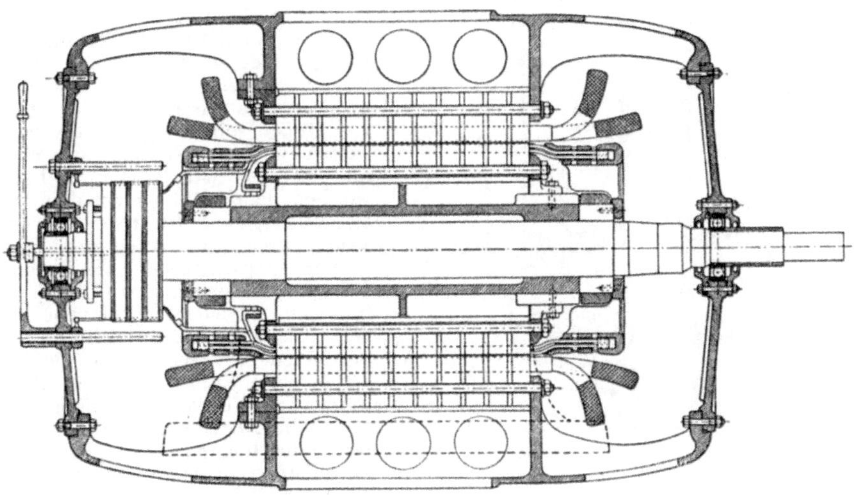

Fig. 277. Raschlaufender Drehstrommotor. (Baum-Hoffmann.)

Der Motor kann durch einen Schraubentrieb in axialer Richtung verschoben werden. Dies ist erforderlich, um die beiden Kupplungshälften von ihren Wellenstümpfen beim Auseinandernehmen der Maschinen abziehen zu können.

Die Fig 277 stellt einen raschlaufenden Motor mit Schleifringanker dar, für Zeche Friedlicher Nachbar 1905; n = 1500/min, V = 5000, Ankerdurchmesser 500, Breite 800. Die Lagerung geschieht durch zwei Kugellager, während die bisher erwähnten Motoren mit Gleitlagern ausgerüstet sind. Die Blechpakete in Stator und Rotor besitzen viele Lüftungsschlitze.

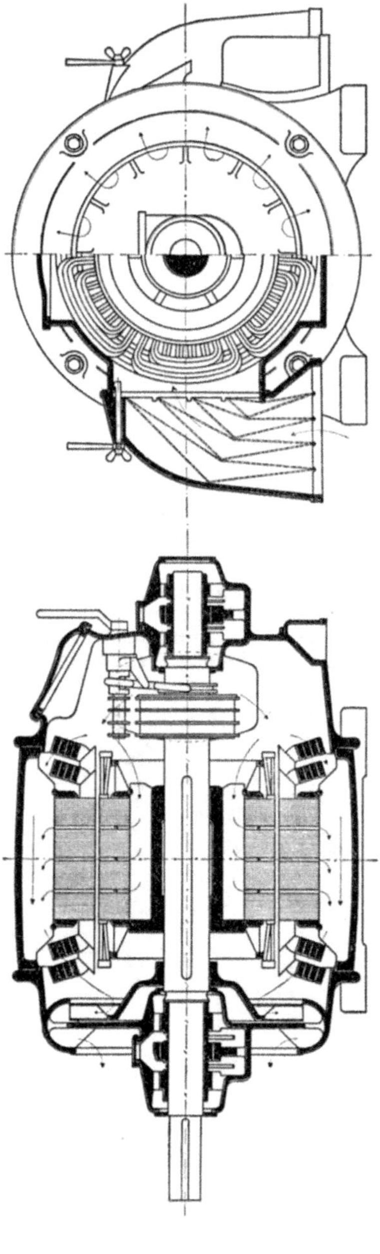

Fig. 278. Gelüftet gekapselter Motor mit Luftfilter von Weuste & Overbeck. (Elektr. Z. 1912.)

Der Lüftung untertägiger Motoren zur Abführung der Stromwärme muß die nötige Beachtung geschenkt werden, da die Temperatur im unterirdischen Maschinenraum bei nicht reichlicher Lüftung ziemlich hoch ist. Die großen langsamlaufenden offenen Motoren besitzen eine genügende Kühlfläche. Die raschlaufenden kleinen, neuerdings häufig völlig gekapselten Motoren müssen dagegen mit besonderer Lüftung versehen werden. Dies geschieht durch Windflügel auf der Achse des Rotors. Die Öffnungen zur Zu- und Abführung der Kühlluft werden dabei so angeordnet, daß durch sie kein Spritzwasser zur Wicklung gelangen kann.

Treten Schäden an der Statorwicklung ein, so müssen sie durch Neuwicklung beseitigt werden. Der Stator ist wegen der ihm zugeführten hohen Spannung mehr gefährdet als der Rotor. Feuchte Wicklungen vermindern die Isolierfähigkeit. Daher ist es zu vermeiden, daß die Wicklungen feucht werden. Als Hülle müssen nichtwassersaugende Stoffe von großer Isolierfähigkeit verwendet werden, und zwar Glimmer oder Mikanit. Ist eine Wicklung doch feucht geworden, dann muß sie vor dem Anlassen ausgetrocknet werden. Dies kann durch Anbringung von Heizkörpern geschehen, die im Bedarfsfalle am einfachsten aus Glühlampen bestehen. In feuchten Räumen wird eine solche Trockenvorrichtung von vornherein vorzusehen sein. Bei Anlagen, deren Stator wechselnde Spannungen zugeführt werden können, ist es möglich, den Stator vor dem Anlassen durch einen schwachen Statorstrom unter niederer Spannung austrocknen zu lassen. Bei Motoren, die nicht völlig trocken sind, wird es sich empfehlen, dem Stator beim Anlassen durch einen zweistufigen Anlaßtransformator nur die halbe Spannung zuzuführen, bis der Motor sicher ausgetrocknet ist. Durch gute Lüftung und Abschluß der Pumpenkammer gegen den Sumpf ist der Motor vor Luftfeuchtigkeit, durch entsprechende Kapselung vor Spritzwasser zu schützen.

Ganz besondere Wichtigkeit gewinnt diese Frage für Abteufmotoren (Abschn. IX).

Der laufende Motor ist immer trocken. Die Gefahr besteht beim Anlassen nach längeren Pausen.

Auf dem Schachte III der Zeche Rheinpreußen ist an das Hochspannungsnetz von 5000 V ein Transformator mit 260 V auf der Niederspannungsseite angeschlossen. Der Stator des Pumpenmotors liegt an der Hochspannung. Nach dem Stillsetzen des Rotors wird der Stator durch einen Umschalter von der Hochspannung ab- und an die Niederspannung geschaltet, so daß der Stator des ruhenden Motors stets von einem schwachen, ihn trockenhaltenden Strome durchflossen ist. Ein erneutes Anlassen kann dann ohne weitere Vorbereitung geschehen.

Die notwendige Neuwicklung der Statorwindungen kann und muß bei den großen Motoren in der Grube geschehen.

Bei den raschlaufenden kleinen Motoren ist eine Wicklung in der Grube ausgeschlossen. Bei der hohen Umlaufsgeschwindigkeit dieser Maschinen wird es nötig, den Anker völlig auszuwuchten, damit keine einseitigen Fliehkräfte die Ruhe des Ganges und den Bestand der Maschine gefährden. Diese Auswuchtung kann nur in der Fabrik, die mit den nötigen Einrichtungen versehen ist, ausgeführt werden. Daher bedeutet ein Schaden an der Ankerwicklung eines raschlaufenden Motors immer eine länger dauernde Betriebsunterbrechung. Man sucht ihn daher durch entsprechende Einrichtungen zu vermeiden. Hierzu gehört eine völlige Kapselung, um das Eindringen von Fremdkörpern und von Wasser zu verhindern. Dabei muß die Einkapselung so geteilt sein, daß die einzelnen Wicklungen zugänglich gemacht werden können. Die Lüftung des völlig gekapselten Motors geschieht am besten unter Einschaltung von Filtern, um Staub abzuhalten, der ebenfalls die Isolation beeinträchtigt. Fig. 278 zeigt einen gelüffet gekapselten Motor mit Filter von Weuste und Overbeck, Duisburg.

Die zunehmende Verwendung geschlossener Motoren und Zuführung gefilterter Luft ist unverkennbar. Die Fig. 279a und 279b zeigen den neuen VD-Motor der AEG. für Leistungen von 250—900 PS, 1500 Umdrehungen. Eine wirksame Filterung der Kühlluft bedingt entsprechend große Filter, die abseits aufgestellt und mit dem Motor durch Kanäle oder Luttenleitungen verbunden werden müssen. Zum bequemen Anschluß derselben sind daher bei den größeren VD-Motoren der AEG. die aus den unteren Lagerschildöffnungen heraustretenden Frischluftöffnungen mit Flanschen versehen, an denen sich entsprechend geformte Anschlußstücke für die Luftzufuhr von unten oder von der Seite leicht anbringen lassen. Auch in anderer Hinsicht zeigt die VD-Type Fortschritte. Das zweiteilige Lagerschild erleichtert die Zugänglichkeit und Besichtigung der Wickelungen und des Luftspaltes, der zweiteilige Lagerkörper die Auswechselung der Lagerschalen. Die warme Luft tritt oben aus dem Motor heraus, kann aber durch eine verstellbare Haube (D. R. G. M.) in beliebiger Richtung abgelenkt werden. Von 1000 PS an aufwärts werden die VD-Motoren in ähnlicher Form, aber mit geschlossener Grundplatte und 2 Stehlagern gebaut.

Die gereinigte Kühlluft wird dem Motor gewöhnlich durch gemauerte unterirdische Kanäle zugeführt, die schwer dicht und wasserfrei zu halten sind. Auch muß die Saughöhe der Pumpe um die Höhe dieser Kanäle vermehrt werden, während geringste Saughöhe zur Vermeidung von Störungsmöglichkeiten erwünscht ist. Die Undichtheit der unter Unterdruck stehenden Reinluftkanäle bedingt, daß eine völlige Staubfreiheit der Kühlluft nicht erreicht werden kann.

Man hat daher auf einer rheinisch-westfälischen Zeche auf die Zuführung der Reinluft durch Kanäle verzichtet und den Durchzugsmotor mit offenen

Saugöffnungen und einem Druckrohranschluß versehen. Er steht in einem dem übrigen Maschinenraum abgeschlagenem Reinluftraume mit Unterdruck, dessen eine Wand durch den Filter gebildet wird. Der Motor saugt sich seine Kühlluft durch den Filter aus dem frischen Wetterstrome durch den Reinluftraum hindurch an und drückt sie durch das Druckrohr in geschlossener Leitung

Fig. 279a. Geschlossener Motor VD der AEG. 1914.

nach dem Maschinenraume von höherem Drucke. Von hier aus gelangt sie nach dem ausziehenden Wetterstrome. Nur der Motor steht in dem Reinluftraume. Die Kreiselpumpen stehen im Maschinenraume zugänglich. Die Maschinenwelle durchdringt die Scheidewand. Undichtheit dieser oder anderer Stelle bedingt aber nicht das Eindringen von ungereinigter Luft in den Reinluftraum, da auch der Maschinenraum von Reinluft erfüllt ist.

Fig. 279b. Geschlossener Motor der AEG. 1914.

Nach zweijährigem Betriebe war die Wickelung des Motors frei von Staub. Es ergaben sich keine Schwierigkeiten in der Bedienung des Motors, da ein Motor fast keine Bedienung gebraucht. Auch steht der Motor hier vor Spritzwasser geschützt.

Der Wetterzug der Grube unterstützt den Motorzug, da dieser in jenen eingeschaltet ist. Bei Stillstand des Motors wird ein Verschlußschieber in diesem Luftwege geschlossen, um Luftverluste durch den Motorluftweg hindurch zu vermeiden. (Nach: Vahle in Glückauf 1915, S. 81.)

Bei den großen langsam laufenden Motoren müssen alle Teile der Statorwicklung zugänglich gemacht werden können. Dies geschieht durch Einrichtungen, die ein Drehen des Stators erlauben. Die anfänglich geübte Art, den Stator seitlich gegen den Rotor zu verschieben, erfordert eine längere Welle und eine breitere Fundamentgrube.

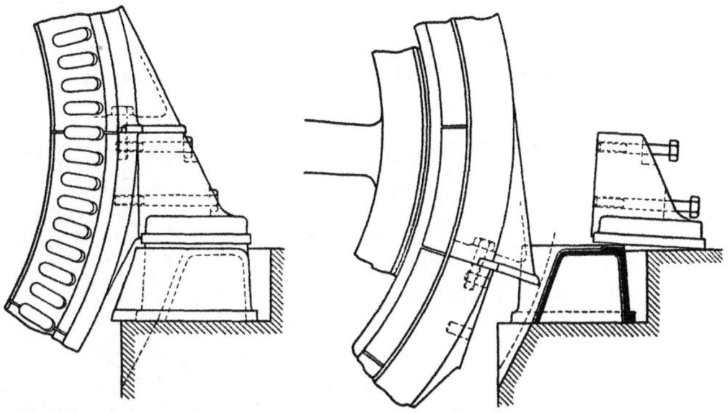

Fig. 280. Einrichtung zum Drehen eines großen Gehäuses. Nach AEG. 1914.

In der Fig. 272 ist der Fuß der unteren Gehäusehälfte durch ausladende Zwischenstücke auf den eigentlichen Fundamentplatten gelagert. Das Gehäuse wird vor dem Drehen durch die in der Nabe der Stützsterne angeordneten Schrauben auf die Rotornabe abgestützt und dann die Zwischenstücke entfernt. Jetzt kann der Stator gedreht werden, da seine kleinen Vorsprünge durch die gestrichelte Aussparung in der Fundamentplatte hindurch können. Die gleiche Einrichtung zeigt Fig. 280 der AEG. Hier wird das Gehäuse vor dem Drehen auf den Umfang des Rotors abgestützt durch Zwischenlage von Preßspan zwischen Stator und Rotor. Diese Art hat den Vorzug, daß die seitlichen Stützsterne abgenommen werden können, ohne die Abstützung des gedrehten Gehäuses aufzuheben.

Über die Ausgestaltung des Elektromotors für Schlagwettergruben vergleiche man Abschnitt X B 2.

Die langsamlaufenden Motoren weisen wegen des größeren Luftspaltes einen geringeren Wirkungsgrad auf als die raschlaufenden und ergeben eine größere Phasenverschiebung, also einen schlechteren Leistungsfaktor im Netze.

4. Die elektrischen Wasserhaltungen mit eigenem Erzeuger.

Bei Errichtung der ersten elektrischen Wasserhaltungen wurde die elektrische Kraftübertragung im Grubenbetriebe nur zu einzelnen untergeordneten Zwecken verwendet. Der Kraftverbrauch der Wasserhaltungen überwog daher den anderer Verbraucher erheblich, so daß die ersten elektrischen Kraftwerke im wesentlichen für die Wasserhaltungen gebaut wurden. Man konnte die Wasserhaltung nicht an ein vorhandenes Netz anhängen, sondern schloß wohl umgekehrt andere Verbraucher an das Netz der Wasserhaltung an.

Diese Sachlage und die Schwierigkeit der Schaffung genügend langsamlaufender Motoren für die seiner Zeit allgemein verwandten

Kolbenpumpen sowie eine heute unerklärliche Furcht vor der Verwendung des zum Anschluß an ein unter Spannung stehendes Drehstromnetz nötigen Schleifringankers in der Grube ließen eigene Erzeugeranlagen mit meist gegen die normale Zahl von 50/sec stark verminderter Periodenzahl erstehen.

Die Antriebsmaschinen der Erzeuger waren zu dieser Zeit Kolbendampfmaschinen oder in einzelnen Fällen Gaskraftmaschinen. Gaskraftmaschinen sind am Platze, wenn Abgase, z. B. aus den Kokereien, vorhanden sind. Sie haben den Vorzug, schnell betriebsbereit

Fig. 281. Grubenkraftwerk mit stehenden Kolbendampfmaschinen. (Baum-Hoffmann.)

zu sein, während das Zuschalten einer größeren Dampfmaschine das vorhergehende Anheizen eines Kessels erfordert.

Der thermische Wirkungsgrad ist wesentlich günstiger als bei Benutzung des Gases als Brennstoff für die Dampfkessel und Anwendung von Antriebsdampfmaschinen. Ist aber genügend Abgas, das sonst nicht ausgenutzt werden kann, vorhanden, dann wird heute im allgemeinen die Anlage eines Dampfkraftwerkes mit Dampfturbinen vorgezogen, weil deren Betriebseigenschaften in bezug auf Regelbarkeit, Überlastungsfähigkeit, gleichmäßigen Gang und Wartungsbedürfnis günstiger sind. Als jederzeit betriebsbereite Antriebsmaschinen empfehlen sich Ölmaschinen, die in der Form der Dieselmaschinen weit

Fig. 282. Grubenkraftwerk mit liegender Dampfmaschine. (Brunne.)

verbreitet sind. Treiböle werden von einzelnen Gruben aus den Abgasen des Kokerei gewonnen.

Fig. 281 zeigt ein Anlage mit stehenden, Fig. 282 eine mit liegenden Dampfmaschinen. Sie weisen meistens Ventilsteuerung auf und sind mit einem Fliehkraftregler versehen, der auf verschiedene Drehzahl eingestellt werden kann.

Die Drehstromdynamos weisen großen Durchmesser auf wegen der geringen Drehzahl der Kolbendampfmaschinen (n = 80—85/min). Fig. 283 zeigt eine Dynamo für 50 Perioden im Schnitt. Die Drehstromwicklung ist auf dem ruhenden Gehäuse untergebracht, die Gleichstrom-

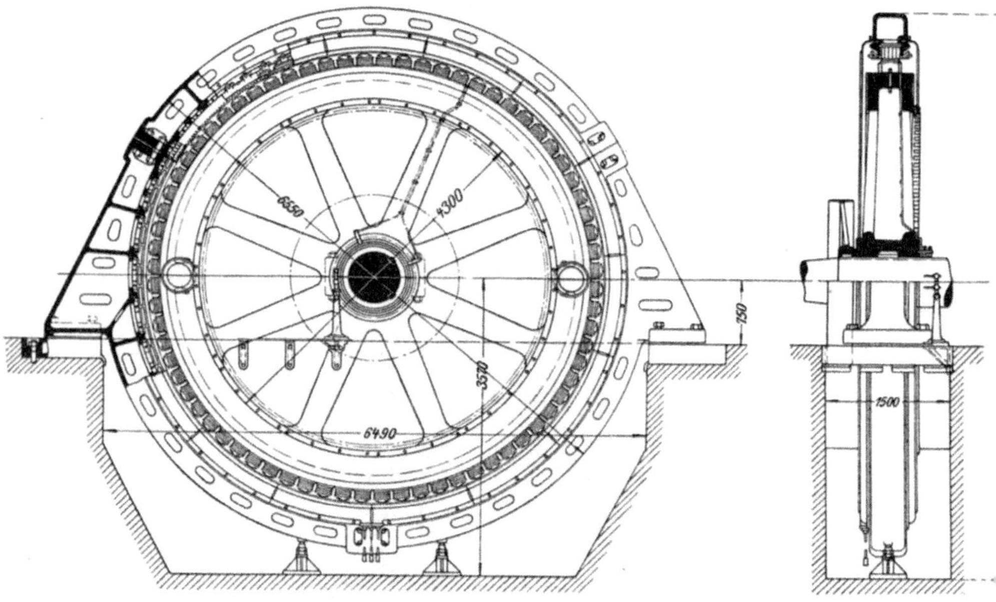

Fig. 283. Langsamlaufender Drehstromerzeuger. (Baum-Hoffmann.)

feldwicklung auf dem drehbaren Polrade, dem der Erregergleichstrom durch 2 Schleifringe zugeführt wird. Das Polrad mit 72 Polen ist mit schwerem Kranze zur Erzielung des erforderlichen Schwunggewichtes ausgerüstet. Zur Erregung ist meist eine eigene Erregerdynamo auf der Achse der Maschine angeordnet, daneben als Ersatz eine mit besonderer Antriebsmaschine ausgestattete kleine Dynamo und eine Akkumulatorenbatterie.

Das Anlassen einer elektrischen Wasserhaltung dieser Anordnung geschieht: Der Pumpenwärter verständigt sich telephonisch mit dem Wärter des Erzeugers. Die Pumpe wird zum Anlassen vorbereitet (Abschn. V E 2). Der Stator des Kurzschlußmotors ist dauernd mit dem Netze verbunden. Die obertägige Dampfmaschine wird angelassen, und nachdem sie einige Umdrehungen gemacht hat, so daß ihr Gang schnell genug ist, um auch bei einiger Belastung die Totlagen ihres Kurbeltriebes zu überwinden, wird das Polrad durch eine Hilfserregung normal erregt. Die Dynamo liefert dann Drehstrom von einer ihrer Drehzahl proportionalen Periodenzahl und Spannung.

Alsdann läuft der untertägige Motor ohne Gefahr an und entwickelt bei wenig erhöhten Anlaufströmen ein großes Drehmoment. Der Motor läuft auf die jeweilige Drehzahl der Dynamo hinauf. Durch allmähliche Beschleunigung der Dynamo läuft die ganze Anlage auf ihre Drehzahl hinauf. Ist diese erreicht, dann wird die Hilfserregung abgeschaltet und die eigene Erregermaschine zugeschaltet. Die eigene Erregermaschine kann während des Anlaufes nicht benutzt werden, da sie bei den geringen Drehzahlen des Anlaufes eine zu geringe Erregerspannung liefern würde, während von vornherein die volle Erregung vorhanden sein muß, damit der Erzeuger Spannungen proportional seiner Drehzahl liefert.

Das Stillsetzen der Anlage geschieht in ähnlicher Weise und umgekehrter Reihenfolge. Nach telephonischer Verständigung wird die Dampfzufuhr zur Maschine allmählich verringert, dadurch die Drehzahl und die Periodenzahl. Der Motor kommt allmählich ohne Stromstöße zur Ruhe. Dieses Stillsetzen erfordert Zeit. Im Falle eines eintretenden Schadens an der Pumpe ist eine raschere Stillsetzung erwünscht, damit der Schaden nicht vergrößert werde. Daher ist vor dem Stator ein Ausschalter angeordnet, der im Bedarfsfalle zu öffnen ist. Dies ist jedoch möglichst zu vermeiden wegen der Gefahren für die Statorwindungen bei plötzlichem Abschalten stromdurchflossener Windungen (Abschn. VIII E 1).

Die Anlagen mit eigener Erzeugeranlage gestatten eine Änderung der Periodenzahl, z. B. um 50 v. H., wobei die Spannung des Drehstroms bei gleichbleibender Erregung, die bei einer auf der Dynamoachse sitzenden Erregermaschine entsprechend auf gleichbleibende Stärke zu regeln ist, auf ebenfalls die Hälfte sinkt. Der Pumpmotor macht dann auch die Hälfte der Drehungen. Die nur zur Hälfte belastete Anlage hat dabei einen etwas erhöhten spezifischen Dampfverbrauch.

Die Wirkung der mit proportionaler Spannung einhergehenden Drehzahländerung ist: Wirkt die verringerte Periodenzahl auf den Stator des Motors ein, so entsteht in diesem trotz der geringeren Spannung das gleiche, aber langsamer laufende Drehfeld, so daß das gleiche Drehmoment bei gleicher Schlupfzahl und geringerer Drehzahl ausgeübt wird. Mit veringerter Drehzahl ist also kein verringertes Drehmoment des Motors verbunden. Daß das gleichstarke Drehfeld entsteht, hat seinen Grund in der bei verminderter Periodenzahl verminderten Selbstinduktion des Stators, so daß die geringere Spannung den gleichen Magnetisierungsstrom erzeugt.

Läuft daher die Anlage allmählich an, so besteht jederzeit ein genügendes Drehmoment. Wird die Statorspannung durch vorgeschaltete Widerstände (IX C 3) im Primärkreis oder durch einen

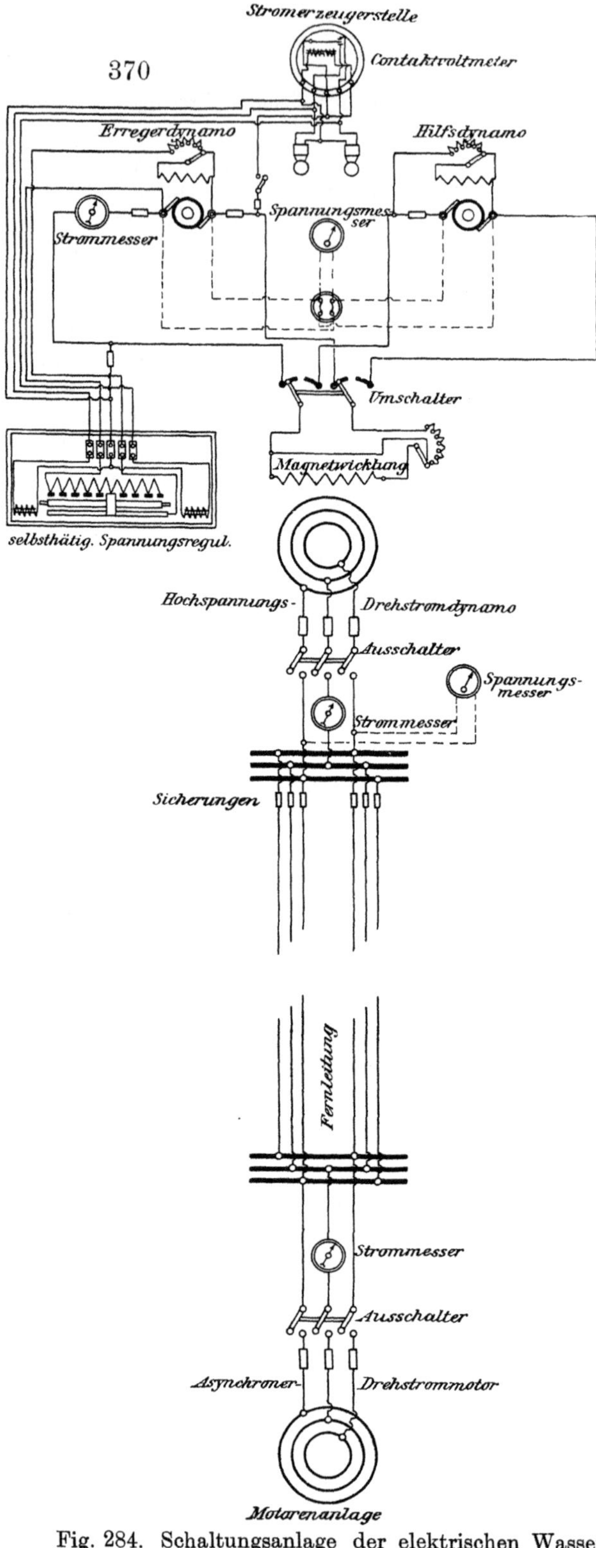

Fig. 284. Schaltungsanlage der elektrischen Wasserhaltung der Zeche Zollverein. (Westf. S. IV.)

Anlaßtransformator (VII E 5 u. Fig. 293) bei gleichbleibender Periodenzahl verringert, so werden wohl die Anlaufströme im Rotor verringert, es entsteht aber im Stator ein schwaches Drehfeld, und somit wird ein geringes Drehmoment erzielt.

Diese Anlaßart ist daher nur bei unbelastetem Anlauf der Pumpen möglich. Sie wird bei Abteufpumpmotoren geübt.

Die Wasserhaltung mit eigener Erzeugeranlage wird teuer, da die obertägige Anlage schlecht ausgenutzt ist, wenigstens wenn, wie erforderlich, mit genügender Sumpfanlage und Pausen in der Wasserförderung gearbeitet wird. Um diese Kosten nicht noch weiter zu erhöhen, verzichtete man ober und unter Tage auf Erstellung einer Aushilfe. Daher mußte man bestrebt sein, Schäden an der Dynamo möglichst zu vermeiden und rasch ausbessern zu können. Zu dem Zwecke machte man das Gestell der Dynamo in gleicher Weise drehbar, wie dies für untertägige Motoren in den Fig. 272 und 280 geschildert wurde.

In einzelnen Fällen sind wohl auch mehrere Wasserhaltungsmaschinen an eine obertägige Anlage angeschlossen worden. Dann müssen beim Schalten einer der Maschinen alle mit stillgesetzt und wieder angelassen werden. Auch geht dann der Vorteil verloren, einzelne Maschinen in ihrer Drehzahl dem Bedarfe entsprechend verändern zu können.

Sind noch andere Verbraucher an das Netz der Wasserhaltung angeschlossen, dann gilt für sie das Gesagte ebenfalls.

Um in solchem Falle die Unabhängigkeit einer Wasserhaltung mit Kurzschlußmotor zu wahren, wurden (Zeche Holland, 1905) zwei Motoren auf der Welle der Kreiselpumpe angebracht. Der kleinere als Anwurfmotor dienende ist mit Schleifringanker und Anlaßwiderständen versehen, der Hauptmotor mit Kurzschlußanker. Beim Anlassen wird der Stator des Anwurfmotors an das Netz gelegt und mit den Anlaßwiderständen auf die normale Drehzahl gebracht. Alsdann wird der Hauptmotor ans Netz gelegt und der Anwurfmotor abgeschaltet. Zuletzt wird die Maschine durch allmähliches Öffnen des Druckschiebers belastet. Der Vorteil wurde in dem „betriebssicheren“ Kurzschlußanker des Hauptmotors erblickt, wobei aber übersehen wurde, daß, da dieser Hauptmotor vom Anlaufmotor abhängig ist, die Betriebssicherheit durch diesen bedingt ist. Beim Versagen des Anlaufmotors muß durch das obertägige Kraftwerk angelassen werden.

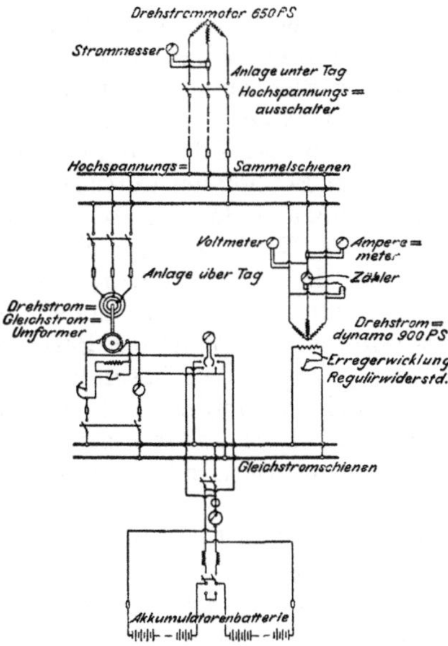

Fig. 285. Schaltung einer elektrischen Wasserhaltungsanlage. (Dr. Hoffmann in Z. d. Ing. 1902.)

In Fig. 284 ist das Schaltungsschema der elektrischen Wasserhaltung auf Zeche Zollverein. Hieraus sind die Schaltungen, die Meß-, Sicherheits- und Einrichtungen zur Spannungsregelung ober und unter Tage zu ersehen. Fig. 285 zeigt ein zweites Schema, bei welchem die Erregung durch eine Akkumulatorenbatterie sichergestellt ist. Die Batterie wird während des Laufes der Erzeuger durch einen Drehstromgleichstromumformer aufgeladen.

5. Der Anschluß der elektrischen Wasserhaltung an das Grubennetz.

Die Vorteile der elektrischen Kraftübertragung verschafften ihr raschen Eingang im ober- und untertägigen Betriebe der Gruben. Die Grubenwerkstätten, die Aufbereitungs- und Förderanlagen und neuerdings die Fördermaschinen, Ventilatoren und Luftpresser ober Tage, die Grubenbahnen, Ortshaspel und Bohrmaschinen unter Tage und die gesamte Beleuchtung ergeben einen Kraftbedarf, der den der

Wasserhaltung meist wesentlich übersteigt, so daß diese vorteilhaft an das allgemeine Netz mit angeschlossen wird.

Die gemeinsame Erzeugung des gesamten Kraftbedarfes erweist sich zur Verringerung der Erzeugungskosten notwendig. Es vermindern sich hierbei Anlage-, Bedienungs- und Kraftkosten für die Leistungseinheit an sich und insbesondere im Hinblick auf den Ausgleich des Kraftbedarfes der verschiedenen angeschlossenen Verbraucher, die bei geeigneter Ordnung ihres Betriebes zeitlich so gegeneinander versetzt werden sollen, daß eine möglichst gleichmäßige Belastung des Kraftwerkes entsteht, so daß die anteiligen Kosten jedes Verbrauchers gering werden. Auch der Ersatz läßt sich dann billig beschaffen, da die gleiche Aushilfe für alle Verbraucher wirksam ist.

Der Betrieb der unterirdischen Wasserhaltung muß unter Schaffung ausreichender Sümpfe so in den ganzen Kraftbetrieb eingefügt werden, daß das Kraftwerk gleichmäßig belastet werden kann. Hierzu ist gerade die Wasserhaltung mehr als andere Verbraucher geeignet, da ihr Betrieb bei vorhandener Sumpfanlage zeitlich beliebig angesetzt werden kann. Wann die Betriebszeit der Wasserhaltung anzusetzen ist, wird je nach den besonderen Verhältnissen zu beurteilen sein. Im allgemeinen werden sich die Tagesstunden dafür eignen, in denen kein Bedarf an Licht besteht. In anderen Fällen vielleicht, wenn keine Förderung stattfindet. Wieder anders wird sich die Sache gestalten, wenn die Grube an ein öffentliches Netz angeschlossen ist oder an ein solches Kraft abgibt.

Auf einer oberschlesischen Grube läuft die elektrische Wasserhaltung, die an ein fremdes Netz angeschlossen ist, am Tage und wird für die Sperrstunden mit erhöhtem Tarif stillgesetzt. Alsdann werden die der Aushilfe dienenden alten Dampfwasserhaltungen in Betrieb genommen.

Das Grubenkraftwerk ist immer mit dem nötigen Ersatz ausgestattet. Der Kraftbezug kann noch gesichert werden durch Anschluß an benachbarte Werke oder an fremde Netze, was auch vielfach geschieht. Selbst örtlich sehr entfernte Gruben einer Verwaltung können durch Hochspannungsleitung wirtschaftlich miteinander verbunden werden.

Die heutigen Grubenkraftwerke sind entweder durch Verwendung von Gasmotoren oder durch die großer Dampfturbinen gekennzeichnet. Die Dampfturbine hat die Kolbendampfmaschine aus dem Kraftwerk infolge ihrer vorzüglichen Eignung für den Antrieb der Dynamomaschinen verdrängt. Sie eignet sich zur Erstellung großer Einheiten, hat dann den Vorteil geringerer Anlageksoten und wesentlich geringeren Raumbedarfes sowie den des angenehmen Betriebes, des geringen Wartungsbedürfnisses, der großen Betriebssicherheit. Dies alles bewirkt auch eine größere Wirtschaftlichkeit.

Das Kraftwerk wird meist in die Nähe des Schachtes gelegt, aus dessen Aufbereitung die minderwertigen Abfallkohlen dem Kesselhause durch eigene Förderanlagen zugeführt werden. Die neueren Kraftwerke arbeiten mit hohem Dampfdrucke, hoher Überhitzung und hoher Luftleere, also mit den Mitteln zur Erzielung eines geringen Dampfverbrauches, wie sie der Kolbendampfmaschine nicht in demselben Maße zugänglich sind. Die Erzeugungskosten werden für Grubenkraftwerke mit 1,5—2 Pf./kWst angegeben.

Die Kraftwerke sind mit allen erforderlichen Meß-, Schalt-, Regel- und Sicherheitsvorrichtungen ausgestattet.

Fig. 286. Kraftwerk der Heinitzgrube, Ob.-Schles.

In Fig. 286 ist ein Kraftwerk mit Turbinenantrieb zu sehen (Heinitzgrube, Beuthen O.-S.). Man ersieht den großen Unterschied zu dem in der Fig. 282 gezeigten älteren Werk mit Kolbenmaschinen. Die Turbine von Brown, Boveri & Co. ist von der langgestreckten Bauart Parsons. Eine kurzgebaute große Turbine der AEG. zeigt Fig. 287.

Fig. 287. Erzeugeranlage mit AEG.-Dampfturbine. (Laasche in Z. d. Ing. 1911.)

Über das Verhältnis des Raumbedarfes eines Kraftwerkes mit Kolbenmaschinen und mit Dampfturbinen bei gleicher Leistung gibt Fig. 288 Auskunft.

Kraftwerke mit Dampfturbinen sind in Oberschlesien, solche mit Gasmotoren in Westfalen verbreitet. Der Grund des Unterschiedes liegt in der Beschaffenheit der geförderten Kohle, je nachdem sie sich zum Verkoken eignet oder nicht. Die Kokereiabgase liefern die Betriebskraft für die Gasmaschinen.

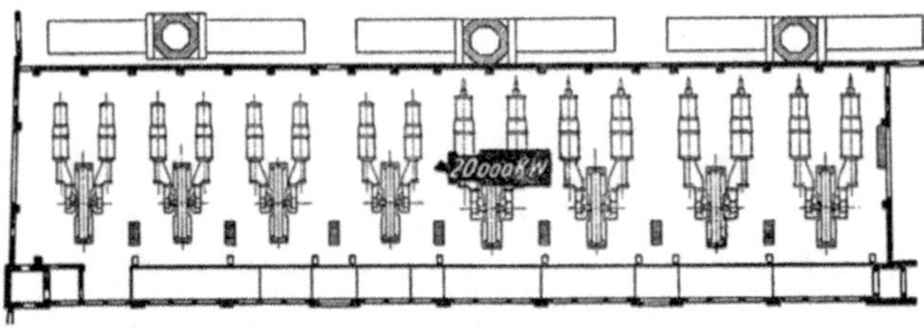

Fig. 288. Vergleich des Raumbedarfes von Kolben-Dampfmaschinen und Dampfturbinen. (Laasche in Z. d. Ing. 1911.)

Fig. 289 zeigt ein Kraftwerk mit Gasmaschinen der Gruben von Lens, gebaut von der Maschinenfabrik Augsburg-Nürnberg. Das Äußere weist eine gewisse Ähnlichkeit mit dem Antrieb durch Dampfmaschinen auf. Es sind je zwei Zylinder mit Scheibenkolben hintereinander angeordnet, um die Wirkungen des Viertaktes abzuschwächen. Auf der Welle sitzt neben dem Polrad ein schweres Schwungrad. Die Drehzahl beträgt etwa 100/min.

Fig. 289. Grubenkraftwerk der Grube Lens mit Gasmaschinenantrieb. (Z. d. Ing. 1912, S. 1290.)

Die untertägigen Drehstrommotoren sind mit Schleifringanker versehen. Das Anlassen geschieht: Die Bürsten werden auf die Schleifringe aufgelegt, wodurch die Windungen des Rotors an das äußere zu den Widerständen führende Rotornetz angeschlossen werden. Die Anlaßwiderstände sind dann eingeschaltet. Sie werden langsam ausgeschaltet in dem Masse, wie der Anker in Geschwindigkeit kommt. Schließlich wird der Ankerstromkreis an den Widerständen kurz geschlossen und hierauf die Bürsten abgehoben. Durch diese Bewegung wird vorher die Wicklung im Anker kurz geschlossen.

Durch die Rotorwiderstände wird der Rotorstrom und durch diesen der Statorstrom begrenzt und das Anzugsmoment vergrößert. In dem Maße der Anker schneller läuft, sich also der Schlupf des Ankers und die Rotorspannung verringert, können und müssen die Widerstände ausgeschaltet werden. Das Abstellen des Motors geschieht in umgekehrter Reihenfolge. Die Bürsten werden wieder aufgelegt, der Rotorstromkreis also wieder mit dem äußeren Regelkreis verbunden, dann die Widerstände wieder langsam eingeschaltet, wodurch eine Verringerung der Ströme und des Drehmomentes und eine allmähliche Verlangsamung des Motors bis zum Stillstand eintritt. Eine plötzliche Unterbrechung im Rotor- oder Statorkreise würde die in Abschn. VIII E 1 geschilderte Gefährdung der Windungen hervorrufen. Als Widerstände dienen meist Flüssigkeits-, seltener Metallanlasser. Das Anlassen geschieht meist ohne Last, obgleich ein kräftiges Drehmoment erzielt wird. Das Anlassen ohne Last hat den Vorteil, daß der Anlaßvorgang kürzer wird, so daß die gesamte Wärmeentwicklung geringer wird und die Anlaßwiderstände räumlich kleiner gewählt werden können; ferner hat der Wärter seine Aufmerksamkeit nicht zwischen dem Motor und der Pumpe zu teilen, sondern übernimmt ihr Anlassen, nachdem der Motor im Betriebe ist.

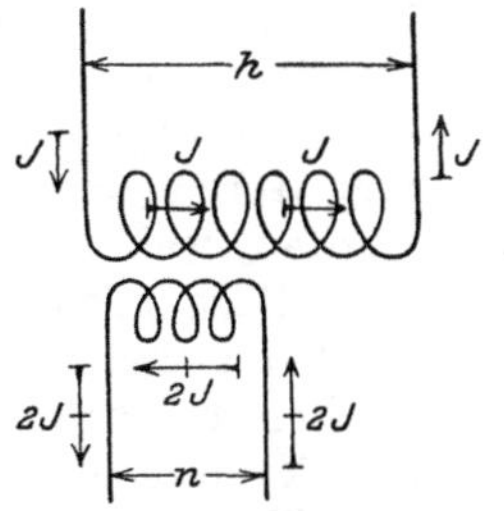

Fig. 290. Zweispuliger Transformator.

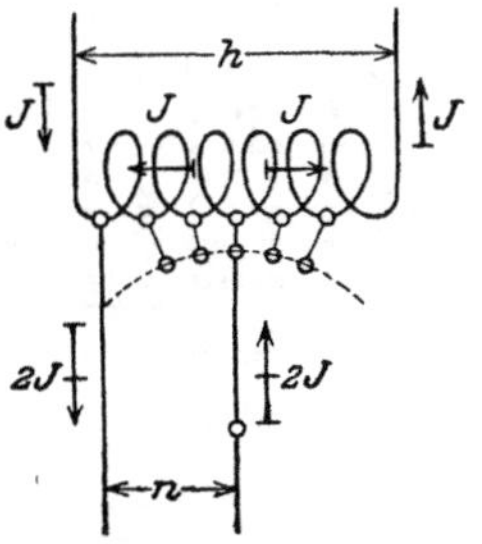

Fig. 291. Spartransformator.

In einzelnen Fällen ist der Anschluß an ein allgemeines Netz unter Verwendung eines Kurzschlußankers durch Anwendung eines Anlaßtransformators im Primärkreis geschehen.

Fig. 290 zeigt einen einphasigen Transformator.

Hat die Hochspannungsspule h die doppelte Windungszahl der Niederspannungsspule n, dann entsteht an deren Klemmen die halbe Spannung, und es entwickeln sich die eingeschriebenen Ströme, J in der Hochspannungs- und 2 J in der Niederspannungswicklung, die sich stets ungefähr entgegenlaufen, so daß sich die Amperewindungszahlen, also die magnetischen Wirkungen der in den Spulen kreisenden Ströme, nahe das Gleichgewicht halten. In der Hochspannungswicklung erfährt der Strom einen Spannungsabfall gleich seiner Klemmenspannung. Der Spannungsabfall verteilt sich gleichmäßig über die Spule. Mißt man daher die Spannung zwischen Anfang und Mitte der Spule, so ergibt sich die halbe Klemmenspannung. In Fig. 291 ist an diese Punkte des halben Spannungsunterschiedes eine Sekundärleitung an angelegt, in der sich ein Strom entwickeln muß. Er wird in der gezeichneten Richtung auf den Wert 2 J im angeschlossenen Stromkreise anwachsen, da alsdann wieder sich die magnetischen Wirkungen der in der Spule kreisenden Ströme das Gleichgewicht halten. Der Strom im Sekundärkreis steht dabei in unmittelbarer Verbindung mit dem Strom im Hochspannungskreise.

Dieser Spar- oder Auto-Transformator oder Transformator mit Anzapfungen bedarf nur einer Spule, wird also leichter und billiger als ein Zweispulentransformator. Durch mehrfache Unterteilung der Spule und einen Schalter kann die Niederspannungsleitung mit wechselnder Klemmenspannung versehen werden. Wird zum Beispiel auf Stufe 1 geschaltet, dann wird die Spannung auf $^1/_4$, der Strom auf 4 J im Sekundärkreise geändert. Der im Niederspannungsgebiet liegende Spulenteil wird dann von einem Strome 3 J durchflossen, so daß er für diese Stromstärke zu bemessen ist. Mit wachsendem Übersetzungsverhältnis kann also nicht allzuviel durch den Spartransformator gewonnen werden, während bei kleinerem Übersetzungsverhältnis sich eine wesentliche Ersparnis ergibt.

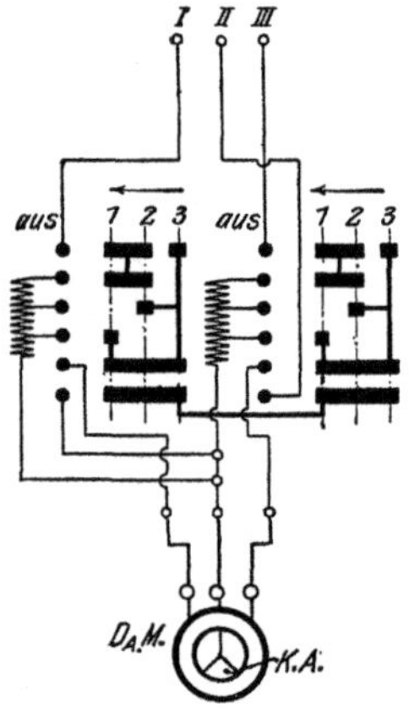

Fig. 292. Die Schaltung eines Anlaßtransformators. (Kyser.)

Diese Spartransformatoren werden nun als Anlaßtransformatoren verwendet, indem die Niederspannungsleitung nach dem Stator des Kurzschlußmotors führt.

In Fig. 292 ist die Schaltung einer Anlaßtransformators mit Hilfe einer Schaltwalze ersichtlich. Die Transformierung geschieht nur in 2 Phasen. Die andere läuft unbeeinflußt durch. Die Schaltwalze steht gerade auf der Stellung „aus", bei welcher die Transformatorspule sowohl vom Netze als auch vom Motor getrennt ist. Wird die Walze mit Punkt 1 auf die Kontaktknöpfe gebracht, dann ist die Niederspannung des Stators an $^1/_3$ der Spulenlänge angelegt, empfängt also $^1/_3$ der Netzspannung. Bei Stellung 2 sind $^2/_3$ der Spulenlänge zwischen die Statorklemmen geschaltet, also erhalten diese $^2/_3$ der Netzspannung. In der Stellung 3 ist der Stator unmittelbar an das Netz geschaltet, und die Transformatorspule ist ganz ausgeschaltet.

Durch Drehen der Schaltwalze wird der Motor ohne unzulässige Ströme, aber mit geringem Drehmoment angelassen.

Fig. 293 läßt uns einen Einblick in das Innere eines Anlaßtransformators tun. (Maschinenf. Oerlikon). Der Transformator ist in einem gußeisernen Gehäuse untergebracht, das mit Öl gefüllt und luftdicht verschlossen ist, so daß diese Schalter auch in Räumen mit Schlagwetter aufgestellt werden können.

Fig. 294 zeigt eine ähnliche Schaltung. Hierzu diene die Beschreibung: Der mit dem Anlaßtransformator zusammengebaute Stufenschalter ist so ausgebildet, daß die Kontakte der Anzapfungen zunächst jeweils

Fig. 293. Anlaßtransformator der Maschinenfabrik Oerlikon. (Kyser.)

unter Zuschaltung eines Widerstandes berührt und erst danach unter Weglassung des Widerstandes an den betreffenden Kontakt angeschlossen werden. Hierdurch werden die 5 Stufen der Spannungsunterteilung auf das Doppelte vermehrt, und die Anlaufstromstärke kann sehr niedrig gehalten werden. Der Unterbrechungsfunke ist von den Schleifkontakten an besondere Unterbrechungsschalter verlegt, wodurch eine große Haltbarkeit dieser Schleifkontakte erzielt wird. Der Kontaktschlitten wird über die verschiedenen Kontakte der Anzapfungen durch eine

Schraubenspindel bewegt, welche vermittelst eines Kettenrades und Kette von einer Kurbel bewegt wird. Die gleiche Kurbel betätigt auch den Unterbrechungsschalter für die Funkenentziehung und Endausschalter, welche den Transformator ganz abschalten, wenn das Anlassen vollendet ist. Alle Kontakte liegen unter Öl. Durch eine Verriegelung, die mit Hilfe von durch den Nutzstrom beeinflußten Elektromagneten wirkt, kann die Statorwicklung nur dann an den Transformator angeschlossen werden, wenn er in seiner Nullstellung steht, so daß nie versehentlich mit voller Netzspannung angelassen werden kann.

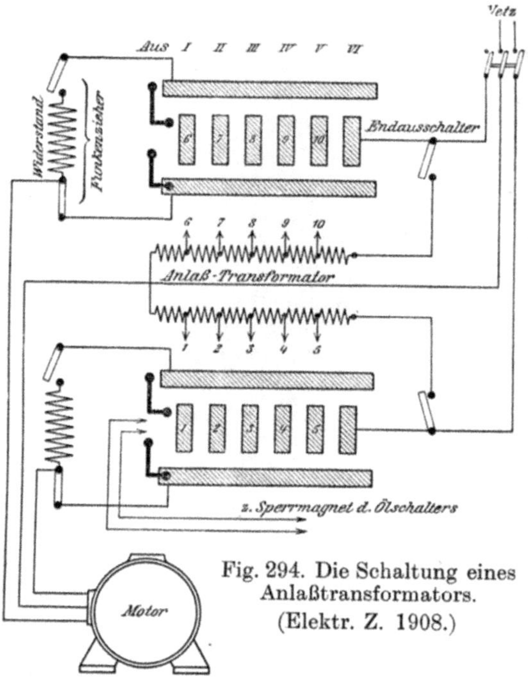

Fig. 294. Die Schaltung eines Anlaßtransformators. (Elektr. Z. 1908.)

Bei Schäden am Anlaßtransformator muß die Wasserhaltung von ober Tage aus durch gleichzeitiges Anlaufen mit den obertägigen Maschinen angelassen werden. Dies nimmt einige Minuten in Anspruch. Bei Kreiselpumpen, die mit geschlossenem Drosselschieber anfahren müssen, würde eine bedenkliche Erwärmung des Wassers in der Pumpe eintreten. Daher wird in diesem Falle unter dem Drosselschieber ein Nebenauslaß vorzusehen sein, so daß während des Anlassens eine gewisse Förderung von Wasser durch die Pumpe stattfindet.

Das Anlassen mit Anlaßtransformator ergibt Stromstöße im Netze, da die Schaltstufen nicht genügend fein genommen werden können. Diese Art ist für große Leistungen nur möglich, wenn das Kraftwerk im Verhältnis zum Kraftbedarf der Wasserhaltung genügend groß ist.

Der Elektromotor ist vor Überlastung zu schützen. Hierauf ist besonders bei Kreiselpumpen zu achten, die leicht zu Überlastungen führen können.

Beim Einschalten einer langen Leitung entstehen elektrische Schwingungen, die zu Überspannungen führen können. Daher verwenden Siemens-Schuckert beim Einschalten des Stators großer Motoren besondere Schutzschalter, durch die die Spannung zunächst über vorgeschalteten Widerstand an den Stator gelegt wird.

Der Rotor der Motoren wird mit einer Schwungmasse ausgerüstet, so daß der Ungleichförmigkeitsgrad der Welle nicht größer als 1 : 100 wird. Dadurch wird der Motor vor zu großen Schwankungen in der Energieaufnahme und unzulässiger Erwärmung bewahrt. Es ist hierbei daran zu erinnern, daß der Drehstrommotor seine Energieaufnahme innerhalb einer Drehzahlschwankung von etwa 2 v. H. zwischen Leerlauf und Vollast verändert, daß also eine wie oben zugelassene Drehzahländerung von 1 v. H. Stromschwankungen von 50 v. H. bedingt.

Die elektrischen Motoren ertragen eine Überlastung von 25 v. H. eine halbe Stunde, eine von 40 v. H. 3 Minuten lang.

Das höchste Drehmoment beträgt etwa das 1,7- bis 2fache des betriebsmäßigen. Geschieht das Anlassen des Motors ohne Last, dann erfolgt eine Schaltung der Anlaßwiderstände, so daß sich das normale Drehmoment als Anlaufmoment ergibt. Die Anlasser können dann dieser Anlaufleistung entsprechend geringer bemessen werden, als wenn beim Anlassen mit Last auf das höchste Drehmoment geschaltet werden muß.

Zum Schlusse sei nochmals auf die Notwendigkeit hingewiesen, Wasser vom Motor fernzuhalten. Daher gut ausgebaute wasserdichte, gut belüftete Räume, richtige dem Motor Schutz bietende Anordnung der Wasserleitung und Verhütung des Eindringens von Wasser in den Maschinenraum. Am Fuße der Steigeleitung ist eine Rückschlagklappe einzubauen, damit beim Bruch der Leitung innerhalb des Maschinenraumes sich das Wasser der Steigeleitung nicht nach dem Maschinenraum entleere. Die Steigeleitung ist vor der Inbetriebnahme der Motoren von ober Tage mit Wasser zu füllen, um Undichtheiten und Fehler entdecken und beseitigen zu können.

6. Ausgeführte unterirdische elektrische Wasserhaltungen.

Fig. 295 zeigt die Verwendung eines raschlaufenden Motors zum Antriebe einer Kolbenpumpe unter Zwischenschaltung eines Riemenvorgeleges. Er bedarf eines großen Raumes und ist für die Grube nicht geeignet. An Stelle des Riemens wurden auch Seiltriebe gewählt.

Zur Verringerung des Raumbedarfes ist ein Rädervorgelege dienlich, Fig. 296. Zahnräder im Kurbeltriebe sind immer ungünstig, weil der Gefahr des Bruches infolge stoßender Beanspruchung ausgesetzt. Die gewählte Drillingsanordnung kann hier einiges bessern, da sie das an der Welle benötigte Drehmoment gleichmäßiger gestaltet.

Die raschlaufenden Kolbenpumpen (n = 250/min) ermöglichen den unmittelbaren Antrieb durch einen mäßig großen Motor, Fig. 127, die eine Riedler-Expreßpumpe zeigt.

Eine ähnliche Anlage mit geringerer Drehzahl (n = 125/min), im untertägigen Raume stehend, läßt Fig. 297 erkennen. Zwischen den Pumpen ist der Saugbrunnen und der Wasserstandszeiger zu erkennen. Leistung: 6,5 cbm/min auf 430 m, 730 PS, n = 80/min, 2000 V und 50 Perioden; für Zeche Courl der Harpener Bergbau-A.-G., Dortmund; Pumpen von Haniel & Lueg, Motoren Siemens-Schuckert.

Die Kreiselpumpe führt zur einfachsten Gestaltung.

Fig. 298 läßt den in jeder Richtung bescheidenen Raumbedarf bei großer Leistung erkennen; 7 cbm/min auf 65 m; 160 PS; n = 1470/min; V = 3000; 50 Perioden. Pumpen von Gebr. Sulzer, Ludwigshafen, diese und die folgenden Motoren von Siemens-Schuckert, für Bibiellagrube b. Tarnowitz O.-S. Geräumiger ist die Anordnung der Fig. 299,

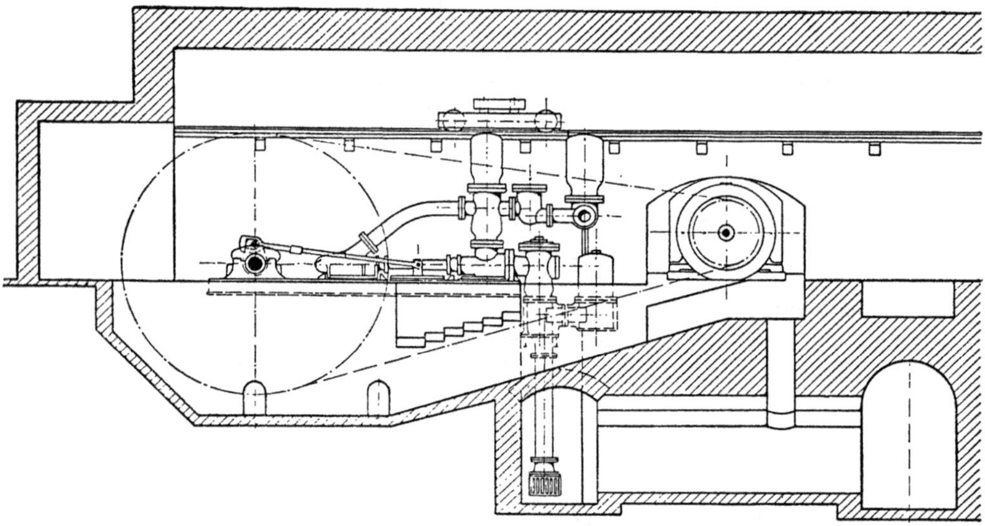

Fig. 295. Elektrisch angetriebene Kolbenpumpe mit Riemenvorgelege. (Westfäl. S. IV.)

5 cbm/min auf 230 m; 400 PS; n = 1485/min; V = 5000; Pumpen: Gebr. Sulzer, Ludwigshafen, für Gewerkschaft Graf Beust, Essen. Die Maschinen sind in der Längsachse zu beiden Seiten aufgestellt und bequem zugänglich.

Hintereinanderanordnung im langgestreckten tunnelartigen Maschinenraum zeigt die Wasserhaltung der Gewerkschaft Karoline, Holzwickede, Fig. 300. Sie leistet: 3 cbm/min auf 115 m; 220 PS; n = 1480/min; Pumpen von Weise & Monski, Halle. Sie zeigt einen offenen Motor, dessen wichtige Teile der Beschädigung zugänglich liegen.

Man vergleiche die Anlagen mit Kolbenpumpen mit denen mit Kreiselpumpen, worin die Gesamtanlagen, Fig. 269 und Fig. 57.

Fig. 296. Elektrisch angetriebene Drillingspumpe mit Rädervorgelege. (Westfäl. S. IV.)

Fig. 297. Kolbenpumpe mit unmittelbarem elektrischen Antriebe.

Fig. 298. Elektrisch angetriebene Kreiselpumpe auf der Bibiellagrube, O.-Schles.

Fig. 299. Elektrisch angetriebene Kreiselpumpen der Zeche Graf Beust, Essen.

Fig. 300. Elektrisch angetriebene Kreiselpumpen der Gewerkschaft Karoline, Holzwickede.

F. Die unterirdischen Maschinenräume.

1. Die Anordnung und Ausstattung der Maschinenräume.

Die unterirdischen Maschinenräume werden seitlich vom Schachte in dessen Nähe gestellt. Das Schachttiefste bleibt von Einbauten frei. Bei älteren Anlagen stößt wohl der Maschinenraum unmittelbar an den Schacht, Fig. 29 und 269.

Für größere Räume sucht man mehr seitlich einen geeigneten Platz. Viel freie Wahl ist dabei nicht gelassen; bei elektrischem Antriebe könnte man sich weiter vom Schachte entfernen, um den Maschinenraum vielleicht in besser geeignetem Gebirge zu erstellen, als gerade am Schachte vorhanden ist.

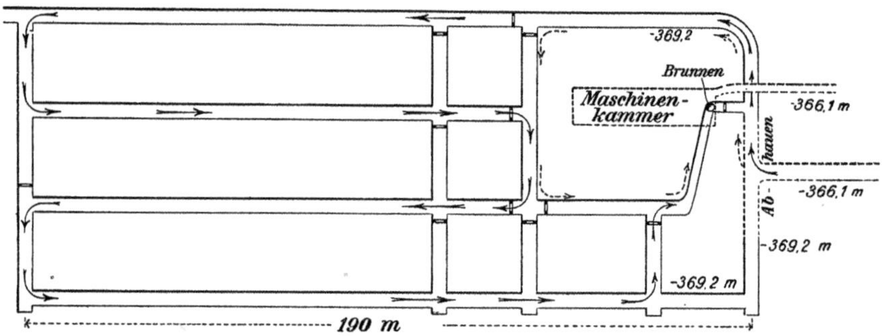

Fig. 301. Sumpfanlage der Sammelwasserhaltung der Zeche Gneisenau. (Heise-Herbst.)

Fig. 301 zeigt die Anordnung der Sammelwasserhaltung auf Zeche Gneisenau, deren Maschinenanlage in Fig. 250 gegeben wurde: die Sumpfstrecken haben 4000 cbm Raum.

In Fig. 302 ist die Lage einer elektrischen Wasserhaltung mit Kreiselpumpe zu ersehen. Der Raum ist durch einen Querschlag vom Schachte aus zugänglich. Der Rohrquerschlag nach dem Schachte mündet 12 m höher ein, damit der Platz am Schachtfüllort nicht verbaut werde.

Die Höhenlage des Raumes wird meist so gewählt, daß der Maschinenflur auf gleicher Höhe mit der Füllortsohle liegt. Im zweiten Beispiel liegt der Maschinenflur 2 m unter dem Füllort. Der Sumpfquerschlag wird meist 4—5 m unter dem Maschinenflur angeordnet. Soll bei raschlaufenden Kolbenpumpen die Saughöhe geringer als 3—4 m gewählt werden, dann muß der Maschinenflur tiefer gelegt werden, da die Tiefenlage des Sumpfquerschlages zur Füllort- oder Bausohle nicht verkleinert werden darf. Eine Verkleinerung dieses Abstandes ist nicht erwünscht, weil zwischen Füllort und Schachtsumpf ein für die Seilfahrt genügender Sicherheitsabstand, der beim Zutieffahren

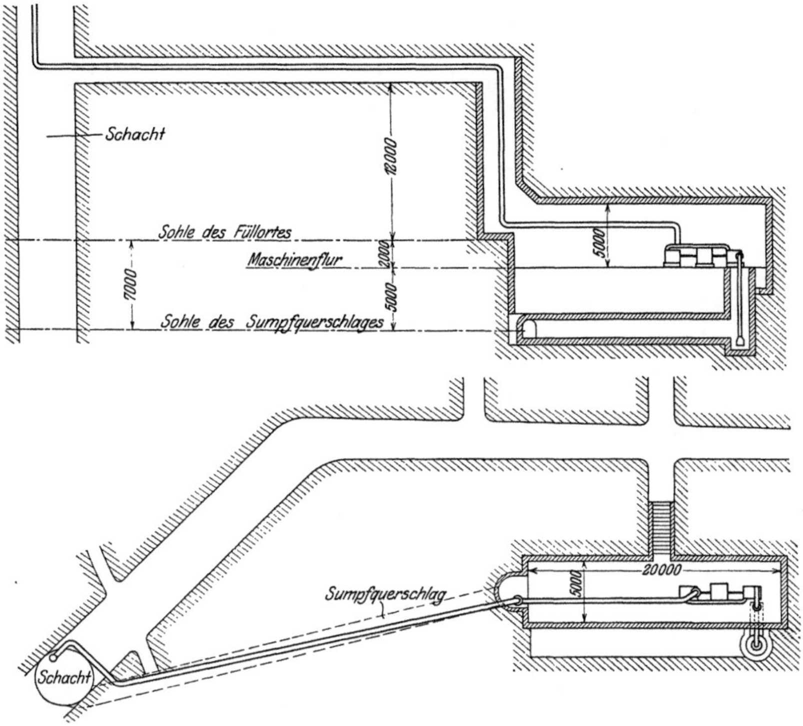

Fig. 302. Lage einer Pumpenkammer zum Schachte. (Z. d. E. 1908, S. 1116.)

des Korbes sein Eintauchen in den Sumpf verhütet, vorhanden sein muß. Bei Dampfwasserhaltungen kann die Saughöhe der Hauptpumpen dadurch verringert werden, daß das ganze Wasser durch den Kondensator geleitet und von der Luftpumpe der Hauptpumpe oder einem höher gelegenen Behälter zugeführt wird, vgl. Fig. 247.

Selten wurde der Maschinenraum zur Sicherung gegen Überflutung **hoch** über die Bausohle gelegt. Damit die Sicherung wirksam sei, wurden die Maschinen 10 m über der Bausohle, also etwa 15 m über Sumpfsohle angeordnet.

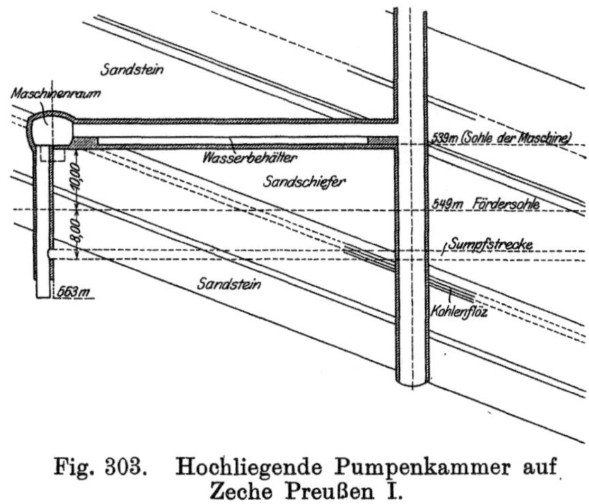

Fig. 303. Hochliegende Pumpenkammer auf Zeche Preußen I.

Die Fig. 303 und 360 zeigen den hoch

gelegenen Maschinenraum der Dampfwasserhaltung der Zeche Preußen I, 1900. Das Wasser wird dem Wasserbehälter der Hauptpumpen durch Zubringerpumpen zugeführt, die von der Hauptmaschine aus durch Kunstkreuz und Gestänge angetrieben werden.

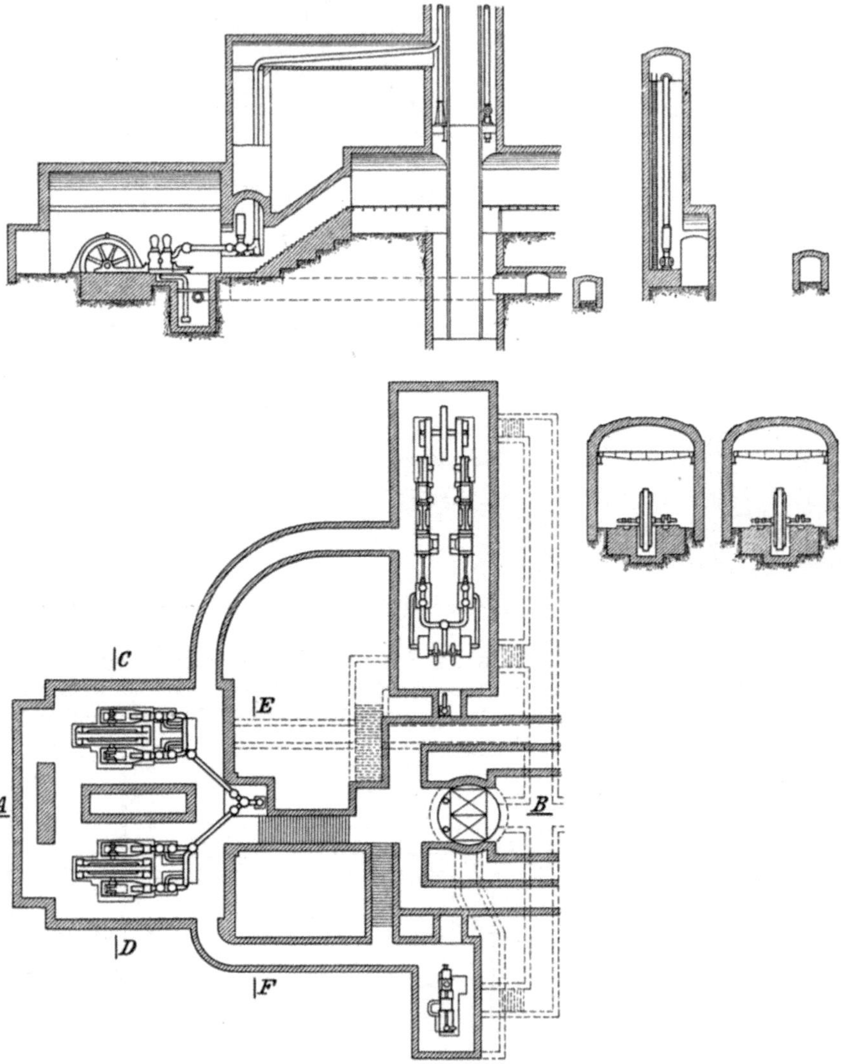

Fig. 304. Die Pumpenkammern der Myslowitzgrube, O.-Schles. (AEG.)

Die Maschinenräume erhalten meist länglichen Grundriß. Die Längsachse ist dann querschlägig zu stellen, damit bei geneigter Lagerung der Gesteinsschichten der Druck der in der Richtung der Schichtung schiebenden Gewichte nicht auf die widerstandsschwachen Langflächen, sondern auf die haltbareren Schmalflächen geschieht. Dies ist besonders bei steiler Lagerung zu beachten; Fig. 303 zeigt ungünstige Verhältnisse.

Kohlenflöze, die den Maschinenraum durchsetzen, sind zu berücksichtigen. Bei steiler Lagerung sind sie wie Gesteinsschichten zu bewerten. Bei flacher Lagerung bilden sie eine schlechte Firste oder Sohle für den Maschinenraum. Man wird daher am besten den Raum so weit ausschießen, daß die Kohle beseitigt wird, zumal ihre Gewinnung nicht schwierig ist. Die Kosten des Maschinenraumes werden dadurch

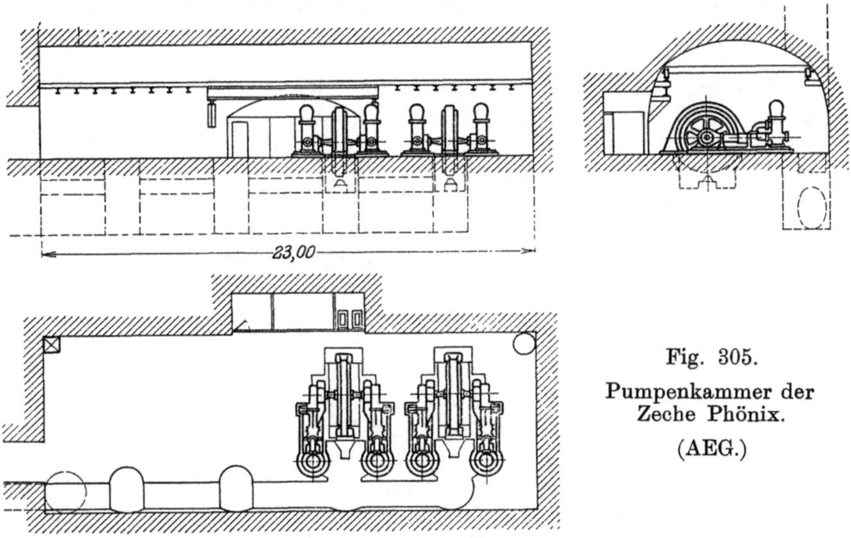

Fig. 305.
Pumpenkammer der Zeche Phönix.
(AEG.)

erhöht, besonders bei Kohle in der Sohle, da bei festliegender Flurhöhe der durch die Beseitigung der Kohle entstandene Hohlraum mit Mauerung ausgefüllt werden muß. Man gewinnt aber die Mehrkosten wieder durch Ersparnis an den Unterhaltungskosten herein.

Die Größe und Gestalt der Räume ist durch die Maschinenanlage gegeben. Bei festem Gebirge ist man in der Anordnung der Maschinen und der Räume unbeschränkt, kann also die Wahl nach rein maschinen- oder betriebstechnischen Rücksichten treffen, z. B. bei Dampfbetrieb zweikurbelige Zwillingsmaschinen wählen. Bei schlechtem Gebirge ist die Herstellung großer Räume schwierig und es sind Maschinenanordnungen zu wählen, die einen langgestreckten Raum von geringem Querschnitt erfordern, z. B. bei Dampfmaschinenantrieb die Form der Tandemmaschine. Bei Kreiselpumpen ergeben sich immer kleinere Räume als bei Kolbenpumpen; besonders kleine Querschnitte ergeben sich bei Kreiselpumpen in Längsstellung.

Fig. 304 zeigt verschiedene und verschiedenartige Wasserhaltungen, die um den Schacht herum angeordnet sind. Die Maschinen sind in die Längsachse gestellt. — Fig. 305 weist quergestellte Maschinen auf.

Die Form des Querschnittes ist durch die Gebirgsbeschaffenheit bedingt. Diese kann einen Druck von oben, von unten oder von den Seiten auf die Raumbegrenzungen ergeben. Danach ist eine Wölbung oben oder unten oder ein länglichrunder bis kreisrunder Querschnitt vonnöten.

Der ausgeschossene Maschinenraum wird meist mit einem Ausbau versehen. Dieser ist nötig, um Nachfall von Gestein zu verhüten, oder bei schlechtem Gebirge, um den Gebirgsdruck aufzunehmen. Der Ausbau muß auch wasserdicht sein, um in Verbindung mit Sicherheitsdammtüren eine Überflutung des Maschinenraums bei Hochwasser zu verhüten und bei den elektrischen Wasserhaltungen die Motoren vor Tropfwasser zu schützen.

Um bei aufsteigendem Wasser den Motor noch betriebsfähig zu halten, wenn auch das Wasser schon über Flur gestiegen ist, ist die Motorgrube wasserdicht auszumauern und mit einer über den Flur um ½ m aufragenden wasserdichten Schutzwand zu umgeben. Der Rand kann entweder aus Eisenbeton oder aus einem eingemauerten, gegen Rost geschützten Eisenblech bestehen. Der Abschluß des Randes nach der Grube hin muß völlig dicht sein. Der Schutzrand muß auch die Motorfüße einschließen; dabei ist ein ausreichender Zwischenraum zwischen Schutzrand und Motorfüßen zur Betätigung der Statorstellvorrichtung vorzusehen.

Der Maschinenraum ist gegen den Sumpf dicht abzuschließen, um Eindringen von Wasser und Dampf von dieser Seite her zu verhindern.

Zur Trocken- und Kühlhaltung der Motoren ist der Maschinenraum durch einen genügenden frischen Wetterstrom zu belüften. Die Wand des Maschinenraumes wird häufig mit weißen Kacheln ausgelegt. Die Reinhaltung des Raumes wird hierdurch erleichtert und die Beleuchtung wirkungsvoller. Die heute überall zu findende reichliche elektrische Beleuchtung ist für die gute Bewartung der Anlagen, besonders der elektrischen, von Bedeutung. Der Flur erhält nach einem Abfluß zum Sumpfe hin Gefälle, so daß die Trocken- und Reinhaltung des Fußbodens erleichtert wird.

Zur Instandhaltung der Maschinen ist ein Laufkran von ausreichender Tragkraft vorzusehen. Seine Laufbahn wird auf einen Mauerabsatz aufgelagert oder auf in die Mauer eingelassene eiserne Konsolen.

In den Räumen sind verschiedene Verbindungen anzuordnen: ein Zugang zum Schachte, häufig unter Zwischenschaltung einer Treppe; dann ein Rohrquerschlag vom oberen Teile nach dem Schachte, der oberhalb der Füllortseinbauten in den Schacht mündet. Der untere Teil des Rohrquerschlages erhält bei Kolbenpumpen eine Erweiterung zur Aufstellung der Hauptwindkessel. Im Rohrquerschlag ist eine Fahrt aufzustellen, damit er bei Überflutung der Bausohle und geschlossener Dammtür gegebenenfalls den Verkehr mit dem wasserfreien Teil des Schachtes übernehmen kann. Ist der Schacht durch Sicherheitstüren in allen den Schacht mit dem Felde verbindenden Strecken vor dem Hochwasser geschützt, dann ist eine solche Notverbindung nach dem Schachte nicht nötig. Es setzt dies voraus, daß das Schachttiefste keine sonstige Verbindung mit der Sumpfanlage hat. Der Maschinenraum selbst muß von der Sumpfanlage abschließbar sein. Er hat mit dem Sumpfe nur Verbindung durch eine absperrbare Leitung, so daß im Falle vermehrter Wasserzuflüsse diese nicht in den Maschinenraum eindringen können. Ist keine besondere Sumpfanlage vorhanden, dann läßt man die Wasser sich im Schachttiefsten sammeln, das dann als kleine Sumpfanlage dient. Es ist dann zu prüfen, ob bei aufgehenden Wassern diese durch eine Sicherheitstür im Querschlage und eine regelbare Verbindung am Hochgehen im Schachte verhindert werden können, indem man sie nur in solcher Menge zum Schachtsumpfe zuläßt, wie sie von den Pumpen bewältigt werden können, oder ob man sie im Schachte aufgehen lassen muß. In diesem Falle ist eine Sicherheitstür im Querschlag ohne Nutzen; sie muß in der Verbindungsstrecke vom Schachte zum Maschinenraum angeordnet werden. Alsdann ist die erwähnte besondere hochwasserfreie Verbindung nach dem Schachte nötig.

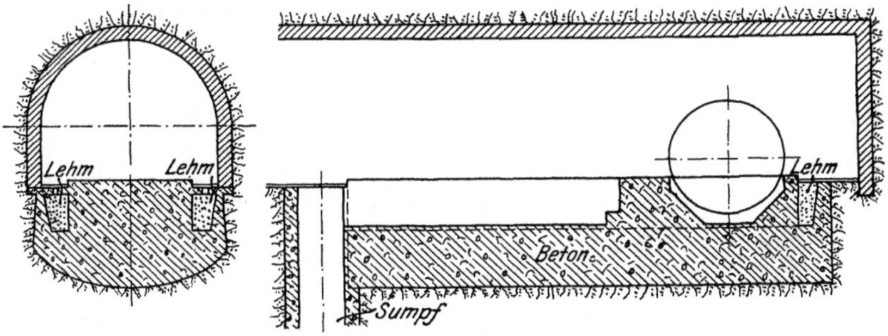

Fig. 306. Pumpenkammer der Zeche Hannover. (Bansen.)

Diese Verbindungen können auch der Bewetterung des Maschinenraumes dienen. Es ist daran zu denken, daß die Bewetterung auch bei dem erwähnten Betrieb bei Hochwasser möglich bleiben muß.

Häufig sind die Räume mit Nischen ausgestattet, in denen die Schaltanlagen, die Luftpresser und sonstige Ausrüstungen untergebracht sind.

Unter dem Maschinenflur findet das Fundament Platz, das bei Kolbenpumpen von größeren Abmessungen und verwickelterer Form ist als bei Kreiselpumpen. Im Fundament sind für das Schwungrad der Dampfpumpen und den großen Motor der elektrisch angetriebenen Kolbenpumpen sowie für die besonders bei Dampfantrieb nötigen Rohrleitungen Gruben und Kanäle auszusparen, auf deren Trockenhaltung zu achten ist. Bei Kolbenpumpen wird das Fundament vielfach durch die Leitungen zerschnitten. Das Fundament soll sonst möglichst zusammenhängend bleiben. Bei langgestreckten Maschinenanordnungen ist das Fundament bei eintretender Gebirgsbewegung gefährdet; andererseits müssen langgestreckte Anordnungen gerade bei schlechter Gebirgsbeschaffenheit gewählt werden. Daher ist das Fundament nötigenfalls aus Beton oder Eisenbeton zu erstellen.

Fig. 306 zeigt ein Betonfundament (Zeche Hannover). Bei einer vorhandenen gleichen Anlage hatte sich im Maschinenraum ein solcher Druck eingestellt, daß die Maschine aus ihrer Lage geschoben wurde.

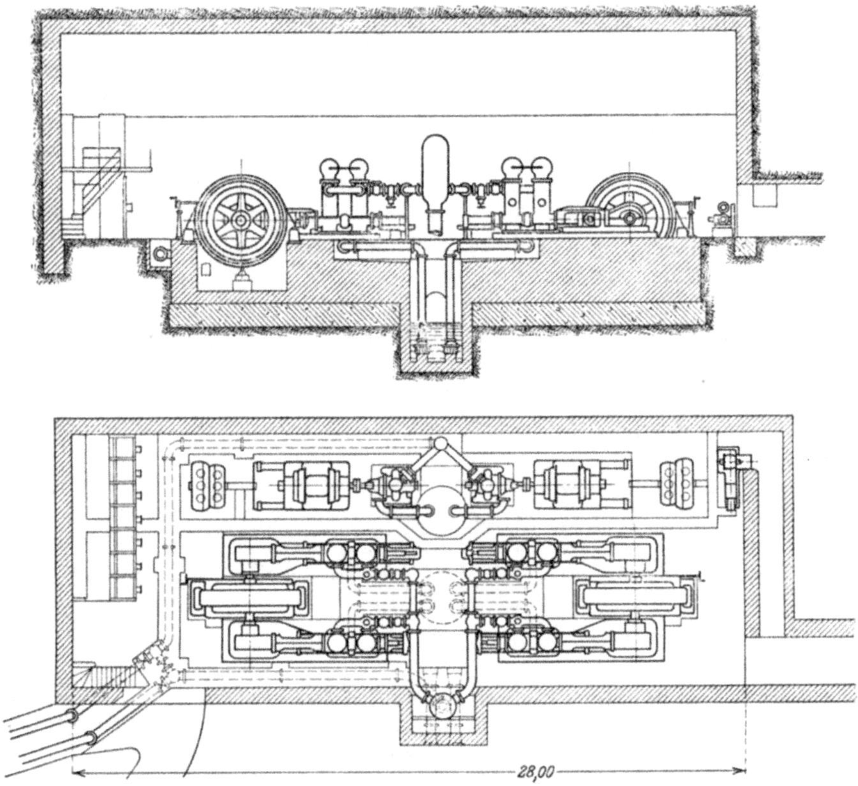

Fig. 307. Pumpenkammer der Zeche Lauerweg. (AEG.)

Bei der Neuanlage wurde daher das Mauerfundament durch ein Betonfundament ersetzt.

Auf Zeche Minister Achenbach wurde durch den Gebirgsdruck ein aus Ziegeln in Zementmörtel gemauertes Fundament zerstört. Nach seiner Entfernung ersetzte man es durch Eisenbeton. Die Ausführung in Beton mit Basaltkleinschlag und kräftiger Bewehrung entsprach dem Zwecke.

Die Fig. 307 zeigt einen mit Kolben- und Kreiselpumpen vollgesetzten Maschinenraum auf.

2. Die Bewetterung der unterirdischen Maschinenräume.

Die Bewetterung eines unterirdischen Maschinenraumes ist für Dampf- und elektrische Wasserhaltung von ähnlicher, wenn auch nicht gleicher Bedeutung. Für die Dampfwasserhaltung ist die Abführung der Wärme für die Bedienungsmannschaft, bei der elektrischen Wasserhaltung die Abführung der Feuchtigkeit wegen der Motoren ausschlaggebend.

Die Bewetterung kann nur durch einen frischen Wetterstrom geschehen. Die Wasserhaltung muß daher immer in der Nähe des einziehenden Schachtes gelegen sein. Der den Maschinenraum durchstreichende Teilstrom kann dem Grubenwetterstrome wieder zugeführt oder alsbald in den ausziehenden Wetterstromen eingeleitet werden.

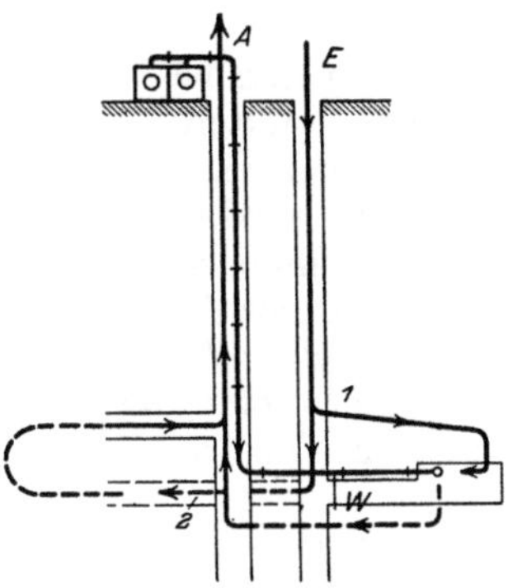

Fig. 308. Rückläufige Bewetterung.

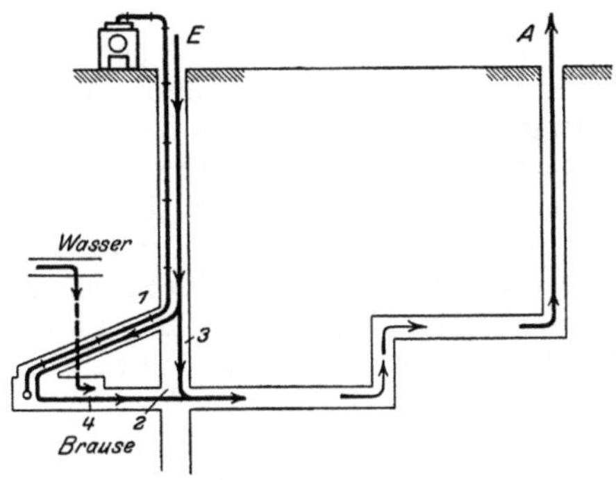

Fig. 309. Grenzläufige Bewetterung.

Ersteres ist erforderlich, wenn der Wetterstrom einem entfernten Wetterschachte zugeführt wird, letzteres wird möglich, wenn der ausziehende Schacht in der Nähe des einziehenden Schachtes und der Wasserhaltung liegt.

Die Bewetterung einer Grube kann als rückläufige oder als grenzläufige geschehen. Bei der rückläufigen Bewetterung, Fig. 308, stehen der einziehende und der ausziehende Schacht als Zwillingsschächte dicht beieinander. Die Bewetterung geschieht durch den Druckunterschied an den Mündungen der Schächte, der durch Wettermaschinen erzeugt wird. Sie erfolgt aufsteigend, indem die Wetter im einziehenden Schachte E bis zur tiefsten Sohle einfallen, nach der Feldesgrenze hin durch die Grubenbaue streichen und in einer höheren Bau- oder Wettersohle zum ausziehenden Schachte A zurücklaufen.

Bei der grenzläufigen Bewetterung, Fig. 309, steht der einziehende Schacht E wieder mitten im Grubenfelde, die ausziehenden Schächte A an der Feldesgrenze. Die Wetter werden aufsteigend nach dem Wetterschachte A geführt. Dieser ausziehende Wetterschacht A ist weniger tief als der bis zur tiefsten Bausohle gehende einziehende Schacht.

Bei Zwillingsschächten führen beide, der einziehende und der ausziehende, bis auf die tiefste Sohle, da sie beide der Förderung dienen. Die Wasserhaltung muß am tiefsten Punkte der Bausohle aufgestellt sein. Es ergiebt sich daher bei grenzläufiger Wetterführung keine Möglichkeit, die Wasserhaltung am ausziehenden Schachte, die etwaigen Dampfleitungen der Dampfwasserhaltung also im ausziehenden Schachte, den Wetterstrom fördernd, anzuordnen. Dagegen ist diese Möglichkeit bei der rückläufigen Bewetterung durch Zwillingsschächte gegeben.

Erhält der Maschinenraum zwei getrennte Verbindungen 1 und 2 nach verschiedenen Punkten des einziehenden Schachtes, dann fließt ein Zweigstrom durch den Raum, der sich alsdann wieder mit dem Hauptstrom vereinigt. Maßgebend für die Größe des Teilstromes ist der Druckunterschied zwischen den Punkten 1 und 2 und die Strömungswiderstände des Nebenschlusses.

Bei Fig. 309 ist der Druckunterschied zwischen den beiden nahe beieinander im einziehenden Schachte gelegenen Punkten 1 und 2 gering, der Förderweg des Teilstromes länger, der Querschnitt geringer als der Weg des Hauptstromes zwischen 1 und 2. Es wird daher unter Umständen ein zu geringer Teilstrom durch den Maschinenraum gehen. Zur Vergrößerung des Teilstromes müßte entweder der Druckunterschied zwischen 1 und 2 durch Einfügung einer Drosselung 3 im Hauptstrome vergrößert, oder im Laufe des Teilstromes eine besondere Triebkraft, etwa durch eine Strahlpumpe auf den Teilstrom geleitet werden.

Bei Fig. 308 is der Druckunterschied zwischen dem Punkte 1 im einziehenden Schachte und dem Punkte 2 im ausziehenden Schachte nahe gleich dem gesamten Druckunterschied der Bewetterung. Es ist daher leicht, einen genügenden Wetterstrom durch den Maschinenraum zu leiten, auch wenn die Verbindungswege geringe Querschnitte erhalten.

Im letzten Falle ist der Teilwetterstrom für die Bewetterung der Grube verloren, im ersten Falle durchläuft er mit dem Hauptstrome vereint die Grubenbaue.

In dem Falle einer Dampfwasserhaltung betrug der verlorene, für die Bewetterung der unterirdischen Dampfwasserhaltung verbrauchte Wetterstrom 10—15 v. H. der gesamten Wettermenge. Der Teilstrom konnte nicht dem Hauptstrome wieder beigemischt, sondern mußte dem benachbarten ausziehenden Schachte zugeführt werden, da er die Grubenwetter zu sehr erhitzt hätte. Im Maschinenraum herrschten dabei 30° C. Man beschloß, den Teilstrom hinter dem Maschinenraume abzukühlen und dem Hauptstrome, nicht dem Ausziehschachte, zuzuführen. Zur Abkühlung diente eine Brause, der von einer oberen Sohle Wasser von 10 atm Druck zugeführt wurde. Die Temperaturen betrugen: frische Wetter 10°, Kühlwasser 17°, Maschinenraum 28°, hinter der Brause 22°, Mischtemperatur 12°. Da der Teilstrom jetzt dem Hauptstrome vor seinem Laufe durch die Grubenbaue zugeführt wurde, stand er unter den ungünstigen Druckverhältnissen der Fig. 309. Es erwies sich daher eine Vermehrung seiner Strömungsenergie als erforderlich. Sie wurde durch die Brause bewirkt.

Auf einer oberschlesischen Grube dienen 3 Schächte der Wasserhaltung und der Wetterführung. Schacht 1 besitzt eine elektrische Wasserhaltung und ist immer ausziehender Schacht. Die beiden anderen Schächte haben je eine Dampfwasserhaltung, die abwechselnd betrieben werden. Die Dampfleitungen gehen durch die betreffenden Schächte. Ist die Dampfwasserhaltung auf Schacht 2 im Betriebe, dann wird die Wetterführung so gestellt, daß der kalte Schacht 3 einzieht, während bei Betrieb im Schacht 3 der Schacht 2 zum einziehenden gemacht wird. Laufen aber beide Dampfwasserhaltungen, dann müssen die Wetter durch einen der durch die Dampfleitung geheizten Schächte einziehen. Zur Ausgleichung dieser Störung wird dann der ausziehende Schacht 1 durch eine Heizvorrichtung geheizt.

3. Das Ausschießen der unterirdischen Maschinenräume.

Die Herstellung großer unterirdischer Räume ist desto schwieriger, je geringer die Festigkeit des Gebirges ist.

Bei gutem Gebirge können Räume beliebiger Größe sicher und auf einfache Art hergestellt werden, indem der Hohlraum zunächst ausgeschossen und hernach ausgebaut wird.

Bei schlechtem Gebirge sind langgestreckte Räume geringen Querschnitts anzustreben.

Die Herstellung der Hohlräume geschieht nach verschiedenen Verfahren, die eine Erleichterung der Arbeit und eine Verringerung der Gefahren bezwecken. Die Mittel sind immer etwa die gleichen: Vorgehen beim Ausschießen der Räume in kleinen Abschnitten und beschleunigte Nachführung des schützenden und stützenden Ausbaues. Danach lassen sich etwa folgende Verfahren unterscheiden:

Der Vollausbruch in festem Gebirge geht mit vollem Querschnitte beim Ausschießen vor. Es kann ein rascher Fortschritt erzielt werden, da viele Leute vor dem breiten Stoße arbeiten können. Die ausgeschossenen Teile werden bis zum Ausbau in Zimmerung gesetzt. Der Ausbau geschieht entweder nach dem fertigen Ausschießen, oder es folgt der Ausbau dem Schießen in geringem Abstande nach, so daß gleichzeitig geschlossen und ausgebaut wird; oder es wird drittens umzechig und absatzweise (3—4 m) ausgeschossen und ausgebaut.

Der Scheibenbau kann in einzelnen Arten als Abart des Vollausbruches, in anderen als Übergang zum Kernbau aufgefaßt werden.

Der Scheibenbau geht nicht mit breitem Stoß vor, sondern nur mit Teilen des Querschnittes, so den ganzen Stoß nacheinander nehmend.

Dieses Vorgehen hat wohl den Zweck, einen besseren Einbruch als beim Vorgange mit breitem Stoße zu erlangen.

Der uneigentliche Scheibenbau arbeitet mit Vollausbruch, der aber scheibenartig vorgeht. Der Ausbau kann ebenfalls in den 3 Arten des Vollausbruches geschehen

Der eigentliche Scheibenbau schießt den Raum in einzelnen Scheiben aus: das heißt er geht mit einem Teile des Querschnittes auf die ganze Länge des Raumes und dann mit weiteren Teilquerschnitten erneut vor. Er beginnt dann entweder mit der oberen oder mit der unteren Scheibe. Bei größeren Querschnitten wird dieser in eine größere Anzahl von Scheiben bis etwa 6 zerlegt. Die ausgeschossenen Räume werden bis zum Ausbau in Zimmerung gesetzt. Der Ausbau erfolgt nach teilweisem Ausschießen zuerst an der bedrohten Firste.

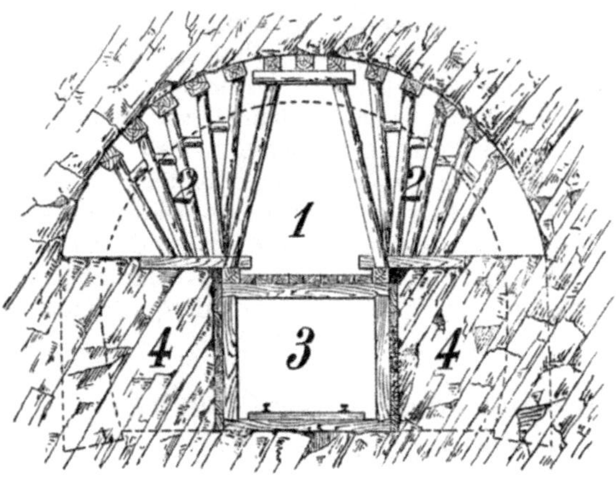

Fig. 310. Das Ausschießen eines kleinen Raumes. (Heise-Herbst.)

Fig. 310 zeigt das Ausschießen eines kleineren Raumes. Zunächst wird die Firstenstrecke 1 vorgetrieben, in verlorene Zimmerung gesetzt, dann die zwei Seitenstrecken 2 aufgefahren und alsbald das Firstengewölbe eingebracht. Alsdann folgen die unteren Strecken 3 und 4,

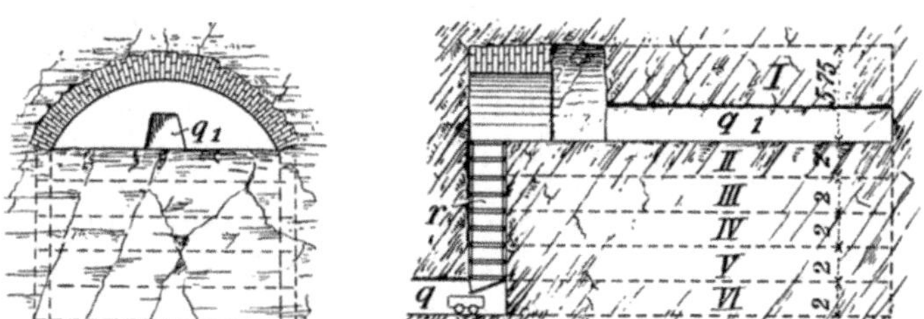

Fig. 311. Das Ausschießen eines großen Raumes in Scheibenbau. (Heise-Herbst.)

in denen die Mauerfüße hergestellt und zum Schluß das Firstengewölbe vorsichtig unterfangen wird.

Fig. 311 zeigt die Herstellung größerer Räume. Von einer ersten Einbruchstrecke q_1 aus wird der Firstenabschnitt I hereingewonnen und hierauf das Firstengewölbe eingebracht. Dann wird der übrige Raum absatzweise in Scheiben II bis VI ausgeschossen. Die Berge werden durch das Rolloch r nach dem Querschlag q geschafft.

Für sehr große Räume oder gebräches Gebirge wird der Kernbau, Fig. 312, vorgezogen. Er erweist sich als eine Abart des Scheibenbaues, bei dem aber nicht der ganze Querschnitt, sondern nur eine Art Hohlmantel unter vorläufiger Belassung eines großen Gesteinskernes scheibenartig herausgeschossen, verzimmert und ausgebaut wird. Nach vollständigem Ausbau wird dann der Kern unter nötiger Vorsicht herausgeschossen.

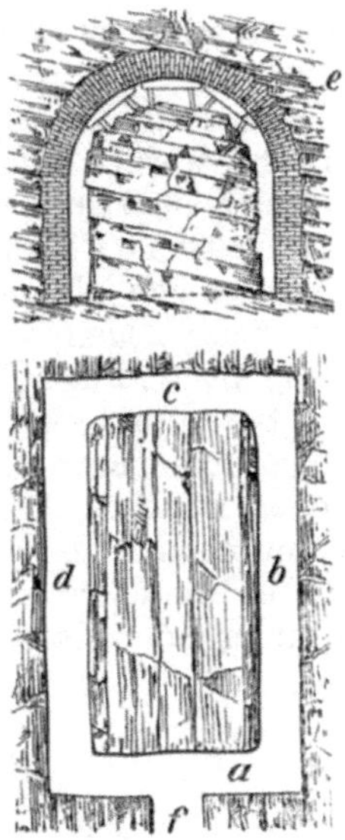

Fig. 312. Das Ausschießen eines großen Raumes in Kernbau. (Heise-Herbst.)

Der Vorgang ist etwa: Vom Querschlag f aus werden Strecken a, b, c, d entlang der Umfassungslinie des Raumes aufgefahren und hernach nach oben absatzweise erweitert, bis schließlich unter der Firste die Verbindung der beiderseitigen Räume erfolgt. Ist das Gebirge sehr schwach, dann folgt die Mauerung dem Hochbrechen unmittelbar nach. Bei besserem Gebirge werden die Gesteinsstöße gegeneinander verspreitzt, bis nach Herstellung des Umfassungsmantels die Mauerung geschieht.

4. Der Ausbau der unterirdischen Maschinenräume.

Die Maschinenräume bleiben selten ohne Ausbau.

Als Ausbau werden verwendet Mauerung, Beton und Eisenbeton, je nach der Druckhaftigkeit des Gebirges. Danach hat sich auch die Querschnittsform zu richten. Zur Aufnahme des Firstendruckes oder auch bei mangelndem Drucke zur Aufnahme des Mauergewichts wird die Firste wohl immer gewölbt. Seitenwände und Flur werden eben gestaltet, wenn nicht Seiten- und Sohlendruck ebenfalls eine Wölbung erfordern. Bei quellender Sohle ist immer ein Sohlengewölbe zu schlagen. Bei allseitigem Drucke wird die Querschnittsform länglich rund und bei stärkerem Drucke selbst kreisrund gewählt. Im übrigen ist das Verhältnis der senkrechten und wagerechten Drucke zueinander für die günstige Querschnittsform maßgebend. Ohne Not wird man vom länglichen Querschnitt, der die beste Raumausnutzung ergibt, nicht abweichen. Besonders die Sohlengewölbe passen sich schlecht den Formen der nötigen Fundamente an.

Für große Gebirgsdrücke werden starke Mauern erfordert, ohne daß dabei eine Sicherheit gegen Aufklaffen der Fugen erreicht wird. Ist der Querschnitt eines Ausbaus den wirkenden Kräften angepaßt, dann erfährt er eine gleichmäßige Zusammenpressung, deren Druckspannungen vom Mauerwerk leicht aufgenommen werden können. Diese richtige Anpassung der Form an die Belastung kann aber nie erreicht werden, weil die Gebirgsdrücke nicht genügend bekannt sind und sich im Laufe der Zeit ändern. Das Mauerwerk ist dann irgendeiner seitlichen Einbeulung ausgesetzt, in deren Folge Zugspannungen in denjenigen Linien der Mauerung auftreten, die durch die Formänderung ausgezogen worden sind. Mauerung kann Zugspannungen nicht ertragen; die Fugen klaffen an den Stellen der Zugspannung auseinander.

Beton hat eine wesentlich größere Druckfestigkeit als Mauerwerk. (20 kg/qcm gegen 12 kg/qcm). Es eignet sich besser zur Aufnahme großer Drücke. Es werden dabei nur geringere Stärken nötig. Zugspannungen kann Beton ebensowenig aushalten wie Mauerung. Daher hat es keine Vorzüge in solchen Fällen, in denen die ungünstige Biegung einer Mauer nicht ferngehalten werden kann.

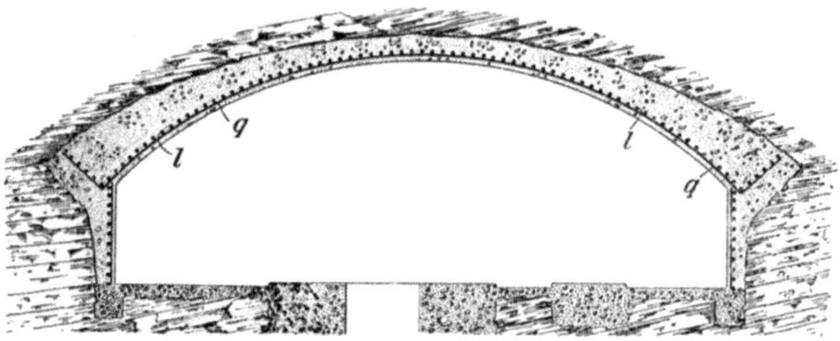

Fig. 313. Ausbau eines Maschinenraumes auf Zeche Alma in Eisenbeton. (Heise-Herbst.)

Hier kann der sich auch anderwärts bewährende Eisenbeton aushelfen. Durch die richtig gewählten Drahteinlagen kann er ganz erhebliche Zugspannungen aufnehmen, während an den Stellen vorhandener Druckspannungen die hohe Druckfestigkeit des Betons tätig wird.

Die Wirksamkeit des Eisenbetons ist ganz an die richtige Lage der Eisenstäbe gebunden. Diese müssen an diejenigen Stellen gelegt werden, an denen in Zukunft Zugspannungen zu erwarten sind. Es ist daher auch hier die Kenntnis des Gebirgsdruckes vonnöten, um die richtige Form des Querschnittes und die günstige Lage der Eisenbewehrung festzustellen. Gegen künftige Veränderung der Druckverhältnisse kann man sich nur helfen, indem man den vermuteten künftigen Kräfteverhältnissen entsprechende Bewehrungen außer den für die jetzigen Verhältnisse nötigen anordnet.

Man unterscheidet daher im allgemeinen zwei Arten der Bewehrung, eine einseitige, innen oder außen im Beton, wo gerade die Zugspannung erwartet wird, und eine doppelte Bewehrung, innen und außen, um gegen alle Vorkommnisse gerüstet zu sein.

Fig. 313 läßt einen flach abgewölbten breiten Maschinenraum mit einfacher innerer Bewehrung erkennen (Zeche Alma, Ruhr-Bezirk). Es war hier offenbar nur auf Firstendruck Rücksicht zu nehmen. Die Form des Ausbauquerschnittes ist eine offene, im Gegensatz zu Fig. 314, die einen völlig kreisförmigen und geschlossenen Ausbau zeigt (Zeche Bonifacius). Die Bewehrung ist doppelt, innen und außen, eingelegt. Sie besteht aus Rundeisen von 26 und 10 mm Durchmesser; die Wandstärke beträgt 75 cm. Bei großem Firsten- und geringem Seitendruck empfiehlt sich die Form der Fig. 315, (Zeche Rosenblumendelle). Die lotrechten Scheibenmauern sind in Stampfbeton, das Firstengewölbe mit doppelter Bewehrung ausgeführt; 12 und 16 mm Durchmesser, Gewölbestärke 25 bis 50 cm.

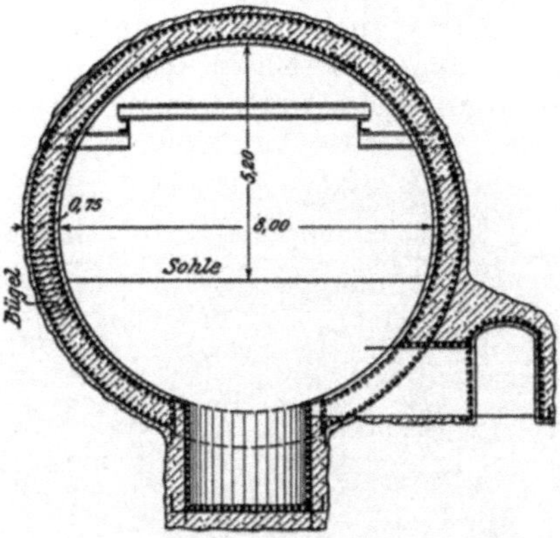

Fig. 314. Ausbau eines Maschinenraumes auf Zeche Bonifacius in Eisenbeton. (Handbuch für Eisenbeton.)

Beim Betonausbau ist darauf zu achten, daß der Firstenschluß gut geschieht. Die Betonmauern werden, wenn möglich, von der Sohle aus begonnen und in der Firste ein Streifen ausgehalten, der dann zuletzt in der Längsrichtung des Gewölbes ausgefüllt wird. Der gute Schluß erfordert große Sorgfalt. Bei Eisenbeton bereitet sowohl das

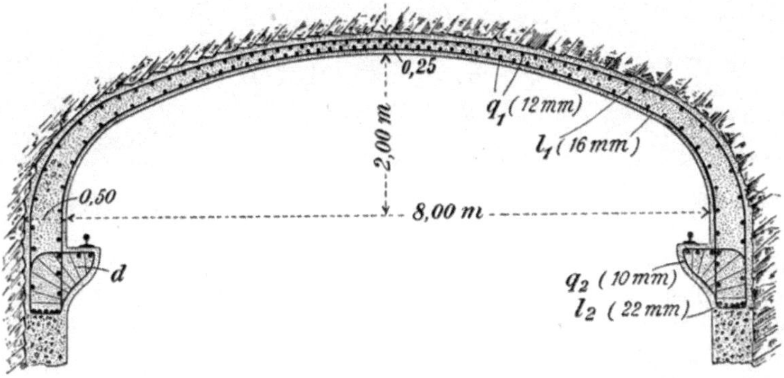

Fig. 315. Ausbau eines Maschinenraumes auf Zeche Rosenblumendelle. (Heise-Herbst.)

Legen der Eiseneinlagen als auch das Ausstampfen in unterirdischen Räumen Schwierigkeit.

Es darf nochmals darauf hingewiesen werden, daß Eisenbeton seine vorzüglichen Eigenschaften nur bei richtiger Lage der Einlagen und sonstiger sachgemäßer Herstellung entfaltet. Die Herstellung darf daher nur erfahrenen Leuten anvertraut werden.

Bezüglich der Dichtheit dürfte der Beton dem Mauerwerk überlegen sein. Es sei auf das nachträgliche Abdichten eines Maschinenraumes auf Zeche Schmalgraf, Fig. 38, verwiesen.

Wenn auch der Eisenbeton hohe Festigkeit besitzt, so kann er doch den gewaltigen Kräftewirkungen größerer Schiebungen des Gebirges nicht widerstehen. Hier muß ein nachgiebiger Ausbau

Fig. 316. Nachgiebiger Ausbau eines Maschinenraumes. (Z. d. E. 1908.)

gewählt werden. Mauerung und Beton sind starr. Eine Nachgiebigkeit kann in Längs- und Querrichtung erfordert werden. Eine gewisse Nachgiebigkeit in der Längsrichtung kann bei einem tunnelartigen Maschinenraum, bei dem sie auch am ersten nötig ist, dadurch erzielt werden, daß die Röhre in der Längsrichtung aus einzelnen in glatten Fugen ohne Verband aneinanderstoßenden Abschnitten hergestellt wird.

Eine Nachgiebigkeit im Querschnitt kann nur durch nachgiebigen Baustoff in einzelnen Teilen des Querschnitts erreicht werden.

So können etwa in der Höhe der Kämpferlinie an Stelle der Steine Holzklötze eingelegt werden. Der Querschnitt kann sich daher in senkrechter Richtung zusammendrücken, ohne in seinem Bestande gefährdet zu werden. Dagegen ist er widerstandsunfähig gegen seitliche Schubkräfte. Für Beton kann dasselbe Mittel angewandt werden; desgleichen können die beiden offenen Teile des ursprünglich geschlossenen Querschnittes mit Eiseneinlagen versehen werden. Der Eisenbeton verliert aber in dieser Anwendung seine Vorzüge vor den anderen Ausbauarten, da dieser an die geschlossene Form der Eiseneinlagen gebunden ist.

In Fig. 316 ist eine Pumpenkammer ersichtlich, die, in druckhaftem Gebirge angelegt, einen nachgiebigen Ausbau durch Holzeinlagen innerhalb der Mauerung nötig machte.

Neunter Teil.

Die Abteufwasserhaltungen.

A. Die gemeinsamen Gesichtspunkte der Abteufwasserhaltung.

1. Die Bedeutung der Wasserhaltung für das Abteufen.

Schon beim ersten Aufschließen seiner Baue tritt dem Bergmanne das Wasser feindlich entgegen und es entbrennt ein Kampf um die Fläche des Schachttiefsten, in dem der Bergmann häufig genug wie im späteren Kampfe um die eigentlichen Grubenbaue unterlag.

Die Entwicklung der Abteufwasserhaltung läuft der der eigentlichen Abbauwasserhaltung parallel, indem sich über den Handbetrieb und die Gestängewasserhaltung der unterirdische Dampfantrieb und als Abschluß die elektrisch angetriebene Kreiselpumpe entwickelte. Neben diesen eigentlichen Pumpwerken laufen eine Anzahl Sondereinrichtungen einher, die gelegentlich nützliche Verwendung finden.

Auch in der Abteufwasserhaltung ist die Entwicklung zu einem günstigen Abschluß gekommen, indem hier der elektrische Antrieb seine besonderen Vorzüge entfaltet und die Kreiselpumpe mit ihrem geringen Raum- und Gewichtsbedarf die Kolbenpumpe aus dem Felde geschlagen hat.

Zum Verständnis der Sonderformen der Abteufwasserhaltung ist eine Erkenntnis der Sonderanforderungen des Abteufbetriebes nötig. Daher seien zunächst der Abteufbetrieb, seine verschiedene Stellung zur Wasserfrage, dann die besonderen Hifswerke über Tage und im Schachte und die Anforderung an eine Abteufwasserhaltung besprochen. Den Beschluß mache die Erörterung der verschiedenen Wasserhaltungsanordnungen.

Die Arten des Abteufens sind so verschieden wie die Beschaffenheit der zu durchteufenden Gebirgsschichten und die Menge des zufließenden Wassers. Bei tieferen Schächten erweisen sich in den einzelnen Teufenstufen verschiedene Arten als vorteilhaft. Man geht daher mit wechselndem Gebirge bei demselben Schachte zu anderen Arten des Abteufens über. Die Art des Abteufens ist zunächst durch die Härte, Standfestigkeit und Schichtenneigung des Gebirges gegeben. Dabei ist aber in allen Fällen die Menge des zufließenden Wassers ausschlaggebend, nach welcher zu entscheiden ist, ob die Wasser während des Abteufens gehoben werden können, oder ob eine Abteufart ohne Wasserhebung gewählt werden muß. Die Abteufarten ohne Wasserhaltung haben sich aus der Erfahrug ergeben, daß aus großen Teufen große Wassermengen nicht mehr gehoben werden können, da die hierzu nötigen Hubwerke den Schachtquerschnitt über Gebühr beanspruchen. Es ist auch ohne nähere Kenntnis dieser Abteufarten ersichtlich, daß, da bei ihnen der Bergmann durch das Schachtwasser von der Schachtsohle abgesperrt ist, die Vertiefung sowie der etwaige nötige Ausbau des unter Wasser stehenden Schachtes Opfer an Zeit und Geld erfordert.

Die Menge des Wassers ist wohl entscheidend für die Wahl der Abteufart; sie ist aber immer unbekannt und ihre Schätzung selbst bei genauer Kenntnis der Gebirgsbeschaffenheit ungewiß, da diese Verhältnisse sich oft innerhalb kleiner örtlicher Gebiete gänzlich verschieden erweisen. Die Schächte Preußen und Scharnhorst I mußten wegen großer Wasserzuflüsse in einem Teile abgebohrt werden, während die etwa je 50 m davon entfernten Schächte II ohne erhebliche Wasserzuflüsse mit Hand abgeteuft werden konnten. Auch nachdem die wasserführenden Schichten erreicht und Hebevorrichtungen für das zufließende Wasser beschafft sind, kann jeder weitere Schritt unangenehme Überraschung durch wesentlich stärkere Zuflüsse bringen. Auch die Leistung der immer vorzusehenden Aushilfe kann überschritten werden und der Zwang auftreten, von der Abteufart mit Wasserhaltung zum Abteufen im toten Wasser überzugehen. Über die in Westfalen beobachteten Wassermengen sei mitgeteilt (aus dem Westf. Sammelwerk, Band III): „In dem das Steinkohlengebirge überlagernden Mergel finden sich 2 wasserreiche Schichten, die dem Abteufen Schwierigkeit bereiten und zur späteren Entlastung der Wasserhaltung einen eisernen Schachtausbau in diesen Teufen erfordern. Die eine Schicht wird vom zerklüfteten oberen Teile des Emschermergels gebildet und ist etwa 60 m mächtig, die zweite Schicht gehört dem weißen Mergel an und ist etwa 80 m mächtig. Die obere Schicht führte einzelnen Schächten bis 15 cbm/min Wasser zu, ohne das Abteufen mit Hand und Wasserhaltung unmöglich zu machen, die untere Schicht zwang in einigen Fällen bei 35 cbm/min Zuflüssen zum Schachtabbohren im toten Wasser.

Im eigentlichen unter der Mergeldecke liegenden Steinkohlengebirge betragen die Zuflüsse selten mehr als einige hundert l/min.

Wenn ausnahmsweise größere Wasserzuflüsse auftreten, so werden sie fast immer durch Klüfte aus dem Deckgebirge oder von Tage her zugeführt. 3 cbm/min gilt hier als großer Wasserzufluß.

In der Nähe des Rheines besteht die Überlagerung an einzelnen Stellen bis zu 300 m Tiefe aus lockeren, wasserreichen Schichten, die dem Abteufen erhebliche Schwierigkeiten bereiten."

Das Abteufen kann als Vertiefen eines vorhandenen Schachtes von der vorhandenen tiefsten Sohle des Bergwerkes oder bei neuen Schächten von Tage aus geschehen. Das Abteufen von einer Sohle aus bereitet im allgemeinen keine Schwierigkeit, da die erschlossenen Wassermengen nur um die geringe Höhe der Vertiefung bis zur erwähnten Sohle von der Abteufwasserhaltung zu heben sind, während hier eine fest eingebaute leistungsfähige Wasserhaltung die weitere Beförderung übernimmt. Dieser Betrieb ergibt sich besonders häufig auf Erzgruben, die bei einem Sohlenabstande von etwa 25 m nach Verlauf weniger Jahre eine neue Sohle erschließen müssen.

Mit neuen Schächten wurden in älteren Zeiten meist nur geringe Tiefen erschlossen. Die Wasserhaltung war dabei noch schwierig genug. Die heutige Teufe erreichten die älteren Gruben durch das geschilderte Tieferteufen von der Sohle aus. Heute werden Schächte in jeder Tiefe erstellt. Im Braunkohlenbergbau selten über 100 m, im Steinkohlenbergbau wesentlich tiefer, im Erzbergbau wohl am tiefsten. 1905 wurde der Schacht Hattorf bei Philippsthal a. d. Werra mit 700 m, 1909 die Westfalenschächte bei Ahlen mit 1100 m abgeteuft.

Die Schwierigkeiten des Abteufens wachsen bei gleicher Wassermenge mit der Tiefe, aus der sie zu heben ist. Wenn daher diese neueren Abteufungen in kurzen Zeiten (reichlich 2 Jahren) und ohne Unfälle geschehen sind, so verdanken wir diese Erfolge dem hohen Stand der Maschinentechnik und insbesondere der Leistungsfähigkeit der neueren Abteufwasserhaltungen.

2. Das Abteufen mit und ohne Wasserhaltung.

Das Abteufen beginnt an der Tagesoberfläche im lockeren Mutterboden mit einfachen Mitteln. Hit Hacke und Schaufel wird die Sohle vertieft, das losgelöste Gebirge und das zufließende Wasser mit dem Förderkübel gehoben. Bei nicht standhaften Wänden muß der Schacht alsbald ausgekleidet werden. Bei Erreichung härterer Schichten treten Treibfäustel, Keilhaue, Bohr- und Sprengarbeit in ihr Recht. Wachsende Wasserzuflüsse erfordern den Einbau leistungsfähiger Pumpen. Die Pumpe muß bei vorschreitender Teufe dem Wasserspiegel folgen; wir erhalten die Sonderbauart der Senkpumpe. Um die Schwierigkeit des allzuhäufigen Senkens zu umgehen, hilft man sich bis zu einer Saughöhe bis 8 m mit einer Verlängerung des Saugrohres. Wird auf der Sohle gesprengt, so ist die Pumpe durch schleuderndes Gestein gefährdet und muß vor jedem Sprengen hochgezogen werden.

Bei diesem Abteufen mit Hand und Wasserhaltung wird der

Schachtquerschnitt durch die Wasserhaltung und die Förderkübel beansprucht. Der Raumbedarf der Wasserhaltung ist durch das Produkt aus Wassermenge und Teufe gegeben. Große Wassermengen in großen Teufen ergeben daher einen Raumbedarf der Wasserhaltungsmaschine, der keinen Raum mehr für die übrigen nötigen Einrichtungen: Förderung, Fahrung, Wetterführung beläßt. Man beachte hierbei, daß der für die Wasserhaltung freie Raum nur zur Hälfte in Anspruch genommen werden darf, da man sich bei der Entschließung, ob eine Wasserhaltung der zufließenden Mengen durchgeführt werden kann, diese zweite Hälfte für Aushilfe für den Notfall vermehrter Zuflüsse zurückstellen muß. Die Fortschritte der Abteufwasserhaltungsmaschinen bezüglich Sicherheit und Raumausnutzung haben die Grenzen der Wassermengen und Schachtteufen um früher für unmöglich gehaltene Werte erweitert. Eine weitere und wohl ziemlich unbegrenzte Erweiterung ergiebt der Grundsatz, bei Erreichung größerer Teufen die Förderhöhe zu teilen, indem in höheren, fertig gestellten Teilen des Schachtes eine feste Wasserhaltung eingebaut wird, der die eigentliche Senkpumpe zuhebt.

Dieser Grundsatz der Teilung der Förderhöhe ward schon bei den alten Gestängeabteufwasserhaltungen ausgeführt, und zwar schon für kleinere Teufen, da wegen der Ungunst der ganzen Anordnung die erwähnten Schwierigkeiten schon früher auftraten. Es war ein Erfolg der Dampfsenkpumpe und insbesondere der elektrisch betriebenen Kreiselpumpe, die in einem Absatz erreichbare Förderhöhe zu vergrößern; es ist ein weiterer Erfolg der elektrisch betriebenen Kreiselpumpe, durch billigen Einbau fester Wasserhaltungsstufen die im ganzen erreichbaren Teufen auf ein Mehrfaches dieser vergrößerten Förderstufen zu erhöhen.

Eine Besonderheit bildet das Schachtabteufen mit Hand in schwimmendem Gebirge, dessen Wände nicht standfest sind, so daß die Auskleidung des Schachtes der Wegnahme des Gebirges vorausgehen muß. Man vgl. hierüber einiges im Abschnitt II B 3. Die Wasserhaltung ist erschwert wegen der meist großen Wassermenge und der äußerst ungünstigen Beschaffenheit des Wassers.

Über die Höchstleistung einer Kreiselpumpe kann mitgeteilt werden: Im Schachte Hattorf mit 5250 mm Durchmesser fanden 2 Pumpen für je 7 cbm/min auf 350 m Höhe neben den übrigen Einrichtungen Platz. Die Schachtteufe wurde dabei durch Einbau einer festen Stufe auf das Doppelte erhöht.

Über die mögliche Leistung bei größerem Schachtdurchmesser kann vielleicht geschlossen werden:

Tritt das Wasser im wesentlichen durch die senkrechte Schachtwand zu, dann nimmt die zufließende Wassermenge proportional dem Schachtdurchmesser, der Schachtquerschnitt proportional dem Quadrate des Durchmessers zu. Bei wachsendem Durchmesser des Schachtes könnten daher bei Ausnutzung des Schachtquerschnittes nicht nur mehr Wasser im ganzen, sondern auch je qm Schachtstoß gehoben werden.

Sind die Wasserzuflüsse größer, als der Leistungsfähigkeit des Schachtquerschnitts entspricht, so muß auf die Wasserhebung verzichtet werden.

Das Abteufen ohne Wasserhebung kann in zweierlei Art erfolgen. Erstens: man läßt das Wasser im Schachte aufgehen und arbeitet im toten Wasser. Zweitens: man bewahrt das Wasser vor dem Eintritt in den Schacht durch einige bemerkenswerte Maßnahmen.

Der Übergang vom Abteufen mit Hand zu einem der noch zu erwähnenden Verfahren ohne Wasserhebung wird schon früher vollzogen, als ihn die Unmöglichkeit der Wasserhebung nötig macht, da mit wachsender Wassermenge das Handabteufen teurer und schwieriger und daher ein anderes Verfahren wirtschaftlicher erscheinen kann.

Unter den Abteufverfahren im toten Wasser ist das Senkschachtverfahren und das Abbohren bei unverkleideten Schachtstößen zu nennen. Beim Senkschachtverfahren ist hervorzuheben, daß es auch mit Freihaltung der Sohle durch Wasserhebung und Arbeiten auf der Sohle geübt werden kann, was sich der Billigkeit halber empfiehlt, solange die Wasserwältigung möglich ist. Das Arbeiten im toten Wasser beim Senkschachtverfahren geschieht mit dem Sackbohrer bei weicher Sohle und mit dem Stoßbohrer bei harter Sohle. Die Einrichtung einer Schachtabbohrung zeigt die Fig. 194. Man vergleiche die Beschreibung im Abschnitt VII C 2. Sind die Schachtstöße standfest, so geschieht die Auskleidung erst nach erfolgtem Abbohren. Die Förderung des ausgehobenen Gebirges geschieht hier als Schlammförderung durch eine Mammutpumpe. Man erkennt, daß beim Schachtabbohren der ganze Schachtquerschnitt frei von Einbauten sein muß. Beim Schachtabteufen mit Wasserhaltung und Kübelförderung werden für verschiedene Zwecke Einbauten im Schachte erforderlich. Gehen die zum Schachtabbohren zwingenden Wasser plötzlich auf, so kann es unmöglich werden, die Schachteinbauten genügend schnell zu entfernen. Ein lehrreiches Beispiel bietet der Schacht Adolf von Hansemann I. Dieser wurde 1873 begonnen. Es gelang nicht mit Abteufen mit Hand und Wasserwältigung durch Gestängepumpen das Steinkohlengebirge zu erreichen. Er mußte im Jahre 1894 aufgegeben werden, da der nötige Übergang zum Schachtabbohren wegen mehrerer im Schachte fest verlagerten Pumpensätze zu schwierig war.

Wegen der Ungewißheit über die Wasserverhältnisse kann über die Wasserhaltung nicht von vornherein entschieden werden. Erscheint aber das Schachtabbohren in Aussicht, dann ist das Abteufen bis zum Eintritt dieses Zeitpunktes so zu gestalten, daß feste Einbauten im Schachte möglichst vermieden oder doch rasch entfernbar angeordnet werden.

Ist der Bohrschacht bis auf wassertragendes festes Gebirge niedergebracht, dann wird man vom teuren Bohrverfahren wieder zu einem einfacheren Verfahren übergehen. Dem muß ein wasserdichtes Verkleiden der Schachtstöße, ein wasserdichter Anschluß an das feste Gebirge und ein Sümpfen des Schachtes vorangehen. Das Sümpfen des beschränkten, durch keine nennenswerten Wasserzuflüsse ergänzten Wasserinhaltes geschieht einfach durch Wassergefäße mit Bodenventil, die durch eine Fördermaschine gehoben werden.

Über das Abschließen der angeschlagenen Wasseradern während des Abteufens durch Zementierung der Klüfte ist schon einiges mitgeteilt worden, Abschnitt III A 3. Diese Art hat eine Erweiterung erfahren durch planmäßiges Zementieren der Sohle vor dem weiteren Abteufen. Schließlich ist man dazu übergegangen, den Umfang des abzuteufenden Schachtes vor dem Abteufen von Tage aus zu zementieren. In der künftigen Schachtwand werden von oben her im Kreise angeordnete Bohrlöcher niedergebracht und mit Zement ausgepreßt. Die wasserführenden Klüfte des Gebirges werden dadurch verschlossen, so daß das Abteufen dann ohne Wasserschwierigkeit geschieht.

Das ältere Gefrierverfahren verfolgt den gleichen Zweck durch andere Mittel. Um den zu erstellenden Schacht herum werden viele Bohrlöcher niedergebracht, in die doppelwandige Röhren eingelassen werden. Im mittleren Rohr läßt man eine Kältelösung niederfallen und im äußeren Rohrmantel aufsteigen. Die Kälte läßt das wasserreiche Gebirge gefrieren und verleiht ihm die Eigenschaften eines festen trockenen Gebirges, dessen Abteufen keine Schwierigkeit mehr macht.

Abführung des Wassers durch ein Bohrloch. Beim Schachtabteufen können die Schwierigkeiten der Wasserhebung vermieden oder vermindert werden, wenn es gelingt, den neuen Schacht durch tiefere vorhandene Grubenbaue zu unterfahren und die zufließenden Wasser durch ein Bohrloch in der Schachtsohle nach unten abfließen zu lassen. Sie werden durch die unteren Strecken einem Lösungsstollen oder der Wasserhaltungsmaschine zugeführt.

Man macht von dieser Möglichkeit gelegentlich Gebrauch.

Die Abführung der Wasser durch ein Bohrloch ist nur ratsam, wenn die Teufe bis zur Unterfahrungsstrecke nicht mehr als etwa 100 m beträgt, da sonst die Gefahr zu groß wird, daß das Bohrloch durch Abweichung von der Senkrechten die Strecke verfehlt. In vielen Fällen wird man daher den Schacht schon tief niedergebracht haben müssen, ehe man mit der Bohrung beginnen kann. Durch die Herstellung des Bohrloches tritt eine Pause in der Abteufarbeit ein. Es wird dies Verfahren daher nur von Vorteil sein, wenn die abzuführenden Wassermengen erheblich sind und eine Abteufwasserhaltung dieser Leistungsfähigkeit nicht vorhanden ist. Ferner setzt es entsprechend leistungsfähige Wasserhaltungseinrichtungen auf der unterfahrenden Sohle voraus. (Nach dem Westf. Sammelwerk B. III, S. 139.)

Über das Abteufen eines Wetterschachtes auf dem Nordfeld der Königsgrube wird berichtet (1912): Es wurde ein Bohrloch, 720 mm oberer und 530 mm unterer Durchmesser, von oben nach den 290 m tiefen Bauen gestoßen. Die Abteufberge wurden in das Bohrloch geworfen und unten versetzt. Als Vorteile werden angegeben: 1. kürzere Dauer des Abteufens (12 Monate gegen 18). 2. Geringere Kosten für die Beseitigung der Berge. 3. Verringerung der Wasserhaltungskosten. 4. Erhöhte Häuerleistung und geringere Häuerkosten je m Schacht, wegen des bequemeren Arbeitens im Schachte, der frei von Förder- und Wasserhaltungseinrichtungen blieb.

Die erzielte Ersparnis wird auf 20 v. H. angegeben.

3. Die Hilfseinrichtungen der Abteufwasserhaltung.

Die obertägigen Einrichtungen sind je nach der Art des Abteufens und der Wasserhaltung verschieden. Immer ist über dem Schachte ein Turm nötig. Fig. 317 zeigt die ältere Einrichtung einer Abteufwasserhaltung mit Gestängepumpen. Der Scheibenkolben der einachsigen Hubpumpe wird durch das Gestänge von dem über dem Schachte im Turme verlagerten Dampfzylinder unmittelbar angetrieben. Über dem Zylinder ist ein Windwerk zum Heben der Gestänge, daneben die Seilscheibe für den Abteufförderkübel. Die Pumpenröhre hängt an 4 eisernen Stangen, die im Turme verlagert sind. Die Lagerung geschieht durch Schraubenmuttern, in die das Bolzengewinde der Senkstangen eingreift. Mit diesem Schraubengewinde, dessen Länge der Stoßlänge der Senkstangen entspricht, kann die Pumpe um je eine Stangenlänge gesenkt werden. Ist die Gewindelänge abgeschraubt, dann werden zwei der Schraubenglieder abgekuppelt, hochgeschraubt, eine Stangenlänge eingefügt und mit den Gewindebolzen verbunden. Alsdann wird dasselbe mit den beiden anderen Gewinden gemacht, worauf die Gewinde wieder hoch über die haltenden Muttern hinausragen. Fig. 318 zeigt eine neuere Einrichtung zum Abteufen mit Hand und Wasserhaltung durch eine elektrisch angetriebene senkbare Kreiselpumpe. Der Elektromotor und die Kreiselpumpe sind in einem Rahmen zusammengebaut, der mit einer losen Rolle an einem Seile aufgehängt ist. Das eine Ende des Seiles ist an einem festen Punkte im Turme verankert, das andere Ende führt über eine fest verlagerte Seilscheibe zum seitlich in einem Schuppen stehenden Pumpenhaspel, der das Halten, Senken und Heben der Pumpe besorgt. Ein zweiter Haspel bedient den Förderkübel. Ein dritter Haspel dient zum Auf- und Abwickeln des elektrischen Kabels, das dem Motor den Strom zuführt.

In Fig. 319 endlich ist eine Einrichtung zum Abteufen mit Hand zu sehen, bei der eine besondere Form der Wasserhaltung, Tomsonsches Wasserziehverfahren genannt, angewandt ist. Dieses Wasserziehverfahren läßt den Schacht von festen Einbauten frei, so daß bei vermehrten Wasserzuflüssen leicht zum Schachtabbohren übergegangen werden kann.

Eine Einrichtung zum Schachtabbohren zeigt Fig. 194.

Fig. 319 läßt noch nötige Hilfseinrichtungen erkennen. Für das Wasserziehen ist eine besondere Bobinenmaschine aufgestellt. Ein besonderes Dampfkabel besorgt die Bewegung der Arbeitsbühne B, von der aus die Bedienung der Wasserhaltung geschieht. Die Wetter-

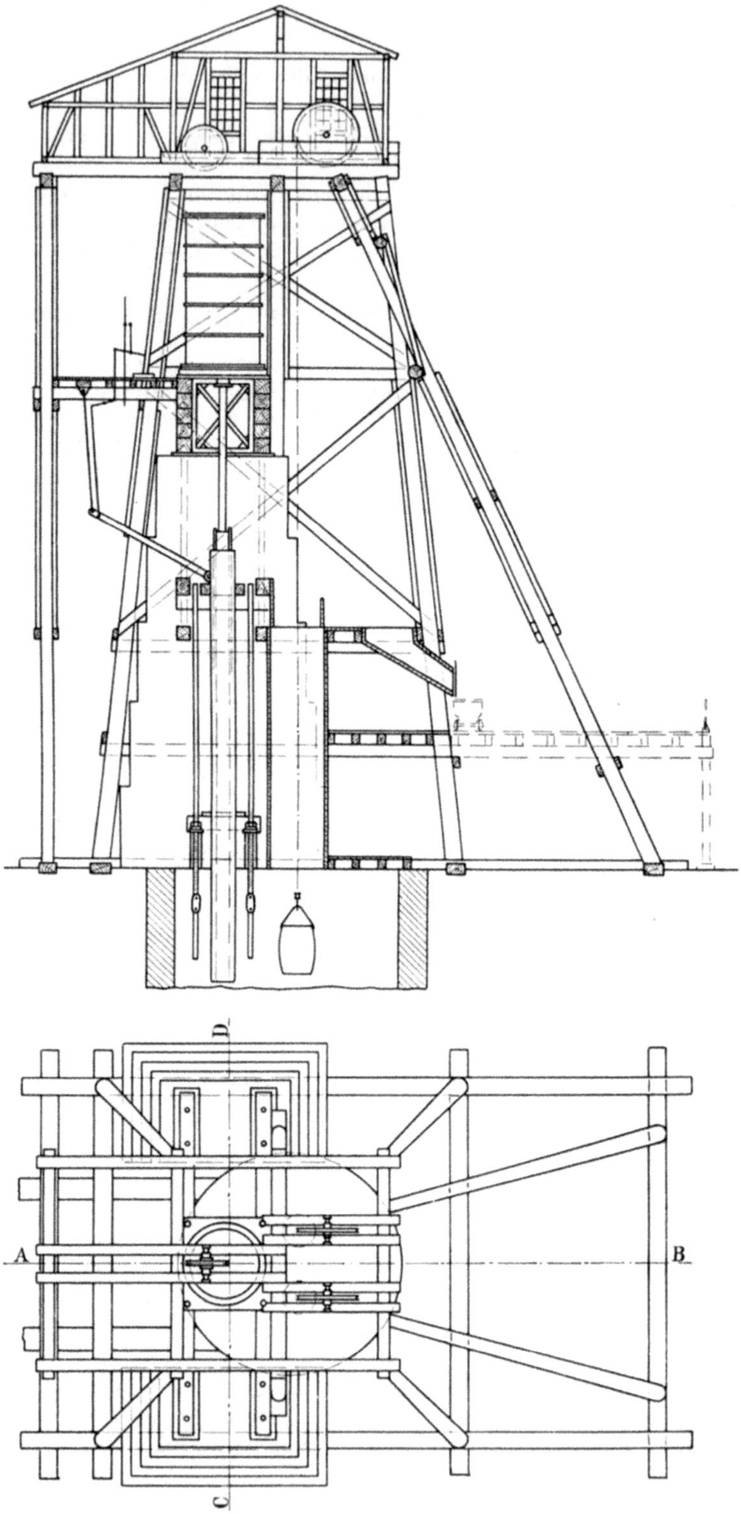

Fig. 317. Abteufen mit Gestängepumpe. (Westfäl. S. IV.)

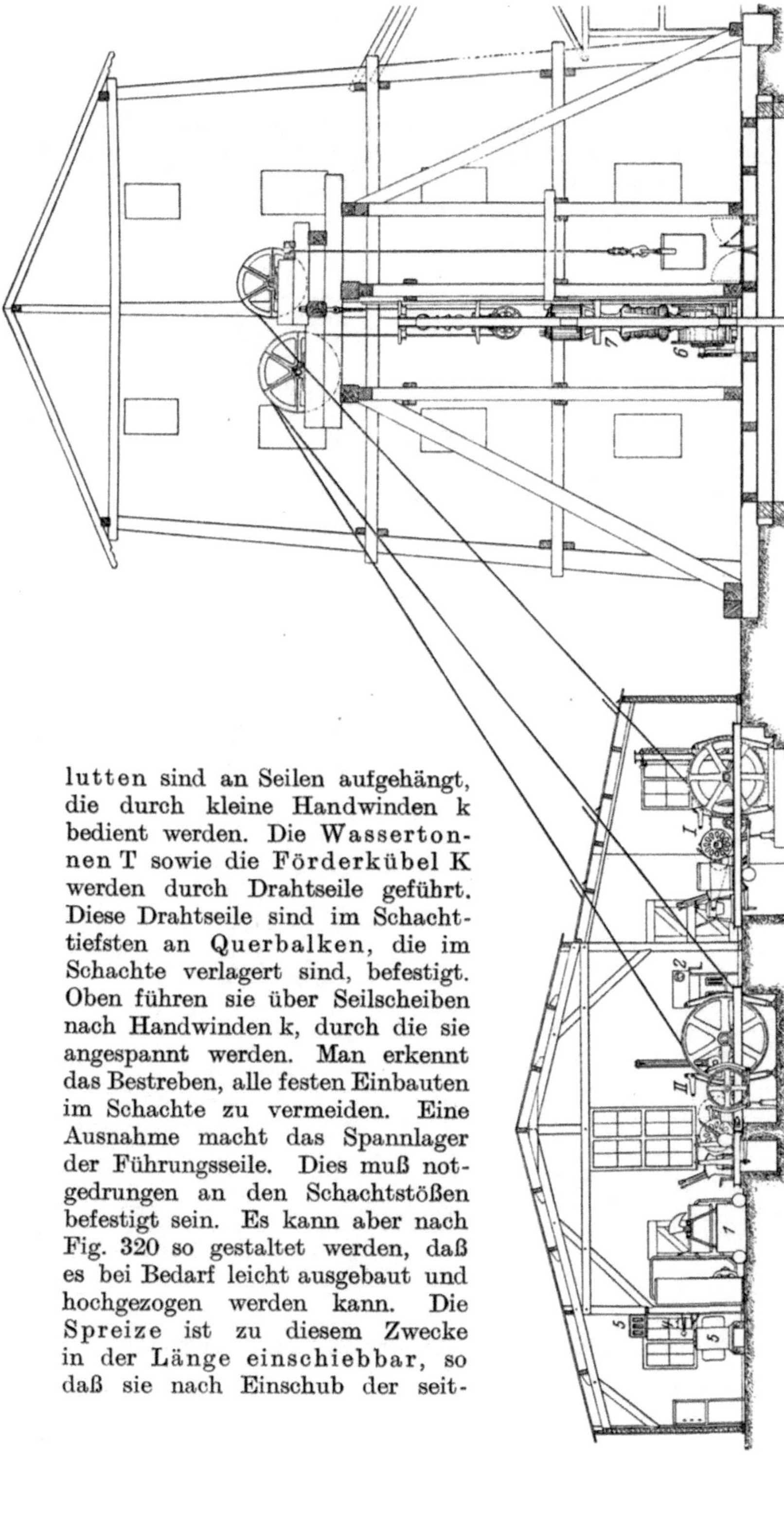

Fig. 318. Das Abteufen mit elektrisch betriebener Kreiselpumpe. (Siemens-Schuckert.)

lutten sind an Seilen aufgehängt, die durch kleine Handwinden k bedient werden. Die Wassertonnen T sowie die Förderkübel K werden durch Drahtseile geführt. Diese Drahtseile sind im Schachttiefsten an Querbalken, die im Schachte verlagert sind, befestigt. Oben führen sie über Seilscheiben nach Handwinden k, durch die sie angespannt werden. Man erkennt das Bestreben, alle festen Einbauten im Schachte zu vermeiden. Eine Ausnahme macht das Spannlager der Führungsseile. Dies muß notgedrungen an den Schachtstößen befestigt sein. Es kann aber nach Fig. 320 so gestaltet werden, daß es bei Bedarf leicht ausgebaut und hochgezogen werden kann. Die Spreize ist zu diesem Zwecke in der Länge einschiebbar, so daß sie nach Einschub der seitlichen Riegel ohne Zusammenhang mit den Bühnlöchern der Schachtstöße ist.

Die dem Abteufen dienenden Kabel zum Halten schwerer Gewichte sind meist Winden mit starker Übersetzung und einer Trommel, auf der sich das biegsame Kabelseil in mehrfachen Windungen aufwickelt. Sie sind nach den Bestimmungen der Bergpolizeiverordnungen mit

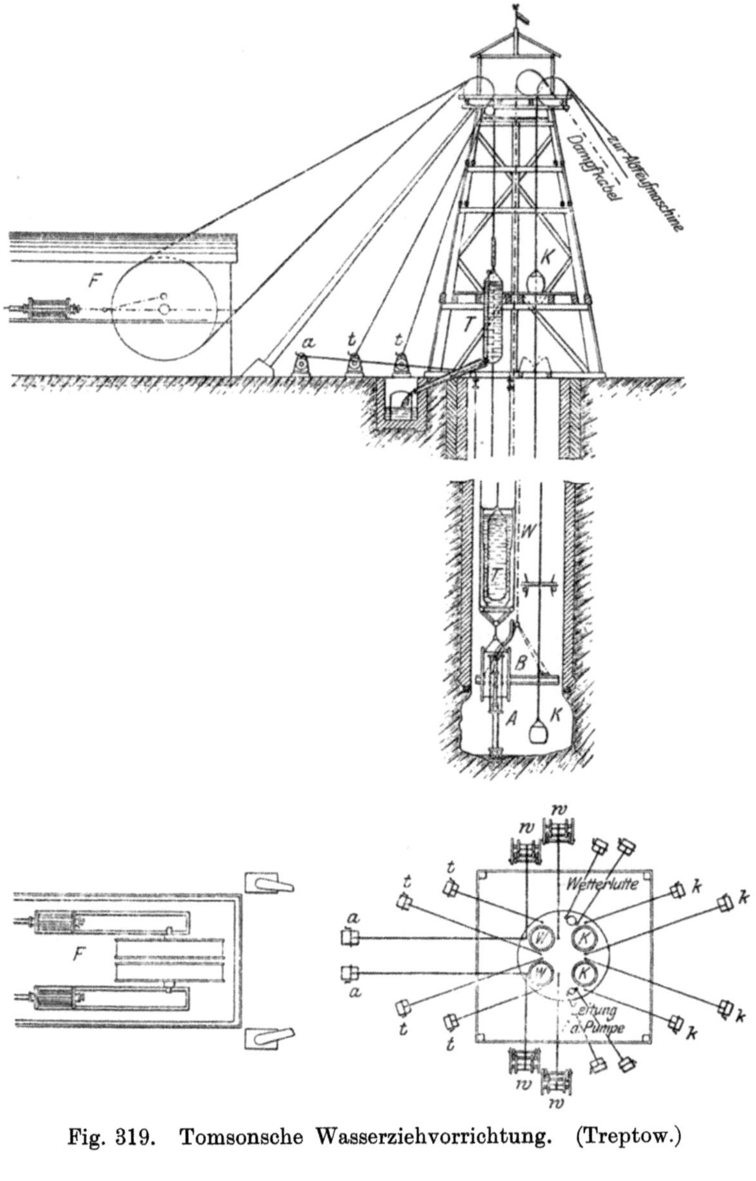

Fig. 319. Tomsonsche Wasserziehvorrichtung. (Treptow.)

doppelter Anordnung aller Übertragungsteile und Sicherheitsvorrichtungen, wie Sperrad und -klinke und Bremse, auszurüsten. Bei größerer Beanspruchung erhalten sie motorischen Antrieb. Die Hubgeschwindigkeit der Pumpen wird etwa auf 1 m/sec bemessen, die des Kabelseiles daher auf 2 m/sec, da zwischen Pumpe und Kabel die Übersetzung einer losen Rolle eingeschaltet ist. An Stelle der Trommelmaschine tritt bei großen Teufen zweckmäßig eine Reibungswinde. Bei dieser gleitet das Seil in mehrfacher Umschlingung über die Treib- und Führungsscheiben und kommt entspannt am Wickelhaspel an, der das überschüssige Seil in mehrfachen Lagen ohne wesentlichen Druck und Beschädigung aufnimmt. Bei der vorerwähnten Trommel tritt leicht eine Beschädigung der mit Druck aufeinanderliegenden Windungen ein.

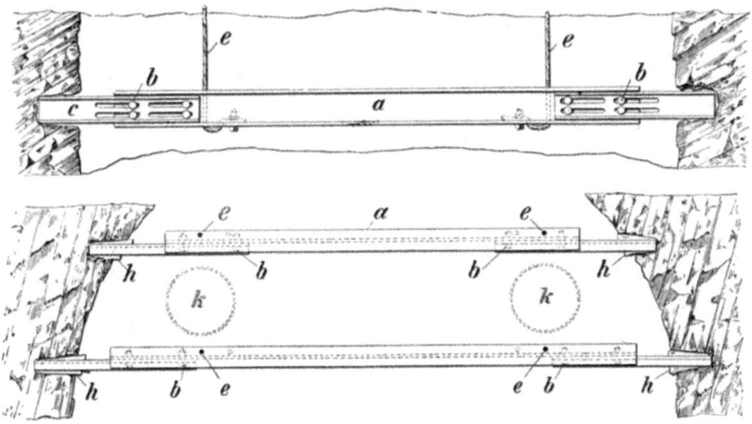

Fig. 320. Spannlager der Führungsseile. (Heise-Herbst.)

Bei Dampfsenkpumpen hängen an dem Kabel: Pumpe, Steigeleitung und Dampfleitung. Bei Änderung der Höhenlagen müssen die Leitungslängen oben verändert werden durch Zu- oder Abnahme von Rohrlängen. Bei elektrischem Antriebe erleichtert sich die Veränderung der Kraftleitung. Das Abteufkabel ist auf einer Kabelwinde aufgewickelt und kann beim Senken beliebig durch Nachlassen verlängert werden.

Eine schwere Kabelwinde zeigt Fig. 321 der AEG. Die Winden sind nicht zum eigentlichen Halten des Kabels bestimmt. Das Gewicht des Kabels wird meist von der Steigeleitung getragen, an die es angeklemmt wird. Bei freihängendem Kabel kommt das Gewicht auf die Kabelwinde und muß durch sie gehalten und bewegt werden. Es sind alsdann die Vorschriften der Bergpolizeiverordnungen auch für diese Kabelwinden gültig.

Die Kabelwinde wird so bemessen, daß das Kabel in höchstens drei Lagen aufliegt. Bei größerer Lagenzahl wird das Kabel unzulässig erwärmt wegen der schlechten Wärmeabfuhr der inneren Lagen. Zur

Erleichterung der Wärmeabfuhr sind die Seitenwände der Trommel durchlocht. Ist eine starke Erwärmung nicht anders zu vermeiden, dann muß eine Kühlung der Kabeltrommel durch einen künstlichen Luftzug geschehen. Der Trommeldurchmesser muß genügend groß sein, um Beschädigung des Kabels zu vermeiden. Das Kabel wird an der Trommel befestigt. Zu dem Zwecke wird die Seilbewehrung des Kabels abgelöst, zu einer Kausche zusammengebunden und um einen Zapfen der Trommel gelegt. Bei im Schachte vollständig freihängendem Kabel werden einige Sicherheitswindungen bei ganz abgewickelter Nutzlänge auf der Trommel belassen, so daß nicht das ganze Kabelgewicht auf den Zapfen kommt.

Fig. 321. Schwere Kabelwinde der AEG.

Das von der Bewehrung befreite Kabelende wird an der Stirnseite der Trommel in einer Spirale mittels Schellen befestigt und erhält einen Gummiendverschluß, der sich handschuhartig über das Kabel und die drei Einzeladern legt. Die drei blanken Kupferleiter werden schließlich mit Kabelschuhen an die drei Schleifringe angeschlossen, die auf der Achse, von ihr und voneinander isoliert, sitzen. Durch drei Schleifbürsten geschieht der Anschluß an das äußere Netz.

Über Tage sind ferner die Widerstände oder die Anlaßtransformatoren, die zum Anlassen des Motors dienen, aufgestellt.

4. Die Besonderheiten der Abteufwasserhaltungsmaschinen.

Der Betrieb einer Abteufwasserhaltung ist gekennzeichnet durch wechselnde Wassermengen schlechter und schlechtester Beschaffenheit und durch wechselnde, häufig große Förderhöhen.

Den wechselnden Fördermengen kann nur durch reichliche

Bemessung der Leistung und Bereithaltung von Aushilfe, dem raschen Verschleiß durch das sandige Wasser nur durch Bereithaltung der nötigen Ersatzteile begegnet werden. Die Anpassung der leistungsfähigen Maschinen an geringere Wasserzuflüsse geschieht selten durch Geschwindigkeitsregelung; diese konnte nur bei den veralteten Gestängepumpen und bei den Duplexdampfpumpen angewandt werden. Die elektrisch angetriebene Kreiselpumpe kann nur durch Drosselung, die elektrisch betriebene Kolbenpumpe überhaupt nicht regeln. Bei allen ist aber die Regelung durch absetzenden Betrieb möglich und üblich.

Die wechselnden Förderhöhen ergeben sich durch die zunehmende Tiefe des Unterwasserspiegels. Hieraus ergibt sich zunächst die Forderung einer Veränderung der Saughöhe und schließlich einer Senkung der ganzen Pumpe.

Die dabei steigende Förderhöhe kann vom Kolbenpumpen ohne weiteres geleistet werden, wenn die Leistungsfähigkeit der Antriebsmaschine ausreicht. Die Antriebsmaschine ist für die größte Leistung vorzusehen, die sich bei der höchsten Wasserförderung aus der größten vorgesetzten Teufe ergibt. Mit dem Produkt Wasser mal Teufe wächst die Leistung der Maschine, ihre Abmessungen und ihr Gewicht. Hierdurch wird die Höchstleistung begrenzt, somit bei gegebener Wassermenge die Teufe, die in einem Senksatz erreicht werden kann, oder bei gegebener Teufe die Wassermenge.

Bei den Kreiselpumpen ist eine wirtschaftliche Regelung der Förderhöhe nicht möglich. Eine Regelung durch den Drosselschieber in den geringeren Teufen würde bei für große Teufe bestimmten Pumpen unwirtschaftlich sein. Es ist aber keine andere Möglichkeit gegeben. Um die Verluste einigermaßen zu beschränken, richtet man die Pumpen auf auswechselbare Räderzahl ein. In den kleineren Teufen baut man eine entsprechende Räderzahl aus und ersetzt sie durch räderlose Stücke. Beim Vorschreiten der Teufe werden die Räder wieder ergänzt. Die Stufen werden dabei ziemlich groß genommen, um das lästige Umändern, das meist ein Zutageziehen der Pumpe erfordert, möglichst zu beschränken. Zwischen den einzelnen Stufen wird durch Drosselung geregelt. Auch die Stufenteilung durch fest eingebaute Wasserhaltungen gehört in das Gebiet dieser Regelung. Im übrigen wird eine Abteufpumpe selten für den ganzen Bereich der Teufe vorzusehen sein, da die großen durch Pumpen zu hebenden Wasserzuflüsse meist an bestimmte Schichten gebunden sind. In den höheren Schichten wird man sich mit einfacheren Mitteln behelfen.

Die Notwendigkeit, den ganzen Pumpensatz im Schachte zu bewegen, zwingt zur möglichsten Beschränkung des zu hebenden Gewichtes. Zu diesem Gewichte gehören: der eigentliche Pumpensatz, die Kraftleitung und gegebenenfalls Rückleitung, die Steigeleitung und ihr Wasserinhalt. Die einzelnen Wasserhaltungen unterscheiden sich in der Möglichkeit der Gewichtsbeschränkung und in der Bequemlichkeit der Veränderung der Leitungslängen.

Leitungen und Maschinen befinden sich im nassen Schachte und sind daher leicht Schäden ausgesetzt. Insbesondere ist bei dem empfindlichen Elektromotor Fernhaltung des Wassers zu erstreben. Die Bewartung der Teile ist schlechter als über Tage, Regelungs- und Schalteinrichtungen können im Schachte nicht untergebracht werden. Die sich hieraus ergebenden Besonderheiten im Baue des Elektromotors werden später besprochen werden.

Auch der Abteufbetrieb selbst kann zu Beschädigungen der Maschinen oder der Leitungen führen, besonders bei Sprengarbeit auf der Sohle. Hiergegen schützen die Schutzkapselungen und das Höherziehen der Teile vor dem Schießen. Die unter besonders schwierigen Verhältnissen arbeitenden Motoren und Pumpen dürfen andererseits nicht versagen, da hiermit große Nachteile für den Abteufbetrieb verbunden sind. Auch dieser Gesichtspunkt ist bei dem Baue der Maschinen zu berücksichtigen. Die Abteufwasserhaltung ist ein Hilfsbetrieb des Abteufens. Sie soll daher ihrerseits den Hauptbetrieb möglichst wenig stören, indem sie ihm den nötigen Querschnitt zu seiner Entfaltung überläßt. Die Maschinen werden daher alle als stehende Maschinen in die Höhe entwickelt und nehmen wenig Grundfläche in Anspruch. Die Bewertung der einzelnen Arten hat auf diesen Punkt Nachdruck zu legen.

Während des Schießens ist die hochgezogene Pumpe außer Tätigkeit. Vor Wiederaufnahme der Arbeit auf der Sohle muß das inzwischen zugeflossene Wasser entfernt werden. Damit es rasch geschehe, muß die Leistungsfähigkeit der Pumpe die Wasserzuflüsse bedeutend übersteigen und eine rasche Bewegung der Pumpe geschehen, was ja auch sonst in den Grenzen berechtigter Anforderungen liegt.

Liegt die Möglichkeit vor, während des Abteufens zum Schachtabbohren übergehen zu müssen, so hat die Art der Wasserhaltung hierauf durch Freihaltung des Schachtes von festen Einbauten Rücksicht zu nehmen.

Eine leichte Beweglichkeit der Pumpe dient der Sicherheit und dem guten Fortschritt der Abteufarbeit. Das Gewicht der einzelnen Arten ist daher mit ausschlaggebend für ihren Wert. Das Gewicht wird bedingt durch den Pumpensatz selbst, die Kraftleitungen und die wassergefüllte Steigeleitung. Als Kraftleitung ist das elektrische Kabel allen anderen überlegen; das Gewicht der Steigeleitung wird durch geeigneten Baustoff und geringen Durchmesser klein zu halten sein, gegebenenfalls durch satzweise Wasserhaltung.

Die Beweglichkeit ist aber nicht allein durch das Gewicht bedingt, sondern auch durch geeignete Einrichtungen am Schachte. Die Nachführung des elektrischen Kabels ist einfach. Die Nachführung der Steigeleitung erfordert Einrichtungen zum raschen Heranführen und Heben der Verlängerungsrohre. Kleinere Hebungen und Senkungen sind durch nachgiebige Rohrendigungen zu ermöglichen. Dies ist besonders wünschenswert für die regelmäßigen Bewegungen von etwa 15 m, die bei Sprengbetrieb nötig werden.

Damit die Absenkung des Wasserspiegels nicht sofort eine

Pumpenbewegung erfordert, werden als Saugrohre die ausziehbaren Degenrohre verwendet, Fig. 322. Vor dem Ausziehen sind die Stopfbüchsen zu lockern, nachher wieder gut anzuziehen. Ein Saugkorb kann nicht entbehrt werden.

Die große Bedeutung einer geregelten Wasserhaltung für den Abteufbetrieb einerseits und die schwierigen Betriebsbedingungen dieser Maschinen andererseits fordern die nötige Vorsicht in der Auswahl der Art, der Bemessung der Leistung, der Anordnung der Hilfseinrichtungen und der Schulung der Bedienung, bzw. der Bekanntschaft mit den Betriebseigenschaften der verwandten Maschinen und Kraftmittel.

Fig. 322. Das Degenrohr einer Abteufpumpe. (Heise-Herbst.)

Bei schlechtem Wasser ist Abnutzung bei jeder Pumpe vorhanden. Die nötigen Ersatzteile sind hierfür vorrätig zu halten, desgleichen für die Schmierung, Dichtung und sonstige Bewartung, und das nötige Handwerkszeug.

Wegen des Stillstandes der Maschine bei Nachbesserungen sowie der Möglichkeit des Versagens an sich, ist eine volle, stets betriebsfähige Aushilfe an Kabel- und Pumpensatz bereitzuhalten.

Bei der Wahl des Pumpensatzes ist, wenn nicht die elektrisch angetriebene Kreiselpumpe wegen der Größe der geforderten Leistung unumgänglich ist, auf die Beschaffung des Antriebsmittels Rücksicht zu nehmen.

Für weniger schwierige Verhältnisse wird der leichter zu beschaffende Dampf als Kraftmittel mit Vorteil gewählt werden können. Ist elektrischer Antrieb unvermeidlich, so muß gegebenenfalls ein eignes kleines Kraftwerk errichtet werden. In lebhaften Industriebezirken wird es heute immer möglich sein, elektrische Energie irgendwoher aus einer sicheren Quelle zu beziehen. Ein doppeltes Kabel zur Fernleitung dürfte auch hier wegen der Wichtigkeit der Kraftversorgung zu fordern sein.

B. Ältere und Sonderformen der Abteufwasserhaltung.

1. Die Abteufwasserhaltungen für kleinere Leistungen.

Durch Kübel, die durch die Abteufmaschine oder einen besonderen Haspel bedient werden, findet die einfachste Wasserförderung statt. Das Wasser wird mittels Schöpfgefäßen durch die Häuer in die Kübel gefüllt. Mit den der Bergeförderung dienenden Kübeln lassen sich bis 50 l/min mit Vorteil fördern. Wird für die Wasserförderung ein besonderer Wasserkübel und eine besondere Maschine benutzt, dann ist die Kübelförderung bis 200 l/min vorteilhaft. Für größere Wassermengen wird das Einfüllen zu teuer und die hierzu nötige Mannschaft dem Abteufen entzogen.

In der besonderen Form der Tomsonschen Wasserziehvorrichtung kann die Kübelförderung 4—8 cbm/min auf 600 und mehr m leisten.

Strahlpumpen (Abschnitt VII D) sind einfach und klein, eignen sich aber nur für geringe Wassermengen und Höhen. Dampfstrahlpumpen haben eine Förderhöhe von 20—30 m, Wasserstrahlpumpen je nach dem Betriebsdruck bis 100 m. Wasserlieferung 100 bis 1000 l/min, Preise: Dampf 30—160 M.; Wasser 400—1300 M. Sie erweisen sich nützlich beim Weiterteufen von Schächten unter Benutzung des Druckwassers der Steigeleitung und heben das Wasser bis zur Wasserhaltungssohle.

Mammutpumpen dienen nicht der eigentlichen Wasserhaltung. Sie finden zur Schlammförderung aus dem Tiefsten des Bohrschachtes nützliche, ja unersetzliche Verwendung, (Abschnitt VII C 2).

Die Pulsometer, (Abschnitt VII A) eignen sich als regelrechte Pumpwerke schon für größere Wassermengen von 1—3 cbm/min, aber nur für kleine Höhen bis 30, höchstens 50 m. Sie empfehlen sich im Gebiete ihrer Anwendungsmöglichkeit durch ihre Einfachheit und Billigkeit, trotz ihres hohen Dampfverbrauches. Sie erfordern keine Abdampfleitung, da der Dampf in ihnen niedergeschlagen wird.

Die Gewichte der Pulsometer sind: 500—1800 kg, die Preise 1000 bis 3500 M. Bei schlammigem Wasser treten an den Ventilen und den Einspritzvorrichtungen leicht Störungen auf. Daher soll der Pulsometer zugänglich angeordnet sein, 40—80 cm von den Schachtstößen entfernt; ist dies nicht möglich, dann ist Fürsorge zu treffen, daß er rasch nach oben gezogen werden kann. Der Pulsometer wird auf Balken aufgesetzt oder noch einfacher an Seilen aufgehängt.

Für größere Höhen eignet er sich nicht. Sein Dampfverbrauch wird beim Überschreiten von 15 m Höhe sehr groß. Bei einander zuhebenden Pulsometern erhalten wir einen schwierigen abhängigen Betrieb und Schwierigkeit in der Niederschlagung des Abdampfes.

Pulsometer können im Bedarfsfalle schnell vom Lager des liefernden Werkes bezogen werden.

2. Die Kolbenabteufpumpen.

Die Gestängepumpen wurden im älteren Bergbau ausschließlich, im heutigen Bergbau nur noch ausnahmsweise als Abteufwasserhaltung verwendet. Sie weisen alle Eigentümlichkeiten der Gestängepumpen im allgemeinen auf, (vgl. Abschnitt VIII A) und die Besonderheit der senkbaren Anordnung der Pumpe. Die Antriebsmaschine bleibt, über Tage feststehend, von der Senkbewegung frei. Beim Senken der Pumpe war Steigeleitung und Gestänge zu verlängern.

Als Pumpe wurde immer die aus der Brunnenpumpe entstandene Form der Hubpumpe (Fig. 54) gewählt und bis zu 130 m Teufe verwendet. Diese einachsige Pumpe eignet sich mit ihrer einfachen Röhrenform vorzüglich als Schachtpumpe, und keine andere Pumpenform hat diesen Grad der Anpassung der Form an die besonderen Verhältnisse des Abteufbetriebes erreicht. Wenn sie heute völlig von anderen Arten verdrängt ist, so ist hieran der absetzende Betrieb der Kolbenpumpe im allgemeinen und die Ungunst des Gestängebetriebes für große Teufen im besonderen schuld. Der Gestängepumpe bleibt dabei der Vorzug, daß sie ein Aufgehen der Wasser im Schachte nicht zu fürchten braucht. Sie kann vorübergehende vermehrte Wasserflüsse sümpfen oder im Verein mit neu eingebauten Pumpen dauernde Vermehrung bewältigen. Freilich ist die Einschränkung zu machen, daß der Betrieb durch Verlegung des Saugkorbes unterbrochen werden kann, was gerade bei plötzlichen Wasser und Sand bringenden Durchbrüchen geschehen kann. Also so unbedingt unter Wasser arbeitet auch sie nicht. Fehler an den Ventilen und am Kolben lassen sich auch unter Wasser leicht beseitigen, da diese Teile durch die Pumpenröhre über Tage gezogen werden können.

Die Leistungsfähigkeit der Gestängepumpen war erheblich. Es sind Pumpen für 20 cbm/min auf 130 m Höhe gebaut und betrieben worden. Beschränkt blieb ihre Leistungsfähigkeit in der Hubhöhe. Über 130 m glaubte man mit einer Hubpumpe nicht gehen zu dürfen. Andererseits trat das Bedürfnis der größeren Teufen auf. Alsdann wurden zwei einander zuhebende Hubpumpen angewandt, deren obere im Schachte entweder frei hing oder auf einen Holzbalken aufgesetzt wurde. Die Abhängigkeit der beiden Pumpen voneinander beengte den Betrieb. Der Gang der schlecht gelagerten Pumpen war sehr unruhig. Die Pumpenröhren gerieten in senkrecht schwingende Bewegung, hervorgerufen durch die Reibung des Kolbens an den Pumpenröhren. Die Beaufsichtigung der im Schachte verteilten Betriebspunkte war umständlich.

Eine Besserung erhoffte man durch Ersatz der oberen Hubpumpe durch eine im Schachte fest verlagerte Druckpumpe. Der ruhigere Gang der festen Pumpe wird aber dann teuer erkauft durch den Einbau fester Teile im Schachte, die einem etwa nötigen Schachtabbohren hindernd entgegenstehen.

Fig. 317 zeigt eine unmittelbar angetriebene Hubpumpe. Im übrigen kamen auch als Antriebsarten alle die im Abschnitt VIII A erwähnten mittelbaren zur Anwendung. Fig. 323 zeigt die satzweise Anordnung zweier Gestängepumpen zur Überwindung größerer Teufen. Der obere Drucksatz ist im fertiggestellten oberen Schachte fest verlagert; der senkbare Hubsatz dient dem Abteufen.

Aus dem Hubsatz fließt das Wasser unmittelbar in den Drucksatz über. Das Gestänge des Hubsatzes ist an das des Drucksatzes angekuppelt.

Die Hubsätze werden, wie im Abschnitt IX A 3 geschildert, durch

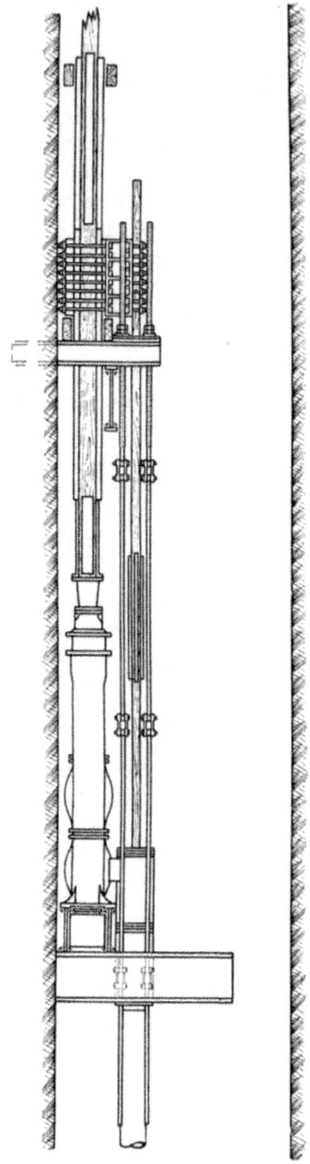

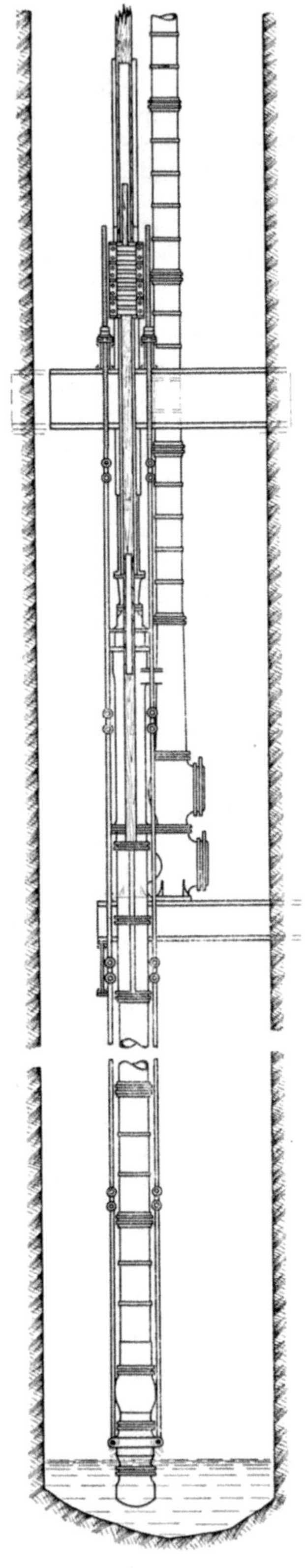

Fig. 323a und 323b.
Vereinigter Druck- und Hubsatz zum Abteufen.
(Westfäl. S. III.)

Stangen gehalten und durch Schraubentriebe gesenkt. Bei satzweiser Anordnung der Pumpen wird das Gewicht der beweglichen Teile vorteilhaft beschränkt, die Bedienung des Senkens freilich erschwert, da sie im engen Schachte geschehen muß. Zur Erleichterung des Nach-

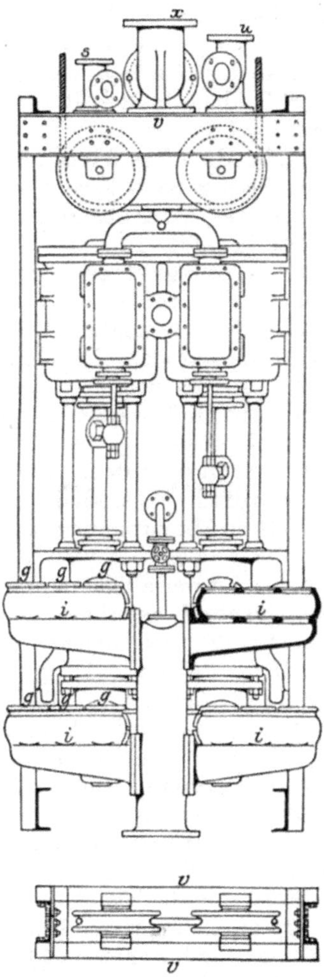

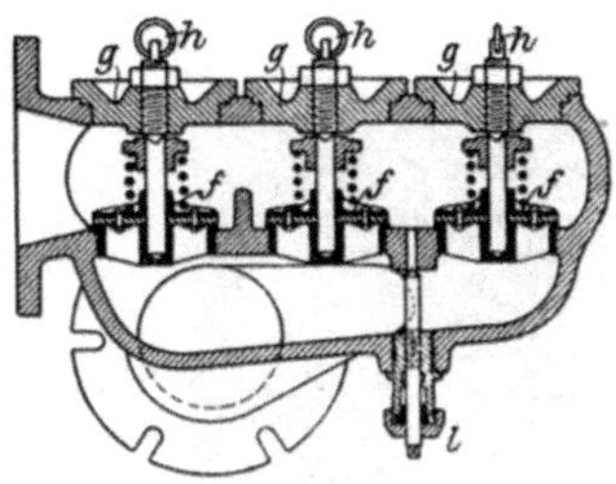

Fig. 324b.

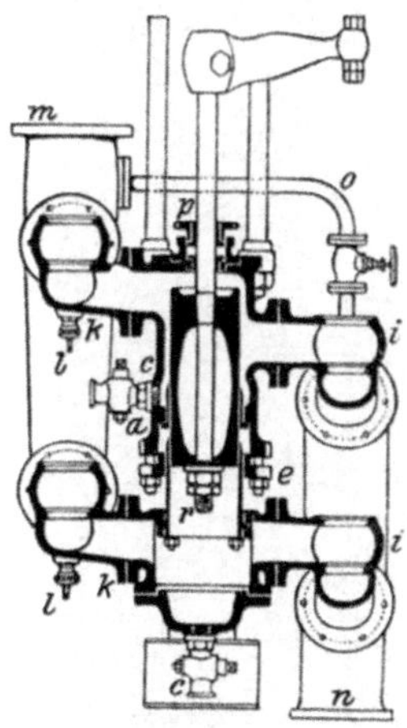

Fig. 324a.

Senkbare Duplexpumpe von Schwade.

senkens hat man auch die Pumpen an Seilen aufgehängt, deren obere Enden an Seiltrommeln befestigt waren. Hierbei trat aber sehr unruhiger Gang ein.

Der Vorgang des Senkens mit Schraubspindeln ist zeitraubend. Eine Pumpe von 90 t Gewicht und 130 m Teufe brauchte zum Ein- oder Ausbau 3—4 Tage.

Zur Ersparung an Senkarbeit erfand man die Degenrohre, Fig. 322, und zur Erleichterung die Art, nicht den ganzen Pumpensatz, sondern nur das Pumpenrohr zu senken. Der Kolben blieb stehen und der genügend lang gestaltete Pumpenstiefel folgte dem Saugwasserspiegel, solange es die Saugfähigkeit der Pumpe gestattete. Alsdann mußte das Gestänge verlängert und der Kolben in der Röhre gesenkt werden.

Die Abteufgestängepumpen wurden häufig nach Fertigstellung des Schachtes als Abbauwasserhaltung weiterbenutzt. In vielen Fällen war ihre Leistungsfähigkeit größer als für die ständige Wasserhaltung nötig war, besonders bei den erwähnten großen Pumpen. Diese wurden nach dem Abteufen weiter verkauft und wanderten oft über viele Gruben. In anderen Fällen baute man nach dem Abteufen eine unterirdische Wasserhaltung ein und beließ die Abteufpumpen als Aushilfe.

Bei größeren Teufen mußte die immer schwerfälliger werdende Gestängeabteufwasserhaltung anderen, neueren Formen weichen.

Fig. 325. Senkbare Verbundduplexpumpe von Weise & Monski.

Die senkbare Dampfpumpe fand in der Form der Duplexpumpen, Abschnitt VIII A, ausgedehnte Anwendung. Die schwungradlose Dampfmaschine ist mit der Kolbenpumpe in einem schmiedeeisernen Rahmen zusammengebaut. Der ganze Maschinensatz folgt dem Abteufen in die Tiefe. Die Betriebskraft muß durch eine Frischdampfleitung durch den Schacht hindurch der Dampfmaschine zugeführt werden. Der Abdampf wird durch eine Abdampfleitung nach oben abgeführt. Die versuchte Dampfniederschlagung im Saugrohr hat sich nicht bewährt.

Duplexpumpen werden für Leistungen bis 5 cbm/min und Höhen bis 200 m gebaut. In größeren Schächten können bis 2 Pumpen nebeneinander Platz finden, also bis 10 cbm/min gehoben werden.

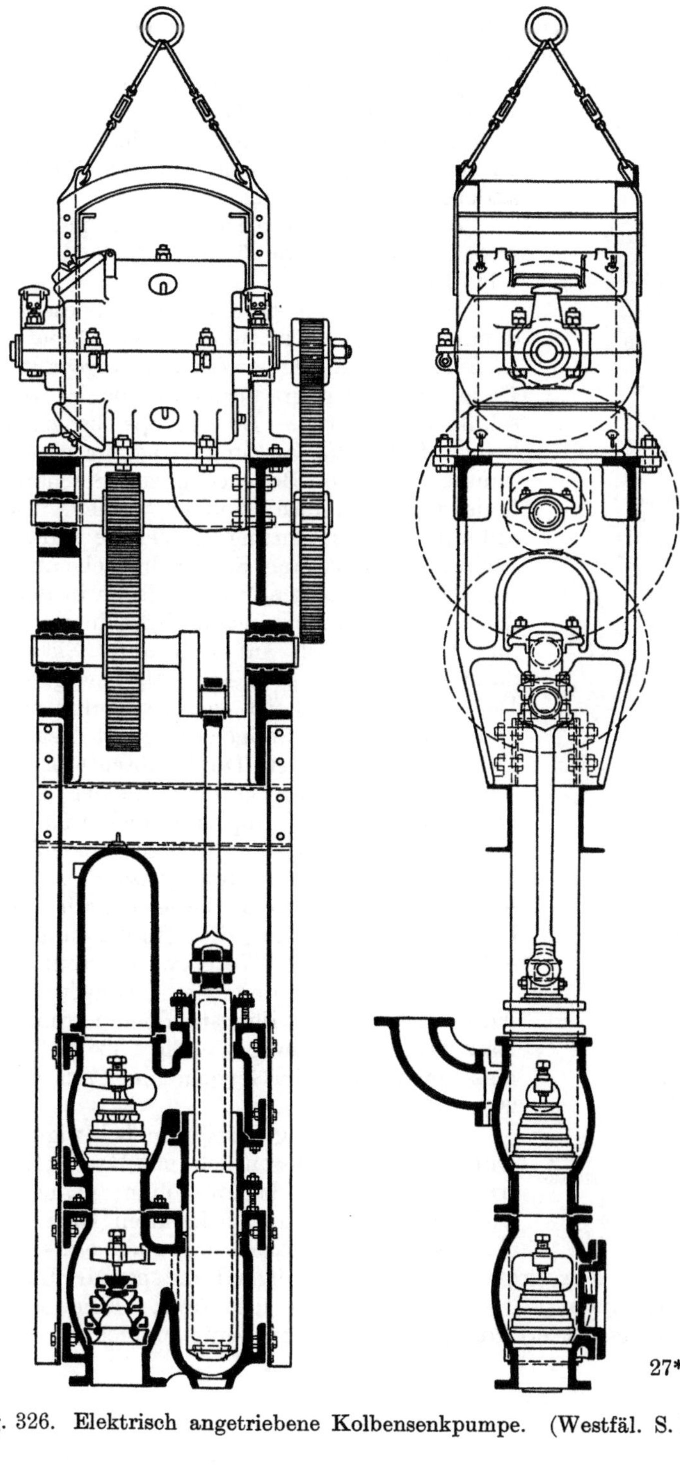

Fig. 326. Elektrisch angetriebene Kolbensenkpumpe. (Westfäl. S. III.)

Das Verwendungsgebiet der Duplexpumpe beginnt etwa da, wo das des Pulsometers aufhört.

Die Wärmebelästigung muß durch gute Umhüllung vermindert werden. Für größere Leistungen wird die Belästigung sowie die Einengung des Schachtquerschnittes ausschlaggebend für die Wahl einer anderen Wasserhaltung.

Fig. 327. Elektrisch angetriebene Kolbensenkpumpe von Otto Schwade & Co.

Die Gewichte von Duplexabteufpumpen bewegen sich etwa von 5 bis 12 t, die Preise von 5 bis 15 000 M.

Die Duplexpumpe erscheint, abgesehen von dem ungünstigen Kraftmittel, dem Abteufbetrieb in Form und Betriebsweise gut angepaßt. Der Gang der schwungradlosen Pumpe ist von Erschütterungen frei. Die Pumpe bedarf daher keiner festen Verlagerung, was für eine Senkpumpe immer von Bedeutung ist. Sie hängt am Seile und kann rasch bewegt werden. Die Anordnung und Ausführung der Ventile und anderer wichtiger Teile ist dem Schachtbetriebe angepaßt, Fig. 324. Die Rohrleitungen biegen in der Höhe des oberen Rahmens nach ihm hin und sitzen mit Fußkrümmern auf ihm auf. Sie können dann mit der Pumpe gleichzeitig bewegt werden. Der Zwang, drei Leitungen nachzuführen, zwei Dampfrohre, eine Steigeleitung, ist lästig. Der Dampfverbrauch der Duplexabteufpumpen ist sehr groß, wenn auch geringer als der der Pulsometer. Der hohe Dampfverbrauch und die Belästigung im Schachte würde die vorteilhaft erreichbare Teufe auch dann beschränkt haben, wenn nicht die Vorteile der elektrisch angetriebenen Kreiselpumpen die Duplexpumpen für größere Teufen außer Wettbewerb gesetzt hätten.

Zur Verminderung des Dampfverbrauchs wird auch die Zwillingstandemanordnung der Dampfzylinder gewählt, Fig. 325. Tandemmaschinen stehen in Gewicht und Preis um etwa 20 v. H. höher.

Zur Vermeidung der Wärmebelästigung sind Duplexpumpen gelegentlich mit Druckluft betrieben worden, alsdann ohne nennenswerte Luftdehnung, die aus bekannten Gründen unzulässig ist. Der Kraftverbrauch eines solchen Betriebes ist sehr groß. Die nicht genügend entspannte Luft entweicht mit einem störenden Geräusch ins Freie. Eine besondere Luftpreßanlage ist erforderlich, das Ganze wenig empfehlenswert.

Beabsichtigte Versuche, die Pumpen mit Druckwasser zu betreiben, scheinen nicht ausgeführt worden zu sein: der elektrische Antrieb hat alle anderen verdrängt.

Die elektrisch angetriebenen Kolbenpumpen freilich haben dies nicht zuwege gebracht, wie die Betrachtung ihrer Eigenschaften erklären wird. Fig. 326 zeigt eine solche Pumpe. Die Anpassung der äußeren Form ist gelungen, trotz der Schwierigkeiten. Notwendig ist die Verwendung eines schnellaufenden kleinen Elektromotors, sodaß eine mehrfache Räderübersetzung erforderlich wird. Der Antrieb der Kolbenpumpe durch die Vorgelegewelle macht dann einen Kurbeltrieb nötig. Die Massenwirkungen des Kurbeltriebes machen eine Pumpe wenig geeignet als Senkpumpe, die nicht nur des festen Fundaments, sondern auch einer genügenden Verlagerung entbehren muß. Der Betrieb eines Kurbeltriebes mit Rädervorgelage ist immer ungünstig, da die Zähne den Stoßwirkungen des Kurbeltriebes ausgesetzt sind. Im feuchten Schachte dürfte sich ein Rädertrieb verschleißreich erweisen. Sein geräuschvoller Gang ist störend.

In anderen Ausführungen suchte man ein gleichmäßiges Drehmoment durch eine Drillingspumpe zu erzielen. Die Drillingspumpe erfordert aber mehr Raum in der Grundfläche.

Fig. 327 zeigt schließlich eine Doppelpumpe. Der Motor und die Triebe sind gekapselt. Über die Eignung und den Schutz des Elektromotors handelt Abschnitt IX C 3.

Die Mängel der elektrischen Kolbenpumpen lassen sich nicht beheben. Für große Leistungen ergeben sie einen großen Raum in der Grundfläche. Am meisten Aussicht dürfte ihre Verwendung bei kleinen Wassermengen und großen Druckhöhen haben.

3. Die Tomsonsche Wasserziehvorrichtung.

Alle Pumpwerke bedürfen einiger Einbauten im Schachte zur Lagerung und Führung der Maschinen. Plötzliche Wassereinbrüche können dann einen Ausbau der dem Schachtabbohren hinderlichen Teile unmöglich machen.

Die Kübelförderung bedarf außer des Spannlagers für die Führungsseile, das aber nach Fig. 320 schnell ausgebaut werden kann, keiner festen Einbauten. Sie eignet sich daher für solche Fälle, wo ein späteres Schachtabbohren möglich erscheint, unter der Bedingung, daß ihre Leistungsfähigkeit entsprechend gesteigert werden kann. Diese Steigerung ist nach dem Vorgang von Tomson (1892) möglich durch maschinelles Füllen der Förderkübel, Fig. 319.

Die Kübel erhalten die Gestalt schlanker Tonnen T. Die Förderung geschieht zweitrümig durch eine Bobinenmaschine F. Die Tonnen besitzen ein Bodenventil und füllen sich beim Eintauchen in die Wasserbehälter W. Die Wasserbehälter hängen an Seilen, die durch die Winden w gehalten werden. Unter den Wasserbehältern hängen Pumpen A, die stetig fördern und das Wasser aus dem Sumpfe in die Behälter schaffen. B ist eine Bühne, von der aus die Bedienung der Pumpen erfolgt, und die den Arbeitern beim Schießen zum Aufenthalt dient. Beim Schießen kann die an Seilen hängende Vorrichtung durch die Winden w bequem in die Höhe gezogen werden. Die Entleerung der Gefäße über Tage geschieht durch besondere Vorrichtungen in kurzer Zeit.

Als Pumpen wurden verschiedene Vorrichtungen verwandt wie Dampfstrahlpumpen, Duplexdampfpumpen, Luftdruckpumpen und in neueren Ausführungen elektrisch betriebene Kreiselpumpen. Diese Art erwies sich auch hier als vorteilhaft. Die Pumpe ist auf die ganze Lieferung zu bemessen, der Antrieb nur für eine geringe Leistung. Solange die Tomsonsche Einrichtung auf Kolbenpumpen angewiesen war, konnte ihre Leistung die diesen Pumpen eigene nicht übersteigen.

Die Wasserziehvorrichtung leistet 4 cbm/min und mit zwei Einrichtungen im Schachte 8 cbm/min. Die Teufen waren 450 m bis 600 m. Im Schachte können zwei Einrichtungen untergebracht, also gegebenenfalls bis 8 cbm/min gefördert werden. Sie für diese Leistung vorzusehen, dürfte freilich mißlich sein, da in diesem Falle keine Aushilfe vorhanden ist und nicht vorgesehen werden kann.

Beim Abteufen des Schachtes der Gewerkschaft Wintershall bei Heeringen a. d. Werra wurde eine Vorrichtung mit einer Leistung von 6 cbm/min auf 260 m verwendet. Als Zubringerpumpen wurden zwei Duplexluftpumpen von je 7 cbm/min Leistung verwendet, davon eine als Aushilfe.

Das Gewicht einer für 600 m und 7 cbm/min berechneten Vorrichtung betrug ausschließlich der Seile 70 t.

Die Duplexluftpumpen erfordern besondere Luftpreßanlagen und haben den Nachteil, daß das starke Auspuffgeräusch jede Verständigung durch Sprechen auf der Schachtsohle unmöglich macht.

Durch Anwendung elektrisch betriebener Kreiselpumpen kann die Mengenleistung der Vorrichtung wohl noch gesteigert werden. Mit wachsender Teufe nimmt die Leistungsfähigkeit der Einrichtung ab, da der unstetige Förderbetrieb der Tonnen dann mehr Zeit beansprucht, so daß die Leistungsfähigkeit von dieser Seite aus begrenzt wird. Durch Vergrößerung der Fördergeschwindigkeit und des Tonneninhaltes kann eine Steigerung erreicht werden. Die Fördergeschwindigkeit der schlecht geführten Tonnen ist bisher mit 7,5 m/sec gewählt worden, in einem Falle war sie mit 15 m/sec geplant, kann aber wegen mangelnden Bedarfes nicht zur Ausführung. Der Tonneninhalt ist bis zu 12 cbm gewählt worden. Eine weitere Steigerung erscheint wohl möglich; dann sind aber Fördermaschinen nötig von einer mehrfachen Leistung, als sie später für die Förderung gebraucht werden. Die Kosten der Wasserziehvorrichtung würden in solchem Falle sehr hoch sein. Eine Vergrößerung des Tonneninhaltes vermehrt den Zeitbedarf der Füllung.

Das Wasserziehverfahren ist vielfach mit Erfolg angewandt worden.

Die vorgenommenen Verbesserungen erstrecken sich im wesentlichen auf Zeitersparnis beim Füllen und Ausgießen und auf Sicherung der ganzen Einrichtung. Man vergleiche das Schriftenverzeichnis.

Das Wasserziehverfahren stellte bei seiner Entstehung eine Bereicherung der Abteufwasserhaltungen dar, und leistete in schwierigen Fällen gute Dienste. Eine Entwickelungsfähigkeit nach der Seite größerer Wassermengen und größerer Teufen scheint ihm nicht zu eignen. Im Jahre 1902 urteilte das Westfälische Sammelwerk, III, S. 136: „Bei Teufen von mehr als 130 m bildet die Tomsonsche Wasserziehvorrichtung bis jetzt das einzige Mittel, größere Wassermengen zu Tage zu heben. Bis zur angegebenen Teufe jedoch sind ihr die übrigen Wasserhaltungsmaschinen unbedingt vorzuziehen, weil ihr Betrieb mit weniger Gefahren für die auf der Schachtsohle arbeitenden Leute verbunden ist."

Die elektrisch betriebene Abteufkreiselpumpe mit satzweiser Hebung erweist sich als wesentlich in Menge und Höhe überlegen, so daß die Wasserziehvorrichtung mit ihr nur dann in Wettbewerb treten kann, wenn ein Schachtabbohren trotz der großen Leistungsfähigkeit der elektrischen Pumpen in Aussicht steht.

Für sehr große Wassermengen, etwa 10—15 cbm/min, hat die Fördermaschine Lasten zu heben, die wesentlich größer als die späteren Nutzlasten sind. Die große und teuere Abteufwasserziehmaschine kann dann nicht mehr als Fördermaschine verwendet werden. Die Abteufwasserhaltung erscheint daher mit hohen Anlagekosten belastet. Dazu kommen dicke und teuere Seile, die beim Abteufbetrieb rasch verschleißen werden, also hohe Seilkosten bedingen. Die Wasserförderung selbst geschieht unter wesentlich höherem Energieaufwande als bei Förderung mit Pumpen. Der Dampfverbrauch der Wasserfördermaschine ist infolge der großen Massen des absetzenden Betriebes unverhältnismäßig groß, da bei jedem Zuge große Massen zu beschleunigen sind, deren Energie gegen Ende der Fahrt nur in geringem Maße wieder gewonnen werden kann. Sie wird zum größten Teil durch Bremsen oder durch Gegendampfgeben vernichtet.

Man vergleiche damit die stetige Förderung einer Kreiselpumpe.

C. Die elektrisch betriebenen Abteufkreiselpumpen.

1. Die Beschreibung der elektrischen Abteufwasserhaltung mit Kreiselpumpe.

Die elektrisch betriebene Abteufkreiselpumpe, Fig. 328, hat es zur vollkommenen Anpassung an den schwierigen Abteufbetrieb gebracht, in ihrer äußeren Form und in ihren Betriebseigenschaften.

Die langgestreckten Maschinen sind in einen kräftigen Rahmen aus Walzeisen eingebaut. Der Antriebsmotor ist über der Pumpe aufgestellt. Beide sind durch eine Laterne miteinander verbunden. Über dem Motor ist ein Holzboden zum Schutze gegen herabfallende Gewichte, unter der Pumpe ein zweiter Schutzboden gegen umherfliegende Sprengstücke angebracht. Dazwischen sind noch zwei weitere Be-

Fig. 328. Elektrische Kreiselabteufpumpe der Siemens-Schuckert-Werke.

dienungsböden für Motor und Pumpe vorhanden. An einem oberen Querbalken sitzt eine Seilrolle, die zum Aufhängen und Bewegen der Pumpe dient. Die Saugleitung mündet gabelartig in den unteren Teil der Pumpe, die Druckleitung verläßt den oberen Teil der Pumpe gegabelt und tritt über der Seilrolle wieder zu einer Leitung zusammen. Hier ist unter dem Rückschlagventil der Drosselschieber eingebaut. Beim Anlassen steht der Pumpenwärter auf der hierzu vorgesehenen Bühne. Da beim Anlassen zur Vermeidung einer Motorüberlastung der Strommesser beobachtet werden muß, so ist er in der Nähe des Drosselschiebers in das Kabel eingebaut.

Eine Leiter verbindet die ganze etwa 10—15 m hohe Pumpe, der Raumbedarf im Grundriß beträgt etwa bei 200 PS—1,65 qm, 400 PS — 2,78 qm, 800 PS — 3,48 qm. Der Raumbedarf von Kolbenpumpen beträgt ein Vielfaches hiervon.

Die Kreiselpumpe ist durch ihren geringen Raumbedarf, geringes Gewicht im Verhältnis zu anderen Pumpen und durch ihren ruhigen Lauf ausgezeichnet. Die Kolbenpumpen besitzen viele bewegte Teile, die viel Bedienung verlangen und nicht ohne Gefahr sind. Die Bedienung der Kreiselpumpe beschränkt sich auf das einfache Anlassen. Die Schmierung der Lager der Maschine ist selbsttätig eingerichtet. Lager und Gehäuse werden durch Wasser gekühlt. Zur Entlastung der Spurlager wird eine Ausgleichung durch Wasserdruck angewandt. Die Stopfbüchsen werden ebenfalls selbsttätig geschmiert; eine Saugstopfbüchse ist meistens vermieden. Die Kraftschaltung geschieht über Tage. Die Bewartung beschränkt sich daher auf die Beobachtung der Maschine daraufhin, ob die selbsttätigen Vorrichtungen richtig arbeiten und die richtige Stromaufnahme erfolgt. Der Strommesser ist ein guter Anzeiger für die Vorgänge in der Maschine.

Die Betriebssicherheit des Motors und der Kreiselpumpe ist hoch, wenn ihre Eigenheiten und die besonderen Arbeitsbedingungen des Abteufbetriebes beim Baue und der Bewartung beachtet werden. Man vergleiche die früheren Abschnitte über Elektromotoren und über Kreiselpumpen, wonach diese in mancher Beziehung empfindliche Maschinen sind, und die beiden nächsten Abschnitte.

Die Abteufpumpe wird meist an Spurlatten im Schachte geführt. Diese Führung erleichtert eine rasche Bewegung der am Seile hängenden, von einem elektrisch oder mit Dampf betriebenen Kabel beherrschten Gewichte. Die Führung verhindert auch eine Drehung der Maschine beim Arbeiten. Die Arbeitsleistung geschieht durch Drehung der Kreiselräder. Bei Ausübung des Drehmomentes stützt sich der Rotor des Drehstrommotors am Gehäuse ab, das das entgegengesetzte Drehmoment empfängt. Es muß daher an dieser Drehung durch Abstützung an festen Punkten verhindert werden. Da das Drehmoment völlig gleichmäßig ist, treten keine Schwingungen auf. In der Längsrichtung treten durch die Arbeit der Maschine keine unausgeglichene Kraftwirkungen auf. Die Pumpe kann daher ohne Verlagerung in dieser Richtung im Seile hängen, also auch jederzeit ohne Vorbereitung gehoben oder gesenkt werden.

Die gleichmäßige Wasserströmung der Kreiselpumpe ermöglicht eine Verringerung des Querschnittes der Steigeleitung, wodurch das vom Seile zu tragende Gewicht des Rohres und des Wasserinhaltes verringert wird. Das elektrische Kabel wird meist an die Steigeleitung angeschellt, ist also dann ebenfalls vom Halteseile zu tragen. Die doppelfädige Aufhängung des Maschinensatzes verteilt diese großen Gewichte auf zwei Seilquerschnitte, so daß das Seil nicht unbrauchbar dick wird. Die Aufhängerolle wirkt als lose Rolle und mit den Vorgelegen des Pumpenkabels in gleichem Sinne.

Die Steigeleitung wird an den Halteseilen der Pumpe geführt. Schellen sind an der Leitung fest und umgreifen mit Spielraum die Halteseile.

Die Bewegung des Maschinensatzes geschieht unter gleichzeitiger Betätigung des Pumpenkabels und der Kabelwinde in einfacher Weise. Nur die Veränderung der Länge der Steigeleitung, die durch Ein- oder Ausbau von Rohrlängen geschehen muß, ist zeitraubend. Im Turme sind daher Einrichtungen zum leichten Einbau zu treffen, indem die einzubauenden Röhren auf einer Laufbahn bis über die Leitung herangefahren und durch einen Flaschenzug senkrecht bewegt werden können.

2. Die Abteufkreiselpumpe.

Das unreine Wasser des Abteufbetriebes ist weder für Kolben- noch für Kreiselpumpen günstig. Durch richtige Wahl des Baustoffes für die einzelnen Teile sucht man einem lästig raschen Verschleiße zu wehren. Die Lauf- und Leiträder werden aus zäher Bronze angefertigt. Am Ende der Saugleitung wird ein Saugkorb angebracht. Bei mäßiger Verunreinigung des Wassers ist die Abnutzung nicht übermäßig. Immerhin ist volle Aushilfe vorzusehen, damit das Auswechseln und sonstiges Nacharbeiten keine Pause im Abteufen bedingen. Am meisten leiden die Stopfbüchsen, Entlastungsvorrichtungen und die Dichtungsbüchsen zwischen den einzelnen Stufen. In einem Falle scharfkörnigen Sandes waren die Büchsen in 3 Tagen um 4 mm verschlissen und mußten nach 6 Tagen ausgewechselt werden. Bei solchen besonders ungünstigen Verhältnissen ist es unberechtigt, eine hohe Lebensdauer der stark beanspruchten Teile zu erwarten. Man schütze sich durch Bereithaltung der nötigen Ersatzteile und verwende eine Bauart, bei der sich die Auswechselung und etwaige Reinigung im Schachte vornehmen läßt.

Bei abgenutzter Pumpe stellen sich Schäden ein. Der Anlauf des Motors dauert länger und geschieht unter größerer Stromaufnahme, wegen des vermehrten inneren Umlaufes in der Kreiselpumpe. Das ist für den Motor und den Anlaßtransformator schädlich.

Bei offenem Schieber ist jedoch bei stark abgenutzter Pumpe die Förderleistung geringer, und der erzeugte Pumpendruck genügt kaum zum Kurzhalten der Wasser. Bei weiter schreitender Abnutzung wird der Anlauf immer länger, und die elektrischen Apparate sind gefährdet.

Verstopft sich der Saugkorb, dann wird die Leistung der Pumpe geringer und kann auch ganz abschnappen. Alsdann werden die Lager der Büchsen gefährdet, da das Wasser in der Pumpe rasch heiß wird. Dieser Betriebszustand ist daher sorglich zu meiden. Der

Wärter erkennt die abnehmende Leistung an dem zurückgehenden Ausschlage des Strommessers, da die Stromaufnahme immer der Pumpenleistung entspricht. Die Anzeigen des Strommessers sind daher stetig zu beobachten und wohl zu beachten.

Der verschlammte Saugkorb ist zu reinigen. Kugelige Saugkörbe eignen sich hierzu am besten. Durch im Wasser schwimmende Putzwolle, Holzspäne oder ähnliche Stoffe kann ebenfalls das störende Verstopfen eintreten. Der Wärter und die Häuer sind daher anzuhalten, Verunreinigungen des Wassers zu vermeiden und ersichtliche Verunreinigungen sogleich auszuhalten. Auch kann man Vorsicht üben beim Einlegen des Saugkorbes, um besonders schlammige Stellen zu meiden.

Schlamm verschmutzt und verstopft das Innere der Pumpe, insbesondere in der Nähe des Saugmundes. Daher achte man auf gute Zugänglichkeit der Saugseite.

Da die Leistungsfähigkeit der Abteufpumpe fast immer größer ist und sein soll als die Zuflüsse, so kann es leicht geschehen, daß nach dem Schießen beim Wegholen des angesammelten Wassers das Saugrohr außer Wasser gerät und die Pumpenlieferung abschnappt. Alsdann tritt ein Heißlaufen der Pumpe ein. Also auch hier den Strommesser beobachten.

Muß man nach Hochziehen einer auszubessernden Pumpe das Wasser im Schachte hochgehen lassen, und nimmt man dann nach der Ausbesserung das Sümpfen des Schachtwassers auf, so ist jetzt die Förderhöhe geringer, als der Leistung der Pumpe und der üblichen Stellung des Drosselschiebers entspricht. Die Pumpe antwortet auf diesen Zustand mit einer Mehrförderung, der Motor mit vermehrter ihn gefährdender Stromaufnahme. Man regle also hier die Stromaufnahme mit dem Drosselschieber auf eine zulässige Größe ein. Diese zulässige Größe ist auf dem Leistungsschilde des Motors angegeben.

Eine Besonderheit aller Maschinen mit umlaufender senkrechter Welle bildet die Aufnahme der Gewichte durch ein Spurlager. Motor und Kreiselpumpe sind meist je mit einem gesonderten Spurlager versehen. Eine gesonderte Lagerung ist nötig, wenn, wie meist üblich und zu empfehlen, die Wellen der beiden Maschinen durch eine nachgiebige Kupplung miteinander verbunden sind. Die nachgiebige Kupplung ergibt eine Unabhängigkeit der Wellenlagerungen voneinander und erleichtert den Ausbau der einzelnen Teile.

Diese Spurlager sind oberhalb der abzufangenden Gewichte angeordnet. Das Auflager umgibt daher als Glockenzapfen die Welle. Die Gewichte werden durch kleine Flächen mit hohem spezifischen Drucke aufgenommen. Eine Druckverteilung auf die parallelen Flächen eines Kammlagers ist nicht immer beliebt, da schwer zu erreichen. Sie wird von der AEG. bei großen Motoren angewandt. Die Reibung greift am Glockenzapfen an einem größeren Hebelarme an als bei einem wagerechten Wellenlager. Der rasche Lauf der Welle findet also ungünstige Reibungsverhältnisse. Sorgfältige selbsttätige Schmierung des Lagers und wirksame Kühlung sind die Voraussetzungen eines ungestörten Betriebes.

Das Auflager selbst kann als Kugel- oder als Gleitlager ausgebildet werden. Fig. 329 zeigt ein Doppelkugellager von Weise & Monski, Halle. Das Öl durchläuft im Kreislauf das Lager. In dem Raume unter dem Halsring des Lagers sitzt ein kleines Laufrad auf der Welle, das das Öl durch die Undichtheit des Halslagers nach unten saugt und durch die Ölleitung den Lagern von oben wieder zuführt. Die Ölräume sind von einem Kühlmantel umgeben. Das Kühlwasser entstammt der ersten Druckstufe der Kreiselpumpe.

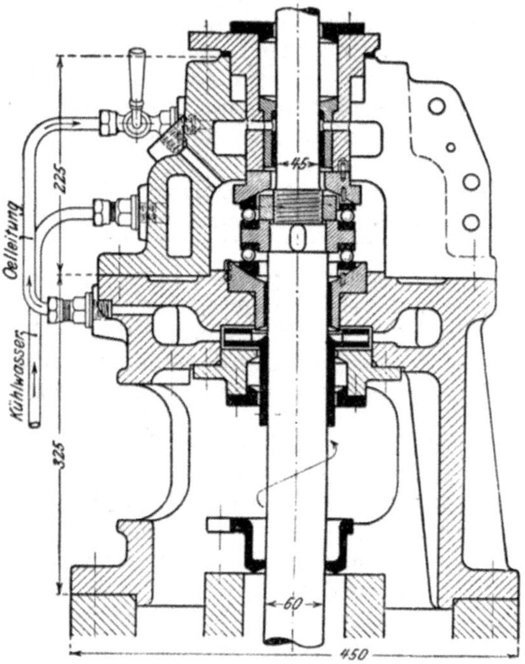

Fig. 329. Doppelkugellager für senkrechte Welle von Weise & Monski.
(Heidebroek in Z. d. Ing. 1911.)

Ein Gleitspurlager der AEG. für Elektromotoren zeigt Fig. 330. Der Glockenzapfen läuft in Öl. Das Ölgefäß ist innen und außen mit Kühlrippen versehen. Das Öl tritt zwischen die Gleitflächen durch die in der Abbildung ersichtlichen Nuten. Bei größeren Abteufmotoren werden die Lager ebenfalls wassergekühlt.

Seitliche Kräfte werden bei beiden Lagern durch die Halsringe aufgenommen.

Einen Schnitt durch eine Pumpe von C. H. Jaeger zeigt Fig. 331. Die Welle durchdringt nicht das Gehäuse an der Saugseite, so daß die Saugstopfbüchse und ihre Undichtheit entfällt. Die Saughöhe ist daher vorteilhaft hoch, bis 8 m. In der Pumpe steigt das Wasser stetig in die Höhe. Es ist also keine Gelegenheit zu Luftansammlung und Störung der Förderung gegeben. Das ist hier um so erforderlicher, als der Betrieb ein Luftsaugen

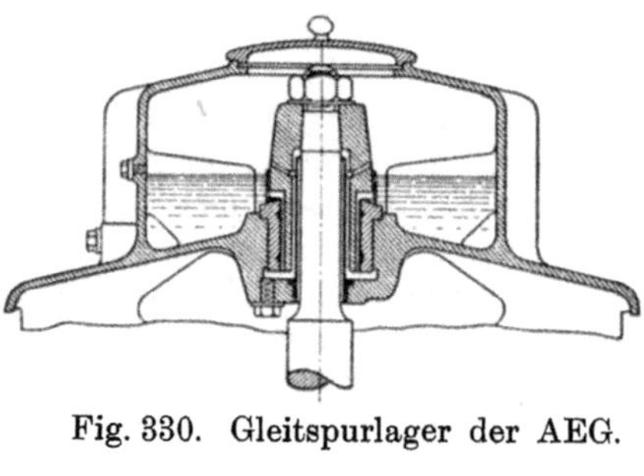
Fig. 330. Gleitspurlager der AEG.

häufig ergibt. Die Entlastung der Räder geschieht durch Entlastungslöcher an jedem Rade. Das ist hier der gemeinsamen Entlastung mit ihrem großen Druckunterschiede vorzuziehen, da sich die Abnutzung auf viele Stellen verteilt. Bei gemeinsamer Entlastung ist ein sehr schneller Verschleiß dieser Stelle zu befürchten, also ein häufiges Auswechseln. Die Maffei-Schwartzkopffwerke bewirken die Ausgleichung durch einen Entlastungskolben, den sie besonders zugänglich anordnen. Die Entlastung von Längskräften ist hier noch wichtiger als bei liegenden Wellen wegen der erwähnten Schwierigkeiten der Lagerung. Durch die Entlastungsvorrichtungen ist auch ein Mittel gegeben, das abzustützende Gewicht selbst auszugleichen und den Stützzapfen zu entlasten. Dieser Ausgleich geschieht ohne zusätzliche Mittel, indem man die nach oben wirkenden Kräfte um den Betrag des abzustützenden Gewichtes über die in entgegengesetzter Richtung wirkenden Kräfte vergrößert. Dabei bleibt aber das Stützlager doch notwendig, um den Druck beim Anlaufen, wo die Ausgleichsvorrichtung wegen mangelnden Wasserdruckes noch nicht wirkt, aufzunehmen.

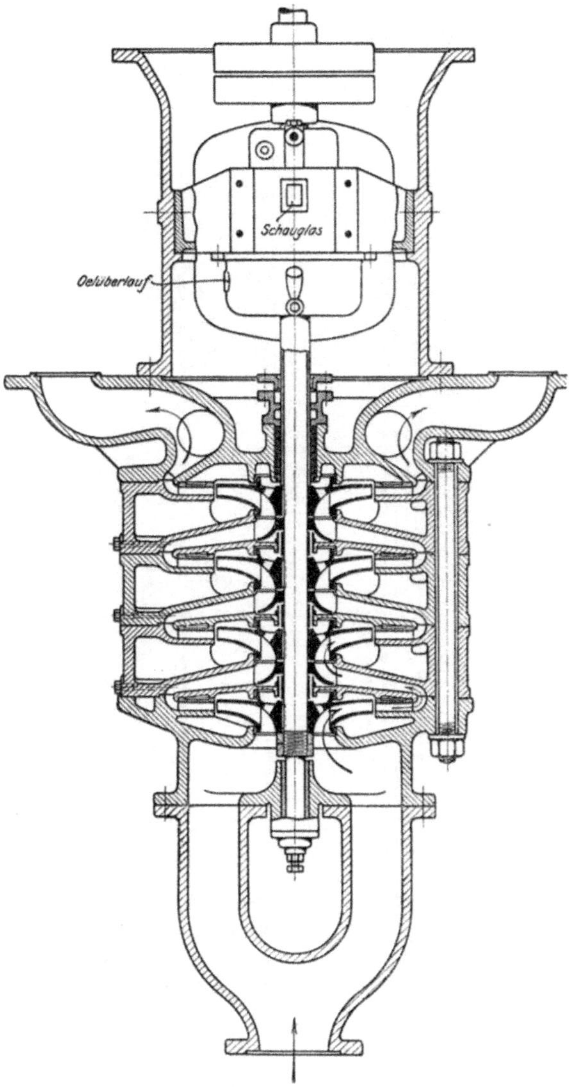

Fig. 331. Stehende Kreiselpumpe von Jaeger. (Mitter in Z. d. Ing. 1913.)

Für besonders schmutziges Wasser ordnet Maffei-Schwartzkopff in den Lagerkühlmänteln eine Scheidewand an, so daß bei Verschmutzung einer Hälfte diese im Betriebe gereinigt werden kann, während die zweite Hälfte zur

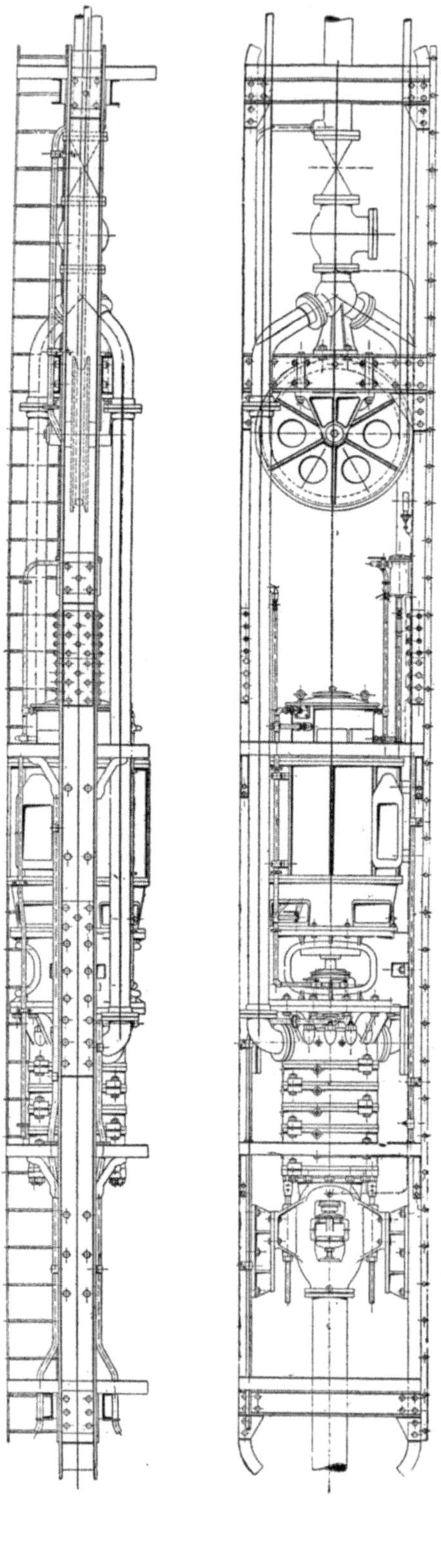

Kühlung dient. Das Kühlwasser läuft vor dem Eintritt in den Kühlmantel durch ein Filter. Zum Füllen und Entlüften beim Anlassen sind die Pumpen mit den üblichen Vorrichtungen ausgerüstet.

Fig. 332 zeigt eine Abteufpumpe für stark schlammiges Wasser der Maffei-Schwartzkopffwerke.

Es ist auf Zugänglichkeit der Saugseite, auf der Verstopfungen erwartet werden, Wert gelegt. Deshalb ist der untere Gehäuseteil mit Schuhen im Rahmen geführt und kann durch einen Schraubentrieb leicht nach unten bewegt werden. In ähnlicher Weise ist am oberen Ende die Druckstopfbüchse und der Ausgleichskolben zugänglich gemacht. Mittels zweier kräftiger Schraubenspindeln, deren Muttern durch Knarren gedreht werden, kann die ganze Pumpe so tief gesenkt werden, daß wichtige Teile: Kupplung, oberes Lager, Stopfbüchse und Entlastungskolben zugänglich werden.

Das zwecks Anpassens an die wachsende Förderhöhe nötige Auswechseln der Blindstücke gegen Laufräder kann infolge der Zugänglichkeit des Pumpeninnern nach Abwärtsschraubung des Saugstückes im Schachte geschehen. Für Abteufpumpen eignet sich das senkrecht geteilte Gehäuse wohl besser als das ungeteilte Gehäuse.

Fig. 332. Kreiselabteufpumpe der Maffei-Schwartzkopffwerke. (Neumann.)

3. Der Abteufelektromotor.

Die raschlaufenden Elektromotoren der Kreiselpumpen (n = 1500/min für Abteufpumpen) erhalten so kleine Durchmesser, daß die Stromwärme nicht mehr ohne künstliche Kühlung abgeführt werden kann. Man ist daher meist dazu übergegangen, die Motoren zu kapseln und durch Windflügel auf der Achse des Motors einen künstlichen Luftzug durch das Gehäuse und den Anker zu treiben, Fig. 333 der AEG.

Fig. 333. Rotor mit Kühlung durch Windflügel der AEG.

Fig. 334. Motor mit äußerer Rippenkühlung der AEG.

Bei den unterirdischen Wasserhaltungen hatte die Kapselung noch den Zweck, das Eindringen des Spritzwassers in das Gehäuse zu verhindern, was bei den hohen Spannungen dieser Motoren von 2—5000 Volt durchaus nötig ist. Die Abteufpumpen werden mit Spannungen von 500—3000 Volt betrieben. Feuchtigkeit ist also auch hier unbedingt abzuhalten. Die feuchte Luft des Schachtes wird auf Grund schlechter Erfahrung nicht für geeignet erachtet, als Kühlluft die Wickelungen zu umspülen. Wird auch die Isolation aus besten nicht wassersaugenden Stoffen hergestellt, so ist doch die feuchte, oft salzige und schmutzige Luft des Schachtes bedenklich. Man schreitet daher meist zu einer vollständigen Kapselung des Abteufmotors und muß dann für andere Kühlung sorgen. Erst neuerdings (1912) haben die Maffei-Schwartzkopffwerke auf Grund der Fortschritte in der Isolationstechnik erfolgreiche Versuche mit gelüftet gekapselten Abteufmotoren gemacht.

AEG. und Siemens-Schuckert führen völlige Kapselung mit Wasserkühlung aus.

Für kleinere Motoren genügt eine äußere Rippenkühlung, Fig. 334, 30 PS. Bei mittleren Leistungen wird das Gehäuse mit einem Wassermantel umgeben. Das Kühlwasser entstammt der ersten Druckstufe der Pumpe und fließt in den Sumpf zurück. Die benötigte Kühlwassermenge ist gering und beträgt einige Liter in der Minute.

Für große Motoren von 750 PS wird eine vereinigte Luft- und Wasserkühlung angewandt. Das Gehäuse wird von dem Kühlmantel, Fig. 335, umgeben, dieser von der Schutzkapselung, Fig. 336. Die Windflügel des Ankers, Fig. 333, treiben einen Luftstrom im Kreislaufe. Der Luftstrom läuft zwischen Anker und Gehäuse, diese kühlend, nach oben, kehrt um den Rand des Kühlmantels nach unten um, streicht sich wieder abkühlend an der gerippten Oberfläche des wassergekühlten Kühlmantels vorbei und kehrt am unteren Rande des Kühlmantels wieder in den Kreislauf zurück. Der Kühlmantel wird von Wasser durchflossen. Durch die an seiner Stirnwand sichtbaren Öffnungen steht er mit dem Wasserzu- und -abfluß in Verbindung. Der Weg des Wassers ist geradlinig,

Fig. 335. Innerer Kühlmantel eines Motors der AEG.

Fig. 336. Das Äußere eines geschlossenen innengekühlten Motors der AEG.

so daß das Innere des Kühlmantels nach Freilegung der Öffnungen leicht gereinigt werden kann. Auf diese Möglichkeit ist Wert zu legen wegen des oft schlammigen und kesselsteinhaltigen Schachtwassers. Zur leichten Entfernung losen Schlammes erhält der Kühlmantel unten Abzapfhähne. Um eine Verstopfung des Kühlmantels zu vermeiden, bauen Siemens-Schuckert in die Kühlleitung einen Wasserreiniger ein. Ist das Schachtwasser sehr schlammig oder salzig, dann ist die Beschaffung besonderen Reinwassers von ober Tage her oder gegebenenfalls durch Anzapfung eines Tübbings zu empfehlen.

Das im Motorinnern sich etwa bildende Schwitzwasser kann durch besondere Hähne abgelassen werden.

Als Motor kann nur der Drehstrommotor mit Kurzschlußanker verwandt werden. Ein Kommutator und auch Schleifringe sind im feuchten Schachte betriebsunsicher. Sie müßten innerhalb der Kapselung der Beobachtung und der Bewartung unzugänglich liegen. Der Gleichstrom als Kraftträger wäre auch wegen der ihm eignen geringen Spannungen, die große Stromstärken und unhandliche Kabel erfordern, unmöglich; auch müßte er meist erst durch Umwandlung gewonnen werden. Abteufkabel dürfen bestimmte Querschnitte nicht übersteigen. Sie werden sonst zu unbiegsam und zu schwer. Man bedenke, daß das Kupfergewicht, abgesehen von der Erhöhung der Kosten, sich nicht selbst tragen kann, sondern der Drahtbewehrung als Festigkeit bedarf. Die Spannung des Drehstromes wurde anfangs mit 500 Volt gewählt in Rücksicht auf die ungünstigen Arbeitsbedingungen im feuchten Schachte. Allmählich wagte man unter Verbesserung der Isolation höhere Spannungen. 1500 V scheinen auch heute noch nicht gern überschritten zu werden. Größere Motoren können und müssen mit 3000 V betrieben werden. Das Abteufkabel soll 3 × 95 qmm Kupferquerschnitt nicht überschreiten, im Höchstfalle bis 3 × 150 qmm. Das Abteufkabel wird in einer Länge hergestellt. Seine Bewehrung wird so gewählt, daß es auf die ganze Teufe frei hängen kann. Diese Beanspruchung ist nicht zu vermeiden, wenn ein schadhaftes Kabel gegen ein neues ausgewechselt werden soll, ohne die Pumpe hochzuziehen. Sonst vermeidet man gerne die Zugbeanspruchung des teuren Kabels. Es wird an die Steigeleitung angeschellt, so daß sein Gewicht durch die Halteseile aufgenommen wird. Wird während des Abteufens eine feste Zwischenwasserhaltung eingebaut, der die bewegliche Abteufwasserhaltung zuhebt, dann muß freilich das Abteufkabel im oberen Teile des Schachtes frei hängen, da die bewegliche Steigeleitung nur bis zur Zwischenhaltung geht. Es ist hier eine Aufstellung der Kabelwinde in der Zwischenhaltung zu empfehlen.

Beim Senken des Pumpensatzes ist auf Schonung des Abteufkabels zu achten, indem man dem Kabel zur Vermeidung von Zerrungen etwas Voreilung gegen die Pumpe gibt. Die Geschwindigkeit des Kabels muß ½ der des Halteseiles sein, damit sie gleich der der Pumpe werde.

Das Anlassen des Kurzschlußmotors erfordert besondere Vorrichtungen (Abschnitt VIII E 2 u. 5).

Es ist nicht möglich, die großen Motoren wegen der gefährlichen Stromstöße ohne weiteres an das Netz anzuschließen. Da Anlaßwiderstände im Rotor hier nicht möglich sind, kann eine Beschränkung des Anlaufstromes nur durch Verminderung der dem Stator zugeführten Spannung geschehen. Bei niederen Spannungen und kleinen Leistungen werden hierzu Anlaßwiderstände im Gehäusestromkreis angewandt, Fig. 337 und 338, in der Form der Flüssigkeitswiderstände oder der in Öl liegenden Drahtwiderstände (AEG). Bei höheren Spannungen ist eine Widerstandsschaltung untunlich. Hier werden Anlaßtransformatoren (VIII E 5 u. Fig. 293) verwendet, deren Schaltung auf der Niederspannungsseite erfolgt.

Die Anlaßtransformatoren werden mit 4, höchstens 6 Stufen ausgeführt. Von Wichtigkeit ist die Wahl der niedrigsten Stufe. Zur Vermeidung von Stromstößen ist eine möglichst geringe Anlaßspannung erwünscht. Das Drehmoment ist etwa der Spannung proportional. Beim Anlassen der Kreiselpumpe ist ein Drehmoment von 30—40 v. H. des Betriebsmomentes zu überwinden, also eine bestimmte, etwa die halbe Spannung erforderlich. Um mit einer möglichst geringen, aber zum sicheren Anlaufen ausreichenden Spannung anzulassen, wird die unterste Anzapfstelle am Transformator beim Probelauf durch Versuch festgelegt. Um aber auf jeden Fall, auch bei ungünstiger Veränderung im Maschinensatz, ein sicheres Anlaufen zur Verfügung zu haben, wird noch eine weitere Anzapfung bei etwa 66 v. H. der Betriebsspannung vorgesehen.

Fig. 337. Flüssigkeitswiderstand der AEG.

Fig. 338. Metallwiderstand der AEG.

Die Schaltung des Anlaßtransformators erfolgt in 4 Stufen, und zwar ohne Unterbrechung des Anlaßstromkreises (AEG.). Zwei Stufen sind beim Bedienen fühlbar, nämlich die Anlauf- und die Betriebsstellung. Die beiden anderen Stufen stellen Überschaltstellen zur Dämpfung gegen das Netz dar und betätigen sich beim Drehen der Schaltwalze, ohne der Hand des Bedienenden bemerkbar zu werden.

Wird die Motorspannung durch Anlaßwiderstände auf $1/2$ verringert, dann verringert sich der Anlaufstrom auf die Hälfte des Kurzschlußstromes. Wird aber die $1/2$ Motorspannung durch den Anlaßtransformator erreicht, dann verringert sich der Motorstrom auf $1/2$, der Netzstrom auf $1/4$, nämlich auf $1/2$ von $1/2$. Der Anlaßtransformator ist also wesentlich geeigneter, Stromstöße zu vermeiden. Nehmen wir den Anlaufkurzschlußstrom mit dem 6—8fachen des Betriebsstromes an, dann ergibt sich beim Anlassen im Netz der $1\,1/4$ bis 2fache Strom. Beträgt die Leistung der Abteufpumpe keinen zu großen Teil der ganzen Krafterzeugung, dann wird dieser Anlaufstrom ohne weiteres ertragen.

Die Anlaßvorrichtungen stehen ober Tage. Desgleichen die sonst noch erforderlichen Schalt- und Meßvorrichtungen, die mit den Anlaßvorrichtungen in einem Schaltkasten vereint untergebracht sind. Das Anlassen geschieht von ober Tage aus. Eine Signalanlage verbindet die unter- und obertägige Bedienung. Der Hauptschalter ist als Maximalschalter mit Zeiteinstellung ausgebildet. Zwischen Hauptschalter und Schaltwalze ist eine Verriegelung getroffen, die die Folge der Schaltbewegungen so festlegt, daß eine falsche Bedienung beim Anlassen ausgeschlossen ist. Insbesondere wird verhindert, daß der Motor unter Umgehung des Anlaßtransformators unmittelbar durch den Hauptschalter an das Netz gelegt werden kann.

Der Anlaßtransformator ist für die während des vorgesehenen Anlaufes herrschende Stromstärke und die hierbei eintretende Zeitdauer des Anlaufes berechnet. Bei abgenutzter Kreiselpumpe wächst der Anlaufstrom und die Anlaufzeit. Hierdurch wird der knapp bemessene Transformator gefährdet. In einem Falle betrug die normale Anlaufzeit 15 sec, bei stark abgenutzter Pumpe aber 35 sec. Auch bei neuer Pumpe kamen gelegentlich längere Anlaufzeiten vor. Als Ursachen ergaben sich 1. nicht dicht geschlossener Drosselschieber und 2. undicht gewordener Drosselschieber.

Fig. 339. Wasserdichter Strommesser der AEG.

Man unterschätze also die Gefahren des Anlassens nicht und übe eine stete Aufsicht auf die Vorgänge des Anlassens durch Beobachtung des Strommessers aus. Noch besser: man knausere in so wichtiger Sache nicht mit den Anlagekosten und wähle Motor und Anlasser nicht zu knapp.

Der Strommesser ist der einzige Messer, der im Schachte vor dem Motor eingebaut ist. Dies ist auch die einzige Stelle, wo das Kabel unterbrochen ist. Hier und an der Einmündungsstelle in das Gehäuse sind die Stellen, wo Störungen durch die Feuchtigkeit möglich sind. Sie werden daher sehr sorgfältig behandelt. Die Kabelenden werden wasserdicht ein- und ausgeführt. Fig. 339 (AEG.). Vor der Einmündung in den Klemmkasten des Motors durchläuft das Kabel einen gußeisernen Endverschluß, aus dem die gummibewehrten Kupferleiter herausragen. Diese werden zu den Klemmen des Klemmkastens geführt, Klemmkasten und Endverschluß wasserdicht miteinander verbunden.

4. Die Anwendung der Abteufkreiselpumpe.

Die Gestängepumpen ließen recht große Wasserlieferung erreichen. Ihr Fehler war der schwerfällige Betrieb und die Unmöglichkeit, größere

Teufen zu überwinden. Die Dampfsenkpumpen sind den Gestängepumpen in der Liefermenge keineswegs überlegen. Sie haben den Vorzug größerer Beweglichkeit, ergeben also ein rascheres Abteufen, solange nicht die Nachteile des Dampfes überwiegen. Für große Wassermengen und Teufen versagen sie.

Die elektrisch angetriebene Kreiselpumpe schlägt alle anderen Arten bezüglich erreichbarer Wassermenge, Teufe und Beweglichkeit und erweitert die Möglichkeit der vorteilhaftesten Abteufart, des Abteufens mit Hand, bedeutend.

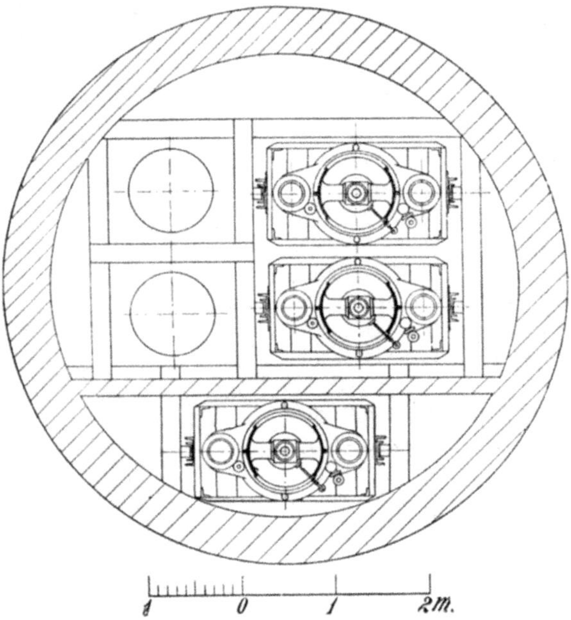

Fig. 340. Sümpfung eines Schachtes mittels Kreiselsenkpumpen. (Neumann.)

Zwei Beispiele mögen dies erweisen.

Beim Abteufen eines Schachtes der Donnersmarckhüttengrube bei Mikultschütz wurden in einer Teufe von 100 m so starke Wasserquellen angeschlagen, daß der Schacht ersoff. Es wurde ein Zufluß von 15 cbm/min festgestellt. Die Versuche, die Wasser mit Dampfpumpen zu wältigen, mißlangen. Die Pumpen erforderten viel Ausbesserungen und lieferten zusammen 10 cbm/min. Dabei füllten sie den Schachtquerschnitt so aus, daß nur spärlich Raum für den Förderkübel übrig blieb. Um den Schacht zu retten, wurden 3 Sulzerkreiselpumpen eingebaut, Fig. 340. Diese ließen reichlich Raum für 2 Förderkübel und konnten zusammen $3 \times 8 = 24$ cbm/min fördern. 2 der Pumpen waren also zur Wasserwältigung ausreichend. Der elektrische Strom wurde von dem 6 km entfernten Kraftwerk der Donnersmarckhütte geliefert (Hochofengasmaschinen von 2000 PS).

Die Kreiselpumpen sümpften den Schacht in kurzer Zeit. Nach erfolgtem Abteufen wurden die Pumpen im Schachte fest verlagert und als ortsfeste Wasserhaltung benutzt.

Für gewöhnlich wird die Abteufpumpe nicht in dieser Weise verwendet, sondern an andere Betriebe weiterverkauft.

Ein lehrreiches Beispiel eines schwierigen Abteufens, das mit Hilfe einer festen Zwischenwasserhaltung ausgeführt wurde, bietet

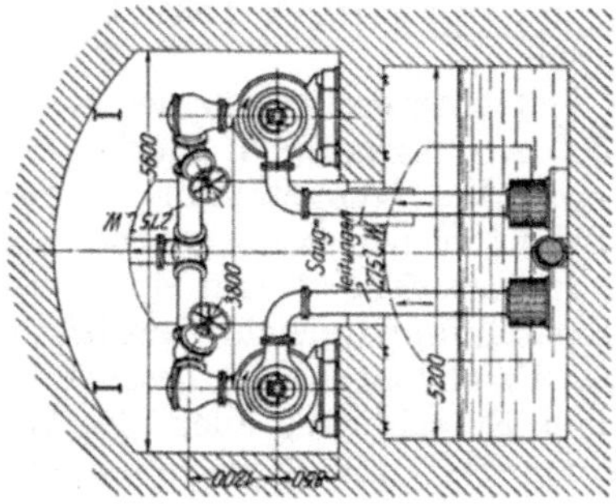

Fig. 341.
Zwischenhaltung beim Abteufen des Schachtes Hattorf.
(Z. d. Ing. 1908, S. 856.)

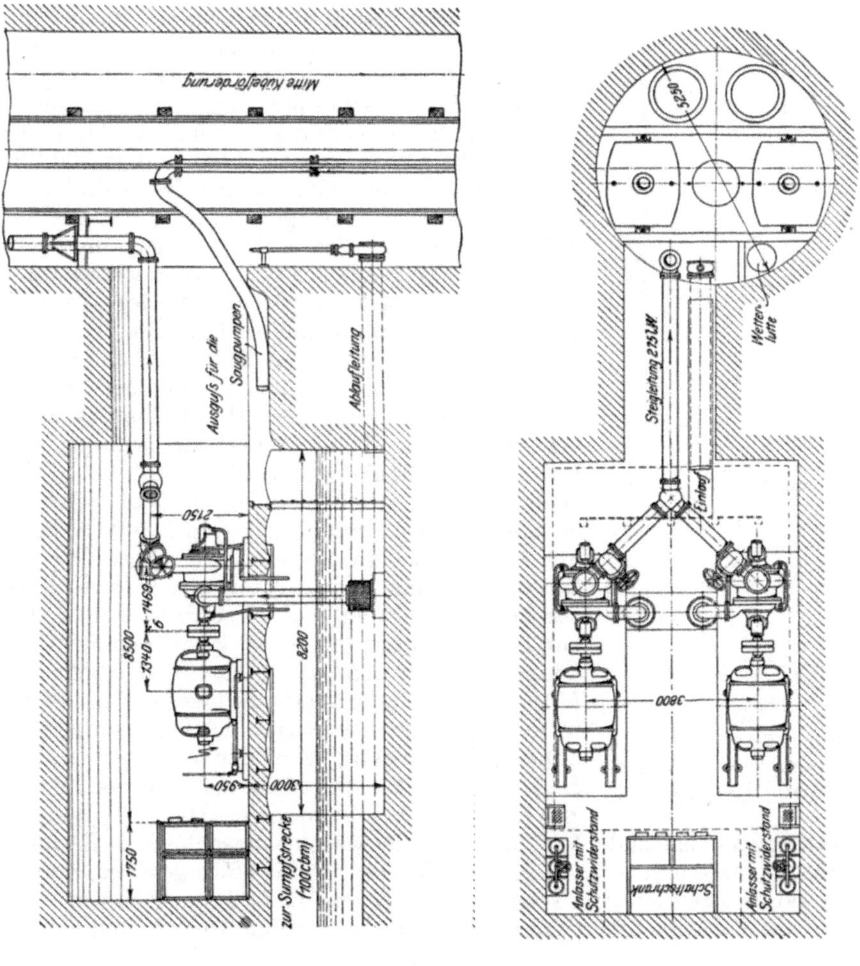

der Schacht der Kaliwerke Hattorf, Glückauf 1910, S. 1133, E. Koch, Hamborn, und Z. d. Ing. 1908, S. 855.

Nach einem Bohrloch und den Schachtaufschlüssen der Nachbarwerke hatte der Schacht bei etwa 500 m wasserreichen Plattendolomit zu durchsinken. Man rechnete mit mindestens 5 cbm/min. Bei 62 m war wasserreicher Buntsandstein zu durchteufen, dessen 4,5 cbm/min-Zuflüsse mit Kreiselpumpen leicht bewältigt wurden. Die guten Erfahrungen mit diesen Pumpen führten zu dem Entschlusse, auch die Wasser des Plattendolomites mit Kreiselpumpen zu heben. Die bedeutende Tiefe von 500 bzw. 700 m, bis auf die hinabgeteuft werden sollte, ließ es jedoch zweckmäßig erscheinen, die Senkpumpen nicht auf diese ganze Höhe arbeiten zu lassen, sondern in der Teufenmitte eine feste Zwischenhaltung mit Kreiselpumpen, Fig. 341, einzurichten, der die Senkpumpen, Fig. 342, zuhoben. Es wurden 2 Pumpensätze von je 6 cbm/min auf 360 m Höhe, 5000 V, n = 1483 und je 700 PS eingebaut. 2 Kabel, von denen jedes beide Pumpen mit Energie versorgen konnte, wurden im Schachte verlegt. Die Kabel wurden unmittelbar an ein vorhandenes Netz (Wintershall) angeschlossen. Später wurde ein eigenes Wasserkraftwerk bei Philippsthal a. d. Werra errichtet. Die beiden Senkpumpen hatten ebenfalls je 6 cbm/min Leistung für 360 m Höhe bei 700 PS. Während des Durchteufens des Dolomites wurden sie nur mit 150 m Förderhöhe beansprucht. Ihre Leistungsfähigkeit wurde aber auf 360 m bemessen, um auch etwaige größere Wassermengen aus der Teufe von 700 m heben zu können und um sie im Notfalle, beim Versagen der Zwischenhaltung und Aufsteigen der Wasser bis zur Zwischenhaltung, auf diese Höhe ziehen und zur Haltung dieser Höhe so lange benutzen zu können, bis die ortsfeste Anlage wieder betriebsfertig wäre. Die ortsfeste Anlage war ihrerseits in der Lage, beim Versagen der Senkpumpe das aufsteigende Wasser von der Zwischenhaltung fernzuhalten. Ein Versagen der ortsfesten Pumpen ist nicht vorgekommen. Die Senkpumpen versagten einige Male. In einzelnen Fällen durch Kurzschlüsse im Klemmkasten, an der Anschlußstelle des Kabels an das Motorgehäuse, da die gewählte Isolation dem stark salzigen Wasser nicht gewachsen war, und die durch geeignetere Isoliermittel später vermieden wurden, und einmal

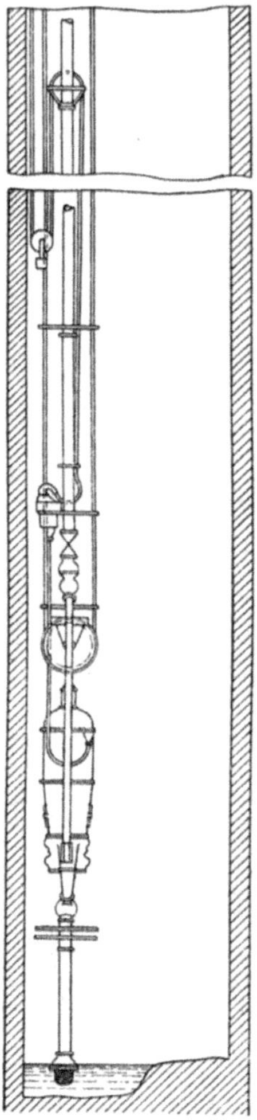

Fig. 342. Kreiselabteufpumpe im Schachte (Glückauf 1910).

durch Auslaufen eines Kammlagers. Die Kühlung des Lagers hatte wohl infolge des stark salzhaltigen zur Verstopfung führenden Wassers versagt. Da einmal beide Senkpumpen gleichzeitig schadhaft wurden, gingen die Wasser rasch hoch. Die Senkpumpen konnten aber noch zeitig bis über die Zwischenhaltung hochgezogen werden.

Der Vorteil in der Teilung der Druckhöhe beruht auf der größeren Handlichkeit des leichteren und kleineren Pumpensatzes. Alle entscheidenden Gewichte werden auf die Hälfte vermindert: Pumpensatz, Steigeleitung und Wasserinhalt. Diese Gewichte betrugen für Hattorf 70 t für die geteilte Druckhöhe und 140 t für die ganze Druckhöhe von 700 m. Was dies für die Beweglichkeit der Pumpen bedeutet, von der Sicherheit und Fortschritt des Abteufens abhängt, ist wohl ersichtlich.

Das Hattorfer Abteufen wurde glücklich zu Ende geführt. Die im Dolomit zufließenden Wasser betrugen 3 cbm/min. Das Abteufen geschah in $2^3/_4$ Jahren. Benachbarte Werke hatten bei der halben Teufe 3—6 Jahre gebraucht.

Es ist ersichtlich, daß mittels Kreiselpumpen und festen Zwischensohlen wohl noch größere Teufen und Wassermengen bewältigt werden können. Gegen die Errichtung der Zwischenhaltung war anfangs das Bedenken geltend gemacht worden, daß ihr Zusammenarbeiten mit den Senkpumpen Störungen ergeben könnte. Um solche zu vermeiden, erhielt die Zwischenhaltung einen Sumpf von 100 cbm Fassungsraum. Vor jeder Sprengarbeit wurde nach dem Abstellen der Senkpumpen der Sumpf der ortsfesten Wasserhaltung soweit wie möglich leer gepumpt. Bei Wiederaufnahme der Sümpfungsarbeiten nach dem Schießen war daher zum Anlassen der ortsfesten Pumpen reichlich Zeit vorhanden, da der Speicherraum erst in 15 min angefüllt wird.

Vor dem Schießen wurde die im Betriebe gewesene Senkpumpe 15 m hochgezogen. Dies konnte bequem geschehen. Der Ausguß in die Zwischenhaltung geschah durch einen Schlauch, dessen Länge durch Anschnallen weiterer Schläuche leicht vergrößert werden konnte. Um die lästige Bedienung der Kabelwinden bei diesen kleinen Bewegungen zu vermeiden, war das Abteufkabel in besonderer Weise angeordnet. Es lief nach Bildung einer gewichtsbeschwerten Schleife über eine feste Rolle nach dem Motor. Die Schleife ergab die nötige Speicherwirkung. Störungen an dieser Schleife sind nicht vorgekommen. Die Schleife erleichtert auch das Zutageziehen der Pumpe, indem sie die Abhängigkeit zwischen Kabelwinde und Pumpenwinde verringert.

Zehnter Teil.

Die Wasserhaltung im Haushalt und Betrieb der Grube.

A. Die Wirtschaftlichkeit der Wasserhaltungen.

1. Die Kosten der Wasserhaltungen.

Die Kosten der Wasserhaltung setzen sich aus vielen zum Teil unsicheren Anteilen zusammen, so daß jede Angabe hierüber mit Vorsicht aufzunehmen ist. Sie können in zwei Gruppen getrennt werden: in die mittelbaren und in die unmittelbaren Kosten. Die mittelbaren Kosten, die in der Erschwerung des Grubenbetriebes durch das Wasser und das verwandte Kraftmittel liegen, lassen sich überhaupt nicht ermitteln. Die unmittelbaren Hebungskosten setzen sich zusammen aus der Verzinsung und Tilgung der Anlagewerte, den eigentlichen Kraftkosten und den Kosten für Bewartung der gesamten Anlage, Ausbesserung und Schmierung.

Die Anlagekosten umfassen die Kosten aller der Wasserhaltung dienenden Anlagen, soweit sie nicht in der Preisstellung der der Wasserhaltung gelieferten Energie bereits zum Ausdruck gekommen sind.

Bei Dampf-, hydraulischem und elektrischem Antrieb mit eigener Kraftanlage enthalten sie alle Anlagen vom Dampfstutzen des Dampfkessels an bis vor die Sumpfanlage, bei elektrischem Anschluß an das Grubennetz alles von den Sammelschienen des Kraftwerkes an gerechnet. Im ersteren Falle ist für die Kraftkosten der Bezugspreis des verbrauchten Dampfes, im letzteren Falle der der verbrauchten elektrischen Energie maßgebend, für die Verzinsung die oben erklärten Anlagekosten.

Die Anlagekosten der einzelnen Wasserhaltungsarten sind sehr voneinander verschieden. Es sollen im folgenden stark abgerundete, auf die Wasserleistung bezogene Werte, also je PSe, gegeben werden. Die kleineren Werte beziehen sich auf größere Leistungen bis 3000 PSe, die größeren auf kleinere Leistungen von 300 PSe an. Ferner beziehen sie sich auf eine Teufe von etwa 500 m und umfassen die oben erklärten Anlagewerte. Die Zahlen für die Gestängewasserhaltung sollen nur zum Vergleiche dienen, sind aber sonst wertlos, da die Kosten der Gestängepumpe von der Teufe wesentlich beeinflußt werden und die hier gegebenen Zahlen sich auf geringere Teufen als 500 m beziehen.

Anlagekosten verschiedener Wasserhaltungen, einschließlich der unterirdischen Maschinenräume, aber ausschließlich des Anteiles am Schachte:

Gestängewasserhaltungen 800—900 M/PSe, für etwa 250 PSe und 375 m Teufe.

Hydraulische Wasserhaltung 700—800 M/PSe, für etwa 400 PSe.

Elektrische Wasserhaltung mit eigner Kraftanlage 500 bis 700 M/PSe, davon etwa die Hälfte auf die obertägige Kraftanlage.

Unterirdische Dampfwasserhaltung 350—450 M/PSe.

Elektrisch angetriebene Kolbenpumpen mit Anschluß an das Grubennetz 250—350 M/PSe.

Elektrisch angetriebene Kreiselpumpen mit Anschluß an das Netz 100—125 M/PSe, mit dem Verhältnis Förderhöhe zu Wassermenge wachsend.

Die Preise schwanken mit der Marktlage und den besonderen Verhältnissen. Es vermehren die Kosten: hohe Beförderungskosten bis zur Grube, schwieriger Einbau, druckhaftes Gebirge am Ort des Maschinenraumes und der Sumpfanlagen, wechselnde Wasserzuflüsse, die eine große Sumpfanlage erfordern, niedere Spannung des vorhandenen Dampfes oder elektrischen Stromes.

Die Anteile an den Kosten des Schachtes sind für die Gestängewasserhaltung groß und lassen diese noch wesentlich ungünstiger erscheinen, als es nach der obigen Aufstellung geschieht. Für die übrigen Anlagen ist ein Anteil am Schachte nicht in Rechnung zu stellen, da sie sich mit einem sonst unbenutzten Teile des Schachtquerschnittes begnügen.

Schlechte Gebirgsbeschaffenheit verändert nicht nur die einzelnen Preise, sondern verschiebt sie auch gegeneinander, und zwar zuungunsten der Arten, die einen großen und insbesondere einen weitgespannten Maschinenraum erfordern.

Die Kosten der Bewartung sind für die Gestängemaschinen besonders hoch, für die anderen nach der Reihenfolge abnehmend: hydraulische Wasserhaltung, elektrische Wasserhaltung mit eignem Kraftwerk, Dampfwasserhaltung, elektrische Kolbenpumpen, elektrische Kreiselpumpen. Sie sind im folgenden für die Anlagen mit einem Maschinensatz (Dampfwasserhaltung, elektrische Pumpen mit Netzanschluß) mit dem Verhältnissatz 1, für Anlagen mit 2 Maschinensätzen (hydraulische, elektrische mit eignem Kraftwerk) mit dem Satze 2 eingestellt.

Die gleiche Stufenfolge dürfte sich etwa für die Ausbesserungskosten und die Kosten für die Schmierung ergeben.

Für mittlere Leistungen ergibt sich praktisch kein Unterschied in den Bedienungskosten der elektrischen Kolben- und Kreiselpumpen. Bei größeren Anlagen und Aushilfsmaschinen erfordert die Kolbenpumpe mehr Bedienung.

Die Kraftkosten stellen sich je nach dem Wirkungsgrad der gesamten Anlage verschieden. Je mehr Energiewandlungen stattfinden, desto größere Verluste im allgemeinen. Dabei ist aber auch die Maschinenart zu berücksichtigen, die eine bessere oder schlechtere Ausnutzung der Energie hat. Unterirdische Dampfmaschinen nutzen aus verschiedenen Gründen den Dampf schlechter aus als die obertätigen Antriebsmaschinen für die Energieumwandlungen. Hier nutzt wieder die Dampfturbine eines neueren großen Grubenkraftwerkes den Dampf wesentlich besser aus als die kleineren Kolbendampfmaschinen älterer Kraftwerke, die hohe Drücke und Überhitzung sowie niedrige Luftleeren nicht verwerten konnten.

Bei Betrieb mit **großen Pausen** nimmt die Dampfwasserhaltung eine ungünstige Sonderstellung ein, indem die Niederschlagsverluste in der Dampfleitung fortdauern und, auf die verminderte Leistung bezogen, unwirtschaftliche Werte annehmen (1—1,8 kg je qm Rohroberfläche u. st.). Die Niederschlagsverluste wachsen mit der Teufe. Ungünstig steht auch die Gestängewasserhaltung da, die eine erhebliche Dampfdehnung nicht durchführen kann. Ihre Dampfverbrauchszahlen sind auch deswegen hoch, weil diese alten Maschinen mit gesättigtem Dampfe geringen Druckes arbeiteten. Bei Betrieb mit längeren Hubpausen finden große Niederschlagsverluste im Dampfzylinder statt.

Bei hydraulischen Wasserhaltungen sind die Wirkungsgrade anfangs hoch. Später nimmt der Dampfverbrauch erheblich zu, wenn Undichtheiten in der unter sehr hohem Drucke stehenden Kraftleitung und Maschinen eingetreten sind.

Die elektrische Wasserhaltung mit eignem Kraftwerk weist den gleichen Dampfverbrauch auf wie die vollbeschäftigte ältere Dampfwasserhaltung, indem ihr geringerer Wirkungsgrad durch den Wegfall des Dampfniederschlages und die bessere Dampfausnutzung im obertägigen Kraftwerk ausgeglichen wird. Nutzt sie die Vorteile höherer Dampfspannung (12 atm) und Überhitzung (300^0) aus, dann ist ihr Dampfverbrauch entsprechend geringer. Wird die Wasserhaltung an ein großes Turbinenkraftwerk angeschlossen (Netzanschluß), dann verringert sich der Dampfverbrauch noch weiter. Gegen solche neueren Anlagen erscheinen die alten Dampfwasserhaltungen als ungünstig. Bei geeigneter Ausgestaltung, z. B. als Gleichstromdampfmaschine mit hohem Drucke und Überhitzung, wäre wohl bei voller Beschäftigung der gleiche Dampfverbrauch zu erwarten wie bei elektrischem Betriebe. Bei kurzfristigem Betriebe wird ihr freilich die elektrische Wasserhaltung trotz der merklich höheren Anlagekosten überlegen sein.

Dampfverbrauch in kg je PSe u. st.

Ältere Anlagen für 6 atm Dampfspannung.

Tägliche Betriebsdauer in st.	24	12	6	
Gestänge	18	20	24	ältere Angaben.
Unterirdische Dampf- Zwilling	13	16	20	20 v. H. des Verbrauches der arbeitenden Maschine als Niederschlag gerechnet.
Unterirdische Dampf- Verbund	10	12	16	20 v. H. des Verbrauches der arbeitenden Maschine als Niederschlag gerechnet.
Hydraulische	10	10	10	nach verschiedenen Messungen geschätzt.
Elektrische, eigenes Kraftwerk	11	11	11	nach verschiedenen Messungen geschätzt.

Anlagen mit höheren Drücken (12 atm) und Überhitzung.

Unterirdische Dampf-, Verbund oder Gleichstrom . .	8	9,5	12,5	Dampfverbrauch geschätzt
Elektrisch Kolbenpumpen, eignes Kraftwerk	7	7	7	Dampfverbrauch gemessen (Baum-Hoffmann).
Elektrische Kreiselpumpen, eignes Kraftwerk	8	8	8	Dampfverbrauch geschätzt.

Neuere elektrische Anlagen, Netzanschluß, großes Kraftwerk.

Kolbenpumpen	6	6	6	Dampfverbrauch geschätzt.
Kreiselpumpen	7	7	7	„ „

Bei Netzanschluß sind die Anteile der Wasserhaltung an dem Kraftwerk meist nicht gegeben, sondern der Preis für die kWstunde. Daher ist es nötig, nicht mit dem Dampfverbrauch, sondern der kW-zahl zurechnen.

Der Energieverbrauch in kW/PSe ergibt sich nach den früher mitgeteilten Wirkungsgraden für

Kolbenpumpen 0,85
Kreiselpumpen . . . . 1,00.

Die Dampfkosten können auf der Grube gesetzt werden:

1 kg Dampf = 0,2 Pf.

Die elektrischen Energiekosten:

1 kWst = 1,5 — 3 Pf.

Die Gesamtbetriebskosten der Wasserhaltung ergeben sich: 10 v. H. Verzinsung und Tilgung der vorher angenommenen Anlagewerte. Bei Betrieb mit Pausen entfällt dieser Betrag auf eine kleinere Leistung. Dementsprechend wachsen die Betriebskosten der Leistungseinheit einer gegebenen Anlage mit den Pausen.

Höhere Anlagekosten wirken daher insbesondere bei aussetzendem Betriebe die Leistungskosten erhöhend. Je mehr bei wechselnden Wasserzuflüssen auf Aushilfe Bedacht genommen werden muß, desto mehr ist auf geringe Anlagekosten zu sehen. Am wirtschaftlichsten ist die Aufteilung der ganzen bereitzustellenden Anlage in einen ständig arbeitenden Teil mit hohem Wirkungsgrade, wenn auch höheren Anlagekosten, und in einen Aushilfeteil mit niederen Anlagekosten, wenn auch höherem Energieverbrauch. Die Anlagewerte sind für die älteren Anlagen nach verschiedenen Angaben des Westfälischen Sammelwerkes Band IV geschätzt. Für elektrische Wasserhaltungen mit Netzanschluß sind sie nach verschiedenen zerstreuten Quellen geschätzt und sind mit Vorsicht zu gebrauchen.

Die Kosten für Wartung und Instandhaltung sind für die älteren Dampfwasserhaltungen nach Angaben des Westfälischen Sammelwerkes gegeben, die anscheinend Betriebsergebnissen der Gruben entstammen; für die übrigen Anlagen sind sie danach abgeschätzt. Der Dampfverbrauch ist nach verschiedenen zum Teil stark voneinander abweichenden Angaben zusammengestellt. Wesentlich maßgebend waren die für Dauerbetrieb ermittelten Werte der „Versuche mit verschiedenen Pumpensystemen", Bericht von Baum-Hoffmann, Verlag Springer, Berlin 1905.

Für Anschluß an ein großes Turbinenkraftwerk wurden die Zahlen nach den ermittelten Gesamtwirkungsgraden geschätzt, desgleichen für die nur zu Vergleichszwecken angeführte Dampfwasserhaltung mit neuzeitlichen Mitteln.

Kosten in Pfg. je PSe u. st.

Ältere Dampfwasserhaltungen, 6 atm Druck.

Tägliche Betriebsdauer	Zinsen und Tilgung	Wartung und Instandhaltung	Dampfkosten		Zusammen	
			Zwilling	Verbund	Zwilling	Verbund
24 st	0,4	0,2	2,6	2,0	3,2	2,6
12 st	0,8	0,4	3,2	2,4	4,4	3.6
6 st	1,6	0,8	4,4	3,2	6,8	4,6
Hydraulische Wasserhaltung.						
24 st	0,8	0,4	2,0		3,2	
12 st	1,6	0,8	2,0		4,4	
6 st	3,2	1,6	2,0		6,8	
Ältere elektrische Wasserhaltung, eigenes Kraftwerk.						
24 st	0,7	0,4	2,2		3,3	
12 st	1,4	0,8	2,2		4,4	
6 st	2,8	1,6	2,2		6,6	

Man ersieht aus der Aufstellung, daß zwischen den älteren Anlagen kein merklicher Unterschied in den Betriebskosten besteht, daß aber die Dampfwasserhaltung bei gleichartiger Dampfwirkung — Verbundmaschine — den anderen Wasserhaltungen überlegen ist. Daß sie bei schlechter Dampfwirkung — Zwilling — die anderen, mit guter Dampfwirkung, nicht übertreffen kann, darf nicht verwundern.

Bei Betrieb mit längeren Pausen machen sich bei der Dampfwasserhaltung der Dampfniederschlag in der Rohrleitung, bei den anderen Arten die höheren Anlagekosten ungünstig bemerkbar, doch so sich ausgleichend, wenigstens nach den obigen Aufstellungen, daß die Stellung der einzelnen Wasserhaltungen zueinander kaum verändert wird.

Die elektrischen Wasserhaltungen sind am ehesten geeignet, eine bessere Dampfausnutzung durch hohe Dampfspannung und Überhitzung zu erzielen. Sie übertreffen alsdann die älteren Wasserhaltungen.

Elektrische Anlage mit Kolbenpumpen, hohem Dampfdruck, 12 atm, und Überhitzung, 300°, eigenem Kraftwerk.

Betriebsdauer	Zinsen und Tilgung	Wartung u. Instandhaltung	Dampfkosten	Zusammen	
24 st	0,7	0,4	1,4	2,5	Der Dampfverbrauch beruht auf einer genauen Messung.
12 st	1,4	0,8	1,4	3,6	
6 st	2,8	1,6	1,4	5,8	

Diese Wasserhaltung erreicht die Wirtschaftlichkeit der guten älteren Dampfwasserhaltung.

Unter den gleichen Bedingungen des Dampfzustandes würde eine Dampfwasserhaltung bei ungeänderten Anlagewerten ergeben:

Neuere Dampfwasserhaltung, 12 atm Druck, Verbund oder Gleichstrommaschine, 300°.

24 st	0,4	0,2	1,6	2,2	Dampfverbrauch geschätzt. Ausführungen nicht bekannt.
12 st	0,8	0,4	1,9	3,1	
6 st	1,6	0,8	2,5	4,9	

Die Dampfwasserhaltung bewahrt also auch hier, wenn ihr gleiche Wirkungsbedingungen geboten werden, ihre Überlegenheit.

In der wirtschaftlichen Ausnutzung der Dampfenergie kann die Dampfwasserhaltung die geschätzten Werte wohl kaum überbieten, während die elektrische Wasserhaltung bei Anschluß an ein Großkraftwerk dies zu tun vermag. Das Großkraftwerk nützt nicht nur den Dampf besser aus, sondern erzeugt auch sonst die elektrische Energie billiger wegen der verminderten Bewartung und sonstiger Kosten sowie wegen der je Leistungseinheit ganz bedeutend verminderten Anlagekosten.

Es würde dies in unseren Rechnungen dadurch zum Ausdruck kommen, daß für die Anlagekosten der elektrischen Wasserhaltung wesentlich geringere Beträge einzusetzen wären, desgleichen für den Dampfverbrauch als auch für den Einheitspreis des Dampfes.

Wir rechnen aber einfacher nur mit der unterirdischen Anlage und setzen an Stelle der Dampfkosten die Kraftkosten ein, berechnet aus den Werten des Kraftbedarfes in kW und dem Preise der kWst.

Elektrische Wasserhaltung mit Netzanschluß.
Kolbenpumpen.

Betriebsdauer	Zinsen und Tilgung	Wartung u. Instandhaltung	Kraftkosten bei		Zusammen	
			1,5 Pf./kWst	3 Pf./kWst	1,5	3
24 st	0,3	0,2	1,25	2,5	1,75	3,0
12 st	0,6	0,4	1,25	2,5	2,25	3,5
6 st	1,2	0,8	1,25	2,5	3,25	4,5
Kreiselpumpen.						
24 st	0,1	0,2	1,5	3	1,8	3,2
12 st	0,2	0,4	1,5	3	2,1	3,6
6 st	0,4	0,8	1,5	3	2,7	4,2

Bei einem Strompreis von 3 Pf./kWst bewahren die Dampfwasserhaltungen noch ihre Überlegenheit über die elektrischen Wasserhaltungen, die erst bei stark aussetzendem Betriebe (6stündigem Betrieb) billiger arbeiten. Bei dem, allerdings wohl als niedrig zu bezeichnenden Preise von 1,5 Pf./kWst sind die elektrischen Wasserhaltungen unbedingt überlegen.

Die elektrische Kolbenpumpe arbeitet bei hohem Strompreise und 24- bis 12stündiger Dauer billiger, bei niedrigen Strompreisen ist die Kreiselpumpe überhaupt überlegen.

Es sei nochmals hervorgehoben, daß diese Zahlen meist auf Schätzungen beruhen und nur dem Vergleiche dienen sollen. Die Ergebnisse stehen und fallen mit der Richtigkeit der gemachten Annahmen. Ferner umfassen diese Zahlen nur die unmittelbaren Kosten. Es steht jedem frei, die mittelbaren Kosten, die bei verschiedenen Arten verschieden sein können, nach den jeweiligen besonderen Umständen einzuschätzen.

Hierüber ist noch einiges im Abschnitt X A 2 u. 3 zu sagen. Es betrifft die Verbilligung der Krafterzeugung im Kraftwerk bei Anschluß der Wasserhaltung und die verschiedenen Möglichkeiten, durch Ausnutzung des Gefällewassers an Hebungskosten und durch Zusammenlegung des Betriebes an Wartungskosten zu sparen.

Zum Schlusse sei zur überschläglichen Berechnung noch eine Preisangabe auf die Leistung, 1 cbm auf 100 m zu heben, gemacht. Dafür wird etwa 2 Pf. aufzuwenden sein. Ferner ergiebt sich: 1 cbm/min aus einer Teufe von 500 m im Jahre = 50 000 M. (12stündiger Betrieb vorausgesetzt).

2. Die Wasserhaltung als Glied der Kraftwirtschaft der Grube.

Die Betrachtungen über die unmittelbaren Kosten der Wasserhaltung ließen erkennen, daß bei Anschluß an große Kraftwerke und bei nicht ständigem Betriebe die elektrische Wasserhaltung wirtschaftlicher arbeitet als die Dampfwasserhaltung.

Ihr mittelbarer Einfluß erstreckt sich zunächst auf die Vermeidung der Schäden der Wärme im Schachte. Die meist im einziehenden Schachte liegende Dampfleitung wirkt dem Wetterzug entgegen, erfordert daher einen höheren Kraftaufwand an der Wettermaschine, die diese Gegenwirkung auszugleichen hat, und unter Umständen eine größere Wettermenge, um die Nachteile der Erwärmung des einziehenden Wetterstromes für die Belegschaft auszugleichen.

Der Anschluß an ein Kraftwerk bringt diesem und somit der gesamten Kraftwirtschaft Vorteile, die der elektrischen Wasserhaltung als Gewinn anzurechnen sind.

Auf den meisten Kohlengruben dürfte die Wasserhaltung mehr Energie verbrauchen als die Schachtförderung. In früheren Jahren war die Wasserhaltung der Hauptverbraucher des Kraftwerkes. Alsdann nahm ihr Anteil um so mehr ab, als auch andere Verbraucher, wie Fördermaschinen, Wettermaschinen, Streckenförderung und die Luftpresser, angeschlossen wurden. Aber auch bei elektrischem Antriebe aller Betriebe wird die Wasserhaltung ½ und mehr der Energie für sich in Anspruch nehmen.

Die elektrische Energieerzeugung erweist sich desto billiger, je größer das Kraftwerk ist. Bei Vergleich der elektrischen mit der Dampfwasserhaltung ist daher der für die übrigen Verbraucher nachweisbare Gewinn von den Kosten der elektrischen Wasserhaltung abzuziehen. Die gleiche Schlußfolgerung wird sich freilich auch für den Anschluß anderer Verbraucher an das die Wasserhaltung speisende Kraftwerk machen lassen. Man hüte sich also vor Trugschlüssen und prüfe durch Vergleichsrechnungen, ob reiner elektrischer, reiner Dampf- oder gemischter Betrieb wirtschaftliche Vorteile verspricht. Für die anderen Kraftverbraucher einer Grube werden die Verhältnisse bezüglich der Frage: Dampf oder Elektrizität? bei aller Verschiedenheit doch ähnlich liegen wie bei der Wasserhaltung, d. h. bei niedrigem Strompreis und geringer Benutzungsdauer liegen die Vorteile auf Seiten des elektrischen Antriebes.

Der elektrische Antrieb ist der gegebene, wenn verwertbare Gase auf der Grube vorhanden sind.

Hat man sich zum elektrischen Antrieb entschlossen, so bietet der Anschluß der Wasserhaltung außer den bereits erwähnten noch den weiteren Vorteil, daß durch geeignete Ordnung des Gesamtbetriebes eine zeitliche Versetzung der Energieentnahme der einzelnen Verbraucher gegeneinander stattfinden kann derart, daß das Kraftwerk zeitlich möglichst gleichmäßig belastet wird. An Hand der über den aussetzenden Betrieb gemachten Betrachtung erklärt sich der Vorteil der gleichmäßigen Belastung durch die Verringerung der je Leistungseinheit zu rechnenden Zinsen und Tilgungskosten. Die Wasserhaltung eignet sich vorzüglich zu solchem Ausgleiche. Während andere Verbraucher, wie Fördermaschine, Aufbereitung, Wettermaschinen, Luftpresser, in die Arbeitsschicht fallen, kann bei genügender Sumpfanlage die Wasserhaltung in der Nachtschicht laufen, da ja immer die Leistungsfähigkeit der Pumpen wegen der nötigen Sicherung gegen vermehrte Zuflüsse ein Mehrfaches der mittleren Zuflüsse beträgt. Die hier nötig werdenden Sumpfanlagen dürfen dabei nicht als nachteilige, die Vorteile der Ausgleichung zum Teil aufhebende Mehrkosten angesetzt werden, da sie ohnedies zur Sicherung des Betriebes gegen plötzlich vermehrte Zuflüsse oder sonstige unberechenbare Vorfälle dienen, und man hier nie Sparsamkeit üben sollte.

Auch bei Strombezug aus fremden Netzen ist es möglich und günstig, die Betriebszeit der Wasserhaltung auf die Zeit niedrigen Strompreises zu legen.

Die gleichmäßige Belastung des Grubenkraftwerkes ist um so gebotener, als dieses der Sicherheit halber immer mit voller Aushilfe versehen sein sollte.

Die Wirtschaftlichkeit der Wasserhaltung wird gefördert, wenn eine möglichste Zusammenlegung des Betriebes auf einer Sohle stattfinden kann. Hierdurch werden die Kosten der Bewartung und unter Umständen die Anlagewerte verringert, indem die Maschinenräume und die Sumpfanlagen verbilligt werden. Die Sumpfanlage kann dann verkleinert werden, wenn die Wasser der verschiedenen Sohlen alle im gleichen Sumpfe vereinigt werden und ein Ausgleich etwa verschiedenartiger Zuflüsse stattfindet.

Kleinere Zuflüsse höherer Sohlen wird man immer auf die tiefere Wasserhaltungssohle abfallen lassen, da ihre gesonderte Hebung zu teuer wäre. Größere Wassermengen oder größere Gefälle würden die Gewinne der Zusammenlegung wieder aufheben und in Verlust verwandeln, da eine größere Energie zur Hebung nötig ist. Daher kann in diesem Falle von der Zusammenlegung nur nützlicher Gebrauch gemacht werden, wenn eine einfache Ausnutzung des Gefällewassers möglich ist.

Von der Ausnutzung des Gefällewassers durch geschlossene Zuführung nach einer auf der unteren Sohle aufgestellten Pumpe, meist einer Kreiselpumpe, wird in Abschnitt X A 4 gehandelt werden. Hier sollen einige Beispiele für die Ausnutzung zu geeigneten Kraftzwekken erwähnt werden, wobei das Abwasser dem Sumpfe der Wasserhaltungssohle zufließt.

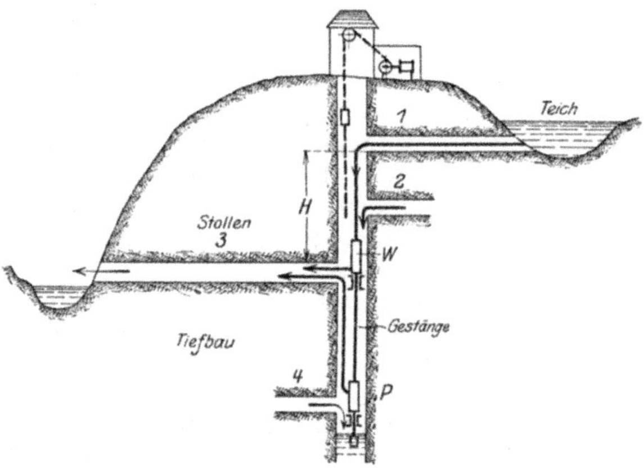

Fig. 343. Ausnutzung des Gefällewassers.

Kleinere Wassermengen hat man des öfteren zum Betriebe von Strahlpumpen zur Hebung tieferen Wassers auf die Wasserhaltungssohle benutzt, in anderen Fällen zum Betriebe von Strahldüsen zur Sonderbewetterung. Wieder in anderen Fällen hat man das Abfallwasser der elektrischen Beleuchtung dienstbar gemacht, indem man es auf eine für diese Zwecke geeignete Wasserturbine, Peltonrad genannt, wirken ließ, die eine kleine Lichtdynamo betrieb.

Eine planmäßige Ausnutzung größerer Mengen und Gefälle hat man seit alters in den Erzgruben gebirgiger Gegenden, besonders am Harze, geübt. Fig. 343 giebt eine Anschauung, wie durch Zufuhrstollen 1, Schacht und Abflußstollen 3 ein obertägiges Gefälle ausgenutzt werden kann. Das Gefällewasser beaufschlagt eine auf der Sohle des Wasserlösungsstollens 2 stehende Wassersäulenmaschine. Das Abwasser fließt durch den Stollen ab. Durch ein Gestänge wird der Antrieb auf eine auf der Tiefbausohle 4 stehende Pumpe übertragen, die das Grubenwasser auf die Stollensohle 3 hebt. An Stelle des Gestängeantriebs hätte man besser die Triebmaschine auf die Tiefbausohle 4 gesetzt, was für die Energieausnützung das Gleiche gewesen wäre, indem das Arbeitsgefälle H immer dasselbe bleibt. An Stelle des Oberflächenwassers kann auch das Gefälle jeder beliebigen höheren Sohle 2 bis zum Abfluß 3 ausgenutzt werden, oder es kann wenn kein Abflußstollen vorhanden ist, aber die Sammelwasserhaltung auf der Sohle 3 steht, das Wasser 2 in gleicher Weise zur Hebung des tieferen Wassers 4 bis zur Wasserhaltungssohle 3 benutzt werden.

Die Ausnutzung eines künstlichen Gefälles erklärt Fig. 344. Zur Entwässerung eines Unterwerkbaues 3 mittels einer Wassersäulenmaschine W wird das Steigerohr 1 der Wasserhaltungsmaschine der Bausohle 2 angezapft. Das Abwasser fließt wieder dem Sumpf der Bausohle zu.

Die gute Ausnutzung des Gefällewassers oberer Sohlen zur Wasserhebung von Wasser unter der Wasserhaltungssohle setzt voraus, daß die Energien des fallenden und des steigenden Wassers einander ge nügend gleich sind und längere Zeit gleich bleiben. Bei Veränderung der Wassermengen wird die Abhängigkeit der Energieengen sehr störend.

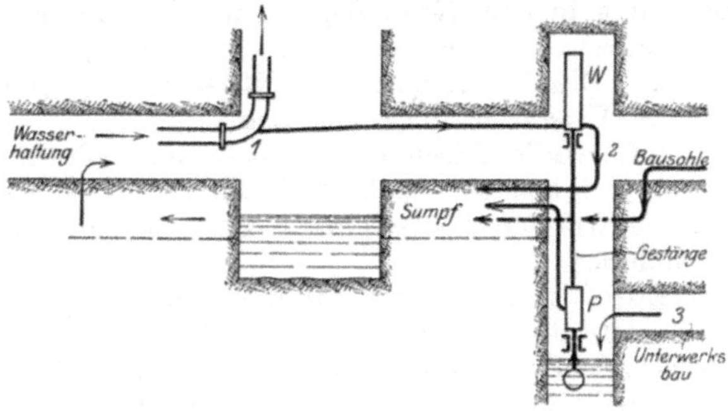

Fig. 344. Benutzung eines künstlichen Gefälles.

Es ist daher nach einer **unabhängigen** Ausnutzung des Gefällewassers zu trachten, wie sie in den eingangs erwähnten Beispielen zur Erzeugung elektrischer Energie vorhanden ist. Diese Energie steht auf dem Abflußstollen zur Verfügung. In der Erzgrube wird viel Energie in Form von Druckluft gebraucht. Man betrieb daher durch ein Peltonrad und ein Vorgelege einen **Luftpresser**. Eine unmittelbare Umwandlung des Gefällewassers in Druckluft wurde durch den hydraulischen Kompressor ermöglicht. Der **hydraulische Kompressor** stellt sich als eine besondere Ausgestaltung eines Wasserstrahlgebläses und als eine Umkehrung der Mammutpumpe dar. Er wurde zuerst am Harz angewandt. Am Harz ist eine geregelte Wasserwirtschaft vorhanden, indem das Tagewasser und das Wasser höherer Sohlen aufgespeichert und durch Abfluß im Ernst-August-Stollen ausgenutzt wird. Es kommen dabei Gefälle von 620 m vor, und es werden selbst in regenarmer Zeit über 3000 PS nutzbar gemacht.

Eine Beschreibung und Beurteilung der hydraulischen Luftpresser ist in den „Kompressorenanlagen" des Verfassers, bei Springer Berlin, S. 149 u. f. zu finden.

Eine merkwürdige Ausnutzung von Gefällewasser darf noch erwähnt werden, Braunkohlengrube Hedwig b. Gr. Weissand (1908). Zur Aufschließung einer unterhalb der Wasserhaltungssohle liegenden Spezialmulde, 100 m von der Dampfwasserhaltung entfernt, mußte eine Nebenwasserhaltung betrieben werden, wozu der vorhandene Dampf nicht verwendet werden konnte. Elektrische Energie in der Grube war nicht vorhanden. In den hangenden Kiesschichten (in 12 m Teufe) war Wasser vorhanden, dessen Herabziehung aus den im Abschnitt II B gegebenen Gründen vorteilhaft erschien. Dessen Gefälle bis zur Wasserhaltungssohle wurde nutzbar gemacht. Das Abwasser wurde durch die Wasserhaltung zutagegehoben. Es wurde ein Sammelbrunnen auf 12 m Tiefe niedergebracht, ausgemauert, dann im Brunnen ein Bohrloch bis auf die Abteufsohle gestoßen und verrohrt (100 mm). Von der Bausohle aus wurde das Bohrrohr durch eine Strecke angefahren und in der Nähe ein kleiner Maschinenraum zur Aufnahme einer kleinen Kreiselpumpe mit Peltonradantrieb (3 PS) hergestellt. Das Peltonrad wurde durch eine Leitung mit dem Bohrrohr verbunden. Die Kreiselpumpe entwässerte den Unterwerksbau und goß auf die Wasserhaltungssohle aus.

Später (1911) wurde durch ein zweites Bohrloch Betriebswasser zum Antrieb einer Dynamo von 5 PS beschafft, die den Strom zum Antrieb einer elektrischen Kreiselpumpe zur Entwässerung einer anderen Mulde liefert.

Das Verfahren erscheint verständlich, wenn doch entwässert werden muß, zeigt aber im übrigen, zu welchen Umständlichkeiten der Mangel elektrischer Energie in der Grube führen kann.

Neuerdings wird ein neuer Wassermotor, der Hydropulsator, zur Ausnutzung von Gefällewasser empfohlen. Glückauf 1912, S. 1119.

3. Die Wahl der Wasserhaltung.

Bei der Wahl einer Wasserhaltungsform ist von der Grundforderung auszugehen: Sicherheit und Wirtschaftlichkeit, wobei diese beiden Gesichtspunkte eine untrennbare Einheit bilden, indem eine Wirtschaftlichkeit des Gesamtbetriebes bei Unsicherheit nicht bestehen kann.

Zur Beurteilung, welche Form und welche Gesamtanordnung sich danach empfiehlt, sind die maschinentechnischen Verhältnisse der einzelnen Formen in Verbindung mit den besonderen bergtechnischen Verhältnissen der Grube heranzuziehen.

Nur diese gemeinsame Betrachtung kann zum Ziele führen, indem eine Form, die vom allgemeinen maschinentechnischen Standpunkt aus vorzüglich erscheint, für besondere bergtechnische Verhältnisse unbrauchbar sein kann. Im Bergbaubetrieb gilt mehr als anderswo der Satz: Eines schickt sich nicht für alle.

Die große Einheitlichkeit, die sich in neueren Wasserhaltungsmaschinen zeigt, erweist, daß im allgemeinen die bergtechnischen Verhältnisse keine bezüglich der Wasserhaltung erheblichen Unterschiede aufweisen.

Die maschinentechnischen Verhältnisse der Wasserhaltung bilden den Hauptteil dieses Buches. Es ist auf diese Erörterungen zu verweisen.

Danach ist die Gestängewasserhaltung nur in seltenen Ausnahmefällen vorteilhaft. Sie ist technisch möglich bei geringen Teufen und nützlich, wenn bei sehr schlechtem Gebirge die Herstellung selbst der kleinen für Kreiselpumpen benötigten Maschinenräume kostspieliger wird als eine Gestängepumpe samt ihrem Anteil an den Schachtkosten. Beim Abteufen im schwimmendem Gebirge kann sie wegen der Unempfindlichkeit der Hubpumpen gegen schmutziges Wasser der Kreiselsenkpumpe überlegen sein. Für Erz- und Braunkohlengruben, die nahe der Erdoberfläche bauen und zur Zeit der Schneeschmelze oder bei Wolkenbrüchen unvermittelt so große Wasserzugänge erhalten, daß ihre sichere Bewältigung durch unterirdische Maschinen zu teuer wäre oder wegen der Gefahr sonstiger Wassereinbrüche ein Ersaufen unterirdischer Maschinenräume in Aussicht stände, wäre die Gestängewasserhaltung ebenfalls am Platze. Auf Erzgruben, die auf Gängen bauen, sind die Abbaubetriebe häufig über mehrere Sohlen verteilt, deren mäßige Wasserzuflüsse eine Einzelwasserhaltung auf jeder Sohle nicht wirtschaftlich gestalten, während das Verfallenlassen ebenfalls unwirtschaftlich ist. Auch hier bot die Gestängewasserhaltung mit Pumpen auf den einzelnen Sohlen Vorteile. Heute wird man Kreiselpumpen wählen und eine Ausnutzung des Gefälles durchführen.

Auf der Erzgrube Diepenlinchen folgen die Bausohlen, die in kurzer Zeit abgebaut sind, in Abständen von 25 m aufeinander. Noch 1900 wurde eine neue Gestängewasserhaltung eingebaut, da sie geeigneter erschien als unterirdische Pumpen, die nach dem damaligen Stande als Kolbenpumpen hätten gewählt werden müssen und als solche wegen der großen, häufig neu herzustellenden Maschinenräume untunlich erschienen. Nach der Bewährung der Kreiselpumpen hat man sich zu ihrer Anwendung entschlossen, da sie nur geringe Abmessungen der Maschinenräume erfordern, so daß ihnen gegenüber die Gestängewasserhaltungen trotz der geringen Sohlenabstände nicht mehr wettbewerbsfähig waren. Die Pumpen sollen so gebaut werden, daß je ein Rad einem Sohlenabstande (30—40 m je nach der Grube) entspricht. Es kann alsdann dieselbe Pumpe mit dem Abbau tiefergesetzt werden, indem ein Rad zugefügt wird. Dabei ist nur ein stärkerer Motor zu beschaffen.

Die hydraulische Wasserhaltung paßt nicht mehr in den Rahmen unserer Kraftwirtschaft hinein. Sie wäre dann vorzuziehen, wenn bei großen, der Gestängewasserhaltung nicht mehr zugänglichen Teufen eine Überflutung des Maschinenraumes nach den Wasserverhältnissen der Grube zu erwarten stände und durch kein einfacheres Mittel zu verhüten wäre.

Die Dampfwasserhaltung ist für mittlere Teufen noch da am Platze, wo kein allgemeiner elektrischer Betrieb auf der Grube durchgeführt ist und auch nicht dazu übergegangen werden soll oder kann. Kann dabei auf die Wetterführung Rücksicht genommen werden, so ist gegen die Dampfwasserhaltung nichts einzuwenden. Ist die Wasserförderung groß genug, um als nötige Aushilfe einen besonderen Maschinensatz zu erfordern, so daß der eine Satz dauernd laufen kann, so kommt keine andere Wasserhaltung der Dampfwasserhaltung an Wirtschaftlichkeit und Sicherheit gleich. Den Wasserhaltungsbetrieb elektrisch und den übrigen Betrieb mit Dampf zu betreiben, ist verfehlt, weil dann für die elektrische obertägige Anlage wegen der hohen Kosten eine volle Aushilfe unwirtschaftlich ist, der Ausfall der Aushilfe aber äußerst bedenklich wäre.

Bei größeren Teufen wird die Dampfwasserhaltung unmöglich. Sie wird schon früher unbrauchbar, als an anderer Stelle in Rücksicht auf die Dampfniederschlagung angegeben wurde. Bei, wie meist, absetzigem Betriebe fließt der Niederschlag der Pausen in den Sumpf ab und erwärmt das Sumpfwasser, so daß die Pumpen beim Anlassen nicht mehr ansaugen können.

Die elektrischen Wasserhaltungen mit Netzanschluß sind der allgemeinsten und weitgehendsten Verwendung fähig. Sie eignen sich für große und kleine Leistungen in Fördermenge und Förderhöhe.

Bei dem absetzenden Betriebe unserer Wasserhaltungen sind sie selbst bei hohen Strompreisen der Dampfwasserhaltung an Wirtschaftlichkeit gleich, bei niedrigen Preisen überlegen. Für sehr kleine Wassermengen und große Teufen eignen sich besser die Kolbenpumpen, bei umgekehrten Verhältnissen die Kreiselpumpen. Dabei sind aber Kreiselpumpen schon vorteilhaft für 2 cbm/min auf 1100 m Teufe verwandt worden. Kolbenpumpen eignen sich mehr für hohe Strompreise und lange Betriebsdauer, Kreiselpumpen für niedrige Preise und kurze Betriebsdauer. Besondere Gebirgsverhältnisse erfordern Kreiselpumpen. Besondere schwierige Betriebsverhältnisse (mögliche Rohrverengungen, sehr schmutziges Wasser) erfordern Kolbenpumpen. Im allgemeinen sind die Verhältnisse für die Kreiselpumpen günstiger.

Die Sicherheit des elektrischen Antriebes bei genügender Aushilfe steht hinter der der Dampfwasserhaltung nicht zurück, wenn die Motoren vor Nässe und vor schädlicher Erwärmung durch richtige Anordnung und Behandlung geschützt werden. An sich ist der Elektromotor einfach und außer in den Lagern ohne Verschleiß.

Im Schlagwetter oder unter Wasser kann der Elektromotor nicht arbeiten. Dennoch sind die hier günstigeren Arten der Gestängewasserhaltung und der hydraulischen Wasserhaltung von der elektrischen Maschine verdrängt worden. Der Sicherung der Wasserhaltung gegen solche besonderen Vorkommnisse ist der Abschnitt X B 2 u. 3 gewidmet.

Über die Anordnung der Maschinenräume zum Schachte und zur Bausohle vergleiche man Abschnitt VIII F 1.

Besitzt die Grube nur eine Bausohle, so ist über die Lage der Wasserhaltung kein Streit, anders bei mehreren Bausohlen; die dann auftauchende Frage, ob jede Sohle mit einer Einzelwasserhaltung, oder ob eine Sammelwasserhaltung eingerichtet werden soll, erörtert der nächste Abschnitt. Zur Beurteilung ist auf die Ausführungen über die Eigenschaften, den Raumbedarf und die Kosten der einzelnen Formen zu verweisen.

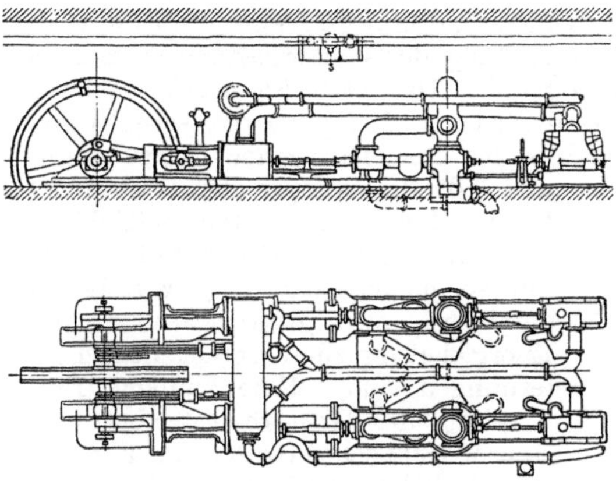

Fig. 345. Unterirdische Dampfwasserhaltung für 7,5 cbm/min und 180 m Höhe. (Laasche in Z. d. Ing. 1911.)

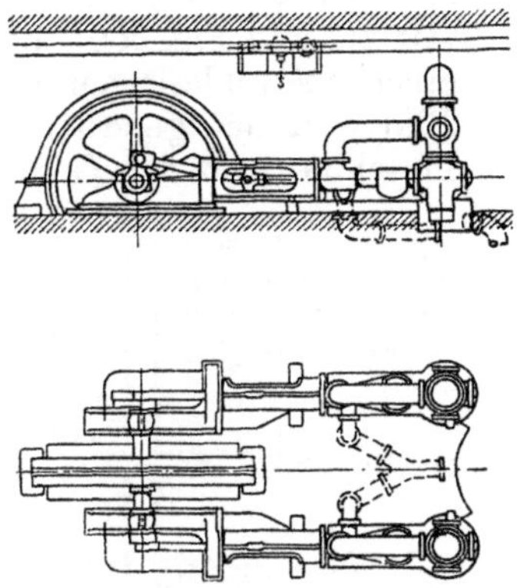

Fig. 346. Elektrische Kolbenwasserhaltung für die gleiche Leistung wie Fig. 345.

Zur Auffrischung der Kenntnisse sei eine vergleichende Zusammenstellung der verschiedenen Formen für gleiche Leistung 7,5 cbm/min auf 180 m, Fig. 345 bis 348, gegeben, die gleichzeitig die Entwicklung der unterirdischen Wasserhaltungen von 1890 bis 1910 darstellt.

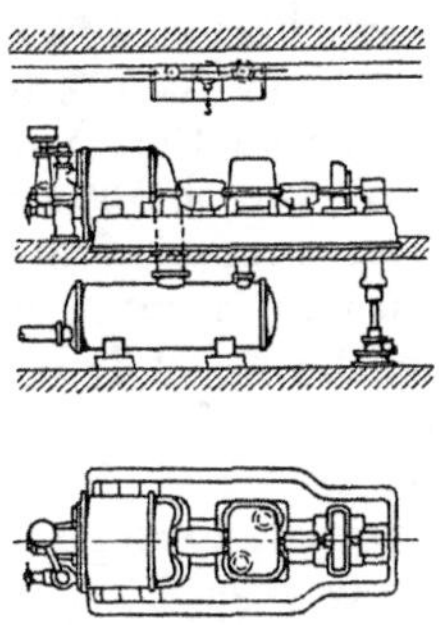

Fig. 347. Unterirdische Wasserhaltung mit Dampfturbine, für die gleiche Leistung wie Fig. 345.

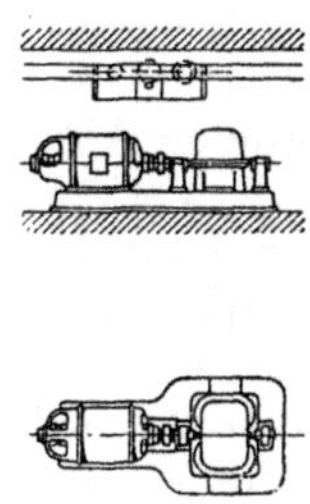

Fig. 348. Wasserhaltung durch elektrisch angetriebene Kreiselpumpe, für die gleiche Leistung wie Fig. 345.

Die unbedingte Überlegenheit der elektrisch angetriebenen Kreiselpumpe bezüglich Einfachheit der Gestaltung und des Betriebes und des geringen Bedarfes an Raum und Anlagekosten ist handgreiflich.

4. Die Gesamtordnung der Wasserhaltung einer Grube.

Meist sind mehrere Bausohlen, häufig viele vorhanden. Als Beispiel diene Fig. 349, die die Sohlen und Zuflüsse einer westfälischen (1902), und Fig. 350, die die Verteilung der Wasserhaltungsmaschinen einer oberschlesischen Grube darstellt. Die letzte Figur gibt auch ein Bild von der geschichtlichen Entwicklung der Wasserhaltungsmaschine von der Gestängepumpe bis zur elektrischen Kreiselpumpe und läßt die Vorzüge der letzten Art für im Felde zerstreuten Betrieb erkennen. Der elektrische Antrieb ist um so mehr geeignet, je zerstreuter der Betrieb und je größer die mit der Energieleitung zu überbrückenden Entfernungen sind. Eine ähnliche Entwicklung des Wasserhaltungsbetriebes einer westfälischen Grube zeigt Fig. 351.

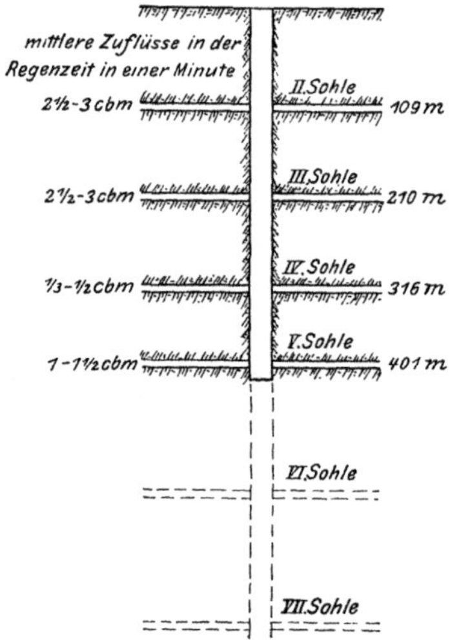

Fig. 349. Die Wasserzuflüsse verschiedener Sohlen der Zeche Wiendahlsbank. (Dr. Hoffmann in Z. d. Ing. 1909.)

Ähnliche Entwicklungen haben die Wasserhaltungen aller älteren Gruben genommen. Die älteren Einrichtungen werden meist als Aushilfe belassen, der regelmäßige Betrieb aber von den neuen elektrischen Anlagen geleistet. Wie verwickelt ein solch älterer Betrieb mit Wasserhaltungen auf verschiedenen Sohlen und das gegenseitige Zuheben der Wasser ist, ermesse man aus der letzten Figur. Bei älteren Gruben führt die Entwicklung naturgemäß auf solche verwickelten Verhältnisse, und es bedarf eines besonderen Entschlusses, gründliche Abhilfe zu schaffen. Dies geschah im erwähnten Beispiel durch Verlegung der ganzen Wasserhaltung auf die unterste Sohle, und zwar fand die die gesamten Wasser 4,3 cbm/min hebende Kreiselpumpe reichlichen Platz in dem Raume der früheren Dampfwasserhaltung von 1,8 cbm/min auf 645 m.

Bei neu mit mehreren Sohlen gleichzeitig zu erschließenden Gruben tritt die Frage auf: Sammelwasserhaltung oder Einzelwasserhaltung? Der Sammelbetrieb hat den Vorzug der größeren Übersichtlichkeit und der geringeren Bewartungskosten. Auch wird an Kosten für die Maschinenräume, die Sümpfe und an Hilfsmaschinen gespart, wogegen an Rohrleitungen mehr aufzuwenden ist.

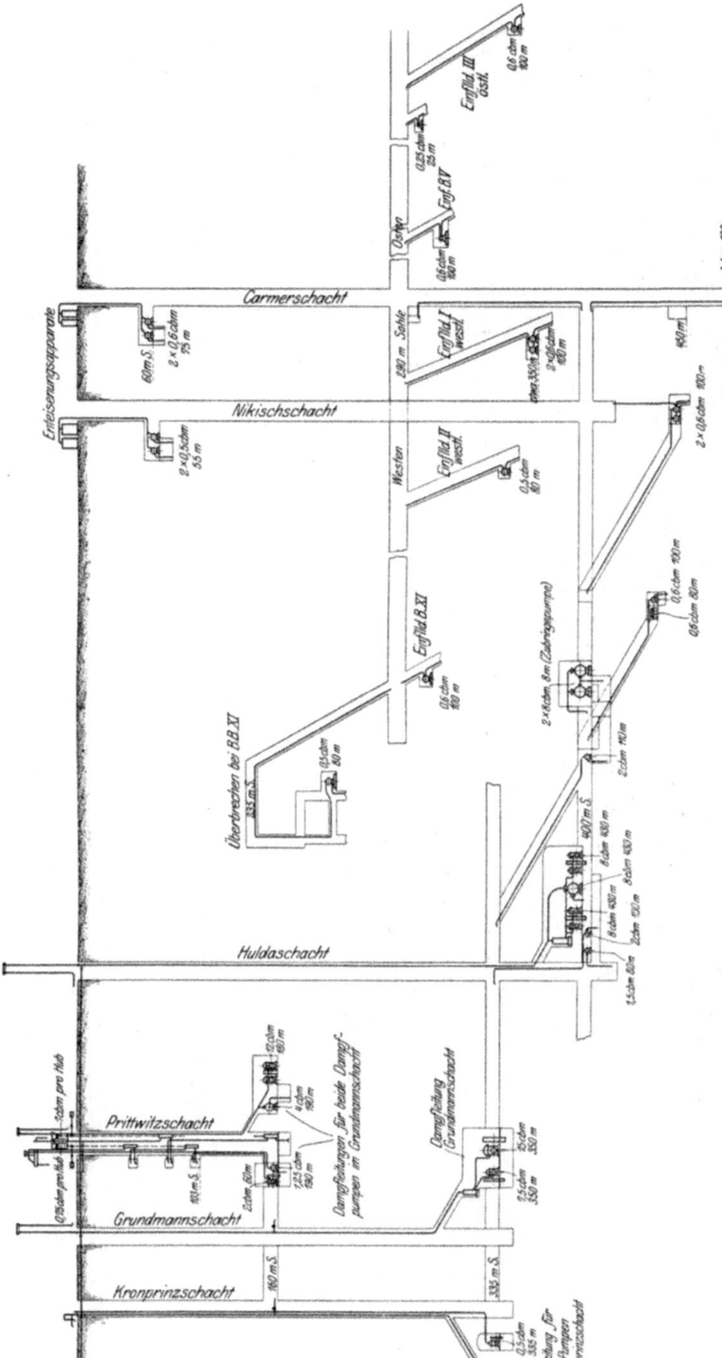

Fig. 350. Bild der Gesamtwasserhaltung der Gieschegrube, Ob.-Schles. Entwicklung bis 1913.

Auf welcher Sohle soll gegebenenfalls die Sammelwasserhaltung aufgestellt werden? Zunächst erscheint die tiefste Sohle geeignet, da die Sammlung der Wasser einfach durch Abfallen geschieht. Auf eine Ausnutzung beträchtlicher Energien wird dabei immer zu achten sein, wenn die Sammelwasserhaltung Vorteile bieten soll. Bringt die untere, etwa in der Aufschließung begriffene Sohle wenig Wasser, so würde eine Aufstellung der Sammelwasserhaltung auf einer oberen Sohle zu wählen und die Wasser der tieferen Sohlen durch elektrische Kreiselpumpen zuzuheben sein. Der Grundsatz der Sammelwasserhaltung ist dann durchbrochen. Er wird selten rein durchführbar sein. Immerhin kann eine teilweise Sammlung der Zuflüsse auf einzelnen Sohlen Vorteile bieten und wird wohl auch meist durchgeführt werden, während ein reiner Einzelbetrieb ebenso selten ist wie ein reiner Sammelbetrieb. Ein reiner Sammelbetrieb ist nur da vorhanden, wo das Gebirge so klüftig ist, daß die Wasser auf den einzelnen Sohlen durch wirtschaftliche Mittel nicht vor dem Verfall bewahrt

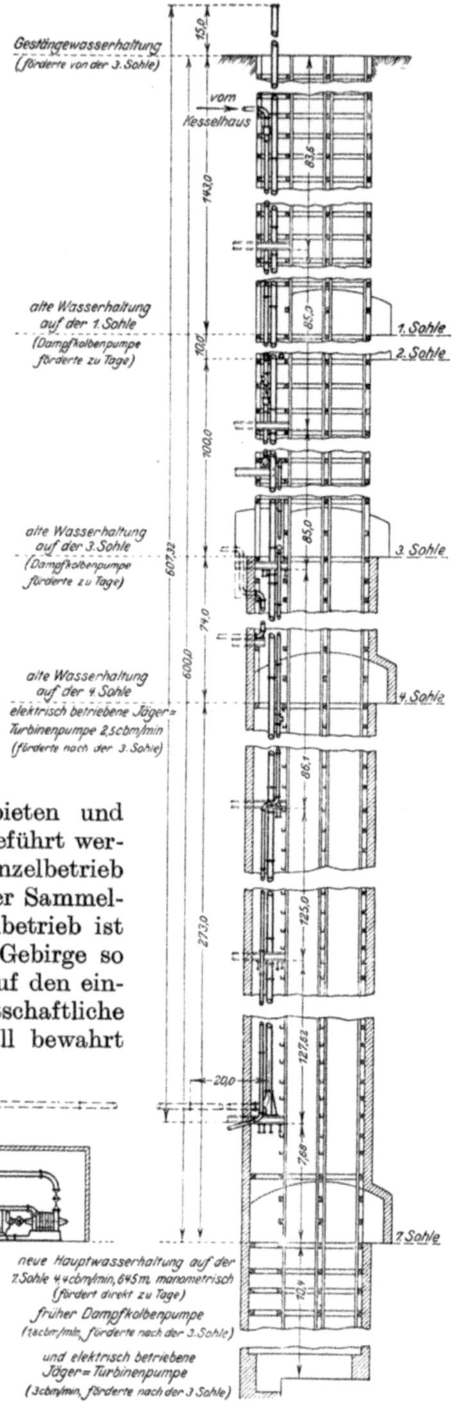

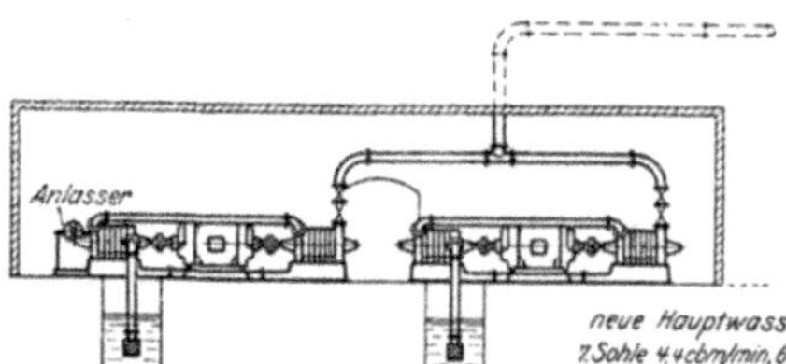

Fig. 351. Entwicklung der Wasserhaltung auf Zeche Hamburg. (Mitter in Z. d. Ing. 1910.)

werden können. Dann ergibt sich von selbst die Sammelwasserhaltung auf der untersten Sohle. Sonst werden sich im allgemeinen immer eine oder mehrere Sohlen finden lassen, die als Schwerpunkt der Wasserzuflüsse betrachtet und als Ort einer Sammelwasserhaltung gewählt werden können. Ist eine Ausnutzung der Gefälle nicht durchführbar, dann wird eine stärkere Verteilung der Wasserhaltung wirtschaftlich sein. Sind die Gefälle gut ausnutzbar, dann empfiehlt sich eine stärkere Sammlung auf einer tieferen Sohle. Bei diesen Erwägungen muß nicht nur der augenblickliche Stand, sondern auch die zukünftige Entwicklung bedacht werden, die im allgemeinen den Schwerpunkt der Wasserzuflüsse tiefer legen wird. Die Anwendung von Kreiselpumpen erweist sich als nützlich, indem die Kreiselpumpen unter Zuschaltung ergänzender Stufen und Motoren leichter auf tiefere Sohlen verlegt werden können als Kolbenpumpen.

Der Gedanke der Sammelwasserhaltung einer Grube kann auch auf die Wasserhaltung mehrerer benachbarter Gruben ausgedehnt werden. Eine solche Bezirkswasserhaltung hätte etwa ähnliche Vorteile und Nachteile wie die einer Grube. Die Anlagekosten der eigentlichen Maschinen- und Sumpfanlagen werden sich erheblich verringern, da die Sammelwasserhaltung wegen des eintretenden Ausgleiches der Zuflüsse der einzelnen Gruben gleichmäßiger beschäftigt ist, also bei gleicher Aushilfe kleiner gewählt werden kann als die Summe der einzelnen Anlagen. Dagegen sind erheblich mehr Kosten für die Herstellung der Verbindungsquerschläge aufzuwenden. Auch wird ein stärkerer nicht ausnutzbarer Verfall der Wasser stattfinden. Findet ein Wassereinbruch in einer Grube statt, dann kann er auch die angeschlossenen Gruben ertränken, wenn die Sicherheitstüren in den Verbindungsquerschlägen nicht rechtzeitig geschlossen werden können. Es wird im allgemeinen nicht viel Vorteil von einer solchen Sammelwasserhaltung zu erwarten sein. Auf den einzelnen Gruben müssen zudem für die Sohlen, die unter der Sohle der Sammelwasserhaltung liegen, Zubringerpumpen aufgestellt werden. Eine Sammelwasserhaltung wird dann angebracht sein, wenn von mehreren benachbarten im klüftigen Gebirge bauenden Gruben der Reihe nach jede einmal die tiefste wird, also die gesamten Wasser an sich zieht und wältigen muß. Es müßte sonst jede Grube mit sehr starken Maschinen ausgerüstet sein.

Eine Bezirkswasserhaltung kommt schwer zustande, wenn die fraglichen Gruben in verschiedenem Besitze sind, man sich also schwer über die Verteilung der Kosten einigen kann, auch, wenn irgend möglich, gerne dem tieferen Nachbar die Hebung der Wasser überläßt. Im erwähnten Beispiel ist es das wirtschaftlich richtigere, den Besitz in einer Hand zu vereinigen.

Sammelwasserhaltungen mehrerer Gruben sind mehrfach geplant, selten ausgeführt worden. In der Mitte der achtziger Jahre beschäftigte sich eine Abordnung der westfälichen Gruben mit der Frage einer Sammelwasserhaltung aller westfälischen Gruben. Es wurde festgestellt, daß diese mit einem Drittel der vorhandenen Maschinenanlagen die Wasserhebung durchführen könnte. Ihr Vorschlag war, die Wasser auf einer Sohle des Schachtes Hugo I bei 540 m Teufe zu sammeln und zu heben. Dabei sollten die Zuflüsse auf den verschiedenen herzustellenden Haupt-

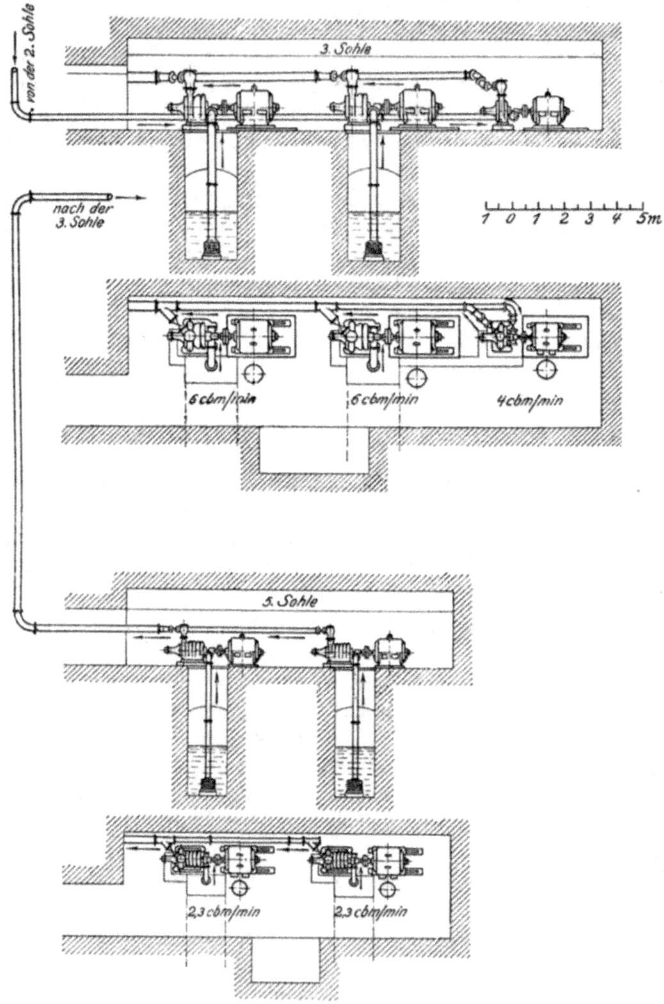

Fig. 352. Die Wasserhaltungen der Zeche Wiendahlsbank.
(Dr. Hoffmann in Z. d. Ing. 1909.)

lösungslinien Hattingen-Buer und Witten-Castrop und der Linie Hugo, Ewald, König Ludwig und Viktor gesammelt werden. Der Plan ist nicht ausgeführt worden.

Über die ältere und neuere Sammelwasserhaltung der Gruben

des Muldebezirkes bei Bockwa i. Sa. vergleiche man Z. d. Ing. 1894, S. 636 und 940.

Eine Sammelwasserhaltung besteht auch für einige Zinkerzgruben in der Scharleyer Mulde O./Schl., die von der Scharleyer Tiefbausozietät betrieben wird. Ihre Aufgabe ist nicht allein die Hebung der Wasser, sondern auch die Verhütung des Eindringens von Tagewasser durch Einrichtung und Unterhaltung von Flutgräben, die die Wasser um das eine Oberflächenmulde bildende Grubengebiet herumleiten.

Es ist hier auch an die früher, Abschnitt III B, erwähnten Wasserlösungsstollen zu erinnern, die eine Sammelwasserhaltung größeren Umfanges darstellen.

Über die Verteilung der Wasserhaltung auf die Bausohlen einige Beispiele:

Fig. 352 zeigt die Wasserhaltung der in Fig. 349 gegebenen Grube. Pumpen sind nur auf der 3ten und 5ten Sohle eingebaut. Die kleine Wassermenge der 4ten Sohle fällt unbenutzt auf die 5te und wird mit deren Zuflüssen nach der 3ten Sohle gehoben, wo die Hauptwasserhaltung steht. Die größeren Zuflüsse der 2ten Sohle fallen durch eine geschlossene Leitung nach der 3ten Sohle und werden mit ihrem Drucke dem Saugstutzen der 4-cbm/min-Pumpe zugeführt, die mit je einer der 6-cbm/min-Pumpen parallel auf die Steigeleitung nach über Tage arbeitet. Das Gefälle der 2ten bis 3ten Sohle wird also fast völlig zurückgewonnen. Auf jeder Sohle ist eine vollständige Aushilfe vorhanden, mit Ausnahme für das Gefällewasser der 3ten Sohle, das bei Versagen seiner Pumpe von einer der 6-cbm/min-Pumpen ohne Rückgewinn mitgehoben werden muß. Man ersieht den Nutzen der Zusammenlegung, der insbesondere bei Kreiselpumpen erzielt werden kann.

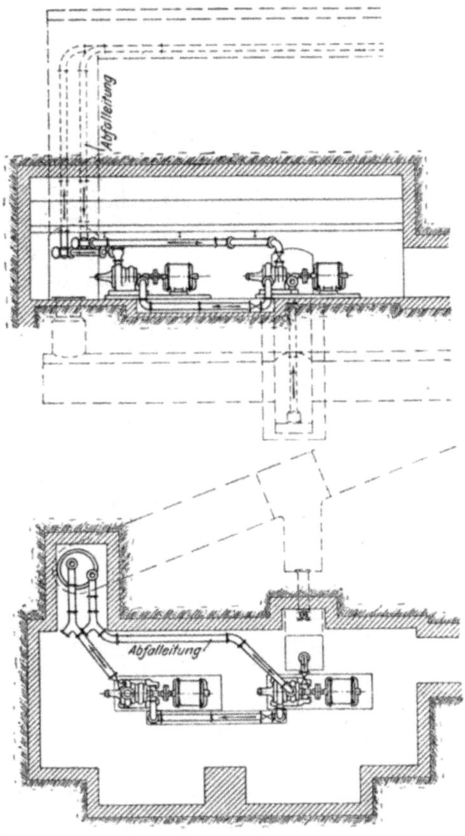

Fig. 353. Wasserhaltung der Zeche Wiesche. (Dr. Hoffmann in Z. d. Ing. 1909.)

Bei Verwendung von Kolbenpumpen macht sich der geschilderte

Abfallbetrieb schlecht. Man hat ihn in einzelnen Fällen versucht, aber wieder aufgegeben.

In Fig. 352 war für die Hebung des Abfallwassers eine besondere Pumpe vorgesehen, in Fig. 353 wird hierzu ein Teil der Pumpe, die zur Wältigung der unteren Wasser vorgesehen ist, in wechselweisem Betriebe benutzt. Bei Hebung der unteren Wasser saugt die rechte

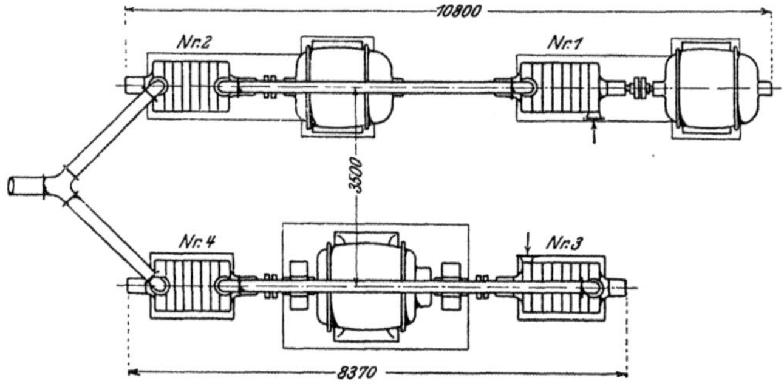

Fig. 354. Wasserhaltung der Zeche Baldur, 810-m-Sohle. (Mitter in Z. d. Ing. 1913.)

Pumpe aus dem Sumpfe und drückt durch die linke Pumpe hindurch zutage. Sollen die oberen Wasser gehoben werden, dann wird diese Saugleitung abgesperrt und das Abfallwasser vor dem dritten Rade in die rechte Pumpe eingeführt, die es wieder durch die linke Pumpe hindurch zutage drückt; zwei Räder der rechten Pumpe laufen im toten Wasser.

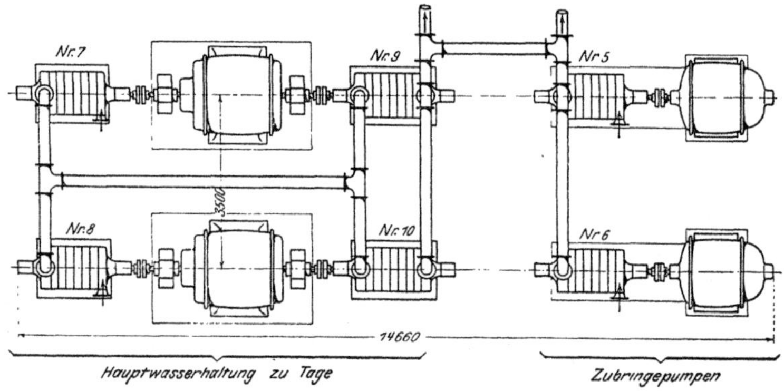

Fig. 355. Wasserhaltung der Zeche Baldur, 920-m-Sohle. (Mitter in Z. d. Ing. 1913.)

Die Anpassungsfähigkeit der Kreiselpumpe an die Tiefenentwicklung der Grube zeigt Fig. 354 u. 355. Sie gründet sich auf die leichte Stufenteilung und -schaltung. Soll die Wasserhaltung der 810-m-Sohle auf die 920-m-Sohle versetzt werden, dann werden sämtliche Glieder der oberen Anlage unter Zuschaltung der nötigen neuen Glieder benutzt: die 7stufigen Pumpen 1 und 3 werden 7 und 8, die 8stufigen Pumpen 9 und 10 sind neu; die Pumpen 2 und 4 dienen als 5 und 6 als Zubringerpumpen für die ältere Wasserhaltung der 600-m-Sohle. Sie werden durch die zwei kleineren Motoren angetrieben; zum Antrieb der Hochdruckpumpen ist ein großer Motor neu zu beschaffen.

Eine teilweise Aushilfe kann bei großen Leistungen dadurch erreicht werden, daß man die ganze Leistung in einzelne Sätze aufteilt und parallel arbeiten läßt. Bei Störung eines Satzes kann der andere weiterarbeiten. Solche Aufteilungen sind bei kleinen Leistungen unwirtschaftlich, da die kleine Maschine immer schlechter arbeitet als

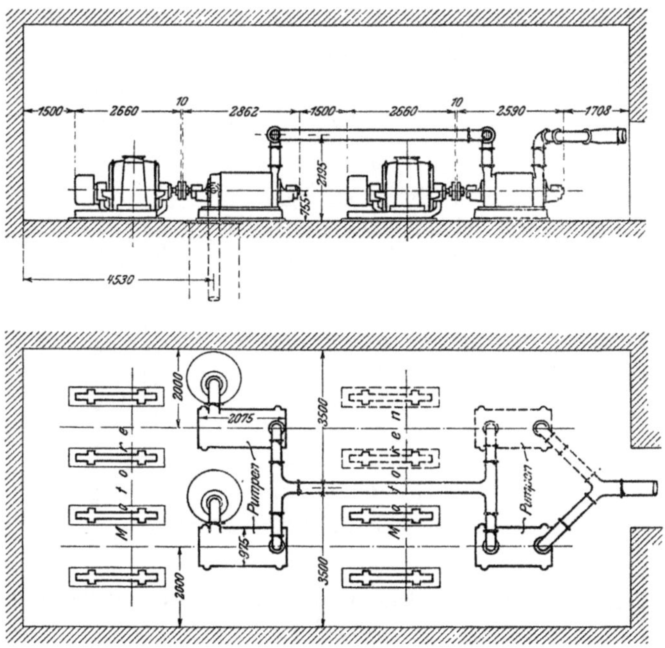

Fig. 356. Wasserhaltung der Zeche Radbod. (Mitter in Z. d. Ing. 1913.)

die große. Wählt man den ganzen Satz stärker und arbeitet mit verringerter Drehzahl oder aussetzendem Betriebe, dann wird der Betrieb bei Dampfantrieb ebenfalls unwirtschaftlicher.

Eine stärkere Aufteilung ertragen elektrische Maschinen und von den Pumpen die Kreiselpumpen, die sich daher als ganz besonders anpassungsfähig erweisen, Fig. 356. Antrieb und Pumpe sind in zwei parallele Seiten und in 2 hintereinandergeschaltete Druckstufen aufgeteilt. Die 4fache Teilung ermöglicht jeden Satz mit jedem anderen Satze hintereinanderzuschalten, also die halbe Leistung auch dann zu erzielen, wenn zwei beliebige Sätze stillgesetzt werden müssen.

Eine eigenartige Ausnutzung der Sätze einer geteilten Leistung zeigt Fig. 357. Die Wasser der unteren Sohle durchfließen bei geeigneter Schaltung alle 3 gleichen Stufen und werden zutage gehoben, (3 cbm/min, auf 600 m). Bei entsprechender Umschaltung und Abschaltung einer der Sätze können Abfallwasser der oberen Sohle (3,0 cbm/min 357 m) zwei Stufen durchfließend zutage gefördert werden. Andererseits kann durch eine Pumpe allein die gleiche Menge von der unteren auf die obere Sohle gehoben und in dem dortigen Sumpfe aufgespeichert werden. Versagt einer der Sätze, dann geht der Betrieb bei den vorhandenen 1,0—1,5-cbm/min-Zuflüssen der unteren Sohle und der Leistungsfähigkeit der Pumpen von 3 cbm/min wie folgt: Einer der ungestörten Sätze hebt das Wasser der unteren Sohle mit einer Leistung von 3 cbm/min zum Sumpfe der oberen Sohle. Dies geschieht in der halben Zeit, als die Wasser zufließen. In der gewonnenen Zeit werden die Sumpfwasser der oberen Sohle dann durch zwei hintereinandergeschaltete Sätze mit ebenfalls 3-cbm/min-Leistung zutage gehoben. Da die Zuflüsse unten meist geringer als 1,5 cbm/min und die der oberen Sohle gering sind, so reicht dieser gestörte Betrieb völlig zur Wältigung der Wasser aus.

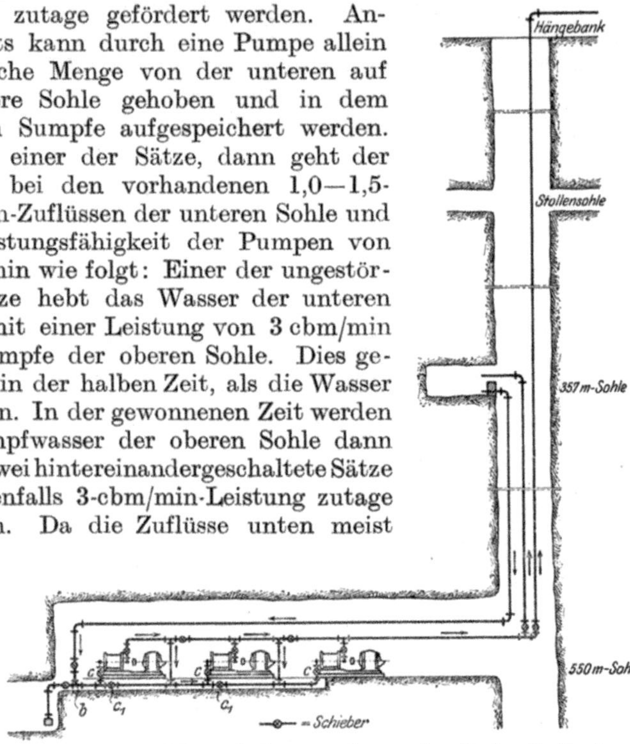

Fig. 357. Die Wasserhaltungsanlagen der Zeche Bollenbach. (Preuß. Z.)

Der geschilderte Betrieb wird nun auch angewandt, wenn keine Störung vorliegt. Er hat die Eigenheit, daß er als Höchstleistung nicht wie bei Hintereinanderschaltung aller 3 Pumpen 3 cbm/min auf 600 m = $\sim$ 600 PS ergibt, sondern abwechselnd 3 cbm/min auf 200 und auf 400 m, also als Höchstleistung 400 PS aufweist. Hierdurch wird das Kraftwerk gleichmäßiger beansprucht.

B. Die Sicherung des Wasserhaltungsbetriebes.

1. Der Schutz gegen Maschinenschäden.

Auf der Tätigkeit der Wasserhaltungsmaschinen beruht die Sicherheit des ganzen Grubenbetriebes. Störungen ihrer Arbeit sind bei keiner Maschine zu vermeiden, Aushilfe bei einer so lebenswichtigen Maschine immer nötig. Die Aushilfe muß in einer zweiten, stets betriebsbereiten Maschine bestehen und in einer ausgleichenden Sumpfanlage.

Diese Mittel genügen, um kleineren, auch ernsteren Störungen zu begegnen. Häufige Störungen erschweren den Betrieb. Die verschiedenen Formen der Wasserhaltungen verhalten sich in der Störungsmöglichkeit etwas verschieden, indem die gliederreichen Anordnungen wie hydraulische, elektrische mit eignem Kraftwerk und Dampfwasserhaltung dem elektrischen Antrieb mit Netzanschluß und insbesondere der Kreiselpumpe, wenigstens bei nicht zu unreinem Wasser, unterlegen sind.

Man vermindert in allen Fällen die Zahl der Störungen bei Aufwand entsprechender Anlagekosten durch Beschaffung von Maschinen, deren auf Festigkeit oder Verschleiß beanspruchte Teile entsprechend bemessen und aus einen für die vorliegende Beanspruchung geeignetem Baustoffe hergestellt sind. Jede Sparsamkeit macht sich durch erhöhte Betriebskosten bemerklich.

Ein weiterer wichtiger Punkt ist die sachgemäße Bewartung der Maschinen, die zuverlässige und sachverständige, mit den Eigenheiten ihrer Maschinen vertraute Wärter voraussetzt. Gute Beleuchtung des Maschinenraumes, Ausstattung mit den nötigen Hilfsmaschinen und eine den besonderen Anforderungen der Wasserhaltungsmaschinen entsprechende Ausstattung der Werkstätten sowie Bereithaltung aller nötigen Ersatzteile müssen hinzukommen.

Bei den Dampfmaschinen hat man das Niederschlagswasser im Zylinder, bei den Kolbenpumpen Fremdkörper in der Pumpe, bei den Kreiselpumpen starke Verschmutzung und bei den Elektromotoren die schädlich großen Schalt- und Anlaufströme zu fürchten.

Die Schäden an der Dampfmaschine und den Pumpen sind gröberer Natur, leichter festzustellen und zu bessern als die an den Elektromotoren, die mehr Sonderkenntnisse und Sondereinrichtungen bedürfen. Die großen, langsamlaufenden Motoren können in der Grube neu gewickelt werden, wenn sachkundige Leute zur Hand sind; müssen diese erst von auswärts herangezogen werden, dann hat der Durchschlag einer Wicklung einen längeren Stillstand zur Folge. Die Anker der raschlaufenden Motoren der Kreiselpumpen müssen auf alle Fälle in der Fabrik gewickelt werden, ergeben also bei einem Schaden immer einen langdauernden Stillstand.

Die an sich hohe Betriebssicherheit des Elektromotors ist in feuchten Räumen stark vermindert.

Wir kommen also von verschiedenen Seiten her immer wieder auf die Grundforderung einer vollen Aushilfe in der untertägigen Anlage zurück. Auch die größte Sumpfanlage versagt bei längerer Betriebspause. Die Arbeitsfähigkeit der Wasserhaltung hängt des weiteren von der Kraftleitung im Schachte und der obertägigen Krafterzeugungsanlage ab. Für die Kraftleitung sollte auch immer volle Aushilfe vorhanden sein. Bei Dampfleitungen und hydraulischen Leitungen ist dies selten, bei elektrischen Leitungen meist der Fall.

Die nötige Aushilfe in der obertägigen Kraftanlage ist eine Forderung auch des übrigen Grubenbetriebes. Bei hydraulischen und elektrischen Anlagen mit eignem Kraftwerk wurde sie wegen der hohen Kosten meist nicht beschafft. Hierin zeigt sich deutlich der große Nachteil solcher aus dem Rahmen der übrigen Kraftwirtschaft herausfallenden Energieformen für die Wasserhaltung. Also: Entweder alles Dampf oder alles elektrisch. Bei einheitlicher Kraftversorgung wird die Krafterzeugung auch bei der nötigen Aushilfe billig. Die geringste Störungsmöglichkeit besitzt der unmittelbare Dampfantrieb. Unsere Grubenkraftwerke werden überwiegend mit Dampf betrieben, so daß ein Versagen der Dampferzeugung auch ein Versagen der Stromversorgung bedingt. Die Wahrscheinlichkeit eines Versagens der Dampfanlage ist gering. Auch ein völliges Versagen des Kraftwerkes selbst ist wenig wahrscheinlich. Dennoch sollte immer, wenn wirtschaftlich irgend möglich, der Anschluß an ein fremdes Kraftnetz getroffen werden, um die Kraftversorgung der Grube gegen alle Zufälle sicherzustellen. In unseren Bergbaubezirken ist ein solcher Anschluß fast immer möglich, indem sich benachbarte Gruben untereinander verbinden oder an eins der großen öffentlichen Kraftwerke anschließen können. Eine solche elektrische Verbindung der Gruben eines Bezirks würde wirtschaftlicher und wirksamer sein als die an anderer Stelle erwähnte unterirdische Verbindung der Wasserführung.

Bei älteren Gruben mit Wasserhaltungen verschiedener Art ist eine gewisse Sicherung durch diese verschiedene Art gegeben, indem beim Versagen der einen Energieform die ungestörte andere herangezogen wird. Doch dürfte es kaum zu empfehlen sein, bei Neuanlagen aus diesem Gesichtspunkte heraus einen gemischten Betrieb der Wasserhaltungen einzurichten, sondern alles gleichartig zu gestalten und den Kraftbezug auf die erwähnte Art sicherzustellen.

Für abseitsliegende Gruben kann unter Umständen ein reiner Dampfbetrieb wirtschaftlich und technisch das Richtige sein, indem der elektrische Betrieb wegen Beschaffung der nötigen Aushilfe zu teuer oder ohne Aushilfe unsicher wird.

2. Der Schutz gegen Schlagwetter.

Ein Elektromotor kann in Schlagwettern nicht betrieben werden. An den Schleifbürsten entstehen beim Schalten Funken, die zu einer Zündung der Schlagwetter und, abgesehen von den sonstigen Folgen einer Schlagwetterzündung, zu einer Zerstörung des Motors führen würden. Zwar können die Schleifbürsten und die zum Funken neigenden Schalter unter Öl gesetzt, also von den zündfähigen Wettern getrennt werden, auch kann an die Verwendung des im Abschnitt VIII E 2 erklärten Doppeldrehstrommotors mit Kurzschlußanker gedacht werden: eine völlige Sicherheit ist mit einem offenen Elektromotor im Schlagwetter nie zu erreichen, da durch verschiedene andere Umstände ein Überschlag zwischen den Wicklungen erfolgen kann.

Eine Abschließung durch völlige Kapselung ist wegen der nötigen Kühlung praktisch nicht durchführbar. Auch wenn man zu den bei den Abteufmotoren (IX C 3) erläuterten Kapselungen mit künstlicher Wasserkühlung schreiten wollte, wäre ein Eindringen von Schlagwetter bei Stillständen des Motors, wobei infolge Abkühlung ein innerer Unterdruck entsteht, nicht zu vermeiden.

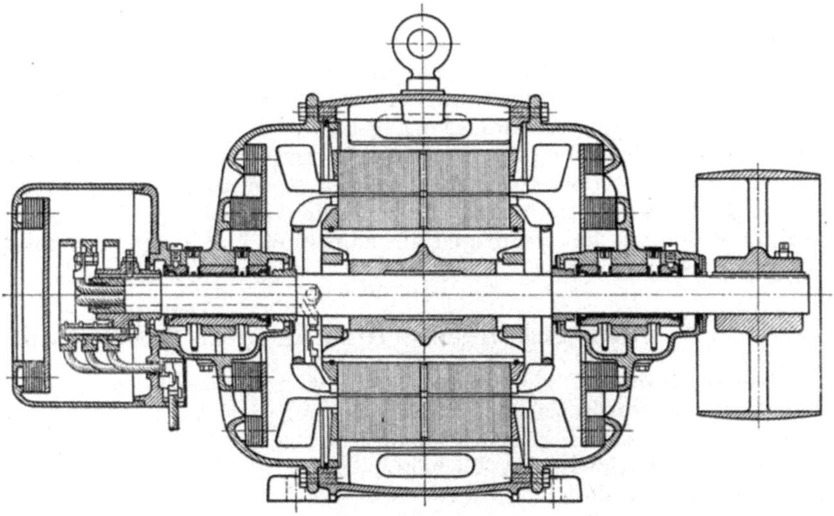

Fig. 358. Elektromotor mit Plattenschutzkapselung gegen Schlagwettergefahr. (AEG.)

Für kleine Motoren hat sich eine eigenartige Kapselung, die Plattenschutzkapselung, bewährt, Fig. 358. Der Motor ist gelüftet gekapselt, das heißt bis auf einige besonders gestalteten Luftzu- und -abfuhrstellen völlig luftdicht geschlossen. Windflügel treiben einen kühlenden Wetterstrom durch den Motor. Die Verbindungen mit dem Äußeren bestehen aus mit einem kleinen Abstande (0,5 mm) aufeinandergelegten ringförmigen Platten, die den Luftstrom fein verteilt durchlassen. Entsteht im Innern eine Explosion, so entweichen die Gase durch die Plattenspalten, kühlen sich auf ihrem Wege nach außen genügend ab, so daß eine Zündung der äußeren Wetter nicht mehr erfolgen kann. Die sichere Wirkung beruht auf der Einhaltung der Schlitzweite, die nicht über 0,5 mm werden darf. Man vergleiche: Glückauf 1906

Nr. 1—13, Elektr. Z. 1906 S. 4 und Z. d. Ing. 1906 S. 433, Glückauf 1910, 26. Nov.

Für die großen Motoren der Hauptwasserhaltung ist diese Schutzkapselung nicht geeignet. Da die Wasserhaltung meist am einziehenden Schachte steht, ist ein Schutz für sie auch nicht erforderlich.

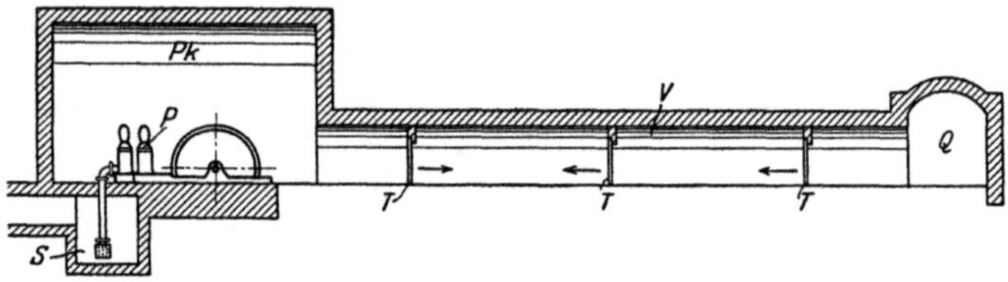

Fig. 359. Schutz einer Pumpenkammer gegen Eintritt von Schlagwettern.

Im Ostrau-Karwiner Gebiet hat man große Wasserhaltungsmotoren in Schlagwettergruben aufgestellt. Dabei hat man Vorsorge getroffen, Schlagwetter vom Eintritt in den Maschinenraum abzuhalten, Fig. 359. Die Pumpenkammer ist gegen den Sumpf luftdicht abgeschlossen. Die Verbindungsstrecke mit dem Querschlag erhält drei eiserne Türen, von denen sich die beiden äußeren in entgegengesetzter Richtung öffnen wie die innere. Größere Mengen Schlagwetter können also nicht in den gut gelüfteten Maschinenraum gelangen und zündfähige Gemische bilden.

3. Der Schutz gegen Überflutung der Maschinen.

Keine Grube ist vor unerwartet großen Wasserzuflüssen völlig sicher. Bei bergtechnischen Verhältnissen mit der Wahrscheinlichkeit solcher Ereignisse ist durch geeignete Abbauplanung und sonstige Sicherheitsmaßnahmen, wie Vorbohren usw., der drohende Einbruch möglichst fernzuhalten.

Keine der bisher besprochenen Maßnahmen kann im besprochenen Fall ein Aufgehen der Wasser verhindern.

Die Sumpfanlagen sind, selbst bei einer großen Speicherfähigkeit, nicht imstande, außergewöhnliche Mengen aufzunehmen. Meist sind die Sumpfanlagen im Verhältnis zur mittleren Wassermenge so klein, daß sie die Zuflüsse nur einiger Stunden aufnehmen können. Die Sammelwasserhaltung auf Zeche Gneisenau, Fig. 250 und 301, hat bei 17 cbm/min Zuflüssen einen „großen" Sumpf von 4000 cbm, d. h. für 4 Stunden Zuflüsse. Bei elektrischen Wasserhaltungen findet man Sümpfe für etwa 12 Stunden, aber mehr in Rücksicht auf das Kraftwerk als auf vermehrte Zuflüsse. Nur bei kleinen Wassermengen findet man Sümpfe für 24—48 Stunden, die aber, an sich klein, vermehrte Zuflüsse nur kurze Zeit aufnehmen können. Dient der Sumpf dem Ausgleich im Kraftwerke, wobei er regelmäßig nach den planmäßigen Pausen gefüllt ist, so kann er bei unzeitigem Wasserdurchbruch ganz versagen. Mit dieser Bemängelung soll der Wert großer Sümpfe nicht bestritten werden. Der Sumpf dient noch zur letzten, häufig als einzige Klärung der Wasser, und so auch der Sicherheit des Betriebes. Ferner verzögert er das Aufsteigen des Wassers, so daß die Belegschaft Zeit zur Flucht und zur Schließung der den Schacht und den Maschinenraum schützenden Sicherheitsdammtüren gewinnt.

Der Sumpf wird meist im festen Gestein angelegt. Ist in der Nähe des Schachtes ein nicht zu flach liegendes Flöz vorhanden, so kann der Sumpf in ihm unter Gewinnung der Kohle hergestellt werden. Ist aber das Nebengestein nicht genügend fest, oder gar quellend, dann würden hohe Kosten für den Ausbau und die Unterhaltung der Sumpfanlagen aufzuwenden sein, so daß gegebenenfalls eine gegen Hochwasser unempfindliche Wasserhaltung gewählt werden muß.

Liegt sonst keine dringende Veranlassung zur Wahl solcher im laufenden Betriebe unangenehmen und von Betriebsstörungen nicht freien Arten vor, dann muß die durch Hochwasser störbare Wasserhaltung durch Sicherheitsdammtüren vor der Überflutung geschützt werden.

Man vergleiche hierzu die Abschnitte II B 2 und III H 4 und VIII F, die das Nötige hierüber und über die Anordnung des Maschinenraums enthalten.

Die Dammtüren lassen den Förderverkehr möglichst ungehindert hindurch und werden bei Wasserandrang geschlossen. Sie erhalten häufig große Abmessungen, werden daher in großer Teufe, wo sie unter Umständen hohen Wasserdrücken ausgesetzt sind, sehr schwer. Das Widerlager für den Rahmen der Türen ist in gutem Gebirge sorgfältig unter Vermeidung von Zerklüftung herzustellen. Hierüber sowie über verschiedene Formen, Abmessungen, Berechnungen usw. vergleiche man: Kegel, Bergmännische Wasserwirtschaft, sowie Höfers Taschenbuch für Bergmänner.

Hier ist die Abdichtung der Tür gegen den Rahmen von Wichtigkeit. Ein nachgiebiger Dichtungsring wird in eine durch Rahmen und Tür gebildete Rille eingelegt. Er wird durch die Tür gepreßt, aber nicht zerdrückt. Der Dichtungsring ist immer gebrauchsfertig zu halten. Gummiringe werden durch die Zeit zerstört. Daher verwendet man jetzt einen schmiedeeisernen Ring, der mit Segeltuch gleichmäßig bewickelt und längere Zeit in ein kochendes Teerbad eingetaucht und mit Teer getränkt wird. Er bleibt dann längere Zeit brauchbar. Der Dichtungsring sowie sonstige zum Schluß der Türe nötige Geräte werden entweder in der Nähe der Türe oder im Maschinenraume der Wasserhaltung aufbewahrt.

Erscheint diese Sicherung des wasserdicht ausgemauerten und in seinen Verbindungen mit der Grube und mit über Tage richtig angeordneten Maschinenraumes nicht ausreichend, dann muß man zur Höherlegung des Raumes und der Maschinen schreiten, Fig. 303. Alsdann wird wegen der beschränkten Saughöhe ein tiefstehender Zubringer nötig, dessen Antrieb durch Hochwasser unstörbar von der Hauptmaschine aus erfolgen muß.

Man verwandte dazu den Gestängeantrieb, Fig. 360, indem zwei Hubpumpen durch ein Kunstkreuz von der liegenden Hauptmaschine aus angetrieben wurden. Die Hubpumpen arbeiten sicher unter Wasser, aber der Gestängeantrieb macht die Hauptmaschine schwerfällig und für die durch den heutigen elektrischen Antrieb geforderten Dreh-

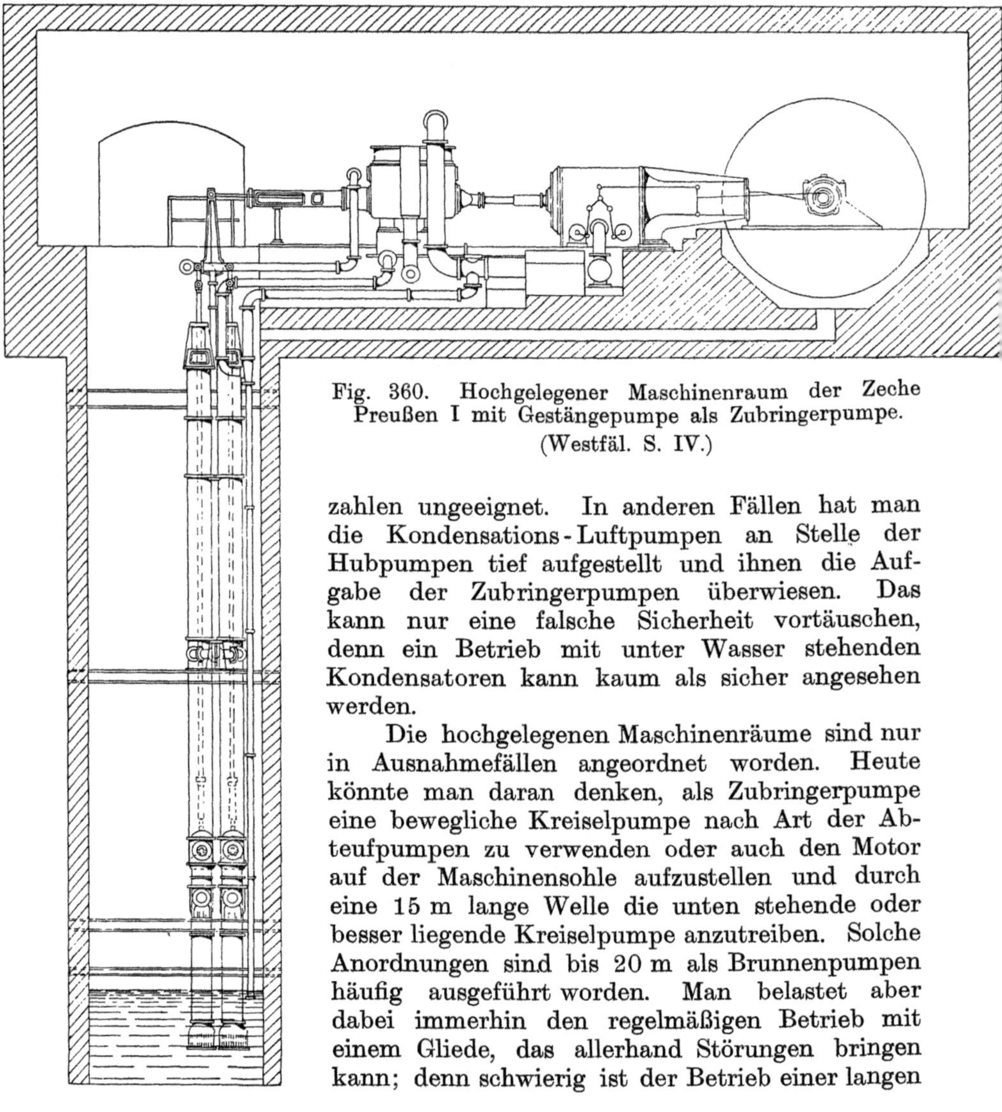

Fig. 360. Hochgelegener Maschinenraum der Zeche Preußen I mit Gestängepumpe als Zubringerpumpe. (Westfäl. S. IV.)

zahlen ungeeignet. In anderen Fällen hat man die Kondensations-Luftpumpen an Stelle der Hubpumpen tief aufgestellt und ihnen die Aufgabe der Zubringerpumpen überwiesen. Das kann nur eine falsche Sicherheit vortäuschen, denn ein Betrieb mit unter Wasser stehenden Kondensatoren kann kaum als sicher angesehen werden.

Die hochgelegenen Maschinenräume sind nur in Ausnahmefällen angeordnet worden. Heute könnte man daran denken, als Zubringerpumpe eine bewegliche Kreiselpumpe nach Art der Abteufpumpen zu verwenden oder auch den Motor auf der Maschinensohle aufzustellen und durch eine 15 m lange Welle die unten stehende oder besser liegende Kreiselpumpe anzutreiben. Solche Anordnungen sind bis 20 m als Brunnenpumpen häufig ausgeführt worden. Man belastet aber dabei immerhin den regelmäßigen Betrieb mit einem Gliede, das allerhand Störungen bringen kann; denn schwierig ist der Betrieb einer langen

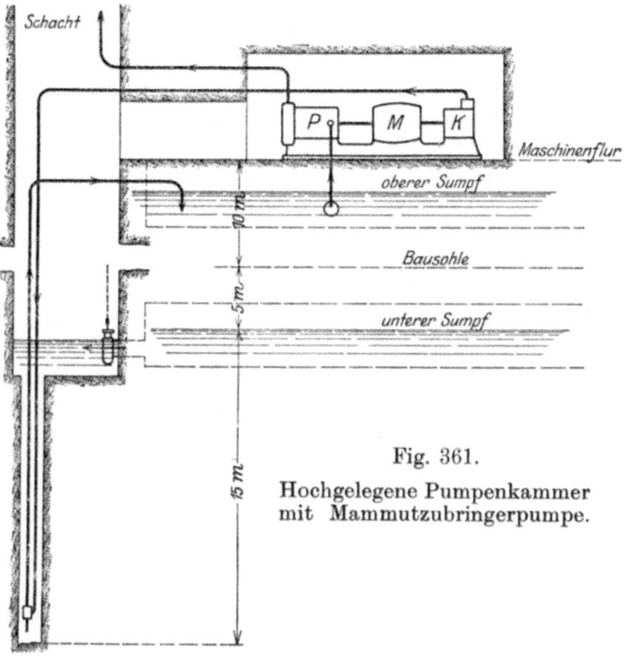

Fig. 361.
Hochgelegene Pumpenkammer mit Mammutzubringerpumpe.

stehenden, mit einer Anzahl Zwischenlagern ausgerüsteten Welle oder der einer senkbaren Pumpe immer.

Dagegen wäre durch Verwendung einer Mammutpumpe (Abschnitt VII C 2) als Zubringerpumpe ein einfacher und störungsfreier, in jeder Beziehung gesicherter Betrieb zu erreichen, Fig. 361. Der Motor M der Kreiselpumpe P treibt einen Turbokompressor K, der Druckluft von etwa 1,5 atm Überdruck zu liefern hat. Das Rohr der Mammutpumpe taucht in ein 10—15 m unter den Sumpf reichendes Bohrloch ein und fördert das Wasser nach dem oberen Maschinensumpf. Ein Versagen der Mammutpumpe ist ausgeschlossen. Der Turbokompressor steht geschützt im Maschinenraum und ist seiner ganzen Art nach äußerst betriebssicher. Der Wirkungsgrad der Mammutpumpe ist zwar schlecht, kommt aber bei der geringen Leistung von 15 m Höhe für das Ergebnis kaum in Betracht. Die Erhöhung der Kosten für den Turbokompressor und das Bohrloch ist in Erwägung der erreichten Sicherheit gering.

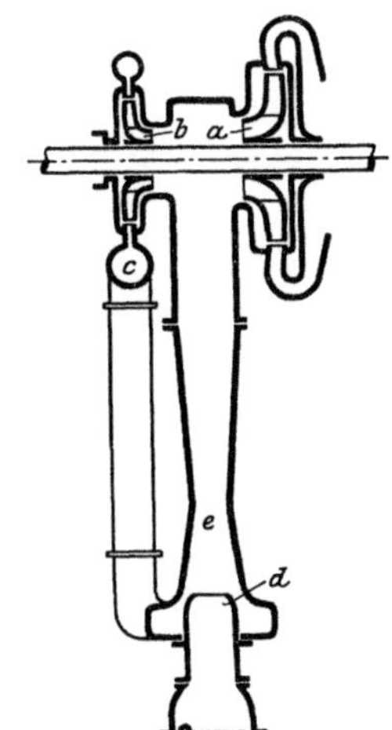

Fig. 362. Wasserstrahlpumpe als Zubringerpumpe.

Eine Vereinfachung würde die Anordnung nach Fig. 362 ergeben, die eine Strahlpumpe zum Zuheben des Wassers benutzt. Auf der Welle sitzt die Hochdruckpumpe a und die Niederdruckpumpe b, die gemeinsam aus dem Saugrohr e ansaugen. Die Niederdruckpumpe liefert ihr Wasser an die Strahlpumpe d e ab, die das Sumpfwasser den beiden Pumpen zuhebt. Nachteilig ist der wesentlich größere Kraftverbrauch der Strahlpumpe, der gegenüber der Nutzarbeit nicht mehr vernachlässigt werden kann, ferner die Abnutzung der Düse durch sandiges Wasser. Die Kreiselpumpe ist aber einfacher als der Luftpresser, und die Eintauchtiefe entfällt.

So kommen wir auch hier am Schlusse des Buches auf Grund vorgelegter Betrachtungen zu dem gleichen Ergebnis, wie es in dem einleitenden geschichtlichen Überblick vorwegnehmend ausgesprochen werden konnte: die maschinentechnische Entwicklung hat dem Bergmann in der elektrischen Wasserhaltung eine Waffe in die Hand gegeben, mit der er getrost den Kampf mit dem Wasser aufnehmen kann.

Schriftenverzeichnis.

A. Bücher.

I. Über Wasserhaltungsmaschinen.

1. Julius von Hauer. Die Wasserhaltungsmaschinen der Bergwerke. Leipzig 1879 b. Arthur Felix. 786 S., 1203 schematische Figuren auf Tafeln. Behandelt entsprechend dem Stande von 1879 eingehend die Gestängewasserhaltungen; 50 S. sind dem unterirdischen Antriebe gewidmet. Veraltet. Einziges und wertvolles Quellenwerk über die älteren Maschinen. Vollständiges Schriftenverzeichnis.
2. A. Hörmann. Die neuen Wasserhaltungsmaschinen der Dechenschächte bei Saarbrücken, der Tiefbauanlagen zu Rüdersdorf und der Ferdinandgrube zu Kattowitz. Berlin 1874. O. Ernst & Korn. 29 Tafeln in Doppelfolio mit guten vollständigen Zeichnungen und einer kurzgefaßten Berechnung der Maschinen. Anlagekosten.
3. Westfälisches Sammelwerk. (Die Entwickelung des niederrheinisch-westfälischen Steinkohlenbergbaues, Berlin 1902 b. Julius Springer.)
   Band III: Stollen, Schächte. Zerstreute Mitteilungen über die Wasserhaltung im Schachtabteufen.
   Band IV: Wasserhaltung. 250 S. 140 Figuren, 18 Tafeln. Verf. Müller, Stach und Baum. Geschichte der Gestängewasserhaltung in Westfalen. Schöne Figuren über ausgeführte Gestängewasserhaltungen. Die unterirdischen Wasserhaltungen: Dampfwasserhaltung, hydraulische Wasserhaltung, Entwickelung der elektrischen Wasserhaltung bis 1902.
4. Aug. Brunne. Wasserhaltungen in Bergwerken. Leipzig 1903 b. Arthur Felix. 420 S. 487 Fig. und 16 Tafeln. Behandelt auf etwa 200 S. eingehend die Gestängemaschinen, auf 150 S. die unterirdischen Antriebe, vorwiegend den Dampfantrieb, kürzer den hydraulischen und den elektrischen Antrieb. Einiges über Kreiselpumpen. Veraltet; als Ergänzung neuerer Werke bezüglich der jetzt veralteten Gestängemaschinen und unterirdischen Dampfwasserhaltungen zu empfehlen. Dem Werke sind für die „Wasserhaltungsmaschinen" eine Zahl Figuren entnommen.
5. Baum-Hoffmann. Die neueste Entwickelung der Wasserhaltung. Versuche mit verschiedenen Pumpensystemen. Berlin 1905 b. Julius Springer. 116 S. 63 Fig. 9 Tafeln.
   Entwickelung der elektrischen Wasserhaltung mit eigenem Kraftwerk. Wertvolle Berichte des aus Vertretern des V. d. Ing., d. V. f. d. bergbaulichen Interessen im Oberbergamtsbezirk Dortmund und des Dampfkesselüberwachungs-Vereins der Zechen im Oberbergamtsbezirk Dortmund bestehenden Versuchsausschusses. Betrifft Dampf-, hydraulische und elektrische Wasserhaltungen, meist Ausführungen nach 1900.
   Berichte auch zu finden: Glückauf 1904. Nr. 34—38, 49, 51 u. 52. Z. d. Ing. 1904. S. 1829. 1905. S. 1957. 1984. Ergänzende Versuche: Glückauf 1906. S. 1269 und Z. d. Ing. 1906. S. 1574 (Zeche Franziska, Witten).

II. Über bergmännische Wasserwirtschaft.

1. K. Kegel. Bergmännische Wasserwirtschaft. Halle 1912 b. W. Knapp. 207 S. 105 Fig. 1 Tafel. Besonderheiten der Wasserhaltungsfrage im Braunkohlen- und im Salzbergbau, im wesentlichen planmäßige Entwässerung des Deckgebirges und Abhaltung des Wassers von den Grubenbauen, sowie in Rücksicht auf die Wassergefahr nötige Verdämmungen. Als Ergänzung zu den kurzen Mitteilungen der Abschnitte II A 3, II B 1—3, III A 1—4 der „Wasserhaltungsmaschinen" dringend empfohlen.
2. K. Kegel. Die Wasserhaltungskosten. Halle 1913 b. W. Knapp. 65 S. 10 Fig. Ergänzung zum vorigen. Die Erschwerung des Bergbaues durch die Wasserhaltung, das Grundwasser, zu erwartende Wasserzuflüsse, die Frage der Wasserentziehung und der Wasserzuführung, Vergleich der Wasserhaltungsarten und -ordnungen; die Kosten der Wasserhaltung nur im allgemeinen.

III. Über Bergbaukunde.

Die bergtechnischen Fragen der Wasserhaltung werden an zerstreuten Stellen der bekannten Bergbaukunden behandelt. Zu Rate gezogen wurden für vereinzelte Fragen:

1. Heise-Herbst. Lehrbuch der Bergbaukunde. I. Band. 3. Aufl. Berlin 1914 b. Julius Springer. II. Band. 2. Aufl. Berlin 1913 b. Julius Springer.
2. Emil Treptow. Grundzüge der Bergbaukunde. Wien und Leipzig b. Spielhagen und Schurig.
3. Höfers Taschenbuch für Bergmänner. Loeben 1911. Verlag Ludwig Nüßler.

IV. Über Pumpen.

1. Hartmann-Knoke-Berg. Die Pumpen. 3. Aufl. Berlin 1906 b. Julius Springer. 630 S. 704 Fig. 14 Tafeln. Lehre, Berechnung und Beschreibung aller der Wasserhebung dienenden Maschinen.
2. Fritz Neumann. Die Zentrifugalpumpen. 2. Aufl. Berlin 1912 b. Julius Springer. 252 S. 221 Fig. 7 Tafeln. Lehre, Bauarten und Anwendungen der Kreiselpumpen.
3. A. Dahme. Die Kolbenpumpen. München 1908 b. R. Oldenbourg. 204 S. 234 Fig. 2 Tafeln. Lehre, Berechnung, Bauarten. Gute Figuren.
4. A. Riedler. Der Schnellbetrieb. München und Berlin 1899. R. Oldenbourg.
5. O. H. Mueller jun. Das Pumpenventil. Leipzig 1900. Arthur Felix. 151 S. 52 Fig. Dieses anregend geschriebene Buch ist die Grundlage der in V A 2 der „Wasserhaltungsmaschinen" gegebenen Lehre der Ventilbewegung.

B. Werbeschriften.

Es unterstützten den Verfasser, außer den schon genannten technischen Erzeugern, insbesondere folgende Werbeschriften:

1. Haniel & Lueg, Düsseldorf. Pumpmaschinen für Bergwerke und Wasserversorgungsanlagen.
2. Hydraulik, Ges. m. b. H., Duisburg. Neue Wasserhaltung.
3. Ehrhardt & Sehmer, Schleifmühle. Kolbenpumpen-Schleifmühle.
4. AEG., Berlin. Elektrischer Antrieb von Wasserhaltungen.
5. AEG., Berlin. Vertikale Pumpmotoren.
6. AEG., Berlin. Elektrische Abteufanlagen und Abteufkabel.
7. Siemens-Schuckertwerke, Berlin. Elektrisch betriebene Wasserhaltungen mit Kolbenpumpen.
8. Siemens-Schuckertwerke, Berlin. Elektrisch betriebene Wasserhaltungen mit Kreiselpumpen.
9. Siemens-Schuckertwerke, Berlin. Elektrisch betriebene Abteufpumpen.

C. Zeitschriftenveröffentlichungen.

Abkürzungen.

Z. d. Ing.	=	Z. des Ver. deutsch. Ingenieure.
Z. d. E.	=	Z. des Ver. deutsch. Elektrot.
Gl.	=	Berg- und Hüttenmännische Zeitschrift Glückauf, Essen.
Pr. Z.	=	Z. f. Berg-, Hütten- und Salinenwesen im Preuß. Staate.
Oe. Z.	=	Oesterreichische Zeitschrift für B.-, H.- u. S.-Wesen.
Brnk.	=	Braunkohle.
Bergbbtrl.	=	Z. d. Zentral-Verbandes der Bergbaubetriebsleiter, Dux, Böhmen.
K. u. E.	=	Kohle und Erz, Siwinna, Kattowitz.
B. u. H. V.	=	Z. des Berg- und Hüttenmännischen Vereins, Kattowitz.
B. u. H. R.	=	Berg- und Hüttenmännische Rundschau, Böhm, Kattowitz.

Diese Zeitschriftenveröffentlichungen sind nach den Abschnitten des Buches, denen sie als Ergänzungen dienen sollen, geordnet, soweit dies bei dem oft verschiedene Abschnitte berührenden Inhalte möglich war.

Auch sind einige Veröffentlichungen über sich an die Ausführungen des Buches anschließende, in diesem aber wegen Platzmangels nicht behandelten Gebiete angeführt.

Für einige Abschnitte sind auch dahin gehörige Buchstellen zur weiteren Belehrung angegeben worden.

I A. Die Bedeutung der Wasserhaltung.

K. Kegel. Die wirtschaftliche Einwirkung der Wasserhaltung auf den Ertrag des Bergwerksbetriebes. Brnk. 1913. Nr. 6. 7. 8.

Tielemann. Das preußische Wassergesetz vom 7. April 1913. Brnk. 1913. S. 380.

Dr. Fr. Wießner. Die bergwirtschaftliche Bedeutung des preußischen Wassergesetzes vom 7. April 1913. B. u. H. R. 1914. Nr. 20. 21.

I B. Wasserhaltung und Wasserversorgung.

Ziekursch. Die Entwickelung der staatlichen Wasserversorgungsanlagen im oberschlesischen Industriegebiet. Pr. Z. 1909. 379.

Dr. Michael. Die Wasserführung der Trias in Oberschlesien. XII. Bergmannstag. B I. S. 334. 1913 Kattowitz.

Dr. P. Geisenheimer. Die Wasserversorgung des oberschlesischen Industriebezirkes. XII. Bergmannstag. B III. Anlage. Kattowitz 1913.

J. Kania. Die Wasserversorgung des oberschlesischen Industriebezirkes und der Bergbau. K. u. E. 1911. Nr. 12.

Dr. Paul Schwarz. Grundwasserenteisenung. K. u. E. 1905. Nr. 17.

Dr. med. Hanauer. Trinkwasserleitungen aus aufgelassenen Grubenbauen und ihre Gefahren. Oe. Z. 1913. S. 480.

Das Wasserwerk des Kreises Kattowitz auf der Rosaliegrube. Z. d. Ing. 1911. S. 1307.

II A. 1. und 2. Einfluß des geologischen Aufbaues auf die Wasserverhältnisse.

Treptow. Bergbaukunde. 3. Aufl. S. 366—369.

Heise-Herbst. Bergbaukunde. II. Teil. 2. Aufl. S. 485--490.

Westf. Sammelwerk. IV. Band. S. 113.

Festschriften der allgemeinen Bergmannstage:

- Oberschlesien. Allg. Bergmannstag 1913. Bd. III. S. 580.
- Oberschlesien. Die Wasserführung der Trias. Allg. Bergm. Bd. I. S. 334. (Michael.)
- Waldenburg-Neurode. Allg. Bergm. 1913.
- Aachener Steinkohlen. Allg. Bergm. 1910. B. II. 4. Teil. S. 232. (Herbst.)
- Aachener Erzbergbau. Allg. Bergm. 1910. I. 76. (Herbst.)

Aachen. Grube Eschweiler Reserve. Gl. 1902. S. 329. (Stegemann.)

Mansfelder Kupferschieferbau. Gl. 1895. S. 521. (Leuschner.)
Mansfelder Kupferschieferbau. Auspumpen des salzigen Sees. Z. d. Ing. 1894. S. 940.
Wasserverhältnisse der Grube Lens. Gl. 1905.

II A. 3. und 4. Abbauart und Wasserhaltung.

Die Stellung der verschiedenen Bergbaubetriebe zur Wasserfrage.

Heise-Herbst. II. Bd. I. Aufl. S. 488.
Herbst in Z. d. Ing. 1909. S. 913: Die Beziehungen zwischen den Gebirgs-Tagewassern und dem Bergbau.
Kegel, Bergmännische Wasserwirtschaft. Knapp, Halle. 9,80 M.
Die Entwässerungsmethoden im Braunkohlenbergbau. Siehe im Sonderverzeichnis: II B.
Bergmännische Maßnahmen unter Tage Heise-Herbst. II. Bd. I. Aufl. S. 491.

Oberwerksbau oder Unterwerksbau in bezug auf Wasserhaltung.

Wirtschaftlichkeit und Zweckmäßigkeit des Unterwerksbaues und des Oberwerksbaues im rheinisch-westfälischen Steinkohlenbezirk. Gl. 1912. Nr. 15. 16.
Dieselbe Frage in Oberschlesien. 12. Allg. Bergmannstag. Bd. II.
Wasserhaltung im Abhauen. Versuche und Verbesserungen 1912. S. 24. 1905. S. 31. K. u. E. 1913. S. 823.

II B. Wasserhaltung im Braunkohlenbergbau.

Zusammenfassend:

Die deutsche Braunkohlenindustrie, in der Festschrift zum X. Allgem. deutschen Bergmannstage, S. 389. Wasserhaltung S. 389.
Die deutsche Braunkohlenindustrie. Das Abteufen im wasserführenden Gebirge. S. 281.

Abteufen:

Peinert. Das Durchteufen und Entwässern lockerer wasserführender Schichten mittels weiter Bohrlöcher und darauf niedergebrachter Schächte. Brnk. VI. S. 873.
Martin. Schachtabteufen im Schwimmsand mittels Strohwiepen. Brnk. 1908. S. 89.

Getriebezimmerung:

Bansen. Grubenausbau. II. Aufl. S. 163—183. Julius Springer.

Schwimmsandgefahr:

Dr. Nieß. Die Bekämpfung der Wassersandgefahr beim Braunkohlenbergbau. Craz & Gerlach, Freiberg 1907. Brnk. 1910. S. 394.
Dr. Nieß. Verhütung von Schwimmsand und Wasserdurchbrüchen auf der Braunkohlengrube Margaretha in Espenhain i. S. Pr. Z. 1910. 3. Heft.
Franz Müller. Die Entwässerung der hangenden Schwimmsande in der Braunkohlengrube Friedrich-Anna zu Moys bei Görlitz. Brnk. 1910. S. 33.
Leichter-Schenk. Beiträge zur Bekämpfung der Wassergefahren im Braunkohlenbergbau. Brnk. 1908. S. 505. 525. 1910. S. 149.
A. Zeese. Sicherheitsmaßregeln beim Abbau unter Schwimmsand führenden Hangendschichten und Entwässerung derselben im nordwestböhmischen Braunkohlenrevier. Brnk. 1910. S. 397.
Treptow. Bergbaukunde. 3. Aufl. S. 373 und das Entwässern hangender Schwimmsandschichten auf Grube Emeran bei Bilin. Bergbau 1913. S. 67.
Franz Müller. Über allerlei Schwierigkeiten beim Braunkohlenbergbau. Brnk. 1913. S. 365.

Entwässern von Tagebauen:

Salzmann. Das Entwässern durch Heber und Heben im Sammelbrunnen. Brnk. 1911. S. 651.

Hanff. Das Entwässern durch Mammutpumpen und Bohrlöcher. Brnk. 1911. S. 821.

R. Schmidt. Das Entwässern des Braunkohlengebirges durch Bohrlöcher. Brnk. 1913. Nr. 31.

II C. 1. Wasserbeschaffenheit.

Schwerspatausfällung auf den Gruben Zeche Gladbeck usw. Gl. 1904. S. 1012.

Schwerspatausfällung auf dem Erzbergwerk Neu-Diepenbrock III. Gl. 1907. S. 897.

Freie Schwefelsäure und Entsäuerung auf der Grube König, Oberschlesien. Pr. Z. Bd. 8. Taf. 3. Bd. 23. S. 101. Bd. 34. S. 306.

Wirkung der Salzsole auf Gußeisen. Pr. Z. 1907. S. 447,

II C. 2—5. Klärung der Spülwässer.

R. Wolanke. Klärsümpfe beim Spülverfahren. K. u. E. 1905. S. 542.

Fritz Plasche, Dux. Beitrag zur Klärung der Spülwässer. Bergbbtrl. 1913. Nr. 3. S. 61.

K. Meyer, Bergassessor. Die Spülversatzverfahren und die Klärung des Spülwassers auf dem Bahnschacht der kons. Fürstensteinergruben. Gl. 1912. S. 1391.

Seidel, Bergassessor. Das Spülversatzverfahren in Oberschlesien. B. u. H.V. 1911. Heft 1. 2. 3.

Dr. Pütz. Das Spülversatzverfahren im In- und Auslande. Gl. 1912. Nr. 34—37.

Bodifée, Saarbrücken. Klärung der Spülwässer. Gl. 1907. S. 1753.

Klärung der Spültrübe auf Maxgrube, Nordkattowitz. Bergbau 1914. S. 673.

Kläranlage der Ferdinandgrube, erbaut von der Wasser- und Abwasserreinigung. G. m. b. H., Neustadt a. d. Haardt. Gl. 1915. S. 340.

Seidel in Der gegenwärtige Stand des Spülversatzverfahrens in Oberschlesien. XII. Allgemeine Bergmannstag, Breslau 1913. Anlageband 1. S. 61—72.

Reinigung von Grubenabwässern.

Paul Lagemann, Essen. Reinigung von Grubenabwässern. Bergbbtrl. 1913. S. 138.

Reg. B. Berkenkamp, Düsseldorf. Behandlung salziger Abwässer. Gl. 1913. S. 52.

Dr. H. Fleißner, Pribram. Studien zur Klärung von Aufbereitungswässern. Oe. Z. 1913. Nr. 38. 39.

Prof. Dr. P. Rohland. Die Bedeutung kolloïder Tone für die Entfärbung und Reinigung industrieller Abwässer. Chemiker-Ztg. 1913. Nr. 82.

Markscheider Kohne, Essen. Die Klärung der Zechenabwässer im Emschergebiet. Gl. 1909 u. 1907.

Dipl.-Ing. Müller, Ingenieur der Emschergenossenschaft. Reinigung des Kohlenwaschwassers. Gl. 1910. S. 1572.

Ing. Ellendt, Kattowitz. Die Reinigung der Abwässer industrieller Anlagen und ihre Hilfsmittel. Oberschlesischer Bezirksverein Deutscher Ingenieure. 1912. Nr. 23.

II C. 2—5. Das Entschlämmen der Kläranlagen.

Vgl. Reinigung von Grubenabwässern.

Fahrbarer Mammutbagger für Spülschlamm mit Anschluß an eine Druckluftleitung auf Grube König, Saarrevier. Versuche und Verbesserungen 1912. S. 13. Pr. Z. 1913. K. u. E. 1913. S. 724.

Schlämmen mittelst Kreiselpumpe auf Erzgrube Bülten-Adenstedt. Versuche und Verbesserungen 1911. K. u. E. 1912. S. 8.

Beseitigung der Schlämme einer obertägigen Kläranlage durch Ansaugen nach der Spülversatzleitung auf Glückhilf-Friedenshoffnung, Waldenburg. Versuche und Verbesserungen 1911. K. u. E. 1912. S. 8.
Mammutbagger nach Ing. Herm. Schubert, Beuthen, für Jenny Otto und Neue Helene, Oberschlesien. Versuche und Verbesserungen 1909. S. 40.
Obering. Th. Steen. Die Beseitigung der Schlämme beim Spülversatz. (Anlage auf Gotthardschacht, Orzogow, Oberschlesien.) K. u. E. 1913. S. 918.
Dipl.-Ing. H. Küppers. Pneumatische Schlammförderung. Brnk. 1913. Nr. 5.
Berginspektor Meyer. Die Schlammförderung auf pneumatischem Wege und ihre Vorteile für den Bergwerksbetrieb. Gl. 1911. Nr. 8.
Mörtelschlämmpumpe von E. Kohn & Co., Mähr. Ostrau (Gg. & R. Kupka, Ullersdorf). Bergbbtr. 1910. S. 585.
Mörtelpreßpumpe. Bergbau 1913. Nr. 32 u. Gl. 1914. S. 987. Fig. 15 u. 16.

III A. 1—2. Abhaltung des Oberflächenwassers.

Überschwemmungen 1897 im Sächsischen Braunkohlenbergbau. Sächsisches Jahrbuch f. d. B. u. H.W. 1898. S. 30. 40. 60. 71.
Sicherung der Gruben gegen obertägige Wassereinbrüche im Kommerner Seegebiete bei Brüx in Böhmen. Stein- u. Braunkohle. 1910. Nr. 17.
Auspumpen des Salzigen Sees. Z. d. Ing. 1894. S. 940.
Franz Müller in einem Aufsatze über Braunkohlenbergbau. Brnk. 1913. S. 365.

III A. 3. Versteinerungsverfahren.

Heise-Herbst. I. Aufl. I. Bd. S. 232—245.
Handbuch für Eisenbeton. Bd. 7. S. 405—412.
Versuche und Verbesserungen, in jedem Jahrgange.
Jos. Kalbheun. Neuerungen auf dem Gebiete des Zementierverfahrens. Bergbau 1913. S. 513. Nr. 32.
A. Wiede. Die Wasserabdämmung beim Abteufen des Pöhlauer Schachtes der Gewerkschaft Morgenstern in Reinsdorf durch Versteinerung der natürlichen Wasseradern. Jahrb. f. Berg- u. Hüttenwesen im Sächs. Staate 1901. S. 66.
Versteinerung von Klüften beim Abteufen des kgl. Georg-Schachtes, Zauckerode, von F. M. Georgi, Werkdirektor. Jahrb. f. Berg- u. Hüttenwesen im Sächs. Staate 1904. S. 97.
Mörtel-Schlammpumpe mit Handbetrieb der Firma E. Kohn & Co., Mähr. Ostrau, von R. Kupka, Ullersdorf. Bergbbtrl. 1910. S. 585.
Zweikolbige Schlammpumpe zum Zementieren der Firma E. Kohn & Co., Mähr. Ostrau (Jos. Kalbheun, Zementierverfahren). Bergbau 1913. Nr. 32. Gl. 1914. Nr. 25. S. 987.
Fig. 15 u. 16.
Das Durchteufen fester Gebirgsschichten nach dem Versteinerungsverfahren von Schwemann-Schneiders. Gl. 1914. Nr. 24 u. 25.

III A 4 und X B 3. Verdämmungen.

A. Zeese, s. Braunkohlenbergbau. Brnk. 1900. S. 897.
Grissenböck. Die maschinelle Herstellung der Ablaßdämme am Ischeler Salzwerke. Ö. Z. 1913. S. 295.
C. Schenk. Die Bezirkswasserhaltung der Oberhohndorf-Schader Steinkohlenwerke. Jahrb. f. B.H.W. in Sachsen 1893. S. 1.
Neukirch. Die Bezirkswasserhaltung der Oberhohndorf-Schader Steinkohlenwerke. Z. d. Ing. 1894. S. 636.
Oberingenieur Schulte, Dortmund. Doppelwandige Dammtür für hohe Drücke bis 100 Atm. Gl. 1905. S. 248.
Patente von Haniel & Lueg, Düsseldorf. Bergbau 1913. S. 200. Gl. 1912. S. 1560. Z. d. Ing. 1913. S. 995. 1357.

Auf Grube Barsinghausen, Widerlager in gebrächem Gebirge. Vers. u. Verb. 1912. K. u. E. 1913. S. 822.
Kegel. Bergmännische Wasserwirtschaft, W. Knapp. Halle 1912. S. 168—198.
Höfer. Taschenbuch für Bergmänner. 3. Aufl. Leoben 1911. I. Bd. S. 410—442.
Dammtür für hohe Beanspruchung in weichen Gebirgsschichten. Mit Bild. Gl. 1914. S. 1255. Nr. 31.
Grube Lens, Verdämmung zweier Sohlen gegeneinander. Gl. 1905.

III B. Stollen.

Köhler. Bergbaukunde. 6. Aufl. S. 250.
Treptow. Bergbaukunde. 3. Aufl. S. 155.
Heise-Herbst. Bergbaukunde. 1. Aufl. I. Bd. S. 254. 255. II. Bd. S. 494. 495.
Über Stollenanlagen. Aufzählung von Stollen. Stein- u. Braunkohle 1913. Nr. 7
Koch. Festschrift der Friedrichsgrube, Stollen bei Tarnowitz.
Karl Fieke. Die Wasserwältigung der Gruben des Oberharzes. Verlag von K. Fieke. Wernigerode 1909.
Der Gardane-Stollen am Becken von Fuveau. Gl. 1905. S. 34.
Ernst-August-Stollen am Harz. Berg- u. Hüttenmännische Ztg. 1860. 1861. 1862. 1864.
Stollen im Ruhrbezirk. Bergassessor Schulze-Briesen. Westfälisches Sammelwerk. Bd. III. S. 1—11.
Abführung des Wassers während des Abteufens durch ein Bohrloch (Königsgrube, Nordfeld, Wetterschacht). Pr. Z. 1912. S. 84.

III C. Heber.

Hartmann-Knoke-Berg, Pumpen. 3. Aufl. S. 502—510.
Weißbach, Ingenieurmechanik. III, 2. S. 973.
Einzelne Anwendungsbeispiele in Pr. Z. Bd. II. S. 361. Bd. IX. S. 182. Bd. XXX. S. 123. Bd. XXXV. S. 253. Bd. XLI. S. 193.
Zur Schlämmehebung auf Königsgrube Pr. Z. Bd. XXXIV. S. 306.
Einzelne Anwendungen. Gl. 1896. S. 44. 1897. S. 125.
J. v. Hauer. Wasserhaltungsmaschinen. A. Felix, Leipzig 1879. S. 768—778.
Verwendung in einem Klärpfeiler bei Spülversatz. Gl. 1913. S. 1394.

IV B. 2. Messungen an Wasserhaltungen.

Gl. 1904. Z. d. Ing. 1904. S. 1834. Gl. 1908. S. 621.

IV B. 3. Strömungsverluste in Rohrleitungen.

M. F. Gutermuth. Versuche an Schachtrohrleitung. Z. d. Ing. 1887. S. 670. 695. 714. 732.
Hagemann. Formänderungen des Wassers in Krümmungen unter hohem Druck. Gl. 1907. S. 1568.
Isachsen. Innere Vorgänge in strömenden Flüssigkeiten. Z. d. Ing. 1911. S. 215. 221. 267. 428.
Brabbé. Berechnung von Rohrleitungen für Heizung und Lüftungen. Z. d. Ing. 1916.
Dr. Fritsch. Druckverluste in Rohrleitungen, Forschungsarbeiten, herausgegeben vom V. d. Ing.

IV C. 6. Die Windkessel.

Versuche mit Grubenpumpen. Wasserbewegung mit und ohne Windkessel. Z. d. Ing. 1881. Taf. 7.
Akkumulator statt Windkessel. Z. d. Ing. 1892. S. 432.
Anton Gramberg, Wirkungsweise und Berechnung der Windkessel der Kolbenpumpen. Z. d. Ing. 1911. S. 842 u. f.
Richter, Chemnitz. Versuche an einer Stufenkolbenpumpe. Massenwirkung in der Leitung unter dem Einfluß des Windkessels. Gl. 1912. S. 1242.

IV C. 7 und V D. Das Ansaugen der Pumpen.

Hagens. Vorgänge beim Ansaugen schnellaufender Pumpen. Z. d. Ing. 1901 S. 1535.

H. Sieglerschmidt. Saugfähigkeit schnellaufender Pumpen. Dingl. polyt. Journ. 1908. S. 531. Z. d. Ing. 1908. 780.

O. Hermann, Mähr. Ostrau. Ansaugen gashaltigen Wassers. Österr. Patent. Oe. Z. 1910. S. 686.

V A. Ventilbewegung der Kolbenpumpen.

Bach. Versuche über die Bewegung von Gewichtsventilen. Grundlegende Versuche mit dem Ergebnis: Für das gleiche Ventil in verschiedenen Pumpen und bei verschiedenen Drehzahlen bleibt an der Grenze des stoßfreien Ventilschlusses das Produkt aus Hub mal Quadrat der Umlaufszahl dasselbe. Z. d. Ing. 1886. S. 421.

Tobel. Die freie Eröffnung der Pumpenventile. Z. d. Ing. 1890. S. 525.

Westphal. Die Bewegung freigängiger Pumpenventile. Z. d. Ing. 1893. S. 381. Bericht über Versuche: Bei gleicher Pumpe ist der Ventilschlag proportional n^4. Z. d. Ing. 1901. S. 454.

H. Berg. Die Wirkungsweise federbelasteter Pumpenventile. Z. d. Ing. 1904. S. 1093. 1134. 1183.

L. Klein. Freigängige Pumpenventile. Z. d. Ing. 1905. S. 485. 618. 894. 1139.

Klepal. Pumpen und Kompressoren mit einer neuen Ventilkonstruktion. Z. d. Ing. 1909. S. 2078.

Klepal. Versuche mit den Klepalventilen bei einer schnellaufenden Pumpe. Fördertechnik 1912. Nr. 8.

Kurt Schön, Versuche mit großen durch Blattfedern geführten Ventilen für Kanalisationspumpen. Z. d. Ing. 1913. S. 1246.

V B. Bauformen der Ventile.

A. Riedler. Über die Konstruktionsgrundlagen der Pumpen und Gebläseventile. Z. d. Ing. 1885. S. 502. 522.

H-B-Ventile (Lippenventile). Dingl. polyt. Journ. 1909. 1910. S. 335. 1911. S. 187.

V D und IV C 7. Das Ansaugen der Kolbenpumpen.

Hagens. Vorgänge beim Ansaugen der Pumpen, insbesondere bei schnelllaufenden Pumpen. Z. d. Ing. 1901. S. 1535.

H. Sieglerschmidt. Saugfähigkeit schnellaufender Pumpen. Dingl. polyt. Journ. 1908. S. 531. Z. d. Ing. 1908. S. 780.

V D. Schnellaufende Pumpen.

Riedlerexpreßpumpe. Z. d. Ing. 1902. S. 1037—41. S. 1155. 1156. Z. 1904. S. 53. Gl. 1904. S. 53.

Ehrhardt und Sehmer. Z. d. Ing. 1902. 1231.

Bergmannspumpe. Z. d. Ing. 1901. S. 923.

V D 4. Stoß im Kurbeltrieb.

H. Wehage. Über den ruhigen Gang der Dampfmaschinen mit Kurbeltrieb. Z. d. Ing. 1884. S. 637. 662. 677.

Stribek. Stoß im Kurbeltrieb. Z. d. Ing. 1893. S. 10.

Dr. F. Döhne. Über Druckwechsel und Stoß bei Maschinen mit Kurbeltrieb. Z. d. Ing. 1912. S. 836.

VI A und B. Die Wirkungsweise der Kreiselpumpen.

Dipl.-Ing. L. Schütt. Die Wirkungsweise der Ventilatoren und Zentrifugalpumpen. Z. d. Ing. 1906. S. 1715.

Dr. ing. Kux. Der Wirkungsgrad der Zentrifugalpumpen. Z. d. Ing. 1907. S. 342.
Dr. ing. Kux. Der Wirkungsgrad der Kreiselpumpen. Z. d. Ing. 1907. S. 1274.
W. Grun, Frankfurt a. M. Die Wirkung der Leitvorrichtungen bei Kreiselpumpen und Gebläsen. Z. d. Ing. 1907. S. 543.
R. Biel, Nürnberg. Die Wirkungsweise der Kreiselpumpen und Ventilatoren. Z. d. Ing. 1908. S. 442.
P. Hartmann, Berlin. Über die Auswahl und die Beurteilung der Zentrifugalpumpen. Gl. 1908. S. 1317.
Oskar Kirschner. Betrachtungen über einige im Kreiselpumpenbaue vorkommenden Aufgaben. Fördertechnik 1910. S. 180.
Oskar Kirschner. Praxis und Berechnung der Kreiselpumpen. Fördertechnik 1911. Heft 10.
H. A. Janssen. Darstellung der Betriebsvorgänge bei Kreiselpumpen. Z. d. Ing. 1912. S. 1895.
H. Kröner, Dr. ing. Die Kreiselpumpe im Betrieb. Fördertechnik 1912. S. 78.
A. Schacht, Ing. Das Anlassen der Kreiselpumpen. Fördertechnik 1912. S. 269.
Oesterreicher, Johannesburg. Die angenäherte Konstruktion der Q-H-Linien und der Wirkungsgradkurven für Kreiselpumpen. Z. d. Ing. 1913. S. 1148.

VI C. Bauformen der Kreiselpumpen.

H. Dubbel. Hochdruckkreiselpumpen. Z. d. Ing. 1904. S. 1003—1006.
O. H. Mueller. Neuere Turbinenpumpen. Z. d. Ing. 1905. S. 1181.
O. H. Mueller. Kreiselpumpen auf der Bayerischen Landesausstellung Nürnberg. Z. d. Ing. 1906. S. 1653.
E. Heidebroek, Dr. ing. Neuere Hochdruckzentrifugalpumpen. Z. d. Ing. 1911. S. 15.
Otto F. Bruman. Neuzeitliche Wasserwerksmaschinen. Z. d. Ing. 1913. S. 1856.
H. Mitter, Leipzig. Die Turbinenpumpen von C. H. Jaeger & Co. Z. d. Ing. 1913. S. 1005. 1052.
Rich. Schnabel, Die Kreiselpumpen der Maffei-Schwartzkopffwerke. Z. d. Ing. 1914. S. 769.

VI E. Kolbenpumpe und Kreiselpumpe.

M. Vahle, Ing. Wasserhaltungschwierigkeiten bei großen Teufen. Gl. 1915. S. 81.
Meinungsstreit in Gl. 1915 und 1916.

VII. Sonderformen der Pumpen, die im Buche nicht behandelt wurden.

Mit Druck oder Gefällewasserbetrieb.

Widder. Z. d. Ing. 1906. S. 1886. 1910. S. 1109. 1911. S. 267.
Hydropulsator (Thomas). Z. d. Ing. 1911. S. 267. 408. 1909. S. 2020. 1910. S. 88. 199. 1304. 1384. 2038. (Preger) Gl. 1912. S. 1119.
Humphreys Gaspumpe:
Lorenz. Theorie und Berechnung der Gaspumpe. Z. d. Ing. 1911. S. 1852.
W. G. Noack. Gaspumpe in Chingford-London. Z. d. Ing. 1913. S. 885.
Pittlersche Kapselpumpe. Z. d. Ing. 1907. S. 1006. 1908. S. 894.

VII A. Schwungradlose Dampfpumpen.

H. H. Hülsenberg. Neuere Duplexdampfpumpen. Z. d. Ing. 1884. S. 867. 908. 1895. S. 1309.
Verschiedene Verfasser. Z. d. Ing. 1885. S. 409. 1888. S. 137. 1893. S. 608 u. 1118. 1895. S. 288. 1896. S. 1214. 1901. S. 1441.
O. H. Mueller jr. Neuere Duplexdampfpumpen. Z. d. Ing. 1905. S. 981.
Preger. Ausführliche Behandlung der Steuerungen. Dingl. polyt. Journ. 1910. S. 321 u. f.

VII B. Pulsometer.

Schaltenbrand. Pulsometer. Z. d. Ing. 1877. S. 114. Taf. 7.
Pulsometer beim Abteufen. Pr. Z. S. 35. Taf. IV.

VII C. 1. Preßluftschwimmerpumpen.

Anwendung. Pr. Z. 1913. S. 24.
Wasserhaltung mittels Druckluft. Brnk. 1911. S. 193.
Verwendung der Druckluft zur Wasserhaltung. B. H. V. 1903. S. 11.

VII C. 2. Die Mammutpumpen.

Josse. Versuche und Luftverbrauch. Z. d. Ing. 1898. S. 981.
Darapsky & Schubert. Die Wirkungsweise der Preßluftpumpen. Z. d. Ing. 1906. S. 2062. 2093. Dingl. polyt. Journ. 1913. S. 97 u. f.
Folke-Rasmussen. Die Wirkungsweise der Druckluftpumpen. Dingl. polyt. Journ. 1908. S. 548.
O. H. Mueller jr. Berechnung der Wassertrommelgebläse. Z. d. Ing. 1909. S. 1153.
H. Lorenz. Die Arbeitsweise und Berechnung der Druckluftflüssigkeitsheber. Z. d. Ing. 1909. S. 545.
Sümpfung der fiskalischen Grube Waltrop. 5 Pumpen je 25 cbm/min auf 200 m. Fördertechnik 1912. S. 114.
Dr. ing. Hoefer, Kiel. Untersuchung über die Strömungsvorgänge im Steigrohr eines Druckluftwasserhebers. Z. d. Ing. 1913. S. 1174.

VIII A. Gestängewasserhaltung.

Daveysche Differentialsteuerung. Dingl. polyt. Journ. 219 (1876). S. 10.
Carl Ficus, mit Wassersäulenmaschinenantrieb, der Grube Holzappel. Z. d. Ing. 1878. Taf. 1 u. 2.
Woolfsche Maschine. Z. d. Ing. 1878. Taf. 9, Fig. 1 u. 2.
Peters. Über Wasserhaltungsmaschinen. Z. d. Ing. 1879. S. 303.
Kleysche Steuerung. Z. d. Ing. 1879. S. 303. Z. 1881. S. 479 u. Taf. 27, 28. Z. 1883. S. 587.
O. Fernis, Isselburg. Hilfskatarakt für Gestängemaschinen ohne Rotation. Z. d. Ing. 1881. S. 42.
Etienne Demeure, Straßburg. Versuche an Grubenpumpen. Z. d. Ing. 1881. S. 70. Taf. 7—9.
A. Geißler. Über Wasserhaltungsmaschinen. Vgl. zw. Gest. u. unterird. W. Z. d. Ing. 1881. S. 529.
Th. Lempe, Sterkrade. Woolfsche Maschine mit Rotation und Hubpause (Kley). Z. d. Ing. 1881. S. 479.
Volkmann & Frerichs. Rittingerpumpe auf dem Richterschacht der Laurahüttengrube. Z. d. Ing. 1884. S. 679.
Mixa. Wassersäulenmaschine auf Wernerschacht, Joachimsthal, Böhmen. Oe. Z. 1884.
Ad. Ernst. Mayersche Wassersäulenmaschine mit Füllungsregelung. Z. d. Ing. 1885. S. 445. Taf. 19.
Gestängegewichtsausgleich, Haniel & Lueg. Z. d Ing. 1885. S. 545. Taf. 22.
Über Schachtpumpen. Z. d. Ing. 1889. S. 556. 649. Taf. 30.
Kleysche Wasserhaltungsmaschinen in Idria. Z. d. Ing. 1898. S. 1399. Oe. Z. 1898. S. 545.
Th. v. Ravier. Beispiele aus dem Gebiete des Pumpenbaues. Z. d. Ing. 1900. S. 1.
Maschinen auf Diepenlinchen. Allgemeiner Bergmannstag 1910. S. 47.
Rittingerpumpwerk der Rosaliegrube, Wasserversorgung des Kreises Kattowitz. Z. d. Ing. 1911. S. 1307.

Westfälisches Sammelwerk IV. S. 131.
Über Bohrlochspumpen (im Buche nicht behandelt):
Dipl.-Ing. Hans Wettich. Die Durchbildung der Bohrlochspumpen. Z. d. Ing. 1911. S. 617.
Neuere Tiefbrunnenanlagen mit Kreiselpumpen. Z. d. Ing. 1911. S. 571.
Werner Ahrens. Sulzer-Bohrlochskreiselpumpen. Z. d. Ing. 1913. S. 321.

VIII B—E. Zusammenfassende Darstellungen über unterirdische Wasserhaltungen. Größere Aufsätze.

C. Schenk. Die Bezirkswasserhaltung der Oberhohndorf-Schader Steinkohlenwerke. (Dampf.) Jahrb. f. d. B. u. H.W. im Königreich Sachsen 1893. S. 1 u. f.
Neukirch. Dasselbe. Z. d. Ing. 1894. S. 636.
Josse. Dasselbe. Z. d. Ing. 1895. S. 364. 403.
B. Gerdau. Neuere unterirdische Wasserhaltungsmaschinen für Bergwerke. (Hydraulisch, elektrisch.) Gl. 1898. Nr. 13. Z. d. Ing. 1899. S. 29. 57.
H. Dubbel. Neuere Wasserwerksmaschinen schlesischer Werke. (Dampf.) Z. d. Ing. 1899. S. 1093.
H. Dubbel. Die Industrie- und Gewerbeausstellung Düsseldorf 1902. (Dampf.) Z. d. Ing. 1902. S. 1031.
Fröhlich, Ing. Hydraulisch betriebene Wasserhaltungsmaschinen. Z. d. Ing. S. 1711. Gl. 1900. S. 1053.
Dr. H. Hoffmann. Maschinenwirtschaft in Bergwerken. Z. d. Ing. 1909. S. 4.
Schultze, Ing. Neuerungen auf dem Gebiete der Wasserhaltungen. (Hydraulisch, elektrisch.) Gl. 1910. S. 1094.

VIII C. 6. Unterirdische Kolbendampfwasserhaltungen.

Vgl. VIII B—E oben (Dubbel, Hoffmann, Schenk, Neukirch, Josse).

Sammelwasserhaltung Zeche Gneisenau. Z. d. Ing. 1902. S. 1031. 1906. S. 1457. 1909. S. 4. 5.
Kasimirgrube in Niemce, russ. Polen, mit hochgelegener Maschine und Zubringerpumpe mit Kunstkreuz und Gestänge. Z. d. Ing. 1886. Taf. 29.
Nelsonschacht III. Enggebaute Zwillingsmaschine von Breitfeld. Z. d. Ing. 1904. S. 486.

VIII C. 7. Unterirdische Turbodampfwasserhaltungen.

Ernst Blau. Rateaupumpen für neue Wasserhaltungsanlagen. K. u. E. 1911. S. 1244. Bergbbtrl. 1911. S. 275.
Isselburger Hütte, für indische Kohlengrube. Z. d. Ing. 1911. S. 1622.
Bruman, Neuzeitliche Wasserwerksmaschinen. Z. d. Ing. 1913. S. 1901.
Schacht 5, Bruay. Gl. 1904. S. 1101. Gl. 1905. S. 77.
Schnabel, Ausführung der Maffei-Schwartzkopfwerke. Z. d. Ing. 1914. S. 772. Fig. 12—13.

VIII. 6 und 7. Dampfleitung im Schachte.

Umhüllung einer Dampfleitung in einem nassen Schachte. Pr. Z. 1908. S. 149.

VIII D. Hydraulische Wasserhaltungen.

Vgl. VIII B—E oben (Fröhlich, Gerdau, Schultze).

Anlage Sulzbach-Altenwald, mit hydraulischem Gestänge. Pr. Z. 1874/75. S. 175.

VIII E. 1—5. Elektrischer Antrieb der Wasserhaltung im allgemeinen.

Vgl. VIII B—E (Gerdau, Hoffmann, Schultze).

O. Lasche. Elektrischer Antrieb unterirdischer Wasserhaltungen. Z. d. Ing. 1898. S. 1341.

Dr. H. Hoffmann. Die Maschinenwirtschaft im Ruhrkohlenbergbau. Z. d. Ing. 1901. S. 923.
Dr. H. Hoffmann. Düsseldorfer Ausstellung 1902. Z. d. Ing. 1902. S. 493. 1149. 1230.
Dr. H. Hoffmann. Kraftgewinnung und Kraftverwertung im Berg- und Hüttenwesen. Z. d. Ing. 1906. S. 1451—53.
Timm. Neuere Wasserhaltungen mit Sulzer-Kreiselpumpen. Gl. 1908. S. 184.
Leo Falk-Wildau. Elektrisch betriebene Wasserhaltungen der Maffei-Schwartzkopfwerke. Elektr. Kraftbetriebe u. Bahnen 1912. S. 743.
Drehstrommotor für beliebige Stern- und Dreiecksschaltung. Gl. 1909. S. 1185.
Wasserhaltung Glückaufschacht Coschütz. Anschluß des Drehstrommotors an ein Zweiphasennetz. Elektr. Kraftbetriebe u. Bahnen. 1909. S. 144.
M. Gaze. Fortschritte im Baue schnellaufender Drehstrommotoren für unterirdische Antriebe. AEG.-Zeitung XVI. Nr. 2. Brnk. 1913. S. 408.
Austrocknen unterirdischer Elektromotoren. — Schacht III. Zeche Rheinpreußen. Gl. 1912. S. 30.
Schutz der Motoren. Vgl. X B. 2 u. 3.
Ferner: Die bereits an anderer Stelle erwähnten Werbeschriften der AEG. und der Siemens-Schuckert-Werke.

VIII E. 4. Elektrische Wasserhaltung mit eigenem Kraftwerk.

Zeche Holland. Haupt- und Anwurfmotor. Gl. 1905. S. 1177.
Riedlerpumpe, 25 Perioden/min. Gl. 1904. S. 53.
Zeche Gneisenau $\eta = 0.69$. Gl. 1903. S. 199.
Horcajo, Dr. J. Heerwagen. Erste Wasserhaltung mit Hochdruckkreiselpumpen nach Sulzer. Z. d. Ing. 1901. S. 1549.
Zeche Maria, Anna und Steinbank. Mit Vorgelegen-Kolbenpumpen. Z. d. Ing. 1898. S. 1341.

VIII. E. 5. Elektrische Wasserhaltung mit Kurzschlußmotor-Anschluss an das Netz durch Anlaßtransformator.

Emser Blei- und Silberbergwerk. 16 Sohlen unter dem Pfingstwiesenstollen. Gl. 1908. S. 410.
Große Wasserhaltung. Nachgiebiger Ausbau des Maschinenraumes. Z. d. E. 1908. S. 1116.
Cleoplasgrube, O.-Schles. Q. = 7 cbm/min. 464 m. PS. = 1100. Z. d. Ing. 1907. S. 1719.

VIII E. 5. Elektrische Wasserhaltung. Anschluß an das Netz mit Schleifringanker.

Kreiselpumpen.

Bergwerksgesellschaft Herman, Bork a. Lippe. Q. = 5 cbm/min. T. = 1000 m. PS. = 1500. Z. d. Ing. 1912. S. 1914.
Zeche Roland. Anschluß an Rh.-Westf.-E.-W. und Abdampfkraftwerk. Gl. 1908. S. 1111.
Zeche Rosenblumendelle (Eichler). Wertvoll. Gl. 1907. S. 1033.
Grube Altenwald, Saarbrücken. Schöne Zeichnungen. Z. d. E. 1907. S. 738.
Zeche Osterfeld, 1280 PS. Q. = 5 cbm/min. T. = 585 m. Z. d. Ing. 1911. S. 786.
Zeche Grimberg (Gelsenkirchen). 2 cbm/min auf 1000 m. n = 3000/min. Z. d. Ing. 1914. S. 229.

Kolbenpumpen.

Zeche Roland. n = 70. $\eta = 85$ v. H. Gl. 1907. S. 403.
Zeche Hugo, Holten. n = 90. $\eta = 85$ v. H. Gl. 1908. S. 1599.
Zeche Holland. 8 cbm/min auf 600 m. n = 73/min. PS. = 1300. Hub = 0,8 m. Gl. 1908. Nr. 18.
Zeche Concordia, Oberhausen. Z. d. Ing. 1909. S. 760.

VIII F. Unterirdische Maschinenräume.

Wetterführung: Zeche Holland I/II. Unterirdische Dampf. W. Gl. 1902. S. 739.
Nachgiebiger Ausbau: Zeche Radlin (Ratibor). Versuche und Verbesserungen 1910. S. 18. Z. d. E. 1908. S. 1117.
Handbuch für Eisenbeton. II. Aufl. VII. Bd. 1912. Ernst & Sohn, Berlin. S. 246. 405. 454.
Hochgelegene Maschinenräume: Zeche Preußen (1897). Gl. 1900. S. 425. Taf. 15. Westf. Sammelwerk. IV. S. 130. 283. Taf. 12. Kasimirgrube. Z. d. Ing. 1886. S. 29.
Aufstellung des Motors in einem abgesonderten Reinluftraume (Vahle). Gl. 1915. S. 82.

IX. Das Abteufen im allgemeinen.

Das Schachtabteufen im Aachener Deckgebirge. Z. d. Ing. 1904. S. 1080.
Westfalenschächte bei Ahlen. Abteufen ohne Wasser. Vorgesehen war: Tomsonsche Wasserziehvorrichtung. Gl. 1911. S. 809.
Abteufen des Schachtes Ickern II ohne Wasser. Vorgesehen war: Zementieren und Kübelförderung. Gl. 1914. S. 119—1123.
Annaschacht in Lana, Böhmen (Hruda). Schachtabteufen von Hand bis 150 m. Oe. Z. 1913. S. 577. Brnk. 1909. S. 431.
Rittingerpumpen beim Abteufen des Richterschachtes, Laurahütte. Z. d. Ing. 1884. S. 679. Taf. 29.
Gestängepumpen beim Abteufen im Erzbergbau. Herbst in Bergmannstag 1910. I. S. 47.
Pulsometer und Gestängepumpen, Blindschacht der Samuelglücksgrube. Z. d. Ing. 1898. S. 17—20.
Gestängepumpen zum Abteufen in Westf. Sammelwerk. III. (1903.)
Sümpfen und Aufwältigen eines Schachtes. Gl. 1908. S. 1799.
Die Sümpfung des Bergwerkes Ibbenbüren 1894. Gl. 1897. S. 1024.
Das Abteufen auf der Grube Schmalgraf. Bergmannstag 1907. S. 89.
Riedler. Das Abteufen des Maxschachtes, Kladno. Z. d. Ing. 1892. S. 446. 473.
D. K. A. Weithöfer. Bayerschacht, Pilsen. Oe. Z. 1896. S. 104.
Abteufen auf der Grube Wilhelmina bei Heerlin. Z. d. E. 1906. S. 806.
Abteufen Hattorf, Philippsthal a. Werra. Z. d. Ing. 1908. S. 855.
Abteufen Hattorf, Philippsthal a. Werra. Elektrische Kreiselpumpen und Zwischenwasserhaltung. Gl. 1910. S. 1183.
Tomsonsches Wasserziehverfahren. Westf. Sammelwerk III u. Gl. 1892. S. 488. 1899. S. 389. 1904. S. 29.
Abteufpumpen der Maffei-Schwartzkopffwerke. (Elektrische Kreiselpumpen.) Fördertechnik 1912. S. 106.
Pape, Erfurt. Über Abteufpumpen. Bergbbtrl. 1911. S. 118.
M. Gaze. Über elektrische Kreiselpumpen. AEG.-Zeitung.

X A. Vergleich der Wasserhaltungen.

Für Braunkohlenbergwerke. O. Pietsch. Brnk. 1909. S. 143.
Auswahl der Wasserhaltung. P. Hartmann. Gl. 1909. S. 145.
Wasserhaltung für Erzgruben. Herbst. Bergmannstag Aachen 1907. I. S. 79.
Vergleich der Wasserhaltungssysteme. F. Schulte (bes. Anlagekosten). Gl. 1902. S. 586.
Vergleich des Raumbedarfes der verschiedenen W. Lasche. Z. d. Ing. 1911. S. 1255.
Vergleich des Raumbedarfes der Zeche Victor. Dampf und elektrischer Antrieb. Z. d. Ing. 1909. S. 10.
Vergleich Dampf und elektrischer Antrieb. Lasche. Z. d. Ing. 1898. S. 1341.
Vergleich Dampf und elektrischer Antrieb. Koch. Z. d. E. 1905. S. 427.
Kreiselpumpe für den Schrottpreis der Gestängewasserhaltung. Z. d. Ing. 1909. S. 4.

X A. Ausnutzung des Gefällewassers.

Hydropulsator. Vgl. VII. Sonderformen der Pumpen.
Abfluß des Tiefen Georgstollens, Harz, 300 m, nach dem Ernst-Auguststollen 400 m. Gl. 1908 S. 376.
Wasserwirtschaft am Harze, Teiche, Abflußstollen. Pr. Z. 1882. S. 117.
Karl Fricke, Wernigerode 1909. Druckschrift: Die Wasserwältigung der Gruben des Oberharzes und ihre Tageswasserwirtschaft. 1 M. Verlag Fricke.
Grube Hedwig bei Groß-Weissand. Peltonrad. Brnk. 1912. S. 430.
Schächte der Schlesischen Kohlen- und Kokswerke. Peltonrad. Gottesberg. Z. d. Ing. 1898. S. 1429.
Hydraulische Kompressoren. Z. d. Ing. 1908. S. 895.
Grube Eschweiler Reserve. Peltonrad. Gl. 1902. S. 329.
Schacht Colonia, Zeche Mansfeld. Z. d. Ing. 1909. S. 2. 3.
Rückgewinnung des Gefälles durch Kreiselpumpen. Z. d. Ing. 1909. S. 12. Gl. 1908. S. 184. 1909. S. 1037. Z. d. Ing. 1909. S. 12. 13.

X B. Schutz der Wasserhaltung.

Schutz gegen Schlagwetter.

AEG. Z. 1912. Dez. S. 13. Z. d. E. 1913. S. 1326. Gl. 1906. Z. d. Ing. 1906.

Schutz gegen Hochwasser.

Planmäßige Abdämmungen. Z. d. Ing. 1894. S. 636.
Sumpfanlage Gneisenau. Z. d. Ing. 1909. S. 5.
Hochgelegene Maschinen. Z. d. Ing. 1886. Taf. 29. Gl. 1900. S. 425.

Sachverzeichnis.

GPSR Compliance

The European Union's (EU) General Product Safety Regulation (GPSR) is a set of rules that requires consumer products to be safe and our obligations to ensure this.

If you have any concerns about our products, you can contact us on ProductSafety@springernature.com

In case Publisher is established outside the EU, the EU authorized representative is:

Springer Nature Customer Service Center GmbH
Europaplatz 3
69115 Heidelberg, Germany

Batch number: 10682323

Printed by Printforce, the Netherlands